地球观测与导航技术丛书

全球变化遥感产品的生产与应用

梁顺林 张 杰 陈利军 赵 祥 杨 军 等 著

科学出版社
北 京

内 容 简 介

本书论述全球陆表、海洋特征参量遥感产品的生成技术与应用方法，综合介绍近年来定量遥感研究的主要动态和最新成果。本书主要包括以下内容：前言中综述全书内容，并介绍各章的内容简介与关联；第 1~19 章阐述关于全球陆表特征参量产品生产与应用，特别是 GLASS 产品的算法和验证结果，以及利用其中产品分析评价植被、海冰和雪盖对气候变化的响应和反馈；第 20~22 章，介绍关于全球地表覆盖精细分类与更新方法；第 23~27 章论述关于风场、海浪和海流等海洋特征参量产品的生成与应用；第 28 章介绍用于特征参量信息获取与处理的平台研发。

本书可以作为地理信息科学相关专业的高年级本科生和研究生教材，也可以供全球变化遥感产品处理与应用的研究人员参考。每部分内容相对独立，均可单独用于教学或阅读参考。

图书在版编目（CIP）数据

全球变化遥感产品的生产与应用/梁顺林等著. —北京：科学出版社，2017.3
（地球观测与导航技术丛书）
ISBN 978-7-03-050807-2

Ⅰ.①全… Ⅱ.①梁… Ⅲ.①遥感技术–应用–全球环境–环境监测
Ⅳ.①X21

中国版本图书馆 CIP 数据核字(2016)第 280466 号

责任编辑：苗李莉 李 静 朱海燕 / 责任校对：何艳萍
责任印制：肖 兴 / 封面设计：图阅社

科学出版社 出版
北京东黄城根北街 16 号
邮政编码：100717
http://www.sciencep.com

中国科学院印刷厂 印刷
科学出版社发行 各地新华书店经销
*

2017 年 3 月第 一 版　开本：787×1092　1/16
2017 年 3 月第一次印刷　印张：45 3/4　插页：16
字数：1 080 000

定价：198.00 元
(如有印装质量问题，我社负责调换)

《地球观测与导航技术丛书》编委会

顾问专家

徐冠华　　龚惠兴　　童庆禧　　刘经南　　王家耀
李小文　　叶嘉安

主　编

李德仁

副主编

郭华东　　龚健雅　　周成虎　　周建华

编　委（按姓氏汉语拼音排序）

鲍虎军　　陈　戈　　陈晓玲　　程鹏飞　　房建成
龚建华　　顾行发　　江　凯　　江碧涛　　景　宁
景贵飞　　李　京　　李　明　　李传荣　　李加洪
李增元　　李志林　　梁顺林　　廖小罕　　林　珲
林　鹏　　刘耀林　　卢乃锰　　闾国年　　孟　波
秦其明　　单　杰　　施　闯　　史文中　　吴一戎
徐祥德　　许健民　　尤　政　　郁文贤　　张继贤
张良培　　周国清　　周启鸣

《地球观测与导航技术丛书》出版说明

  地球空间信息科学与生物科学和纳米技术三者被认为是当今世界上最重要、发展最快的三大领域。地球观测与导航技术是获得地球空间信息的重要手段，而与之相关的理论与技术是地球空间信息科学的基础。

  随着遥感、地理信息、导航定位等空间技术的快速发展和航天、通信和信息科学的有力支撑，地球观测与导航技术相关领域的研究在国家科研中的地位不断提高。我国科技发展中长期规划将高分辨率对地观测系统与新一代卫星导航定位系统列入国家重大专项；国家有关部门高度重视这一领域的发展，国家发展和改革委员会设立产业化专项支持卫星导航产业的发展；工业和信息化部、科学技术部也启动了多个项目支持技术标准化和产业示范；国家高技术研究发展计划(863 计划)将早期的信息获取与处理技术(308、103)主题，首次设立为"地球观测与导航技术"领域。

  目前，"十一五"规划正在积极向前推进，"地球观测与导航技术领域"作为 863 计划领域的第一个五年计划也将进入科研成果的收获期。在这种情况下，把地球观测与导航技术领域相关的创新成果编著成书，集中发布，以整体面貌推出，当具有重要意义。它既能展示 973 计划和 863 计划主题的丰硕成果，又能促进领域内相关成果传播和交流，并指导未来学科的发展，同时也对地球观测与导航技术领域在我国科学界中地位的提升具有重要的促进作用。

  为了适应中国地球观测与导航技术领域的发展，科学出版社依托有关的知名专家支持，凭借科学出版社在学术出版界的品牌启动了《地球观测与导航技术丛书》。

  丛书中每一本书的选择标准要求作者具有深厚的科学研究功底、实践经验，主持或参加 863 计划地球观测与导航技术领域的项目、973 计划相关项目以及其他国家重大相关项目，或者所著图书为其在已有科研或教学成果的基础上高水平的原创性总结，或者是相关领域国外经典专著的翻译。

  我们相信，通过丛书编委会和全国地球观测与导航技术领域专家、科学出版社的通力合作，将会有一大批反映我国地球观测与导航技术领域最新研究成果和实践水平的著作面世，成为我国地球空间信息科学中的一个亮点，以推动我国地球空间信息科学的健康和快速发展！

李德仁

2009 年 10 月

序

在"十一五"期间,以"千人计划"特聘教授梁顺林为首席科学家完成的 863 计划重点项目"全球陆表特征参量产品生成与应用研究"发展了具有鲜明特色的全球陆表特征参量产品的反演算法体系,构建了全球陆表特征参量(GLASS)产品生产平台,生产了全球叶面积指数、地表发射率、地表反照率、下行短波辐射、下行有效光合辐射五种产品。GLASS 产品在 2012 年地球观测组织(GEO)第九次全会上对外发布,这是中国首次生产并向全球用户共享具有中国自主知识产权的全球陆表卫星遥感高级产品,弥补了我国没有自己陆表遥感高级产品品牌的空白,同时也极大地促进了全球地球观测数据共享。基于这些研究成果,他们撰写了中英文专著《全球陆表特征参量 (GLASS) 产品算法、验证与分析》,受到了遥感工作者的好评与欢迎。

"十二五"期间,梁顺林教授主持了 863 计划主题项目"全球生态系统与表面能量平衡特征参量生成与应用",将第一期 GLASS 产品拓展到 12 种,并联合国家海洋局第一海洋研究所、国家基础地理信息中心和清华大学等科研团队,研制了海面风场、海浪和流场等全球海洋遥感参数产品,发展了土地覆盖精细分类技术,以及一系列遥感数据处理的共性关键技术。研发的产品是对"十一五"863 计划项目的拓展和深化,不仅对原有产品生产的算法进行了更新和优化,而且增加了多种急需的陆表和海洋遥感产品。针对广大遥感科研工作者和研究生的需求,项目组自项目启动起,就决心把项目最新成果介绍给大家。历时三年时间,项目研究人员精心撰写了这本新书。书中介绍了全球变化遥感产品的生产与应用,包括全球陆表特征参量获取与应用技术、地表覆盖精细分类与更新方法,以及海洋特征参量获取与应用技术,并总结了近期研究的最新进展和成果,是一本遥感理论与应用的重要参考书。

希望这本书对广大遥感科研工作者和研究生都有所帮助,并为我国的遥感事业作出新的贡献!

徐冠华
2016 年 11 月

前　　言

21 世纪以来对地观测遥感已经发生翻天覆地的变化。各种卫星计划和不同类型的传感器层出不穷，以此获取的数据量正在以指数级增长，海量数据的存储与处理能力在迅速提升，遥感信息提取理论与方法在迅速发展，在广度和深度上日益蓬勃发展的遥感应用正在取得巨大的科学和社会经济效益。以此促进了遥感行业的分工日趋明显。许多遥感应用工作者不必过多地关注数据处理和基本信息提取的具体工作，数据提供者正在越来越多地将遥感获取的辐射量转变成表征地球系统物理、化学和生物过程的变量产品，促进数值模型的发展，以进一步监测、加深理解、有效预测和综合评价全球变化。

为了推动全球变化研究能力的提升，科技部"十二五"863 计划资助，2013 年年底启动了"全球生态系统与表面能量平衡特征参量生成与应用"项目。项目的总体目标是发展全球辐射能量平衡和生态系统特征参量产品的遥感反演算法、地表覆盖信息动态生成与服务技术、全球变化海洋参量遥感数据产品生成技术，生成全球高时空分辨率和高精度的四期表面辐射能量平衡与生态系统特征参量、全球 30m 地表覆盖数据产品精细化处理数据集和全球变化海洋参量遥感数据产品；基于全球辐射能量平衡和生态系统特征参量产品开展同化方法和应用示范研究，基于全球变化海洋参量遥感数据产品开展针对中尺度涡、内波、黑潮、湾流、内潮、强浪，以及初级生产力等时空分布与影响分析的应用示范研究。结合上述研究，研发全球多环境要素遥感的处理、分析、表达、发布的系统平台。

为了实现项目的总体目标，项目分解成四个课题，其相互关系见图 1。第一课题和第二课题分别研究陆表定量产品和定性产品生产，课题间共享基础数据和共性数据预处理技术。第一课题和第三课题的成果形成全球海、陆定量产品集，共享定量产品生产共性技术。第四课题目标则是为其他三个课题提供软件和平台技术支持，

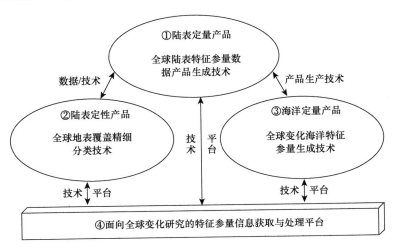

图 1　项目构成及其相互关系

形成覆盖海、陆，包含定量与定性的全球生态系统变化信息获取技术、平台与产品集。下面是四个课题的目标和参加单位的信息。

课题一：全球变化特征参量数据产品生成技术

课题负责人是北京师范大学梁顺林教授，参加单位包含中国科学院青藏高原研究所、南京大学、中国科学院电子学研究所、桂林理工大学和电子科技大学。

课题的总体目标是针对短波辐射、光合有效辐射（PAR）、反照率、发射率、地表温度、长波净辐射、净辐射（日间）、叶面积指数（LAI）、光合有效辐射吸收比（FAPAR）、植被覆盖度、植被总初级生产力（GPP）和潜热 12 个特征参量，发展适用于全球长时间序列特征参量产品的普适性的算法体系，扩展全球陆表特征参量产品生产系统，实现叶面积指数、发射率、反照率和 FAPAR 4 个产品的全球陆表 33 年（1982~2014 年）最新版本的产品数据，其余特征参量针对四期典型时间（1983 年、1993 年、2003 年、2013 年）进行生产。

课题二：全球地表覆盖精细分类关键技术

课题负责人是国家基础地理信息中心陈利军高级工程师，参加单位包含北京师范大学、中国科学院地理科学与资源研究所、国信司南（北京）地理信息技术有限公司。

课题的总体目标是研究建立面向全球范围 30m 分辨率地表覆盖信息的更新、精化和动态数据生成工程化作业技术体系，并开展全球典型区域 30m 地表覆盖数据产品更新和精化技术集成应用；研发地表覆盖信息网络化验证和共享服务系统，提高我国在全球生态系统与表面能量遥感监测能力。

课题三：全球变化海洋特征参量遥感数据产品生成技术与应用

课题负责人是国家海洋局第一海洋研究所张杰研究员，参加单位包含中国海洋大学、中国科学院海洋研究所、青岛大学和内蒙古师范大学。

课题的总体目标是针对全球变化研究、全球海洋环境监测、海洋防灾减灾和海洋科学研究等需求，基于多源卫星遥感数据，突破海洋特征参量遥感数据产品生成技术，研发具有自主知识产权、具备业务化运行能力的海洋特征参量遥感数据产品制作系统，生成时间序列海洋特征参量遥感数据产品。在此基础上，开展针对中尺度涡、内波、内潮、黑潮、湾流、强浪，以及海洋初级生产力等研究的示范应用，为全球变化研究、海洋环境监测与海洋科学研究等提供遥感技术支撑和信息服务。

课题四：面向全球变化研究的地球信息获取与处理平台

课题负责人是清华大学杨军副教授。参加单位还包含中国科学院电子学研究所、中国科学院遥感与数字地球研究所、北京国遥新天地信息技术有限公司。

课题的总体目标是研究能够支撑全球多环境要素遥感特征参量信息获取的工程化处理、分析、表达、发布的系统平台，研究并开发实现相应的关键技术。其中要发展两个核心技术是：①实现多源遥感数据定量化分析处理与表达发布的自动化流程；②在全球管理框架下实现 3 维（3D）空间+时间+光谱+物理量纲+任务的协同管理。另外，课题的基础数据集和软件成果能够被项目中其他课题应用，为它们的数据处理、产品生产和发布等提供技术支撑。

经过三年多的努力，项目取得了一系列的创新性成果。本书集成了其中的部分成果,主要包括以下内容。第一部分(第 1~19 章)是关于全球陆表特征参量产品生产与应用,特别是 GLASS 产品的算法和验证结果,以及利用其中产品分析评价植被、海冰和雪盖对气候变化的响应和反馈;第二部分(第 20~22 章)是关于全球地表覆盖精细分类与更新方法;第三部分(第 23~27 章)是关于风场、海浪和海流等海洋特征参量产品生成与应用。第四部分(第 28 章)是关于用于参数快速提取和发布的特征参量信息获取与处理的平台研发。各章的题目和作者列表如下。

序号	章名	作者
第一部分 陆表特征参量估算与应用		
第 1 章	陆表定量遥感的研究进展	梁顺林,程洁,贾坤,江波,刘强,刘素红,肖志强,谢先红,姚云军,袁文平,张晓通,赵祥
第 2 章	地表反照率产品算法	刘强,瞿瑛,冯佑斌
第 3 章	植被覆盖地表宽波段发射率模拟与反演	程洁,梁顺林,张泉
第 4 章	地表太阳辐射的估算与验证	张晓通,梁顺林,王国鑫
第 5 章	晴空长波净辐射估算方法	程洁,梁顺林,郭亚敏,刘昊
第 6 章	地表净辐射估算及其时空变化分析	江波,梁顺林,贾奥林
第 7 章	基于多算法集成的全球地表温度遥感反演	周纪,梁顺林,王钰佳,程洁
第 8 章	晴空地表温度日变化模拟通用模型	黄帆,占文凤,居为民,邹照旭,段四波,全金玲
第 9 章	叶面积指数和光合有效辐射吸收比遥感反演	肖志强,石涵予,梁顺林
第 10 章	基于广义回归神经网络算法和 MODIS 数据的全球陆表植被覆盖度估算	贾坤,梁顺林,刘素红
第 11 章	基于多算法集成的全球陆表潜热通量遥感估算	姚云军,梁顺林,李香兰,张晓通
第 12 章	植被总初级生产力遥感反演方法	袁文平,李彤,梁顺林,周艳莲,居为民
第 13 章	植被对气候变化响应的时滞性与全球格局	武东海,赵祥,唐荣云,彭义峰
第 14 章	森林生物量估算与应用分析	张玉珍,梁顺林
第 15 章	"三北"地区水循环因子变化特征与驱动机制	谢先红,梁顺林,姚云军,姚熠
第 16 章	水文数据同化方法用于无资料区河流流量预报	谢先红,孟珊珊,梁顺林
第 17 章	基于数据同化方法的地表水热通量估算	徐同仁,孟杨繁宇,梁顺林,毛克彪
第 18 章	北极海冰变化的短波辐射效应	曹云锋,梁顺林,陈晓娜
第 19 章	北半球陆表积雪变化	陈晓娜,梁顺林,曹云锋
第二部分 土地覆盖分类		
第 20 章	全球典型区地表覆盖精细分类关键技术	匡文慧,陆灯盛,杜国明,张弛,潘涛,杨天荣,刘阁,刘爱琳,关志新
第 21 章	基于形状和邻近关系的 GlobeLand30 水体细分	陈利军,李磊,鲁楠,陈炜
第 22 章	基于 GlobeLand30 的地表覆盖变化检测与自动更新方法	陈学泓,曹鑫,杨德地,刘宇,陈舒立
第三部分 海洋特征参量估算与应用		
第 23 章	海面风场产品生成技术与应用	杨俊钢,闫秋双,周超杰,范陈清,张杰
第 24 章	海浪产品生成技术与应用	杨俊钢,韩伟孝,靳熙芳,范陈清,张杰
第 25 章	海流产品生成技术与应用	杨俊钢,赵新华,张杰
第 26 章	SST 产品生成技术与应用	王进,包萌,赵怀松,孙伟富,杨俊钢,张杰
第 27 章	叶绿素 a 浓度产品生成技术与应用	肖艳芳,巩加龙,崔廷伟,杨俊钢,张杰
第四部分 平台研发		
第 28 章	特征参量获取与处理关键技术	杨军,赵永超,王杰

梁顺林等在第1章评述了定量遥感反演中机器学习方法和克服病态反演的正则化方法的最新进展。评述的机器学习方法包含人工神经网络、支持向量回归和多元自适应回归样条函数等。评述的7种正则化方法包含多源数据、先验知识、最优化反演的求解约束、时空约束、多反演算法集成、数据同化和尺度转换。同时，概要地介绍了北京师范大学研发的全球陆表特征参数（GLASS）产品发展情况和全球气候数据集（CDR）研发的必要性。

刘强等在第2章描述了GLASS地表反照率产品的算法、验证、分析和应用。GLASS反照率产品是基于两个反照率算法的集成，也是目前国际上时间序列最长的全球陆表反照率产品。利用地面观测数据的验证和与MODIS反照率产品交叉对比表明，GLASS反照率产品质量更好、精度更高。

程洁等在第3章介绍了GLASS宽波段发射率产品中植被覆盖发射率的反演新算法。它以GLASS非植被覆盖地表发射率、叶片发射率和GLASS LAI作为输入，通过查表得到植被覆盖地表宽波段发射率。新算法能够很好地刻画植被丰度的季节变化，显著地改进了前一版本的GLASS发射率产品。

张晓通等在第4章全面介绍了GLASS地表下行短波辐射和光合有效辐射的算法和精度验证。GLASS辐射产品的空间分辨率是5km，相比较目前国际上现有辐射产品100多千米的空间分辨率，它们更加适用于各种陆面模式和其他应用，其验证精度也高于国际上同类产品。

程洁等在第5章介绍了GLASS晴空条件下长波净辐射的估算方法。在简要概括了通常的下行长波辐射和上行长波辐射的估算方法之外，还介绍了他们自己发展的一个新的基于遥感数据的估算全球长波上行辐射的混合算法，该算法具有较高的验证精度，并优于文献中区域尺度上同类算法的精度。

江波等在第6章介绍了GLASS净辐射产品的算法和验证结果，同时描述了利用CERES产品进行的全球地表净辐射时空分析。净辐射遥感产品可以根据下行短波辐射、反照率和长波净辐射几个遥感产品计算而得，但是我们通常只有晴天长波净辐射遥感产品。GLASS全天候净辐射产品是根据短波净辐射和其他气候信息计算得到的，是世界上空间分辨率最高的全球净辐射遥感产品，精度上也高于世界上同类产品。

周纪等在第7章描述了GLASS陆表温度产品的算法和验证结果。基于大规模辐射传输模拟，他们对目前世界上常用的十余种分裂窗算法进行了重新拟合和测试。在此基础上，确定了精度较高、参数敏感性较低、实用性较强的9种分裂窗算法，通过贝叶斯加权平均模型（BMA）构建了集成算法，其估算的温度产品精度好于单一算法。

黄帆等在第8章描述了他们基于地表能量平衡方程和一维热传导方程构建的晴空地表温度日变化的通用框架模型（GEM）。地表温度日变化的重建对卫星热红外观测的时间序列拓展、地表热属性（如热惯量）反演与热通量（如土壤热通量）估计等，均具有非常重要的作用。相比于多数地表温度日变化模型，GEM为不同实际需求提供了更多选择。

肖志强等在第 9 章描述了 GLASS 叶面积指数（LAI）和光合有效辐射吸收比（FAPAR）产品的反演算法，并且详细地比较了它们与世界上几种主要产品的时空一致性和验证精度，证明了 GLASS 产品的优越性。比较于其他产品，GLASS LAI/FAPAR 产品的时间跨度也最长。另外一个独有的特征是，GLASS FAPAR 是从 GLASS LAI 和其他信息计算得到，以确保两个产品的一致性。

贾坤等在第 10 章介绍了基于 MODIS 数据的 GLASS 植被覆盖度产品算法和结果。在全球陆地生态区划和土地覆盖数据的支持下生产高空间分辨率样本数据集，进而研究基于广义回归神经网络算法和 MODIS 数据的全球陆表长时间序列、高时间分辨率的植被覆盖度反演方法和产品生产。GLASS 植被覆盖度产品经直接验证和与现有产品对比表明，本算法的精度较好、产品质量高，并在空间分辨率、时空连续性和完整性方面具有较大优势。

姚云军等在第 11 章介绍了针对全球高时空分辨率陆表潜热产品生产中采用的多算法集合方法。利用 AVHRR、MODIS 数据和全球超过 300 个通量观测站数据，验证了每个算法的模拟精度，并综合评价了各种算法针对不同植被类型的模拟差异；将贝叶斯模型平均方法应用到五种潜热通量算法集成中，降低了单一算法的不确定性，针对不同的植被类型，提高了陆表潜热通量模拟的精度，得到了多算法集成的全球陆表潜热通量遥感产品。

袁文平等在第 12 章系统介绍 GLASS 植被生产力算法，并介绍产品的全球验证情况。GLASS 植被生产力算法结合了国际上主流的八种方法，并比较了三种集合预估方法，利用全球 155 个涡度相关通量站点的观测资料开展模型参数拟合和验证，确定了最优的算法组合和集合预估方法，生产了全球植被生产力产品，为开展全体碳循环研究提供了数据支持。

武东海等在第 13 章基于遥感和气候数据，分析了全球植被对于不同气候因子响应的空间差异与时间滞后。在介绍植被气候动态变化及交互效应研究背景的基础上，描述了植被对气候因子滞后响应的空间格局，以及气候因子对植被生长贡献率的分布格局，并且归因分析了 1982~2008 年全球植被显著性变化。

张玉珍和梁顺林在第 14 章系统阐述森林生物量的遥感估算方法，介绍现有的区域和全球森林生物量数据集，并举例示范如何应用森林生物量数据解决气候变化和生态环境领域的一些热点问题。特别是利用 GLASS 反照率产品评价森林扰动导致的辐射强迫效应。

谢先红等在第 15 章利用多种遥感数据产品和水文模型探索了中国"三北"地区在 1980~2009 年的水文循环变化情况，以及气候变化和土地覆盖变化的相对影响。结果显示在整个地区，水文循环的变化主要是源于降水量的变化，尤其是在最近的 20 年，年蒸散发量下降了 27.5mm，年产流量下降了 16.8mm。相比于气候变化，土地覆盖变化所带来的影响微不足道。

谢先红等在第 16 章发展了一种基于集合卡尔曼滤波改进后的方法，实时更新分布式水文模型的状态变量和参数，用于无资料区河流流量预报，以减少预报中的不确定性。尽管该同化方案的目的是提高嵌套流域的径流预报精度，但是它也具有同化多源观测数据（地面观测和遥感数据产品）、提高独立流域水文预报精度的潜力。

徐同仁等在第 17 章描述了基于数据同化方法的地表水热通量估算方法。本章回顾了地表水热通量的获取方法，并详细介绍了利用变分数据同化技术，通过同化遥感地表温度产品来求解地表能量平衡方程，以获取时间连续地表水热通量的估算新方法。

曹云锋等在第 18 章主要介绍近年来北极地区海冰覆盖的变化对地气系统短波辐射收支所产生的影响。北极地区的近地表气温正在以全球平均两倍以上的速度急剧升高，导致北极夏秋季的海冰覆盖正在加速融化，大量对太阳短波辐射具有高反射能力的海冰被强吸收的海水所取代，会使得吸收的短波辐射能量增加，从而对北极地区的升温过程形成正向的辐射反馈作用，加速北极地区升温的步伐。本章利用遥感海冰反照率产品和模型精确地估算北极海冰融化所产生的短波辐射效应。

陈晓娜等在第 19 章着重介绍了在气候变化背景下北半球积雪面积和积雪物候的时空变化及其产生的气候效应。本章首先介绍了北半球积雪的基本特征及其对气候变化的响应、现阶段常用的遥感积雪数据集，然后描述了利用多种数据源确定的北半球积雪面积及积雪物候的变化特征，同时用了 GLASS 反照率产品和模型确定积雪变化对地球 - 大气系统辐射收支的影响。

匡文慧等在第 20 章介绍了国内外 5 个典型区中，基于全球 30m 分辨率的地表覆盖数据产品（GlobeLand30）一级类产品和亚类分类体系，采用基于决策树、分层分类、多源信息融合与分辨率尺度转换等技术，开展 2000 年、2010 年、2013 年基准年地表覆盖二级类信息提取关键技术集成应用，最终形成耕地、林地、草地、人造地表、裸地等二级分类技术体系。

陈利军等在第 21 章讨论了如何利用形状和邻近关系开展基于 GlobeLand30 水体图层的河流和湖泊自动细化分类。由于水体数据形态万千，大小不一，不可能通过单一规则或阈值区分河流和湖泊，本章采用基于形状和邻近关系的水体二级类分层分类策略和层层筛选的思路，由先到后依次采用基于先验知识的分层分类、基于邻近关系的分层分类和基于水体形状的分层分类等方法，充分利用了水体图斑的形状特点和空间关系，逐层分类，最终得到河流和湖泊的分类数据，为全球及区域尺度上的水体空间格局解读和动态变化分析提供翔实的基础资料。

陈学泓等在第 22 章介绍了基于 GlobeLand30 的地表覆盖变化检测与自动更新方法。GlobeLand30 只包括 2000 年与 2010 年两个基准年的地表覆盖数据，不足以全面表达地表覆盖的动态过程。针对 30m 分辨率影像中变化检测与更新所面临的难点问题，在遥感影像云检测、考虑物候信息的变化检测、图像分割尺度选择，以及面向对象更新等方面研发了相应算法，为 GlobeLand30 的更新提供了可行的技术方案。

杨俊钢等在第 23 章介绍了基于多源卫星遥感数据的全球海洋海面风场遥感数据产品生成技术与产品精度检验。本章回顾了海面风场卫星遥感观测和国内外相关产品的现状，基于多源卫星散射计和辐射计海面风场遥感数据，利用最优插值方法生成了 2000～2015 年全球海洋时间分辨率为 6 小时、空间分辨率为 0.25°×0.25° 的海面风场遥感数据产品。基于浮标实测数据的精度检验结果表明，海面风场产品风速均方根误差为 1.21m/s，风向均方根误差为 19.26°。同时利用生成的 2014 年海面风场遥感数据产品，分析了西北太平洋海域海面风场的时空分布和变化特征。

杨俊钢等在第 24 章介绍了基于多源卫星遥感数据的全球海浪遥感数据产品生产技术与产品精度检验。本章回顾了海浪卫星遥感观测和国内外相关产品的现状，基于多源卫星高度计数据和 ENVISAT ASAR 海浪谱数据，利用反距离加权法生成了 2000~2015 年的全球海洋时间分辨率为 1 天，空间分辨率为 0.25°×0.25°的海浪遥感数据产品。基于浮标实测数据的精度检验结果显示海浪数据产品 RMSE 小于 0.40m。同时利用生成的全球海浪遥感数据产品开展了全球海洋海浪时空分布特征分析等示范应用研究。

杨俊钢等在第 25 章介绍了基于多源卫星高度计数据的全球海洋流场遥感数据产品生成技术与产品精度检验。本章回顾了海洋流场遥感观测和国内外相关产品的现状，基于多源卫星高度计数据，通过多源卫星高度计数据统一、海面高度异常网格化和地转流计算等，生成了 2000~2015 年全球海洋时间分辨率为 7 天、空间分辨率为 0.25°×0.25°的海洋流场遥感数据产品，与国外同类 AVISO 产品比较验证了数据的精度。同时利用生成的全球海洋流场遥感数据产品，采用改进的特征线法，开展了黑潮特征提取及变化特征分析等示范应用。

王进等在第 26 章介绍了基于多源卫星遥感数据的全球海洋海面温度遥感数据产品生成技术与产品精度检验。本章回顾了海面温度遥感观测和国内外相关产品的现状，结合微波辐射计全天候观测和红外辐射计高空间分辨率的优点，基于多源卫星红外与微波辐射计海面温度遥感数据，利用最优插值融合算法生成了 2003~2015 年全球海洋时间分辨率为 1 天、空间分辨率为 0.1°的 SST 遥感数据产品；基于浮标实测数据的精度评估结果表明，SST 数据产品 RMS 误差小于 0.5℃。同时利用生成的全球海洋 SST 遥感数据产品，分析了西北太平洋海域锋面的时空分布和演变特征。

肖艳芳等在第 27 章介绍了基于多源卫星遥感数据的全球海洋叶绿素 a 浓度遥感产品生成技术与产品精度检验。本章回顾了叶绿素 a 浓度遥感观测和国内外相关产品的现状，基于国内外主流的卫星水色卫星遥感数据，生成了 2000~2015 年全球海洋时间分辨率为 1 天、空间分辨率为 9km 的叶绿素 a 浓度遥感数据产品；与实测数据和国外同类产品比较表明，生成的产品时空分辨率、精度与国外同类产品相当，且空间覆盖率显著占优。基于生成的全球海洋叶绿素 a 浓度遥感数据产品，开展了全球海洋叶绿素 a 浓度时空变化特征分析，以及台风对叶绿素 a 浓度影响的应用研究。

杨军等在第 28 章介绍了用于参数快速提取和发布的特征参量信息获取与处理平台的研发情况。目前这个处理平台是在已有的软件平台（ENVI、GE）上进行集成建设。建设的关键技术包括定制同时能支持 2D 图像处理软件和 3D 地球系统软件的专有图像格式，对多源异构的遥感数据中涉及的不同物理量纲和时间进行管理，改造通用图像处理算法，实现对一些过程的自动化流程，并建设支撑上述功能所需的基本数据库/集。

借此机会，我们衷心感谢国内外许多专家和同行对项目实施提供的指导和帮助，包括徐冠华、李小文、郭华东、周成虎、龚健雅、刘纪远、陈军、王桥、李增元、周国清、唐新明、林明森、侯一筠、宫鹏、施建成、陈仲新等专家，特别是徐冠华院士自始至终地关心项目的进展并给予诸多的指导；感谢科技部国家遥感中心的原主任廖小罕研究员、总工程师李加洪研究员、张松梅处长、张景和彭焕华等主管领导和工作人员对项目给予的指导和帮助；感谢项目办公室人员的辛勤劳动：程晓（主任）、刘素红和赵祥（副主任）、马莉娅（科研秘书）、王宇筝和师敬敏（行政秘书）。特别感谢孔颖在本书出版过程中所付出的大量辛勤劳动。也一并感谢许许多多的专家和同行对我们提供的各种帮助和支持。

本书的出版得到了科技部国家高技术研究发展计划项目（863 计划项目编号：2013AA122800）和国家自然科学基金重点项目（项目编号：41331173）等的资助。

书中除附后彩图外，更多彩图资源见在线服务网址 http://sciencereading.cn，供读者参阅。

梁顺林　张　杰　陈利军　赵　祥　杨　军
2016 年 8 月

目 录

《地球观测与导航技术丛书》出版说明
序
前言

第一部分 陆表特征参量估算与应用

第 1 章 陆表定量遥感的研究进展 ·· 3
1.1 引言 ·· 3
1.2 反演方法概述 ·· 4
1.3 GLASS 产品研发的新进展 ··· 13
1.4 气候数据集 ·· 18
1.5 结语与展望 ·· 20
参考文献 ·· 21

第 2 章 地表反照率产品算法 ·· 32
2.1 引言 ·· 32
2.2 算法 ·· 33
2.3 产品特色、质量分析和精度验证 ·· 62
2.4 初步分析和应用 ·· 73
参考文献 ·· 79

第 3 章 植被覆盖地表宽波段发射率模拟与反演 ··· 84
3.1 引言 ·· 84
3.2 数据 ·· 86
3.3 方法 ·· 88
3.4 结果 ·· 93
3.5 讨论 ·· 98
3.6 结论 ·· 99
参考文献 ·· 100

第 4 章 地表太阳辐射的估算与验证 ·· 104
4.1 引言 ·· 104
4.2 GLASS 地表太阳辐射估算方法 ··· 110
4.3 精度验证与质量评价 ·· 118
4.4 总结与展望 ·· 125
参考文献 ·· 126

第 5 章　晴空长波净辐射估算方法 ······ 131
- 5.1　引言 ······ 131
- 5.2　下行长波辐射 ······ 133
- 5.3　长波上行辐射 ······ 145
- 5.4　长波净辐射 ······ 154
- 5.5　长波辐射产品 ······ 155
- 5.6　结语 ······ 156
- 参考文献 ······ 156

第 6 章　地表净辐射估算及其时空变化分析 ······ 159
- 6.1　引言 ······ 159
- 6.2　GLASS 净辐射产品算法 ······ 161
- 6.3　质量控制与精度验证 ······ 172
- 6.4　全球净辐射时空分析 ······ 177
- 6.5　总结 ······ 179
- 参考文献 ······ 180

第 7 章　基于多算法集成的全球地表温度遥感反演 ······ 184
- 7.1　引言 ······ 184
- 7.2　算法构建 ······ 187
- 7.3　算法参数确定 ······ 211
- 7.4　算法实现 ······ 217
- 7.5　算法验证 ······ 224
- 7.6　总结与展望 ······ 233
- 参考文献 ······ 234

第 8 章　晴空地表温度日变化模拟通用模型 ······ 237
- 8.1　引言 ······ 237
- 8.2　地表温度日变化通用模型 ······ 238
- 8.3　实验数据 ······ 242
- 8.4　模型验证 ······ 243
- 8.5　小结 ······ 250
- 参考文献 ······ 251

第 9 章　叶面积指数和光合有效辐射吸收比遥感反演 ······ 253
- 9.1　引言 ······ 253
- 9.2　GLASS LAI 产品反演算法 ······ 255
- 9.3　GLASS FAPAR 产品反演算法 ······ 259
- 9.4　全球 LAI/FAPAR 产品比较分析 ······ 261
- 9.5　全球 LAI/FAPAR 产品直接验证 ······ 269
- 9.6　小结 ······ 272
- 参考文献 ······ 273

第 10 章　基于广义回归神经网络算法和 MODIS 数据的全球陆表植被覆盖度估算 ……… 276
    10.1　引言 ……………………………………………………………………………… 276
    10.2　基于 MODIS 数据的 GLASS 植被覆盖度产品算法 …………………………… 281
    10.3　精度验证与质量评价 …………………………………………………………… 287
    10.4　总结与展望 ……………………………………………………………………… 292
    参考文献 ………………………………………………………………………………… 293

第 11 章　基于多算法集成的全球陆表潜热通量遥感估算 ……………………………… 296
    11.1　引言 ……………………………………………………………………………… 296
    11.2　基于多算法集成的全球陆表蒸散遥感估算算法 ……………………………… 300
    11.3　精度验证与制图 ………………………………………………………………… 307
    11.4　总结与展望 ……………………………………………………………………… 313
    参考文献 ………………………………………………………………………………… 313

第 12 章　植被总初级生产力遥感反演方法 ……………………………………………… 317
    12.1　研究意义 ………………………………………………………………………… 317
    12.2　GLASS 植被生产力算法 ………………………………………………………… 318
    12.3　全球植被生产力产品 …………………………………………………………… 326
    参考文献 ………………………………………………………………………………… 334

第 13 章　植被对气候变化响应的时滞性与全球格局 …………………………………… 338
    13.1　植被气候动态变化及交互效应概述 …………………………………………… 338
    13.2　研究数据和方法 ………………………………………………………………… 341
    13.3　植被对气候因子滞后响应的空间格局 ………………………………………… 345
    13.4　气候因子对植被生长贡献率的分布格局 ……………………………………… 350
    13.5　1982～2008 年全球植被显著性变化归因探究 ………………………………… 356
    13.6　小结 ……………………………………………………………………………… 359
    参考文献 ………………………………………………………………………………… 360

第 14 章　森林生物量估算与应用分析 …………………………………………………… 365
    14.1　简介 ……………………………………………………………………………… 365
    14.2　森林地上生物量估算方法 ……………………………………………………… 365
    14.3　区域/全球森林生物量数据集 …………………………………………………… 369
    14.4　森林生物量应用实例 …………………………………………………………… 370
    14.5　小结 ……………………………………………………………………………… 378
    参考文献 ………………………………………………………………………………… 379

第 15 章　"三北"地区水循环因子变化特征与驱动机制 ……………………………… 383
    15.1　引言 ……………………………………………………………………………… 383
    15.2　研究区域与数据 ………………………………………………………………… 386
    15.3　模型与评价 ……………………………………………………………………… 388
    15.4　结果分析 ………………………………………………………………………… 391
    15.5　讨论 ……………………………………………………………………………… 398

15.6 结论 ······ 400
参考文献 ······ 400

第16章 水文数据同化方法用于无资料区河流流量预报 ······ 404
16.1 引言 ······ 404
16.2 方法 ······ 406
16.3 流域应用 ······ 410
16.4 结论 ······ 416
参考文献 ······ 417

第17章 基于数据同化方法的地表水热通量估算 ······ 421
17.1 引言 ······ 421
17.2 方法 ······ 422
17.3 数据集 ······ 426
17.4 结果与讨论 ······ 428
17.5 敏感性分析 ······ 436
17.6 小结 ······ 438
参考文献 ······ 440

第18章 北极海冰变化的短波辐射效应 ······ 443
18.1 北极海冰覆盖变化研究现状 ······ 443
18.2 海冰辐射效应的基本概念 ······ 444
18.3 北极海冰短波辐射效应研究现状 ······ 446
18.4 "辐射核"方法进行海冰短波辐射效应研究介绍 ······ 447
18.5 基于遥感与再分析陆表反照率数据的海冰辐射效应估算研究 ······ 448
18.6 小结 ······ 461
参考文献 ······ 462

第19章 北半球陆表积雪变化 ······ 466
19.1 积雪的基本特征及其重要作用 ······ 466
19.2 常用的积雪数据集 ······ 470
19.3 北半球积雪变化特征分析 ······ 473
19.4 北半球积雪变化对地球-大气系统辐射收支的影响 ······ 477
19.5 小结 ······ 480
参考文献 ······ 481

第二部分 土地覆盖分类

第20章 全球典型区地表覆盖精细分类关键技术 ······ 487
20.1 全球典型区地表覆盖二级类分类方案与策略 ······ 487
20.2 基于决策树的耕地二级类分类技术 ······ 495
20.3 基于时间序列NDVI阈值判断的森林二级类分类技术 ······ 501
20.4 基于多源地学知识的草地二级类分类技术 ······ 507

20.5　基于混合像元分解的多尺度人造覆盖二级类分类技术 ················· 510
   参考文献 ··· 521
第 21 章　基于形状和邻近关系的 GlobeLand30 水体细分 ································ 524
   21.1　基于 GlobeLand30 水体细分的思路 ·· 524
   21.2　基于形状和邻近关系的水体细分方法 ·· 526
   21.3　分类实验与精度分析 ··· 532
   21.4　分析与讨论 ··· 548
   21.5　总结与展望 ··· 549
   参考文献 ··· 549
第 22 章　基于 GlobeLand30 的地表覆盖变化检测与自动更新方法 ··············· 551
   22.1　总体思路 ··· 551
   22.2　迭代式云雾最优变换 ··· 552
   22.3　融合降尺度 NDVI 时序数据的地表覆盖更新算法 ···································· 563
   22.4　面向地表覆盖制图的最优分割尺度选择算法 ·· 568
   22.5　面向对象的地表覆盖自动更新方法 ·· 579
   22.6　总结与展望 ··· 585
   参考文献 ··· 585

第三部分　海洋特征参量估算与应用

第 23 章　海面风场产品生成技术与应用 ·· 591
   23.1　引言 ·· 591
   23.2　海面风场数据 ·· 592
   23.3　海面风场产品融合算法 ··· 600
   23.4　全球海洋海面风场遥感产品生成与检验 ·· 602
   23.5　西北太平洋海面风场特征分析 ·· 609
   23.6　小结 ·· 615
   参考文献 ··· 616
第 24 章　海浪产品生成技术与应用 ·· 619
   24.1　引言 ·· 619
   24.2　海浪数据 ··· 620
   24.3　海浪遥感数据产品生成算法 ·· 624
   24.4　全球海洋海浪遥感数据产品生成与检验 ·· 625
   24.5　全球海浪时空分布特征 ··· 629
   24.6　小结 ·· 631
   参考文献 ··· 632
第 25 章　海流产品生成技术与应用 ·· 633
   25.1　引言 ·· 633
   25.2　海洋流场卫星遥感数据 ··· 634
   25.3　海流遥感数据产品生成算法 ·· 635

· xvii ·

25.4　全球海洋流场遥感数据产品生成与检验 639
　　25.5　基于全球海流数据产品的黑潮变异特征研究 640
　　25.6　小结 643
　　参考文献 644
第26章　SST产品生成技术与应用 645
　　26.1　引言 645
　　26.2　星载辐射计SST遥感数据 646
　　26.3　SST数据融合方法 650
　　26.4　SST遥感数据产品 652
　　26.5　全球海洋SST产品生成与检验 653
　　26.6　基于全球海洋SST产品的西北太平洋锋面探测 656
　　26.7　小结 659
　　参考文献 660
第27章　叶绿素a浓度产品生成技术与应用 662
　　27.1　引言 662
　　27.2　主流水色传感器 663
　　27.3　水色产品融合算法 667
　　27.4　国际上已有的水色遥感融合产品 671
　　27.5　全球海洋叶绿素a浓度遥感产品生成与检验 673
　　27.6　全球海洋叶绿素a浓度遥感产品应用 680
　　27.7　小结 685
　　参考文献 685

第四部分　平台研发

第28章　特征参量获取与处理关键技术 689
　　28.1　关键技术研发的总体思路 690
　　28.2　物理量纲、时间管理实现 693
　　28.3　关键性功能算法的研究开发 693
　　28.4　通用图像处理算法的适应性改造 697
　　28.5　网络/数据库环境的适应 698
　　28.6　自动处理流程实现 699
　　28.7　基本数据库/集的研究与建设 701
　　28.8　处理平台的设计与开发 702
　　28.9　检验与应用示范 705
　　28.10　小结 706
　　参考文献 707

彩图

第一部分　陆表特征参量估算与应用

第1章 陆表定量遥感的研究进展[*]

梁顺林[1,4]，程洁[1]，贾坤[1]，江波[1]，刘强[2]，刘素红[1]，肖志强[1]，
谢先红[1]，姚云军[1]，袁文平[3]，张晓通[1]，赵祥[1]

随着获取的遥感数据越来越多，定量遥感正处于一个飞速发展的时期。本章从反演方法和遥感数据产品生成两个主要方面对近期陆表定量遥感的发展进行评述。由于大气-陆表系统的环境变量数远远超过遥感观测数，定量遥感反演的本质是个病态反演问题。在评述机器学习方法（包括人工神经网络、支持向量回归、多元自适应回归样条函数等）的应用基础上，重点关注克服病态反演的7种正则化方法：多源数据、先验知识、最优化反演的求解约束、时空约束、多反演算法集成、数据同化和尺度转换。定量遥感发展的另外一个显著特征是由数据提供者（如数据中心）将观测的遥感数据转换成不同的地球物理化学参数产品，即遥感高级产品，并服务于数据使用者。本章概括介绍了北京师范大学牵头研发的GLASS产品的新进展与全球气候数据集（CDR）的研究情况。

1.1 引　　言

随着越来越多的卫星发射，卫星获得的遥感数据不断增多，卫星遥感对表征地球系统及对其的动态监测至关重要。对地观测信息可以以多种方式造福于人类社会。地球观测组织（GEO）确定了九大应用领域，包括灾害（减少由于自然和人为灾害导致的生命和财产损失）、卫生（了解影响人类健康和福祉的环境因素）、能源（改善能源管理）、气候（理解、评估、预测、减轻和适应气候波动和变化）、水（通过更好地了解水循环以改善水资源管理）、天气（改善天气信息的预测和预警）、生态系统（改善管理和保护陆表、海岸带和海洋的资源）、农业（支持可持续农业，防治荒漠化）、生物多样性（理解、监测和保护生物多样性）。

特别在全球气候变化研究中，遥感数据产品起着至关重要的作用（Yang et al.，2013）。它们不仅能够驱动数值模型、评价和验证其模拟结果，还可以通过数据同化的方法确定生态模型（或者水文模型、能量平衡模型）的某些状态变量或者参数，以提高不同时空尺度的碳、水、氮通量等模拟精度。遥感数据本身也可以确定许多气候要素变化的强度、

---

1. 遥感科学国家重点实验室，北京市陆表遥感数据产品工程技术研究中心，北京师范大学地理科学学部；2. 北京师范大学全球变化与地球系统科学研究院；3. 北京师范大学地表过程与资源生态国家重点实验室；4. 美国马里兰大学帕克分校地理科学学系

[*] 本章是在梁顺林等发表于《遥感学报》一篇文章的基础上修改而成的［梁顺林，等. 2016. 陆表定量遥感反演方法的发展新动态. 遥感学报，20(5)：875-898］

趋势、成因和影响。

为了更好地实现遥感数据的应用价值，造福于人类社会，需要将遥感观测数据转换成一系列的地球生物、物理和化学参数数值，这个信息提取过程通常被称为遥感反演，表征这些数值的遥感产品通常叫遥感高级产品。随着遥感观测数据的类型变得复杂多样且数据量急剧增加，遥感反演变得越来越具有挑战性，不仅需要先进的反演算法，也需要多样化的数据预处理和后处理，同时处理海量遥感数据的工程难度也越来越大。因此自 2000 年以后，由数据中心生成遥感高级产品并且服务于终端用户已经成为一个全球的发展趋势。

鉴于这是一个极其活跃的研究领域，有必要定期评估其进展状态。这不仅有助于刚刚入门的研究生和定量遥感科研人员的快速成长，也有益于遥感应用工作者和政策制定者的科学工作。早期有多个同类型综述报告（Baret and Buis，2008；Liang，2007，2009），随后也有几个针对特定主题的综述文章，如陆表辐射能量平衡（Liang et al.，2010）、下行长波辐射（Wang and Dickinson，2013）、蒸散发（Wang and Dickinson，2012）等。最近 Verrelst 等（2015a）综述了估计地表参数的植被指数方法、机器学习方法和其他基于物理模型的反演方法。

鉴于此，本章将重点关注其前沿发展的几个关键性问题，希望对该领域的发展起到一定的引领作用。限于篇幅，本章不包含遥感数据的几何处理。陆地参数变量可能是连续的，也可能是类型的（如土地覆盖），本章仅限定于连续参数变量的反演，土地覆盖方面的进展请见其他评述（Dash and Ogutu，2016）。

1.2 反演方法概述

遥感传感器接收到的辐射信号（L）可以用如下的数学表达：

$$L = f(\lambda, A, t, \Theta, p, \Psi_a, \Psi_s) \tag{1.1}$$

式中，函数"$f(\cdot)$"为环境参数与遥感信号的数学关系，如辐射传输方程；λ 为信号的光谱；A 为像元对应的空间范围；t 为获取时间；Θ 为太阳照明和传感器；p 为极化；Ψ_a 为大气特性的参数集；Ψ_s 为地表特性的参数集。

陆表定量遥感最重要的目标之一是如何从在特定的观测几何和偏振状态下获取的多光谱信号(L)中精确地估算地表特性参数集 Ψ_s。通常情况下，遥感观测信号和陆表特性参数集都可能是时间和空间的函数。如果遥感观测数据的数目（多波段、多角度、多极化）比大气和地表的参数数目多，遥感反演的结果就很稳定。但是通常的情况正好相反，即遥感观测数比未知的大气和陆表的参数的数目还要少，求解结果不确定。另外，由于不同的大气地表参数数值组合都会生成相似的遥感辐射数值，遥感反演的结果将是不唯一的，参量和模型的误差也会导致类似的问题，这就是所谓的遥感病态（ill-posed）反演问题。

定量遥感的很多研究都是在试图寻找出更好的办法来克服病态反演问题。所有反演方法可以粗略地分为经验反演方法和机理反演方法。经验反演方法是直接建立遥感信号与变量之间的关系，通过增加输入—输出数据对，提高估算的稳定性和精度。新的发展趋势是大量使用机器学习方法，用于训练的输入—输出数据多来自于测量数据或者是基于物理模型模拟。机理反演方法主要是基于物理模型，如植被辐射传输模型。遥感病态反演问题主要存在于机理反演方法中，为此许多学者已经探索了一系列的办法来克服病态反演问题，如利用先验知识、时空约束、多源数据、数据同化等，这些方法统称为正则化（regularization）方法。下面就机器学习方法和正则化方法两方面作出简要的评述。

1.2.1 机器学习方法

用于遥感反演的机器学习方法有很多，包括人工神经网络（ANN）、支持向量机（SVM）、自组织映射（self-organizing map）、回归树（regression tree）、决策树（decision tree）、随机森林（random forest）等集合（ensemble）方法，以及案例推理（case-based reasoning）、神经模糊（neuro-fuzzy）、遗传算法（genetic algorithm）、多元自适应回归样条函数（MARS）等方法。它们主要应用在两个方面：一是简化复杂的物理模型做前向模拟，通常复杂的模型（如大气-地表辐射传输数值模型）计算量很大，用于前向模拟也很耗费时间，如果反演过程中需要这样的模型，可以用机器学习模型来替代；二是直接用于反演，根据遥感数据和对应变量的测量数据，建立输入输出数据对，训练出一个机器学习算法，这样的输入输出数据对也可以通过模型模拟生成。

有不少研究都在比较不同方法的有效性和其优缺点，如用于估算生物量和土壤水分（Ali et al.，2015）、地表净辐射（Jiang et al.，2016a）、降水（Meyer et al.，2016）、叶面积指数（Siegmann and Jarmer，2015）、土壤有机碳含量（Liess et al.，2016），Sentinel卫星数据反演（Verrelst et al.，2012，2015b）、激光雷达数据反演森林参数（Garcia-Gutierrez et al.，2015），和反演多种生物物理参数（Caicedo et al.，2014）等，但是如何确定一个最佳的方法来估算某个参数或者变量，仍然是个具有挑战性的任务，需要更多的研究来得出规律性的结论。下面就对几种应用较广的方法做简要评述。

1. 人工神经网络

ANN可能是过去10多年来应用最广的机器学习方法，它很早就被用于遥感定量反演，其趋势是有增无减（Mas and Flores，2008）。现在已被用于更多的变量反演，如陆表温度（Yang et al.，2010）、蒸散发（Chen et al.，2013）、降水（Tao et al.，2016）、叶面积指数（Baret et al.，2007；Xiao et al.，2014，2016b）、植被覆盖度（Jia et al.，2015）、地表净辐射（Jiang et al.，2014）、水质光学参数（Chen et al.，2014a；Jamet et al.，2012）、下行太阳辐射（Tang et al.，2016）等。其优点是能够有效地代表多变量复杂的非线性关系。如果用于训练的数据有足够的代表性，估算精度会很高，但当变量数或者数据量大的时候运算速度较慢。它是个"黑箱"的非参数算法，难以看出输入输出关联的内在机理，如果优化模型的架构和其中的参数，将会影响估算精度。

2. 支持向量机

用于回归的支持向量机也叫支持向量回归（SVR），是机器学习方法中基于核算法的一种，它利用非线性的核函数将输入数据变换到高维的特征空间。相比较其他的机器学习方法，支持向量回归更适合小训练样本的高维度非线性问题。Mountrakis 等（2011）评述了它在遥感中的广泛应用，尽管更多的应用例子是关于图像分类，但是定量反演的例子也很多，如蒸散发（Ke et al.，2016）、地表净辐射（Jiang et al.，2016a）、水深和浑浊度（Pan et al.，2015）、草地生物量（Marabel and Alvarez-Taboada，2013）、叶片氮浓度（Yao et al.，2015）和其他化学参数（Axelsson et al.，2013）。

3. 回归树

回归树和分类树常常是在一起介绍的，其主要差别是为了分出类型还是估算数值变量的值。树是由一个根节点（包含所有数据）、一组内部节点（分裂）和一组终端节点（叶）组成，通过一个递归分割算法以减少类内的熵，输入数据根据同质性不断分层。内部节点的值取决于每个终端节点的预测平均值。用于定量反演的例子包含生物量估算（Blackard et al.，2008）、森林机构参数（Gómez et al.，2012；Mora et al.，2010）、森林地面覆盖度（Donmez et al.，2015）。

4. 随机森林

随机森林方法构建了无数小回归树来预测。这些小的回归树构建是基于训练数据集中另一个随机的样本子集。它能够有效地克服回归中过于拟合、噪声数据和大数据集的问题。由于它对训练数据集中的噪声不太敏感，它在参数估计中比常规的回归树方法效果更好。它已经被广泛地用于图像分类（Belgiu and Drăguţ，2016），但是越来越多地应用于定量参数的估算，如植被覆盖度（Halperin et al.，2016）、小麦生物量（Wang et al.，2016）、地表温度降尺度（Hutengs and Vohland，2016）、初级生产力升尺度（Tramontana et al.，2015）、雪的深度（Tinkham et al.，2014）、降水（Kühnlein et al.，2014）、森林覆盖度和高度（Ahmed et al.，2015）、森林地上生物量（Pflugmacher et al.，2014；Tanase et al.，2014）和其他森林参数（García-Gutiérrez et al.，2015）。

5. 多元自适应回归样条函数

MARS 是一个非线性和非参数的回归模型。它是逐步线性回归的延伸，用于适应非线性回归拟合数据。在建立几乎是相加的关系或涉及变量间相互作用的关系时更加灵活。它可以被看做一个扩展的线性模型，自动模拟非线性和变量之间的相互作用，因此它的计算效率很高。应用的例子包含大气校正来反演地表反射率（Kuter et al.，2015）、土壤盐度（Nawar et al.，2014）、地表净辐射（Jiang et al.，2016a）、地上生物量（Filippi et al.，2014）、土壤有机碳含量（Liess et al.，2016）、叶绿素浓度（Gholizadeh et al.，2015）。

1.2.2 正则化方法

为了克服遥感的病态反演问题，各种正则化方案的宗旨是增加信息量，以增加求解的稳定性和精度，如使用多源遥感数据、先验知识和数据同化等方法，下面对这些方面的新进展简要评述。

1. 使用多源遥感数据

现代遥感技术已从过去的单一传感器发展到现在的多类型传感器，并能在不同的航天、航空遥感平台上获得不同空间分辨率、时间分辨率和光谱分辨率的海量遥感数据，为监测地球环境提供了丰富的可利用的信息。例如，静止卫星由于其具有较高时间分辨率，利于揭示参量的日变化，但是其光谱分辨率比较低，而极轨卫星具有较高的光谱分辨率和空间覆盖度，但是其时间分辨率较低。不同传感器波段设置、观测角度、时间和空间分辨率不同，在不同应用领域都有各自的优势。使用多种传感器的数据，增加已知信息量，发挥各自数据源的优势，提高陆表参数反演的精度正成为陆表定量遥感研究发展的新趋势。

欧洲国家已经启动了多个项目，集成多种卫星的遥感数据和现有的遥感数据产品，生成高质量的遥感数据产品，以满足各种应用需求。CYCLOPES 项目旨在集成多种中分辨率的传感器数据，生成全球范围的生物物理参数产品。该项目利用的传感器数据主要包括 1997~2003 年的 AVHRR、VEGETATION、POLDER、MERIS 和 MSG 数据，生成反照率、叶面积指数、光合有效辐射吸收比、植被覆盖度等 4 个产品，空间分辨率为 1~8 km，时间分辨率为 10 天。由欧空局资助的 GlobCarbon 项目旨在集成多种卫星数据，生成改进的陆面数据产品，以应用于碳循环研究。该项目的产品生成算法对 VEGETATION-1、VEGETATION-2、ATSR-2、AATSR、MERIS 等多种传感器数据进行融合，生成过火面积、叶面积指数、光合有效辐射吸收比等陆面参数产品，空间分辨率为 10 km，时间分辨率为两周至一个月，产品时间跨度为 1998~2003 年。这些项目的实验结果都表明，融合多源遥感数据比使用单个传感器数据生成的产品的准确度明显要高。

我国具有自主知识产权的全球陆表特征参数（GLASS）产品（Liang et al.，2013b，c）中的多个产品是基于 AVHRR 和 MODIS 数据生成的，特别是两个辐射产品是基于多个静止卫星数据和 MODIS 数据反演生成的（Zhang et al.，2014a），后文将进行详尽阐述。

其他使用不同卫星数据反演的例子有很多，如在估计地面生物量方面，不同数据的结合如下：陆地卫星数据和地形高程数据（Barbosa et al.，2014）、激光雷达与微波雷达数据（Sun et al.，2011）、光学与雷达数据（Montesano et al.，2013）、光学与激光雷达数据（Pflugmacher et al.，2014；Zhang et al.，2014b）等。

2. 先验知识挖掘与利用

任何关于影响遥感图像像元值因素的先验信息都会有助于提高反演精度和稳定性。先验知识可以来源于测量数据、专家知识，或者先有的各种数据。

先验知识的构建是第一步。分析现有陆表特征参量地面测量数据、模型模拟数据和通过算法集成反演的遥感数据产品的时空分布规律，形成陆表特征参量遥感反演的先验知识。陆表特征参量的先验知识主要包括统计知识、陆表特征参量之间的统计约束关系和内在物理关联。利用高级统计和知识挖掘方法，构建陆表特征参量反演所需的统计先验知识，主要包括陆表特征参数产品的多年均值和方差及它们的时空分布特征等。陆表特征参量之间的统计约束关系指陆表特征参数之间统计意义上相关关系，如地表温度、发射率、宽波段反照率、叶面积指数之间的经验关系。陆表特征参量之间的内在物理关联指陆表特征参数之间的物理机制上的关联，如植被结构参数与反射率、反照率之间的物理关联。

先验知识的表达有很多种，如参数或者变量的数值范围和均态（climatology）就是典型的例子。有些研究在卫星遥感数据产品均态的基础上进一步确定了地表动态变化方程。有许多数学方程式能够表征植被的生长曲线（Tsoularis and Wallace，2002），进而确定植被的季相变化和其他应用。例如，用经典的傅里叶函数来表征植被指数NDVI的动态变化（Hermance，2007；Zhou et al.，2015），即

$$\text{NDVI}(t) = a_0 + \sum_{i=1}^{I}\left[a_i\cos(\frac{2\pi i}{T}t) + b_i\sin(\frac{2\pi i}{T}t)\right] \quad (1.2)$$

式中，t 为时间；T 为数据集的长度；a_i 和 b_i 为待定系数，它也可以用来刻画表面温度的动态变化（Xu and Shen，2013）。

逻辑函数已经被用于LAI反演（Qu et al.，2012），即

$$\text{LAI}(t) = \frac{d}{1+\exp(at^2+bt+c)} \quad (1.3)$$

式中，a, b, c, d 为待定系数。双项逻辑函数也常常被用来表征植被指数的年度变化（Beck et al.，2006；Fisher，1994；Zhang et al.，2003），即

$$\text{NDVI}(t) = \text{vb} + \frac{k}{1+\exp[-c(t-p)]} - \frac{k+\text{vb}-\text{ve}}{1+\exp[-d(t-q)]} \quad (1.4)$$

式中，t 为时间变量代表每年的天数；vb 和 ve 为植被生长季节起始和终止的 NDVI 数值；其他都是待确定的参数。

利用贝叶斯原理能够有效地将先验知识用于遥感反演，如贝叶斯网络方法用于反演叶面积指数和其他参数（Qu et al.，2014；Quan et al.，2015；Zhang et al.，2012）。大多数研究都假定反演的变量是独立的，但是 Quan 等（2015）将变量之间的相关性通过贝叶斯网络的方法引进到反演过程中。Laurent 等（2014）通过先验知识和一个耦合的植被-大气辐射传输模型，使用基于目标的贝叶斯反演算法估算叶面积指数和其他参数。

3. 最优化反演的求解约束

最优化反演是早期定量遥感反演中的一种主要方法（Liang，2004）。它基于一个机理性模型（如植被辐射传输模型），通过迭代的方法不断调整模型参数(x)使得模型计算的数值 $H(x)$ 与遥感观测数值(y)的差别不断缩小。其数值差别通常用下面的价格函数 $J(x)$［式（1.5）］来表达，迭代的过程就是使代价函数最小化：

$$J(x) = (H(x)-y)^{\text{T}} R^{-1}(H(x)-y) \quad (1.5)$$

式中，R 为观测误差的协方差矩阵。如果想约束求解的范围，可以在代价函数上增加约束项 J_x，即

$$J(x) = (H(x)-y)^{\text{T}} R^{-1}(H(x)-y) + J_x \quad (1.6)$$

如果想强迫求的解在一定的范围 a 之内，比如反照率小于1，叶面积指数小于10，我们可以用强约束 $J_x=10^{20}|x-a|$。如果希望求的解尽量靠近每个数值 x_b（通常叫背景场），则

$$J_x = (x-x_b)^{\text{T}} B^{-1}(x-x_b) \quad (1.7)$$

式中，B 为关于 x_b 的误差的协方差矩阵。这里的背景场 x_b 在英文文献里面通常被叫做均态（climatology），不是通常理解的气候学。

目前相关研究很多。有些卫星产品有缺失值和较多的噪声，需要在统计分析之前做填充和平滑，有时需要根据多种卫星数据产品来确定。例如，反照率（Fang et al.，2007；He et al.，2014a；Moody et al.，2005；Zhang et al.，2010）、叶面积指数（Fang et al.，2008，2013）、光合有效辐射和植被覆盖度（Verger et al.，2015）、陆表温度（Bechtel，2015）、海面温度（Banzon et al.，2014）、地面辐射（Krähenmann et al.，2013；Posselt et al.，2014；Zhang et al.，2015b，2016）、降水（Liu，2015；Manz et al.，2016；Schneider et al.，2014）、气溶胶光学特性（Aznay et al.，2011）、土壤水分（Owe et al.，2008）、冰雪覆盖（Chen et al.，2016；Hüsler et al.，2014）、土地覆盖（Broxton et al.，2014）和植被季相变化（Verger et al.，2016）。

如果卫星产品的时间序列较长，可以确定其变化趋势，反映长时间的环境变化规律，揭示自然变化与人类活动的相对影响（Chen et al.，2015c，2016；He et al.，2013；Piao et al.，2015）。

He 等（2012）利用最优化方法从 MODIS 大气顶数据中确定地表双向反射率和反照率。Shi 等（2016）基于耦合的植被-大气辐射传输模型用最优化方法先确定叶面积指数和气溶胶光学厚度，再计算地面反照率和光合有效辐射吸收比，避免了大气校正的过程。利用最优化反演的相似例子还有很多（Laurent et al.，2013，2014；Lauvernet et al.，2008）。

4. 时空约束

遥感获取数据具有瞬时性特点，当前的陆表参数反演算法主要利用单一时相数据估计陆表参数的当前状态值。然而，叶面积指数、地表温度、晴空地表长短波辐射等陆表参数都是随时间变化的，并且具有特定的时间变化规律，仅仅依靠时间离散的遥感观测无法完整和连续表达陆表参数的时空演进过程。因此，在估计陆表参数时，耦合描述陆表参数随时间变化的过程模型和辐射传输模型，把已知参数时间维的变化规律考虑到模型算法中，利用时间序列的遥感观测信息，而不是仅利用某一瞬间的遥感观测，通过增加陆表参数反演所需要的信息量，是进一步提高遥感数据产品实用性的重要途径。事实上，将时间序列遥感观测数据与陆表过程模型相结合的反演方法研究已成为近年来定量遥感基础研究的热点和前沿问题，取得了较大进展。

时间约束适用于从一个时间序列遥感数据中反演地表参数，假定有些参数是时间恒定的，有些是随着时间变化的（Houborg et al.，2007；Lauvernet，2008），或者假定参数（如 LAI）遵循某种季相生长规律 [如式（1.3）]，或者假定反演的参数在时间上的平滑度（Quaife and Lewis，2010）。

空间约束是利用像元空间上的一致性，假定某些参数在空间上是均一的，将这些像元联合反演便可以减少未知变量数（Atzberger，2004；Laurent et al.，2013）。空间可以是临近的一个窗口，也可以是某种土地覆盖类型。例如，3×3 的窗口用于约束农作物 LAI 反演（Atzberger and Richter，2012）。在大气校正中，常常整幅图像作为一个窗口被假定成一套大气光学参数，与时间上的平滑度约束一样，空间平滑度也被用来约束参数反演（Wang et al.，2008）。

5. 多算法集成

目前国际上绝大多数的卫星产品都是在选择一个最佳算法的基础上生成的。基于单一算法，难以避免产品系统偏差，产品精度完全依赖于算法优劣，不同的算法往往具有不同的特性，这样极易造成产品在不同区域或者不同条件下表现出不同的精度，在全球区域上形成产品精度随某一属性的系统变化，产生了产品的系统误差。集成多种算法可以取长补短，减少估算的不确定性。

在研发 GLASS 产品时，我们第一次使用了算法集成的方法生成全球陆表遥感产品。例如，通过贝叶斯模型平均（BMA）方法集成多个下行和上行长波辐射模型，其集成后的估算精度得到大幅度提升（Wu et al.，2012）。

GLASS 陆表反照率产品是在集成两个估算算法而生成的（Liu et al.，2013a，b）。Yao 等（2014）通过集成 5 种计算地表潜热的模型，也显著地提高了潜热的估算精度。其他例子还有很多（Chen et al.，2015d；Kim et al.，2015；Shi and Liang，2013a，b，2014）。

6. 数据同化

遥感数据同化的参数估算方法不仅能够整合不同特性（如多光谱、多角度、多时态）的遥感数据，而且能够整合各种测量数据和先验知识（Lewis et al.，2012，Liang and Qin，2008）。它与前面提到的最优化方法的主要区别是它必须依靠一个动态方程。动态方程可以是一个机理模型，如作物生长模型，也可以是前面提到的一个统计模型。

陆表特征参数的过程模型描述了陆表参数随时间变化的规律，国内外学者提出了多种机理或半机理模型来描述陆表特征参量的动态变化，但这些模型往往包含较多的输入参数，并需要气象数据的驱动。然而在一般情况下，运行模型所需的众多参数和驱动数据在面上的分布很难准确获取，从而导致模型在面上的模拟或预测结果的精度难以保证。因此，这些模型一般不适用于区域或全球尺度的参数估计。

一些学者基于地面测量数据、模型模拟数据和遥感数据产品，分析典型陆表特征参量在空间上的分布规律及在时间序列上的变化趋势，应用时间序列数据分析方法建立描述陆表特征参量时间变化趋势的统计模型。在用数据同化方法反演叶面积指数时，使用的统计模型为（Liu et al.，2014；Xiao et al.，2011，2015b）

$$\text{LAI}_t = F_t \times \text{LAI}_{t-1} \quad (1.8)$$

式中，当前 LAI 数值（LAI_t）能够从前一时间的数值（LAI_{t-1}）来确定；F_t 为线性状态转换算子，计算公式为

$$F_t = 1 + \frac{1}{Z_t + \varepsilon} \times \frac{\mathrm{d}Z_t}{\mathrm{d}t} \quad (1.9)$$

式中，Z_t 为 LAI 均态（climatology）的时间剖面；$\varepsilon = 10^{-3}$。这种方程能够用于遥感反演的数据同化方法。

通常同化多个或者一个遥感高级产品，对应动态模型的相应状态变量。如果模型预测的变量值不接近遥感数据，同化算法（如集合卡尔曼滤波、蒙特卡罗）将调整模型参数，使得模型预测组不断接近遥感数据。由于模型是连续输出的，时空不规则的遥感数

据可以被转换成规整的产品。遥感不可观测的变量也可以通过同化的方法得到，如地下生物量和土壤水分。

Liang和Qin（2008）综述了数据同化在几个方面的应用进展，包含土壤水分、能量平衡通量、碳通量和作物产量。最近几年数据同化的发展很快，国内学者在这些方面也取得了很大的进展（Liang et al.，2013a），如土壤水分（Chen et al.，2015b；Fan et al.，2015；Han et al.，2015；Qin et al.，2013，2015；Yang et al.，2016）、水文参数（Lei et al.，2014；Xie et al.，2014）、水热通量（Wang et al.，2013；Xu et al.，2014，2015）、碳通量（Liu et al.，2015a）、作物估产（Cheng et al.，2016b；Huang et al.，2015a，b，2016）。

如果直接同化遥感观测数据（反射率或者植被指数），动态过程模型需要与陆面辐射传输模型耦合，使得模型计算的反射率或者植被指数逼近遥感观测数据。例如，Xiao等（2009）耦合表征LAI动态变化的双项逻辑函数与植被传输模型，通过同化MODIS地表反射率来估算LAI，之后应用于实时反演（Xiao et al.，2011）。这种方法的另外一个好处是只要植被传输模型的主要参数被确定，植被吸收的光合有效辐射比、地表反照率等都能够计算出来。实验证明这个方法非常有效（Liu et al.，2014；Xiao et al.，2015b）（图1.1）。

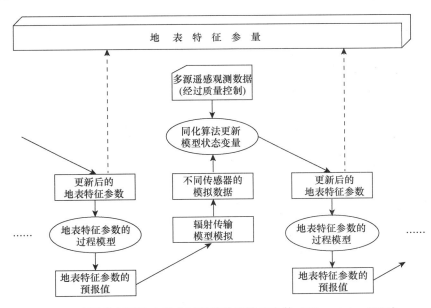

图1.1 利用数据同化方法实时反演地表特征参数（Xiao et al.，2011）

这些数据产品的反演算法都有不同的假设条件，分别反演特定的陆表特征参量，忽略了陆表特征参量之间的内在物理联系。因此，尽管使用了相同的传感器数据，但反演的陆表特征参量之间在物理意义上存在不一致性。

但是数据同化方法的缺点是计算量较大，如果直接同化大气顶的观测数据，还需要耦合大气辐射传输模型（Shi et al.，2016），计算量就更大。计算机仿真技术也许有所帮助（Gómez-Dans et al.，2016；Rivera et al.，2015），这个方向需要更多的研究。

7. 尺度转换

不同空间分辨率的遥感产品具有不同的时间分辨率。一般来说高空间分辨率的数据具有低时间分辨率，如 Landsat 数据的多光谱光学数据空间分辨率是 30 m，但是卫星的重复周期是 16 天，由于云的阻挡和数据获取能力，有效的时间分辨率低得多。相比较，MODIS 数据的时间分辨率较高但是空间分辨率较低。通过不同空间尺度数据的结合，可以生成高空间分辨率和高时间分辨率的新的数据产品。

Gao 等（2006）和 Zhu 等（2010）提出了一种时空自适应的反射率融合模型（STARFM）及其增强版（ESTARFM）来生成每日在陆地卫星空间尺度的反射率数据。相似的思路也应用到通过结合 MODIS 和陆地卫星地表温度（LST）数据产品生成每天陆地卫星空间分辨率的 LST 产品（Moosavi et al.，2015；Weng et al.，2014）。这些方法在文献中也被叫做数据时空融合方法（Chen et al.，2015a；Wu et al.，2015；Zhang et al.，2015a）

如果面对多空间尺度遥感数据产品，就需要不同的处理方法。

第 1 种情况是有在相同时间获取的多空间尺度遥感观测数据，需要估算对应的陆表参数。可以单独反演，但如果结合多空间尺度遥感观测数据进行联合反演，不同尺度的信息会相互传递以提高反演精度。例如，Jiang 等（2016b）利用集合多尺度滤波器方法有效地提高了 ETM+和 MODIS 数据的 LAI 反演精度。Van de Vyver 和 Roulin（2009）利用尺度递归估算方法计算降水量。这些多尺度估算过程能够用一个"树"状结构来表示（图 1.2）。所有网格覆盖相同的区域，但是每个网格对应不同的空间分辨率。每个节点都与更细尺度或者更粗尺度上的节点相关联。多尺度估算方法不断地循环向上和向下更新。向上更新把信息从细尺度到粗尺度传递，向下更新则把信息从粗尺度到细尺度传递。

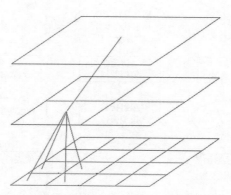

图 1.2　多空间尺度"树"状结构示意图

第 2 种情况是反演的不同尺度遥感产品可能存在系统误差、空间上不连续和不确定性。利用多尺度数据产品融合方法，不同尺度上的信息被用来提高使用产品的精度和质量。He 等（2014b）利用多分辨率树（multiresolution tree，MRT）方法融合 3 种分辨率的反照率产品：MISR（1100 m）、MODIS（500 m）、ETM+（30 m）。结果表明多尺度数据融合填补了数据缺失，减少了系统误差和不确定性。图 1.3 比较了 5 天 3 种产品在数据融合之前和之后的差别。大量的 MISR 缺失数据。陆地卫星的 ETM+数据缺失主要是自 2003 年以来扫描线校正器的问题所造成的。结果表明，基于来自其他尺度数据的信息传递，MISR 和 ETM+数据的缺口可被完整填充。

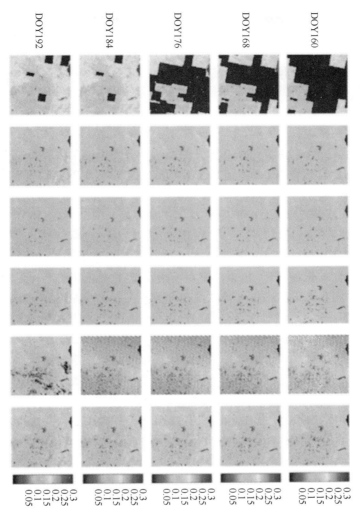

图 1.3　MRT 方法融合前后的时间序列反照率产品比较（He et al.，2014b；彩图附后）
从上到下依次为 MISR 原始、融合后的 MISR、MODIS 原始、融合后的 MODIS、ETM+原始、融合后的 ETM+

Wang 和 Liang（2011，2014）应用经验正交函数（EOF）方法和最优内插方法融合 MODIS 和 CYCLOPES 叶面积指数产品，显著地改进了产品的精度和质量。

1.3　GLASS 产品研发的新进展

自从 2000 年美国 NASA 发射 EOS 计划的旗舰卫星 TERRA 以后，遥感界一个革命性的变化是数据中心不仅提供卫星观测的辐射数据（遥感低级产品），而且提供转换成的各种地球生物物理化学参数，即遥感高级产品。因为把遥感低级产品转换成高级产品这个过程不仅需要复杂的反演算法，还需要一系列的辐射和几何方面的预处理方法，以及能够存储和计算海量遥感数据的软硬件系统。这个遥感高级产品的生产过程通常不是由单个用户来实施，而是由专门的团队通过相应的生产系统来完成，生成的产品由发布系统向用户提供服务。例如，MODIS 数据的陆表产品，由分布在各个大学和研究所的科学委员会成员（science team member）发展算法，位于美国宇航局戈达德飞行中心的生产系统生成产品，绝大多数产品由位于南达科他州的美国地质调查局（USGS）的地球资源观测和科学中心（EROS）向全球发布。

在科技部"十一五"国家高技术研究发展计划（863 计划）重点项目"全球陆表特征参量产品生成与应用研究"的支持下，北京师范大学联合国内多家优势单位，综合利用国内外卫星遥感数据源，生产了 5 种全球陆表卫星产品，即 GLASS 产品（Liang et al.，2013b，c），包含 3 年（2008～2010 年）的高时空分辨率的陆表下行辐射产品（下行太阳短波辐射和光合有效辐射），以及 31 年（1982～2012 年）的陆表反照率、发射率和叶面积指数产品。

GLASS 产品具有长时间序列（约 30 年 3 种产品）、高空间分辨率（1～5 km）、高时间分辨率（两种 3 小时辐射产品）、高精度和高质量的独特特性。主要创新点和特色如下：①叶面积指数和陆表反照率产品的时间覆盖范围为 1982～2012 年，把目前国际主流的同类产品向前推进了近 20 年；②发射率产品是目前世界首个全球宽波段发射率产品；③首次使用多源遥感数据（极轨卫星和静止卫星）反演得到全球陆表短波辐射和光合有效辐射产品。两种辐射产品是目前国际上空间分辨率最高的全球产品（5 km），比国际同类产品提高了至少一个数量级。GLASS 产品在 2012 年地球观测组织第九次全会上对外发布，这是中国首次生产并向全球用户发布具有中国自主知识产权的全球陆表卫星遥感高级产品，弥补了我国陆表遥感高级产品的空白，改写了中国只是他人产品使用者的历史，同时也极大地促进了全球地球观测数据共享。

"十二五"期间，研究团队在 863 计划项目"全球生态系统与表面能量平衡特征参量生成与应用"的资助下，将 GLASS 产品拓展到 12 种（表 1.1）。

表 1.1 GLASS 产品列表

编号	产品名称	时间范围	空间范围	时间分辨率	空间分辨率
1	叶面积指数	1982～2014 年	全球陆表	8 天	2000 年前 5km 2000 年后 1km
2	光合有效辐射吸收比	1982～2014 年	全球陆表	8 天	2000 年前 5km 2000 年后 1km
3	反照率	1982～2014 年	全球陆表	8 天	2000 年前 5km 2000 年后 1km
4	发射率	1982～2014 年	全球陆表	8 天	2000 年前 5km 2000 年后 1km
5	地表温度	四期	全球陆表	瞬时	2000 年前 5km 2000 年后 1km
6	长波净辐射	四期	全球陆表	8 天	2000 年前 5km 2000 年后 1km

续表

编号	产品名称	时间范围	空间范围	时间分辨率	空间分辨率
7	短波辐射	四期	全球陆表	1天	5km
8	光合有效辐射	四期	全球陆表	1天	5km
9	净辐射（日间）	四期	全球陆表	1天	5km
10	植被覆盖度*	四期	全球陆表	8天	2000年前 5km 2000年后 1km
11	总初级生产力*	四期	全球陆表	8天	2000年前 5km 2000年后 1km
12	潜热*	四期	全球陆表	8天	2000年前 5km 2000年后 1km

注：加粗的是已有的长时间序列产品；*标记的产品在最近被拓展为多年的长时间序列产品。

GLASS 产品由北京师范大学全球变化数据处理分析中心（http://www.bnu-datacenter.com）和马里兰大学 Global Land Cover Facility（www.landcover.org）分别向全球免费发布。到目前为止，GLASS 数据产品已经被超过 20 个国家的研究人员使用，总下载次数超过 5000 次，数据下载总量约 200TB。此外，利用 GLASS 产品，科技部国家遥感中心发布了 2012 年、2013 年和 2015 年度全球生态环境遥感监测报告，揭示了陆地植被的分布特征和变化趋势。这些报告发布可为保护生态环境、应对全球气候变化，以及政府决策提供支撑。下面对几个典型的 GLASS 产品做一个简要的介绍，详细的信息可见本书后面的相关章节。

1.3.1 叶面积指数

目前已有多个全球叶面积指数产品（第 9 章），但是除了 GLASS 产品之外，每个产品都来源于同一个传感器，因而覆盖的时间尺度有限。不同产品之间还存在较大差异（Fang et al.，2013）。

GLASS LAI 产品采用"多输入-多输出"的广义回归神经网络算法（Xiao et al.，2014，2016a），该算法最大的特色是使用一年的 MODIS 或 AVHRR 数据作为输入，一次性得到一年的 LAI 产品，用此方法能够很好地抓住植被的物候变化规律。此外，挑选了 MODIS 和 CYCLOPES 产品中数值接近的高质量反演的数据作为训练数据集。因此，相较于全球已有的 LAI 产品而言，GLASS LAI 产品具有时间完整、空间连续、精度较高等特点。

GLASS 叶面积指数产品已经得到了广泛的应用，如验证地球系统模式的模拟精度（Bao et al.，2014）、研究干旱区植被动态及其对气候效应（Jiapaer et al.，2015）、计算植被总初级生产力和蒸散（Liu et al.，2015b）、计算光合有效辐射吸收比（Xiao et al.，2015a）、植被覆盖度（Xiao et al.，2016c）和森林 ET（Tian et al.，2015）、评价水文参数数值模拟（Tesemma et al.，2015）、确定全球森林总初级生产力被高估（Ma et al.，2015）、监测和归因分析中国区域植被变绿的趋势（Piao et al.，2015），以及推广到全球尺度（Zhu et al.，2016）。

详细信息见本书第 9 章。

1.3.2 光合有效辐射吸收比

基于最近的验证结果（Martínez et al.，2013；Pickett-Heaps et al.，2014；Tao et al.，2015），每个全球光合有效辐射吸收比的遥感产品都有一定的不确定性，不同产品之间的差异也很大。GLASS FAPAR 产品是基于 GLASS 叶面积指数产品和其他信息计算生成（Xiao et al.，2015a），精度较高，时空连续性也很好，这种方法也可用于 VIIRS 和其他传感器数据（Xiao et al.，2015b，2016b）。详细信息见第 9 章。

1.3.3 植被覆盖度（FVC）

全球植被覆盖度卫星遥感产品较少（第 10 章）。GLASS 植被覆盖度产品利用广义回归神经网络算法（Jia et al.，2015）生产而成，用于训练的 16980 个样本分布在全球。其精度被证明高于同类产品。类似的算法也被应用到中国高分数据（Jia et al.，2016）。细节见第 10 章。

1.3.4 短波反照率

国际上具有代表性的全球反照率产品包含 MODIS、POLDER、MERIS 等（第 2 章），但是这些产品中仍然存在很多问题，其中最大的问题是由于基于单一传感器数据都不是长时间序列产品。

通常的反照率算法共有大气校正、地表方向反射率定模和狭宽波段转换 3 个过程，每个过程的计算均会产生误差，误差的积累将会影响最终结果。采用基于波段反射率直接计算反照率的算法（Liang，2003；Liang et al.，1999），首先分别利用大气顶端反射率和地表反射率来生产反照率初级产品（Qu et al.，2015），然后通过融合的办法生成最终产品（Liu et al.，2013a，b）。这是目前世界上第一次用多算法集成的方法生成全球陆表产品，用以提高产品精度。在 GLASS 二期产品中，也增加了海水反照率（Feng et al.，2016）和海冰反照率（Qu et al.，2016），详情见第 2 章。

GLASS 反照率产品也得到了广泛的应用，如它被用来揭示格陵兰岛冰雪融化与气温升高的关系（He et al.，2013）；计算冰雪覆盖季相变化（Chen et al.，2015c）和森林扰动的辐射强迫（Zhang and Liang，2014）；确定全球地表反照率均态（He et al.，2014a）。森林扰动的辐射强迫见第 14 章。冰雪覆盖季相变化的辐射强迫见第 19 章。

1.3.5 宽波段发射率

目前发射率数据缺乏有效的观测，在气候模式中通常将其设置为常数或者采用简单参数化方案表征，已有的发射率产品存在分辨率低、无法反映地表发射率真实变化等不足，长时间序列、高时空分辨率的全球陆表宽波段发射率遥感产品仍属空白。

GLASS 产品针对裸土提出了利用热红外波段发射率与可见光/近红外波段反照率/反射率的多元线性回归模型，结果优于现有方法中利用热红外波段发射率仅与红光波段反射率建立线性关系模型的结果（Cheng and Liang，2014）；针对植被覆盖，兼顾算法计算效率和物理基础，提出使用 4SAIL 辐射传输模型构建宽波段发射率查找表，以组分发射率（土壤发射率、叶片发射率）和 LAI 为索引，查表得到植被覆盖像元宽波段发射率（Cheng et al.，2016a），它能够反映植被丰度的季节变化，而这是主流发射率产品

（ASTER 和 MODIS 发射率产品）所不能的。详情见第 3 章。

1.3.6　下行短波辐射

短波辐射是研究陆表辐射收支平衡及其对气候影响的重要参数，国内外现有的全球下行短波辐射产品空间分辨率较低，无法满足地表科学的应用需求，其精度也有待极大地提高。

为了生成高时空分辨率全球覆盖的下行短波辐射产品，首次联合使用多个静止卫星（GOES、MSG、MTSAT 等）遥感数据和极轨卫星（MODIS）数据作为产品的输入数据，产品生产算法采用基于查找表业务化生产方法（Zhang et al., 2014a），将地表高程加入查找表中，提高了在高原区域估算精度。在保持算法反演精度的前提下，大幅度提高了全球辐射产品的空间分辨率。GLASS 下行短波辐射产品是目前是世界上空间分辨率最高的全球陆表下行短波辐射产品，也具有较高的精度（Huang et al., 2013）。详情见第 4 章。

1.3.7　光合有效辐射

目前已有的光合有效辐射与下行短波辐射产品情况类似，空间分辨率较低，而且产品数更少。采用了与下行短波辐射相似的基于查找表的业务生产方法（Zhang et al., 2014a），具有与下行短波辐射相似的算法先进性与特色。为实现全球产品生产，结合覆盖全球范围的多颗静止卫星，针对气溶胶类型、水云模式、云光学厚度，分别构建下行光合有效辐射和上述各云光学物理参数的查找表（LUT-A），以及云光学物理参数与传感器敏感波段间的查找表（LUT-B）；验证结果表明该算法不但可以提高产品的空间分辨率，而且产品精度也有明显的提高。高精度、高分辨率辐射产品能够提高总初级生产力的计算精度（Cai et al., 2014）。详情也见第 4 章。

1.3.8　长波净辐射

长波净辐射是估算地表净辐射的两个分量之一。现有长波辐射产品空间分辨率粗，精度差，难以满足多学科的应用需求。GLASS 长波净辐射是晴空下的瞬时产品，产品采用分量模式，分别反演上行长波辐射和下行长波辐射，然后相减得到长波净辐射。上行长波辐射采用混合算法（Cheng and Liang, 2016），直接由 MODIS 大气层顶辐亮度估算，全球尺度上算法的验证精度：偏差（BIAS）为 -0.31 W/m^2，均方根误差（RMSE）为 19.92 W/m^2，优于大多文献中报告的结果。下行长波辐射采用新的参数化方案估算，将其表达为上行长波辐射和大气含水量的非线性函数。全球尺度上算法验证精度：偏差为 0.514 W/m^2，均方根误差为 25.543 W/m^2。验证结果表明 GLASS 长波净辐射的偏差为 -0.054 W/m^2，均方根误差为 30.079 W/m^2。详情见第 5 章。

1.3.9　净辐射

全球地表净辐射遥感产品不多，人们常用 CERES、GEWEX 和 ISCCP 三个产品，但是它们的空间分辨率最高是 1°，难以满足各种陆面的应用研究。GLASS 净辐射产品是每天白天的平均值，其空间分辨率是 5km。通常净辐射遥感产品是从每个分量计算而得，即短波净辐射和长波净辐射之和（Wang et al., 2015b）。短波净辐射由下行太阳辐射和地面反照率产品计算，长波净辐射是上行和下行长波辐射之差。由于云等影响，通常难以直接计算连续的全天候长波净辐射。GLASS 净辐射产品算法是将短波净辐射转换成总的净辐射，短波净辐射从大气顶的观测数据直接计算（Wang et al., 2015a，c），或者从下行短波辐射（Zhang et al., 2014）和反照率（Wang et al., 2015d）计算。在经过比较不同的线性公式（Jiang et al., 2015）和机器学习算法（Jiang et al., 2014）之后，MARS 算法被选中（Jiang et al., 2016a）。利用观测数据的验证结果表明 GLASS 净辐射产品的均方根误差在 30 W/m^2 左右。详情见第 6 章。

1.3.10 总初级生产力（GPP）

GLASS GPP 产品采用贝叶斯多算法集成方法，首先评价了目前国际上应用广泛的 8 个光能利用率模型：CASA（carnegie-ames-stanford approach）、CFix、CFlux、EC-LUE（eddy covariance-light use efficiency）、MODIS、VPM（vegetation photosynthesis model）、VPRM 和 Two-leaf。其中 EC-LUE 模型是基于涡度相关碳通量站点资料发展起来的光能利用率模型（Yuan et al., 2007，2010），算法发展和验证是基于全球涡相关通量站点数据，站点数目为 155 个，包含了 9 种陆地生态系统类型：常绿阔叶林、常绿针叶林、落叶阔叶林、混交林、温带草地、热带稀树草原、灌木、农田和苔原。初步验证结果表明各个模型表现相对一致，回归集成方法显示了最高的模拟能力。GLASS GPP 产品的生产采用 EC-LUE、Cflux、TL-LUE 和 VPRM 这 4 种模型的集合方案。详情见第 12 章。

1.3.11 潜热通量（ET）

遥感估算地表潜热通量的方法有很多，如基于地表能量平衡的物理模型、经验统计算法、Penman-Monteith 算法、遥感三角形方法和数据同化方法等。尽管目前全球的潜热通量产品类型很多，包括卫星产品、再分析资料、陆面模型模拟、水文模型模拟，以及数据同化数据集等，它们之间的差异很大（Feng et al., 2015；Mueller et al., 2011；Wang and Dickinson, 2012；Yao et al., 2016），但是高分辨率的全球卫星产品还很少。MODIS ET 产品恐怕是最典型的，但是它的精度需要很大的改进（Chen et al., 2014b）。

GLASS 潜热通量产品是使用贝叶斯模型平均（BMA）方法集成 5 种算法而生成（Yao et al., 2014），其中包含 MODIS 产品算法，这确保 GLASS 产品的精度和质量有可能优于 MODIS 产品和其他的单一算法产品。详情见第 11 章。

1.4 气候数据集

当前卫星遥感产品主要由单一卫星计划、单一传感器数据生成，时间跨度有限，无法检测气候变化趋势，且由不同数据源生成的产品之间存在显著不一致性问题。图 1.4 是一个典型的例子，右边的圆圈显示数据产品的不连续性，左边的圆圈显示数据产品的不确定性和不一致性的问题。对环境监测，特别是气候变化监测，长时间序列遥感产品是必需的。图 1.5 显示了格陵兰岛地面反射率的长时间变化。近年来，由于地面气温升高，冰雪融化，反照率显著下降。用 2000 年以后 NASA MODIS 反照率数据拟合的趋势，与用 GLASS 反照率数据拟合的 30 多年的趋势差别很大，它充分显示了长时间序列遥感产品的重要性。

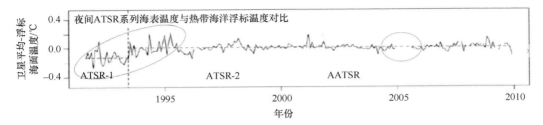

图 1.4　不同传感器数据生产出不连续不一致的海面温度产品

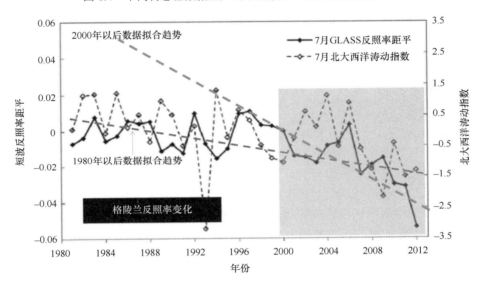

图 1.5　格陵兰岛地面反射率的长期变化（He et al., 2013）

为此，美国国家研究委员会（NRC）2004 年提出了气候数据集（CDR）的概念（NRC，2004）。CDR 定义为可用于确定气候变率和气候变化，具有足够时间长度、一致性和连续性的长时间序列数据。全球尺度上，卫星遥感是生成 CDR 的唯一手段。

CDR 的概念得到了许多国际组织的响应和支持。国际空间机构，以 NOAA 和 ESA 为代表，陆续开始研发 CDRs。例如，NOAA 生成了 9 个大气 CDRs、4 个海洋 CDRs 和 4 个陆表 CDRs。ESA 于 2010 年启动了气候变化计划（CCI）（Hollmann et al., 2013），计划 2017 年前生成 4 个大气 CDRs、4 个海洋 CDSR 和 5 个陆表 CDRs，ESA 将于 2017 年启动 CCI+计划，在原有基础上，增加 10 个 CDRs。CDR 类型明显不足，且分布不均，如在复杂性和异质性最强的陆表范围内，CDR 小于 5 个。在相当长的时间内，国外规划的气候数据集仍不能满足全球变化关键过程监测的需求。

在"十三五"全球变化专项计划中，"全球气候数据集生成及气候变化关键过程和要素监测"的项目已于 2016 年立项，届时将生产出有我国自主知识产权的多种大气、海洋和陆表气候数据集（梁顺林等，2016）。

1.5 结语与展望

陆表定量遥感的核心是研究如何从遥感观测数据中定量地估算地表各种地球生物、物理和化学参数，并且生成相应的遥感高级产品。这需要精确有效的反演算法，处理海量数据的软硬件产品生产系统和相应的用户服务。本章重点评述了反演方法和数据产品生成的新进展。先进的遥感反演方法是生成遥感高级产品的关键，及时了解反演算法发展的动态，不仅对反演算法的发展者非常重要，对遥感产品的使用者也非常有益。

在反演方法方面，主要讨论了两个方面：第一是评述各种机器学习方法在反演中的新进展；第二是为了克服遥感病态反演问题的各种正则化方法。尽管是分开讨论的，但是这些方法常被组合使用。

在遥感产品方面，在介绍了 GLASS 产品的算法、特性和应用情况的基础上，本章还对世界上气候数据集的生成情况进行了详细评述。气候数据集是具有足够时间长度（通常在 30 年左右）、一致性和连续性的长时间序列数据。以遥感为主体的气候数据集对研究气候变化等许多应用都具有重大意义。

尽管对环境遥感有了大量投资，但是几乎在遥感的所有方面都缺少紧密的结合，如传感器硬件系统、遥感科学的基础理论研究、反演算法研究、信息系统、信息服务与应用。例如，中国空间基础设施将计划发射 60 多颗卫星，这些卫星基本上没有连成观测网络，而且绝大多数遥感用户都没有参与卫星平台和传感器设计的讨论。目前遥感反演算法基本都依靠 1 维的辐射传输模型，常常与 3 维的真实世界差别太远，迫切需要计算效率高、有效表征 3 维真实场景的辐射传播模型。数据中心的信息系统需要连续更新，云存储和云计算需要尽快发展。大容量的遥感数据在线传输依然很慢，用户搜索多层菜单也难以发现所需产品。尽管数据共享早已成为共识，但是数据中心还常常对用户设置许多障碍，如限制免费数据下载量，有偿使用数据等。

遥感发展最终的驱动力是遥感应用，但是遥感发展与遥感应用之间还存在显著的断层现象。遥感科学家开发的许多高级产品还没有被广泛使用，许多陆表过程模型和决策支持系统所需的变量还没有产生产品，产品的精度和应用要求还未达到一致，即使是相同的变量在遥感反演算法和应用模型中可能会有不同的定义。

遥感产品的精度评价还需要大量的工作，这需要更多广泛空间分布的、连续的、多要素的地面观测。对于许多要素，地面测量数据的不足严重影响了反演算法的研发和产品验证，因而制约了陆表定量遥感的发展。

简言之，在大量投资的支撑下，遥感已经有了长足的发展，也得到了巨大的社会效益。海量的遥感数据已经获得，但也提出了巨大的挑战。发展先进的传感器和系统以解决应用问题迫在眉睫，最佳的集成来自各种传感器的观测数据和其他辅助测量数据的集成。为了实现集成，发展新的模型和算法，如数据融合和数据同化，是至关重要的。迫切需要发展计算简化的陆表辐射传输模型，用于从卫星数据中反演陆表变量。此外更加有机地结合遥感科学和各种应用也将受益无穷。

参 考 文 献

梁顺林, 唐世浩, 张杰, 等. 2016. 全球气候数据集生成及气候变化应用研究. 遥感学报, 20(6): 1491-1499

Ahmed O S, Franklin S E, Wulder M A, White J C. 2015. Characterizing stand-level forest canopy cover and height using Landsat time series, samples of airborne LiDAR, and the Random Forest algorithm. ISPRS Journal of Photogrammetry and Remote Sensing, 101: 89-101

Ali I, Greifeneder F, Stamenkovic J, Neumann M, Notarnicola C. 2015. Review of machine learning approaches for biomass and soil moisture retrievals from remote sensing data. Remote Sensing, 7: 16398-16421

Atzberger C, Richter K. 2012. Spatially constrained inversion of radiative transfer models for improved LAI mapping from future Sentinel-2 imagery. Remote Sensing of Environment, 120: 208-218

Atzberger C. 2004. Object-based retrieval of biophysical canopy variables using artificial neural nets and radiative transfer models. Remote Sensing of Environment, 93: 53-67

Axelsson C, Skidmore A K, Schlerf M, Fauzi A, Verhoef W. 2013. Hyperspectral analysis of mangrove foliar chemistry using PLSR and support vector regression. International Journal of Remote Sensing, 34: 1724-1743

Aznay O, Zagolski F, Santer R. 2011. A new climatology for remote sensing over land based on the inherent optical properties. International Journal of Remote Sensing, 32: 2851-2885

Banzon V F, Reynolds R W, Stokes D, Xue Y. 2014. A 1/4 degrees-spatial-resolution daily sea surface temperature climatology based on a blended satellite and in situ analysis. Journal of Climate, 27: 8221-8228

Bao Y, Gao Y H, Lu S H, Wang Q X, Zhang S B, Xu J W, Li R Q, Li S S, Ma D, Meng X H, Chen H, Chang Y. 2014. Evaluation of CMIP5 earth system models in reproducing leaf area index and vegetation cover over the Tibetan Plateau. Journal of Meteorological Research, 28: 1041-1060

Barbosa J M, Melendez-Pastor I, Navarro-Pedreño J, Bitencourt M D. 2014. Remotely sensed biomass over steep slopes: An evaluation among successional stands of the Atlantic Forest, Brazil. ISPRS Journal of Photogrammetry and Remote Sensing, 88: 91-100

Baret F, Buis S. 2008. Estimating canopy characteristics from remote sensing observations: Review of methods and associated problems. In: Liang S. Advances in Land Remote Sensing: System, Modeling, Inversion and Application. New York: Springer, 173-201

Baret F, Hagolle O, Geiger B, Bicheron P, Miras B, Huc M, Berthelot B, Nino F, Weiss M, Samain O, Roujean J L, Leroy M. 2007. LAI, FAPAR and fcover cyclopes global products derived from VEGETATION. Part 1: Principles of the algorithm. Remote Sensing of Environment, 113: 275-286

Bechtel B. 2015. A new global climatology of annual land surface temperature. Remote Sensing, 7: 2850-2870

Beck P S A, Atzberger C, Hogda K A, Johansen B, Skidmore A K. 2006. Improved monitoring of vegetation dynamics at very high latitudes: A new method using MODIS NDVI. Remote Sensing of Environment, 100: 321-334

Belgiu M, Dragut L. 2016. Random forest in remote sensing: A review of applications and future directions. ISPRS Journal of Photogrammetry and Remote Sensing, 114: 24-31

Blackard J A, Finco M V, Helmer E H, Holden G R, Hoppus M L, Jacobs D M, Lister A J, Moisen G G, Nelson M D, Riemann R, Ruefenacht B, Salajanu D, Weyermann D L, Winterberger K C, Brandeis T J, Czaplewski R L, McRoberts R E, Patterson P L, Tymcio R P. 2008. Mapping US forest biomass using nationwide forest inventory data and moderate resolution information. Remote Sensing of Environment, 112: 1658-1677

Broxton P D, Zeng X B, Sulla-Menashe D, Troch P A. 2014. A global land cover climatology using MODIS data. Journal of Applied Meteorology and Climatology, 53: 1593-1605

Cai W, Yuan W, Liang S, Zhang X, Dong W, Xia J, Fu Y, Chen Y, Liu D, Zhang Q. 2014. Improved estimations of gross primary production using satellite-derived photosynthetically active radiation. Journal of Geophysical Research: Biogeosciences, 119: 110-123

Caicedo J P R, Verrelst J, Munoz-Mari J, Moreno J, Camps-Valls G. 2014. Toward a semiautomatic machine learning retrieval of biophysical parameters. Ieee Journal of Selected Topics in Applied Earth Observations and Remote Sensing, 7: 1249-1259

Chen J, Quan W T, Cui T W, Song Q J, Lin C S. 2014a. Remote sensing of absorption and scattering coefficient using neural network model: Development, validation, and application. Remote Sensing of Environment, 149: 213-226

Chen Y, Xia J, Liang S, Feng J, Fisher J B, Li X, Li X, Liu S, Ma Z, Miyata A, Mu Q, Sun L, Tang J, Wang K, Wen J, Xue Y, Yu G, Zha T, Zhang L, Zhang Q, ZhaoT, Zhao L, Yuan W. 2014b. Comparison of satellite-based evapotranspiration models over terrestrial ecosystems in China. Remote Sensing of Environment, 140: 279-293

Chen B, Huang B, Xu B. 2015a. Comparison of spatiotemporal fusion models: A review. Remote Sensing, 7: 1798-1835

Chen W J, Huang C L, Shen H F, Li X. 2015b. Comparison of ensemble-based state and parameter estimation methods for soil moisture data assimilation. Advances in Water Resources, 86: 425-438

Chen X, Liang S, Cao Y, He T, Wang D. 2015c. Observed contrast changes in snow cover phenology in northern middle and high latitudes from 2001–2014. Scientific Reports, 5: 16820

Chen Y, Yuan W P, Xia J Z, Fisher J B, Dong W J, Zhang X T, Liang S L, Ye A Z, Cai W W, Feng J M. 2015d. Using Bayesian model averaging to estimate terrestrial evapotranspiration in China. Journal of Hydrology, 528: 537-549

Chen X, Liang S, Cao Y, He T. 2016. Distribution, attribution, and radiative forcing of snow cover changes over China from 1982 to 2013. Climatic Change, 137: 363-377

Chen Z Q, Shi R H, Zhang S P. 2013. An artificial neural network approach to estimate evapotranspiration from remote sensing and AmeriFlux data. Frontiers of Earth Science, 7: 103-111

Cheng J, Liang S. 2014. Estimating the broadband longwave emissivity of global bare soil from the MODIS shortwave albedo product. Journal of Geophysical Research: Atmospheres, 119(2): 614-634 DOI: 10.1002/2013JD020689

Cheng J, Liang S. 2016. Global estimates for high-spatial-resolution clear-sky land surface upwelling longwave radiation from MODIS data. IEEE Transactions on Geoscience and Remote Sensing, 54: 4115-4129

Cheng J, Liang S, Verhoef W, Shi L, Liu Q. 2016a. Estimating the hemispherical broadband longwave emissivity of global vegetated surfaces using a radiative transfer model. Geoscience and Remote Sensing, IEEE Transactions on, 54: 905-917

Cheng Z Q, Meng J H, Wang Y M. 2016b. Improving spring maize yield estimation at field scale by assimilating time-series HJ-1 CCD data into the WOFOST model using a new method with fast Algorithms. Remote Sensing, 8(4), 303. doi: 10.3390/rs8040303

Dash J, Ogutu B O. 2016. Recent advances in space-borne optical remote sensing systems for monitoring global terrestrial ecosystems. Progress in Physical Geography, 40: 322-351

de Vyver H V, Roulin E. 2009. Scale-recursive estimation for merging precipitation data from radar and microwave cross-track scanners. Journal of Geophysical Research-Atmospheres, 114(D8)

Donmez C, Berberoglu S, Erdogan M A, Tanriover A A, Cilek A. 2015. Response of the regression tree model to high resolution remote sensing data for predicting percent tree cover in a Mediterranean ecosystem. Environmental Monitoring and Assessment, 187: 4

Fan L, Xiao Q, Wen J G, Liu Q, Jin R, You D Q, Li X W. 2015. Mapping high-resolution soil moisture over heterogeneous cropland using multi-resource remote sensing and ground observations. Remote Sensing, 7: 13273-13297

Fang H L, Jiang C Y, Li W J, Wei S S, Baret F, Chen J M, Garcia-Haro J, Liang S L, Liu R G, Myneni R B, Pinty B, Xiao Z Q, Zhu Z C. 2013. Characterization and intercomparison of global moderate resolution leaf area index(LAI)products: Analysis of climatologies and theoretical uncertainties. Journal of Geophysical Research-Biogeosciences, 118: 529-548

Fang H, Kim H, Liang S, Schaaf C, Strahler A, Townshend G R G, Dickinson R. 2007. Developing a spatially continuous 1 km surface albedo data set over North America from Terra MODIS products. Journal of Geophysical Research, 112: D20206, doi: 20210.21029/22006JD008377

Fang H, Liang S, Townshend J, Dickinson R. 2008. Spatially and temporally continuous LAI data sets based on an new filtering method: Examples from North America. Remote Sensing of Environment, 112: 75-93

Feng F, Chen J Q, Li X L, Yao Y J, Liang S L, Liu M, Zhang N N, Guo Y, Yu J, Sun M M. 2015. Validity of five satellite-based latent heat flux algorithms for semi-arid ecosystems. Remote Sensing, 7: 16733-16755

Feng Y, Liu Q, Qu Y, Liang S. 2016. Estimation of the ocean water albedo from remote sensing and meteorological reanalysis data. Geoscience and Remote Sensing, IEEE Transactions on, 54: 850-868

Filippi A M, Guneralp I, Randall J. 2014. Hyperspectral remote sensing of aboveground biomass on a river meander bend using multivariate adaptive regression splines and stochastic gradient boosting. Remote Sensing Letters, 5: 432-441

Fisher A. 1994. A model for the seasonal variations of vegetation indices in coarse resolution data and its inversion to extract crop parameters. Remote Sensing of Environment, 48: 220-230

Gao F, Masek J, Schwaller M, Hall F. 2006. On the blending of the Landsat and MODIS surface reflectance: Predicting daily Landsat surface reflectance. IEEE Transactions on Geoscience and Remote Sensing, 44: 2207-2218

Garcia-Gutierrez J, Martinez-Alvarez F, Troncoso A, Riquelme J C. 2015. A comparison of machine learning regression techniques for LiDAR-derived estimation of forest variables. Neurocomputing, 167: 24-31

Gholizadeh H, Robeson S M, Rahman A F. 2015. Comparing the performance of multispectral vegetation indices and machine-learning algorithms for remote estimation of chlorophyll content: A case study in the Sundarbans mangrove forest. International Journal of Remote Sensing, 36: 3114-3133

Gomez C, Wulder M A, Montes F, Delgado J A. 2012. Modeling forest structural parameters in the mediterranean pines of central Spain using QuickBird-2 Imagery and classification and regression tree analysis(CART). Remote Sensing, 4: 135-159

Gomez-Dans J L, Lewis P E, Disney M. 2016. Efficient emulation of radiative transfer codes using gaussian processes and application to land surface parameter inferences. Remote Sensing, 8: 119

Halperin J, LeMay V, Coops N, Verchot L, Marshall P, Lochhead K. 2016. Canopy cover estimation in miombo woodlands of Zambia: Comparison of Landsat 8 OLI versus RapidEye imagery using parametric, nonparametric, and semiparametric methods. Remote Sensing of Environment, 179: 170-182

Han X J, Li X, Rigon R, Jin R, Endrizzi S. 2015. Soil moisture estimation by assimilating L-band microwave brightness temperature with geostatistics and observation localization. Plos One, 10(1): e0116435

He T, Liang S, Song D-X. 2014a. Analysis of global land surface albedo climatology and spatial-temporal variation during 1981–2010 from multiple satellite products. Journal of Geophysical Research: Atmospheres, 119(17): 10281-10289

He T, Liang S L, Wang D D, Shuai Y M, Yu Y Y. 2014b. Fusion of satellite land surface Albedo products across scales using a multiresolution tree method in the North Central United States. IEEE Transactions on Geoscience and Remote Sensing, 52: 3428-3439

He T, Liang S, Wang D, Wu H, Yu Y, Wang J. 2012. Estimation of surface albedo and reflectance from moderate resolution imaging spectroradiometer observations. Remote Sensing of Environment, 119: 286-300

He T, Liang S, Yu Y, Liu Q, Gao F. 2013. Greenland surface albedo changes 1981-2012 from satellite observations. Environmental Research Letters, 8: 044043

Hermance J F. 2007. Stabilizing high-order, non-classical harmonic analysis of NDVI data for average annual models by damping model roughness. International Journal of Remote Sensing, 28: 2801-2819

Hollmann R, Merchant C J, Saunders R, Downy C, Buchwitz M, Cazenave A, Chuvieco E, Defourny P, de Leeuw G, Forsberg R, Holzer-Popp T, Paul F, Sandven S, Sathyendranath S, van Roozendael M, Wagner W. 2013. The esa climate change initiative satellite data records for essential climate variables. Bulletin of the American Meteorological Society, 94: 1541-1552

Houborg R, Soegaard H, Boegh E. 2007. Combining vegetation index and model inversion methods for the extraction of key vegetation biophysical parameters using Terra and Aqua MODIS reflectance data. Remote Sensing of Environment, 106: 39-58

Huang G, Wang W, Zhang X, Liang S, Liu S, Zhao T, Feng J, Ma Z. 2013. Preliminary validation of GLASS-DSSR products using surface measurements collected in arid and semi-arid region of China. International Journal of Digital Earth, 6(sup1): 50-68

Huang J X, Ma H Y, Su W, Zhang X D, Huang Y B, Fan J L, Wu W B. 2015a. Jointly assimilating MODIS LAI and ET products Into the SWAP model for winter wheat yield estimation. Ieee Journal of Selected Topics in Applied Earth Observations and Remote Sensing, 8: 4060-4071

Huang J X, Tian L Y, Liang S L, Ma H Y, Becker-Reshef I, Huang Y B, Su W, Zhang X D, Zhu D H, Wu W B. 2015b. Improving winter wheat yield estimation by assimilation of the leaf area index from Landsat TM and MODIS data into the WOFOST model. Agricultural and Forest Meteorology, 204: 106-121

Huang J X, Sedano F, Huang Y B, Ma H Y, Li X L, Liang S L, Tian L Y, Zhang X D, Fan J L, Wu W B. 2016. Assimilating a synthetic Kalman filter leaf area index series into the WOFOST model to improve regional winter wheat yield estimation. Agricultural and Forest Meteorology, 216: 188-202

Husler F, Jonas T, Riffler M, Musial J P, Wunderle S. 2014. A satellite-based snow cover climatology (1985-2011)for the European Alps derived from AVHRR data. Cryosphere, 8: 73-90

Hutengs C, Vohland M. 2016. Downscaling land surface temperatures at regional scales with random forest regression. Remote Sensing of Environment, 178: 127-141

Jamet C, Loisel H, Dessailly D. 2012. Retrieval of the spectral diffuse attenuation coefficient K-d(lambda)in open and coastal ocean waters using a neural network inversion. Journal of Geophysical Research-Oceans, 117(c10)

Jia K, Liang S L, Liu S H, Li Y W, Xiao Z Q, Yao Y J, Jiang B, Zhao X, Wang X X, Xu S, Cui J. 2015. Global land surface fractional vegetation cover estimation using general regression neural networks from MODIS surface reflectance. IEEE Transactions on Geoscience and Remote Sensing, 53: 4787-4796

Jia K, Liang S, Gu X, Baret F, Wei X, Wang X, Yao Y, Yang L, Li Y. 2016. Fractional vegetation cover estimation algorithm for Chinese GF-1 wide field view data. Remote Sensing of Environment, 177: 184-191

Jiang B, Zhang Y, Liang S, Wohlfahrt G, Arain A, Cescatti A, Georgiadis T, Jia K, Kiely G, Lund M, Montagnani L, Magliulo V, Ortiz P S, Oechel W, Vaccari F P, Yao Y, Zhang X. 2015. Empirical estimation of daytime net radiation from shortwave radiation and ancillary information. Agricultural and Forest Meteorology, 211: 23-36

Jiang B, Zhang Y, Liang S, Zhang X, Xiao Z. 2014. Surface daytime net radiation estimation using artificial neural networks. Remote Sensing, 6: 11031-11050

Jiang B, Liang S, Ma H, Zhang X, Xiao Z, Zhao X, Jia K, Yao Y, Jia A. 2016a. GLASS daytime all-wave net radiation product: Algorithm development and preliminary validation. Remote Sensing, 8: 222

Jiang J, Xiao Z, Wang J, Song J. 2016b. Multiscale estimation of leaf area index from satellite observations based on an ensemble multiscale filter. Remote Sensing, 8(3): 229

Jiapaer G, Liang S L, Yi Q X, Liu J P. 2015. Vegetation dynamics and responses to recent climate change in Xinjiang using leaf area index as an indicator. Ecological Indicators, 58: 64-76

Ke Y H, Im J, Park S, Gong H L. 2016. Downscaling of MODIS One kilometer evapotranspiration using Landsat-8 data and machine learning approaches. Remote Sensing, 8: 26

Kim J, Mohanty B P, Shin Y. 2015. Effective soil moisture estimate and its uncertainty using multimodel simulation based on Bayesian model averaging. Journal of Geophysical Research-Atmospheres, 120: 8023-8042

Krahenmann S, Obregon A, Muller R, Trentmann J, Ahrens B. 2013. A satellite-based surface radiation climatology derived by combining climate data records and near-real-time data. Remote Sensing, 5: 4693-4718

Kuhnlein M, Appelhans T, Thies B, Nauss T. 2014. Improving the accuracy of rainfall rates from optical satellite sensors with machine learning - A random forests-based approach applied to MSG SEVIRI. Remote Sensing of Environment, 141: 129-143

Kuter S, Weber G W, Akyurek Z, Ozmen A. 2015. Inversion of top of atmospheric reflectance values by conic multivariate adaptive regression splines. Inverse Problems in Science and Engineering, 23: 651-669

Laurent V C E, Schaepman M E, Verhoef W, Weyermann J, Chávez R O. 2014. Bayesian object-based estimation of LAI and chlorophyll from a simulated Sentinel-2 top-of-atmosphere radiance image. Remote Sensing of Environment, 140: 318-329

Laurent V C E, Verhoef W, Damm A, Schaepman M E, Clevers J. 2013. A Bayesian object-based approach for estimating vegetation biophysical and biochemical variables from APEX at-sensor radiance data. Remote Sensing of Environment, 139: 6-17

Lauvernet C, Baret F, Hascoët L, Buis S, Le Dimet F-X. 2008. Multitemporal-patch ensemble inversion of coupled surface–atmosphere radiative transfer models for land surface characterization. Remote Sensing of Environment, 112: 851-861

Lei F N, Huang C L, Shen H F, Li X. 2014. Improving the estimation of hydrological states in the SWAT model via the ensemble Kalman smoother: Synthetic experiments for the Heihe River Basin in northwest China. Advances in Water Resources, 67: 32-45

Lewis P, Gomez-Dans J, Kaminski T, Settle J, Quaife T, Gobron N, Styles J, Berger M. 2012. An earth observation land data assimilation system(EO-LDAS). Remote Sensing of Environment, 120: 219-235

Liang S L. 2007. Recent developments in estimating land surface biogeophysical variables from optical remote sensing. Progress in Physical Geography, 31: 501-516

Liang S, Qin J. 2008. Data assimilation methods for land surface variable estimation. In: Liang S. Advances in Land Remote Sensing: System, Modeling, Inversion and Application. New York: Springer, 313-339

Liang S, Strahler A, Walthall C. 1999. Retrieval of land surface albedo from satellite observations: A simulation study. Journal of Applied Meteorology, 38: 712-725

Liang S, Wang K, Zhang X, Wild M. 2010. Review on estimation of land surface radiation and energy budgets from ground measurement, remote sensing and model simulations. IEEE Journal in Special Topics in Applied Earth Observations and Remote Sensing, 3: 225-240

Liang S, Li X, Xie X. 2013a. Land Surface Observation, Modeling and Data Assimilation. World Scientific

Liang S, Zhang X, Xiao Z, Cheng J, Liu Q, Zhao X. 2013b. Global Land Surface Satellite(GLASS)Products: Algorithms, Validation and Analysis. New York: Springer

Liang S, Zhao X, Yuan W, Liu S, Cheng X, Xiao Z, Zhang X, Liu Q, Cheng J, Tang H, Qu Y H, Bo Y, Qu Y, Ren H, Yu K, Townshend J. 2013c. A long-term global land surface satellite(GLASS) dataset for environmental studies. International Journal of Digital Earth, 6: 5-33

Liang S. 2003. A direct algorithm for estimating land surface broadband albedos from MODIS imagery. IEEE Transactions on Geoscience and Remote Sensing, 41: 136-145

Liang S. 2004. Quantitative Remote Sensing of Land Surfaces. New York: John Wiley & Sons, Inc

Liang S. 2009. Quantitative models and inversion in remote sensing. In: Warner T A, Nellis M D, Foody G. SAGE Handbook of Remote Sensing, 282-296

Liess M, Schmidt J, Glaser B. 2016. Improving the spatial prediction of soil organic carbon stocks in a complex tropical mountain landscape by methodological specifications in machine learning approaches. Plos One, 11: 22

Liu N, Liu Q, Wang L, Liang S, Wen J, Qu Y, Liu S. 2013a. A statistics-based temporal filter algorithm to map spatiotemporally continuous shortwave albedo from MODIS data. Hydrology and Earth System Sciences, 17: 2121-2129, doi: 2110.5194/hess-2117-2121-2013

Liu Q, Wang L, Qu Y, Liu N, Liu S, Tang H, Liang S. 2013b. Primary evaluation of the long-term GLASS Albedo product. International Journal of Digital Earth, 6: 69-95, doi: 10.1080/17538947.17532013.17804601

Liu Q, Liang S L, Xiao Z Q, Fang H L. 2014. Retrieval of leaf area index using temporal, spectral, and angular information from multiple satellite data. Remote Sensing of Environment, 145: 25-37

Liu M, He H L, Ren X L, Sun X M, Yu G R, Han S J, Wang H M, Zhou G Y. 2015a. The effects of constraining variables on parameter optimization in carbon and water flux modeling over different forest ecosystems. Ecological Modelling, 303: 30-41

Liu Z J, Shao Q Q, Liu J Y. 2015b. The performances of MODIS-GPP and -ET products in China and their sensitivity to input data(FPAR/LAI). Remote Sensing, 7: 135-152

Liu Z. 2015. Evaluation of precipitation climatology derived from TRMM multi-satellite precipitation analysis(TMPA)monthly product over land with two gauge-based products. Climate, 3: 964-982

Ma J Y, Yan X D, Dong W J, Chou J M. 2015. Gross primary production of global forest ecosystems has been overestimated. Scientific Reports, 5: 9

Manz B, Buytaert W, Zulkafli Z, Lavado W, Willems B, Robles LA, Rodriguez-Sanchez J P. 2016. High-resolution satellite-gauge merged precipitation climatologies of the Tropical Andes. Journal of Geophysical Research-Atmospheres, 121: 1190-1207

Marabel M, Alvarez-Taboada F. 2013. Spectroscopic determination of aboveground biomass in grasslands using spectral transformations, support vector machine and partial least squares regression. Sensors, 13: 10027

Martinez B, Camacho F, Verger A, Garcia-Haro F J, Gilabert M A. 2013. Intercomparison and quality assessment of MERIS, MODIS and SEVIRI FAPAR products over the Iberian Peninsula. International Journal of Applied Earth Observation and Geoinformation, 21: 463-476

Mas J F, Flores J J. 2008. The application of artificial neural networks to the analysis of remotely sensed data. International Journal of Remote Sensing, 29: 617-663

Meyer H, Kuhnlein M, Appelhans T, Nauss T. 2016. Comparison of four machine learning algorithms for their applicability in satellite-based optical rainfall retrievals. Atmospheric Research, 169: 424-433

Montesano P M, Cook B D, Sun G, Simard M, Nelson R F, Ranson K J, Zhang Z, Luthcke S. 2013. Achieving accuracy requirements for forest biomass mapping: A spaceborne data fusion method for estimating forest biomass and LiDAR sampling error. Remote Sensing of Environment, 130: 153-170

Moody E G, King M D, Platnick S, Schaaf C B, Gao F. 2005. Spatially complete global spectral surface albedos: Value-added datasets derived from terra MODIS land products. IEEE Transactions on Geoscience and Remote Sensing, 43: 144-158

Moosavi V, Talebi A, Mokhtari M H, Shamsi S R F, Niazi Y. 2015. A wavelet-artificial intelligence fusion approach(WAIFA)for blending Landsat and MODIS surface temperature. Remote Sensing of Environment, 169: 243-254

Mora B, Wulder M A, White J C. 2010. Segment-constrained regression tree estimation of forest stand height from very high spatial resolution panchromatic imagery over a boreal environment. Remote Sensing of Environment, 114: 2474-2484

Mountrakis G, Im J, Ogole C. 2011. Support vector machines in remote sensing: A review. ISPRS Journal of Photogrammetry and Remote Sensing, 66: 247-259

Mueller B, Seneviratne S, Jimenez C, Corti T, Hirschi M, Balsamo G, Ciais P, Dirmeyer P, Fisher J, Guo Z. 2011. Evaluation of global observations-based evapotranspiration datasets and IPCC AR4 simulations. Geophysical Research Letters, 38: L06402

Nawar S, Buddenbaum H, Hill J, Kozak J. 2014. Modeling and mapping of soil salinity with reflectance spectroscopy and Landsat data using two quantitative methods(PLSR and MARS). Remote Sensing, 6: 10813-10834

NRC. 2004. Climate Data Records from Environmental Satellites: Interim Report.

Owe M, de Jeu R, Holmes T. 2008. Multisensor historical climatology of satellite-derived global land surface moisture. Journal of Geophysical Research-Earth Surface, 113: 17

Pan Z G, Glennie C, Legleiter C, Overstreet B. 2015. Estimation of water depths and turbidity from hyperspectral imagery using support vector regression. Ieee Geoscience and Remote Sensing Letters, 12: 2165-2169

Pflugmacher D, Cohen W B, Kennedy R E, Yang Z. 2014. Using Landsat-derived disturbance and recovery history and lidar to map forest biomass dynamics. Remote Sensing of Environment, 151: 124-137

Piao S L, Yin G D, Tan J G, Cheng L, Huang M T, Li Y, Liu R G, Mao J F, Myneni R B, Peng S S, Poulter B, Shi X Y, Xiao Z Q, Zeng N, Zeng Z Z, Wang Y P. 2015. Detection and attribution of vegetation greening trend in China over the last 30 years. Global Change Biology, 21: 1601-1609

Pickett-Heaps C A, Canadell J G, Briggs P R, Gobron N, Haverd V, Paget M J, Pinty B, Raupach M R. 2014. Evaluation of six satellite-derived fraction of absorbed photosynthetic active radiation(FAPAR)products across the Australian continent. Remote Sensing of Environment, 140: 241-256

Posselt R, Mueller R, Trentrnann J, Stockli R, Liniger M A. 2014. A surface radiation climatology across two Meteosat satellite generations. Remote Sensing of Environment, 142: 103-110

Qin J, Yang K, Lu N, Chen Y Y, Zhao L, Han M L. 2013. Spatial upscaling of in-situ soil moisture measurements based on MODIS-derived apparent thermal inertia. Remote Sensing of Environment, 138: 1-9

Qin J, Zhao L, Chen Y Y, Yang K, Yang Y P, Chen Z Q, Lu H. 2015. Inter-comparison of spatial upscaling methods for evaluation of satellite-based soil moisture. Journal of Hydrology, 523: 170-178

Qu Y H, Zhang Y Z, Wang J D. 2012. A dynamic Bayesian network data fusion algorithm for estimating leaf area index using time-series data from in situ measurement to remote sensing observations. International Journal of Remote Sensing, 33: 1106-1125

Qu Y, Liang S, Liu Q, Feng Y, Liu S. 2016. Estimating Arctic sea-ice shortwave albedo from MODIS data. Remote Sensing of Environment, 186: 32-46

Qu Y, Liang S, Liu Q, He T, Liu S, Li X. 2015. Mapping surface broadband Albedo from satellite observations: A review of literatures on Algorithms and products. Remote Sensing, 7: 990-1020

Qu Y, Zhang Y, Xue H. 2014. Retrieval of 30-m-resolution leaf area index from China HJ-1 CCD data and MODIS products through a dynamic bayesian network. Ieee Journal of Selected Topics in Applied Earth Observations and Remote Sensing, 7: 222-228

Quaife T, Lewis P. 2010. Temporal constraints on linear BRDF model parameters. IEEE Transactions on Geoscience and Remote Sensing, 48: 2445-2450

Quan X W, He B B, Li X. 2015. A bayesian network-based method to alleviate the Ill-posed inverse problem: A case study on leaf area index and canopy water content retrieval. IEEE Transactions on Geoscience and Remote Sensing, 53: 6507-6517

Rivera J P, Verrelst J, Gomez-Dans J, Munoz-Mari J, Moreno J, Camps-Valls G. 2015. An emulator toolbox to approximate radiative transfer models with statistical learning. Remote Sensing, 7: 9347-9370

Schneider U, Becker A, Finger P, Meyer-Christoffer A, Ziese M, Rudolf B. 2014. GPCC's new land surface precipitation climatology based on quality-controlled in situ data and its role in quantifying the global water cycle. Theoretical and Applied Climatology, 115: 15-40

Shi H, Xiao Z, Liang S, Zhang X. 2016. Consistent estimation of multiple parameters from MODIS top of atmosphere reflectance data using a coupled soil-canopy-atmosphere radiative transfer model. Remote Sensing of Environment, 184: 40-57

Shi Q, Liang S. 2013a. Characterizing the surface radiation budget over the Tibetan Plateau with ground-measured, reanalysis, and remote sensing data sets: 1. Methodology. Journal of Geophysical Research: Atmospheres, 118: 9642-9657

Shi Q, Liang S. 2013b. Characterizing the surface radiation budget over the Tibetan Plateau with ground-measured, reanalysis, and remote sensing data sets: 2. Spatiotemporal analysis. Journal of Geophysical Research: Atmospheres, 118: 8921-8934

Shi Q, Liang S. 2014. Surface sensible and latent heat fluxes over the Tibetan Plateau from ground measurements, reanalysis, and satellite data. Atmospheric Chemistry and Physics, 14: 5659-5677

Siegmann B, Jarmer T. 2015. Comparison of different regression models and validation techniques for the assessment of wheat leaf area index from hyperspectral data. International Journal of Remote Sensing, 36: 4519-4534

Sun G, Ranson K J, Guo Z, Zhang Z, Montesano P, Kimes D. 2011. Forest biomass mapping from lidar and radar synergies. Remote Sensing of Environment, 115: 2906-2916

Tanase M A, Panciera R, Lowell K, Tian S, Hacker J M, Walker J P. 2014. Airborne multi-temporal L-band polarimetric SAR data for biomass estimation in semi-arid forests. Remote Sensing of Environment, 145:

93-104

Tang W J, Qin J, Yang K, Liu S M, Lu N, Niu X L. 2016. Retrieving high-resolution surface solar radiation with cloud parameters derived by combining MODIS and MTSAT data. Atmospheric Chemistry and Physics, 16: 2543-2557

Tao X, Liang S, Wang D. 2015. Assessment of five global satellite products of fraction of absorbed photosynthetically active radiation: Intercomparison and direct validation against ground-based data. Remote Sensing of Environment, 163: 270-285

Tao Y M, Gao X G, Hsu K L, Sorooshian S, Ihler A. 2016. A deep neural network modeling framework to reduce bias in satellite precipitation products. Journal of Hydrometeorology, 17: 931-945

Tesemma Z K, Wei Y, Peel M C, Western A W. 2015. The effect of year-to-year variability of leaf area index on Variable Infiltration Capacity model performance and simulation of runoff. Advances in Water Resources, 83: 310-322

Tian X, van der Tol C, Su Z B, Li Z Y, Chen E X, Li X, Yan M, Chen X L, Wang X F, Pan X D, Ling F L, Li C M, Fan W W, Li L H. 2015. Simulation of forest evapotranspiration using time-series parameterization of the surface energy balance system(SEBS)over the Qilian Mountains. Remote Sensing, 7: 15822-15843

Tinkham W T, Smith A M S, Marshall H P, Link T E, Falkowski M J, Winstral A H. 2014. Quantifying spatial distribution of snow depth errors from LiDAR using random forest. Remote Sensing of Environment, 141: 105-115

Tramontana G, Ichii K, Camps-Valls G, Tomelleri E, Papale D. 2015. Uncertainty analysis of gross primary production upscaling using Random Forests, remote sensing and eddy covariance data. Remote Sensing of Environment, 168: 360-373

Tsoularis A, Wallace J. 2002. Analysis of logistic growth models. Mathematical Biosciences, 179: 21-55

Van de Vyver H, Roulin E. 2009. Scale-recursive estimation for merging precipitation data from radar and microwave cross-track scanners. Journal of Geophysical Research: Atmosphere, 114(D8)

Verger A, Baret F, Weiss M, Filella I, Peñuelas J. 2015. GEOCLIM: A global climatology of LAI, FAPAR, and fcover from vegetation observations for 1999-2010. Remote Sensing of Environment, 166: 126-137

Verger A, Filella I, Baret F, Peñuelas J. 2016. Vegetation baseline phenology from kilometric global LAI satellite products. Remote Sensing of Environment, 178: 1-14

Verrelst J, Munoz J, Alonso L, Delegido J, Rivera J P, Camps-Valls G, Moreno, J. 2012. Machine learning regression algorithms for biophysical parameter retrieval: Opportunities for Sentinel-2 and -3. Remote Sensing of Environment, 118: 127-139

Verrelst J, Camps-Valls G, Munoz-Mari J, Rivera J P, Veroustraete F, Clevers J, Moreno J. 2015a. Optical remote sensing and the retrieval of terrestrial vegetation bio-geophysical properties - A review. ISPRS Journal of Photogrammetry and Remote Sensing, 108: 273-290

Verrelst J, Rivera J P, Veroustraete F, Munoz-Mari J, Clevers J, Camps-Valls G, Moreno J. 2015b. Experimental Sentinel-2 LAI estimation using parametric, non-parametric and physical retrieval methods - A comparison. ISPRS Journal of Photogrammetry and Remote Sensing, 108: 260-272

Wang D, Liang S, He T, Cao Y, Jiang B. 2015a. Surface shortwave net radiation estimation from fengyun-3 MERSI data. Remote Sensing, 7: 6224-6239

Wang D D, Liang S L, He T, Shi Q Q. 2015b. Estimating clear-sky all-wave net radiation from combined visible and shortwave infrared(VSWIR)and thermal infrared(TIR)remote sensing data. Remote Sensing of Environment, 167: 31-39

Wang D D, Liang S L, He T, Shi Q Q. 2015c. estimation of daily surface shortwave net radiation from the combined MODIS data. IEEE Transactions on Geoscience and Remote Sensing, 53: 5519-5529

Wang D D, Liang S L, He T, Yu Y Y, Schaaf C, Wang Z S. 2015d. Estimating daily mean land surface albedo from MODIS data. Journal of Geophysical Research-Atmospheres, 120: 4825-4841

Wang D D, Liang S L. 2014. Improving LAI mapping by integrating MODIS and CYCLOPES LAI products using optimal interpolation. Ieee Journal of Selected Topics in Applied Earth Observations and Remote Sensing, 7: 445-457

Wang D, Liang S. 2011. Integrating MODIS and CYCLOPES leaf area index products using empirical orthogonal functions. IEEE Transactions on Geoscience and Remote Sensing, 49: 1513-1519

Wang K, Dickinson R E. 2012. A review of global terrestrial evapotranspiration: Observation, modeling, climatology, and climatic variability. Reviews of Geophysics, 50, RG2005, doi: 2010.1029/2011RG000373

Wang K, Dickinson R E. 2013. Global atmospheric downward longwave radiation at the surface from ground-based observations, satellite retrievals, and reanalyses. Reviews of Geophysics, 51(2): 150-185

Wang K, Tang R L, Li Z L. 2013. Comparison of integrating LAS/MODIS data into a land surface model for improved estimation of surface variables through data assimilation. International Journal of Remote Sensing, 34: 3193-3207

Wang L A, Zhou X D, Zhu X K, Dong Z D, Guo W S. 2016. Estimation of biomass in wheat using random forest regression algorithm and remote sensing data. Crop Journal, 4: 212-219

Wang Y, Yang C, Li X. 2008. Regularizing kernel‐based BRDF model inversion method for ill‐posed land surface parameter retrieval using smoothness constraint. Journal of Geophysical Research: Atmospheres, 113

Weng Q H, Fu P, Gao F. 2014. Generating daily land surface temperature at Landsat resolution by fusing Landsat and MODIS data. Remote Sensing of Environment, 145: 55-67

Wu H, Zhang X, Liang S, Yang H, Zhou H. 2012. Estimation of clear-sky land surface longwave radiation from MODIS data products by merging multiple models. Journal of Geophysical Research, 117: D22107, doi: 22110.21029/22012JD017567

Wu P H, Shen H F, Zhang L P, Gottsche F M. 2015. Integrated fusion of multi-scale polar-orbiting and geostationary satellite observations for the mapping of high spatial and temporal resolution land surface temperature. Remote Sensing of Environment, 156: 169-181

Xiao Z Q, Liang S L, Wang J D, Chen P, Yin X J, Zhang L Q, Song J L. 2014. Use of general regression neural networks for generating the GLASS leaf area index product from time-series MODIS surface reflectance. IEEE Transactions on Geoscience and Remote Sensing, 52: 209-223

Xiao Z, Liang S, Sun R, Wang J, Jiang B. 2015a. Estimating the fraction of absorbed photosynthetically active radiation from the MODIS data based GLASS leaf area index product. Remote Sensing of Environment, 171: 105-117

Xiao Z Q, Liang S L, Wang J D, Xie D H, Song J L, Fensholt R. 2015b. A framework for consistent estimation of leaf area index, fraction of absorbed photosynthetically active radiation, and surface albedo from MODIS time-series data. IEEE Transactions on Geoscience and Remote Sensing, 53: 3178-3197

Xiao Z, Liang S, Wang J, Jiang B, Li X. 2011. Real-time inversion of leaf area index from MODIS time series data. Remote Sensing of Environment, 115: 97-106

Xiao Z, Liang S, Wang J, Song J, Wu X. 2009. A temporally integrated inversion method for estimating leaf area index from MODIS data. IEEE Transactions on Geoscience and Remote Sensing, 47: 2536-2545

Xiao Z, Liang S, Wang J, Zhao X. 2016a. Long time series global land surface satellite(GLASS)leaf area index product derived from MODIS and AVHRR surface reflectance. IEEE Transactions on Geoscience and Remote Sensing, 54(9): 5301-5318

Xiao Z, Liang S, Wang T, Jiang B. 2016b. Retrieval of leaf area index(LAI)and fraction of absorbed photosynthetically active radiation(FAPAR)from VIIRS time-series data. Remote Sensing, 8: 351

Xiao Z, Wang T, Liang S, Sun R. 2016c. Estimating the fractional vegetation cover from GLASS leaf area index product. Remote Sensing, 8: 337

Xie X, Meng S, Liang S, Yao Y. 2014. Improving streamflow predictions at ungauged locations with real-time updating: Application of an EnKF-based state-parameter estimation strategy. Hydrol Earth Syst Sci, 18: 3923-3936

Xu T, Bateni S M, Liang S, Entekhabi D, Mao K. 2014. Estimation of surface turbulent heat fluxes via variational assimilation of sequences of land surface temperatures from geostationary operational environmental satellites. Journal of Geophysical Research: Atmospheres, 119(18): 10780-10798

Xu T, Bateni S, Liang S. 2015. Estimating turbulent heat fluxes with a weak-constraint data assimilation scheme: A case study(HiWATER-MUSOEXE). Ieee Geoscience and Remote Sensing Letters, 12: 68-72

Xu Y M, Shen Y. 2013. Reconstruction of the land surface temperature time series using harmonic analysis. Computers & Geosciences, 61: 126-132

Yang G J, Pu R L, Huang W J, Wang J H, Zhao C J. 2010. A novel method to estimate subpixel temperature by fusing solar-reflective and thermal-infrared remote-sensing data with an artificial neural network. IEEE Transactions on Geoscience and Remote Sensing, 48: 2170-2178

Yang J, Gong P, Fu R, Zhang M, Chen J, Liang S, Xu B, Shi J, Dickinson R. 2013. The role of satellite remote sensing in climate change studies. Nature Clim. Change, 3: 875-883

Yang K, Zhu L, Chen Y Y, Zhao L, Qin J, Lu H, Tang W J, Han M L, Ding B H, Fang N. 2016. Land surface model calibration through microwave data assimilation for improving soil moisture simulations. Journal of Hydrology, 533: 266-276

Yao X, Huang Y, Shang G Y, Zhou C, Cheng T, Tian Y C, Cao W X, Zhu Y. 2015. Evaluation of six Algorithms to monitor wheat leaf nitrogen concentration. Remote Sensing, 7: 14939-14966

Yao Y J, Liang S L, Li X L, Liu S M, Chen J Q, Zhang X T, Jia K, Jiang B, Xie X H, Munier S, Liu M, Yu J, Lindroth A, Varlagin A, Raschi A, Noormets A, Pio C, Wohlfahrt G, Sun G, Domec J C, Montagnani L, Lund M, Eddy M, Blanken P D, Grunwald T, Wolf S, Magliulo V. 2016. Assessment and simulation of global terrestrial latent heat flux by synthesis of CMIP5 climate models and surface eddy covariance observations. Agricultural and Forest Meteorology, 223: 151-167

Yao Y, Liang S, Li X, Hong Y, Fisher J B, Zhang N, Chen J, Cheng J, Zhao S, Zhang X, Jiang B, Sun L, Jia K, Wang K, Chen Y, Mu Q, Feng F. 2014. Bayesian multimodel estimation of global terrestrial latent heat flux from eddy covariance, meteorological, and satellite observations. Journal of Geophysical Research: Atmospheres, 119: 2013JD020864

Yuan W P, Liu S G, Yu G R, Bonnefond J M, Chen J Q, Davis K, Desai A R, Goldstein A H, Gianelle D, Rossi F, Suyker A E, Verma S B. 2010. Global estimates of evapotranspiration and gross primary production based on MODIS and global meteorology data. Remote Sensing of Environment, 114: 1416-1431

Yuan W P, Liu S, Zhou G S, Zhou G Y, Tieszen L L, Baldocchi D, Bernhofer C, Gholz H, Goldstein A H, Goulden M L, Hollinger D Y, Hu Y, Law B E, Stoy P C, Vesala T, Wofsy S C, AmeriFlux C. 2007. Deriving a light use efficiency model from eddy covariance flux data for predicting daily gross primary production across biomes. Agricultural and Forest Meteorology, 143: 189-207

Zhang H K K, Huang B, Zhang M, Cao K, Yu L. 2015a. A generalization of spatial and temporal fusion methods for remotely sensed surface parameters. International Journal of Remote Sensing, 36: 4411-4445

Zhang X T, Liang S L, Wild M, Jiang B. 2015b. Analysis of surface incident shortwave radiation from four satellite products. Remote Sensing of Environment, 165: 186-202

Zhang X Y, Friedl M A, Schaaf C B, Strahler A H, Hodges J C F, Gao F, Reed B C, Huete A. 2003. Monitoring vegetation phenology using MODIS. Remote Sensing of Environment, 84: 471-475

Zhang X, Liang S, Wang G, Yao Y, Jiang B, Cheng J. 2016. Evaluation of the reanalysis surface incident shortwave radiation products from NCEP, ECMWF, GSFC, and JMA using satellite and surface observations. Remote Sensing, 8: 225

Zhang X, Liang S, Wang K, Li L, Gui S. 2010. Analysis of global land surface shortwave broadband albedo from multiple data sources. IEEE Journal in Special Topics in Applied Earth Observations and Remote Sensing, 3: 296-305

Zhang X, Liang S, Zhou G, Wu H, Zhao X. 2014a. Generating global land surface satellite incident shortwave radiation and photosynthetically active radiation products from multiple satellite data. Remote Sensing of Environment, 152: 318-332

Zhang Y, Liang S, Sun G. 2014b. Mapping forest biomass with GLAS and MODIS data over Northeast China. IEEE Journal in Special Topics in Applied Earth Observations and Remote Sensing, 7: 140-152

Zhang Y, Liang S. 2014. Surface radiative forcing of forest disturbances over northeastern China. environmental research letters, 9, 024002, doi: 024010.021088/021748-029326/024009/024002/024002

Zhang Y, Qu Y, Wang J, Liang S. 2012. Estimating leaf area index from MODIS and surface meteorological data using a dynamic Bayesian network. Remote Sensing of Environment, 127: 30-43

Zhou J, Jia L, Menenti M. 2015. Reconstruction of global MODIS NDVI time series: Performance of harmonic aNalysis of time series(HANTS). Remote Sensing of Environment, 163: 217-228

Zhu X L, Chen J, Gao F, Chen X H, Masek J G. 2010. An enhanced spatial and temporal adaptive reflectance fusion model for complex heterogeneous regions. Remote Sensing of Environment, 114: 2610-2623

Zhu Z, Piao S, Myneni R B, Huang M, Zeng Z, Canadell J G, Ciais P, Sitch S, Friedlingstein P, Arneth A. 2016. Greening of the earth and its drivers. Nature Climate Change, 6: 791-795

第 2 章 地表反照率产品算法

刘强[1]，瞿瑛[1,2]，冯佑斌[1]

本章描述了 GLASS 地表反照率产品的算法，以及初步的验证、分析和应用。GLASS 反照率产品是目前国际上时间序列最长的全球反照率产品，其第一版本产品（1985～2010 年）已经于 2012 年面向全球公开发布，第二版产品（1981～2014 年）正在生产和检验中。第二版产品相对于第一版产品从时间范围和波段设置上进行了扩展，并且算法上也更加细化，改进了第一版中发现的一些问题。GLASS 反照率产品与传统遥感产品不同，它是分为两步生产的：第一步采用了 AB1 和 AB2 两个直接反演算法处理遥感数据获得初级产品；第二步采用 STF 时空滤波算法对初级产品进行后处理，获得最终的高质量的时空连续无缺失产品。通过与相对均匀的 FLUXNET 站点观测数据的验证，与 NASA 发布的 MODIS 反照率产品交叉对比，以及在格陵兰和中国东北地区的初步应用，结果表明 GLASS 反照率产品质量好、精度高，是全球气候和环境变化研究的理想数据源之一。

2.1 引 言

地表反照率定义为短波波段地表所有反射辐射能量与入射辐射能量之比，决定了到达地表的太阳辐射能量被地表反射与吸收的比例，是气候系统的重要驱动因子之一（Dickinson，1983；Liang，2004；Liang et al.，2013；Mason，2005；Zhang et al.，2010）。地表反照率的分布与土地利用类型、植被状况、水分状况、积雪、地形等因素密切相关，在时间和空间上呈现高度异质性（Gao et al.，2005）。因此，卫星遥感是调查地表反照率的时空分布规律最有效的途径。迄今为止国际上已经发布过很多种卫星遥感的地表反照率产品，其中最典型的是针对特定传感器而建立的产品，如 MODIS（Gao et al.，2005；Lucht et al.，2000；Schaaf et al.，2002）、VIIRS（Wang et al.，2013）、POLDER（Bacour and Breon 2005；Leroy et al.，1997；Maignan et al.，2004）、MERIS（Muller，2008）、CERES（Rutan et al.，2006）、MISR（Dineret al.，2008；Weiss et al.，1999）和 VEGETATION（Geiger and Samain，2004）等极轨卫星传感器建立的全球反照率产品，以及针对 MFG（Govaerts et al.，2008；Pinty et al.，2000）和 MSG（Geiger et al.，2005；van Leeuwen and Roujean，2002）这两个系列的静止轨道卫星建立的区域反照率产品。这类产品通常是作为卫星计划的一部分而研发和生产的，其覆盖范围和精度受到特定卫星计划的局限。近年开发了跨传感器反照率产品，如欧空局的 GLOBALBEDO（Muller et al.，2012）研究计划，可以获得更长的全球反照率时间序列。

---

1. 北京师范大学全球变化与地球系统科学研究院；2. 东北师范大学地理科学学院

全球气候变化目前已经成为不争的事实和公众关注的热点，我国科学工作者也正在积极介入全球变化研究之中。为了开展全球气候的模拟，需要全球反照率时空分布数据，尤其是长时间序列、高质量和时空完整的遥感数据集。但是，多数已有的反照率产品集中在 2000 年以后，相比之下，2000 年以前则没有连续的反照率产品时间序列，仅有少量时段的 AVHRR、POLDER 和 VEGETATION 传感器的产品。另外，传统的遥感数据产品都会因为云、雪等因素的干扰而出现数据不准确或者数据缺失，这给产品的用户带来了困扰。开发 GLASS 反照率产品旨在为全球变化研究提供高质量观测数据集。为了应对上述现有产品中存在的问题，GLASS 反照率产品生产算法使用了能够获得的最高质量的多个传感器数据，并通过严格的质量控制和时空滤波后处理流程修补产品中的不足和缺失，最终形成了长时间序列、完整和高精度的全球陆地表面反照率产品。

GLASS 反照率产品第一版本（1985~2010 年）已经于 2012 年面向全球公开发布，第二版产品（1981~2014 年）正在生产和检验中，第二版产品相对于第一版产品从时间范围和波段设置上进行了扩展，并且算法上也进行了改进。

2.2　算　　法

2.2.1　算法总体描述

为了生产高质量和方便用户使用的数据产品，GLASS 反照率产品是通过两个步骤生产出来的：第一步是传统的遥感反演，即通过反演地表-大气辐射传输模型的方式从遥感观测数据中提取地表反照率，获得的结果在 GLASS 生产线中被称为初级产品；第二步是多种不同的地表反照率初级产品被融合，并通过时空滤波的方法来去噪和填补缺失，最终形成高质量的融合产品。第二步被我们称为"后处理"，是传统的遥感参数产品生产中没有的步骤，正因为进行了后处理以及严格的质量控制，提供给用户的最终产品是无瑕疵的。图 2.1 给出 GLASS 反照率产品生产线的逻辑构成（Liu et al., 2013a）。

对应于 2000~2014 年时段的 GLASS 反照率产品以 MODIS 为主要数据源，其空间分辨率为 1km，时间分辨率为 8 天。共使用了 2 个反演算法来生产初级产品，这两个算法都是 GLASS 项目组在直接反演算法原理和角度网格处理技术（Liang et al., 2005a）的基础上开发的，我们称之为角度网格 AB（angular bin）算法（Qu et al., 2014）：

AB1 算法在多波段地表反射率和地表短波反照率之间建立线性回归模型，输入数据是 NASA 发布的经过大气校正的 MODIS 地表反射率产品（MOD09GA/MYD09GA）（Vermote et al., 2002；Vermote, 2011），输出参数是宽波波段的地表白天空反照率（即半球-半球反照率，WSA）和对应于正午时刻太阳角的黑天空反照率（即方向-方向反照率，BSA）。因为在 Terra 卫星和 Aqua 卫星上均搭载了 MODIS 传感器，AB1 算法应用于这两颗卫星分别得到了 GLASS02A21 和 GLASS02A22 两种反照率初级产品，初级产品的时间分辨率都是 1 天。

AB2 算法与 AB1 算法相似，但是其线性回归模型是建立在大气层顶反射率和地表短波反照率之间。因此 AB2 的输入数据无需经过大气校正，采用 MOD021km/MYD021km 产品，经过几何校正（Tang et al., 2013）后即可用于生产反照率初级产品。同样的，对应于 Terra 和 Aqua 卫星分别生成了两种初级产品 GLASS02A23 和 GLASS02A24。

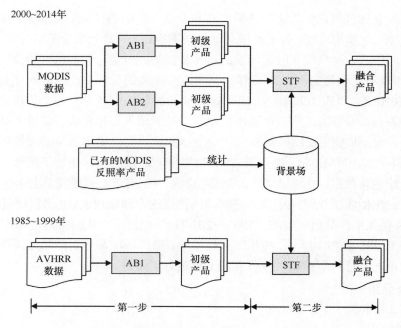

图 2.1 GLASS 反照率产品生产线的逻辑构成

因此，一共有四种初级产品，它们在第二步处理中被合成为最终面向用户的融合产品，称为 GLASS02A06。后处理算法的基本思路是在先验知识背景场的支持下进行时空滤波，滤波过程中自动融合了多种初级产品和填补了缺失的数据，该算法被称为 STF（statistics-based temporal filtering）算法（Liu et al.，2013a）。

MODIS 传感器为 2000 年以后的全球反照率产品生产提供了高质量的数据源，2000 年以前没有 MODIS 数据。NOAA 气象卫星系列的 AVHRR 传感器从 20 世纪 80 年代投入业务化运行以来，经过多颗卫星的演替，至今仍在稳定运行，形成长时间序列的全球遥感数据集，但是存在可用波段少、传感器定标不稳定、几何和大气校正精度不高等问题，数据处理难度大，难以形成定量产品。为了充分发挥 AVHRR 数据长时间序列的优势，美国 LTDR（land long term data record）计划对全球 AVHRR 观测的历史数据进行重新处理，提高了其辐射定标精度和几何、大气校正精度，生成了从 1981～2013 年长时间序列连续、较高质量的地表反射率产品（Pedelty et al.，2007）。因此，2000 年以前的 GLASS 反照率产品就基于 LTDR 发布的 version4.0 的 AVHRR 地表反射率数据生产。生产程序把 AB1 算法和 STF 算法串联使用，AB1 算法的输出没有保存为初级产品，而是直接进入 STF 算法中生产了时空滤波后的最终产品，称为 GLASS02B05，其投影方式为 0.05°分辨率的等经纬度网格（也称 CMG）投影，时间分辨率为 8 天。

2.2.2 算法更新说明

第一版本的 GLASS 反照率产品已经于 2012 年完成生产和正式发布，并且已经在相关领域得到了较为广泛的应用。但是任何算法和产品都还需要不断更新和改进，GLASS 产品也不例外，在第二版本的产品中，我们根据用户的反馈和算法自身发展的需求进行了如下七方面的改进。

（1）根据用户反馈，修正第一版本的 GLASS 反照率产品中发现的一些问题，包括修订质量标志位、修正有效观测数据不足引起的马赛克现象、调整极地区域冬季反照率的填补值等。

（2）针对现有的核驱动模型不能很好描述冰雪地表 BRDF/反照率的问题，第二版本中采用物理模型（ART 模型）来生成冰雪地表的 BRDF/反照率训练数据，计算冰雪地表的角度网格（AB1 和 AB2）反演查找表。

（3）第一版本的 GLASS 反照率产品仅生成了短波反照率，第二版本中将生成短波、可见光和红外共 3 个宽波段的反照率产品。

（4）因为使用 POLDER BRDF 生成训练数据，POLDER 的波段范围未包含短波红外，所以第一版本的 GLASS 反照率产品在做角度网格（AB1 和 AB2）直接反演时只使用了 MODIS 的 1~4 个波段，未使用短波红外的 5~7 波段，从一定程度上影响了产品精度，第二版本中使用 1~7 波段数据反演反照率。

（5）第一版本中 STF 算法使用的全球先验知识背景场是 5 km 分辨率的，第二版本将使用 1 km 分辨率的背景场。

（6）第二版本的 GLASS 反照率产品的时间范围扩展到 1981~2014 年。

（7）2000 年以前的基于 AVHRR 数据生产的 GLASS 反照率产品使用了 LTDR 发布的 version4.0 的 AVHRR 地表反射率数据，而不是第一版用的 version3.0 数据。

2.2.3 基于 MODIS 地表反射率数据的反照率反演算法（AB1）

目前大多数地表反照率遥感反演算法都需要先对遥感数据进行大气校正获得地表方向反射率，然后通过地表二向反射模型拟合地表方向反射率（定模），再根据最优的拟合模型计算地表方向反射率的角度积分得到窄波段反照率，最后把窄波段反照率转换为宽波段反照率。最典型的就是 NASA 发布的 MODIS 反照率产品的 AMBRALS 算法（Gao et al., 2005；Lucht et al., 2000；Schaaf et al., 2002）。这样不仅计算流程复杂，而且在每一步中都可能引入误差，如大气校正的误差、二向反射定模的误差等，这些误差最终的积累使得计算的反照率含有很大的不确定性。其实还存在另一条途径，就是直接从大气层顶反射率通过简单的回归或者机器学习等估算方法计算地表宽波段反照率，这被称为"直接反演方法"。直接反演方法不是分别去追求大气校正、二向反射定模或波段转换的精度，而是把反照率估算精度作为唯一目标，所以它往往能取得比复杂流程更好的反演结果。在梁顺林等早期的研究中，使用了人工神经网络作为直接反演的数学工具（Liang et al., 1999），之后在针对 MODIS 数据的研究中采用了角度网格处理方法来消除反照率反演过程中地表反射各向异性的影响，用于提取格陵兰冰雪反照率取得了很好的精度（Liang, 2003；Liang et al., 2005a）。因此 GLASS 反照率产品也采用了基于角度网格的直接反演算法。当已经有大气校正后的地表方向反射率时，直接反演算法也可以采用地表反射率作为输入，跳过定模等步骤而直接估算地表宽波段反照率，这就是 AB1 算法。

宽波段地表反照率通过如下线性回归公式计算：

$$\alpha = c_0 + \sum_{i=1}^{n} c_i \rho_i(\theta_s, \theta_v, \varphi) \tag{2.1}$$

式中，α 为宽波段地表反照率，在 GLASS 产品中包含短波（0.3~5μm）、可见光（0.3~

0.7μm）和近红外（0.7～5μm）3 种宽波段反照率，该符号可以代表白天空反照率或对应于太阳天顶角0°、5°、…、80°的黑天空反照率；c_i 和 ρ_i 分别为第 i 个波段的回归系数和地表方向反射率，它们都是太阳天顶角（SZA）θ_s、观测天顶角（VZA）θ_v 和相对方位角（RAA）φ 的函数，对应于白天空或黑天空反照率需要用不同的回归系数 c_i。

相对于 NASA 发布的 MODIS 反照率产品的 AMBRALS 算法，AB1 算法的特点在于一方面业务化运行时非常简单，不仅计算量很小，更重要的是只需要单一时相（也就是单一角度）的输入数据，降低了对数据的要求，从而最大限度地扩大了有效产品覆盖的时间和空间范围。另一方面，相对于基于朗伯假定的反照率反演算法，AB1 算法校正了地表反射各向异性可能带来的反照率估算误差，从而在精度上不亚于复杂算法。

AB1 算法虽然运行很简单，但是为了准确获得不同网格的回归系数 c_i 却需要开展大量的工作。如前所述，c_i 是太阳/观测角度的函数，实际使用 AB1 算法时，把太阳/观测角度空间离散化为足够小的网格，仅在网格点上计算回归系数 c_i，所有网格的 c_i 都保存在一个查找表中，对于任意太阳/观测角度的地表方向反射率数据，选取与之最接近的网格点读取 c_i，然后用式（2.1）计算 α。为了提高反演精度，划分网格越细越好，但是网格过密会占用较多的计算机资源，因此需要在二者间寻找平衡。很多研究者提出非均匀的划分方案，固然可以优化网格，却又增添了查表的计算量。基于敏感性分析的结果（详见 2.2.4 节），GLASS 反照率产品算法使用的网格划分方案是：太阳天顶角以 4°间隔进行划分，范围是 0～80°，网格中心点分别是 0°、4°、8°等，共分为 21 个间隔。观测天顶角以 4°间隔进行划分，范围是 0～64°，网格中心点分别是 0°、4°、8°等，共分为 17 个间隔。相对方位角以 20°间隔进行划分，范围是 0～180°，网格中心点分别是 0°、20°、40°等，共分为 10 个间隔。因此太阳/观测角度空间共分成 3570 个网格。

作为回归系数，c_i 是通过大量的训练数据，采用最小二乘法估算的。训练数据的质量对于算法的成败至关重要。训练数据需要准确而具有代表性，一般常采用经典物理模型模拟的结果，或者高质量的观测数据。为了生产全球反照率产品，需要能够代表全球不同区域和覆盖类型的遥感像元尺度的二向反射数据，模型和地面观测数据都不能满足要求。Cui 等（2009）的研究中采用了 POLDER 传感器的观测数据为反照率反演提供先验知识。遥感数据在观测尺度和代表性方面都是理想的选择，而 POLDER 传感器数据又具有观测角度分布合理的优点。受此启发，GLASS 反照率算法小组选择了目前最新第 3 代的 POLDER BRDF 数据集来提供普通陆地覆盖的类型的估算 c_i 的依据。对于长期冰雪覆盖的地表以及海洋表面，因为其前向散射特性比较明显，BRDF 特征与普通陆地覆盖类型不同，这里采用辐射传输物理模型来模拟冰雪、海洋地表的 BRDF 数据，作为估算 c_i 的依据。其中海冰和长期冰雪覆盖地表采用 ART 模型（Kokhanovsky and Zege，2004；Zege et al.，2011），开阔海洋采用三分量的海水反照率模型（Feng et al.，2015），冰水混合或海陆混合像元采用纯像元的线性组合来模拟。

下面将详细介绍估算流程。

1. 基于 POLDER BRDF 数据的训练数据集的生成

由法国空间研究中心（CNES）于 2004 年 12 月 18 日发射的 PARASOL 卫星，是法国和美国合作的"卫星列车"(A-Train)计划中的一员，上面主要搭载了第三代的 POLDER 仪器，可以通过全球观测，从太空收集地气系统反射太阳辐射的偏振性和方向性数据。POLDER 产品的空间分辨率为（6 km×7 km），有丰富的角度、光谱和偏振信息。从这些数据可以获得地表、大气气溶胶及云的许多特性。POLDER 传感器的特点在于每一轨可获取多达 16 个角度的观测，最大观测角度达到 60°，因此每月的合成数据集可以包含数百个角度的观测，因此被认为是能够全面反映地表二向反射特性的遥感数据源。其中 POLDER BRDF 数据集来源于全球范围内选取的均匀像元，经过云去除、大气校正等处理，把一个月之内所有轨道观测的晴空地表反射率及其太阳/观测角度放在一个文本文件之中，称为一个 BRDF 数据集。为了考虑全球不同地区的地表类型，以及多种混合像元，用辐射传输模型来模拟工作量太大，所以使用 POLDER BRDF 数据集来作为全球普通陆地覆盖类型的训练数据。

1）POLDER BRDF 数据的拟合和插值

POLDER 的大气校正算法考虑到云检测、分子吸收校正、平流层及对流层气溶胶等影响，总体来说数据处理的质量非常好。但是也不是每一个 BRDF 数据集都符合我们的需要，其中存在三类问题：一是因为受到云的影响，每一个 BRDF 数据集中的有效观测数都不相同，有效观测数目少的数据集不能完整反映地表的二向反射特征；二是大气影响不可能完美的消除，部分数据集仍然受到云和气溶胶的影响，表现为反射率数据中的异常值；三是 POLDER BRDF 数据集是把 1 个月时间跨度内所有可用数据进行合成，这期间地表状态可能发生变化（如降水、降雪等过程），不再满足二向反射模型的假设。因此我们对数据集进行筛选，剔除不适合做训练数据的数据集。另外，因为需要对每一个角度格网建立回归公式，即需要每一个格网的训练数据，POLDER BRDF 数据集虽然有很多观测角度的数据，但是仍然不能保证每个格网内都有足够多的观测数据，因此需要用 BRDF 模型拟合 POLDER BRDF 数据集，然后用拟合后的模型插值得到每一个网格的方向反射率。

参考 MODIS 二向反射和地表反照率产品的算法，以及 POLDER level 3 数据处理算法，核驱动模型是最适宜用于拟合像元尺度 BRDF 数据的模型（Roujean et al.，1992；Wanner et al.，1995），其表达式如下：

$$R(\theta_s, \theta_v, \varphi; \lambda) = f_{iso}(\lambda) + f_{vol}(\lambda) k_{vol}(\theta_s, \theta_v, \varphi) + f_{geo}(\lambda) k_{geo}(\theta_s, \theta_v, \varphi) \quad (2.2)$$

式中，k_{vol} 和 k_{geo} 分别为体散射核函数和表面散射核函数，它们都是太阳天顶角 θ_s、观测角度天顶角 θ_v、相对方位角 φ 和波长 λ 的已知函数；而 f_{iso}、f_{vol} 和 f_{geo} 则分别为各项同性核（就是常数 1）、体散射核和表面散射核的系数，它们是由像元内的地表特性决定的，不随太阳/观测角度变化，但是随波长而改变。

现有的核驱动模型的核函数基本都是从针对植被和土壤的 BRDF 模型中简化形成的，其形状特点是后向散射（即相对方位角小于 90°）大于前向散射（即相对方位角大于 90°）。我们分析 POLDER BRDF 数据集发现冰雪像元经常出现前向散射大于后向散射的现象。虽然目前常用的 Ross-Thick 和 Li-SparseR 核函数组合也能够拟合冰雪像元的方向反射率，但是这样得到的核函数系数往往是负值，即违背了核驱动模型作为半经验模型的物理意义，用于方向反射率的外推以及反照率计算也会带来较大误差。因此我们在核驱动模型中增加一个前向散射核函数，成为具有各向同性核、几何光学核、体散射核和前向散射核共计4个核的模型。

为了构建前向散射核函数，我们首先考虑冰雪地表前向散射占优的形成机理。冰雪地表的反射特性可由辐射传输方程较好的刻画，当散射颗粒的相函数具有前向散射占优的特性，且吸收较少，光线的多次反弹明显时，就形成了地表整体的前向散射优势的二向反射形状特征。因此通过在辐射传输模型（或其简化形式）中设置适当的参数，就能够得到前向散射核。实际操作中我们选用RPV模型（Rahman et al.，1993），在其中固定k和g两个参数使之取前向散射占优的典型值，并忽略掉热点的影响，就得到了前向散射核公式为

$$k_{\text{fwd}}(\theta_s,\theta_v,\varphi) = \frac{\cos^{k-1}\theta_s \cos^{k-1}\theta_v}{(\cos\theta_s + \cos\theta_v)^{1-k}} \cdot \frac{1-g^2}{[1+g^2-2g\cos(\pi-\xi)]^{3/2}} - \frac{1+g}{2^{1-k}(1-g)^2} \quad (2.3)$$

式中，ξ为太阳方向和观测方向的夹角；$g=0.0667$；$k=0.846$。对于传统的辐射传输和几何光学核，我们分别选用Ross-Thick和Li-SparseR，于是改进的核驱动模型变为

$$\begin{aligned}R(\theta_s,\theta_v,\varphi;\lambda) &= f_{\text{iso}}(\lambda) + f_{\text{geo}}(\lambda)k_{\text{geo}}(\theta_s,\theta_v,\varphi) \\ &+ f_{\text{vol}}(\lambda)k_{\text{vol}}(\theta_s,\theta_v,\varphi) + f_{\text{fwd}}(\lambda)k_{\text{fwd}}(\theta_s,\theta_v,\varphi)\end{aligned} \quad (2.4)$$

对于每一个POLDER多角度观测数据集，用改进核驱动模型最小二乘拟合得到模型系数，然后用模型计算所有网格中心点的方向反射率。

2）计算训练数据的反照率

核驱动模型也用于计算每一个数据集对应地表的波段反照率。这里分为白空反照率（WSA）和黑空反照率（BSA）两类，因为黑空反照率是太阳天顶角的函数，为了反映不同太阳角的黑空反照率，我们计算了0~80°之间4°间隔的所有黑空反照率。根据核驱动模型原理，波段反照率是核函数积分的加权和，权重系数即是核系数。

根据核驱动模型原理，窄波段反照率是核函数积分的加权和，权重系数即是核系数（Lucht et al.，2002）：

$$\alpha_{\text{bs}}(\theta_s,\lambda) = \sum_k f_k(\lambda)h_k(\theta_s) \quad (2.5)$$

$$\alpha_{\text{ws}}(\lambda) = \sum_k f_k(\lambda)H_k \quad (2.6)$$

式中，$h_k(\theta_s)$为太阳天顶角为θ_s时第k个核函数在观测半球空间的积分；H_k为$h_k(\theta_s)$在太阳入射角度空间的积分；f_k为第k个核系数。

表2.1给出各向同性核（$k_{\text{iso}}=1$）、几何光学核（k_{geo}）、体散射核（k_{vol}）和前向散射核（k_{fwd}）四个核函数的积分，按照惯例，不同角度的BSA积分一般采用太阳天顶角的三次多项式近似：

$$h_k(\theta) = g_{0k} + g_{1k}\theta^2 + g_{2k}\theta^3 \quad (2.7)$$

窄波段反照率向宽波段反照率转换采用了Liang（2001）提出的经典公式，表达为

$$\alpha = w_0 + \sum_i w_i\alpha_i \quad (2.8)$$

式中，α 为地表宽波段反照率，如可见光、近红外或短波波段；α_i 为第 i 个波段的窄波段反照率；w_i 为第 i 个波段的转换系数。因为雪的光谱特征与植被/土壤体系显著不同，研究表明雪的窄波段反照率向宽波段转换需要不同的转换系数（Liang，2001；Stroeve et al.，2005），因此对雪覆盖和无雪覆盖地表采用了不同的宽波段反照率转换系数，见表 2.2。因为制作训练数据集时，我们获得的是 POLDER 波段的窄波段反照率，所以在此首先用波段转换表将之转换到 MODIS 波段，然后再计算宽波段反照率。

表 2.1 核函数积分计算 BSA、WSA 的参数表

核函数	名称	WSA	g_{0k}	g_{1k}	g_{2k}
k_{iso}	1	1	1	0	0
k_{geo}	Li-SparsR	−1.377622	−1.284909	−0.166314	0.041840
k_{vol}	Ross-Hotspot	0.0952955	0.010939	−0.024966	0.132210
k_{fwd}	RPV-Forward	0.3070557	0.150770	0.0438236	0.156954

表 2.2 波段反照率向宽波段转换系数表

短波反照率	w_0（常数项）	w_1（490nm）	w_2（565nm）	w_3（670nm）	w_4（765nm）	w_5（865nm）	w_6（1020nm）
非冰雪	0.0113	0.161	−0.0246	0.3827	−0.0023	0.0309	0.3174
冰雪	−0.0032	0.2432	0.0598	0.2526	0.0562	0.0678	0.2493

3）从 POLDER 波段向 MODIS 波段的转换

因为算法的训练数据集来自 POLDER 传感器，而算法将用于 MODIS 传感器，所以需要建立两个传感器波段的地表反射率之间的关系，进行波段转换。波段转换的前提假设是地物波谱存在一定的规律，不同波长的反射率之间存在相关性，这一假设在对地遥感领域已经得到基本一致认可。而且，对于全球反照率算法而言，少量的异常是可以容忍的。在此，我们首先收集具有代表性的典型地物连续波谱，根据 POLDER、MODIS 波段的响应函数计算各波段的反射率，然后生成这些波段数据的统计信息并建立线性的波段转换公式。

目前选用了《定量遥感》专著（Liang，2004）中所附光盘中提供的 119 条波谱、"我国典型地物标准波谱数据库"中选取的 224 条植被和土壤波谱、黑河综合遥感联合实验数据集中选取的 103 条典型地物波谱、格陵兰采集的 47 条冰雪波谱数据作为样本，共 493 条波谱数据，涵盖农作物、林地、草地、裸土、沙地、冰雪、水体等典型地物。生成的波段转换系数如表 2.3 所示。

可以看到前 4 个波段转化的 RMSE 较小，都在 0.005 以下，后 3 个波段的 RMSE 较大。对于 MODIS 的后三个波段而言，波段转换引入了较大不确定性。因此，在基于 POLDER 生成 BRDF 模拟数据集时，我们使用的后 3 个波段不是从波段转换得到的，而是选取了与 POLDER 数据的获取时间、地点最接近的 MODIS BRDF 产品（MCD43A1），根据其提供的核驱动模型系数计算而得到的。

表 2.3 从 POLDER 波段向 MODIS 波段的转换系数表

波段	POLDER-k1-490	POLDER-k4-565	POLDER-k5-670	POLDER-k7-765	POLDER-k9-865	POLDER-k3-1020	offset	RMSE
MODIS-b1-648	0.02459	0.30628	0.69169	−0.04471	−0.00540	0.03016	0.00426	0.00309
MODIS-b2-859	0.03288	−0.03640	−0.01116	0.29962	0.64534	0.08162	0.00104	0.00355
MODIS-b3-466	0.91257	0.14322	−0.06015	0.00573	0.02161	−0.02645	−0.00746	0.00419
MODIS-b4-554	0.20753	0.61373	0.12122	0.11929	−0.02633	−0.04389	−0.00037	0.00429
MODIS-b5-1244	−0.35693	−0.01521	0.41878	−0.11777	−0.58051	1.48842	0.02299	0.02066
MODIS-b6-1631	−1.03926	−0.44159	1.54005	−0.18637	−0.79209	1.26771	0.07093	0.04196
MODIS-b7-2119	−1.15385	−0.50446	1.82251	−0.11400	−0.77605	0.91809	0.07019	0.04724

2. 开阔海面 BRDF 数据集生成方案

目前 GLASS 反照率产品并没有生产开阔海面的数据，这里介绍的开阔海面 BRDF 数据集主要生成用于海陆混合或海冰混合像元的 BRDF 数据集，所以仅作简要介绍。Feng 等（2016）基于对海水反射光线的物理过程的分解，将海水反照率表示为海面耀斑（glints）、海面白帽（whitecaps）、海洋水体离水反射（water-leaving）三个部分的加权和，称之为 TCOWA 模型，其算法流程见图 2.2。

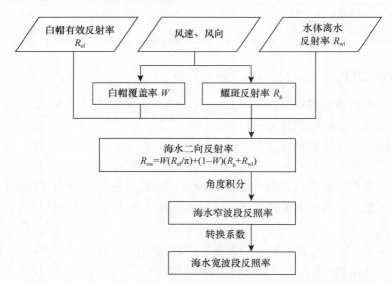

图 2.2 海水反照率三分量模型 TCOWA 算法流程

1）白帽有效反射率 R_{ef}

当海洋表层的风速度逐渐增加，海洋表面的毛细波面就会越来越倾斜，从而集中在重力波上，这样就产生了波浪。风速增大，波浪也会随之增长，海表面波动的非线性就越来越强，但当风速逐渐增大到某一特定的临界值时，波浪就会发生破碎。破碎的波峰处会产生大量的水沫（sprays）和水滴（droplets），同时大量的气泡（bubbles）则混入波浪的内部和表面，此时会在海洋表面形成清晰可见的块状（patches）或条状（streaks）

的白色水汽混合物，即为白帽（王洲和陈俊昌，1993）。

与海面耀斑反射不同的是海面白帽由于它的物理形态的多样性，Koepke（1984）拍摄记录了自然条件下不同生长阶段的白帽，然后提出了白帽有效反射率（effective reflectance）的概念，综合考虑到同一片白帽覆盖区中反射率较高的新生白帽和反射率逐渐降低的衰亡白帽，因此有效反射率的值低于实验条件下稳定白帽的反射率（可见光波段约为 0.22）。Kokhanovsky（2004）试图将白帽的光谱反射率参数化为水体吸收系数和气泡大小的函数，取得了与野外实验数据较吻合的结果。TCOWA 算法对于白帽部分采用了 Koepke（1984）给出的白帽有效反射率值 R_{ef}，如图 2.3 所示。

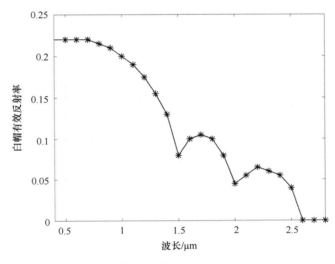

图 2.3 白帽有效反射（Koepke，1984）

白帽覆盖率 W 采用引用最广的 Monahan 等（1980）建立的经验公式，表达为与海面 10m 高风速 U 的函数，即

$$W = 2.951 \times 10^{-6} U^{3.52} \tag{2.9}$$

2）耀斑区的二向反射率 R_0

完全静止的海洋表面可看作为镜面。此时，下行的太阳辐射到达海面后，会遵循菲涅尔光学定律，发生强烈的前向反射，即为海面耀斑。

对于耀斑的研究中，目前对耀斑的计算主要从两个方面进行了改进：一方面，采用了新的测量手段，给出了新的耀斑区面元分布方差与风速之间的经验关系；另一方面，引入了阴影因子（shadowing factor）修正 Cox-Munk 耀斑面元陡度的概率分布函数。

耀斑区的二向反射率 R_0（单位：sr^{-1}）可表示为

$$R_0(\theta_s, \theta_v, \Delta\phi; U, \phi_w) = \rho(\omega) p_{sc}(z'_x, z'_y) / \cos\theta_s \tag{2.10}$$

式中，$\rho(\omega)$ 为在入射光为理想平行光条件下的海面耀斑反射率，即 Fresnel 反射率；$p_{sc}(z'_x, z'_y)$ 为经阴影因子修正后的耀斑区面元概率分布函数，具体见参考文献（Feng et al.，2016）。

由于海面粗糙度比较小的时候,多次散射对总的耀斑反射影响很小,在利用算法进行业务化生产数据产品时忽略了多次散射的影响。

3) 水体离水反射率 R_{wl}

水体离水反射率 R_{wl}(water-leaving reflectance),被定义为经水体内部反射上行的离水辐亮度 L_w 与到达水面的下行辐照度 E_d 的比值,是水色遥感研究中反演水色要素浓度的重要参数:

$$R_{wl}(\theta_s, \theta_v, \Delta\phi, U, \text{Chl}) = \left\{ \frac{(1-\bar{\rho})[1-r(\theta', \theta_v)]}{(1-\bar{r}R_w)n^2} \right\} \times \frac{f(\theta_s, U, \text{Chl})}{Q(\theta_s, \theta_v, \Delta\phi, U, \text{Chl})} \times \frac{b_b}{a} \quad (2.11)$$

4) 海水光谱反照率

得到海面耀斑、海面白帽、海洋水体离水反射率之后,海洋表面水体的二向性反射率可分解为三个组分的加权和。这个思路最早是 Koepke(1984)提出的,即

$$R_{ow} = WR_{ef} + (1-W)R_g + (1-WR_{ef})R_{wl} \quad (2.12)$$

式中,R_{ow} 为海洋表面水体的二向性反射率;WR_{ef}、$(1-W)R_g$ 和 $(1-WR_{ef})R_{wl}$ 则分别为像元尺度上总的白帽有效反射率、海面耀斑反射率和海洋水体离水反射率三者的贡献。这里的 W 可理解为某一像元中海面白帽的覆盖率,那么 $(1-W)$ 则表示没有白帽覆盖的范围。而 $(1-WR_{ef})$ 可视为白帽覆盖区总的透射率,也就是忽略了离水反射在耀斑区的作用。因为耀斑表现出强烈的前向散射,远大于方向性较弱的离水反射,所以在该方向上这种假设是合理的;但是,在其余的太阳-观测角度上,这样的忽略就不合理了。TCOWA 算法最终采用 Sayer 等(2010)提出的权重,将海洋表面水体的二向性反射率 R_{ow}(单位:sr^{-1})表达为

$$R_{ow} = W(R_{ef}/\pi) + (1-W)(R_g + R_{wl}) \quad (2.13)$$

根据 Schaepman-Strub 等(2006)的定义,对海面水体的二向反射率 R_{ow} 在观测半球积分即为海水的光谱黑空反照率,对光谱黑空反照率在入射半球积分即为海水的光谱白空反照率。

3. 纯冰雪像元 BRDF 数据集生成方案

考虑到在现有的 POLDER BRDF 数据集中的数据在两极地区常年冰雪覆盖区的采样点相对较少,并且纯冰雪像元和季节性降雪区混合像元的 BRDF 特性差异相对较大,在本版本中增加了采用模型模拟方法生成纯冰雪像元的 BRDF 数据集,以更好地描述两极地区冰雪 BRDF 特性。基于模型的纯冰雪像元 BRDF 数据集生成方案为:首先通过输入一系列冰雪物理参数(雪物理参数包括雪粒径、雪密度和污染物含量等;冰物理参数包括盐胞半径、体积百分比、气泡半径、体积百分比和污染物含量等),采用参数化方法快速计算冰雪的固有光学参数(IOP),然后再采用渐近线辐射传输模型(ART)计算冰雪的 BRDF。纯冰雪像元 BRDF 算法的流程图如图 2.4 所示。

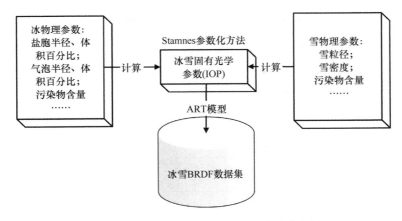

图 2.4　纯冰雪地表 BRDF 数据集生成流程图

1）冰雪固有光学参量参数化计算方法

传统的计算冰雪的固有光学特性为采用米（Mie）散射代码计算，此外还可以通过建立以冰雪光学物理变量为变量的参数化方程来描述冰雪固有光学参数。在 Stamnes 等提出的 CASIO-DISORT 模型（coupled atmosphere-ice-snow-ocean system DISORT model）（Stamnes et al.，2010）中，较为系统地描述了雪和海冰固有光学参数化方法，并开发了计算冰雪固有光学参数的 ISIOP 工具。

对于纯雪微粒、海冰盐胞和海冰气泡，当波长 $\lambda<1.2\mu m$ 时，吸收率因子 $Q_a{'}$ 和散射率因子 $Q_b{'}$ 可以由几何光学模型推导出（Hamre et al.，2004）：

$$Q_a{'} = \frac{16\pi r}{3\lambda}\frac{k}{n}\left[n^3 - (n^2-1)^{(3/2)}\right] \tag{2.14}$$

$$Q_b{'} = 2 \tag{2.15}$$

式中，r 为有效粒子半径；n 和 k 分别为对应粒子的折射指数的实部和虚部。为了提高波长 $\lambda>1.2\mu m$ 时的精度，Stamnes 等（2010）提出了一种新的参数化方法：

$$Q_a = 0.94\left[1 - \exp(-Q_a{'}/0.94)\right] \tag{2.16}$$

$$Q_b = 2 - Q_a \tag{2.17}$$

$$g = g_0^{(1-Q_a)^{0.6}} \tag{2.18}$$

式中，g_0 为非吸收（$k=0$）粒子的不对称因子，对于气泡、雪粒和盐胞分别为 0.85、0.89 和 0.997。对于一个厚度为 h 的冰层，光学厚度 τ 和单次散射反照率 ω 可以表示为

$$\tau = \pi r^2 Nh(Q_a + Q_b) \tag{2.19}$$

$$\omega = \frac{Q_b}{Q_a + Q_b} \tag{2.20}$$

式中，N 为单位体积内的粒子数，对于冰雪等高反射率介质，可以采用 Henyey-Greenstein 函数（Henyey and Greenstein，1941）来表示散射相函数：

$$P(\cos\Theta) = \frac{1-g^2}{4\pi(1+g^2-2g\cos\Theta)^{3/2}} \tag{2.21}$$

式中，g 为不对称因子用于描述散射类型，$(-1 \leq g \leq 1)$，其中当 g 等于 0 时为各向同性散射，g 等于 1 时为完全前向散射，g 等于 -1 时为完全后向散射。图 2.5 显示，将米散射方法和参数化方法计算纯雪固有光学特性进行比较 RMSE 为 0.0005。

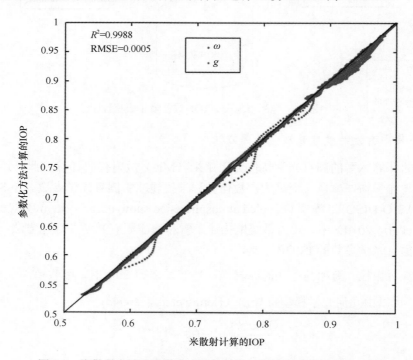

图 2.5 米散射方法和参数化方法计算纯雪固有光学特性结果比较

通常情况下冰雪中的吸收性杂质的散射作用可以忽略，仅通过折射系数 k_m 相加即可表达杂质的吸收作用。其中 k_m 可以表达为

$$k_m = k_m(\lambda_0)(\lambda_0/\lambda)^\eta \tag{2.22}$$

式中，η 值为 0~5；k_m（440 nm）的值为 5×10^{-3}~5×10^{-2}，可以通过折射指数计算吸收系数：

$$\sigma_a = 4\pi k/\lambda \tag{2.23}$$

假设海冰由纯冰、盐胞、气泡和杂质组成，则海冰的吸收系数 σ_a 可以表达为

$$\sigma_a = \pi r_{br}^2 N_{br} Q_a^{br} + \left[1 - \frac{4}{3}\pi r_{br}^3 N_{br} - \frac{4}{3}\pi r_{bu}^3 N_{bu}\right] \frac{4\pi(k_i + V_m k_m)}{\lambda} \tag{2.24}$$

式中，V_m 为杂质体积比（1×10^{-7}~1×10^{-5}）；N_{br}、N_{bu} 分别为盐胞和气泡的单位体积数量；r_{br}、r_{bu} 分别为盐胞和气泡的有效半径。当盐胞为液态时，可以采用海水的折射指数。海冰的散射系数可以表达为

$$\sigma_b = \sigma_b^{br} + \sigma b_b^{bu} = \pi r_{br}^2 N_{br} Q_b^{br} + \pi r_{bu}^2 N_{bu} Q_b^{bu} \tag{2.25}$$

对应的海冰固有光学参数［图 2.6（c）、（d）］可以采用如下方法计算：

$$\tau = (\sigma_a + \sigma_b)h \tag{2.26}$$

$$\omega = \frac{\sigma_b}{\sigma_a + \sigma_b} \tag{2.27}$$

$$g = \frac{\sigma_b^{br} g_{br} + \sigma_b^{bu} g_{bu}}{\sigma_b^{br} + \sigma_b^{bu}} \tag{2.28}$$

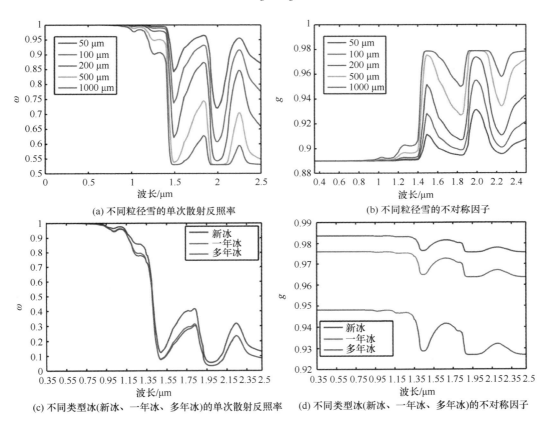

(a) 不同粒径雪的单次散射反照率　　(b) 不同粒径雪的不对称因子

(c) 不同类型冰(新冰、一年冰、多年冰)的单次散射反照率　　(d) 不同类型冰(新冰、一年冰、多年冰)的不对称因子

图 2.6　采用参数化方案计算的冰雪单次散射反照率和不对称因子

2）ART 模型计算冰雪地表 BRDF

基于 Kokhanovsky 和 Zege（2004）提出的渐近线辐射传输理论（asymptotic solution of the radiative transfer theory，ART），得出冰雪表面白空反照率 α_{ws} 和黑空反照率 $\alpha_{bs}(\theta_s)$ 可以分别表达为

$$\alpha_{ws} = \exp(-y) \tag{2.29}$$

$$\alpha_{bs}(\theta_s) = \exp[-yu(\theta_s)] \tag{2.30}$$

式中，$u(\theta_s)$ 称之为逃逸方程（escape function），表征光线从一个半无限深度的雪层介质中在不同角度逸出的概率分布：

$$u(\theta_s) = \frac{3}{7}(1 + 2\cos\theta_s) \tag{2.31}$$

$$y = 4\sqrt{\frac{\sigma_a}{3\sigma_e(1-g)}} \tag{2.32}$$

式中，g 为介质散射相函数余弦的均值；σ_a 和 σ_e 分别为雪的吸收系数和消光系数，其与雪的物理参数的关系如公式所示，纯雪的消光系数和吸收系数可以采用如下雪的物理参数来描述：

$$\sigma_e = \frac{1.5C_V}{r} \tag{2.33}$$

$$\sigma_a = \xi \frac{4\pi k}{\lambda} C_V \tag{2.34}$$

式中，C_V 为雪的体积含量；k 为冰的复折射指数；ξ 为雪粒径的形状因子；r 为等效雪粒径，即体积、面积比等效球半径：

$$r = \frac{3\langle V\rangle}{4\langle \Sigma\rangle} \tag{2.35}$$

式中，$\langle V\rangle$ 和 $\langle \Sigma\rangle$ 分别为雪粒径的平均体积和平均横截面积；将上式代入公式可得

$$y = A\sqrt{\frac{4\pi k}{\lambda} r} \tag{2.36}$$

其中，

$$A = \frac{4}{3}\sqrt{\frac{2\xi}{1-g}} \tag{2.37}$$

式中，A 的取值依赖于雪粒的形状，其取值范围为 5.1（不规则形状）～6.5（球形），在本计算中取值 5.8，实验结果表明其取值对于反演雪粒径大小影响不大。

雪中的煤灰污染物（soot）粒子在可见光、近红外波段的复折射指数为 $n_m - k_m i = 1.75 - 0.43i$，因此主要考虑煤灰污染物的吸收作用，忽略散射作用，其中煤灰污染物的吸收系数可以表示为（Bohren and Huffman，1983）

$$\sigma_a^m = \frac{3Q_a^m}{4r_m} C_m \tag{2.38}$$

式中，Q_a^m 为煤灰的吸收率因子；r_m 为煤灰粒子的等效半径；C_m 为煤灰的体积含量。混合了煤灰污染物的雪吸收系数为

$$\sigma_a = \sigma_a^{snow} + \sigma_a^m = \frac{4\pi}{\lambda}\xi C_V(k + \gamma C_m^*) \tag{2.39}$$

其中，

$$\gamma = \frac{3Q_a^m \lambda}{16\pi r_m \xi} \tag{2.40}$$

基于米散射理论可以得出在可见光、近红外波段 γ 值约为 0.2。综上所述可得

$$y = A\sqrt{\frac{4\pi}{\lambda} r(\chi + \gamma C_m^*)} = Aq\sqrt{r} \tag{2.41}$$

其中，

$$q = \sqrt{4\pi \frac{k + \gamma C_m^*}{\lambda}} \quad (2.42)$$

基于渐近线辐射传输模型的冰雪 BRDF 可以表示为

$$R(\theta_s, \theta_v, \phi) = R_0(\theta_s, \theta_v, \phi) \exp\left[-y \frac{u(\theta_s)u(\theta_v)}{R_0(\theta_s, \theta_v, \phi)}\right] \quad (2.43)$$

式中，ϕ 为相对方位角；R_0 为假设单次散射反照率为 1 时半无限深度雪层的反射函数，可以近似为（Kokhanovsky and Nauss，2005）

$$R_0(\theta_s, \theta_v, \phi) = \frac{a + b(\cos\theta_s + \cos\theta_v) + c\cos\theta_s \cos\theta_v + p(\Theta)}{4(\cos\theta_s + \cos\theta_v)} \quad (2.44)$$

其中，

$$\cos\Theta = -\cos\theta_v \cos\theta_s + \sin\theta_v \sin\theta_s \cos\phi \quad (2.45)$$

$a = 1.247$，$b = 1.186$，$c = 5.157$，Θ 在下式中以度形式计算：

$$p(\Theta) = 11.1\exp(-0.087\Theta) + 1.1\exp(-0.014\Theta) \quad (2.46)$$

采用 ART 模型模拟的不同雪粒径、太阳天顶角、污染物含量的黑空反照率如图 2.7 所示。图 2.7（d）展示了采用 ART 模型模拟的冰雪表面 BRDF 的效果。

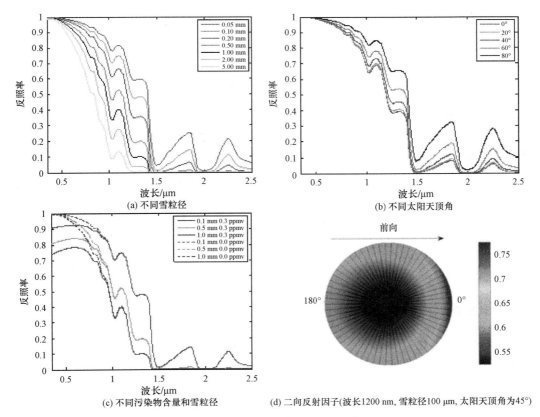

图 2.7 ART 模型模拟的雪反照率

3）冰雪 BRDF 模拟方案

为了模拟自然界中大多数冰雪形态的物理参数，在模拟中选择调整雪和冰模拟数据集的物理参数输入设置如表 2.4 和表 2.5 所示，生成的模拟数据集如图 2.8 所示。其中雪的物理参数包括雪粒径、雪密度和污染物含量。冰的物理参数包括盐胞体积百分比、盐胞半径、气泡体积比例、气泡半径和污染物含量。海洋物理参数包括 10 m 高风速、风向和叶绿素含量。

表 2.4　雪物理参数设置

参数名	单位	参数取值
雪粒径	μm	50, 100, 200, 250, 500, 800, 1000, 1500, 2000
雪密度	g/cm³	0.1, 0.2, 0.3, 0.4, 0.5
污染物含量	ppmv	0, 0.01, 0.1, 0.3, 1, 5

表 2.5　冰物理参数设置

参数名	单位	参数取值
盐胞体积比例	—	0.1, 0.15, 0.25, 0.5
盐胞半径	μm	200, 500, 1000
气泡体积比例	—	0.05, 0.01, 0.02, 0.05
气泡半径	μm	100, 200, 500
污染物含量	ppmv	0.1, 1, 5

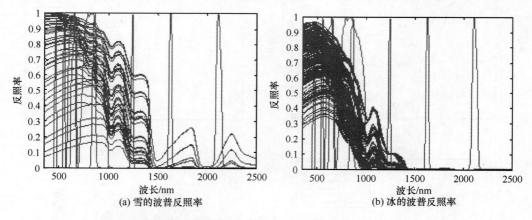

图 2.8　不同物理参数下模拟的冰雪波谱反照率

4. 地表分类和海陆混合像元 BRDF 数据集的生成

不同地表类型具有不同的 BRDF 形状。虽然我们的地表反照率算法作为一个回归算法，从一定程度上可以通过调节不同波段权重系数来适应 BRDF 形状的变化。但是，用线性回归模型来近似也是会有误差的，有必要引入地物分类信息，进一步细分训练样本，减少线性回归模型的不确定性。

虽然我们有可能采用全球的分类数据来支持反照率反演，但是这会增加算法的输入数据，降低算法的通用性。实际上，使用全球分类数据产品还有两方面缺点：一是全球分类数据中也有很多误差，尤其是 1km 分辨率混合像元的问题十分突出，引入分类数据也就引入了分类数据中的误差；二是地表反照率是一个变化速度很快的物理量，而地表分类则是根据地表长期覆盖状态而得出的一个主观判断，它们的时间尺度不一致。举一个简单的例子，农田下雪之后其反照率就显著变化了，但从分类上它依然是农田。

因此，我们选择直接根据遥感观测数据分类的策略，因为分类可利用的信息少，所以只能采用相对简单的分类体系。具体来说，我们根据遥感观测值和基本地理信息把全球陆地和海洋像元分为 7 类，分别是植被、裸地、纯冰雪、部分覆盖冰雪、海洋、海陆混合、海冰混合，他们的基本判别特征如下（按判断的优先级排序）：

（1）植被：NDVI 大于 0.2；

（2）纯冰雪：蓝光和红光波段反射率大于 0.6，且纬度大于 60°；

（3）海冰混合：根据 MODIS 的水陆标志指示该像元包含水体，且蓝光和红光波段反射率大于 0.3；

（4）纯海水：根据 MODIS 的水陆标志指示该像元为浅海或深海，不包含任何陆地亚像元，且根据微波遥感产品该像元未发现海冰；

（5）海陆混合：根据 MODIS 的水陆标志指示该像元为内陆水体或海岸带，或者既包含海洋亚像元也包含陆地亚像元，且未发现海冰；

（6）部分覆盖冰雪：蓝光和红光波段反射率大于 0.3，且不位于北非和阿拉伯半岛（MODIS 网格 h16-h23，v05-v07；这一区域有高反射的沙漠）；

（7）剩下的像元判断为裸地。

以上准则用于反照率的计算过程，对应不同地物使用不同的 AB 算法查找表。AB 算法的回归系数查找表是由训练数据决定的，部分训练数据是模型模拟结果，它们的分类比较容易确定；而另一部分训练数据则来自 POLDER BRDF 遥感观测，所以需要制定 POLDER BRDF 的分类准则，描述如下。

我们对每一个 POLDER BRDF 数据集计算其每个波段的平均反射率和平均 NDVI，作为训练数据集分类的依据。为了考虑分类交界处的不确定性，我们设计了分类过渡区，或者称为过渡类。举例来说，我们把平均 NDVI 值为 0.15~0.22 的数据作为过渡类 1，蓝光反射率为 0.2~0.6 的作为过渡类 2。过渡区之外的像元再分为纯植被、纯裸地和纯冰雪（图 2.9），准则是：如果像元的 NDVI 大于 0.22，则判断为纯植被；如果蓝光或红光波段反射率大于 0.6，则判断为纯冰雪；NDVI 小于 0.15 且蓝光反射率小于 0.2 的像元判断为纯裸地。

考虑到真实地表像元大多数情况下并非纯像元，为了描述多种地物端元形成的混合像元的地表 BRDF 特性，我们采用线性混合模型来描述这种情况。首先确定进行混合的地表类型，随机给出每类地表类型所占的比例，然后从每类地表类型中随机抽取出一条 BRDF 数据代表该类地表的反射各项异性，通过线性混合计算出混合像元的 BRDF 数据集。通过蒙特卡罗模拟的方式，每次随机确定混合比例与代表 BRDF 数据集，最终生成一个代表混合像元的 BRDF 数据集。

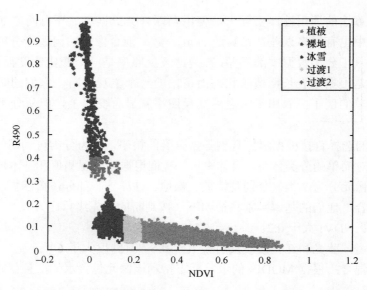

图 2.9　POLDER BRDF 数据集蓝光波段平均反射率和平均 NDVI 的散点图

蓝色像元被判别为纯冰雪；红色被判别为纯裸地；绿色被判别为纯植被；黄色为过渡类 1；紫色为过渡类 2

$$\mathrm{BRDF}_{\mathrm{mix}} = f_1 \times \mathrm{BRDF}_1 + f_2 \times \mathrm{BRDF}_2 + \cdots + f_n \times \mathrm{BRDF}_n \quad (2.47)$$

式中，$\mathrm{BRDF}_{\mathrm{mix}}$ 为混合像元的 BRDF；BRDF_i 为第 i 类地表类型的 BRDF；f_i 为第 i 类地物的比例。其中 $\sum_{i=1}^{n} f_i = 1$，BRDF_i 为从第 i 类中随机抽取的 BRDF，f_i 的值也由随机数生成，通过大数据量的模拟，生成可以代表各种地表类型混合情况下的 BRDF 数据集。

以海冰 BRDF 数据集的生成为例，为了模拟海冰、雪和海水混合的情况，我们分别采用 ART 模型生成冰雪 BRDF 数据集，采用 TCOWA 模型来模拟海水 BRDF 数据集，最后采用线性混合方式模拟混合像元情况下的海冰 BRDF 数据集。通过随机从纯像元数据集中抽取数据和随机生成混合百分比，模拟不同地物线性混合情况下的 BRDF，如图 2.10 所示。对应于 7 个类别的回归系数查找表，我们分别生成了 7 种地表类型的 BRDF 数据集，其中回归系数查找表与这些训练数据集的对应关系如表 2.6 所示。

表 2.6　查找表与训练数据集对应关系表

地物类型	训练数据
植被	POLDER 纯植被+ POLDER 过渡类 1
裸地	POLDER 纯裸地+ POLDER 过渡类 1+ POLDER 过渡类 2
纯冰雪	ART 纯冰雪+ POLDER 纯冰雪 （加少量 POLDER 纯冰雪是为了结果对二者都有兼容性）
部分覆盖冰雪	ART 纯冰雪×POLDER 过渡类 2
海洋	三分量模型模拟开阔海面
海陆混合	三分量模型模拟纯海洋×(POLDER 纯裸地+ POLDER 过渡类 1+ POLDER 纯植被)
海冰混合	三分量模型模拟纯海洋×ART 纯冰雪

注：×表示由两个类别的像元组合成不同比例的混合像元。

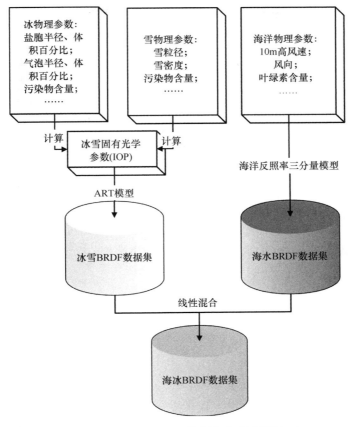

图 2.10 海冰 BRDF 数据集生成流程图

5. 最小二乘回归

式（2.1）代表了地表多波段二向反射率与宽波段反照率之间的关系，这个关系是由回归系数决定的，对于 7 种地表类型以及每一个太阳/观测角度网格，就有一组回归系数。现在需要通过训练数据来估算回归系数，即求解 $c_i | i = 0,\cdots,n$。

简单的方法即通过线性最小二乘法求解方程，可先把式（2.1）写成矩阵方程形式：

$$Y = AX \tag{2.48}$$

式中，X 为训练数据多波段反射率构成的矩阵，维数是（n+1），n 为 MODIS 相关波段数，如果选用所有 7 个波段则 n=7；Y 为训练数据反照率构成的矩阵，维数是 18*m，m 为这一网格的训练数据个数，因为我们需要计算 WSA，以及 0~80°每 5°间隔的 BSA，固有 18 个形态的反照率；A 为回归系数矩阵，维数是（n+1）*18。

线性最小二乘解 A^* 如下：

$$A^* = (X^T X)^{-1} X^T Y \tag{2.49}$$

线性最小二乘法形式简单，通常情况具有很好的效果。但是如果训练数据 X 存在相关，则会出现最小二乘解不稳定的情况。经试验证明，如果我们用最小二乘法对 MODIS 7 个波段做回归计算 A^*，再用 A^* 计算反照率，则结果对 MODIS 数据中的噪声非常敏感。

事实上,在设计任何一个算法时,数据中的噪声必须考虑,即要求算法具有稳定性。这里有两个途径来提高稳定性,一是减少使用的 MODIS 波段数,如仅用 MODIS 的前 4 个波段来反演反照率,经过试验,仅用 4 个波段的结果比用全部 7 个波段稳定。二是添加对数据噪声的模拟,MODIS 的第 3、4 波段受大气气溶胶影响,其噪声不可忽略,因此 GLASS 反照率算法中还采用了另一个技术。具体来说,我们通过在回归算法中添加对数据噪声的模拟来求取抗噪声的稳定解:X 为由 POLDER 数据插值并转换到 MODIS 波段生成的训练数据,我们在其中添加服从一定统计规律的随机噪声,使之成为 $\tilde{X}$,则抗噪声最小二乘解形式如下:

$$A^* = (\tilde{X}^T \tilde{X})^{-1} \tilde{X}^T Y \qquad (2.50)$$

事实上我们并不打算真正在数据中添加噪声,因为仅仅在有限个数据中加入特定的噪声并不能代表噪声的统计规律,我们真正需要的是获得有噪声数据统计规律的 $\tilde{X}^T \tilde{X}$ 和 $\tilde{X}^T Y$。现在假设 MODIS 7 个波段数据噪声的均值为 0,协方差矩阵为 Δ,则可以得出:

$$\tilde{X}^T \tilde{X} = X^T X + m\Delta, \quad \tilde{X}^T Y = X^T Y \qquad (2.51)$$

因此,抗噪声最小二乘解可以按如下方式计算:

$$A^* = (X^T X + m\Delta)^{-1} X^T Y \qquad (2.52)$$

目前阶段我们尚未系统的分析 MODIS 波段数据噪声的统计特性,只能做简单的估计,假设 Δ 是对角矩阵,对角线上元素是各波段的噪声方差。我们认为 MODIS 传感器精度较高,数据中的噪声主要来自大气校正中残余的不确定性,因此对 MODIS 的 7 个波段数据的噪声标准差分别设置为 0.01,0.01,0.02,0.02,0.02,0.02,0.02。需要说明的是,与其他形式的约束反演方法类似,约束条件往往是很难严格估算的,但即使约束条件不准确,通常对反演结果的影响不明显,而其提高稳定性的效果却是显著的。

为了查看回归效果,我们统计了使用 POLDER 训练数据(即由 POLDER 数据插值并转换到 MODIS 波段生成的训练数据)时的 WSA 和 45°太阳角 BSA 反演误差,表 2.7 给出所有网格的 RMSE 的平均值。

表 2.7 **AB1 算法作用于训练数据时的残差统计**

训练数据类别	WSA 的平均 RMSE	45°太阳角 BSA 的平均 RMSE	WSA 估算的相对误差/%	45°太阳角 BSA 估算的相对误差/%
植被	0.0078	0.0063	4.91	4.25
裸地	0.0118	0.0103	5.12	4.67
冰雪	0.0248	0.0199	3.85	3.19

2.2.4 基于大气层顶反射率数据的反照率反演算法(AB2)

AB2 算法根据多波段的大气层顶(TOA)方向发射率直接估算地表宽波段反照率,因此无需对遥感数据进行大气校正,相应的也就避免了大气校正的困难以及其中可能引入的误差。相对于 AB1 算法,AB2 算法增加大气辐射传输模拟这一步骤,其他的处理过程与 AB1 算法完全相同,在本节中不再重复说明,而重点介绍大气辐射传输模拟方法。

1. 大气辐射传输模拟

AB2 算法采用 6S（second simulation of a satellite signal in the solar spectrum）大气辐射传输模型（Vermote et al., 1997）模拟获得涵盖多种大气状况、各种 BRDF 特性地表的大气层顶方向反射率及其对应的地表宽波段反照率训练数据集。由于直接采用 6S 大气辐射传输模型模拟非朗伯地表的大气层顶方向反射率计算量较大，因此我们采用具有较高精度的近似公式（Qin et al., 2001）来计算大气层顶方向反射率：

$$\rho^{TOA}(\theta_s,\theta_v,\varphi) = t_g \left\{ \rho_0(\theta_s,\theta_v,\varphi) + \frac{T(\theta_s) \cdot R(\theta_s,\theta_v,\varphi) \cdot T(\theta_v) - t_{dd}(\theta_s) \cdot t_{dd}(\theta_v) \cdot |R(\theta_s,\theta_v,\varphi)| \cdot \bar{\rho}}{1 - r_{hh}\bar{\rho}} \right\} \quad (2.53)$$

式中，矩阵 $T(\theta_s)$，$R(\theta_s,\theta_v,\varphi)$，$T(\theta_v)$ 分别定义为

$$T(\theta_s) = [t_{dd}(\theta_s)\ t_{dh}(\theta_s)], \quad T(\theta_v) = \begin{bmatrix} t_{dd}(\theta_v) \\ t_{hd}(\theta_v) \end{bmatrix}, \quad R(i,v) = \begin{bmatrix} r_{dd}(\theta_s,\theta_v,\varphi) & r_{dh}(\theta_s,\varphi_s) \\ r_{hd}(\theta_v,\varphi_v) & r_{hh} \end{bmatrix} \quad (2.54)$$

式中，$\rho^{TOA}(\theta_s,\theta_v,\varphi)$ 为大气层顶方向反射率；$\rho_0(\theta_s,\theta_v,\varphi)$ 为大气路径反射率；t_g 为气体吸收透过率；$\bar{\rho}$ 为大气层向下反照率；t 和 r 分别为大气透过率和地表反射率，其中下标 h，d 分别为散射（半球）和直射（方向）；$t_{dd}(\theta_s), t_{dh}(\theta_s), t_{dd}(\theta_v), t_{hd}(\theta_v)$ 分别为大气下行直射透过率、大气下行方向半球透过率、大气上行直射透过率和大气上行半球方向透过率；$r_{dd}(\theta_s,\theta_v,\varphi), r_{dh}(\theta_s,\varphi_s), r_{hd}(\theta_v,\varphi_v), r_{hh}$ 分别为地物的二向性反射因子、方向半球反射率、半球方向反射率和双半球反照率。其中地表反射特性参数 $R(\theta_s,\theta_v,\varphi)$ 通过 POLDER BRDF 数据集经过波段转换和半球积分得到，而大气状态参数 $\rho_0(\theta_s,\theta_v,\varphi)$ 和 $t_{dd}(\theta_s), t_{dh}(\theta_s), t_{dd}(\theta_v), t_{hd}(\theta_v)$ 则通过 6S 大气辐射传输模型模拟建立的大气参数查找表获得。

该大气参数查找表是一个以大气类型、气溶胶类型、气溶胶光学厚度、目标海拔、太阳天顶角、观测天顶角和相对方位角为维度的 7 维数组。在大气辐射传输模型模拟过程中，通过改变 6S 模型的输入参数来模拟各种大气状况（表 2.8）：其中大气类型设置为热带、中纬度夏季、中纬度冬季、副极地夏季、副极地冬季和 US62 标准大气 6 种；气溶胶类型设置为大陆型、海洋型、城市型、沙漠型、生物燃烧型和霾型 6 种，其中霾型气溶胶假定气溶胶中沙尘、水溶性、烟尘和海洋粒子的组成比例分别为 15%、75%、10% 和 0%；550nm 的气溶胶光学厚度设置为 0.1, 0.2, 0.25, 0.3, 0.35, 0.4 共 6 个梯度，包含了从清洁大气到较浑浊大气的情况；目标海拔设置为 0~3.5km，0.5km 为步长共计 8 个梯度；太阳天顶角设置为 0~80°，4° 为步长共计 21 个格网；观测天顶角为 0~64°，4° 为步长共计 17 个格网；相对方位角为 0~180°，20° 为步长共计 10 个格网。通过 6S 大气辐射传输模型计算格网中央点的大气参数代表整个格网的大气参数。经过参数敏感性分析，该格网划分方案可以满足大气辐射传输模拟精度的要求。因为水汽含量可以通过 MODIS 大气水汽含量产品获得，所以在模拟过程中不改变该参数。输入数据集见表 2.8。

表 2.8 6S 大气辐射传输模型参数设置

6S 大气参数	参数设置
大气类型	热带、中纬度夏季、中纬度冬季、副极地夏季、副极地冬季、US62 标准大气
气溶胶类型	大陆型、海洋型、城市型、沙漠型、生物燃烧型、霾型
气溶胶光学厚度	0.1, 0.2, 0.25, 0.3, 0.35, 0.4
目标海拔高度/km	0, 0.5, 1.0, 1.5, 2.0, 2.5, 3, 3.5
太阳天顶角/(°)	0, 4, 8, …, 76, 80
观测天顶角/(°)	0, 4, 8, …, 60, 64
相对方位角/(°)	0, 20, 40, …, 160, 180

2. 网格回归的精度分析

在大气层顶表观反射率及其对应地表反照率训练数据集建立后，采用格网回归分析的方法建立二者之间的统计回归关系。回归方程与 AB1 算法相似：

$$\alpha = c_0 + \sum_{i=1}^{n} c_i \rho_i^{\mathrm{T}}(\theta_s, \theta_v, \varphi) \tag{2.55}$$

式中，$\rho_i^{\mathrm{T}}(\theta_s, \theta_v, \varphi)$ 为第 i 个波段的大气层顶反射率 $\rho_i^{\mathrm{TOA}}(\theta_s, \theta_v, \varphi)$ 经过气体吸收透过率 t_g 归一化得到的结果：

$$\rho_i^{\mathrm{T}}(\theta_s, \theta_v, \varphi) = \rho_i^{\mathrm{TOA}}(\theta_s, \theta_v, \varphi) / t_g \tag{2.56}$$

计算气体吸收透过率 t_g 时主要考虑水汽和臭氧含量的变化。AB2 算法也采用与 AB1 算法相似的抗噪声的最小二乘法求解回归系数。因为此处无需考虑大气校正的误差，所以在抗噪声的最小二乘法求解中对 7 个波段的噪声标准差都设为 0.01。

以下对格网回归法在不同格网大小、气溶胶状况和土地覆盖类型情况下的算法精度进行评价。为了简单起见，我们将由改进的线性核驱动模型计算得到的反照率称为"参考反照率"，AB2 算法的格网回归计算结果称为"估算反照率"。采用 R^2（coefficient of determination）和 RMSE 两个统计量来评价格网回归法的鲁棒性。

由于不同太阳/观测角度的地表方向反射特性和大气参数存在差异，因此不同格网的拟合结果也是不同的。图 2.11 展示了在 3 个太阳天顶角情况下，不同的观测天顶角格网大小的拟合 RMSE。在 3 种太阳天顶角情况下，拟合的 RMSE 随着格网大小的增大而增大，表明格网回归算法精度要高于基于朗伯假设的算法。在大多数情况下，观测天顶角格网大小划分为 4°～10°较为合适，能够得到较为精确的估算结果。太阳天顶角格网大小的划分与观测天顶角类似。而相对方位角的合理划分大小为 20°～60°。

在不同太阳/观测角度的格网的估算精度存在差异。当地表类型为植被，大陆型气溶胶时，在主平面有 21 个太阳天顶角（SZAs）和 17 个观测天顶角（VZAs）组成的 357 个格网，其中 R^2 在 303 个格网（84.9%）大于 0.9，RMSE 在 312 个格网（87.4%）小于 0.01。拟合结果表明格网回归方法具有较高的估算精度。在不同太阳天顶角（20°、40°、60°）情况下，拟合 R^2 在观测半球空间的分布如图 2.12 所示。在不同的太阳天顶角（20°、40°、60°），R^2 在观测半球空间的分布模式非常相似。在主平面后向（相对方位角 0°）位置附近，R^2 随着观测天顶角的增大而增大；在主平面前向（相对方位角为 180°）位置

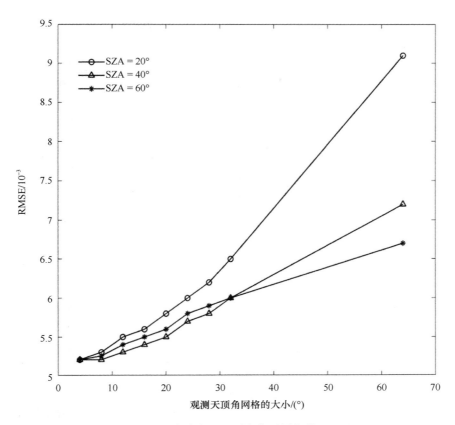

图 2.11 不同大小太阳天顶角格网回归的 RMSE

附近，R^2 随着观测天顶角增大而减小。R^2 最小值出现在"热点"位置（相对方位角为 0°；太阳天顶角分别为 20°、40°、60°；观测天顶角分别为 20°、40°、60°），而 R^2 的最大值出现在垂直主平面（相对方位角为 90°）较大观测天顶角附近。在大多数情况下，在不同太阳/观测角度，格网回归方法都能够得到较为理想的结果。

格网回归方法精度对不同气溶胶类型（大陆型、海洋型、城市型、沙漠型、生物燃烧型和霾型）的依赖见图 2.13，分别展示了 6 种不同气溶胶类型参考反照率和估算反照率的散点图。拟合结果除了城市型气溶胶相对较差外，其他都较为理想。其中城市型气溶胶的估算精度依赖于气溶胶光学厚度，特别是在地表反照率高于 0.5 的情况下。而对于其他气溶胶类型而言，格网回归方法的估算精度没有明显差异。

图 2.14 显示在不同气溶胶光学厚度（AOD 为 0.10，0.20，0.30，0.40）情况下参考反照率和估算反照率的散点图。在大陆型气溶胶类型下，格网回归方法的估算精度不随气溶胶光学厚度变化而改变。该结果表明格网回归方法与采用 6S 软件进行大气校正得出的结果相似，证明不做大气校正，基于大气层顶（TOA）方向反射率数据直接估算地表反照率的方法是可行的。

图 2.15 显示在不同地表类型（植被、土壤和冰雪）情况下，格网回归法的估算反照率与参考反照率的散点图。其中该格网的太阳天顶角为 32°，观测天顶角为 0°，相对方位角为 180°。其中植被类型的 RMSE 为 0.012，土壤类型的 RMSE 为 0.013，冰雪类型

的 RMSE 为 0.025。该结果是格网回归法的理论精度，在实际计算中考虑到输入数据受其他误差影响，实际精度会略低于理论值。

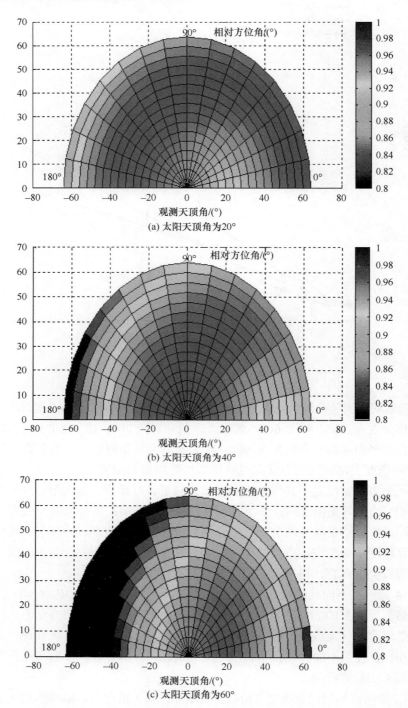

(a) 太阳天顶角为20°

(b) 太阳天顶角为40°

(c) 太阳天顶角为60°

图 2.12 网格回归的拟合 R^2 在观测半球空间的分布

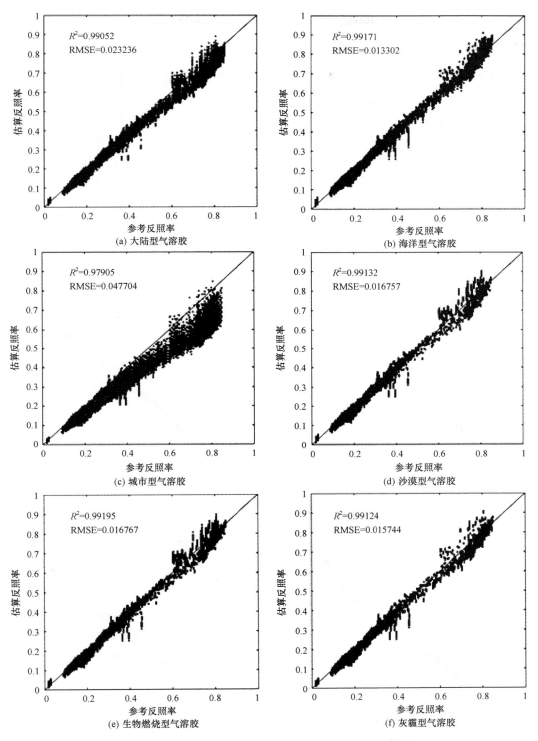

图 2.13 不同气溶胶类型训练数据集估算反照率和参考反照率的散点图

总体而言，格网回归法具有较高的鲁棒性，其估算精度依赖于格网大小、气溶胶状况和地表覆盖类型。基于模拟结果，我们得到其在植被、土壤和冰雪 3 种地表类型下的

· 57 ·

理论不确定性分别为 0.009、0.012 和 0.030。

2.2.5 STF 算法

GLASS 反照率初级产品时间分辨率为 1 天，极大地提高了捕捉地表反照率动态的能力。然而，GLASS 反照率初级产品同时也存在着一些缺陷。首先，受到云、雪覆盖的影响，从遥感数据直接反演得到的反照率初级产品存在大量的数据缺失现象。其次，由于 AB 算法的不确定性、输入数据的噪声等因素的影响，初级产品的反照率时间序列存在较为剧烈的抖动。最后，基于 MODIS 数据的 GLASS 反照率初级产品一共有 4 种，需要通过数据融合，最终得到唯一的全球地表连续一致的反照率产品。基于统计量的时空滤波算法（statistics-based temporal filtering）可对四套 GLASS 反照率初级产品（GLASS02A21、GLASS02A22、GLASS02A23、GLASS02A24）进行时间序列平滑、缺失填补及数据融合，最终生成全球每日时空连续的地表反照率产品。

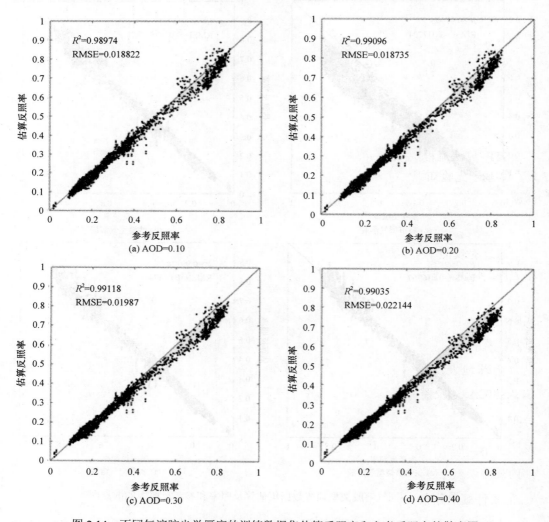

图 2.14 不同气溶胶光学厚度的训练数据集估算反照率和参考反照率的散点图

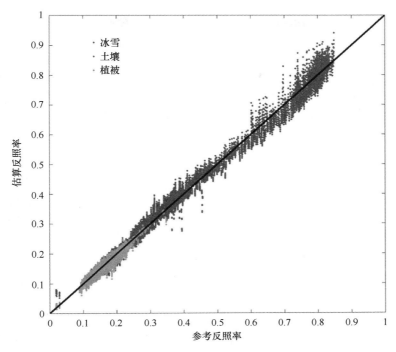

图 2.15　不同地表类型训练数据集估算反照率和参考反照率的散点图
绿色点为植被，红色点为土壤，蓝色点为冰雪

STF 算法流程主要有三部分：①从已有的全球反照率产品中统计出先验知识背景场；②基于先验知识背景场计算滤波模型参数；③对 GLASS 反照率初级产品进行时空滤波。

1. 滤波公式

通过对反照率实际测量值统计分析发现相邻天内反照率真实值之间存在着很好的相关性。因此，假设相邻天内像元的真实反照率之间存在线性回归关系：

$$\alpha_k = a_{\Delta k}\alpha_{k+\Delta k} + b_{\Delta k} + e_{\Delta k} \tag{2.57}$$

式中，α_k 为第 k 天像元的真实反照率；a_k 和 b_k 为回归模型系数，回归模型随机误差 e_k 满足高斯分布 $N(0,\zeta_{\Delta k}^2)$。有关回归模型系数 a_k 和 b_k，以及模型随机误差标准差 $\zeta_{\Delta k}^2$ 的计算见"全球地表反照率先验知识背景场"一节。因此，给定像元第 $(k+\Delta k)$ 天的 GLASS02A2x 反照率观测值 $\alpha_{k+\Delta k}^*$ 和对应的误差 $\eta_{k+\Delta k}^2$，像元真实反照率 α_k 的条件概率分布 $P(\alpha_k|\alpha_{k+\Delta k}^*)$ 为 $P(\alpha_k|\alpha_{k+\Delta k}^*) \sim N(a_{\Delta k}\alpha_{k+\Delta k}^* + b_{\Delta k}, \zeta_{\Delta k}^2 + a_{\Delta k}^2\eta_{k+\Delta k}^2)$。换言之，像元真实反照率 α_k 的预测值为 $a_{\Delta k}\alpha_{k+\Delta k}^* + b_{\Delta k}$，而预测值的方差分为两个部分：通过预测模型传递的观测误差方差 $a_{\Delta k}^2\eta_{k+\Delta k}^2$ 和预测模型的方差 $\zeta_{\Delta k}^2$。作为一个特例，如果 Δk 为零，那么 α_k 的条件概率分布 $P(\alpha_k|\alpha_k^*)$ 为 $N(\alpha_k^*,\eta_k^2)$。进一步地，给定像元在第 k 天的先验统计均值 μ_k 和标准差 σ_k，像元真实反照率 α_k 的先验概率分布 $P(\alpha_k|\alpha_{k+\Delta k}^*)$ 为 $N(\mu_k,\sigma_k^2)$。

假设 $P(\alpha_k|\alpha_{k+\Delta k}^*)$ （$k=-K,\cdots,K$）彼此独立，给定 $(k-\Delta k)\sim(k+\Delta k)$ 天内反照率

初级产品值 $\alpha^*_{k+\Delta k}$ 和先验均值 μ_k，像元真实反照率 α_k 的条件概率分布 $P(\alpha_k|\alpha^*_{k-\Delta K},\cdots,\alpha^*_{k+\Delta K},\mu_k)$ 为

$$P(\alpha_k|\alpha^*_{k-\Delta K},\cdots,\alpha^*_{k+\Delta K},\mu_k)=P(\alpha_k|\mu_k)\prod_{\Delta k=-K}^{\Delta k=+K}P(\alpha_k|\alpha^*_{k+\Delta k}) \tag{2.58}$$

相应的，第 k 天真实反照率 α_k 的最优估计表达如下：

$$\hat{\alpha}_k=\left(\frac{\mu_k}{\sigma_k^2}+\sum_{\Delta k=-K}^{\Delta k=+K}\frac{a_{\Delta k}\alpha^*_{k+\Delta k}+b_{k+\Delta k}}{\zeta_{\Delta k}^2+a_{\Delta k}^2\eta_{k+\Delta k}^2}\right)c \tag{2.59}$$

式中，c 为后验方差：

$$c=1\left/\left(\frac{1}{\sigma_k^2}+\sum_{\Delta k=-K}^{\Delta k=+K}\frac{1}{\zeta_{\Delta k}^2+a_{\Delta k}^2\eta_{k+\Delta k}^2}\right)\right. \tag{2.60}$$

从滤波公式中可以看到 STF 算法的实质是对观测值和先验统计值的加权平均。相对于其他类似算法（Fang et al., 2007; Moody et al., 2005），STF 算法具有如下几个特点：①滤波算法中相邻天内反照率的权重因子取决于反照率的时间相关性及反照率的观测误差；对于某一天的反照率观测值，其时间相关性越好、反照率观测误差越小，权重因子越大，对最终的滤波结果贡献也就越大；②滤波算法兼具了缺失数据填补、时间序列平滑和多套数据融合的功能，当第 k 天反照率不存在有效初级产品时，滤波结果即为填补值；当第 k 天反照率存在有效初级产品时，滤波算法则有去噪、平滑的效果；此外，四套 GLASS 反照率初级产品可以同时输入该算法中，融合成一套产品；其他反照率产品，如 MCD43B3 产品在进行产品归一化之后，也可以作为输入数据，进行数据融合；③滤波算法还定量给出了滤波结果的不确定性（即后验方差）的估算。

2. 全球反照率先验知识背景场

先验知识在几乎所有地表二向反射/反照率反演算法中都有着至关重要的作用（Li et al., 2001; Liang, 2008），在 STF 算法中使用的先验知识既反映反照率的空间分布差异，也反映反照率的季节变化，为估算特定时间地点的地表反照率提供背景知识，因此被称为背景场。目前的 GLASS 反照率产品算法通过多年（2000～2012 年）的 MCD43B3 产品统计生成背景场，选择 MCD43B3 产品一方面是因为该产品采用 MODIS 数据作为输入，与 GLASS 反照率产品一致；更重要的是因为该产品是目前国际上影响最大的全球反照率产品，不仅拥有很多用户，而且其算法对于其他反照率产品算法也产生了深远影响，得到了最为广泛的验证，绝大多数验证结果认为该产品质量可靠。

从 MCD43B3 产品中得出的统计量包括：①全球 1km 空间分辨率、8 天时间分辨率的反照率多年均值 μ_k 和标准差 σ_k（$k=1, 9, \cdots, 361$）；②同一像元（5km 分辨率）相邻日期反照率之间的相关系数 $\rho_{\Delta k}$（$\Delta k=-32, -24, \cdots, 24, 32$）。因为受到云、雪等因素的影响，MCD43B3 产品中存在约 20%的缺失，即使经过多年的平均，统计得出的背景场中仍然会存在一些缺失，主要表现在低纬度地区的雨季常年被云覆盖，高纬度地区冬季出现极夜现象而缺少半年的数据。因此我们首先需要进行背景场的填补，得到连续无缺失的背景场，再用于 STF 算法。填补时仅填补均值，标准差用常数 0.03 填充，

相关系数用常数 0 填充。对于极地区域由极夜现象引起的背景场缺失，使用该像元进入极夜之前最后两次有效数据的平均值填充。对于非极地的其他区域，如果某像元的背景场出现缺失，则采用与该像元同一 IGBP 类别（以 2005 年的 MCD12Q1 产品为准则）同一纬度带（每 10°为一个纬度带）的有效像元的背景场均值来填补。

先验统计量的时间分辨率为 8 天，而滤波公式需要每日的回归系数。因此，首先用平滑函数拟合 8 天分辨率的先验统计量，然后根据拟合函数计算前 32 天和后 32 天内每 1 天的相应数值。对于均值和标准差统计量，利用已有的前后 32 天内每 8 天的均值和标准差，通过三次多项式拟合。对相关系数，利用前 32 天和后 32 天内每 8 天的相关系数，分别通过指数函拟合。拟合函数如下：

$$\begin{cases} \mu(\Delta d) = \lambda_1 \Delta d^3 + \lambda_2 \Delta d^2 + \lambda_3 \Delta d + \lambda_4 \\ \sigma(\Delta d) = \lambda_5 \Delta d^3 + \lambda_6 \Delta d^2 + \lambda_7 \Delta d + \lambda_8 \\ \rho(\Delta d) = \exp(\lambda_9 \Delta d^4 + \lambda_{10} \Delta d^2) \end{cases} \quad (2.61)$$

对于 2000 年以后基于 MODIS 数据的 GLASS 反照率产品，滤波窗口的大小是±8 天；对于 2000 年以前基于 AVHRR 数据的 GLASS 反照率产品，滤波窗口的大小是±16 天。最后，需要将 1 天分辨率的反照率先验统计量转换成滤波公式的回归系数，转换公式如下：

$$\begin{cases} a_{\Delta k} = \rho_{\Delta k}\, \sigma_k / \sigma_{k+\Delta k} \\ b_{\Delta k} = \mu_k - a_{\Delta k} \mu_{k+\Delta k} \\ \zeta^2_{\Delta k} = (1-\rho^2_{\Delta k})\sigma^2_k \end{cases} \quad (2.62)$$

图 2.16 给出了青藏高原那曲站 BJ 点，2008 年 GLASS 反照率最终产品（即 STF 滤波结果）与初级产品、MCD43B3 反照率产品，以及地面站点观测值时间序列的对比。可以看到初级产品在很多日期出现缺失且抖动很大，经过 STF 滤波后的最终产品成为连续曲线，质量明显提高。相对于 16 天合成的 MODIS 反照率产品，GLASS 最终产品

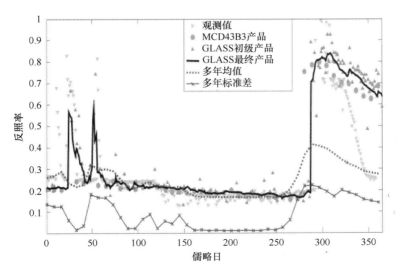

图 2.16 GLASS 反照率最终产品与初级产品、MCD43B3 反照率产品以及地面站点观测值时间序列的对比

虽然也是17天的合成窗口,但是却能够细致的反映第50天和第300天前后因降雪/融雪引起的反照率快速变化,时间分辨率有很大提高。STF时空滤波结果可以按照1天时间分辨率输出,但是为了减少数据量,也因为滤波具有平滑的作用,产品实际的时间分辨率达不到1天,所以,最终向用户发布的GLASS反照率产品是8天的时间分辨率。

2.3 产品特色、质量分析和精度验证

2.3.1 产品特色

GLASS反照率产品分为初级产品和最终产品两类,表2.9给出各种GLASS反照率初级产品和最终产品的完整列表。一方面,各种初级产品虽然也是从遥感数据中反演的地表反照率,但是因为数据源和反演算法方面的多种原因,初级产品精度不高,缺失现象大量存在;另一方面,因为共存4种初级产品,它们的信息又存在大量的相关和冗余。因此,向用户推荐的是经过STF算法后处理生成的最终产品,它是专门为了方便使用而生产的,具有长时间序列、高精度和时空无缺失的优点。

表2.9 GLASS反照率初级产品和最终产品的基本信息列表

产品名称	类型	算法	输入	时间分辨率/天	合成周期/天	投影方式	空间分辨率
GLASS02A21	初级	AB1	MOD09GA	1	1	SIN	1 km
GLASS02A01	初级	Average	GLASS02A21	8	17	SIN	1 km
GLASS02A22	初级	AB1	MYD09GA	1	1	SIN	1 km
GLASS02A02	初级	Average	GLASS02A21	8	17	SIN	1 km
GLASS02A23	初级	AB2	MOD021km	1	1	SIN	1 km
GLASS02A03	初级	Average	GLASS02A21	8	17	SIN	1 km
GLASS02A24	初级	AB2	MYD021km	1	1	SIN	1 km
GLASS02A04	初级	Average	GLASS02A21	8	17	SIN	1 km
GLASS02A06	最终	STF	GLASS02A21 GLASS02A22 GLASS02A23 GLASS02A24	1	17	SIN	1 km
GLASS02B06	最终	Up-scaling	GLASS02A06	8	17	CMG	0.05°
GLASS02B05	最终	AB1+STF	LTDR AVHRR dataset	8	33	CMG	0.05°

2.3.2 质量控制和质量评价

每一景GLASS反照率最终产品都经过了严格的质量控制。GLASS生产流程中的质量控制分为自动建立质量标志位和人工检查两部分。其中,每一景GLASS产品在确认可发布前都需要经过检查人员在计算机交互界面上目视查看,若发现异常就需要解决问题后重新生产。质量标志位是产品生产程序根据输入数据情况、算法流程细节,以及一定的检验条件自动生成的,为用户提供了非常丰富的关于产品质量的信息。在此我们首先基于质量标志位提供的信息来分析GLASS反照率产品的质量。

1. 基于质量标志位的分析

GLASS 反照率产品的 HDF 文件中除了存储黑天空反照率和白天空反照率数据集外，还有一个质量标志位数据集，它给出了每一个像元的输入数据质量，算法流程中使用的主要参数，以及对反照率产品不确定性的估计。GLASS02B05 和 GLASS02A06 这两个最终产品的质量标志位都是 16bit 的无符号整数，具有相同的格式，具体定义见表 2.10。其中最重要的第 0~1 位给出了该像元产品质量的总体评价，另外一个特色是第 11~14 位给出了产品不确定性的定量评估，它是由 STF 算法给出的后验标准差。

表 2.10 GLASS 反照率最终产品的质量标志位详解

位	标志位说明	标志位取值含义	
00-01	总体质量	0=好	1=可接受
		2=较差	3=不可用
02-04	类别判断	0=植被	1=纯冰雪
		2=海水	3=海冰
		4=海陆混合	5=部分冰雪
		6=裸地	7=无法判断
05	合成时间窗口长度	0=16 天	1=32 天
06-08	参与平均的有效数据个数	0=0 个	1=1 个
		2=2~3 个	3=4~7 个
		4=8~15 个	5=16~31 个
		6=32~63 个	7=64 个以上
09-10	有效（无云）数据占输入数据的比例	0=超过 50%有效	1=25%~50%有效
		2=10%~25%有效	3=有效数据不足 10%
11-14	不确定性	0=0.00~0.01	1=0.01~0.02
	(拟合训练数据的残差与输入数据噪声的综合结果)	2=0.02~0.03	3=0.03~0.04
		4=0.04~0.05	5=0.05~0.06
		6=0.06~0.07	7=0.07~0.08
		8=0.08~0.09	9=0.09~0.10
		10=0.10~0.11	11=0.11~0.12
		12=0.12~0.13	13=0.13~0.14
		14=0.14~0.15	15>0.15
15	合成产品是否有效	0=有效值	1=无效值

为了说明 GLASS 反照率产品在不同时间和不同地区的总体质量情况，我们首先选择了 6 个典型站点（表 2.11），提取它们对应位置的 7×7 像元窗口统计其中不同质量等级的产品个数，统计结果如图 2.17 所示。图中黄色条代表精度最低（11）的产品占的比例，可以看到 RU-Che、DE-Hai、BR-Cax 三个站点都出现一定比例的低精度产品。RU-Che 和 DE-Hai 站点位于高纬度地区，冬季没有日光照射或者太阳角非常低，其可见光近红外波段的遥感数据不可用，GLASS 反照率产品的信息其实都来自于背景场，所以标志为低精度产品。BR-Cax 站点位于亚马孙平原的热带雨林，每年从 11 月到次年 5 月都受到大量云覆盖，因此也经常在 16 天合成窗口内没有一次晴空观测数据，质量标志位显

示出精度低。蓝色、深绿和浅绿条分别代表精度高（00）、精度较高（01）和精度较低（10）产品所占的比例，可以看到大多数精度高的产品分布在US-Fpe、AU_Tum和ZA_Kru这样的中纬度站点，因为这些区域最容易获得晴空观测，精度较低的数据都是由云覆盖引起的，通常分布在降水或降雪的季节。

表2.11 分布于不同大洲的6个典型的FLUXNET站点的基本信息

站点名	纬度	经度	地表覆盖类型
AU-Tum	−35.6557°	148.152°	常绿阔叶林
BR-Cax	−1.71972°	−51.459°	常绿阔叶林
DE-Hai	51.0793°	10.452°	落叶阔叶林
RU-Che	68.6147°	161.339°	混合林
US-Fpe	48.3077°	−105.1019°	草地
ZA-Kru	−25.0197°	31.4969°	稀树草原

注：纬度中的"−"表示南纬；经度中的"−"表示西经。

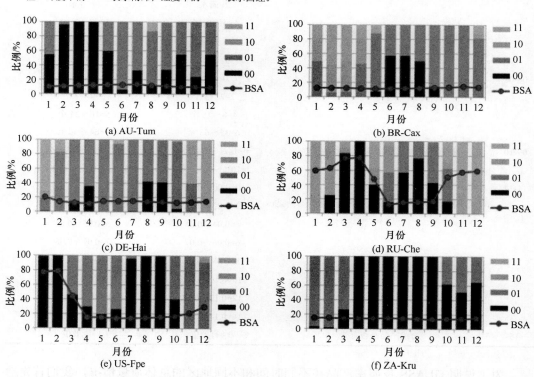

图2.17 2004年不同质量等级的GLASS反照率产品在6个典型像元附近分布的比例（Liu et al., 2013b）

为了更好的展示不同质量等级的GLASS反照率产品在全球范围内的空间分布情况，图2.18（a）给出了2003年和2004年的精度高（00）产品的比例的空间分布图。可以看到大部分低纬度陆地都是约有100%的高质量产品，但是南美洲的亚马孙平原、非洲的刚果盆地、印度尼西亚等热带雨林区域和南亚、东南亚的季风区域例外。在高纬度地区，高质量产品所占的比例随着纬度的增加而降低，而且可以看出明显的条带现象，这是因为高纬度地区冬季太阳角太低而缺乏有效的遥感数据，条带的出现是因为

MODIS 数据是分景存储的，一旦一景 MODIS 数据的中心像元的太阳天顶角超过 80°，这一景数据就都不能使用了，所以就造成了数据质量标志位统计量的不连续。需要说明的是，这种不连续并不出现在数据产品中。图 2.18（b） 给出了 2003 年和 2004 年内反照率估算结果不确定性的平均值。实际上，产品的不确定性大就说明精度低，因此图 2.18（a）、(b) 都反映出相同空间分布，不同的是图 2.18（a）是定性指标，而图 2.18（b）是定量指标。可以看到除了上述提到的极地、热带雨林和季风区域，多数区域的 GLASS 反照率产品的不确定性都小于 0.05。

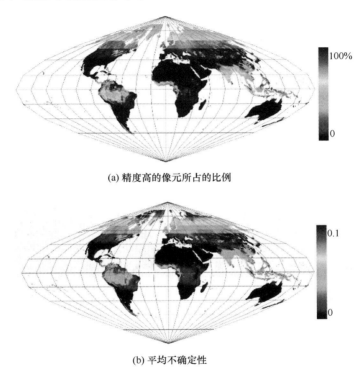

(a) 精度高的像元所占的比例

(b) 平均不确定性

图 2.18　2003 年和 2004 年 GLASS 反照率产品平均质量的分布图（Liu et al.，2013b）

为了考察 GLASS 反照率产品质量在不同年份间的差异，这里选择了 402 个样点统计其质量标志。这 402 个样地是国际上分析比较遥感数据产品时的常用站点，称为 BELMANIP（CEOS-Benchmark land multisite analysis and intercomparison of products）站点（Baret et al.，2006），它们较为均匀地分布在全球各大洲，涵盖各种主要地表覆盖类型。图 2.19 在全球 SIN 投影的全球海陆边界图中标志了本章使用的样点的位置，其中包括 6 个典型站点，53 个具有反照率观测数据的较为均匀的 FLUXNET 站点，以及 402 个 BELMANIP 站点。图 2.20 显示了 1982～2010 年 402 站点平均的总体质量标志位的时间序列。可以看到，2000～2010 年精度高（00）的产品所占的比例明显高于 1982～1999 年的比例，这是因为前者是基于 MODIS 数据生产的产品，而后者是基于 AVHRR 数据生产的产品。2003 年以后 Aqua 卫星上的 MODIS 传感器数据投入使用使得 GLASS 反照率产品质量又有了进一步的提升。1994 年后半年（具体是 1994 年 10 月到 1995 年 1 月）有一段空缺，这是因为该时段没有质量尚可的 AVHRR 数据，这是 GLASS 反照率产品时间序列上的唯一一段空缺。

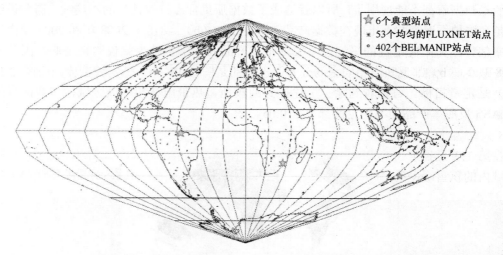

图 2.19　本章涉及的 GLASS 反照率采样点的位置

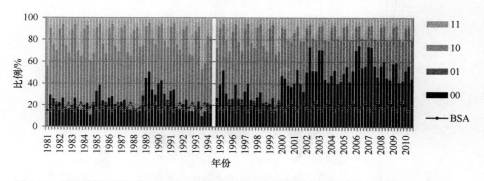

图 2.20　不同质量等级的 GLASS 反照率产品所占比例的年际变化（Liu et al., 2013b）
从全球 402 个 BELMANIP 统计

2. 产品质量的目视检查

为了杜绝数据产品中出现的纰漏，给用户提供高质量的产品，GLASS 产品的每一景都要经过专业人员检查，检查内容包括产品统计量的图表、产品参数值的空间分布，以及时间序列的合理性。检查方式是在计算机交互界面上目视查看，在此过程中，如果数据有格式错误、缺失、异常值或者空间的不连续等问题都能够被发现。这些问题往往来自输入数据中的质量问题、输入数据的缺失或者生产程序运行过程中的意外。被发现问题的数据产品往往需要在解决问题后重新生产，如果问题来自算法，则算法也需要进行相应的调整。如果某些异常并不是错误，或者是暂时无法解决的问题（如 1994 年下半年的数据缺失），则将问题记录下来以便在将来的工作中继续努力解决。

人工目视检验的过程也证实了 GLASS 反照率产品具有很好的时空完整性和连续性，这里给出两个示例。图 2.21 显示了 GLASS02B06 产品的黑天空反照率的全球分布，时间是 2008 年第 209 天。其中没有云覆盖引起的产品缺失，反照率值的空间分布也是合理的：反照率高值分布于南极大陆、格陵兰岛等常年冰雪覆盖区域，呈现出亮黄色，其次较高的区域是北非和阿拉伯半岛的沙漠地区，呈红色，然后是中亚、北美、澳大利亚的一些干旱区，呈暗红色，湿润区的反照率普遍较低，其中森林区的反照率最低，呈绿色和青色。图 2.22 给出了 MODIS 正弦投影网格中的一景（H25V05）的黑空反照率时间序列，具体时间是 2008 年的第 209 天到第 361 天，时间分辨率 8 天。这块区域位于青藏高原北部，地表覆盖包括高寒草甸、裸土、高原湖泊和冰雪。同样的，可以看出 GLASS 产品中没有缺失，且地表反照率的季相变化可以在 GLASS 反照率产品中很好地反映出来：第 209 天到第 241 天是青藏高原的夏季，反照率的变化很小，第 249 天到第 305 天则逐渐进入秋冬季，高原上开始下雪，反照率也随雪覆盖面积的增加而升高，但是在第 313 天到第 361 天的这段时间，虽然是冬季，但是因为没有大的降雪过程，所以区域内的积雪缓慢的融化减少，反照率也表现出略微的下降。GLASS 反照率产品如实

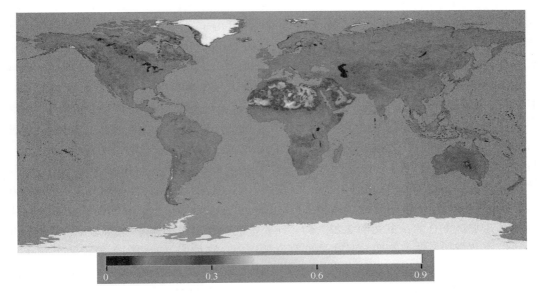

图 2.21　GLASS02B06 产品提取的 2008 年第 209 天黑天空反照率的全球分布（彩图附后）

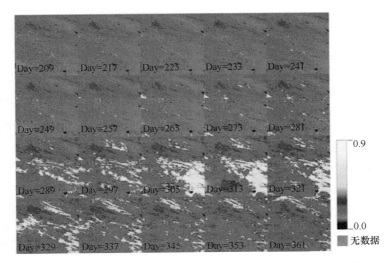

图 2.22　GLASS02A06 产品的第 H25V05 景提取的黑天空反照率分布图的时间序列

的反映了高原气候和环境特点带来的反照率季节变化。

3. 长时间序列的一致性

长时间序列的 GLASS 反照率产品的目标是为地表能量平衡以及全球变化研究提供优质的定量数据，产品的精度至关重要，只有具有足够定量精度的产品才能够反映出近30年来地表反照率发生的变化。但是，2000年前后的 GLASS 产品采用了不同的数据源，之前是质量较低的 AVHRR 数据，因此产品的空间分辨率也较低；之后是质量较好的 MODIS 数据，因此产品精度相对来说较为可靠，产品空间分辨率也较高。因此，基于 AVHRR 数据生产的 GLASS 反照率产品（简称为 GLASS-AVHRR 产品）的精度是我们面临的挑战和必须回答的问题。然而，直接验证 GLASS-AVHRR 反照率产品存在困难，一方面，2000年以前的地面观测数据非常少，更主要的是因为 GLASS-AVHRR 产品的较低的空间分辨率（0.05°，约 5km）和实际时间分辨率（采用33天时间窗口合成）使得任何地面观测都无法在时间和空间尺度上与之匹配。因此只能采用间接方法来评价 GLASS-AVHRR 反照率产品，为此，GLASS 项目组专门生产了2000年、2003年和2004年的 GLASS-AVHRR 反照率产品，与这两年的 GLASS-MODIS 反照率产品进行交叉对比，以评价这两种产品之间的一致性。在产品质量控制过程中，从全球402个 BELMANIP 站点中筛选了在 5km 范围内相对均一的代表性站点，提取这些点上1981~2010年全部 GLASS 黑天空反照率产品画出时间序列图，通过人工判断的方式进行检查。作为例子，图 2.23 给出部分站点的长时间序列反照率。在所有的检查点上，GLASS-AVHRR 反照率产品和 GLASS-MODIS 反照率产品之间都没有发现明显的系统偏差，尤其是从2000年、2003年和2004年这两种产品的重叠区域来看，二者的在反照率低的部分（一般是夏季）几乎是重合的。虽然图 2.23（b）、（c）中能够看出微小偏差，但是相对于显著的反照率季节变化，偏差不明显且在精度容许范围内，这种偏差的原因可能是两个产品之间空间分辨率的差别。但是，时间序列图上能够看到 GLASS-AVHRR 反照率产品和 GLASS-MODIS 反照率产品的高值存在差别：GLASS-MODIS 反照率产品中存在少量孤立的高值点，而 GLASS-AVHRR 反照率产品更为连续，没有这样孤立的高值点。分析表明这些孤立的高值点反映了中纬度地区冬季降雪导致地表反照率在短期内升高，随着积雪的消融，反照率又在若干天内恢复到降雪前的低值。因为 MODIS 传感器提供了每日上午、下午两次观测，其有效观测数据量显著高于 AVHRR 数据，所以 GLASS-MODIS 反照率产品采用17天时间窗口进行滤波，而 GLASS-AVHRR 反照率产品采用了33天的时间窗口进行滤波。过长的时间滤波窗口使得 GLASS-AVHRR 反照率产品中存在过渡平滑现象，滤除了短期的降雪/消融过程，较低的空间分辨率也使这个问题更加突出。因此，在中纬度区域的冬季，GLASS-AVHRR 反照率产品会在一定程度上的低估地表的平均反照率，这在图 2.23（a）中反映的尤为明显。在利用 GLASS 反照率产品开展反照率的年际变化研究时，需要注意 GLASS-AVHRR 反照率在中纬度区域的冬季的低估问题。另一方面，通过一个常年冰雪站点［NASA-SE 站点，图 2.23（e）］的长时间序列反照率可以看出，GLASS-AVHRR 反照率产品在常年冰雪覆盖地表是与 GLASS-MODIS 反照率产品一致的，所以在短期降雪的时间和区域出现的不一致现象是时空分辨率差异的结果而不是算法的问题。

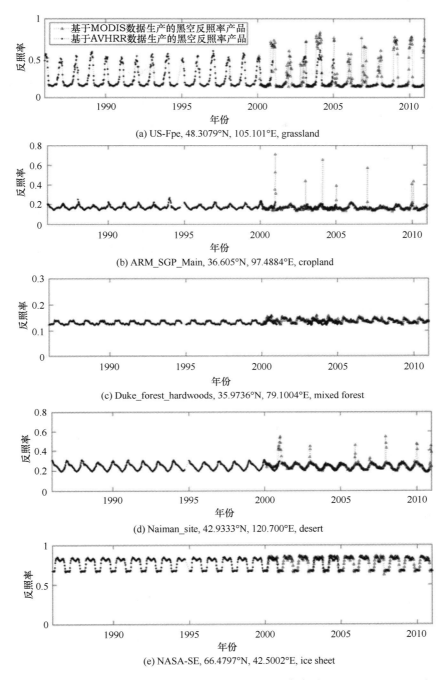

图 2.23 部分典型站点上的长时间序列 GLASS 反照率产品（Liang et al., 2013）

2.3.3 精度验证

通常采用地面台站的观测数据来验证遥感反演的地表反照率产品。通量观测网络（FLUXNET）是目前国际上最大的观测台站网络和共享数据源（Baldocchi et al., 2001），其中相当一部分台站具有上行和下行短波辐射通量观测，二者的比值就是短波反照率。在不久前的一个研究中，Cescatti 等（2012）从基于 FLUXNET 观测数据整理的"La Thuile"共享数据集（www.fluxdata.org，October 2010）中选取了53个相对均匀站点数据，验证了500m分辨率的MCD43A3反照率产品，分析了该产品与不同区域、不同类型地表的台站观测数据的一致性。虽然GLASS反照率产品具有更低（1km）的空间分辨率，但是因为上述53个站点选取时实际采用的标准是2km内相对均匀，所以这些站点也能够用于验证1km产品，在此我们也选用同样的53个站点来验证GLASS02A06反照率产品。首先，从通量塔的测量数据中提取正午前后各1h内的下行和上行短波辐射通量，将总上行辐射除以总下行辐射即得到短波反照率。因为地面观测数据也存在异常值或者受到云的影响，我们利用下行短波辐射通量来判断云的存在：基于6S大气辐射传输模型（Vermote et al., 1997）计算晴空条件下对应于正午太阳角的下行短波辐射，如果观测到的下行短波辐射小于模型预测值的70%，则认为该天的数据受到云影响不可用，剩余数据用于验证GLASS反照率产品。卫星遥感的反照率产品是以黑天空反照率和白天空反照率的形式给出的，需要将二者以天空散射光比例进行加权组合，才能够与地面观测的真实反照率对比。因为多数台站没有实测的天空散射光比例，此处根据Long和Gaustad（2004）给出简单经验公式计算相应太阳天顶角的天空散射光比例，对于晴空数据，采用经验公式计算的误差可以接受。

图2.24显示了6个典型站点上GLASS反照率与地面观测反照率时间序列的对比，其中地面观测的时间分辨率是1天，黑点代表晴空观测，绿点代表有云天的观测，此处选用的GLASS反照率也是按照1天时间分辨率输出的，在图中用红色实线表示，而MCD43B3反照率产品是8天时间分辨率，在图中用蓝色三角形标志。总体来说GLASS反照率与地面观测反照率的大小和趋势都能保持一致，其中晴天反照率的精度更高。但是，也能看到在冬季晴空较少且有可能下雪的季节，GLASS反照率相对地面观测有低估，这也是降雪后反照率分布的时空异质性造成的，在这种状态下台站观测值对1km范围内平均反照率的代表性也值得怀疑。在无雪季节，GLASS反照率与地面观测之间基本没有偏差，唯一的例外是在DE-Wet站点，GLASS反照率看上去稍微偏高了一些，这个差异可能还是来源于该站点观测数据对1km范围内平均反照率的代表性不足：虽然这些站点在2km范围内保持相对均匀，但是异质性还是在一定程度上存在。从图中也能看出，即使GLASS反照率的最终产品按照1天的时间分辨率生产，但是其实际反映的仍然是时段内的平均效果，即实际时间分辨率达不到1天，因此不能反映出地面观测到的反照率快速变化。这是为了减小产品中的噪声而不得不做的一个妥协。但是，相对于MCD43B3产品，GLASS反照率还是能更多的捕捉到反照率变化的一些细节。

在所有53个相对均匀站点和所有时段上的比较结果通过图2.25的散点图和表2.12中的统计数据来展示。这里选用了向用户发布的8天时间分辨率的GLASS反照率产品，对地面观测数据也选取与GLASS反照率产品对应的17天时间窗口内所有晴空数据进行平均。我们还对GLASS反照率产品的质量标志位进行了考察，在图2.25（a）中给出所有产品的对比结果，而在图2.25（b）中则筛选了总体质量标志位为00（即精度高）的产品进行对比。因此，相对于图2.25（a）来说图2.25（b）中的数据点更集中于对角线附近，统计数据也表明RMSE从0.0587降低到0.0455，基本满足相关研究对反照率产品的精度要求（Henderson-Sellers and Wilson，1983）。

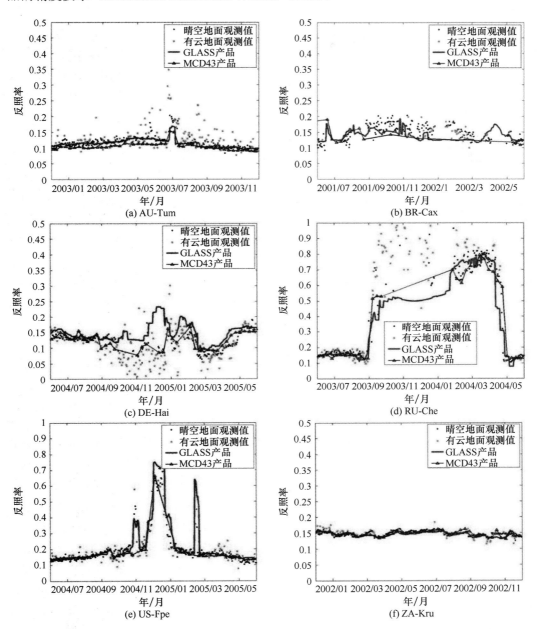

图 2.24 在典型 FLUXNET 站点上 GLASS 反照率产品、MCD43B3 反照率产品和
地面观测值的时间序列对比（Liu et al.，2013b）

如前所述，GLASS 反照率产品在生产过程中把普通陆地分为植被、裸地和冰雪 3 个类型。表 2.12 中也分别统计了在这三种地表类型上的 GLASS 反照率产品精度，可以看出植被类型的 RMSE 最小，冰雪类型的最大，对不同类型地表的验证数据量也是不同的。因为大部分 FLUX 站点数据都是植被覆盖的观测，所以对这部分 GLASS 反照率产品的验证较为充分，而冰雪地表的验证还显得不足，有待开展更多工作。

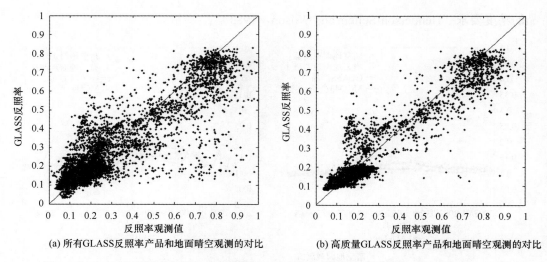

图 2.25　GLASS 反照率产品与 53 个 FLUXNET 站点观测值的散点图（Liu et al.，2013b）

表 2.12　GLASS 反照率产品与 53 个 FLUXNET 站点观测值对比的统计结果

样本集	样本数	BIAS	RMSE	R^2
所有 GLASS 反照率产品和地面晴空观测	28881	−2e-06	0.058	0.803
高质量 GLASS 反照率产品和地面晴空观测	16960	−0.001	0.045	0.893
植被	14833	−0.001	0.030	0.617
裸地	938	0.012	0.053	0.309
冰雪	1189	0.004	0.125	0.723

目前开展的这些初步验证工作还在数据源和验证方法方面存在很大的局限。为了全方位验证一个长时间序列全球参数产品，可用的地面观测数据还是显得太少，对于不同的地区和地表类型也不能够充分覆盖。另外一个必须考虑的问题就是地面观测与遥感产品之间存在巨大的尺度差异，地面通量塔观测的反照率代表的范围通常是十几米到一两百米，主要取决于辐射表架设的高度。而 GLASS 反照率产品则代表 1km 范围内的平均状态。这两者之间要进行比较就要求站点周边均一。这就是在全球数百个通量观测站点中只选取了 53 个相对均匀的站点的原因。而这 53 个站点也不是绝对均匀的，因此尺度不匹配问题造成了表观的 RMSE 的高估。王立钊等利用 30m 分辨率的 TM 遥感图像作为尺度转换桥梁（王立钊等，2014），通过尺度转换的方式在 5 个通量站点验证了 GLASS 反照率产品，验证的总体 RMSE 为 0.0121，说明采用尺度转换处理以后可以减小验证过程中存在的不确定性，从而更准确的评价待验证的卫星遥感产品。不过现有的尺度转换方法需要高质量的高分辨率遥感数据的支持，难以大规模开展。

依托于河北怀来遥感试验场的无线传感器网络，本章于 2014 年开展了试验场周边 5 个代表性测点的多波段辐射通量的连续观测，观测参数包括长波、短波和 PAR 三个波段的上下行辐射。短波反照率通过正午前后半小时内上行短波辐射与下行短波辐射之比计算，剔除非晴天观测数据后，按照 GLASS 反照率产品的合成周期进行时间平均。在空间尺度转换方面，因为这 5 个观测点是根据其对 1km 理想像元的代表性优化选择出来的，并且计算了最优权重，所以这 5 个观测点数据的加权平均是对 1km 分辨率遥感像元尺度反照率真值的最优的逼近。利用上述方法得到的像元尺度反照率参考真值对试生产的 2014 年 GLASS 反照率产品进行验证，结果见图 2.26，RMSE 为 0.021。验证结果初步显示 GLASS 反照率产品具有较高精度。

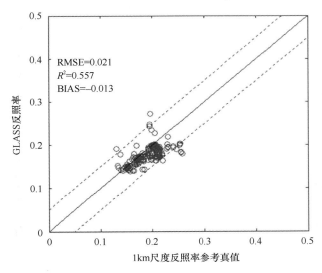

图 2.26 基于怀来试验场像元尺度观测数据验证 GLASS 反照率产品的散点图

虽然本书对 GLASS 反照率产品的精度开展了大量验证工作，但是这些还不是真正严格意义上的第三方验证。本书中给出的验证结果仅能大致说明 GLASS 反照率产品的可用性，只有待广大用户在使用 GLASS 反照率产品的过程中不断积累验证结果，才能真正全面而严谨地给出精度评价。

2.4 初步分析和应用

2.4.1 反照率及其变化趋势的统计分析

1. 全球范围

GLASS 反照率产品高质量地反映了全球反照率的空间分布和时间变化，作为其应用的一个简单例子，我们统计了全球陆地反照率的平均值的时间序列。因为 80°N 以上和 60°S 以上地区常年冰雪覆盖反照率变化不大，且因为 GLASS 反照率产品在极地具有较大的不确定性，所以本章说的全球陆地是指的 80°N～60°S 的全部陆地。从 1981 年 7 月到 2000 年 1 月使用了 GLASS02B05 产品进行统计，它基于 AVHRR 数据生产，按照等经纬度网格（也称为 CMG 网格）投影，空间分辨率 0.05°；从 2000 年 2 月到 2010 年 12 月使用了 GLASS02B06 产品进行统计，它是从基于 MODIS 数据生产的 1km 分辨率的 GLASS02A06 产品降尺度得到的，同样是等经纬度网格投影，空间分辨率 0.05°。这两个产品的时间分辨率都是 8 天，但是此处按照月平均进行统计；在进行空间平均时，因为 CMG 网格不是等面积投影，所以进行了面积修正后再取平均。图 2.27（a）给出了全球陆地平均黑天空反照率的时间序列，为了突出年际变化信息，图 2.27（b）给出黑天空反照率的距平的时间序列。参数的月距平即用参数的月平均值减去该月的多年平均值的结果，年距平即用年平均值减去多年平均值的结果。从图 2.27（a）可以看到全球陆地平局反照率呈现明显的季节变化，但是年际变化相对于季节变化则很不明显。进一步从图2.27（b）中我们看到全球陆地平均反照率的年际变化没有特别明显的总体趋势，但是仍然有一些起伏，如 1989～1993 年有一段升高趋势，而 2005～2010 年则有一段降低趋势。

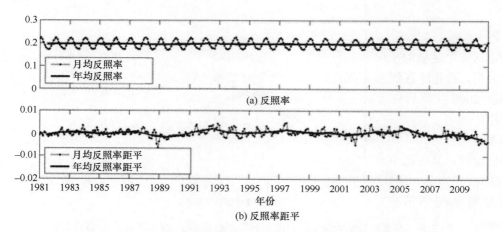

图 2.27　全球陆地表面平均黑天空反照率及其距平值

更为细致的反照率时空变化可以从图2.28中看出来，该图是按纬度带统计的80°N～60°S之间的陆表黑天空反照率距平，横轴表示纬度带，纵轴表示时间，红色反映了正距

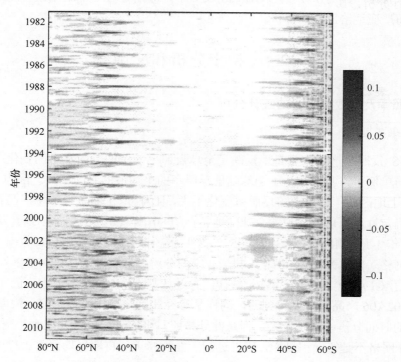

图 2.28　全球陆地反照率距平的时间和空间分布（彩图附后）

· 74 ·

平，即反照率相对于多年平均水平偏高，蓝色反映了负距平，即反照率相对于多年平均水平偏低。可以看出，在全球反照率总体趋势不明显的背景下，各纬度带和各时段的反照率却有激烈的变化，如2000年以后60°～80°N反照率总体偏低，主要反映了冰雪覆盖期的缩短，而20°～40°N之间和20°～40°S之间的反照率则总体偏高，主要反映了土地利用变化和干旱引起的植被减少。图2.28中具有的丰富信息尚待更深入的分析和验证。

我们尝试用趋势检测的方法定量分析大尺度上的反照率变化，在此全球陆地被划分为四大纬度区域，分别是：60°～30°S，30°S～30°N，30°～60°N，60°～90°N。图2.29给出这4个区域的平均反照率。可以看到反照率季节变化远远比年际变化明显，通过目视分析，首先注意到前两个区域（即60°～30°S和30°S～30°N）的反照率季节变化的振幅在2000年前后有较大差异，但是这很可能只是假象，一方面因为这两个区域作图时采用的纵轴（反照率）范围小，夸大了振幅；另一方面，从图2.29的GLASS反照率产品不确定性分布图可以看到，这两个区域内很多反照率产品受到云的影响而具有较大的不确定性，其信息主要来自于先验知识，尤其是基于AVHRR的产品质量更加低于基于MODIS的产品，所以前者显得更为平滑。后两个区域（即30°～60°N，60°～90°N）因为反照率的季节变化具有很大的振幅，所以年际变化很难被目视观察到。将Mann-Kendall趋势检测方法（Kendall，1976；Mann，1945）用于分析这四个区域反照率变化趋势和评价趋势的显著性水平。为了回避2000年前后GLASS反照率产品的数据源从AVHRR切换到MODIS带来的影响，此处分别对1982～1999年，2000～2010年和1982～2010年三个时段分别进行了分析，结果见表2.13。如果用1982～2010年整个时段进行分析，所有的四个区域都表现出显著的反照率升高趋势，其中有三个区域的趋势临界点在2000年附近。这个结果说明GLASS-AVHRR和GLASS-MODIS反照率产品之间的差异对于趋势分析造成了不良影响。相比之下，如果对1982～1999年和2000～2010年时段分别做分析趋势的话，仅能检测出一个显著趋势，即1982～1999年

表2.13 不同纬度区域年平均反照率的Mann-Kendall趋势检测分析结果

时段	纬度区域	60°～30°S	30°S～30°N	30°～60°N	60°～90°N
1982～2010年	Z_s	4.7811	2.2918	3.4376	3.5167
	标准差	0.0022679	0.00091598	0.0051761	0.0034161
	趋势/显著程度	I/Y	I/Y	I/Y	I/Y
	临界点	1994	1997	2001	1998
1982～1999年	Z_s	3.5426	1.2358	−0.8239	0.4943
	标准差	0.00066697	0.00018284	0.00038373	0.00043273
	趋势/显著程度	I/Y	I/N	D/N	I/N
	临界点	1992	—	—	—
2000～2010年	Z_s	2.2576	0.0778	0.5449	−1.6348
	标准差	0.0026565	0.0013428	0.0015823	0.0022592
	趋势/显著程度	I/Y	I/N	I/N	D/N
	临界点	2005	—	—	2001

注：根据Mann-Kendall检测原理，在95%置信度水平下，Z_s大于1.96指示了显著的升高趋势，反之Z_s小于−1.96指示了显著的降低趋势。此处I代表升高，D代表降低，Y表示趋势显著，N表示趋势不显著。

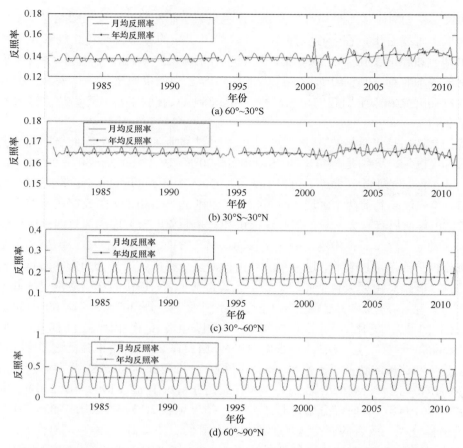

图 2.29 全球不同纬度区域的平均黑天空反照率的时间序列（Liu et al.，2013b）

第一个区域的反照率升高趋势；另外有两个不显著的下降趋势，分别是 1982~1999 年第三个区域的反照率降低趋势和 2000~2010 年第四个区域的反照率降低趋势。Zhang 等（2010）的类似研究中指出 2000~2008 年北半球反照率有降低趋势而南半球反照率有升高趋势，印证了此处的分析。

2. 格陵兰岛

由于全球气候变化，北冰洋及周边地区自从 20 世纪 80 年代以来持续变暖（Comiso，2003），在格陵兰岛，卫星遥感数据翔实地记录了过去 30 年来发生的多次大面积冰雪消融事件（Abdalati and Steffen，1997；Mote，2007；Nghiem et al.，2012）。冰雪通常具有很高的反照率，因此，冰雪消融的后果是地表反照率的大幅度降低，于是地表吸收了更多的太阳辐射能量，加剧了变暖的速度，形成一种正反馈机制。因此，格陵兰岛冰雪的变化在全球气候变化中扮演着重要角色，是全球变暖的一个先导信号。长时间序列的 GLASS 反照率产品为我们回顾 20 世纪 80 年代以来格陵兰岛的反照率变化状况提供了可靠的数据基础。He 等（2013）基于 GLASS 反照率产品分析了格陵兰岛 32 年来夏季反照率的变化特点。

图 2.30 显示从 1981~2012 年格陵兰岛 7 月平均黑天空反照率有减小趋势，平均减

小速率是每年 0.0004，2000 年以前反照率的变化比较随机，未表现出明显的趋势，最大值点出现在 1992 年，最小值点出现在 1994 年。然而 2000 年以后的反照率减小趋势就比较明显，2000~2012 年平均每年减小 0.0024。这期间发生的多起大面积融化事件是造成反照率减小的直接原因。在相关研究中，北大西洋震荡指数（NAO）被用于研究格陵兰岛近年来出现的暖夏现象（Box et al.，2012；Stroeve，2001），因此这里把 NAO 也显示在图 2.30 中，可见二者表现出一定程度的相似性，相关系数达到 0.45。根据前人的研究（Box et al.，2012；Bromwich et al.，1999），NAO 为负值意味着夏季的冰雪融化，而 NAO 为正值意味着降雪增加，这就解释了 NAO 与反照率的相关。

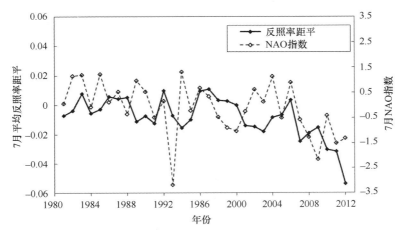

图 2.30　GLASS 产品统计的格陵兰岛 7 月平均反照率以及
NAO 指数时间序列（1981~2012 年；He et al.，2013）

图 2.30 反映了格陵兰岛夏季反照率的总体变化情况，然而在岛的不同区域，反照率的变化还呈现出不同的特点。如图 2.31（a）所示，我们按照海拔把格陵兰岛分成 7 个区域，分别统计其反照率的变化趋势，结果见表 2.14。与图 2.30 类似，分区域的统计也在 2000 年以前和以后反映出不同的趋势。在 2000 年以前，海拔低于 2000m 的几个区域都没有显示出显著的反照率变化趋势，而在海拔高于 2000m 的几个区域，反照率甚至有略微的增大趋势。然而，到了 2000 年以后，几乎所有的区域都表现出显著的反照率减小趋势，其中最显著的变化出现在海拔 1000~1500m 的区域，此区域的夏季气温最接近融雪点，因此对气候变化的响应最为敏感。

图 2.31（b）给出了 2000~2012 年格陵兰岛夏季反照率变化速率的空间分布图，可以看到反照率减小速率最快的地方是格陵兰岛西南部。其原因可能是这个区域相对于格陵兰岛其他区域的反气旋天气更多一些，更多的暖湿气流来到了这个区域（Fettweis et al.，2013）。冰雪的消融还促使植被增长，在前期的研究中报道了遥感数据监测到格陵兰岛西海岸植被指数（mNDVI）的增加（Bhatt et al.，2010；Masson-Delmotte et al.，2012），与本书发现的反照率减小互为印证。

2.4.2　反照率在其他研究中的应用

地表反照率决定了地面吸收和反射太阳短波辐射的比例，从而对地表能量平衡以及

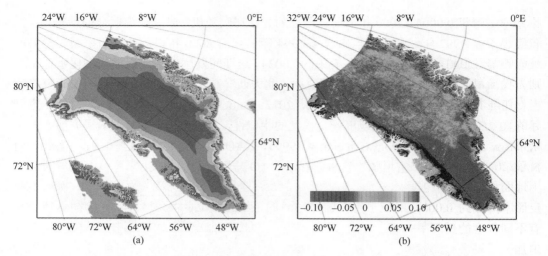

图 2.31 （a）根据海拔将格陵兰岛分成 8 个区域：海平面及以下（白色），≤500m（绿色），501～1000m（蓝色），1001～1500m（黄色），1501～2000m（青色），2001～2500m（洋红），2501～3000m（酱紫），>3000m（红色）；（b）2000～2012 年的 GLASS 反照率产品中统计的年均反照率变化速率（He et al., 2013；彩图附后）

表 2.14 格陵兰岛不同海拔区域的夏季反照率变化速率

高程/m	年均变化速率	
	1981～2000 年	2000～2012 年
≤500	0.0006	−0.0010
501～1000	0.0000	−0.0041**
1001～1500	−0.0001	−0.0055***
1501～2000	0.0003	−0.0031**
2001～2500	0.0003	−0.0025**
2501～3000	0.0004**	−0.0018*
>3000	0.0004**	−0.0013

注：*表示显著度 90%；**表示显著度 95%；***表示显著度 99%；其他都是不显著。

气候系统造成影响，因此地表反照率变化是全球和区域气候变化的辐射强迫（radiative forcing）之一。反照率的辐射强迫计算公式如下：

$$\text{RF} = R_s \times (\alpha_1 - \alpha_2) \tag{2.63}$$

式中，RF 为辐射强迫，单位是 W/m²；R_s 为入射到地表的下行短波辐射通量；α_1 为扰动前的地表反照率；α_2 为扰动后的地表反照率。

Zhang 和 Liang（2014）开展了中国东北地区森林扰动的辐射强迫效应分析，基于 GLASS 反照率数据统计了伐木、植树造林、林火和病虫害四种不同的扰动类型造成的反照率变化的平均（详见 14.4.4 节）。总体来说各种森林扰动对夏季反照率的影响都比较小，但是对 10 月至次年 4 月的反照率有较大影响，其原因可能是冬季地面有积雪的条件下林木的存在会降低地表反照率，导致增温的辐射强迫。一些研究担心高纬度地区植树造林的反照率辐射强迫会加剧全球变暖的趋势（Betts et al., 2007）。但是，从 Zhang

和Liang（2014）的研究中可以看到综合考虑反照率和CO_2两个因素后，植树造林引起的辐射强迫在第7年前后有一个拐点，随着时间推移，森林生物量增加所吸收的CO_2造成的辐射强迫逐渐起到主导作用，总体作用是降低了大气温度。如果这个结论成立，则为我国东北地区开展的大规模植树造林工作提供了理论上的支持。

伴随着社会经济的发展，城市不断扩展和演化，并逐渐占据了大量国土面积，其引起的地表物理特性变化成为陆表辐射强迫中不容忽视的一个因素。Hu等（2015）以北京市为研究区，基于高分辨率Landsat卫星图像和1km分辨率GLASS反照率产品，分析了2001～2009年反照率变化与城市发展的关系。研究表明城市化使得北京地区建筑用地面积增加，植被和水体面积减少，地表反照率的变化情况较为复杂：中心城区平均反照率降低约0.008，对应于约$1.016W/m^2$的正辐射强迫；而郊区的农作物和森林区则有不同程度的反照率升高，形成负辐射强迫。总体来说，城市化进程中的反照率辐射强迫加强了城市热岛效应，对局部区域气候的影响不容忽略。

除了计算辐射强迫，遥感反照率产品也可以直接用于地表辐射平衡或水平衡模型中。Yao等（2014）基于卫星遥感、地面观测，以及气候模式再分析资料等多种数据集研究华北地区的水平衡，其中地表蒸散（evapotranspiration）的估算使用了1984～2010年的GLASS反照率产品和GIMMMS-NDVI产品。研究表明华北地区的降水、蒸散和径流在1984～1998年有增加趋势，之后有减少趋势。GLASS反照率产品具有的长时间序列和时空连续无缺失特性使其成为全球气候和环境变化研究的理想数据源之一。

参 考 文 献

王立钊, 郑学昌, 孙林, 刘强, 刘素红. 2014. 利用Landsat TM数据和地面观测数据验证GLASS反照率产品. 遥感学报, 18(3): 552-558

王洲, 陈俊昌. 1993. 海洋白冠的研究进展. 地球科学进展, 8(3): 37-44

Abdalati W, Steffen K. 1997. Snowmelt on the greenland ice sheet as derived from passive microwave satellite data. Journal of Climate, 10: 165-175

Bacour C, Breon F. 2005. Variability of biome reflectance directional signatures as seen by POLDER. Remote Sensing of Environment, 98: 80-95

Baldocchi D, Falge E, Gu L, Olson R, Hollinger D, Running S, Anthoni P, Bernhofer C, Davis K, Evans R. 2001. FLUXNET: A new tool to study the temporal and spatial variability of ecosystem-scale carbon dioxide, water vapor, and energy flux densities. Bulletin of the American Meteorological Society, 82: 2415-2434

Baret F, Morissette J T, Fernandes R A, Champeaux J L, Myneni R B, Chen J, Plummer S, Weiss M, Bacour C, Garrigues S, Nickeson J E. 2006. Evaluation of the representativeness of networks of sites for the global validation and intercomparison of land biophysical products: proposition of the CEOS-BELMANIP. IEEE Transactions on Geoscience and Remote Sensing, 44: 1794-1803

Betts R A, Falloon P D, Goldewijk K K, Ramankutty N. 2007. Biogeophysical effects of land use on climate: Model simulations of radiative forcing and large-scale temperature change. Agricultural and Forest Meteorology, 142: 216-233

Bhatt U S, Walker D A, Raynolds M K, Comiso J C, Epstein H E, Jia G S, Gens R, Pinzon J E, Tucker C J, Tweedie C E, Webber P J. 2010. Circumpolar arctic tundra vegetation change is linked to sea ice decline. Earth Interactions: 14

Bohren C, Huffman D. 1983. Light Scattering and Absorption by Small Particles. New York: Wiley

Box J E, Fettweis X, Stroeve J C, Tedesco M, Hall D K, Steffen K. 2012. Greenland ice sheet albedo feedback: Thermodynamics and atmospheric drivers. Cryosphere, 6: 821-839

Bromwich D H, Chen Q S, Li Y F, Cullather R I. 1999. Precipitation over greenland and its relation to the North Atlantic Oscillation. Journal of Geophysical Research-Atmospheres, 104: 22103-22115

Cescatti A, Marcolla B, Vannan S K S, Pan J Y, Roman M O, Yang X, Ciais P, Cook R B, Law B E, Matteucci G, Migliavacca M, Moors E, Richardson A D, Seufert G, Schaaf C B. 2012. Intercomparison of MODIS albedo retrievals and in situ measurements across the global fluxnet network. Remote Sensing of Environment, 121: 323-334

Comiso J C. 2003. Warming trends in the Arctic from clear sky satellite observations. Journal of Climate, 16: 3498-3510

Cui Y, Mitomi Y, Takamura T. 2009. An empirical anisotropy correction model for estimating land surface albedo for radiation budget studies. Remote Sensing of Environment, 113: 24-39

Dickinson R E. 1983. Land surface processes and climate surface albedos and energy-balance. Advances in Geophysics, 25: 305-353

Diner D J, Martonchik J V, Borel C, Gerstl S, Gordon H R, Knyazikhin Y, Myneni R, Pinty B, Verstraete M M. 2008. Multi-angle imaging spect roradiometer(MISR)level 2 surface retrieval algorithm theoretical basis(Version E).

Fang H, Liang S, Kim H-Y, Townshend J R, Schaaf C L, Strahler A H, Dickinson R E. 2007. Developing a spatially continuous 1 km surface albedo data set over North America from Terra MODIS products. Journal of Geophysical Research-Atmospheres, 112: D20206

Feng Y, Liu Q, Qu Y, Liang S. 2016. Estimation of the ocean water albedo from remote sensing and meteorological reanalysis data. IEEE Transactions on Geoscience and Remote Sensing, 2(54): 850-868

Fettweis X, Hanna E, Lang C, Belleflamme A, Erpicum M, Gallée H. 2013. Brief communication "Important role of the mid-tropospheric atmospheric circulation in the recent surface melt increase over the Greenland ice sheet". The Cryosphere, 7: 241-248

Gao F, Schaaf C, Strahler A, Roesch A, Lucht W, Dickinson R. 2005. MODIS bidirectional reflectance distribution function and albedo climate modeling grid products and the variability of albedo for major global vegetation types. Journal of Geophysical Research, 110: D01104

Geiger B, Roujean J, Carrer D, Meurey C. 2005. Product user manual(PUM)land surface Albedo. LSA SAF internal documents

Geiger B, Samain O. 2004. Albedo determination, Algorithm Theoretical Basis Document of the CYCLOPES project. In(p. 20). Météo-France/CNRM

Govaerts Y, Lattanzio A, Taberner M, Pinty B. 2008. Generating global surface albedo products from multiple geostationary satellites. Remote Sensing of Environment, 112: 2804-2816

Hamre B, Winther J-G, Gerland S, Stamnes J J, Stamnes K. 2004. Modeled and measured optical transmittance of snow-covered first-year sea ice in Kongsfjorden, Svalbard. Journal of Geophysical Research, 109: C10006

He T, Liang S L, Yu Y Y, Wang D D, Gao F, Liu Q. 2013. Greenland surface albedo changes in July 1981–2012 from satellite observations. Environ. Res. Lett., 8

Henderson-Sellers A, Wilson M F. 1983. Surface albedo data for climatic modeling. Reviews of Geophysics, 21: 1743-1778

Henyey L G, Greenstein J L. 1941. Diffuse radiation in the galaxy. The Astrophysical Journal, 93: 70-83

Hu Y, Jia G, Pohl C, Zhang X, Genderen J V. 2015. Assessing surface albedo change and its induced radiation budget under rapid urbanization with landsat and glass data. Theoretical & Applied Climatology, 123: 1-12

Kendall M G. 1976. Rank Correlation Methods.(4th Ed).Oxford, England: Griffin

Koepke P. 1984. Effective reflectance of oceanic whitecaps. Applied Optics, 23(11), 1816-1824

Kokhanovsky A A, Zege E P. 2004. Scattering optics of snow. Applied Optics, 43: 1589-1602

Kokhanovsky A A. 2004. Spectral reflectance of whitecaps. Journal of Geophysical Research: Oceans (1978–2012), 109: C05021

Kokhanovsky A, Nauss T. 2005. Satellite-based retrieval of ice cloud properties using a semianalytical algorithm. Journal of Geophysical Research, 110: D19206

Leroy M, Deuzé J, Bréon F, Hautecoeur O, Herman M, Buriez J, Tanré D, Bouffies S, Chazette P, Roujean J. 1997. Retrieval of atmospheric properties and surface bidirectional reflectances over land from POLDER/ADEOS. Journal of Geophysical Research, 102: 17023-17037

Li X W, Gao F, Wang J D, Strahler A. 2001. A priori knowledge accumulation and its application to linear BRDF model inversion. Journal of Geophysical Research-Atmospheres, 106: 11925-11935

Liang S, Strahler A, Walthall C. 1999. Retrieval of land surface albedo from satellite observations: A simulation study. Journal of Applied Meteorology, 38: 712-725

Liang S, Zhao X, Liu S, Yuan W, Cheng X, Xiao Z, Zhang X, Liu Q, Cheng J, Tang H, Qu Y, Bo Y, Qu Y, Ren H, Yu K, Townshend J. 2013. A long-term global land surface satellite(GLASS)data-set for environmental studies. International Journal of Digital Earth, 6: 5-33

Liang S. 2001. Narrowband to broadband conversions of land surface albedo I: Algorithms. Remote Sensing of Environment, 76: 213-238

Liang S. 2003. A direct algorithm for estimating land surface broadband albedos from MODIS imagery. IEEE Transactions on Geoscience and Remote Sensing, 41: 136-145

Liang S. 2004. Quantitative Remote Sensing of Land Surface. Jew Jersey: John Wiley and Sons, Inc

Liang S. 2008. Advances in Land Remote Sensing: System, Modeling, Inversion and Application. Berlin: Springer

Liang S, Stroeve J, Box J. 2005a. Mapping daily snow/ice shortwave broadband albedo from Moderate Resolution Imaging Spectroradiometer(MODIS): The improved direct retrieval algorithm and validation with Greenland in situ measurement. Journal Geophysical Research, 110: D10109

Liang X Z, Xu M, Gao W, Kunkel K, Slusser J, Dai Y, Min Q, Houser P R, Rodell M, Schaaf C B. 2005b. Development of land surface albedo parameterization based on moderate resolution imaging spectroradiometer(MODIS)data. J Geophys Res, 110: D11107

Liu N F, Liu Q, Wang L Z, Liang S L, Wen J G, Qu Y, Liu S H. 2013a. A statistics-based temporal filter algorithm to map spatiotemporally continuous shortwave albedo from MODIS data. Hydrol. Earth Syst Sci, 17: 2121-2129

Liu Q, Wang L, Qu Y, Liu N, Liu S, Tang H, Liang S. 2013b. Preliminary evaluation of the long-term GLASS albedo product. International Journal of Digital Earth, 6: 69-95

Long C N, Gaustad K L. 2004. The shortwave(SW)clear-sky detection and fitting algorithm: Algorithm operational details and explanations. (Pacific Northwest National Laboratory)

Lucht W, Schaaf C B, Strahler A H. 2000. An algorithm for the retrieval of albedo from space using semiempirical BRDF models. IEEE Transactions on Geoscience and Remote Sensing, 38: 977-998

Lucht W, Schaaf C, Strahler A. 2002. An algorithm for the retrieval of albedo from space using semiempirical BRDF models. IEEE Transactions on Geoscience and Remote Sensing, 38: 977-998

Maignan F, Bréon F, Lacaze R. 2004. Bidirectional reflectance of earth targets: Evaluation of analytical models using a large set of spaceborne measurements with emphasis on the Hot Spot. Remote Sensing of Environment, 90: 210-220

Mann H B. 1945. Nonparametric tests against trend. Econometrica, 13: 245-259

Mason P, Reading B. 2005. Implementation plan for the global observing systems for climate in support of the UNFCCC. 21st International Conference on Interactive Information Processing Systems for Meteorology, Oceanography, and Hydrology. San Diego, CA, USA

Masson-Delmotte V, Swingedouw D, Landais A, Seidenkrantz M S, Gauthier E, Bichet V, Massa C, Perren B, Jomelli V, Adalgeirsdottir G, Christensen J H, Arneborg J, Bhatt U, Walker D A, Elberling B, Gillet-Chaulet F, Ritz C, Gallee H, van den Broeke M, Fettweis X, de Vernal A, Vinther B. 2012. Greenland climate change: from the past to the future. Wiley Interdisciplinary Reviews-Climate Change, 3: 427-449

Monahan E C, O'Muircheartaigh I G. 1980. Optimal power-law description of oceanic whitecap coverage dependence on wind speed. Journal of Physical Oceanography, 10(12): 2094-2099

Moody E G, King M D, Platnick S, Schaaf C B, Feng G. 2005. Spatially complete global spectral surface albedos: Value-added datasets derived from Terra MODIS land products. IEEE Transactions on Geoscience and Remote Sensing, 43: 144-158

Mote T L. 2007. Greenland surface melt trends 1973-2007: Evidence of a large increase in 2007. Geophysical Research Letters, 34: L22507

Muller J. 2008. BRDF/Albedo Retrieval CA. http: //www.brockmann-consult.de/albedomap/documentation.html2016-7-14

Muller J-P, López G, Watson G, Shane N, Kennedy T, Yuen P, Lewis P, Fischer J, Guanter L, Domench C, Preusker R, North P, Heckel A, Danne O, Krämer U, Zühlke M, Brockmann C, Pinnock S. 2012. The ESA GlobAlbedo project for mapping the Earth's land surface albedo for 15 Years from European sensors. In: IEEE Geoscience and Remote Sensing Symposium. Munich, Germany

Nghiem S V, Hall D K, Mote T L, Tedesco M, Albert M R, Keegan K, Shuman C A, DiGirolamo N E, Neumann G. 2012. The extreme melt across the Greenland ice sheet in 2012. Geophys. Res. Lett, 39: L20502

Pedelty J, Devadiga S, Masuoka E, Brown M, Pinzon J, Tucker C, Roy D, Ju J C, Vermote E, Prince S, Nagol J, Justice C, Schaaf C, Liu J C, Privette J, Pinheiro A. 2007. Generating a long-term land data record from the AVHRR and MODIS instruments. IEEE International Geoscience and Remote Sensing Symposium(pp. 1021-1024). New York: IEEE

Pinty B, Roveda F, Verstraete M, Gobron N, Govaerts Y, Martonchik J, Diner D, Kahn R. 2000. Surface albedo retrieval from meteosat 1. theory. Journal of Geophysical Research, 105: 18099-18112

Qin W, Herman J, Ahmad Z. 2001. A fast, accurate algorithm to account for non-Lambertian surface effects on TOA radiance. Journal of Geophysical Research, 106: 22671-22684

Qu Y, Liu Q, Liang S L, Wang L Z, Liu N F, Liu S H. 2014. Direct-estimation algorithm for mapping daily land-surface broadband albedo from MODIS data. IEEE Transactions on Geoscience and Remote Sensing, 52: 907-919

Rahman H, Pinty B, Verstraete M. 1993. Coupled surface-atmosphere reflectance(CSAR)model 2. Semiempirical surface model usable with NOAA advanced very high resolution radiometer data. Journal of Geophysical Research, 98: 20791-20801

Roujean J L, Leroy M, Deschamps P Y. 1992. A bidirectional reflectance model of the Earth's surface for the correction of remote sensing data. Journal of Geophysical Research, 97: 20455-20468

Rutan D, Charlock T, Rose F, Kato S, Zentz S, Coleman L. 2006. Global surface albedo from CERES/TERRA surface and atmospheric radiation budget(SARB)data product. In: Proceedings of 12th Conference on Atmospheric Radiation(AMS). Madison, WI, USA

Sayer A M, Thomas G E, Grainger R G. 2010. A sea surface reflectance model for(A)ATSR, and application to aerosol retrievals. Atmospheric Measurement Techniques, 3(4): 813-838

Schaaf C, Gao F, Strahler A, Lucht W, Li X, Tsang T, Strugnell N, Zhang X, Jin Y, Muller J. 2002. First operational BRDF, albedo nadir reflectance products from MODIS. Remote Sensing of Environment, 83: 135-148

Schaepman-Strub G, Schaepman M E, Painter T H, Dangel S, Martonchik J V. 2006. Reflectance quantities in optical remote sensing—definitions and case studies. Remote Sensing of Environment, 103(1): 27-42

Stamnes K, Hamre B, Stamnes J J, Ryzhikov G, Biryulina M, Mahoney R, Hauss B, Sei A. 2011. Modeling of radiation transport in coupled atmosphere-snow-ice-ocean systems. Journal of Quantitative Spectroscopy and Radiative Transfer, 112: 714-726

Stamnes K, Hamre B, Stamnes J J. 2010. Radiative Transfer in the Coupled Atmosphere-Snow-Ice-Ocean (CASIO) System: Review of Modeling Capabilities. UV Radiation in Global Climate Change. Springer Berlin Heidelberg: 244-269

Stroeve J, Box J, Gao F, Liang S, Nolin A, Schaaf C. 2005. Accuracy assessment of the MODIS 16-day albedo product for snow: comparisons with Greenland in situ measurements. Remote Sensing of Environment, 94: 46-60

Stroeve J. 2001. Assessment of Greenland albedo variability from the advanced very high resolution radiometer Polar Pathfinder data set. Journal of Geophysical Research-Atmospheres, 106: 33989-34006

Tang H, Yu K, Hagolle O, Jiang K, Geng X, Zhao Y. 2013. A cloud detection method based on a time series of MODIS surface reflectance images. International Journal of Digital Earth, 6: 157-171

van Leeuwen W, Roujean J. 2002. Land surface albedo from the synergistic use of polar(EPS)and geo-stationary(MSG)observing systems: An assessment of physical uncertainties. Remote Sensing of Environment, 81: 273-289

Vermote E F, Kotchenova S Y, Ray J P. 2011. MODIS surface reflectance user's guide. http://modis-sr.ltdri.org

Vermote E F, Nazmi Z, Christopher O. 2002. Atmospheric correction of MODIS data in the visible to middle infrared: first results. Remote Sensing of Environment, 83: 97-111

Vermote E F, Tanré D, Deuzé J, Herman M, Morcrette J. 1997. Second Simulation of the Satellite Signal in the Solar Spectrum(6S), 6S User Guide Version 3

Wang D, Liang S, He T, et al. 2013. Direct estimation of land surface albedo from VIIRS data: Algorithm improvement and preliminary validation. Journal of Geophysical Research: Atmospheres, 118(22): 12577-12586

Wanner W, Li X, Strahler A. 1995. On the derivation of kernels for kernel-driven models of bidirectional reflectance. Journal of Geophysical Research, 100: 21077-21090

Weiss M, Baret F, Leroy M, Begue A, Hautecoeur O, Santer R. 1999. Hemispherical reflectance and albedo estimates from the accumulation of across-track sun-synchronous satellite data. J Geophysical Res - Atmospheres, 104: 22221-22232

Yao Y, Liang S, Xie X, Cheng J, Jia K, Li Y, et al. 2014. Estimation of the terrestrial water budget over northern china by merging multiple datasets. Journal of Hydrology, 519: 50-68

Zege E, Katsev I, Malinka A, Prikhach A, Heygster G, Wiebe H. 2011. Algorithm for retrieval of the effective snow grain size and pollution amount from satellite measurements. Remote Sensing of Environment, 115: 2674-2685

Zhang X, Liang S, Wang K, Li L, Gui S. 2010. Analysis of global land surface shortwave broadband albedo from multiple data sources. Ieee Journal of Selected Topics in Applied Earth Observations and Remote Sensing, 3: 296-305

Zhang Y, Liang S, Sun G. 2014. Forest biomass mapping of Northeastern China using GLAS and MODIS data. Ieee Journal of Selected Topics in Applied Earth Observations and Remote Sensing, 7: 140-152

Zhang Y, Liang S. 2014. Surface radiative forcing of forest disturbances over northeastern China. Environmental Research Letters, 9: 024002

第3章 植被覆盖地表宽波段发射率模拟与反演[*]

程洁[1]，梁顺林[1,2]，张泉[1]

地表宽波段发射率是地表辐射能量平衡估算的关键参数之一。相比于当前陆面模式中采用的粗糙的参数化方案和常数假设，遥感估算更能反映地表真实状况的宽波段发射率，能够显著改善陆面模式的模拟精度。现有的发射率产品（如 ASTER、MODIS 和 GLASS 早期版本）不能反映植被丰度的季节变化，本章基于辐射传输模型 4SAIL 构建的查找表，发展了针对植被覆盖地表宽波段发射率的反演新算法。新算法以 GLASS 非植被覆盖地表发射率、叶片发射率和 GLASS LAI 作为输入，通过查表得到植被覆盖地表宽波段发射率。新算法在浓密植被覆盖（水稻田和麦田）地表具有优于 0.005 的验证精度，并且能够反映植被丰度的季节变化。新算法代替之前的经验算法，更新 GLASS 发射率产品。

3.1 引　　言

地表发射率是地表的固有物理属性，由地表化学成分和物理状态共同决定，可用于地质上的岩性识别，基岩制图和资源开发（Cheng et al.，2011；Cheng and Ren，2012；French et al.，2000；Gillespie et al.，1998；Kirkland et al.，2002；Rowan et al.，2005；Salisbury and D'Aria，1992；Vaughan et al.，2003）。此外，地表发射率还是地表温度反演的一个重要输入（Li et al.，2013b；Liang，2001；Sobrino et al.，2008）。宽波段发射率（broadband emissivity，BBE）是估计地表长波上行辐射的基本参数，长波上行辐射是陆表辐射平衡的四个组分之一，是表征水文、生态、生物地球化学过程的陆面模型的关键组分（Bisht and Bras，2010；Diak et al.，2005；Jacob et al.，2004；Liang et al.，2010；Nishida et al.，2003；Norman et al.，2003；Pequignot et al.，2008；Sellers et al.，1997）。由于长期以来缺乏有效的观测，在陆面模式和大气环流模型的陆面模块中，常假设宽波段发射率为常数或者采用简单的参数化方案来表征。研究表明，如此粗糙的表征方式会妨碍陆面模式的模拟精度，而使用更加贴切的能够反演地面真实状况的遥感 BBE 能够显著改善模式的模拟精度（Bonan et al.，2002；Jin and Liang，2006；Zhou et al.，2003）。

---

1. 遥感科学国家重点实验室，北京市陆表遥感数据产品工程技术研究中心，北京师范大学地理科学学部；2. 美国马里兰大学帕克分校地理科学系

[*] ASTER 和 MODIS 数据从 http://reverb.echo.nasa.gov/reverb/ 下载，GLASS LAI 从 http://www.bnu-datacenter.com 下载，土壤类型图数据从 http://soils.usda.gov/use/worldsoils/mapindex/order.html 下载；本章得到了国家自然科学基金项目（41371323）、863 项目（2013AA122801）和北京市高等学校青年英才计划项目（YETP0233）的共同资助

此外，高空间分辨率的 BBE，对于区域尺度上的地表能量平衡研究、粗空间分辨率的产品验证、改善我们对地气相互作用的理解非常有用（French et al.，2005；Liang et al.，2010；Ogawa and Schmugge，2004）。

通常，三种方法可用来反演全球和区域尺度上的 BBE。第一种方法是基于分类的赋值法。根据光谱库中不同类型地物的发射率光谱，结合地表分类图，给每一地表类型，指定一个发射率。例如，Wilber 等将全球陆表分成 10′×10′的格网，同时将陆表分成 18 个类型，统计光谱数据中每个类型的发射率，然后根据每个格网的类型，指定一个发射率。作者使用这个方法，生成了全球 BBE（5～100 μm）（Wilber et al.，1999）分布图。植被覆盖法（Valor and Caselles，1996）和 NDVI 阈值法（Sobrino et al.，2008）常用来预先确定地表发射率，然后反演地表温度。这两种方法，将地表分成植被覆盖和非植被覆盖，并且认为土壤背景和植被组分的发射率是静态的，采取动态估计的 NDVI 的形式，将组分发射率输入到物理模型，确定植被覆盖地表的有效发射率。这两种方法通常也被认为是基于分类的赋值法。

第二种方法是发射率的光谱转换，就是将窄波段（光谱）发射率转换到宽波段。某一光谱区间内的 BBE，如 8～13.5 μmBBE，可以表示为 ASTER 5 个波段发射率或者 MODIS 3 个波段发射率的线性组合（Cheng et al.，2013；Ogawa and Schmugge，2004）。使用这种方法，Ogawa 等使用 MODIS 发射率产品，绘制了全球 5km 分辨率的 BBE，使用 ASTER 发射率产品，绘制了一张北非的 BBE 图（Ogawa and Schmugge，2004；Ogawa et al.，2008）。

第三种方法直接建立 BBE 和光学数据的关联（Cheng and Liang，2014b；Liang et al.，2013a）。这种方法最初被用来由 MODIS 窄波段反照率产品估算全球裸土（非植被覆盖）1km、8 天 BBE（Cheng and Liang，2014b），之后拓展至植被覆盖地表，使用 MODIS 反照率和 NDVI 产品（Ren et al.，2013），反演全球植被覆盖 1km、8 天 BBE。这个方法被进一步用到 AVHRR 数据，使用 AVHRR 可见和近红外波段发射率估算全球 8 天 0.05°BBE（Cheng and Liang，2013）。

第一种方法精度很差。根据文献结果，土壤的 BBE 可能的变化范围为 0.86～0.98（Cheng and Liang，2014b）。如果使用一个静态值如 0.96，最大的误差达到 0.1。如果提供更多的类型供选择的话，基于分类的方法的精度可能得到改善（Caselles et al.，2012）。第二种方法反演的 BBE 未经验证（Ogawa et al.，2008）。此外，使用上述两种方法得到的 BBE，时空分辨率有限。例如，Wilber 等（1999）的 BBE 的分辨率很粗；ASTER 重访周期 16 天。第三种方法被用于生产全球陆表卫星遥感（GLASS）BBE 产品，该产品在沙地的验证精度优于 0.02（Dong et al.，2013），优于光谱转换得到的 BBE 的精度（Cheng and Liang，2014a）。

通常，植被覆盖像元的发射率随着植被丰度的增加而增加，并在观测和模型模拟方面得到证实（Olioso et al.，2007；Sobrino et al.，2005）。毫无疑问，BBE 也应该能够表征这种现象。然而，根据之前的发射率验证工作，在 6 个 SURFRAD 站点，由 ASTER 发射率计算的 BBE 季节变化不正确，由 MODIS 发射率计算的 BBE 季节变化不明显，同时相应的植被指数和土壤湿度则具有良好的季节变化。说明 ASTER 和 MODIS 发射率产品本身存在问题（Wang and Liang，2009）。此外，GLASSBBE 在植被覆盖区域也不合理（Cheng and Liang，2014a）。

根据早期的研究，如果使用前面提及的三种方法，是不可能获得能够反映植被丰度季节变化的 BBE。因此必须要重新寻找一种方法，使得反演的 BBE 能够正确反映植被丰度的季节变化。

3.2 数　　据

3.2.1 遥感数据

使用的遥感数据包括：GLASS BBE、GLASS LAI、MODIS NDVI、MOD13A2 和 MODIS 地表覆盖数据 MCD12Q1。

理论上讲，计算长波净辐射的光谱范围为整个热红外，然而，现在的热红外传感器仅能够 3~14 μm 范围内有限个离散的观测。使用模拟的 1~200 μm 范围内雪、水和矿物的光谱，调查了使用不同的遥感光谱范围（如 3~14，8~12，8~13.5，3~∞，0~∞μm）内的 BBE 估算长波净辐射的精度，发现 8~13.5 μm 能够获得最好的精度。因此在 GLASS BBE 中，将 BBE 的光谱范围定义为 8~13.5 μm。GLASS BBE 产品由我们最新发展的算法生成（Cheng and Liang，2013；Cheng and Ren，2012；Ren et al.，2013），算法的特点是利用光学数据反演热红外参数。它由两个部分组成，2000~2010 年 8 天 1km 的产品，由 MODIS 反照率生成，1981~1999 年 8 天 0.05°产品由 AVHRR 可见/近红外反射率生成。GLASS BBE 在沙漠地带的验证精度为 0.02（Cheng and Liang，2014b；Dong et al.，2013）。

GLASS LAI，空间分辨率为 1km，时间分辨率为 8 天。时间跨度为 1981~2012 年（Liang et al.，2013b）GLASS LAI 具有空间完整性的特征，即使 MODIS 和 AVHRR 发射率产品存在空缺，我们有一个专门的团队做预处理，确保算法输入是空间完整的（Liang et al.，2013a）。GLASS BBE 和 LAI 由马里兰大学和北京师范大学全球变化与数据分析中心同时发布。

MODIS NDVI 的时间分辨率为 16 天，空间分辨率为 1km。MCD12Q1 是年均的地表覆盖数据，空间分辨率为 500m。我们选用了将陆表区分成 17 种类型的 IGBP 分类体系。本书所用到的遥感产品的投影类型为正弦投影，这对于空间匹配非常方便。

GLASS BBE 用来计算不同土壤类型多年平均的 BBE；MOD13A2 用于识别植被覆盖像元；MCD12Q1 用来确定植被类型，据此确定叶片 BBE。GLASS LAI 作为辐射传输模型 4SAIL 的输入。为了调查不同的 BBE 产品的季节变化，还使用了 ASTER 发射率产品（AST05）（Gillespie et al.，1998）、ASTER 地面反射率产品（AST07）（Abrams，2000）、MODIS 发射率产品（MOD11C2）。MOD11C2 是 8 天、全球 0.05°气候网格产品，由 MODIS 昼夜算法反演的温度与发射率合成（Wan and Li，1997）。

此外，我们还用到了土壤分类图，在 1994 年的联合国粮农组织-教科文组织世界土壤图和土壤气候图基础上，进行重分类形成的。有 12 个土壤类型，空间分辨率近似为 0.0333°，全球共 5400×10800 像元。我们将土壤图重投影为 1km 的正弦投影，以便匹配 GLASS 和 MODIS 数据。

3.2.2 地面测量数据

浓密植被覆盖地表具有均一的温度与发射率,可以当作热红外遥感的验证场所(Coll et al.,2007)。我们收集了来自瓦伦西亚实验场(Valencia)的水稻冠层发射率光谱,验证本书的验证结果。瓦伦西亚实验场位于瓦伦西亚南部水稻田,水稻田采取漫灌方式,在 7 月和 8 月基本上是全部植被覆盖。瓦伦西亚实验场在多空间尺度上具有温度和发射率均一性(Coll et al.,2005,2006)。2004 年测量站点位于 39°15′01″N,0°17′43″W,2005 年测量站点位置为 39°15′54″N,0°18′28″W。测量仪器是四通道的 CIMEL 312,通道 1~4 的光谱范围分别为 8~13μm、11.5~12.5 μm、10.5~11.5 μm 和 8.2~9.2 μm,测量时间分别为 2014 年 8 月 3 日和 12 日,2005 年 7 月 12 日。水稻冠层的发射率使用箱法测得(Rubio et al.,2003)。

在 2015 年 5 月 9 日,我们在鹤壁市开展了一次野外实验,测量了小麦田的发射率光谱。小麦处于灌浆期,覆盖度很高,基本上实现全覆盖。实验点的分布如图 3.1 所示。

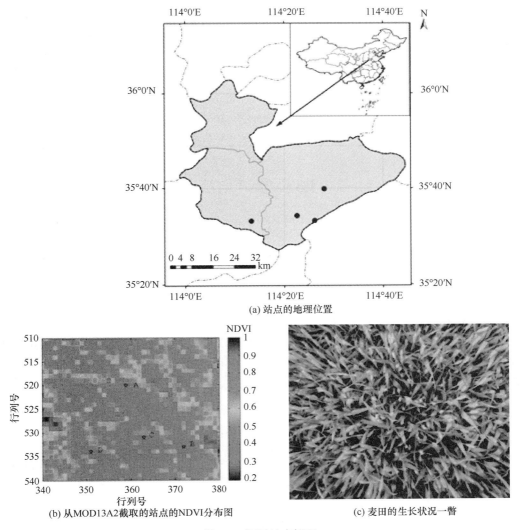

(a) 站点的地理位置

(b) 从MOD13A2截取的站点的NDVI分布图

(c) 麦田的生长状况一瞥

图 3.1 测量站点概况

蓝色区域 NDVI 较低，主要是村庄和乡镇。从 MOD13A2 提取的对应与 4 个测量点的 NDVI 大于 0.82。小麦的高度为 75cm 左右。根据鹤壁农业生态实验站的破坏性 LAI 测量结果，LAI 大约为 4。使用 4 通道的 CIMEL 312 测得地表出射辐射，一个红外金板测量环境辐射。辐射计放置在距离小麦冠层和金板上方 20～30cm 的地方。视角 10°，相当于地面约 17 cm 直径的圆，假定仪器高度距离地面 1m。轮流测量小麦冠层辐射和环境辐射。因 ASTER TES 算法不适用低反射对比的物体，我们使用归一化发射率方法（Li et al.，1999）确定冠层的发射率，它的精度和最大发射率关系较大。根据 ASTER 发射率库中针叶、落叶和草的光谱，对应 CIMEL 312 的发射率分别为 0.9908、0.9780、0.9884 （Baldridge et al.，2009）。野外测量全覆盖的玉米发射率能够达到 0.99（Jimenez-Munoz et al.，2006）。因此，在发射率归一化方法里面假定最大的发射率为 0.99。在每个站点，开展三次测量，然后随机选择距离测试点 500m 的地方，分别开展三次测量，将 9 次测量发射率均值作为该站点的测量结果。表 3.1 给出了小麦冠层发射率测量结果。通道 1 的发射率为 0.9820～0.9859，和测量的瓦伦西亚水稻的发射率非常接近。

表 3.1　野外测量的发射率和反演的宽波段发射率对比

测点	地理位置	测量的发射率（通道 1）	反演的 BBE	
			1×1	3×3
A	35.664° N，114.468° E	0.9828±0.0038	0.9878	0.9871±0.0017
B	35.555° N，114.436° E	0.9845±0.0107	0.9879	0.9879±0.0001
C	35.572° N，114.376° E	0.9859±0.0026	0.9879	0.9865±0.0016
D	35.553° N，114.222° E	0.9820±0.0092	0.9851	0.9857±0.0019

3.3　方　法

3.3.1　4SAIL 模型

为完善解析光学和热红外冠层-土壤模型各自独立工作的现状，Verhoef 将冠层反射率模型 SAIL（Verhoef，1984，1985）拓展至热红外光谱区域（Verhoef et al.，2007）。采用了一个更加安全、稳健的解析解的公式，4SAIL 模型能够克服前任遇到的数值问题。SAIL 模型系列基于辐射传输方程的四流近似求解，即两个直接通量（入射太阳通量和观测方向的辐亮度）和两个漫射通量（向上和向下的半球通量）。使用四个可解的线性微分方程描述这些通量在冠层内的相互作用。对于最简单的情况，如均一的植被温度 T_v，4SAIL 模型可表示为

$$\begin{aligned}\frac{d}{Ldx}E_s &= kE_s \\ \frac{d}{Ldx}E^- &= -s'E_s + \alpha E^- - \sigma E^+ - \varepsilon_v H_v \\ \frac{d}{Ldx}E^+ &= sE_s + \sigma E^+ - \alpha E^+ + \varepsilon_v H_v \\ \frac{d}{Ldx}E_o &= \omega E_s + v E^- + v' E^+ - KE_o + K\varepsilon_v H_v\end{aligned} \qquad (3.1)$$

式中，E_s，E^-，E^+ 和 E_o 分别为水平面直射的通量、漫射向下的通量、漫射向上的通量和观测方向上与通量等效的辐亮度；L 为 LAI；x 为相对的光学高度坐标，冠层顶部为 0，底部为 –1；k 和 K 分别为太阳和观测方向直接通量的消光系数；s 和 s' 分别为直接通量后向和前向的散射系数；α 为衰减系数；σ 为后向散射系数；ω 为下视方向的二向反射系数；v 和 v' 为漫射入射方向的后向和前向散射系数；ε_v 为叶片发射率；半球通量 H_v 为温度为 T_v 叶片的黑体辐射。原理上，式（3.1）适用光学-热红外光谱范围内的任何单一光谱，尽管我们认识到直接的太阳通量在热红外可以忽略，而在太阳反射波段，热红外通量也可以忽略。式（3.1）的解析解为

$$\begin{aligned}
E_s(-1) &= \tau_{ss} E_s(0) \\
E^-(-1) &= \tau_{sd} E_s(0) + \tau_{dd} E^-(0) + \rho_{dd} E^+(-1) + \gamma_d H_v \\
E^+(0) &= \rho_{sd} E_s(0) + \rho_{dd} E^-(0) + \tau_{dd} E^+(-1) + \gamma_d H_v \\
E_o(0) &= \rho_{so} E_s(0) + \rho_{do} E^-(0) + \tau_{do} E^+(-1) + \tau_{oo} E_o(-1) + \gamma_o H_v
\end{aligned} \quad (3.2)$$

式中，ρ 为冠层中一个隔离层的反射率；τ 为对应的透过率；双下标为入射和出射通量的类型；s 为太阳；d 为半球漫射；o 为观测方向的通量。用双下标表示不同类型的相互作用（Nicodemus，1970），归纳如下：

（1）so 表示二向反射（反射率）；
（2）ss 表示太阳光束方向上的直射（透过率）；
（3）sd 表示方向-半球（太阳通量）；
（4）dd 表示双半球；
（5）do 表示半球-方向（观测方向）；
（6）oo 表示观测方向上的直射（透过率）。

两个新的变量，隔离层的半球和方向发射率，如式（3.3）所示：

$$\begin{aligned}
\gamma_d &= 1 - \rho_{dd} - \tau_{dd} \\
\gamma_o &= 1 - \rho_{do} - \tau_{do} - \tau_{oo}
\end{aligned} \quad (3.3)$$

对于一个放置在植被层下面的朗伯土壤，有

$$E_o(-1) = E^+(-1) = r_s[E_s(-1) + E^-(-1)] + \varepsilon_s H_s \quad (3.4)$$

式中，r_s 为朗伯土壤的反射率；$\varepsilon_s = 1 - r_s$ 为土壤发射率；H_s 为由土壤温度 T_s 产生的向上的半球热通量。可由式（3.2）~式（3.4）导出整个光学-热红外光谱区域的联合解：

$$\begin{aligned}
E_o(0) &= [\rho_{so} + \frac{(\tau_{sd} + \tau_{ss}) r_s (\tau_{do} + \tau_{oo})}{1 - r_s \rho_{dd}}] E_s(0) \\
&+ [\rho_{do} + \frac{(\tau_{do} + \tau_{oo}) r_s \tau_{dd}}{1 - r_s \rho_{dd}}] E^-(0) \\
&+ [\gamma_o + \frac{(\tau_{do} + \tau_{oo}) r_s \gamma_d}{1 - r_s \rho_{dd}}] H_v + \frac{\tau_{do} + \tau_{oo}}{1 - r_s \rho_{dd}} \varepsilon_s H_v
\end{aligned} \quad (3.5)$$

土壤-冠层体系的方向发射率可以表达为

$$\varepsilon_o = \gamma_o + \frac{\tau_{do} + \tau_{oo}}{1 - r_s \rho_{dd}} r_s \gamma_d + \frac{\tau_{do} + \tau_{oo}}{1 - r_s \rho_{dd}} \varepsilon_s \quad (3.6)$$

冠层内部单独的隔离层的四流反射率和透过率都是 4SAIL 模型的常规输出参数。4SAIL 还能够考虑不同的组分温度（光照土壤、阴影土壤、光照叶片和阴影叶片），但在发射率计算中不需要输入这些参数（Verhoef et al.，2007）。可由下式积分 4SAIL 模拟的方向发射率，得到半球发射率：

$$\varepsilon_H = 2\int_0^1 \varepsilon(\mu)\mu d\mu \tag{3.7}$$

式中，ε_H 和 $\varepsilon(\mu)$ 分别为半球发射率和 4SAIL 模拟的方向发射率；μ 为观测天顶角 θ 的余弦。图 3.2 给出 4SAIL 模拟的半球发射率示意图。当 LAI 从零增加到 6 时（相应的 NDVI 从 0.189 变化至 0.946），模拟的半球发射率从 0.949 变化到 0.993，当 LAI 大于 3 时，半球发射率基本上不发生变化。

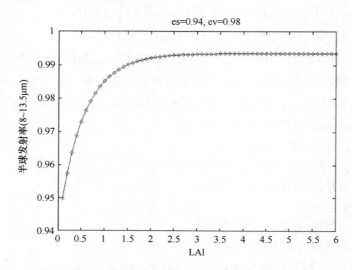

图 3.2　由 4SAIL 模拟的方向发射率计算的半球发射率
土壤和叶片的发射率分别为 0.94 和 0.98，叶倾角分布函数为球形

3.3.2　构建 BBE 查找表

使用 4SAIL 模型构建 BBE 查找表（look-up table，LUT）。为了使查找表适应能力更强，尽可能地将三个主要的模型输入的变化范围设置更宽，叶片发射率变化范围为 0.935~0.995，步长为 0.01；土壤 BBE 的变化范围为 0.71~0.99，步长为 0.01，LAI 的变化范围为 0~6，步长 0.5。不同类型的植被冠层的结构，特别是叶倾角，可能变化很大，并且很难从地面测量中获取。因此，在环境研究和辐射传输模型中，通常使用球形分布来描述（Francois et al.，1997；Ross，1981；Sobrino et al.，2005；Verhoef et al.，2007）。根据 Verhoef 等（2007）的研究结果，分别采用四种叶倾角分布函数（planophile、plagiophile、spherical and erectophile），其他参数保持一样，当 LAI 为 0.5~4 时，4SAIL 模拟的方向发射率的差异在 0.05 之间（Verhoef et al.，2007）。因此，本章假设植被结构参数可用球形分布的叶倾角函数来描述。模拟的光谱范围设置为 8~13.5 μm。首先使用 4SAIL 模拟方向 BBE，方向变化范围为 0°~85°，步长为 5°。然后，对方向 BBE 进行半球积分，得到半球 BBE。在构建的半球 BBE 查找表中共分为 2710 种情况。

3.3.3 确定组分 BBE

表 3.2 给出了从 14 个 IGBP 地表类型合成的 6 个植被覆盖类型的 BBE。我们已经发展了确定裸土、水体和冰/雪 BBE 的方法。假定植被覆盖像元由两部分组成，植被冠层和土壤背景。给定叶片和土壤 BBE，以及植被结构参数，可由辐射传输模型计算植被覆盖像元的发射率光谱。MODIS UCSB 光谱里面有 24 条植被光谱（Snyder et al., 1998），ASTER 光谱库里面有 3 条新鲜的植被叶片光谱（Baldridge et al., 2009），另外文献上还有一些测量的植被或叶片光谱。表 3.2 给出了 6 个合成植被类型在 8~13.5 μm 的 BBE 值。我们将不同来源的发射率光谱平均起来作为组合的森林、草地、农作物的发射率光谱，然后计算 BBE。由于缺乏方向发射率测量数据，发射率的方向性没有考虑。热带大草原主要由草本植物和木本植物构成，我们将森林和草地的 BBE 的均值赋值给它。灌木的主流植被类型是木本植物，因此它的 BBE 赋值为森林的 BBE。

使用 2001~2010 年的 GLASS BBE 数据，计算了每种土壤类型 8 天平均的 BBE，作为土壤背景的 BBE。图 3.3 给出了计算的结果。北半球和南半球 BBE 的变化趋势不同，北半球春夏 BBE 值大于秋冬，可能与土壤水分变化有关，假定土壤组分和微结构

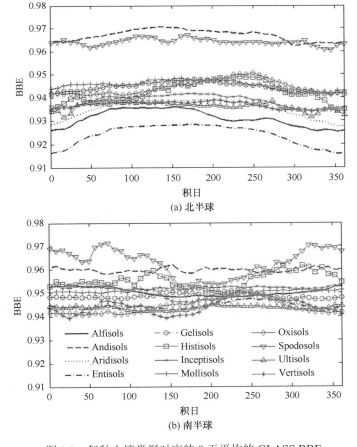

图 3.3 每种土壤类型对应的 8 天平均的 GLASS BBE

表 3.2 6 个合成植被覆盖类型的叶片宽波段发射率

合成类型	IGBP 类型	叶片 BBE	叶片发射率
森林	1，2，3，4，5	0.9771	ASTER 光谱库中三条活的冠层 BBE 和 MODIS 光谱库中 24 个叶片 BBE 的均值
草地	10	0.9785	ASTER 光谱库中草的 BBE 和 Pandya 等（2013）测量的草的 BBE 的均值
农田	12，14	0.9627	Pandya 等（2013）测量的玉米 BBE，高粱 BBE，珍珠谷子 BBE，Li 等（2013a）测量的玉米 BBE、Luz 和 Crowley（2007）测量的秋火焰 BBE 的均值
热带大草原	8，9	0.9778	森林 BBE 和草地 BBE 的均值
灌木	6，7	0.9771	森林 BBE
其他类型	16，254	0.9785	上述五种类型 BBE 的均值

注：1. 常绿针叶林；2. 常绿阔叶林；3. 落叶针叶林；4. 落叶阔叶林；5. 混合森林；6. 封闭灌木；7. 开放灌木；8. 木本热带大草原；9. 热带大草原；10. 草地；12. 农作物；14. 农田/自然植被；16. 荒地或者稀疏植被；254. 未分类。

不发生变化。相反，南半球除 Spodosol BBE 之外，其他土壤类型的 BBE 变化非常小或者基本上不发生变化。

3.3.4 BBE 反演

图 3.4 给出来 BBE 反演的流程图。MODIS NDVI 用来识别植被覆盖像元，阈值为 0.156，参考了文献（Momeni and Saradjian，2007）。如果像元被判断为植被覆盖，使用

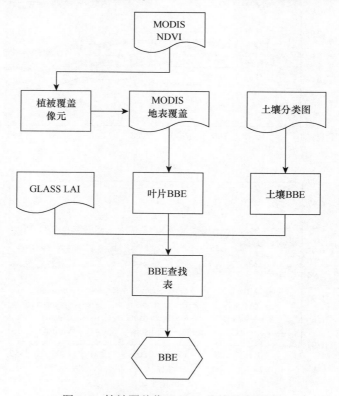

图 3.4 植被覆盖像元 BBE 估算的流程图

MODIS 500m 的地表覆盖 MCD12Q1 确定地表类型，将像元标识为表 3.2 中的相应类型，并赋值叶片发射率，将 1 个 1km 像元对应的 4 个子像元的发射率平均作为 1km 像元的叶片发射率。根据土壤类型和卫星的过境时间，确定土壤背景的 BBE。确定了叶片 BBE、土壤背景 BBE 后，再结合 GLASS LAI 产品数据便可从 BBE 查找表中进行插值，得到像元的 BBE。

3.4 结　　果

3.4.1 直接验证

我们从文献获取了西班牙瓦伦西亚测试场 2004 年第 209 天和 225 天的 BBE。反演的 BBE 为 0.9878，反演的 BBE 在测试场 3×3 像元的值为 0.9878±0.0001，表明测试场具有良好的均一性。测量的通道 1 的发射率和反演值的差异为 0.005。BBE 的光谱范围为 8～13.5 μm，而通道 1 的光谱范围为 8～13μm，两者的光谱差异没有考虑。

表 3.1 给出了小麦在 2014 年第 129 天的 BBE。3×3 像元 BBE 的标准差小于 0.002，而测量的通道 1 发射率的标准差达到 0.01，这可能是地面测量仪器的视场（直径不到 10cm）异质性引起。就 BBE 而言，实验场可认为是均一的。反演值和地面测量值的最大差异小于 0.005，平均值为 0.003。综合上面验证，新算法在植被覆盖像元的验证精度为 0.005。

3.4.2 季节变化

1. 与 GLASS BBE 比较

使用上述两种方法生成 2003 年的 BBE。针对每一个地表类型，从大面积分布区域内，随机选择相对均一的区域，分析 BBE 的季节变化。图 3.5 给出农田、森林、热带大草原和灌木 BBE 的反演结果。LAI 作为植被丰度的指示器，也提供在图 3.5 中。为了比较，图 3.5 给出了早先的算法反演的 GLASS BBE（Ren et al.，2013）。如果像元被雪或水覆盖，发射率赋值为 0.985。根据表 3.2 和图 3.3，除了农田，几乎所有的叶片 BBE 比土壤背景发射率高。植被覆盖像元的 BBE 应该随着植被丰度的增加而增加。辐射传输模型，如 4SAIL，能够完全刻画发射率随植被丰度的季节变化。如图 3.5 所示，一方面，南北半球，新算法反演的 BBE 的季节变化和 LAI 的变化趋势吻合很好。另一个方面，GLASS BBE 和 LAI 呈负相关或者变化不明显，显出不正确的季节变化，这是由我们之前发展的算法引起的，该算法使用反照率和 NDVI 来计算 BBE（Cheng and Liang，2014a）。GLASS BBE 的变化趋势主要由 MODIS 窄波段反照率控制，而窄波段反照率的变化趋势要么不显著，要么和植被长势相反。BBE 数值的变化主要由土壤背景 BBE 和 LAI 的变化决定，因为叶片 BBE 的变化不显著。例如，农田 BBE 的变化在 LAI 从 0.3 增加到 4.1 时候，能够达到 0.034。在冬季，常绿针叶林（ENF）被雪覆盖，BBE 变化很小，LAI 的变化也很小。草地和灌木的 BBE 变化小于 0.015，主要原因在于 LAI 的变化小于 0.2。

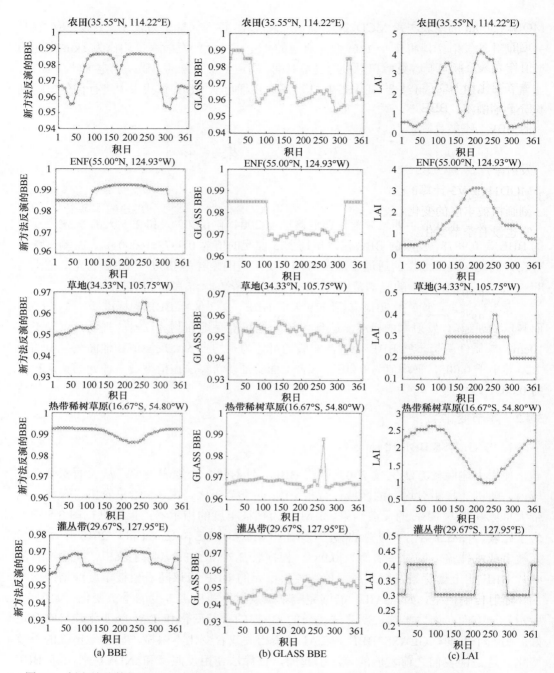

图 3.5 新方法估算的 BBE（a），以及和 GLASS BBE（b）的比较，同时给出来相应的 LAI（c）

2. MODIS 与 ASTER 产品比较

根据前期的研究（Cheng and Liang，2014a），由北美发射率数据库（Hulley and Hook，2009）计算的 BBE 在夏季的值低于冬季。为了更进一步调查由 ASTER 发射率计算的 BBE 的季节变化，我们从相对均一的区域（大面积、2001~2010 年植被覆盖类型没有发生变化）选取测试站点，下载 2001~2010 年 ASTER 发射率（AST05）和反射率（AST07）

数据。10 年的数据,弥补了 ASTER 重放周期长,幅宽窄的不足,能够保证测试点有一定的数据量。使用 11×11 ASTER 像元计算 BBE 的均值,66×66 个像元计算 NDVI 的均值作为最终测试站点的 BBE 和 NDVI。图 3.6 给出了代表性结果。热带大草原 BBE 的季节变化和 NDVI 相反,农田 BBE 季节变化和 NDVI 一致性较好,而落叶阔叶森林、ENF 和灌木,BBE 和 NDVI 的关系难以辨识。这些结果表明,使用 ASTER 发射率计算的 BBE,不能反映植被丰度的季节变化。

我们同时调查 MODIS BBE 的季节变化,使用相同站点 MODIS 8 天合成的窄波段发射率产品 MOD11C2 V5 计算 BBE。图 3.7 给出了新算法反演的 BBE 和 LAI。很明显,MOD11C2 V5 计算的 BBE,没有季节变化。而新方法反演的 BBE 的季节变化能够完全刻画植被丰度的变化。我们同时调查了使用 MOD11C2 V4 计算 BBE 的季节变化,不过,它也没有季节变化。

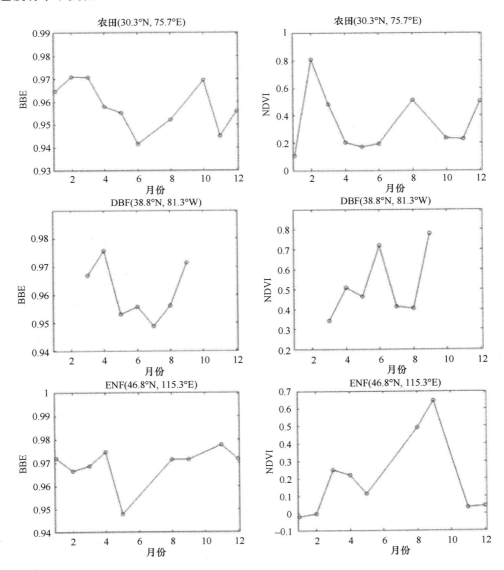

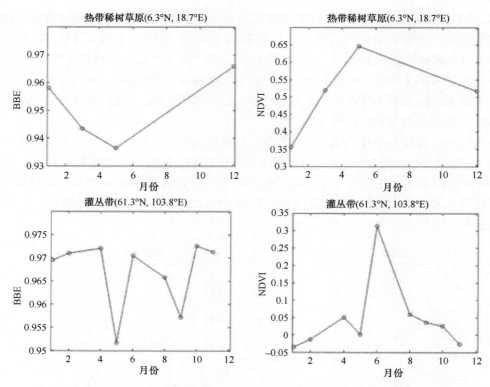

图 3.6　2001～2010 年 ASTER 发射率产品 AST05 计算的月平均的 BBE，和从匹配的 ASTER 地表发射率产品 AST07 计算的 NDVI

3. 与 VCM 方法进行对比

能够反映 BBE 随植被丰度变化的可选方法，可能是植被覆盖方法（vegetation cover method，VCM），它用植被结构、植被覆盖面积比、组分发射率描述异质地表发射率（Valor and Caselles，1996，2005），公式如下：

$$\varepsilon = \varepsilon_v P_v + \varepsilon_g (1-P_v) + 4<\mathrm{d}\varepsilon>P_v(1-P_v) \tag{3.8}$$

式中，ε_v 为植被发射率；ε_g 为土壤背景发射率；$<\mathrm{d}\varepsilon>$ 为和多次散射有关的空腔效应。通过完整分析空腔效应发生的原因和作用机制，我们可用下面的公式来计算腔体效应（Valor and Caselles，2005）：

$$\begin{cases} <\mathrm{d}\varepsilon> = -0.435\varepsilon_g + 0.4343 & \varepsilon_v = 0.985 \\ <\mathrm{d}\varepsilon> = (-0.435\varepsilon_g + 0.4343)(\varepsilon_v/0.985) & \varepsilon_v \neq 0.985 \end{cases} \tag{3.9}$$

这个表达式可用来计算任何地表发射率对应的腔体效应。P_v 为植被覆盖度，可用如下公式计算（Carlson and Ripley，1997）：

$$P_v = \left(\frac{\mathrm{NDVI} - \mathrm{NDVI}_s}{\mathrm{NDVI}_v - \mathrm{NDVI}_s}\right)^2 \tag{3.10}$$

式中，NDVI_v 和 NDVI_s 为完全植被覆盖和裸土对应的 NDVI，可以从 NDVI 的直方图提取。在本书中，NDVI_s 和 NDVI_v 分别设置为 0.156 和 0.461。为了获得一致的 P_v 值，当

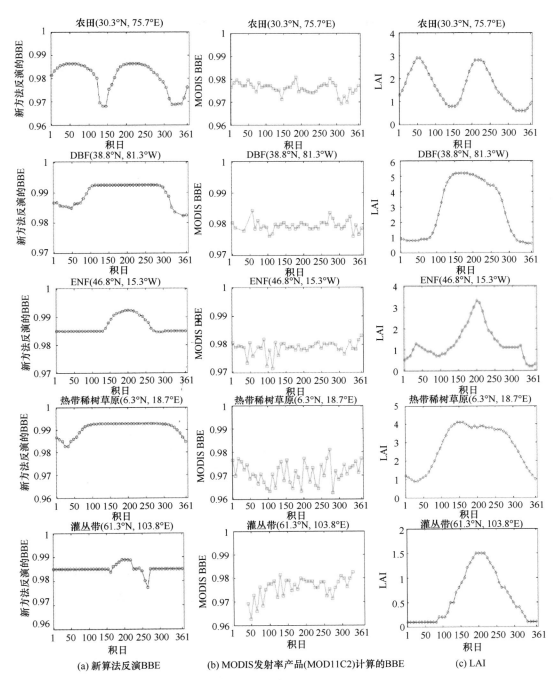

图 3.7 新算法反演的 BBE（a）和由 MODIS 发射率产品（MOD11C2）计算的 BBE（b）对比，给出了相应的 LAI（c）

NDVI<$NDVI_s$ 时，P_v 为 0；当 NDVI>$NDVI_v$，P_v 为 1。

以植被覆盖像元（35.55°N，114.22°E）为例，比较新算法反演的 BBE 和 VCM 方法计算的 BBE。在 VCM 里面，ε_v 设置为 0.982，ε_g 的值和新算法里面一样，也就是每个土壤类型 8 天半球平均的 GLASS BBE。比较结果见图 3.8，完全植被覆盖下，两种方法反演的 BBE 相关性很好。VCM 方法反演 BBE 的季节变化和 FVC 一致。两种方法计算叶片和土壤背景之间多次散射的差异，导致了反演 BBE 在数值上的差异。在计算 FVC 时，将像元分为植被和土壤的方式，会产生阶段性的跳跃，计算腔体效应亦是如此，故 VCM 计算的 BBE 中存在跳跃。例如，第 65 天的 BBE 要远大于第 81 天，而第 81 天是完全的植被覆盖。VCM 的另一个限制是在全球尺度上，确定土壤背景的发射率非常困难，实际上土壤发射率变化巨大，对反演精度影响不可忽视。

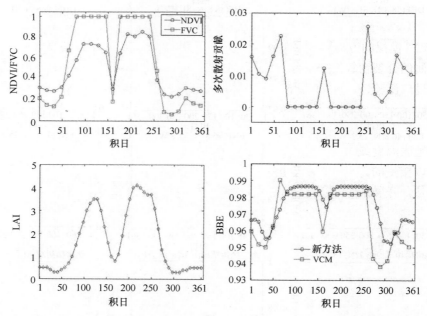

图 3.8 使用新方法反演的农田（35.55°N，114.22°E）BBEBBE 与 VCM 方法反演的 BBE 对比。同时给出来相应的 FVC、LAI 和计算的腔体效应

3.5 讨 论

新方法反演的近乎完全植被覆盖的像元的 BBE 数值上大于 GLASS BBE（图 3.5），以及由 ASTER 和 MODIS 发射率产品计算的 BBE（图 3.6、图 3.7）。ASTER TES 算法的主要目的是反演土壤、岩石等光谱反差大的地表，故对于此类地表，发射率反演精度较高；对于光谱反差小的地表如植被等，则具有较大的不确定性，算法精度难以保障（Gillespie et al., 2011）。GLASS BBE 算法将 ASTER BBE 作为真值，建立 BBE 和 MODIS 光谱反照率、NDVI 之间的线性关系。因此 GLASS BBE 应该与 ASTER BBE 更接近，并且在植被覆盖地表可能具有较大的不确定性。MODIS 昼/夜算法反演的发射率，未经广泛验证。结合直接验证结果，新方法反演的 BBE 精度优于 GLASS BBE 以及 ASTER 和 MODIS 发射率产品计算的 BBE。

针对部分植被覆盖像元，因缺乏观测数据，故上述算法都没有验证，难以给出哪种算法更可靠的结论。目前，获取这样从稀疏植被覆盖到全部植被覆盖地表的发射率测量数据非常困难，故此类数据非常有价值和值得期待！就一个单独的实验而言，首先确定传感器的地面视场比较困难，其次难以确定视场内土壤背景的发射率。此外，在某一个确定位置、一个完整的生长周期的测量过程中，保持仪器视场角不变，是非常困难的。视场角的变化，组分及面积比都发生变化，混合像元发射率发生变化在所难免。根据植被冠层方向发射率的对比研究（Sobrino et al.，2005），假定土壤背景发射率为0.94，叶片发射率为0.98，LAI为0.5~6，观测角度为0~70°，基于孔隙率的解析参数化模型（FRA^{RTM}）（Francois et al.，1997）、基于BRDF的体散射模型（$S\&W^{VM}$）（Snyder and Wan，1998）模拟的方向发射率的绝对差异小于0.002；FRA^{RTM}和4SAIL辐射传射模型（VER^{RTM}）（Verhoef et al.，2007）模拟的方向发射率的绝对差异小于0.0035；VER^{RTM}和$S\&W^{VM}$模拟的方向发射率的绝对差异小于0.005。$S\&W^{VM}$模拟的发射率用于MODIS温度反演的分裂窗算法（Snyder et al.，1998；Wan and Dozier，1996），而该方法反演的温度经过广泛验证，在均一地表证明具有较高的精度（Wan，2008；Wan et al.，2004；Wan et al.，2002）。FRA^{RTM}和VER^{RTM}用于从方向观测提取组分温度，获得了可接受的反演精度（Francois，2002；Verhoef et al.，2007）。这表明植被冠层发射率模型模拟的发射率和地表温度或组分温度的反演结果是自洽的。因此本章基于4SAIL反演的BBE精度是可以接受的。

当然，开展系统的地面实验，获取整个生长期的植被冠层发射率，验证遥感发射率产品，非常迫切。这是未来需要开展的工作。选择的算法采用的是8天、半球平均的土壤BBE，作为土壤背景的BBE。将来我们将设计更加实际的方法，吸纳同步反演的土壤BBE至本章提出的新方法中。

3.6 结　　论

BBE是地表辐射能量平衡估算的关键变量之一，后者是天气、气候和环境变化的驱动力。前期研究结果表明ASTER和MODIS的发射率产品不能正确刻画植被丰度的季节变化，GLASS BBE同样如此。为此，本章提出来一个新的方法，用以估计植被覆盖地表的BBE，更好地反映植被丰度的季节变化。

新的方法的基础是辐射传输模型4SAIL构建的查找表，给定叶片BBE、土壤背景BBE和LAI，植被覆盖像元的BBE可从查找表中查得。为了尽可能准确刻画地表真实状况，必须重视输入参数。根据MODIS地表覆盖产品，每个植被覆盖像元的叶片发射率由ASTER和MODIS光谱库中同类光谱确定；土壤背景发射率从GLASS BBE产品统计得到，统计每个土壤类型在南北半球、8天时间分辨率上的均值，根据实际的像元对应的土壤类型，进行赋值；LAI来自GLASS LAI产品，具有精确和较好的时空连续性。

使用两次野外实验获取的完全植被覆盖地表的发射率对新算法进行验证。在水稻田的精度为0.005，小麦田的精度为0.003。使用新算法生产了2003年全球的BBE产品，分析其季节变化。和GLASS BBE相比，新算法反演的BBE和LAI（表征植被长势的变量）具有很好的一致性，这表明新BBE能够正确刻画植被丰度的季节变化。同时，我们调查了由ASTER和MODIS发射率产品计算的BBE的季节变化，发现它们不能刻画植被丰度的季节变化。我们同样比较了植被覆盖方法和新方法，发现植被覆盖方法里面裸土和植被的划分，会导致计算的 BBE 存在阶跳（不连续）。因新方法在精度和性能方面的出色表现，被选择用来生产下一版本的 GLASS BBE 产品，这个产品将于 2016 年年底免费向公众发布。

参 考 文 献

Abrams M. 2000. The advanced spaceborne thermal emission and reflection radiometer(ASTER): Data products for the high spatial resoution imager on NASA's Terra platform. International Journal of Remote Sensing, 21: 847-859

Baldridge A M, Hook S J, Grove C I, Rivera G. 2009. The ASTER spectral library version 2.0. Remote Sensing of Environment, 113: 711-715

Bisht G, Bras R L. 2010. Estimation of net radiation from the MODIS data under all sky conditions: Southern Great Plains case study. Remote Sensing of Environment, 114: 1522-1534

Bonan G B, Oleson K W, Vertenstein M, Levis S, Zeng X, Dai Y, Dickinson R E, yang Z. 2002. The land surface climatology of the community land model coupled to the NCAR community climate model. Journal of Climate, 15: 3123-3149

Carlson T N, Ripley D A. 1997. On the relationship between NDVI, fractional vegetation cover, and leaf area index. Remote Sensing of Environment, 62: 241-252

Caselles E, Valor E, Abad F, Caselles V. 2012. Automatic classification-based generation of thermal infrared land surface emissivity maps using AATSR data over Europe. Remote Sensing of Environment, 124: 321-333

Cheng J, Liang S, Liu Q, Li X. 2011. Temperature and emissivity separation from ground-based MIR hyperspectral data. IEEE Transactions on Geoscience and Remote Sensing, 49: 1473-1484

Cheng J, Liang S, Yao Y, Zhang X. 2013. Estimating the optimal broadband emissivity spectral range for calculating surface longwave net radiation. IEEE Geoscience and Remote Sensing Letters, 10: 401-405

Cheng J, Liang S. 2013. Estimating global land surface broadband thermal-infrared emissivity from the advanced very high resolution radiometer optical data. International Journal of Digital Earth, 6: 34-49

Cheng J, Liang S. 2014a. A comparative study of three land surface broadband emissivity datasets from satellite data. Remote Sensing, 6: 111-134

Cheng J, Liang S. 2014b. Estimating the broadband longwave emissivity of global bare soil from the MODIS shortwave albedo product. Journal of Geophysical Research-Atmosphere, 119: 614-634

Cheng J, Ren H. 2012. Land-surface temperature and thermal-infrared emissivity. In: Liang S, Li X, Wang J. Advanced Remote Sensing: Terrestrial information extraction and applications. New York: Academic Press, 235-271

Coll C, Caselles V, Galve J M, Valor E, Niclos R, Sanchez J M. 2005. Ground measurements for the validation of land surface temperatures derived from AATSR and MODIS data. Remote Sensing of Environment, 97: 288-300

Coll C, Caselles V, Galve J M, Valor E, Niclos R, Sanchez J M. 2006. Evaluation of split-window and dual-angle correction methods for land surface temperature retrieval from Envisat/AATSR data. Journal of Geophysical research, 111: doi: 10.1029/2005JD006830

Coll C, Caselles V, Valor E, Niclos R, Sanchez J M, Galve J M, Mira M. 2007. Temperature and emissivity separation from ASTER data for low spectral contrast surfaces. Remote Sensing of Environment, 110

Diak G R, Bland W L, Mecikalski J R, Anderson M C. 2005. Satellite-based estimates of longwave radiation for agricultural applications. Agr Forest Meteorol, 103: 1517-1531

Dong L X, Hu J Y, Tang S H, Min M. 2013. Field validation of GLASS land surface broadband emissivity database using pseudo-invariant sand dunes sites in Northern China. International Journal of Digital Earth, 6: 96-112

Francois C, Ottle C, Prevot L. 1997. Analytical parameterization of canopy directional emissivity and directional radiance in the thermal infrared. Application on the retrieval of soil and foliage temperatures using two directional measurements. Internation Journal of Remote Sensing, 18: 2587-2621

Francois C. 2002. The potential of directional radiometeric temperatures for monitoring soil and leaf temperature and soil moisture status. Remote Sensing of Environment, 80: 122-133

French A N, Jacob F, Anderson M C, Kustas W P, Timmermans W, Gieske A, Su Z, SU H, McCabe M F, Li F, Prueger J, Brunsell N. 2005. Surface energy fluxes with the advanced spaceborne thermal emission and reflection radiometer(ASTER)at the Iowa 2002 SMACEX site(USA). Remote Sensing of Environmentq, 99: 55-65

French A N, Schmugge T J, Kustas W P. 2000. Discrimination of senescent vegetation using thermal emissivity contrast. Remote Sensing of Environment, 74: 249-254

Gillespie A R, Abbott E A, Gilson L, Hulley G, Jimenez-Munoz J-C, Sobrino J A. 2011. Residual errors in ASTER temperature and emissivity products AST08 and AST05. Remote Sensing of Environment, 115: 3681-3694

Gillespie A R, Rokugawa S, Matsunaga T, Cothern J S, Hook S J, Kahle A B. 1998. A temperature and emissivity separation algorithm for Advanced Spaceborne Thermal Emission and Reflection Radiometer(ASTER)images. IEEE Transactions on Geoscience and Remote Sensing, 36: 1113-1126

Hulley G C, Hook S J. 2009. The North American ASTER land surface emissivity database(NAALSED) Version 2.0. Remote Sensing of Environment, 113: 1967-1975

Jacob F, Petitcolin F, Schmugge T, Vermote E, French A, Ogawa K. 2004. Comparison of land surface emissivity and radiometric temperature derived from MODIS and ASTER sensors. Remote Sensing of Environment, 90: 137-152

Jimenez-Munoz J C, Sobrino J A, Gillespie A, Sabol D, Gustafson W T. 2006. Improved land surface emissivities over agricultural areas using ASTER NDVI. Remote Sensing of Environment, 103: 474-487

Jin M, Liang S. 2006. An improved land surface emissivity parameter for land surface models using global remote sensing observations. Journal of Climate, 19: 2867-2881

Kirkland L, Herr K, Keim E, Adams P, Salisbury J, Hackwell J, Treiman A. 2002. First use of airborne thermal infrared hyperspectral scanner for compositional mapping. Remote Sensing of Environment, 80: 447-459

Li Z L, Becker F, Stoll M P, Wan Z. 1999. Evaluation of six methods for extracting relative emissivity spectra from thermal infrared images. Remote Sensing of Environment, 69: 197-214

Li H, Liu Q H, Du Y M, Jiang J X, Wang H X. 2013a. Evaluation of the NCEP and MODIS atmospheric products for single channel land surface temperature retrieval with ground measurements: A case study of HJ-1B IRS data. IEEE Journal of Selected Topics in Applied Earth Observations and Remote Sensing, 6: 1399-1408

Li Z-L, Wu H, Wang N, Qiu S, Sobrino J A, Wan Z-M, Tang B-H, Yan G-J. 2013b. Land surface emissivity retrieval from satellite data. Internation Journal of Remote Sensing, 1-44

Liang S, Wang K, Zhang X, Wild M. 2010. Review of estimation of land surface radiation and energy budgets from ground measurements, remote sensing and model simulation. IEEE Journal of Selected Topics in Earth Observations and Remote Sensing, 3: 225-240

Liang S, Zhang X, Xiao Z, Cheng J, Liu Q, Zhao X. 2013a. Global LAnd Surface Satellite(GLASS)Products: Algorithm, Validation and Analysis. New York: Springer

Liang S, Zhao X, Liu S, Yuan W, Cheng X, Xiao Z, Zhang X, Liu Q, Cheng J, Tang H, Qu Y, Bo Y, Qu Y, Ren H, Yu K, Townshend J. 2013b. A long-term Global LAnd Surface Satellite(GLASS)data-set for environmental studies. International Journal of Digital Earth, 6: 5-33

Liang S. 2001. An optimization algorithm for separating land surface temperature and emissivity from multispectral thermal infrared imagery. IEEE Transactions on Geoscience and Remote Sensing, 39: 264-274

Luz B R, Crowley K. 2007. Spectral reflectance and emissivity features of broad leaf plants: Prospects for remote sensing in the thermal infrared(8.0 - 14.0 μm). Remote Sensing of Environment, 109: 393-405

Momeni M, Saradjian M R. 2007. Evaluating NDVI-based emissivities of MODIS bands 31 and 32 using emissivities derived by Day/Night LST algorithm. Remote Sensing of Environment, 106: 190-198

Nicodemus F E. 1970. Reflectance nomenclature and directional reflectance and emissivity. Applied Optics,

31: 7669-7683

Nishida K, Nemani R R, Glassy S W R J M. 2003. An operational remote sensing algorithm of land evaporation. Journal of Geophysical research, 108: doi: 10.1029/2002JD002062

Norman J M, Anderson M C, Kustas W P, French A N, Mecikalski J, Torn R, Diak G R, Schmugge T J, Tanner B C W. 2003. Remote sensing of surface energy fluxes at 10-m pixel resolutions. Water Resour Res, 39, doi: 10.1029/2002WR001775

Ogawa K, Schmugge T, Rokugawa S. 2008. Estimating broadband emissivity of arid regions and its seasonal variations using thermal infrared remote sensing. IEEE Transactions on Geoscience and Remote Sensing, 46: 334-343

Ogawa K, Schmugge T. 2004. Mapping surface broadband emissivity of the sahara desert using ASTER and MODIS data. Earth Interactions, 8: 1-14

Olioso A, Soria G, Sobrino J A, Duchemin B. 2007. Evidence of low land surface thermal infrared emissivity in the presence of dry vegetation. IEEE Geoscience and Remote Sensing Letters, 4: 112-116

Pandya M R, Shah D B, Trivedi H J, Lunagaria M M, Pandey V, Panigrahy S, Parihar J S. 2013. Field measurements of plant emissivity spectra: An experimental study on remote sensing of vegetation in the thermal infrared region. J Indian Soc Remote Sens, DOI: 10.1007/s12524-12013-10283-12522

Pequignot E, Chedin A, Scott N A. 2008. Infrared continental surface emissivity spectra retrieved from AIRS Hyperspectral sensor. Journal of Applied Meteorology and Climatology, 47, DOI: 10.1175/2007JAMC1773.1

Ren H, Liang S, Yan G, Cheng J. 2013. Empirical algorithms to map global broadband emissivities over vegetated surfaces. IEEE Transactions on Geoscience and Remote Sensing, 51: 2619-2631, doi: 2610.1109/TGRS.2012.2216887

Ross J. 1981. The Radiation Regime and Architechure of Plant Stands. Nether land: Springer

Rowan L C, Mars J C, Simpson C J. 2005. Lithologic mapping of the Mordor, NT, Australia ultramafic complex by suing the advanced spaceborne thermal emission and reflection radiometer(ASTER). Remote Sensing of Environment, 99: 105-126

Rubio E, Caselles C, Coll C, Valor E, Sospedra F. 2003. Thermal-infrared emissivities of natural surfaces: Imporvement on the experimental set-up and new measurements. International Journal of Remote Sensing, 24: 5379-5390

Salisbury J W, D'Aria D M. 1992. Emissivity of terrestrial materials in the 8-14 um atmospheric window. Remote Sensing of Environment, 42: 83-106

Sellers P J, Dickinson R E, Randall D A, Betts A K, Hall F G, Berry J A, Collatz G J, Denning A S, Mooney H A. 1997. Modeling the exchange of energy, water and carbon between the continents and the atmosphere. Science, 275: 83-106

Snyder W C, Wan Z, Zhang Z, feng Y-Z. 1998. Classification-based emissivity for land surface temperature measurement from space. Internatoinal Journal of Remote Sensing 19: 2753-2774

Snyder W C, Wan Z. 1998. BRDF modles to predict spectral reflectance and emissivity in the thermal infrared. IEEE Transactions on Geoscience and Remote Sensing, 36: 214-225

Sobrino J A, Jiménez-Muñoz J C, Sòria G, Romaguera M, Guanter L, Moreno J, Plaza A, Martinez P. 2008. Land surface emissivity retrieval from different VNIR and TIR sensors. IEEE Transactions on Geoscience and Remote Sensing, 46: 316-327

Sobrino J A, Jimenez-Munoz J C, Verhoef W. 2005. Canopy directional emissivity: Comparison between models. Remote Sensing of Environment, 99: 304-314

Valor E, Caselles V. 1996. Mapping land surface emissivity from NDVI: Application to European, African, and South American areas. Remote Sensing of Environment, 57: 167-184

Valor E, Caselles V. 2005. Validation of the vegetation cover method for land surface emissivity estimation. In: Caselles V, Valor E, Coll C. Recent Research Developments in Thermal Remote Sensing(pp. 1-20). Kerala: Research Signpost

Vaughan R G, Calvin W M, Taranik J V. 2003. SEBASS hyperspectral thermal infrared data: surface emissivity measurement and mineral mapping. Remote Sensing of Environment, 85: 48-63

Verhoef W, Jia L, Xiao Q, Su Z. 2007. Unified optical-thermal four-stream radiative transfer theory for homogeneous vegetation canopies. IEEE Transactions on Geoscience and Remote Sensing, 45: 1808-1822

Verhoef W. 1984. Light scattering by leaf layers with application to canopy reflectance modeling: The SAIL model. Remote Sensing of Environment, 16: 125-141

Verhoef W. 1985. Earth observation modeling based on layer scattering matirces. Remote Sensing of Environment, 17: 165-178

Wan Z, Dozier J. 1996. A generalized split-window algorithm for retrieving land-surface temperature form space. IEEE Transactions on Geoscience and Remote Sensing, 34: 892-905

Wan Z, Li Z-L. 1997. A Physics-based algorithm for retrieving land-surface emissivity and temperature from EOS/MODIS data. IEEE Transactions on Geoscience and Remote Sensing, 35: 980-996

Wan Z, Zhang Y L, Zhang Q C, Li Z-L. 2002. Validation of the land surface temperature products retrieved from Terra moderate resolution imaging sepctrometer data. Remote Sensing of Environment, 83: 163-180

Wan Z, Zhang Y, Q C Zhang, Li Z-L. 2004. Quality assessment and validation of the MODIS global land surface temperature. International Journal of Remote Sensing, 25: 261-274

Wan Z. 2008. New refinements and validation of MODIS land-surface temperature/emissivity products. Remote Sensing of Environment, 112: 59-74

Wang K, Liang S. 2009. Evaluation of ASTER and MODIS land surface temperature and emissivity products usning long-term surface longwave radiation observations at SURFRAD sites. Remote Sensing of Environment, 113: 1556-1565

Wilber A C, Kratz D P, Gupta S K. 1999. Surface emissivity maps for use in satellite retrievals of longwave radiation. NASA Tech Publ, NASA/TP-1999-209362

Xiao Z, Liang S, Wang J, Chen P, Yin X, Zhang L, Song J. 2014. Use of general regression neural networks for generating the GLASS leaf area index product from time-series MODIS surface reflectance. IEEE Transactions on Geoscience and Remote Sensing, 52: 209-223

Zhou L, Dickinson R E, Tian Y, Jin M, Ogawa K, Yu H, Schmugge T. 2003. A sensitivity study of climate and energy blance simulations with use of satellite-based emissivity data over northern africa and the arabian peninsula. Journal of Geophysical research, 108: 4795, doi: 4710.1029/2003JD004083

第4章 地表太阳辐射的估算与验证

张晓通[1]，梁顺林[1,2]，王国鑫[1]

太阳辐射能量是气候系统的基本驱动力之一，直接决定了全球碳、水循环等关键过程。地表下行短波辐射（incident shortwave radiation，ISR）和光合有效辐射（photosynthetically active radiation，PAR）是地表太阳辐射中两个重要的参量。地表下行短波辐射是地表辐射收支平衡的一个很重要的分量，光合有效辐射是目前众多生态模型重要输入参数。本章主要针对全球高时空分辨率 GLASS 地表太阳辐射研制中所使用的数据、算法发展、产品生产，以及精度检验结果等方面开展较为全面的介绍。GLASS 地表太阳辐射产品所采用的算法主要包括查找表算法、混合算法，以及基于样条函数的地表太阳辐射估算，本章利用全球多个辐射观测网络（如 GEBA、BSRN、SURFRAD、CMA）的辐射观测资料和已有的地表太阳短波辐射产品对 GLASS 地表太阳辐射产品进行精度验证和比较分析，利用地面观测资料直接验证的结果表明 GLASS 地表太阳辐射产品具有较高的精度，与已有产品验证结果比较分析表明 GLASS 地表太阳辐射产品在提高了产品时空分辨率的同时，保证了较高验证精度。

4.1 引　言

4.1.1 研究背景

太阳辐射能量是气候系统的基本驱动力之一，直接决定了全球碳、水循环等关键过程（Hartmann，2013），是研究其他一系列全球变化问题的基础，同时也在驱动全球及区域气候系统模式、支持环境政策和资源管理等方面发挥着至关重要的作用。

地表入射太阳辐射是地表辐射收支与能量平衡研究中的重要分量之一，它也是目前许多陆面模型或者大气模式中重要的输入参数。大量研究证实太阳辐射变化通过改变大气温度和大气辐射传输从而对地表气候产生深刻影响（Haigh，1996；van Loon and Labitzke，2000）。基于长期的陆表辐射观测数据发现在 1980 年前全球范围内地表入射太阳辐射显著下降之后呈现上升趋势（Wild，2012；Wild et al.，2005），与大陆以及全球的地表温度在 1950～1970 年降低，但在 1970 年后上升的趋势相同（Hartmann，2013），使之成为解释近几十年温度年际变化的关键因素之一（Liang et al.，2010）。同时，太阳辐射变化能够直接改变陆地生态系统关键功能特征，如火山喷发引起散射辐射增加，导致光合作用增强从而对全球碳循环的格局产生影响（Gu et al.，2003）。因此，地表入射

---

1. 遥感科学国家重点实验室，北京市陆表遥感产品工程技术研究中心，北京师范大学地理科学学部；2. 美国马里兰大学帕克分校地理科学系

太阳辐射的估算具有重要的科学研究意义。

地表下行短波辐射和光合有效辐射分别是太阳辐射中 300～3000nm 和 400～700nm 之间部分。光合有效辐射是植物进行光合作用的重要能量来源，是形成生物量的基本能源，直接影响着植物的生长、发育。众多陆面生态系统模型，包括很多生物地理模型、陆面-大气相互作用的模型等都有生态动态模拟的功能以及全球碳循环和水循环中相互作用的功能。基本上这些模型都涉及了使用光合作用来调节植被冠层和大气之间的水和碳的交换。

目前广泛使用的三类太阳辐射数据存在的问题如下：①地面观测太阳辐射数据，提供最准确的观测数据，但是台站数量有限（中国区域已经共享的仅有 122 个站点），分布不均（高原、沙漠等气候变化敏感区域观测数据缺乏），观测数据不完整（缺失严重）；②再分析和模式模拟的太阳辐射数据，该类数据空间分辨率和精度相对较低（Zhang et al., 2016a，b；Zhang et al., 2015；Zhang et al., 2014）；③遥感反演的太阳辐射数据，能够提供时空连续的特征信息，与再分析和模式模拟产品相比具有更高的准确性，但是总体精度并不能完全满足碳水循环模拟的需求。同时，遥感反演的地表入射太阳辐射的估算未有效考虑高原或者复杂地形的影响，在这些区域验证精度相对较低（Gui et al., 2010；Yang et al., 2010；Zhang et al., 2015）。此外，遥感反演的地表入射太阳辐射是瞬时值，在时间尺度上扩展估算时存在很大的不确定性。

尽管国内外学者在地表入射太阳辐射估算和应用方面做了大量的研究，但是仍然存在诸多亟待解决的问题，具体表现在以下几个方面：①高空间分辨率地表入射太阳辐射的遥感估算数据产品未有效考虑高原或者复杂地形的影响；②遥感反演的地表入射太阳辐射是瞬时值，在时间尺度上扩展估算时存在很大的不确定性；③地面台站实测数据大多只用于模拟或者反演结果的精度验证，并未有效利用；④地面台站实测数据进行入射太阳辐射精度验证时候未考虑其观测本身的不确定性和其空间代表性；⑤地表入射太阳辐射时空变化特征分析多基于站点观测资料或数值模拟，但是站点观测数据虽然准确但是却很难反映区域尺度变化，且已有数据产品空间分辨率和精度相对较低。因此，发展地表下行短波辐射和光合有效辐射遥感反演算法获取高质量高时空分辨率的地表下行短波辐射和光合有效辐射产品对于地表过程的定量研究和全球变化研究显得尤为重要和迫切。

4.1.2 地表太阳辐射研究现状

1. 地表辐射观测网络

为了测量和获取地表辐射，在一定的气象或者气候观测站点进行辐射测量是极其必要的。国际上主要的地面辐射观测网络主要包括：GEBA（Global Energy Balance Archive）（Gilgen and Ohmura，1999）；BSRN（Baseline Surface Radiation Network）（Ohmura et al., 1998）；SURFRAD（Surface Radiation Budget Network）（Augustine et al., 2000）和 FLUXNET（Baldocchi et al., 2001）。地面辐射观测网络的测量数据可以用于验证经验模型或者大气辐射传输模型模拟的准确性，甚至预测其他未测量站点的辐射值。

除了这些大型的全球辐射观测网，还有很多区域性的辐射观测网络，如 ARM（the Atmospheric Radiation Measurement）；GAME/AAN（GEWEX Asia Monsoon Experiment），

该观测网络建立的目的是通过研究亚洲季风在全球辐射能量平衡和水平衡中的作用，从而提高对亚洲季风模拟的季节性预测准确性（Yang et al.，2008）；GC-net（Greenland Climate Network）（Steffen et al.，1996）有 21 个站点观测格陵兰岛的地表辐射和相关气象参数信息，其观测的精度为 5%～15%（Liang et al.，2010）；AERONET（Aerosol Robotic Network）是由 NASA 建立的地表气溶胶观测网络，其中部分站点提供辐射相关观测，在亚马孙区域其观测高估地表辐射为 6～13W/m^2。

我国也有相应的辐射观测网络，典型的网络主要包括：中国气象局辐射观测网络（China Meteorology Agency，CMA）、中国生态系统研究网络（Chinese Ecosystem Research Net，CERN）、北方干旱-半干旱区协同观测网络（Coordinated Observations and Integrated Research over Arid and Semi-arid China，COIRAS）、中国通量数据观测网络（ChinaFlux）等。

2. 地表太阳辐射遥感反演算法

卫星遥感反演地表入射太阳辐射的方法主要有四种：经验统计模型方法（Tang et al.，2013b；Tang et al.，2013c；Tang et al.，2011；Wei et al.，2012；Yang et al.，2010；Yang et al.，2006）、参数化物理模型方法（Li et al.，1993；Mueller et al.，2009；Muneer et al.，2007；Posselt et al.，2014；Posselt et al.，2012；Qin et al.，2015）、混合方法（Chen et al.，2012；Huang et al.，2011；Liang et al.，2006；Liu et al.，2008；Lu et al.，2010；Ma and Pinker，2012；Zhang et al.，2014；Zheng et al.，2008）和辐射传输模型方法（Kato et al.，2012；Kato et al.，2013；Kato et al.，2011；Pinker and Laszlo，1992；Zhang et al.，2004；Zhang et al.，1995）。

经验统计模型估算地表入射太阳辐射的基本原理是通过建立其与大气或者气象因子的统计回归关系来实现的。这类方法不需要清楚其物理机理和大气辐射传输过程，直接建立观测数据和地表辐射观测数据之间的统计关系。但是这类模型的弊端是其普适性较差，在某一特定大气条件下或地区建立的关系在另外的大气条件下或区域可能并不一定适用。

参数化物理模型是通过模拟太阳辐射和大气直接的相互作用来估算地表的地表入射太阳辐射。计算各种大气中的成分对太阳辐射的吸收、散射作用是估算地表辐射太阳辐射量的关键。此类方法可能需要多个输入参数如气溶胶光学厚度、地表反照率、水汽含量、臭氧含量等，这些参数的精度直接影响辐射算法估算精度。

混合方法包括查找表方法和机器学习方法（如 ANN）两类。查找表方法是利用精确的辐射传输软件通过前期的大量模拟建立查找表建立不同大气状况下和观测几何角度下地表入射太阳辐射和相关参量（如 TOA 辐亮度）之间的关系来进行地表入射太阳辐射的估算。基于机器学习方法则是通过诸如 ANN 等机器学习方法建立地表入射太阳辐射和相关遥感数据（温度、观测角度、高程、水汽含量等）关系实现地表入射太阳辐射的估算。混合方法同时具备了物理模型法和经验统计法二者的优点，是目前应用最广泛的方法之一。

辐射传输模型方法就是通过输入观测角度（太阳天顶角、观测天顶角等）及大气（大气廓线、水汽等）、地表属性信息（地表反射率、类型等）通过辐射传输模型（如 MODTRAN

等）实现地表入射太阳辐射的估算。此类方法的优点是物理机制明确，但是由于辐射传输模拟的复杂性，导致其运行效率相对较低。

3. 地表太阳辐射数据集

目前全球的地表太阳辐射数据产品类型很多，主要包括再分析资料、模式模拟数据、卫星产品三大类，除此之外还有利用数据同化等方法生成的地表太阳辐射数据。这些地表太阳辐射数据集的精度已经被众多学者利用地面观测数据广泛的验证（Betts and Jakob，2002；Bony et al.，1997；Garratt，1994；Gui et al.，2010；Wild et al.，2015；Wild et al.，2013；Wild et al.，1995；Wu and Fu，2011；Xia et al.，2006；You et al.，2013；Zhang et al.，2016b；Zhang et al.，2015）。此外，利用这些已有数据分析地表太阳辐射时空变化特征的研究也被广泛报道（Pinker et al.，2005；Stephens et al.，2012；Wild，2012；Wild et al.，2005；Xia，2010；You et al.，2013；Zhang et al.，2016b，2015）。

Wild 等（2013）利用 760 个站点观测的 GEBA 年均下行短波辐射数据对 22 个 CMIP5 模型进行验证，发现现有的模式数据高估地表下行短波辐射，偏差变换范围为 $-3 \sim 24 \mathrm{W/m^2}$，平均偏差为 $10.5 \mathrm{W/m^2}$。Ma 等（2015）利用 2001~2005 年多个辐射观测网络对 48 个 CMIP5 模式模拟的地表下行短波辐射数据进行验证同样发现有 CMIP5 数据高估地表下行短波辐射，偏差范围为 $4.8 \sim 11.9 \mathrm{W/m^2}$。利用 GEBA 和 CMA 观测网络 1151 个站点观测数据发现现有的卫星遥感地表下行短波辐射数据（GEWEX、UMD-SRB、ISCCP-FD 和 CERES-EBAF）平均高估约 $10 \mathrm{W/m^2}$。Zhang 等（2016b）利用多个辐射观测网络（GEBA、BSRN、GC-NET、Buoy、CMA）共 674 个站点数据对现有 6 个再分析地表太阳辐射观测数据进行验证，发现现有的再分析资料高估地表下行短波辐射数据变化为 $11.25 \sim 49.80 \mathrm{W/m^2}$。这些验证结果同样表明现有的地表太阳辐射数据集依然存在较大的不确定性和偏差，需要发展更高精度、更高分辨率的地表太阳辐射数据集。

1）再分析数据集

再分析数据是在多源气象数据驱动下，基于数值天气预报模式同化得到长时间序列、高时空分辨率的网格化历史气象数据。目前，常用的基于数据同化的再分析数据主要包括：欧洲述职预报中心（ECMWF）提供的 ERA 系列再分析数据；美国国家环境预报中心（NCEP）提供的 NCEP 系列再分析数据；日本气象厅提供的 JRA 系列数据；美国国家航空航天局（NASA）提供的 MERRA 再分析数据集等。目前，几种具有代表性的再分析资料的地表太阳辐射资料基本信息如表 4.1 所示。

表 4.1 再分析地表太阳辐射数据基本信息

再分析资料	时间跨度	时间分辨率/小时	空间分辨率	参考文献
JRA-55	1958~2013 年	3	0.56°×0.56°	Kobayashi et al.，2015
ERA-Interim	1979 年至今	3	0.75°×0.75°	Simmons et al.，2006
MERRA	1979 年至今	3	0.5°×0.667°	Rienecker et al.，2011
NCEP-DOE	1979 年至今	6	1.9°×1.9°	Kanamitsu et al.，2002
NCEP-NCAR	1948 年至今	6	1.9°×1.9°	Kalnay et al.，1996
CFSR	1979~2009 年	6	0.3°×0.3°	Saha et al.，2010

2）模式模拟数据集

全球气候模式目前已广泛应用于气候变化预估,为气候变化引起的区域和大陆尺度的影响研究提供了数据支撑。2008年,世界气候小组提出了新一轮气候模式实验CMIP5,与IPCC AR4中使用的CMIP3的模式相比,CMIP5对于历史气候(1850～2005年)模拟进行了模拟实验。其中包括模拟的历史地表太阳辐射数据,但是这些已有大气模式模拟数据产品的空间分辨率都很低,大多数模型的空间分辨率都高于1°,但是其时间分辨率一般是6小时。表4.2中详细描述了IPCC/AR5 CMIP5主要模式的基本信息,以及根据不同数据计算出来全球、陆表及海洋地表下行短波辐射年均值的比较信息。如表4.2所示,根据CMIP5模式模拟的2001～2005年全球地表下行短波辐射的年均值变化范围为179～195 W/m^2,平均值为191.5 W/m^2,标准差为4.6 W/m^2。这些结果表明已有模式模拟的地表短波辐射数据之间存在较大差异。

表4.2 大气模式模拟的太阳辐射产品基本信息及年均值差别(据Ma et al.,2015)

序号	模式	空间分辨率	短波辐射年均值/(W/m^2)		
			陆地	海洋	全球
1	CMCC-CESM	3.75°×3.75°	170.16	182.92	179.15
2	HadCM3	3.75°×3.47°	190.02	187.37	188.16
3	FGOALS-g2	2.81°×3.00°	191.33	191.88	191.72
4	BCC-CSM1.1	2.81°×2.81°	178.79	183.42	182.05
5	BNU-ESM	2.81°×2.81°	184.78	187.45	186.66
6	CanCM4	2.81°×2.81°	190.56	186.54	187.73
7	CanESM2	2.81°×2.81°	195.88	187.19	189.77
8	FIO-ESM	2.81°×2.81°	191.37	186.12	187.67
9	MIROC-ESM-CHEM	2.81°×2.81°	201.35	177.68	184.69
10	MIROC-ESM	2.81°×2.81°	201.88	177.93	185.02
11	IPSL-CM5A-LR	3.75°×1.88°	210.56	187.7	194.48
12	IPSL-CM5B-LR	3.75°×1.88°	205.57	190.7	195.11
13	GFDL-CM2.1	2.50°×2.00°	187.88	188.45	188.28
14	GFDL-CM3	2.50°×2.00°	194.49	184.35	187.35
15	GFDL-ESM2G	2.50°×2.00°	187.01	188.93	188.36
16	GFDL-ESM2M	2.50°×2.00°	187	188.9	188.34
17	GISS-E2-H-CC	2.50°×2.00°	184.83	196.19	192.84
18	GISS-E2-H	2.50°×2.00°	184.1	196.07	192.54
19	GISS-E2-R-CC	2.50°×2.00°	185.59	195.54	192.6
20	GISS-E2-R	2.50°×2.00°	185.48	195.44	192.5
21	CESM1-CAM5.1.FV2	2.50°×1.88°	176.75	186.07	183.31
22	CESM1-WACCM	2.50°×1.88°	182.85	181.26	181.73
23	NorESM1-ME	2.50°×1.88°	187.17	181.28	183.03
24	NorESM1-M	2.50°×1.88°	186.42	181.08	182.67
25	CMCC-CMS	1.88°×1.88°	176.91	187.83	184.57
26	CSIRO-Mk3.6.0	1.88°×1.88°	200.99	184.14	189.16
27	MPI-ESM-LR	1.88°×1.88°	186.9	185.97	186.25

续表

序号	模式	空间分辨率	短波辐射年均值/（W/m²）		
			陆地	海洋	全球
28	MPI-ESM-MR	1.88°×1.88°	188.34	188.41	188.39
29	MPI-ESM-P	1.88°×1.88°	187.55	186.02	186.48
30	IPSL-CM5A-MR	2.50°×1.26°	210.85	187.62	194.51
31	INM-CM4	2.00°×1.50°	198.99	194.91	196.12
32	ACCESS1.0	1.88°×1.24°	199.86	192.9	194.98
33	ACCESS1.3	1.88°×1.24°	200.59	193.78	195.81
34	HadGEM2-AO	1.88°×1.24°	200.34	193.13	195.28
35	HadGEM2-CC	1.88°×1.24°	198.77	191.8	193.88
36	HadGEM2-ES	1.88°×1.24°	198.19	192.12	193.93
37	CNRM-CM5-2	1.41°×1.41°	188.87	188.47	188.58
38	CNRM-CM5	1.41°×1.41°	189.96	188.7	189.08
39	MIROC5	1.41°×1.41°	196.15	179.65	184.54
40	BCC-CSM1.1	1.13°×1.13°	186.43	181.37	182.87
41	MRI-CGCM3	1.13°×1.13°	199.95	196.51	197.53
42	MRI-ESM1	1.13°×1.13°	199.58	196.6	197.49
43	CCSM4	1.25°×0.94°	190.79	190.85	190.83
44	CESM1-BGC	1.25°×0.94°	191.1	191.02	191.04
45	CESM1-CAM5	1.25°×0.94°	182.08	188.52	186.61
46	CESM1-FASTCHEM	1.25°×0.94°	191.21	191.48	191.4
47	CMCC-CM	0.75°×0.75°	179.87	189.38	186.56
48	MIROC4h	0.56°×0.56°	206.16	182.32	189.39
	平均值		191.51	188.21	189.19

3）卫星遥感数据产品

卫星遥感数据地表太阳辐射数据产品主要包括：GEWEX-SRB V3.0（The Global Energy and Water Cycle Experiment - Surface Radiation Budget）、ISCCP-FD（The International Satellite Cloud Climatology Project - Flux Data）、UMD（The University of Maryland）/SRB（Shortwave Radiation Budget）（UMD-SRB V3.3.3），以及 CERES（The Earth's Radiant Energy System）EBAF 太阳辐射数据等，这些卫星遥感地表太阳辐射数据产品的基本信息如表 4.3 所示。已有的研究表明卫星遥感地表太阳辐射数据产品相比于再分析资料和大气模式模拟来说精度较高（Zhang et al.，2016b，2015）。

表 4.3 卫星遥感地表太阳辐射数据产品基本信息

数据产品	空间分辨率	时间分辨率	时间范围	参考文献
GEWEX-SRB V3.0	1°	3 小时，天数，月份	1983.7~2007.12	Pinker and Laszlo，1992
ISCCP-FD	~280 km	3 小时	1983.7~2009.12	Zhang et al.，2004
CERES-EBAF	1°	月份	2000.3~2013.3	Kato et al.，2013
UMD-SRB V3.3.3	0.5°	月份	1983.7~2007.6	Ma and Pinker，2012

4.1.3 问题的提出

针对目前地表太阳辐射产品存在的问题，第二期 GLASS 下行短波辐射和光合有效辐射数据产品主要从以下三个方面进行改进。

1）查找表算法改进

查找表算法改进主要从以下几个方面进行：使用多种大气廓线（6种）、水汽数据更换、水汽对辐射估算改正方法替换、重新考虑高程和地形影响、区分直射和散射辐射。

2）混合算法

在查找表算法基础上尝试利用 MODIS 数据的参数化方法对辐射进行估算，并对不同算法生产的辐射产品利用算法集合的方式进行优化，使得产品的精度更高。

3）样条融合

将反演产品陆面台站观测数据方法利用样条函数进行改进，得到高精度、高质量参量产品。GLASS 地表太阳辐射产品所使用静止卫星遥感数据的空间覆盖范围如图 4.1 所示。各个卫星数据的基本信息如表 4.4 所示。

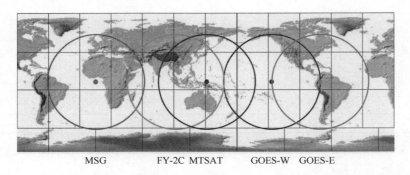

图 4.1 GLASS 地表太阳辐射产品所使用静止卫星遥感数据的空间覆盖范围

表 4.4 GLASS 地表太阳辐射产品所使用的卫星遥感数据的基本信息

卫星数据	空间分辨率/km	时间分辨率
MTSAT	5	1 小时
MSG	5	15 分钟
GOES	5	3 小时
MODIS	5	实时
AVHRR	5	实时

4.2 GLASS 地表太阳辐射估算方法

针对已有产品存在问题和精度验证结果，第二期 GLASS 下行短波辐射产品算法主要包括三部分，即查找表算法部分、混合算法、融合算法部分。总体思路是：利用多源遥感数据首先实现查找表算法和融合算法的地表下行短波辐射直接反演，然后利用高级统计方法将反演的GLASS辐射数据与地表观测数据进行融合,提高产品的精度。

4.2.1 基于查找表方法的地表太阳辐射估算

本小节介绍基于查找表方法来估算地表辐射的方法,该算法并不需要复杂的地表生物物理量参数作为输入参数,其输入参数相对简单,而且目前的反演或者求解精度相对于大气或者陆表生物物理量较高。基于查找表方法估算地表下行短波辐射的基本流程图如图4.2所示。

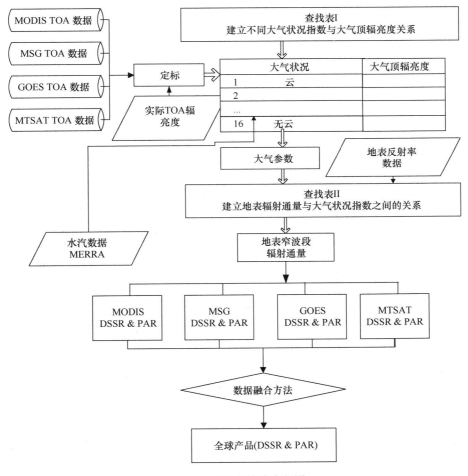

图 4.2　查找表算法流程图

1. 查找表算法原理

传感器响应的辐亮度即大气顶辐亮度包括两个部分:一部分是路径辐射和由于小颗粒及大气分子向后散射被传感器感知部分,路径辐射是由大气的光学性质所决定,而不受地表状况的影响;而另一部分则通过大气到达地表辐射,并被反射回大气最终被传感器感知的部分。

如果假设地表是一个表面均一的朗伯体,那么大气顶的辐亮度可以用以下的公式

表示:

$$I_{\text{TOA}}(\mu,\mu_v,\phi) = I_0(\mu,\mu_v,\phi) + \frac{r_g(\mu,\mu_v,\phi)}{1-r_g(\mu,\mu_v,\phi)r_s}\mu\bar{E}_0\gamma(\mu)\gamma(\mu_v) \tag{4.1}$$

式中,在给定观测几何(包括入照和观测方向)条件下[太阳天顶角θ($\mu=\cos\theta$)、观测天顶角θ_v($\mu_v=\cos\theta_v$)、相对方位角ϕ],$I_{\text{TOA}}(\mu,\mu_v,\phi)$为传感器所感知的辐亮度。式中,右边的第一项$I_0(\mu,\mu_v,\phi)$为路径辐射;第二项为由地表反射辐射部分,第二项就会受到大气状况的影响,影响因子包括从太阳到地表方向的透过率$\gamma(\mu)$、从地表到传感器方向的透过率$\gamma(\mu_v)$、大气球形反照率r_s、地表反射率$r_g(\mu,\mu_v,\phi)$和地外辐照度$\bar{E}_0$。

假设地表为表面均一的朗伯体,地表总辐射可以通过下式来表达:

$$F(\mu) = F_0(\mu) + \frac{r_g(\mu,\mu_v,\phi)r_s}{1-r_g(\mu,\mu_v,\phi)r_s}\mu\bar{E}_0\gamma(\mu) \tag{4.2}$$

式中,$\mu=\cos\theta$,θ为太阳天顶角;$F_0(\mu)$为下行辐射不包括地面反射的部分;$r_g(\mu,\mu_v,\phi)$为地表反射率;r_s为大气球形反照率;$\bar{E}_0$为地外辐照度;$\gamma(\mu)$为透过率。

大气的光学特性决定了大气层顶辐亮度、地表下行短波辐射的变化,一种特定大气状况会对应一组地表短波辐射值和 TOA 辐亮度。因此,如果有 N 种大气状态,那么就会有 N 组对应的地表短波辐射值和大气顶辐亮度,如果取 N 的变化情况足够多的话,就可以通过大气顶辐亮度获得短波辐射值。因此地表短波辐射可以直接由大气顶辐亮度得到,而无需其他大气状况参数。具体思想是将大气分为有云和无云两种基本类型,然后在不同类型中设置云的吸收系数和能见度,这样就形成了一个从有云到无云,有无云到能见度越来越大的多种大气状况参数集。通过 MODTRAN 模拟不同的观测条件信息和大气状况下的地表短波辐射,从而建立查找表实现对不同大气状况下地表下行短波辐射值的估算。

2. 利用 MODTRAN 模拟

Liang(2006)设置了不同观测几何信息和大气状况,采用建立查找表的方法,建立并检验大气顶辐亮度与地表短波辐射和光合有效辐射求解关系。为了建立大气顶辐亮度到地表光合有效辐射和短波辐射的关系,可以采用大气辐射传输模型 MODTRAN 进行模拟。MODTRAN 被认为是目前最为复杂和精确的大气辐射传输模型,可以模拟和输出任何传感器上行大气顶辐亮度和地表辐射,通过指定波段积分得到光合有效辐射或者短波辐射。

要使用 MODTRAN5 来进行模拟下行地表辐射和大气顶辐亮度,需要输入的参数信息包括大气气体成分、水汽、气溶胶、云,以及地表状况,和相应的观测几何信息,包括太阳天顶角、观测天顶角、相对方位角。大气顶辐亮度和地表辐射会随着不同的观测几何条件变化而变化,为了模拟尽可能多的观测条件下大气顶辐亮度和地表辐射的变化,所采用的观测几何角度如表 4.5 所示。

表 4.5 MODTRAN5 模拟中观测几何信息

参数	角度变化设置
太阳天顶角	1°、15°、30°、45°、55°、65°、75°、85°、90°
观测天顶角	1°、20°、40°、60°、80°
相对方位角	1°、30°、60°、90°、120°、160°、179°

地表高程也是影响地表下行短波辐射和光合有效辐射估算因素之一，有很多方法用来改正或者消除地表高程影响，最简单的一种方法是通过大气辐射传输软件进行模拟，通过统计回归关系建立高程和地表辐射关系，进而进行高程改正。但这种做法会忽略大气中臭氧、水汽，以及气溶胶信息等随着高程变化的分布，为了减少这种影响，在模拟中我们采用了六种不同高程所对应的大气廓线，且保证所选廓线水汽含量可变范围最大化，从而同时考虑高程和水汽对于地表下行短波辐射估算的影响。不同高程所对应水汽含量变化参数设置如表 4.6 所示。

表 4.6 不同廓线对应水汽含量变化范围设置参数

廓线	水汽含量变化
0km	0.5、1.0、1.5、2.0、2.5、3.0、3.5、4.5、5.5、6.5
1km	0.2、0.5、1.5、2.0、2.5、3.0、3.5、4.0、5.5
2km	0.2、0.5、1.0、1.5、2.0、2.5、3.0、4.0
3km	0.1、0.2、0.5、1.0、1.5、2.0、3.0
4km	0.1、0.2、0.5、1.0、1.5、2.0
5km	0.1、0.2、0.5、0.7、0.9、1.5、1.9

在 MODTRAN4 中，大气光学特性参数可以简单分为三类：第一类是大气模型，包括指定大气成分组成、水汽及臭氧含量等；第二类是气溶胶光学属性；第三类是云光学属性。根据可见光波段的属性，后两类相比于第一类是更加主导的影响因素。

在模拟中，臭氧含量都直接使用 MODTRAN 中的默认值。臭氧含量对于下行短波辐射影响被认为是微乎其微的，可以忽略不计。采用 MODTRAN4 模拟大气辐射的传输过程，最主要因素是气溶胶和云相关参数设置。MODTRAN4 中，其中的参数设置包括气溶胶类型和能见度即气溶胶光学厚度，而云的参数设置是通过设置云的类型和云的吸收系数来实现的。表 4.7 中列出了模拟时所采用气溶胶参数和云参数的信息。

表 4.7 MODTRAN 模拟中气溶胶类型和云在 550nm 处吸收系数及相关设置　（单位：km^{-1}）

类型	吸收系数及相关设置
气溶胶吸收系数	5、10、15、20、30、50、100
云吸收系数	92.000、60.000、40.000、20.000、10.000、5.000、3.000、2.000、1.000、0.500、0.200、0.050

3. 地表反射率反演

估算地表反射率是 GLASS 地表下行短波辐射估算中最重要的任务之一。由于不同传感器具有不同的特性且以充分利用已有的地表反射率产品为目的，GLASS 地表下行短波辐射估算中地表反射率的来源分为两类。对于 MODIS 数据而言，直接使用 MODIS

陆表反射率产品（MOD09A1）作为 MODIS 传感器的输入参数。而对于地球静止卫星，使用最小化蓝光波段方法推算地表反射率。虽然 MODIS 陆表反射率数据（MOD09A1）经过大气校正，但是仍然会受到云的影响而出现异常值。因此，GLASS 辐射产品利用长时间序列方法对 MODIS 地表反射率数据进行去云处理，获得更加精确的地表反射率产品（Tang et al.，2013a）。

对于静止卫星数据，利用 Liang 等（2006）提出的"最晴天"观测进行 BRDF 拟合，估算 BRDF 参数，然后利用拟合得到 BRDF 参数估算其他观测时间的地表反射率，核驱动模型如下所示（Lucht et al.，2000）：

$$\rho_\lambda(\theta_s,\theta_v,\phi_s-\phi_v) = f_{iso} + f_{vol}K_{vol}(\theta_s,\theta_v,\phi_s-\phi_v) + f_{geo}K_{geo}(\theta_s,\theta_v,\phi_s-\phi_v) \quad (4.3)$$

式中，第一项 $\rho_\lambda(\theta_s,\theta_v,\phi_s-\phi_v)$ 为特定几何观测下的地表反射率；f_{iso}、f_{vol} 和 f_{geo} 为核系数；$K_{vol}(\theta_s,\theta_v,\phi_s-\phi_v)$ 为几何光学核；$K_{geo}(\theta_s,\theta_v,\phi_s-\phi_v)$ 为体散射核。这两个核可以用下面的方程推导得到：

$$K_{vol}(\theta_s,\theta_v,\phi_s-\phi_v) = \frac{(\pi/2-\xi)\cos\xi+\sin\xi}{\cos\theta_s+\cos\theta_v} - \pi/4 \quad (4.4)$$

$$K_{geo}(\theta_s,\theta_v,\phi_s-\phi_v) = O(\theta_s,\theta_v,\phi_s-\phi_v) - \sec\theta_s' - \sec\theta_v' + \frac{1}{2}(1+\cos\xi')\sec\theta_s'\sec\theta_v' \quad (4.5)$$

$$\cos\xi = \cos\theta_s\cos\theta_v + \sin\theta_s\sin\theta_v\cos(\phi) \quad (4.6)$$

$$O(\theta_s,\theta_v,\phi_s-\phi_v) = \frac{1}{\pi}(t-\sin t\cos t)(\sec\theta_s'+\sec\theta_v') \quad (4.7)$$

$$\cos t = \frac{h}{b}\sqrt{\frac{D^2+(\tan\theta_s'\tan\theta_v'\sin\phi)^2}{\sec\theta_s'+\sec\theta_v'}} \quad (4.8)$$

$$D = \sqrt{\tan^2\theta_s' + \tan^2\theta_v' - 2\tan\theta_s'\tan\theta_v'\cos\phi} \quad (4.9)$$

$$\cos\xi' = \cos\theta_s'\cos\theta_v' + \sin\theta_s'\sin\theta_v'\cos(\phi)' \quad (4.10)$$

$$\theta_s' = \arctan\left(\frac{b}{r}\tan\theta_s\right) \text{ and } \theta_v' = \arctan\left(\frac{b}{r}\tan\theta_v\right) \quad (4.11)$$

式中，ξ 为相位角；$O(\theta_s,\theta_v,\phi_s-\phi_v)$ 为观测与影子的重叠区域；h/b 和 b/r 为冠层参数，其大小分别为 2 和 1。

给出不同传感器最晴天的地表反射率后，用这些地表反射率估算 BRDF 参数。然后用这些参数计算特定太阳天顶角和观测天顶角的地表反射率。

4. 算法实施

通过式（4.1）设置不同地表反射率，可以建立大气顶辐亮度与三个变量：$I_0(\mu,\mu_v,\phi)$、r_s 和 $\mu\bar{E}_0\gamma(\mu)\gamma(\mu_v)$ 之间的联系。因此，通过设置不同地表反射率进行模拟。这样可以根据不同的大气状况建立第一个查找表，这个查找表包括九个基本的变量：云吸收系数、大气的能见度信息、太阳天顶角、观测天顶角、相对方位角、高程、$I_0(\mu,\mu_v,\phi)$、r_s，以及 $\mu\bar{E}_0\gamma(\mu)\gamma(\mu_v)$，如表 4.8 所示。

表 4.8　第一个查找表：建立大气顶辐亮度与大气状况指数之间的联系

云吸收系数能见度（大气状况）	太阳天顶角	观测天顶角	相对方位角	高程	$I_0(\mu,\mu_v,\phi)$	r_s	$\mu\bar{E}_0\gamma(\mu)\gamma(\mu_v)$
…	…	…	…	…	…	…	…
…	…	…	…	…	…	…	…

可以用相同的方法通过式（4.2）建立第二个查找表，此查找表通过设置地表反射率建立地表辐射与四个变量之间关系：$F_0(\mu)$、r_s、$\mu\bar{E}_0\gamma(\mu)$ 和 $F_d(\mu)$。其中，$F_d(\mu)$ 为散射辐射的部分，如表 4.9 所示。

表 4.9　第二个查找表：建立地表辐射与大气状况指数之间的联系

云吸收系数能见度（大气状况）	太阳天顶角	高程	$F_0(\mu)$	r_s	$\mu\bar{E}_0\gamma(\mu)$	$F_d(\mu)$
…	…	…	…	…	…	…
…	…	…	…	…	…	…

通过第一个查找表建立与第二个查找表的关系，即建立各个传感器可见光波段大气顶辐亮度与地表辐射之间关系。步骤为通过第一个查找表建立大气顶辐亮度和大气状况指数之间的联系，再通过第二个查找表建立了大气状况指数和地表辐射之间的关系。具体的计算方法是：

（1）通过直接使用地表反射率产品或其他方法，获得地表的反射率数据；

（2）通过获取的反射率计算从最晴天到最阴天之间所有大气状况的大气顶辐亮度值，比较不同传感器观测的大气顶辐亮度值与通过查找表计算的不同大气状况下的大气顶辐亮度值，确定大气状况指数；通过第二个查找表，根据所得大气状况指数计算地表辐射。

5. 极轨卫星和静止卫星联合反演

为了生产全球覆盖的 GLASS 下行短波辐射产品，我们同时使用了极地轨道卫星和静止卫星数据作为输入数据。静止卫星数据相比极轨卫星数据具有更高的时间分辨率，但是在南北高纬度区域由于过大角度的观测可能导致定标精度降低，进而影响下行短波辐射估算的精度。因此，GLASS 下行短波辐射产品在 60°N～60°S 以上的区域使用极轨卫星 MODIS 观测数据，而在 60°N～60°S 的区域则选择使用极轨卫星和地球静止卫星数据相结合，或者在静止卫星不能覆盖区域单独使用 MODIS 观测数据估算地表下行短波辐射。

假设通过不同传感器数据估算得到的太阳辐射为 r，在其对应时间地面站点观测数据测量值为 r_t。则利用极轨卫星和静止卫星同时反演融合得到地表下行短波辐射则可通过式（4.12）得到：

$$F(\theta_s) = \sum_{r=1}^{R} w_r F_r(\theta_s) \tag{4.12}$$

式中，$F(\theta_s)$ 和 $F_r(\theta_s)$ 分别为利用多源卫星数据得到地表下行短波辐射的融合加权值和利用各卫星数据反演得到的下行短波辐射值；w_r 为权重系数，权重系数通过使用不同卫星数据计算的下行短波辐射反演值与站点验证的验证值比较后验概率归一化得到。利用每个传感器标准化后经验概率权重推导得到，权重系数反映了 $F_r(\theta_s)$ 和观测数据的匹配程度，并且假定其符合高斯分布。

4.2.2 基于混合算法的地表太阳辐射估算

除了利用查找表算法估算地表太阳辐射的方法，第二期的 GLASS 地表太阳辐射产品同样提出了基于一种利用 MODIS 大气顶辐亮度数据基于混合算法直接估算地表太阳辐射的方法（Wang et al.，2015），该方法的基本思路和原理如下所述。

其中，在给定观测几何（包括入照和观测方向）条件下［太阳天顶角 θ（$\mu = \cos\theta$）、观测天顶角 θ_v（$\mu_v = \cos\theta_v$）、相对方位角 ϕ］，地表日积太阳短波净辐射（$S_{\text{net}}^{\text{daily}}$）可以通过式（4.13）计算得到：

$$S_{\text{net}}^{\text{daily}} = C_0(\Omega, \zeta) + \sum_b C_b(\Omega, \zeta) \cdot r_b \tag{4.13}$$

式中，Ω 为不同的观测几何条件；ζ 为不同的云覆盖状况；$C_0(\Omega, \zeta)$ 为截距系数；$C_b(\Omega, \zeta)$ 为 MODIS 不同波段（b）对应的系数；r_b 为 MODIS 波段的大气顶辐射亮度；$C_0(\Omega, \zeta)$ 和 $C_b(\Omega, \zeta)$ 系数可以通过不同观测几何条件（Ω）和大气状况下（ζ）的辐射传输模拟获得。在估算的日积太阳短波净辐射（$S_{\text{net}}^{\text{daily}}$）基础上，利用 GLASS 的地表反照率数据（Liu et al.，2013；Qu et al.，2014）、地表日积短波辐射（S^{daily}）和日积光合有效辐射（$S_{\text{par}}^{\text{daily}}$）可以通过式（4.14）和式（4.15）计算得到：

$$S^{\text{daily}} = S_{\text{net}}^{\text{daily}} / (1 - \alpha) \tag{4.14}$$

$$S_{\text{par}}^{\text{daily}} = S^{\text{daily}} \cdot \varepsilon \tag{4.15}$$

式中，α 为 GLASS 地表短波反照率数据；ε 为地表下行短波辐射和光合有效辐射转换比例，该比例系数可以通过已有地表下行短波辐射数据和光合有效辐射数据直接计算得到。

基于混合算法估算的 GLASS 地表太阳辐射数据产品，所使用 MODIS 大气顶辐亮度数据包括了 MODIS 传感器提供的陆表波段（波段 1-7）和水汽波段（波段 19）。基于混合算法的 GLASS 地表太阳辐射数据产品利用 MODTRAN 辐射传输模拟软件通过复杂的辐射传输模拟回归得到式（4.12）中不同波段对应的回归系数 $C_0(\Omega, \zeta)$ 和 $C_b(\Omega, \zeta)$，详细的参数设置如表 4.10 和表 4.11 所示。

表 4.10 MODTRAN5 模拟中观测几何信息

几何参数	角度变化设置
太阳天顶角	0°、10°、20°、30°、45°、60°、75°
观测天顶角	0°、10°、20°、30°、45°、60°
相对方位角	0°、30°、60°、90°、120°、150°、180°

表4.11 MODTRAN5模拟中观测云参数信息

云类型	云底高度/km
高层云	0.15、1.5、3.0
积云	0.2、0.6、1.5
雨层云	0.15、1.5、3.0
层云	0.2、0.6、1.0

MODTRAN模拟过程中分别考虑了晴空和有云的状况。晴空时,考虑了四种不同气溶胶类型(乡村、城市、沙漠和生物质燃烧),气溶胶变化光学厚度变化范围为0.0～0.4,以及对应的6种不同的水汽含量($0.5g/cm^3$, $1.0g/cm^3$, $1.5g/cm^3$, $3.0g/cm^3$, $5.0g/cm^3$, $7.0g/cm^3$)。有云时,考虑了四种不同云类型,云光学厚度变化范围为5～240,对应不同的云底高度和水汽含量($1.5g/cm^3$, $3.0g/cm^3$, $7.0g/cm^3$, $12.0 g/cm^3$)。由于MODTRAN直接输出瞬时的地表短波净辐射模拟结果,日积短波净辐射可以通过正弦函数积分得到。通过MODTRAN模拟得到的大气顶辐亮度数据和相应的模拟得到日积净辐射数据可以作为训练数据,通过回归得到相应不同波段对应的回归系数$C_0(\Omega, \zeta)$和$C_b(\Omega, \zeta)$,然后利用该系数通过式(4.12)计算得到对应MODIS地表短波净辐射估算结果,最后利用经过重新投影后的MODIS地表日积短波净辐射和GLASS地表短波反照率,通过式(4.14)和式(4.15)计算得到日积地表下行短波辐射和光合有效辐射。

4.2.3 基于样条函数的地表太阳辐射估算

地面站点实测辐射观测资料相较于卫星遥感反演的数据产品具有更高的精度,但是站点数据分布不均且观测站点数目相对较少,全球很多区域并未有实测资料。卫星遥感数据相对于地面观测数据空间覆盖范围较广,但是其精度存在很大的不确定性。因此可以将这两种不同来源的数据产品进行融合,使其互相补充优化,从而得到精度更高的数据产品。目前的国内外很多学者尝试将不同数据进行融合,提高参数反演的精度,而这些融合的方法还鲜有用于地表太阳辐射的估算。

GLASS地表太阳短波辐射数据产品的生产过程中,尝试利用样条函数(Duchon, 1977; Wahba, 1990)融合卫星反演得到地表太阳辐射数据产品和中国区域地面实测资料,从而得到更高精度的产品。基于样条函数的空间插值方法已经被广泛使用在气候变量如海表温度(Li et al., 2013)和降水(Huang et al., 2014; Zheng and Basher, 1995)等参数的空间插值估算中,并取得了较好的精度。

GLASS地表太阳短波辐射采用如下形式的薄板平滑样条函数,分别在日尺度和月尺度对基于遥感反演的和基于地面气象观测要素重建的地表入射太阳辐射进行融合,提高其反演精度:

$$S(x_i, y_i) = f_1(x_i, y_i) + f_2(z_i) + \beta \cdot \text{sat}(x_i, y_i) + \varepsilon_i, \quad i = 1, 2, \cdots, n \quad (4.16)$$

式中,$S(x_i, y_i)$为在经度x_i和纬度y_i站点重建的地表入射太阳辐射;z_i为该站点的地面高程;f_1为待求解的关于经度x_i和纬度y_i二维薄板样条函数;f_2待求解的关于地面高

程 z_i 一维薄板样条函数；$\text{sat}(x_i, y_i)$ 为在 (x_i, y_i) 位置利用卫星遥感数据基于查找表方法估算地表入射太阳辐射；β 为待求的协变量参数；$\{(x_i, y_i), i=1, 2, \cdots, n\}$ 为具有辐射观测资料的站点位置；n 为构建模型所需站点个数；ε_i 为残差。

样条模型采用求泛函极小的方式来求解样条函数 f_1、f_2 和协变量参数 β。获得样条函数 f_1、f_2 和协变量参数 β 后，在没有地面地表入射太阳辐射观测时即可利用式（4.17）完成对地表入射太阳辐射的融合估算：

$$\overline{S(x_i, y_i)} = f_1(x_i, y_i) + f_2(z_i) + \beta \cdot \text{sat}(x_i, y_i) \tag{4.17}$$

虽然，已有大量辐射观测资料其站点的分布范围远不能满足实际融合的需要，因此在融合时我们首先利用中国区域站点气象观测要素对地表入射太阳辐射数据重建（Tang et al.，2013c；Tang et al.，2011）。其基本思想是利用中国区域地面台站辐射观测资料和相应站点气象观测要素（包括日照时数、气温、湿度、气压等），发展利用地面站点气象观测要素的基于人工神经元网络的地表入射太阳辐射估算方法。因此，基于样条函数的地表太阳辐射融合估算的基本流程如下：

（1）收集卫星遥感观测数据和地面观测数据；

（2）利用卫星遥感观测数据，基于遥感反演模型（参数化、查找表）反演地表下行短波辐射和光合有效辐射产品；

（3）利用地面辐射观测数据（122 站点）和气象观测数据（760 站点），重建气象观测站点长时间序列下行短波和光合有效辐射；

（4）利用融合算法（样条融合）实现产品与实测重建辐射资料的融合。

4.3 精度验证与质量评价

地表短波太阳辐射的验证精度取决于多个因素，这其中不但包括了反演算法的精度、地表观测数据的质量、输入参数的精度、卫星传感器定标精度，还包括地表观测站点的空间代表性和卫星观测与地面观测时间的一致性。因此，辐射产品的精度验证是比较复杂的问题。关于 GLASS 地表太阳辐射数据产品，选择了全球公开的地面观测数据对三种算法估算得到的 GLASS 地表太阳辐射数据产品进行了广泛的验证。相关的验证方法包括了利用地面数据的直接验证、交叉验证，以及和已有的相关产品的比较与分析。相关详细的验证结果将在下面的三个小节中进行了详细的介绍与分析。

4.3.1 查找表算法

1. 直接验证

对于基于查找表方法生成的地表下行短波辐射数据，利用 2009 年全年中国气象局 93 个站点的辐射观测资料进行了验证，验证的结果如图 4.3 所示，基于查找表方法生产的 GLASS 地表日积下行短波辐射数据验证的相关系数为 0.94，偏差为 6.31 W/m^2，均方根误差为 24.30 W/m^2。在这 93 个站点中，其中 83 个站点的相关系数大于 0.85。

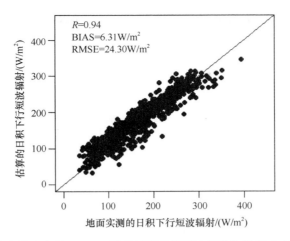

图 4.3　基于查找表方法生产的 GLASS 地表日积下行短波辐射数据在 CMA 辐射站点的验证

2. 数据产品制图

GLASS 下行短波辐射产品包括全球融合产品和所使用传感器数据对应的下行短波辐射中间产品。其中,利用 GOES11 和 GOES12 数据生产的下行短波辐射产品的空间和时间分辨率分别为 5km 和 3h,利用 MTSAT 数据生产的下行短波辐射产品的空间和时间分辨率分别为 5km 和 1h,利用 MSG2 数据生产的下行短波辐射产品的空间和时间分辨率分别为 5km 和 15min,如图 4.4 所示。利用 MODIS 数据生成的地表瞬时下行短波

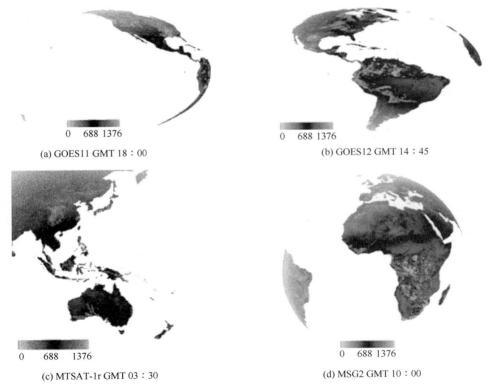

图 4.4　基于查找表方法生产的静止卫星地表下行短波辐射数据产品示意图(2008.11.12;单位:W/m²)

辐射数据产品，如图 4.5 所示。图 4.6 为基于查找表算法生成最终融合的 GLASS 地表日积短波辐射。

图 4.5　利用 MODIS 数据基于查找表方法生产地表下行短波辐射数据产品示意图（2008.11.12）
红色圆圈中表示轨道间隙之间的缺失

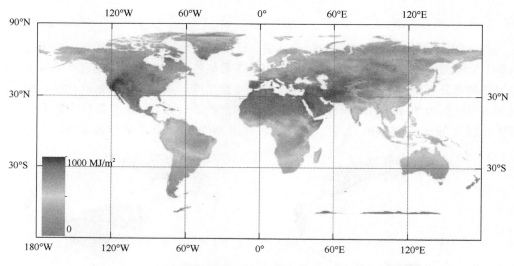

图 4.6　基于查找表算法生成 GLASS 地表日积短波辐射（彩图附后）

4.3.2　混合算法

1. 直接验证

对于基于混合方法生成的 GLASS 地表日积下行短波辐射数据，利用 BSRN 和 CMA 站点观测辐射观测资料进行了验证，验证的结果如图 4.7 和图 4.8 所示。其中，基于混合方法生成的 GLASS 地表日积下行短波辐射数据在 BSRN 站点验证相关系数为 0.92，偏差为 16W/m^2，均方根误差为 41.3W/m^2。在 CMA 站点验证相关系数为 0.92，偏差–2.68W/m^2，均方根误差为 32.2W/m^2。

此外，对于基于混合方法生成的 GLASS 地表月积下行短波辐射数据，利用 BSRN、GEBA、CMA 和 GC-net 共 175 个站点观测辐射观测资料进行了验证。图 4.9 为所选取验证站点空间分支分布。图 4.10 为验证结果，相关系数为 0.93，偏差为–4.34 W/m^2，均方根误差为 24.69 W/m^2。

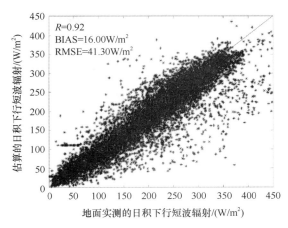

图 4.7　基于混合算法生成 2008 年 GLASS 地表日积短波辐射在 BSRN 站点数据验证结果

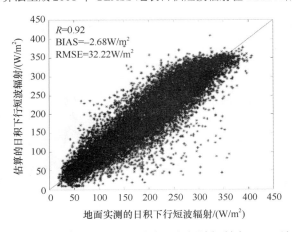

图 4.8　基于混合算法生成 2008 年 GLASS 地表日积短波辐射在 CMA 站点数据验证结果

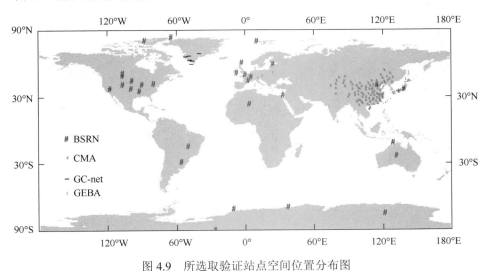

图 4.9　所选取验证站点空间位置分布图

2. 数据产品制图

基于混合方法生产的 GLASS 地表日积和月积短波辐射数据如图 4.11 和图 4.12 所示。

· 121 ·

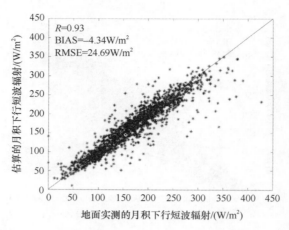

图 4.10 基于混合算法生成 2008 年 GLASS 地表月积短波辐射在 BSRN 等 175 个站点数据验证结果

图 4.11 基于混合方法生产的 GLASS 地表日积下行短波辐射数据（2008 年第 1 天；彩图附后）

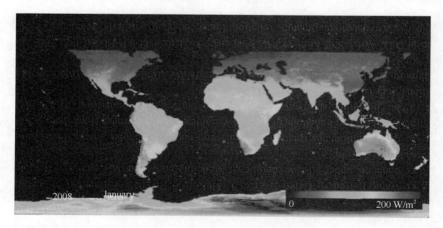

图 4.12 基于混合方法生产的 GLASS 地表月积下行短波辐射数据（2008 年 1 月；彩图附后）

4.3.3 样条函数融合方法

基于样条函数融合方法生产的 GLASS 地表下行短波辐射数据在中国区域进行了试生产和验证。图 4.13 为进行融合时所选 CMA 气象观测站点和辐射观测站点空间位置示意图。图 4.14 和图 4.15 为利用 MTSAT-1r 数据基于查找表方法基于交叉验证方法（50%

训练和50%验证）月积地表下行短波辐射数据验证精度，从图中可以看出样条融合能够有效提高辐射估算精度。

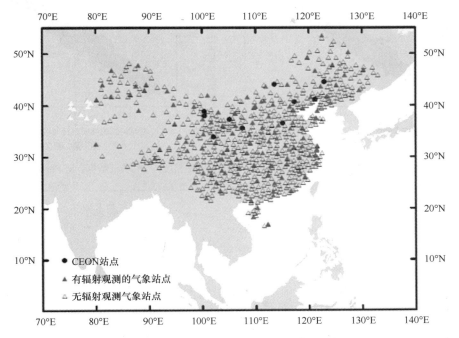

图4.13 CMA气象观测站点和辐射观测站点空间位置示意图（据Zhang et al.，2016a）

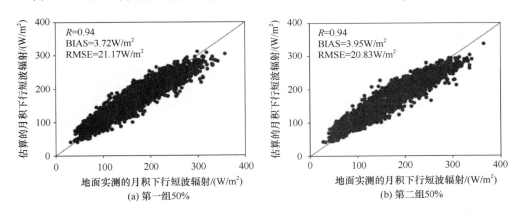

图4.14 利用MTSAT-1r数据基于查找表方法生产地表月积下行短波辐射验证精度
（随机分为2组训练数据；据Zhang et al.，2016a）

此外，利用独立的中国干旱半干旱区协同观测网络对使用全部地面气象站点重建数据基于样条融合生产的地表月积下行短波辐射数据的精度进行验证，如图4.16所示。融合前，相关系数为0.92，偏差为–7.34 W/m²，均方根误差为16.91W/m²。融合后，相关系数为0.96，偏差为5.09 W/m²，均方根误差为13.2 W/m²。图4.17展示了基于样条函数融合生产的产品与直接利用MTSAT-1r基于查找表方法生产的地表下行短波辐射数据比较。

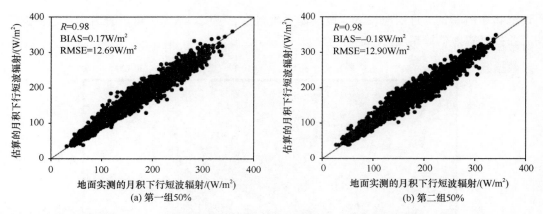

图 4.15 利用样条函数融合生产的地表月积下行短波辐射验证精度（50%验证数据；据 Zhang et al., 2016a）

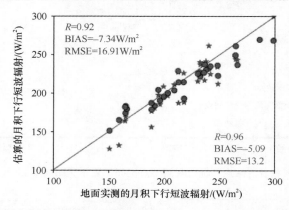

图 4.16 利用样条函数融合生产的地表月积下行短波辐射数据在 CEON 站点验证结果（据 Zhang et al., 2016a）

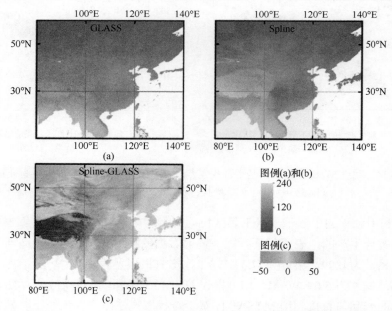

图 4.17 （a）直接利用 MTSAT-1r 基于查找表方法生产的地表下行短波辐射数据和（b）基于样条函数融合生产的产品，以及（c）二者差值比较（彩图附后）

图例单位均为 W/m²

图 4.18 为直接利用 MTSAT-1r 基于查找表方法生产的 2008 年地表月积下行短波辐射数据和 CERES-EBAF 和 ISCCP-FD 数据的比较，显而易见，GLASS 地表下行短波辐射数据具有更高的精度。

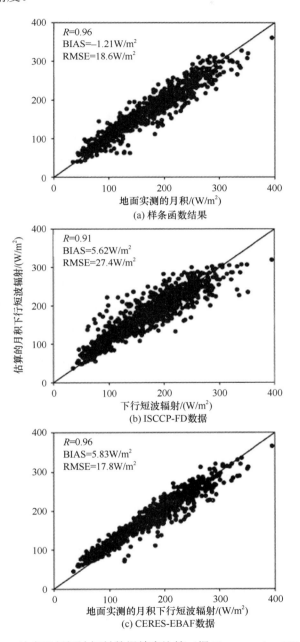

图 4.18 地表下行短波辐射数据精度比较（据 Zhang et al., 2016a）

4.4 总结与展望

高分辨率的地表太阳辐射产品是很多研究领域所必需的数据支撑产品，如生态和陆表过程模拟。然而，现有产品大部分空间分辨率都较低。本章中主要介绍了二期 GLASS

地表太阳辐射产品所用到的算法：查找表算法、混合算法、融合算法。并利用有限地面观测站点数据的产品精度验证与评价并不能完全反映 GLASS 地表太阳辐射数据产品整体的质量，还需基于大量数据与应用分析做出更进一步的评价。

总体来说，GLASS 地表太阳辐射数据产品和反演算法的特点和创新点主要包括以下四点。

（1）利用改进的基于查找表方法估算地表下行短波辐射。

（2）将查找表方法估算地表下行短波辐射应用到了多种卫星数据，从而使反演全球辐射产品成为可能。

（3）将多种卫星反演得到的辐射产品数据，通过一定的融合方法，得到了全球辐射产品。

（4）产品的精度和分辨率。目前国际上已有地表太阳辐射产品时间分辨率可以达到 3 小时，本算法反演得到的全球的产品的空间分辨率为 5km、时间分辨率为 3 小时。

然而，由于 GLASS 地表太阳辐射数据产品时间跨度范围太短，很难用于长时间序列辐射与能量平衡趋势的分析，以及其他长时间序列应用的研究。因此，长时间序列的地表辐射产品亟待开发。在产品精度上，GLASS 地表太阳辐射数据产品的验证结果表明该产品相对于其他已有产品具有较好的精度和时空连续性，GLASS 地表太阳辐射数据产品在一定程度上可以满足全球辐射产品的精度要求，但在以下五方面需要继续研究。

（1）融合方法。文章中选择了四种卫星数据，反演得到了四种中间辐射产品，本章中只用了最简单的方法融合得到全球产品，如何采用更先进的融合插值算法得到更高精度的产品也是研究的方向之一。

（2）有云时地表太阳辐射的估算。如何精确获取云属性信息，并应用于辐射反演模型中，以提高地表辐射反演精度。

（3）复杂地形下的地表太阳辐射数据估算。目前已有的辐射产品包括遥感、再分析及模式模拟产品，其在复杂地形区域验证精度均相对较低，如何针对复杂地形建立合适的辐射估算方法也是后续算法发展的目标之一。

（4）海洋区域。目前算法只是基于陆表的辐射计算，海洋区域采用查找表法估算相对会更简单。

（5）验证。目前由于光合有效辐射地面观测数据较少，所以目前的验证主要针对短波辐射展开，后期还需对光合有效辐射数据产品精度进行详细验证。

如果可以进一步提高观测数据的质量，包括卫星数据及相关高级大气、陆表产品、地面观测数据，地表太阳辐射估算模型将会达到更好的一致性和更高的精度。然而，目前高精度的卫星数据产品和地面观测数据的缺乏使得这一任务存在相当的困难。目前急需建立长期的、全球范围的辐射地面观测网，这是国内及国际社会气候监测领域值得努力的目标。

参 考 文 献

Augustine J A, Deluisi J, Long C N. 2000. SURFRAD-A national surface radiation budget network for atmospheric research. Bulletin of the American Meteorological Society, 81: 2341-2357

Baldocchi D, Falge E, Gu L, Olson R, Hollinger D, Running S, Anthoni P, Bernhofer C, Davis K, Evans R.

2001. Fluxnet: A new tool to study the temporal and spatial variability of ecosystem-scale carbon dioxide, water vapor, and energy flux densities. Bulletin of the American Meteorological Society, 82: 2415-2434

Betts A K, Jakob C. 2002. Evaluation of the diurnal cycle of precipitation, surface thermodynamics, and surface fluxes in the ECMWF model using LBA data. Journal of Geophysical Research: Atmospheres, 107: LBA 12-11-LBA 12-18

Bony S, Sud Y, Lau K M, Susskind J, Saha S. 1997. Comparison and satellite assessment of NASA/DAO and NCEP–NCAR reanalyses over tropical ocean: Atmospheric hydrology and radiation. Journal of Climate, 10: 1441-1462

Chen L, Yan G, Wang T, Ren H, Calbó J, Zhao J, McKenzie R. 2012. Estimation of surface shortwave radiation components under all sky conditions: Modeling and sensitivity analysis. Remote Sensing of Environment, 123: 457-469

Duchon J. 1977. Splines minimizing rotation-invariant semi-norms in Sobolev spaces. In: Schempp W, Zeller K. Constructive Theory of Functions of Several Variables. Berlin: Springer Heidelberg, 85-100

Garratt J R. 1994. Incoming shortwave fluxes at the surface—A comparison of GCM results with observations. Journal of Climate, 7: 72-80

Gilgen H, Ohmura A. 1999. The global energy balance archive. Bulletin of the American Meteorological Society, 80: 831-850

Gu L, Baldocchi D D, Wofsy S C, Munger J W, Michalsky J J, Urbanski S P, Boden T A. 2003. Response of a deciduous forest to the mount pinatubo eruption: Enhanced photosynthesis. Science, 299: 2035-2038

Gui S, Liang S, Wang K, Li L, Zhang X. 2010. Assessment of three satellite-estimated land surface downwelling shortwave irradiance data sets. IEEE Geoscience and Remote Sensing Letters, 77: 776-780

Haigh J D. 1996. The impact of solar variability on climate. Science, 272: 981-984

Hartmann D L, Klein Tank A M G, Rusticucci M, Alexander L V, Brönnimann S, Charabi Y, Dentener F J, Dlugokencky E J, Easterling D R, Kaplan A, Soden B J, Thorne P W, Wild M, Zhai P M. 2013. Observations: Atmosphere and Surface. Climate Change 2013: The Physical Science Basis. Contribution of Working Group I to the Fifth Assessment Report of the Intergovernmental Panel on Climate Change. In: Stocker T F, Qin D, Plattner G-K, Tignor M, Allen S K, Boschung J, Nauels A, Xia Y, Bex V, Midgley P M. Cambridge, United Kingdom and New York, NY, USA.: Cambridge University Press

Huang C, Zheng X, Tait A, Dai Y, Yang C, Chen Z, Li T, Wang Z. 2014. On using smoothing spline and residual correction to fuse rain gauge observations and remote sensing data. Journal of Hydrology, 508: 410-417

Huang G, Ma M, Liang S, Liu S, Li X. 2011. A LUT-based approach to estimate surface solar irradiance by combining MODIS and MTSAT data. Journal of Geophysical Research: Atmospheres, 116: D22201

Kalnay E, Kanamitsu M, Kistler R, Collins W, Deaven D, Gandin L, Iredell M, Saha S, White G, Woollen J, Zhu Y, Leetmaa A, Reynolds R, Chelliah M, Ebisuzaki W, Higgins W, Janowiak J, Mo K C, Ropelewski C, Wang J, Jenne R, Joseph D. 1996. The NCEP/NCAR 40-year reanalysis project. Bulletin of the American Meteorological Society, 77: 437-471

Kanamitsu M, Ebisuzaki W, Woollen J, Yang S-K, Hnilo J J, Fiorino M, Potter G L. 2002. NCEP–DOE AMIP-II reanalysis(R-2). Bulletin of the American Meteorological Society, 83: 1631-1643

Kato S, Loeb N G, Rose F G, Doelling D R, Rutan D A, Caldwell T E, Yu L, Weller R A. 2013. Surface irradiances consistent with CERES-derived top-of-atmosphere shortwave and longwave irradiances. Journal of Climate, 26: 2719-2740

Kato S, Loeb N, Rutan D, Rose F, Sun-Mack S, Miller W, Chen Y. 2012. Uncertainty estimate of surface irradiances computed with MODIS-, CALIPSO-, and cloudsat-derived cloud and aerosol properties. Surveys in Geophysics, 33: 395-412

Kato S, Rose F G, Sun-Mack S, Miller W F, Chen Y, Rutan D A, Stephens G L, Loeb N G, Minnis P, Wielicki B A, Winker D M, Charlock T P, Stackhouse P W, Xu K M, Collins W D. 2011. Improvements of top-of-atmosphere and surface irradiance computations with CALIPSO-, CloudSat-, and MODIS-derived cloud and aerosol properties. Journal of Geophysical Research-Atmospheres, 116: D19209

Kobayashi S, Ota Y, Harada Y, Ebita A, Moriya M, Onoda H, Onogi K, Kamahori H, Kobayashi C, Endo H,

Miyaoka K, Takahashi K. 2015. The JRA-55 reanalysis: General specifications and basic characteristics. Journal of the Meteorological Society of Japan. Ser. II, 93: 5-48

Li A, Bo Y, Zhu Y, Guo P, Bi J, He Y. 2013. Blending multi-resolution satellite sea surface temperature(SST)products using Bayesian maximum entropy method. Remote Sensing of Environment, 135: 52-63

Li Z, Leighton H G, Masuda K, Takashima T. 1993. Estimation of SW flux absorbed at the surface from TOA reflected flux. Journal of Climate, 6: 317-330

Liang S, Wang K, Zhang X, Wild M. 2010. Review on estimation of land surface radiation and energy budgets from ground measurement, remote sensing and model simulations. Ieee Journal of Selected Topics in Applied Earth Observations and Remote Sensing, 3: 225-240

Liang S, Zheng T, Liu R, Fang H, Tsay S C, Running S. 2006. Estimation of incident photosynthetically active radiation from moderate resolution imaging spectrometer data. Journal of Geophysical Research-Atmospheres, 111: D15208

Liu Q, Wang L Z, Qu Y, Liu N F, Liu S H, Tang H R, Liang S L. 2013. Preliminary evaluation of the long-term GLASS albedo product. International Journal of Digital Earth, 6: 69-95

Liu R, Liang S, He H, Liu J, Zheng T. 2008. Mapping incident photosynthetically active radiation from MODIS data over China. Remote Sensing of Environment, 112: 998-1009

Lu N, Liu R, Liu J, Liang S. 2010. An algorithm for estimating downward shortwave radiation from GMS 5 visible imagery and its evaluation over China. Journal of Geophysical Research: Atmospheres, 115: D18102

Lucht W, Schaaf C B, Strahler A H. 2000. An algorithm for the retrieval of albedo from space using semiempirical BRDF models. IEEE Transactions on Geoscience and Remote Sensing, 38: 977-998

Ma Q, Wang K C, Wild M. 2015. Impact of geolocations of validation data on the evaluation of surface incident shortwave radiation from Earth System Models. Journal of Geophysical Research-Atmospheres, 120: 6825-6844

Ma Y, Pinker R T. 2012. Modeling shortwave radiative fluxes from satellites. Journal of Geophysical Research: Atmospheres, 117: D23202

Mueller R W, Matsoukas C, Gratzki A, Behr H D, Hollmann R. 2009. The CM-SAF operational scheme for the satellite based retrieval of solar surface irradiance — A LUT based eigenvector hybrid approach. Remote Sensing of Environment, 113: 1012-1024

Muneer T, Younes S, Munawwar S. 2007. Discourses on solar radiation modeling. Renewable and Sustainable Energy Reviews, 11: 551-602

Ohmura A, Dutton E G, Forgan B, Fröhlich C, Gilgen H, Hegner H, Heimo A, König-Langlo G, McArthur B, Müller G, Philipona R, Pinker R, Whitlock C H, Dehne K, Wild M. 1998. Baseline surface radiation network(BSRN/WCRP): New precision radiometry for climate research, Bulletin of the American Meteorological Society, 79: 2115-2136

Pinker R T, Laszlo I. 1992. Modeling surface solar irradiance for satellite applications on a global scale. Journal of Applied Meteorology, 31: 194-211

Pinker R T, Tarpley J D, Laszlo I, Mitchell K E, Houser P R, Wood E F, Schaake J C, Robock A, Lohmann D, Cosgrove B A, Sheffield J, Duan Q, Luo L, Higgins R W. 2003. Surface radiation budgets in support of the GEWEX continental-scale international project(GCIP)and the GEWEX Americas prediction project(GAPP), including the North American land data assimilation system(NLDAS)project. Journal of Geophysical Research: Atmospheres, 108: 8844

Pinker R T, Zhang B, Dutton E G. 2005. Do satellites detect trends in surface solar radiation. Science, 308: 850-854

Posselt R, Mueller R W, Stöckli R, Trentmann J. 2012. Remote sensing of solar surface radiation for climate monitoring — the CM-SAF retrieval in international comparison. Remote Sensing of Environment, 118: 186-198

Posselt R, Mueller R, Trentmann J, Stockli R, Liniger M A. 2014. A surface radiation climatology across two meteosat satellite generations. Remote Sensing of Environment, 142: 103-110

Qin J, Tang W, Yang K, Lu N, Niu X, Liang S. 2015. An efficient physically based parameterization to derive surface solar irradiance based on satellite atmospheric products. Journal of Geophysical Research: Atmospheres, 120: 2015JD023097

Qu Y, Liu Q, Liang S, Wang L, Liu N, Liu S. 2014. Direct-estimation algorithm for mapping daily land-surface broadband albedo from MODIS data. Geoscience and Remote Sensing, IEEE Transactions on, 52: 907-919

Rienecker M M, Suarez M J, Gelaro R, Todling R, Bacmeister J, Liu E, Bosilovich M G, Schubert S D, Takacs L, Kim G-K, Bloom S, Chen J, Collins D, Conaty A, da Silva A, Gu W, Joiner J, Koster R D, Lucchesi R, Molod A. 2011. MERRA: NASA"s modern-era retrospective analysis for research and applications. Journal of Climate, 24: 3624-3648

Saha S, Moorthi S, Pan H-L, Wu X, Wang J, Nadiga S, Tripp P, Kistler R, Woollen J, Behringer D, Liu H, Stokes D, Grumbine R, Gayno G, Wang J, Hou Y-T, Chuang H-Y, Juang H-M H, Sela J, Iredell M, Treadon R, Kleist D, Van Delst P, Keyser D, Derber J, Ek M, Meng J, Wei H, Yang R, Lord S, Van Den Dool H, Kumar A, Wang W, Long C, Chelliah M, Xue Y, Huang B, Schemm J-K, Ebisuzaki W, Lin R, Xie P, Chen M, Zhou S, Higgins W, Zou C-Z, Liu Q, Chen Y, Han Y, Cucurull L, Reynolds R W, Rutledge G, Goldberg M. 2010. The NCEP climate forecast system reanalysis. Bulletin of the American Meteorological Society, 91: 1015-1057

Simmons A, Uppala S, Dee D, Kobayashi S. 2006. Erainterim: New ecmwf reanalysis products from 1989 onwards. ecmwf Newsletter, No. 110, ecmwf, Reading, United Kingdom, 25-35

Steffen K, Box J E, Abdalati W. 1996. Greenland climate network: GC-Net greenland climate network: GC-net. In: Colbeck S C. CRREL 96-27 Special Report on Glaciers, Ice Sheets and Volcanoes, trib. to M. Meier, 98-103.

Stephens G L, Li J L, Wild M, Clayson C A, Loeb N, Kato S, L'Ecuyer T, Stackhouse P W, Lebsock M, Andrews T. 2012. An update on Earth's energy balance in light of the latest global observations. Nature Geoscience, 5: 691-696

Tang W J, Yang K, Qin J, Cheng C C K, He J. 2011. Solar radiation trend across China in recent decades: A revisit with quality-controlled data. Atmos Chem Phys, 11: 393-406

Tang H, Yu K, Hagolle O, Jiang K, Geng X, Zhao Y. 2013a. A cloud detection method based on a time series of MODIS surface reflectance images. International Journal of Digital Earth, 1-15

Tang W, Qin J, Yang K, Niu X, Zhang X, Yu Y, Zhu X. 2013b. Reconstruction of daily photosynthetically active radiation and its trends over China. Journal of Geophysical Research: Atmospheres, 118: 2013JD020527

Tang W, Yang K, Qin J, Min M. 2013c. Development of a 50-year daily surface solar radiation dataset over China. Science China Earth Sciences, 56: 1555-1565

van Loon H, Labitzke K. 2000. The influence of the 11-year solar cycle on the stratosphere below 30 km: A review. Space Science Reviews, 94: 259-278

Wahba G. 1990. Spline models for observational data. Philadelphia: Society for Industrial Mathematics: 169

Wang D, Liang S, He T, Shi Q. 2015. Estimation of daily surface shortwave net radiation from the combined MODIS data. Geoscience and Remote Sensing, IEEE Transactions on, 53: 5519-5529

Wei T, Yang S, Moore J C, Shi P, Cui X, Duan Q, Xu B, Dai Y, Yuan W, Wei X, Yang Z, Wen T, Teng F, Gao Y, Chou J, Yan X, Wei Z, Guo Y, Jiang Y, Gao X, Wang K, Zheng X, Ren F, Lv S, Yu Y, Liu B, Luo Y, Li W, Ji D, Feng J, Wu Q, Cheng H, He J, Fu C, Ye D, Xu G, Dong W. 2012. Developed and developing world responsibilities for historical climate change and CO_2 mitigation. Proceedings of the National Academy of Sciences, 109(32): 12911-12915

Wild M, Folini D, Hakuba M, Schär C, Seneviratne S, Kato S, Rutan D, Ammann C, Wood E, König-Langlo G. 2015. The energy balance over land and oceans: An assessment based on direct observations and CMIP5 climate models. Climate Dynamics, 44: 3393-3429

Wild M, Folini D, Schär C, Loeb N, Dutton E, König-Langlo G. 2013. The global energy balance from a surface perspective. Climate Dynamics, 40: 3107-3134

Wild M, Gilgen H, Roesch A, Ohmura A, Long C N, Dutton E G, Forgan B, Kallis A, Russak V, Tsvetkov A. 2005. From dimming to brightening: Decadal changes in solar radiation at Earth's surface. Science, 308: 847-850

Wild M, Ohmura A, Gilgen H, Roeckner E. 1995. Validation of general circulation model radiative fluxes using surface observations. Journal of Climate, 8: 1309-1324

Wild M. 2012. Enlightening global dimming and brightening. Bulletin of the American Meteorological Society, 93: 27-37

Wu F T, Fu C B. 2011. Assessment of GEWEX/SRB version 3.0 monthly global radiation dataset over China. Meteorology and Atmospheric Physics, 112: 155-166

Xia X A, Wang P C, Chen H B, Liang F. 2006. Analysis of downwelling surface solar radiation in China from national centers for environmental prediction reanalysis, satellite estimates, and surface observations. Journal of Geophysical Research-Atmospheres, 111: D09103

Xia X. 2010. A closer looking at dimming and brightening in China during 1961–2005. Ann Geophys, 28: 1121-1132

Yang K, He J, Tang W, Qin J, Cheng C C K. 2010. On downward shortwave and longwave radiations over high altitude regions: Observation and modeling in the Tibetan Plateau. Agricultural and Forest Meteorology, 150: 38-46

Yang K, Koike T, Ye B. 2006. Improving estimation of hourly, daily, and monthly solar radiation by importing global data sets. Agricultural and Forest Meteorology, 137: 43-55

Yang K, Pinker R T, Ma Y, Koike T, Wonsick M M, Cox S J, Zhang Y, Stackhouse P. 2008. Evaluation of satellite estimates of downward shortwave radiation over the Tibetan Plateau. Journal of Geophysical Research: Atmospheres, 113: D17204

You Q, Sanchez-Lorenzo A, Wild M, Folini D, Fraedrich K, Ren G, Kang S. 2013. Decadal variation of surface solar radiation in the Tibetan Plateau from observations, reanalysis and model simulations. Climate Dynamics, 40: 2073-2086

Zhang X, Liang S, Song Z, Niu H, Wang G, Tang W, Chen Z, Jiang B. 2016a. Local adaptive calibration of the satellite-derived surface incident shortwave radiation product using smoothing spline. IEEE Transactions on Geoscience and Remote Sensing, 54: 1156-1169

Zhang X, Liang S, Wang G, Yao Y, Jiang B, Cheng J. 2016b. Evaluation of the reanalysis surface incident shortwave radiation products from NCEP, ECMWF, GSFC, and JMA using satellite and surface observations. Remote Sensing, 8: 225

Zhang X, Liang S, Wild M, Jiang B. 2015. Analysis of surface incident shortwave radiation from four satellite products. Remote Sensing of Environment, 165: 186-202

Zhang X, Liang S, Zhou G, Wu H, Zhao X. 2014. Generating global land surface satellite incident shortwave radiation and photosynthetically active radiation products from multiple satellite data. Remote Sensing of Environment, 152: 318-332

Zhang Y C, Rossow W B, Lacis A A. 1995. Calculation of surface and top of atmosphere radiative fluxes from physical quantities based on ISCCP data sets: 1. Method and sensitivity to input data uncertainties. Journal of Geophysical Research: Atmospheres, 100: 1149-1165

Zhang Y, Rossow W B, Lacis A A, Oinas V, Mishchenko M I. 2004. Calculation of radiative fluxes from the surface to top of atmosphere based on ISCCP and other global data sets: Refinements of the radiative transfer model and the input data. Journal of Geophysical Research: Atmospheres, 109: D19105

Zheng T, Liang S, Wang K. 2008. Estimation of incident photosynthetically active radiation from GOES visible imagery. Journal of Applied Meteorology and Climatology, 47: 853-868

Zheng X, Basher R. 1995. Thin-plate smoothing spline modeling of spatial climate data and its application to mapping south pacific rainfalls. Monthly Weather Review, 123: 3086-3102

第 5 章 晴空长波净辐射估算方法[*]

程洁[1]，梁顺林[1,2]，郭亚敏[1]，刘昊[1]

长波净辐射是估算地表净辐射的两个组分之一，地表净辐射是蒸散的主要驱动力。本章首先简要地概括了长波净辐射遥感估算的意义、理论基础，以及各应用学科对长波净辐射产品的精度要求。然后分别介绍了晴空条件下下行和上行长波辐射的估算方法。在估算下行长波辐射方法中，除了介绍经典的参数化方案和 CERES Model C 之外，还介绍了作者发展的一个基于遥感数据的新参数化方案，利用收集的全球分布的共 44 个通量观测站点的数据，对上述参数化方案进行了验证。发展了估算全球长波上行辐射的混合算法。该算法具有较高的验证精度，并优于文献中区域尺度上同类算法的精度。基于估算的下行长波辐射和上行长波辐射，计算了长波净辐射，并开展了验证，偏差为 -0.054 W/m^2，均方根误差为 30.079 W/m^2。5.5 节还介绍了现有长波辐射数据集。

5.1 引 言

5.1.1 研究意义

地表辐射能量平衡决定了大气、海洋和陆地的热辐射状态，在塑造地球气候的主要特征，解决与气候变化趋势、水文和生物地球物理模拟、农业相关的科学和应用问题中具有非常重要的价值（Ellingson，1995；Schmetz，1989）。夜晚和极区一年中的大多数天，长波辐射主导地表能量平衡（Curry et al.，1996）。地表长波辐射（4~100 μm）包括三个部分：下行长波辐射、上行长波辐射、长波净辐射。长波净辐射是上行长波辐射和下行长波辐射的差，长波净辐射估算可以简化为估算上行长波辐射和下行长波辐射。

下行长波辐射是大气加热地表的直接度量（Inamdar and Ramanathan，1997a）。上行长波辐射是地球冷热程度的指示因子。下行长波辐射和上行长波辐射是数值天气预报模式的诊断性参数。下行长波辐射是输入参数，上行长波辐射是模式预测、可用于生态、水文和大气研究的参数。长波净辐射是估算地表净辐射的两个组分之一，地表净辐射是蒸散的驱动力。

遥感是获取区域和全球尺度上地表长波辐射的唯一手段。精确的地表长波辐射是获得准确的天气预报、气候模拟、陆表过程模拟结果的先决条件。气象、水文和农业研究

---

1. 遥感科学国家重点实验室，北京市陆表遥感数据产品工程技术研究中心，北京师范大学地理科学学部；2. 美国马里兰大学帕克分校地理科学系

[*] 研究中使用的 MODIS 数据从 https://wist.echo.nasa.gov/api/下载，SURFRAD 站点数据从 http://www.srrb.noaa.gov/surfrad 下载，ASRCOP 站点数据从 http://observation.tea.ac.cn/下载；本章得到了国家自然科学基金项目（41371323）、863 项目（2013AA122801）和北京市高等学校青年英才计划项目（YETP0233）共同资助

对遥感估算的长波辐射的需求为：5~10 W/m² 的精度、25~100 km 的空间分辨率、3 小时至天的时间分辨率（CEOS and WMO，2000）。

5.1.2 理论基础

忽略散射辐射，热红外传感器在大气层顶接收的热辐射可以近似为

$$B_i(T_i) = \varepsilon_i B_i(T_s)\tau_i(\theta,\varphi,P_s \to 0) + \int_{P_s}^{0} B_i(T_P)\frac{\mathrm{d}\tau_i(\theta,\varphi,P_s \to 0)}{\mathrm{d}\ln P}\mathrm{d}\ln P$$
$$+ \frac{1-\varepsilon_i}{\pi}\int_0^{2\pi}\int_0^{\pi/2}\int_{P_s}^{0} B_i(T_P)\frac{\mathrm{d}\tau_i(\theta',\varphi',P \to P_s)}{\mathrm{d}\ln P}\cos\theta'\sin\theta'\mathrm{d}\ln P\mathrm{d}\theta'\mathrm{d}\varphi' \cdot \tau_i(\theta,\varphi,P_s \to 0)$$
(5.1)

式中，$B_i(T_i)$ 为波段 i 接收的大气层顶辐亮度；T_i 为通道亮温；ε_i 为通道发射率；T_s 为地表温度；$\tau_i(\theta,\varphi,P_s \to 0)$ 为通道 i 对应的整层大气透过率；θ 和 φ 为贯彻天顶角和方位角；P_s 为地面气压；T_P 为压强为 P 处的温度；$\tau_i(\theta,\varphi,P \to 0)$ 为压强 P 到大气层顶的透过；$\tau_i(\theta,\varphi,P \to P_s)$ 为压强 P 至地面 P_s 处的大气透过率。可见，大气层顶接收的热辐射来自三个部分：①地表的热辐射；②大气的上行热辐射；③地表反射的大气下行热辐射。

大气下行光谱辐射还可用下式表示：

$$I_\lambda(z=0,\mu) = -\int_0^{z_t} B(T_z)\frac{\partial T_\lambda(0,z,-\mu)}{\partial z}\mathrm{d}z \quad (5.2)$$

式中，z_t 为卫星高度；T_λ 为大气透过率。下行长波辐射为式（5.2）的光谱积分：

$$F_\mathrm{d} = \int_{\lambda_1}^{\lambda_2}\int_0^1 I_\lambda(z=0,\mu)\mu\mathrm{d}\mu\mathrm{d}\lambda \quad (5.3)$$

下行长波辐射是大气吸收、发射和散射的综合作用的结果。晴空下的下行长波辐射取决于大气温湿度和其他气体的垂直廓线，主要由近地面薄层的辐射决定。例如，近地面 500m 以上的大气，仅贡献 16%~20%的下行长波辐射；而最底层的 10m 大气层，贡献 32%~36%的下行长波辐射（Schmetz，1989）。以往的研究表明大气的温湿度廓线是估算下行长波辐射最重要的参数。使用 CO_2 和 O_3 混合比的多年平均值，对下次长波辐射的估算精度影响很小。这两种气体 50%的改变，仅导致 1 W/m² 的下行长波辐射变化（Smith and Wolfe，1983）。上行长波辐射可以表示为

$$F_\mathrm{u} = \varepsilon\int_{\lambda_1}^{\lambda_2}\pi B(T_s)\mathrm{d}\lambda + (1-\varepsilon)F_\mathrm{d} \quad (5.4)$$

由式（5.4）可知，地表自身的热辐射主导上行长波辐射。式（5.3）和式（5.4）中积分的光谱范围为 4~100μm。

从式（5.1）可以看出，大气层顶的辐亮度包含了地表温度、发射率和下行长波辐射的信息。理论上大气层顶辐亮度和上行长波辐射，大气层顶辐亮度和下行长波辐射在某种程度上存在关联。对于用于地表温度、大气温湿度廓线反演的通道而言，这种关联非常紧密。这是使用大气层顶辐亮度估算上行长波辐射和下行长波辐射的理论基础。

5.2 下行长波辐射

在过去的几十年，开展了很多估算下行长波辐射的工作（Alados et al.，2003；Ellingson，1995；Nussbaumer and Pinker，2012；Prata，1996；Tang and Li，2008；Wang and Liang，2009；Zhou et al.，2007），相关研究的综述评论可参考文献（Ellingson，1995；Kjaersgaard et al.，2007）。根据文献，大体上我们可将这些工作分为三类：基于廓线的方法、参数化方法和混合方法。基于廓线的方法具有坚实的物理基础，缺点是辐射传输计算耗时费力，并且大气廓线难以获取；参数化方法使用参数化的表达式代替复杂耗时的辐射传输计算，主要的输入参数为近地面的空气温度、相对湿度和云参数等信息，易于实施。混合方法使用复杂的辐射传输模型和具有代表性的大气廓线库，模拟地表下行长波辐射和星上辐亮度，建立两者之间的表达式，用于从星上辐亮度中计算长波线性辐射，具有物理基础和较高的计算效率与精度。

5.2.1 基于廓线的方法

简单来说，基于廓线的方法首先需要一个辐射传输模型，然后需要输入温湿度廓线。Frouin（1988）提出了一个利用卫星观测数据反演海洋表面下行长波辐射的方法。将 GOES VISSR 获取的温度、水汽、臭氧、二氧化碳、云覆盖、云发射率、云顶和云底高度，输入到一个快速、准确的辐射传输模型，计算下行长波辐射。作者提出的方法在半小时尺度上的标准差为 21~27 W/m²，日尺度上的标准差为 16~22 W/m²，分别相当于平均测量值的 6%~8% 和 4%~6%。

CERES 项目旨在调查地气系统云-辐射的相互作用（Wielicki et al.，1996），使用三种方法估计下行长波辐射，分别叫做 Model A（Inamdar and Ramanathan，1997b）、Model B（Gupta，1989；Gupta et al.，1993）和 Model C（Zhou and Cess，2001；Zhou et al.，2007）。其中 Model B 实际上是基于廓线的方法，输入参数为地表温度与发射率、大气温湿度廓线。晴空长波下行辐射表示为

$$F_{d,\text{clr}}^l = f(w) T_e^{3.7} \tag{5.5}$$

式中，$f(w)$ 为大气含水量的函数；T_e 为底层大气在不同层的有效辐射温度，可用下式描述：

$$T_e = k_s T_s + k_1 T_1 + k_2 T_2 \tag{5.6}$$

式中，T_s 为地表温度；T_1 和 T_2 分别为地面到 800 hPa 和 600~800 hPa 的平均温度。全天的长波下行辐射可用下式计算：

$$F_{d,\text{all}}^l = F_{d,\text{clr}}^l + F_{d,\text{cld}}^l \tag{5.7}$$

式中，$F_{d,\text{cld}}^l$ 为云的辐射：

$$F_{d,\text{cld}}^l = f(T_{cb}, w_c) A_c \tag{5.8}$$

式中，T_{cb} 为云底温度；w_c 为云下的水汽；A_c 为云的覆盖面积。

5.2.2 参数化方法

1. 经典参数化方案

早期由于受技术条件限制并且长波辐射的测量相对于短波的测量更加困难而昂贵，研究者们发现气象观测数据，如大气温度和湿度，与地表下行长波辐射有较强的相关关系，因此提出了许多用大气温度和湿度数据估算地表下行长波辐射的参数化方法。

晴空下基于气象参数的地表长波下行辐射模型通常基于斯蒂芬-玻尔兹曼方程：

$$F_{d,\text{clr}}^l = \varepsilon_{a,\text{clr}} \sigma T_a^4 \tag{5.9}$$

式中，$F_{d,\text{clr}}^l$ 为晴空下的地表下行长波辐射；σ 为斯蒂芬-玻尔兹曼常数[5.67×10^{-8} W/(m²·K⁴)]；T_a 为近地面的空气温度；$\varepsilon_{a,\text{clr}}$ 为大气发射率，大气发射率通常可以用近地面温度、近地面水汽压进行估计。不同的大气发射率估算方法即代表不同的地表下行长波辐射参数化方案。晴空由云量 c 来判断（Crawford and Duchon，1999）：

$$c = 1 - \frac{S_{w\downarrow}}{S_{w\downarrow 0}} \tag{5.10}$$

式中，$S_{w\downarrow}$ 为短波下行辐射值；$S_{w\downarrow 0}$ 为短波下行辐射理论值。当 $c<0.05$ 时，判断为晴空。

表 5.1 列出了目前较为典型的 7 种下行长波辐射参数化方案。Carmona 等（2014）以阿根廷坦迪尔为研究区，在比较分析前六种参数化方案的基础上提出两种估算全天候条件长波下行辐射的多元线性回归模型，公式如下：

$$F_{d,\text{all}}^l 1 = \left[\left(-0.88 + 5.2 \times 10^{-3} T_a + 2.02 \times 10^{-3} \text{RH} \right)(1-c) + c \right] \sigma T_a^4 \tag{5.11}$$

$$F_{d,\text{all}}^l 2 = \left[-0.34 + 3.36 \times 10^{-3} T_a + 1.94 \times 10^{-3} \text{RH} + 0.213c \right] \sigma T_a^4 \tag{5.12}$$

式中，RH 为相对湿度。晴空条件时，c 为 0，代入以上两个公式，得到晴空下的下行长波辐射计算公式：

$$F_{d,\text{clr}}^l 1 = \left[-0.88 + 5.2 \times 10^{-3} T_a + 2.02 \times 10^{-3} \text{RH} \right] \sigma T_a^4 \tag{5.13}$$

$$F_{d,\text{clr}}^l 2 = \left[-0.34 + 3.36 \times 10^{-3} T_a + 1.94 \times 10^{-3} \text{RH} \right] \sigma T_a^4 \tag{5.14}$$

表 5.1 典型长波下行辐射参数化方案

参数化方案	表达式
Brunt（1932）	$L_{w\downarrow} = \left(a_1 + b_1 e_a^{1/2} \right) \sigma T_a^4$
Swinbank（1963）	$L_{w\downarrow} = \left(a_2 T_a^2 \right) \sigma T_a^4$
Idso 和 Jackson（1969）	$L_{w\downarrow} = \left(1 - a_3 \exp[b_3(273 - T_a)^2] \right) \sigma T_a^4$
Brutsaert（1975）	$L_{w\downarrow} = \left(a_4 \left(\frac{e_a}{T_a} \right)^{b_4} \right) \sigma T_a^4$
Idso（1981）	$L_{w\downarrow} = \left(a_5 + b_5 e_a \exp\left[\frac{1500}{T_a} \right] \right) \sigma T_a^4$
Prata（1996）	$L_{w\downarrow} = \left\{ 1 - \left[\left(1 + a_6 \frac{e_a}{T_a} \right) \exp\left(-\left(b_6 + c_6 a_6 \frac{e_a}{T_a} \right)^{1/2} \right) \right] \right\} \sigma T_a^4$
Carmona 等（2014）	$L_{w\downarrow} = \left(a_7 + b_7 T_a + c_7 \text{RH} \right) \sigma T_a^4$

2. CERES Model C

CERES Model C 是 Zhou 等（2007）发展的参数化方案，最早可以追溯到 Zhou 和 Cess（2001）的工作。全天候的下行长波辐射是晴空长波辐射和阴天长波下行辐射的线性组合，公式如下：

$$F_{d,\text{all}}^l = F_{d,\text{clr}}^l f_{\text{clr}} + F_{d,\text{cld}}^l (1 - f_{\text{clr}}) \tag{5.15}$$

$$F_{d,\text{clr}}^l = a_0 + a_1 F_u^l + a_2 \ln(1 + \text{PWV}) + a_3 \left[\ln(1 + \text{PWV})\right]^2 \tag{5.16}$$

$$F_{d,\text{cld}}^l = b_0 + b_1 F_u^l + b_2 \ln(1 + \text{PWV}) + b_3 \left[\ln(1 + \text{PWV})\right]^2 + b_4 (1 + \text{LWP}) + b_5 (1 + \text{IWP}) \tag{5.17}$$

式中，F_u^l 为来自地表的热辐射，使用 2m 处的空气温度或地表温度对应的普朗克函数计算，假定发射率等于 1；PWV 为大气总的含水量；IWP 为云的液态水含量；f_{clr} 为云覆盖。早期作者使用的是地表空气温度计算 F_u^l，因全球尺度上难以获取准确的地表空气温度，在实际的计算中，作者采取遥感反演的地表温度。

3. GLASS 下行长波辐射参数化方案

如前文所述，地表的空气温度难以获取，遥感获取近地表空气温度处于探索阶段，亟须解决精度问题。地表温度由大气层顶的辐亮度反演，反演过程中可能引入误差。地表的上行长波辐射，直接由大气层顶的辐亮度，通过线性函数计算得到，整个过程比地表温度的反演要简单，同时上行长波辐射也能作为地表热辐射的一个度量。因此，我们觉得用具有较高验证精度的 GLASS 上行长波辐射代替 CERES Model C 中的地表热辐射，是一个可行的方案，从而构建了一个新的参数化方案。使用下一小节介绍的数据，导出的表达式为

$$F_{d,\text{clr}}^l = 111.677 + 0.210 * \text{LWUP} + 118.497 * \ln(1 + \text{PWV}) - 2.976 * \left[\ln(1 + \text{PWV})\right]^2 \tag{5.18}$$

式中，LWUP 为 GLASS 上行长波辐射。拟合结果如图 5.1 所示，决定系数为 0.859，偏差为 0.169 W/m²，均方根误差为 25.58 W/m²；同时讨论了反演的下行长波辐射对

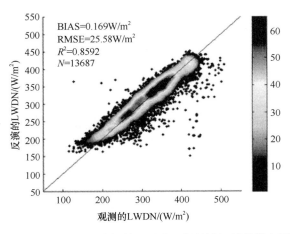

图 5.1　观测下行长波辐射和反演下行长波辐射的散点图

LWUP 和 PWV 的敏感性，结果如图 5.2 和图 5.3 所示，总体上下行长波辐射对上行长波辐射和大气总的含水量不敏感，没有发现明显的变化趋势。

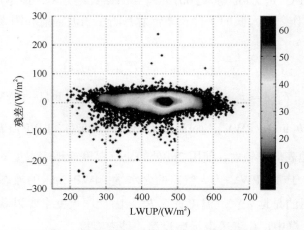

图 5.2　拟合残差与上行长波辐射之间关系的散点图

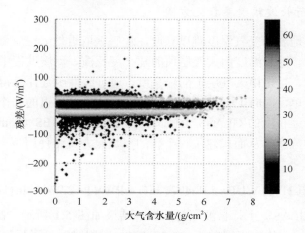

图 5.3　拟合残差与大气含水量之间关系的散点图

4. 参数化方案验证

1）经典的参数化方案

利用分布在全球 44 个通量观测站点的测量数据，对表 5.1 中 7 种下行长波辐射参数化方案评价分析。

将数据随机分为两部分：①2/3 的数据用于校正原文系数，获得个参数化方案的全球系数；②1/3 的数据用于各参数化方案的精度。同时，根据气候类型、地表覆盖类型和高程对所有站点进行分类，比较分析不同条件下各模型的适用性。所用站点信息如表 5.2 所示。

表 5.2　参数化方案验证站点信息表

站点	纬度	经度	高程/m	地表覆盖类型	气候类型[*]
Bondville[1]	40.05°	−88.37°	213	耕地	Dfa

续表

站点	纬度	经度	高程/m	地表覆盖类型	气候类型*
Boulder[1]	40.13°	−105.24°	1689	草地	BSk
Fort Peck[1]	48.31°	−105.10°	634	草地	BSk
Desert Rock[1]	36.63°	−116.02°	1007	沙漠	BWh
Penn State[1]	40.72°	−77.93°	376	耕地	Dfb
Sioux Falls[1]	43.73°	−96.62°	473	耕地	Dfa
Black Hills[2]	44.16°	−103.65°	1718	常绿针叶林	Dfb
Bondville Companion[2]	40.01°	−88.29°	219.3	耕地	Dfa
Brookings[2]	44.35°	−96.84°	510	草地	Dfa
Canaan Valley[2]	39.06°	−79.42°	994	草地	Cfb
Niwot Ridge[2]	40.03°	−105.55°	3050	常绿针叶林	Dfc
Fort Peck[2]	48.31°	−105.10°	634	草地	BSk
Goodwin Creek[2]	34.25°	−89.77°	87	草地	Cfa
Morgan Monroe[2]	39.32°	−86.41°	275	落叶阔叶林	Cfa
Walker Branch[2]	35.96°	−84.29°	343	落叶阔叶林	Cfa
Wind River[2]	45.82°	−121.95°	371	常绿针叶林	Csb
Willow Creek[2]	45.81°	−90.07°	515	落叶阔叶林	Dfb
MissouriOzark[2]	38.74°	−92.20°	220	落叶阔叶林	Cfa
QHB[3]	37.60°	101.33°	3250	草地	BSk
MKL[3]	14.58°	98.84°	231	混合林地	Am
TKY[3]	36.15°	137.42°	1420	落叶阔叶林	Dfb
TMK[3]	42.74°	141.52°	140	落叶针叶林	Dfb
BKS[3]	−0.86°	117.04°	20	常绿阔叶林	Af
FJY[3]	35.45°	138.76°	1030	落叶针叶林	Cfa
LSH[3]	45.28°	127.58°	340	落叶针叶林	Cfc
SKR[3]	14.49°	101.92°	543	常绿阔叶林	Aw
Amdo[4]	32.24°	91.62°	4695.2	裸地	ETH
BJ[4]	31.37°	91.90°	4509.2	裸地	Dwc
D105[4]	33.06°	91.94°	5038.6	裸地	ETH
Gaize[4]	32.30°	84.05°	4416	裸地	Dwb
BOU[5]	40.05°	−105.01°	1577	草地	BSk
CAR[5]	44.08°	5.06°	100	耕地	Csb
DAR[5]	−12.43°	130.89°	30	草地	Aw
LIN[5]	52.21°	14.12°	125	耕地	Dfb
MAN[5]	−2.06°	147.43°	6	草地	Af
NAU[5]	−0.52°	166.92°	7	岩石	Af
NYA[5]	78.93°	11.93°	141	冻土	ET
PAY[5]	46.82°	6.94°	491	耕地	Dfb
REG[5]	50.21°	−104.71°	578	耕地	Dfb
E13[5]	36.61°	−97.49°	318	草地	Cfa
TAT[5]	36.05°	140.13°	25	草地	Cfa
DAA[5]	−30.70°	24.00°	1287	沙漠	BSk
GVN[5]	−70.65°	−8.25°	42	冰雪	EF
SBO[5]	30.86°	34.78°	500	沙漠	BWk

注：1 为 SURFRAD 网络站点、2 为 AmeriFlux 网络站点、3 为 AsiaFlux 网络站点、4 为来自 CEOP 网络站点、5 为 BSRN 网络站点；*表示 Koppen climate classification（https://en.wikipedia.org/wiki/K%C3%B6ppen_climate_classification）；纬度为负代表南纬，经度为负代表西经。

气候类型采用柯本气候分类法，以气温和降水为指标，并参照自然植被的分布进行气候分类。这种分类方法是将全世界所有气候类型都用三个字母表示，而每个字母都代表气候的某个特征。其中第一个字母代表的是总体的气候带。柯本把全球初步划分成五个气候带，其中四个以气温划分，即赤道气候带（用 A 表示）、暖温带气候带（用 C 表示）、冷温带气候带（用 D 表示）、极地气候带（用 E 表示）。剩下的所有干旱地区单独分成一个气候带，即干燥气候带（用 B 表示）。

根据气候类型，将所有站点分为 Af、Am、Aw、BS、BW、Cf、Cs、Df、ET 九类；根据地表覆盖类型，将所有站点分为裸地、沙漠、耕地、草地、林地、冰雪区六类；根据高程，将所有站点分为 $H<500$、$500<H<1000$、$1000<H<3000$、$3000<H$ 四类。

将 44 个站点的验证结果进行统计，表 5.3 为 7 个模型的 RMSE、BIAS、R^2 在所有站点的平均值，所有站点的统计结果如图 5.4～图 5.6 所示。

表 5.3 各模型 RMSE、BIAS、R^2 平均值

	Brunt	Swinbank	Idso 和 Jackson	Brutsaert	Idso	Prata	Carmona
RMSE	18.63	25.55	22.98	18.72	18.29	18.39	17.36
BIAS	−0.46	−1.75	−0.09	−0.46	−0.22	−0.40	−0.06
R^2	0.80	0.64	0.71	0.80	0.81	0.81	0.82

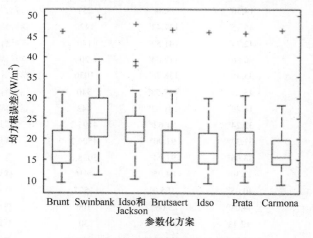

图 5.4 均方根误差统计结果

由以上结果可以看出，Carmona（2014）结果最好，其 RMSE、BIAS、R^2 平均值分别为 17.36W/m²、–0.016 W/m²、0.817。Swinbank（1963）精度最差，其 RMSE、BIAS、R^2 平均值分别为 25.55W/m²、–1.747 W/m²、0.644。

A. 对温度的敏感性

通过参数化方案误差与温度的关系，分析各参数化方案对温度的敏感性，结果如图 5.7 所示，可以看出 Swinbank 参数化方案在高温区出现严重高估，这是因为 Swinbank 参数化方案中，长波下行辐射与温度的六次方呈正比，导致高温区高估。

B. 湿度的敏感性

通过参数化方案误差与水汽的关系，分析各参数化方案对水汽的敏感性，结果如图 5.8 所示，所有参数化方案在高水汽（ea>40hPa）时出现高估，Swinbank（1963）在水

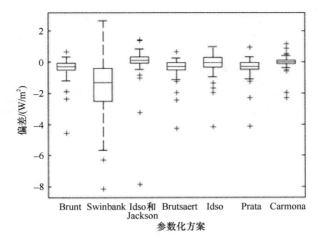

图 5.5　偏差统计结果

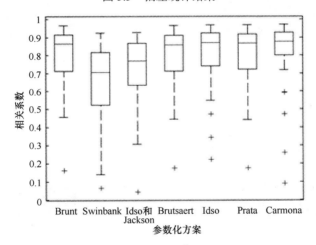

图 5.6　相关系数 R^2 统计结果

汽低（ea＜10hPa）时低估，其他方案均高估。

C. 气候类型因素分析

图 5.9 为不同气候类型下不同参数化方案的验证精度。7 种参数化方案在温带地区的适应性整体优于热带地区，不同模型在不同气候类型的适用性存在一定的差异。整体上 Carmona（2014）参数化方案的精度最高，平均 RMSE 为 16.49W/m^2，BIAS 为 0.03 W/m^2，最接近 0。Brunt（1932）参数化方案在常湿温暖带（Cf）地区适应性较好，模拟值与实测值间具有较高的一致性（RMSE=19.82 W/m^2，BIAS =0.53 W/m^2）；而 Prata（1996）模型尤其适宜用于干旱地区（BW、BS）地区，在沙漠气候区模拟值与实测值一致性较高（RMSE=13.63W/m^2，BIAS=−0.15/Wm^2）。

D. 地表覆盖类型因素分析

图 5.10 为不同地表类型下各模型的模拟结果。可以看出 7 种模型在稀疏植被区的适应性整体优于浓密植被区。同样 Carmona（2014）模型精度最高。Swinbank（1963）整体低估。Prata（1996）模型在裸地沙漠等植被稀疏区具有更好的应用性。所有模型在冰雪覆盖区的适应性整体较差（RMSE＞30 W/m^2）。

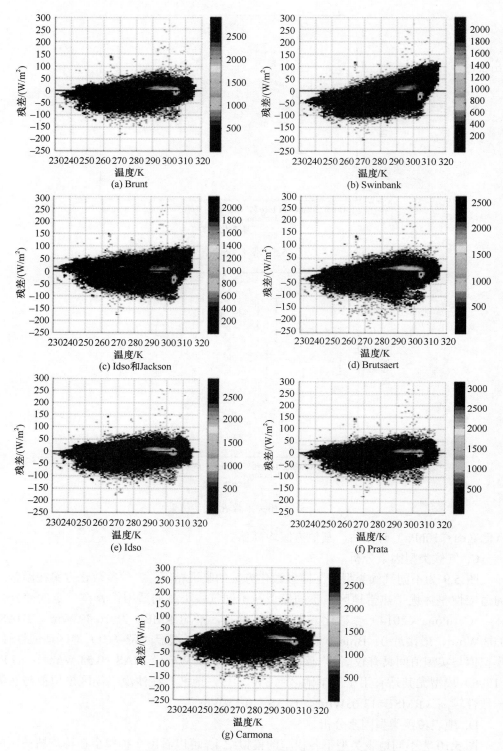

图 5.7 各参数化方案温度敏感性分析

E. 高程因素分析

图 5.11 为不同高程下各模型的模拟误差分布。可以看出所有模型的适应能力随着海

拔的不断升高而逐渐降低。Carmona（2014）模型仍具有最高模拟精度。Idso（1981）模型在低海拔地区（$H<1000m$）的适用性相对较好（$RMSE<24W/m^2$，$R^2>0.84$），而Brutsaert（1975）模型在高海拔地区（$H>1000m$）具有相对更高的模拟精度。然而由于

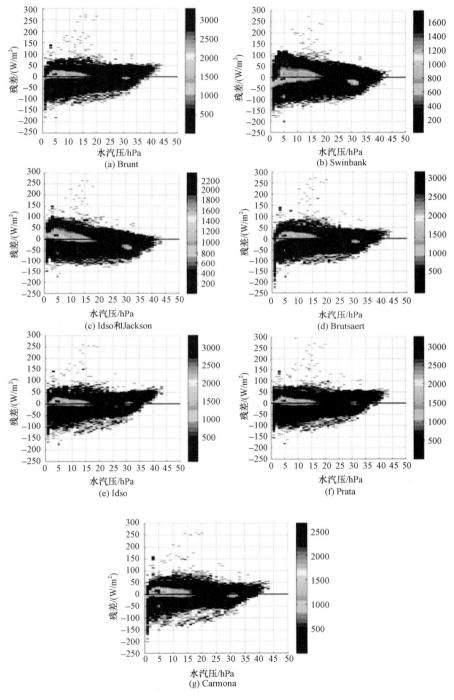

图 5.8　各参数化方案湿度敏感性分析

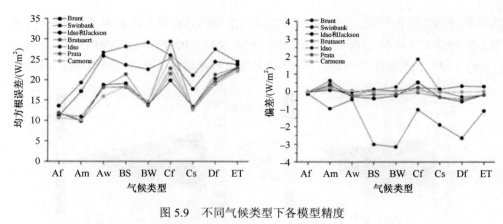

图 5.9　不同气候类型下各模型精度

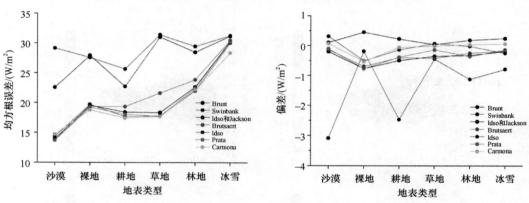

图 5.10　不同地表类型下各模型模拟结果

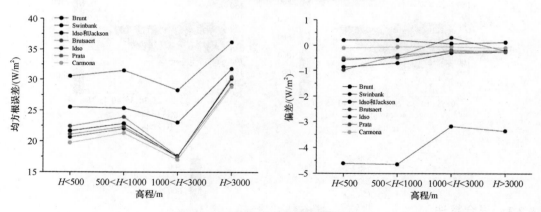

图 5.11　不同高程下各模型模拟结果

1000m<H<3000m 的网站主要分布在温带地区，H<500m 的网站主要分布在热带地区，导致前者模型精度整体高于后者。

2）CERES Model C

在 Zhou 等（2007）的文章中已经给出参数化方案的各个系数。这里，我们使用所有的样本（共 20553 个）来测试它的精度，结果如图 5.12 所示，BIAS 为 –0.97 W/m²，

RMSE 为 26.396 W/m²。

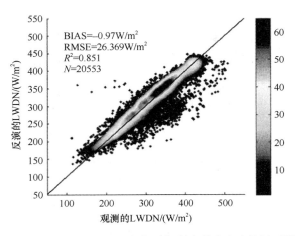

图 5.12　CERES Model C 下行长波辐射参数化方案的验证结果

3) GLASS 下行长波辐射参数化方案

使用 2.2.4 节的数据，训练和测试 GLASS 下行长波辐射参数化方案，得到图 5.13 所示的结果，BIAS 为 0.514 W/m²，均方根误差为 25.543 W/m²。训练和测试的结果差异很小，表明建立的参数化方案比较稳定。

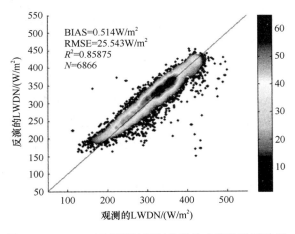

图 5.13　GLASS 下行长波辐射参数化方案的验证结果

5.2.3　混合算法

混合算法的思想是建立大气层顶辐亮度和下行长波辐射（上行长波辐射）之间的函数关系，然后通过大气层顶辐亮度直接估算下行长波辐射（上行长波辐射）。图 5.14 给出混合算法的技术流程图。

混合算法发展通常包括三个步骤。

1) 大气廓线库和地表发射率数据库构建

选取具有代表性的大气廓线库，如 TIGR 数据库、SeeBor 5.0 数据库和遥感的大气

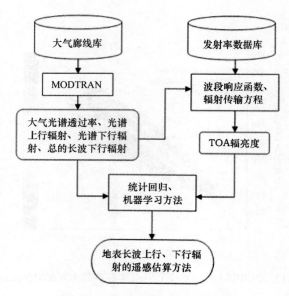

图 5.14 混合算法的基本流程图

廓线产品，如 MODIS、AIRS、IASI 等大气温湿度廓线产品，构造研究区域具有代表性的大气廓线数据库。首先廓线库中的样本要具有代表性，其次廓线的数量不能过于庞大，这关系到后面辐射传输模拟的工作量。

与大气廓线库类似，地表发射率数据库力求具有广泛的代表性。通常我们可以从已有的 ASTER 光谱、MODIS 光谱库中选取不同地物类型的光谱数据，再结合实测光谱数据，构成地表发射率数据库。

2）辐射传输模拟

通常使用 MODTRAN 来模拟每条大气廓线对应的三个大气参数（大气透过率、大气上行辐射和大气下行辐射）和传感器的波段响应函数作用，得到对应与特定传感器的信息，加上地表信息（温度与发射率），便可根据简化的辐射传输方程，计算大气层顶的辐亮度。根据式（5.3）和式（5.4），将模拟的大气参数和地表参数在 4～100μm 积分能够得到地表长波上行辐射和长波下行辐射。

3）模型建立

基于步骤 2）产生的样本，通过经验回归或者机器学习等方法，建立大气层顶辐亮度与长波上行辐射或长波下行辐射之间的函数表达式，得到地表长波上行辐射和长波下行辐射反演模型。采用上述步骤，Wang 和 Liang（2009）发展了一个针对 MODIS 数据的非线性模型，使用 MODIS 27～29 波段和 31～34 波段的辐亮度，反演长波下行辐射。MODIS 27～29 波段和水汽相关的，波段 33 和 34 和近地面空气温度相关，波段 27～29 可以用来反演地表温度，31～34 波段。非线性模型的表达式为

$$F_d^l = L_{Tair}\left(a_0 + a_1 L_{27} + a_2 L_{29} + a_3 L_{33} + a_4 L_{34} + b_1 \frac{L_{32}}{L_{31}} + b_2 \frac{L_{33}}{L_{32}} + b_3 \frac{L_{28}}{L_{31}} + c_1 H\right) \quad (5.19)$$

式中，L_i 为 MODIS 波段 i 大气层顶的辐亮度［W/（m²·μm·sr）］；L_{Tair} 为空气温度，

夜晚时，它等于 MODIS 31 波段辐亮度，白天时，它等于 MODIS 32 波段辐亮度；a_i，b_i 和 c_i 为回归系数，每个观测角度（0°，15°，30°，45°和 60°）、每个观测时间（白天和夜晚）分别对应一套系数；H 为地表高程（km）。当实际的观测角度位于两个角度之间时，分别计算各自对应的长波下行辐射，然后内插得到给定观测角度的长波下行辐射。作者采用 Surfrad 的 6 个站点的地面测量数据对发展的模型进行验证，均方根误差位于 14.35~20.35 W/m²，偏差位于–6.88~9.72W/m²。

此外，Tang 和 Li（2008）、Wang 等（2009）等都发展了各自的下行长波辐射估算的混合算法。

5.3 长波上行辐射

理论上讲，上行长波辐射由两个部分构成：地表的长波辐射和地表反射的下行长波辐射（Liang，2004）：

$$F_u^l = \varepsilon \int_{\lambda_1}^{\lambda_2} \pi B(T_s) d\lambda + (1-\varepsilon) F_d^l \tag{5.20}$$

式中，ε 为地表的宽波段发射率；T_s 为地表温度；$B(T_s)$ 为温度 T_s 对应的普朗克函数；λ_1 和 λ_2 为光谱积分范围，通常指 4~100 μm。

5.3.1 温度与发射率方法

式（5.20）里面有三个变量：发射率、地表温度和下行长波辐射。假定已经通过前面介绍的某种方法确定的下行长波辐射，那么只剩下地表温度和发射率是未知数了。遥感地表温度与发射率反演已经做了几十年，实现了业务化运行。热红外的地表温度具有较高的精度和精细的空间分辨率，如从 ASTER 的 90 m 到 MODIS 的 1km，再到气象卫星的十几千米。由于热红外的穿透能力有限，仅能获取晴空下的地表温度信息；相反，微波信号受大气的影响很小，能够获取全天候的地表温度信息，但目前微波获取的地表温度精度较低，且空间分辨率较粗，普遍数十千米。

使用遥感的地表温度与发射率产品，计算长波上行辐射非常方便。MODIS 的地表温度和发射率产品已用于计算上行长波辐射（Bisht et al.，2005；Tang and Li，2008）。AVHRR 的温度与发射率产品亦是如此（Ma et al.，2012）。但是，当前的地表温度与发射率产品存在较大的不确定性（Hulley and Hook，2009），如 MODIS 温度产品仅在均一地表具有较高的验证精度（Wan et al.，2004；Wan et al.，2002），MODIS 发射率产品误差较大，不能正确反映植被丰度的季节变化（Cheng et al.，2016）。

Wang 等使用 MODIS V4.0 的温度与发射率产品和 SURFRAD 站点测量的下行长波辐射，计算了地表上行长波辐射，并和站点测量值进行比较，发现温度与发射率方法的精度比混合算法精度低（Wang et al.，2009）。最新版本的 MODIS 温度与发射率产品 V6.0 已经发布，我们分别使用 V5.0 和 6.0 的产品，使用温度与发射率方法计算上行长波辐射，并进行地面验证，发现精度低于混合算法的精度（Nie et al.，2016）。因此，我们推荐使用混合算法估算上行长波辐射。

5.3.2 GLASS 上行长波辐射混合算法

根据 2.3 节的思路,我们发展了针对 MODIS 数据的上行长波辐射估算混合算法。具体步骤如下。

1) 大气廓线库构建

将全球按照纬度划分为 3 个区域,分别是低纬度区域(0°~30°N,0°~30°S),中纬度区域(30°~60°N,30°~60°S)和高纬度区域(60°~90°N,60°~90°S)。使用 AIRS 标准的大气廓线产品统计大气廓线的有效层数及各自占总体的比例,统计近地面空气温度和地面温度的差异。然后针对每个区域,分别构建大气廓线库。大气库的构建遵循相似性原则,尽量将不相似的廓线逐一放入大气廓线库中。每引入一条大气廓线,都需要和大气廓线库中已有的廓线进行比较,满足一定的阈值条件,才将其纳入大气廓线库中:

$$w_i = \frac{1}{z_i + 1} \tag{5.21}$$

$$S_T = \sum_{i=1}^{n} \left[w_i (T_{1,i} - T_{2,i}) \right] \tag{5.22}$$

$$S_M = \sum_{i=1}^{n} \left(w_i \left| M_{1,i} - M_{2,i} \right| \right) \tag{5.23}$$

式中,z_i 为 i 层的高程;w_i 为响应的权重;S_T 和 S_M 为温度和水汽的相似性度量;$T_{1,i}$ 和 $T_{2,i}$ 分别为两条温度廓线在高程 i 处的温度;$M_{1,i}$ 和 $M_{2,i}$ 分别为两条湿度廓线在高程 i 处的湿度;n 为廓线的有效层数。如果 S_T 和 S_M 都大于某个阈值,如 1.5 K 和 300 ppmv,则将该廓线加入到大气廓线库中,否则排除。针对三个区域,我们分别获得了 41724 条、35487 条和 2842 条大气廓线。

2) 辐射传输模拟

使用 MODTRAN 5.0 模拟每条大气廓线对应的大气下行辐射,透过率和大气上行辐射,模拟的观测角度分别为 0°,15°,30°,45°,60°。

根据先前统计的地表温度与空气温度的差异,结合每条廓线的底层空气温度,给定地表温度的变化大致的范围,如中纬度区域,地表温度等于大气廓线底层温度加上 [−15, 20] K,步长为 5K。地表发射率来自 ASTER 光谱库和 MODIS 光谱库,包括土壤、植被、冰/雪和水体。此外,还考虑光谱混合的情况。发射率光谱库中共含有 84 条光谱。

3) 线性模型建立

根据前面的模拟结合和地表参数设置,使用简化的辐射传输模型生成相应的 MODIS 29、31 和 32 通道的辐亮度,同时由模拟数据计算长波上行辐射。使用线性回归的方法建立长波上行辐射和 MODIS 29、31 和 32 通道的辐亮度之间的线性表达式:

$$LWUP = a_0 + a_1 L_{29} + a_2 L_{31} + a_3 L_{32} \tag{5.24}$$

式中,a_0,a_1,a_2 和 a_3 为回归系数;L_{29},L_{31} 和 L_{32} 为 MODIS 29、31 和 32 大气层顶的辐亮度。线性回归的统计结果如表 5.4 所示。

表 5.4　线性模型的拟合结果

低纬度区域							
θ	a_0	a_1	a_2	a_3	R^2	BIAS	RMSE
0°	118.807	−1.236	155.740	−126.281	0.991	0.00	7.87
15°	121.078	−1.182	158.025	−129.038	0.991	0.00	7.99
30°	128.588	−0.884	165.195	−137.861	0.990	0.00	8.46
45°	144.119	0.348	178.241	−154.825	0.988	0.00	9.51
60°	176.288	6.153	198.059	−185.369	0.979	0.00	12.31
中纬度区域							
θ	a_0	a_1	a_2	a_3	R^2	BIAS	RMSE
0°	98.654	−1.460	138.154	−104.873	0.994	0.01	6.32
15°	100.396	−1.505	140.500	−107.528	0.994	0.01	6.42
30°	106.164	−1.566	147.916	−116.038	0.993	0.00	6.76
45°	118.150	−1.252	161.760	−132.508	0.991	0.00	7.47
60°	143.546	1.590	185.170	−163.217	0.987	0.00	9.33
高纬度区域							
θ	a_0	a_1	a_2	a_3	R^2	BIAS	RMSE
0°	74.506	−6.201	114.816	−73.069	0.996	0.00	4.78
15°	48.974	4.817	18.136	20.384	0.999	0.00	1.76
30°	48.918	4.695	19.121	19.476	0.999	0.00	1.81
45°	48.897	4.442	21.289	17.455	0.999	0.00	1.93
60°	49.262	3.829	26.592	12.446	0.999	0.00	2.20

在实际的反演中,我们使用 MODIS 云产品 MOD35 获取晴空信息。即使经过一系列测试,MOD35 仍然不可能将所有的云掩模掉,可能存在误差。假定地表温度和发射率分别是 300K 和 0.96,模拟晴空下的长波上行辐射,同时模拟全部阴天下的大气层顶辐亮度,采用相同的配置除采用 MODTRAN 自带的 Cumulus cloud layer 模式,假设单层云模式,合成不同云污染下的大气层顶辐亮度,图 5.15 给出了模拟的辐亮度,由模拟

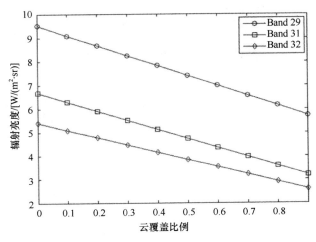

图 5.15　模拟的不同云覆盖下的 MODIS 第 29、31 和 32 波段的大气层顶辐亮度

的辐亮度，反演 LUWP，图 5.16 给出来反演结果。反演的 LWUP 随着云覆盖的增加而减小，当云覆盖从 0.1 增加到 0.9，误差从 30 W/m² 增加到 190 W/m²。概括起来云覆盖降低大气层顶辐亮度，同样降低反演的 LWUP。

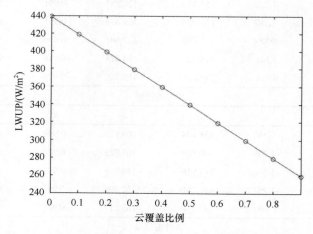

图 5.16 使用云污染的大气层顶辐亮度反演上行长波辐射

以发展的天底观测的中纬度的线性公式为例，调查线性模型对地表参数（温度和发射率）和大气参数的敏感性。图 5.17 给出了长波上行辐射和大气总的含水量的散点图，大多数的残差分布在 ±30 W/m² 之内，当大气总的含水量小于 4 g/cm² 时，部分残差小于 –30 W/m²，这部分样本的占样本总数的比例很小。当大气总的含水量位于 0.5～3 g/cm² 时，残差似乎有一个增加的趋势，但不明显。当大气总的含水量从 0 增加到 4g/cm² 时，残差和大气总的含水量相关性很小。在中纬度，大气总的含水量是很少有可能超过 4g/cm² 的，因此大气总的含水量对长波上行辐射估计的影响不显著。

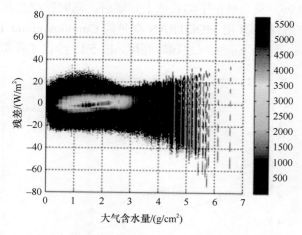

图 5.17 残差分布和大气总的含水量的散点图
厚实线对应于 ±30 W/m² 的残差

图 5.18 给出了拟合残差和地表温度的散点图。当地表温度小于 250K，长波上行辐射存在高估现象。当地表温度位于 250～340K 时，不存在明显的高估和低估现象。当地

表温度大于 320K 时,存在大的负偏差,但是样本比例很低。

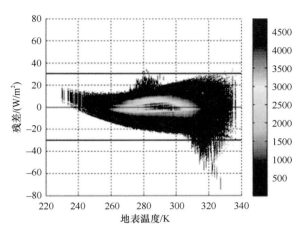

图 5.18　残差分布和地表温度的散点图

厚实线对应于 ±30 W/m² 的残差

构建的发射率库中考虑了三种混合晴空：土壤-植被、水体-植被、雪-植被。植被覆盖度从 0.1 增加至 0.9,步长为 0.2。宽波段发射率,偏差和均方根误差的关系如图 5.19 所示。由于 MODIS 光谱库中植被发射率要大于土壤的发射率,低于水体和雪的发射率,土壤-植被的 BBE 随植被覆盖的增加而增加,而雪-植被的 BBE 随植被覆盖度的增加而减小。

雪-植被、水-植被像元具有正的偏差,且随植被覆盖度的增加而减小,土壤-植被像元具有负偏差(有一个特例,当覆盖度等于 0.9 时,偏差为 0.06 W/cm²),随着植被覆盖

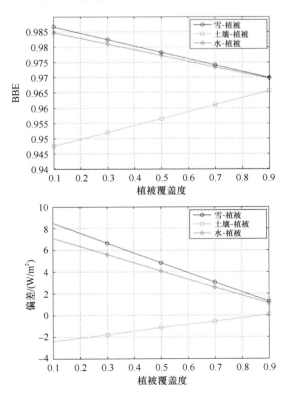

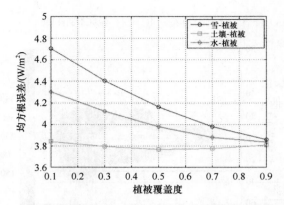

图 5.19　地表宽波段发射率、偏差和均方根误差与植被覆盖度的关系

度的增加而增加。雪-植被、水-植被像元的均方根误差随着植被覆盖度的增加而下降，土壤-植被的均方根误差基本不变。

我们还计算了每个发射率光谱对应的 BBE、平均偏差和均方根误差。将陆表分成三种类型：全部植被覆盖、部分植被覆盖和其他类型。BBE 和偏差、均方根误差的关系如图 5.20 所示。在线性模型发展时，地表类型包括植被覆盖是通过地表发射率来反映的。

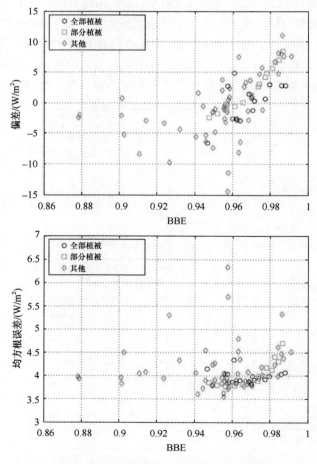

图 5.20　地表宽波段发射率、偏差和均方根误差的关系

对于土壤-植被像元，0.966 的 BBE，对应于 0.9 的植被覆盖度，可能是我们获得负偏差的阈值。相反，则获得正的偏差。这样假设的话，当 BBE 小于 0.966 时，78%的样本具有负偏差，当 BBE 大于等于 0.966 时，88%的样本获得正偏差。当然，前面分析的其他因素也会影响地表长波上行辐射估算精度。完全植被覆盖和部分植被覆盖的均方根误差大约为 4 W/m², 其他地表类型的均方根误差比较分散。

最后，收集了三个观测网络的数据，对发展的线性模型进行验证。观测网络的信息如表 5.5 所示。

表 5.5 地面测量站点信息描述

站点	纬度	经度	高程/m	地表覆盖类型	年份
Bondville[a]	40.05°N	88.37°W	213	Cropland	2003~2005
Boulder[a]	40.13°N	105.24°W	1689	Grassland	2003~2005
Desertrock[a]	36.63°N	116.02°W	1007	Desert	2003~2005
Fortpeck[a]	48.31°N	105.10°W	634	Grassland	2003~2005
Pennstate[a]	40.72°N	77.93°W	376	Cropland	2003~2005
Siouxfalla[a]	43.73°N	96.62°W	473	Grassland	2003~2005
Arou[b]	38.04°N	100.47°E	3033	Desert/grassland	2008~2008
Dongsu[b]	44.09°N	113.57°E	970	Desert/grassland	2008~2009
Jingzhou[b]	41.18°N	121.21°E	22	Cropland	2008~2009
Miyun[b]	40.63°N	117.32°E	350	Cropland	2008~2008
Naiman[b]	42.93°N	120.70°E	361	Desert/ oasis	2008~2008
Shapotou[b]	37.32°N	105.11°E	1227	Desert	2008~2008
Tongyu grass[b]	44.57°N	122.92°E	184	Grassland	2008~2009
Tongyu crop[b]	44.59°N	122.93°E	184	Cropland	2008~2009
Yingke[b]	38.86°N	100.41°E	1519	Cropland/oasis	2008~2008
Yuzhong[b]	35.95°N	104.13°E	1965	Desert/grassland	2008~2009
Amdo[c]	32.24°N	91.62°E	4700	Desert/grassland	2000~2003
Kogma[c]	18.81°N	98.90°E	1268	Forest	2000~2001
Tiksi[c]	71.59°N	128.77°E	40	Shrubland	2000~2002

注：a. SURFRAD sites；b. ASRCOP sites；c. GAME-AAN sites.

下面分别给出线性模型在三个地面测量网络的验证结果（图 5.21~图 5.23）：在 SURFRAD 站点的偏差为–4.49W/m²，均方根误差为 13.47W/m²；ASRCOP 站点的偏差

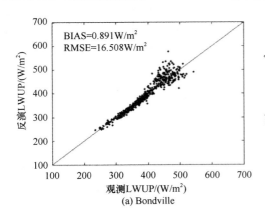
(a) Bondville

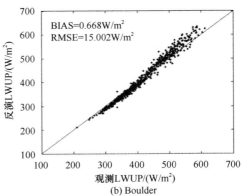
(b) Boulder

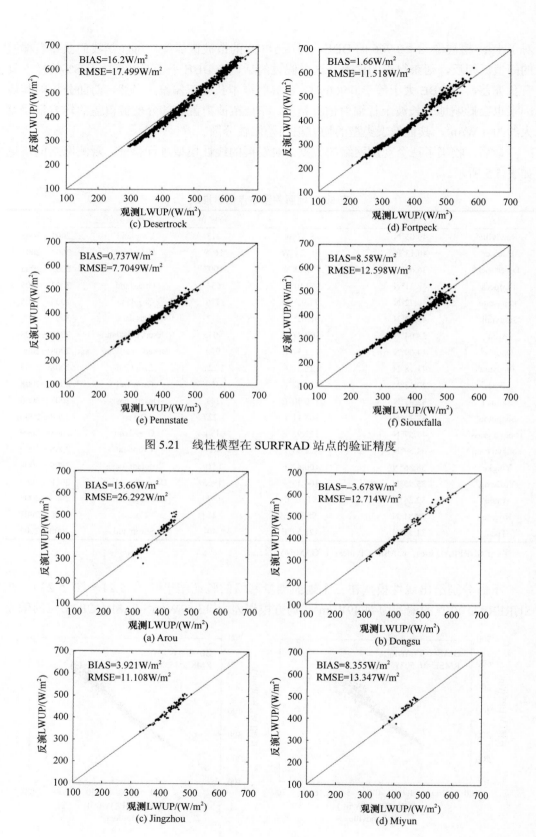

图 5.21 线性模型在 SURFRAD 站点的验证精度

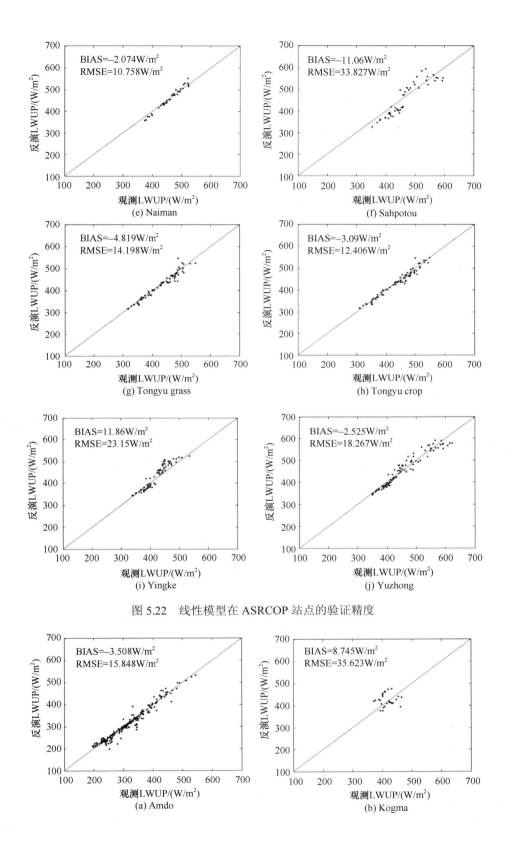

图 5.22 线性模型在 ASRCOP 站点的验证精度

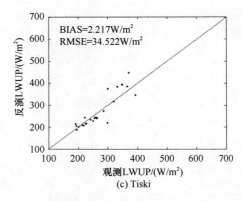

(c) Tiski

图 5.23　线性模型在 GAME-AAN 站点的验证精度

为 1.06 W/m²，均方根误差为 17.61W/m²；GAME-AAN 站点的偏差为 2.49 W/m²，均方根误差为 28.45W/m²。综合三个观测网络的验证结果，平均的偏差为–0.31 W/m²，均方根误差为 19.92 W/m²。

5.4　长波净辐射

5.4.1　分量模式

第 5.2 节和 5.3 节介绍的方法，可以用来确定长波上行辐射和长波下行辐射，将两者加起来自然得到长波净辐射。使用 5.2.2 节的第 4 部分的数据，对分量模式的精度进行验证，偏差为–0.054 W/m²，均方根误差为 30.079 W/m²（图 5.24）。

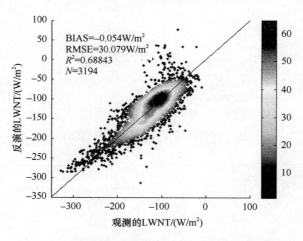

图 5.24　分量模式估算长波净辐射的验证精度

5.4.2　一体化模式

此外，我们还导出了一种一体化模式，即直接建立长波净辐射和上行长波辐射与大气总的含水量之间的函数关系。使用 5.2.2 节第 4 部分的数据，导出如下方程，拟合的散点图见图 5.25，其中：相关系数为 0.710，偏差为–0.063 W/m²，均方根误差为 29.19 W/m²。

$$LWNT = 73.133 - 0.698*LWUP + 130.726 * \ln(1+PWV) - 15.335 * \left[\ln(1+PWV)\right]^2 \quad (5.25)$$

使用 5.2.2 节第 4 部分的数据，对一体化模式的精度进行验证，结果如图 5.26 所示偏差为 0.23 W/m²，均方根误差为 29.25 W/m²。

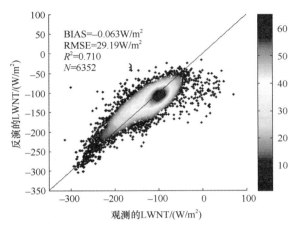

图 5.25　一体化模式估算长波净辐射的拟合精度

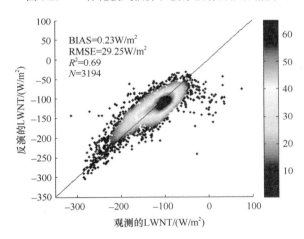

图 5.26　一体化模式估算长波净辐射的验证精度

5.5　长波辐射产品

得益于科学界的数据共享，现在大家可以免费从一些地面辐射观测网站获取长时间序列的观测数据，如 BSRN（Ohmura et al.，1998）、SURFRAD（Augustine et al.，2000）和 FLUXNET（Baldocchi et al.，2001）。相比复杂的陆表状况，目前的站点数量上显得非常有限，而且分布不均。常用的遥感长波辐射数据有三种，包括 NASA EOS 和 TRMM 平台上的 CERES 长波辐射数据（Gupta，1997；Inamdar and Ramanathan，1997a；Wielicki et al.，1998），NASA WCRP/GEWEX 长波辐射数据（ASDC 2006）和 ISCCP 长波辐射数据（Zhang and Rossow，2002；Zhang et al.，2004，1995）。数据属性见表 5.6。Gui 等（2010）评价了 CERES、WCRP/GEWEX、ISCCP 的地表长波辐射

数据，研究结果表明虽然 CERES 数据集具有最好的精度，但所评价的数据集都是有偏的。

表 5.6 现有长波辐射数据集的属性

产品名称	CERES	WCRP/GEWEX	ISCCP	GLASS
空间分辨率	1°	1°	280 km	1/5 km
时间跨度	1998 年至今	1983～2005 年	1983～2001 年	1983 年、1993 年、2003 年、2013 年
卫星	TRMM, Terra/Aqua	GOES	TOVS	AVHRR、MODIS
仪器足迹	20	10×40	40	—
标称精度/(W/m^2)	21（月平均）	33.6（月平均）	20～25（月平均）	2000 年后优于 25；2000 年前优于 35（晴空瞬时产品）

5.6 结 语

长波辐射是能量平衡的重要组分之一，在全球变化和地球系统科学中具有重要的应用。本章回顾了晴空下估算下行长波辐射的各种方法，综合评价了各自的精度，在此基础上提出了用于估算 GLASS 下行长波辐射的参数化方案。虽然经典的参数化方案精度较高，但遥感难以获取近地面的空气温度和相对湿度，因此估算全球下行长波辐射，不具有可操作性。GLASS 下行长波辐射参数化方法的偏差为 0.514 W/m^2，均方根误差为 25.543 W/m^2，相比于经典的参数化方案，该方法的精度可能低了一点，但可业务化。评价了估算上行长波辐射的温度与发射率方法和混合方法的精度，并发展了估算全球上行长波辐射的混合算法，该方法的精度优于温度与发射率方法，偏差为–0.31 W/m^2，均方根误差为 19.92 W/m^2。在上述工作基础上，使用分量模式和一体化模式得到晴空下的长波净辐射，偏差小于 1 W/m^2，均方根误差为 30 W/m^2。

云天的长波辐射反演方法比较复杂，大尺度上难以获取高精度的云参数，故在本章中未涉及。今后将发展云天的长波辐射反演算法，实现全天候的长波辐射反演。

参 考 文 献

Alados I, Foyo-Moreno I, Olmo F J, Alados-Arboledas L. 2003. Relationship between net radiation and solar raadiation for semi-arid shrub-land. Agric For Meteorol, 116: 221-227

ASDC. 2006. Radiation budget. In: Atmosphere Science Data Center

Augustine J A, Deluisi J, Long C N. 2000. SURFRAD-a national surface radiation budget network for atmospheric research. Bulletin of the American Meteorological Society, 81: 2341-2357

Baldocchi D, Falge E, Gu L, Olson R, Hollinger D, Running S, Anthoni P, Bernhofer C, Davis K, Evans R. 2001. Fluxnet: A new tool to study the temporal and spatial variability of ecosystem-scale carbon dioxide, water Vapor, and energy flux densities. Bulletin of the American Meteorological Society, 82: 2415-2434

Bisht G, Venturini V, Islam S, Jiang L. 2005. Estimation of the net radiation using MODIS(Moderate Resolution Imaging Spectrometer)data for clear sky days. Remote Sensing of Environment, 97: 52-67

Brunt D. 1932. Notes on radiation in the atmosphere. Quart J Roy Meteorol Soc, 58: 389-420

Brutsaert W. 1975. On a derivable formula for long-wave radiation from clear skies. Water Resources Research, 11: 742-744

Carmona F, Rivas R, Caselles C. 2014. Estimation of daytime downward longwave radiation under clear and cloudy skies conditions over a sub-humid region. Theor Appl Climatol, 115: 281-295

CEOS, WMO. 2000. CEOS/WMO online database: Satellite system and requirements In: The Committee on Earth Observation Satellites, The World Meteorological Organization

Cheng J, Liang S, Verhoef W, Shi S, Liu Q. 2016. Estimating the hemispherical broadband longwave emissivity of global vegetated surfaces using a radiative transfer model. IEEE Transactions on Geoscience and Remote Sensing, 54: 905-917

Crawford T M, Duchon C E. 1999. An improved parameterization for estimating effective atmospheric emissivity for use in calculating daytime downwelling longwave radiation. Journal of Applied Meteorology, 38: 474-480

Curry J A, Rossow W B, Randall D, Schramm J L. 1996. Overview of arctic cloud and radiation characteristics. Journal of Climate, 9: 1731-1764

Ellingson R G. 1995. Surface longwave fluxes from satellite observations: A critical review. Remote Sensing of Environment, 51: 89-97

Frouin R, Gautier C, Morcrette J-J. 1988. Downward longwave irradiance at the ocean surface from satellite data: Methodology and in-situ validation. Journal of Geophysical Research, 93: 597-619

Gui S, Liang S, Li L. 2010. Evaluation of satellite-estimated surface longwave radiation using ground-based observations. Journal of Geophysical Research, 115(D18): 311-319

Gupta S K, Wilber A C, Darnell W L, Suttles J T. 1993. Longwave surface radiation over the globe from satellite data: An error analysis. International Journal of Remote Sensing, 14: 95-114

Gupta S K. 1989. A parameterization for longwave surface radiation from sun-synchronous satellite data. Journal of Climate, 2: 305-320

Gupta S K. 1997. Clouds and the Earth's radiant energy system(CERES)algorithm theoretical basis document: An algorithm for longwave surface radiation budget for total skies(subsystem 4.6.3)

Hulley G C, Hook S J. 2009. Intercomparison of versions 4, 4.1 and 5 of the MODIS land surface temperature and emissivity products and validation with laboratory measurements of sand samples from the Namib desert, Namibia. Remote Sensing of Environment, 113: 1313-1318

Idso S B, Jackson R D. 1969. Thermal radiation from the atmosphere. Journal of Geophysical research, 74: 5397-5403

Idso S B. 1981. A set of equations for full spectrum and 8- to 14-um and 10.5- to 12.5-um thermal radiation from cloudless skies. Water Resour Res, 17: 295-304

Inamdar A K, Ramanathan V. 1997a. Clouds and the Earth's radiant energy system(CERES)algorithm theoretical basis document: estimation of longwave surface radiation budget from CERES(subsystem 4.6.2)

Inamdar A K, Ramanathan V. 1997b. On monitoring the atmospheric greenhouse effect from space. Tellus, 49: 216-230

Kjaersgaard J H, Cuenca R H, Plauborg F L. 2007. Long-term comparison of net radiation claculation schemes. Boundary-Layer Meteorology, 123: 417-431

Liang S L. 2004. Quantitative Remote Sensing of Land Surface. New Jersey: John Wiley & SONS

Ma Y, Zhong L, Wang Y, Su Z. 2012. Using NOAA/AVHRR data to determine regional net radiation and soil heat fluxes over the heterogeneous landscape of the Tibetau Plateau. Internation Journal of Remote Sensing, 33: 4784-4795

Nie A, Liu Q, Cheng J. 2016. Estimating clear-sky land surface longwave upwelling radiation from MODIS data using a hybrid method. International Journal of Remote Sensing, 37: 1747-1761

Nussbaumer E A, Pinker R T. 2012. Estimating surface longwave radiative fluxes from satellites utilizing artificial neural networks. Journal of Geophysical research, 117: doi: 10.1029/2011JD017141

Ohmura A, Dutton E G, Forgan B, Frohlich C, Gilgen H, Hegner H, Heimo A, Konig-Langlo G, McArthur B, Muller G, Philipona R, Pinker R, Whitlock C H, Dehne K, Wild M. 1998. Baseline surface radiation network(BSRN/WCRP): New precision radiometry for climate research. Bulletin of the American Meteorological Society, 79: 2115-2136

Prata A J. 1996. A new long-wave formula for estimating downward clear-sky radiations at the surface. Quarterly Journal of the Royal Meteorological Society, 122: 1127-1151

Schmetz J. 1989. Towards a surface radiation climatology: Retrieval of downward irradiances from satellites.

Atmopsheric Research, 23: 287-321

Smith W L, Wolfe H M. 1983. Geostationary satellite sounder(VAS)observations of longwave radiation flux. In: Proceeding of the conference on satellite to measure radiation budget parameters and climate change signals, Igls, Austria, 29. August. CIMSS, Wisconsin The satellite systems to measure radiation budget parameters and climate chage signal. Austria: Igls

Swinbank W C. 1963. Long-wave radiation from clear skies. Quarterly Journal of the Royal Meteorological Society, 89: 339-348

Tang B, Li Z-L. 2008. Estimating of instananeous net surface longwave radiation from MODIS cloud-free data. Remote Sensing of Environment, 112: 3482-3492

Wan Z, Zhang Y L, Zhang Q C, Li Z-L. 2002. Validation of the land surface temperature products retrieved from Terra Moderate Resolution Imaging Sepctrometer data. Remote Sensing of Environment, 83: 163-180

Wan Z, Zhang Y, Q C Zhang, Li Z-L. 2004. Quality assessment and validation of the MODIS global land surface temperature. International Journal of Remote Sensing, 25: 261-274

Wang W, Liang S, Augustine J A. 2009. Estimating high spatial resolution clear-sky land surface upwelling longwave radiation from MODIS data. IEEE Transactions on Geoscience and Remote Sensing, 47: 1559-1570

Wang W, Liang S. 2009. Estimation of high-spatial resolution clear-sky longwave downward and net radiation over land surfaces from MODIS data. Remote Sensing of Environment, 113: 745-754

Wielicki B A, Barkstrom B R, Baum B A, Charlock T P, Green R N, Kratz D P, Lee R B, et al. 1998. Clouds and the Earth's radiant energy system(CERES): Algorithm overview. Ieee Transactions on Geoscience and Remote Sensing, 36: 1127-1141

Wielicki B A, Barkstrom B R, Harrison E F, Lee R B, Louis Smith G, Cooper J E. 1996. Clouds and the Earth's radiant energy system(CERES): An Earth observing system experiment. Bulletin of the American Meteorological Society, 77: 853-868

Zhang Y C, Rossow W B, Lacis A A. 1995. Calculation of surface and top of atmosphere radiative fluxes from physical quantities based on ISCCP data sets .1. method and sensitivity to input data uncertainties. Journal of Geophysical Research-Atmospheres, 100: 1149-1165

Zhang Y, Rossow W B, Lacis A A, Oinas V, Mishchenko M I. 2004. Calculation of radiative fluxes from the surface to top of atmosphere based on ISCCP and other global data sets: Refinements of the radiative transfer model and the input data. Journal of Geophysical Research atmosphere, 2004, 109(19): 175-176

Zhang Y C, Rossow W B. 2002. New ISCCP global radiative flux data products. GEWEX News, 12: 7

Zhou Y, Cess R D. 2001. Algorithm development strategies for retrieving the downwelling longwave flux at the Earth's surface. Journal of Geophysical research, 106: 12447-12488

Zhou Y, Kratz D P, Wilber A C, Gupta S K, Cess R D. 2007. An improved algorithm for retrieving surface downwelling longwave radiation from satellite measurements. Journal of Geophysical research atmosphere, 112: 487-494

第6章 地表净辐射估算及其时空变化分析

江波[1]，梁顺林[1,2]，贾奥林[1]

全波段全天空地表净辐射是地表能量平衡中最重要的参数之一，但现有的净辐射产品较少，尤其是遥感净辐射产品，且这些产品普遍空间分辨率较粗，产品精度在不同区域差别较大，已难以满足科学研究及其他应用的需求。本章简要介绍了 GLASS 日积净辐射产品反演算法的发展、日积净辐射产品的生产、该产品特点及其精度检验结果等内容，并比较了 GLASS 日积净辐射与其他净辐射产品。GLASS 日积净辐射算法基于短波辐射估算净辐射的思路，在收集了全球 400 多个站点的净辐射观测数据的基础上，融合了遥感、模型再分析产品等多源数据，首先发展了线性经验模型、广义回归神经网络（GRNN）、支持向量回归（SVR）及多元自适应样条回归（MARS）等四种净辐射直接估算的经验模型，然后经过实测站点验证及比较，最终确定 MARS 为 GLASS 日积净辐射产品的生产算法。利用该算法可生产 GLASS 日积净辐射长时间序列产品，目前为空间分辨率（0.05°）最高的净辐射产品。利用站点实测数据对 2013 年全年 GLASS 日积净辐射产品进行精度验证，并与其他现有的净辐射产品交叉比较，验证结果表明 GLASS 日积净辐射产品时空连续，精度优于现有的遥感及其他再分析数据的净辐射产品。本章最后描述了利用 CERES 净辐射产品分析全球地表净辐射的时空变化规律。

6.1 引　　言

全波长净辐射（净辐射）是下垫面从短波到长波的辐射能收支代数和，它既包含直接太阳辐射、半球天空的散射辐射和反射辐射等短波部分，也包含大气逆辐射和地面射出辐射等长波部分，是地表短波净辐射和长波净辐射的总和，其表达式为

$$\begin{aligned} R_n &= R_{ns} + R_{nl} \\ R_{ns} &= R_{si} - R_{so} = (1-\alpha)R_{si} \\ R_{nl} &= R_{li} - R_{lo} \end{aligned} \quad (6.1)$$

式中，R_{si} 为短波下行辐射；R_{so} 为短波上行辐射，计算公式为 $R_{so} = \alpha * R_{si}$；α 为地表宽波段反照率；R_{li} 为长波下行辐射；R_{lo} 为长波上行辐射。如果定义方向向下为正，那么白天时段 R_n 通常为正，因为白天净辐射主要由短波辐射组成，而晚上长波辐射是净辐射的主要组成部分，因此一般为负（Allen et al., 1998）。

净辐射是地表能量平衡中最重要的一个参量，它是气候变化乃至全球变化的重要驱

---

1. 遥感科学国家重点实验室，北京市陆表遥感数据产品工程技术研究中心，北京师范大学地理科学学部；2. 美国马里兰大学帕克分校地理科学系

动力，是构建各类生态模式的重要参数之一，尤其是在生态系统的蒸散过程中起到非常重要的作用（Al-Riahi et al.，2003；Llasat and Snyder，1998；刘新安等，2006）。它作为热源，供地表及贴地大气层的增温或降温及蒸发、蒸腾的耗热，直接影响到人类及生物生存空间的温度、湿度环境和光环境。它作为能源，直接或间接地为地球上所有生物提供了赖以生存和繁衍的最基本的能量，不仅影响到生物的生长发育状况及生态系统净初级生产力的高低，并且在很大程度上决定着自然景观、生物多样性及物种的分布界线。因此在全球气候变化的背景下，高质量长时间序列的净辐射资料对于气候变化预测、蒸散的估算、植物生长发育过程、生态系统生物量的形成与累积等研究具有重要意义（Gao et al.，2013）。

尽管净辐射非常重要，但可收集到的净辐射地面观测数据却较少，主要是因为用于净辐射观测的仪器昂贵，且净辐射观测仪容易受外界环境影响而导致观测不准，因此需要耗费大量的人力物力常常校对仪器并维护仪器的正常运行，因此地面辐射观测台站较少或维持时间不长且分布不均，甚至有些地区无法建立台站（Chang，1970）。正因为净辐射台站观测数据的缺乏，研究者往往需要通过间接的方法来计算地表辐射量，因此现有的一系列模式模拟及再分析资料、遥感辐射产品是解决辐射观测数据缺失的一种有效方法。表 6.1 为目前常用的拥有地表净辐射或者辐射四分量数据的产品列表。

表 6.1 现有的全球净辐射产品

产品	空间分辨率	时间分辨率/小时	时间段	参考文献
模型再分析产品				
NCEP/CFSR	T382（38 km）	6	1979~2010年	Decker et al.，2011；Saha et al.，2010
NASA/MERRA	$0.5°×\frac{2}{3}°$	1	1979 年至今	Bosilovich et al.，2011
ERA40	T159（125 km）	6	1957~2002年	Uppala et al.，2005
ERA-Interim	T255（80 km）	3	1980 年至今	Simmons et al.，2006
JRA55	T319（~55 km）	3	1958 年至今	Kobayashi et al.，2015
NCEP/NCAR RII	T62（200 km）	6	1979 年至今	Kanamitsu et al.，2002
遥感产品				
CERES-SYN	1°	3	2000 年至今	Wielicki et al.，1998
GEWEX-SRB	1°	3	1983~2007年	Fu et al.，1997；Pinker and Laszlo，1992
ISCCP-FD	280 km	3	1983~2011年	Zhang et al.，2004

表 6.1 展示了 6 种模型再分析数据，均是目前最新的或已被普遍认可的数据，这些产品通常通过同化已有的观测值与模式模拟得到。表中的三种遥感净辐射产品主要通过辐射传输模型估算，通常这类模型需要多种大气及地表参数。总体来说，现有的这些辐射产品都具有很好的时空连续性，覆盖全球，且时间分辨率很高，是进行全球及不同区域辐射能量研究的重要依据。但这些产品仍然有明显的弊端，首先它们的空间分辨率都很粗，表 6.1 所有产品中最高空间分辨率也只达到 0.3°（NASA/CFSR），远远不能满足当前的应用需求，尤其是针对区域的研究。其次，现有产品的精度并未达到研究所需的最佳精度。Ohring 等（2005）指出在全球变化研究中，所需辐射能量的绝对精度应最好优于 $3W/m^2$，且长期稳定性为 $0.5W/m^2$。Decker 等（2011）基于 FLUXNET 站点实测通量数据对 NCEP NCAR R1、NASA/CFSR、NASA/MERRA、ERA-40 及 ERA-Interim 等再分析数据进行了评价和比较，结果证明短波辐射是所有辐射通量中最优的模拟参量，

但各产品仍然存在过高估算的问题,而各产品的地表净辐射差别较大,也都存在过高估算的问题,即使表现最优的 MERRA 和 ERA-Interim 产品的 RMSE 也达到 $50\sim70W/m^2$。对三种遥感辐射产品的验证研究也表明,这些产品在不同区域差异很大,存在系统偏差,而且精度远远达不到全球能量平衡研究的要求(Liang et al., 2010; Raschke et al., 2006)。尽管近年来,越来越多的研究关注地表辐射估算,且已取得较大进展,但仍然缺乏一套高质量高时空分辨率连续时间序列的净辐射产品。遥感数据由于其客观性及在时空连续方面的优势,一直受到辐射研究者的青睐,但遥感在地表净辐射估算中的作用并未得到充分发展。因此,充分利用现有的遥感及各类数据资料,开发并生产一套可满足研究生产等多种需求的、具有较高时空分辨率、全天空时空连续的覆盖全球的地表净辐射产品迫在眉睫。

6.2　GLASS 净辐射产品算法

经验参数化模型是目前净辐射估算最常用的方法,而根据所用的数据,参数化模型可分为利用卫星资料和地表观测数据两大类。利用卫星资料反演地表净辐射又大致可分为两种:利用大气层顶(TOA)观测资料直接估算地表辐射分量的统计模型,以及利用近地表数据对辐射四分量(短波上、下行、长波上、下行)估算的半经验参数化模型。目前已有很多研究利用 TOA 的辐亮度、反射率、观测几何信息等直接估算地表辐射各分量(Tang and Li, 2008; Tang et al., 2006; Wang and Liang, 2009b),这些研究通过建立 TOA 与地表辐射分量的线性或非线性统计模型来估算地表辐射,其中 CERES-SYN 的辐射产品基于此理论基础发展(Wielicki et al., 1998)。利用近地表卫星资料反演辐射四分量的研究也很普遍,这类模型大多基于物理机理建立参数化模型,然后利用卫星资料反演得到近地表空气温度、地表温度、大气湿度、地表反照率等多种信息联合反演地表辐射。由于卫星反演的资料易受云和大气气溶胶的影响,因此很多研究致力于晴空时地面辐射的反演(Bisht et al., 2005; Cai et al., 2007; Hwang et al., 2012),随着卫星产品的不断发展,越来越多的研究也已开展应用于所有天空条件下地表辐射反演的模型(Bisht and Bras, 2010; Hurtado and Sobrino, 2001)。现已有多种卫星遥感资料用于地表辐射反演的研究,如 GOES(geostationary operational environmental satellites)、AVHRR(advanced very high resolution radiometer)、MODIS(moderate resolution imaging spectroradiometer)、Landsat TM 等(Bisht and Bras, 2010; Bisht et al., 2005; Cai et al., 2007; dos Santos et al., 2011; Hurtado and Sobrino, 2001; Hwang et al., 2012; Jacobs et al., 2002; Jin et al., 2011; Kim and Liang, 2010; Long et al., 2010; Tang and Li, 2008; Tang et al., 2006)。利用卫星资料及利用地表观测数据的经验参数化模型估算净辐射具有各自的优缺点。其中,利用卫星近地表资料的半经验参数化模型大多基于物理机理,可更精确地估算地表辐射各分量,但该方法要求的输入参数较多,难以获取,运算复杂,且由于卫星遥感资料对云、气溶胶等反演目前仍存在很大的不确定性,因此该方法更适用于晴天无云状态,阴天或有云天空下各分量估算的精度会大大降低;而利用卫星 TOA 资料的经验统计模型,由于大气层顶净辐射并非常规观测量,且其空间分辨率一般很粗,因此通过该方法得到的地表净辐射精度不高，也无法达到更高的空间分辨率。

直接估算法是估算净辐射的另一类方法，Wang 等（2015）利用 MODTRAN5 辐射传输模型建立的训练数据集来建立地表净辐射与遥感观测（短波及热红外观测数据）之间的回归关系，因此可以直接根据遥感观测数据得到对应的地表净辐射，该方法已尝试用于 MODIS 数据，SURFARD 站点的验证结果证明了该方法得到的净辐射精度比通过传统的估算辐射分量再加和得到净辐射的精度更高。尽管该方法具有很强的应用潜力，但是该方法的精度受训练数据集的影响很大，选择有足够代表性的训练数据非常重要，另外该方法现阶段只能用于晴空下的净辐射估算。还有一类直接估算方法则基于短波辐射与净辐射的统计关系建立，通常为简单的线性回归方程从短波辐射估算净辐射，最早在气象农业等研究领域发展，因此输入参数通常为站点的气象、辐射观测。Kjaersgaard 等（2007，2009）验证并评价了常用的净辐射估算统计模型，验证结果证明了这类简单的统计模型的模拟精度较好，且用于模型输入的参数较易获取，模型计算简单且成本不高，可用于全天空情况。近年来随着卫星产品的不断发展，通过遥感数据已可以较为精确地获取地表参数（如短波辐射、反照率、NDVI 等），因此 Wang 和 Liang（2009a）在这类传统模型的基础上尝试运用遥感的短波辐射、反照率等数据，并加入了遥感 NDVI 数据代表地表信息，模型的验证精度得到了进一步提高。基于此，从短波辐射直接估算全天空净辐射的研究方法最适宜于全球净辐射产品的开发。

GLASS 日间净辐射产品算法的发展基于短波辐射估算净辐射的研究思路，融合了遥感、模型再分析产品及地面观测等多源数据，首先发展了线性及非线性经验模型共四种，并通过全球观测数据验证，最终确定了 MARS（multi-variate adaptive regression splines）用于 GLASS 净辐射产品的生产。下面将简单介绍净辐射产品生产及算法发展中用到的数据，以及新发展的净辐射估算的四种经验模型和 GLASS 净辐射产品的生产。

6.2.1 数据介绍

GLASS 净辐射的生产基于多源数据，这些数据的简称、单位及数据来源等基本信息列在表 6.2 中，数据详细情况将在本节中逐一介绍。

表 6.2 变量说明及数据来源

	缩写	全称	单位	数据来源
因变量	R_n	daytime surface net radiation	W/m²	站点实测
	R_{si}	daily surface incoming solar radiation	W/m²	站点实测
	R_{si}^*	daily surface incoming solar radiation	W/m²	遥感数据
	ABD	daily surface albedo		（GLASS 产品）
	NDVI	daily normalized difference vegetation index		
自变量	T_a	daytime air mean temperature	℃	
	T_{min}	daytime air minimum temperature	℃	
	T_{max}	daytime air maximum temperature	℃	再分析数据
	PS	daytime surface air pressure	Pa	（MERRA）
	W	daytime wind speed	m/s	
	RH	daytime mean relative humidity	%	
	e_a	daytime water vapor pressure	kPa	
	d_r	inverse relative Earth-Sun distance		计算得出
	CI	clearness index		
	BI	brightness index		

1. 站点观测数据

来自 18 个观测网络或项目的 412 个站点短波下行辐射及净辐射观测数据首先被收集,这些数据的观测时间为 1991~2012 年,这些站点的分布及所属观测网络如图 6.1 所示,几乎 2/3 的站点来自 FLUXNET 网络的 La Thuile 数据集。可以看出,这些观测站点遍布全球,因此可确保观测样本具有很好的时空代表性。表 6.3 列出了 18 个观测网络的主要信息及其提供的观测站点。按照 IGBP 分类标准,表 6.4 统计了本算法收集的所有站点所代表的地物类型,基本地表主要地物类型都已包括在内。除此以外,站点所在地理位置的高程为 −0.7~5063m,因此本章中收集的净辐射观测数据具有很好的代表性及综合性。由于各观测网络观测标准及数据质量控制标准不同,因此所有站点的观测值需要预处理,主要的步骤包括标准时与地方时转换、日积数据处理(日出至日落

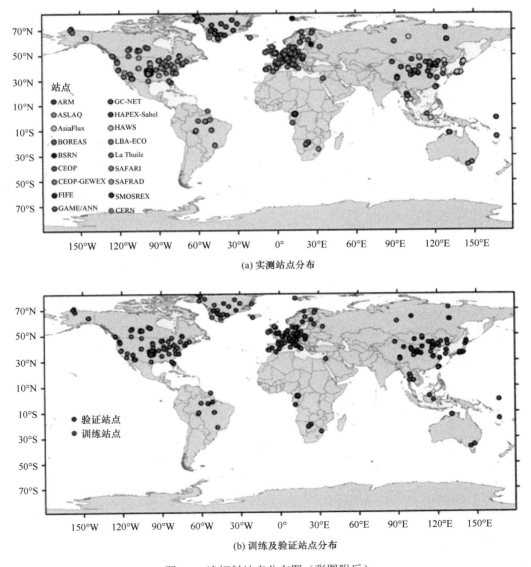

(a) 实测站点分布

(b) 训练及验证站点分布

图 6.1 净辐射站点分布图(彩图附后)

表 6.3 观测网络信息

观测网络/项目	站点数	观测时长/年份	观测仪器	URL
Global Fluxnet (La Thuile)	224	1991~2008	Kipp&Zonen CNR-1, etc	http://www.fluxdata.org
AsiaFlux	23	1999~2008	Kipp&Zonen CNR-1	http://www.asiaflux.net
ARM	22	2002~2013	Kipp&Zonen CNR-1	https://www.arm.gov
BSRN	6	1992~2012	Eppley, PIR/Kipp&Zonen CG4	http://www.bsrn.awi.de
SURFRAD	7	1995~2012	Eppley, PIR	http://www.esrl.noaa.gov/gmd/grad/surfrad
GAME/AAN	10	1997~2003	EKO MS0202F	http://aan.suiri.tsukuba.ac.jp/aan.html
BOREAS	5	1993~1996	Kipp&Zonen CM-5	http://daac.ornl.gov/BOREAS/bhs/BOREAS_Home.html
GC-Net	13	1995~2012	Li Cor Photodiode & REBS Q*7	http://cires.colorado.edu/science/groups/steffen/gcnet
CEOP-GEWEX	37	2002~2009	Eppley, PIR/Kipp&Zonen CG4	http://www.eol.ucar.edu/projects/ceop
CEOP	10	2007~2009		
SMOSREX	1	2005~2010	Kipp&Zonen CNR-1	http://www.cesbio.ups-tlse.fr/us/smos/smos_lewis.html
CERN	1	2007		http://www.cerndata.ac.cn
FIFE	8	1987~1989	CNR-1	http://daac.ornl.gov/cgi-bin/dataset_lister.pl?p=7
LBA-ECO	11	1999~2006	Kipp&Zonen CNR-1 CG2	http://daac.ornl.gov/cgi-bin/dataset_lister.pl?p=11
HAWS	21	2012	CNR4, CNR-1	http://westdc.westgis.ac.cn
HAPEX-Sahel	19	1992	Net radiometer	http://www.cesbio.ups-tlse.fr/hapex
SAFARI	2	2000	Kipp&Zonen CM14, CG21	http://daac.ornl.gov/cgi-bin/dataset_lister.pl?p=18
ASIAQ	2	2008~2011		http://www.asiaq.gl

注: ARM. Atmospheric Radiation Measurement; BSRN. Baseline Surface Radiation Network (Ohmura et al., 1998); SURFRAD. Surface Radiation Network (Augustine et al., 2000, 2005); BOREAS. Boreal Ecosystem-Atmosphere Study; GC-Net. Greenland Climate Network (Steffen et al., 1996); CEOP-GEWEX. Coordinated Enhanced Observing Period; CEOP. Coordinated Enhanced Observation Network of China (Jia et al., 2012; Liu et al., 2011, 2013b; Xu et al., 2013); SMOSREX. Surface Monitoring Of Soil Reservoir Experiment (De Rosnay et al., 2006); CERN. Chinese Ecosystem Research Network; FIFE First ISLSCP (International Satellite Land Surface Climatology Project) Field Experiment (Dabberdt 1994); LBA-ECO. Large Scale Biosphere-Atmosphere Experiment in Amazonia (Fitzjarrald and Sakai 2010; Hutyra et al., 2008; Miller et al., 2009; Saleska et al., 2013); HAWS. HiWater Multi-Scale Observation Experiment on Evapotranspiration over heterogeneous land surfaces 2012 (MUSOEXE-12; Flux Observation Matrix (Liu et al., 2016; Xu et al., 2013); SAFARI (Lloyd et al., 2004).

表 6.4 站点类别说明

IGBP 土地覆盖分类	站点数
稀疏植被	6
耕地	68
落叶阔叶林	37
落叶针叶林	6
常绿阔叶林	39

续表

IGBP 土地覆盖分类	站点数
常绿针叶林	103
草地	70
冰	25
混合林	15
热带稀树草原	7
灌木林	18
湿地	18
全部	412

定义为白天时长)等,再经过严格的质量控制筛选样本,最后得到合理的日辐射观测数据(Jiang et al.,2015)。

2. 遥感数据

遥感产品全部来自 GLASS 系列产品,主要包括反照率产品及下行短波辐射。GLASS 反照率产品首先采用两种算法(AB1/AB2)生成初级产品,然后采用 STF 时空滤波算法对初级产品进行后处理,获得最终高质量的时空连续无缺失反照率产品(Liu et al., 2013a),产品时间分辨率 8 天,空间分辨率 1km,1982~2012 年,是目前国际上时间序列最长的全球反照率产品。经过相对均匀的 FLUXNET 站点观测数据的验证,与 NASA 发布的 MODIS 反照率产品交叉对比,以及在格陵兰岛和中国东北地区的初步应用,结果表明,GLASS 反照率产品质量好、精度高,是全球气候和环境变化研究的理想数据源之一(Liang et al., 2013)。GLASS 下行短波辐射产品的计算思路为通过 MODTRAN 辐射传输模型模拟不同观测角度、大气状况,以及地表属性下大气辐射传输的过程,从而建立大气层顶辐亮度和地表下行短波辐射之间的关系,利用多颗极轨及静止卫星数据生产,该产品的验证结果证明其优于现有的产品(Zhang et al., 2014)。

3. 模型再分析数据

气象参数(如空气温度、相对湿度、大气压、风速等)来源于再分析资料,再分析资料具有时空连续性和长时间持续性。NASA MERRA (Modern Era Retrospective-Analysis for Research and Applications)(Rienecker et al., 2011)为近年来新发展的并且不少研究证实其精度可靠的再分析产品,选择了 MERRA 产品"MERRA_tavg1_2d_slv_Nx",其原始空间分辨率为 $\frac{1}{2}° \times \frac{2}{3}°$,时间分辨率 1 小时。MERRA 提取的各个气象要素也需根据各像元的日出日落时间计算白日日均值,在经验模型时筛选直接提取对应站点的 MERRA 白日日均气象数据,而生产产品时需将 MERRA 数据采用双线性插值方法插值至 0.05°。

6.2.2 算法描述

GLASS 净辐射产品算法发展流程图如图 6.2 所示,主要分为三部分:数据收集、GLASS 净辐射算法确定、GLASS 净辐射产品生产。首先,收集辐射地面站点观测数据、

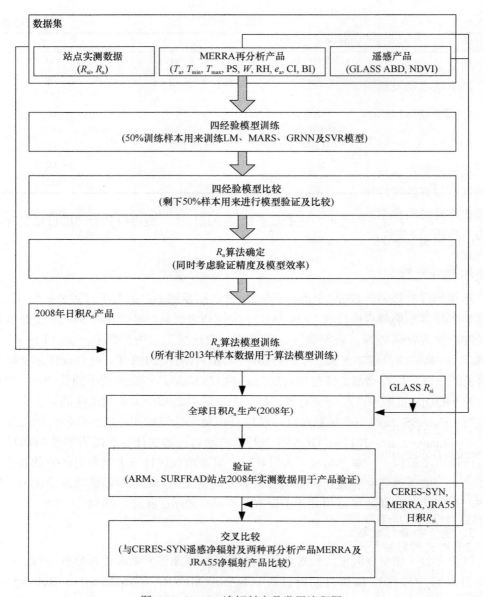

图 6.2 GLASS 净辐射产品发展流程图

再分析资料及卫星数据等（表 6.1），并经过质量控制、数据预处理及时间尺度转换等，将所有的数据转换至日积（白天）/日均时间尺度。本算法定义白天为日出至日落这段时间，日出日落具体时刻由经纬度及年积日决定。其次在算法确定部分，首先基于短波辐射与净辐射的高相关性，发展了四种从短波辐射直接估算净辐射的经验模型（线性模型 LM、广义回归神经网络 GRNN、支持向量回归 SVR 及多元自适应样条回归 MARS），所有训练样本的 50%用来训练四种经验模型，另 50%样本作为验证，然后根据模型验证结果和模型运行效率等最终确定 MARS 模型为 GLASS 净辐射产品算法。算法确定后，第三步即运用该算法生产 GLASS 净辐射产品，所有样本都用来训练 MARS 模型，在实际生产产品时，GLASS 短波辐射 R_{si} 替代原训练模型中的站点 R_{si}，其他输入数据不变，最终生产出全球覆盖的空间分辨率 5km 时间分辨率 1 天的日积净辐射产品。最后用站点实测数据对 GLASS 净辐射产品进行精度验证,同时与 CERES-SYN、MERRA 及 JRA55 等产品交叉比较。

以下是本章发展的净辐射直接估算的四种经验模型的简单介绍。

1. 净辐射经验估算模型介绍

1)线性经验模型(LM)

从短波辐射估算地表净辐射的经验算法通常都为线性模型,由于短波辐射与净辐射之间具有很好的线性相关性(Gay,1971;Kaminsky and Dubayah,1997),因此早期的净辐射估算经验模型的因变量只有短波(净)辐射。随着研究的开展,其他相关因子(主要为气象因子)也逐渐加入到这类线性模型中(Irmak et al.,2003;Iziomon et al.,2000),在一定程度上提高了模型估算的精度,而引入包含地表信息的因子(如 NDVI 等)使得这类模型的估算精度进一步提高(Wang and Liang,2009a)。已有的研究验证并评价了现有常用的净辐射估算的经验模型(Kjaersgaard et al.,2007;Offerle et al.,2003),但这些研究中使用的地面验证数据往往只在一个小区域,站点数据也有限。最近的一项研究 Jiang 等(2015)收集了全球 300 多个净辐射观测站点数据,验证及评价了常用的 7 种通过短波辐射估算净辐射的经验模型,并在此基础上发展了新线性经验模型:

$$R_n = a[R_{si}(1-\alpha) + DT_{a,K}^6 - \sigma T_{a,K}^4] + b\text{CI} + c\text{NDVI} + d\text{RH}_\% + e \tag{6.2}$$

式中,$D=5.31\times10^{-13}\,\text{W}/(\text{m}^2\cdot\text{K}^6)$ 为 Swinbank(1963)提出;$\sigma=5.67\times10^{-8}\,\text{W}/(\text{K}^4\cdot\text{m}^2)$ 为 Stefan-Boltzmann 常数;a,b,c 和 d 为回归系数;$T_{a,K}$($T_{a,K}=T_{a,℃}+273.15$)为近地表空气温度,其他变量的定义可见表 6.2。验证结果表明该模型的净辐射估算精度及稳健性均优于现有同类型的经验模型,同时证明了地表及气象因素的引入对于净辐射估算的重要性及发展非线性模型估算净辐射的必要性。

2)广义回归神经网络(GRNN)

广义回归神经网络由 Specht(1991)提出,它是径向基函数网络(RBF)和概率神经网络(PNN)的推广。这种类型神经网络的优点是它可以近似任意样本数据集所固有的曲面。此外,GRNN 拥有一个特殊的属性,即这些网络不需要迭代训练,直接从训练数据中计算得到估计值。图 6.3 为一个多输入单输出的广义回归神经网络模型结构图,它包括四层:输入层、隐层、求和层和输出层。输入层把输入变量传递给隐层中的所有神经元;隐层中的每个神经元代表一个训练模式,包含了所有的训练模式,每个神经元的输出是输入向量与每个训练模式之间距离的量度;求和层包括两种类型的求和神经元:一种类型的求和神经元计算隐层神经元输出的加权和,另一种类型的求和神经元计算隐层神经元输出的无权重的和;最后输出层进行归一化步骤,计算得到对应输入变量的预测值。利用 Guassian Kenel 函数训练(Xiao et al.,2014),以表 6.2 中的自变量作为输入,输出地表净辐射,发展了用于净辐射估算的广义神经网络模型(Jiang et al.,2014)。

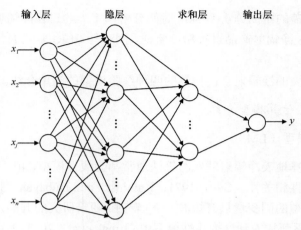

图 6.3 GRNN 模型结构示意图

用 GRNN 模型直接估算净辐射的结果令人满意（Jiang et al., 2014），相同的情况下，GRNN 估算的净辐射精度无论是总体还是在不同下垫面情况下均优于新发展的线性经验模型，而且 GRNN 只需确定一个自由参数，主观选择参数较少，因此人为干涉较少。但该模型更适用于小样本的训练数据集，大样本数据集的训练及反演所需时间较长。

3）支持向量回归（SVR）模型

支持向量回归算法是 Vapnik（1995）等将支持向量机（SVM）推广到非线性系统的回归估计，是在统计学习理论基础上提出的一种新型机器学习方法。SVR 将输入样本 x 通过非线性映射 $\Phi(x)$ 映射到一个高纬的特征空间，然后在这个特征空间中建立一个线性模型来估计回归函数，公式如下：

$$f(x,w) = w \cdot \Phi(x) + b \tag{6.3}$$

式中，w 为权向量；b 为阈值。假设给定的训练数据集 (y_1, x_1)，(y_2, x_2)，…，(y_n, x_n)，Vapnik（1995）引入 ε 不敏感损失函数，对应的支持向量机成为 ε-SVR，则其约束优化问题可表示为

$$\min_w \frac{1}{2}\|w\|^2 + C\sum_{i=1}^{l}(\xi_i + \xi_i^*), \ i=1,2,\cdots,n$$

s.t.

$$\begin{cases} y_i - w \cdot \Phi(x) - b \leqslant \varepsilon + \xi_i^* \\ w \cdot \Phi(x) + b - y_i \leqslant \varepsilon + \xi_i \\ \xi_i, \xi_i^* \geqslant 0 \end{cases} \tag{6.4}$$

通过引入拉格朗日函数可将式（6.4）的优化问题转化为对偶问题，通过解对偶问题得到式（6.3）的解：

$$f(x) = \sum_{i=1}^{n_{SV}}(\alpha_i - \alpha_i^*)K(x_i, x) + b \tag{6.5}$$

式中，$\alpha_i, \alpha_i^*(i=1,2,\cdots,l)$ 为拉格朗日乘子，α_i^*, α_i 只有一小部分不为 0，它们对应的样本

就是支持向量（SV）；n_{SV} 为支持向量的个数；$K(x_i, x)$ 为核函数。通常采用径向基 RBF（radial basis function）核函数：

$$K(x_i, x) = \exp(\frac{-\|x - x_i\|^2}{2\sigma^2}) \tag{6.6}$$

式中，σ 为 RBF 核函数的参数。

因此由式（6.4）~式（6.6）可知，控制 C、ε 和 σ 就可以控制支持向量的推广能力。不敏感参数 ε 表示了 SVR 算法对于错误的可包容限度，被形象地比喻为管道，支持向量落在管道上或是超出管道之外，因此 ε 影响到构成回归函数的支持向量数目，ε 越大，支持向量数越少，但函数估计精度越低。正则化参数 C 对回归函数的复杂性和泛化能力进行折衷，C 取值大表示支持向量维权重小，SVR 模型泛化能力差，而 C 取值小则使 ε 不敏感训练误差变大。而 RBF 核函数参数 σ 与学习样本的输入空间范围或宽度相关，样本输入空间范围越大 σ 取值越大，反之样本输入空间范围越小。在本书的研究中，线性 "eps-regression" 被选择作为 SVR 的回归函数类型，并采用其径向基函数，因此三个参数（ε、C、σ）需要在 SVR 模型训练时确定。为了得到最优化的 SVR 模型估算地表净辐射，所有训练样本随机划分的 80%用于模型训练，而剩下的 20%用于训练模型的检测。根据经验，这三个参数的取值范围确定为 $\varepsilon \in [0.01, 1]$，$C \in [1, 100]$，以及 $\sigma \in [0.01, 1]$，通过网格搜索的方法确定采用的参数值及其组合，当训练模型的拟合精度与测试精度基本一致时确定为最优 SVR 模型。SVR 模型的训练及应用基于 R 平台 "e1071" 函数包（Meyer et al., 2014），并且所有数据在训练前都需要经过 Z-score 归一化处理。

4) 多元自适应样条回归（MARS）模型

MARS 模型通过样条函数来模拟复杂的非线性关系，它将整个非线性模型划分为若干个区域，在每个特定区域由一段线性回归直线来拟合。MARS 模型以一组基函数的组合拟合未知的函数关系 $\hat{f}(x)$：

$$\hat{f}(x) = a_0 + \sum_{m=1}^{M} a_m B_m(x) \tag{6.7}$$

其中，基函数是样条函数的张积：

$$B_m(x) = \prod_{k=1}^{K_m} [S_{km}(x_{v(k,m)} - t_{km})]_+ \tag{6.8}$$

式中，a_0 为参数；a_m 为第 m 个样条函数的系数；$B_m(x)$ 为第 m 个样条函数；M 为模型中含有的样条函数的数目，区域之间的线性回归线的交点称为结点；K_m 为结点数；S_{km} 取值 ± 1，表示右侧或左侧的样条函数；$v(k, m)$ 为独立变量的标识；t_{km} 为标识结点的位置。每个基函数代表依赖变量的给定区域，MARS 的基函数是单一样条函数或者是两个（或多个）样条函数的交互结果，右侧和左侧的样条函数分别定义如下：

$$S_{km}[x_{v(k,m)} - t_{km}]_+ = \begin{cases} x_{v(k,m)} - t_{km}, & \text{当} x_{v(k,m)} \geq t_{km} \\ 0, & \text{其他} \end{cases}$$
$$S_{km}[x_{v(k,m)} - t_{km}]_- = \begin{cases} t_{km} - x_{v(k,m)}, & \text{当} x_{v(k,m)} \leq t_{km} \\ 0, & \text{其他} \end{cases} \tag{6.9}$$

式中，t_{km} 为结点的位置；$x-t_{km}$ 和 $t_{km}-x$ 为描述给定 t 时右侧和左侧区域的样条函数；"+"为对于负值取 0。

MARS 模型构建算法包括前向逐步选择基函数的过程、精简过程和确定最优模型三个过程。在第一过程中需要给定基函数个数的最大值 M 和交互的基函数数据的最大值 N，M 一般是指自变量个数的两倍，N 根据用户的需要而定。而精简过程基于广义交互验证（generalized cross validation，GCV）标准进行的，当 GCV 的值达到最小时对应的预测模型为最佳模型。

$$\mathrm{GCV}(\lambda) = \frac{\sum_{i=1}^{N}\left(y_i - \hat{f}_\lambda(x_i)\right)^2}{\left(1 - M(\lambda)/N\right)^2} \tag{6.10}$$

式中，$M(\lambda)$ 为模型中有效的参数个数；$\hat{f}_\lambda$ 为每一步估计的最佳模型；λ 为模型中项的个数；N 为基函数的个数。

MARS 模型在处理复杂的非线性变量关系时，不需要假设预测变量和预报因子的线性关系、指数关系及正态假定，它是泛化能力很强的专门针对高维数据的回归方法，以"前向"或"后向"算法逐步筛选因子，具有很强的自适应性。在整个运算过程中自动根据数据确定基函数，不需要人工设定，且整个运算过程快捷且通常可得到具有较好解释能力的模型。MARS 模型的训练及拟合基于 R 平台"mda"函数包（Leisch et al.，2005），模型中所有的参数都为自动确定，MARS 模型采用后向逐步算法且最大交互变量设为 2。

2. GLASS 净辐射生产

根据流程图（图 6.2），首先验证并评价用于净辐射估算的四种经验模型（LM、GRNN、SVR 和 MARS），然后确定用于 GLASS 净辐射生产的算法模型。所有收集的站点样本（共计 421483）中的一半用于模型的训练，另一半用于这些模型的独立验证，验证的结果用于比较模型的净辐射估算能力。模型的训练及模拟的计算机配置为 Microsoft Windows 7 系统及 Intel Core 3.20 GHz，8G 内存。除了模型的预测能力，模型的训练及拟合所需时间也需要在确定算法时考虑进去。

四种模型的验证精度及训练和拟合所需时间列在表 6.5 中。模型精度主要由三个指数表示：相关系数（R^2）、均方根误差（RMSE）和平均偏差（BIAS）。表 6.5 显示，这四种经验模型都较适合于净辐射估算，验证精度都较好。在这四类模型中，SVR 和 GRNN 的拟合精度更优于另两种模型，MARS 模型的预测能力居中，线性模型的预测能力相对最弱，但其偏差（$-0.18\mathrm{W/m^2}$）和 RMSE（$39.57\mathrm{W/m^2}$）也证明了该模型的净辐射估算能力优于现在的其他较为流行的净辐射估算的经验模型。除了比较拟合精度，模型的

表 6.5 四种净辐射估算模型的精度验证及运行效率

	R^2	RMSE/（W/m²）	BIAS/（W/m²）	训练时长	拟合时长
LM	0.90	39.57	−0.18	<60 秒	<60 秒
MARS	0.91	36.98	−0.26	<60 秒	<60 秒
GRNN	0.93	33.49	−0.62	>72 小时	>72 小时
SVR	0.94	32.28	−1.11	>72 小时	>48 小时

训练和预测时间也需要在确定产品算法时考虑进去,从表 6.5 中可以看出,SVR 和 GRNN 的模型训练和拟合时间都较长,而 MARS 的速度很快,这也是 SVR 和 GRNN 模型共有的缺点之一,即更适合于小样本的数据。

为了更全面地考虑样本大小对于模型模拟精度的影响,以 SVR 模型为例,验证了样本大小与模型精度的关系,结果如表 6.6 所示。可以看出,当样本量从 20 万以上下降到 1 万左右时,模型预测精度直线下降,即 R^2 减小,RMSE 和 BIAS 都增大,但样本再减小到 1 万以内,预测精度不再有明显的下降,此时的模拟精度和 MARS 模型的差别不大。

表 6.6 不同样本量 SVR 模型的拟合精度

样本量	R^2	RMSE/(W/m²)	BIAS/(W/m²)
218516	0.94	32.28	−1.11
22298	0.93	34.22	−2.23
11395	0.92	35.62	−2.73
7755	0.92	36.01	−2.06

由于需要针对全球陆表生产净辐射产品,因此 MARS 模型在不同下垫面的普适性还需要进一步检验。采用 Jiang 等(2015)的分类标准,NDVI=0.2 可以作为下垫面是否是植被的判断阈值,当 NDVI<0.2 时下垫面又可以进一步划分为三大类型,具体的划分标准及本书中的样本总量如表 6.7 所示。大体来说,S1 可代表湿地,S2 可代表沙漠或者有稀疏植被的裸地,S3 可代表冰/雪,S4 即为其他植被覆盖地表,除此以外,冬季等季节信息也可以包含在这四大类内。

表 6.7 基于 NDVI 及 albedo 划分的四大类别及对应的样本数

类别	分类标准	样本数
S1	NDVI<0.2 and albedo ≤ 0.25	8967
S2	NDVI<0.2 and 0.25 < albedo < 0.7	8317
S3	NDVI < 0.2 and albedo ≥ 0.7	10064
S4	NDVI ≥ 0.2	167739

MARS 模型的模拟精度如表 6.8 所示。表 6.8 中 MARS 结果与之前用 LM 模型拟合四类别的精度相似(Jiang et al., 2015),且 S1 和 S4 的拟合精度更好,主要是因为这几类 R_{si} 都是净辐射的主要组成部分。需要说明的是 S3 类别(冰/雪下垫面)与其他类别不同,该类别的反照率高,因此该类别的净辐射值偏小且不是主要由短波辐射决定,而且该类别的观测值非常集中,这也就导致了该类别的 R^2、RMSE 和都低。表 6.8 的结果证明了 MARS 模型的普适性。根据以上的结果,MARS 确定为 GLASS 净辐射的算法。

表 6.8 不同类别 MARS 模型估算精度

	S1	S2	S3	S4
R^2	0.87	0.54	0.13	0.91
RMSE/(W/m²)	42.89	47.46	18.21	36.81
BIAS/(W/m²)	−0.13	0.51	−0.53	−0.28

MARS 模型被确定为 GLASS 净辐射产品的算法，因此全部样本用来训练 MARS 模型，正式生产时 GLASS 短波下行辐射 R_{si} 将作为主要输入之一，替代训练时用到的站点短波辐射观测值。R_{si} 为每 3 小时生产一次，在生产净辐射时需要先处理为天均值。除此以外，其他输入数据与训练数据一致，但 MERRA 需运用双线性内插方法重采样为 0.05°（~5km）空间分辨率。

6.3 质量控制与精度验证

本节将简要介绍 GLASS 净辐射产品的产品特点，并对产品进行了严格的质量控制，质量控制定义的条件依据净辐射产品发展过程中出现的问题而制定。除此以外，本节还详细介绍了 2008 年 GLASS 净辐射产品的精度验证情况，该年份产品基于站点实测数据验证了产品精度，同时与一套遥感产品（CERES-SYN）及两套再分析产品（MERRA 及 JRA55）分别进行了交叉验证，验证结果证明了 2008 年 GLASS 净辐射产品的精度优于现有产品。

6.3.1 产品特点

GLASS 日间净辐射产品以 HDF-EOS 形式存储，包括净辐射及其对应 QC 值，数据格式为 32 位符号整型。GLASS 日间净辐射时间分辨率为天，采用地理投影方式，空间分辨率为 0.05°（~5km），数据大小为 7200×3600，产品为四期：1983 年、1993 年、2003 年及 2013 年。GLASS 净辐射产品单位 W/m^2，填充值为–9999，海洋赋值–10000，产品转换因子 0.01，有效值范围–300~600。

6.3.2 质量控制

每一景 GLASS 日积净辐射产品都经过严格的质量控制（QC）。质量控制包括自动质量控制和人工干预的质量检查两种方式。自动质量控制为每个像元的净辐射值生成 QC 标识，可以用来估计净辐射产品的不确定性。人工干预的质量检查是产品对外发布前，对 GLASS 日积净辐射产品时间和空间变化的一个计算机辅助的视觉检查。

GLASS 日积净辐射的生产需要多源输入数据（表 6.2），主要包括 GLASS 遥感产品（反照率、短波下行辐射及 NDVI），以及 MERRA 再分析气象因子。再分析数据由模型拟合，不存在数据缺失等问题，而遥感产品则易受云、地表状况及数据质量等多种因素影响，很有可能存在数据缺失等问题，因此这些输入数据的质量是影响 GLASS 净辐射的主要原因，需要清晰描述该产品的质量情况。每个 GLASS 日积净辐射产品的 HDF 文件中都包含两层数据，其中一层为 QC 标识，采用 8 位无符号整型，每个标志位代表的意义见表 6.9。

6.3.3 精度验证

为了验证 GLASS 净辐射产品的精度，以 2008 年产品为例开展验证工作。用于验证的站点共有 25 个，主要来自于 ARM（http：//www.arm.gov）和 SURFRAD［http：//www.srrb.noaa.gov（Augustine et al.，2000）］两个观测数据质量可靠的观测网络，这些站点

2008 年的观测数据作为独立验证数据。验证站点分布如图 6.4 所示，站点详细信息列在表 6.10 中。

表 6.9 GLASS 日积净辐射产品的质量控制标识

比特位	标志位说明	比特位组合	具体含义
1~2	质量	00	好
		01	一般
		10	不确定
3	短波辐射	0	正常
		1	填充值
4	NDVI	0	正常
		1	填充值，取为 0
5~6	极夜/昼	00	无
		01	极夜
		10	极昼
7~8	未使用		

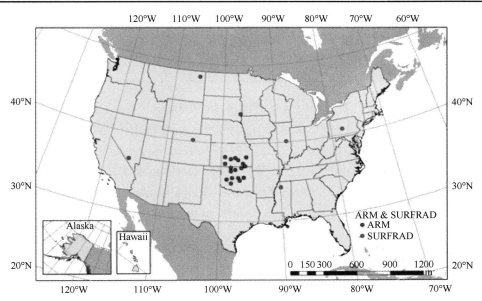

图 6.4 验证站点分布图

表 6.10 验证站点详细信息

站点	纬度，经度	土地覆盖	站点高度/m	观测项目
Larned, Kansas: E01	38.20°N, 99.32°W	耕地	632	ARM
LeRoy, Kansas: E03	38.20°N, 95.60°W	耕地	338	ARM
Plevna, Kansas: E04	37.95°N, 98.33°W	牧场	513	ARM
Halstead, Kansas: E05	38.11°N, 97.51°W	麦地	440	ARM
Towanda, Kansas: E06	37.84°N, 97.02°W	苜蓿	409	ARM
Elk Falls, Kansas: E07	37.38°N, 96.18°W	牧场	283	ARM
Coldwater, Kansas: E08	37.33°N, 99.31°W	牧场	664	ARM

续表

站点	纬度，经度	土地覆盖	站点高度/m	观测项目
Tyro, Kansas: E10	37.07°N, 95.79°W	苜蓿	248	ARM
Byron, Oklahoma: E11	36.88°N, 98.29°W	苜蓿	360	ARM
Pawhuska, Oklahoma: E12	36.84°N, 96.43°W	草原	331	ARM
Lamont, Oklahoma: E13	36.61°N, 97.49°W	牧场	318	ARM
Ringwood, Oklahoma: E15	36.43°N, 98.28°W	牧场	418	ARM
El Reno, Oklahoma: E19	35.56°N, 98.02°W	牧场	421	ARM
Meeker, Oklahoma: E20	35.56°N, 96.99°W	牧场	309	ARM
Okmulgee, Oklahoma: E21	35.62°N, 96.07°W	森林	240	ARM
Cordell, Oklahoma: E22	35.35°N, 98.98°W	牧场	465	ARM
Cyril, Oklahoma: E24	34.88°N, 98.21°W	麦地	409	ARM
Earlsboro, Oklahoma: E27	35.27°N, 96.74°W	牧场	300	ARM
Bondville: SF_BND	40.05°N, 88.37°W	耕地	230	SURFRAD
Boulder: SF_TBL	40.13°N, 105.24°W	草原	1689	SURFRAD
Desert Rock: SF_DRA	36.63°N, 116.02°W	沙漠	1007	SURFRAD
Fort Peck: SF_FPK	48.31°N, 105.10°W	草地	634	SURFRAD
Goodwin Creek: SF_GCM	34.25°N, 89.87°W	草地	98	SURFRAD
Penn. State: SF_PSU	40.72°N, 77.93°W	耕地	376	SURFRAD
Sioux Falls: SF_SXF	43.73°N, 96.62°W	灌木林	473	SURFRAD

除了用站点实测数据验证，GLASS 净辐射与一套遥感产品（CERES-SYN）及两套模型再分析产品（MERRA 和 JRA55）对应的日间净辐射产品也进行交叉验证。CERES-SYN 的辐射产品是通过融合搭载在 NASA Terra 和 Aqua 卫星上的 CERES 传感器观测到的数据与五种静止卫星的观测数据获取（Doelling et al., 2013；Wielicki et al., 1998）；MERRA 再分析数据由 NASA 的 GAMO（global modeling and assimilation office）提供，它是通过模型融合 NASA EOS（earth observing system）卫星数据模拟得到（Rienecker et al., 2011）；JRA55 由日本气象局（Japan Meteorological Agency）提供，它是 JRA25 产品的更新，通过将最新的观测以及改进的原有观测同化到 TL319 版本的 JMA 数据同化系统中生产得到（Kobayashi et al., 2015）。需要注意的是，这些产品没有直接的净辐射产品提供，都是通过加和四分量（地表短波上下辐射及地表长波上下辐射）得到，而且这些产品的日间净辐射都是通过时间转换以及加和平均得来。各套数据与实测数据的验证结果如图 6.5 所示。

从图 6.5 的验证结果来看，GLASS 和 CERES-SYN 的日间净辐射的精度比其他两种再分析数据 MERRA 和 JRA55 要高。通过比较这几套数据产品的平均 RMSE 和 BIAS 的值，可得知尽管 R^2 值 CERES-SYN 稍高一点，但 GLASS 净辐射的离散程度比 CERES-SYN 的要小，且偏差也要更小，再考虑到 GLASS 的空间分辨率远远高于 CERES-SYN，总体而言，GLASS 净辐射产品的优势在这几套产品里最明显。各个站点的验证精度也在表 6.11 中列出，大部分站点的验证值 R^2 都大于 0.85，RMSE 都大约在 30W/m^2，BIAS 值大部分都小于 25W/m^2。

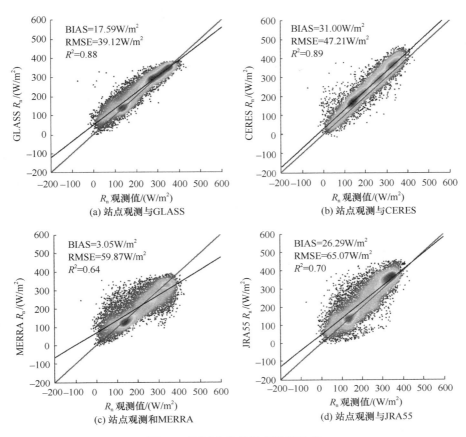

图 6.5 不同产品的站点验证结果

表 6.11 站点验证精度

站点	R^2	RMSE/(W/m²)	BIAS/(W/m²)	站点	R^2	RMSE/(W/m²)	BIAS/(W/m²)
E01	0.92	30.00	10.91	E21	0.88	36.24	6.11
E03	0.89	34.20	18.57	E22	0.89	28.62	16.01
E04	0.87	34.54	12.53	E24	0.91	28.52	6.41
E05	0.90	32.78	16.90	E27	0.90	30.51	21.88
E06	0.89	32.19	21.70	SF_BND	0.86	38.26	22.42
E07	0.91	32.16	28.34	SF_DRA	0.67	37.81	10.18
E11	0.92	29.10	17.12	SF_FPK	0.83	37.13	27.34
E12	0.89	32.39	2.74	SF_GCM	0.86	38.12	15.71
E13	0.92	27.42	15.61	SF_PSU	0.88	35.03	34.29
E15	0.92	28.07	18.15	SF_SXF	0.88	37.85	18.18
E19	0.91	27.36	16.48	SF_TBL	0.75	42.35	20.89
E20	0.91	28.65	22.32				

图 6.6 展示了两个站点的例子。通过验证工作以及已有的研究成果指出 CERES-SYN 的精度是现有辐射产品里最优的，因此我们挑选了 CERES-SYN 作为展示。这两个站点一个是 ARM 观测网络的 E01；另一个是 SURFRAD 观测网络的 Sioux

Falls 站点。从图 6.6 中可以看出,GLASS 净辐射的时间序列曲线与站点实测值最接近,CERES-SYN 的净辐射变化与站点实测也很接近,但是整体偏高,从散点图 6.5(b)中也可以看出。

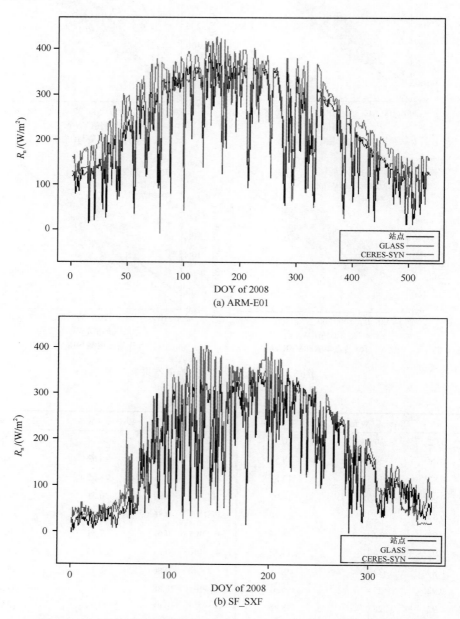

图 6.6　站点净辐射观测值与 GLASS 及 CERES-SYN 时间序列曲线比较

综上所述,GLASS 日积净辐射的精度在现有的辐射产品中属于精度最高的一类,而且其空间分辨率在现有产品中是最高的,远远高于其他遥感及模型再分析数据。MARS 模型作为 GLASS 净辐射产品的算法,具有简单方便、普适性好等特点,适用于全球产品的生产,因此具有生产长时间序列 GLASS 净辐射的能力。

6.4 全球净辐射时空分析

图 6.7 为随机抽取的一天（2008 年第 121 天）GLASS 与 CERES、MERRA 日积净辐射产品的比较，图 6.7（a）为 GLASS 日积净辐射产品，图 6.7（b）为 CERES 日积净辐射产品，图 6.7（c）为 MERRA 日积净辐射产品。从比较中可以看出，三套数据的净辐射空间分布相似，但是在许多区域，如非洲北部地区、中国大陆青藏高原及西北部区域等，三者的差异较大。除此以外，GLASS 净辐射产品视觉上看起来更清晰，细节更多，应得益于其 0.05°的分辨率（MERRA 分辨率 0.5°×2/3°）。关于 GLASS 净辐射的验证结果在 6.3.3 节中有详细介绍。

净辐射是地表能量平衡中最重要的参量之一，全球净辐射的时空变化对于了解全球环境气候变化至关重要，因此急需具有高精度高时空分辨率的长时间序列的净辐射产品。GLASS 的净辐射产品符合高精度高时空分辨率等特点，但目前为止尚未生产长时间序列产品。Jia 等（2016）收集全球净辐射观测站点验证了 CERES-SYN1deg-EA3d 的净辐射数据，分别验证了天（340 站点）和月（260 站点）尺度 CERES-SYN 净辐射精度，验证结果指出 CERES-SYN 净辐射天尺度的 BIAS 为 3.43W/m^2、RMSE 为 33.56W/m^2 及 R^2 为 0.79，而月尺度的 BIAS 为 3.40 W/m^2、RMSE 为 25.57W/m^2 及 R^2 为 0.84，该结果说明 CERES-SYN 的净辐射精度较高，而本章的验证比较结果（图 6.5）也进一步证明了 CERES-SYN 的净辐射精度优于大部分现有产品，且其与 GLASS 净辐射产品有一定的相似性。据此，本章利用 CERES-SYN 的净辐射产品进行全球净辐射的时空分析。CERES-SYN 月均净辐射产品的精度比天均的更高，因此本章运用 2001~2013 年月均 CERES-SYN 净辐射数据进行时空分析，同时季节、年等不同时间尺度上的净辐射时空变化也进一步分析。

图 6.8（a）为 CERES-SYN 净辐射 2000~2013 年均值的空间分布，图 6.8（b）为净辐射的年变化趋势。从图中可以看出，过去 14 年间全球净辐射及其趋势变化具有很大的区域差异。例如，在格陵兰岛、非洲热带雨林地区、巴西东南部、南极大陆沿海，以及澳大利亚的东南部等区域，净辐射在 2000~2013 年为显著增长，尤其在格陵兰岛西南区域，净辐射增长最快，其年均增长约为 4.21W/m^2。而在阿根廷东南部、非洲灌木、美国南部大平原，以及安第斯山脉的东部区域等，净辐射呈现逐年下降的趋势，最大降幅约为每年 5.10W/m^2。

图 6.8（b）中粗线勾勒的两大区域：美国南部大平原（SGP）及非洲中南部区域为净辐射年趋势显著下降的热点区域。美国南部大平原净辐射以年均 0.33W/m^2 显著递减，尤以夏季下降幅度最大，约为 0.58 W/m^2，而非洲中南部区域净辐射则以年均 0.63 W/m^2 显著下降，旱季下降速率为 0.39 W/m^2，雨季下降速率更大为 0.82 W/m^2。与可能影响净辐射变化的系列因子（降水、云覆盖、温度变化量、地表温度、反照率、NDVI 及积雪覆盖等）进行综合归因分析，结果显示可用来代表地表植被状况的 NDVI 是美国南部大平原净辐射年均及季节显著下降的主要驱动因子，同时降水也是主要的影响因素，因此可以推断美国南部大平原自 2000 年以来由于降水稀少而导致地表植被退化，增大的裸

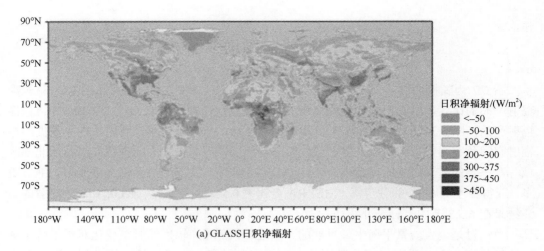

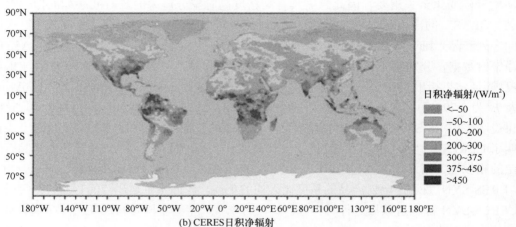

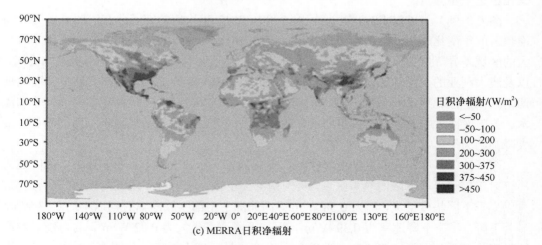

图 6.7　2008 年第 121 天（4 月 30 日）不同产品日积净辐射（彩图附后）

土面积加大了温度范围，从而可能有更多的上行长波辐射，造成该区域净辐射下降。同时积雪覆盖变化是该区域冬季净辐射显著下降的主要原因，积雪覆盖变化造成反照率的变化影响地表短波辐射，从而影响地表净辐射变化。NDVI 同样是非洲中南部区域净辐射显著下降的主要驱动因素，但降水在该区域对净辐射变化没有显著影响。

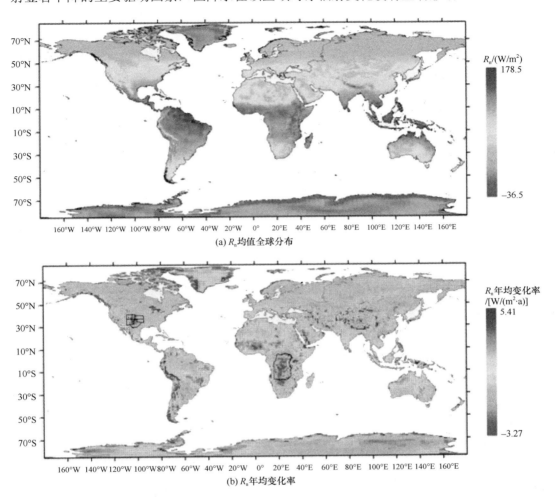

图6.8 2001~2013年R_n均值全球分布及R_n年均变化率（彩图附后）
(b)中点表示该像元年均趋势显著（p-value<0.5）

6.5 总　　结

地表净辐射是地球能量平衡系统中最重要的参数之一，是全球变化及其他相关研究和应用领域中不可或缺的参量，然而现阶段全球净辐射产品有限，且普遍存在空间分辨率较粗及产品精度区域差异较大等问题，因此具有高时空分辨率的长时间序列的高精度地表净辐射数据十分亟需。为了解决该问题，GLASS系列高级遥感产品尝试发展并生产日间地表净辐射产品。本章主要介绍了GLASS日间净辐射产品的发展，包括产品算法的发展及确定、净辐射产品的生产、质量控制及精度检验等，并且在本章最后一节介绍了全球净辐射的时空分析成果。在充分考虑净辐射发展的各类算法优缺点的基础上，基于将短波辐射转换为净辐射的研究思路，首先发展了LM、GRNN、SVR及MARS等四种净辐射直接估算模型，并收集了全球400多个站点的净辐射观测数据，经过精度验证及比较，充分考虑了模型估算精度及生产效率等多种因素，最终确定 MARS 为 GLASS 日间净辐射产品的生产算法。以 GLASS 短波辐射、归一化植被指数、MERRA 再分析气象数据等为主要输入数据，利用全球净辐射观测样本训练的 MARS 模型，试生产了 2008 年全年全球净辐射产品，该产品时间分辨率为 1 天，空间分辨率 0.05°。通过收集的 ARM 及 SURFRAD 观测网络 25 个站点实测数据的验证，以及与 MERRA、JRA55 及 CERES-SYN 等现有的净辐射产品交叉比较，证明 GLASS 日间净辐射产品的精度优于其他产品，并由于其较高分辨率，GLASS 产品具有更大的科学及应用价值。然而 GLASS 净辐射产品的发展尚处于初期阶段，还存在一定的不足，如高纬地区、冰雪下垫面地区及较高高程（>4000 m）地区 MARS 模型净辐射估算精度较差，还需进一步充分开展验证及交叉比较等，因此还需要在下一步工作中不断完善及改进。

参 考 文 献

刘新安, 于贵瑞, 何洪林, 蔡福, 祝青林. 2006. 中国地表净辐射推算方法的研究. 自然资源学报, 21(1): 139-145

Al-Riahi M, Al-Jumaily K, Kamies I. 2003. Measurements of net radiation and its components in semi-arid climate of Baghdad. Energy Conversion and Management, 44: 509-525

Allen R G, Pereira L S, Raes D, Smith M. 1998. Crop evapotranspiration-Guidelines for computing crop water requirements-FAO Irrigation and drainage paper 56. FAO, Rome, 300: 6541

Augustine J A, DeLuisi J J, Long C N. 2000. Surfrad—A national surface radiation budget network for atmospheric research. Bulletin of the American Meteorological Society, 81: 2341-2357

Augustine J A, Hodges G B, Cornwall C R, Michalsky J J, Medina C I. 2005. An update on Surfrad—The GCOS surface radiation budget network for the continental United States. Journal of Atmospheric and Oceanic Technology, 22: 1460-1472

Bisht G, Bras R L. 2010. Estimation of net radiation from the MODIS data under all sky conditions: Southern Great Plains case study. Remote Sensing of Environment, 114: 1522-1534

Bisht G, Venturini V, Islam S, Jiang L. 2005. Estimation of the net radiation using MODIS(moderate resolution imaging spectroradiometer)data for clear sky days. Remote Sensing of Environment, 97: 52-67

Bosilovich M G, Robertson F R, Chen J. 2011. Global energy and water budgets in MERRA. Journal of Climate, 24: 5721-5739

Cai G, Xue Y, Hu Y, Guo J, Wang Y, Qi S. 2007. Quantitative study of net radiation from MODIS data in the lower boundary layer in Poyang Lake area of Jiangxi Province, China. International Journal of Remote Sensing, 28: 4381-4389

Chang J H. 1970. Global distribution of net radiation according to a new formula. Annals of the Association of American Geographers, 60: 340-351

Chia C, Neelin J D, Chen C A, Tu J Y. 2009. Evaluating the 'rich-get-richer' mechanism in tropical precipitation change under global warming. J Clim, 22: 1982

Dabberdt W F. 1994. AMS(automated met station)data(FIFE). Data set. Oak Ridge National Laboratory Distributed Active Archive Center, Oak Ridge, Tennessee, U.S.A http: //www.daac.ornl.gov 2014-11-05

De Rosnay P, Calvet J C, Kerr Y, Wigneron J P, Lemaître F, Escorihuela M J, Sabater J M, Saleh K, Barrié J, Bouhours G. 2006. Smosrex: A long term field campaign experiment for soil moisture and land surface processes remote sensing. Remote Sensing of Environment, 102: 377-389

Decker M, Brunke M A, Wang Z, Sakaguchi K, Zeng X, Bosilovich M G. 2011. Evaluation of the reanalysis products from GSFC, NCEP, and ECMWF using flux tower observations. Journal of Climate, 25: 1916-1944

Doelling D R, Loeb N G, Keyes D F, Nordeen M L, Morstad D, Nguyen C, Wielicki B A, Young D F, Sun M G. 2013. Geostationary enhanced temporal interpolation for CERES flux products. Journal of Atmospheric and Oceanic Technology, 30: 1072-1090

dos Santos C A C, Do Nascimento R L, Rao T V R, Manzi A O. 2011. Net radiation estimation under pasture and forest in Rondonia, Brazil, with TM Landsat 5 images. Atmosfera, 24: 435-446

Fitzjarrald D R, Sakai R K. 2010. LBA-ECO CD-03 flux-meteorological data, km 77 pasture site, Para, Brazil: 2000-2005. Data set. Oak Ridge National Laboratory Distributed Active Archive Center, Oak Ridge, Tennessee, U.S.A. http: //daac.ornl.gov 2014-11-05

Fu Q, Liou K N, Cribb M C, Charlock T P, Grossman A. 1997. Multiple scattering parameterization in thermal infrared radiative transfer. Journal of the Atmospheric Sciences, 54: 2799-2812

Gao Y, He H, Zhang L, Lu Q, Yu G, Zhang Z. 2013. Spatio-temporal variation characteristics of surface net radiation in China over the past 50 years. Journal of Geo-Information Science, 15: 1-10

Gay L. 1971. The regression of net radiation upon solar radiation. Theoretical and Applied Climatology, 19: 1-14

Hurtado E, Sobrino J A. 2001. Daily net radiation estimated from air temperature and NOAA-AVHRR data: A case study for the Iberian Peninsula. International Journal of Remote Sensing, 22: 1521-1533

Hutyra L, Wofsy S, Saleska S. 2008. LBA-ECO CD-10 CO_2 and H_2O eddy fluxes at km 67 tower site, Tapajos National Forest. Data set. Oak Ridge National Laboratory Distributed Active Archive Center, Oak Ridge, Tennessee, U.S.A. http: //www.daac.ornl.gov 2014-11-05

Hwang K, Choi M, Lee S, Seo J-W. 2012. Estimation of instantaneous and daily net radiation from MODIS data under clear sky conditions: A case study in East Asia. Irrigation Science, 31: 1173-1184

Irmak S, Irmak A, Jones J, Howell T, Jacobs J, Allen R, Hoogenboom G. 2003. Predicting daily net radiation using minimum climatological data. Journal of Irrigation and Drainage Engineering, 129: 256-269

Iziomon M G, Mayer H, Matzarakis A. 2000. Empirical models for estimating net radiative flux: A case study for three mid-latitude sites with orographic variability. Astrophysics and Space Science, 273: 313-330

Jacobs J M, Myers D A, Anderson M C, Diak G R. 2002. GOES surface insolation to estimate wetlands evapotranspiration. Journal of Hydrology, 266: 53-65

Jia A L, Jiang B, Liang S L, Zhang X T, Ma H. 2016. Validation and spatiotemporal analysis of CERES surface net radiation product. Remote Sensing, 8: 19

Jia Z Z, Liu S M, Xu Z W, Chen Y J, Zhu M J. 2012. Validation of remotely sensed evapotranspiration over the Hai River Basin, China. Journal of Geophysical Research-Atmospheres, 117(D13)

Jiang B, Zhang Y, Liang S L, Wohlfahrt G, Arain A, Cescatti A, Georgiadis T, Jia K, Kiely G, Lund M, Montagnani L, Magliulo V, Ortiz P S, Oechel W, Vaccari F P, Yao Y J, Zhang X T. 2015. Empirical estimation of daytime net radiation from shortwave radiation and the other ancillary information . Agric For Meteorol, 211: 23-36

Jiang B, Zhang Y, Liang S L, Zhang X T, Xiao Z Q. 2014. Surface daytime net radiation estimation using artificial neural networks. Remote Sensing, 6: 11031-11050

Jin Y, Randerson J T, Goulden M L. 2011. Continental-scale net radiation and evapotranspiration estimated using MODIS satellite observations. Remote Sensing of Environment, 115: 2302-2319

Kaminsky K Z, Dubayah R. 1997. Estimation of surface net radiation in the boreal forest and northern prairie from shortwave flux measurements. Journal of Geophysical Research-Atmospheres, 102: 29707-29716

Kanamitsu M, Ebisuzaki W, Woollen J, Yang S, Hnilo J, Fiorino M, Potter G. 2002. Ncep-doe amip-ii reanalysis(r-2). Bulletin of the American Meteorological Society, 83: 1631-1644

Kim H-Y, Liang S. 2010. Development of a hybrid method for estimating land surface shortwave net radiation from MODIS data. Remote Sensing of Environment, 114: 2393-2402

Kjaersgaard J, Cuenca R, Plauborg F, Hansen S. 2007. Long-term comparisons of net radiation calculation schemes. Boundary-Layer Meteorology, 123: 417-431

Kjaersgaard J H, Cuenca R H, Martinez-Cob A, Gavilan P, Plauborg F, Mollerup M, Hansen S. 2009. Comparison of the performance of net radiation calculation models. Theoretical and Applied Climatology, 98: 57-66

Kobayashi S, Ota Y, Harada Y, Ebita A, Moriya M, Onoda H, Onogi K, Kamahori H, Kobayashi C, Endo H, Miyaoka K, Takahashi K. 2015. The JRA-55 reanalysis: General specifications and basic characteristics. J Meteor Soc Japan, 93: 5-48

Leisch F, Hornik K, Ripley B D. 2005. Mda: Mixture and flexible discriminant analysis. In: R Foundation for Statistical Computing. R package version 0.3-1

Liang S L, Wang K C, Zhang X T, Wild M. 2010. Review on estimation of land surface radiation and energy budgets from ground measurement, remote sensing and model simulations. selected topics in applied earth observations and remote sensing, IEEE Journal of, 3: 225-240

Liang S L, Zhang X T, Xiao Z Q, Cheng J, Liu Q, Zhao X. 2013. Global land surface satellite(GLASS) products: Algorithms, Validation and Analysis. Springer Science & Business Media

Liu Q, Wang L Z, Qu Y, Liu N F, Liu S H, Tang H R, Liang S L. 2013a. Preliminary evaluation of the long-term GLASS albedo product. International Journal of Digital Earth, 6: 69-95

Liu S M, Xu Z W, Zhu Z L, Jia Z Z, Zhu M J. 2013b. Measurements of evapotranspiration from eddy-covariance systems and large aperture scintillometers in the Hai River Basin, China. Journal of Hydrology, 487: 24-38

Liu S, Xu Z, Song L, Zhao Q, Ge Y, Xu T, Ma Y, Zhu Z, Jia Z, Zhang F. 2016. Upscaling evapotranspiration measurements from multi-site to the satellite pixel scale over heterogeneous land surfaces. Agricultural and Forest Meteorology

Liu S M, Xu Z W, Wang W Z, Jia Z Z, Zhu M J, Bai J, Wang J M. 2011. A comparison of eddy-covariance and large aperture scintillometer measurements with respect to the energy balance closure problem. Hydrology and Earth System Sciences, 15: 1291-1306

Llasat M C, Snyder R L. 1998. Data error effects on net radiation and evapotranspiration estimation. Agricultural and Forest Meteorology, 91: 209-221

Lloyd J, Kolle O, Veenendaal E, Arneth A, Wolski P. 2004. SAFARI 2000 meterological and flux tower measurements in Maun, Botswana, 2000. Data set. Oak Ridge National Laboratory Distributed Active Archive Center, Oak Ridge, Tennessee, U.S.A. http: //daac.ornl.gov/2014-11-05

Long D, Gao Y, Singh V P. 2010. Estimation of daily average net radiation from MODIS data and DEM over the Baiyangdian watershed in North China for clear sky days. Journal of Hydrology, 388: 217-233

Meyer D, Dimitriadou E, Hornik K, Weingessel A, Leisch F. 2014. e1071: Misc functions of the department of statistics(e1071). In. Vienna, Austria: Tu Wien. R package version 1.6-3

Miller S, Goulden M, da Rocha H R. 2009. LBA-ECO CD-04 meteorological and flux data, km 83 tower site, tapajos national forest. Data set. Oak Ridge National Laboratory Distributed Active Archive Center Oak Ridge, Tennessee, U.S.A. http: //daac.ornl.gov 2014-11-05

Offerle B, Grimmond C S B, Oke T R. 2003. Parameterization of net all-wave radiation for urban areas. Journal of Applied Meteorology, 42: 1157-1173

Ohmura A, Gilgen H, Hegner H, Müller G, Wild M, Dutton E G, Forgan B, Fröhlich C, Philipona R, Heimo A, König-Langlo G, McArthur B, Pinker R, Whitlock C H, Dehne K. 1998. Baseline surface radiation network(BSRN/WCRP): New precision radiometry for climate research. Bulletin of the American Meteorological Society, 79: 2115-2136

Ohring G, Wielicki B, Spencer R, Emery B, Datla R. 2005. Satellite instrument calibration for measuring global climate change: Report of a workshop. Bulletin of the American Meteorological Society, 86: 1303-1313

Pinker R T, Laszlo I. 1992. Modeling surface solar irradiance for satellite applications on a global scale. Journal of Applied Meteorology, 31: 194-211

Raschke E, Bakan S, Kinne S. 2006. An assessment of radiation budget data provided by the ISCCP and GEWEX-SRB. Geophysical Research Letters, 33(7): 359-377

Rienecker M M, Suarez M J, Gelaro R, Todling R, Bacmeister J, Liu E, Bosilovich M G, Schubert S D, Takacs L, Kim G K, Bloom S, Chen J Y, Collins D, Conaty A, Da Silva A, Gu W, Joiner J, Koster R D, Lucchesi R, Molod A, Owens T, Pawson S, Pegion P, Redder C R, Reichle R, Robertson F R, Ruddick A G, Sienkiewicz M, Woollen J. 2011. MERRA: NASA's modern-era retrospective analysis for research and applications. Journal of Climate, 24: 3624-3648

Saha S, Moorthi S, Pan H-L, Wu X, Wang J, Nadiga S, Tripp P, Kistler R, Woollen J, Behringer D, Liu H, Stokes D, Grumbine R, Gayno G, Wang J, Hou Y-T, Chuang H-Y, Juang H-M H, Sela J, Iredell M, Treadon R, Kleist D, Van Delst P, Keyser D, Derber J, Ek M, Meng J, Wei H, Yang R, Lord S, Van Den

Dool H, Kumar A, Wang W, Long C, Chelliah M, Xue Y, Huang B, Schemm J-K, Ebisuzaki W, Lin R, Xie P, Chen M, Zhou S, Higgins W, Zou C-Z, Liu Q, Chen Y, Han Y, Cucurull L, Reynolds R W, Rutledge G, Goldberg M. 2010. The NCEP climate forecast system reanalysis. Bulletin of the American Meteorological Society, 91: 1015-1057

Saleska S R, da Rocha H R, Huete A R, Nobre A D, Artaxo P, Shimabukuro Y E. 2013. LBA-ECO CD-32 flux tower network data compilation, Brazilian Amazon: 1999-2006. Oak Ridge National Laboratory Distributed Active Archive Center, Oak Ridge, Tennessee, U.S.A. http: //daac.ornl.gov 2014-11-05

Simmons A, Uppala S M, Dee D P, Kobayashi S. 2006. New ECMWF reanalysis products from 1989 onwards. ECMWF Newsletter, 110: 26-35

Specht D F. 1991. A general regression network. Neural Networks, IEEE Transactions on, 2: 568-576

Steffen K, Box J, Abdalati W. 1996. Greenland climate network: GC-Net. US army cold regions reattach and engineering(CRREL), CRREL Special Report, 98-103

Swinbank W C. 1963. Longwave radiation from clear skies. QJR Meteorol Soc, 89: 339-348

Tang B, Li Z-L. 2008. Estimation of instantaneous net surface longwave radiation from MODIS cloud-free data. Remote Sensing of Environment, 112: 3482-3492

Tang B, Li Z-L, Zhang R. 2006. A direct method for estimating net surface shortwave radiation from MODIS data. Remote Sensing of Environment, 103: 115-126

Uppala S M, Kållberg P W, Simmons A J, Andrae U, Bechtold V D C, Fiorino M, Gibson J K, Haseler J, Hernandez A, Kelly G A, Li X, Onogi K, Saarinen S, Sokka N, Allan R P, Andersson E, Arpe K, Balmaseda M A, Beljaars A C M, Berg L V D, Bidlot J, Bormann N, Caires S, Chevallier F, Dethof A, Dragosavac M, Fisher M, Fuentes M, Hagemann S, Hólm E, Hoskins B J, Isaksen L, Janssen P A E M, Jenne R, McNally A P, Mahfouf J F, Morcrette J J, Rayner N A, Saunders R W, Simon P, Sterl A, Trenberth K E, Untch A, Vasiljevic D, Viterbo P, Woollen J. 2005. The ERA-40 re-analysis. Quarterly Journal of the Royal Meteorological Society, 131: 2961-3012

Vapnik V. 1995. The Nature of Statistical Learning Theory. New York: Springer

Wang D D, Liang S L, He T, Shi Q Q. 2015. Estimating clear-sky all-wave net radiation from combined visible and shortwave infrared(VSWIR)and thermal infrared(TIR)remote sensing data. Remote Sensing of Environment, 167: 31-39

Wang K, Liang S. 2009a. Estimation of daytime net radiation from shortwave radiation measurements and meteorological observations. Journal of Applied Meteorology and Climatology, 48: 634-643

Wang W H, Liang S L. 2009b. Estimation of high-spatial resolution clear-sky longwave downward and net radiation over land surfaces from MODIS data. Remote Sensing of Environment, 113: 745-754

Wielicki B A, Barkstrom B R, Baum B A, Charlock T P, Green R N, Kratz D P, Lee R B, Minnis P, Smith G L, Takmeng W, Young D F, Cess R D, Coakley J A, Crommelynck D A H, Donner L, Kandel R, King M D, Miller A J, Ramanathan V, Randall D A, Stowe L L, Welch R M. 1998. Clouds and the Earth's radiant energy system(CERES): Algorithm overview. Geoscience and Remote Sensing, IEEE Transactions on, 36: 1127-1141

Xiao Z Q, Liang S L, Wang J D, Chen P, Yin X J, Zhang Z Q, Song J L. 2014. Use of general regression neural networks for generating the GLASS leaf area index product from time-series MODIS surface reflectance. Geoscience and Remote Sensing, IEEE Transactions on, 52: 209-223

Xu Z W, Liu S M, Li X, Shi S J, Wang J M, Zhu Z L, Xu T R, Wang W Z, Ma M G. 2013. Intercomparison of surface energy flux measurement systems used during the HiWATER-MUSOEXE. Journal of Geophysical Research-Atmospheres, 118: 13140-13157

Zhang X T, Liang S L, Q Z G, Wu H R, Zhao X. 2014. generating global land surface satellite(GLASS) incident shortwave radiation and photosynthetically active radiation products from multiple satellite data. Remote Sensing of Environment, 152: 318-332

Zhang Y, Rossow W B, Lacis A A, Oinas V, Mishchenko M I. 2004. Calculation of radiative fluxes from the surface to top of atmosphere based on ISCCP and other global data sets: Refinements of the radiative transfer model and the input data. Journal of Geophysical Research: Atmospheres, 109: D19105

第7章 基于多算法集成的全球地表温度遥感反演

周纪[1]，梁顺林[2,3]，王钰佳[1]，程洁[2]

地表温度遥感产品对于气候变化等研究具有重要价值。本章面向 NOAA AVHRR 和 Terra/Aqua MODIS 数据，以大规模辐射传输模拟为基础，对目前常用的十余种分裂窗算法进行了重新拟合和测试。在此基础上，确定了精度较高、参数敏感性较低、实用性较强的 9 种分裂窗算法，通过贝叶斯加权平均模型（BMA）构建了集成算法，并给出了算法所需的地表发射率、大气水汽含量等关键输入参数的确定方案。基于全球模拟数据集的验证表明，当大气水汽含量不确定度为 $-1.0\sim 1.0$ g/cm^2、地表发射率不确定度为 $-0.02\sim 0.02$ 时，算法反演所得地表温度的 RMSE 在 0.9 K 以内；当地表发射率不确定度增加到 $-0.04\sim 0.04$ 时，其 RMSE 在 1.5 K 以内，表明算法具有较高的精度和稳定性。基于美国地表辐射收支网络（SURFRAD）7 个站点实测地表温度数据的验证也表明集成算法具有较高的精度。基于该集成算法，生成了 1983 年、1993 年、2003 年和 2013 年共四期的逐日、空间分辨率为 5 km（1983 年、1993 年）和 1 km（2003 年、2013 年）的全球地表温度产品，以期为全球气候变化等应用提供基础数据。

7.1 引　　言

7.1.1 研究意义

作为地表与大气界面的关键参量，地表温度（land surface temperature，LST）是全球与区域气候变化的指示因子。大范围地表温度的获取是地气间能量交换、陆地生态系统监测等研究的关键环节。自 20 世纪 80 年代以来，如何利用星载遥感获取高精度的地表温度数据一直是定量遥感研究领域的热点问题。针对卫星热红外遥感数据反演地表温度的分裂窗算法、单窗算法/单通道算法及地表温度/发射率分离算法等相继建立（Wan and Dozier，1996；Gillespie et al.，1998；Qin et al.，2001；Li et al.，2013；Tang et al.，2015a）。目前，基于卫星热红外遥感数据反演地表温度的理论与方法已趋于成熟，并已有少数相关的业务化产品，如美国的 MODIS LST 产品、NPP VIIRS LST 产品、欧洲的 SEVIRI LST 产品等（Trigo et al.，2008；Guillevic et al.，2014；Wan，2014）。业务化的卫星遥感地表温度产品，在地表辐射与能量平衡、干旱监测、全球与区域气候变化分析、生态系统建模、地表水热状况模拟等领域均发挥了重要的作用（Yang et al.，2010；Zhou et al.，2011）。

---

1. 电子科技大学资源与环境学院，信息地学中心；2. 遥感科学国家重点实验室，北京市陆表遥感数据产品工程技术研究中心，北京师范大学地理科学学部；3. 美国马里兰大学帕克分校地理科学系

7.1.2 研究现状

目前，面向具有较高时间分辨率、具有两个或多个热红外波段的星载热红外遥感数据，反演地表温度的算法主要为分裂窗算法（split-window algorithm，SWA）（Li et al.，2013）。这类数据有 NOAA AVHRR、ENVISAT AATSR、Terra/Aqua MODIS 和 Suomi NPP VIIRS 等。分裂窗算法主要基于两个相邻热红外波段的大气影响存在差异。自 20 世纪 70 年代以来，学术界已提出了数十种分裂窗算法。这些算法在形式上具有较大的相似性，其一般形式可归纳为

$$T_s = A_0 + A_1 T_{11} + A_2 T_{12} \tag{7.1}$$

式中，T_s 为地表温度；T_{11}、T_{12} 分别为 11μm 和 12μm 通道的星上亮温；A_i（$i=0、1、2$）为算法系数。

基于分裂窗算法的已有少数业务化产品。如适用于两个相邻热红外通道（如 AVHRR 的第 4、5 通道和 MODIS 的第 31、32 通道）并用于 MODIS 第 4.5 版地表温度产品 MOD11_L2/MYD11_L2 生成的普适性分裂窗算法为（Becker and Li，1990；Wan and Dozier，1996）：

$$T_s = C + \left(A_1 + A_2 \frac{1-\bar{\varepsilon}}{\bar{\varepsilon}} + A_3 \frac{\Delta \varepsilon}{\bar{\varepsilon}^2}\right) \frac{T_{11}+T_{12}}{2} + \left(B_1 + B_2 \frac{1-\bar{\varepsilon}}{\bar{\varepsilon}} + B_3 \frac{\Delta \varepsilon}{\bar{\varepsilon}^2}\right) \frac{T_{11}-T_{12}}{2} \tag{7.2}$$

式中，A_i、B_i、C（$i=1、2、3$）均为系数；$\bar{\varepsilon}$、$\Delta \varepsilon$ 分别为上述两个通道的发射率平均值和差值。在 MODIS 第 6 版地表温度产品算法中，式（7.2）添加二次项后用于生成裸土的地表温度（Wan，2014）。

Prata（2002）建立了用于 AATSR 地表温度生成的算法：

$$T_s = A_{f,i,v} + B_{f,i}(T_{11}-T_{12})^n + (B_{f,i}+C_{f,i})T_{12} \tag{7.3}$$

式中，$A_{f,i,v}$、$B_{f,i}$ 和 $C_{f,i}$ 等系数依赖于地表覆盖类型、植被覆盖状况等；n 为传感器观测天顶角的函数。

Pinheiro 等（2006）利用 Ulivieri 等（1994）构建的分裂窗算法，基于 NOAA-14 AVHRR 数据生成了非洲大陆长时间序列的地表温度产品：

$$T_s = A_0 + A_1 T_{11} + A_2(T_{11}-T_{12}) + A_3(1-\bar{\varepsilon}) + A_4 \Delta \varepsilon \tag{7.4}$$

式中，A_i（$i=1、2、3$）为系数。

总体上，目前被学术界广泛采用的分裂窗算法还有多种，由此生成的地表温度产品包含 AVHRR、MODIS、AASTR、VIIRS 和 SEVIRI 等。分裂窗算法应用的关键在于：

（1）确定算法的系数。算法系数对于算法精度具有重要影响。一般而言，分裂窗算法系数通过对基于辐射传输模拟构建的模拟数据集进行统计和拟合得到，故算法系数依赖于辐射传输模型、大气廓线和辐射传输模拟方案等。

（2）确定算法的输入参数。算法的输入参数随算法的复杂程度具有一定差异。部分算法仅需热红外波段的星上亮温（或星上辐亮度）。此外，部分算法还需要大气水汽含量、地表发射率、近地表气温、地表覆盖类型等外部参数。

（3）算法的测试与评价。分裂窗算法的性能与训练区域、大气状况、输入参数不确定性等多种因素密切相关。故将其用于地表温度产品生成之前，需要对其进行深入的测试和评价。

7.1.3 问题的提出

目前应用较广的地表温度业务化产品为 MODIS 地表温度/发射率产品。MODIS 所在的平台 Terra、Aqua 卫星分别于 1999 年、2002 年发射升空，并分别于 2000 年、2002 年正式提供观测数据。MODIS 迄今已提供了十余年的存档数据与定量遥感产品，已在全球气候变化研究等诸多领域发挥了重要作用。在 Terra 与 Aqua 卫星升空前，NOAA 系列卫星提供了较长时间序列的对地观测资料。NOAA 系列卫星的 TIROS-N 卫星早在 1978 年 10 月 13 日即发射升空，此后 NOAA-6、NOAA-7 等卫星相继发射。NOAA 卫星系列所搭载的 AVHRR 又包含几种通道设置，如共 4 个通道（仅具 1 个热红外通道，涉及的卫星包括 TIROS-N、NOAA-6、NOAA-8、NOAA-10）、5 个通道（具 2 个热红外通道，涉及的卫星包括 NOAA-7、NOAA-9、NOAA-11、NOAA-12、NOAA-13、NOAA-14）、6 个通道（具 3a、3b 通道，涉及的卫星包括 NOAA-15、NOAA-16、NOAA-17、NOAA-18、NOAA-19）。自 NOAA-7 起至 NOAA-14，所提供的数据覆盖了 1982～2000 年。

虽然大多数分裂窗算法针对 NOAA AVHRR 数据建立，却未有较长时间序列的地表温度产品。此外，分裂窗算法的系数大多具有"局地"特征，即算法系数等依赖于特定的研究区和特定的传感器。对比分析发现，NOAA AVHRR 第 4、5 波段与 MODIS 第 31、32 通道具有相似性（图 7.1），这使得二者可以采用统一的分裂窗算法。此外，充分利用 2000 年之前的 AVHRR 数据，将其与 MODIS 数据衔接，有助于将目前常用的 MODIS 地表温度产品时间跨度扩展近 20 年。这对于大范围的气候变化建模、地表辐射与能量平衡等具有极为重要的实用价值。

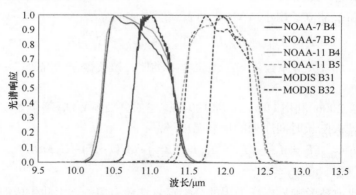

图 7.1 AVHRR 第 4、5 通道及 MODIS 第 31、32 通道光谱响应函数
http://www.star.nesdis.noaa.gov

本章利用可获得的 NOAA AVHRR 数据和 Terra/Aqua MODIS 数据，以全球陆地为对象，生成了四期全球逐日瞬时的地表温度产品，为相关应用研究提供数据支撑。这四期分别为 1983 年、1993 年、2003 年和 2013 年。其中，对于 1983 年和 1993 年，生产的地表温度产品空间分辨率为 5 km；对于 2003 年和 2013 年，生成的地表温度空间分辨率产品为 1 km。在前文所述的 NOAA 系列卫星平台中，1983 年采用 NOAA-7 AVHRR 数据，1993 年采用 NOAA-11 AVHRR 数据，2003 年和 2013 年采用 Terra/Aqua MODIS 数据。为考虑后期可能对地表温度的时间跨度扩展需求，加之分裂窗通道之间的相似性，本章中的算法设计部分可拓展至 NOAA-9、12、14 卫星 AVHRR 数据等（图 7.1）。

在全球变化的大背景下，本章对于全球与区域气候变化研究具有较大的实用价值与积极的现实意义。

7.2 算法构建

7.2.1 理论基础

卫星对地观测时，假定地面目标在热红外谱区为朗伯体，热红外传感器入瞳处的热辐射可用辐射传输方程描述（Ottle and Stoll，1993）：

$$L_\lambda = \varepsilon_\lambda \tau_\lambda B(\lambda, T_s) + (1-\varepsilon_\lambda)\tau_\lambda L_\lambda^\downarrow + L_\lambda^\uparrow \tag{7.5}$$

式中，λ 为波长；L_λ 为星上辐亮度；ε_λ 为地表发射率；$B(\lambda, T_s)$ 为地表温度为 T_s 时地表黑体辐亮度；$L_\lambda^\downarrow$、$L_\lambda^\uparrow$ 分别为大气下行辐射与上行辐射；τ_λ 为传感器观测路径上的大气透过率。

式（7.5）中除 T_s 外，其余参数均为波长的函数。对于特定的热红外波段，式（7.5）可转换为

$$L_i = \varepsilon_i \tau_i B_i(T_s) + (1-\varepsilon_i)\tau_i L_i^\downarrow + L_i^\uparrow \tag{7.6}$$

式中，i 为热红外遥感传感器的通道。

式（7.5）、式（7.6）表明，利用热红外遥感数据反演地表温度，前提在于对大气参数（大气上行辐射、下行辐射与大气透过率）和地表发射率确定。上述参数确定后，地表温度可根据 Planck 函数的反函数求解：

$$B_i(T_s) = \frac{L_i - (1-\varepsilon_i)\tau_i L_i^\downarrow - L_i^\uparrow}{\varepsilon_i \tau_i} \tag{7.7}$$

$$T_s = \frac{hc}{\lambda_i k \ln\{2hc^2/[B_i(T_s)\lambda_i^5]+1\}} \tag{7.8}$$

式中，h 为 Planck 常量（6.626×10^{-34} J/s）；k 为玻尔兹曼常量（1.3806×10^{-23} J/K）；c 为光速（2.998×10^8 m/s）；λ_i 为热红外通道的有效波长。

总体而言，针对热红外遥感数据的地表温度反演算法主要集中在以下几个方面：①对大气参数的简化，往往将地面站点的常规观测资料（如气温、大气水汽含量、水汽压等）与大气参数关联，以此减少辐射传输方程的未知数个数；②通过相邻通道部分参数之间的关系，减少未知数个数；③通过数值方法实现辐射传输方程的求解。分裂窗算法的基础，在于大气对地表发射辐射的衰减与两个相邻热红外通道星上辐亮度的差值呈一定比例（McMillin，1975），其优势在于不需要或需要较少的大气参数（如大气水汽含量）和地表参数（如地表发射率）。这为将其实际应用于卫星遥感数据提供了可能。

7.2.2 基本算法训练

鉴于目前已有数十种分裂窗算法，本章采用以下思路构建 AVHRR 和 MODIS 地表温度的反演算法：①选取目前应用较广的多种分裂窗算法作为基本算法构建备选算法库，所选算法具有不同形式和不同输入参数需求；②构建具有代表性的大气廓线数据库，

开展辐射传输模拟以构建训练数据集、验证数据集和敏感性分析数据集；③利用模拟数据集对基本算法进行训练，确定算法系数，对各基本算法进行测试与评价；④在测试与评价的基础上，对性能较好的基本算法进行集成，构建集成算法；⑤面向真实遥感数据，确定算法输入参数的计算方法，设计地表温度产品生成流程等。

1. 备选分裂窗算法

根据算法形式及其所需的输入参数，将分裂窗算法分为简单算法和复杂算法两大类（Zhou et al.，2014）。其中，简单算法未考虑传感器观测天顶角的影响，算法中仅含有星上亮温，部分含有地表发射率或其变形。本章共选取 9 种简单算法，即 OV1992、FO1996、PR1984、UC1985、BL1990（WD1996，简称 BL-WD）、PP1991、VI1991、UL1994 和 WA2014，如表 7.1 所示。复杂算法不仅需亮温、地表发射率为输入参数，还需要大气水汽含量等输入。共选取了 8 种复杂算法，即 FOW1996、SO1991、ULW1994、CO1994、SR2000、MT2002、BL1995 和 GA2008，如表 7.2 所示。其中，BL1995 算法显式地考虑了 VZA 的影响。VZA 导致地表热辐射到达传感器过程中的大气路径存在差异，这使得反演算法可能依赖于 VZA。为使算法更好地克服观测角度的影响，对于所有算法，在后续研究中构建基于 VZA 的系数查找表。

表 7.1　9 种简单算法

序号	算法形式	算法缩写	算法来源
1	$T_s = A_0 + A_1 T_{11} + A_2 (T_{11} - T_{12})$	OV1992	分裂窗算法的一般形式及 Ottlé 和 Vidal-Madjar（1992）
2	$T_s = A_0 + A_1 T_{11} + A_2 (T_{11} - T_{12}) + A_3 (T_{11} - T_{12})^2$	FO1996	Francois 和 Ottle（1996）
3	$T_s = A_0 + A_1 T_{11} + A_2 (T_{11} - T_{12}) + A_3 T_{11} \varepsilon_{11} + A_4 (T_{11} - T_{12})(1 - \varepsilon_{11}) + A_5 T_{12} \Delta \varepsilon$	PR1984	Price（1984）
4	$T_s = A_0 + A_1 T_{11} + A_2 (T_{11} - T_{12}) + A_3 (1 - \varepsilon)$	UC1985	Ulivieri 和 Cannizzaro（1985）
5	$T_s = A_0 + \left(A_1 + A_2 \dfrac{1-\varepsilon}{\varepsilon} + A_3 \dfrac{\Delta\varepsilon}{\varepsilon^2}\right)(T_{11} + T_{12}) + \left(A_4 + A_5 \dfrac{1-\varepsilon}{\varepsilon} + A_6 \dfrac{\Delta\varepsilon}{\varepsilon^2}\right)(T_{11} - T_{12})$	BL-WD	Becker 和 Li（1990）；Wan 和 Dozier（1996）
6	$T_s = A_0 + A_1 \dfrac{T_{11} - T_0}{\varepsilon_{11}} + A_2 \dfrac{T_{12} - T_0}{\varepsilon_{12}} + A_3 \dfrac{1 - \varepsilon_{11}}{\varepsilon_{11}} + T_0$	PP1991	Prata 和 Platt（1991）
7	$T_s = A_0 + A_1 T_{11} + A_2 (T_{11} - T_{12}) + A_3 \dfrac{1-\varepsilon}{\varepsilon} + A_4 \dfrac{\Delta\varepsilon}{\varepsilon}$	VI1991	Vidal（1991）
8	$T_s = A_0 + A_1 T_{11} + A_2 (T_{11} - T_{12}) + A_3 (1-\varepsilon) + A_4 \Delta\varepsilon$	UL1994	Ulivieri 等（1994）
9	$T_s = A_0 + \left(A_1 + A_2 \dfrac{1-\varepsilon}{\varepsilon} + A_3 \dfrac{\Delta\varepsilon}{\varepsilon^2}\right)(T_{11} + T_{12}) + \left(A_4 + A_5 \dfrac{1-\varepsilon}{\varepsilon} + A_6 \dfrac{\Delta\varepsilon}{\varepsilon^2}\right)(T_{11} - T_{12}) + A_7 (T_{11} - T_{12})^2$	WA2014	Wan（2014）

2. 辐射传输模拟

1）全球大气廓线数据库构建

大气廓线是辐射传输模拟的主要输入参数，在其基础上形成的辐射传输模拟数据集，是训练地表温度反演算法的基础数据。此外，也可将形成的模拟数据集用于算法的验证、敏感性分析等。由于辐射传输模拟需要消耗一定的计算资源与时间，故大气廓线的数目需要与全球大气状况的代表性进行折中。其中，大气状况的代表性主要与大气水汽含量（column water vapor，CWV）、海拔、空间分布等紧密相关（François et al.，2002；

表 7.2　8 种复杂算法

序号	算法形式	算法缩写	算法来源
1	$T_s = A_0 + (A_1 w + A_2 w^2 + A_3) T_{11} + (A_4 w + A_5 w^2 + A_6) T_{12} + A_7 w + A_8 w^2$	FOW1996	Francois 和 Ottle（1996）*
2	$T_s = A_0 + A_1 T_{11} + [A_2 w + A_3 + (A_4 w + A_5)(1-\varepsilon_{11}) + (A_6 w + A_7)\Delta\varepsilon](T_{11}-T_{12})$ $+ \frac{1-\varepsilon_{11}}{\varepsilon_{11}} T_{11}[A_8 w + A_9 + (A_{10} w + A_{11})\Delta\varepsilon] - \frac{1-\varepsilon_{12}}{\varepsilon_{12}} T_{12}[A_{12} w + A_{13} + (A_{14} w + A_{15})\Delta\varepsilon]$	SO1991	Sobrino 等（1991）
3	$T_s = A_0 + A_1 T_{11} + (A_2 w + A_3)(T_{11}-T_{12}) + (A_4 w + A_5)(1-\varepsilon) + (A_6 w + A_7)\Delta\varepsilon$	ULW1994	Ulivieri 等（1994）*
4	$T_s = A_0 + A_1 T_{11} + A_2(T_{11}-T_{12}) + A_3(T_{11}-T_{12})^2$ $+ [(A_4 w + A_5) T_{11} + (A_6 w + A_7)](1-\varepsilon) - [(A_8 w + A_9) T_{11} + (A_{10} w + A_{11})]\Delta\varepsilon$	CO1994	Coll 等（1994）
5	$T_s = A_0 + A_1 T_{11} + A_2(T_{11}-T_{12}) + A_3(T_{11}-T_{12})^2 + (A_4 w + A_5)(1-\varepsilon) - (A_6 w + A_7)\Delta\varepsilon$	SR2000	Sobrino 和 Raissouni（2000）
6	$T_s = A_0 + A_1 T_{11} + A_2(T_{11}-T_{12}) + A_3(T_{11}-T_{12})^2 + (A_4 w + A_5)(1-\varepsilon)$	MT2002	Ma 和 Tsukamoto（2002）
7	$T_s = A_0 + A_1 w + [A_2 + (A_3 w \cos\theta + A_4)(1-\varepsilon_{11}) - (A_5 w + A_6)\Delta\varepsilon](T_{11}+T_{12})$ $+ [A_7 + A_8 w + (A_9 + A_{10} w)(1-\varepsilon_{11}) - (A_{11} w + A_{12})\Delta\varepsilon](T_{11}-T_{12})$	BL1995	Becker 和 Li（1995）
8	$T_s = A_0 + A_1 T_{11} + A_2(T_{11}-T_{12}) + A_3(T_{11}-T_{12})^2 + (A_4 + A_5 w + A_6 w^2)(1-\varepsilon)$ $+ (A_7 + A_8 w)\Delta\varepsilon$	GA2008	Galve 等（2008）

注：*表示同时提供了简单算法与复杂算法，故在复杂算法的算法缩写中加上"W"以区分。

Galve et al.，2008）。目前，在全球范围内使用较为广泛的大气廓线有法国动力气象实验室的 TIGR（Thermodynamic Initial Guess Retrieval）系列廓线（如 TIGR2、TIGR3、TIGR2000 等）、NOAA 系列廓线，以及其余气象模式模拟结果或再分析资料等。但各种大气廓线数据库廓线来源、地理空间分布等各不相同。本章选用具有较高质量的 SeeBor V5.1 大气廓线数据库（Borbas et al.，2005），该数据库中的大气廓线共有 15704 条，是 MODIS 大气廓线产品的基础数据之一。采用以下步骤对该大气廓线数据库进行处理，形成全球大气廓线数据库。

（1）虽然 SeeBor V5.1 大气廓线已经过质量检查，并标称为晴空大气廓线（250hPa 下各层的相对湿度低于 99%），但为防止受云影响的大气廓线对后期算法发展带来的影响，将相对湿度的阈值设为 85%。即若廓线所有层的相对湿度不超过 85%，才将该廓线标识为晴空廓线，否则将其标识为有云廓线。在 15704 条廓线中，晴空廓线共 8545 条，有云廓线共 7159 条。

（2）8545 条大气廓线中，含有陆地廓线 5326 条，其中 CWV$\geqslant$5 g/cm^2 的廓线仅 105 条。为了保证后续建立的算法在高水汽含量条件下的精度，对该部分廓线予以保留。

（3）高纬度地区（[60°～90°N]、[60°～90°S]）的廓线普遍表现为气温低、CWV 很小的特征，且高纬度地区地理空间距离较小。高纬度地区廓线按照编号升序排列，从第 1 条廓线开始寻找相似的廓线。廓线相似的条件包括：①经度相差不超过 60°，纬度相差不超过 15°，高程差不超过 1000 m；②大气水汽含量相差不超过 0.5 g/cm^2。一旦找到与当前廓线相似的若干廓线，即仅保留当前廓线。剔除相似廓线后，高纬度地区剩余 46 条廓线，CWV 范围为 0.014～3.336 g/cm^2。

（4）中低纬度地区的廓线具有复杂的特征，按照与（3）类似的规则剔除相似廓线，条件如下：①经度相差不超过 30°，纬度相差不超过 10°，高程差不超过 1000 m；②大气水汽含量相差不超过 0.5 g/m^2；③月份差不超过 2 个月，即相似廓线须在相同气候背景下获得。一旦找到与当前廓线相似的若干廓线，即仅保留当前廓线。剔除相似廓线后，中低纬度地区剩余 402 条廓线，CWV 范围为 0.070~4.992 g/cm²。

最终获得 553 条大气廓线，剔除其中 4 条最低层海拔低于 0 m 的廓线，剩余 549 条大气廓线（图 7.2），CWV 范围为 0.014~7.928 g/cm²，平均值/标准差为 2.662/1.878 g/cm²；廓线对应的地表温度范围为 225.25~331.92 K，平均值/标准差为 292.49/17.50 K。就空间分布而言，所选廓线在中低纬度陆地地区基本上为均匀分布；南亚次大陆北部、中国东南部地区廓线略多，其原因在于这几个地区是大气水汽含量分布的高值区，为了保证全球大气廓线对于高温、高湿环境有足够的廓线覆盖，故未对 CWV 超过 5 g/cm² 的廓线进行相似性筛选。极地地区廓线分布较少，其原因在于这些地区空间距离较近。此外，图 7.2 也表明：CWV 极低的廓线，可能分布在高纬度地区和中低纬度地区（如沙漠地区）；CWV 偏高的廓线，主要集中在中低纬度地区。

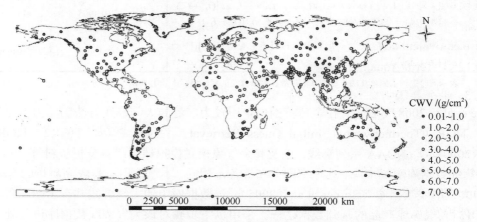

图 7.2　本章构建的全球大气廓线数据库的廓线分布

2）关键参数设置

每条大气廓线均提供了近地面气温（T_a）。由于地表热力状况的时空多变特征，对每条大气廓线需要设置的地表温度（T_s）存在不确定性。一般而言，大多数研究对 T_s 的设置建立在分析 T_s 与 T_a 的差值（即 T_s-T_a）的基础上。基于对所选廓线的分析且尽可能涵盖可能出现的情况，考虑 T_s-T_a 的范围为 –15~20 K。为加快辐射传输模拟速度和节省存储空间，将地表温度的变化步长设置为 4 K，即地表温度设置为 T_a–16.0 K、T_a–12.0 K、T_a–8.0 K、T_a–4.0 K、T_a、T_a+4.0 K、T_a+8.0 K、T_a+12.0 K、T_a+16.0 K 和 T_a+20.0 K，共设置 10 个地表温度值。

设置地表发射率采用美国约翰·霍普金斯大学（The Johns Hopkins University，JHU）光谱库作为依据，且对该库中的陨石、人造地物两个子库不予采用，剩余共计 185 条反射光谱曲线。采用以下方法确定最终输入辐射传输模型中的光谱数据：将上述光谱曲线由反射率转换为发射率，并利用 NOAA-7、NOAA-11 AVHRR 的第 4、5 通道和 MODIS 第 31、32 通道光谱响应函数，计算对应的发射率通道积分值。选择 3 条植被光谱、4 条积雪光谱和 1 条水体光谱对应的发射率；对其他各类别依照 NOAA-7 AVHRR 第 4 通道的发射率按照升序排列，然后每间隔 4 种地物选取 1 种地物。最终获得了 48 种地物的发射率。通过上述处理，使得所选取的地物发射率变化范围较广、重复性很低，其覆盖范围如表 7.3 所示。

表 7.3 辐射传输模拟所选发射率覆盖的范围

卫星传感器	11μm 波段发射率	12μm 波段发射率
NOAA-7 AVHRR	0.674~0.996	0.692~0.991
NOAA-11 AVHRR	0.670~0.996	0.697~0.991
MODIS	0.680~0.994	0.613~0.991

根据 AVHRR 和 MODIS 可能的传感器观测天顶角范围，将传感器观测角度设置为 0°~70°，变化步长为 5°，即共设置了 15 个传感器观测角度值。大气能见度设置为 23 km。辐射传输模型采用 MODTRAN 5.2.2。根据上述参数设置在高性能计算平台上进行辐射传输模拟，所建立的训练数据集共 3952800 个样本。为更加准确地反映卫星遥感数据的真实情况，对模拟所得的星上亮温添加噪声。添加噪声依据传感器通道的噪声等效温差 (noise equivalent delta temperature，NEDT)。其中，NOAA AVHRR 第 4、5 通道的 NEDT 为 0.12K，Terra/Aqua MODIS 第 31、32 通道的 NETD 为 0.05K。

3. 单个算法训练

1) 大气条件划分

根据近地表气温将大气条件分为两种情况：Cold-ATM (cold atmosphere) 与 Warm-ATM (warm atmosphere)。其中，Cold-ATM 表示大气温度较低、大气影响较小的条件；Warm-ATM 表示大气温度较高、大气影响较大的条件。利用所选取的 549 条大气廓线的相关分析发现，近地表气温与大气水汽含量有显著的正相关关系（图 7.3）。因此，采用近地表气温作为大气条件的判别因子，并采用某一气温阈值作为 Cold-ATM 与 Warm-ATM 的分界点（Wan and Dozier, 1996; Yu et al., 2008）。图 7.3 表明，当近地表气温为 280~290K 时，近地表气温与大气水汽含量的拟合曲线斜率变化最大。因此，可将气温阈值设置为上述范围。同时，考虑到 Cold-ATM 主要反映干冷的大气状况，为了保证在该大

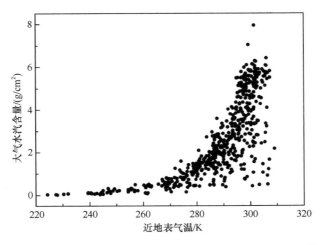

图 7.3 549 条全球分布的大气廓线近地表气温与大气水汽含量散点图

气条件下大气水汽含量较低,将气温阈值设置为 280 K,即近地表气温不超过 280 K 的大气划分为 Cold-ATM,其余划分为 Warm-ATM。

对近地表气温不超过 280 K 的 124 条大气廓线统计结果表明,所有大气廓线的大气水汽含量均低于 1.592 g/cm^2,且仅有 1 条廓线超过 1.5 g/cm^2;对其余 425 条廓线的统计结果表明,大气水汽含量的范围为 0.374~7.928 g/cm^2。这与实际情况相符,因为就全球范围而言,近地表气温较高的地区,既包含空气湿度较大的地区,也包含大气极为干燥的干旱和半干旱地区。

2)地气温差区间划分

对白天与夜间分别进行考虑。夜间的地表温度与近地表气温的差值范围为[−16 K,4 K];白天的地表温度与近地表气温的差值范围为[−4 K,20 K]。

3)大气水汽含量区间划分

为了在辐射传输模拟中更符合实际情况,还根据大气水汽含量将 Cold-ATM 和 Warm-ATM 划分为若干个子集。CWV 的划分间隔为 0.5 g/cm^2。对于 Cold-ATM 大气,CWV 共划分为 3 个区间:(0, 0.5]、(0.5, 1.0]、(1.0, 1.592](单位均为 g/cm^2,下同),对应的大气廓线数目为 68、38、18。对于 Warm-ATM 大气,CWV 共划分为 13 个区间:(0, 0.5]、(0.5, 1.0]、(1.0, 1.5]、(1.5, 2.0]、(2.0, 2.5]、(2.5, 3.0]、(3.0, 3.5]、(3.5, 4.0]、(4.0, 4.5]、(4.5, 5.0]、(5.0, 5.5]、(5.5, 6.0]、(6.0, 7.928],对应的大气廓线数目为 9、17、48、57、41、44、37、24、25、25、41、46、11。

4)VZA 区间划分

根据前述辐射传输模拟中的传感器观测天顶角设置,对 15 个传感器观测角度值(即 0°~70°,变化步长为 5°)分别进行处理。

5)算法系数拟合与查找表构建

按照上述方案,对各算法系数进行拟合,如图 7.4 所示。最终得到 480 种情况。根据上述情况,对各算法进行拟合,同时求得每种情况下的回归参数,利用选用回归标准误差(standard error of the estimate,SEE)、决定系数(R^2)和均方根误差等作为指标对训练结果进行评价。算法系数拟合方案见图 7.4。单个分裂窗算法系数查找表示例见表 7.4。

4. 单个算法训练结果分析

基于上述辐射传输方案构建的模拟数据,对 17 种基本算法进行了训练。每种算法在每个 VZA 情况下对应的训练样本量如表 7.5、表 7.6 所示。

1)NOAA-7 AVHRR

在所考虑的 17 种算法中,FO1996 在 Cold-ATM 大气条件下,SEE 均超过 1.7 K,在 Warm-ATM 大气条件下,SEE 均超过 1.4 K;FOW1996 在 Cold-ATM 大气条件下,SEE 均超过 2.5 K,在 Warm-ATM 大气条件下,SEE 均超过 1.2 K。类似的,算法 OV1992、MT2002、PP1991、UC1985 的回归效果总体偏差,故剔除这 6 种算法。

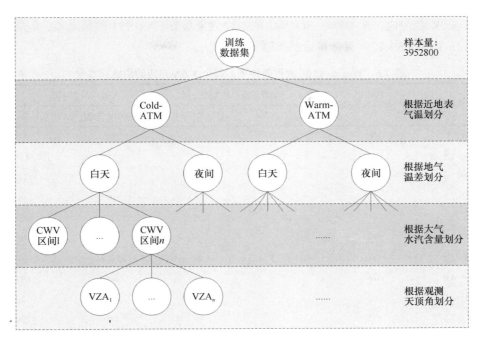

图 7.4 基于训练数据集的算法系数拟合方案

表 7.4 单个分裂窗算法系数查找表示例

大气	地气温差边界		CWV 边界		VZA	系数 A_0	...	系数 A_n
1	−4	20	0.0	0.5	0	...		...
1	−4	20	0.0	0.5	5	...		...
...	...	...	...	...	...	...		...
2	−16	4	6.0	7.939	70	...		...

表 7.5 Cold-ATM 大气条件下、每个 VZA 对应的训练样本量

CWV	廓线数目	地表温度取值数目		样本量	
		[−4 K, 20 K]	[−16 K, 4 K]	[−4 K, 20 K]	[−16 K, 4 K]
0～0.5	68	7	6	22848	19584
0.5～1.0	38	7	6	12768	10944
1～1.592	18	7	6	6048	5184
合计	124	—	—	41664	35712

剩余 11 种算法的回归标准误差如图 7.5 所示。在 Cold-ATM 大气条件下，SEE 均在 0.8 K 以内，当 CWV 在 0～0.5 g/cm² 范围内时，BL1995、CO1994 和 SO1991 回归效果最好，VI1991 最差（SEE 超过 0.46K）；随着 CWV 增加，大部分算法的回归效果略微变差，在所有算法中，SO1991 的回归效果最好，CO1994 算法次之，VI1991 最差。各算法在地气温差为[−4 K, 20 K]和[−16 K, 4 K]情况下回归效果差别很小。总体上，复杂算法的拟合效果优于简单算法。

在 Warm-ATM 大气条件下，由于 CWV 的可能范围较宽，随着 CWV 增大，算法拟合精度降低。当 CWV 不超过 2.5 g/cm² 时，所有算法在 VZA 不超过 65°情况下，回归

SEE 在 1.0K 范围内;其中算法 SO1991 的拟合效果最好,VI1991 效果最差;随着 CWV 增大,在 VZA 较大时,算法拟合的 SEE 迅速增大。

表 7.6 Warm-ATM 大气条件下、每个 VZA 对应的训练样本量

CWV	廓线数目	地表温度取值数目		样本量	
		[−4 K, 20 K]	[−16 K, 4 K]	[−4 K, 20 K]	[−16 K, 4 K]
0~0.5	9	7	6	3024	2592
0.5~1.0	17	7	6	5712	4896
1.0~1.5	48	7	6	16128	13824
1.5~2.0	57	7	6	19152	16416
2.0~2.5	41	7	6	13776	11808
2.5~3.0	44	7	6	14784	12672
3.0~3.5	37	7	6	12432	10656
3.5~4.0	24	7	6	8064	6912
4.0~4.5	25	7	6	8400	7200
4.5~5.0	25	7	6	8400	7200
5.0~5.5	41	7	6	13776	11808
5.5~6.0	46	7	6	15456	13248
>6.0	11	7	6	3696	3168
合计	425	—	—	142800	122400

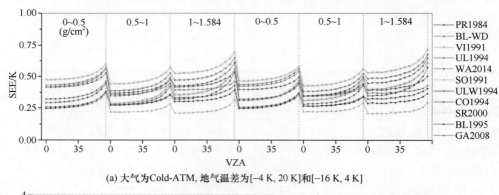

(a) 大气为Cold-ATM, 地气温差为[−4 K, 20 K]和[−16 K, 4 K]

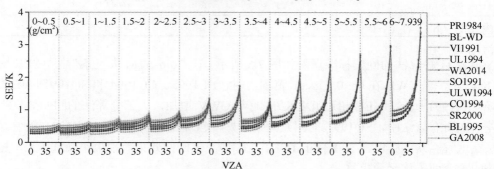

(b) 大气条件为Warm-ATM, 地气温差为[−4 K, 20 K]

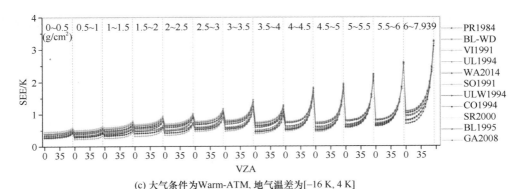

(c) 大气条件为Warm-ATM，地气温差为[−16 K, 4 K]

图 7.5 针对 NOAA-7 AVHRR 数据的基本算法训练的回归标准误差

2）NOAA-11 AVHRR

在所考虑的 17 种算法中，FO1996 在 Cold-ATM 大气条件下，SEE 均超过 2.5 K，在 Warm-ATM 大气条件下，SEE 均超过 1.5K；FOW1996 在 Cold 大气条件下，SEE 均超过 2.5 K，在 Warm-ATM 大气条件下，SEE 均超过 1.4 K。类似的，算法 OV1992、MT2002、PP1991、UC1985 的回归效果总体偏差，故剔除这 6 种算法。

对于剩余 11 种算法，在 Cold-ATM 大气条件下，SEE 均在 0.8 K 以内。当 CWV 不超过 0.5 g/cm² 时，BL1995、CO1994 和 SO1991 回归 SEE 最低；随着 CWV 增大，各算法的回归 SEE 略微变化，SO1991 的回归 SEE 最低，VI1991 最高。在两种地气温差条件下，拟合结果差别很小。在 Warm-ATM 大气条件下，当 CWV 不超过 2.5 g/cm² 时，除 VI1991、UL1994 算法在 VZA 为 65°外，所有算法的拟合 SEE 均在 1.0 K 以内。随着 CWV 增加，尤其是 VZA 增大，算法拟合精度变差。

3）Terra/Aqua MODIS

在 17 种算法中，OV1992 在 Cold-ATM 大气条件下回归 SEE 均超过了 2.5 K，在 Warm-ATM 大气条件下 SEE 均超过 1.4K；FO1996 在任何条件下 SEE 均超过 1.4 K，FOW1996 的 SEE 均超过 1.2 K；PP1991 算法在 Cold-ATM 大气条件下回归效果尚可，SEE 为 0.6～1.5 K，但在 Warm-ATM 大气条件下、随着 CWV 增大，回归效果迅速变差。UC1985、MT2002 的回归效果略好于上述 3 种算法，但较其他算法呈现显著较差的趋势。故剔除上述 6 种算法。

其余 5 种简单算法、6 种复杂算法在 Cold-ATM 大气条件下，回归 SEE 均在 0.9K 以内（图 7.6）。在 Cold-ATM 大气条件下，当地气温差为−4～20 K，SEE 普遍随着大气水汽增大；在 11 种算法中，CO1994、SO1991 的回归效果最好，VI1991 回归效果相对较差。随着观测天顶角增加，回归效果变差。总体上，复杂算法的回归效果好于简单算法，表明在算法中显式地考虑大气水汽含量，可能有助于改善地表温度的反演精度。当地气温差为[−16 K，4 K]时，各算法回归效果与地气温差为[−4 K，20 K]非常接近。但当 CWV 超过 0.5 g/cm² 时、VZA 超过 50°～55°时，其 SEE 迅速增大。

在 Warm-ATM 大气条件下，各算法的回归效果随着大气水汽含量、VZA 显著变化。当地气温差为[−4 K，20 K]时、CWV 不超过 1.5 g/cm² 时，各算法的 SEE 与 Cold-ATM 大气条件下非常相似，SEE 均在 1.0K 以内，VI1991 算法回归效果最差，CO1994、SO1991 最好；当 CWV 超过 1.5 g/cm² 时，BL-WD 算法回归效果与 VI1991 均较差，CO191、SO1991

最好,且随着 VZA 的增大,算法的 SEE 普遍增高。当 CWV 超过 6.0 g/cm² 时,VZA 达到 35°时,SEE 超过 1.0 K。总体上,复杂算法的回归拟合精度要略高于简单算法。当地气温差为[–16 K,4 K]时,随着大气水汽含量的增加,在 VZA 较大时,算法的拟合精度要好于地气温差为–4～20 K 时。

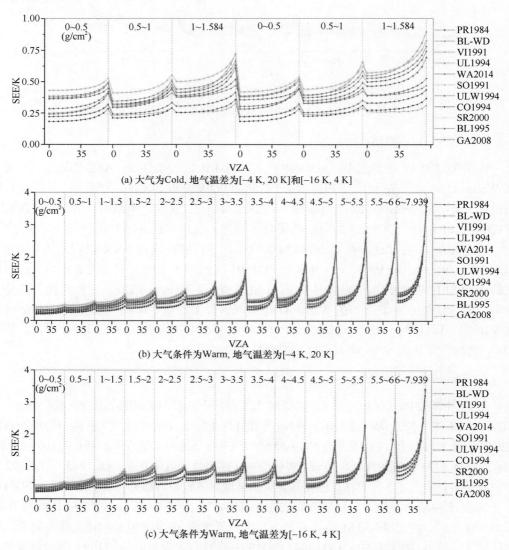

图 7.6 针对 Terra/Aqua MODIS 数据的基本算法训练的回归标准误差

7.2.3 基本算法测试

1. 算法对发射率和大气水汽含量的敏感性

发射率和大气水汽含量是分裂窗算法的主要输入参数。本算法拟采用 NDVI 阈值法与赋值法相结合,确定像元的发射率(详见 7.3 节)。Sobrino 等(2001)将 NDVI 阈值法与 TISI(temperature-independent spectral indices)方法、TS-RAM(thermal infrared radiance ratio model)方法进行对比,发现其与这两种方法有非常相似的精度,发射率均方根误差分别为 0.020 和 0.025。因此，考虑了两种发射率最大不确定度，分别为 0.02 和 0.04，其中 0.04 主要针对 NDVI 阈值法和赋值法中对裸土发射率确定具有较大不确定性。

此外，本算法拟采用美国 MERRA（modern-era retrospective analysis for research and applications）产品提供近实时的大气水汽含量。验证表明，MERRA 大气水汽含量在热带地区的偏差接近 $0.24~\text{g/cm}^2$，对于 20°S～0°、0°～20°N 和 20°～25°的地区，偏差约在 $0.21~\text{g/cm}^2$、$0.05~\text{g/cm}^2$ 和 $0.24~\text{g/cm}^2$；对于纬度偏高的地区，大气水汽含量误差会降低，如对于 55°～25°S、25°～55°N 和 55°～60°N 的地区，偏差约在 $0.06~\text{g/cm}^2$、$-0.09~\text{g/cm}^2$ 和 $0.08~\text{g/cm}^2$（Rienecker et al.，2011）。考虑到 MERRA 格点内部大气水汽含量的空间分异，在敏感性分析中将大气水汽含量的不确定度放宽到 $1.0~\text{g/cm}^2$。

因此，对于 NOAA-7 AVHRR、NOAA-11 AVHRR 和 MODIS，均在两种组合对初次筛选后的基本算法进行测试和评价：①发射率最大不确定度为 0.02，大气水汽含量最大不确定度为 $1.0~\text{g/cm}^2$；②发射率最大不确定度为 0.04，大气水汽含量最大不确定度为 $1.0~\text{g/cm}^2$。利用 7.2.2 节建立的训练数据集对初步筛选得到的 11 种分裂窗算法进行分析。

1）NOAA-7 AVHRR

在 11 种算法中，SO1991 的精度最差，CO1994 的精度其次。其余 9 种分裂窗算法的精度接近。图 7.7、图 7.8 分别为地气温差为[–4 K，20 K]、[–16 K，4 K]时基于 NOAA-7

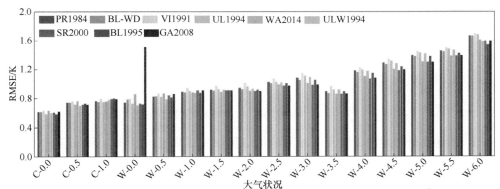

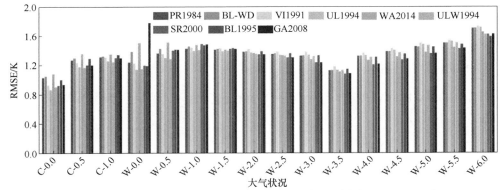

图 7.7 地气温差为[–4 K，20 K]时基于 NOAA-7 AVHRR 训练数据集的各算法反演结果的均方根误差（彩图附后）

C：Cold-ATM；W：Warm-ATM

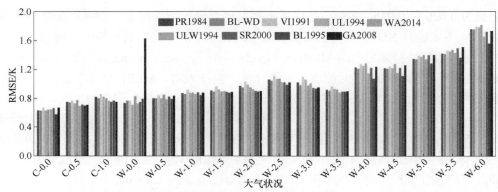

(a) 发射率不确定度: –0.02~0.02, 大气水汽含量不确定度: –1.0~1.0 g/cm²

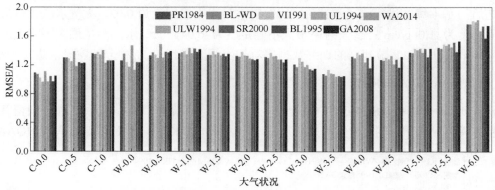

(b) 发射率不确定度: –0.04~0.04, 大气水汽含量不确定度: –1.0~1.0 g/cm²

图 7.8　地气温差为[–16 K, 4 K]时基于 NOAA-7 AVHRR 训练数据集的各算法反演结果的均方根误差（彩图附后）

C: Cold-ATM; W: Warm-ATM

AVHRR 训练数据集的各算法反演结果的均方根误差。显然，其余 9 种分裂窗算法的误差均随着地表温度、大气水汽含量的增加而增大；随着发射率误差增大，算法误差显著增加。同一种算法在不同地气温差条件下（白天[–4 K, 20 K]、夜间[–16 K, 4 K]）精度差异并不明显。在所考虑的发射率、大气水汽含量不确定度范围内，各算法的 RMSE 控制在 2.0 K 以内。GA2008 算法在少数情况下精度相对其他算法略差。总体上，没有一种算法在各种情况下均能取得最高的反演精度。

2）NOAA-11 AVHRR

基于 NOAA-11 AVHRR 训练数据集的各算法反演测试结果与 NOAA-7 AVHRR 类似，故在此不再赘述。

3）Terra/Aqua MODIS

基于 MODIS 训练数据集的各算法反演测试结果如图 7.9 和图 7.10 所示，与 NOAA-7 AVHRR 及 NOAA-11 AVHRR 类似。

2. 基于验证数据集的算法测试

除利用辐射传输模拟得到的训练数据集对基本算法进行测试外，还采用类似的方案构建了一套模拟数据集,用于测试和验证基本算法。辐射传输模拟所采用的大气廓线仍来源于 SeeBor V5.1 大气廓线数据库(Borbas et al.,2005)。在该数据库,有陆地晴空廓线 5326 条,剔除已被用于构建单个算法训练的辐射传输模拟数据集的 549 条廓线,以及海拔低于 0 m 的 16 条廓线,剩余的 4761 条大气廓线用于构建集成算法训练数据集。廓线的空间分布如图 7.11 所示。

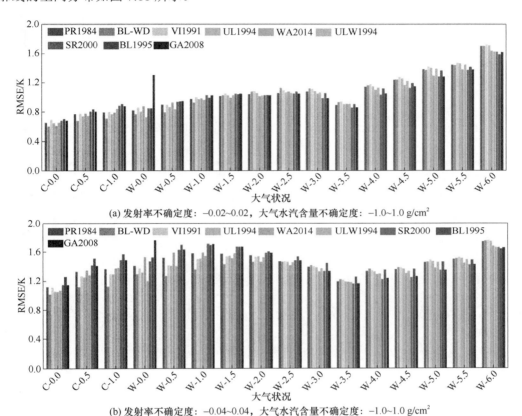

图 7.9 地气温差为[-4 K,20 K]时基于 MODIS 训练数据集的各算法反演结果的均方根误差(彩图附后)

C:Cold-ATM; W:Warm-ATM

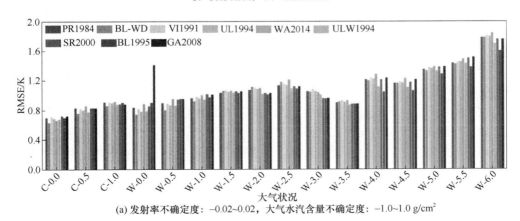

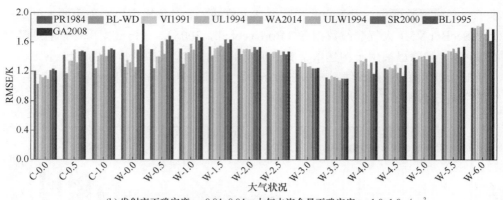

(b) 发射率不确定度：−0.04~0.04，大气水汽含量不确定度：−1.0~1.0 g/cm²

图 7.10　地气温差为[−16 K，4 K]时基于 MODIS 训练数据集的各算法反演结果的均方根误差
C：Cold-ATM；W：Warm-ATM

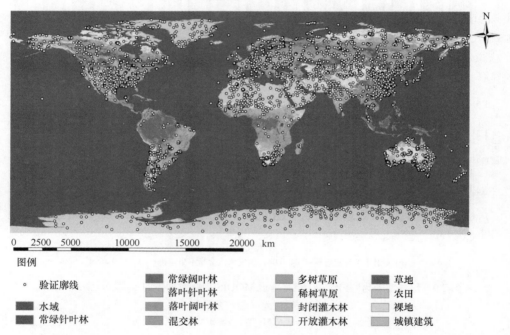

图 7.11　用于构建验证数据集的 SeeBor 大气廓线分布（地表覆盖类型来源于 AVHRR 数据；彩图附后）

为了符合实际情况，结合 AVHRR 地表覆盖分类数据、全球土壤类型数据，提取每条廓线对应的地表覆盖类型和土壤类型，以此确定各条廓线对应的 AVHRR 第 4、5 通道和 MODIS 第 31、32 通道的发射率。各种地表覆盖类型的廓线数据见表 7.7。SeeBor 廓线本身提供了每条廓线对应的地表温度，将廓线最底层的气温作为近地表气温。根据前文对各算法拟合结果的分析，在相同的大气条件下，单个算法在 VZA 为 0°～40°时拟合精度较为稳定，之后随着 VZA 的增大，拟合精度变化较大。MODIS 的最大可能的 VZA 为 65°，故将 VZA 划分为三个区间：0°～40°、40°～55°、55°～65°。对于每条大气廓线，在上述三个区间随机生成的 VZA 个数为 5、3、2。基于上述辐射传输模拟方案，最终得到了 4761 条廓线对应的 47610 个辐射传输模拟结果。

表 7.7　全球不同地表覆盖类型对应的验证数据集大气廓线数目

地表覆盖类型	数目	地表覆盖类型	数目
水域（water，WAT）	292	开放灌木林（open shrubland，OPE）	481
常绿针叶林（evergreen needleleaf forest，EVN）	121	草地（grassland，GRA）	361
常绿阔叶林（evergreen broadleaf forest，EVB）	42	农田（cropland，CRO）	448
落叶针叶林（deciduous needleleaf forest，DEN）	21	裸地-冰雪（bare ground-ice，ICE）	568
落叶阔叶林（deciduous broadleaf forest，DEB）	88	裸地-岩石（bare ground-rock，ROC）	12
混交林（mixed forest，MIX）	83	裸地-沙地（bare ground-shifting sand，SHI）	157
多树草原（woodland，WOO）	583	裸地-其他土壤类型（bare ground-other soil type，BAR）	756
稀树草原（wooded grassland，WOG）	480	城镇建筑（urban and built，URB）	30
封闭灌木林（closed shrubland，CLO）	238		

注：括号中为地表覆盖类型名缩写。

1）NOAA-7 AVHRR

针对 NOAA-7 AVHRR 模拟数据，对 11 种单个基本算法的验证测试结果表明，SO1991 算法对地表温度有显著的高估（表 7.8）；其余 10 种算法无显著的高估或低估。对 RMSE 的统计表明（图 7.12），当地表发射率的不确定度为 $-0.02 \sim 0.02$ 时（CWV 的不确定度在 $-1.0 \sim 1.0$ g/cm^2 范围内变化），SO1991 算法的 RMSE 超过了 3.0 K，CO1994 算法接近 1.5 K，其余 9 种算法的 RMSE 普遍在 1.0 K 以内。当地表发射率的不确定度为 $-0.04 \sim 0.04$ 时，各算法的误差增加明显，但 SO1991、CO1994 的精度仍较其他算法差，其余 9 种算法的 RMSE 普遍在 1.5 K 以内。

表 7.8　针对 NOAA-7 AVHRR 数据的 11 种基本算法的平均误差　　（单位：K）

算法	发射率不确定度：$-0.02 \sim 0.02$ CWV 不确定度：$-1.0 \sim 1.0$ g/cm^2				发射率不确定度：$-0.04 \sim 0.04$ CWV 不确定度：$-1.0 \sim 1.0$ g/cm^2			
	VZA: 0°~65°	VZA: 0°~40°	VZA: 40°~55°	VZA: 55°~65°	VZA: 0°~65°	VZA: 0°~40°	VZA: 40°~55°	VZA: 55°~65°
PR1984	−0.05	−0.04	−0.06	−0.08	0.10	0.11	0.09	0.08
BL-WD	0.11	0.13	0.11	0.09	0.25	0.26	0.24	0.23
VI1991	0.18	0.20	0.18	0.15	0.30	0.31	0.29	0.28
UL1994	−0.04	−0.03	−0.05	−0.07	0.09	0.10	0.08	0.07
WA2014	0.13	0.14	0.12	0.11	0.26	0.27	0.25	0.25
SO1991	2.78	2.65	2.86	2.98	2.96	2.83	3.03	3.17
ULW1994	−0.03	−0.01	−0.04	−0.05	0.09	0.10	0.08	0.07
CO1994	−0.20	−0.21	−0.19	−0.17	−0.29	−0.29	−0.29	−0.28
SR2000	0.01	0.02	0.00	−0.01	0.14	0.15	0.14	0.13
BL1995	0.02	0.03	0.01	−0.01	0.16	0.18	0.15	0.14
GA2008	0.02	0.03	0.01	0.00	0.16	0.17	0.16	0.15

2）NOAA-11 AVHRR

针对 NOAA-11 AVHRR 模拟数据，各算法的平均误差见表 7.9，RMSE 算法如图 7.13 所示。总体上，结果与 NOAA-7 AVHRR 类似，SO1991、CO1994 算法无法获得满意的精度。

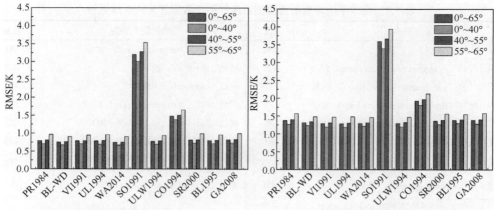

(a) 发射率不确定度：−0.02~0.02，大气水汽含量不确定度：−1.0~1.0 g/cm²

(b) 发射率不确定度：−0.04~0.04，大气水汽含量不确定度：−1.0~1.0 g/cm²

图 7.12 针对 NOAA-7 AVHRR 数据的 11 种基本算法的均方根误差

表 7.9 针对 NOAA-11 AVHRR 数据的 11 种基本算法的平均误差　　　　（单位：K）

算法名称	发射率不确定度：−0.02~0.02 CWV 不确定度：−1.0~1.0 g/cm²				发射率不确定度：−0.04~0.04 CWV 不确定度：−1.0~1.0 g/cm²			
	VZA: 0°~65°	VZA: 0°~40°	VZA: 40°~55°	VZA: 55°~65°	VZA: 0°~65°	VZA: 0°~40°	VZA: 40°~55°	VZA: 55°~65°
PR1984	−0.06	−0.05	−0.07	−0.09	0.09	0.10	0.08	0.07
BL-WD	0.11	0.12	0.10	0.08	0.25	0.26	0.24	0.23
VI1991	0.19	0.21	0.18	0.16	0.31	0.32	0.30	0.29
UL1994	−0.05	−0.03	−0.06	−0.08	0.08	0.09	0.07	0.06
WA2014	0.12	0.13	0.11	0.10	0.26	0.27	0.25	0.24
SO1991	2.85	2.72	2.93	3.07	3.00	2.88	3.07	3.22
ULW1994	−0.04	−0.03	−0.05	−0.07	0.07	0.08	0.06	0.05
CO1994	−0.06	−0.08	−0.05	−0.01	−0.15	−0.17	−0.15	−0.13
SR2000	−0.01	0.00	−0.02	−0.03	0.12	0.13	0.12	0.11
BL1995	0.01	0.02	0.00	−0.02	0.15	0.16	0.14	0.13
GA2008	0.00	0.01	−0.01	−0.02	0.14	0.15	0.14	0.13

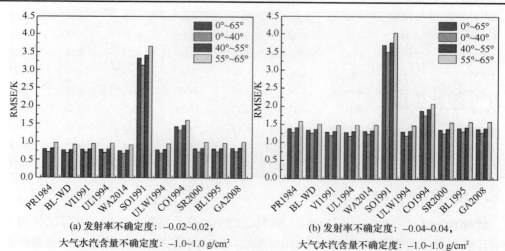

(a) 发射率不确定度：−0.02~0.02，大气水汽含量不确定度：−1.0~1.0 g/cm²

(b) 发射率不确定度：−0.04~0.04，大气水汽含量不确定度：−1.0~1.0 g/cm²

图 7.13 针对 NOAA-11 AVHRR 数据的 11 种基本算法的均方根误差

3）Terra/Aqua MODIS

针对 MODIS 模拟数据，对 11 种单个基本算法的验证测试结果表明，SO1991 算法对地表温度有显著的高估，CO1994 算法有显著的低估（表 7.10）；其余 9 种算法无显著的高估或低估。对 RMSE 的统计表明（图 7.14），当地表发射率的不确定度在 –0.02～0.02 范围内时（CWV 的不确定度在 –1.0～1.0 g/cm² 范围内变化），SO1991、CO1994 算法的 RMSE 均超过 2.5 K，其余 9 种算法的 RMSE 普遍在 1.0 K 以内。当地表发射率的不确定度在 –0.04～0.04 范围内时，各算法的误差增加明显，但 SO1991、CO1994 的精度仍较其他算法差，其余 9 种算法的 RMSE 普遍在 1.5 K 以内。

表 7.10　针对 MODIS 数据的 11 种基本算法的平均误差　　　　　（单位：K）

算法名称	发射率不确定度：–0.02～0.02 CWV 不确定度：–1.0～1.0 g/cm²				发射率不确定度：–0.04～0.04 CWV 不确定度：–1.0～1.0 g/cm²			
	VZA: 0～65°	VZA: 0～40°	VZA: 40°～55°	VZA: 55°～65°	VZA: 0～65°	VZA: 0～40°	VZA: 40°～55°	VZA: 55°～65°
PR1984	–0.03	–0.01	–0.04	–0.07	0.10	0.12	0.08	0.06
BL-WD	0.02	0.05	0.01	–0.05	0.11	0.15	0.10	0.04
VI1991	0.10	0.13	0.09	0.05	0.21	0.24	0.19	0.15
UL1994	–0.03	–0.01	–0.04	–0.07	0.09	0.11	0.07	0.05
WA2014	0.05	0.08	0.04	0.01	0.16	0.19	0.15	0.12
SO1991	2.58	2.50	2.64	2.70	2.81	2.74	2.85	2.92
ULW1994	–0.01	0.01	–0.02	–0.05	0.09	0.11	0.08	0.05
CO1994	–1.72	–1.69	–1.74	–1.76	–1.83	–1.79	–1.86	–1.89
SR2000	0.02	0.03	0.01	–0.01	0.14	0.16	0.14	0.12
BL1995	0.04	0.06	0.03	0.01	0.19	0.21	0.17	0.15
GA2008	0.02	0.04	0.01	–0.01	0.16	0.17	0.15	0.13

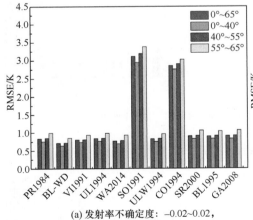
(a) 发射率不确定度：–0.02～0.02，
大气水汽含量不确定度：–1.0～1.0 g/cm²

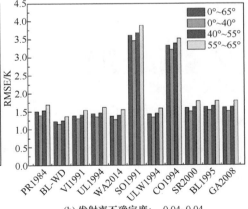
(b) 发射率不确定度：–0.04～0.04，
大气水汽含量不确定度：–1.0～1.0 g/cm²

图 7.14　针对 MODIS 数据的 11 种基本算法的均方根误差

此外，还统计了针对 NOAA-7 AVHRR、NOAA-11 AVHRR 和 MODIS 的 11 种算法在全球各种地表覆盖类型的精度，结果如图 7.15～图 7.17 所示。结果表明，SO1991、CO1994 算法的精度较其余 9 种算法普遍较低。值得注意的是，在地表覆盖类型为 bare

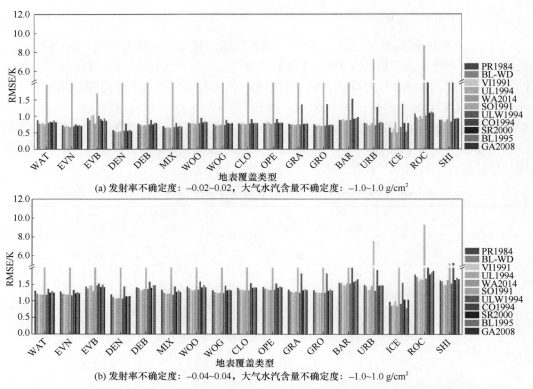

图 7.15 针对 NOAA-7 AVHRR 数据、不同地表覆盖类型的单个基本算法的均方根误差

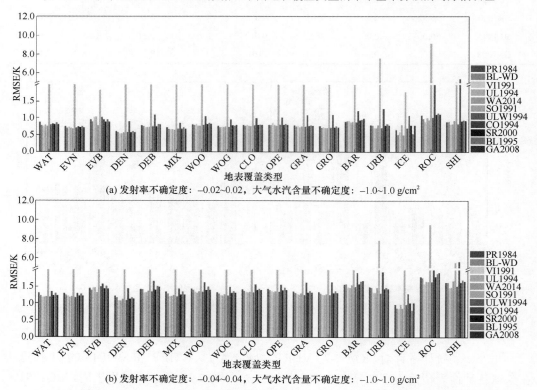

图 7.16 针对 NOAA-11 AVHRR 数据、不同地表覆盖类型的单个基本算法的均方根误差

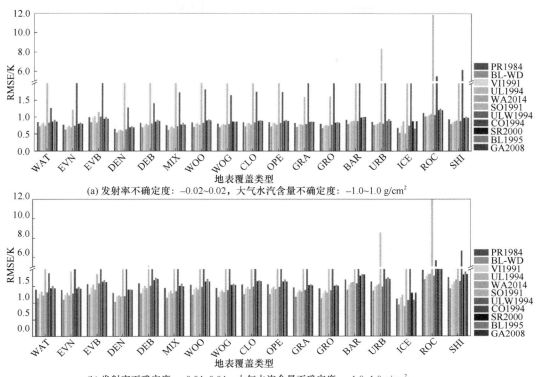

图 7.17　针对 MODIS 数据、不同地表覆盖类型的单个基本算法的均方根误差（彩图附后）

ground-ice（ICE）时，各算法的精度较在其他地表覆盖类型较高，表明算法在干冷环境下能够取得更好的精度。

7.2.4　基本算法集成

1. 算法集成思想

算法训练与测试结果表明，各算法有不同的适应性。因此，本章将贝叶斯加权评价方法（Bayesian model averaging，BMA）引入，对不同的算法进行组合，充分发挥算法集成的优势。近年来，BMA 方法已在地表长波辐射模型集成（Wu et al.，2012）、蒸散发模型集成（Yao et al.，2014）等方面发挥了很大的优势。

对于一个给定的分裂窗算法，假设算法反演得到的地表温度（LST）以 r 代替，对应的 LST 真值以 r_t 代替。K 个分裂窗算法的集合表示为 $\{f_1, f_2, \cdots, f_K\}$。则多个模型集成对 r 预测的概率密度函数（probability density function，PDF）为（Duan and Phillips，2010）

$$p(r|f_1, f_2, \cdots, f_K) = \sum_{k=1}^{K} p(r|f_k) p(f_k|r_t) \tag{7.9}$$

式中，$p(r|f_k)$ 为基于算法 f_k 预测的 PDF；$p(f_k|r_t)$ 为算法 f_k 的后验概率，反映了算法 f_k 对 LST 真值的逼近程度；所有单个算法后验概率之和为 1，可视为权重 w_k。故式（7.9）可转换为

$$p(r|f_1, f_2, \cdots, f_K) = \sum_{k=1}^{K} w_k p(r|f_k) \tag{7.10}$$

假定 $p(r|f_k)$ 具有正态分布特征，其均值与方差分别为 $\overline{f_k}$、σ_k^2。设 $g(\cdot)$ 为对应的正态分布的 PDF，则单个算法预测的概率密度函数可转换为

$$p(r|f_k) = g(r|\theta_k) \tag{7.11}$$

$$p(r|f_1, f_2, \cdots, f_K) = \sum_{k=1}^{K} w_k g(r|\theta_k) \tag{7.12}$$

基于 BMA 多算法集成反演得到的 LST 为 r 的条件期望：

$$E[r|f_1, f_2, \cdots, f_K] = \sum_{k=1}^{K} w_k \overline{f_k} \tag{7.13}$$

上述分析表明，$\overline{f_k}$ 实际上为算法 f_k 的反演值。采用 BMA 模型进行算法集成的关键在于确定单个反演算法的权重。本章采用期望最大方法进行确定。该方法通过最大似然估计计算权重和方差，在很大程度上降低了极大似然估计的算法复杂度，但其性能与极大似然估计相近。对数似然函数为

$$l = \sum_{(s,t)} \log \left[\sum_{k=1}^{K} w_k g(r_{s,t}|\theta_k) \right] \tag{7.14}$$

式中，$\sum_{(s,t)}$ 为在所有空间点 s 与时间点 t 上求和；$r_{s,t}$ 为在空间点 s、时间点 t 上的 LST 真值。反演算法的反演结果 $\overline{f_k}$ 与对应的观测值 $r_{s,t}$ 作为训练数据，确定各反演算法的后验概率。

2. 集成算法训练

在 BMA 方法中，需要确定各种算法的后验概率。由于实测的地表温度数据难以获得，故本章中利用前文建立的训练数据集对 BMA 进行训练。因基本算法测试结果表明，SO1991、CO1994 在输入的发射率、大气水汽含量有误差的情况下误差较大，即二者对参数误差的敏感性较大，故这两种算法不参与 BMA 训练。其余 9 种算法（PR1984、BL-WD、VI1991、UL1994、WA2014、ULW1994、SR2000、BL1995 和 GA2008）用于 BMA 训练。

分别在 32 种大气条件下（详见 7.2.2 节）训练中纳入了不同的算法组合，即依次选取精度最高（RMSE 最小）的 n 种（$n=2, 3, \cdots, 9$）算法参与 BMA 训练，得到各种算法在 BMA 模型中的权重，并计算所有训练样本的误差直方图。训练结果表明，n 种算法组合集成的 BMA 模型精度相差不大，其原因在于所考虑的各种基本算法均通过训练达到了很高的精度（详见 2.3 节）。因此，采用了 9 种基本算法组合构建 BMA 模型，在这种情况下构建的 BMA 模型具有较好的稳定性，能够避免在实际应用中某种算法出现较大误差对最终结果造成显著影响。

1）NOAA-7 AVHRR

因篇幅所限，仅列出 6 种大气条件下针对 NOAA-7 AVHRR 的 9 种基本算法集成时各算法在 BMA 模型中的权重（图 7.18）及最终反演得到的地表温度误差直方图（图 7.19）。

显然，在不同的大气条件下，各种算法在 BMA 模型中的权重存在差异。在 Cold-ATM 大气条件下，UL1994、ULW1994、BL1995 等算法的权重较高，其原因在于这几种算法的精度普遍较高。在 Warm-ATM 大气条件下，随着大气水汽含量的增加，权重较大的算法变化显著，不同算法的精度随着大气水汽含量变化迅速。各基本算法和集成算法的反演误差大部分集中在-2.0~2.0 K 范围内，随着大气水汽含量增加，各算法误差略微增大。总体上，BMA 模型更能得到地表温度的无偏估计。

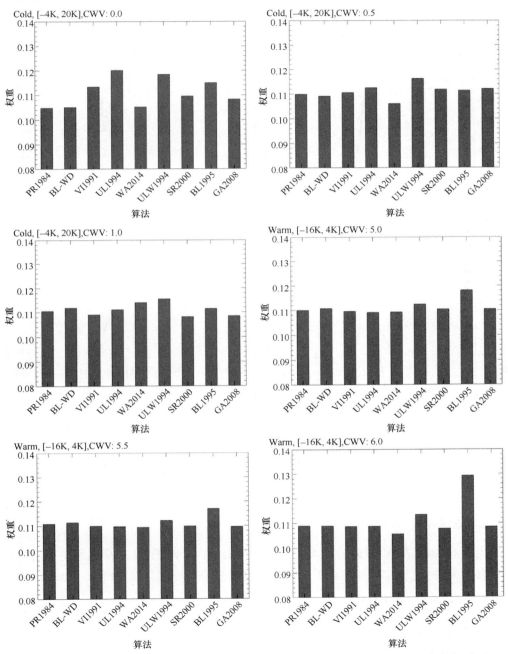

图 7.18 针对 NOAA-7 AVHRR 的 9 种基本算法集成时各算法在 BMA 模型中的权重

共 32 种情况，仅列出部分情况；CWV 后的数字表示大气水汽含量区间的下边界

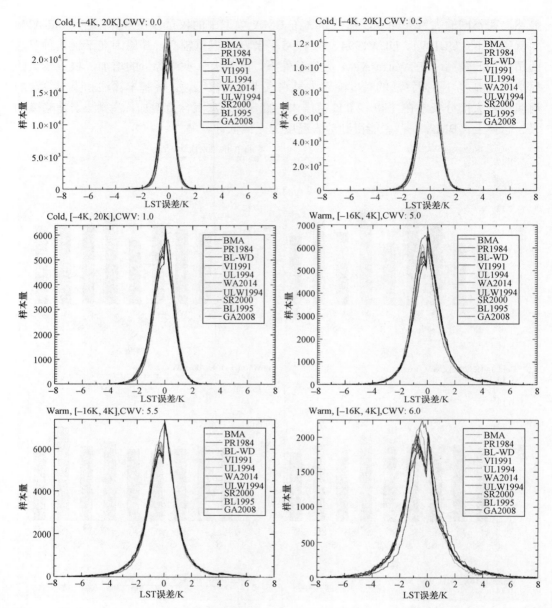

图 7.19 针对 NOAA-7 AVHRR 的 9 种基本算法集成时 BMA 模型与各基本算法的误差直方图（彩图附后）
共 32 种情况，仅列出部分情况；CWV 后的数字表示大气水汽含量区间的下边界

2）NOAA-11 AVHRR

由于 NOAA-7 AVHRR 的第 4、5 通道与 NOAA-11 AVHRR 对应通道的光谱响应函数具有较大的相似性，故算法权重与地表温度直方图等与前者较为相似。在此不再赘述。

3）Terra/Aqua MODIS

针对 Terra/Aqua MODIS 的基本算法权重和反演误差直方图的部分见图 7.20、图 7.21。因 MODIS 第 31、32 通道光谱响应特征与 AVHRR 第 4、5 通道存在显著差异，故针对 MODIS 的基本算法权重与 AVHRR 存在显著区别。在大气条件为 Cold-ATM、地气温差

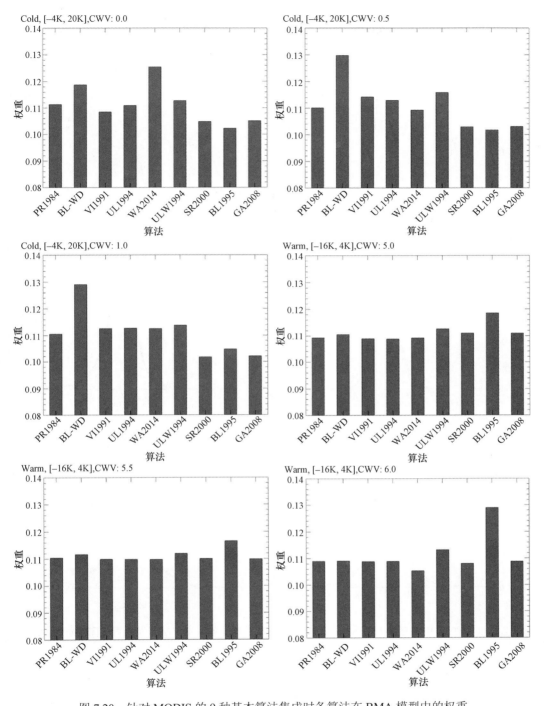

图 7.20 针对 MODIS 的 9 种基本算法集成时各算法在 BMA 模型中的权重
共 32 种情况，仅列出部分情况；CWV 后的数字表示大气水汽含量区间的下边界

区间为[−4 K，20 K]的情况下，BL-WD 算法的权重相对较大；在地气温差区间为[−16 K，4 K]时，BL-WD、ULW1994 算法的权重相对较大。值得注意的是，BL-WD 算法为 MODIS 官方发布的空间分辨率为 1 km 的地表温度产品源算法之一（Wan and Dozier，1996）。

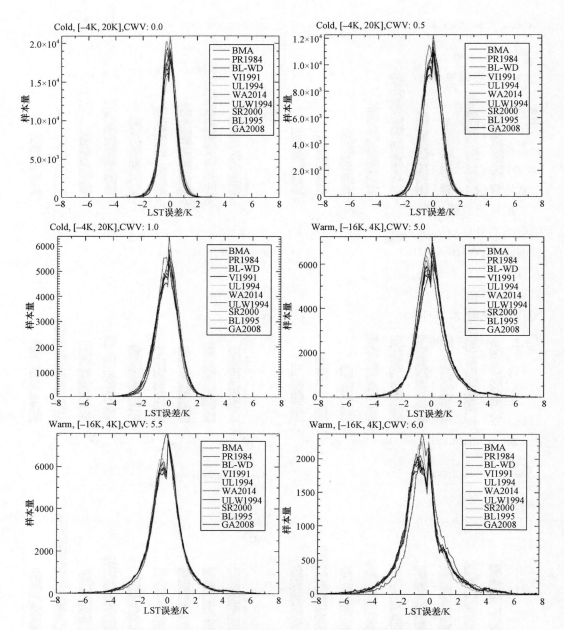

图 7.21 针对 MODIS 的 9 种基本算法集成时 BMA 模型与各基本算法的误差直方图（彩图附后）
共 32 种情况，仅列出部分情况；CWV 后的数字表示大气水汽含量区间的下边界

在大气条件为 Warm-ATM、地气温差区间为[−4 K，20 K]且大气水汽含量小于 3.0 g/cm^2 时，BL-WD、WA2014、ULW1994 算法的权重相对较大；随着大气水汽含量超过 3.0 g/cm^2，复杂算法（即算法显式地包含了大气水汽含量）ULW1994、SR2000、BL1995 的权重相对其他算法略大。在大气条件为 Warm-ATM、地气温差区间为[−16 K，4 K]且大气水汽含量小于 3.0 g/cm^2 时，ULW1994、BL-WD 算法权重相对较大；随着大气水汽含量继续增加，BL1995、ULW1994 算法权重较大。

7.3 算法参数确定

7.3.1 地表覆盖类型与植被指数

地表覆盖类型为算法所需的间接参数，主要用于辅助确定地表发射率。对于 AVHRR，采用美国马里兰大学（Global Land Cover Facility，GLCF）提供的全球 1km 分辨率的地表覆盖分类数据（Hansen et al.，2000）。对于 MODIS，采用 MODIS 地表覆盖分类产品 MCD12Q1，采用 UMD 方案的分类结果，其空间分辨率为 500m（Friedl et al.，2010）。二者均提供 14 种地物类别。

植被指数采用归一化差值植被指数，主要用于确定地表发射率。对于 AVHRR，采用美国 GSFC（Goddard Space Flight Center）的 LTDR（Land Long Term Data Record）提供的逐日 AVHRR NDVI 产品 AVH13C1，其空间分辨率为 5 km。对于 MODIS，采用 16 天合成的植被指数产品 MOD13A2/MYD13A2，其空间分辨率为 1 km。对于每景 MODIS 数据进行逐像元扫描，在 MOD13A2/MYD13A2 数据库中寻找在 16 天内最近日期的 NDVI 作为该像元对应的 NDVI，进一步据其确定发射率。

7.3.2 地表发射率

1. 计算思路

目前，用于确定地表发射率的主要方法有 α 残差法（Alpha-derived emissivity method）、日夜算法（day/night method）、发射率边界法（emissivity bounds method）、灰体法（graybody emissivity method）、最大-最小值差值法（maximum-minimum-difference method）、参考通道法（reference-channel method）、归一化方法（normalized-emissivity method）、比值法（ratio algorithm method）、温度光谱指数法（temperature-independent spectral indices method）、分类法（image classification method）等（Sobrino et al.，2008；Li et al.，2013）。对于 AVHRR、MODIS 等较低空间分辨率的遥感数据而言，使用较多的是分类法和 NDVI 阈值法（NDVI^{THM}）（Tang et al.，2015b）。研究表明，与常用的温度光谱指数法、日夜算法等相比，NDVI 阈值法能够获得非常相似的估算结果。本章以 NDVI 阈值法为主，结合赋值法，确定 AVHRR 和 MODIS 热红外通道的地表发射率。

NDVI 阈值法的形式为

$$\varepsilon_\lambda = \begin{cases} a_\lambda + b_\lambda \rho_{red}, & \text{NDVI} < \text{NDVI}_s \\ \varepsilon_{v\lambda} P_v + \varepsilon_{s\lambda}(1-P_v) + C_\lambda, & \text{NDVI}_s \leqslant \text{NDVI} \leqslant \text{NDVI}_v \\ \varepsilon_{v\lambda} + C_\lambda, & \text{NDVI} > \text{NDVI}_v \end{cases} \quad (7.15)$$

式中，λ 为波长，代表某波段；ε_λ 为发射率；ρ_{red} 为红外波段的地表反射率；$\varepsilon_{v\lambda}$ 与 $\varepsilon_{s\lambda}$ 为分别为植被、裸土的发射率；P_v 为植被覆盖度；C_λ 用于纠正由于地表粗糙度导致的腔体效应，对于平坦地表取值为 0；NDVI$_s$、NDVI$_v$ 为区分纯净裸土区域、裸土与植被混合区域、纯净植被区域的阈值。

植被覆盖度 P_v 的计算方法为

$$P_v = \left(\frac{\text{NDVI} - \text{NDVI}_s}{\text{NDVI}_v - \text{NDVI}_s} \right)^2 \quad (7.16)$$

NDVI 阈值法本身存在若干问题。首先，其计算方法会导致地表发射率在 NDVI=NDVI$_s$、NDVI=NDVI$_v$ 附近会出现不连续的情况。其次，在用于遥感数据时，系数 C_λ 的确定较为困难；对于 8～9.5μm 光谱范围内，部分裸土、岩石等的红外波段反射率与地表发射率关系并不稳定。为解决上式的不连续问题，将其简化为 SNDVI^{THM} 方法（Sobrino et al.，2008）：

$$\varepsilon_\lambda = \begin{cases} \varepsilon_{s\lambda}, & \text{NDVI} < \text{NDVI}_s \\ \varepsilon_{s\lambda} + (\varepsilon_{v\lambda} - \varepsilon_{s\lambda})P_v, & \text{NDVI}_s \leq \text{NDVI} \leq \text{NDVI}_v \\ \varepsilon_{v\lambda}, & \text{NDVI} > \text{NDVI}_v \end{cases} \quad (7.17)$$

SNDVI^{THM} 方法解决了发射率连续性的问题，但忽略了腔体效应的影响，同时对于裸土确定一个固定值，这在一定程度上是不合理的。本算法中，结合 NDVI 阈值法与分类法确定 AVHRR 与 MODIS 热红外通道的地表发射率。参考国家高技术研究发展计划（863 计划）地球观测与导航技术领域重点项目"全球陆表特征参量产品生成与应用研究"中宽波段发射率的确定方法，将地表划分为冰雪、水体、城市区域、裸土、裸土与植被混合区域、完全植被覆盖区域。对上述六种类型分别确定对应的地表发射率。

2. AVHRR 数据

1）冰雪

JHU 光谱库中提供了 4 种积雪类反射光谱，包括 coarse granular snow、fine snow、frost 和 medium granular snow。将其转化为发射率光谱并进行通道积分后分析表明，对于 11μm 通道，coarse granular snow 的发射率与其他三类差别较大；对于 12μm 通道，coarse granular snow、medium granular snow 的发射率与其他两类差别较大。但从遥感影像上区分积雪的粒径是困难的，故在本书中积雪采用上述 4 种积雪发射率的平均值，并将冰视作积雪。冰雪在 NOAA AVHRR 第 4、5 通道的发射率取值见表 7.11。

表 7.11 冰雪在 AVHRR 第 4、5 通道的发射率取值

卫星与传感器	通道	发射率取值（标准差）
NOAA-7 AVHRR	4	0.992（±0.004）
	5	0.981（±0.012）
NOAA-11 AVHRR	4	0.992（±0.004）
	5	0.982（±0.012）

2）水体

JHU 光谱库中提供了 3 种水体（distilled water、sea foam 和 sea water）的反射光谱。将其转化为发射率光谱并进行通道积分后分析表明，同一通道的发射率随卫星传感器的变化非常小，且三种水体的发射率之间差别很小。水体在 NOAA AVHRR 第 4、5 通道的发射率取值见表 7.12。

3）城市区域

Stathopoulou 等（2004）在确定希腊城市地表发射率时，将裸土的计算模型直接应用于城市。Oke（1987）研究认为，对于中纬度城市，在无积雪覆盖的情况下，由于城

表 7.12　水体在 AVHRR 第 4、5 通道的发射率取值

卫星与传感器	波段	发射率取值
NOAA-7 AVHRR	4	0.991
	5	0.987
NOAA-11 AVHRR	4	0.991
	5	0.987

市下垫面材质导致的红光波段城市平均反射率为 0.15，故城市下垫面在 NOAA AVHRR 第 4、5 通道的地表发射率约为 0.970、0.978。但这些处理方法有较大的随意性。本章仍采用光谱库中提供的典型地物光谱予以确定。JHU 光谱库中提供了 2 个人工地物子库，分别有 14 条、19 条方向半球反射光谱。前者包含水泥、沥青等，后者包含砖、油漆、金属、涂料等，在 AVHRR 或 MODIS 等尺度上相对于自然地表而言太少，故不考虑。因此，采用前者提供的 14 条人工地物光谱确定城市区域的平均发射率，见表 7.13。

表 7.13　城市区域在 NOAA AVHRR 第 4、5 通道的发射率取值

卫星与传感器	波段	发射率取值
NOAA-7 AVHRR	4	0.948±0.017
	5	0.953±0.021
NOAA-11 AVHRR	4	0.948±0.017
	5	0.953±0.021

4）裸土

目前在大范围上确定裸土发射率，主要有基于红光波段反射率的估算法和赋值法。因不同类型土壤的发射率差异较大，故前者在实际使用中有一定的局限性。本章采用赋值法确定裸土发射率。在全球尺度上，选用阈值为 $NDVI_s=0.2$、$NDVI_v=0.5$ 用于区分裸土、裸土与植被混合区域、完全植被覆盖区域（Sobrino and Raissouni，2000）。首先，利用 NDVI 和地表覆盖类型数据确定土壤，裸土需同时满足条件：$NDVI<NDVI_s$ 且非冰雪、城市和水体。

Pinheiro 等（2006）根据光谱数据，确定了 NOAA-14 AVHRR 第 4、5 通道不同类型土壤的发射率。由于 NOAA 系列卫星 AVHRR 第 4、5 通道及 MODIS 第 31、32 通道的光谱响应具有较大的相似性，故利用 NOAA-14 AVHRR 第 4、5 通道的发射率推算其他对应通道的发射率是可行的。本章采用了 JHU 光谱库中的 198 种地物的光谱数据，建立了利用 NOAA-14 AVHRR 发射率推算其他对应通道发射率的回归模型，见表 7.14。结果表明，回归决定系数 R^2 为 0.993~1.0，回归标准误差 SEE 为 0.001~0.004，回归方

表 7.14　NOAA AVHRR 第 4、5 通道与 NOAA-14 AVHRR 对应通道的发射率回归模型

卫星与传感器	通道	回归模型	统计量
NOAA-7 AVHRR	4	$\varepsilon_{4\_N7}=1.004\varepsilon_{4\_N14}-0.004$	$R^2=0.999$，SEE=0.001
	5	$\varepsilon_{5\_N7}=0.923\varepsilon_{5\_N14}+0.073$	$R^2=0.995$，SEE=0.003
NOAA-11 AVHRR	4	$\varepsilon_{4\_N11}=1.011\varepsilon_{4\_N14}-0.010$	$R^2=1.0$，SEE=0.001
	5	$\varepsilon_{5\_N11}=0.908\varepsilon_{5\_N14}+0.087$	$R^2=0.993$，SEE=0.004

程具有较高精度。借助建立的回归方程,确定了其余 NOAA-7、NOAA-11 AVHRR 第 4、5 通道的发射率,见表 7.15。需要说明的是,由于缺乏 Gelisols、Andisols 两种土壤类型的发射率,采用其他土壤类型在第 4、5 通道的平均发射率作为这两种土壤类型的发射率。

表 7.15　不同土壤类型在 NOAA-7、NOAA-11 AVHRR 第 4、5 通道的发射率取值

土壤类型	编码	NOAA-7 AVHRR 通道		NOAA-11 AVHRR 通道	
		4	5	4	5
沙地	1	0.956±0.007	0.976±0.005	0.955±0.007	0.976±0.005
岩石	2	0.954	0.941	0.954	0.941
冻土	5~7	0.971	0.974	0.972	0.973
有机土	10~13	0.973	0.976	0.974	0.975
灰土	15~19	0.970	0.969	0.971	0.969
火山灰土	20~27	0.971	0.974	0.972	0.973
氧化土	30~34	0.977	0.974	0.978	0.973
变性土	40~45	0.973	0.978	0.974	0.977
旱成土	50~56	0.969	0.972	0.970	0.971
老成土	60~64	0.961	0.973	0.962	0.972
软土	70~77	0.973	0.976	0.974	0.975
淋溶土	80~86	0.969	0.974	0.970	0.973
始成土	90~94	0.970	0.972	0.971	0.971
新成土	95~99	0.973	0.978	0.974	0.977

除土壤外,还有沙地的发射率需要确定。利用美国加州大学圣巴巴拉分校(University of California,Santa Barbara,UCSB)提供的 MODIS 发射率光谱库中的 4 种沙地发射率[Sand Sample 1-Goleta Beach、Sand Sample 1 from Orchard Supply Hardware、Sand Sample 2-Goleta Beach(Goleta,CA)、Sand Sample 2 from Orchard Supply Hardware],计算了 NOAA AVHRR 第 4、5 通道沙地的发射率,如表 7.15 所示。

5)完全植被覆盖区域

完全植被覆盖区域满足 NDVI>NDVI$_v$,取 C_λ=0.005(Sobrino et al.,2008)。将 Sobrino 等(2008)植被发射率均确定为 0.985,未考虑植被类型对发射率的影响。Pinheiro 等(2006)提供了不同植被类型在 NOAA-14 AVHRR 第 4、5 通道的发射率。本章采用表 7.14 所列回归方程推算出 NOAA-7、NOAA-11 AVHRR 对应通道的植被发射率,如表 7.16 所示。植被类型则根据美国马里兰大学发布的 NOAA AVHRR 全球植被类型数据确定。

6)裸土与植被混合区域

裸土与植被混合区域的 NDVI 满足条件 NDVI$_s$≤NDVI≤NDVI$_v$,其地表发射率采用式(7.15)确定。

3. MODIS 数据

1)冰雪

处理方法同 AVHRR,在 MODIS 第 31、32 通道的发射率取值为:ε_{31}=0.990±0.005、ε_{32}=0.980±0.013。

表 7.16 不同植被类型在 NOAA-7、NOAA-11 AVHRR 第 4、5 通道的发射率取值

植被类型	编码	NOAA-7 AVHRR 通道		NOAA-11 AVHRR 通道	
		4	5	4	5
常绿林	1，2	0.989	0.988	0.990	0.987
落叶林	3，4	0.974	0.971	0.975	0.970
混合林	5	0.982	0.979	0.983	0.979
林区	6	0.982	0.979	0.983	0.979
树木繁茂的草原	7	0.982	0.979	0.983	0.979
封闭灌木	8	0.982	0.979	0.983	0.979
开放灌木	9	0.982	0.979	0.983	0.979
草地	10	0.982	0.986	0.983	0.985
耕地	11	0.982	0.986	0.983	0.985

2）水体

处理方法同 AVHRR，在 MODIS 第 31、32 通道的发射率取值为：$\varepsilon_{31}=0.991$、$\varepsilon_{32}=0.986$。

3）城市区域

采用与确定 AVHRR 地表发射率类似的方法，在 MODIS 第 31、32 通道的发射率取值为：$\varepsilon_{31}=0.947$（±0.017）、$\varepsilon_{32}=0.954$（±0.023）。

4）裸土

根据土壤类型确定 MODIS 第 31、32 通道的地表发射率，方法同 AVHRR。建立的 MODIS 第 31、32 通道地表发射率与 NOAA-14 AVHRR 第 4、5 通道地表发射率的回归模型见表 7.17，确定的各土壤类型的发射率见表 7.18。利用 UCSB 提供的 MODIS 发射率光谱库中的 4 种沙地发射率 [Sand Sample 1 - Goleta Beach、Sand Sample 1 from Orchard Supply Hardware、Sand Sample 2 - Goleta Beach（Goleta，CA）、Sand Sample 2 from Orchard Supply Hardware]，计算了 MODIS 第 31、32 通道沙地的发射率，分别为 0.962（±0.006）、0.980（±0.004）。

表 7.17 MODIS 第 31、32 通道与 NOAA-14 AVHRR 第 4、5 通道发射率的回归模型

卫星与传感器	波段	回归模型	统计量
Terra/Aqua MODIS	31	$\varepsilon_{M31}=0.956\varepsilon_{4\_N14}+0.042$	$R^2=0.976$，SEE=0.007
	32	$\varepsilon_{M32}=1.145\varepsilon_{5\_N14}-0.139$	$R^2=0.996$，SEE=0.003

5）完全植被覆盖区域

完全植被覆盖区域满足 $NDVI>NDVI_v$，取 $C_\lambda=0.005$。利用 MODIS 地表覆盖分类产品 MCD12Q1 中的 UMD 分类方案确定植被类型。各种类型的植被发射率采用表 7.19 中所列值。

6）裸土与植被混合区域

裸土与植被混合区域的 NDVI 满足条件 $NDVI_s \leqslant NDVI \leqslant NDVI_v$。混合区域的地表

表 7.18 不同土壤类型在 MODIS 第 31、32 通道的发射率取值

土壤类型	编码	MODIS 31	MODIS 32
沙地	1	0.962±0.006	0.980±0.004
岩石	2	0.954	0.937
冻土	5~7	0.970	0.979
有机土	10~13	0.972	0.981
灰土	15~19	0.969	0.973
火山灰土	20~27	0.970	0.979
氧化土	30~34	0.976	0.979
变性土	40~45	0.972	0.983
旱成土	50~56	0.968	0.976
老成土	60~64	0.961	0.977
软土	70~77	0.972	0.981
淋溶土	80~86	0.968	0.979
始成土	90~94	0.969	0.976
新成土	95~99	0.972	0.983

表 7.19 不同植被类型在 MODIS 第 31、32 通道的发射率取值

植被类型	编码	MODIS 31	MODIS 32
常绿林	1,2	0.987	0.996
落叶林	3,4	0.973	0.975
混合林	5	0.981	0.985
林区	6	0.981	0.985
树木繁茂的草原	7	0.981	0.985
封闭灌木	8	0.981	0.985
开放灌木	9	0.981	0.985
草地	10	0.981	0.993
耕地	12	0.981	0.993

反射率采用式（7.15）确定。其中，土壤发射率采用表 7.18 中所列值，植被发射率采用表 7.19 中所列值。

7.3.3 大气水汽含量

使用 MERRA 产品中的 MAI1NXINT（inst1_2d_int_Nx）数据集（MERRA IAU 2d Vertical integrals）提供的 TWV（total water vapor）作为大气水汽含量。该数据集经度、纬度方向大小分别为 540、361，格点分辨率为 1/2°×2/3°。对应的时间为对应时间为 0:00、1:00、2:00、…、23:00GMT。采用最近邻法确定 AVHRR 与 MODIS 像元的大气水汽含量。

7.3.4 近地表气温

近地面气温在本算法中用于确定算法系数的区间。采用 MERRA 产品中的 MAT1NXSLV（tavg1_2d_slv_Nx）数据集（MERRA IAU 2d atmospheric single-level diagnostics）提供的 T2M（temperature at 2 m above the displacement height）作为近地表气温。选取 T2M 作为近地表气温，其与实际近地表气温差距很小，可以忽略。该数据集经度、纬度方向大小分别为 540、361，格点分辨率为 1/2°×2/3°。各数据集中的参数为时间平均值，对应时间为 0:30、1:30、2:30、…、23:30GMT。采用最邻近法确定 AVHRR 与 MODIS 像元

的近地表气温。

在实际应用中,地气温差难以确定,本算法采用迭代反演方法解决该问题(Yu et al., 2008):首先,在缺乏地表温度先验知识时,采用常见地气温差情况对应的系数反演得到地表温度,更新地气温差区间;其次,采用更新后的地气温差区间确定新的算法系数,再次反演得到地表温度;重复此过程,直到地气温差区间不再变化或已超过某一预先设定的迭代次数时迭代结束。

7.4 算法实现

7.4.1 程序设计

利用 IDL 语言,采用结构化的程序设计思路,对算法进行了实现。程序主要模块包括地表发射率计算模块、大气水汽含量确定模块、近地表气温确定模块、单个基本算法模块、算法集成模块和地表温度产品生成模块。主要模块的程序设计流程如下。

1. 地表发射率计算

1) AVHRR 数据

针对 AVHRR 数据计算地表发射率需输入以下参数:①AVH02C1 数据;②AVH13C1 数据;③全球土壤类型分类数据(global soil type);④AVHRR 全球地表覆盖分类数据(global AVHRR LC type)。

输出参数包括:①AVHRR 第 4、5 通道的地表发射率(AVHRR Emis);②发射率 QA(AVHRR pixel QA)。

程序采用以下流程:

Step 1:读入 AVH02C1、AVH13C1、global soil type、global AVHRR LC type 数据。

Step 2:读取 AVH02C1 的 QA 数据集,确定像元的云覆盖状态、水体覆盖状态等;读取 AVH13C1 的 NDVI 数据集,并用当前天前后 30 天时间内的 AVH13C1 的 NDVI 数据集对当前天的 NDVI 数据集的无效值进行填充,并记录被填充像元的 NDVI 的质量。

Step 3:对各像元构造 2 层数据,第 1 层为各像元的地表覆盖类型 AVHRR pixel LC type,根据 global AVHRR LC type 确定。第 2 层为各像元的土壤类型 AVHRR pixel soil type,根据 global soil type 确定。

Step 4:逐像元扫描。分为以下七种情况。

(1)若当前像元被 QA 数据集标识为以下类型时,不计算其发射率:"pixel is cloudy"或者"pixel contains cloud shadow"。

(2)若当前像元被 global soil type 标识为冰雪,采用冰雪的发射率。

(3)若当前像元被 QA 数据集标识为水体,并且其 NDVI 值小于 NDVIs 的时候,采用对应的发射率。

(4)若当前像元 AVHRR pixel LC type 被标识为城市区域,采用对应的发射率。

(5)若当前像元根据 NDVI 条件判断为植被区域,并且此像元不属于上述已经处理过的像元范围内的时候,根据 AVHRR pixel LC 确定的植被类型确定对应的发射率。

（6）若当前像元根据 NDVI 条件判断为裸土与植被混合区域，并且此像元不属于上述已经处理过的像元范围内的时候，根据 AVHRR pixel LC type 确定的植被类型、AVHRR pixel soil type 确定的土壤类型计算发射率。

（7）若当前像元根据 NDVI 条件判断为裸土，并且此像元不属于上述已经处理过的像元范围内的时候，根据 AVHRR pixel soil type 确定的土壤类型计算发射率。

2）MODIS 数据

针对 MODIS 数据计算地表发射率需输入以下参数：①GLASS02-MOD021KM（或 GLASS02-MYD021KM）数据；②多天合成的 MODIS NDVI 数据（MODIS NDVI）；③全球土壤类型分类数据；④MODIS 全球地表覆盖分类数据（采用 MCD12Q1 产品）。

输出参数包括：①MODIS 第 31、32 波段的地表发射率（MODIS Emis）；②发射率 QA（MODIS Emis QA）。

程序采用以下流程：

Step 1：读入 GLASS02-MOD021KM（或 GLASS02-MYD021KM）、MODIS NDVI、global soil type、global MODIS LC type 数据。

Step 2：读取 GLASS02-MOD021KM（或 GLASS02-MYD021KM）toa_refl_qc_1km 数据集，确定像元的云覆盖状态、积雪覆盖状态和原数据质量等，确定 NDVI。

Step 3：对各像元构造 2 层数据。第 1 层为各像元的地表覆盖类型 MODIS pixel LC type，根据 global MODIS LC type 确定。第 2 层为各像元的土壤类型 MODIS pixel soil type，根据 global soil type 确定。

Step 4：逐像元扫描。分为以下六种情况。

（1）若当前像元 toa_refl_qc_1km 数据集将该像元标识为以下类型时，不计算其发射率：cloud state 标识为 cloudy 或 mixed；cloud shadow 为 yes；第 1、2 通道地表反射率为填充值。

（2）若当前像元 toa_refl_qc_1km 数据集将该像元标识为冰雪，采用冰雪的发射率。

（3）若当前像元被 MODIS pixel LC type 标识为水体、城市区域，采用对应的发射率。

（4）若当前像元根据 NDVI 条件判断为植被区域，根据 MODIS pixel LC type 确定的植被类型确定对应的发射率。

（5）若当前像元根据 NDVI 条件判断为裸土与植被混合区域，根据 MODIS pixel LC type 确定的植被类型、MODIS pixel soil type 确定的土壤类型计算发射率。若 MODIS pixel soil type 将该像元标识为 ocean 或 ice，则其土壤组分的发射率采用所有土壤类型发射率的平均值。

（6）若当前像元根据 NDVI 条件判断为裸土，根据 MODIS pixel soil type 确定的土壤类型计算发射率。若 MODIS pixel soil type 将该像元标识为 ocean 或 ice，则其土壤组分的发射率采用所有土壤类型发射率的平均值。

2. 大气水汽含量确定

1）AVHRR 数据

针对 AVHRR 数据计算大气水汽含量需输入以下参数：①AVH02C1 数据；②MERRA

MAI1NXINT（inst1_2d_int_Nx）产品。

输出参数包括：AVHRR 数据对应的大气水汽含量。

程序采用以下流程。

Step 1：读入 AVH02C1 数据，确定各像元观测的 GMT 时间。

Step 2：在存放 MERRA MAI1NXINT（inst1_2d_int_Nx）数据集的目录中查找与 AVH02C1 数据日期匹配的 MERRA MAI1NXINT（inst1_2d_int_Nx）数据（HDF 文件）。读取 MERRA MAI1NXINT（inst1_2d_int_Nx）的 tqv 数据集（共 24 层，对应 24 个时间段），并利用最近邻插值法将每一层 tqv 数据的维度变成与 AVH02C1 的 BTCH4 数据集的维度一致。

Step 3：对 AVH02C1 数据逐像元进行扫描，根据像元的成像时间确定与其最近邻的 MERRA MAI1NXINT 数据子集；将对应 MERRA MAI1NXINT 子集当前格点的 TQV（total water vapor）确定为当前像元的大气水汽含量。

2）MODIS 数据

针对 MODIS 数据计算大气水汽含量需输入以下参数：①GLASS02-MOD021KM（或 GLASS02-MYD021KM）数据；②MERRA MAI1NXINT（inst1_2d_int_Nx）产品。

输出参数包括：MODIS 数据对应的大气水汽含量。

程序采用以下流程。

Step 1：读入 GLASS02-MOD021KM（或 GLASS02-MYD021KM）数据，确定像元各像元观测的 GMT 时间和经纬度。

Step 2：在存放 MERRA MAI1NXINT（inst1_2d_int_Nx）数据集的目录中查找与 GLASS02-MOD021KM（或 GLASS02-MYD021KM）数据日期匹配的 MERRA MAI1NXINT（inst1_2d_int_Nx）数据（HDF 文件），确定各格点的经纬度。

Step 3：对 GLASS02-MOD021KM（或 GLASS02-MYD021KM）数据逐像元进行扫描，根据像元的成像时间确定与其最近邻的 MERRA MAI1NXINT 数据子集。

Step 4：根据 MODIS 像元的经纬度确定其所在的 MERRA 格点，将对应 MERRA MAI1NXINT 子集当前格点的 TWV（total water vapor）确定为当前像元的大气水汽含量。

3. 近地面气温确定

1）AVHRR 数据

针对 AVHRR 数据计算近地面气温需输入以下参数：①AVH02C1 数据；②MERRA MAT1NXSLV（tavg1_2d_slv_Nx）产品。

输出参数包括：AVHRR 数据对应的近地表气温。

程序采用以下流程。

Step 1：读入 AVH02C1 数据，确定各像元观测的 GMT 时间。

Step 2：在存放 MERRA MAT1NXSLV（tavg1_2d_slv_Nx）数据集的目录中查找与 AVH02C1 数据日期匹配的 MERRA MAT1NXSLV（tavg1_2d_slv_Nx）数据（HDF 文件）。读取 MERRA MAT1NXSLV（tavg1_2d_slv_Nx）的 t2m 数据集（共 24 层，对应 24 个时间段），并利用最近邻插值法将每一层 t2m 数据的维度变成与 AVH02C1 的 BTCH4 数据集的维度一致。

Step 3：对 AVH02C1 数据逐像元进行扫描，根据像元的成像时间确定与其最近邻的 MERRA MAT1NXSLV 数据子集；将对应 MERRA MAT1NXSLV 子集当前格点的 T2M 确定为当前像元的近地面气温。

2）MODIS 数据

针对 MODIS 数据计算近地面气温需输入以下参数：①GLASS02-MOD021KM（或 GLASS02-MYD021KM）数据；②MERRA MAT1NXSLV（tavg1_2d_slv_Nx）产品。

输出参数包括：MODIS 数据对应的近地面气温。

程序采用以下流程。

Step 1：读入 GLASS02-MOD021KM（或 GLASS02-MYD021KM）数据，确定像元各像元观测的 GMT 时间和经纬度。

Step 2：在存放 MERRA MAT1NXSLV（tavg1_2d_slv_Nx）数据集的目录中查找与 GLASS02-MOD021KM（或 GLASS02-MYD021KM）数据日期匹配的 MERRA MAT1NXSLV（tavg1_2d_slv_Nx）数据（HDF 文件），确定各格点的经纬度。

Step 3：对 GLASS02-MOD021KM（或 GLASS02-MYD021KM）数据逐像元进行扫描，根据像元的成像时间确定与其最近邻的 MERRA MAT1NXSLV 数据子集。

Step 4：根据 MODIS 像元的经纬度确定其所在的 MERRA 格点，将对应 MERRA MAT1NXSLV 子集当前格点的 T2M 确定为当前像元的近地面气温。

4. 地表温度产品生成

1）AVHRR 数据

AVHRR 地表温度生成的输入数据如表 7.20 所示。程序依次调用相关模型，并确定 AVHRR 第 4、5 通道逐像元的发射率、发射率质量（QA）、大气水汽含量、近地表气温等，反演出地表温度；根据输入参数，形成地表温度的质量标识，最终以 HDF 格式输出。

表 7.20 NOAA-7、NOAA-11 AVHRR 地表温度产品生成所需的输入数据

序号	数据	说明
1	AVH02C1	LTDR AVHRR 数据
2	AVHRR Emis	第 4、5 波段发射率
3	AVHRR Emis QA	第 4、5 波段发射率 QA
4	column water vapor	大气水汽含量，由 MERRA 提取
5	air temperature	近地表气温，由 MERRA 提取
6	land and sea mask	全球海陆掩膜数据
7	LUTs of coefficient	9 种基本分裂窗算法系数查找表
8	BMA weights	9 种基本算法在集成算法中的权重

2）MODIS 数据

MODIS 地表温度生成的输入数据如表 7.21 所示。程序依次调用相关模型，并确定 MODIS 第 31、32 通道逐像元的发射率、发射率质量（QA）、大气水汽含量、近地表气温等，反演出地表温度；根据输入参数，形成地表温度的质量标识，最终以 HDF 格式输出。

表 7.21 Terra/Aqua MODIS 地表温度产品生成所需的输入数据

序号	数据	说明
1	GLASS02-M*D02*KM	GLASS02-MOD021KM/GLASS02-MYD021KM 数据
2	MODIS Emis	第 31、32 波段发射率
3	MODIS Emis QA	第 31、32 波段发射率 QA
4	column water vapor	大气水汽含量，由 MERRA 提取
5	air temperature	近地表气温，由 MERRA 提取
6	land and sea mask	全球海陆掩膜数据
7	LUTs of coefficient	9 种基本分裂窗算法系数查找表
8	BMA weights	9 种基本算法在集成算法中的权重

7.4.2 质量控制

为便于控制最终生成的地表温度产品的质量，并为用户提供更多的信息，对算法所需要的地表发射率可信度进行了标识，设计了对应的 QA。在地表温度反演算法调用地表发射率时，同时读取其 QA，并在地表温度产品的 QA 中进行说明。

1. 地表发射率

1）AVHRR 数据

NOAA-7、NOAA-9 AVHRR 地表发射率的 QA 描述如表 7.22 所示。

表 7.22 NOAA-7、NOAA-9 AVHRR 第 4、5 波段发射率 QA 描述

位	值	说明
0	0	发射率生成
	1	因无有效 NDVI 或地表反射率，发射率未生成
1	0	像元非水体
	1	像元为水体，并且其 NDVI 值小于 NDVIs 时，赋值确定发射率
2	0	像元非冰雪
	1	像元为冰雪，赋值确定发射率
3	0	像元非城市
	1	像元为城市，赋值确定发射率
4	0	像元非裸土
	1	根据 NDVI 判定像元为裸土，赋值确定发射率
5	0	像元非完全植被覆盖
	1	根据 NDVI 判定像元为完全植被覆盖，赋值确定发射率
6	0	像元非裸土与植被的混合地表
	1	根据 NDVI 判定像元为裸土与植被的混合地表
8-7	00	发射率根据 NDVI 确定，NDVI 产品质量未知
10-9	00	发射率根据 NDVI 确定，NDVI 与 AVHRR 数据成像间隔≤8 天
	01	发射率根据 NDVI 确定，NDVI 与 AVHRR 数据成像间隔≤16 天但>8 天
	10	发射率根据 NDVI 确定，NDVI 与 AVHRR 数据成像间隔≤24 天但>16 天
	11	发射率根据 NDVI 确定，NDVI 与 AVHRR 数据成像间隔>24 天
15-11		不使用

2）MODIS 数据

MODIS 地表发射率的 QA 描述如表 7.23 所示。其中，bits 8-7 与 MODIS13A2 产品 QA 的 bits 1-0 相对应。

表 7.23 Terra/Aqua MODIS 第 31、32 波段发射率 QA 描述

位	值	说明
0	0	发射率生成
	1	因 NDVI 为填充值，发射率未生成
1	0	像元非水体
	1	像元为水体，赋值确定发射率
2	0	像元非冰雪
	1	像元为冰雪，赋值确定发射率
3	0	像元非城市
	1	像元为城市，赋值确定发射率
4	0	像元非裸土
	1	根据 NDVI 判定像元为裸土，赋值确定发射率，参见 bits 8-7 和 10-9
5	0	像元非完全植被覆盖
	1	根据 NDVI 判定像元为完全植被覆盖，赋值确定发射率，参见 bits 8-7 和 10-9
6	0	像元非裸土与植被的混合地表
	1	根据 NDVI 判定像元为裸土与植被的混合地表，参见 bits 8-7 和 10-9
8-7	00	发射率根据 NDVI 确定，NDVI 产品质量理想
	01	发射率根据 NDVI 确定，NDVI 产品质量不确定
	10	发射率根据 NDVI 确定，NDVI 产品受到云污染
	11	发射率根据 NDVI 确定，但因质量较差，NDVI 未生成
10-9	00	发射率根据 NDVI 确定，NDVI 与 MODIS 数据成像间隔≤8 天
	01	发射率根据 NDVI 确定，NDVI 与 MODIS 数据成像间隔≤16 天但>8 天
	10	发射率根据 NDVI 确定，NDVI 与 MODIS 数据成像间隔≤24 天但>16 天
	11	发射率根据 NDVI 确定，NDVI 与 MODIS 数据成像间隔>24 天
15-11		不使用

2. 地表温度

1）AVHRR 数据

NOAA-7、NOAA-11 AVHRR 地表温度产品的 QA 按照表 7.24 方式组织。

2）MODIS 数据

Terra/Aqua MODIS 地表温度产品的 QA 按照表 7.25 方式组织。

7.4.3 产品描述

1. AVHRR LST 产品

根据上述算法，生成 1983 年、1993 年的 AVHRR 地表温度（LST）产品，空间分辨率为 5 km。该产品以 HDF 格式存储，各科学数据集（scientific data set，SDS）如表 7.26 所示。

表 7.24　NOAA-7、NOAA-11 AVHRR LST 产品 QA 描述

位	值	说明
1-0	00	地表温度生成，算法稳定收敛
	01	地表温度生成，算法未收敛
	10	因云或云阴影影响，地表温度未生成
	11	因其他原因影响，地表温度未生成
3-2	00	不使用
5-4	00	因其他原因，像元为无效值
	01	像元为云阴影覆盖
	10	像元为云覆盖
	11	像元为晴空
7-6	00	算法为基于 BMA 的多算法集成算法
	01	不使用
	10	不使用
	11	不使用
8	0	像元非水体或冰雪
	1	像元为水体或冰雪，赋值确定发射率
9	0	像元非城市或裸土
	1	像元为城市或裸土，赋值确定发射率
10	0	像元非完全植被覆盖
	1	像元为完全植被覆盖，赋值确定发射率
11	0	像元非裸土与植被的混合地表
	1	像元为裸土与植被的混合地表，据 NDVI 确定发射率，参见 bit 15-14
13-12	00	发射率根据 NDVI 确定，NDVI 产品质量未知
15-14	00	发射率根据 NDVI 确定，NDVI 与 MODIS 数据成像间隔≤8 天
	01	发射率根据 NDVI 确定，NDVI 与 MODIS 数据成像间隔≤16 天但>8 天
	10	发射率根据 NDVI 确定，NDVI 与 MODIS 数据成像间隔≤24 天但>16 天
	11	发射率根据 NDVI 确定，NDVI 与 MODIS 数据成像间隔>24 天

表 7.25　Terra/Aqua MODIS LST 产品的 QA 描述

位	值	说明
1-0	00	地表温度生成，算法稳定收敛
	01	地表温度生成，算法未收敛
	10	因云或云阴影影响，地表温度未生成
	11	因其他原因影响，地表温度未生成
3-2	00	像元为云覆盖
	01	像元是否为云覆盖不确定
	10	像元可能为晴空
	11	像元为晴空
5-4	00	GLASS02-MOD021KM（GLASS02-MYD021KM）产品质量理想
	01	GLASS02-MOD021KM（GLASS02-MYD021KM）产品质量中等
	10	GLASS02-MOD021KM（GLASS02-MYD021KM）产品质量差
	11	GLASS02-MOD021KM（GLASS02-MYD021KM）产品质量未知

续表

位	值	说明
7-6	00	算法为基于 BMA 的多算法集成算法
	01	不使用
	10	不使用
	11	不使用
8	0	像元非水体或冰雪
	1	像元为水体或冰雪，赋值确定发射率
9	0	像元非城市或裸土
	1	像元为城市或裸土，赋值确定发射率
10	0	像元非完全植被覆盖
	1	像元为完全植被覆盖，赋值确定发射率
11	0	像元非裸土与植被的混合地表
	1	像元为裸土与植被的混合地表，据 NDVI 确定发射率，参见 bit 15-14
13-12	00	发射率根据 NDVI 确定，NDVI 产品质量理想
	01	发射率根据 NDVI 确定，NDVI 产品质量不确定
	10	发射率根据 NDVI 确定，NDVI 产品受到云污染
	11	发射率根据 NDVI 确定，但因质量较差，NDVI 未生成
15-14	00	发射率根据 NDVI 确定，NDVI 与 MODIS 数据成像间隔≤8 天
	01	发射率根据 NDVI 确定，NDVI 与 MODIS 数据成像间隔≤16 天但>8 天
	10	发射率根据 NDVI 确定，NDVI 与 MODIS 数据成像间隔≤24 天但>16 天
	11	发射率根据 NDVI 确定，NDVI 与 MODIS 数据成像间隔>24 天

表 7.26　NOAA-7、NOAA-11 AVHRR LST 产品的 SDS 描述

序号	SDS 名称	维数	数据类型	属性说明
1	LST	2	uint16	地表温度，单位：K
2	LST Quality	2	uint16	地表温度质量标识
3	View_angle	2	byte	观测天顶角，单位：(°)
4	View_time	2	float32	观测 UTC 时间
5	Laititude	2	float32	纬度，单位：(°)
6	Longitude	2	float32	经度，单位：(°)

2. MODIS LST 产品

根据上述算法，生成 2003 年、2013 年的 MODIS 地表温度产品，空间分辨率为 1 km。该产品以 HDF 格式存储，各 SDS 与表 7.26 相似，此处不再赘述。

7.5　算 法 验 证

7.5.1　总体验证方案

本章采用两种思路对所构建的地表温度产品生成算法进行验证。首先，利用辐射传输模拟构建的数据集验证面向 NOAA-7 AVHRR、NOAA-11 AVHRR 和 Terra/Aqua MODIS 数据建立的算法。相对于实测数据，模拟数据集包含较少的噪声，更有利于对

算法进行客观评价,并将评价结果反馈以改进算法。其次,利用学术界认可的相关站点实测数据对生成的地表温度产品进行验证。需要说明的是,由于早期的实测地表温度数据非常难以获得,故该部分仅针对 MODIS 的地表温度产品进行验证。

7.5.2 基于模拟数据的验证

1. 验证数据集构建

本章采用了两套辐射传输模拟数据集对算法进行验证。第一套数据集来源于全球分布的 4761 条 SeeBor 大气廓线,具体描述见 7.2.3 节。该数据集的廓线均经过晴空测试。对于 AVHRR 和 MODIS 的第 11μm、12μm 通道,分别生成了 47610 个样本,根据传感器 NEDT 对相应通道的亮温添加噪声后用于验证。

第二套数据集来源于 TIGR 大气廓线数据集,版本为 Tigr2000_v1.2(Chedin et al.,1985;Chevallier et al.,1998)。该大气廓线数据集共 2311 条大气廓线,含 872 条热带大气廓线,742 条中纬度大气廓线,697 条极地廓线。为防止受云影响的大气廓线对算法验证带来的影响,将相对湿度的阈值设为 85%。即若廓线某层的相对湿度超过 85%,即将该廓线标识为非晴空廓线并予以剔除。逐条大气廓线检测结果表明,共 1110 条廓线,其中陆地廓线为 506 条。利用这 506 条晴空陆地廓线开展辐射传输模拟,模拟方案同 7.2.3 节,生成了 5060 个样本,根据传感器 NEDT 对相应通道的亮温添加噪声后用于验证。

利用模拟数据集进行算法验证时,仍考虑了大气水汽含量和地表发射率的不确定性。将所建立的算法分别用于两种情况:①大气水汽含量的不确定度范围为 $-1.0\sim1.0$ g/cm^2 中呈正态分布,地表发射率的不确定度范围为 $-0.02\sim0.02$ 且呈正态分布;②大气水汽含量的不确定度范围为 $-1.0\sim1.0$ g/cm^2 且呈正态分布,地表发射率的不确定度范围为 $-0.04\sim0.04$ 且呈正态分布。为对比,除对贝叶斯加权平均(BMA)的集成算法进行验证外,还对简单算术平均(simple averaging,SA)进行了验证。

2. NOAA-7 AVHRR

针对 NOAA-7 AVHRR、基于两套数据集的验证结果如图 7.22 所示。当地表发射率的不确定度为 $-0.02\sim0.02$ 时,BMA 集成算法的 BIAS 与 RMSE 分别为 0.10 K、0.75 K(基于 SeeBor 验证数据集)和 0.02 K、0.89 K(基于 TIGR 验证数据集);算法误差随着发射率误差的不确定度增加而增加,当发射率的不确定度为 $-0.04\sim0.04$ 时,BMA 集成算法的 BIAS 与 RMSE 分别为 0.29 K、1.30 K(基于 SeeBor 验证数据集)和 0.25 K、1.46 K(基于 TIGR 验证数据集)。SA 集成算法的精度较 BMA 略低,且对于 SeeBor 验证数据集、发射率不确定度为 $-0.04\sim0.04$ 时较为明显。需要说明的是,AVHRR 第 4、5 通道的 NEDT(0.12 K)对地表温度反演误差也存在一定贡献。

3. NOAA-11 AVHRR

针对 NOAA-11 AVHRR、基于两套数据集的验证结果如图 7.23 所示,其结果与 NOAA-7 AVHRR 类似。当地表发射率的不确定度为 $-0.02\sim0.02$ 时,BMA 集成算法的 BIAS 与 RMSE 分别为 0.09 K、0.75 K(基于 SeeBor 验证数据集)和 0.01 K、0.89 K(基

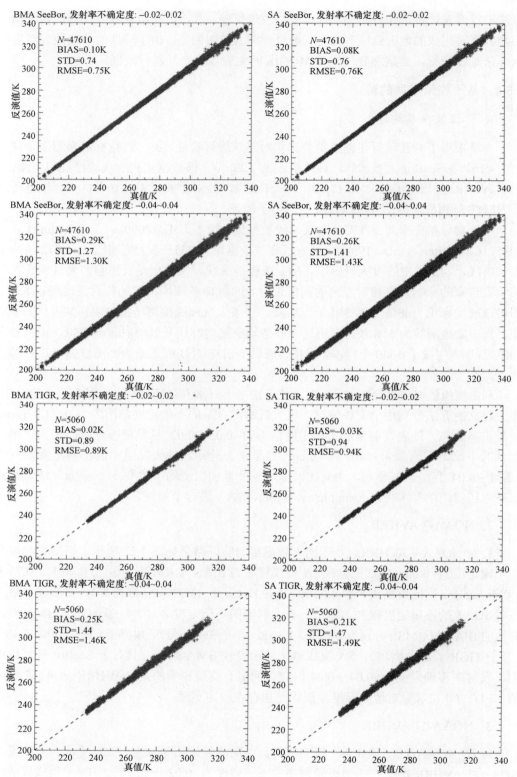

图 7.22 针对 NOAA-7 AVHRR 数据、基于 SeeBor 和 TIGR 验证数据集的集成算法（BMA）与简单算术平均的验证结果（大气水汽含量不确定度：$-1.0 \sim 1.0 \text{ g/cm}^2$）

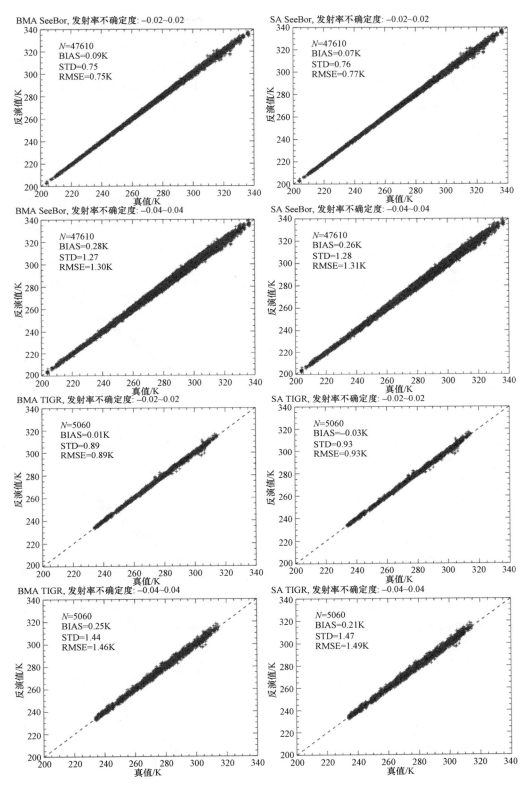

图 7.23 针对 NOAA-11 AVHRR 数据、基于 SeeBor 和 TIGR 验证数据集的集成算法（BMA）与简单算术平均的验证结果（大气水汽含量不确定度：$-1.0 \sim 1.0 \text{ g/cm}^2$）

于 TIGR 验证数据集); 算法误差随着发射率误差的不确定度增加而增加, 当发射率的不确定度为 –0.04~0.04 时, BMA 集成算法的 BIAS 与 RMSE 分别为 0.28 K、1.30 K (基于 SeeBor 验证数据集) 和 0.25 K、1.46 K (基于 TIGR 验证数据集)。SA 集成算法的精度较 BMA 略低。类似与 NOAA-7 AVHRR, NOAA-11 AVHRR 第 4、5 通道的 NEDT (0.12 K) 对地表温度反演误差也存在一定贡献。

4. Terra/Aqua MODIS

针对 Terra/Aqua MODIS、基于两套数据集的验证结果如图 7.24 所示。当地表发射率的不确定度为 –0.02~0.02 时, BMA 集成算法的 BIAS 与 RMSE 分别为 0.08 K、0.71 K (基于 SeeBor 验证数据集) 和 –0.05 K、0.88 K (基于 TIGR 验证数据集); 算法误差随着发射率误差的不确定度增加而增加, 当发射率的不确定度为 –0.04~0.04 时, BMA 集

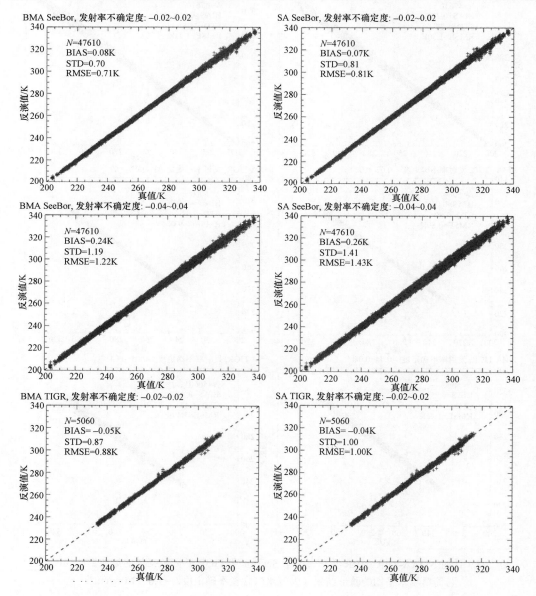

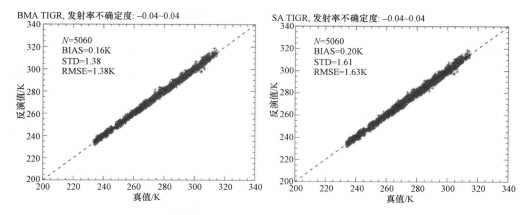

图 7.24 针对 MODIS 数据、基于 SeeBor 和 TIGR 验证数据集的集成算法（BMA）与简单算术平均的验证结果（大气水汽含量不确定度：–1.0～1.0 g/cm²）

成算法的 BIAS 与 RMSE 分别为 0.24 K、1.22 K（基于 SeeBor 验证数据集）和 0.16 K、1.38 K（基于 TIGR 验证数据集）。SA 集成算法的精度较 BMA 低。

7.5.3 基于实测数据的验证

1. 地面实测地表温度

基于美国地表辐射收支网络 SURFRAD（surface radiation network）的 7 个观测站点对算法生成的 2003 年、2013 年 MODIS 地表温度产品进行验证。站点信息如表 7.27 所示。各站点均提供每分钟平均的下行和上行的长波辐射观测，上行长波辐射传感器的视场范围约为 70 m×70 m。根据下式计算得到实测地表温度：

$$T_s = \sqrt[4]{\frac{L^\uparrow - (1-\varepsilon)L^\downarrow}{\varepsilon\sigma}} \tag{7.18}$$

式中，T_s 为长波辐射传感器视场内的真实地表温度（单位：K）；$L^\uparrow$ 为观测到的上行长波辐射（单位：W/m²）；$L^\downarrow$ 为观测到的大气下行长波辐射（单位：W/m²）；σ 为斯蒂芬-玻尔兹曼常量，取值为 5.67×10^{-8} W·m²·K⁴；ε 为视场内的地表宽波段发射率，根据 ASTER 发射率产品计算得到，在全年范围内为一常数（Guillevic et al.，2014）。

表 7.27 针对 MODIS 地表温度产品验证所采用的实测数据来源

站点	经纬度	海拔/m	地表覆盖类型		发射率
			站点	站点周围	
Bondville，IL	40.051°N，88.373°W	213	草地	耕地	0.976
Table Mountain，CO	40.126°N，105.238°W	1692	稀树草地	草地和耕地	0.973
Desert Rock，NV	36.623°N，116.020°W	1004	干旱灌丛带	干旱灌丛带	0.966
Fort Peck，MT	48.308°N，105.102°W	636	草地	草地	0.979
Goodwin Creek，MS	34.255°N，89.873°W	96	草地	草地	0.975
Penn State U，PA	40.720°N，77.931°W	373	耕地	耕地和森林	0.972
Sioux Falls，SD	43.734°N，96.623°W	483	草地	草地和城市	0.978

注：SURFRAD 站点视场内宽波段发射率由 Guillevic 等（2014）提供。

2. 针对 Terra/Aqua MODIS 的验证结果

利用 SURFRAD 站点的验证结果表明,在各个站点的实测地表温度与反演得到的地表温度具有良好的一致性,部分结果如图 7.25 所示。在计算地表发射率过程中所需的 NDVI 由 MODIS 植被指数产品 MOD13A2/MYD13A2 提供,提取得到的 NDVI 与植被在全年中的反演节律吻合。由此,计算得到的 MODIS 第 31、32 通道地表发射率也具有与客观情况符合的年内变化趋势。这相对于目前常用的窄波段发射率产品(如 MODIS 地表发射率产品)具有一定的优势。

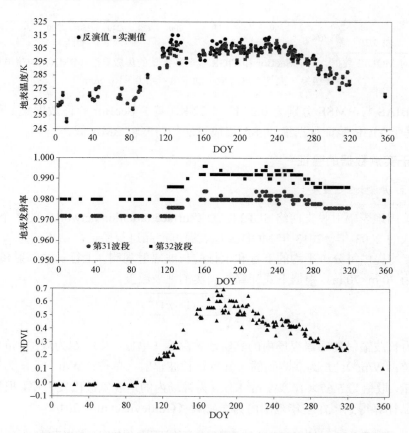

图 7.25 2003 年全年 Fort Peck 站点白天实测地表温度与反演得到的地表温度、MODIS 第 31 与 32 波段发射率及 NDVI

基于 2003 年、2013 年实测地表温度验证得到的平均误差和均方根误差分别见表 7.28、表 7.29。验证结果表明,反演得到的地表温度具有较好的精度,部分站点的 RMSE 在 2 K 以内,大部分站点的 RMSE 在 2~4 K。表 7.28、表 7.29 揭示,在下垫面相对均匀的 Desert Rock 站点,本算法对地表温度存在显著低估,在其他部分站点也存在低估。其原因可能是对裸土发射率取值略高,这也是目前赋值法和 NDVI 阈值法在裸土和稀疏植被覆盖区面临的主要问题(Guillevic et al., 2014)。

本章采用的是目前常用的单点 temperature-based 验证方法。该方法易受到站点代表性、站点与像元的尺度匹配等因素的直接影响(Coll et al., 2009; Zhou et al., 2015)。此外,

表 7.28　基于 2003 年 SURFRAD 实测地表温度的 MODIS LST 产品验证

站点	白天的 BIAS 和 RMSE/K				夜间的 BIAS 和 RMSE/K			
	Terra MODIS		Aqua MODIS		Terra MODIS		Aqua MODIS	
Bondville，IL	0.51	3.24	0.77	3.56	−0.84	2.55	−0.43	2.18
Table Mountain，CO	0.53	3.51	0.32	3.41	−2.87	3.52	−2.17	2.90
Desert Rock，NV	−0.61	3.42	−0.56	3.44	−3.71	4.39	−3.91	4.47
Fort Peck，MT	0.00	2.97	−0.24	2.01	−1.09	2.20	−0.29	2.02
Goodwin Creek，MS	−2.05	3.27	−1.41	2.53	0.04	2.52	0.01	1.95
Penn State U.，PA	−1.06	2.39	−0.56	2.62	0.36	1.78	0.40	2.28
Sioux Falls，SD	−2.68	3.72	−2.99	4.34	−0.88	1.79	−0.51	1.92

表 7.29　基于 2013 年 SURFRAD 实测地表温度的 MODIS LST 产品验证

站点	白天的 BIAS 和 RMSE/K				夜间的 BIAS 和 RMSE/K			
	Terra MODIS		Aqua MODIS		Terra MODIS		Aqua MODIS	
Bondville，IL	−0.31	3.53	−0.56	3.80	−1.00	2.05	−1.28	2.36
Table Mountain，CO	−0.47	3.51	−0.78	3.01	−2.47	3.08	−2.58	3.12
Desert Rock，NV	−1.58	3.66	−1.52	3.38	−4.13	4.69	−4.75	5.28
Fort Peck，MT	0.89	2.71	0.03	2.80	−1.22	2.49	−0.41	2.02
Goodwin Creek，MS	−2.53	3.60	−2.11	2.92	1.06	2.36	0.71	2.04
Penn State U.，PA	−0.99	3.21	−0.44	2.34	0.84	2.07	0.14	1.85
Sioux Falls，SD	−1.24	3.01	−1.18	2.50	−0.46	2.13	−0.49	1.89

卫星遥感为方向观测，而本章采用的 SURFRAD 地表温度由长波辐射推算得到，其采用的为近似半球观测，这两种观测方式存在显著差异（Wang and Liang，2009）。同时，在利用长波辐射观测计算地表温度时，地表宽波段发射率是一个关键参数。本章采用 Guillevic 等（2014）提供的发射率数值，认为全年范围内发射率不变，这与实际情况存在差异。

7.5.4　地表温度产品实例

根据本算法生成了全球部分地区的地表温度产品。

图 7.26、图 7.27 分别为据 2003 年第 1 天 04:20（GMT）、2003 年第 181 天 20:50

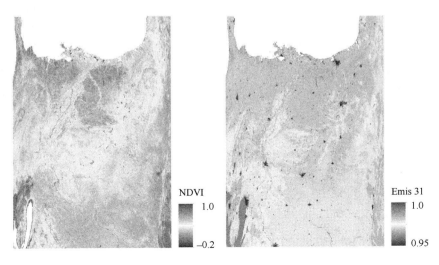

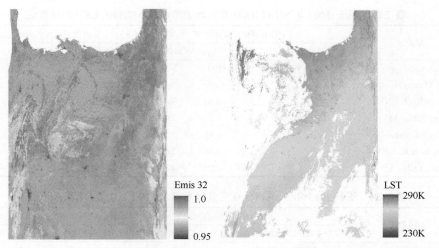

图 7.26 据 2003 年第 1 天 04:20（GMT）获取的 Terra MODIS 数据确定的 NDVI 及生成的 MODIS 第 31 和 32 通道发射率与地表温度

地表温度数据中白色为云覆盖或海洋像元；NDVI、发射率与地表温度均为景产品，维度与原始 MODIS 数据一致

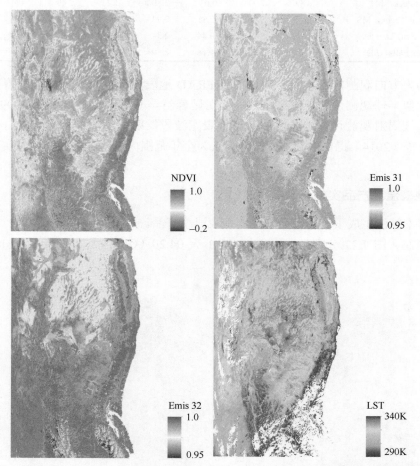

图 7.27 据 2003 年第 181 天 20:50（GMT）获取的 Aqua MODIS 数据确定的 NDVI 及生成的 MODIS 第 31 和 32 通道发射率与地表温度

地表温度数据中白色为云覆盖或海洋像元；NDVI、发射率与地表温度均为景产品，维度与原始 MODIS 数据一致

（GMT）获取的北美洲部分地区的 MODIS 确定的 NDVI、MODIS 第 31 和 32 通道发射率及地表温度。NDVI 为本算法的间接参数，其确定方法为通过逐像元扫描确定最近日期的 NDVI 作为当前像元的 NDVI。根据该 NDVI 及地表覆盖类型、土壤类型等数据确定的地表发射率，在空间分布上呈较为客观、真实的连续分布状态，相对于 MODIS 官方产品提供的地表发射率空间离散现象，具有一定的改进。生成的地表温度空间分布格局与地理要素的空间分布格局较为吻合，裸土或稀疏植被覆盖区具有较高的地表温度。

7.6 总结与展望

地表温度是地表与大气界面的关键参量，其遥感产品在很多领域有着广泛的用途。目前，国际上主流的遥感地表温度产品主要集中在 2000 年之后，且主要为单一算法生产。针对生成 1983 年和 1993 年逐日瞬时、全球 5 km 空间分辨率和 2003 年、2013 年全球逐日瞬时 1 km 空间分辨率的极轨卫星地表温度数据，本章开展了面向 NOAA-7、NOAA-11 AVHRR 数据和 Terra/Aqua MODIS 数据的地表温度反演方法研究。

本章以 SeeBor V5.1 大气廓线为基础，充分考虑廓线之间的相似性和空间分布均匀性，对冗余廓线进行了剔除。在此基础上，充分考虑地表温度与近地表气温差值、大气冷热状况、发射率变化情况和传感器观测几何特征等因素，开展了大规模的辐射传输模拟，构建了训练数据集，用于训练地表温度反演算法。类似地，以独立的 SeeBor V5.1 大气廓线和 TIGR 大气廓线，构建了两套验证数据集，用于测试和验证反演算法。

本章将涉及的十余种分裂窗算法归纳为两类，即未显式考虑大气参数的简单算法和显式考虑了大气参数的复杂算法。这两类算法作为基本算法。算法的训练结果表明，复杂算法的拟合效果普遍优于简单算法。但随着大气水汽含量、地表发射率不确定度的增加，少数复杂算法反演精度降低。由此，根据算法训练、算法测试等，剔除了效果较差的 SO1991、CO1994 等算法，最终保留 9 种算法（PR1994、BL-WD、VI1991、UL1994、ULW1994、BL1995、SR2000、GA2008 和 WA2014）用于算法集成。利用贝叶斯加权评价方法在不同组合情况下对算法进行了集成，最终形成了基于 BMA 的集成算法。根据 AVHRR 和 MODIS 数据的自身特点，本章给出了算法的输入参数的确定方案。其中，地表发射率主要根据地表覆盖类型、土壤类型和 NDVI 等参数确定。大气水汽含量、近地表气温由 MERRA 资料提供。通过迭代计算的方式，集成算法最终反演出地表温度。

本章采用了模拟数据和实测数据两种思路进行算法验证。基于 SeeBor、TIGR 两套模拟数据集的验证表明，当大气水汽含量不确定度为 $-1.0 \sim 1.0$ g/cm^2、地表发射率不确定度为 $-0.02 \sim 0.02$ 时，算法反演所得地表温度的 RMSE 在 0.9 K 以内；当地表发射率不确定度增加到 $-0.04 \sim 0.04$ 时，其 RMSE 在 1.5 K 以内。同时，基于 BMA 的集成算法相对于简单算术平均的集成算法具有一定优势。基于美国 7 个 SURFRAD 站点的验证表明，算法的 RMSE 可达 2.0 K 以内，但单点验证受到站点代表性、空间尺度匹配、观测方式，以及地表宽波段发射率的综合影响。

本章针对 NOAA-7、NOAA-11 AVHRR 和 Terra/Aqua MODIS 开展了地表温度反演

算法研究，对十余种学术界广泛采用的分裂窗算法进行了较为系统和深入的测试和比较，并在此基础上开展了多种算法的集成。考虑到热红外通道的相似性，相关方法可推广至其余的NOAA卫星AVHRR数据、Suomi NPP VIIRS数据、欧洲空间局的Sentinel-3 SLSTR数据和相关的静止气象卫星数据，用于发展优化的地表温度反演算法，进而生成算法一致、长时间序列的全球地表温度产品。此外，本章构建的全球大气廓线数据库，不仅可用于训练面向全球的地表温度反演算法，还可以为面向其他参数的前向模拟提供基础数据。

参 考 文 献

Becker F, Li Z L. 1990. Towards a local split window method over land surfaces. International Journal of Remote Sensing, 11: 369-393

Becker F, Li Z L. 1995. Surface temperature and emissivity at various scales: Definition, measurement and related problems. Remote Sensing Reviews, 12: 225-253

Borbas E E, Seemann, S W, Huang H L, Li J, Menzel W P. 2005. Global profile training database for satellite regression retrievals with estimates of skin temperature and emissivity. Proceedings of the XIV. International ATOVS Study Conference, Beijing, China, University of Wisconsin-Madison, Space Science and Engineering Center, Cooperative Institute for Meteorological Satellite Studies (CIMSS), Madison, WI, 763-770

Chedin A, Scott N A, Wahiche C, Moulinier P. 1985. The improved initialization inversion method: A high resolution physical method for temperature retrievals from satellites of the TIROS-N series. Journal of Climate and Applied Meteorology, 24: 128-143

Chevallier F, Chéruy F, Scott N A, Chédin A. 1998. A neural network approach for a fast and accurate computation of a longwave radiative budget. Journal of Applied Meteorology, 37: 1385-1397

Coll C, Caselles V, Sobrino J A, Valor E. 1994. On the atmospheric dependence of the split-window equation for land surface temperature. International Journal of Remote Sensing, 15: 105-122

Coll C, Wan Z, Galve J M. 2009. Temperature-based and radiance-based validations of the V5 MODIS land surface temperature product. Journal of Geophysical Research: Atmospheres, 114, doi: 10.1029/2009JD 012038

Duan Q, Phillips T J. 2010. Bayesian estimation of local signal and noise in multimodel simulations of climate change. Journal of Geophysical Research: Atmospheres, 115: doi: 10.1029/2009JD013654

Francois C, Brisson A, Le Borgne P, Marsouin A. 2002. Definition of a radiosounding database for sea surface brightness temperature simulations: Application to sea surface temperature retrieval algorithm determination. Remote Sensing of Environment, 81: 309-326

Francois C, Ottle C. 1996. Atmospheric corrections in the thermal infrared: Global and water vapor dependent split-window algorithms-applications to ATSR and AVHRR data. IEEE Transactions on Geoscience and Remote Sensing, 34: 457-470

Friedl M A, Sulla-Menashe D, Tan B, Schneider A, Ramankutty N, Sibley A, Huang X. 2010. MODIS collection 5 global land cover: Algorithm refinements and characterization of new datasets. Remote Sensing of Environment, 114: 168-182

Galve J M, Coll C, Caselles V, Valor E. 2008. An atmospheric radiosounding database for generating land surface temperature algorithms. IEEE Transactions on Geoscience and Remote Sensing, 46: 1547-1557

Gillespie A, Rokugawa S, Matsunaga T, Cothern J S, Hook S, Kahle A B. 1998. A temperature and emissivity separation algorithm for advanced spaceborne thermal emission and reflection radiometer (ASTER) images. IEEE Transactions on Geoscience and Remote Sensing, 36: 1113-1126

Guillevic P C, Biard J C, Hulley G C, Privette J L, Hook S J, Olioso A, Göttsche F M, Radocinski R, Román M O, Yu Y, Csiszar I. 2014. Validation of land surface temperature products derived from the visible infrared imaging radiometer suite (VIIRS) using ground-based and heritage satellite measurements.

Remote Sensing of Environment, 154: 19-37

Hansen M C, Defries R S, Townshend J R G, Sohlberg R. 2000. Global land cover classification at 1 km spatial resolution using a classification tree approach. International Journal of Remote Sensing, 21: 1331-1364

Li Z L, Tang B H, Wu H, Ren H, Yan G, Wan Z, Trigo I F, Sobrino J A. 2013. Satellite-derived land surface temperature: Current status and perspectives. Remote Sensing of Environment, 131: 14-37

Ma Y, Tsukamoto O. 2002. Combining satellite remote sensing with field observations for land surface heat fluxes over inhomogeneous landscape. Beijing: China Meteorological Press

McMillin L M. 1975. Estimation of sea surface temperatures from two infrared window measurements with different absorption. Journal of Geophysical Research, 80: 5113-5117

Oke T R. 1987. Boudary Layer Climates. 2nd edn. London & New York: Routledge

Ottle C, Stoll M. 1993. Effect of atmospheric absorption and surface emissivity on the determination of land surface temperature from infrared satellite data. International Journal of Remote Sensing, 14: 2025-2037

Ottlé C, Vidal-Madjar D. 1992. Estimation of land surface temperature with NOAA9 data. Remote Sensing of Environment, 40: 27-41

Pinheiro A C T, Mahoney R, Privette J L, Tucker C J. 2006. Development of a daily long term record of NOAA-14 AVHRR land surface temperature over Africa. Remote Sensing of Environment, 103: 153-164

Prata A J, Platt C M R. 1991. Land surface temperature measurements from the AVHRR. Proceedings, 5th AVHRR Data Users Conference, Tromso, Norway, 25-28 June, EUM P09, 433-438

Prata A J. 2002. Land surface temperature measurement from space: AATSR algorithm theoretical basis document. CSIRO, Melbourne, Australia

Price J C. 1984. Land surface temperature measurements from the split window channels of the NOAA 7 advanced very high resolution radiometer. Journal of Geophysical Research: Atmospheres, 89: 7231-7237

Qin Z, Dall'Olmo G, Karnieli A, Berliner P. 2001. Derivation of split window algorithm and its sensitivity analysis for retrieving land surface temperature from NOAA-advanced very high resolution radiometer data. Journal of Geophysical Research: Atmospheres, 106: 22655-22670

Rienecker M M, Suarez M J, Gelaro R, Todling R, Bacmeister J, Liu E, Bosilovich M G, Schubert S D, Takacs L, Kim G K, Bloom S, Chen J, Collins D, Conaty A, da Silva A, Gu W, Joiner J, Koster R D, Lucchesi R, Molod A, Owens T, Pawson S, Pegion P, Redder C R, Reichle R, Robertson F R, Ruddick A G, Sienkiewicz M, Woollen J. 2011. MERRA: NASA's modern-era retrospective analysis for research and applications. Journal of Climate, 24: 3624-3648

Sobrino J A, Jimenez-Muoz J C, Soria G, Romaguera M, Guanter L, Moreno J, Plaza A, Martinez P. 2008. Land surface emissivity retrieval from different VNIR and TIR sensors. IEEE Transactions on Geoscience and Remote Sensing, 46: 316-327

Sobrino J A, Raissouni N, Li Z L. 2001. A comparative study of land surface emissivity retrieval from NOAA data. Remote Sensing of Environment, 75: 256-266

Sobrino J A, Raissouni N. 2000. Toward remote sensing methods for land cover dynamic monitoring: Application to Morocco. International Journal of Remote Sensing, 21: 353-366

Sobrino J, Coll C, Caselles V. 1991. Atmospheric correction for land surface temperature using NOAA-11 AVHRR channels 4 and 5. Remote Sensing of Environment, 38: 19-34

Stathopoulou M, Cartalis C, Keramitsoglou I. 2004. Mapping micro-urban heat islands using NOAA/AVHRR images and CORINE land cover: An application to coastal cities of Greece. International Journal of Remote Sensing, 25: 2301-2316

Tang B H, Shao K, Li Z L, Wu H, Nerry F, Zhou G. 2015a. Estimation and validation of land surface temperatures from Chinese second-generation polar-orbit FY-3A VIRR data. Remote Sensing, 7(3): 3250-3273

Tang B H, Shao K, Li Z L, Wu H, Tang R. 2015b. An improved NDVI-based threshold method for estimating land surface emissivity using MODIS satellite data. International Journal of Remote Sensing, 36(19-20): 4864-4878

Trigo I F, Monteiro I T, Olesen F, Kabsch E. 2008. An assessment of remotely sensed land surface temperature. Journal of Geophysical Research: Atmospheres, 113: D17108: doi: 10.1029/2008JD010035

Ulivieri C, Cannizzaro G. 1985. Land surface temperature retrievals from satellite measurements. Acta Astronautica, 12(12): 977-985

Ulivieri C, Castronuovo M M, Francioni R, Cardillo A. 1994. A split window algorithm for estimating land surface temperature from satellites. Advances in Space Research, 14: 59-65

Vidal A. 1991. Atmospheric and emissivity correction of land surface temperature measured from satellite using ground measurements or satellite data. International Journal of Remote Sensing, 12: 2449-2460

Wan Z, Dozier J. 1996. A generalized split-window algorithm for retrieving land-surface temperature from space. IEEE Transactions on Geoscience and Remote Sensing, 34: 892-905

Wan Z. 2014. New refinements and validation of the collection-6 MODIS land-surface temperature/emissivity product. Remote Sensing of Environment, 140: 36-45

Wang K, Liang S. 2009. Evaluation of ASTER and MODIS land surface temperature and emissivity products using long-term surface longwave radiation observations at SURFRAD sites. Remote Sensing of Environment, 113: 1556-1565

Wu H, Zhang X, Liang S, Yang H, Zhou G. 2012. Estimation of clear-sky land surface longwave radiation from MODIS data products by merging multiple models. Journal of Geophysical Research: Atmospheres, 117, doi: 10.1029/2012JD017567

Yang K, He J, Tang W, Qin J, Cheng C C K. 2010. On downward shortwave and longwave radiations over high altitude regions: Observation and modeling in the Tibetan Plateau. Agricultural and Forest Meteorology, 150: 38-46

Yao Y, Liang S, Li X, Hong Y, Fisher J B, Zhang N, Chen J, Cheng J, Zhao S, Zhang X, Jiang B, Sun L, Jia K, Wang K, Chen Y, Mu Q, Feng F. 2014. Bayesian multimodel estimation of global terrestrial latent heat flux from eddy covariance, meteorological, and satellite observations. Journal of Geophysical Research: Atmospheres, 119, doi: 10.1002/2013JD020864

Yu Y, Privette J L, Pinheiro A C. 2008. Evaluation of split-window land surface temperature algorithms for generating climate data records. IEEE Transactions on Geoscience and Remote Sensing, 46: 179-192

Zhou J, Chen Y, Wang J, Zhan W. 2011. Maximum nighttime urban heat island (UHI) intensity simulation by integrating remotely sensed data and meteorological observations. IEEE Journal of Selected Topics in Applied Earth Observations and Remote Sensing, 4: 138-146

Zhou J, Li M, Liu S, Jia Z, Ma Y. 2015. Validation and performance evaluations of methods for estimating land surface temperatures from ASTER data in the middle reaches of the Heihe River Basin, northwest China. Remote Sensing, 7: 7126-7156.

Zhou J, Zhang X, Zhan W, Zhang H. 2014. Land surface temperature retrieval from MODIS data by integrating regression models and the genetic algorithm in an arid region. Remote Sensing, 6: 5344

第 8 章 晴空地表温度日变化模拟通用模型

黄帆[1],占文凤[1],居为民[1],邹照旭[1],段四波[2],全金玲[2]

地表温度日变化的重建对卫星热红外观测的时间序列拓展、地表热属性(如热惯量)反演与热通量(如土壤热通量)估计等,均具有非常重要的作用。基于地表能量平衡方程和一维热传导方程,构建了晴空地表温度日变化的通用框架模型(GEM)。在日尺度上,GEM 模型可派生出七个子模型(记作 GEM-I 到 GEM-VII),模型控制参数为 2~12 个。以地面站点观测的亮度温度,以及 MODIS 和 SEVIRI 地表温度数据集进行验证。验证结果表明,随着模型控制参数的增多(从 GEM-I 到 GEM-VII),模型精度依次提高,平均绝对误差从 1.71 ℃ 逐渐减小到 0.33 ℃。特别地,对于逐日 4 次温度观测(如 MODIS 地表温度)的情形,可利用 GEM-II 和 GEM-III 来模拟地表温度日变化。而若对模拟精度要求较高时,可利用 GEM-VI 和 GEM-VII 来模拟地表温度的日变化。此外,GEM 模型亦适用于非标准模式下地表温度日变化的模拟(如起始时间和持续时间不固定情况)。相比于多数地表温度日变化模型,GEM 为不同实际需求提供了更多选择。

8.1 引　　言

地表温度(land surface temperature,LST)是全球变化研究中的重要参量之一,既受到地表-大气之间交互作用的影响,同时又调节地表-大气之间物质和能量的交换过程(Sandholt et al.,2002)。热红外与微波遥感技术能够通过接收的地表长波辐射反演地表温度,为获取大面积地表温度提供了可能。然而,遥感技术具有空间分辨率和时间分辨率不可兼得的缺陷(Zhan et al.,2013),因此如何利用时间离散的地表温度观测来模拟地表温度日变化是热红外遥感理论应用研究的焦点之一。

在近几十年内,地表温度日变化的模拟研究取得了非常大的进展,其模拟方法可以大致划分为四类:物理方法、准物理方法、半物理方法和统计方法。物理方法包括大多数的陆面过程模型,如生物圈-大气圈输送方案(biosphere-atmosphere transfer scheme)(Dickinson et al.,1993)。物理方法输入数据较多,包括卫星或气象站观测的地表特性(如地表几何构造、反照率和热扩散率)和气象数据(如风速、空气温度、湿度和气压),然而地表温度仅仅模拟得到的众多物理参数(如土壤湿度、热通量和温度)之一。统计方法,或者称为数据驱动方法(Van den Bergh et al.,2006),其特点是没有运用能量平衡方程或热传导方程进行相应的物理渲染。这类方法的关键在于多源数据的融合,主成分分析是其最常用的手段(Aires et al.,2004;Ignatov and Gutman,1999;Zakšek and Oštir,

---

1. 南京大学国际地球系统科学研究所;2. 中国科学院地理科学与资源研究所

2012)。此外，通过建立地表温度与相关参数（如观测时间、地理坐标和高程）的回归关系，可以利用 MODIS 地表温度产品生成大区域范围的地表温度日变化（Coops et al., 2007；Crosson et al., 2012）。

准物理方法基于地表能量平衡方程和热传导方程来模拟地表温度变化。这类方法最初利用极轨或同步卫星观测的昼-夜地表温度来反演地表热惯量，用于地质填图和土壤水分监测（Cracknell and Xue，1996）。在对地表热通量进行参数化时，准物理方法采用谐波函数对太阳短波净辐射参量化，并通过地表温度的线性函数对上行辐射通量参量化（Cracknell and Xue，1996；Sagalovich et al.，2002；Sobrino and El Kharraz，1999a，b；Watson，2000；Zhan et al.，2013）。半物理方法通过分段函数来模拟地表温度的日变化，包括利用谐波温度曲线模拟日出至日落的地表温度变化，以及基于牛顿冷却定律模拟日落后地表降温过程（Parton and Logan，1981）。半物理方法早期的典型代表包括 Schädlich 等（2001）、Göttsche 和 Olesen（2001）等。此后，该类方法在诸多方面得以拓展，如考虑白天温度波峰前后的谐波不对称性（Van den Bergh et al.，2006）、优化温度特征参数估计（Jiang et al.，2006）、利用双曲线函数代替指数函数来表征地表降温阶段（Inamdar et al.，2008），以及考虑地表温度的逐日间交替演变（Duan et al.，2013）。Göttsche 和 Olesen（2009）通过引入大气光学厚度来克服在日出阶段模拟精度低的缺陷，使得半物理方法进一步得以改善。通过对上述半物理方法进行评估，结果表明模拟精度都在可接受的范围（Duan et al.，2012）。

在遥感应用中，准物理方法和半物理方法比另外两类方法更普遍，这是因为这两类方法能够简单地利用时间离散的温度观测来驱动。从 20 世纪 70 年代至 21 世纪初，准物理方法应用普遍，这是由于一系列机载或星载的热红外传感器被发射升空。相比之下，半物理方法在近十年的应用越来越普遍，主要是由于这类方法简单，且有一定的物理涵义，适合用遥感数据来驱动。尽管半物理方法取得了长足的进展，但是仍存在以下亟待解决的问题：首先，该方法假设在日周期内，有且只有一次日出和日落（Göttsche and Olesen，2001）。显然，对于北极的极昼情形，该假设不成立，则不能通过半物理方法来模拟极昼的地表温度日变化。其次，该方法限制模拟周期为连续两个日出的时间间隔，而不适用于模拟任意起始时刻的地表温度日变化。再次，尽管 Duan 等（2013）在运用该方法时，考虑了地表温度的逐日间交替演变（即日与日的连续性），但是忽略了模型中分段函数在逐日间的一阶导数连续性。最后，该方法的未知参数一般不少于 4 个，因此不适用于日周期内观测数据过少的情形，如 MODIS 一天最多观测 4 次地表温度。

8.2 地表温度日变化通用模型

8.2.1 模型理论基础

地表温度受到地表能量平衡方程中各个组分的控制，其温度变化与地表特性（如地表几何构造、反照率和热扩散率）及气象参数（如风速、空气温度、湿度、气压和大气透过率）等紧密相关；此外，地表温度日变化受到土壤质地、含水量和土壤热特性等影响。因此，基于复杂的物理机制模拟地表温度日变化需众多输入数据。然而，通过构建地表温度的热传导模型，利用时间离散观测的地表温度数据反演复杂的参数或其综合效应因子，进而可以模拟地表温度的日变化。模拟策略表示如下（Zhan et al.，2012a）：

$$T = g_1(\beta_1, \beta_2) \Leftrightarrow T = g_2(\beta_1, T_{obs}) \tag{8.1}$$

式中，T 为地表温度；g_1 和 g_2 分别为复杂的物理机制和热传导模型；β_1 为简单易获得的参数（如空气温度、时数和日数）；β_2 为复杂的难以获取的参数；T_{obs} 为地温的离散观测数据。

8.2.2 热传导方程及边界条件

地表温度的日变化可以通过地表热通量限制热传导方程来模拟（Carslaw and Jaeger，1959）：

$$\begin{cases} \partial T(z,t)/\partial t = D \cdot \partial^2 T(z,t)/\partial z^2 \\ -k\, \partial T/\partial z |_{z=0} = G(0,t) = R_n(t) - R_H(t) - R_{LE}(t) \end{cases} \tag{8.2}$$

式中，T 为温度（℃）；z 和 t 分别为向下深度（m）和时间（s），对于地表来说 $z=0$；D 和 k 分别为热扩散率（m^2/s）和热导率 [W/(m·℃)]；$G(0,t)$ 为地表热通量（W/m^2）；R_n，R_H 和 R_{LE} 分别为净辐射、显热和潜热通量。

通过对短波和长波辐射进行分离，边界条件进一步转化为

$$\begin{aligned}
G(0,t) &= R_{n\text{-}sw}(t) - [R_{n\text{-}lw}(t) + R_H(t) + R_{LE}(t)] \\
&= R_{n\text{-}sw}(t) + R_{up}(t) \\
&= \underbrace{\overline{R}_{up}(t) + r_{up}(t)}_{R_{up}(t)} + \underbrace{\overline{R}_{n\text{-}sw}(t) + r_{n\text{-}sw}(t)}_{R_{n\text{-}sw}(t)} \\
&= \overline{R}_{up}(t) + \overline{R}_{n\text{-}sw}(t) + r_e(t)
\end{aligned} \tag{8.3}$$

式中，R_{up} 为上行热通量，包括地表长波辐射和显热及潜热通量；$R_{n\text{-}sw}$ 和 $R_{n\text{-}lw}$ 分别为短波和长波净辐射。R_{up} 进一步划分为两个部分：$\overline{R}_{up}$（夜间地表温度变化的主导项）和残差项 r_{up}；类似地，$R_{n\text{-}sw}$ 划分为 $\overline{R}_{n\text{-}sw}$（白天地表温度变化的主导项）和 $r_{n\text{-}sw}$ 两部分，这两个残差项合并为 $r_e(t)$。当 $\overline{R}_{up} + \overline{R}_{n\text{-}sw}$ 不能完全表征 $G(0,t)$，如在某些时段内发生局部对流，则通过 r_e 来补偿。

8.2.3 地表热通量的参数化

地表热通量的参数化是模拟地表温度日变化的关键。上行热通量主导项 $\overline{R}_{up}$ 用地表温度的线性函数来表示，短波净辐射主导项 $\overline{R}_{n\text{-}sw}$ 用谐波函数来表示，热通量残差项 r_e 用多阶多项式函数来表示。

1. $\overline{R}_{up}$ 的参数化

$\overline{R}_{up}$ 利用地表温度的线性函数近似地表示为（Xue and Cracknell，1995）

$$\overline{R}_{up}(t) = h_0 + h_1 \cdot T(0,t) \tag{8.4}$$

这种参数化策略对于裸土是适用的，然而，对于植被覆盖度大（蒸散显著）的地区，

该策略并不准确。在这种情况下，该参数化策略引起的误差可以通过 r_e 中的上行通量残差项 $r_{up}(t)$ 来补偿。

2. $\overline{R}_{\text{n-sw}}$ 的参数化

通常地，地表接收的太阳短波净辐射可以表示为

$$\overline{R}_{\text{n-sw}}(t) = \begin{cases} S_0(1-a) \cdot \tau_i \cdot \cos Z_i, & t \in \Omega_{\text{day}}, i=1,2,\cdots,L \\ 0, & t \in \Omega_{\text{night}} \end{cases} \quad (8.5)$$

式中，S_0 和 a 分别为太阳常数和地表反照率；τ_i 为大气透过率；Z_i 为连续 L 天中第 i 天的太阳天顶角，通过下式计算：

$$\begin{cases} \cos Z_i = \cos \delta_i \cos \lambda \cos \omega_d t + \sin \delta_i \sin \lambda \\ \omega_d = 2\pi \cdot t_p^{-1} \end{cases} \quad (8.6)$$

式中，δ_i 为一年中第 i 天的太阳高度角；λ、ω_d 和 t_p 分别为纬度、地球自转角速度和一天 24 h 的总秒数。

校正由太阳天顶角引起的大气透过率的变化，对于准确地模拟日出时段地表的缓慢升温过程非常重要（Göttsche and Olesen，2009）。大气透过率 τ_i 受到大气光学厚度 γ 的控制，Göttsche 和 Olesen（2009）将其表示为 $\exp(-\gamma \cdot \sec Z_i)$。本章采用 Watson（1975）的策略，将 τ_i 表示为 $1-\gamma \cdot \sqrt{\sec Z_i}$，其中 γ 等于 0.2。设置 γ 为常数使得模型的控制参数尽量少，而大气透过率的计算误差可以通过 r_e 中的短波辐射残差 $r_{\text{n-sw}}(t)$ 补偿。

3. r_e 的参数化

当大气透过率（或者空气湿度）改变时，利用谐波函数表示短波净辐射 $\overline{R}_{\text{n-sw}}$ 将变得不准确。此外，当植被覆盖度大或者发生局部对流时，利用地表温度的线性函数表示上行热通量 $\overline{R}_{\text{up}}$ 也是有问题的。此时，这些热通量的参数化误差可以通过热通量残差项来弥补。本章采用多阶多项式函数来表示热通量残差项 r_e：

$$r_e(t) = \sum_{i=1}^{N} \sum_{j=1}^{K} c_{i,j} \cdot \upsilon^j \quad (8.7)$$

式中，N 为连续多日周期的天数；K 为多项式的最高阶数；$c_{i,j}$ 为多项式系数；υ 为时间参数，该参数在每个日周期的初始时刻更新如下：

$$\begin{cases} \upsilon = \text{mod}(\omega_d t, 2\pi), t \in \Omega_L \\ i = \text{int}(\omega_d t / 2\pi) \end{cases} \quad (8.8)$$

式中，"mod"和"int"分别为取余和取整运算符。对于式（8.7），假设为二次多项式（即 $K=2$）且多日周期长度为 L 天（即 $N=L$），则该多项式有 $2 \cdot L$ 个系数。

8.2.4　前向模型

综上所述，热传导方程受到地表热通量的约束，通过地表能量平衡方程，地表热通

量利用式（8.4）～式（8.6）来参数化表示。因此，通过求解热传导方程，地表温度的日变化模式表示如下（Zhan et al.，2012a）：

$$T(0,t) = \bar{T} + \sum_{n=1}^{\infty} M_n \cdot g(t) \tag{8.9}$$

式中，$\bar{T}$ 为一个代理参数，等于 $-h_0/h_1$，其物理含义表示地表日均温度，这是因为在日周期内，式（8.9）右边第二项的积分为 0。M_n 和 $g(t)$ 表示如下：

$$\begin{cases} M_n = [n\omega_L P^2 + \sqrt{2n\omega_L} P \cdot h_1 + h_1^2]^{-1/2} \\ g(t) = A_n \cos(n\omega_L t - \phi_n) + B_n \sin(n\omega_L t - \phi_n) \\ \phi_n = \arctan[P\sqrt{n\omega_L} \cdot (\sqrt{2}h_0 + P\sqrt{n\omega_L})^{-1}] \end{cases} \tag{8.10}$$

式中，P 为热惯量；A_n 和 B_n 为 $R_{\text{n-sw}}(t) + r_e(t)$ 的傅里叶级数的第 n 阶系数；$\omega_L = 2\pi/(t_p \cdot L)$，即 $\omega_L = \omega_d/L$，其中 ω_L 和 ω_d 分别对应连续多日周期和单日周期。考虑到地表温度在连续多日周期内并非呈现严格的周期变化，上行热通量系数 h_1 进一步表示为时间的线性函数，即 $h_1 = \eta_0 + \eta_1 \cdot t$。这个修正使得式（8.10）不再是周期函数，因此连续两个日周期的日出地表温度不必相等。

8.2.5 参数反演

基于式（8.9）和式（8.10），利用时间离散的地表温度观测来反演模型参数。在单日周期内，前向模型中的待确定参数包括四个基本参数：P、$\bar{T}$、η_0 和 η_1，以及 X 个残差项 r_e 的多项式系数，总共 $X+4$ 个未知参数。因此，GEM 是一个灵活的通用模型框架，而非单一的算法。本章采用 Levenberg-Marquardt 最优算法来拟合待确定参数。

表 8.1 给出了 GEM 模型派生的 7 个子模型，记作 GEM-I 到 GEM-VII，未知参数为 2～12 个。在单日周期里，当只有 2～3 个观测数据时，GEM-I（或 GEM-II）可用于模拟地表温度的日变化；当有足够数量（不少于 8 个）的观测数据时，GEM-VII（或 GEM-VI）最适用于模拟地表温度的日变化。在连续多日周期里，GEM 模型中的四个基本参数不变，而多项式系数逐日不同。例如，对于 GEM-VI 模型，在 L 天的周期里，待确定参数个数为 $4+4 \cdot L$。

表 8.1　GEM 子模型在单日周期内的参数设置

GEM 子模型	P	$\bar{T}$	η_0	η_1	$c_{i,j}$ i	$c_{i,j}$ j	未知参数
GEM-I	√	√	×*	×	×	×	2
GEM-II	√	√	√	×	×	×	3
GEM-III	√	√	√	√	×	×	4
GEM-IV	√	√	√	√	1	1	5
GEM-V	√	√	√	√	2	1	6
GEM-VI	√	√	√	√	4	1	8
GEM-VII	√	√	√	√	4	2	12

注：P、$\bar{T}$、η_0（η_1）和 $c_{i,j}$ 分别表示热惯量、日均地表温度、上行热通量参数和热通量残差系数；*表示相应的变量不存在，即设为零；GEM 子模型的参数配置和评估详见 8.4.2 节。

8.3 实验数据

8.3.1 地面站点观测数据

美国 USCRN（United States Climate Reference Network）站点提供了地表温度观测数据（http://www.ncdc.noaa.gov/crn/stationmap.html）。USCRN 站点利用精密热红外温度传感器（precision infrared temperature sensor，IRTS-P）来观测地表温度，离地高度是 1.3 m，地面视场范围是 1~1.3 m 直径的圆，观测精度为±0.2℃。选用的数据集 Subhourly01 每隔 5 分钟记录一次地表温度。这些温度数据经过了辐射定标和辐射校正，但是没有经过地表发射率的校正，仍然是地表的亮度温度（brightness temperature，BT）而非实际温度。虽然亮度温度和实际温度的数值不同，但是两者的日变化模式是相似的（Göttsche and Olesen，2001；Van den Bergh et al.，2006）。由于很难获取准确的地表发射率，本书利用地表的亮度温度进行站点验证。选取了 4 个 USCRN 站点，包括 AZ Yuma 27、OH Coshocton 8、MT Wolf Point 29 和 AK Barrow 4，分别简记为 Yuma、Coshocton、Wolf Point 和 Barrow（表 8.2）。前三个站点分别位于湿润（湿润大陆性）、半干旱（半干旱草原）和干旱（中纬度沙漠）气候区。Coshocton 站点被远处的森林包围，但是森林的阴影几乎不影响该站点。Barrow 站点位于北极圈内，尽管该站点设置在地表异质地区，其附近有潟湖，但是没有造成阴影。该站点极昼条件下的地表温度数据用于测试模型的适用性。

表 8.2 地面站点观测数据简介

站点	晴空天数	经纬度	土地覆盖	气候类型
Yuma	122	32.8°N、114.2°W	裸土	中纬度沙漠
Coshocton	20	40.4°N、081.8°W	草地	湿润大陆
Wolf Point	23	48.3°N、105.1°W	草地	半干旱草原
Barrow	6月13~15日、7月4~6日	71.3°N、156.6°W	草地	冻土

注：Yuma 站点 2 月 9 日之前没有数据，Coshocton 站点 5 月 20 日之前没有数据，Wolf Point 站点 6 月 22 日之前没有数据；验证数据都为 2012 年晴空条件下的观测数据。

8.3.2 卫星观测数据

除了地面站点观测数据，还使用了 MSG/SEVIRI、Terra/MODIS 和 Aqua/MODIS 的地表温度数据（表 8.3）。SEVIRI 地表温度利用 Jiang 和 Li（2008）提出的分裂窗算法反演，其时间分辨率是 15 分钟。MODIS 地表温度从美国 NASA 地球观测系统数据网站下载（http://reverb.echo.nasa.gov/reverb/）。选用的 MODIS 地表温度产品是 MOD11A1

表 8.3 卫星观测数据简介

站点	日期	经纬度	土地覆盖	气候类型
SEVIRI-P1*	8月2~5日	40.9°N、007.9°W	树林	地中海
SEVIRI-P2	8月2~5日	37.8°N、007.5°W	灌木	地中海
MODIS-A1**	4月8日、8月22日	39.1°N、116.1°E	城镇	湿润大陆

注：* SEVIRI 和 MODIS 的地表温度数据分别在 2008 年和 2012 年获取；** MODIS-A1 覆盖了 80 km×80 km 的范围，其中心经纬度为 39.1°N，116.1°E。

和 MYD11A1，分别对应 Terra 和 Aqua 的昼夜温度，每天一共 4 次观测，地面分辨率是 1000 m。MODIS 地表温度的覆盖区域是为北京东南面 80 km×80 km 地区，树木和地形小起伏造成的阴影可以忽略不计。

8.4 模型验证

该部分先评价 GEM 模型的总体精度，接着详细评估 GEM 的 7 个子模型，最后验证 GEM 模型在非标准情形下的性能，包括非均匀分布的数据缺口、任意的日温度周期起始时刻、连续多日周期和极昼。

8.4.1 总体精度评价

本章采用直接验证和交叉验证两种方法来评估 GEM 模型。直接验证是利用晴空条件下站点和卫星观测的地表温度数据，通过 GEM 模型来模拟地表温度的日变化。交叉验证是比较 GEM 模型与半物理模型的模拟精度。用于对照的半物理模型是 JNG06 模型（Jiang et al., 2006）和 GOT09 模型（Göttsche and Olesen, 2009），简记为 JNG 和 GOT 模型。这两个模型都有 6 个未知参数，并且模拟精度比其他半物理模型高（Duan et al., 2012）。

表 8.4、图 8.1 和图 8.2 给出了 GEM 模型的总体精度结果。从 GEM-I 到 GEM-VII，Yuma 站点的模拟误差从 1.48℃减到 0.33℃，Coshocton 站点的模拟误差从 1.77℃减到

表 8.4　JNG、GOT 和 GEM 子模型在各站点的总体模拟误差

站点	天数*	JNG	GOT	GEM						
				I	II	III	IV	V	VI	VII
Yuma	122	0.60	0.53	1.48	0.90	0.74	0.60	0.51	0.40	0.32
Coshocton	20	0.50	0.48	1.77	0.90	0.62	0.57	0.53	0.42	0.33
Wolf Point	23	0.72	0.72	2.87	1.18	0.86	0.68	0.58	0.47	0.40
控制变量个数		6	6	2	3	4	5	6	8	12
平均绝对误差 MAE**/℃		0.60	0.55	1.71	0.94	0.74	0.61	0.52	0.41	0.33

注：* 表示各个站点的晴空天数；** 表示各个站点所有晴空天数的平均 MAE。

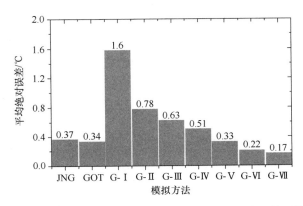

图 8.1　JNG、GOT 和 GEM 子模型模拟 MSG-SEVIRI 地表温度日变化的平均绝对误差（MAE）

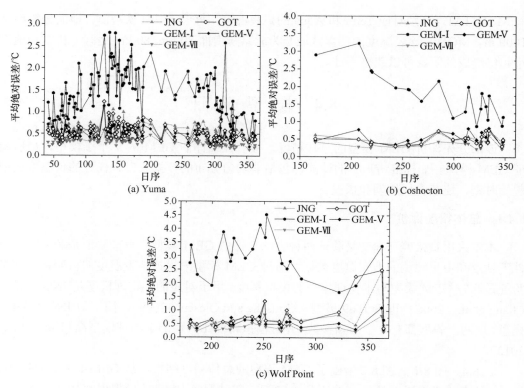

图 8.2 JNG、GOT、GEM-I、GEM-V和GEM-Ⅶ模型在Yuma、Coshocton和Wolf Point
站点的平均绝对误差（MAE）

0.36 ℃，Wolf Point 站点的模拟误差从 1.60℃减到 0.17℃。结果表明，随着 GEM 模型的控制参数的增加，模拟精度逐渐提高。从建模理论上分析，控制参数的增加，意味着对地表能量平衡方程中各个通量项的参数化更准确，因而提高了模拟精度。结果也表明，JNG 和 GOT 模型具有较高的精度，其模拟误差分别为 0.60℃和 0.55℃。其中，GOT 模型的精度稍高于 JNG 模型，这是因为 GOT 模型考虑了大气对太阳辐射的衰减作用。

为了展示模拟误差的细节变化，选取了各个地面站点两天的地表温度日变化，分别是第 128 天和第 328 天（Yuma 站点）、第 165 天和第 322 天（Coshocton 站点）、第 204 天和第 251 天（Wolf Point 站点），以及选取了 SEVIRI 观测的第 218 天的地表温度日变化（图 8.3）。结果表明，对于站点的模拟结果，在 12:00～15:00，各个模型的模拟误差都快速地变动。这是因为，在这个时间段，地表温度达到最大值但极不稳定，地表接收的太阳辐射和地表的其他热通量处于瞬间平衡状态，因此，边界对流对地表温度变化造成较大影响。然而，对于极轨卫星热红外遥感而言，由于一天内只有极少数的地表温度观测，因此很难捕捉到由边界对流造成的地表温度的细微变化。可能的解决方法是结合气象站密集观测的空气温度，这是因为空气温度和地表温度类似，也反映了地表能量的瞬间平衡状态，因此包含了局部边界对流信息。利用密集的空气温度作为辅助数据，通过对边界对流进行量化，可以捕捉到地表温度的微小波动（Zhan et al.，2012a）。当对地表温度进行尺度平均时，如时间尺度平均（小时或小时），或者空间尺度平均（低空间分辨率），由于平均效应，边界对流的影响将会减弱。图 8.3（g）表明，在低空间分辨率下，边界对流效应明显弱化，相比于站点而言，模拟误差的变化更缓和。

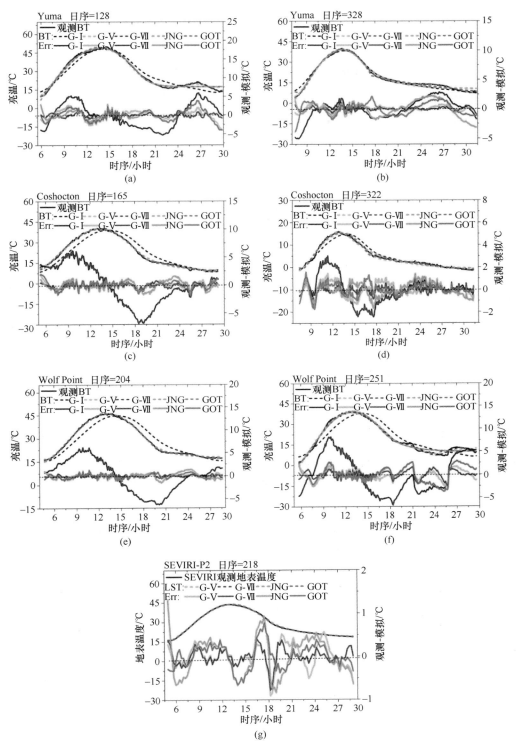

图 8.3 GEM-I（G-I）、GEM-V（G-V）、GEM-VII（G-V）、JNG 和 GOT 模型在单日周期的模拟误差（彩图附后）

8.4.2 GEM 子模型评估

GEM-I 到 GEM-III 模型的控制参数少于 5 个，适用于利用极轨卫星如 Terra 和 Aqua 的热红外观测来模拟地表温度日变化。而 GEM-IV 到 GEM-VII 模型的控制参数较多，则适用于利用同步卫星的热红外观测来模拟地表温度日变化。

1. GEM-I

GEM-I 模型包括两个控制参数：日均地表温度 $\bar{T}$ 和热惯量 P。上行热通量系数 h_1 简单设为零或其他常数，多项式系数 $c_{i,j}$ 都设为零。这表明该模型的上行热通量简单地设为经验常数，且不考虑热通量残差。过度简化的参数设置使得 GEM-I 模型的精度最差。如图 8.3 所示，该模型不能准确地预测一天内地表温度达到最大值的时间点；其次，上午升温（下午降温）过程中，该模型的模拟值小于（大于）观测值。

尽管 GEM-I 模型的精度较差，然而该模型仅仅需要两个控制参数就能模拟地表温度的日变化。对于极轨卫星，通常一天最多只有两次观测（如 Terra 或 Aqua），则该模型具有潜在优势。考虑到 GEM-I 模型对上行热通量的参数化不准确，因而造成精度较低（模拟误差为 2~5℃），则可以通过以下两方面改善：其一，h_1 利用地面的气象参数通过 $h_1=4\varepsilon\sigma T_{\text{sky}}^3/k$（Watson，2000）来推算。其二，$h_1$ 利用地面观测的 $t_{\max}$（一天内地表温度达到最大值的时间）来校正（Xue and Cracknell，1995）。

2. GEM-II 和 GEM-III

GEM-II 模型需要 3 个控制参数，包括 $\bar{T}$、P 和 η_0，而 η_1 和 $c_{i,j}$ 都设为零。GEM-III 比 GEM-II 模型多增加了 η_1 参数，需要 4 个控制参数。参数配置表明，GEM-II 模型用 η_0 参数化上行热通量，而不是假定上行热通量为经验常数；GEM-III 模型进一步用 η_0 和 η_1 参数化上行热通量。GEM-II 模型假设地表温度日变化呈现严格的周期性，而没有考虑逐日间温度变化差异。而 GEM-III 模型通过引入参数 η_1，从而克服了缺陷。相比于 GEM-I 模型，GEM-II 和 GEM-III 模型通过对上行热通量进行参数化，显著地提高了模拟精度（表 8.4）。

由于 GEM-II 和 GEM-III 模型分别仅需要 3 个和 4 个控制参数，因此该模型可利用 MODIS 每天四次地表温度观测来模拟地表温度日变化。例如，利用 Aqua-day、Aqua-night 和 Terra-day 的地表温度观测，通过 GEM-II 模型，模拟 Terra-night 的地表温度，如图 8.4 和图 8.5 所示。结果表明，第 99 天和第 235 天的平均模拟误差分别是 1.36℃和 1.29℃，该精度与 MODIS 的观测精度（约 1℃）接近（Wan et al.，2002）。其次，城区的模拟误差相对高些。其原因可能是城市地表的热各向异性显著，这会造成至多约 5℃的观测误差（Zhan et al.，2012b）；也可能是由于城区人为热排放大，而 GEM 模型并未考虑此影响。

3. GEM-IV 和 GEM-V

GEM-IV 模型需要 5 个控制参数，包括 $\bar{T}$、P、η_0、η_1 和 $c_{1,1}$；在此基础上，GEM-V 模型增加了一个参数 $c_{2,1}$，需要 6 个控制参数。参数配置表明，GEM-IV 模型采用简单线性函数表示热通量残差，而 GEM-V 模型进一步采用分段线性函数来表示热通量残差。模拟结果表明，这两个模型的精度与 JNG 和 GOT 模型的精度相当。其中，后两者的站点平均误差在 GEM-V 和 GEM-IV 模拟误差之间（0.52~0.61℃）。然而，对于 Coshocton 站点，GEM-V 模型的误差（0.53℃）略高于 JNG（0.50℃）和 GOT（0.48℃）模型。这可能是因为该站点位于草地，而 GEM 模型对上行热通量的参数化是针对地表是裸土或稀疏植被的情形。

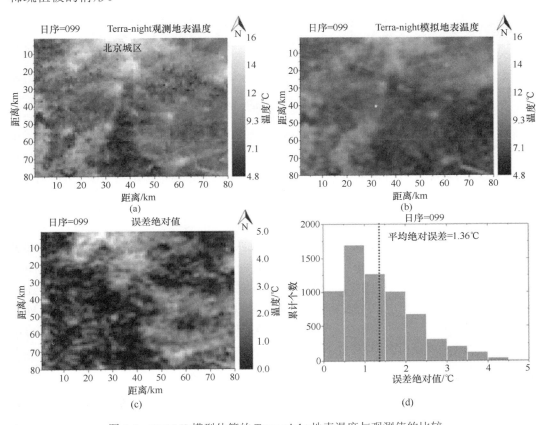

图 8.4 GEM-II 模型估算的 Terra-night 地表温度与观测值的比较

（a）和（b）分别表示地表温度的观测值和模拟值；（c）和（d）分别表示平均绝对误差（MAE）的空间分布及直方图

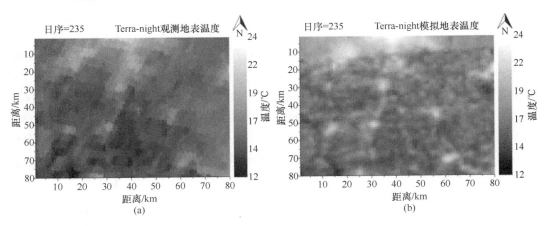

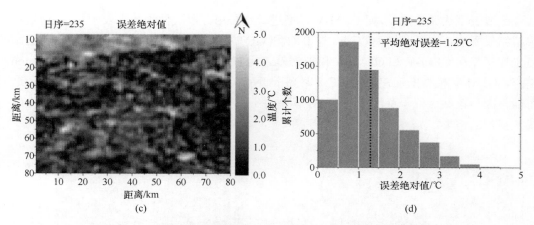

图 8.5 GEM-II 模型估算的 Terra-night 地表温度与观测值的比较
其他说明参见图 8.4

4. GEM-VI 和 GEM-VII

GEM-VI 和 GEM-VII 模型分别需要 8 个和 12 个控制参数来模拟地表温度的日变化。除了表征短波净辐射和上行热通量的基本参数外，GEM-VI 模型采用了 4 个参数（从 $c_{1,1}$ 到 $c_{4,1}$）来表示热通量残差；此外，为了更准确地表示热通量残差，GEM-VII 模型多采用了 4 个参数（从 $c_{1,2}$ 到 $c_{4,2}$）。GEM-VI 和 GEM-VII 模型对地表热通量的每一部分都进行了参数化，使得这两个模型的精度比之前 5 个子模型的精度都高。其中，GEM-VII 模型的站点模拟误差小于 0.3℃，而基于卫星观测的模拟误差仅小于 0.17℃。结果还表明，这两个模型能模拟出夜晚降温过程中偶然出现的温度轻微升高的变化［图 8.3（a）、(b)、(e) 和（f）］。尽管这两个模型需要相对较多的控制参数（分别为 8 个和 12 个），但是为用户提供了较高的模拟精度。

8.4.3 非标准条件下模拟地表温度的日变化

除了参数配置的灵活性外，GEM 模型可用于非标准情形下的地表温度日变化模拟。这些非标准情形包括非均匀分布的数据缺口、任意的日温度周期起始时刻、连续多日周期和极昼。

1. 非均匀分布的数据缺口

实际观测中，热红外遥感的地表温度经常由于云的影响而无法获得。为了检验 GEM 模型对于数据缺口（即观测数据缺失）非均匀分布的敏感性，本章在日周期内设置了 3 个数据缺口，每个缺口的时间长度为 3 小时。这些缺口的设置和 Göttsche 和 Olesen（2001）一样，分别是 10:00~13:00、16:00~19:00 和 24:00~03:00。验证数据是 Yuma 站点和 SEVIRI 观测的地表温度。通过对 Yuma 站点的地表温度每三个平均，使得其时间分辨率与 SEVIRI 观测的时间分辨率相同，都为 15 分钟。图 8.6 给出了 GEM-VI 模型分别在有数据缺口和没有数据缺口的模拟结果，两种情形下的平均模拟误差分别为 0.38℃ 和 0.09℃。缺口处的模拟误差较大，如 Yuma 站点的缺口 1 和 3，以及 SEVIRI-P1 的缺口 3。尽管如此，GEM-VI 模型的总体表现良好，表明晴空下部分观测数据缺失是可以忽略的。

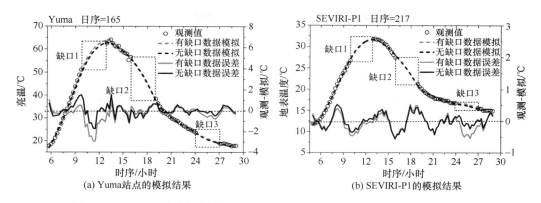

图 8.6 GEM-VI 模型在非均匀分布的数据缺口情形下模拟的地表温度日变化

三个缺口分别为 10:00~13:00、16:00~19:00 和 24:00~03:00

然而，需要指出的是，长时间（如 10 小时）的云影响将完全改变地表温度的日变化模式，此种情形视为非晴空条件，不在本书的研究范围内。

2. 任意的日温度周期起始时刻

半物理模型只能以日出为起算时刻来模拟地表温度的日变化。而事实上，日温度周期可以从任意时刻开始起算。GEM 模型可以从任意的日周期时刻开始模拟地表温度的日变化。例如，本章分别以 00:00、08:00 和 16:00 为起始时刻，通过 GEM-VI 模型，模拟地表温度的日变化，如图 8.7 所示。对于这 3 个起始时刻，Yuma（Coshocton）站点的模拟误差分别是 0.58℃、0.60℃和 0.45℃（0.48℃、0.35℃和 0.37℃）。结果表明，GEM 模型对日温度周期的起算时刻不敏感。这是由于 GEM 模型采用了热传导方程和地表能量平衡方程对日温度周期进行表征；此外，在参数化地表热通量时，通过谐波函数引入了太阳辐射的几何信息。相比于半物理模型，GEM 模型的这一优势使其可以从任意的日周期时刻开始模拟地表温度的日变化。

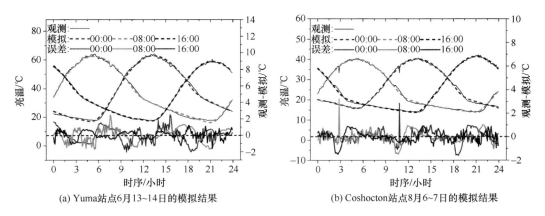

图 8.7 GEM-VI 模型分别以 00:00、08:00 和 16:00 为日温度周期的起始时刻模拟的地表温度日变化（彩图附后）

3. 连续多日周期

如 8.2.5 节所述，在连续的多日周期中，GEM 模型的四个基本参数不变，而表征热通量残差的多项式系数每天不同。例如,在一个连续 4 天的周期内,GEM-V 和 GEM-VI 模型分别需要 12 个（4×2+4=12）和 20 个（4×4+4=20）控制参数。利用 SEVIRI 地表温度数据,本章通过 GEM-V 和 GEM-VI 模型模拟连续多日周期的地表温度变化,如图 8.8 所示。这两个模型的平均绝对误差分别为 0.51℃和 0.23℃,均方根误差分别为 0.68℃和 0.32℃。结果表明,GEM 模型可用于模拟连续多日周期的地表温度变化。

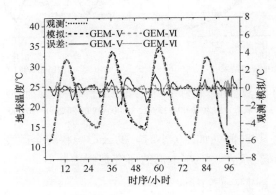

图 8.8 GEM-V 和 GEM-VI 模型在多日周期（2008 年 8 月 2～5 日）情形下模拟的 SEVIRI-P1 地表温度日变化

4. 极昼

在极昼的情形下,由于没有日落,地表温度的日变化模式不再是半物理模型假设的分段函数。利用 Barrow 站点的极昼地表温度数据,通过 GEM-V 模型,模拟 6 月 13～15 日、7 月 4～6 日的地表温度日变化,如图 8.9 所示。两个时间段的误差分别为 0.34℃和 0.22℃。在极昼条件下,地表温度大体上遵循谐波函数变化,这是由于太阳天顶角的谐波变化造成的。此外,大气状况会对地表温度的日变化造成影响。然而,GEM 模型通过捕捉每天不同的大气状况,因而能准确模拟地表温度的日变化。

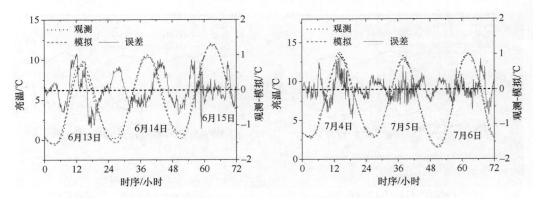

图 8.9 GEM-V 模型在极昼情形下模拟的地表温度日变化

8.5 小　　结

本章构建了晴空地表温度日变化的通用模型（GEM）,灵活地利用少数离散的地表温度日观测来模拟地表温度的日变化，为热红外遥感的相关应用奠定了基础。在日尺度上，GEM 模型派生出 7 个子模型，记作 GEM-I 到 GEM-VII，模型的控制参数分别为 2 个、3 个、4 个、5 个、6 个、8 个和 12 个。利用美国 USCRN 站点和 MODIS 及 SEVIRI 的晴空地表温度观测，验证表明，从 GEM-I 到 GEM-VII，各子模型的模拟精度依次提高，平均绝对误差（MAE）从 1.71℃逐渐减小到 0.33℃。特别地，GEM-II 和 GEM-III 适用于日内观测数据较少的情形，如 MODIS 一天最多 4 次观测地表温度；GEM-VI 和 GEM-VII 适用于精度要求较高且一天内有较多观测数据的情形。进一步的验证表明，GEM 模型适用于模拟非标准情形的地表温度日变化，如非均匀分布的数据缺口、任意的日温度周期起始时刻、连续多日周期和极昼。需要特别指出的是，尽管本章在晴空地表温度日变化模拟方面取得了一些进展，模型仍有诸多因素未考虑，如对晴空但气象条件（如风速）不稳定情况时，模型仍有进一步改进的空间。如何尽量顾及此类复杂多变地表与气象因子，可成为地表温度日变化模拟今后进一步发展的前进方向。

参 考 文 献

Aires F, Prigent C, Rossow W B. 2004. Temporal interpolation of global surface skin temperature diurnal cycle over land under clear and cloudy conditions. Journal of Geophysical Research, 109(109): 385-389

Carslaw H S, Jaeger J C. 1959. Conduction of Heat in Solids (2nd). Oxford: Clarendon Press

Coops N C, Duro D C, Wulder M A, Han T. 2007. Estimating afternoon MODIS land surface temperatures (LST) based on morning MODIS overpass, location and elevation information. International Journal of Remote Sensing, 28(10): 2391-2396

Cracknell A, Xue Y. 1996. Dynamic aspects study of surface temperature firom remotely-sensed data using advanced thermal inertia model. Remote Sensing, 17(13): 2517-2532

Crosson W L, Al-Hamdan M Z, Hemmings S N J, Wade G M. 2012. A daily merged MODIS Aqua–Terra land surface temperature data set for the conterminous United States. Remote Sensing of Environment, 119(8): 315-324

Dickinson R E, Henderson-Sellers A, Kennedy P J, Atmospheric N C F. 1993. Biosphere-atmosphere transfer scheme (BATS) version 1e as coupled to the NCAR community climate model. National Center for Atmospheric Research, Climate and Global Dynamics Division

Duan S B, Li Z L, Ning W, Hua W, Tang B H. 2012. Evaluation of six land-surface diurnal temperature cycle models using clear-sky in situ and satellite data. Remote Sensing of Environment, 124(2): 15-25

Duan S B, Li Z L, Wu H, Tang B H, Jiang X G, Zhou G Q. 2013. Modeling of day-to-day temporal progression of clear-sky land surface temperature. IEEE Geoscience & Remote Sensing Letters, 10(5): 1050-1054

Göttsche F M, Olesen F S. 2001. Modelling of diurnal cycles of brightness temperature extracted from METEOSAT data. Remote Sensing of Environment, 76(3): 337-348

Göttsche F M, Olesen F S. 2009. Modelling the effect of optical thickness on diurnal cycles of land surface temperature. Remote Sensing of Environment, 113(11): 2306-2316

Ignatov A, Gutman G. 1999. Monthly mean diurnal cycles in surface temperatures over land for global climate studies. Journal of Climate, 12(7): 1900-1910

Inamdar A K, French A, Hook S, Vaughan G, Luckett W. 2008. Land surface temperature retrieval at high spatial and temporal resolutions over the southwestern United States. Journal of Geophysical Research Atmospheres, 113(D7): 1829-1836

Jiang G M, Li Z L, Nerry F. 2006. Land surface emissivity retrieval from combined mid-infrared and thermal infrared data of MSG-SEVIRI. Remote Sensing of Environment, 105(105): 326-340

Jiang G M, Li Z L. 2008. Split-window algorithm for land surface temperature estimation from MSG1 -

SEVIRI data. International Journal of Remote Sensing, 29(20): 6067-6074

Parton W J, Logan J A. 1981. A model for diurnal variation in soil and air temperature. Agricultural meteorology, 23(84): 205-216

Sagalovich V, Fal'kov E Y, Tsareva T. 2002. Determination of diurnal soil-temperature cycles using remote sensing data. Mapping Sciences and Remote Sensing, 39(1): 46-55

Sandholt I, Rasmussen K, Andersen J. 2002. A simple interpretation of the surface temperature/vegetation index space for assessment of surface moisture status. Remote Sensing of Environment, 79(s 2-3): 213-224

Schädlich S, Göttsche F M, Olesen F S. 2001. Influence of land surface parameters and atmosphere on METEOSAT brightness temperatures and generation of land surface temperature maps by temporally and spatially interpolating atmospheric correction. Remote Sensing of Environment, 75(1): 39-46

Sobrino J, El Kharraz M. 1999a. Combining afternoon and morning NOAA satellites for thermal inertia estimation: 1. Algorithm and its testing with Hydrologic Atmospheric Pilot Experiment - Sahel data. Journal of Geophysical Research: Atmospheres, 104(D8): 9445-9453

Sobrino J, El Kharraz M. 1999b. Combining afternoon and morning NOAA satellites for thermal inertia estimation: 2. Methodology and application. Journal of Geophysical Research: Atmospheres, 104(D8): 9455-9465

Van den Bergh F, Van Wyk M, Van Wyk B. 2006. Comparison of data-driven and model-driven approaches to brightness temperature diurnal cycle interpolation. In: 17th Annual Symposium of the Pattern Recognition Association of South Africa. Parys, South Africa

Wan Z M, Zhang Y L, Zhang Q C, Li Z L. 2002. Validation of the land-surface temperature products retrieved from Terra moderate resolution imaging spectroradiometer data. Remote Sensing of Environment, 83(1-2): 163-180

Watson K. 1975. Geologic applications of thermal infrared images. Proceedings of the IEEE, 63: 1(1), 128-137

Watson K. 2000. A diurnal animation of thermal images from a day–night pair. Remote Sensing of Environment, 72(2): 237-243

Xue Y, Cracknell A. 1995. Advanced thermal inertia modelling. International Journal of Remote Sensing, 16(3): 431-446

Zakšek K, Oštir K. 2012. Downscaling land surface temperature for urban heat island diurnal cycle analysis. Remote Sensing of Environment, 117(1): 114-124

Zhan W F, Chen Y H, Voogt J, Zhou J, Wang J F, Liu W Y, Ma W. 2012a. Interpolating diurnal surface temperatures of an urban facet using sporadic thermal observations. Building & Environment, 57(4): 239-252

Zhan W F, Chen Y H, Voogt J A, Zhou J, Wang J F, Ma W, Liu W Y. 2012b. Assessment of thermal anisotropy on remote estimation of urban thermal inertia. Remote Sensing of Environment, 123(123): 12-24

Zhan W F, Chen Y H, Zhou J, Wang J F, Liu W Y, Voogt J, Zhu X L, Quan J L, Li J. 2013. Disaggregation of remotely sensed land surface temperature: Literature survey, taxonomy, issues, and caveats. Remote Sensing of Environment, 131(8): 119-139

第9章 叶面积指数和光合有效辐射吸收比遥感反演

肖志强[1]，石涵予[1]，梁顺林[1,2]

叶面积指数（leaf area index，LAI）是反映植被生长状况的一个重要参数。光合有效辐射吸收比（fraction of absorbed photosynthetically active radiation，FAPAR）是表征植被冠层能量吸收能力，描述植被结构以及与之相关的物质与能量交换过程的基本生物物理参数。本章详细介绍了 GLASS LAI 和 FAPAR 产品的反演算法，并对全球 LAI 和 FAPAR 产品进行比较分析和直接验证。

9.1 节概括介绍 LAI 和 FAPAR 的反演算法，分析了现有全球 LAI 和 FAPAR 产品存在的主要问题。9.2 节和 9.3 节分别详细介绍了 GLASS LAI 和 FAPAR 产品的反演算法。9.4 节对比分析了 GLASS LAI 和 FAPAR 产品与现有的 MODIS 及 GEOV1 LAI 和 FAPAR 产品的空间和时间一致性，并利用地面测量数据对全球多个 LAI 和 FAPAR 产品进行验证。

9.1 引　　言

叶面积指数定义为单位面积上单面绿叶面积的总和，是表征植被生长状况的一个重要参数。光合有效辐射吸收比定义为被植被吸收的光合有效辐射（PAR）在入射的光合有效辐射中所占的比例，表征了植被冠层的能量吸收能力，是描述植被结构以及与之相关的物质与能量交换过程的基本生理变量，也是遥感估算陆地生态系统植被净初级生产力（NPP）的重要参数。作为气候模式、碳循环模式等动态过程模型的关键输入，从遥感数据中反演得到的 LAI 和 FAPAR 的准确程度，将直接影响遥感估算植被 NPP 和碳循环的不确定性程度。因此，从卫星遥感数据中准确估计区域或全球尺度高质量的长时间序列 LAI 和 FAPAR 产品十分重要。

当前已经开发了多种业务化运行的从卫星观测数据中生成 LAI/FAPAR 产品的方法。总体来说，这些方法主要包括两类：一类是建立 LAI/FAPAR 与植被指数之间经验或半经验关系；另一类是基于辐射传输模型的遥感反演方法。经验统计方法是最早实现的一类地表参数反演方法，通过建立各种光谱信息与 LAI/FAPAR 之间的回归关系，实现从光谱数据到 LAI/FAPAR 的反演（Liang，2004；Wang et al.，2007）。经验的方法易于使用，效率很高，在处理大量数据时优势明显；但是这些方法需要预先对模型进行标定，而且其基于经验的假设条件，无法表示明确的物理含义。

---

1. 遥感科学国家重点实验室，北京市陆表遥感数据产品工程技术研究中心，北京师范大学地理科学学部；2. 美国马里兰大学帕克分校地理科学系

基于物理模型的反演方法是通过描述冠层反射率信息与冠层生物物理参数的植被冠层反射模型来实现 LAI/FAPAR 的反演（Kimes et al.，2000）。该方法具有很好的适用性，可用于不同地表类型的 LAI/FAPAR 的反演。在使用冠层反射模型反演时，传统的迭代反演算法通过优化方法迭代求解最优的模型参数，使模型的模拟数据和遥感观测数据构成的代价函数取得最小值。该方法运算量大，很难应用于大区域的遥感数据反演。查找表法（LUT）是解决传统反演需要大量计算时间的办法之一。这种方法依靠提前计算出大量的模型参数与冠层反射率之间的对应关系，将计算时间用于反演前而不是反演时，从而提高了大批量反演的速度。Knyazikhin 等（1998）利用查找表法实现了从 MODIS 数据反演 LAI/FAPAR 的算法，该算法已投入业务运行，生成了 Terra 和 Aqua MODIS 数据多年的 LAI/FAPAR 产品。此外，利用辐射传输模型的模拟数据训练神经网络，也是解决传统迭代反演算法计算量大的一种方法。Baret 等（2007）利用神经网络反演得到了 1999～2007 年的全球 LAI/FAPAR 数据。

近年来，国内外学者利用卫星遥感观测数据生产了多个全球范围或区域尺度的 LAI/FAPAR 产品。表 9.1 列出了几种主要的全球 LAI/FAPAR 产品。尽管 LAI/FAPAR 产品的生产已经有了重大进步，各种 LAI/FAPAR 产品也已经被广泛应用于不同领域，但这些 LAI/FAPAR 全球产品仍然存在以下几方面的问题。

表 9.1 现有主要 LAI 和 FAPAR 全球产品

LAI/FAPAR 产品	卫星/传感器	空间分辨率	时间分辨率/时间跨度	反演算法	算法论文
MODIS	Terra-Aqua/MODIS	1 km	8 天/2000 年～	基于辐射传输模型的查找表方法	Knyazikhin et al.，1998
CYCLOPES	SPOT/VEGETATION	1/112°（～1 km）	10 天/1999～2007 年	基于辐射传输模型的神经网络方法	Baret et al.，2007
GIMMS3g	AVHRR	1/12°（～8 km）	15 天/1981～2011 年	基于现有 LAI/FAPAR 产品的神经网络方法	Zhu et al.，2013
GEOV1	SPOT/VEGETATION	1/112°（～1 km）	10 天/1998 年～	基于现有 LAI/FAPAR 产品的神经网络方法	Baret et al.，2013
GLASS	MODIS，AVHRR	0.05°（～5km）1 km	8 天/1981 年～	基于现有 LAI/FAPAR 产品的神经网络方法	Xiao et al.，2014，2016

第一，这些产品主要使用单一时相的遥感数据。由于数据的缺失和反演时信息量的不足，这些产品在时间和空间上并不连续，尤其在北半球冬季区域和赤道区域（Garrigues et al.，2008）；并且在时间序列上经常表现出跳动，尤其在植被生长季节（Fang et al.，2008）。除此之外，这些 LAI 产品在一些植被类型如常绿阔叶林区域的精度也较低（Garrigues et al.，2008；Fensholt et al.，2004；Pisek and Chen，2007；Tao et al.，2015；Pickett-Heaps et al.，2014）。因而，需要生产新的产品来替代现有的精度较低、质量较差的 LAI 产品。提高现有产品的质量较为容易（如平滑、缺失值填补），但是产品精度的提升要求生产新的产品。一种解决上述问题的方法是使用多时相数据来反演 LAI。Xiao 等（2009）提出了一种集成时序数据反演 LAI 的算法，从 MODIS 时间序列反射率数据中反演 LAI。该方法耦合描述 LAI 随时间变化的双逻辑函数和辐射传输模型，通过匹配生长季节 MODIS 时间序列地表反射率和模型模拟的地表反射率，结合优化算法反演出最优估计的模型参数。然后利用这些模型参数重建出平滑高精度的 LAI 时间序列曲线。Liu 等（2008）提出了一种相似的算法，结合 MODIS 反照率产品和一个动态叶片模型

来反演LAI。其结果表明，反演得到了平滑的叶面积指数时间序列曲线。这些方法假定所有的观测信息已经提前获取，因此适合于对历史数据的分析。为了更好地监测地表的快速变化，Xiao等（2011）提出了一种从MODIS时间序列反射率数据中实时反演LAI的算法。当加入新的观测数据时，通过结合动态模型的预报和MODIS反射率，利用集合卡尔曼滤波估算LAI值。当缺乏有效的观测时，植被生物物理变量通过动态模型预报得到。这些研究都证明了使用时间序列遥感观测数据反演生物物理参数是行之有效的。

第二，现有的LAI和FAPAR产品主要基于单一的卫星数据进行反演，只能获取卫星寿命期限时间段内的数据。例如，MODIS LAI/FAPAR产品基于TERRA/MODIS数据，GIMMS3g LAI/FAPAR产品基于AVHRR数据，GEOV1 LAI/FAPAR产品基于SPOT/VEGETATION数据。目前，许多研究致力于从多种卫星数据中构建气候数据集。气候数据集指具有足够时间长度，一致性和连续性的时间序列观测，以描述气候的变化（Liang et al.，2013）。但是，现有的大多数LAI产品都只覆盖较短的时间范围（Garrigues et al.，2008），仍然需要一种有效的算法，能从不同卫星数据中生产长时间序列的LAI产品。

为充分利用多时相遥感数据，Xiao等（2014）提出了一种广义回归神经网络（GRNNs）算法，从MODIS时间序列地表反射率数据中反演LAI。Xiao等（2016）将该算法扩展到使用时间序列的AVHRR反射率数据来反演LAI，并提出了一种滚动处理策略，利用MODIS和AVHRR时间序列反射率数据生产出长时间序列（1981~2005年）的GLASS LAI产品。在此基础上，Xiao等（2015）提出了基于GLASS LAI产品生产GLASS FAPAR产品的新算法，以确保LAI和FAPAR产品之间物理意义的一致性。

9.2 GLASS LAI产品反演算法

GLASS LAI产品使用GRNN，从时间序列的MODIS/AVHRR地表反射率数据中反演LAI。算法使用BELMANIP站点（Baret et al.，2006）MODIS和CYCLOPES LAI产品融合后的LAI数据，以及经过预处理的MODIS/AVHRR时间序列地表反射率数据来训练GRNN。然后利用滚动处理方法从经过预处理的MODIS/AVHRR时间序列地表反射率中生产时序连续的长时间序列GLASS LAI产品。图9.1为整个算法的流程。

9.2.1 基于MODIS/AVHRR地表反射率数据的LAI反演方法

Xiao等（2014）提出使用GRNN从MODIS时间序列地表反射率数据中反演LAI的方法。与现有的利用神经网络从单一时相遥感数据中反演LAI的算法不同，对于每一个像元，该算法把经过预处理的一年的MODIS地表反射率数据输入GRNN，直接估算一年的LAI时间序列（Xiao et al.，2014）。

鉴于该算法在利用MODIS时间序列反射率反演LAI取得了非常好的效果，其被扩展到使用时间序列的AVHRR反射率数据来反演LAI。利用BELMANIP站点2003~2004年的MODIS和CYCLOPES LAI融合数据以及预处理后的LTDR AVHRR反射率数据来训练GRNNs。对于每个BELMANIP站点，提取3×3像元区域内的预处理AVHRR反

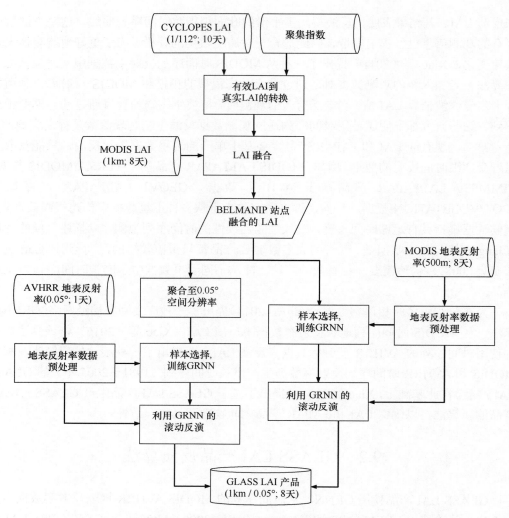

图 9.1 GLASS LAI 产品反演算法流程图

射率数据；同时提取重投影后相应区域的 MODIS 和 CYCLOPES LAI 数值。

由于受到云、雪等的影响，MODIS 和 CYCLOPES LAI 时间序列曲线在植被生长季节经常出现跳变，而且存在 LAI 值缺失的情况。因此，利用多步 SG 滤波技术对 MODIS 和 CYCLOPES LAI 数据进行平滑和缺失值填补（Xiao et al.，2011）。SG 滤波器使用最小二乘法对窗口内的 $2k+1$ 个点进行多项式拟合，其中 k 是窗口的大小，在研究中设定为 5。CYCLOPES LAI 产品提供的是有效的 LAI 值，而 MODIS LAI 产品提供的是真实 LAI 值。因此，算法使用基于 POLDER3 卫星数据生产的聚集指数产品（Pisek et al.，2010）将 CYCLOPES LAI 转换为真实 LAI 值，然后与 MODIS LAI 进行融合。通过对 MODIS LAI 与真实 CYCLOPES LAI 进行线性加权得到融合的 LAI（Xiao et al.，2014）。融合的 LAI 数值使用空间平均采样的方法聚合到 0.05°的空间分辨率。

研究中使用 BELMANIP 站点 2003～2004 年聚合的时序 LAI 数据和相应的预处理 AVHRR 反射率数据训练 GRNN。具有高斯核函数的 GRNNs 的基本表达式如下（Specht，1991）：

$$Y'(X) = \frac{\sum_{i=1}^{n} Y^i \exp\left(-\frac{D_i^2}{2\sigma^2}\right)}{\sum_{i=1}^{n} \exp\left(-\frac{D_i^2}{2\sigma^2}\right)} \quad (9.1)$$

式中，$D_i^2 = (X - X^i)^{\mathrm{T}}(X - X^i)$ 为输入向量 X 和第 i 个训练样本的输入向量 X^i 之间的欧几里得距离的平方；Y^i 是向量 X^i 对应的输出向量；$Y'(X)$ 为与输入向量 X 对应的估计值；n 为样本数；σ 为平滑参数。输入向量 X 包含一年的预处理的 AVHRR 红光和近红外波段的时间序列反射率数据，即 $X = (R_1, R_2, \cdots, R_{46}, \mathrm{NIR}_1, \mathrm{NIR}_2, \cdots, \mathrm{NIR}_{46})^{\mathrm{T}}$，包含 92 个元素。输出向量 $Y' = (\mathrm{LAI}_1, \mathrm{LAI}_2, \cdots, \mathrm{LAI}_{46})^{\mathrm{T}}$ 为对应一年的 LAI 时间序列，包含 46 个元素。平滑参数 σ 是式（9.1）中唯一的自由参数。因此，GRNN 的训练就是确定平滑参数 σ 的最优值。经过训练后的 GRNN 就可以从预处理的时间序列 AVHRR 反射率数据中反演 LAI。对每个像元，输入一年的预处理 AVHRR 反射率数据，可得到一年的 LAI 时间序列曲线。

9.2.2 GLASS LAI 产品生产的滚动处理策略

上述的反演算法使用 GRNN 从时间序列的 MODIS 和 AVHRR 反射率数据中反演 LAI。尽管该方法能够获取一年的时序连续平滑的 LAI 曲线，但是相邻两年的 LAI 却未必连续。为了得到长时间序列时序连续，高质量的全球 LAI 产品，本章使用滚动处理策略来解决上述问题。

如图 9.2 所示，两组 GRNN 交替地从 MODIS/AVHRR 反射率数据中反演 LAI。对于第一组 GRNN，输入向量是经过预处理的一年（从第 1 天到 361 天）的 MODIS/AVHRR 反射率，输出向量是相应时间范围的 LAI 时序数据。对于第二组 GRNN，输入向量是第 185 天的到次年 177 天（1 年）经过预处理的 MODIS/AVHRR 反射率，输出向量是相应时间的 LAI 时间序列数据。

图 9.2　生产时间连续的 GLASS LAI 产品的滚动处理策略

基于滚动处理策略，两组 LAI 数据（分别表示为 LAI_1 和 LAI_2）分别由两组 GRNN 反演得到，而 GLASS LAI（$\mathrm{LAI}_{\mathrm{GLASS}}$）为这两组数据的线性加权值：

$$\mathrm{LAI}_{\mathrm{GLASS}} = w_1 \mathrm{LAI}_1 + w_2 \mathrm{LAI}_2 \quad (9.2)$$

式中，w_1 和 w_2 分别为 LAI_1 和 LAI_2 的权重。权重 w_1 由式（9.3）计算得到：

$$w_1(x;a,b,c,d) = \begin{cases} 0, & x \leq a \\ 2\left(\dfrac{x-a}{b-a}\right)^2, & a < x \leq \dfrac{a+b}{2} \\ 1-2\left(\dfrac{x-a}{b-a}\right)^2, & \dfrac{a+b}{2} < x \leq b \\ 1, & b < x \leq c \\ 1-2\left(\dfrac{x-d}{c-d}\right)^2, & c < x \leq \dfrac{c+d}{2} \\ 2\left(\dfrac{x-d}{c-d}\right)^2, & \dfrac{c+d}{2} < x \leq d \\ 0, & x > d \end{cases} \quad (9.3)$$

式中，x 为一年中的第几天；a，b，c 和 d 为决定权重函数形状的四个参数。这四个参数的设定要满足：对于 1 年时间段（第 1 天至第 361 天）来说，LAI 时间序列曲线的开始和结束部分对应的权重最小，而中间部分对应的权重最大。在研究中，$a=9$，$b=169$，$c=193$，$d=353$。权重 w_2 由式（9.4）计算：

$$w_2 = 1 - w_1 \quad (9.4)$$

图 9.3 展示了权重 w_1 和 w_2 的函数曲线。可以看出，不论是对于第一组或是第二组 GRNN，一年中，中间时间的 LAI 数据权重都大于两边时间范围内 LAI 的权重。

图 9.4 为南半球一个阔叶落叶林站点（25.2875°S，59.8289°W）（2008～2009 年），

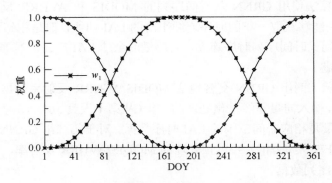

图 9.3 融合两组 GRNN 反演 LAI 的权重

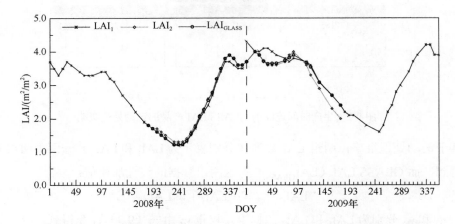

图 9.4 两组 GRNN 反演的 LAI 值线性加权得到的 GLASS LAI 时间序列曲线

由上述方法得到的 GLASS LAI 时间序列曲线。在 2008 年的结束和 2009 年的开始时，由第一组 GRNN 反演得到的 2008 年和 2009 年的两组 LAI 曲线间有一个小的跳变。而使用第二组 GRNN 反演得到的 2008 年 185 天到 2009 年 177 天的 LAI 曲线是连续的。利用式（9.2）融合这些 LAI 曲线，就得到时序连续平滑的 GLASS LAI 曲线。

9.3　GLASS FAPAR 产品反演算法

太阳辐射提供了植被光合作用所需的能量。入射到地表的光合有效辐射从冠层顶部、底部及侧面进入冠层，一部分从冠层顶部、底部或侧面离开冠层，另一部分则被冠层吸收。从植被冠层能量平衡的角度来说，FAPAR 由总入射到冠层与离开冠层 PAR 的差值，除以入射的 PAR 得到：

$$\mathrm{FAPAR} = \frac{\mathrm{PAR}_{ci} - \mathrm{PAR}_{cr} + \mathrm{PAR}_{sr} - \mathrm{PAR}_{si} + \Delta \mathrm{PAR}_H}{\mathrm{PAR}_{ci}} \tag{9.5}$$

式中，PAR_{ci} 为总入射的 PAR；PAR_{cr} 为冠层反射的 PAR；PAR_{si} 为经冠层拦截后从冠层中出射的 PAR；PAR_{sr} 为经冠层底部土壤反射的 PAR，而 $\Delta \mathrm{PAR}_H$ 是从侧面进入和离开冠层的 PAR。式（9.5）可转化为

$$\mathrm{FAPAR} = 1 - \alpha - \tau_{\mathrm{PAR}} + \tau_{\mathrm{PAR}} \alpha_s + f_{\mathrm{netPAR}}^H \tag{9.6}$$

式中，α 为冠层顶部的可见光反照率；α_s 为土壤反照率；$\tau_{\mathrm{PAR}} = \dfrac{\mathrm{PAR}_{si}}{\mathrm{PAR}_{ci}}$ 为从冠层底部出射的 PAR 的透过率；而 $f_{\mathrm{netPAR}}^H = \dfrac{\Delta \mathrm{PAR}_H}{\mathrm{PAR}_{ci}}$ 为从冠层侧面入射和出射 PAR 的归一化的贡献。

如果 α，α_s，τ_{PAR} 和 f_{netPAR}^H 已知，则可由式（9.6）计算 FAPAR。Widlowski 等（2008）的研究表明式（9.6）中的 f_{netPAR}^H 部分随着冠层空间范围的增大而减小。因此，对于本书中的中等分辨率像元尺度来说，这一部分的影响很小，在计算 FAPAR 时被忽略。除此之外，对于其他几个参数，尽管已经有一些算法从遥感数据中获取它们，但获取其高质量的数据集也是十分困难的，尤其是对于区域和全球尺度范围的 α_s（Rechid et al.，2009；Carrer et al.，2014；Pinty et al.，2011）。

我们提出一种基于 GLASS LAI 产品计算 FAPAR 的方法，以确保 LAI 和 FAPAR 产品之间的物理一致性。

$$\mathrm{FAPAR} = 1 - \tau_{\mathrm{PAR}} \tag{9.7}$$

该方法忽略了式（9.6）中的 $\tau_{\mathrm{PAR}} \alpha_s - \alpha$ 项，只使用入射到土壤部分的 PAR 对应的透过率来近似计算 FAPAR。入射到冠层顶部的 PAR 包括直射和散射两部分。因此，入射到土壤部分的 PAR 对应的透过率进一步表达为

$$\tau_{\mathrm{PAR}} = \tau_{\mathrm{PAR}}^{\mathrm{dir}} - \left(\tau_{\mathrm{PAR}}^{\mathrm{dir}} - \tau_{\mathrm{PAR}}^{\mathrm{dif}}\right) \times f_{\mathrm{skyl}} \tag{9.8}$$

式中，$\tau_{\mathrm{PAR}}^{\mathrm{dir}}$ 和 $\tau_{\mathrm{PAR}}^{\mathrm{dif}}$ 分别为直射入射 PAR 和散射入射 PAR 的透过率；f_{skyl} 为天空光比例

因子，随气溶胶光学厚度、气溶胶类型、太阳天顶角和波长的变化而变化。使用 6S 模型建立 f_{skyl} 的查找表，根据查找表获取对应的 f_{skyl}。

冠层的透过率与太阳天顶角、聚集指数等有关。如果冠层的叶面积指数为 LAI，叶片的吸收率是 a，Campbell 和 Norman（1998）表明直射入射 PAR 的透过率可以近似地用一个指数模型表达：

$$\tau_{PAR}^{dir} = e^{-\sqrt{a} \times k(\varphi) \times \Omega \times LAI} \tag{9.9}$$

式中，Ω 为聚集指数；φ 为太阳天顶角；$k(\varphi)$ 为冠层对于 PAR 的消光系数。对于椭圆形叶倾角分布的冠层来说，$k(\varphi)$ 可用如式（9.10）计算：

$$k(\varphi) = \frac{\sqrt{x^2 + \tan^2(\varphi)}}{x + 1.774 \times (x + 1.182)^{-0.733}} \tag{9.10}$$

式中，x 为冠层中各组分在水平和垂直表面的平均投影面积比，不同的植被类型有不同的 x 值。散射辐射来自于各个方向，因此散射入射 PAR 的透过率 τ_{PAR}^{dif} 可以通过直射入射 PAR 的透过率在各个入射方向上积分获得：

$$\tau_{PAR}^{dif} = 2\int_0^{\frac{\pi}{2}} \tau_{PAR}^{dir} \sin\varphi \cos\varphi d\varphi \tag{9.11}$$

为了定量地表明式（9.7）中各个输入参数的重要性并分析其影响，使用 EFAST 敏感性分析方法分析各参数的敏感程度。EFAST 最初由 Cukier 等（1973，1978）提出，是一种基于方差的敏感性分析技术。对于每一个输入参数，利用 EFAST 能计算其一阶和总敏感性指数。其中，一阶敏感性指数表明了该参数对输出结果的影响，而总敏感性指数则还包括该参数与其他参数相互作用对结果产生的影响。

表 9.2 中给出了式（9.7）中计算 FAPAR 的输入参数。利用 EFAST 方法获取 29976 组样本点计算出相应的 FAPAR 并进行敏感性分析，结果如图 9.5 所示。其中一阶和总敏感性指数都表明 LAI 是计算 FAPAR 时对结果影响最大的参数。因此，使用式（9.7）计算的 FAPAR 主要受到冠层 LAI 的影响。

表 9.2 式（9.7）的输入参数信息

参数	符号	单位	变化范围	参数分布
叶面积指数	LAI	m²/m²	[0, 8]	均匀分布
聚集指数	Ω	—	[0.5, 1.0]	均匀分布
太阳天顶角	φ	(°)	[0, 90]	均匀分布
叶片吸收率	a	—	[0.5, 1.0]	均匀分布
植被冠层中各组分在水平和垂直表面平均投影面积比	x	—	[0.5, 2.0]	均匀分布

以上方法中，LAI 是计算 FAPAR 时最重要的输入参数，由 GLASS LAI 产品提供。聚集指数是另一个输入参数。基于聚集指数和归一化热点冷点指数之间的线性关系，Chen 等（2005）使用 POLDER 数据生产了约 6 km 空间分辨率的聚集指数产品。随后，He 等（2012）利用 MODIS BRDF 参数生产了全球 500 m 分辨率的聚集指数产品。本章使用基于 MODIS 数据生产的聚集指数产品来计算冠层透过率。

利用以上方法计算当地上午 10:30 的 FAPAR 数据,其数值接近于日平均的 FAPAR 值(Fensholt et al.,2004)。为避免混淆,由式(9.7)计算得到的 FAPAR 数据称为 GLASS FAPAR。

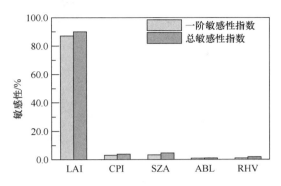

图 9.5 式(9.7)输入参数的一阶敏感性指数和总敏感性指数

9.4 全球 LAI/FAPAR 产品比较分析

9.4.1 空间一致性分析

图 9.6 为全球 2001~2010 年 1 月和 7 月 GLASS、MODIS 和 GEOV1 LAI 产品的平均 LAI。灰色区域表示相应的 LAI 产品没有提供有效的 LAI 数值。MODIS 和 GEOV1 LAI 产品在雨林区域、北半球中高纬度区域有很多的缺失数据,尤其是在 1 月。而 GLASS LAI 产品则没有缺失,这得益于 GLASS LAI 的反演算法针对每个像元利用一年的反射率数据来反演一年的 LAI 数据以及一系列提高输入数据质量的数据预处理。

从图 9.6 中可以明显看出,GLASS、MODIS 和 GEOV1 LAI 产品在空间分布上大体一致。南北半球明显表现出相反的季节特性。这些 LAI 产品在赤道热带雨林地区有最大的 LAI 值;在中高纬度区域,LAI 值大小处于中等,而 7 月的 50°~60°N 区域,所有的 LAI 产品表现出小的 LAI 峰值和较大的变化性;LAI 值在稀疏植被区域非常低。但是,这些 LAI 产品的幅值存在着差异。在北半球中高纬度地区,这些 LAI 产品之间在 1 月的一致性要优于 7 月。7 月,50°~60°N 区域的 GLASS LAI 和 GEOV1 LAI 要比相应的 MODIS LAI 数据值高 0.5~1.0。在南半球,这些 LAI 产品之间有很好的一致性,尤其是在 7 月。可以看出,在热带雨林区域,这些 LAI 产品之间的差异相对较大。MODIS LAI 在这些区域的值可达 6.8,比相应的 GLASS LAI 值大,这种差异部分归结于 MODIS LAI 产品在阔叶林区域的高估(Garrigues et al.,2008)。这些区域的 GEOV1 LAI 数据值要比相应的 GLASS 和 MODIS LAI 值低,尤其是在 1 月。GEOV1 和 GLASS LAI 数据值的差异在这些地区最大可达 1.5。

根据 MCD12Q1 产品中的植被类型,图 9.7 分别给出了 GLASS、MODIS 和 GEOV1 LAI 产品 2001~2010 年的 LAI 直方图。在这些植被类型中,三种产品在草地和谷类作物、灌木类型区域有着最一致的分布情况。而对于阔叶作物、稀树草原、阔叶落叶林和常绿针叶林来说,这些产品间的差异相对较为明显。当 LAI 值较小时,GEOV1 产品的频

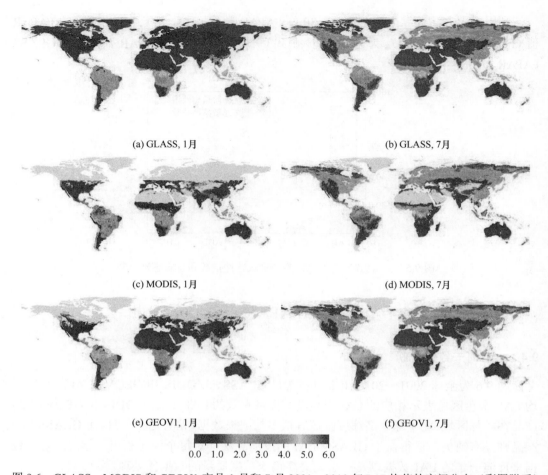

图9.6 GLASS、MODIS和GEOV1产品1月和7月2001～2010年LAI均值的空间分布（彩图附后）

率值最大，随着LAI值的增大，MODIS产品的频率最大，而当LAI值较大时，GLASS产品对应的频率值最大。

在常绿阔叶林和落叶针叶林地区，三种产品表现出明显较大的差异。对于常绿针叶林来说，GLASS产品的直方图在5.0附近有一个尖的峰值，而MODIS产品的峰值出现在5.7左右。GEOV1有着和GLASS LAI相近的直方图分布，但是GEOV1 LAI的频率分布曲线更为平缓，因为GEOV1 LAI在这种植被类型区域数值较低（Fang et al.，2013）。

利用GLASS LAI生成了1981～2015年的GLASS FAPAR产品。2005年1月和7月GLASS、MODIS和GEOV1 FAPAR产品的空间分布如图9.8所示。总的来说，GLASS、MODIS和GEOV1 FAPAR产品具有一致的空间分布格局。南北半球呈现相反的季节变化规律，在赤道热带雨林区域，这些产品的FAPAR值最大，在植被稀疏的区域，FAPAR值最小。然而，这些产品的FAPAR值的大小仍然存在一定的差异，尤其是在热带雨林区域，这种差异性更加明显。总体来说，7月GLASS、MODIS和GEOV1 FAPAR产品的空间一致性较好。在赤道热带雨林区域，GEOV1 FAPAR值明显低于GLASS和MODIS FAPAR值。而1月的GLASS、MODIS和GEOV1 FAPAR产品之间的空间一致性相对较差。在北半球中高纬度区域，GLASS FAPAR明显高于MODIS和GEOV1 FAPAR。

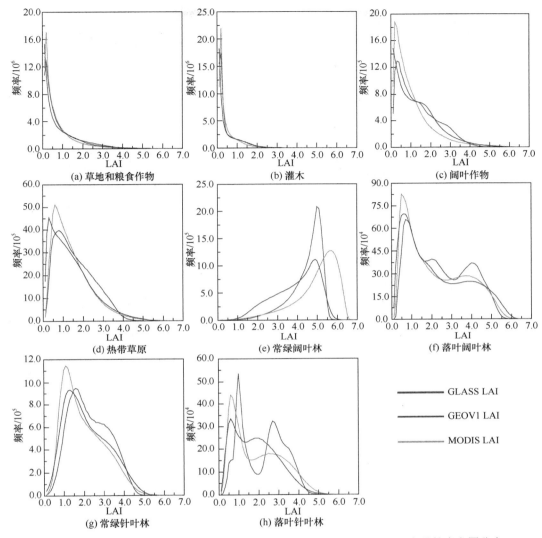

图 9.7 不同植被类型 2001～2010 年 GLASS、MODIS 和 GEOV1 LAI 产品的直方图分布

图 9.9 中根据 MODIS 地表覆盖类型，分别给出了 4 种 FAPAR 产品在 2001～2005 年的统计分布。SeaWiFS 产品与其他几种产品有着明显不同的分布，该产品系统性低估了 FAPAR，尤其是在稀疏草原和四种森林植被类型区域。对于常绿阔叶林类型，GLASS、MODIS 和 GEOV1 FAPAR 产品都表现出一个尖的峰值，但是 GLASS 和 MODIS 的峰值对应的 FAPAR 值（约 0.8）要高于 GEOV1 和 SeaWiFS 产品峰值对应的 FAPAR 值。

9.4.2 时间一致性分析

图 9.10 比较了不同植被类型站点上 GLASS、MODIS 和 GEOV1 LAI 产品的时间序列曲线。对每一植被类型，给出了 3 个站点的 LAI 季节变化曲线。图 9.10（a）中显示了 Konza、Tundra 和 Sud-Ouest 站点的时序 LAI 曲线，对应的植被类型是草和谷类作物。在 Konza 站点，三种 LAI 产品表现出相似的季节变化特性，GLASS 和 GEOV1 产品的

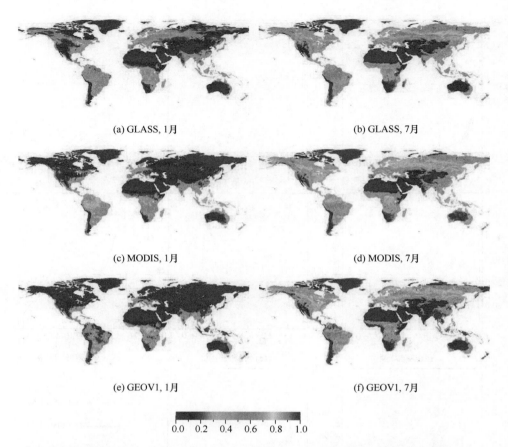

图 9.8 2005 年 1 月和 7 月 GLASS、MODIS 和 GEOV1 FAPAR 产品空间分布

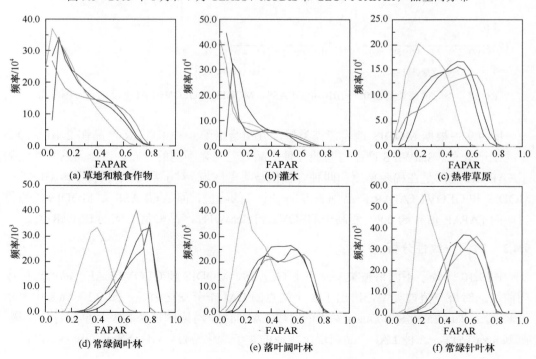

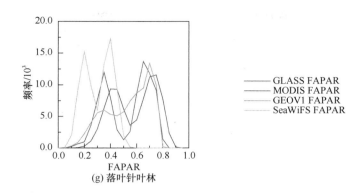

图 9.9 不同植被类型 2001~2005 年 GLASS、MODIS、GEOV1 和 SeaWiFS FAPAR 产品的直方图分布

LAI 曲线更为光滑。2000~2002 年生长季节的峰值处，MODIS LAI 值比 GLASS 和 GEOV1 LAI 值高 0.5~0.8。在 Tundra 站点，GLASS LAI 曲线是完整的，而大多数 GEOV1 和 MODIS 的 LAI 值缺失，尤其是在非生长季节。GEOV1 和 MODIS LAI 值比 GLASS LAI 值整体偏低，与由高分辨率 LAI 影像聚合得到的 LAI 值相比，GLASS LAI 高估了不到 0.2。在 Sud-Ouest 站点，GLASS LAI 曲线和 GEOV1 曲线有着很好的一致性，而 MODIS LAI 值比 GLASS 和 GEOV1 LAI 值低得多，尤其是在生长季节。GLASS 和 GEOV1 LAI 值与由高分辨率 LAI 影像聚合得到的 LAI 均值间有着很好的一致性。与之相比，GEOV1 大约低估了 0.1，而 GLASS 高估了不到 0.2。

图 9.10（b）显示了植被为阔叶作物类型的三个站点（Argo、Barrax 和 Demmin）各个 LAI 产品的时间序列曲线。在 Agro 站点，三种 LAI 产品表现出一致的季节变化特征。GLASS、MODIS 和 GEOV1 产品在非生长季节非常一致，但是在生长季节，GEOV1 LAI 值比 GLASS 和 MODIS LAI 值要高。Barrex 站点也出现了相似的结果，在生长季节，GEOV1 LAI 值比 GLASS 和 MODIS LAI 值要高（最大值达到 0.5）。在 2004 年，GLASS 和 MODIS LAI 值与由高分辨率 LAI 影像聚合得到的 LAI 均值有很好的一致性。

但在 2005 年，GLASS 和 MODIS LAI 值与由高分辨率 LAI 影像聚合得到的 LAI 均值相比，稍有高估（0.1~0.2）。在 Demmin 站点，2003 年三种产品之间有着很好的一致性。2004~2005 年的 GLASS 和 MODIS LAI 值有着一致的季节变化特性，但是 GEOV1 LAI 与二者相比则表现出相对的滞后。此外，GLASS 和 GEOV1 LAI 值在 2004~2005 年的生长季节比 MODIS LAI 值高 1.0~2.0。

图 9.10（c）展示了阔叶森林站点的 LAI 曲线。Counami 站点的植被类型是常绿阔叶林，GEOV1 LAI 有很多缺失值；而 MODIS LAI 产品则包含了很多噪声，部分原因是由于 MODIS LAI 反演算法对高 LAI 区域对应的地表反射率不确定性有较高的敏感性（Shabanov et al.，2005）。相比之下，GLASS LAI 产品提供了完整合理，相对平滑的 LAI 曲线，并表现出一定的季节变化特性。同时，GLASS LAI 与由高分辨率 LAI 影像聚合得到的 LAI 均值有着较好的一致性。在 Puechabon 站点，三种 LAI 产品展现出相似的季节变化曲线，但是在幅度值上却有很大的差异。GLASS LAI 值大体上处在 MODIS 和 GEOV1 LAI 值之间；MODIS LAI 值，除了剧烈跳变之外，在生长季节比相应的 GLASS

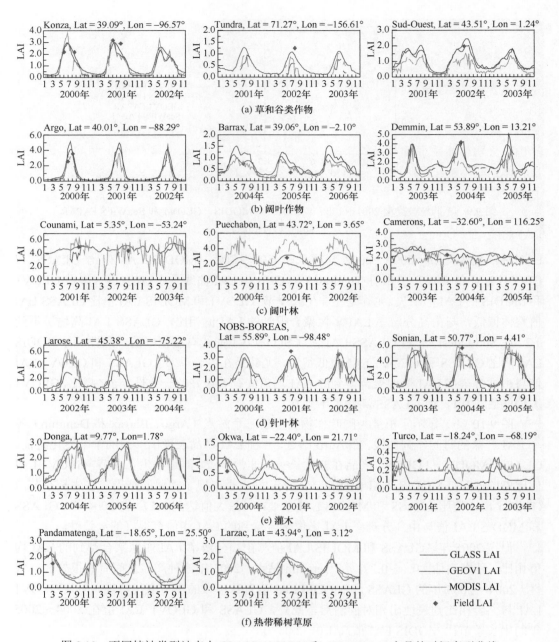

图 9.10 不同植被类型站点上 GLASS、MODIS 和 GEOV1 LAI 产品的时间序列曲线

LAI 高 1.0~2.0；而 GEOV1 LAI 与 GLASS LAI 相比有系统性的低估（可达 1.5）。在该站点，与另外两个产品相比，GLASS LAI 与由高分辨率 LAI 影像聚合得到的 LAI 均值更为接近。Camerons 站点的植被类型是常绿阔叶林。与 Counami 站点类似，三种 LAI 产品在该站点没有表现出明显的季节变化特性，这符合常绿林的生长特性，也与 Camacho 等（2013）的发现相一致。

图 9.10 (d) 展示了 Larose、NOBS-BOREAS 和 Sonian 站点三种产品的 LAI 曲线，植被覆盖类型为针叶林。在 Larose 站点，地表覆盖主要由北方森林（针叶和落叶林）及

湿地（草地和灌木）组成。所有的 LAI 产品都表现出相似的季节变化和年内变化特征，但是其在幅度值上有明显的差异。在生长季节，GEOV1 LAI 值明显比 GLASS 和 MODIS LAI 值低（可达 2.0）。NOBS-BOREAS 站点主要是由森林和各种类型的黑云杉组成，但是也包含较多的湿地、小面积水体、小面积杨树林和大量的苔藓（Cohen et al.，2003）。由于反射率数据在冬季有较大的不确定性，GEOV1 和 MODIS 产品在此期间有很多的缺失值。在 2000~2001 年，GLASS LAI 值比 MODIS 和 GEOV1 LAI 值稍大，但是更接近于由高分辨率 LAI 影像聚合得到的 LAI 均值。在 Sonian 站点，所有的 LAI 产品都表现出相似的季节变化和年内变化特征，但是 MODIS LAI 曲线在 2003~2005 年的生长季节有明显的跳变。

至于灌木植被类型，图 9.10（e）中展示了 Donga、Okwa 和 Turco 站点三种产品的 LAI 曲线。在 Donga 站点，GLASS 和 GEOV1 LAI 曲线与 MODIS LAI 曲线的外包络线之间有着很好的一致性，但很多 GEOV1 LAI 值在生长季节存在缺失现象。在 Okwa 站点，GLASS 和 MODIS LAI 曲线有着几乎相同的幅度值，而 GEOV1 LAI 曲线的幅度值与其相比则较低。在 Turco 站点，GLASS、MODIS 和 GEOV1 LAI 曲线都有很好的完整性。三种产品的 LAI 值都小于 0.5。该站点 GLASS 和 MODIS LAI 曲线有非常好的一致性，而 GEOV1 LAI 与其二者相比有系统性的低估（达到 0.15）。

图 9.10（f）显示了 Pandamatenga 和 Larzac 站点的时序 LAI 曲线。这两个站点的地表覆盖类型是稀疏草原。在 Pandamatenga 站点，GLASS、MODIS 和 GEOV1 LAI 产品的曲线有相似的季节变化特性，但 GEOV1 LAI 值在非生长季节要比 GLASS 和 MODIS LAI 值低。在 Larzac 站点，三种 LAI 产品有很好的一致性，而且它们与由高分辨率 LAI 影像聚合得到的 LAI 均值相比，都高估了 0.8~1.2。

图 9.11 展示了不同植被类型站点上 GLASS、MODIS、GEOV1 和 SeaWiFS FAPAR 产品的时序曲线。GLASS FAPAR 曲线有最好的时序连续性，接着是 GEOV1 产品，而 MODIS 和 SeaWiFS 产品则有很多跳变，尤其是在生长季节。在大多数站点，SeaWiFS FAPAR 值与其他几个产品相比有明显的系统性低估。图 9.11（a）中显示了 Gilching 和 Zhangbei 站点的 FAPAR 曲线，两个站点的植被类型是草和谷类作物。对于 Gilching 站点来说，2002 年 GLASS、GEOV1 和 MODIS FAPAR 值有着很好的一致性，而 SeaWiFS FAPAR 值明显较低，而且低于由高分辨率 FAPAR 影像聚合得到的 FAPAR 均值。对于 Zhangbei 站点来说，GLASS 和 MODIS FAPAR 值之间有很好的一致性，而 GEOV1 和 SeaWiFS FAPAR 值与 GLASS FAPAR 值相比，在非生长季节略有偏低。图 9.11（b）中显示了植被类型为阔叶作物的 Demmin 和 Apilles2 站点的 FAPAR 时序曲线。在 Demmin 站点，GLASS FAPAR 值在生长季节与 GEOV1、MODIS 和 SeaWiFS FAPAR 值有很好的一致性，但是在非生长季节，比 GEOV1 和 MODIS FAPAR 值略有偏高。在 Apilles2 站点，GLASS、GEOV1 和 MODIS FAPAR 值有着较好的一致性，但 GLASS FAPAR 值与由高分辨率 FAPAR 影像聚合得到的 FAPAR 均值更接近。图 9.11（c）中显示了植被类型为稀疏草原的 Larzac 和 Laprida 站点的 FAPAR 时序曲线。在 Larzac 站点，MODIS 与 GEOV1 FAPAR 曲线在全年都有很好的一致性。SeaWiFS FAPAR 值明显低于其他几种 FAPAR 产品，但与由高分辨率 FAPAR 影像聚合得到的 FAPAR 均值更接近。在 Laprida 站点，GLASS 与 MODIS FAPAR 数据值有很好的一致性。在生长季节，GEOV1 FAPAR 值要高于其他几

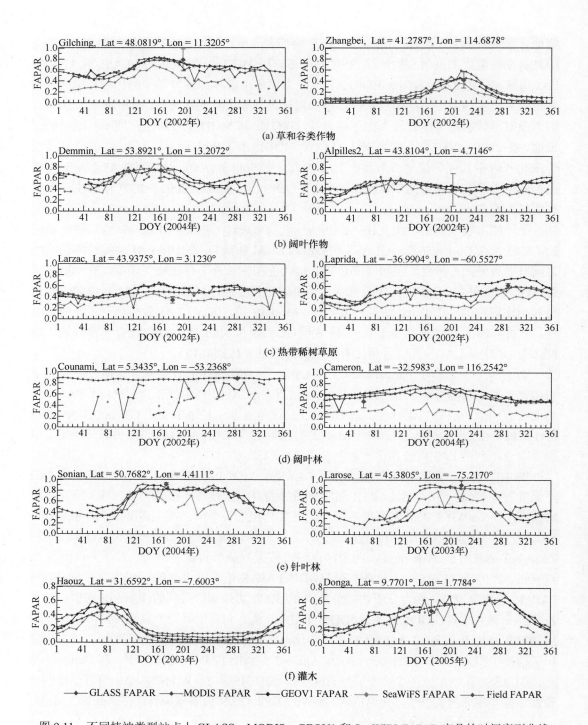

图 9.11 不同植被类型站点上 GLASS、MODIS、GEOV1 和 SeaWiFS FAPAR 产品的时间序列曲线

种产品的 FAPAR 值。图 9.11（d）中显示了几种产品在阔叶林站点的 FAPAR 曲线。在 Counami 站点，这些产品之间有很大的差异。GEOV1 产品在整年内都没有有效的数据值，而且 SeaWiFS FAPAR 也存在大量缺失。MODIS FAPAR 曲线跳变明显，而相比之下，GLASS FAPAR 数据则在时间序列上连续。GLASS FAPAR 值在整年内几乎都是定

值，并且高于其他几种产品的 FAPAR 值。在 Cameron 站点，GLASS 与其他几种产品的 FAPAR 曲线有着相似的季节变化特性。GEOV1 FAPAR 值在整年内高于 GLASS 和 MODIS FAPAR 值，而 SeaWiFS FAPAR 值与 GLASS 和 MODIS FAPAR 值相比明显偏低。相比之下，这两个站点的 GLASS FAPAR 值更接近于由高分辨率 FAPAR 影像聚合得到的 FAPAR 均值。图 9.11（e）中显示了几种产品在针叶林站点的 FAPAR 曲线。在 Sonian 站点，GLASS、MODIS 和 GEOV1 FAPAR 曲线在 2004 年的生长季节有很好的一致性。而 SeaWiFS 产品除了有跳变之外，其 FAPAR 值明显低于其他几个产品的 FAPAR 值。在 Larose 站点，GLASS 和 MODIS FAPAR 值有几乎相同的幅度，而 GEOV1 FAPAR 值在生长季节则系统性低于它们。图 9.11（f）中显示了植被覆盖类型为灌木的两个站点的 FAPAR 曲线。在 Haouz 站点，位于生长季节的 MODIS 和 GEOV1 FAPAR 值略高于相应的 GLASS 和 SeaWiFS FAPAR 值。在 Donga 站点，生长季节的 MODIS FAPAR 曲线有着明显的跳变，该时期 SeaWiFS FAPAR 产品存在大量数据缺失。GLASS FAPAR 曲线与 MODIS FAPAR 曲线的外包络线有着很好的一致性，并且更接近于由高分辨率 FAPAR 影像聚合得到的 FAPAR 均值。

9.5 全球 LAI/FAPAR 产品直接验证

9.5.1 地面测量数据

在全球范围内收集了 33 个站点的 LAI 和 FAPAR 地面测量数据，验证 GLASS、MODIS 和 GEOV1 LAI/FAPAR 产品的精度。在这些站点上，根据地面测量数据和高分辨率遥感数据，计算相应高分辨率的 LAI 和 FAPAR 分布图；然后对 LAI 和 FAPAR 分布图进行聚合到 GLASS LAI/FAPAR 产品的分辨率后，在时间和空间上，与 GLASS FAPAR 产品进行对比分析。这些验证站点的信息及 LAI 和 FAPAR 高分辨率影像数据聚合到 1km 尺度 LAI 和 FAPAR 的均值在表 9.3 中列出。

表 9.3 选取的验证数据站点信息（共 33 个站点）

站点	所在国家	纬度	经度	植被类型	天数（年份）	LAI	FAPAR
Agro	美国	40.0067°	−88.2915°	阔叶作物	186（2002）	2.56	—
					224（2002）	3.54	—
Alpilles2	法国	43.8104°	4.7146°	阔叶作物	204（2002）	1.7	0.399
Barrax	西班牙	39.0570°	−2.1042°	阔叶作物	197（2004）	0.74	—
					194（2003）	—	0.256
					193（2005）	0.37	—
					173（2009）	0.97	0.21
Camerons	澳大利亚	−32.5983°	116.2542°	常绿阔叶林	63（2004）	2.13	0.479
Counami	法属圭亚那	5.3471°	−53.2378°	常绿阔叶林	269（2001）	4.93	0.95
					286（2002）	4.37	0.887
Demmin	德国	53.8921°	13.2072°	阔叶作物	164（2004）	4.15	0.741
Donga	贝宁	9.7701°	1.7784°	灌木	172（2005）	1.85	0.472

续表

站点	所在国家	纬度	经度	植被类型	天数（年份）	LAI	FAPAR
Fundulea	罗马尼亚	44.4061°	26.5831°	草和谷类作物	128（2001）	3.03	0.519
					160（2002）	1.53	0.464
					151（2003）	—	0.374
Gilching	德国	48.0819°	11.3205°	草和谷类作物	199（2002）	5.39	0.786
Gnanagara	澳大利亚	-31.5339°	115.8924°	落叶阔叶林	61（2004）	1.01	0.263
Konza		39.0891°	-96.5714°	草和谷类作物	158（2000）	2.17	
					238（2000）	2.16	
					169（2001）	3.17	
					228（2001）	2.9	—
Haouz	摩洛哥	31.659°	-7.600°	灌木	71（2003）	—	0.489
Hombon	马里	15.331°	-1.475°	草和谷类作物	242（2002）	—	0.24
Laprida	阿根廷	-36.9904°	-60.5527°	热带稀树草原	311（2001）	5.82	0.837
					292（2002）	2.81	0.62
Larose	加拿大	45.3805°	-75.2170°	针叶林	219（2003）	5.87	0.906
Larzac	法国	43.9375°	3.1230°	热带稀树草原	183（2002）	0.81	0.349
Maun	博茨瓦纳	-19.922°	23.591°	草和谷类作物	70（2000）	—	0.43
Nezer	法国	44.5680°	-1.0382°	针叶林	107（2002）	2.38	0.494
NOBS-BOREAS	加拿大	55.8852°	-98.4772°	针叶林	195（2001）	3.5	—
					195（2002）	3.2	
Okwa	博茨瓦纳	-22.4093°	21.7130°	灌木	70（2000）	0.57	
Pandamatenga	博茨瓦纳	-18.6486°	25.4953°	热带稀树草原	70（2000）	1.57	0.45
Plan-de-Dieu	法国	44.1987°	4.9481°	阔叶作物	189（2004）	1.13	0.223
Puechabon	法国	43.7246°	3.6519°	常绿阔叶林	164（2001）	2.85	0.601
Sevilleta	美国	34.3509°	-106.6899°	草和谷类作物	207（2002）	0.1	—
					234（2002）	0.3	—
					252（2002）	0.4	—
					319（2002）	0.3	—
					174（2003）	0.6	
					209（2003）	0.5	
					258（2003）	0.5	
					325（2003）	1.0	
Sonian	比利时	50.7682°	4.4111°	针叶林	174（2004）	5.66	0.916
Sud-Ouest	法国	43.5063°	1.2375°	草和谷类作物	189（2002）	1.96	0.404
Thompson	加拿大	56.0497°	-98.1579°	针叶林	196（2001）	1.6	
Tshane	博茨瓦纳	-24.1641°	21.8929°	草和谷类作物	70（2000）	0.67	0.26
Tundra	美国	71.2719°	-156.6133°	草和谷类作物	227（2002）	1.24	
Turco	玻利维亚	-18.2394°	-68.1933°	灌木	208（2001）	0.31	—
					240（2001）	0.04	—
					240（2002）	—	0.025
					105（2003）	—	0.046
Utiel	西班牙	39.5807°	-1.2646°	阔叶作物	204（2006）	0.87	—
					253（2008）	0.63	0.29
Wankama	尼日尔	13.645°	2.635°	草和谷类作物	174（2005）	—	0.073
Zhangbei	中国	41.279°	114.688°	草和谷类作物	221（2002）	—	0.422

9.5.2 直接验证结果

图 9.12 中展示了表 9.3 中各个站点处，GLASS、GEOV1 和 MODIS LAI 产品与由高分辨率 LAI 影像聚合得到的 LAI 均值的散点图。GLASS、GEOV1 和 MODIS LAI 产品与由高分辨率 LAI 影像聚合得到的 LAI 均值之间的回归线的斜率分别是 0.7418、0.6582 和 0.5969，截距分别是 0.2753、0.2511 和 0.2494。这表明三种 LAI 产品与由高分辨率 LAI 影像聚合得到的 LAI 均值相比，在 LAI 低值区偏高，而在 LAI 高值区偏低。与 MODIS LAI 值相比，GLASS 和 GEOV1 LAI 值在散点图中的分布更接近于 1∶1 线，这表明 GLASS 和 GEOV1 LAI 值比 MODIS LAI 值在整个 LAI 取值范围内与由高分辨率 LAI 影像聚合得到的 LAI 均值有更好的一致性。而且，与由高分辨率 LAI 影像聚合得到的 LAI 均值相比，尽管 GLASS LAI 产品在森林地区的高值 LAI 区有着轻微的低估现象，但其比 GEOV1 LAI 值有更好的一致性。

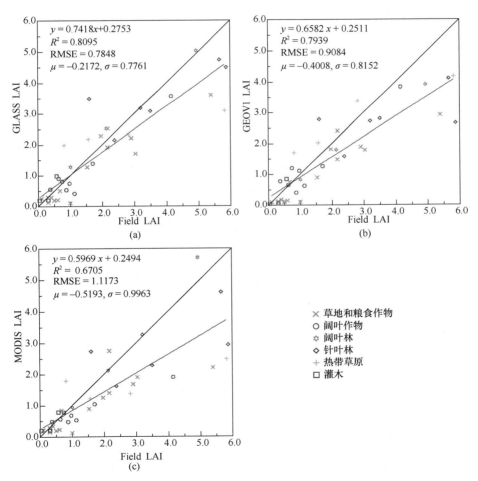

图 9.12 GLASS、GEOV1 和 MODIS LAI 产品与地面测量数据的散点图比较

从与由高分辨率 LAI 影像聚合得到的 LAI 均值的比较可以看出，GLASS LAI 产品（RMSE = 0.7848，$\mu = -0.2172$，$\sigma = 0.7761$）比 GEOV1 LAI 产品（RMSE = 0.9084，$\mu = -0.4008$，$\sigma = 0.8152$）和 MODIS LAI 产品（RMSE = 1.1173，$\mu = -0.5193$，$\sigma = 0.9963$）

表现更好。而且，三种产品中，GLASS LAI 有着最高的 R^2 值（0.8095）；相比之下，GEOV1 和 MODIS 的 R^2 值分别是 0.7939 和 0.6705。

利用验证站点的 FAPAR 地面测量数据对 GLASS、MODIS 和 GEOV1 FAPAR 产品进行直接验证，图 9.13 显示了不同 FAPAR 产品和 FAPAR 地面测量值的散点图。利用回归方程、均方根误差、相关系数等来衡量不同 FAPAR 产品的质量。与 FAPAR 地面测量数据比较，GLASS FAPAR（RMSE = 0.0716）的精度和准确性明显优于 GEOV1 FAPAR（RMSE = 0.1085）和 MODIS FAPAR（RMSE = 0.1276）的精度和准确性。GLASS FAPAR（R^2 = 0.9292）与地面测量数据的相关性比 MODIS（R^2 = 0.8048）和 GEOV1（R^2 = 0.8681）FAPAR 更好。GLASS FAPAR 产品在整个取值变化的范围内，都和 FAPAR 地面测量数据有较好的一致性，回归直线方程与 1∶1 线最接近。

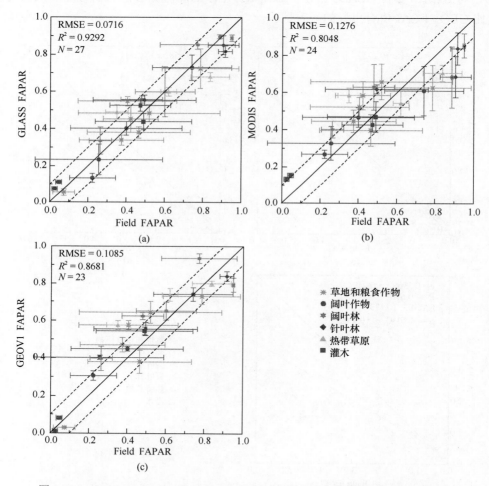

图 9.13　GLASS、MODIS 和 GEOV1 FAPAR 产品与地面测量数据的散点图比较

9.6　小　　结

本章介绍了生产时空连续的长时间序列 GLASS LAI 和 FAPAR 产品的算法。GLASS

LAI 反演算法构造了利用时间序列卫星观测数据反演 LAI 的神经网络，以一年的地表反射率数据作为输入，输出为一年的连续平滑的 LAI。GLASS FAPAR 反演算法利用 GLASS LAI 产品计算 FAPAR，保证了 GLASS FAPAR 和 LAI 产品物理意义上的一致性。GLASS LAI/FAPAR 产品空间完整，时间连续，与现有的 MODIS 和 GEOV1 LAI/FAPAR 产品具有很好的时空一致性。直接验证结果表明 GLASS LAI 和 FAPAR 产品的精度（R^2 = 0.8095，RMSE = 0.7848；R^2 = 0.9292，RMSE = 0.0716）明显优于现有的 GEOV1 LAI 和 FAPAR 产品（R^2 = 0.7939，RMSE = 0.9084；R^2 = 0.8681，RMSE = 0.1085）和 MODIS LAI 和 FAPAR 产品（R^2 = 0.6705，RMSE = 1.1173；R^2 = 0.8048，RMSE = 0.1276）。

GLASS LAI 产品已经得到了广泛的应用，Jiapaer 等（2015）利用 GLASS LAI 产品研究了干旱区植被动态及其对气候变化的响应。Zhu 等（2016）利用 GLASS LAI 产品监测和归因分析植被变绿的趋势。在今后的研究中，我们将优化 GLASS LAI 和 FAPAR 的反演算法，进一步提高 GLASS LAI 和 FAPAR 产品的精度和质量。

参 考 文 献

Baret F, Hagolle O, Geiger B, et al. 2007. LAI, fAPAR and fCover CYCLOPES global products derived from VEGETATION. Part 1: Principles of the Algorithm. Remote Sensing of Environment, 110: 275-286

Baret F, Morisette J T, Fernandes R A, Champeaux J L, Myneni R B, Chen J, Plummer S, Weiss M, Bacour C, Garrigues S, Nickeson J. 2006. Evaluation of the representativeness of networks of sites for the global validation and intercomparison of land biophysical products: Proposition of the CEOS-BELMANIP. IEEE Trans Geosci Remote Sens, 44(7): 1794-1803

Baret F, Weiss M, Lacaze R, Camacho F, Makhmara H, Pacholcyzk P, Smets B. 2013. GEOV1: LAI and FAPAR essential climate variables and FCOVER global time series capitalizing over existing products. Part1: Principles of development and production. Remote Sensing of Environment, 137: 209-309

Camacho F, Cernicharo J, Lacaze R, Baret F, Weiss M. 2013. GEOV1: LAI, FAPAR essential climate variables and FCOVER global time series capitalizing over existing products. Part 2: Validation and intercomparison with reference products. Remote Sensing of Environment, 137: 310-329

Campbell S G, Norman J M. 1998. An Introduction to Environmental Biophysics (2nd ed.). New York: Springer-Verlag

Carrer D, Meurey C, Ceamanos X, Roujean J L, Calvet J C, Liu S. 2014. Dynamic mapping of snow-free vegetation and bare soil albedos at global 1 km scale from 10-year analysis of MODIS satellite products. Remote Sensing of Environment, 140: 420-432

Chen J, Menges C, Leblanc S. 2005. Global mapping of foliage clumping index using multi-angular satellite data. Remote Sensing of Environment, 97(4): 447-457

Cohen W B, Maiersperger T K, Yang Z L, Gower S T, Turner D P, Ritts W D, Berterretche M, Running S W. 2003. Comparisons of land cover and LAI estimates derived from ETM+ and MODIS for four sites in North America: A quality assessment of 2000/2001 provisional MODIS products. Remote Sensing of Environment, 88: 233-255

Cukier R I, Fortuin C M, Schuler K E, Petschek A G, Schaibly J H. 1973. Study of the sensitivity of coupled reaction systems to uncertainties in rate coefficients: I. Theory. Journal of Chemical Physics, 59: 3873-3878

Cukier R I, Levine H B, Schuler K E. 1978. Nonlinear sensitivity analysis of multiparameter model systems. Journal of Computational Physics, 26: 1-42

Fang H, Jiang C, Li W, Wei S, Baret F, Chen J M, Garcia-Haro J, Liang S, Liu R, Myneni R B, Pinty B, Xiao Z, Zhu Z. 2013. Characterization and intercomparison of global moderate resolution leaf area index (LAI) products: Analysis of climatologies and theoretical uncertainties. Journal of Geophysical Research-Biogeoscience, 118: 529-548

Fang H, Liang S, Townshend J, Dickinson R. 2008. Spatially and temporally continuous LAI data sets based on an integrated filtering method: Examples from North America. Remote Sensing of Environment, 112: 75-93

Fensholt R, Sandholt I, Rasmussen M S. 2004. Evaluation of MODIS LAI, fAPAR and the relation between fAPAR and NDVI in a semi-arid environment using in situ measurements. Remote Sensing of Environment, 91: 490-507

Garrigues S, Lacaze R, Baret F, Morisette J T, Weiss M, Nickeson J E, Fernandes R, Plummer S, Shabanov N V, Myneni R B, Knyazikhin Y, Yang W. 2008. Validation and intercomparison of global Leaf Area Index products derived from remote sensing data. Journal of Geophysical Research, 113, G02028

He, L, Chen J M, Pisek J, Schaaf C B, Strahler A H. 2012. Global clumping index map derived from the MODIS BRDF product. Remote Sensing of Environment, 119: 118-130

Jiapaer G, Liang S L, Yi Q X, Liu J P. 2015. Vegetation dynamics and responses to recent climate change in Xinjiang using leaf area index as an indicator. Ecological Indicators, 58: 64-76

Kimes D S, Knyazikhin Y, Privette J L, Abuelgasim A A, Gao F. 2000. Inversion methods for physically-based models. Remote Sens Rev, 18: 381-440

Knyazikhin Y, Martonchik J V, Myneni R B, Diner D J, Running S W. 1998. Synergistic algorithm for estimating vegetation canopyleaf area index and fraction of absorbed photosynthetically active radiation from MODIS and MISR data. J Geophys Res, 103(D24): 32, 257-32, 275

Liang S, Zhao X, Yuan W, Liu S, Cheng X, Xiao Z, Zhang X, Liu Q, Cheng J, Tang H, Qu Y, Bai Y, Qu Y, Ren H, Yu K, Townshend J, 2013. A long-term global land surface satellite(GLASS)dataset for environmental studies. International Journal of Digital Earth, 6: 5-33

Liang S. 2004. Quantitative Remote Sensing of Land Surfaces. New York: Wiley

Liu Q, Gu L, Dickinson R E, Tian Y, Zhou L, Post W M. 2008. Assimilation of satellite reflectance data into a dynamical leaf model to infer seasonally varying leaf areas for climate and carbon models. Journal of Geophysical Research, 113, D19113

Pickett-Heaps C A, Canadell J G, Briggs P R, Gobron N, Haverd V, Paget M J, Pinty B, Raupach M R. 2014. Evaluation of six satellite-derived Fraction of Absorbed Photosynthetic Active Radiation (FAPAR) products across the Australian continent. Remote Sensing of Environment, 140: 241-256

Pinty B, Clerici M, Andredakis I, Kaminski T, Taberner M, Verstraete M M, Gobron N, Plummer S, Widlowski J L. 2011. Exploiting the MODIS albedos with the Two-stream Inversion Package (JRC-TIP): 2. Fractions of transmitted and absorbed fluxes in the vegetation and soil layers. Journal of Geophysical Research, 116: D09106.

Pisek J, Chen J M. 2007. Comparison and validation of MODIS and VEGETATION global LAI products over four BigFoot sites in North America. Remote Sensing of Environment, 109(1): 81-94

Pisek J, Chen J, Lacaze R, Sonnentag O, Alikas K. 2010. Expanding global mapping of the foliage clumping index with multi-angular POLDER three measurements: Evaluation and topographic compensation. ISPRS Journal of Photogrammetry and Remote Sensing, 65: 341-346

Rechid D, Raddatz T J, Jacob D. 2009. Parameterization of snow-free land surface albedo as a function of vegetation phenology based on MODIS data and applied in climate modeling. Theoretical and Applied Climatology, 95(3-4): 245-255

Shabanov N V, Huang D, Yang W, Tan B, Knyazikhin Y V, Myneni R B, et al. 2005. Analysis and optimization of the MODIS leaf area index algorithm retrievals over broadleaf forests. IEEE Transactions on Geoscience and Remote Sensing, 43(8): 1855-1865

Specht D F. 1991. A general regression neural network. IEEE Trans Neural Netw, 2(6): 568-576

Tao X, Liang S, Wang D. 2015. Assessment of five global satellite products of fraction of absorbed photosynthetically active radiation: Intercomparison and direct validation against ground-based data. Remote Sensing of Environment, 163: 270-285

Wang F, Huang J, Tang Y, Wang X. 2007. New vegetation index and its application in estimating leaf area index of rice. Rice Sci, 14(3): 195-203

Widlowski J-L, Lavergne T, Pinty B, Gobron N, Verstraete M M. 2008. Towards a high spatial resolution limit for pixel-based interpretations of optical remote sensing data. Advances in Space Research, 41(11):

1724-1732

Xiao Z, Liang S, Sun R, Wang J, Jiang B. 2015. Estimating the fraction of absorbed photosynthetically active radiation from the MODIS data based GLASS leaf area index product. Remote Sensing of Environment, 171: 105-117

Xiao Z, Liang S, Wang J, Chen P, Yin X, Zhang L, Song J. 2014. Use of general regression neural networks for generating the GLASS leaf area index product from time series MODIS surface reflectance. IEEE Transactions on Geoscience and Remote Sensing, 52(1): 209-223

Xiao Z, Liang S, Wang J, Jiang B, Li X. 2011. Real-time retrieval of leaf area index from MODIS time series data. Remote Sensing of Environment, 115(1): 97-106

Xiao Z, Liang S, Wang J, Song J, Wu X. 2009. A temporally integrated inversion method for estimating leaf area index from MODIS data. IEEE Transactions on Geoscience and Remote Sensing, 47(8): 2536-2545

Xiao Z, Liang S, Wang J, Xiang Y, Zhao X, Song J. 2016. Long time-series global land surface satellite (GLASS) leaf area index product derived from MODIS and AVHRR data. IEEE Transactions on Geoscience and Remote Sensing, 54(9): 5301-5318

Zhu Z, Bi J, Pan Y, Ganguly S, Anav A, Xu L, Samanta A, Piao S, Nemani R R Myneni R B. 2013. Global data sets of vegetation leaf area index (LAI) 3g and fraction of photosynthetically active radiation (FPAR) 3g derived from global inventory modeling and mapping studies (GIMMS) normalized difference vegetation index (NDVI3g) for the period 1981 to 2011. Remote Sensing, 5: 927-948

Zhu Z, Piao S, Myneni R B, Huang M, Zeng Z, Canadell J G, Ciais P, Sitch S, Friedlingstein P, Arneth A, Cao C, Cheng L, Kato E, Koven C, Li Y, Lian X, Liu Y, Liu R, Mao J, Pan Y, Peng S, Penuelas J, Poulter B, Pugh T A M, Stocker B D, Viovy N, Wang X, Wang Y, Xiao Z, Yang H, Zaehle S, Zeng N. 2016. Greening of the Earth and its drivers. Nature Climate Change, 6: 791-795

第 10 章 基于广义回归神经网络算法和 MODIS 数据的全球陆表植被覆盖度估算

贾坤[1]，梁顺林[1,2]，刘素红[1]

植被覆盖度（fractional vegetation cover，FVC）通常定义为绿色植被在地面的垂直投影面积占统计区总面积的百分比。植被覆盖度是刻画地表植被覆盖的一个重要参数，也是指示生态环境变化的基本、客观指标，在大气圈、土壤圈、水圈和生物圈的研究中都占据着重要的地位。本章主要针对基于 MODIS 数据的 GLASS 植被覆盖度产品算法进行较为全面的介绍。基于 MODIS 数据的 GLASS 植被覆盖度产品算法在选取全球具有代表性的样点位置获取高空间分辨率遥感数据，在全球陆地生态区划和土地覆盖数据的支持下生产高空间分辨率样本数据集，进而研究基于广义回归神经网络算法和 MODIS 数据的全球陆表长时间序列、高时间分辨率的植被覆盖度反演方法和产品生产。GLASS 植被覆盖度产品经直接验证及其与现有产品对比表明本章算法的精度较好、产品质量高，并在空间分辨率、时空连续性和完整性方面具有较大优势。

10.1 引　　言

10.1.1 研究背景

以气候变化为标志的全球变化影响着人类赖以生存的环境，如何确保人类生存环境的可持续发展，减缓全球变化的不良影响，已引起各国政府、科学家及公众的广泛关注。陆地生态系统作为地球系统重要的组成部分，在维持整个地球系统结构、功能和环境，并调节使之向适宜于人类生存方面发展扮演着重要角色。以陆地生态系统为核心的、相互作用的生物、物理与化学过程也是准确理解和预测当今全球变化的关键。我国已把全球变化研究列为国家中长期发展规划的重点发展领域。其中，长时间序列、高精度的全球遥感产品数据集对于检测、表征及量化陆表变化，驱动全球及区域气候系统模型，以及用于环境政策和资源管理的各种决策支持系统至关重要。

植被是陆地生态系统中最基础的组成部分，所有其他生物都依赖于植被而生。植被覆盖度定义为绿色植被在地面的垂直投影面积占统计区总面积的百分比（Gitelson et al.，2002），是刻画地表植被覆盖的一个重要参数，也是指示生态环境变化的基本、客观指标，在地球表面的大气圈、土壤圈、水圈和生物圈的研究中都占据着重要的地位（秦伟

---

1. 遥感科学国家重点实验室，北京市陆表遥感数据产品工程技术研究中心，北京师范大学地理科学学部；2. 美国马里兰大学帕克分校地理科学系

等，2006）。植被覆盖度在土壤-植被-大气传输模型模拟地表和大气边界层交换中是一个重要的生物物理参数（Chen et al., 1997），在地表过程和气候变化、天气预报数值模拟中需要给予准确的估算（Zeng et al., 2000）。另外，从一般的应用层面看，植被覆盖度在农业、林业、资源环境管理、土地利用、水文、灾害风险监测、干旱监测等领域都有广泛的应用。目前，部分遥感卫星数据已经提供了植被覆盖度产品，但是目前所有全球植被覆盖度产品经地面观测数据验证都存在着较大的不确定性，而且不同产品在不同区域表现出不同的精度（Fillol et al., 2006；García-Haro et al., 2008）。

因此，深入研究、发展和生产长时间序列、高时间分辨率和高精度的全球陆表植被覆盖度数据集具有重要的科学意义和现实意义，并且对于提升我国对地观测能力、提高地球系统模式和全球变化研究水平具有非常重要的科学价值。

10.1.2 植被覆盖度遥感估算方法研究现状

遥感技术的发展为区域及全球植被覆盖度信息的获取提供了有效技术手段。植被覆盖度遥感估算方法也有了较大的发展。目前，主要的植被覆盖度遥感估算方法有常用的经验模型法、混合像元分解法、机器学习法，以及物理模型法和光谱梯度差法等。

1. 经验模型法

经验模型法是通过对遥感数据的某一波段反射率、波段反射率组合或利用遥感波段反射率计算出的植被指数与植被覆盖度进行回归，建立经验模型，并利用空间外推模型求取较大区域范围的植被覆盖度。利用光谱波段反射率建立经验回归模型为直接将实测的植被覆盖度与遥感数据的单一波段反射率或其组合进行回归分析，如 North 使用 ATSR-2 遥感数据的四个波段值（555nm、670nm、870nm 和 1630nm）分别与植被覆盖度进行了线性回归，结果表明使用四个波段反射率组合的线性混合模型估算植被覆盖度比单一植被指数要好（North, 2002）。利用植被指数建立经验回归模型为将植被覆盖度与不同植被指数进行回归分析。目前应用最多的植被指数为 NDVI，其他还有一些土壤调节植被指数、NDVI 的变化形式等（田庆久和闵祥军，1998），如 Xiao 和 Moody 将 Landsat ETM+ NDVI 数据与对应植被覆盖度值进行线性回归分析，结果表明两者之间存在很强的线性相关关系（R^2=0.89），最后将该公式应用于 Landsat ETM+的所有像元植被覆盖度的估算（Xiao and Moody, 2005）。

根据经验回归关系的不同，回归模型有线性和非线性两种。线性回归模型主要是通过地面测量的植被覆盖度与遥感图像的波段反射率或植被指数进行线性回归得到研究区域的估算模型，并将该模型应用于整个研究区域的植被覆盖度估算，如 North 使用 ATSR-2 波段反射率数据与植被覆盖度进行线性回归估算植被覆盖度（North, 2002）。非线性回归模型法主要是通过将遥感数据的波段反射率或植被指数与植被覆盖度进行拟合，得到非线性回归模型，然后用该模型计算整个研究区域的植被覆盖度，如 Boyd 等通过建立遥感数据不同波段反射率的非线性回归模型估算了美国太平洋西北部的针叶林覆盖度，计算结果在99%的置信度下相关性达到0.56（Boyd et al., 2002）。

经验模型法因其简单易实现而被广泛应用，对局部区域的植被覆盖度估算具有较高的精度。但是经验模型一般都具有局限性，只适用于特定区域与特定植被类型的植被覆盖度估算，而且需要大量的地面观测数据，因此不易推广。区域性的经验模型应用于大尺度植被覆盖度估算可能会由于地表的复杂性而出现较大问题。

2. 混合像元分解法

混合光谱是指传感器收集的地面反射光谱信息是植被光谱与下垫面光谱的综合信息。混合像元分解法假设每个组分对遥感传感器所观测到的信息都有贡献，因此可以将遥感信息（波段反射率或植被指数）进行分解，建立混合像元分解模型，并利用此模型估算植被覆盖度。混合像元分解模型分为线性和非线性，但目前研究中大多数的都是基于线性的混合像元分解模型。通过求解各组分在混合像元中的比例，植被组分所占的比例即为该像元所需求解的植被覆盖度。例如，Xiao 和 Moody 以 Landsat ETM+影像为数据源，分别利用三个端元、四个端元及五个端元的线性光谱混合模型对美国新墨西哥州中部沙漠-高地过渡区内的植被覆盖度进行了估算，研究结果表明以两种绿色植被、非光合植被、深色土壤及浅色土壤为端元的线性光谱混合模型表现最好，通过与高分辨率影像提取的植被覆盖度精度进行验证，R^2 达到 0.88（Xiao and Moody，2005）。

像元二分模型是线性混合像元分解模型中最简单的一种，其假设像元只由植被覆盖地表与无植被覆盖地表两部分构成。像元光谱信息也只由这两个组分线性合成，它们各自的面积在像元中所占的比例即为各因子的权重，其中植被覆盖地表占像元的百分比即为该像元的植被覆盖度。像元二分模型的表达式为 FVC=（NDVI–$NDVI_{soil}$）/（$NDVI_{veg}$–$NDVI_{soil}$），其中，$NDVI_{veg}$ 为全植被覆盖像元的 NDVI 值，$NDVI_{soil}$ 为裸土像元的 NDVI 值。像元二分模型由于形式简单和具有一定物理意义而被广泛应用于植被覆盖度的估算，如李苗苗等在对像元二分模型两个重要参数推导的基础上，改进了已有模型的参数估算方法，建立了用 NDVI 定量估算植被覆盖度的模型（李苗苗等，2004）。但是像元二分模型不可逾越的问题为 NDVI 两个极值点（纯植被和纯裸土）的选择存在很大的不确定性，因为它受土壤、植被类型及叶绿素含量等因素的影响。目前对于这两个极值的确定主要是通过对时间和空间上的 NDVI 数据进行统计分析来获取，也有学者直接从研究区域的 NDVI 数据中选取最大值和最小值分别作为纯植被和纯裸土的 NDVI 值。由于地表的复杂性，在全球尺度单一选取 NDVI 的两个极值点会对植被覆盖度的估算造成很大的不确定性。因此分气候带、区域和植被类型等分别选取纯植被和裸土的 NDVI 值，是像元二分模型的技术难点。

3. 机器学习法

随着计算机技术的发展，一些机器学习方法广泛应用到植被覆盖度遥感反演，包括神经网络、决策树、支持向量机等。机器学习方法的步骤一般为确定训练样本、训练模型和用训练好的模型计算植被覆盖度。根据训练样本的选取不同，机器学习方法可以分成两大类别，一种是基于遥感影像分类，另一种是基于辐射传输模型。基于遥感影像分类的方法首先采用高空间分辨率数据进行分类，区分出植被和非植被，再将分类结果聚合到低空间分辨率尺度，计算低空间分辨率像元中植被的比例，由此分类结果作为训练样本，训练机器学习模型，进而进行植被覆盖度的估算。基于辐射传输模型的方法首先由辐射传输模型模拟出不同参数情况下的光谱反射率值，再根据传感器的光谱响应函数将模拟的光谱反射率值重采样为传感器的波段数值,不同的参数和模拟的波段数据值作为训练样本对机器学习模型进行训练,最后采用训练好的模型进行植被覆盖度的计算。机器学习方法的关键在于训练样本的选择,要确保准确性和代表性。

神经网络算法是用计算机模拟人类学习的过程,建立输入和输出数据之间联系的方法。神经网络方法不同于传统的统计方法,它不需要对输入数据作任何的假设,而且在一定程度上可以消除噪声的影响和有效地整合多源遥感数据,因此在地表参数遥感反演方面得到了广泛的应用(Gong,1996;Jia et al.,2015;Xiao et al.,2014;Xiao et al.,2016),如 Boyd 等在分别比较多元回归模型法、植被指数法及神经网络法后,认为神经网络更适用于美国太平洋西北部森林覆盖度的估算,同时比较了多层感知层、径向基函数法及广义回归神经网络三种神经网络方法,最终选择了多层感知层神经网络进行研究区域植被覆盖度的反演(Boyd et al.,2002)。但是,神经网络属于黑箱模型,难以确定遥感数据与植被覆盖度之间的函数关系。

支持向量机(SVM)是一种基于统计学习理论的新型机器学习算法,由 Vapnik 首先提出(Vapnik,1995),在解决小样本、非线性及高维模式识别中表现出许多特有的优势,并能够推广应用到函数拟合等其他机器学习问题中。SVM 的原理是通过解算最优化问题,在高维特征空间中寻找最优分类超平面,从而解决复杂数据的分类问题。SVM 算法多用于对遥感数据进行分类,并取得比其他算法更优的分类结果,如 Su 利用 SVM 方法来识别半干旱地区的植被类型,在 SVM 分类结果上可以进一步来估算研究区域的植被覆盖度(Su,2009)。但是在 SVM 算法中如何针对特定问题选择核函数目前并无一个准则,而且核函数对分类精度到底有什么样的影响,还缺乏统一的认识。现有的核函数选择方法是分别试用不同的核函数,分类误差最小的核函数就选为最好的核函数,同时核函数的参数也用同样的方法选定。这种选择方法基本是凭经验确定,缺乏足够的理论依据。核函数的选择对 SVM 算法精度具有一定影响,有必要对核函数进行合理选择、必要改进、修正和优化。

决策树算法是以分层分类思想作为指导原则,利用树结构按一定的分割原则把数据分为特征更为均质的子集。利用决策树算法进行植被覆盖度估算的一般步骤为由部分样本数据建立决策树,然后用剩余样本数据对所建立的决策树进行修剪和验证,形成最终用于估算植被覆盖度的决策树结构。决策树算法具有计算效率高、无需统计假设、可以处理不同空间尺度数据等优点,如 Hansen 等利用决策树算法建立了 MODIS 标准产品 Vegetation Continuous Fields 算法,在全球范围内估算树和草的覆盖度(Hansen et al.,2003)。虽然决策树算法取得了较大的发展,但是面对地表参数估算中新出现的问题以及应用领域的不同要求,仍需要在很多方面进行深入研究和改进,如在对传统算法进行改造以提高决策树的预测精度及适用范围、优化简化决策树的方法和寻求新的构造决策树的方法等方面需要进一步加深研究。

机器学习算法的主要难点在于训练样本的选取。模型模拟数据理论上可以涵盖地表的所有情况,但是复杂的地表情况和前向模型的模拟精度对训练样本的精确性有较大影响。实测数据虽然可以获得较高精度的样本数据,但是在代表性和全面性方面具有一定的局限性。

4. 其他方法

除了上述常用植被覆盖度遥感估算方法，还有物理模型法、光谱梯度差法、FCD 分级法等方法。

物理模型法是通过研究光与植被的相互作用，建立植被光谱信息与植被覆盖度之间物理关系的模型，如辐射传输模型、几何光学模型等。因为物理模型涉及较为复杂的物理机制，如叶片层的反射和吸收等辐射传输过程，很难直接反演植被覆盖度，必须通过查找表或者机器学习法简化反演过程，获取植被覆盖度（Gutman and Ignatov，1998；Jia et al.，2016；Xiao and Moody，2005）。例如，ENVISAT MERIS 植被覆盖度产品是利用 PROSPECT+SAIL 模型模拟光谱数据训练神经网络算法，通过输入 MERIS 13 个波段的观测值得到植被覆盖度（Baret et al.，2006）。物理模型法实现了光学信号到植被物理参数之间关系的建立，理论上可以涵盖不同的情况，具有更广泛的适用性。一方面，这种方法需要大量的遥感观测数据，现有卫星遥感数据在应用时需要考虑时间、空间、角度、光谱响应等，往往数据量是不足的。另一方面，如何选择模型存在着较大问题，如果模型复杂则待估算参数多，难于反演，反之模型自身存在较大误差。

光谱梯度差法是在分析植被和土壤反射光谱特征的基础上提出的。唐世浩等提出一种基于绿、红、近红外 3 个波段反射率计算的最大梯度差指数，进而估算植被覆盖度（唐世浩等，2003）。古丽·加帕尔等利用多种方法提取植被稀疏荒漠地区的植被覆盖度，发现光谱梯度差法与其他模型相比简单且易执行，其中耕地和裸地的植被覆盖度估算结果与实地测量数据最为接近，但会低估稀疏植被地区的植被覆盖度（古丽·加帕尔等，2009）。光谱梯度差法假设在有限波段范围内土壤反射率随波长线性变化，在计算植被覆盖度时也没有考虑植被、土壤面积随波长的变化情况，与实际情况存在差异，会影响估算精度，而且计算用到的三个波段反射率值没有经过比值处理，波段反射率噪声会有较大影响。

FCD 分级法是 ITTO（international tropical timber organization）在总结众多学者研究的基础上发展而成的一种新的制图方法，其利用 Landsat TM 数据计算 FCD 模型的四个因子：植被、裸土、热量和阴影，最后通过 FCD 值大小划分植被覆盖度等级，从而做出植被覆盖度等级图（Rikimaru et al.，2002），如江洪等探讨了利用 FCD 模型从 SPOT 影像中提取植被覆盖度的方法，通过野外实地考察验证，总体精度达到了 80%以上，能够满足大中尺度植被覆盖度调查的要求（江洪等，2005）。FCD 分级法对植被状态进行了定量分析，并以百分位数来表示结果，其优点是能够表明植被的生长状况，同时也表明了植被满足恢复要求的强度，也能够用来检测植被的动态变化。但是该方法计算繁琐，对光谱数据的要求也比较多，所以目前应用相对较少。

10.1.3 现有植被覆盖度产品

目前，部分遥感卫星数据如 POLDER、ENVISAT MERIS，以及 SPOT VEGETATION（VGT）等都已经提供了植被覆盖度产品（表 10.1），其反演算法主要包括经验模型法和物理模型法。其中，POLDER 卫星数据采用了机器学习方法，通过物理模型模拟产生训练机器学习算法的样本数据，训练后实现植被覆盖度的估算（Roujean and Breon，1995；Roujean and Lacaze，2002；Smith，1993）。POLDER 卫星产品的训练模型采用的是 Kuusk

表 10.1　现有植被覆盖度产品列表

产品来源	传感器	时间范围	时间分辨率	空间范围	空间分辨率
CNES/POLDER	POLDER	1996~1997 年，2003 年	10 天	全球	6km
FP5/CYCLOPES	SPOT VGT	1998~2007 年	10 天	全球	1km
ESA/MERIS	ENVISAT MERIS	2002 年至今	月/10 天	欧洲	300m
EUMETSAT/LSA SAF	SEVIRI	2005 年至今	天	欧洲、南美、非洲	3km
Geoland-2/GEOV1	AVHRR/SPOT VGT	1981 年至今	10 天	全球	0.05°（1981~2000 年）、1km（1999 年至今）

辐射传输模型，植被覆盖度通过与叶面积指数的指数关系得到（Lacaze et al.，2003）。ENVISAT 平台搭载的 MERIS 传感器可以获取多角度多光谱数据，其植被覆盖度产品也是基于神经网络输入 13 个波段的观测值得到，训练采用的模型是 PROSPECT+SAIL（Baret et al.，2006）。基于物理模型获得大量样本数据的机器学习方法可以归入物理模型法。Geoland-2 项目中植被覆盖度的估算是基于 CYCLOPES 植被覆盖度产品修订获取训练样本训练神经网络模型，进而实现植被覆盖度估算（Baret et al.，2013）。

从现有植被覆盖度产品验证报告来看，SEVIRI 和 ENVISAT MERIS 植被覆盖度产品的空间一致性较好，但是 ENVISAT MERIS 植被覆盖度系统性偏低，相差 0.1~0.2（García-Haro et al.，2008）。陆表植被参数产品验证报告中指出 SEVIRI 和 CYCLOPES 项目中 SPOT VGT 数据的植被覆盖度产品之间也存在系统性偏差，CYCLOPES 结果更高些，大约相差 0.15，SEVIRI 的植被覆盖度产品结果介于 MERIS 和 CYCLOPES 产品结果之间。但是 Fillol 等的验证报告中提到 SPOT VGT 数据的植被覆盖度产品比高空间分辨率 SPOT 植被覆盖度空间聚合之后的结果还要低一些（Fillol et al.，2006）。由此推测 SEVIRI、SPOT VGT 和 ENVISAT MERIS 植被覆盖度产品和真实情况相比都会有系统性低估。GEOV1 植被覆盖度产品基于 CYCLOPES 产品进行了改进，修补了 CYCLOPES 植被覆盖度产品的低估问题，与地面估测值更为接近，但局部区域的地面验证结果仍然不理想（Mu et al.，2015）。因此，针对目前植被覆盖度产品存在的问题，植被覆盖度反演需要改善算法精度，提高产品实用性。

10.2　基于 MODIS 数据的 GLASS 植被覆盖度产品算法

基于 MODIS 数据的 GLASS 全球陆表植被覆盖度产品算法是在建设全球高空间分辨率植被覆盖度样本数据集的基础上，训练和检验广义回归神经网络算法，最终形成基于 MODIS 数据的全球陆表长时间序列植被覆盖度产品，具体算法流程如图 10.1 所示。

10.2.1　全球陆地生态区划

GLASS 植被覆盖度产品算法高空间分辨率训练样本数据的产生采用分生态区、分植被类型的策略，其中生态区划数据采用 Olson 等提出的全球陆地生态区划数据（Olson et al.，2001），该数据将全球分成 14 个生态区域，包括：①热带和亚热带湿润阔叶林；②热带和亚热带干旱阔叶林；③热带和亚热带针叶林；④温带阔叶林和混合林；⑤温带针叶林；⑥北方森林/针叶林带；⑦热带和亚热带草地、稀树草原和灌木地；⑧温带草原、稀树草原和灌木地；⑨淹水的草地和稀树草原；⑩山地草地和灌木丛；⑪苔原；⑫地中海森林和灌木地；⑬荒原和干旱灌木地；⑭红树林。全球陆地生态区划空间分布如图10.2所示。

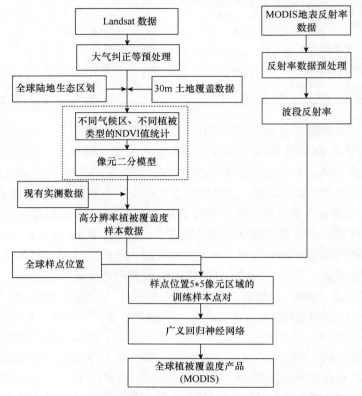

图 10.1 基于 MODIS 数据的 GLASS 植被覆盖度产品算法技术路线图

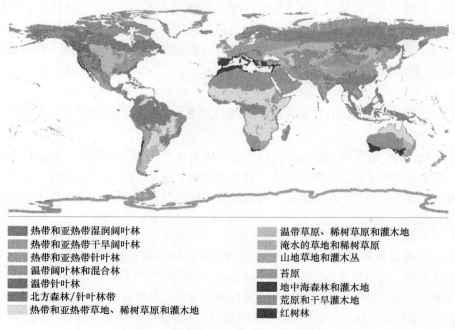

图 10.2 全球陆地生态区划图（彩图附后）

10.2.2 全球 30m 土地覆盖数据

全球 30m 土地覆盖数据采用 Gong 等生产的产品（Gong et al., 2013）。该产品是在全球获取植被生长期的 Landsat TM/ETM+ 数据,共约 8900 景,基本覆盖地球陆地表层。通过人工选择训练样本的方式,采用支持向量机分类器对 Landsat TM/ETM+ 数据进行分类得到全球土地覆盖产品。分类系统主要包括以下地表类型：①农田；②森林；③草地；④灌木；⑤湿地；⑥水体；⑦苔原；⑧不透水面；⑨裸地；⑩冰雪；⑪云。

10.2.3 全球样本点位置

目前全球植被参数产品验证样点体系应用较广泛的是 CEOS-BELMANIP 样点体系,其中包含部分 DIRECT、FLUXNET 和 AERONET 样点,以及作者补充样点共约 400 个（Baret et al., 2006）,对于全球植被类型具有代表性,并且分布较均匀。考虑到 CEOS-BELMANIP 样点数量对于机器学习算法的训练可能不足,本章算法在其基础上添加了 FLUXNET 站点和 VALERI（validation of land european remote sensing instruments）站点集合作为样本区选择的位置。去掉重复和地理位置较近的样点,最终得到约 500 个样点位置,空间分布如图 10.3 所示。该样点体系对于全球植被类型具有代表性且分布较均匀,对于开发全球陆表植被覆盖度反演方法具有很大帮助。另外 VALERI 站点中有 27 个站点具有植被覆盖度地面观测数据（图 10.3 绿色三角样点）,对于高空间分辨率植被覆盖度样本数据生成,以及全球陆表植被覆盖度产品算法精度验证具有较大帮助。

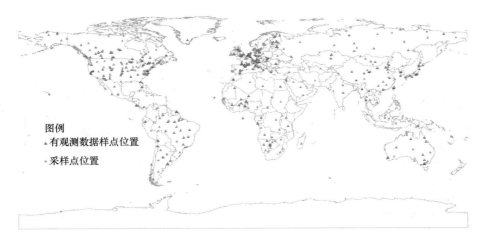

图 10.3　全球样本点位置空间分布图

10.2.4 Landsat 数据与预处理

在每个全球采样点位置获取四个季相的四景云覆盖较少和数据质量好的 Landsat TM/ETM+数据,作为生成高空间分辨率植被覆盖度样本数据的源数据。Landsat 数据的下载网址为 http://glovis.usgs.gov,本章共下载数据 1800 多景,每个年份的 Landsat 数据量分布图如图 10.4 所示。

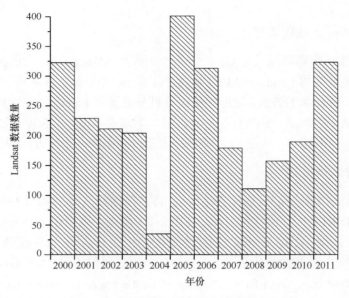

图 10.4 Landsat 样本数据量年度分布图

Landsat 数据的预处理主要包括大气纠正和云雪掩膜。大气纠正利用美国国家航空航天局（NASA）提供的 LEDAPS（Landsat ecosystem disturbance adaptive processing system）工具，纠正后得到 Landsat 地表反射率数据。图 10.5 是大气纠正前后 Landsat 数据的对比图，可以发现大气纠正可以有效增强图像的对比度，更真实地反映地表反射率特征。云雪掩膜采用由 Zhu 和 Woodcock 开发的 Fmask 工具生成（Zhu and Woodcock，2012），用于 Landsat 数据上云和雪像元的识别和标识处理。

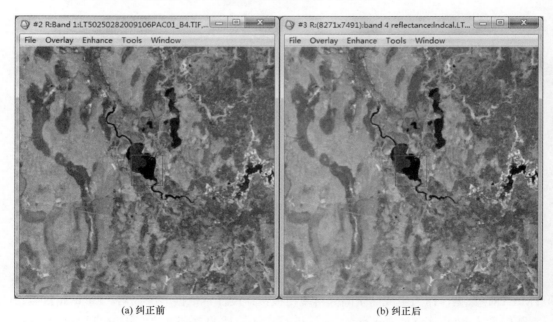

(a) 纠正前　　　　　　　　　　　　　　(b) 纠正后

图 10.5 Landsat 数据大气纠正前后对比

10.2.5 像元二分模型

像元二分模型是植被覆盖度遥感估算应用最广泛的方法,在本书中选择作为Landsat数据植被覆盖度样本生产算法。像元二分模型假设一个像元的光谱反射率 R 可分解为植被部分贡献光谱反射率 R_v 和非植被部分贡献光谱反射率 R_s 两部分, R 为 R_v 和 R_s 两部分的线性组合,即

$$R = R_v + R_s \tag{10.1}$$

假设一个像元中有植被覆盖的面积比例为 FVC,FVC 即该像元的植被覆盖度,那么非植被覆盖的面积比例为 1–FVC。如果该像元全由植被所覆盖,则光谱反射率为 R_{veg};如果该像元无植被覆盖,则光谱反射率为 R_{soil}。因此,混合像元的植被部分所贡献的信息 R_v 和非植被部分所贡献的信息 R_s 分别可以表示为式(10.2)和式(10.3):

$$R_v = \text{FVC} * R_{veg} \tag{10.2}$$

$$R_s = (1 - \text{FVC}) * R_{soil} \tag{10.3}$$

那么,任一像元的反射率值可以表示为由植被覆盖部分与非植被覆盖部分的线性加权和:

$$R = \text{FVC} * R_{veg} + (1 - \text{FVC}) * R_{soil} \tag{10.4}$$

由此得到植被覆盖度的计算式(10.5):

$$\text{FVC} = (R - R_{soil})/(R_{veg} - R_{soil}) \tag{10.5}$$

式中, R_{soil} 与 R_{veg} 为像元二分模型的两个参数,只要求得这两个参数,根据式(10.5),就可以利用遥感信息来估算植被覆盖度。可以看出像元二分模型表达了遥感信息与植被覆盖度的线性关系,相对于线性回归模型更易于推广。此外,像元二分模型通过引入参数 R_{soil} 和 R_{veg} 可以削弱大气、土壤背景与植被类型等的影响。

根据像元二分模型原理,可以将1个像元的NDVI值表示为由植被覆盖地表与无植被覆盖地表线性组合的形式。因此,利用NDVI计算植被覆盖度的公式可表示为

$$\text{FVC} = (\text{NDVI} - \text{NDVI}_{soil})/(\text{NDVI}_{veg} - \text{NDVI}_{soil}) \tag{10.6}$$

式中,NDVI_{soil} 为完全是裸土或无植被覆盖区域的NDVI值;NDVI_{veg} 则为完全由植被覆盖的像元NDVI值,即纯植被像元NDVI值。

关于参数 NDVI_{soil} 与 NDVI_{veg} 的取值,对于大多数类型裸地表面,NDVI_{soil} 理论上应该接近0;但由于地表湿度、粗糙度、土壤类型、土壤颜色等因素影响,NDVI_{soil} 会随着时间和空间发生变化。NDVI_{veg} 表示全植被覆盖的像元,由于植被类型差异及植被覆盖的季节变化,NDVI_{veg} 也具有很强的时空异质特征。通常情况下,NDVI_{soil} 与 NDVI_{veg} 取给定置信度的置信区间内的最大值与最小值,这可以在一定程度上消除遥感图像噪声所带来的误差。

10.2.6 全球高空间分辨率样本数据生成

高空间分辨率植被覆盖度样本数据生成的具体方案为:①考虑到不同生态区植被类型具有相似性,首先利用全球生态区划数据将Landsat TM/ETM+数据分成不同的生态区

域组；②在每个生态区域组内，利用 30m 空间分辨率的土地覆盖数据分别统计不同地表类型（包括森林、灌草和农田）的 NDVI 值分布直方图，根据 NDVI 值分布的累积比例确定这个生态区域内对应的土壤 NDVI 值和三种植被类型的 NDVI 值；③在每个生态区划内，对森林、灌草和农田三种不同的植被类型分别采用像元二分模型进行植被覆盖度估算；④利用现有观测数据对估算精度进行检验，同时根据检验结果对土壤 NDVI 和植被 NDVI 值进行调整，直到达到较好的估算效果。最终确定每个生态区划内的 $NDVI_{soil}$ 和 $NDVI_{veg}$ 的取值。对获取的 Landsat TM/ETM+数据利用像元二分模型进行植被覆盖度的计算，得到高空间分辨率的植被覆盖度样本数据。

10.2.7 广义回归神经网络模型

基于 MODIS 数据的 GLASS 植被覆盖度产品利用广义回归神经网络（generalized regression NN，GRNN）算法生产全球陆表植被覆盖度。GRNN 是由 Donald 提出的神经网络算法，它既是一种径向基函数神经网络，又是一种概率论神经网络。广义回归神经网络可以被划分为四层：输入层、隐层、总和层、输出层，图 10.6 为 GRNN 网络结构图。输入层把输入向量 X 传递给隐层的所有单元；隐层包含所有的训练样本 X^i（$i=1$，2，$\cdots$，n），当给定一个输入向量 X，计算 X 和训练样本之间的距离，并代入概率密度函数；总和层包括两种类型的求和神经元：一种类型的求和神经元计算隐层神经元输出的加权和，另一种是计算隐层神经元输出的无权重的和；输出层最后进行归一化步骤，计算得到对应输入变量的预测值。

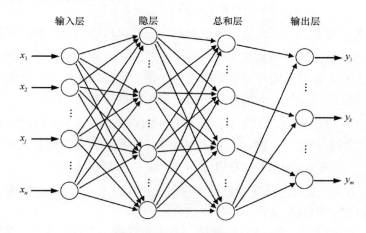

图 10.6 GRNN 网络结构图

以下为 GRNN 的核心表达式：

$$Y'(X) = \frac{\sum_{i=1}^{n} Y^i \exp(-\frac{D_i^2}{2\sigma^2})}{\sum_{i=1}^{n} \exp(-\frac{D_i^2}{2\sigma^2})} \quad (10.7)$$

式中，$D_i^2 = (X-X^i)^T(X-X^i)$ 为输入的反射率数值 X 与第 i 个训练样本值 X^i 之间的欧氏距离的平方；X^i 和 Y^i（$i=1$，2，$\cdots$，n）分别为第 i 个取样样本的输入和输出，n 为取样样本的数量；X 为输入向量；$Y'(X)$ 为预测输入为 X 时的输出；σ 为控制拟合结果平滑程序的参数，其值可以是恒定的或者是变化的，小的值意味着从较近的神经元的输出比其他神经元的要大，结果的近似值也比较准确，大的值说明比较远的向量也有影响，结果会比较平滑但有噪声。概率密度函数为高斯函数的广义回归神经网络可以生成任意光滑度的逼近函数。

GRNN 对于光滑函数具有通用的近似特性，只要给出足够的数据就可以实现比较精确的近似，即使在取样数目很少且为多维的情况下这种算法也是非常有效的。GRNN 是基于记忆的，即所有的取样都要存储在训练网络中。因为必须存储每一个训练样本，所以当样本数量比较大时存储需求也比较大。GRNN 不需要迭代训练因而训练速度很快，它简单、稳定且能很好地描述动态系统特性。

10.2.8 植被覆盖度产品生产算法

利用 GRNN 反演植被覆盖度时，GRNN 网络的输入包括预处理后的 MODIS 红光（R）和近红外（NIR）波段的反射率数据，即输入向量为 $X=(R,\text{NIR})^T$，输出为对应时间的植被覆盖度，即 Y=FVC（图 10.7）。

图 10.7 基于 GRNN 的 FVC 反演

在全球样点位置确定 MODIS 数据 5×5 个像元，然后提取每个像元对应的 Landsat 植被覆盖度样本数据内对应像元的平均值作为 MODIS 像元的植被覆盖度，从而构成红光波段反射率、近红外波段反射率和植被覆盖度的训练样本对。根据云雪掩模数据，去除 Landsat 数据像元存在云雪的训练样本对，并根据样本数据中植被覆盖度与 NDVI 的关系，去除部分离差较大的样本点，以增加样本的稳健型（Baret et al.，2013）。最终 MODIS 数据训练样本对数量为 16980。

GRNN 与传统的后向传播神经网络不同，给定 GRNN 输入数据，GRNN 的结构和权重也就确定了。因此，GRNN 的训练主要是优化平滑参数 σ，通过修改隐含层中神经元的转换函数，从而得到最优的植被覆盖度回归估计。本章采用保留方法（holdout method）构造平滑参数的代价函数：

$$f(\sigma)=\frac{1}{n}\sum_{i=1}^{n}\left(\widehat{Y}_i(X_i)-Y_i\right)^2 \tag{10.8}$$

利用 SCE-UA 全局优化算法求取 MODIS 数据对应的 GRNN 的最优平滑参数。将预处理后的 MODIS 地表反射率数据作为输入数据，利用训练好的 GRNN 反演得到全球植被覆盖度产品。基于 MODIS 数据的 GLASS 植被覆盖度产品的空间分辨率为 0.5km，时间分辨率为 8 天。

10.3 精度验证与质量评价

全球植被覆盖度产品算法的精度验证主要采用广义神经网络训练精度验证、与全球分布地面观测数据的直接验证,以及与现有植被覆盖度产品的时空对比分析。主要的评价指标包括偏差、均方根误差及相关系数等统计参数。本章采用的地面观测数据涵盖了农田、草地、林地、灌木等多种植被类型,具有较好的代表性,是一种最直接的产品精度验证方式。

10.3.1 广义回归神经网络训练精度

基于 MODIS 数据的 GLASS 植被覆盖度产品的广义回归神经网络反演算法训练采取随机提取 90%的样本点作为训练样本,剩余 10%的样本点作为精度检验样本。基于 MODIS 数据的植被覆盖度广义回归神经网络反演得到的植被覆盖度与样本植被覆盖度的散点图如图 10.8 所示,线性回归的决定系数 R^2=0.96,BIAS= –0.0006,RMSE= 0.064。从广义回归神经网络训练的结果来看,训练效果较好,主要是训练样本量比较充足,容易得到云雪影响较少的训练像元。而且 MODIS 数据空间分辨率较高,由于空间尺度转换带来的误差会较小,因此训练结果比较理想。总体从平均偏差 BIAS 和 RMSE 来说,基于 MODIS 数据的广义回归神经网络反演算法能够获取较为准确的植被覆盖度信息。

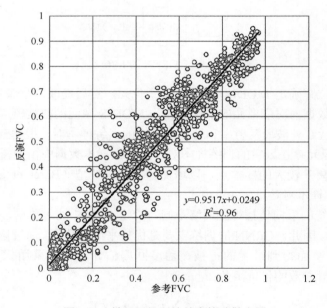

图 10.8 神经网络训练精度检验散点图

10.3.2 基于地面观测数据的精度评价

由于植被覆盖度的地面观测数据比较有限,本章利用 VALERI 站点收集到的通过高空间分辨率遥感数据聚合得到的植被覆盖度样本数据对基于 MODIS 数据的 GLASS 植被覆盖度产品进行了精度验证,并与 GEOV1 植被覆盖度产品进行精度对比。验证样本点共有 44 个(表 10.2),涵盖了各种植被类型,具有一定的代表性。根据每个验证点的高空间分辨率遥感数据获取时间,GLASS 及 GEOV1 植被覆盖度产品进行线性插值,得到与高空间分辨率遥感数据相同时间的植被覆盖度。

表 10.2　验证样本点表

站点名称	纬度	经度	土地覆盖类型	儒略日	年份	植被覆盖度
Barrax	39.06°	−2.10°	农田	193	2003	0.236
Camerons	−32.60°	116.25°	常绿阔叶林	63	2004	0.414
Chilbolton	51.16°	−1.43°	农田和森林	166	2006	0.647
Concepcion	−37.47°	−73.47°	混合林	9	2003	0.455
Counami	5.35°	−53.24°	热带森林	269	2001	0.838
Counami	5.35°	−53.24°	热带森林	286	2002	0.858
Demmin	53.89°	13.21°	农田	164	2004	0.586
Donga	9.77°	1.78°	草地	172	2005	0.420
Fundulea	44.41°	26.58°	农田	128	2001	0.341
Fundulea	44.41°	26.58°	农田	144	2002	0.374
Fundulea	44.41°	26.59°	农田	144	2003	0.319
Gilching	48.08°	11.32°	农田和森林	199	2002	0.676
Gnangara	−31.53°	115.88°	草地	61	2004	0.221
Gourma	15.32°	−1.55°	草地	244	2000	0.236
Gourma	15.32°	−1.55°	草地	275	2001	0.126
Haouz	31.66°	−7.60°	农田	71	2003	0.248
Hirsikangas	62.64°	27.01°	森林	226	2003	0.644
Hirsikangas	62.64°	27.01°	森林	190	2004	0.537
Hirsikangas	62.64°	27.01°	森林	159	2005	0.442
Hombori	15.33°	−1.48°	草地	242	2002	0.200
Hyytiälä	61.85°	24.31°	常绿林	188	2008	0.461
Jarvselja	58.29°	27.29°	针叶林	188	2000	0.705
Jarvselja	58.30°	27.26°	针叶林	165	2001	0.783
Jarvselja	58.30°	27.26°	针叶林	178	2002	0.793
Jarvselja	58.30°	27.26°	针叶林	208	2003	0.803
Jarvselja	58.30°	27.26°	针叶林	180	2005	0.842
Jarvselja	58.30°	27.26°	针叶林	112	2007	0.535
Jarvselja	58.30°	27.26°	针叶林	199	2007	0.731
Laprida	−36.99°	−60.55°	草地	311	2001	0.722
Laprida	−36.99°	−60.55°	草地	292	2002	0.534
Larose	45.38°	−75.22°	混合林	219	2003	0.847
Le Larzac	43.94°	3.12°	草地	183	2002	0.300
Les Alpilles	43.81°	4.71°	农田	204	2002	0.349
Plan-de-Dieu	44.20°	4.95°	农田	189	2004	0.172
Puechabon	43.72°	3.65°	森林	164	2001	0.540
Rovaniemi	66.46°	25.35°	农田	161	2004	0.423
Rovaniemi	66.46°	25.35°	农田	166	2005	0.497
Sonian forest	50.77°	4.41°	森林	174	2004	0.903
Sud_Ouest	43.51°	1.24°	农田	189	2002	0.352
Turco	−18.24°	−68.18°	灌木	208	2001	0.106
Turco	−18.24°	−68.19°	灌木	240	2002	0.020
Turco	−18.24°	−68.19°	灌木	105	2003	0.044
Wankama	13.64°	2.64°	草地	174	2005	0.036
Zhang Bei	41.28°	114.69°	草地	221	2002	0.353

两种植被覆盖度产品与植被覆盖度验证数据的对比散点图如图 10.9 所示。从验证结果可以看出，GLASS 植被覆盖度产品（R^2=0.809，RMSE=0.157）精度较好，GEOV1 植被覆盖度产品（R^2=0.775，RMSE=0.166）精度略次。另外，比较了验证点位置 GLASS 植被覆盖度产品和 GEOV1 植被覆盖度产品的之间相互关系，发现两种产品的一致性较好（R^2=0.895），说明两种低空间分辨率的植被覆盖度产品之间具有很好的一致性，也进一步验证了基于 MODIS 数据的 GLASS 植被覆盖产品算法的可靠性。

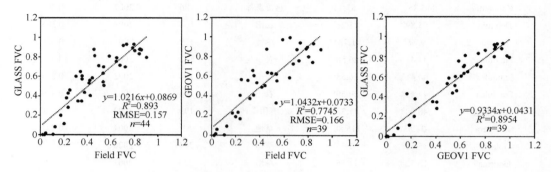

图 10.9　基于地面点的算法精度验证

另外，本章利用黑河农田区（图 10.10）的植被覆盖度地面观测数据对基于 MODIS 数据的 GLASS 植被覆盖度产品进行了精度验证。该地区的主要植被类型为玉米，并有少量的蔬菜和林地。地面测量的时间主要集中在 2012 年 5～9 月，测量间隔的周期为 5～7 天。地面测量的方法采用照相法，通过相机垂直对地面样点进行拍照，进而对照片进行基于高斯函数模拟的分割方法（Liu et al.，2012），绿色像元的比例作为照片的植被覆盖度。同时获取了与地面观测同步的 ASTER 和 CASI 数据，通过遥感数据 NDVI 与地面观测植被覆盖度的统计关系，获得覆盖研究区的高空间分辨率植被覆盖度分布图（Mu et al.，2015）。

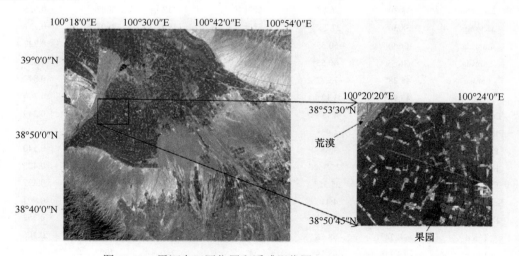

图 10.10　黑河农田区位置和遥感影像图（Mu et al.，2015）

基于 MODIS 数据的 GLASS 植被覆盖度产品通过时间插值的方法获得和 ASTER、CASI 数据日期相同的植被覆盖度值，进而通过空间对应关系，每个 GLASS 植被覆盖度像元空间对应的所有高分辨率像元植被覆盖度的平均值作为低空间分辨率像元的植被覆盖度值，对本章植被覆盖度产品算法精度进行验证（图 10.11）。同时参考 Mu 等采用相同的数据对 GEOV1 植被覆盖度产品的验证结果进行对比（Mu et al., 2015）。验证结果表明，GLASS 植被覆盖度产品精度（R^2=0.86，RMSE=0.084）明显优于 GEOV1 植被覆盖度产品（R^2=0.71，RMSE=0.193）。GEOV1 植被覆盖度产品在农田区具有明显的高估现象，而 GLASS 植被覆盖度产品与地面测量值具有很好的一致性，进一步证明了 GLASS 植被覆盖度产品算法的可靠性。

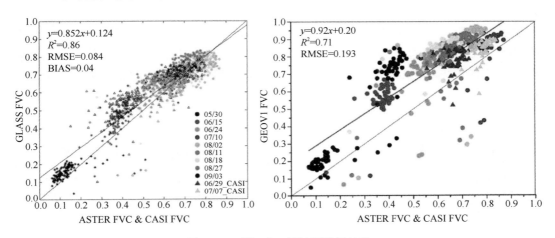

图 10.11　黑河农田区地面验证结果

10.3.3　GLASS 与 GEOV1 植被覆盖度产品的时空比较

本章为进一步验证算法的可靠性，开展了 GLASS 与 GEOV1 植被覆盖度产品的空间一致性对比，分析了 2003 年 1 月和 7 月的全球陆表植被覆盖度对比结果（图 10.12）。可以看出 GLASS 植被覆盖度产品和 GEOV1 植被覆盖度产品具有较好的空间一致性，进一步说明了本章算法的可靠性。同时可以发现，GLASS 植被覆盖度产品的空间完整

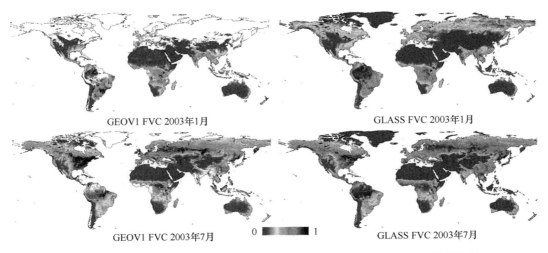

图 10.12　GLASS（右）与 GEOV1 植被覆盖度产品（左）空间对比（彩图附后）

性好,而 GEOV1 植被覆盖度产品空间完整性较差。例如,GEOV1 植被覆盖度产品在北半球的高纬度地区出现了较大比例的数据缺失,这主要是由于其输入数据的缺失严重。相反,GLASS 植被覆盖度产品的空间完整性很好,没用数据缺失的现象。因此,GLASS 植被覆盖度产品具有更好的空间完整性。

同时,本章开展了其与 GEOV1 植被覆盖度产品的时间一致性和连续性检验。选取地面验证点位置并提取 2000~2010 年植被覆盖度产品值进行时间序列分析,部分代表性结果如图 10.13 所示。可以看出两种产品的植被覆盖度都具有明显的周期性变化,并且时间变化曲线较为平滑,表明了两种产品都符合陆表植被覆盖度的变化特征。同时发现 GEOV1 植被覆盖度的时间变化曲线有间断,这是由于数据缺失造成的,与上述空间一致性对比发现的问题相似,而 GLASS 植被覆盖度产品时间连续性好,没有数据缺失的现象。对比结果进一步表明了 GLASS 植被覆盖度产品的可靠性和优越的时间连续性。

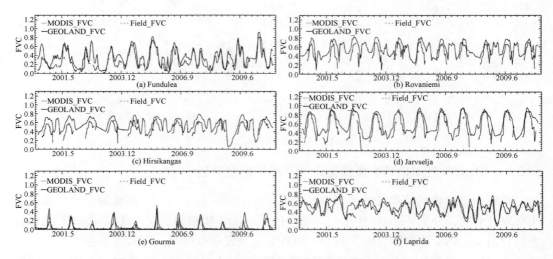

图 10.13 GLASS 与 GEOV1 植被覆盖度产品的时间一致性比较

总之,通过对基于 MODIS 数据的 GLASS 植被覆盖度产品精度验证及其与 GEOV1 植被覆盖度产品的时空比较,发现 GLASS 植被覆盖度产品精度可靠,并且具有更好的空间和时间完整性,数据质量较好。

10.4 总结与展望

本章主要介绍了目前植被覆盖度遥感估算的常用方法及其优缺点,提出了在高空间分辨率样本数据集建设的基础上,研究基于广义回归神经网络算法和 MODIS 数据的全球陆表长时间序列、高时间分辨率的植被覆盖度反演方法和产品生产算法。通过直接验证和与 GEOV1 植被覆盖度产品的对比结果表明本书算法在验证精度上优于 GEOV1 产品,并且时空连续性和完整性具有较大优势。本章算法的主要特色和创新点为,在全球采样的基础上,研究和建设高空间分辨率植被覆盖度样本数据集,并以此研究全球陆表植被覆盖度反演方法,避免了模型模拟数据生成训练样本的局限性,而且算法的精度较好、产品质量高,并在空间分辨率和时间跨度上相比现有全球陆表植被覆盖度产品具有优势。

GLASS 植被覆盖度产品算法的精度验证表明它在一定程度上可以满足全球陆表植被覆盖度产品生产精度的要求,但是针对全球产品生产的实际需求,本章算法还存在一些不足,今后我们将着力在以下两个方面进行改进和完善。

(1)算法精度的广泛验证。目前全球陆表植被覆盖度的地面观测数据有限,对于算法精度的验证存在一定问题。后续的研究需要大量收集地面观测数据或利用高空间分辨率遥感数据生成植被覆盖度验证样本,对算法精度开展广泛的验证。

(2)探索多源植被覆盖度产品融合方法。考虑到不同植被覆盖度产品具有各自的优缺点,尝试通过融合多源植被覆盖度产品的方法提高产品精度。通过选择多种融合方法,进行综合评价,选出合适的多源产品融合方法,提高植被覆盖度产品精度。

参 考 文 献

古丽·加帕尔, 陈曦, 包安明. 2009. 干旱区荒漠稀疏植被覆盖度提取及尺度扩展效应. 应用生态学报, 20: 2925-2934

江洪, 汪小钦, 陈星. 2005. 一种以 FCD 模型从 SPOT 影像提取植被覆盖率的方法. 地球信息科学, 7: 113-116

李苗苗, 吴炳方, 颜长珍, 周为峰. 2004. 密云水库上游植被覆盖度的遥感估算. 资源科学, 26: 153-159

秦伟, 朱清科, 张学霞, 李文华, 方斌. 2006. 植被覆盖度及其测算方法研究进展. 西北农林科技大学学报(自然科学版), 34: 163-170

唐世浩, 朱启疆, 王锦地, 周宇宇, 赵峰. 2003. 三波段梯度差植被指数的理论基础及其应用. 中国科学(D 辑), 33: 1094-1102

田庆久, 闵祥军. 1998. 植被指数研究进展. 地球科学进展, 13: 327-333

Baret F, Pavageau K, Béal D, Weiss M, Berthelot B, Regner P. 2006. Algorithm theoretical basis document for MERIS top of atmosphere land products (TOS_VEG). AO/1-4233/02/I-LG. INRA-CSE, Avignon

Baret F, Weiss M, Lacaze R, Camacho F, Makhmara H, Pacholcyzk P, Smets B. 2013. GEOV1: LAI and FAPAR essential climate variables and FCOVER global time series capitalizing over existing products. Part1: Principles of development and production. Remote Sensing of Environment, 137: 299-309

Boyd D S, Foody G M, Ripple W J. 2002. Evaluation of approaches for forest cover estimation in the Pacific Northwest, USA, using remote sensing. Applied Geography, 22: 375-392

Chen T H, Henderson-Sellers A, Milly P C D, Pitman A J, Beljaars A C M, Polcher J, Abramopoulos F, Boone A, Chang S, Chen F, Dai Y, Desborough C E, Dickinson R E, Dumenil L, Ek M, Garratt J R, Gedney N, Gusev Y M, Kim J, Koster R, Kowalczyk E A, Laval K, Lean J, Lettenmaier D, Liang X, Mahfouf J F, Mengelkamp H T, Mitchell K, Nasonova O N, Noilhan J, Robock A, Rosenzweig C, Schaake J, Schlosser C A, Schulz J P, Shao Y, Shmakin A B, Verseghy D L, Wetzel P, Wood E F, Xue Y, Yang Z L, Zeng Q. 1997. Cabauw experimental results from the project for intercomparison of land-surface parameterization schemes. Journal of Climate, 10: 1194-1215

Fillol E, Baret F, Weiss M, Dedieu G, Demarez V, Gouaux P, Ducrot D. 2006. Cover fraction estimation from high resolution SPOT HRV & HRG and medium resolution spotvegetation sensors: validation and comparison over South-West France. In: Proceedings of the Second International Symposium on Recent Advances in Quantitative Remote Sensing, Torrent (Valencia), Spain, 25-29

García-Haro F J, Camacho F, Meliá J. 2008. Inter-comparison of SEVIRI/MSG and MERIS/ENVISAT biophysical products over Europe and Africa. In: Proceedings of the 2nd MERIS/(A)ATSR User Workshop, ESA SP-666. Frascati, Italy, 22-26

Gitelson A A, Kaufman Y J, Stark R, Rundquist D. 2002. Novel algorithms for remote estimation of vegetation fraction. Remote Sensing of Environment, 80: 76-87

Gong P. 1996. Integrated analysis of spatial data from multiple sources: Using evidential reasoning and artificial neural network techniques for geological mapping. Photogrammetric Engineering and Remote Sensing, 62: 513-523

Gong P, Wang J, Yu L, Zhao Y, Zhao Y, Liang L, Niu Z, Huang X, Fu H, Liu S, Li C, Li X, Fu W, Liu C, Xu Y, Wang X, Cheng Q, Hu L, Yao W, Zhang H, Zhu P, Zhao Z, Zhang H, Zheng Y, Ji L, Zhang Y, Chen H, Yan A, Guo J, Yu L, Wang L, Liu X, Shi T, Zhu M, Chen Y, Yang G, Tang P, Xu B, Giri C, Clinton N, Zhu Z, Chen J, Chen J. 2013. Finer resolution observation and monitoring of global land cover: first mapping results with Landsat TM and ETM+ data. International Journal of Remote Sensing, 34: 2607-2654

Gutman G, Ignatov A. 1998. The derivation of the green vegetation fraction from NOAA/AVHRR data for use in numerical weather prediction models. International Journal of Remote Sensing, 19: 1533-1543

Hansen M C, DeFries R S, Townshend J R G, Carroll M, Dimiceli C, Sohlberg R A. 2003. Global percent tree cover at a spatial resolution of 500 meters: First results of the MODIS vegetation continuous fields algorithm. Earth Interactions, 7(10): 1-15

Jia K, Liang S, Gu X, Baret F, Wei X, Wang X, Yao Y, Yang L, Li Y. 2016. Fractional vegetation cover estimation algorithm for Chinese GF-1 wide field view data. Remote Sensing of Environment, 177: 184-191

Jia K, Liang S, Liu S, Li Y, Xiao Z, Yao Y, Jiang B, Zhao X, Wang X, Xu S, Cui J. 2015. Global land surface fractional vegetation cover estimation using general regression neural networks from MODIS surface reflectance. IEEE Transactions on Geoscience and Remote Sensing, 53: 4787-4796

Lacaze R, Richaume P, Hautecoeur O, Lalanne T, Quesney A, Maignan F, Bicheron P, Leroy A, Breon F M. 2003. Advanced algorithms of the ADEOS-2/POLDER-2 Land Surface process line: Application to the ADEOS-1/POLDER-1 data Geoscience and Remote Sensing Symposium, IGRASS

Liu Y, Mu X, Wang H, Yan G. 2012. A novel method for extracting green fractional vegetation cover from digital images. Journal of Vegetation Science, 23: 406-418

Mu X, Huang S, Ren H, Yan G, Song W, Ruan G. 2015. Validating GEOV1 fractional vegetation cover derived from coarse-resolution remote sensing images over croplands. IEEE Journal of Selected Topics in Applied Earth Observations and Remote Sensing, 8: 439-446

North P R J. 2002. Estimation of f (APAR), LAI, and vegetation fractional cover from ATSR-2 imagery. Remote Sensing of Environment, 80: 114-121

Olson D M, Dinerstein E, Wikramanayake E D, Burgess N D, Powell G V N, Underwood E C, D'Amico J A, Itoua I, Strand H E, Morrison J C, Loucks C J, Allnutt T F, Ricketts T H, Kura Y, Lamoreux J F, Wettengel W W, Hedao P, Kassem K R. 2001. Terrestrial ecoregions of the worlds: A new map of life on Earth. Bioscience, 51: 933-938

Rikimaru A, Roy P S, Miyatake S. 2002. Tropical forest cover density mapping. Tropical Ecology, 43: 39-47

Roujean J L, Breon F M. 1995. Estimating PAR absorbed by vegetation from bidirectional reflectance measurements. Remote Sensing of Environment, 51: 375-384

Roujean J L, Lacaze, R. 2002. Global mapping of vegetation parameters from POLDER multiangular measurements for studies of surface-atmosphere interactions: A pragmatic method and its validation. Journal of Geophysical Research-Atmospheres, 107: D12

Smith J A. 1993. LAI inversion using a backpropagation neural-network trained with a multiple-scattering model. IEEE Transactions on Geoscience and Remote Sensing, 31: 1102-1106

Su L. 2009. Optimizing support vector machine learning for semi-arid vegetation mapping by using clustering analysis. ISPRS Journal of Photogrammetry and Remote Sensing, 64: 407-413.

Vapnik V. 1995. The Nature of Statistical Learning Theory. New York: Springer-Verlag

Xiao J F, Moody A. 2005. A comparison of methods for estimating fractional green vegetation cover within a desert-to-upland transition zone in central New Mexico, USA. Remote Sensing of Environment, 98: 237-250

Xiao Z, Liang S, Wang J, Chen P, Yin X, Zhang L, Song J. 2014. Use of general regression neural networks for generating the GLASS leaf area index product from time-series MODIS surface reflectance. IEEE

Transactions on Geoscience and Remote Sensing, 52: 209-223

Xiao Z, Liang S, Wang J, Xiang Y, Zhao X, Song J. 2016. Long time-series global land surface satellite (GLASS) leaf area index product derived from MODIS and AVHRR data. IEEE Transactions on Geoscience and Remote Sensing, doi: 10.1109/TGRS.2016.2560522

Zeng X B, Dickinson R E, Walker A, Shaikh M, DeFries R S, Qi J G. 2000. Derivation and evaluation of global 1-km fractional vegetation cover data for land modeling. Journal of Applied Meteorology, 39: 826-839

Zhu Z, Woodcock C E. 2012. Object-based cloud and cloud shadow detection in Landsat imagery. Remote Sensing of Environment, 118: 83-94

第11章 基于多算法集成的全球陆表潜热通量遥感估算

姚云军[1]，梁顺林[1,2]，李香兰[3]，张晓通[1]

陆表潜热通量（latent heat flux，LE）是指陆表土壤蒸发、植被截留蒸发，以及植被蒸腾过程中由于水汽相变（水从液态到气态）向大气传输的热量通量。陆表潜热通量是水圈、大气圈和生物圈水分和能量交换的主要过程参数，是陆地表层能量循环、水循环和碳循环中最难估算的分量。因此，研究和生产长时间序列、高精度的全球陆表蒸散产品对于分析全球气候变化，以及探索全球能量循环、碳循环机制提供有价值的指导意义。本章主要针对全球高时空分辨率陆表潜热产品生产中采用的多算法集合方法进行较为全面的介绍。基于贝叶斯平均法（Bayesian model averaging，BMA）集成五种常用的遥感算法，利用 AVHRRR、MODIS 数据和全球 FLUXNET 通量观测数据，研究全球长时间序列、高时间分辨率的陆表潜热通量估算方法和产品生产，为开展全球变化研究提供基础数据集。

11.1 引 言

11.1.1 研究意义

陆表潜热通量是指陆表土壤蒸发、植被截留蒸发，以及植被蒸腾过程中由于水汽相变（水从液态到气态）向大气传输的热量通量（Monteith，1965；Priestley and Taylor，1972；Kalma et al.，2008；Liang et al.，2010；Wang and Dickinson，2012）。潜热通量的单位是 W/m^2，在水文学和微气象学中通常用土壤蒸发和植被蒸腾过程中传输到大气中的水分来代替潜热通量，称为蒸散（或者蒸散发，单位为 mm）。陆表潜热通量是水圈、大气圈和生物圈水分和能量交换的主要过程参数，是陆地表层能量循环、水循环和碳循环中最难估算的分量，长期以来是农业、水文预报、天气预报，以及气候过程模拟中必不可少的关键变量。

早在 20 世纪 50～60 年代，人们就关注地表潜热通量的估算与蒸散发生的过程机理探讨，由于观测手段和技术的限制，人们普遍认为气象条件是蒸散在水分充足的情况下的主要控制因素，而区域异质性（包括植被和土壤的空间变异等）是次要的。直到 Kalma 和 Calder（1994）提出蒸散过程和陆面植被变化的时空动态反馈机制，为了有效地解释这种反馈机制，很多气象的模拟模型被提出来解释大气、能量、土壤（植被）水分之间的相互作用规律。因此，通过准确的点测量（利用波文比能量平衡法和涡度相关法）获

---

1. 遥感科学国家重点实验室，北京市陆表遥感数据产品工程技术研究中心，北京师范大学地理科学学部；2. 美国马里兰大学帕克分校地理科学系；3. 北京师范大学全球变化与地球系统科学研究院

得的点的潜热通量研究取得了较好研究进展。然而，这种传统的观测只能代表点潜热通量值，由于地表的异质性和热传输过程的动态多变性，这些点的测量与估算很难推广到区域尺度上（French et al.，2005；Kalma et al.，2008；Li et al.，2009；Wang and Dickinson，2012；Liu et al.，2013）。

因此，利用遥感估算高精度高时空分辨率的陆表潜热通量，对于研究区域和全球辐射能量的分配机制机理和中长期气候预报与评估具有重要的现实意义。如果在估算陆表潜热通量算法研究中处于领先地位，将在全球变化以及地表能量收支平衡等研究方面作出重大贡献，提高我国遥感技术在国际研究中的地位以及全球变化国际谈判中的话语权。

11.1.2 陆表潜热通量遥感估算方法研究现状

自 20 世纪 70～80 年代以来，随着遥感技术的迅速发展，已经能够准确、快速地提供了丰富的表征地表潜热变化的特征参量，这些遥感信息进一步结合地面观测的水文、气象以及地面观测数据，为遥感估算陆表潜热通量的多层次定量分析与应用开辟了良好前景。传统的遥感估算地表潜热通量的方法可以分为基于地表能量平衡的物理模型、经验统计算法、Penman-Monteith 算法、遥感三角形方法和数据同化方法五类。

1. 基于地表能量平衡的物理模型

基于地表能量平衡的物理模型从空气动力学角度考虑了土壤、植被和大气阻抗，考虑了植被顶层温度与空气温度的温差（Brown and Rosenberg，1973；邱国玉等，2006a，b）。物理模型对于植被顶层温度与空气温度温差的要求较高，通常遥感方法很难获得这一参数，往往这一参数的估算误差会直接影响实际潜热的数值大小，单一的地表这一参数值会较小，而对于复杂的异质地表这一参数通常会较大（Choudhury et al.，1986；Li et al.，2009）。常用的模型为单层和双层模型，其中，单层模型被提出并用来估算地表实际蒸散与地表潜热状况（Dickinson，1984；Sellers，1996），它假设地表为均一性的，方便地将遥感反演数据与气象参数联系起来，成为常用的一种地表潜热通量估算方法。然而，单层模型对不均一的地表潜热通量估算误差较大，Shuttleworth 和 Wallace（1985）提出了著名的双层模型，双层模型考虑了土壤对冠层总通量的贡献，双层模型已经成为一种表述地表热通量传输规律的经典模型，被许多陆面过程模拟模型引用。目前有些学者做了一些研究，辛晓洲等（2007）利用土壤水分特征点组分温差在北京顺义做了地表潜热通量模拟，形成了误差较小的地表潜热模拟结果。此外，其他一些物理模型，如微分热惯量模型（张仁华等，2002）、马赛克模型、多层模型等（Dolman，1993）相继发展起来。物理模型具有较好的物理机制，然而，有些参数（如地表阻抗、地表粗糙度等）很难获取，在实际应用和业务化操作中存在很大的困难。

2. 经验统计算法

遥感经验模型不涉及湍流交换机理和能量平衡感热通量的准确计算，直接对地表潜热通量最为敏感的气象或下垫面参数反演进行潜热估算。当然经验模型里也有物理机制的成分。这种方法通常以假设显热通量、潜热通量和地表净辐射与土壤热通量之差之间存在较好的关系，通过遥感可以估算瞬时的地表潜热通量，然后根据卫星过境的时刻与潜热之间的变化正弦或者余弦函数来推算每天的地表潜热通量（Brown and Rosenberg，1973；高彦春和龙笛，2008；Li et al.，2009）。Seguin 和 Itier（1983）提出利用热红外遥感数据反演的地表温度估算日潜热通量的方法，并作了进一步的分析与解释，该方法的估算时间尺度上的潜热通量精度误差为 20%~30%，在很多区域上是可以接受的。空气温度也是随高度发生变化的，很多学者在定义空气温度时对于高度的确定也不唯一，Jackson 等（1983）认为 1.5m 处的空气温度作为计算值，而 Carlson 和 Buffum（1989）则考虑 50m 处的风速和空气温度来表征地表潜热通量的敏感特征，认为早上温度（当地 8:00~10:00）的变化率作为潜热通量变化的敏感参数，利用 GOES（geostationary operational environmental satellites）卫星数据，确定了模型中的经验系数 A 和 B，提出了类似于热红外遥感数据反演的地表温度估算日潜热通量的方法。尽管经验统计算法不需要大量的气象观测数据，仅仅通过遥感反演获得的参数，如地表温度、地表反照率等就能估算像元的潜热通量，模型通常简单、实用。但是，高精度经验模型的建立比较困难，不仅因需要遥感影像范围内大气状况相对稳定，且差异不大，并存在极干和极湿的区域。

3. Penman-Monteith 算法

Penman-Monteith 算法是目前估算地表潜热通量应用最为广泛的一种方法。早在 1948 年 Peman 根据热量平衡和湍流扩散原理，根据波文比提出来计算水面蒸发的基本公式。后由 Monteith（1965）将冠层阻抗引入彭曼公式，形成著名的 Peman-Monteith 公式，彭曼公式考虑了风速、水汽压、温度和日照等因素。近年来，Penman-Monteith 被国内外许多学者利用遥感把空气阻抗和地表阻抗进行参数化，提高该模型的可操作性，其中，Cleugh 等（2007）利用叶面积指数、空气温度、水汽压差，以及光合有效辐射等参数对植被冠层阻抗进行了参数化，为遥感信息在 Penman-Monteith 中的应用提供了新的思路。同时，Mu 等（2007，2011）针对不同的植被类型，分别采用 LAI、最低空气温度限制因子和水汽压限制因子对 Cleugh 方法进行了简化，成功地估算了 MODIS 数据的蒸散量，后来这种算法成为 MODIS 蒸散的产品的官方算法。国内吴炳方等（2011）以 Penman-Monteith 为基础，设计了基于遥感的区域蒸散监测业务化运行系统（ETWatch），并在海河流域得到应用，模拟偏差为 13.2%。彭曼类模型在应用到区域尺度时，还需要精确模拟参考高度温度场、风速场和湿度场，而气象模型往往由于空间分辨率较低而不能满足蒸散发估算的精度要求。

针对 Penman-Monteith 模型阻抗的复杂性和参数确定的困难性，Priestley 和 Taylor（1972）忽略了空气动力项，引入经验系数，采用了分层能量切割的方法，提出了经典的 Priestley-Taylor 潜热通量估算方法。Fisher 等（2008）利用生态系统胁迫因子（LAI、植被覆盖度、相对湿度等）扩展了 Priestley-Taylor 系数，开展了全球潜热通量估算研究。Yao 等（2013）利用 NDVI 和表观热惯量参数化了 Priestly-Taylor 模型，提高了遥感信息在蒸散估算中的可操作性和模拟精度。由于 Priestley-Taylor 方法受地表反照率、大气状况，以及地表类型的影响较大，系数扩展的准确性很难确定，增加了区域潜热通量估算结果的不确定性。

4. 遥感三角形方法

遥感三角形方法最早用于土壤水分反演和地表干旱监测。Lambin 等（1996）认为植被指数（NDVI）与陆面温度（LST）的空间变异常存在三角形关系，三角空间中存在干边和湿边。Jiang 和 Islam（2001）利用植被指数-地表温度光谱特征空间中的三角形关系，结合遥感反演的产品，逐像元估算了 Priestley-Taylor 系数，开展了 Priestley-Taylor 在美国南大平原中潜热通量的计算，并对结果进一步分析验证，为该方法在实际中的应用提供了较好的应用实例。Wang 等（2006）采用同样的方法，用昼夜温差 ΔT 代替 T，从而（ΔT, NDVI）代替（T, NDVI），获得了更好的效果。张仁华（2009）采用混合像元组分排序对比法（PCACA）提出了可操作的潜热二层模型，计算了区域尺度上的波文比，开展了区域尺度上的遥感估算潜热通量研究。尽管这种方法为遥感提供了一种估算潜热通量的新策略，但是区域的复杂性和"干""湿"边界也存在很大不确定性。

5. 数据同化方法

数据同化方法估算地表潜热通量是融合多源数据（包括遥感数据、气象数据、常规观测数据等），实现蒸散变量的最优估计。它将陆面模型拟合结果与地面、遥感观测数据相融合，以不断更新陆面模型状态变量与参数，从而提高地表辐射通量（包括潜热和显热通量）的模拟与预报精度。遥感数据同化方法估算地表潜热通量过程中，遥感数据反演的 LST 作为输入参数用来同化点的数据进入地表能量辐射系统中，然后通过地表观测数据进行调控。例如，Courault 等（2005）利用空间分辨率 10 km 到几百千米的遥感数据与点的 SWAT（soil and water assessment tool）模型进行同化，通过获取有效的地表参数得到了理想的潜热通量。许多学者把热红外遥感数据与陆面模型同化做了一系列研究，其中 Van de Hurk 等（1997）分析了利用遥感数据和 SEBAL 模型同化得到潜热通量的过程，可以有效地监测区域尺度上的土壤含水量。Jones 等（1998）利用 GOES 遥感数据反演的 LST 变化率和区域大气模型进行同化，研究了区域热通量变化。Caparrini 等（2003）采用变分同化的方法，结合多源遥感数据以及气象站点观测数据分析了 18 天、空间分辨率 1.1km 的区域潜热通量分布并开展了制图工作。随后，Caparrini 等（2004）结合 ISLSCP 数据对同化结果进行了验证，结果表明：显热和潜热通量的均方根误差分别为 $78W/m^2$ 和 $50W/m^2$，能够满足应用需求。

综上所述，目前估算蒸散基本都采用单一的算法，而且存在很大的不确定性，多种算法集合进行潜热通量估算研究较少。因此，如何开展多算法集合，提高遥感潜热通量产品的估算精度是提高全球潜热通量产品研究水平的关键。

11.1.3 现有陆表潜热通量产品

目前全球的潜热通量产品类型很多，主要包括卫星产品、再分析资料、陆面模型模拟、水文模型模拟，以及数据同化数据集等多种类型，主要的产品见表 11.1。尽管全球潜热通量数据集类型很多，但这些数据数值差异很大，Muller 等（2011）通过比较 40 多种全球潜热通量数据集，认为全球陆表年平均潜热通量数值为 $(46\pm5)W/m^2$，IPCC AR4 的模拟结果比这个值低 $4.6\ W/m^2$，而 GSWP 数据集的通量值比 IPCC AR4 还要低。Wang 和 Dickision（2012）比较 17 种全球陆表潜热通量产品发现，全球的陆表年平均潜热通

表 11.1 全球陆表潜热通量产品

数据集	信息	类别	空间分辨率	时间分辨率	时间跨度
MODIS	Penman-Monteith（GMAO& MODIS-LAI）	卫星产品	1km	8天	2000年~至今
UCB	Priestley-Taylor，ISLSCP-II（SRB，CRU，AVHRR）	卫星产品	0.5°	月	1982~2006年
MAUNI	Empirical，calibrated with Ameriflux, ISLSCP-II（SRB，CRU，AVHRR）	卫星产品	1°	月	1982~2006年
GLEAM	Priestley-Taylor, ISLSCP-II & AMSR-E	卫星产品	0.5°	天	1982~2006年
AWB	Atmospheric water balance（GPCP，ERA-Interim）	卫星产品	2.5°	天	1989~2008年
ERA-interim	ERA-Interim Reanalysis	再分析资料	T255	6小时	1979年~至今
GMAO-MERRA	Reanalysis	再分析资料	$\frac{1}{2}° * \frac{2}{3}°$	6小时	1979年~至今
NCAR/NCEP	Reanalysis	再分析资料	2.5°	6小时	1948年~至今
JRA-25	Reanalysis	再分析资料	T106L40	6小时	1979~2004年
M-LAND	MERRA-Land Reanalysis	再分析资料	0.5°*0.6°	6小时	1979~2007年
GSWP	15 LSM simulations，forced with ISLSCP-II and reanalysis data	陆面模型模拟	1°	天/月	1986~1995年
CRU-ORCH	ORCHIDEE LSM with CRU-NCEP forcing	陆面模型模拟	0.7°	天/月	1989~2008年
VIC	The Variable Infiltration Capacity model	水文模型模拟	—	天	1948~2008年
GLDAS	Global Land Data Assimilation System	数据同化	1°	3小时	1996~2007年
GCM IPCC AR4	Global Climate Models	气候模式模拟	—	3小时	—

量为（38.3±4.3）W/m²，许多遥感产品要比这个值稍低一些，再分析数据产品要比这个值稍高一些。不同的数据集无论是时空分辨率，还是数值大小都存在很大的不确定性。

目前，高时空分辨率的地表潜热通量遥感产品极为稀少，NASA 官方发布的 MODIS 潜热产品算是目前为止空间分辨率最高的覆盖全球区域的产品，空间分辨率为 1km，时间分辨率为 8 天，除了南极区域以及其他沙漠、冰雪等特殊地物类型区域外，基本上覆盖全球陆表。然而，东亚的验证结果显示在草地和农田地物类型上，产品存在严重低估现象（Kim et al.，2012），中国北方协同观测网数据验证也显示了 MODIS 产品精度不够理想（Chen et al.，2013）。

11.2 基于多算法集成的全球陆表蒸散遥感估算算法

11.2.1 理论基础

1. 莫宁-奥布霍夫相似理论

莫宁-奥布霍夫相似理论是 Monin 和 Obukhov（1954）提出现代微气象学计算大气通量的一个理论。该理论认为近地表层内湍流通量不随高度变化，通过稳定度普适函数将湍流通量与温度、湿度梯度联系起来，与物理上欧姆定律类似。其基本表达式如下：

$$\text{LE} = \frac{\rho C_p (e_1 - e_2)}{\gamma * r_h} \tag{11.1}$$

$$H = \frac{\rho C_p (T_1 - T_2)}{r_h} \tag{11.2}$$

式中，H 为表面的显热通量；LE 为表面的潜热通量；ρ 为空气密度；C_p 为空气定压比热；γ^* 为订正的干湿球常数；T_1 和 e_1 分别为地表大气温度和水汽压；T_2 和 e_2 分别为参考高度的大气温度和水汽压；r_h 为空气动力学阻抗。尽管莫宁-奥布霍夫相似理论比较简单，但是计算潜热通量需要知道空气动力学阻抗，而空气动力学阻抗很难确定，即使空气动力学阻抗小的误差也会引起计算潜热通量较大的误差。此外，莫宁-奥布霍夫相似理论在植被冠层内部通量变化复杂的情况下并不适用，需要重新改进和提高莫宁-奥布霍夫公式中地表潜热通量估算的精度。

2. Penman-Monteith 理论

早在 1948 年，Penman 基于能量平衡理论提出了计算水面蒸发的 Penman 公式。后来 Monteith 基于莫宁-奥布霍夫相似理论和地表能量平衡方程将冠层阻抗的概念引入 Penman 公式中，考虑了地表植被生长以及土壤供水的影响，推导出著名的 Penman-Monteith 公式（Penman，1948；Monteith，1973）。其基本公式为

$$\mathrm{LE} = \frac{\Delta R_n + \rho C_p \cdot \mathrm{VPD}/r_a}{\Delta + \gamma \cdot (r_a + r_s)/r_a} \tag{11.3}$$

式中，Δ 为饱和水汽压与温度曲线的斜率；γ 为干湿球常数；VPD 为空气的饱和水气压与实际水汽压差；r_a 为空气动力学阻抗；r_s 为地表阻抗。Penman-Monteith 公式适用于植被覆盖茂密的区域，针对植被稀疏的区域模拟效果并不理想。

针对 Penman-Monteith 模型阻抗的复杂性和参数确定的困难性，Priestley 和 Taylor（1972）忽略了空气动力项，引入经验系数，提出了经典的 Priestley-Taylor 潜热通量估算算法。该算法是 Penman-Monteith 公式简化版，其表达式如下：

$$\mathrm{LE} = \alpha \frac{\Delta}{\Delta + \gamma}(R_n - G) \tag{11.4}$$

式中，α 为 Priestley-Taylor 系数，在湿润条件下取 1.26。尽管 Priestley-Taylor 方法参数少，简单易用，但是受大气状况以及地表环境状况的影响，Priestley-Taylor 系数扩展比较困难，增加了地表潜热通量的估算难度。

11.2.2 算法描述

陆表潜热通量产品的算法采用五种传统的地表潜热通量算法，根据收集的全球陆表240个通量观测数据，采用贝叶斯模型平均（Bayesian model averaging，BMA）方法融合这五种算法生产的产品，综合得到全球陆表潜热通量产品，具体算法流程如图 11.1 所示。

1. 五种经典地表潜热通量算法

本章主要采用五种传统的具有明确物理机制的地表潜热通量算法，并对所有算法进行产品生产，通过多种产品融合得到最终产品。本章采用的五种算法详细简介如下。

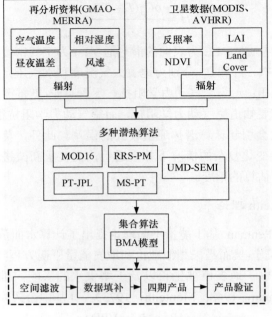

图 11.1 GLASS 潜热通量产品算法流程图

1) MOD16 算法

MOD16 算法的物理基础是 Penman-Monteith 公式，它是 Mu 等（2007）算法的升级与改进版。Mu 等（2007）算法是 Cleugh 等（2007）参数化 Penman-Monteith 公式中地表阻抗和空气阻抗的基础上改进并设计的。而 MOD16 算法在以前算法基础上改进了这几个方面：①用 FPAR 计算植被覆盖度；②把潜热分为白天和晚上分别计算并求和；③改进了地表阻抗、空气动力学阻抗以及边界层参数；④用简化的 NDVI 计算土壤热通量；⑤把冠层分为湿冠层和干冠层；⑥把土壤分为水分饱和土壤和水分未饱和土壤。MOD16 的计算公式如下：

$$\text{LE} = \text{LE}_{\text{wet\_}c} + \text{LE}_{\text{trans}} + \text{LE}_{\text{soil}} \tag{11.5}$$

$$\text{LE}_{\text{wet\_}c} = \frac{[\Delta \times R_{\text{nc}} + \rho \times C_{\text{p}} \times (e_{\text{sat}} - e) \times F_{\text{c}} / \text{rhrc}] \times F_{\text{wet}}}{\Delta + \dfrac{P_{\text{a}} \times C_{\text{p}} \times \text{rvc}}{\lambda \times \varepsilon \times \text{rhrc}}} \tag{11.6}$$

$$\text{LE}_{\text{trans}} = \frac{[\Delta \times R_{\text{nc}} + \rho \times C_{\text{p}} \times (e_{\text{sat}} - e) \times F_{\text{c}} / r_{\text{a}}] \times (1 - F_{\text{wet}})}{\Delta + \gamma \times (1 + r_{\text{s}} / r_{\text{a}})} \tag{11.7}$$

$$\text{LE}_{\text{wet\_soil}} = \frac{[\Delta \times R_{\text{ns}} + \rho \times C_{\text{p}} \times (e_{\text{sat}} - e) \times (1 - F_{\text{c}}) / r_{\text{as}}] \times F_{\text{wet}}}{\Delta + \gamma \times r_{\text{tot}} / r_{\text{as}}} \tag{11.8}$$

$$\text{LE}_{\text{soil\_pot}} = \frac{[\Delta \times R_{\text{ns}} + \rho \times C_{\text{p}} \times (e_{\text{sat}} - e) \times (1 - F_{\text{c}}) / r_{\text{as}}] \times (1 - F_{\text{wet}})}{\Delta + \gamma \times r_{\text{tot}} / r_{\text{as}}} \tag{11.9}$$

$$\text{LE}_{\text{soil}} = \text{LE}_{\text{wet\_soil}} + \text{LE}_{\text{soil\_pot}} \times \left(\frac{\text{RH}}{100}\right)^{\text{VPD}/\beta} \tag{11.10}$$

式中，LE_{wet_c} 为湿冠层蒸发过程产生的潜热；LE_{trans} 为植被冠层蒸腾过程产生的潜热；LE_{wet_soil} 为饱和土壤水分蒸发产生的潜热；LE_{soil_pot} 为未饱和土壤潜在蒸发产生的潜热。详细算法可参考文献 Mu 等（2011）。考虑到晚上的潜热通量很小，可以忽略不计，其他算法都忽略了晚上的潜热通量，本章采用 MOD16 算法只计算了白天的潜热通量。该算法优点：①它以彭曼公式为基础，具有较好的物理机制，被广泛应用于潜热的估算；②针对不同的地表类型，MOD16 算法参数了阻抗，提高了特定地物的潜热估算效果。该算法缺点：①阻抗参数化比较复杂，增大了数据传递的积累误差，降低了总体的模拟效果；②土壤水分限制因子存在较大的误差，在干旱半干旱区潜热模拟效果不理想，针对某些地表类型，如农田，模拟效果并不理想。

2）RRS-PM 算法

针对 Mu 等（2007）算法中不同的植被类型下冠层导度参数化而引起的复杂性，Yuan 等（2010）采用 LAI 计算植被覆盖度并对所有植被类型进行了冠层导度参数的设定，同时，对 Mu 等（2007）算法中温度限制因子的线性变化的缺陷进行了订正，采用了如下的温度限制因子订正方法：

$$m_T = \exp\left[-\left(\frac{T_a - T_{opt}}{T_{opt}}\right)^2\right] \tag{11.11}$$

式中，T_a 为空气温度；T_{opt} 为植被生长最适宜温度，设为 25℃，该算法是订正的基于遥感的 Penman-Monteith 算法（简称 RRS-PM 算法）。全球 FLUXNET54 个通量站的验证结果表明该算法能够解释 68%的潜热变化。该算法优点是简化了不同地物类型冠层导度的参数化，使计算更为方便，但与 MOD16 算法有相同的缺点。

3）PT-JPL 算法

基于 Priestly-Taylor 理论，Fisher 等（2008）利用生态系统胁迫因子（LAI、植被覆盖度、相对湿度等）扩展了 Priestly-Taylor 系数，设计了 PT-JPL 算法，具体如下：

$$LE = LE_s + LE_c + LE_i \tag{11.12}$$

$$LE_c = (1 - f_{wet}) f_g f_T f_M \alpha \frac{\Delta}{\Delta + \gamma} R_{nc} \tag{11.13}$$

$$LE_s = [f_{wet} + f_{SM}(1 - f_{wet})] \alpha \frac{\Delta}{\Delta + \gamma} (R_{ns} - G) \tag{11.14}$$

$$LE_i = f_{wet} \alpha \frac{\Delta}{\Delta + \gamma} R_{nc} \tag{11.15}$$

式中，f_{wet} 为相对地表湿度（RH^4）；f_g 为绿色冠层覆盖度（f_{APAR}/f_{IPAR}）；f_T 为植被温度限制因子 $\left(\exp(-((T_{max} - T_{opt})/T_{opt})^2)\right)$；$f_M$ 为植被水分限制因子（$f_{APAR}/f_{APAR_{max}}$）；f_{SM} 为土壤水分限制因子（RH^{VPD}）。该算法优点：①摆脱了计算阻抗的复杂度，简化了模型参数，可操作性强；②不需要模型稀疏标定，降低了输入数据的积累误差，提高了地表潜热模拟精度。缺点：①没考虑不同植被类型的影响，个别特定地物类型（如湿地）潜热模拟偏差较大；②未考虑空气动力项，忽略了空气动力学对潜热估算的贡献。

4）MS-PT 算法

针对 PT-JPL 算法采用相对湿度、水汽压差等过多气象输入数据的缺点，Yao 等（2013）采用表观热惯量（温度昼夜温差）参数化了土壤水分蒸发因子，采用 N95 算法计算了植被蒸腾时潜热通量，提高了模型的精度和可操作性。其中，水分限制因子计算如下：

$$f_{sm} = \left(\frac{1}{DT}\right)^{DT/DT_{max}} \tag{11.16}$$

式中，DT 为空气昼夜温差；DT_{max} 为最大昼夜温差（取 40℃），该算法是改进的基于卫星的 Priestly-Taylor 算法（简称 MS-PT 算法）。该算法优点：①减少了非遥感数据的参数化过程，提高了可操作性；②模型只需要净辐射、气温、植被指数作为输入数据，降低了输入数据的积累误差，使潜热估算精度进一步提高。但它与 PT-JPL 算法有相同的缺点。

5）UMD-SEMI 算法

针对目前还没有较好的潜热估算方法能够监测几十年的地表潜热通量变化趋势，Wang 等（2010a，b）引入风速计算空气动力学阻抗，结合的彭曼公式和遥感、气象数据，以及地面实测数据，提出了基于彭曼公式的半经验潜热通量算法，该算法表达式如下：

$$LE_E = \frac{\Delta}{\Delta + \gamma} \times R_s \times [a_1 + a_2 \times VI + RHD \times (a_3 + a_4 \times VI)] \tag{11.17}$$

$$LE_A = \frac{\gamma}{\Delta + \gamma} \times WS \times VPD \times [a_5 + RHD \times (a_6 + a_7 \times VI)] \tag{11.18}$$

$$LE = a_8 \times (LE_E + LE_A) + a_9 \times (LE_E + LE_A)^2 \tag{11.19}$$

式中，WS 为风速；RHD 为 1 减去相对湿度值；R_s 为下行短波辐射；VPD 为水汽压差。该算法经过全球 64 个通量站点的比较证明它可以较好的监测长时间序列的地表潜热通量变化。该算法优点：①模型简单，可以开展区域尺度上的潜热通量估算；②考虑了动力项，存在一定的机理性，模拟精度较高。缺点：①加入了风速，而风速往往是不容易获取的，可操作性有所下降；②需要过多的参数，经验性强，针对特殊区域系数需要重新标定。

2. 贝叶斯模型融合算法

本章采用贝叶斯模型平均方法融合采用不同算法生产的各种潜热产品。Raftery 等（2005）将贝叶斯模型平均的方法运用到数值气象模型预测值的计算中，结果表明通过 BMA 方法得到的加权平均值比任何一个模型得到的估计值都更为接近观测值，RSME 比任何一个模型都低 11%以上。此后，BMA 模型被用于水文和气候等领域的研究中（Duan and Phillips，2010；Duan et al.，2007；Min and Hense，2007）。

贝叶斯模型平均方法是一种将不同来源的估算结果融合在一起，得到最优估计的方法。BMA 方法的估算结果是单个模型结果的概率密度函数的加权平均。BMA 方法的目标是对估算概率密度函数进行修正，直至达到与观测值的概率密度函数最为接近的程度。

下面用 r 表示需要估算的变量，在某一时刻的该变量的观测值为 r_t，模型集合 K，即 $\{f_1,f_2,\cdots,f_k\}$，为估算 r 的所有单个模型的集合。根据全概率定律，需要被估算的变量 r 的概率密度函数可以由每个模型的概率密度函数表示如下：

$$p(r|f_1,f_2,\cdots,f_k)=\sum_{k=1}^{K}p(r|f_k)p(f_k|r_t) \quad (11.20)$$

式中，$p(r|f_k)$ 为单个模型 f_k 估算变量 r 的概率密度函数；$p(f_k|r_t)$ 为单个模型 f_k 的后验概率，能够反应单个模型 f_k 与观测数据符合的程度。所有单个模型的后验概率之和为 1，所以 $\sum_{k=1}^{K}p(f_k|r_t)=1$。这样，可以把每个模型的后验概率看作是权重 w_k，这个权重就是 BMA 方法需要估算的参数。这样式（11.20）可以表达为

$$p(r|f_1,f_2,\cdots,f_K)=\sum_{k=1}^{K}w_k p(r|f_k) \quad (11.21)$$

因此，BMA 得到的估算值的概率密度函数 $p(r|f_1,f_2,\cdots,f_3)$ 就是单个模型概率密度函数的加权平均，权重值是各个函数的后验概率。假设 $p(r|f_k)$ 为高斯分布，$\overline{f_k}$ 为该高斯分布的平均值，σ_k^2 为方差。用参数 $\theta_k=\{\overline{f_k},\sigma_k^2\}$ 和 $g(\cdot)$ 表示相关的高斯分布，如下：

$$p(r|f_k)=g(r|\theta_k) \quad (11.22)$$

$$p(r|f_1,f_2,\cdots,f_k)=\sum_{k=1}^{K}w_k g(r|\theta_k) \quad (11.23)$$

BMA 方法得到的估计值可以表示为 r 的条件期望，如下：

$$E(r|f_1,f_2,\cdots,f_K)=\sum_{k=1}^{K}w_k\overline{f_k} \quad (11.24)$$

很显然，$\overline{f_k}$ 是单个模型的估算值，那么问题的关键则是如何估算模型的后验概率 w_k，使得 BMA 方法得到的 r 概率密度函数与观测值更加接近。根据贝叶斯理论，已知定观测数据，当似然函数公式值最大时，BMA 方法得到的估算值为真值的概率最大（Duan and Phillips，2010）。为了方便计算，应对该似然式（11.23）的对数函数进行优化：

$$l=\sum_{(s,t)}\log\left(\sum_{k=1}^{K}w_k g(r_{s,t}|\theta_k)\right) \quad (11.25)$$

式中，$\sum_{(s,t)}$ 为在所有空间点 s 和所有时间点 t 的观测之和；$r_{s,t}$ 为某一时间点 t 和空间点 s 上。用期望-最大算法（expectation-maximization，EM）算法对代价函数进行优化（Raftery et al.，2005），单个模型 $\overline{f_k}$ 的估算值和相应的观测值 $r_{s,t}$ 作为训练数据计算每个模型的后验概率。

3. 算法驱动数据及预处理

1）全球通量站点观测数据

收集全球 300 多个通量观测站点的数据，根据观测质量情况选出质量较好的 265 个通量观测站点数据，主要包括 FLUXNET、美国 ARM、中国北方协同网、中国农业生态站点数据、亚洲自动气象观测站数据等观测网络，如图 11.2 所示。通量站点观测的数据主要包括下行短波辐射、相对湿度、空气温度、昼夜温差、风速、水汽压、显热通量、潜热通量、地表净辐射、土壤热通量等要素，这些要素每 30 分钟观测一次，我们取白天的平均值。这些数据主要分布在北美洲、欧洲和亚洲，7 个站点分布在南美洲、5 个站点分布在非洲、5 个站点分布在大洋洲。气候类型横跨湿润到干旱区、从热带雨林到寒带草原。地物类型主要包括农田、草地、灌木丛、萨瓦娜草原和各种森林类型。

几乎所有的通量站点都采用涡度相关观测方法，尽管涡度相关观测方法是观测潜热的一种好方法，但是它能量不闭合，因此，本章采用 Twine 等（2000）提出的方法进行能量订正，订正方程如下：

$$\mathrm{LE} = \frac{\mathrm{LE}_{\mathrm{ori}}(R_{\mathrm{n}} - G)}{\mathrm{LE}_{\mathrm{ori}} + H_{\mathrm{ori}}} \tag{11.26}$$

式中，$\mathrm{LE}_{\mathrm{ori}}$ 和 H_{ori} 分别为原始观测的地表潜热通量和显热通量。

2）遥感数据

遥感数据包括两类数据：一类是 MODIS 产品，空间分辨率为 1km，主要包括 8 天的 FAPAR/LAI（MOD15A2）产品，16 天的 NDVI/EVI（MOD13A2）产品、Albedo（MOD43B3）产品，以及 MODIS 土地利用产品，时间尺度上认为 8 天或者 16 天内没有变化（Huete et al.，2002；Liang et al.，1999；Schaaf et al.，2002；Myneni et al.，2002）。另一类是 AVHRR 产品，空间分辨率 8km，本章主要采用了课题组生产的 GLASS 产品（LAI/FAPAR、Albedo 等），还采用了 GIMMIS 的 15 天的 NDVI 产品，土地利用数据采用马里兰大学土地利用数据集。

其中，土地利用类型 IGBP 分类包括 17 种，本章考虑到地面测量数据的实际情况，结合植被气孔导度的特性，在算法研究中，对 IGBP 的地表分类合并为以下九大类：①DBF（deciduous broadleaf forest）；②DNF（deciduous needleleaf forest）；③EBF（evergreen broadleaf forest）；④ENF（evergreen needleleaf forest）；⑤MF（mixed forest）；⑥SAW（savannas and woody savannas）；⑦SHR（open shrubland and closed shrubland）；⑧CRO（cropland）；⑨GRA（grassland，urban and built-up，barren or sparsely vegetated）。

3）再分析数据

气象参数（如空气温度、相对湿度、水汽压、大气压等）来源于再分析资料，本章主要选取了 NASA's GMAO（Global Modeling and Assimilation Office）的 MERRA（the modern era retrospective-analysis for research and applications）再分析资料，净辐射和短波下行辐射数据也来源与 MERRA 数据，下一个版本我们会采用 GLASS 产品生产的辐射产品数据。由于 MERRA 数据空间分辨率为 0.5°×0.667°，我们采用 Zhao 等（2005）方法把 MERRA 数据插值成 1km 的数据。

11.3 精度验证与制图

11.3.1 五种经典地表潜热通量算法验证与评价

通过收集的全球通量站点（图 11.2）及通量数据验证结果（图 11.3）表明，在落叶阔叶林和落叶针叶林植被类型下，MS-PT 算法和 UMD-SEMI 算法比其他三种算法有更小的偏差（17W/m²）和均方根误差，而 MOD16 算法具有最大的均方根误差，RRS-PM 算法具有第二大均方根误差。而且 MOD16 算法和 RRS-PM 算法均低估了潜热通量值，而其他三种算法均高估了潜热通量值。这主要是由各种算法系数的标定差异造成的，由于 UMD-SEMI 算法的系数是由全球 64 个站点数据标定过的，因此，UMD-SEMI 算法模拟更接近于地面观测值。

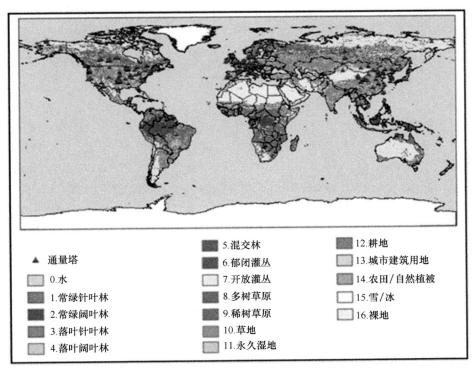

图 11.2　全球通量观测站空间分布图

在常绿针叶林和混合林植被类型下，MS-PT 算法具有最低的均方根误差，偏差分别为 14.2 W/m² 和 12.3 W/m²。RRS-PM 具有第二低的均方根误差，偏差分别为 –17.4 W/m² 和 –13.5W/m²。而 MOD16 具有最高的均方根误差。通常常绿针叶林的气孔导度是落叶林的一半，MS-PT 算法或许通过植被指数更好的增强了这一信息。在常绿阔叶林植被类型下，PT-JPL 算法估算的偏差最大，而 MOD16 算法、MS-PT 算法和 UMD-SEMI 算法具有较低的偏差和均方根误差。这主要是常绿阔叶林主要分布在赤道地区，UMD-SEMI 算法通过考虑风速以及 MOD16 算法使用查找表调整水汽压差，实现较高精度的模拟

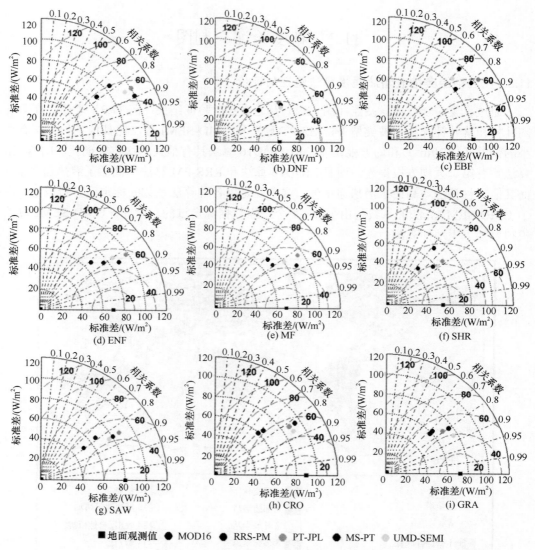

图11.3 站点数据驱动的不同潜热通量算法验证结果泰勒图

效果。在灌木林和萨瓦那稀疏草原植被类型下,尽管MS-PT算法均方根误差大于UMD-SEMI算法,这种算法依然比其他算法精度要高。例如,在所有灌木林站点,MS-PT算法的均方根误差为39.8W/m²,比UMD-SEMI算法的38.2W/m²要高,但是MS-PT算法偏差为10.1W/m²,比UMD-SEMI算法的12.9W/m²要低,这也表明MS-PT算法在稀疏植被下模拟效果比较理想。在草地和农田下,UMD-SEMI算法具有比较好的模拟效果,在草地下的均方根误差为38.7W/m²,在农田下的均方根误差为43.5W/m²,其他算法模拟效果差异较大,这表明不同算法不同参数化方案对蒸散模拟差异比较明显。

11.3.2 贝叶斯融合算法交叉验证

单一的潜热通量算法都存在不确定性,本章采用贝叶斯模型融合五种算法,驱动数据分别为站点观测数据和GMAO-MERRA再分析数据。考虑到所有的算法在草地和农田都存在低估现象,而且 MOD16 算法和 RRS-PM 算法存在较大的偏差,因此,在融合草地和农田类型下的潜热通量,剔除了这两种算法。图 11.4 是站点数据驱动的融合算法验证结果泰勒图,其中显示 BMA 方法最接近于地面观测值,相关系数平方高于简单平均方法(simple averaging,SA)和其他单一算法,图 11.5 是 GMAO-MERRA 数据驱动的融合算法验证结果泰勒图,其结论与站点数据驱动的融合算法验证结果一致。都在不同的植被类型下,结果呈现不同的表现形式。在 63 个森林站点,站点驱动的 BMA 方法的均方根误差为 42.2W/m², 其相关系数平方为 0.72。当 GMAO-MERRA 数据驱动时,BMA 方法的均方根误差为 49.4W/m², 其相关系数平方为 0.67。在 12 个灌木林和萨瓦那稀疏草原站点,站点驱动的 BMA 方法的均方根误差小于 40W/m², 其相关系数平方大于 0.68。当 GMAO-MERRA 数据驱动时,BMA 方法的均方根误差小于 41W/m², 其相关系数平方大于 0.64。在 45 个草地和农田站点,站点以及 GMAO-MERRA 驱动的

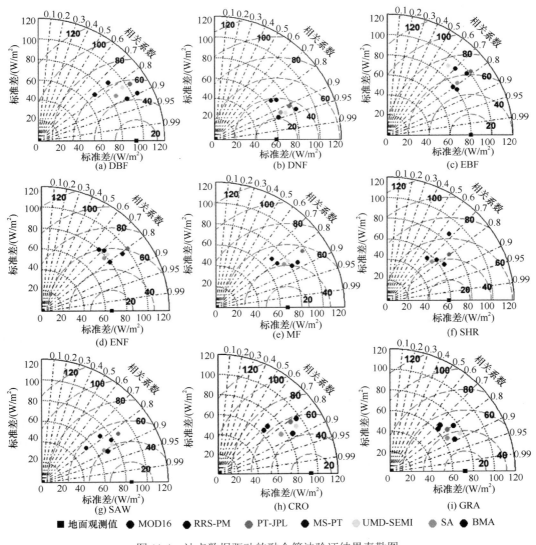

图 11.4 站点数据驱动的融合算法验证结果泰勒图

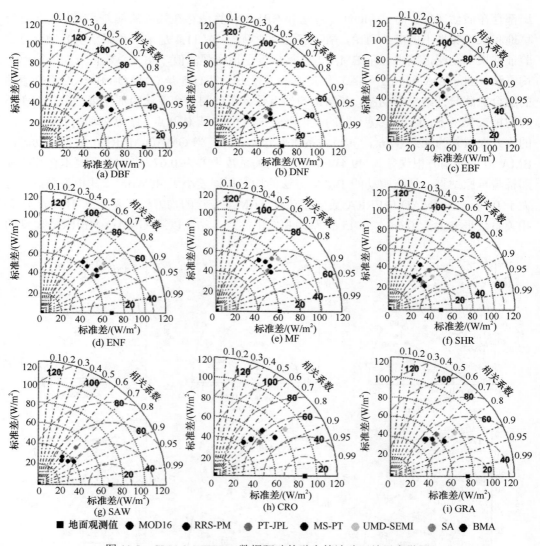

图 11.5 GMAO-MERRA 数据驱动的融合算法验证结果泰勒图

BMA 方法的均方根误差均比 SA 和单一算法要小，其相关系数平方大于它们。总体而言，站点驱动的 BMA 方法的均方根误差在农田和草地类型下降低 5W/m²，在森林、灌木和萨瓦那稀疏草原类型下降低 6W/m²，相关系数平方在绝大多数植被类型下提高 0.05。

本章利用高数据质量的所有观测站点数据来确定每种算法的权重值，图 11.6 是基于观测站点驱动各种算法和 BMA 方法确定的各种植被类型下的权重值，可以看出，针对不同的植被类型各个算法的权重值有所不同，如 DBF，贡献最大的是 MS-PT 算法，MOD16 算法贡献最小，而针对 CRO 和 GRA 植被类型，由于 MOD16 算法和 RRS-PM 算法偏差较大，我们剔除了这两种算法，仅用三种算法来估算全球潜热通量，贡献最大的是 UMD-SEMI 算法，贡献最小的是 MS-PT 算法。

类似的，基于 MERRA 资料驱动各种算法和 BMA 方法确定的各种植被类型下的权重值，然而与图 11.6 有所不同，如针对落叶阔叶林类型下利用 MERRA 资料驱动时 UMD-SEMI 算法贡献最大，这可能是由于数据数据误差造成的。

图 11.7 是所有站点资料作为驱动数据时月平均值的比较结果图，可以看出，这五种模型模拟的偏差变化范围为–15.8~15.1W/m^2，RMSE 变化范围为 38.5~45.3 W/m^2，相关系数的平方变化范围为 0.64~0.77。而 BMA 融合后的结果显示：平均偏差为 3.5 W/m^2，RMSE 为 32.8W/m^2，相关系数平方为 0.80。这说明，BMA 融合后的结果比单一的算法更为可靠，降低了不确定性，提高了潜热估算的精度。

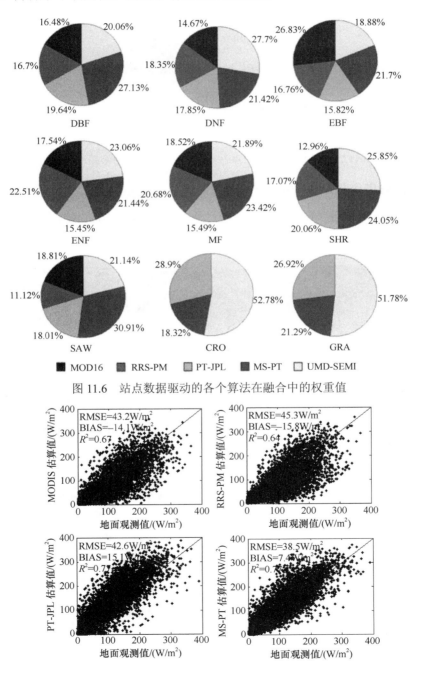

图 11.6 站点数据驱动的各个算法在融合中的权重值

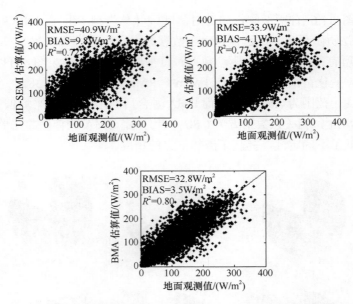

图 11.7 站点数据驱动的各个多算法及融合算法月潜热通量验证

11.3.3 全球陆表潜热通量产品生产与制图

利用五种潜热通量算法和 BMA 融合方法计算了 2001~2004 年平均全球陆表潜热通量，空间分辨率为 0.05°，输入数据为 MODIS 和 GMAO-MERRA 再分析数据。图 11.8 是

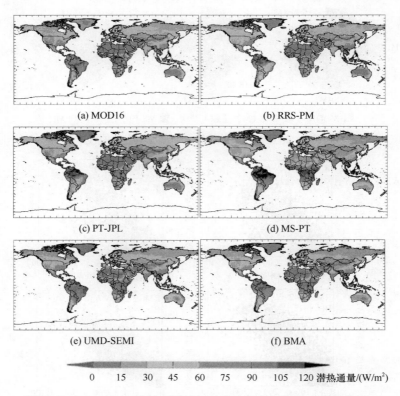

图 11.8 2001~2004 年全球陆表平均潜热通量分布图（彩图附后）

2001～2004年全球陆表潜热通量平均分布图，BMA年平均全球陆表潜热通量是38.6W/m^2，高于MOD16（35.2 W/m^2）和RRS-PM（36.4 W/m^2），低于SA（39.5 W/m^2）、PT-JPL（40.3 W/m^2）、MS-PT（42.1W/m^2）以及UMD-SEMI（41.5W/m^2）。可以看出，每种算法的空间分布差异比较明显，融合后的产品降低了单个算法的不确定性，能够提供可靠的潜热空间分布。

11.4　总结与展望

本章主要介绍了目前地表潜热通量遥感估算的主要方法和研究思路，并介绍了每种算法的优点和缺点，提出了利用贝叶斯融合各种潜热产品的新思路，主要特色和创新点为：收集全球超过300通量观测站数据，挑选高质量的地面数据，验证了MOD16算法、RRS-PM算法、PT-JPL算法、MS-PT算法，以及UMD-SEMI算法的模拟精度，并综合评价了各种算法针对不同植被类型的模拟差异；将贝叶斯模型平均（BMA）方法应用到五种潜热通量算法集成中，降低了单一算法的不确定性，针对不同的植被类型，提高了陆表潜热通量模拟的精度，得到了多算法集成的全球陆表潜热通量遥感产品。

BMA算法经过地面验证表明它在一定程度上可以满足全球潜热通量产品精度的要求，但是针对生产全球产品的实际需求，本章的算法还存在一些不足，今后我们将着力在以下三个方面对算法进行改进和完善。

（1）产品精度的评价策略。目前由于没有一种统一的方法验证产品，本章采用了能量闭合强行订正的方法，但这种方法也存在很大问题，如采用验证值不是实测值，很难评价精度；倘若直接采用高能量闭合站点验证，也是存在能量不闭合、潜热算法失效的问题。此外，卫星尺度远大于观测尺度，存在尺度不匹配等问题。我们验证过程中无形地设计了假设前提。将来我们要结合其他高分卫星数据进行验证，综合评价产品精度。

（2）更优融合方法的选择。本章只采用了贝叶斯模型平均（BMA）方法进行算法集合，其他的融合方法并没有分析与比较。今后我们还要选择其他更多的融合算法，进行综合评价，选出更优融合方法，对产品生产会有很大帮助。

（3）融合更多已有的卫星潜热产品。考虑到目前高时空分辨率的潜热产品不多，本章只选用了五种传统的基于物理机理的潜热通量算法生产的得到五种中间产品，今后随着全球多种多样高时空分辨率的潜热产品的出现，我们会融合更多已有的卫星潜热产品，提高全球陆表潜热通量估算精度。

参　考　文　献

高彦春, 龙笛. 2008. 遥感蒸散发模型研究进展. 遥感学报, 12(3): 515-528

邱国玉, 王帅, 吴晓. 2006a. 三温模型-基于表面温度测算蒸散和评价环境质量的方法 I. 土壤蒸发. 植物生态学报, 30(2): 231-238

邱国玉, 吴晓, 王帅, 等. 2006b. 三温模型-基于表面温度测算蒸散和评价环境质量的方法 IV. 植被蒸腾扩散系数. 植物生态学报, 30(5): 852-860

吴炳方, 熊隽, 闫娜娜. 2011. ETWatch 的模型与方法. 遥感学报, 15(2): 231-239

辛晓洲, 柳钦火, 田国良, 等. 2007. 利用土壤水分特征点组分温差假设模拟地表蒸散. 北京师范大学学报(自然科学版), 43(3): 221-227

张仁华. 2009. 定量热红外遥感模型及地面实验基础. 北京: 科学出版社, 382-428

张仁华, 孙晓敏, 朱治林, 等. 2002. 以微分热惯量为基础的地表蒸发全遥感信息模型及在甘肃沙坡头地区的验证. 中国科学(D 辑), 32(12): 1041-1050

Brown K W, Rosenberg H T. 1973. A resistance model to predict evapotranspiration and its application to a Sugar Beet field. Agronomy Journal, 66: 450-454

Caparrini F, Castelli F, Entekhabi D. 2003. Mapping of land-atmosphere heat fluxes and surface parameters with remote sensing data. Boundary-layer Meteorology, 107: 605-633

Caparrini F, Castelli F, Entekhabi D. 2004. Estimation of surface turbulent fluxes through assimilation of radiometric surface temperature sequences. Journal of Hydrometeorology, 5: 145-159

Carlson T N, Buffum M T. 1989. On estimating total daily evapotranspiration from remote sensing surface temperature measurements. Remote Sensing of Environment, 29: 197-207

Chen Y, Xia J, Liang S. 2014. Comparison of satellite-based evapotranspiration models over terrestrial ecosystems in China. RSE, 140: 279-293

Choudhury B J, Reginato R J, IDSO S B. 1986. An analysis of infrared temperature observations over wheat and calculation of latent heat flux. Agricultural and Forest Meteorology, 37: 75-88

Cleugh H A, Leuning R, Mu Q, Running S W. 2007. Regional evaporation estimates from flux tower and MODIS satellite data. Remote Sens Environ, 106(3): 285-304

Courault D, Seguin B, Olioso A. 2005. Review on estimation of evapotranspiration from remote sensing data: From empirical to numerical modelling approaches. Irrigation and Drainage Systems, 19: 223-249

Dickson R E. 1984. Modeling evapotranspiration for three-dimensional global climate models. In: Hanson J E, Takahashi T. Climate processes and climate variability. Am Geophys Union, 58-97

Dolman A J. 1993. A multiple-source land surface energy balance model for use in general circulation models. Agricultural and Forest Meteorology, 65: 21-45

Duan Q, Ajami N K, Gao X, Sorooshian S. 2007. Multi-model ensemble hydrologic prediction using Bayesian model averaging. Advances in Water Resources, 30: 1371-1386

Duan Q, Phillips T J. 2010. Bayesian estimation of local signal and noise in multimodel simulations of climate change. J Geophys Res, 115: D18123. DOI: 10.1029/2009jd013654

Fisher J B, Tu K P, Baldocchi D D. 2008. Global estimates of the land-atmosphere water flux based on monthly AVHRR and ISLSCP-II data, validated at 16 FLUXNET sites. Remote Sensing of Environment, 112: 901-919

French A N, Jacob F, Anderson M C, Kustas W P, Timmermans W, Gieske A. 2005. Surface energy fluxes with the advanced spaceborne thermal emission and reflection radiometer (ASTER) at the Iowa 2002 SMACEX site (USA). Remote Sensing of Environment, 99: 55-65

Huete A, Didan K, Miura T, Rodriguez E P, Gao X, Ferreira L G. 2002. Overview of the radiometric and biophysical performance of the MODIS vegetation indices. Remote Sens Environ, 83: 195-213

Jackson R D, Slaler P N, Pinter P J. 1983. Discrimination of growth and water stress in wheat by various vegetation indices through clear and turbid atmosphere. Remote Sensing of Environment, 3: 187-208

Jiang L, Islam S. 2001. Estimation of surface evaporation map over southern Great Plains using remote sensing data. Water Resources Research, 37: 329-340

Jones A S, Guch I C, VonderHaar T H. 1998. Data assimilation of satellite derived heating rates as proxy surface wetness data into a regional atmospheric mesoscale model. Part I: methodology. Monthly Weather Review, 126: 634-645

Kalma J D, Calder I R. 1994. Land surface processes in large scale hydrology. World Meteorological Organization, Geneva, Switzerland, Operational Hydrology Report, 40: 60

Kalma J, McVicar T, McCabe M. 2008. Estimating land surface evaporation: A review of methods using remotely sensed surface temperature data accomplished. Surv Geophys, 29: 421-469

Kim H, Hwang K, Mu Q, Lee S, Choi M. 2012. Validation of MODIS 16 global terrestrial evapotranspiration products in various climates and land cover types in Asia. KSCE J Civil Eng, 16(2): 229-238

Lambin E F, Ehrlich D. 1996. The surface temperature vegetation index space for land cover and land cover change analysis. International Journal of Remote Sensing, 17: 463-487

Li Z, Tang R, Wang Z. 2009. A review of current methodologies for regional evapotranspiration estimation from remotely sensed data. Sensor, 9: 3801-3853

Liang S, Strahler A H, Walthall C W. 1999. Retrieval of land surface albedo from satellite observations: A simulation study. J Appl Meteorol, 38: 712-725

Liang S, Wang K, Zhang X, Wild M. 2010. Review on estimation of land surface radiation and energy budgets from ground measurements, remote sensing and model simulations. IEEE J Selec Top Appl Earth Obs Remote Sens, 3(3): 225-240

Liu S M, Xu Z W, Zhu Z L, Jia Z Z, Zhu M J. 2013. Measurements of evapotranspiration from eddy-covariance systems and large aperture scintillometers in the Hai River Basin, China. Journal of Hydrology, 487: 24-38

Min S K, Hense A. 2007. Hierarchical evaluation of IPCC AR4 coupled climate models with systematic consideration of model uncertainties. Climate Dynamics, 29: 853-868

Monin A S, Obukhov A M. 1954. Basic laws of turbulent mixing in the ground layer of the atmosphere (in Russian), Tr. Akad. Nauk SSSR Geophiz Inst, 24(151): 163-187

Monteith J L. 1973. Principles of Environmental Physics. London: Edward Arnold, 241

Monteith J. 1965. Evaporation and environment. Symp Soc Exp Biol, 19: 205-224

Mu Q, Heinsch F A, Zhao M, Running S W. 2007. Development of a global evapotranspiration algorithm based on MODIS and global meteorology data. Remote Sensing of Environment, 111: 519-536

Mu Q, Zhao M, Running S W. 2011. Improvements to a MODIS global terrestrial evapotranspiration algorithm. Remote Sens. Environ, 115(8): 1781-1800

Mueller B, Seneviratne S L, Jimenez C. 2011. Evaluation of global observations-based evapotranspiration datasets and IPCC AR4 simulations. Geophys Res Lett, 38, L06402, doi: 10.1029/2010GL046230

Myneni R B, Hoffman S, Knyazikhin Y. 2002. Global products of vegetation leaf area and fraction absorbed PAR from year one of MODIS data. Remote Sens. Environ, 83(1-2): 214-231

Penman H L. 1948. Natural evaporation from open water, bare soil and grass. Proceedings of the Royal Society of Loudon, A Series 193: 120-145

Priestley C H B, Taylor R J. 1972. On the assessment of surface heat flux and evaporation using large-scale parameters. Mon Weather Rev, 100(2): 81-92.

Raftery A E, Gneiting T, Balabdaoui F, Polakowski M. 2005. Using Bayesian model averaging to calibrate forecast ensembles american meteorological society. Boston, MA, ETATS-UNIS

Roberts B G, Underdale M, Doll C. 2010. First operational BRDF, Albedo and Nadir reflectance products from MODIS. Remote Sens Environ, 83: 135-148

Seguin B, Itier B. 1983. Using midday surface temperatures to estimate daily evaporation from satellite thermal IR data. International Journal of Remote Sensing, 4: 371-383

Sellers P J, Bounoua L, Collatz G J, et al. 1996. Comparison of radiative and physiological effects of double atmospheric CO_2 on climate. Science, 271: 1402-1406

Shuttleworth W J, Wallace J S. 1985. Evaporation from sparse crops-an energy combination theory. Quarterly Journal of the Royal Meteorological Society, 111: 839-855

Twine T E, Kustas W P, Norman J M, Cook D R, Houser P R, Meyers T P, Prueger J H, Starks P J, Wesely M L. 2000. Correcting eddy-covariance flux underestimates over a grassland. Agric For Meteorol, 103(3): 279-300

Van den Hurk B J, Bastiaanssen W G, Pelgrum H. 1997. A new methodology for assimilation of initial soil moisture fields in weather prediction models using METEOSAT and NOAA data. Journal of Applied Meteorology, 36: 1271-1283

Wang K, Dickinson R, Wild M, Liang S. 2010a. Evidence for decadal variation in global terrestrial evapotranspiration between 1982 and 2002. Part 1: Model development. J Geophys Res, 115: D20112

Wang K, Dickinson R, Wild M, Liang S. 2010b. Evidence for decadal variation in global terrestrial evapotranspiration between 1982 and 2002. Part 2: Results. J Geophys Res, 115: D20113

Wang K, Dickinson R. 2012. A review of global terrestrial evapotranspiration: Observation, modeling, climatology and climatic variability. Rev Geophys, 50: RG2005

Wang K, Li Z, Crib M. 2006. Estimation of evaporative fraction from a combination of day and night land surface temperatures and NDVI: A new method to determine the Priestley–Taylor parameter. Remote

Sensing of .Environment, 106: 293-305

Yao Y, Liang S, Cheng J. 2013. MODIS-driven estimation of terrestrial latent heat flux in China based on a modified Priestley-Taylor algorithm. Agric For Meteorol, 171-172, 187-202

Yuan W, Liu S, Yu G, Bonnefond J, Chen J, Davis K, et al. 2010. Global estimates of evapotranspiration and gross primary production based on MODIS and global meteorology data. Remote Sensing of Environment, 114: 1416-1431

Zhao M, Heinsch F A, Nemani R, Running S W. 2005. Improvements of the MODIS terrestrial gross and net primary production global data set. Remote Sens Environ, 95: 164-176

第 12 章 植被总初级生产力遥感反演方法

袁文平[1]，李彤[1]，梁顺林[2,3]，周艳莲[4]，居为民[4]

陆地生态系统植被生产力反映了植物通过光合作用吸收大气中的 CO_2，转化光能为化学能，同时累积有机干物质的过程，体现了陆地生态系统在自然条件下的生产能力，是一个估算地球支持能力和评价生态系统可持续发展的重要生态指标。对于陆地生态系统植被生产力的研究一直是全球变化领域内的热点，对其模拟的准确与否直接决定了对后续碳循环要素（如叶面积指数、凋落物、土壤呼吸、土壤碳等）的模拟精度，也关系到能否准确评估陆地生态系统对人类社会可持续发展的支持能力。基于遥感数据的光能利用率模型一直是模拟植被生产力的主要方法。GLASS 植被生产力算法结合了国际上主流的八种方法，并比较了三种集合预估方法，利用全球 155 个涡度相关通量站点的观测资料开展模型参数拟合和验证，确定了最优的算法组合和集合预估方法，生产了全球 16 天 1km（2000 年之后）和 5km（2000 年之前）的植被生产力产品，为开展全体碳循环研究提供了数据支持。本章将系统介绍 GLASS 植被生产力算法，并介绍产品的全球验证情况。

12.1 研 究 意 义

植被是陆地生态系统的主体，在维持全球物质与能量循环、调节碳平衡、减缓大气 CO_2 浓度上升及全球气候变暖等方面扮演着重要的角色。其中陆地生态系统植被生产力反映了植物通过光合作用吸收大气中的 CO_2，转化光能为化学能，同时累积有机干物质的过程，体现了陆地生态系统在自然条件下的生产能力，是一个估算地球支持能力和评价生态系统可持续发展的重要生态指标；同时，植被面积占陆地总面积的 80%左右，对全球变化的反应至关重要，植被对气候变化的调节与反馈作用是人类调节气候、减缓大气 CO_2 浓度增加的主要手段。不仅如此，大约 40%陆地生态系统的生产力被人类直接或间接的利用（Vitousek et al.，1997），转化为人类的食物、燃料等资源，是人类赖以生存与持续发展的基础。

植被生产力的思想最早可以追溯到公元 300 多年前（Lieth，1975），真正的、系统的研究开始于 20 世纪初，以 1932 年丹麦植物生理学家 P. Boysen-Jeose 开始的以光合作用为核心的一系列植物生理实验为标志。他在 1932 年出版的名著《植物的物质生产》

---

1. 北京师范大学地表过程与资源生态国家重点实验室；2. 遥感科学国家重点实验室，北京市陆表遥感数据产品工程技术研究中心，北京师范大学地理科学学部；3. 美国马里兰大学帕克分校地理科学系；4. 南京大学国际地球系统科学研究所

一书中，第一次明确地提出了总生产量（gross production）和净生产量（net production）的概念及其计算公式。以后，以英国 Watson 为代表的生长分析学派在 20 世纪 50 年代提出了著名的 Watson 法则，日本生态学家门司和佐伯提出了群落光合作用理论（Monsi-Saeki theory）（方精云等，2001）。这些经典性工作为生态系统生产力研究奠定了坚实的理论基础。

植被生产力可以分为总初级生产力（gross primary production，GPP）和净初级生产力（net primary production，NPP）。前者是指生态系统中绿色植物通过光合作用，吸收太阳能同化二氧化碳制造有机物的速率。后者则表示了从总初级生产力中扣除植物自养呼吸所消耗的有机物后剩余的部分。在植被总初级生产力中，平均约有一半有机物通过植物的呼吸作用重新释放到大气中，另一部分则构成植被净第一性生产力，形成生物量。

对于陆地生态系统植被生产力的研究一直是全球变化领域内的热点，对其模拟的准确与否直接决定了对后续碳循环要素（如叶面积指数、凋落物、土壤呼吸、土壤碳等）的模拟精度，也关系到能否准确评估陆地生态系统对人类社会可持续发展的支持能力。植被生产力的模拟研究经历了从最初的简单统计模型、遥感资料驱动的过程模型到目前动态全球植被模型等多个发展阶段。遥感资料因其能够提供时空连续的植被变化特征，在区域评估和预测研究中扮演了不可替代的角色。

12.2 GLASS 植被生产力算法

12.2.1 理论基础

光能利用率模型对光合作用做了理论上的简化和抽象，并做了以下几点假设：在适宜的环境条件下（温度、水分、养分等），植物光合作用强弱取决于叶片吸收太阳有效辐射的量，并且植物以一个固定的比例（即潜在光能利用率）转化太阳能为化学能；在现实的环境条件下，潜在光能利用率通常受到水分、温度及其他环境因子的限制。为此，植被生产力可以用下述的一系列公式表示：

$$GPP = FPAR \times PAR \times \varepsilon_{max} \times f \tag{12.1}$$

式中，FPAR 为植物冠层吸收的光合有效辐射的比例；PAR 为入射的光合有效辐射，两者乘积为植物冠层吸收的光合有效辐射；ε_{max} 为潜在光能利用率；f 为各种环境胁迫对光能利用率的限制作用，两者乘积表示现实环境条件下的光能利用率。如前所述，基于遥感资料的植被指数能够有效反映植被冠层叶绿素比例，通常被用于计算 FPAR。而不同模型所考虑的环境限制因子亦存在较大的差异。

12.2.2 算法概述

GLASS-GPP 产品将采用贝叶斯多算法集成方法，集合目前国际上应用广泛的 8 个光能利用率模型：CASA、CFix、CFlux、EC-LUE、MODIS、VPM、VPRM 和 Two-leaf。算法发展和验证是基于全球涡度相关通量站点数据（http：//www.fluxdata.org），站点数目为 155 个，包含了 9 种陆地生态系统类型：常绿阔叶林、常绿针叶林、落叶阔叶林、混交林、温带草地、热带稀树草原、灌木、农田和苔原。算法发展过程中同时需要使用遥感和气象数据。其中，遥感数据统一使用 MODIS 数据，气象数据则使用通量站点的数据。

12.2.3 单个算法描述

1. CASA 模型

CASA（carnegie-ames-stanford approach）模型（Potter et al.，1993）是最早发展的光能利用率模型之一，该模型基于光能利用率模型原理直接计算植被净第一性生产力。

$$NPP = FPAR \times PAR \times \varepsilon_{max} \times f(T_1, T_2, W) \tag{12.2}$$

式中，T_1、T_2 和 W 为两个温度和水分胁迫对光能利用率的限制作用；ε_{max} 为理想条件下的最大光能转化率，取值为 0.389 g C/MJ（Potter et al.，1993）。

在 CASA 模型中，植被对太阳有效辐射的吸收比例取决于植被类型和植被覆盖状况，并使其最大值不超过 0.95，计算公式为

$$FPAR = \min[(SR - SR_{min})/(SR_{max} - SR_{min}), 0.95] \tag{12.3}$$

$$SR = (1 + NDVI)/(1 - NDVI) \tag{12.4}$$

式中，SR_{min} 取值为 1.08；SR_{max} 的大小与植被类型有关，取值范围为 4.14～6.17。

T_1 反映了在低温和高温时植物内在的生化作用对光合的限制（Potter et al.，1993；Field et al.，1995），可计算如下：

$$T_1 = 0.8 + 0.02 \times T_{opt} - 0.0005 \times T_{opt}^2 \tag{12.5}$$

式中，T_{opt} 为某一区域一年内 NDVI 值达到最高时月份的平均气温。当某一月平均温度小于或等于−10℃时，T_1 为 0。

T_2 表示环境温度从最适宜温度（T_{opt}）向高温和低温变化时植物的光能转化率逐渐变小的趋势，可计算如下：

$$T_2 = 1.1814 / \left[1 + e^{0.2 \times (T_{opt} - 10 - T)}\right] / \left[1 + e^{0.3 \times (-T_{opt} - 10 - T)}\right] \tag{12.6}$$

当某一月平均温度 T 比最适宜温度 T_{opt} 高 10℃或低 13℃时，该月的 T_2 值等于月平均温度 T 为最适宜温度 T_{opt} 时 T_2 值的一半。

水分胁迫影响系数（W）反映了植物所能利用的有效水分条件对光能转化率的影响。随着环境有效水分的增加，W 逐渐增大。它的取值范围为 0.5（在极端干旱条件下）～1（非常湿润条件下）：

$$W = 0.5 + 0.5 EET / PET \tag{12.7}$$

式中，PET 为可能蒸散量，由 Thornthwaite 公式计算，估计蒸散 EET 由土壤水分子模型求算。当月平均温度小于或等于 0℃时，该月的 W 等于前一个月的值。

2. CFix 模型

CFix 模型是典型的光能利用率模型，由温度、光合有效辐射和植被对太阳有效辐射的吸收比例驱动（Veroustraete et al.，2002）。该算法可以模拟每日的植被总初级生产力：

$$GPP = PAR \times FPAR \times LUE_{wl} \times \rho(T) \times CO_2 fert \tag{12.8}$$

式中，LUE_{wl} 为考虑了水分胁迫后的光能利用率；$\rho(T)$ 为标准化的温度影响因子；$CO_2 fert$

为标准化的 CO_2 施肥效应影响因子。

Verstraeten 等（2006）考虑了两方面的水分胁迫对于气孔的调节：土壤水分胁迫（F_s）和大气水分变化（F_a）。在原算法中，F_s 由土壤湿度计算，F_a 则利用蒸散发比例（EF）反映。由于土壤湿度在时空尺度上模拟存在较大的难度，因此在本书中，我们只考虑大气水分变化，即只利用 EF 来模拟 F_a，用下式来计算 LUE_{wl}：

$$LUE_{wl} = [LUE_{min} + F_a \times (LUE_{max} - LUE_{min})] \quad (12.9)$$

LUE_{wl} 由最大的光能利用率（LUE_{max}）和最小的光能利用率（LUE_{min}）共同决定。

CFix 算法使用一个线性的公式通过 NDVI 计算 FPAR，线性公式的系数来源于 Myneni 和 Williams（1994）：

$$FPAR = 0.8624 \times NDVI - 0.0814 \quad (12.10)$$

温度影响因子采用 Wang（1996）的方案计算，如式（12.11）CO_2 施肥效应采用 Veroustraete（1994）的公式计算，如式（12.12）：

$$\rho(T) = \frac{e^{(C_l - \frac{\Delta H_{a,P}}{R_g \times T})}}{1 + e^{\frac{\Delta S \times T - \Delta H_{d,P}}{R_g \times T}}} \quad (12.11)$$

$$CO_2 fert = \frac{[CO_2] - \frac{[O_2]}{2s}}{[CO_2]^{ref} - \frac{[O_2]}{2s}} \frac{K_m \times (1 + \frac{[O_2]}{K_0}) + [CO_2]^{ref}}{K_m \times (1 + \frac{[O_2]}{K_0}) + [CO_2]} \quad (12.12)$$

式中，在温度影响方程中的参数 C_l, ΔS, $\Delta H_{a,P}$, $\Delta H_{d,P}$ 和 R_g 取值分别为 21.77，704.98 J/(K·mol)，52750 J/mol，211000 J/mol 和 8.31 J/(K·mol)（Veroustraete et al.，2002）。参数值 s, K_m, K_0 和 $[CO_2]^{ref}$ 取值分别为 2550，948，30 和 281 ppm。此外，大气中氧气浓度（$[O_2]$）被设定为 209000 ppm，CO_2 浓度（$[CO_2]$）为全球 CO_2 浓度本底站点观测的年平均值，数据来源于 Cooperative Global Air Sampling network（http://www.esrl.noaa.gov/gmd/ccgg/trends/global.html）。

3. CFlux 模型

CFlux 模型是基于气象和遥感数据（植被类型覆盖、林龄和植被吸收辐射比例）驱动用于模拟植被生产力（Turner et al.，2006；King et al.，2011）。与其他同类模型相比，CFlux 模型考虑了林龄对于植被生产力的影响，模型式为

$$GPP = PAR \times FPAR \times LUE_{eg} \quad (12.13)$$

$$LUE_{eg} = LUE_{g\_base} \times T_s \times \min(W_s, S_{SWg}) \times S_{SAg} \quad (12.14)$$

$$LUE_{base} = (LUE_{max} - LUE_{cs}) \times S_{CI} + LUE_{cs} \quad (12.15)$$

式中，T_s 和 W_s 分别为最低温度和大气水分亏缺对于植被生产力的影响，计算公式采用 MODIS-GPP 的算法[式（12.20）、式（12.21）]，其值为 0~1，取值为 1 时表示温度和大气水分对植被无胁迫效应，为 0 时表示胁迫导致植被光合作用停止。此外，CFlux 模型引入了土壤水分胁迫（S_{SWg}）对于植被生产力的影响。由土壤湿度计算一般精度较低，

在本书中，我们使用蒸发散比例表征 W_s 来计算土壤水分胁迫。S_{CI} 为云量指数，根据实际观测的辐射和潜在的辐射比例计算而来，变化范围从 0（晴天）～1（阴天）（Turner et al.，2006）；LUE_{cs} 为晴天条件下的最大光能利用率；LUE_{max} 为阴天条件下的最大光能利用率。对于森林生态系统，CFlux 模型考虑了林龄对于植被生产力的影响（Van Tuyl et al.，2005；Turner et al.，2006）。在非森林生态系统类型上，林龄指数（S_{Sag}）被定义为 1。

4. EC-LUE 模型

EC-LUE（eddy covariance-light use efficiency）模型是基于涡度相关碳通量站点资料发展起来的光能利用率模型（Yuan et al.，2007，2010），总方程可以表达为

$$GPP = FPAR \times PAR \times \varepsilon_{max} \times \min(f(T), f(W)) \tag{12.16}$$

该模型考虑温度[$f(T)$]和水分[$f(W)$]对潜在光能利用率的限制作用，并且认为两者的限制作用遵循生态学的最小因子法则，即最终环境的限制取决于胁迫最为强烈的环境因子。

温度限制因子 $f(T)$ 采用式（12.17）计算，当空气温度 T_a 低于 T_{min} 或者高于 T_{max} 时 $f(T)$ 均为 0，即假定植物停止光合作用。在 EC-LUE 模型中 T_{min} 和 T_{max} 分别取值 0℃ 和 40℃，T_{opt} 则为待定参数。

$$T_s = \frac{(T_a - T_{min}) \times (T_a - T_{max})}{(T_a - T_{min}) \times (T_a - T_{max}) - (T_a - T_{opt})^2} \tag{12.17}$$

EC-LUE 模型使用蒸散系数（EF）表示水分条件对于实际光能利用率的限制作用 $f(W)$。EF 计算公式为

$$EF = \frac{LE}{LE + H} \tag{12.18}$$

式中，LE 和 H 分别为生态系统的潜热和感热通量（W/m^2）。蒸散系数能够很好地反映生态系统内实际的水分条件，当生态系统内可利用水分充足时，生态系统内的潜热通量占总能量的比例便会增加，相应地 EF 值增加，反之亦然。蒸散系数已经被许多研究应用于评价局地的水分条件（Kurc and Small，2004；Zhang et al.，2004；Suleiman and Crago，2004）。然而在区域或全球尺度应用时，为了减少模型复杂性，Yuan 等（2010）假定土壤热通量可以忽略不计，即假设潜热和感热之和近似等于净辐射。这样所有的计算植被生产力变量都可以通过遥感资料和常规气象观测资料进行估算，从而使得对于植被生产力在空间上的模拟更加容易。

植被吸收太阳光合有效辐射的比例采用 Myneni 和 Williams（1994）的方法进行计算：

$$FPAR = a \times NDVI + b \tag{12.19}$$

式中，a 和 b 为经验参数，分别取值为 1.24 和 0.168，该公式和参数已经在全球区域内多个生态系统内加以验证，具有广泛的代表性（Sims et al.，2005）。

Yuan 等（2010）利用美洲和欧洲通量网的 32 个站点资料对模型参数进行拟合，在其他 35 个站点进行验证。拟合的潜在光能利用率和植物光合作用最适宜温度分别为 2.25 g C/MJ 和 21℃。结果显示 EC-LUE 模型在拟合站点和验证站点分别能够解释 75%

和 61%的 GPP 变化。

与其他光能利用率模型不同的是，EC-LUE 模型具有全球统一的模型参数，其参数（潜在光能利用率和植物最适宜生长温度）不随着植被、地理区域、气候类型变化而变化。这一特点大大加强了该模型在区域和全球尺度上的应用。Yuan 等（2010）利用 MERRA 再分析气象资料和 MODIS 数据模拟了全球 GPP 的时空分布格局。

5. MODIS-GPP 模型

MODIS-GPP 产品（MOD17）是基于光能利用率原理发展而来的全球范围的 GPP 遥感数据产品，自发布以来已经被广泛地应用于各种植被生产力的评价和应用研究。MODIS-GPP 产品使用分段函数表示水分和温度对潜在光能利用率的限制作用。

$$f(\text{TMIN}) = \begin{cases} 0 & \text{TMIN} < \text{TMIN}_{min} \\ \dfrac{\text{TMIN} - \text{TMIN}_{min}}{\text{TMIN}_{max} - \text{TMIN}_{min}} & \text{TMIN}_{min} < \text{TMIN} < \text{TMIN}_{max} \\ 1 & \text{TMIN} > \text{TMIN}_{max} \end{cases} \quad (12.20)$$

$$f(\text{VPD}) = \begin{cases} 1 & \text{VPD} < \text{VPD}_{min} \\ \dfrac{\text{VPD} - \text{VPD}_{min}}{\text{VPD}_{max} - \text{VPD}_{min}} & \text{VPD}_{min} < \text{VPD} < \text{VPD}_{max} \\ 0 & \text{VPD} > \text{VPD}_{max} \end{cases} \quad (12.21)$$

式中，f（TMIN）和 f（VPD）分别为最低温度和水分对潜在光能利用率的限制作用；TMIN 为日空气最低温度；VPD 为空气水汽压亏缺；TMIN_{max} 和 TMIN_{min} 分别为植物光合作用最高和最低的温度阈值；VPD_{max} 和 VPD_{min} 分别为限制植物光合作用最低和最高的 VPD 阈值，如图 12.1 所示。

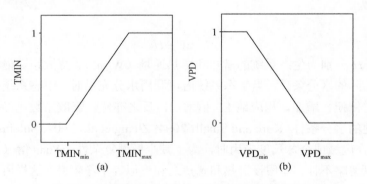

图 12.1 温度和水分对潜在光能利用率的限制曲线

MODIS-GPP 产品算法在不同植被类型中确定了一套经验参数值，详见表 12.1（Zhao and Running，2010）。植被类型的确定对于 GPP 产品的精度具有至关重要的影响。MODIS-GPP 产品使用 MODIS 土地利用覆盖产品（MOD12Q1），该产品采用 IGBP（international geosphere-biosphere programme）17 类土地覆盖分类系统（Belward et al.，1999）。已有的研究显示该分类图在全球范围内对植被类型的划分精度平均为 65%～80%，在空间异质性小的区域内精度则更高（Hansen et al.，2000）。

MODIS-GPP 产品驱动数据除了 MODIS-FPAR 产品外，还包括了气象要素：日平均和最低温度、入射的光合有效辐射、绝对湿度。在实际应用中，MODIS-GPP 产品采用

表 12.1 MODIS-GPP 产品参数值

参数变量	参数值					
	ENF	EBF	DNF	DBF	MF	WL
ε_{max}	0.000962	0.001268	0.001086	0.001165	0.001051	0.001239
$TMIN_{min}$	−8	−8	−8	−6	−7	−8
$TMIN_{max}$	8.31	9.09	10.44	9.94	9.50	11.39
VPD_{min}	650	800	650	650	650	650
VPD_{max}	4600	3100	2300	1650	2400	3200

参数变量	参数值				
	Wgrass	Cshrub	Oshrub	Grass	Crop
ε_{max}	0.001206	0.001281	0.000841	0.00086	0.001044
$TMIN_{min}$	−8	−8	−8	−8	−8
$TMIN_{max}$	11.39	8.61	8.80	12.02	12.02
VPD_{min}	650	650	650	650	650
VPD_{max}	3100	4700	4800	5300	4300

注：①ENF. 常绿针叶林；EBF. 常绿阔叶林；DNF. 落叶针叶林；DBF. 落叶阔叶林；MF. 混交林；WL. 稀疏林地；Wgrass. 稀树草原；Cshrub. 浓密灌木；Oshrub. 稀疏灌木；Grass. 草地；Crop. 农田。②ε_{max} 的单位：kgC/MJ；TMIN 的单位：℃；VPD 的单位：Pa。

DAO（data assimilation office）再分析资料用以估算全球尺度 GPP。该套再分析资料使用全球大气环流模式（GCM），同时使用了地面和卫星观测资料，产生了空间分辨率为 1°纬度×1.25°经度的、每 6 小时的地表气象数据。

6. VPM 模型

VPM（vegetation photosynthesis model）模型将叶片和森林冠层分为光合作用植被（photosynthetically active vegetation，PAV）和非光合作用植被（nonphotosynthetic active vegetation，NAV）（Xiao et al.，2005）。因此 VPM 模型的基本公式表达如下式：

$$GPP = FPAR \times PAR \times \varepsilon_{max} \times f(T) \times f(W) \times f(P) \quad (12.22)$$

式中，$f(T)$，$f(W)$ 和 $f(P)$ 分别为温度、水分和物候对潜在光能利用率的限制因子。温度限制函数以式（12.17）计算。

水分胁迫因子计算方法如下式：

$$f(W) = \frac{1+LSWI}{1+LSWI_{max}} \quad (12.23)$$

式中，LSWI 为陆地表面水分指数（land surface water index，LSWI）（Xiao et al.，2004）；$LSWI_{max}$ 为生长季中最大的 LSWI。LSWI 定义为

$$LSWI = \frac{\rho_{NIR} - \rho_{SWIR}}{\rho_{NIR} + \rho_{SWIR}} \quad (12.24)$$

式中，NIR 为波长 841～876 nm 的反射率；SWIR 为波长为 1628～1652 nm 的反射率。

$f(P)$ 表征了物候对于光能利用率的影响，该值与植物叶片寿命（落叶或常绿）有关。对于落叶植物，$f(P)$ 在萌发到完全展叶，以及植物开始凋落到完全凋落时使用下述公式计算：

$$f(P) = \frac{1+\text{LSWI}}{2} \tag{12.25}$$

在完全展叶期 $f(P)$ 设定为 1，完全凋落期设定为 0。

7. VPRM 模型

VPRM 是在 VPM 的基础上做了部分改进，算法公式为

$$\text{GPP} = \text{PAR} \times \text{FPAR} \times \frac{1}{(1+\text{PAR}/\text{PAR}_0)} \times \text{LUE}_{\max} \times f(T) \times f(P) \times f(W) \tag{12.26}$$

式中，PAR_0 为光合有效辐射半饱和点；其他各个变量计算公式与 VPM 模型等同。

8. Two-Leaf 模型

两叶光能利用率模型（Two-Leaf）TL-LUE 将冠层分为阴叶和阳叶两部分，分别利用 MOD17 算法计算其 GPP，整个冠层的 GPP 计算为

$$\text{GPP} = (\varepsilon_{\text{msu}} \times \text{APAR}_{\text{su}} + \varepsilon_{\text{msh}} \times \text{APAR}_{\text{sh}}) \times f(\text{VPD}) \times f(\text{TMIN}) \tag{12.27}$$

式中，最低气温 TMIN 和 VPD 的订正因子 $f(\text{TMIN})$ 和 $f(\text{VPD})$ 分别采用 MODIS 算法的式（12.20）和式（12.21）；ε_{msu} 和 ε_{msh} 分别为阳叶和阴叶的最大光能利用率；APAR_{su} 和 APAR_{sh} 分别为阳叶和阴叶吸收的 PAR，计算为

$$\text{APAR}_{\text{sh}} = (1-\alpha) \times [(\text{PAR}_{\text{dif}} - \text{PAR}_{\text{dif\_u}})/\text{LAI} + C] \times \text{LAI}_{\text{sh}} \tag{12.28}$$

$$\text{APAR}_{\text{su}} = (1-\alpha) \times \left[\frac{\text{PAR}_{\text{dir}} \times \cos(\beta)}{\cos(\theta)} + \frac{\text{PAR}_{\text{dif}} - \text{PAR}_{\text{dif\_u}}}{\text{LAI}} + C\right] \times \text{LAI}_{\text{su}} \tag{12.29}$$

式中，α 为反照率，由植被类型决定，取值见 Runing 等（2000）；$\text{PAR}_{\text{dif\_u}}$ 为冠层下方的散射 PAR，其表达式见式（12.30）；$(\text{PAR}_{\text{dif}} - \text{PAR}_{\text{dif\_u}})/\text{LAI}$ 为单位 LAI 的散射 PAR；C 为冠层内部辐射的多次散射项，见式（12.31）；β 为叶倾角，一般认为冠层为球形分布，β 取值为 60°；θ 为太阳天顶角；PAR_{dif} 和 PAR_{dir} 分别为入射 PAR 的散射和直射分量（Chen et al.，1999）：

$$\text{PAR}_{\text{dif\_u}} = \text{PAR}_{\text{dir}} \exp(-0.5\Omega\text{LAI}/\cos\theta) \tag{12.30}$$

$$C = 0.07\Omega S_{\text{dir}}(1.1 - 0.1\text{LAI})\exp(-\cos\theta) \tag{12.31}$$

$S_{\text{dif}}/S_{\text{g}}$ 通过分析气象站的散射辐射和总辐射数据得到，如通过分析南京、上海、赣州、南昌四个气象站的散射辐射和总辐射数据，发现散射辐射与总辐射之间存在以下关系：

$$S_{\text{dif}}/S_{\text{g}} = 0.7527 + 3.8453R - 16.316R^2 + 18.962R^3 - 7.0802R^4 \tag{12.32}$$

式中，S_{dif} 为散射辐射量；S_{g} 为总辐射量；R 为晴空指数 $\left[R = S_{\text{g}}/(S_0 * \cos\theta)\right]$；$S_0 = I_0/\rho^2$；$I_0$ 为太阳常数（1367 W/m²）；ρ 为日地相对距离。

假设光合有效辐射占总辐射的比例为 50%（Weiss and Norman，1985；Tsubo and Walker，2005；Jacovides et al.，2007；Bosch et al.，2009），将计算的直接和散射辐射换算为直射和散射 PAR。

式(12.34)和式(12.33)中的 LAI$_{sh}$ 和 LAI$_{su}$ 分别为阴叶和阳叶的 LAI,计算为(Chen et al., 1999)

$$LAI_{su} = 2 \times \cos(\theta) \times [1 - \exp(-0.5 LAI/\cos(\theta))] \quad (12.33)$$

$$LAI_{sh} = LAI - LAI_{su} \quad (12.34)$$

其中,Ω 为聚集度系数,与地表覆盖类型、季节和太阳高度角等有关,取值考虑该参数随植被类型的变化,参见文献(Tang et al., 2007)。

ε_{msu} 和 ε_{msh} 的取值:根据全球 64 个通量站点多年的数据,优化两叶光能利用率模型,得到不同植被类型的阴阳叶最大光能利用率参数。其值见表 12.2。

表 12.2 不同植被类型的阳叶和阴叶的最大光能利用率

	阳叶(LUEmax_su)	阴叶(LUEmax_sh)
DBF	0.55	2.21
DNF	0.65	2.90
EBF	0.40	1.68
ENF	0.54	2.06
MF	0.65	3.03
CROP	0.96	4.03
Grass	0.57	2.00
Shrub	0.36	1.62
Woody Shrub	0.44	2.42

注:最大光能利用率单位为 gC/MJ。

12.2.4 多模型集合算法

在建立植被生产力算法的过程中,我们比较了三种多模型集合算法:贝叶斯方法(Duan et al., 2010)、简单平均方法和多元回归方法。构建植被生产力集合算法,集合策略是在参数拟合站点上确定各个模型权重,并采取独立验证的方法对集合效果进行检验,即选取一半的站点确定模型权重,另外一半的站点进行验证。我们采用 Nash-Sutcliff 模型系数(NSE, Nash and Sutcliffe, 1970)反映模型模拟水平:

$$NSE = 1 - \frac{\sum_{n=1}^{N}(GPP_{EC}(n) - GPP_{LUE}(n))^2}{\sum_{n=1}^{N}(GPP_{EC}(n) - \overline{GPP_{EC}})^2} \quad (12.35)$$

式中,GPP$_{EC}$ 为通量数据反演的 GPP,是模型 GPP 的参考值;GPP$_{LUE}$ 为光能利用率模型的 GPP 模拟值;N 为数据数量;$\overline{GPP_{EC}}$ 为 GPP$_{EC}$ 的算数平均值。NSE 值介于负无限小和 1 之间,当 NSE = 1 时说明模拟值与观测值相比很好地反映了其变化,因此 NSE 越接近于 1 说明模型模拟效果越好。

结果表明多模型集合算法相比于单个算法能够有效提高模拟精度,然而结果同时显示集合的模型并非越多越好,当参与集合的模型数目为 4 个的时候,NSE 值显示了最佳的模拟效果(图 12.2)。在三种方法的比较中,多元回归集合方法显示了更好的模拟精度,并且使 EC-LUE、Cflux、TL-LUE 和 VPRM 四种模型的集合精度最高。

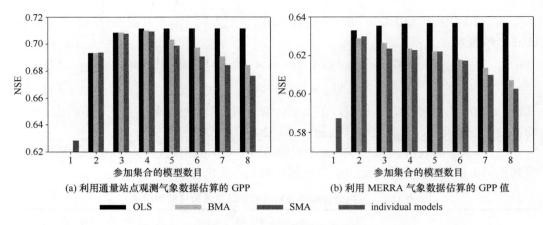

图 12.2 不同集合模型方案的模拟效率（NSE）比较

OLS 表示多元回归集合方法；BMA 表示贝叶斯集合方法；SMA 表示简单平均集合方法；NSE 值表示了该数目下最佳的模拟方案的 NSE 值绿色柱子显示单个最佳模型的 NSE 值，在（a）中是 TL-LUE 模型，(b) 中是 VPRM 模型

图 12.3 显示了 8 种模型和回归集成方法在验证站点的模拟结果。其中图 12.3（a）显示了利用通量站点气象观测数据估算的 GPP 与通量站点反演 GPP 的比较结果，图 12.3（b）则显示了利用 MERRA 气象数据生产的 GLASS-GPP 产品的精度。综合来看，在两种情况下，各个模型表现相对一致，回归集成方法显示了最高的模拟能力。因此，GLASS-GPP 产品将采用 EC-LUE、CFlux、TL-LUE 和 VPRM 四种模型的集合方案。

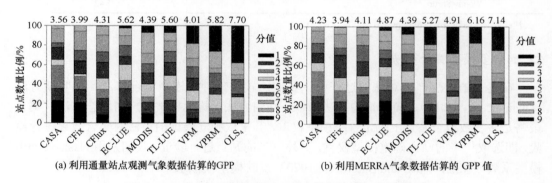

图 12.3 8 个光能利用率模型和集合模型模拟得分值统计图

在每个站点上，比较 8 个模型和集合模型的 NSE 值，按照 NSE 值大小进行打分，具有最高 NSE 值的模型得分为 9 分，最低 NSE 值的模型得分为 1 分，统计所有站点 8 个模型和集合模型的平均得分；其中数字显示平均得分

12.3 全球植被生产力产品

12.3.1 输入数据

在生产全球植被生产力产品时使用的气象要素主要有：空气温度、大气湿度、生态系统蒸发散和光合有效辐射。其中，空气温度和大气湿度来源于 MERRA（modern era retrospective-analysis for research and applications）再分析数据集。该数据集原始数据分辨率为 0.5°纬度×0.6°经度，经过空间插值产生全球 1km×1km 的数据资料。生态系统蒸发散数据使用 GLASS-ET 产品（Yao et al.，2013）。光合有效辐射数据首选 GLASS-PAR

产品，然而，由于 GLASS-PAR 产品在时间和空间上的限制，我们在没有 GLASS-PAR 产品的时间和地区采用 MERRA 的光合有效辐射数据，同样是经过了空间插值。植被生产力产品所使用的植被数据包括 GLASS-FPAR 产品、GIMMS-NDVI 产品、MODIS-NDVI 产品和 MODIS-EVI 产品。表 12.3 汇总了各个算法所使用的输入数据。

表 12.3 GLASS-GPP 算法输入数据

算法	遥感数据	气象数据
CASA	GIMMS-NDVI	T_a、GLASS-ET
CFix	GIMMS-NDVI	T_a、GLASS-ET
CFlux	GLASS-FPAR	T_a、GLASS-ET
EC-LUE	GLASS-FPAR	T_a、ET
MODIS	GLASS-FPAR	T_a、VPD
VPM	MODIS-EVI、LSWI	T_a、GLASS-ET
VPRM	MODIS-EVI、LSWI	T_a、GLASS-ET
Two-Leaf	GLASS-LAI	T_a、GLASS-ET

注：T_a. 空气温度；ET. 生态系统蒸发散；VPD. 饱和水汽压差。

12.3.2 产品描述

1. 产品基本信息

（1）时间范围：1982～2012 年；

（2）空间范围：全球陆地（除南极洲以外）；

（3）空间分辨率：1982～2000 年为 5km，2001～2012 年为 1km；

（4）时间分辨率：8 天。

2. 产品所包含的数据要素

（1）单个算法的 GPP 值：CASA、CFix、CFlux、EC-LUE、MODIS、VPM、VPRM 和 Two-Leaf。

（2）集合算法的 GPP 值（EC-LUE、CFlux、TL-LUE 和 VPRM 四种模型的集合算法）。

3. 产品精度验证方案和精度评价

产品精度验证将利用全球现有的涡相关通量站点资料进行。验证站点信息如表 12.4 所示。对于产品精度 GLASS-GPP 质量检验将在两个方面开展。第一，GLASS-GPP 产品值（气象数据为 MERRA 数据）与涡相关通量站点反演的 GPP 值进行比较。第二，GLASS-GPP 产品值与利用通量站点实际观测的气象数据估算的 GPP 值进行比较。通过这两方面的比较，同时反映算法与 MERRA 气象数据对于 GLASS-GPP 产品精度的影响。

图 12.4 显示了两种情况下 8 个模型和回归集成模型在 9 个陆地主要植被类型上的模拟精度。总体而言，针对不同的植被类型，8 个模型的表现各不相同，但是回归集成模型几乎在所有的植被类型上均表现出最优的模拟精度。在大部分的植被类型中，通量气象站点估算的 GPP 与 GLASS-GPP 产品相比更加接近于站点反演的 GPP。

表 12.4 模型参数化、验证的通量站点信息

植被类型	站点名称	纬度	经度	数据年份
SHR	It-noe	40.61°N	8.15°E	2004~2006
SHR	Us-ks2	28.61°N	80.67°W	2000~2006
SHR	Us-so2	33.37°N	116.62°W	2004~2006
SHR	Us-so3	33.38°N	116.62°W	2001，2003，2005~2006
SHR	Us-so4	33.38°N	116.64°W	2004~2006
DBF	Ca-oas	53.63°N	106.20°W	2000~2005
DBF	De-hai	51.08°N	10.45°E	2000~2006
DBF	Dk-sor	55.49°N	11.65°E	2004~2006
DBF	Fr-fon	48.48°N	2.78°E	2005~2006
DBF	Fr-hes	48.67°N	7.06°E	2000~2006
DBF	It-col	41.85°N	13.59°E	2000~2006
DBF	It-non	44.69°N	11.09°E	2001~2003，2006
DBF	It-pt1	45.20°N	9.06°E	2002~2004
DBF	It-ro1	42.41°N	11.93°E	2000~2006
DBF	It-ro2	42.39°N	11.92°E	2002~2006
DBF	It-vig	45.32°N	8.85°E	2004~2005
DBF	Se-abi	68.36°N	18.79°E	2005
DBF	Uk-ham	51.15°N	0.86°W	2004~2005
DBF	Uk-pl3	51.45°N	1.27°W	2005~2006
DBF	Us-bar	44.06°N	71.29°W	2004~2005
DBF	Us-bn2	63.92°N	145.38°W	2003
DBF	Us-dk2	35.97°N	79.10°W	2003~2005
DBF	Us-ha1	42.54°N	72.17°W	2000~2006
DBF	Us-lph	42.54°N	72.18°W	2002~2005
DBF	Us-mms	39.32°N	86.41°W	2000~2006
DBF	Us-moz	38.74°N	92.20°W	2004~2006
DBF	Us-umb	45.56°N	84.71°W	2000~2003
DBF	Us-wcr	45.81°N	90.08°W	2000~2006
DBF	Us-wi1	46.73°N	91.23°W	2003
DBF	Us-wi8	46.72°N	91.25°W	2002
EBF	Au-tum	35.66°S	148.15°E	2001~2006
EBF	Au-wac	37.43°S	145.19°E	2005~2006
EBF	Br-ban	9.82°S	50.16°W	2003~2006
EBF	Br-ma2	2.61°S	60.21°W	2000，2002~2006
EBF	Br-sa1	2.86°S	54.96°W	2002~2004
EBF	Fr-pue	43.74°N	3.60°E	2000~2006
EBF	Gf-guy	5.28°N	52.93°W	2004~2006
EBF	Id-pag	2.35°N	114.04°E	2002~2003
EBF	It-cpz	41.71°N	12.38°E	2000~2006
EBF	It-lec	43.30°N	11.27°E	2005~2006
EBF	Pt-mi1	38.54°N	8.00°W	2003~2005

续表

植被类型	站点名称	纬度	经度	数据年份
EBF	Vu-coc	15.44°S	167.19°E	2001～2004
ENF	Ca-ca1	49.87°N	125.33°W	2000～2005
ENF	Ca-ca2	49.87°N	125.29°W	2000～2005
ENF	Ca-ca3	49.53°N	124.90°W	2001～2005
ENF	Ca-man	55.88°N	98.48°W	2000～2003
ENF	Ca-ns1	55.88°N	98.48°W	2002～2005
ENF	Ca-ns2	55.91°N	98.52°W	2001～2005
ENF	Ca-ns3	55.91°N	98.38°W	2001～2005
ENF	Ca-ns4	55.91°N	98.38°W	2002～2004
ENF	Ca-ns5	55.86°N	98.49°W	2001～2005
ENF	Ca-obs	53.99°N	105.12°W	2000～2005
ENF	Ca-ojp	53.92°N	104.69°W	2000～2005
ENF	Ca-qcu	49.27°N	74.04°W	2001～2005
ENF	Ca-qfo	49.69°N	74.34°W	2003～2005
ENF	Ca-sf1	54.49°N	105.82°W	2003～2005
ENF	Ca-sf2	54.25°N	105.88°W	2003～2005
ENF	Ca-sj1	53.91°N	104.66°W	2001～2005
ENF	Ca-sj2	53.94°N	104.65°W	2003～2005
ENF	Ca-sj3	53.88°N	104.64°W	2003～2005
ENF	Ca-tp1	42.66°N	80.56°W	2004～2005
ENF	Ca-tp2	42.77°N	80.46°W	2003～2005
ENF	Ca-tp3	42.71°N	80.35°W	2003～2005
ENF	Ca-tp4	42.71°N	80.36°W	2003～2005
ENF	Cz-bk1	49.50°N	18.54°E	2000～2006
ENF	De-har	47.93°N	7.60°E	2005～2006
ENF	De-tha	50.96°N	13.57°E	2000～2006
ENF	De-wet	50.45°N	11.46°E	2002～2006
ENF	Es-es1	39.35°N	0.32°W	2000～2006
ENF	Fi-hyy	61.85°N	24.29°E	2000～2006
ENF	Fi-sod	67.36°N	26.64°E	2000～2006
ENF	Fr-lbr	44.72°N	0.77°W	2000，2003～2006
ENF	Il-yat	31.34°N	35.05°E	2001～2006
ENF	It-lav	45.96°N	11.28°E	2000～2002，2004，2006
ENF	It-ren	46.59°N	11.43°E	2000～2006
ENF	It-sro	43.73°N	10.28°E	2000～2006
ENF	Nl-loo	52.17°N	5.74°E	2000～2006
ENF	Ru-fyo	56.46°N	32.92°E	2000～2006
ENF	Ru-zot	60.80°N	89.35°E	2002～2004
ENF	Se-fla	64.11°N	19.46°E	2000～2002
ENF	Se-nor	60.09°N	17.48°E	2003，2005
ENF	Se-sk1	60.13°N	17.92°E	2005

续表

植被类型	站点名称	纬度	经度	数据年份
ENF	Se-sk2	60.13°N	17.84°E	2004，2005
ENF	Sk-tat	49.12°N	20.16°E	2005
ENF	Uk-gri	56.61°N	3.80°W	2000~2001，2005~2006
ENF	Us-blo	38.90°N	120.63°W	2000~2006
ENF	Us-dk3	35.98°N	79.09°W	2001~2004
ENF	Us-fmf	35.14°N	111.73°W	2005~2006
ENF	Us-fuf	35.09°N	111.76°W	2005~2006
ENF	Us-ho1	45.20°N	68.74°W	2001~2004
ENF	Us-ks1	28.46°N	80.67°W	2002
ENF	Us-me1	44.58°N	121.50°W	2004~2005
ENF	Us-me2	44.45°N	121.56°W	2003~2005
ENF	Us-me3	44.32°N	121.61°W	2004~2005
ENF	Us-me4	44.50°N	121.62°W	2000
ENF	Us-nc2	35.80°N	76.67°W	2005~2006
ENF	Us-nr1	40.03°N	105.55°W	2000
ENF	Us-sp2	29.76°N	82.24°W	2000~2004
ENF	Us-sp3	29.75°N	82.16°W	2000~2004
ENF	Us-wi2	46.69°N	91.15°W	2003
ENF	Us-wi4	46.74°N	91.17°W	2002~2005
ENF	Us-wi5	46.65°N	91.09°W	2004
ENF	Us-wi9	46.62°N	91.08°W	2004~2005
ENF	Us-wrc	45.82°N	121.95°W	2000~2002，2004~2006
GRS	At-neu	47.12°N	11.32°E	2002~2006
GRS	Ca-let	49.71°N	112.94°W	2000~2006
GRS	Ch-oe1	47.29°N	7.73°E	2002~2005
GRS	Cn-du2	42.05°N	116.28°E	2005~2006
GRS	Cn-ham	37.37°N	101.18°E	2002~2004
GRS	Cn-xi1	43.55°N	116.68°E	2006
GRS	Cn-xi2	43.55°N	116.67°E	2006
GRS	Cn-ku1	40.54°N	108.69°E	2005~2006
GRS	Cn-bed	39.53°N	116.25°E	2006~2006
GRS	Cz-bk2	49.50°N	18.54°E	2004~2006
GRS	De-gri	50.95°N	13.51°E	2005~2006
GRS	De-meh	51.28°N	10.66°E	2004~2006
GRS	Dk-lva	55.68°N	12.08°E	2005~2006
GRS	Es-vda	42.15°N	1.45°E	2004~2006
GRS	Fi-sii	61.83°N	24.19°E	2005~2005
GRS	Fr-lq1	45.64°N	2.74°E	2004~2006
GRS	Fr-lq2	45.64°N	2.74°E	2004~2006
GRS	Hu-bug	46.69°N	19.60°E	2002~2006
GRS	Hu-mat	47.85°N	19.73°E	2004~2006

续表

植被类型	站点名称	纬度	经度	数据年份
GRS	Ie-dri	51.99°N	8.75°W	2003~2005
GRS	It-amp	41.90°N	13.61°E	2002~2006
GRS	It-be2	46.00°N	13.03°E	2006
GRS	It-mal	46.12°N	11.70°E	2003~2006
GRS	It-mbo	46.02°N	11.05°E	2003~2006
GRS	Nl-ca1	51.97°N	4.93°E	2003~2006
GRS	Nl-hor	52.03°N	5.07°E	2004~2006
GRS	Pt-mi2	38.48°N	8.02°W	2003~2005
GRS	Ru-ha2	54.77°N	89.96°E	2002~2003
GRS	Ru-ha3	54.70°N	89.08°E	2004
GRS	Uk-ebu	55.87°N	3.21°W	2004,2006
GRS	Us-arb	35.55°N	98.04°W	2005~2006
GRS	Us-arc	35.55°N	98.04°W	2005~2006
GRS	Us-aud	31.59°N	110.51°W	2002~2006
GRS	Us-bkg	44.35°N	96.84°W	2004~2006
GRS	Us-cav	39.06°N	79.42°W	2004~2005
GRS	Us-dk1	35.97°N	79.09°W	2001~2006
GRS	Us-fwf	35.45°N	111.77°W	2005~2006
GRS	Us-goo	34.25°N	89.87°W	2002~2006
GRS	Us-ib2	41.84°N	88.24°W	2004,2006
GRS	Us-var	38.41°N	120.95°W	2001~2006
GRS	Us-wkg	31.74°N	109.94°W	2004~2006
GRS	Ru-che	68.61°N	161.34°E	2002~2005
MIF	Be-bra	51.31°N	4.52°E	2000~2002,2004~2006
MIF	Be-jal	50.56°N	6.07°E	2006
MIF	Be-vie	50.31°N	6.00°E	2000~2006
MIF	Ca-gro	48.22°N	82.16°W	2003~2005
MIF	Cn-cha	42.40°N	128.10°E	2003
MIF	Jp-tef	45.06°N	142.11°E	2001~2002,2004~2005
MIF	Jp-tom	42.74°N	141.51°E	2001~2003
MIF	Us-pfa	45.95°N	90.27°W	2000,2003
MIF	Us-syv	46.24°N	89.35°W	2002~2006

注：SHR. 灌木；DBF. 落叶阔叶林；EBF. 常绿阔叶林；ENF. 常绿针叶林；GRS. 草地；MIF. 混交林。

同时，利用站点反演的 GPP 值对 8 个模型和回归集成模型精度进行了量化分析。图 12.5 显示了在验证站点上两种模拟情景的模拟精度。除了 CASA 和 CFlux 模型，大多数模型在两种情况下的模拟精度并无显著的差异。回归集成模型在两种情况下的模拟精度非常接近，其可以解释 76% 的 GPP 空间变异程度。

在利用通量站点反演 GPP 进行产品精度验证的同时，GLASS-GPP 产品也与国际上两套应用广泛的产品值进行了比较。其中包括 MODIS-GPP 产品和 MTE-GPP 产品。MODIS-GPP 产品已经给予了详细介绍，在此不再赘述。MTE-GPP 是由德国马普实验室

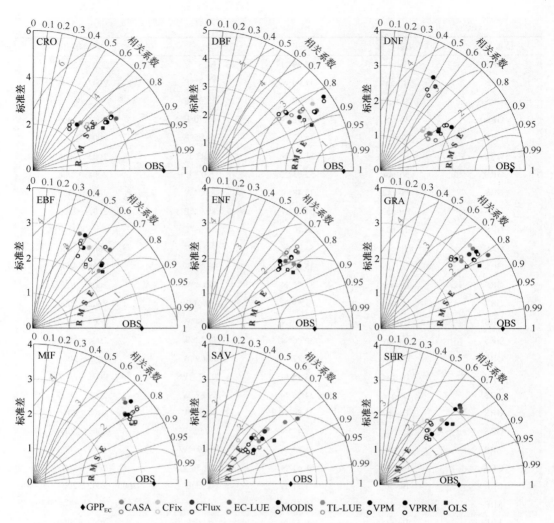

图 12.4 8 个光能利用率模型和回归集成模型在 9 种植被类型中的模拟能力比较（彩图附后）
空心点表示 MERRA 气象数据估算的 GLASS-GPP 产品值，实心点表示通量站点观测的气象数据估算的 GPP 值；
回归集成模型是四个模型（EC-LUE、CFlux、TL-LUE 和 VPRM）的回归值

牵头完成的一套基于高级统计方法（多元回归树）植被生产力全球数据（Beer et al.，2010；Jung et al.，2011）。该方法利用 30 个气象和植被变量，将其划分成区分和回归要素，利用多元回归树的方法估算 GPP。

在与 MODIS-GPP 和 MTE-GPP 数据集的比较后发现，GLASS-GPP 产品在多年 GPP 年均值的全球空间分布格局方面与两套数据一致，都呈现出由热带向极地、由湿润地区向干旱地区 GPP 逐渐递减的趋势。然而，三套数据在 GPP 的强度方面仍然存在着较大的差异（图 12.6）。类似地，GLASS-GPP 与两套数据都在热带和湿润地区存在较大的差异。在全球年均值和年际变化两个方面，三套数据也存在非常明显的区别。总体而言，GLASS-GPP 产品具有较大的全球 GPP 年均值和年际变化，在年均值方面 GLASS-GPP 与 MTE-GPP 较为接近，相比而言，MODIS-GPP 年均值最小（图 12.7）。此外，GLASS-GPP 和 MTE-GPP 产品的全球年均值在过去 10 年中呈现出不显著的上升趋势，然而，

MODIS-GPP 却呈现出降低的趋势。

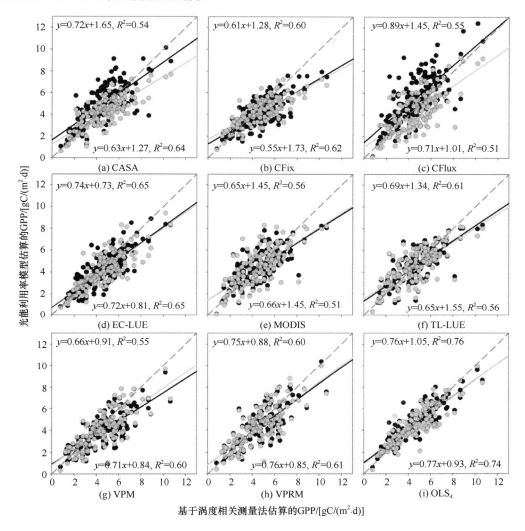

图 12.5　8 个光能利用率模型和回归集成模型模拟的 GPP 与通量站点反演 GPP 的散点图

黑色点/回归线表示了利用通量站点观测气象数据估算的 GPP，灰色点/回归线表示了利用 MERRA 气象数据估算的 GLASS-GPP 值；灰色折线表示了 1∶1 线；回归集成模型是四个模型的回归值（EC-LUE、CFlux、TL-LUE 和 VPRM）

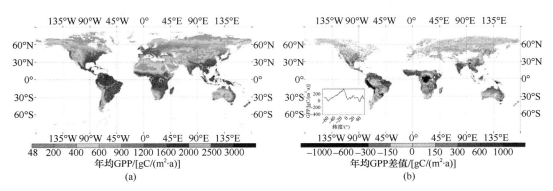

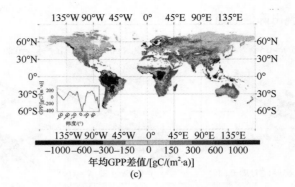

图 12.6　GLASS-GPP 产品全球年均值分布（a）及与 MODIS-GPP 的差值（b）和与 MTE-GPP 的差值（c）（彩图附后）

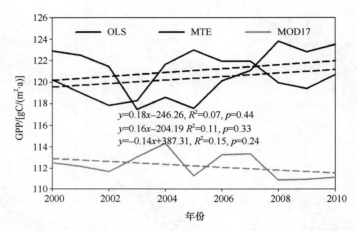

图 12.7　三套全球 GPP 产品在 2000～2010 年年均值的比较

OLS 表示 GLASS-GPP 产品；MTE 表示 MTE-GPP 产品；MOD17 表示 MODIS-GPP 产品

参 考 文 献

方精云, 柯金虎, 唐志尧, 陈安平. 2001. 生物生产力的"4P"概念、估算及其相互关系. 植物生态学报, 25: 414-419

Aber J D, Federer C A. 1992. A generalized, lumped-parameter model of photosynthesis, evapotranspiration and net primary production in temperate and boreal forest ecosystems. Oecologia, 92: 463-474

Alton P B, North P R, Los S O. 2007. The impact of diffuse sunlight on canopy light-use efficiency, gross photosynthetic product and net ecosystem exchange in three forest biomes. Global Change Biology, 13: 776-787

Beer C, Reichstein M, Tomelleri E, Ciais P, Jung M, Carvalhais N, Rödenbeck C, Arain M A, Baldocchi D, Bonan G B, Bondeau A, Cescatti A, Lasslop G, Lindroth A, Lomas M, Luyssaert S, Margolis H, Oleson K W, Roupsard O, Veenendaal E, Viovy N, Williams C, Woodward F I, Papale D. 2010. Terrestrial gross carbon dioxide uptake: Global distribution and covariation with climate. Science, 329: 834-838

Belward A S, Estes J E, Kline K D. 1999. The IGBP-DIS Global 1-km land-cover data Set DISCover: A Project Overview. Photogram Eng Remote Sens, 65: 1013-1020

Bonan G B, Levis S, Sitch S, Vertenstein M, Oleson K W. 2003. A dynamic global vegetation model for use with climate models: Concepts and description of simulated vegetation dynamics. Global Change Biology, 9: 1543-1566

Bosch J L, López G, Batlles F J. 2009. Global and direct photosynthetically active radiation parameterizations for clear-sky conditions. Agricultural and Forest Meteorology, 149: 146-158

Box E O, Holben B, Kalb V. 1989. Accuracy of the AVHRR vegetation index as a predictor of biomass, primary productivity and net CO_2 flux. Vegetation, 90: 71-89

Cai W, Yuan W P, Liang S, Zhang X, Dong W, Xia J, Fu Y, Chen Y, Liu D, Zhang Q. 2013. Improved estimations of gross primary production using satellite-derived photosynthetically active radiation. Journal of Geophysical Research: Biogeosciences, under review

Chapin III F S, Matson P P A. 2011. Principles of terrestrial ecosystem ecology. Berlin: Springer

Chen J M, Liu J, Cihlar J, Guolden M L. 1999. Daily canopy photosynthesis model through temporal and spatial scaling for remote sensing applications. Ecological Modelling, 124: 99-119

Duan Q, Thomas J. 2010. Bayesian estiamtion of locat signal and noise in multimodel simulations of climate change. Journal of Geographical Research, 115, D18123

Field C B, Jackson R B, Mooney H A. 1995. Stomatal responses to increased CO_2: Implications from the plant to the global scale. Plant, Cell & Environment, 18: 1214-1225

Foley J A, Prentice I C, Ramankutty N, Levis S, Pollard D, Sitch S, Haxeltine A. 1996. An integrated biosphere model of land surface processes, terrestrial carbon balance, and vegetation dynamics. Global Biogeochemical Cycles, 10(4): 603-628

Gamon J A, Field C B, Goulden M L, Griffin K L, Hartley A E. 1995. Relationships between NDVI, canopy structure, and photosynthesis in three Californian vegettion types. Ecological Applications, 5: 28-41.

Goulden M L, McMillan A M S, Goulden M L, et al. 2011. Patterns of NPP, GPP, respiration, and NEP during boreal forest succession. Global Change Biology, 17: 855-871

Goulden M L, Winston G C, McMillan A, Litvak M E, Read E L, Rocha A V, Elliot R. 2006. An eddy covariance mesonet to measure the effect of forest age on land-atmosphere exchange. Global Change Biology, 12: 2146-2162

Goward S A, Tucker C J, Dye D. 1985. North American vegetation patterns observed with the NOAA-7 advanced very high resolution radiometer. Vegetatio, 64: 3-14

Gu L H, Baldocchi D D, Verma S B, Black T A, Vesala T, Falge E, Dowty P R. 2002. Advantages of diffuse radiation for terrestrial ecosystem productivity. Journal of Geophysical Research, 107: 4050

Gu L H, Baldocchi D D, Wofsy S C, Munger J W, Michalsky J J, Urbanski S P, Boden T A. 2003. Response of a deciduous forest to the mount Pinatubo eruption: Enhanced photosynthesis. Science, 299: 2035-2038

Hansen M C, DeFries R S, Townshend J R G, Sohlberg R. 2000. Global land cover classification at the 1km spatial resolution using a classificamtion tree approach. International Journal of Remote Sensing, 21: 1331-1364

Hansen M C, DeFries R S, Townshend J, Carroll M, Dimiceli C, Sohlberg R. 2003. Global percent tree cover at a spatial resolution of 500 meters: First results of the MODIS Vegetation Continuous Fields algorithm. Earth Interact, 7: 1-15

Hollinger D Y, Kelliher F M, Byers J N, Hunt J E, McSeveny T M, Weir P L. 1994. Carbon dioxide exchange between an undisturbed old-growth temperate forest and the atmosphere. Ecology, 75: 134-150

Huete A R. 1998. A soil adjusted vegetation index. Remote Sensing of Environment, 25: 295-309

Jacovides C P, Tymvios F S, Assimakopoulos V D, Kaltsounides N A. 2007. The dependence of global and diffuse PAR radiation components on sky conditions at Athens, Greece. Agricultural and Forest Meteorology, 143: 277-287

King D A, Turner D P, Ritts W D. 2011. Parameterization of a diagnostic carbon cycle model for continental scale application. Remote Sensing of Environment, 1157: 1653-1664

Kurc S A, Small E E. 2004. Dynamics of evapotranspiration in semiarid grassland and shrubland ecosystems during the summer monsoon season, central New Mexico. Water Resources Research, 40: W09305

Lieth H. 1975. Historical survey of primary productivity research. In: Lieth H, Whittaker R H. Primary productivity of the biosphere. New York: Springer-Verlag, 7-16

Matsuda R, Ohashi-Kaneko K, Fujiwara K, Goto E, Kurata K. 2004. Photosynthetic characteristics of rice leaves grown under red light with or without supplemental blue light. Plant and Cell Physiology, 45: 1870-1874

Myneni R B, Williams D L. 1994. On the relationship between FAPAR and NDVI. Remote Sensing of Environment, 49: 200-211

Paruelo J M, Epstein H E, Lauenroth W K, Burke I C. 1997. ANPP estimates from NDVI for the central grassland region of the US. Ecology, 78: 953-958

Paruelo J M, Oesterheld M, Di Bella C M, Arzadum M, Lafountaine J, Cahuepé M, Rebella C M. 2000. Estimation of primary production of subhumid rangelands from remote sensing data. Applied Vegetation Science, 3: 189-195

Piao S L, Luyssaert S, Ciais P, Janssens I, Chen A P, Cao C, Fang J Y, Friedlingstein P, Luo Y. Q, Wang S P. 2010. Forest annual carbon cost: A global-scale analysis of autotrophic respiration. Ecology, 91: 652-657

Potter C S, Randerson J T, Field C B, Pamela A M, Vitousek P M, Mooney H A, Klooster S A. 1993. Terrestrial ecosystem production: A process model based on global satellite and surface data. Global Biogeochemical Cycles, 7: 811-841

Pury D G G, Farquhar G D. 1997. Simple scaling of photosynthesis from leaves to canopies without the errors of big-leaf models. Plant, Cell and Environment, 20: 537-557

Running S W, Thornton P E, Nemani R, Glassy J M. 2000. Global terrestrial gross and net primary productivity from the Earth Observing System. Methods in ecosystem science, 44-57

Sakai R K, Fitzjarrald D R, Moore K E, Freedman J M. 1996. How do forest surface fluxes depend on fluctuating light level. In: Proceedings of the 22nd Conference on Agricultural and Forest Meteorology with Symposium on Fire and Forest Meteorology, Vol. 22, American Meteorological Society, 90-93

Sims D A, Rahman A F, Cordova V D, Baldocchi D D, Flanagan L B, Goldstein A H, Hollinger D Y, Misson L, Monson R K, Schmid H P, Wofsy S C, Xu L K. 2005. Midday values of gross CO_2 flux and light use efficiency during satellite overpasses can be used to directly estimate eight-day mean flux. Agricultural and Forest Meteorology, 131: 1-12

Suleiman A, Crago R. 2004. Hourly and daytime evapotranspiration from grassland using radiometric surface temperatures. Agron J, 96: 384-390

Tang S, Chen J M, Zhu Q, Li X, Chen M, Sun R, Zhou Y, Deng F, Xie D. 2007. LAI inversion algorithm based on directional reflectance kernels. Journal of Environmental Management, 85: 638-648

Tsubo M, Walker S. 2005.Relationships between photosynthetically active radiation and clearness index at Bloemfontein, South Africa. Theoretical and Applied Climatology, 80: 17-25

Turner D P, Ritts W D, Styles J M, Yang Z, Cohen W B, Law B E, Thornton P E. 2006. A diagnostic carbon flux model to monitor the effects of disturbance and interannual variation in climate on regional NEP. Tellus B, 585: 476-490

Urban O, Janouš D, Acosta M, Czerný R, Marková I. 2007. Ecophysiological controls over the net ecosystem exchange of mountain spruce stand. Comparsion of the response in direct vs. diffuse solar radiation. Global Change Biology, 13: 157-168

Van Tuyl S, Law B E, Turner D P, Gitelman A I. 2005. Variability in net primary production and carbon storage in biomass across Oregon forests—An assessment integrating data from forest inventories, intensive sites, and remote sensing. Forest Ecology and Management, 209: 273-291

Veroustraete F, Sabbe H, Eerens H. 2002. Estimation of carbon mass fluxes over Europe using the C-Fix model and Euroflux data. Remote Sensing of Environment, 83: 376-399

Verstraeten W W, Veroustraete F, Feyen J. 2006. On temperature and water limitation of net ecosystem productivity: Implementation in the C-Fix model. Ecological Modelling, 199: 4-22

Vitousek P M, Mooney H A, Lubchenco J, Melillo J M. 1997. Human domination of Earth's ecosystems. Science, 277: 494-499

Wang F K Y. 1996. Canopy CO_2 exchange of Scots pine and its seasonal variation after four year exposure to elevated CO_2 and temperature. Agricultural and Forest Meteorology, 82: 1-27

Weiss A, Norman J M. 1985.Partitioning solar radiation into direct and diffuse, visible and near-infrared components. Agricultural and Forest Meteorology, 34: 205-213

Whitehead D, Gower S T. 2001.Photosynthesis and light-use efficiency by plants in a Canadian boreal forest ecosystem. Tree Physiology, 21: 925-929

Whittaker R H, Likens G E. 1975. The biosphere and man. In: Lieth H, Whittaker R H. The primary productivity of the Biosphere. New York: Springer Verlag, 305-328

Xiao X, Zhang Q, Hollinger D, Aber J, Moore B. 2005. Modeling seasonal dynamics of gross primary production of evergreen needleleaf forest using MODIS images and climate data. Ecological Applications, 15: 954-969

Yao Y, Liang S, Cheng J, Liu S, Fisher J B, Zhang X, Jia K, Zhao X, Qin Q, Zhao B, Han S, Zhou G S, Zhou G Y, Li Y, Zhao S. 2013. MODIS-driven estimation of terrestrial latent heat flux in China based on a modified Priestley-Taylor algorithm. Agricultural and Forest Meteorology, 171-172, 187-202

Yuan W P, Liu S G, Yu G R, Bonnefond J M, Chen J Q, Davis K, Desai A R, Goldstein A H, Gianelle D, Rossi F, Suyker A E, Verma S B. 2010. Global estimates of evapotranspiration and gross primary production based on MODIS and global meteorology data. Remote Sensing of Environment, 114: 1416-1431

Yuan W P, Liu S G, Zhou G S, Zhou G Y, Tieszen L L, Baldocchi D, Bernhofer C, Gholz H, Goldstein A H, Goulden M L, Hollinger D Y, Hu Y M, Law B E, Stoy P C, Vesala T, Wofsy S. 2007. Deriving a light use efficiency model from eddy covariance flux data for predicting daily gross primary production across biomes. Agricultural and Forest Meteorology, 143: 189-207.

Zhang L, Wylie B, Loveland T, Fosnight E, Tieszen L L, Ji L, Gilmanov T. 2007. Evaluation and comparison of gross primary production estimates for the Northern Great Plains grasslands. Remote Sensing of Environment, 106: 173-189

Zhang Y Q, Liu C M, Yu Q, Shen Y J, Kendy E, Kondoh A, Tang C Y, Sun H Y. 2004. Energy fluxes and the Priestley-Taylor parameter over winter wheat and maize in the North China Plain. Hydrologicl Processes, 18: 2235-2246

Zhao M, Running S W. 2010. Drought-induced reduction in global terrestrial Net Primary Production from 2000 Through 2009. Science, 329: 940-943.

Zhuang Q L, Melillo J M, Sarofim M C, Kicklighter D W, McGuire A D, Felzer B S, Sokolov A P, Ronald G, Steudler P A, Hu S M. 2006. CO_2 and CH_4 exchanges between land ecosystems and the atmosphere in northern high latitudes over the 21st Century. Geophysical Research Letters, 33: L17403

第 13 章　植被对气候变化响应的时滞性与全球格局

武东海 [1,2]，赵祥 [1]，唐荣云 [1]，彭义峰 [1]

全球气候变化显著影响陆地生态系统中植被的生长。受气候变化时空差异性与生态系统空间异质性的影响，植被对气候变化的响应存在非常大的差异，表现为空间响应的多样性与时间响应的滞后性。揭示植被对气候变化响应特征的时空格局是深入理解气候变化对植被影响的前提，也是定量评价未来气候变化影响的基础。之前对于大尺度植被气候交互效应的研究大多使用相同时刻的气象因子和植被指数建立模型，较少考虑植被对气候因子响应的时滞效应。这在一定程度上忽略了植被对气候响应的内在机制，进而增大了模型模拟结果的不确定性。本章基于 GIMMS3g（the third generation global inventory monitoring and modeling systems）NDVI 数据与 CRU（climate research unit）温度、降水和辐射数据，分析了全球植被对于不同气候因子响应的空间差异与时间滞后。13.1 节介绍植被气候动态变化及交互效应研究背景；13.2 节介绍使用的数据和方法；13.3 节介绍植被对气候因子滞后响应的空间格局；13.4 节介绍气候因子对植被生长贡献率的分布格局；13.5 节介绍 1982~2008 全球植被显著性变化归因；13.6 节为本章主要研究结论。

13.1　植被气候动态变化及交互效应概述

13.1.1　植被及气候的动态变化

近百年来的全球气候变化对人类生活和生态环境产生了重要的影响。而如今产生的一系列气候问题主要由人类自身造成，且已超过了自然的可承受范围（Karl and Trenberth, 2003; Stocker et al., 2014）。全球在过去 100 年间增温约 0.6℃，主要经历了两个阶段：1910~1945 年，1976 年至今（Walther et al., 2002）。其中近 30 年来的全球增温速度是前一阶段的两倍，也是近 100 年来增温速率最快的时间段（Houghton et al., 2001）。IPCC 第五次评估报告指出，1880~2012 年，全球平均温度上升 0.85℃（Stocker et al., 2014）。由于海洋气温变化幅度较慢，气温升高主要由陆地升温引起。在北半球区域，1983~2012 年近 30 年的气温急剧升高（https://www2.ucar.edu/climate/faq/how-much-has-global-temperature-risen-last-100-years），这在过去 1400 年都实属罕见。2010 年是近 100 年来最热的一年，2012 年也被称为是第 10 个最热的年份（Morice et al., 2012）。目前来看，科学家普遍认为气候变暖这一事实的主要源头是工业化以来人类活动导致的大气中温室气体含量的急剧上升所致。研究指出，从 1965 年开始，大气中 CO_2 浓度由

---

1. 遥感科学国家重点实验室，北京市陆表遥感数据产品工程技术研究中心，北京师范大学地理科学学部；2. 北京大学城市与环境学院

280ppmv 上升至 370ppmv，上升幅度约为 31%（Karl and Trenberth，2003）。而在最新的 IPCC AR5 结果中显示，2011 年大气中温室气体（CO_2、CH_4 和 N_2O）的浓度已达到 391ppmv（Stocker et al.，2014）。

在全球增温的大背景下，陆地系统在近 30 年里遭受着重大的环境演变。厄尔尼诺、极端降水、极端干旱以及北极海冰消融等事件随之而生（Easterling et al.，2000，Karl and Trenberth，2003；Kumar，2013；Zhang et al.，2014）。其中发生在 2005 年和 2010 年亚马孙的两次极端干旱对这个全球最大的热带雨林产生了巨大的影响，导致大面积树木死亡和 NPP（net primary productivity）的降低（Lewis et al.，2011；Marengo et al.，2008；Xu et al.，2011；Zhao and Running，2010）。发生在 2003 年的欧洲干旱造成了 NPP 的大面积下降（Ciais et al.，2005）。近几年发生在中国 2009~2010 年西南地区极端干旱，严重影响了当地人的正常生活，造成了地区极大的经济损失，并且造成当地区域气候异常和生态系统的破坏（Lu et al.，2011；Yang et al.，2011；Zhang et al.，2012）。全球变暖也造成了北极海冰厚度降低，北极海冰面积减少（Johannessen et al.，1999；Screen and Simmonds，2010）。另外，气候变暖对于全球植被的生长同时也会起到积极的作用，尤其对于受温度胁迫较强的北半球高纬度植被，促进了植被的光合作用效率，增强了植被的生长活性。研究表明近 30 年来受全球增温影响，北半球中高纬度植被生长季起始点提前，生长季终止点延后，生长季总长度变长（Jeong et al.，2011）。对于全球植被碳循环的估算结果表明，1982~1999 年全球 NPP 增加 3.4 PgC；2000~2009 年全球 NPP 下降 0.55 PgC（Nemani et al.，2003；Zhao and Running，2010）。对于全球近 30 年的植被动态变化的研究结果表明，1982~2011 年全球年最大植被覆盖度显著性上升区域占全球陆地的 19.01%，显著性下降区域比例为 2.7%（Wu et al.，2014）。

13.1.2 植被和气候的交互效应

植被的生长变化主要受到外界气候要素的影响，如温度、降水和辐射等（Beer et al.，2010；Bonan，2008；Craine et al.，2012；Nemani et al.，2003；Peteet，2000；Walther et al.，2002；Wang et al.，2011）。气候要素的变化会在一定程度上影响植被的生长，区域植被的变化同时也会给气候环境一定的反馈作用（Brando et al.，2010；Jiang and Liang，2013）。研究表明，全球不同区域植被受气象要素影响的主要驱动因子有显著差异，其中热带雨林地区的主导因素为辐射，干旱半干旱地区的主导因素为降水，北半球中纬度地区的主导因素为温度和降水，而北半球高纬度地区植被的主导因子为温度和辐射（Nemani et al.，2003）。最新的研究表明，最高温和最低温对于北半球不同区域的植被又有不同的影响（Peng et al.，2013）。Jong 等在研究中建立了植被与气候因子的内在关系，结果表明综合气候因子可以解释植被生长变化的 54%（Jong et al.，2013）。然而，前面大部分对于植被对气候的响应研究只分析了当前对应时间二者的相关性，并未考虑植被对气候要素的滞后效应。

近年来，越来越多的研究表明植被对气候存在一定时间的滞后性（Chen et al.，2014；Davis，1989；Kuzyakov and Gavrichkova，2010；Rammig et al.，2014；Saatchi et al.，2013；Vicente-Serrano et al.，2012）。Braswell 等对于植被对气候响应滞后的相关研究表明，不同生态系统对温度的滞后响应存在显著差异（Braswell et al.，1997）。控制实验表

明，草地生态系统增温会导致当年和次年的 NEP（net ecosystem productivity）显著降低，存在两年的滞后期（Arnone Iii et al.，2008）。就区域尺度的相关研究而言，往往选取遥感数据进行研究，结果同样发现植被对气候要素存在一定的滞后时间。例如，Anderson 等研究表明，亚马孙热带雨林对不同的气候要素（辐射、降水和气溶胶光学厚度）存在一定时间的滞后效应，并且表现各异（Anderson et al.，2010）。利用遥感气象数据产品对澳大利亚植被的研究表明，植被对区域土壤水分存在一个月的滞后期（Chen et al.，2014）。以上所有的研究均表明植被对气候要素存在滞后效应，即植被的生长并不一定受当前气候条件的驱动，可能之前的气候条件对植被生长的影响更大。因此，当我们分析植被与气候交互机制的时候，应该更多考虑植被对气候的滞后响应。

总体来看，植被对气候的滞后效应对于研究植被气候的交互机制具有很大价值，然而目前基于大尺度的气候植被相关研究大多采用当前对应时间的植被气候因子建立关系（Jong et al.，2013；Peng et al.，2013），较少考虑植被的滞后效应，这样就会给模型结果带来很大的不确定性。由于目前仍然缺乏对于植被滞后效应空间格局的相关研究，在本章中，我们将通过定量化分析逐步探究植被和气候因子之间的关系，并重点讨论不同类型植被对同一气候因子的响应格局，以及同一类型植被对不同气候要素的响应差异。

13.1.3 研究数据和方法的选择

卫星遥感数据作为研究气候系统模拟以及生态系统变化的最重要手段之一，通过对大气、陆表以及海洋系统过程定量化以及时空变化分析，获取区域以及全球尺度的综合信息（Yang et al.，2013）。就目前来看，遥感数据是能够提供完整的空间信息和时间信息的技术手段，同时也是研究土地利用现状和长时间陆表变化的最有效方法（Bontemps et al.，2011；Gong et al.，2013）。在多种基于遥感技术分析陆表植被动态变化的方法中，植被指数分析法已经成为研究全球环境变化以及极端气候事件的主流方法（de Jong et al.，2013；Mao et al.，2013；Saleska et al.，2007；Samanta et al.，2010）。其中最常用的表征植被生长变化的遥感数据有 NDVI、EVI 和 LAI。而由遥感红光波段和近红外波段反演而来的 NDVI 植被指数已成为最简单、最有效的植被指数（Tucker，1979）。NDVI 本身的特点有助于去除整个遥感系统中由辐射、光谱、定标、噪声、几何位置，以及大气环境变化引起的系统偏差（Brown et al.，2006）。

基于 NDVI 的应用研究主要集中在全球植被变化分析、全球干旱事件分析（Anderson et al.，2010；Mu et al.，2013）、全球 NPP 时空变化分析（Zhao et al.，2005）、北半球物候的时空变化分析（Cong et al.，2013；Wu and Liu，2013），以及全球植被覆盖度（Jing et al.，2011；Wu et al.，2014；Zeng et al.，2000）等研究。目前基于大尺度的遥感分析中，较为常用的 NDVI 数据集有：MODIS、AVHRR、GIMMS、SPOT-vegetation、Landsat TM 和 Landsat ETM+。在所有已发布的 NDVI 数据集中，GIMMS3g NDVI 是覆盖时间最长（1981～2011 年）的数据集。GIMMSg NDVI 第一版数据集在 2007 年发布，覆盖范围为 1981～2006 年（Tucker et al.，2005），近期发布了第三版 GIMMS3g 数据集，覆盖范围为 1981～2011 年（Fensholt and Proud，2012）。目前该数据集已经被广泛用与检测全球植被健康状况和植被动态变化分析的研究（Fensholt et al.，2013；Hashimoto et al.，2013；van Leeuwen et al.，2013；Vrieling et al.，2013；Zhu et al.，2013）。本章也因此

选用 GIMMS3g NDVI 数据集来表征植被的生长状况。

因为本章重点分析植被对气候变化滞后响应的全球格局，所以我们选用与 GIMMS3g NDVI 能够在空间上对应的气候因子数据。其中 CRU（Climate Research Unit）数据是目前精度和质量都相对较高的全球尺度数据集，并且已经被很多气候变化的最前沿研究所使用，同时该数据也是 IPCC 报告的重要参考数据（Jones et al.，2012；Jong et al.，2013；Peng et al.，2013；Stocker et al.，2014；Wang et al.，2011）。由于植被的生长主要受到温度、辐射和降水三个因子的影响（Nemani et al.，2003），因此本章选用 CRU 数据的温度、降水和辐射的月尺度时间序列来表征气候变化的基本特征。

为了研究植被对不同气候因子的滞后效应，我们选用了线性回归模型，分析植被对气候因子的滞后时间，该模型简单易行，适用于全球尺度的植被气候交互响应分析。基于植被的滞后效应，我们又选取了多元线性回归模型和偏相关模型来分析综合气候因子对植被生长的解释度，以及影响植被生长的主要气候驱动因子。以上这两种模型对建立植被与气候之间的关系具有很大的价值。最后为了讨论 1982~2008 年全球植被显著性变化区域的背景原因，我们采用时间序列趋势分析法研究植被和气候因子变化的空间格局，对照分析影响植被变化的主要驱动因子。在此过程中，对所有的统计分析均进行显著性检验，以表征研究结果的可靠性。

13.2 研究数据和方法

13.2.1 研究数据

本章使用的数据包括 CRU V3.21 温度和降水时间序列数据、CRU-NCEP V5.2 太阳下行辐射时间序列数据、GIMMS3g NDVI 植被指数时间序列数据和 MCD12C1 V5.1 土地利用分类数据。上述四种数据集均为覆盖全球的网格数据，下面将对每一种数据的基本特征做简要介绍。

1. 气象数据

使用的温度和降水数据主要来自 CRU TS3.21（http://www.cru.uea.ac.uk）（Harris et al.，2014）。CRU 气象数据具有数据质量高、应用范围广等优点，已经成为研究气候变化科学的基础数据集（Jones et al.，2012；Jong et al.，2013；Peng et al.，2013；Wang et al.，2011）。该数据为 1901~2012 年覆盖全球的月尺度数据，空间分辨率为 0.5°。CRU V3.21 数据集是由超过 4000 个全球分布的气象站点基于空间自相关函数插值而成（Mitchell and Jones，2005；New et al.，2000）。太阳下行辐射数据来自 CRU-NCEP V5.2 数据集，该数据集和 CRU V3.21 气象数据具有相同的时间分辨率和空间分辨率。CRU-NCEP V5.2 数据集是由 CRU TS3.21 数据（1901~2012 年）和 NCEP 再分析数据（1948~2009 年）合成。

2. 植被数据

使用的植被数据主要来自 GIMMS3g NDVI（Tucker et al.，2005）。该数据集是由 NOAA（the national oceanographic and atmospheric administration）、AVHRR（the advanced very high-resolution radiometer）遥感数据合成（https：//lpdaac.usgs.gov/products），覆盖范围为全球，空间分辨率为 0.083°，时间分辨率为 15 天，覆盖的时间范围为 1982~2011年（Fensholt and Proud，2012）。该数据合成过程中选取了最大值合成法（MVC），有效地降低了大气干扰和传感器系统带来的误差（Holben，1986）。

GIMMS3g NDVI 数据是目前覆盖时间最长的遥感植被指数集，数据质量较高，具有很高的应用价值，是目前研究全球植被动态变化的重要参考依据（de Jong et al.，2013；Mao et al.，2013；Peng et al.，2013；Wang et al.，2011；Wu et al.，2014）。本章基于月尺度研究植被对不同气候因子的滞后效应，所以我们采用最大值合成法（MVC）将 GIMMS3g NDVI 时间序列合成为月数据。同时为了在同一空间分辨率尺度上进行统计分析，我们将 GIMMS3g NDVI 数据聚合为 0.5°。为了和前人的研究作对比（Jong et al.，2013），突出本章的具体价值，我们同样选取了 1982~2008 年的气象和遥感数据做统计分析。

3. 土地利用分类数据

为了统计分析不同植被类型对气候因子的响应特点，本章选用了 MODIS collection5.1（MCD12C1）（https：//lpdaac.usgs.gov/products/modis_products_table/mcd12c1）土地利用分类数据（Friedl et al.，2010；Friedman et al.，2000）。该数据集包含五种分类体系：IGBP（the international geosphere and biosphere programme）global vegetation classification scheme、UMD（the University of Maryland）scheme、the MODIS-derived LAI/FPAR scheme、NPP（MODIS-derived net primary production）scheme、PFT（the plant functional type）scheme。我们选取应用最广的 IGBP 分类体系进行统计分析，该分类体系包含 11 种自然植被、3 种非自然植被类型和 3 种非植被类型，空间分辨率为 0.05°，时间覆盖范围为 2001~2008 年（Friedl et al.，2002；Friedl et al.，2010）。

为了提高分析精度，消除土地利用变化所造成的干扰，我们统计了 2001~2008 年全球不变植被类型图（图 13.1）。不同植被类型的分布规律基本一致，一般分布在同一纬度带；然而对于开放灌木，主要分布于两个温度区（亚热带和寒带地区）。由于这两个地区的气候条件差异较大，我们将开放灌木分为两个区域分别进行研究。由于本章基

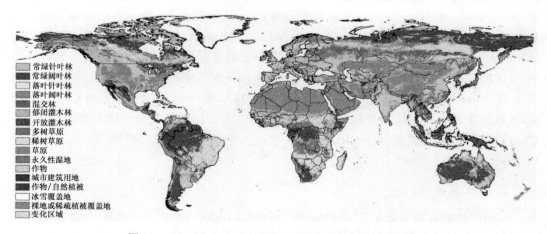

图 13.1　2001~2008 年 MODIS IGBP 未变化植被类型图

于空间分辨率 0.5°进行统计分析，我们在不变植被类型图（图 13.1）的基础上选取对应 0.5°×0.5°像元内，有超过 90%的区域含有同种植被类型的像元作为统计样本。如果在全球尺度下一种植被类型的样本点超过 50，那么这种植被类型就会被选作后续分析。表 13.1 中显示了本书所选取的植被类型和样本点个数。

表 13.1 本书选取的 MODIS IGBP 植被类型

序号	IGBP 地表覆盖类型（英文）	IGBP 地表覆盖类型（中文）	样点数
01	evergreen needleleaf forest	常绿针叶林	102
02	evergreen broadleaf forest	常绿阔叶林	2471
03	deciduous needleleaf forest	落叶针叶林	181
04	deciduous broadleaf forest	落叶阔叶林	94
05	mixed forest	混交林	628
N7	open shrublands（North）	高纬度灌木	2515
S7	open shrublands（South）	中低纬度灌木	1645
08	woody savannas	多树草原	702
09	savannas	稀树草原	828
10	grasslands	草原	2636
12	croplands	作物	1353
14	cropland/natural vegetation mosaic	作物/自然植被	53

13.2.2 研究方法

在本章中，植被对于温度、降水和辐射的综合响应分析主要从以下四个方面展开：①植被对气候因子的滞后响应分析；②气候因子对植被变化的解释度分析；③植被生长的主要气候驱动因子分析；④1982～2008 年全球植被变化的归因分析。下面就这 4 个过程所用到的统计方法做详细介绍。

1. 植被对气候因子的滞后响应分析

分别以 CRU 温度、降水和太阳辐射数据为自变量，GIMMS3g NDVI 为因变量，计算二者在不同滞后时间尺度上的相关性。之前的研究结果表明植被对于气候因子响应的滞后时间在一个季度以内（Anderson et al.，2010；Chen et al.，2014；Rundquist and Harrington Jr，2000），因此，我们限定植被对于气候的滞后时间范围为 0～3 个月。计算公式如式（13.1）～式（13.3）所示：

$$\text{NDVI} = k_i * \text{TMP} + b \quad (13.1)$$

$$\text{NDVI} = k_i * \text{PRE} + b \quad (13.2)$$

$$\text{NDVI} = k_i * \text{SWD} + b \quad (13.3)$$

式中，k_i 为滞后时间为 i 个月时对应方程的回归系数；i 的取值范围为 0～3；NDVI 为 GIMMS3g NDVI 时间序列月数据（1982～2008 年）；TMP、PRE、SWD 分别为对应滞后时间 i 的温度、降水和太阳辐射时间序列月数据；R^2 为回归方程的决定系数。所有的统计分析都基于植被的生长季，其定义为年内温度大于 0℃，NDVI 大于 0.2 所对应的月份（Piao et al.，2006）。针对每一种气候因子，0～3 个月的滞后条件下最大 R^2 对应的月作为 GIMMS3g NDVI 对该气候因子的滞后时间。统计分析均基于像元尺度计算，统一在 $P = 0.05$ 上进行显著性检验。最后基于不变植被类型图，统计分析不同植被类型对气候因子的滞后效应。

2. 气候因子对植被变化的解释度分析

CRU 温度、降水和太阳辐射作为自变量，GIMMS3g NDVI 作为因变量，建立多元线性回归模型。计算公式如式（13.4）所示：

$$\text{NDVI} = A*\text{TMP}_l + B*\text{PRE}_m + C*\text{SWD}_n + D + \varepsilon \tag{13.4}$$

其中，l、m、n 分别为植被 NDVI 对于三种气候因子的滞后时间；NDVI 为 GIMMS3g NDVI 时间序列数据（1982～2008 年）；TMP、PRE、SWD 分别为对应滞后时间的温度、降水和太阳辐射时间序列数据；A、B、C 分别为多元线性回归的回归系数；D 为回归常数项；ε 为随机误差；R^2 为多元线性回归方程的决定系数。统计分析均基于像元尺度计算，为提高模型结果的可靠性，统一在 $P = 0.05$ 上进行显著性检验。最后基于不变植被类型图，统计分析综合气候因子对不同类型植被生长变化的解释度。

3. 植被生长的主要气候驱动因子分析

在考虑植被 NDVI 对不同气候因子滞后效应的基础上，统计控制其他两个气候因子变量后，GIMMS3g NDVI 与每一种气候因子的偏相关系数。计算公式如式（13.5）所示：

$$r_{12,3\sim P}^2 = \frac{R_{1(2,3,\cdots,P)}^2 - R_{1(3,\cdots,P)}^2}{1 - R_{1(3,\cdots,P)}^2} \tag{13.5}$$

式中，$r_{12,3\sim P}$ 为控制其他变量后，变量 1 和 2 的偏相关系数；$R_{1(2,3,\cdots,P)}^2$ 为变量 1 与变量 （2～P）进行回归分析的决定系数；$R_{1(3,\cdots,P)}^2$ 为变量 1 与变量（3～P）进行回归分析的决定系数。例如，计算 NDVI 对温度的偏相关系数；$r_{12,3\sim P}$ 为控制降水和辐射两个变量，NDVI 和温度的偏相关系数；$R_{1(2,3,\cdots,P)}^2$ 为 NDVI 与温度、降水和辐射回归的决定系数；$R_{1(3,\cdots,P)}^2$ 为 NDVI 与降水和辐射回归的决定系数。统计分析均基于像元尺度计算；为提高模型结果的可靠性，统一在 $P = 0.05$ 上进行显著性检验。最后基于多年不变植被类型图，统计分析不同类型植被生长的气候驱动因子。

4. 1982～2008 年全球植被变化的归因分析

在明确植被对气候因子响应机制的基础上，进一步解释 1982～2008 年来全球植被变化的气候驱动因子。因此针对 GIMMS3g NDVI 数据和基于滞后效应的 CRU 温度、降水和辐射数据，求 1982～2008 年各因子生长季平均变化趋势。研究采用最小二乘法对植被气候时间序列数据进行线性趋势拟合，并统一在 $P = 0.05$ 上进行显著性检验。最后通过空间对比分析，统计植被 NDVI 显著性变化区域内对应气候因子的显著性变化。并根据植被对气候因子的响应特征，分析区域植被显著变化的原因以及主要的气候驱动因子。所有分析均基于像元尺度，并且在 $P = 0.05$ 上进行显著性检验。

13.3 植被对气候因子滞后响应的空间格局

植被对温度、降水和辐射三个气候指标的滞后时间由长时间序列 GIMMS3g NDVI 和 CRU 气象数据统计得出（图 13.2～图 13.7，表 13.2～表 13.4）。结果证实了该研究的假设，即不同植被类型对同一种气候因子的滞后效应存在较大的差异性，并且同种植被类型对不同气候因子的滞后效应均有显著差别，统计结果在全球尺度上一致通过 $P=0.05$ 的显著性检验。

13.3.1 植被生长对温度的滞后响应

在植被生长对温度的滞后响应结果中，图 13.2 表示植被和温度在 0～3 个月滞后期内最大相关性的全球格局，图 13.3 表示植被和温度在 0～3 个月滞后期内最大相关性对应滞后时间的全球格局。图 13.2 中，植被和温度表现出较强的相关性，并且在全球尺度上一致通过显著性检验（$P<0.05$），且绝大多数区域通过 $P=0.01$ 的显著性水平。植被和温度在全球大部分区域表现为正相关，即温度升高会促进植被的生长；然而在一些干旱和半干旱地区地区，温度升高会抑制植被的生长。

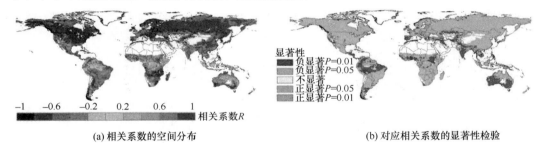

(a) 相关系数的空间分布　　　　　　(b) 对应相关系数的显著性检验

图 13.2　植被和温度在 0～3 个月滞后期内最大相关性的全球格局

白色区域未做统计分析

在植被对于温度滞后响应的全球格局中（图 13.3），南北半球中高纬度地区（30°～90°N，30°～90°S）植被对于当月温度的相关性最强，并未表现出滞后效应。低纬度地区（30°S～30°N）植被对于温度存在一定的滞后效应，大多数区域的滞后时间超过 1 个月，而在赤道附近地区，植被对于温度的滞后效应表现也不明显。

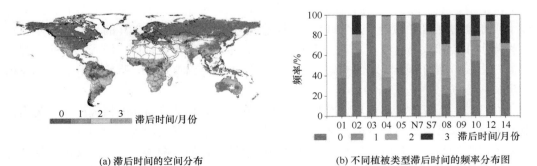

(a) 滞后时间的空间分布　　　　　　(b) 不同植被类型滞后时间的频率分布图

图 13.3　植被和温度在 0～3 个月滞后期内最大相关性对应滞后时间的全球格局

白色区域未做统计分析

不同植被类型对温度的滞后响应表现出较大差异（表 13.2）。其中大部分森林生态系统对于温度的响应不存在时间上的滞后，其中常绿阔叶林、落叶针叶林和混交林未表现出滞后效应的样本点占总样本点的 62.97%、100%和 94.43%，平均滞后时间为 0.82（1.20SD）、0.00（0.00SD）和 0.08（0.39SD）。常绿针叶林对温度的滞后时间较长，表现为一个月温度滞后的样本点的比例为 61.76%，平均滞后时间为 0.62（0.49SD）。落叶阔叶林对于温度滞后时间更长，表现为两个月滞后的样本点比例为 60.64%，平均滞后时间为 1.35（0.90SD）。不同纬度带灌木对温度的滞后有显著差别，北半球高纬度灌木表现为当月相关最强，平均滞后时间为 0.07（0.26SD）；中低纬度灌木内部差异性较大，平均滞后时间为 1.10（1.13SD）。多树草原和稀树草原对温度的滞后时间较为一致，二者生态系统内部的差异性也较大，平均滞后时间分别为 1.70（1.11SD）和 1.91（1.11SD）。草地生态系统当月响应的样本比为 54.55%，平均滞后 0.92（1.20SD）。农作物的温度当月响应样本比例为 74.06%，平均滞后时间为 0.39（0.80SD）。

表 13.2 基于样点的全球不同植被类型对温度滞后时间的均值和方差

序号	IGBP 地表覆盖类型	样点数	均值	方差
01	常绿针叶林	102	0.62	0.49
02	常绿阔叶林	2471	0.82	1.20
03	落叶针叶林	181	0.00	0.00
04	落叶阔叶林	94	1.35	0.90
05	混交林	628	0.08	0.39
N7	高纬度灌木	2515	0.07	0.26
S7	中低纬度灌木	1645	1.10	1.13
08	多树草原	702	1.70	1.11
09	稀树草原	828	1.91	1.11
10	草原	2636	0.92	1.20
12	作物	1353	0.39	0.80
14	作物/自然植被	53	0.96	1.37

13.3.2 植被生长对降水的滞后响应

在植被生长对于降水滞后效应的结果中，图 13.4 表示植被和降水在 0～3 个月滞后期内最大相关性的全球格局，图 13.5 表示植被和降水在 0～3 个月滞后期内最大相关性对应滞后时间的全球格局。图 13.4 中，植被和降水表现出较强的相关性，并且在全球尺度上一致通过显著性检验（$P<0.05$），且绝大多数区域通过 $P=0.01$ 的显著性水平。植被和降水在全球大部分区域表现为正相关，尤其在干旱半干旱地区，即降水升高会促进植被的生长；然而赤道附近的热带雨林地区和北半球高纬度地区，降水的升高会抑制植被生长。

在植被对于降水滞后响应的全球格局中（图13.5），北半球高纬度植被大部分为当月响应最强，未表现出滞后效应。干旱半干旱地区的滞后时间大约为 1 个月，表明区域对水分的需求较高，并且前一个月的降水对当前植被生长的影响最大。这一现象同样被之前的研究所验证（Rundquist and Harrington Jr，2000），研究发现在美国堪萨斯州，草地生态系统对降水因子的滞后时间也为一个月；并且考虑植被滞后效应的情况下，区域

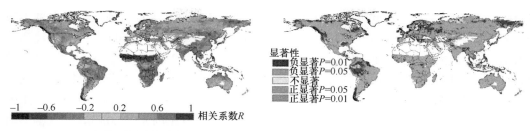

(a) 相关系数的空间分布　　　　　　(b) 对应相关系数的显著性检验

图 13.4　植被和降水在 0~3 个月滞后期内最大相关性的全球格局（彩图附后）
白色区域未做统计分析

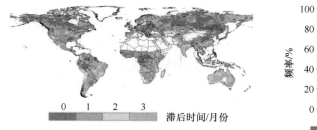
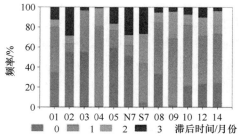

(a) 滞后时间的空间分布　　　　　　(b) 不同植被类型滞后时间的频率分布图

图 13.5　植被和降水在 0~3 个月滞后期内最大相关性对应滞后时间的全球格局
白色区域未做统计分析

NDVI 与降水的相关系数会提高 0.3~0.4。此外在热带雨林地区（亚马孙热带雨林和刚果热带雨林），植被对降水未表现出滞后响应；而在中高纬度湿润地区，植被对降水的滞后期较长，为 2~3 个月。

不同植被类型对降水的滞后响应表现出较大差异（表 13.3）。其中对于森林生态系统，滞后响应的时间大多在 1 个月以内，常绿针叶林、常绿阔叶林、落叶针叶林、落叶阔叶林和混交林的平均滞后时间为 0.97（0.97SD）、1.09（1.33SD）、0.51（0.67SD）、1.19（0.45SD）和 0.80（1.13SD）。其中落叶阔叶林的内部差异性最小，一个月滞后样本点的

表 13.3　基于样点的全球不同植被类型对降水滞后时间的均值和方差

序号	IGBP 地表覆盖类型	样点数	均值	方差
01	常绿针叶林	102	0.97	0.97
02	常绿阔叶林	2471	1.09	1.33
03	落叶针叶林	181	0.51	0.67
04	落叶阔叶林	94	1.19	0.45
05	混交林	628	0.80	1.13
N7	高纬度灌木	2515	1.14	1.31
S7	中低纬度灌木	1645	1.78	0.90
08	多树草原	702	0.87	0.80
09	稀树草原	828	1.34	0.59
10	草原	2636	1.04	0.78
12	作物	1353	1.15	0.90
14	作物/自然植被	53	1.06	0.79

比例为 79.79%。不同纬度带灌木对降水的滞后响应有显著差别，北半球高纬度灌木表现为当月滞后的样本点比例为 51.49%，平均滞后时间为 1.14（1.31SD）；中低纬度灌木内部差异性较大，响应时间较长，平均滞后时间为 1.78（0.90SD）。多树草原、稀树草原和草原生态系统对降水的滞后效响应表现相似，滞后一个月的样本点比例分别为 51.14%、67.15%和 60.51%；平均滞后时间为 0.87（0.80SD）、1.34（0.59SD）和 1.04（0.78SD）。农田生态系统对降水因子一个月滞后的样本点比例为 49.05%，平均滞后时间为 1.15（0.90SD）。

13.3.3 植被生长对辐射的滞后响应

在植被生长对于辐射滞后效应的结果中，图 13.6 表示植被和辐射在 0～3 个月滞后期内最大相关性的全球格局，图 13.7 表示植被和辐射在 0～3 个月滞后期内最大相关性对应滞后时间的全球格局。图 13.6 中，植被和辐射表现出较强的相关性，并且在全球尺度上一致通过显著性检验（$P<0.05$），且绝大多数区域通过 $P=0.01$ 的显著性水平。植被和辐射在全球大部分区域表现为正相关，尤其在北半球中高纬度地区，即辐射升高会促进植被的生长；然而在赤道附近的低纬度地区，辐射的升高会抑制植被生长。

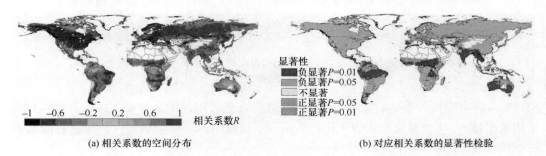

(a) 相关系数的空间分布　　　　　　　　　(b) 对应相关系数的显著性检验

图 13.6　植被和辐射在 0～3 个月滞后期内最大相关性的全球格局（彩图附后）
白色区域未做统计分析

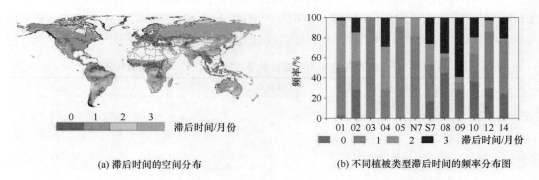

(a) 滞后时间的空间分布　　　　　　　　　(b) 不同植被类型滞后时间的频率分布图

图 13.7　植被和辐射在 0～3 个月滞后期内最大相关性对应滞后时间的全球格局
白色区域未做统计分析

在植被对于辐射滞后响应的全球格局中（图 13.7），北半球高纬度植被均有 1 个月的滞后期，说明前一个月的辐射强度对当月的植被生长具有重要的指示意义。全球其他地区对辐射滞后时间的差异性较大，但大部分滞后时间都超过 1 个月。

不同植被类型对辐射的滞后响应均表现出较大差异（表 13.4）。其中对于森林生态系统，常绿针叶林、常绿阔叶林和落叶阔叶林的系统内部差异性较大，平均滞后时间为1.05（0.61SD）、1.29（1.04SD）和2.01（0.75SD）；落叶针叶林和混交林均表现为一个月的滞后，样本点比例分别为100%和91.24%，平均滞后时间为1.00（0.00SD）和1.09（0.31SD）。不同纬度带灌木对辐射的滞后响应有显著差别，北半球高纬度灌木表现为一个月滞后的样本点比例为81.47%，平均滞后时间为1.19（0.39SD）；中低纬度灌木内部差异性较大，响应时间较长，平均滞后时间为1.57（1.05SD）。多树草原、稀树草原和草原生态系统对辐射的滞后效响应内部差异性均较大，平均滞后时间为1.30（1.35SD）、1.95（1.34SD）和1.19（1.13SD）。农田生态系统滞后一个月的样本比例为56.02%，平均滞后时间为0.87（0.71SD）。

表13.4 基于样点的全球不同植被类型对辐射滞后时间的均值和方差

序号	IGBP 地表覆盖类型	样点数	均值	方差
01	常绿针叶林	102	1.50	0.61
02	常绿阔叶林	2471	1.29	1.04
03	落叶针叶林	181	1.00	0.00
04	落叶阔叶林	94	2.01	0.75
05	混交林	628	1.09	0.31
N7	高纬度灌木	2515	1.19	0.39
S7	中低纬度灌木	1645	1.57	1.05
08	多树草原	702	1.30	1.35
09	稀树草原	828	1.95	1.34
10	草原	2636	1.19	1.13
12	作物	1353	0.87	0.71
14	作物/自然植被	53	1.19	1.04

13.3.4 讨论

植被对气候因子滞后响应的研究结果揭示了全球不同植被类型对于3种气候因子的滞后响应特性。其中就植被对于温度的滞后效应而言，植被生长季节平均温度从赤道向两极逐渐降低，植被生长对于温度条件的需求随纬度的升高而增加。因此在北半球中高纬度地区以及海拔较高的青藏高原等地区，大部分植被对温度并不表现出滞后效应，植被生长受当月温度影响最大。而对于生长季平均温度较高的区域，植被生长受温度的驱动存在一定时间尺度的滞后效应。而在干旱半干旱地区（澳大利亚南部和南美洲南部），植被对于温度同样也不存在滞后效应，并且植被和温度呈负相关。这一现象是由于温度升高会促使土壤水分散失加速，从而导致区域干旱，抑制植被生长。全球尺度下植被生长对于降水的滞后效应在北半球中高纬度地区表现不明显，而在干旱半干旱地区，大约滞后一个月。现象说明了区域植被对于水分的需求，同时也表明在干旱和半干旱地区，并非当月降水决定植被生长，而是前一个月的降水影响最强。中高纬度带植被对于辐射的滞后约为一个月，原因可能是该区域相对于全球其他区域植被生长季平均辐射较小，植被生长需要更多的太阳辐射来进行光合作用。前一个月的辐射会通过光合作用固定有机物，为次月植被生长变化提供必要条件。综上观点，植被对于气候因子的滞后响应具有深入的物理机制，同时植被滞后效应对于准确理解植被生长变化的气象驱动力有重要的科学意义。

13.4　气候因子对植被生长贡献率的分布格局

气候因子对植被生长贡献率的分布格局由长时间序列 GIMMS3g NDVI 数据和 CRU 气象数据统计得出，主要包括两部分结果：①综合气候因子对植被生长的解释度（图 13.8～图 13.11、表 13.5～表 13.6），是由 GIMMS3g NDVI 数据和 CRU 温度、降水和辐射数据建立的多元线性回归模型分析得出；②影响植被生长的主要气候驱动因子（图 13.12～图 13.15、表 13.7～表 13.8），是由 GIMMS3g NDVI 数据和 CRU 温度、降水和辐射数据建立的偏相关模型分析得出。结果统计分析了不同植被类型与气候因子之间的关系。

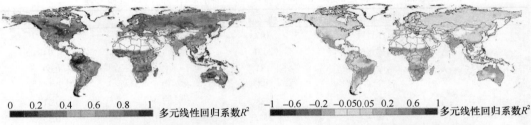

(a) 考虑植被滞后效应情况下多元线性回归模型决定系数　　(b) 考虑和不考虑植被滞后效应情况下多元线性回归模型决定系数的差异

图 13.8　综合气候因子对植被生长解释度的全球格局（彩图附后）
白色区域未做统计分析

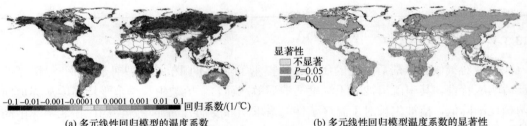

(a) 多元线性回归模型的温度系数　　(b) 多元线性回归模型温度系数的显著性

图 13.9　考虑植被滞后效应情况下多元线性回归模型气候因子的回归系数
白色区域未做统计分析

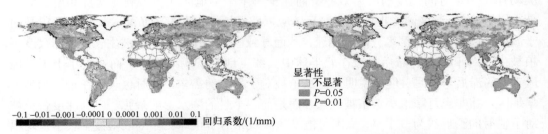

(a) 多元线性回归模型的降水系数　　(b) 多元线性回归模型降水系数的显著性

图 13.10　考虑植被滞后效应情况下多元线性回归模型气候因子的回归系数
白色区域未做统计分析

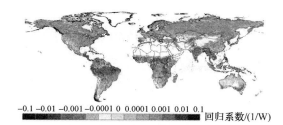

(a) 多元线性回归模型的辐射系数　　　　　　　(b) 多元线性回归模型辐射系数的显著性

图 13.11　考虑植被滞后效应情况下多元线性回归模型气候因子的回归系数

白色区域未做统计分析

表 13.5　基于样点的温度、降水和辐射对全球不同植被类型解释度（R^2）的均值和方差

序号	IGBP 地表覆盖类型	样点数	均值	方差
01	常绿针叶林	102	0.70	0.16
02	常绿阔叶林	2471	0.27	0.15
03	落叶针叶林	181	0.79	0.03
04	落叶阔叶林	94	0.75	0.08
05	混交林	628	0.79	0.11
N7	高纬度灌木	2515	0.67	0.11
S7	中低纬度灌木	1645	0.37	0.18
08	多树草原	702	0.73	0.10
09	稀树草原	828	0.74	0.09
10	草原	2636	0.64	0.17
12	作物	1353	0.71	0.16
14	作物/自然植被	53	0.77	0.16

注：R^2 表示考虑植被滞后情况下，多元线性回归模型的决定系数。

表 13.6　基于样点的温度、降水和辐射对全球不同植被类型解释度（R^2）的差异

序号	IGBP 地表覆盖类型	样点数	差值	相对变化/%
01	常绿针叶林	102	0.02	2.37
02	常绿阔叶林	2471	0.05	21.56
03	落叶针叶林	181	0.01	1.69
04	落叶阔叶林	94	0.24	47.44
05	混交林	628	0.01	1.18
N7	高纬度灌木	2515	−0.01	−1.71
S7	中低纬度灌木	1645	0.13	54.34
08	多树草原	702	0.09	14.22
09	稀树草原	828	0.24	46.46
10	草原	2636	0.04	5.77
12	作物	1353	0.08	11.85
14	作物/自然植被	53	0.12	18.58

注：R^2 表示考虑植被滞后情况下，多元线性回归模型的决定系数；差值表示考虑植被滞后效应 R^2 与不考虑植被滞后效应 R^2 的差值；相对变化（%）表示考虑植被滞后效应的情况下，R^2 相对提高的百分比。

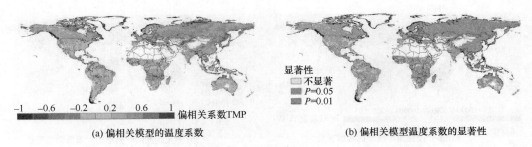

图 13.12　考虑植被滞后效应情况下偏相关模型系数

白色区域未做统计分析

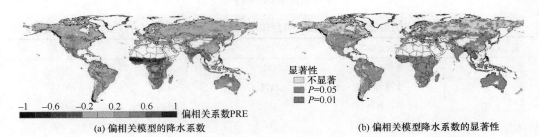

图 13.13　考虑植被滞后效应情况下偏相关模型系数

白色区域未做统计分析

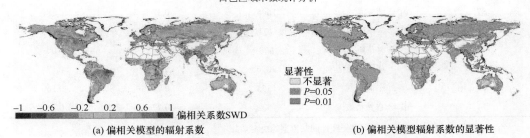

图 13.14　考虑植被滞后效应情况下偏相关模型系数

白色区域未做统计分析

图 13.15　影响植被生长的主要气候驱动因子的全球格局（彩图附后）

白色区域未做统计分析

13.4.1　综合气候因子对植被生长的解释度

在综合气候因子对植被生长解释度的分析结果中，图 13.8 表示综合气候因子对植被生长解释度的全球格局；图 13.9～图 13.11 表示考虑植被滞后效应情况下多元线性回归模型气候因子的回归系数及其显著性。

表 13.7 基于样点的全球不同植被类型偏相关模型和多元线性回归模型温度系数均值和方差

序号	IGBP 植被覆盖类型	样点数	偏相关系数		回归系数（1/10000）	
			均值	方差	均值	方差
01	常绿针叶林	102	0.20	0.15	57.05	42.08
02	常绿阔叶林	2471	0.08	0.18	83.98	173.05
03	落叶针叶林	181	0.47	0.11	147.66	30.62
04	落叶阔叶林	94	0.12	0.10	42.51	37.79
05	混交林	628	0.41	0.13	143.16	48.4
N7	高纬度灌木	2515	0.43	0.20	137.41	73.85
S7	中低纬度灌木	1645	−0.02	0.15	−2.03	29.54
08	多树草原	702	0.39	0.21	222.25	129.09
09	稀树草原	828	0.19	0.24	75.33	141.36
10	草原	2636	0.15	0.32	52.32	81.14
12	作物	1353	0.17	0.26	59.3	90.94
14	作物/自然植被	53	0.13	0.24	40.45	103.53

注：回归系数表示多元线性回归模型的回归系数，显示数值在原始数值基础上乘以 10000。

表 13.8 基于样点的全球不同植被类型偏相关模型和多元线性回归模型降水系数均值和方差

序号	IGBP 植被覆盖类型	样点数	偏相关系数		回归系数（1/10000）	
			均值	方差	均值	方差
01	常绿针叶林	102	−0.05	0.21	−0.25	3.23
02	常绿阔叶林	2471	0.02	0.25	0.3	2.06
03	落叶针叶林	181	0.10	0.07	2.37	1.8
04	落叶阔叶林	94	0.21	0.10	3.53	2.14
05	混交林	628	−0.02	0.13	−0.51	2.57
N7	高纬度灌木	2515	0.07	0.15	2.49	7.39
S7	中低纬度灌木	1645	0.36	0.15	5.01	2.96
08	多树草原	702	0.49	0.23	5.88	3.83
09	稀树草原	828	0.47	0.21	5.72	4.33
10	草原	2636	0.30	0.18	6.65	4.87
12	作物	1353	0.26	0.21	4.8	4.25
14	作物/自然植被	53	0.39	0.31	5.01	4.07

考虑植被滞后效应的基础上，基于多元线性回归模型统计得出在全球尺度上温度、降水和辐射对于植被生长的解释率。图 13.8（a）显示了考虑植被滞后效应情况下，多元线性回归模型决定系数的全球格局；图 13.8（b）表示考虑植被滞后效应和未考虑植被滞后效应模型对于植被生长解释率的差异。结果表明，综合气候因子对于植被生长的全球平均解释率为 64.04%；而未考虑植被滞后效应的情况下，全球平均解释率为 57.57%（图 13.8）。因此，在全球尺度下，考虑植被滞后效应相对于未考虑植被滞后效应的模型提高了 6.47%（相对提高 11.24%）的解释率。考虑植被滞后效应情况下，全球大部分植被类型的生长解释率在 64%～79%，模型总体表现较好。然而，对于常绿阔叶林和中低纬开放灌木，模型对于植被生长变化的解释率较低，分别为 27%和 37%。对于滞后效应表现明显的常绿阔叶林、落叶阔叶林、中低纬开放灌木、多树草原、稀树草原

和农田地区，改进模型结果相对于不考虑滞后效应的模型结果有很大的提高，相对提高21.56%、47.44%、54.34%、14.22%、46.46%和11.85%（表13.6）。因此，考虑植被滞后效应的情况下，可以显著提高模型的解释率，并且可以更加深入的理解植被和气候因子之间的内在联系。

在多元线性回归模型温度系数的统计结果中（图13.9），北半球中高纬度地区受温度的控制较强，温度增加会促进植被的生长；而对于澳大利亚西南部等干旱半干旱地区，温度增加会抑制植被的生长。不同植被类型受温度控制的差异性也较大（表13.7），其中落叶针叶林、混交林和北半球高纬度灌木受温度的控制较大，这一现象和植被类型的自身属性特征和所处气候条件有着紧密的联系。在多元线性回归模型降水系数的统计结果中（图13.10），干旱和半干旱地区受降水的控制较强，水分的增加会促进植被的生长。不同植被类型受降水控制的差异性也较大（表13.8），其中中低纬度开放灌木、多树草原、稀树草原、草地和农田生态系统受降水的控制较强，这一现象和植被类型的自身属性特征及所处气候条件有着紧密的联系。在多元线性回归模型辐射系数的统计结果中（图13.11），北半球中高纬度地区受辐射的控制较强，辐射的增加会促进植被的生长。然而不同植被类型受辐射控制的差异性也较大（表13.9），其中落叶针叶林、落叶阔叶林、混交林和北半球高纬度灌木受辐射的影响较大，这一现象和植被类型的自身属性特征及所处气候条件也有着紧密的联系。

表13.9　基于样点的全球不同植被类型偏相关模型和多元线性回归模型辐射系数均值和方差

序号	IGBP 植被覆盖类型	样点数	偏相关系数		回归系数（1/10000）	
			均值	方差	均值	方差
01	常绿针叶林	102	0.29	0.21	8.07	6.31
02	常绿阔叶林	2471	−0.03	0.25	−1.69	16.58
03	落叶针叶林	181	0.28	0.08	13.67	5.02
04	落叶阔叶林	94	0.40	0.09	16.37	7.28
05	混交林	628	0.29	0.15	12.11	6.27
N7	高纬度灌木	2515	0.30	0.24	10.01	8.14
S7	中低纬度灌木	1645	−0.02	0.17	−0.21	3.12
08	多树草原	702	0.02	0.29	1.36	18.19
09	稀树草原	828	0.02	0.41	−2.27	32.39
10	草原	2636	0.31	0.27	7.57	8.9
12	作物	1353	0.16	0.39	5.32	16.56
14	作物/自然植被	53	0.20	0.33	9.01	15.82

13.4.2　影响植被生长的主要气候驱动因子

在考虑植被滞后效应的前提下，基于偏相关模型统计得出在全球尺度上植被生长对温度、降水和辐射的偏相关系数。这种统计方法将三种气候指标对于植被生长的贡献隔离开，并且去除了3种气候要素之间对于植被生长共同影响的部分。图13.12～图13.14分别表示温度、降水和太阳辐射对于GIMMS3g NDVI的偏相关系数以及偏相关系数的显著性。对偏相关系数取绝对值（0～1），并线性拉伸至0～255，对拉伸后的温度、降水和太阳辐射系数做RGB合成，以表示植被生长的主要驱动因子（图13.15）。

在偏相关模型气候因子系数的全球格局中（图 13.12～图 13.14），温度和辐射系数在全球尺度上基本通过 $P=0.05$ 的显著性检验；降水系数仅在北半球高纬度地区未通过显著性检验，也从侧面说明降水并不是北半球高纬度地区植被生长的主要气候驱动因子。

图 13.15 反映了影响全球植被生长的主要驱动因子。其中北半球高纬度地区，植被生长主要受温度和辐射影响；美国东部地区植被生长主要受辐射影响；在低纬度干旱半干旱地区，植被生长主要受降水影响，其中中国东部主要受温度主导；在热带雨林地区，影响植被生长的因子并没有明显的规律性。气候因子对于植被生长不仅表现为促进作用，而且在一定的区域会抑制植被生长。在亚马孙热带雨林地区，降水就会抑制植被的生长，原因是降水的增加会降低太阳辐射和温度，影响植被的光合作用；在干旱半干旱的澳大利亚西部地区，温度和辐射均会抑制区域植被的生长。

统计结果表明，不同植被类型的气候主导因子均有显著差别（表 13.7～表 13.9）。其中常绿针叶林、落叶针叶林和混交林均受辐射和温度主导，辐射和温度平均偏相关系数分别为 0.29（0.21SD）和 0.20（0.15SD）、0.28（0.08SD）和 0.47（0.11SD）、0.29（0.15SD）和 0.41（0.13SD）。常绿阔叶林的气候主导因子在模型结果中表现不明确。落叶阔叶林主要受降水和辐射主导，平均偏相关系数分别为 0.21（0.10SD）和 0.40（0.09SD）。北半球高纬度灌丛的气候主导因子为辐射和温度，平均偏相关系数分别为 0.30（0.24SD）和 0.43（0.20SD），中低纬度灌丛的气候主导因子为降水，平均偏相关系数为 0.36（0.15SD）。多树草原的主要驱动因子为降水和温度，平均偏相关系数分别为 0.49（0.23SD）和 0.39（0.21SD）；稀树草原的主要驱动因子为降水，平均偏相关系数为 0.47（0.21SD）；草地受太阳辐射和降水共同驱动，平均偏相关系数分别为 0.31（0.27SD）、0.30（0.18SD）。农田生态系统受 3 种因子共同驱动，降水、辐射和温度的平均偏相关系数分别为 0.26（0.21SD）、0.16（0.39SD）、0.17（0.26SD）。

13.4.3 讨论

1. 综合气候因子对植被生长的解释度

之前对于探究植被和综合气候因子（温度、降水、太阳辐射和潜在蒸散）关系的研究表明，全球尺度下气候因子能够解释植被变化的 54.0%（Jong et al.，2013）。这一结果与本章中未考虑植被滞后效应的结果相一致（57.6%），然而考虑植被滞后效应的情况下，本章结果显示综合气候因子对全球植被的解释度提高 6.47%（相对提高 11.24%）。在不同植被类型的统计分析中，干旱半干旱区的中低纬度开放灌木解释度提高最多，相对提高 54.34%。因此考虑植被对于气候因子的滞后效应在一定程度上提高了植被生长变化的解释率，同时也更准确的刻画出了影响不同类型植被生长变化的具体气候条件。结果对于根据气候模式结果预测未来全球植被空间分布格局有重要的指示意义。

2. 影响植被生长的主要气候驱动因子

植被生长的主要驱动因子与树木的特性以及周围的气候环境密切相关（Jones et al.，2012）。其中常绿针叶林和落叶针叶林主要分布在北半球中高纬度地区（图 13.1），由于温度辐射季节性变化较大，并且该类型树木对水分的需求较弱，所以温度和辐射是影响其生长的决定性因子。落叶阔叶林主要分布在中纬度地区，由于自身对于光合作用的需求较强，水分蒸腾也较针叶林更强，所以该种林地主要受辐射和降水主导。常绿阔叶林主要分布于热带雨林地区，区域气候条件相对适宜，植被生长受3种因子的限制在模型中表现并不明显。对于干旱半干旱地区的开放灌木，区域温度辐射都相对充足，水分相对较少，因此植被生长主要受降水的影响。草原生态系统主要分布于中纬度内陆地区，降水相对偏少，由于草地在辐射和降水都充足的条件下，生长力就会更旺盛，因此这两个因子共同决定草地生态系统的生长变化。本章结果较为准确的刻画出全球植被生长变化气候驱动因子的空间格局，对于后面理解和揭示植被生长变化的原因有重要的参考价值。

13.5　1982～2008年全球植被显著性变化归因探究

为了表征全球植被1982～2008年的变化，并且分析植被变化背后的气候驱动因子。研究首先采用最小二乘回归模型分析了全球1982～2008年植被的变化趋势以及对应时间气候因子的变化趋势，并对趋势分析结果做了显著性检验。其中图13.16表示全球植被在过去27年中显著性变化（$P<0.05$）的空间分布以及全球植被显著性变化区域对应显著性变化气候因子（$P<0.05$）的空间格局。其中图13.16（b）显示了全球GIMMS3g NDVI显著性变化的区域对应温度、降水或辐射是否有显著性变化。例如，GIMMS3g NDVI显著性变化的区域可能只对应一种显著性变化气候因子，也有可能对应两种或者三种气候因子的显著性变化。图13.17～图13.19分别表示考虑植被滞后效应情况下温度、降水和辐射变化的全球格局。

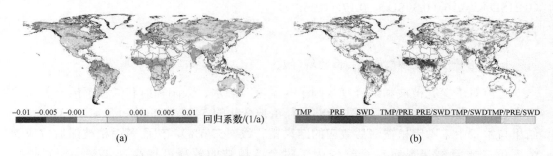

图13.16　1982～2008年全球植被显著性变化（$P<0.05$）的空间分布（彩图附后）
(a) 表示GIMMS3g NDVI 1982～2008年显著性变化的空间分布，白色区域未做统计分析，灰色区域表示不显著；
(b) 表示全球植被显著性变化区域对应显著性变化的气候因子（$P<0.05$），灰色表示该区域没有显著变化的气候因子

对于近27年来全球植被的变化趋势[图13.16（a）]，显著性变化（$P<0.05$）的区域占全部统计区域的32.65%，其中显著性上升区域占28.85%，显著性下降区域占3.80%。在区域尺度上，北半球高纬度地区植被呈变绿趋势，中国东部地区、印度、非洲中部以及南美洲北部地区同样呈变绿趋势；而加拿大东北部、南美洲中部、非洲中南部以及澳大利亚东部等少部分区域植被绿度呈下降趋势。

对于近27年来全球温度的变化趋势（图13.17），显著性增温区分布在亚洲东部、非洲中部、南美洲中东部、北美洲西南部和欧洲部分地区；显著性降温区域分布较少。

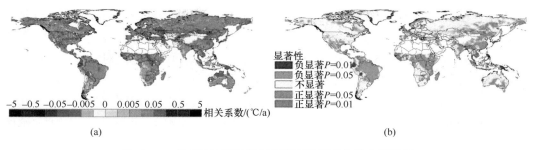

图 13.17 考虑植被滞后效应情况下温度变化的全球格局
（a）表示 1982～2008 年温度线性趋势的空间分布，白色区域未做统计分析；
（b）表示全球温度显著性变化的空间格局

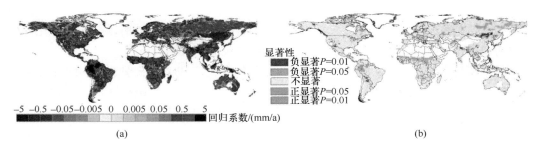

图 13.18 考虑植被滞后效应情况下降水变化的全球格局
（a）表示 1982～2008 年降水线性趋势的空间分布，白色区域未做统计分析；
（b）表示全球降水显著性变化的空间格局

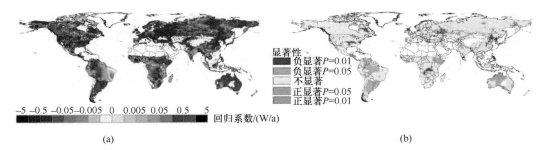

图 13.19 考虑植被滞后效应情况下辐射变化的全球格局
（a）表示 1982～2008 年辐射线性趋势的空间分布，白色区域未做统计分析；
（b）表示全球辐射显著性变化的空间格局

对于近 27 年来全球降水的变化趋势（图 13.18），显著性降水增加区主要分布在非洲中部地区；显著性降水减少区主要分布在蒙古境内。对于近 27 年来全球辐射的变化趋势（图 13.19），辐射显著增加区域主要分布于南美洲北部、南美洲南部地区和澳大利亚中部地区；显著性辐射减少区主要分布在中国东北地区、欧洲中部地区以及北美洲中部地区。

将 GIMMS3g NDVI 显著性变化区域与 3 种气候因子的显著性变化做对比分析［图 13.16（b）］，结果显示 NDVI 显著性变化区域对应温度显著性变化的像元占总体 NDVI 显著性变化像元的 45.09%。降水显著性变化对应 NDVI 显著性变化的像元占总体 NDVI 显著性变化像元的 15.72%，辐射的显著性对应像元比例为 20.72%。全球 3 种气候因子显著性变化对应 NDVI 显著性变化的像元占总体的 60.66%。在所有至少有一种气候因子显著性变化对应 NDVI 显著性变化的区域中，温度的对应比例最高，占 74.33%；降水和辐射较低，分别为 25.92%和 34.16%。综合可以从侧面说明温度对于植被变化的解释率较高，温度变化也是近 27 年来植被变化决定性的气候因子。

影响植被生长变化的因子主要分为两大类。首先是气候因子驱动（Nemani et al.，2003；Pearson et al.，2013；Peng et al.，2013；Peteet，2000），不同的气候因子为植被提供必需的生长条件；其次影响植被生长变化的因素是人类活动和自然扰动，如农业灌溉、土地利用变化、森林管理、病虫害、火灾以及干旱等（Bala et al.，2007；Brando et al.，2014；Choat et al.，2012；Malhi et al.，2008；Sterling et al.，2013；Zhang and Liang，2014），这些外力作用较大的区域扰动会对植被的生长变化产生重要的影响。由于我们的研究主要侧重于植被生长在正常状况下对不同气候因子的响应，所以并未定量化分析人类活动和自然扰动对植被生长的影响，在本章中仅作定性的讨论。

全球植被在 1982~2008 年发生了较为显著的变化，其中生长季平均 NDVI 显著上升（$P<0.05$）区域占总体统计区域的 28.85%，显著下降（$P<0.05$）区域占总体统计区域的 3.80%。我们的研究表明北半球高纬度地区植被绿度在过去 27 年中呈逐步上升趋势（图 13.16），并且该区域植被生长主要受温度和辐射的影响（图 13.15）。因此北半球高纬度温度增加是区域植被绿度升高的重要原因（图 13.17）。同样，在 Jeong 等的研究结果中表明增温会导致北半球高纬度植被生长季提前，植被生长周期延长，生长季植被绿度增加（Jeong et al.，2011）。

在非洲中部地区，植被生长的主要气候驱动因子为降水和温度（图 13.15），并且 Willis 等的研究表明，温度和湿度的增加导致了该地区植被绿度升高（Willis et al.，2013）。我们的研究结果同样表明在 1982~2008 年温度升高和降水增加导致了区域 NDVI 显著上升（图 13.17、图 13.18），印证了气候条件变化对该区域植被绿度增加起到了重要的作用。

在中国中东部地区，NDVI 在过去 27 年中呈显著上升趋势，并且结果（图 13.15）显示该区域的主要气象主导因子为温度，统计结果表明过去 27 年中该区域温度显著上升（图 13.17），因此区域 NDVI 升高主要是由温度的增加引起。这一现象与 Peng 等和 Piao 等的研究结果相一致，即温度上升会导致中国北方生长季延长，植被生长力增强，生长季植被绿度升高（Peng et al.，2011；Piao et al.，2006）。

Nemani 等在研究中指出亚马孙热带雨林 NPP 增加的主要原因是云量的减少和太阳辐射的增加（Nemani et al.，2003）。我们的研究结果同样表明该区域 1982~2008 年温度和太阳辐射均显著增加（图 13.17、图 13.19），因此这一气候条件变化可能是区域植被 NDVI 增加的主要原因之一。由于本章主要分析植被对于气候因子的响应，并未定量化人类活动和自然扰动对区域植被生长造成的影响。因此在亚马孙地区，虽然结果可以揭示出 NDVI 变化和气候因子之间的关系，但是植被气候模型的解释率仍然比其他受人类活动或自然扰动小的地区相对要低。

我们发现人类活动和自然扰动对于植被变化同样扮演着重要的角色，例如，印度大陆植被主要受水分条件限制（图 13.15），那么改善区域的水分条件植被绿度就会增加。Nayak 等的研究指出 1981~2006 年引起该区域 NPP 升高的主导因子是农业生产力的提高（Nayak et al.，2013），我们的研究同样表明 1982～2008 年印度植被绿度呈显著上升趋势（图 13.16）。因此，由于该区域提高了农业灌溉水平，改善了区域水分条件，所以该区域植被绿度呈显著增加。

在美国东南部地区，植被绿度在过去 27 年显著升高（图 13.16），然而对应区域的气候因子并未发生显著变化（图 13.17～图 13.19）。造成这一现象的原因主要是近年来积极的森林管理（包括较低龄树木的生长及植树造林的增加）（Hicke et al.，2002）。在加拿大东部地区，植被绿度下降的一部分原因是降水增加和辐射降低的共同作用（图 13.17～图 13.19），另一方面原因可能是该地区受到病虫害影响导致植被绿度降低（Hicke et al.，2002）。

本章主要选用 NDVI 植被指数来代表植被的生长状态，并结合气候因子数据统计分析植被对气候因子的滞后效应。NDVI 主要反映植被的绿度特征，与植被的季节性变化以及植被的光合作用关系密切（Nemani et al.，2003；Pearson et al.，2013；Peng et al.，2013；Peteet，2000），并且对气候因子有相对快速的响应过程（Anderson et al.，2010；Chen et al.，2014；Rundquist and Harrington Jr，2000）。除了表征植被生长变化的植被指数数据集，树木年轮数据也可以反映植被生长变化，常常被用来做年际间的植被气候交互效应（Orwig and Abrams，1997）。与植被指数区别的是，树木年轮多反映的是植被的碳收支能力（光合作用和呼吸作用），其大小不仅仅依赖于所处的气候条件变化还包括相应的扰动因素（Abrams and Nowacki，2015a，b，Nowacki and Abrams，2015），通常对气候表现出较长的滞后期。研究表明，树木年轮对干旱的响应通常有 2～3 年（Orwig and Abrams，1997）。Huang 等的研究同样表明树木年轮与干旱指数（SPEI）有很强的相关性，并且表现出 11 个月的滞后期（Huang et al.，2015）。因此，基于树木年轮对气候因子的响应研究中，植被滞后时间较长，作用过程可能比植被指数更加复杂。然而，基于不同指标，不同过程的植被气候交互效应研究均有其响应的研究价值，我们应该关注不同的植被气候的作用过程，揭示过程的内在规律，并建立不同过程模型的联系。

13.6 小　　结

本章基于 GIMMS3g NDVI 数据，以及 CRU 温度、降水和辐射数据综合分析了植被对于气候因子的空间响应特征。重点分析了植被对于不同气候因子的滞后响应，并基于植被的滞后效应建立多元线性回归模型和偏相关模型，分析统计综合气候因子对于不同植被类型生长变化的解释度以及不同植被类型的主要驱动因子。最后通过对比分析揭示了 1982～2008 年植被 NDVI 显著性变化区域的主要气候驱动因子（Wu et al.，2015）。结果表明：

（1）植被对不同的气候因子均存在一定时间的滞后响应，并且滞后响应时间在全球格局上分布各异。就植被种类分析而言，同种植被对于不同气候因子的滞后效应表现存在差异；不同植被类型对于同一气候因子的响应也各有特点。分析表明，导致这一现象的原因主要是植被自身属性特征以及周围环境因素的限制。

（2）考虑植被的滞后效应可以较准确的揭示气候因子对植被生长的影响。对于植被生长的气候解释度，综合气候因子（温度、降水和辐射）对于植被生长的全球平均解释率为 64.04%，相较于未考虑植被滞后效应的模型全球平均提高 6.74%（相对提高 11.24%）。其中干旱半干旱区的中低纬度开放灌木提高最多，平均相对提高 54.34%。因此，考虑植被对于气候因子的滞后效应在较大程度上提高了植被生长变化的解释率，同时也更准确的刻画出了影响不同类型植被生长变化的具体气候条件。

（3）植被生长的主要驱动因子与植被的特性以及周围的环境密切相关。研究表明，全球植被的气候驱动因子在空间上均表现出显著的差异，在北半球高纬度地区主要受到温度的影响，在干旱半干旱地区主要受到降水的影响，在美国东部等地区主要受到辐射的影响。全球植被气候驱动因子的空间格局对于分析影响植被生长变化的气候要素有重要的科学意义。

（4）1982~2008 年全球 GIMMS3g NDVI 显著性变化对应温度显著性变化（$P<0.05$）的像元占总体 NDVI 显著性变化像元的 45.09%，降水辐射分别为 15.72% 和 20.72%。结果从侧面说明了温度是影响全球植被显著性变化的主要气候驱动因子。

（5）区域尺度的分析结果表明，影响植被变化的因子除了气候条件的改变，还包括人类活动和自然扰动的影响。由于我们重点关注植被对气候因子的滞后响应，所以并未定量分析非气候要素对植被变化的影响。在后续的研究中我们应该定量化分析气候扰动对区域植被的影响，更加清楚的认识植被生长变化的背景驱动因子。

综合来看，我们采用定量化的研究方法，从不同的角度分析了植被对气候因子的响应过程及响应特点。结果对于揭示全球植被对于气候响应的空间特征及时间滞后提供了理论依据，并对于未来气候背景下植被变化的预测有重要的参考价值。

参 考 文 献

Abrams M D, Nowacki G J. 2015a. Exploring the early anthropocene burning hypothesis and climate-fire anomalies for the Eastern U.S. Journal of Sustainable Forestry, 34: 30-48

Abrams M D, Nowacki G J. 2015b. Large-scale catastrophic disturbance regimes can mask climate change impacts on vegetation-a reply to Pederson et al. 2014. Global Change Biology, 10.1111/gcb.12828

Anderson L O, Malhi Y, Aragão L E O C, Ladle R, Arai E, Barbier N, Phillips O. 2010. Remote sensing detection of droughts in Amazonian forest canopies. New Phytologist, 187: 733-750

Arnone Iii J A, Verburg P S J, Johnson D W, et al. 2008 Prolonged suppression of ecosystem carbon dioxide uptake after an anomalously warm year. nature, 455: 383-386

Bala G, Caldeira K, Wickett M, Phillips T J, Lobell D B, Delire C, Mirin A. 2007. Combined climate and carbon-cycle effects of large-scale deforestation. Proceedings of the National Academy of Sciences, 104: 6550-6555

Beer C, Reichstein M, Tomelleri E, et al. 2010. Terrestrial gross carbon dioxide uptake: Global distribution and covariation with climate. Science, 329: 834-838

Bonan G B. 2008. Forests and climate change: Forcings, feedbacks, and the climate benefits of forests. Science, 320: 1444-1449

Bontemps S, Herold M, Kooistra L, et al. 2011. Revisiting land cover observations to address the needs of the climate modelling community. Biogeosciences Discussions, 8: 7713-7740

Brando P M, Balch J K, Nepstad D C, et al. 2014. Abrupt increases in Amazonian tree mortality due to drought–fire interactions. Proceedings of the National Academy of Sciences, 111: 6347-6352

Brando P M, Goetz S J, Baccini A, Nepstad D C, Beck P S, Christman M C. 2010. Seasonal and interannual variability of climate and vegetation indices across the Amazon. Proceedings of the National Academy of Sciences, 107: 14685-14690

Braswell B, Schimel D, Linder E, Moore B. 1997. The response of global terrestrial ecosystems to interannual temperature variability. Science, 278: 870-873

Brown M E, Pinzon J E, Didan K, Morisette J T, Tucker C J. 2006. Evaluation of the consistency of long-term NDVI time series derived from AVHRR, SPOT-vegetation, SeaWiFS, MODIS, and Landsat ETM+ sensors. Geoscience and Remote Sensing, IEEE Transactions on, 44: 1787-1793

Chen T, De Jeu Ra M, Liu Y Y, Van Der Werf G R, Dolman A J. 2014. Using satellite based soil moisture to quantify the water driven variability in NDVI: A case study over mainland Australia. Remote Sensing of Environment, 140: 330-338

Choat B, Jansen S, Brodribb T J. et al. 2012. Global convergence in the vulnerability of forests to drought. nature, 491: 752-755

Ciais P, Reichstein M, Viovy N, et al. 2005. Europe-wide reduction in primary productivity caused by the heat and drought in 2003. nature, 437: 529-533

Cong N, Wang T, Nan H, Ma Y, Wang X, Myneni R B, Piao S. 2013. Changes in satellite-derived spring vegetation green-up date and its linkage to climate in China from 1982 to 2010: A multimethod analysis. Global Change Biology, 19: 881-891

Craine J M, Nippert J B, Elmore A J, Skibbe A M, Hutchinson S L, Brunsell N A. 2012. Timing of climate variability and grassland productivity. Proceedings of the National Academy of Sciences, 109: 3401-3405

Davis M. 1989. Lags in vegetation response to greenhouse warming. Climatic change, 15: 75-82

De Jong R, Verbesselt J, Zeileis A, Schaepman M. 2013. Shifts in global vegetation activity trends. Remote Sensing, 5: 1117-1133

Easterling D R, Meehl G A, Parmesan C, Changnon S A, Karl T R, Mearns L O. 2000. Climate extremes: Observations, modeling, and impacts. Science, 289: 2068-2074

Fensholt R, Proud S R. 2012. Evaluation of Earth observation based global long term vegetation trends-comparing GIMMS and MODIS global NDVI time series. Remote Sensing of Environment, 119: 131-147

Fensholt R, Rasmussen K, Kaspersen P, Huber S, Horion S, Swinnen E. 2013. Assessing land degradation/recovery in the African Sahel from long-term Earth observation based primary productivity and precipitation relationships. Remote Sensing, 5: 664-686

Friedl M A, Mciver D K, Hodges J C F, et al. 2002. Global land cover mapping from MODIS: Algorithms and early results. Remote Sensing of Environment, 83: 287-302

Friedl M A, Sulla-Menashe D, Tan B, Schneider A, Ramankutty N, Sibley A, Huang X. 2010. MODIS Collection 5 global land cover: Algorithm refinements and characterization of new datasets. Remote Sensing of Environment, 114: 168-182

Friedman J, Hastie T, Tibshirani R. 2000. Additive logistic regression: a statistical view of boosting (with discussion and a rejoinder by the authors). The annals of statistics, 28: 337-407

Gong P, Wang J, Yu L, et al. 2013. Finer resolution observation and monitoring of global land cover: First mapping results with Landsat TM and ETM+ data. International Journal of Remote Sensing, 34: 2607-2654

Harris I, Jones P, Osborn T, Lister D. 2014. Updated high-resolution grids of monthly climatic observations-the CRU TS3. 10 Dataset. International Journal of Climatology, 34: 623-642

Hashimoto H, Wang W, Milesi C, Xiong J, Ganguly S, Zhu Z, Nemani R. 2013. Structural uncertainty in model-simulated trends of global gross primary production. Remote Sensing, 5: 1258-1273

Hicke J A, Asner G P, Randerson J T, et al. 2002. Trends in North American net primary productivity derived from satellite observations, 1982–1998. Global Biogeochemical Cycles, 16(2): 2-1-2-14

Holben B N. 1986. Characteristics of maximum-value composite images from temporal AVHRR data. International Journal of Remote Sensing, 7: 1417-1434

Houghton J T, Ding Y, Griggs D J, et al. 2001. Climate change 2001: The scientific basis, Cambridge: Cambridge University Press

Huang K, Yi C, Wu D, et al. 2015. Tipping point of a conifer forest ecosystem under severe drought.

Jeong S-J, Ho C-H, Gim H-J, Brown M E. 2011. Phenology shifts at start vs. end of growing season in temperate vegetation over the Northern Hemisphere for the period 1982–2008. Global Change Biology, 17: 2385-2399

Jiang B, Liang S. 2013. Improved vegetation greenness increases summer atmospheric water vapor over Northern China. Journal of Geophysical Research: Atmospheres, 118: 8129-8139

Jing X, Yao W-Q, Wang J-H, Song X-Y. 2011. A study on the relationship between dynamic change of vegetation coverage and precipitation in Beijing's mountainous areas during the last 20 years. Mathematical and Computer Modelling, 54: 1079-1085

Johannessen O M, Shalina E V, Miles M W. 1999. Satellite evidence for an Arctic sea ice cover in transformation. Science, 286: 1937-1939

Jones P, Lister D, Osborn T, Harpham C, Salmon M, Morice C. 2012. Hemispheric and large-scale land-surface air temperature variations: An extensive revision and an update to 2010. Journal of Geophysical Research: Atmospheres (1984-2012), 117

Jong R, Schaepman M E, Furrer R, Bruin S, Verburg P H. 2013. Spatial relationship between climatologies and changes in global vegetation activity. Global Change Biology, 19: 1953-1964

Karl T R, Trenberth K E. 2003. Modern global climate change. Science, 302: 1719-1723

Kumar P. 2013. Hydrology: Seasonal rain changes. Nature climate change, 3: 783-784

Kuzyakov Y, Gavrichkova O. 2010. Review: Time lag between photosynthesis and carbon dioxide efflux from soil: A review of mechanisms and controls. Global Change Biology, 16: 3386-3406

Lewis S L, Brando P M, Phillips O L, Van Der Heijden G M F, Nepstad D. 2011. The 2010 Amazon drought. Science, 331: 554

Lu E, Luo Y, Zhang R, Wu Q, Liu L. 2011. Regional atmospheric anomalies responsible for the 2009–2010 severe drought in China. Journal of Geophysical Research: Atmospheres, 116: D21114

Malhi Y, Roberts J T, Betts R A, Killeen T J, Li W, Nobre C A. 2008. Climate change, deforestation, and the fate of the Amazon. Science, 319: 169-172

Mao J, Shi X, Thornton P, Hoffman F, Zhu Z, Myneni R. 2013. Global latitudinal-asymmetric vegetation growth trends and their driving Mechanisms: 1982–2009. Remote Sensing, 5: 1484-1497

Marengo J A, Nobre C A, Tomasella J, et al. 2008. The drought of Amazonia in 2005. Journal of Climate, 21: 495-516

Mitchell T D, Jones P D. 2005. An improved method of constructing a database of monthly climate observations and associated high-resolution grids. International Journal of Climatology, 25: 693-712

Morice C P, Kennedy J J, Rayner N A, Jones P D. 2012. Quantifying uncertainties in global and regional temperature change using an ensemble of observational estimates: The HadCRUT4 data set. Journal of Geophysical Research: Atmospheres (1984-2012), 117

Mu Q, Zhao M, Kimball J S, Mcdowell N G, Running S W. 2013. A remotely sensed global terrestrial drought severity index. Bulletin of the American Meteorological Society, 94: 83-98

Nayak R K, Patel N R, Dadhwal V K. 2013. Inter-annual variability and climate control of terrestrial net primary productivity over India. International Journal of Climatology, 33: 132-142

Nemani R R, Keeling C D, Hashimoto H, et al. 2003. Climate-driven increases in global terrestrial net primary production from 1982 to 1999. Science, 300: 1560-1563

New M, Hulme M, Jones P. 2000. Representing twentieth-century space–time climate variability. Part II: Development of 1901–96 monthly grids of terrestrial surface climate. journal of climate, 13, 2217-2238

Nowacki G J, Abrams M D. 2015. Is climate an important driver of post-European vegetation change in the Eastern United States. Global Change Biology, 21: 314-334

Orwig D A, Abrams M D. 1997. Variation in radial growth responses to drought among species, site, and canopy strata. Trees, 11: 474-484

Pearson R G, Phillips S J, Loranty M M, Beck P S A, Damoulas T, Knight S J, Goetz S J. 2013. Shifts in Arctic vegetation and associated feedbacks under climate change. Nature climate change, 3: 673-677

Peng S, Chen A, Xu L, et al. 2011. Recent change of vegetation growth trend in China. Environmental Research Letters, 6(4): 44027-44039(13)

Peng S, Piao S, Ciais P, et al. 2013. Asymmetric effects of daytime and night-time warming on Northern Hemisphere vegetation. nature, 501: 88-92

Peteet D. 2000. Sensitivity and rapidity of vegetational response to abrupt climate change. Proceedings of the National Academy of Sciences, 97: 1359-1361

Piao S, Fang J, Zhou L, Ciais P, Zhu B. 2006. Variations in satellite-derived phenology in China's temperate vegetation. Global Change Biology, 12: 672-685

Rammig A, Wiedermann M, Donges J, et al. 2014. Tree-ring responses to extreme climate events as benchmarks for terrestrial dynamic vegetation models. Biogeosciences Discussions, 11: 2537-2568

Rundquist B C, Harrington Jr J A. 2000. The effects of climatic factors on vegetation dynamics of tallgrass and shortgrass cover. GeoCarto International, 15: 33-38

Saatchi S, Asefi-Najafabady S, Malhi Y, Aragão L E O C, Anderson L O, Myneni R B, Nemani R. 2013. Persistent effects of a severe drought on Amazonian forest canopy. Proceedings of the National Academy of Sciences, 110: 565-570

Saleska S R, Didan K, Huete A R, Da Rocha H R. 2007. Amazon forests green-up during 2005 drought. Science, 318: 612

Samanta A, Ganguly S, Hashimoto H, et al. 2010. Amazon forests did not green-up during the 2005 drought. Geophysical Research Letters, 37: L05401

Screen J A, Simmonds I. 2010. The central role of diminishing sea ice in recent Arctic temperature amplification. nature, 464: 1334-1337

Sterling S M, Ducharne A, Polcher J. 2013. The impact of global land-cover change on the terrestrial water cycle. Nature climate change, 3: 385-390

Stocker T, Qin D, Plattner G K, et al. 2014. Climate change 2013: The physical science basis. New York: Cambridge University Press Cambridge

Tucker C J, Pinzon J E, Brown M E, et al. 2005. An extended AVHRR 8-km NDVI dataset compatible with MODIS and SPOT vegetation NDVI data. International Journal of Remote Sensing, 26: 4485-4498

Tucker C J. 1979. Red and photographic infrared linear combinations for monitoring vegetation. Remote Sensing of Environment, 8: 127-150

Van Leeuwen W, Hartfield K, Miranda M, Meza F. 2013. Trends and ENSO/AAO driven variability in NDVI derived productivity and phenology alongside the Andes mountains. Remote Sensing, 5: 1177-1203

Vicente-Serrano S M, Gouveia C, Camarero J J, et al. 2012. Response of vegetation to drought time-scales across global land biomes. Proceedings of the National Academy of Sciences, 110: 52-57

Vrieling A, De Leeuw J, Said M. 2013. Length of growing period over Africa: Variability and trends from 30 years of NDVI time series. Remote Sensing, 5: 982-1000

Walther G-R, Post E, Convey P, et al. 2002. Ecological responses to recent climate change. Nature, 416: 389-395

Wang X, Piao S, Ciais P, Li J, Friedlingstein P, Koven C, Chen A. 2011. Spring temperature change and its implication in the change of vegetation growth in North America from 1982 to 2006. Proceedings of the National Academy of Sciences, 108: 1240-1245

Willis K J, Bennett K D, Burrough S L, Macias-Fauria M, Tovar C. 2013. Determining the response of African biota to climate change: Using the past to model the future. Philosophical Transactions of the Royal Society B: Biological Sciences, 368

Wu D, Wu H, Zhao X, Zhou T, Tang B, Zhao W, Jia K. 2014. Evaluation of spatiotemporal variations of global fractional vegetation cover based on GIMMS NDVI data from 1982 to 2011. Remote Sensing, 6: 4217-4239

Wu D, Zhao X, Liang S, Zhou T, Huang K, Tang B, Zhao W. 2015. Time-lag effects of global vegetation responses to climate change. Global Change Biology, 21: 3520-3531

Wu X, Liu H. 2013. Consistent shifts in spring vegetation green-up date across temperate biomes in China, 1982–2006. Global Change Biology, 19: 870-880

Xu L, Samanta A, Costa M H, Ganguly S, Nemani R R, Myneni R B. 2011. Widespread decline in greenness of Amazonian vegetation due to the 2010 drought. Geophysical Research Letters, 38

Yang J, Gong D, Wang W, Hu M, Mao R. 2011. Extreme drought event of 2009/2010 over southwestern China. Meteorology and Atmospheric Physics, 115: 173-184

Yang J, Gong P, Fu R, et al. 2013. The role of satellite remote sensing in climate change studies. Nature Clim Change, 3: 875-883

Zeng X, Dickinson R E, Walker A, Shaikh M, Defries R S, Qi J. 2000. Derivation and evaluation of global 1-km fractional vegetation cover data for land modeling. Journal of Applied Meteorology, 39: 826-839

Zhang L, Xiao J, Li J, Wang K, Lei L, Guo H. 2012. The 2010 spring drought reduced primary productivity in southwestern China. Environmental Research Letters, 7: 045706

Zhang X, Susan Moran M, Zhao X, Liu S, Zhou T, Ponce-Campos G E, Liu F. 2014. Impact of prolonged drought on rainfall use efficiency using MODIS data across China in the early 21st century. Remote Sensing of Environment, 150: 188-197

Zhang Y, Liang S. 2014. Changes in forest biomass and linkage to climate and forest disturbances over Northeastern China. Global Change Biology, 20: 2596-2606

Zhao M, Heinsch F A, Nemani R R, Running S W. 2005. Improvements of the MODIS terrestrial gross and net primary production global data set. Remote Sensing of Environment, 95: 164-176

Zhao M, Running S W. 2010. Drought-induced reduction in global terrestrial net primary production from 2000 through 2009. Science, 329: 940-943

Zhu Z, Bi J, Pan Y, et al. 2013. Global data sets of vegetation leaf area index (LAI) 3g and fraction of photosynthetically active radiation (FPAR) 3g derived from global inventory modeling and mapping studies (GIMMS) normalized difference vegetation index (NDVI3g) for the period 1981 to 2011. Remote Sensing, 5: 927-948

第14章 森林生物量估算与应用分析

张玉珍[1,2]，梁顺林[1,3]

森林是地球上最大的陆地生态系统，约占地球陆地总面积的 1/3。森林在生长过程中通过光合作用从大气中吸收 CO_2，并以生物量的形式固定在植物体和土壤中，是陆地生态系统最大的碳储库。森林生物量是衡量地表与大气间 CO_2 交换的基本变量，在全球碳循环领域起着重要作用，它同时也是全球气候观测系统认定的基本气候变量之一。当前对森林生物量的研究主要围绕森林生物量的估算，以及森林生物量与生物、环境因子之间的关系开展。本章将在简要概述后系统阐述森林生物量的估算方法，介绍现有的区域和全球森林生物量数据集，并举例示范如何应用森林生物量数据解决气候变化和生态环境领域的一些热点问题。

14.1 简　　介

森林生物量是指森林单位面积上累积的全部活有机体的总量，通常以单位面积的干物质质量表示，常用单位为克/平方米（g/m^2）或吨/公顷（t/hm^2）。森林生物量是森林生态系统长期生产和代谢过程中积累的结果，与森林生产力是不同的概念，但两者之间密切相关。森林生产力是一段时间内由活的生物体新生产的有机物质总量，而生物量是累积的生产量减去由于树木的自然凋落以及人为和自然干扰等消耗的部分剩余的活有机物的数量，因此某一时刻的生物量也被称为森林现存量。

森林生物量包括地上生物量（above-ground biomass，AGB）和地下生物量（below-ground biomass，BGB）。森林地上生物量是指土壤以上的所有活物质质量，包括茎、树桩、枝、树皮、籽实和叶；地下生物量是指活根的全部生物量，直径不足 2 mm 的细根很难与土壤有机质和枯枝落叶相区别，因此通常不包括在地下生物量中（IPCC，2006）。相对于森林地上生物量，地下生物量数据的收集比较困难，同时缺乏合适的模型进行研究，以及受地下空间异质性和生态系统复杂性等因素的制约，直接估算地下生物量异常困难。目前森林生物量的研究主要集中在地上部分，地下生物量大都基于地下-地上生物量比进行估算（Mokany et al.，2006）。

14.2 森林地上生物量估算方法

森林地上生物量的估算可以分为传统地面实测法、模型模拟法和基于遥感数据的估

---
1. 遥感科学国家重点实验室，北京市陆表遥感数据产品工程技术研究中心，北京师范大学地理科学学部；2. 北京科技大学自动化学院；3. 美国马里兰大学帕克分校地理科学学系

算方法三大类。地面实测法可以提供精度较高的地上生物量估算结果，并且为建立模型和估算结果的验证提供必不可少的数据，但这种方式费时费力，在偏远难以深入的地区更不易进行（Lu，2006）。此外，它不能提供生物量的空间分布，所以也就无法获知森林砍伐或者造林再造林等活动所释放或固定的森林生物量碳储量（Houghton，2005）。模型模拟法通过简化生态过程和机理模拟时空大尺度的碳蓄积过程，但由于模型参数的不确定性、输入数据的质量和对机理过程的简化假设使其精确度受到质疑。遥感对地观测技术快速、准确、大范围重复观测的特点在区域尺度森林生物量的估算中具有不可替代的优势。随着遥感技术的发展，遥感估算生物量的数据源涵盖了光学遥感、微波遥感和激光雷达数据。

本节我们主要介绍传统的地面实测法和基于遥感数据的估算方法。前期很多文献已经对这些方法进行了详细阐述，同时也有一些文献综述了森林 AGB 的估算方法（Lu，2006；Somogyi et al.，2007；Sinha et al.，2015；Lu et al.，2016；Timothy et al.，2016）。这里我们侧重地面实测法和基于遥感数据估算 AGB 的基本原理及存在的问题。

14.2.1 传统的地面实测法

传统的地面实测法是估算森林生态系统生物量中较为真实可靠的方法，一般用于小范围内森林生物量的估算，如皆伐法、平均木法和异速生长方程法。皆伐法和平均木法都需要伐倒树木，测定其各组分（树干、枝、叶、果和根系等）的干重得到单株树木的生物量。虽然精度相对较高，但耗时耗力，并且对样地破坏性大，所以在森林生物量研究中很少使用。异速生长方程通过建立易于测量的形态学变量（树高、胸径等）与生物量之间的关系估测生物量组分，可以有效降低对森林样地的破坏性取样，因而成为测定森林生物量最常用的方法之一。Parresol（1999）将异速生长方程归纳为以下三种形式：

线性（加性误差）

$$Y = \beta_0 + \beta_1 X_1 + \cdots + \beta_j X_j + \varepsilon \tag{14.1}$$

非线性（加性误差）

$$Y = \beta_0 X_1^{\beta_1} X_2^{\beta_2} \cdots X_j^{\beta_j} + \varepsilon \tag{14.2}$$

非线性（乘性误差）

$$Y = \beta_0 X_1^{\beta_1} X_2^{\beta_2} \cdots X_j^{\beta_j} \varepsilon \tag{14.3}$$

式中，Y 为总的或各个部分（如叶、树干和树枝等）生物量；X 可以是胸径、树高、木材密度、冠幅等；β 为回归系数；ε 为误差项。

在较大尺度范围内，基于地面实测数据估算森林生物量需要通过一定的函数关系进行转换，如材积源生物量估算方法（Fang et al.，2002）。这种方法假定树干材积与生物量和其他器官之间存在相关关系，根据林分蓄积量和生物量的比值推算森林生物量，国家或区域的森林生物量推算大都采用此方法。例如，Fang 等（2001）利用大量的生物量实测数据，结合使用中国近 50 年较为系统的森林资源清查资料及相关统计资料，基于生物量换算因子连续函数法，研究了中国森林植被碳库及其时空变化。联合国粮农组织（FAO）开展的全球森林资源评估（FRA）基于各国提供森林资源清查资料信息得到各国家和地区的森林生物量，是迄今为止最为完整的区域森林生物量估算结果（FAO，

2010)。但是,每个国家的森林调查都按照自己的标准进行,全球并未有统一的标准。

14.2.2 基于光学遥感数据的生物量估算

基于光学遥感数据的森林生物量估算主要基于植被的光谱反射特征,用反射率、植被指数和其他因子与实测生物量建立关系。常用的遥感数据源包括 Landsat TM/ETM+ 数据、SPOT 数据、MODIS 数据、AVHRR 数据以及其他高光谱数据等。高分辨率遥感数据可以反映更为详细的信息,但数据获取能力和覆盖能力受到限制,大区域的森林生物量分布常借助于中低分辨率数据。Curran 等(1992)发现 TM 数据红光波段和近红外波段与叶生物量之间的高度相关性,建立了 NDVI 与叶生物量之间的相关关系。Hame 等(1997)基于森林样地数据建立了 TM 数据与森林材积之间的关系,并将该关系应用到校准后的 AVHRR 上,得到了芬兰北部地区的森林碳储量空间分布。Heiskanen(2006)研究了 ASTER 反射率和植被指数与芬兰最北部山地桦木林生物量的线性和非线性关系,结果显示红光波段对生物量最敏感,短波红外波段与生物量高度负相关,在植被指数中,简单比值植被指数 SR 与生物量的线性相关性最强。Thenkabail 等(2004)比较了窄波段高光谱 Hyperion 数据与宽波段 IKONOS、ALI、ETM+数据在非洲热带雨林生物量估算中的应用,结果发现宽波段数据能解释 13%～60% 的生物量信息,而窄波段能解释 36%～83%的信息。Myneni 等(2001)和 Dong 等(2003)通过建立各省森林生物总量与森林生长季累积 AVHRR NDVI 和纬度之间的方程,探索性地推断陆地尺度的森林生物量,评估了北半球森林的碳收支情况。Piao 等(2005)基于森林清查数据和 NDVI 估算森林总生物量碳密度,分析了过去 20 年中森林碳源碳汇的空间分布及变化。

光学遥感信息获取水平结构参数方面有一定的优势,应用于生物量反演时实际是利用冠层的叶面积和叶生物量信息。由于树的叶与树枝等其他部分生物量之间存在一定的函数关系,因此基于叶面积信息可以估算森林生物量(Zhang and Kondragunta, 2006)。但是,森林的叶面积达到一定的阈值,遥感信号会出现饱和现象。当生物量继续增加时,增加的生物量无法通过光学数据反映出来,不可避免地丢失了由于树木生长继续累积的生物量部分。在多云雨和雾的热带和亚热带地区,可见光和红外遥感受到了很大限制。

14.2.3 基于雷达数据的生物量估算

与光学遥感相比,微波具有一定的穿透能力,不仅能和树叶发生作用,还能穿透树冠与生物量的主体树干树枝发生作用,获取植被的垂直结构信息,在生物量的估算中具有一定的优势。微波遥感在森林方面的应用已有 20 多年的历史,极化、干涉合成孔径雷达(SAR)技术的出现,使微波数据在森林参数估算方面有了新的进展。

目前利用雷达数据反演森林生物量主要是通过雷达后向散射系数或者雷达相干系数与森林生物量建立经验关系。雷达后向散射系数与波段的相关性随着波长增加而增加,当生物量增加到一定程度时,后向散射趋于饱和。饱和点因波长、极化方式、入射角和森林类型的不同而不同。Le Toan 等(1992)分析了不同雷达波段的后向散射强度与森林生物量之间的关系,发现 P 波段、HV 极化与树干生物量的相关系数最大。长波段交叉极化（HV）对森林生物量最为敏感，是估算生物量的较佳选择。

随着雷达干涉测量技术（InSAR）的发展，利用雷达回波的相位信息可获得高精度的地表高程信息，为测量树高提供了一种有效的方法。目前已被成功应用于监测森林动态变化和森林蓄积量、生物量的反演中（Castel et al.，2000）。Santoro 等（2011）提出了一种利用干涉水云模型 BIOMASAR 算法，该算法使用 ENVISAT ASAR ScanSAR 数据反演森林蓄积量，并将高时相序列 ScanSAR 数据的反演结果按权重进行叠加，反演的蓄积量饱和点达到 300 m^3/hm^2 以上。Cartus 等（2012）将 MODIS 自动训练干涉水云模型和 BIOMASAR 算法结合，使用 ALOS PALSAR 双极化数据成功反演了美国北部的地上生物量。

极化干涉合成孔径雷达（Pol-InSAR）集极化雷达和干涉雷达测量技术于一体，既具有极化雷达对植被散射体的形状和方向很敏感的特性，又具有干涉雷达对植被散射体的空间分布和高度敏感的特性。应用 Pol-InSAR 反演森林结构参数成为一个新的发展方向。Cloude 和 Williams（2003）最早利用 Pol-InSAR 估算森林高度，提出森林高度反演的三阶段策略，从物理角度出发进行求解，利用衰减系数补偿森林密度和结构的变化以获取较高的精度。Cloude（2006）提出了极化相干层析方法，进一步拓展了 Pol-InSAR 提取植被结构参数的理论和方法。Neumann 等（2010）采用多基线的 Pol-InSAR 估算森林结构、地面和树冠信息。Gama 等（2010）基于 Pol-InSAR 数据估算了巴西桉树的森林生物量。Pol-InSAR 信息在地表参数反演中得到了广泛的应用，但是国内尚没有研制机载/星载 Pol-InSAR 系统，主要还是借助国外 Pol-InSAR 数据进行相关研究。

14.2.4 基于激光雷达数据的生物量估算

激光雷达是一种类似于雷达的主动式遥感技术，但利用的是激光光波而不是无线电波。激光雷达测高工作频段是可见光和近红外光，以激光束扫描的工作方式测量从传感器到地面上激光照射点的距离，即通过测量地面采样点激光回波脉冲相对于发射激光主波之间的时间延迟得到传感器到地面采样点之间的距离（Lefsky et al.，2002）。不同于光学遥感，激光雷达可以提供森林水平和垂直分布的详细信息，与生物量有很高的相关性（Lim et al.，2003）。

用于林业的激光雷达主要有两种，记录完整波形数据的大光斑激光雷达和记录少量回波的小光斑激光雷达。前者主要通过回波波形反演大范围森林的垂直结构及生物量等参数，后者则利用高密度的激光云进行精确的单木水平上的树高、胸高断面积、生物量等估测。Popescu 等（2003）研究了高密度点云数据反演森林蓄积量和生物量，首先采用单棵树提取算法，提取可识别树的树高和冠幅，然后在样地尺度上进行平均计算，建立与实测蓄积量和生物量的关系。尽管冠幅的识别精度不高，但可以显著地提高森林蓄积量和生物量的估算精度。Lefsky 等（2002）利用 GLAS（geoscience laser altimeter system）数据对俄勒冈州的北方针叶林、温带针叶林和温带落叶林进行森林生物量估算时，发现平均冠层高度的平方值与生物量有较高的相关性。考虑到地形对 GLAS 信号的影响，在后续的研究中，他们引入了地形指数信息（Lefsky et al.，2005）。但是，小光斑激光雷达存在着成本高、覆盖范围有限、数据量大等问题，限制了其在大面积森林空间结构信息提取中的应用。大光斑激光雷达能够描述大面积森林冠层空间结构信息,但传感器在空间上采样不连续,不能达到无缝覆盖。

14.2.5 多源遥感数据估算森林生物量

基于上述单一的地面实测数据、光学遥感、微波遥感和激光雷达数据均不能为区域森林垂直结构测量和生物量估算提供足够的信息来源,近年来研究者尝试将激光雷达数据与其他光学或微波遥感数据融合进行森林结构参数及生物量反演。例如,Boudreau 等(2008)利用机载和星载的激光雷达数据、SRTM 数据、TM 数据和林业调查数据估算了加拿大魁北克地区的森林地上生物量,并证实了融合多源数据进行生物量制图的有效性;Hyde(2007)探索了基于 LiDAR、SAR 和 InSAR 分别估算生物量,将估算结果与联合 LiDAR 与 SAR/InSAR 数据估算生物量进行比较,发现利用三种数据单独进行估测时,LiDAR 数据估算结果精度最高,联合估算的精度比仅用 LiDAR 数据估测的森林生物量精度略有提高;Clark(2011)等基于小脚印激光雷达与高光谱数据估算热带雨林地区森林生物量,认为激光雷达是估算生物量的首选数据源,加入高光谱数据并未从根本上改善估测精度。

Anderson 等(2008)将 LVIS(Laser vegetation imaging sensor)波形数据与高光谱数据 AVIRIS(airborne visible/infrared imaging spectrometer)相结合进行区域森林生物量制图研究;Nelson 等(2009)结合 MODIS 和 ICESat/GLAS 数据估算了俄罗斯西伯利亚地区的森林蓄积量;Baccini 等(2008)基于 MODIS、GLAS 和地面实测数据对非洲热带森林地区进行生物量反演,并生成了首张非洲热带森林生物量图;Saatchi 等(2011)结合样地调查数据、LiDAR 数据、光学和雷达数据,对全球热带国家和地区进行了森林生物量估测,并给出了生物量反演的不确定性分析图。

虽然上述研究尝试结合多种数据采用高级统计方法进行区域森林生物量的估算,也取得了显著的成果,但是森林生物量估算的不确定性依然很大。

14.3 区域/全球森林生物量数据集

大区域或全球森林生物量估算是当前研究的热点问题,目前可以公开获取的区域或全球森林生物量空间分布数据集如表 14.1 所示,热带地区和北方林生物量研究相对较多。全球尺度森林生物量基于 FRA(forest resources assessment)生物量统计数据降尺度得到(Kindermann et al.,2008)或者通过建立区域生物量与植被光学厚度的关系进行估算(Liu et al.,2015),其空间分辨率较低,估算方法也相对粗糙。

高质量区域森林生物量在估算过程中考虑了多源数据的优点,同时采取了高级统计方法,但由于 AGB 估算过程中的各种不确定性因素,同一研究区不同研究估算的 AGB 结果差异很大(Saatchi et al.,2011;Baccini et al.,2012;Mitchard et al.,2013)。针对这一问题,一些研究从现有区域森林生物量数据入手,通过整合多种区域森林生物量数据集提高森林生物量估算精度。Ge 等(2014)和 Avitabile 等(2016)在这方面进行了一些探索,他们尝试融合热带地区几种森林生物量数据集,采取一定的算法进行加权以期得到精度较高的生物量估算结果,但是,他们在融合过程中忽略了不同数据集基准时

表 14.1 区域和全球森林生物量数据集

区域	分辨率	基准时间/年	数据	精度/不确定性	参考文献
热带地区	1 km	2000	样地实测数据、GLAS、MODIS、QSCAT 和 SRTM	±30%	Saatchi et al., 2011
热带地区	500 m	2010	地面实测数据、GLAS、MODIS 和 SRTM	±21%	Baccini et al., 2012
非洲地区	1 km	2003	地面实测数据、GLAS、MODIS 和 SRTM	R^2=0.82 RMSE=50.5Mg/hm^2	Baccini et al., 2008
北方森林 (30°~80°N)	0.01°	2010	GSV、木材密度	R^2=0.70~0.90	Thurner et al., 2014
欧洲	500 m	2005	NFI 实测数据、MODIS、气象数据、CLC2000 和 VCF	r=0.97 RMSE=32m^3/hm^2 (蓄积量)	Gallaun et al., 2010
美国	240 m	2000	FIA、ETM+、InSAR (SRTM)、NLCD2001 和 NED 数据	r=0.7 MSE=139 Mg/hm^2	Kellndorfer et al., 2013
美国	250 m	2001	FIA、MODIS、NLCD、地形数据、气象及其他辅助信息	r=0.31~0.73	Blackard et al., 2008
墨西哥	30 m	2007	样地调查数据、ALOS PALSAR、SRTM 和 Landsat 数据	R^2=0.5 RMSE=28Mg/hm^2	Cartus et al., 2014
全球	0.5°	2005	FRA 生物量、人类影响、NPP	—	Kindermann et al., 2008
全球	0.25°	1993~2010	VOD、MODIS 土地覆盖数据、VCF 和 Saatchi 等的生物量数据	—	Liu et al., 2015

注：QSCAT (quick scatterometer); GSV (growing stock volume): 立木蓄积量; NFI (national forest inventory): 国家森林调查数据; CLC2000 (CORINE land cover 2000); VCF (vegetation continuous fields): MODIS 植被覆盖产品; NLCD (national land cover dataset): 全国土地类型数据集; NED: USGS 高程数据; FIA: 森林调查分析数据; NPP (net primary production): 净初级生产力; VOD (vegetation optical depth): 植被光学厚度。精度评价指标: R^2 为决定系数; r 为相关系数; 百分数表示相对误差; RMSE 表示均方根误差; MSE 表示均方差。

间有较大差异时森林生物量的动态变化情况，这可能会进一步导致森林生物量估算的不确定性。此外，如何结合多种现有森林生物量数据集得出空间一致性较好的全球森林生物量空间分布数据集也是亟待解决的一个科学问题。

14.4 森林生物量应用实例

14.4.1 热点森林砍伐与碳排放

热带毁林是全球气候变化的主要原因之一，为了减少毁林和森林退化导致的碳排放，联合国制定 REDD (reducing emissions from deforestation and forest degradation) 计划，期望通过减少毁林和防止森林退化来实现降低温室气体排放的目标。根据 IPCC 国家温室气体清单指南，温室气体排放估算依赖于两类数据：活动水平数据（描述森林覆盖面积的变化）和排放因子（描述单位面积的碳储量变化）。温室气体排放的计算方法从简单到复杂可以分为 3 个层次，各国可根据本国活动水平数据和参数的可获得性选择适合的方法 (IPCC, 2006)。具有高质量详细数据的国家可选择较高层次的方法进行估算尽可能地降低估算的不确定性，但 REDD 的许多发展中国家由于缺乏相应的数据不得不采取 IPCC 提供的参数默认值（即第一层次）。由于 IPCC 第一层次（Tier 1）提供的默认缺省值有很大的不确定性，采用这种方法计算得到的碳释放量与实际情况偏差较大。

随着可获取的森林生物量空间数据集逐渐增加，IPCC 默认缺省值的精度也可能会得到改善。Langner 等（2014）以 Saatchi 等（2011）和 Baccini 等（2012）提供的森林生物量数据为例，评估这些数据是否可以替代 IPCC 温室气体指南提供的 Tier 1 缺省值，从而更加准确地估算碳排放。

他们对 Saatchi 和 Baccini 数据集分区统计每个生态区的森林生物量，Saatchi 数据的空间范围较大，它可以推算热带区域所有生态区对应 AGB 值，而 Baccini 数据集不包括亚热带干旱森林、亚热带草原和温带山地森林生态区的 AGB。如果区分未受侵扰的原始森林（intact forest landscape，IFL）和非原始森林（Non-IFL），有可靠 AGB 估计值的生态区数量减少 [图 14.1（b）～（c）]。他们对比发现由 Saatchi 和 Baccini 数据集得到的 AGB 比 IPCC 提供的对应 Tier 1 值要低很多，分别低 79 Mg/hm^2（35%）和 56 Mg/hm^2（24%）。但是，对于 IFL 区域，这种差距会缩小到 39 Mg/hm^2 和 6 Mg/hm^2。这可能是因为 IPCC 默认值一般基于成熟林分得到，而森林一般由 IFL 和 Non-IFL 混合组成，所以 IPCC Tier 1 默认值高于 Saatchi 和 Baccini 提供的 AGB 值。从这个角度来讲，Saatchi 和 Baccini 提供的 AGB 值要比 IPCC 默认值合理。此外，Saatchi 和 Baccini 估算的 AGB 在 IFL 和 Non-IFL 区域的差值可以作为森林退化导致的生物量损失的近似值，这一信息是 IPCC Tier 1 默认缺省值所不具备的。

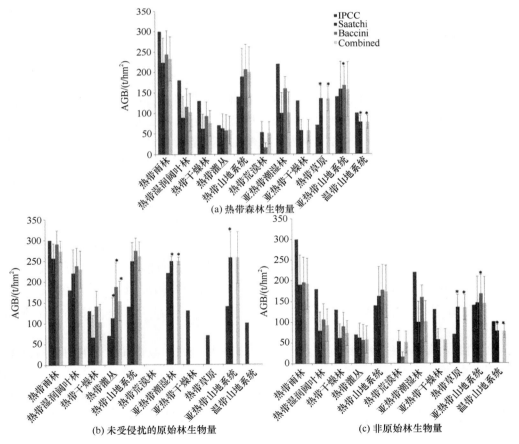

图 14.1 热带区域各生态区森林生物量数据（据 Langner et al., 2014；彩图附后）

总体而言，与 IPCCTier 相比，使用高质量的生物量空间分布数据集可能存在以下优点：①可以更好地反映热带森林中 IFL 和 Non-IFL 的自然混合状态；②能更好地表达生态区；③通过对比 IFL 生物量和 Non-IFL 生物量，可以提供森林退化导致的生物量损失近似值；④相对透明，基础数据和获取方法在发表文章中都有明确说明；⑤含有丰富的统计信息，相对灵活。在更高精度数据集出现的时候，可以很容易地进行更新，以便提供更为准确的 IPCC 默认参数替代值。

14.4.2 环境变化促进森林生长的观测证据

气候变化与森林生态系统一直是国内外研究的热点领域，研究内容涉及森林在气候变化中的作用以及气候变化对森林生态系统的影响，如森林树线的移动、森林干扰的频率和干扰程度的变化、森林的碳汇和碳平衡等（Grace et al., 2002；Boisvenue and Running，2006；Kurz et al., 2008）。目前关于气候变化对森林生态系统的影响主要基于气候模式预测不同气候变化情景下自然状态的森林生态系统如何反应和变化，但是由于森林生态生理过程的复杂性，输入数据的不确定性以及模型的假设可能与事实不符等因素，气候变化对森林生态系统的影响评价结果有很大的不确定性。例如，Huntingford 等（2013）采用 22 种气候模型研究温室气体导致的气候变化对北美、非洲和亚洲地区热带森林生物量的影响，不同模型在植被受全球变暖影响产生的生理变化方面有很大的不确定性，导致气候变化对森林生态系统的影响评价结果差异较大。

当前气候变化对森林生长的影响存在正负两种不同的观点。一般认为 CO_2 浓度上升和温度增加有利于森林光合作用的增强，促进森林生长。van der Sleen 等（2015）发现在过去 150 年中随着大气 CO_2 浓度的增加，森林水利用效率提高了 30%～35%，但在分析年轮宽度时没有发现树增长加速的证据。因此，CO_2 升高会促进热带森林生长这一结论可能并不成立。Ma 等（2012）认为气候变化尤其是干旱化造成的水分胁迫会导致生物量碳汇减少，如果气候变化导致的干旱化继续增强，加拿大北部的森林可能由碳汇变成碳源。Fauset 等（2012）发现非洲西部森林虽然已经遭受了长达 40 年的干旱，森林碳储量不仅减少反而有所增加。这拓宽了人们关于干旱影响森林碳存储的认知，不能将那些短期的关于极端干旱天气的研究成果套用到长期的并且降水量完全不同的事件中。

由于基于数据的影响评价较为缺乏，当前我们对气候变化影响森林生态系统的认识仍然有很大的局限性。大范围、长时间尺度观测数据有助于我们辨识气候变化对森林生长的影响。Fang 等（2014）用六期森林资源清查的龄级和生物量密度数据研究日本 4 种主要森林类型 1980～2005 年的生物量变化，发现了气候变化促进森林生长的证据。

他们假定森林系统没有经受较大干扰时，相同林龄和相似管理条件下的相同森林类型，其生长量应该相同。如果在不同时期生物量增长发生了显著变化，则这种变化应由环境变化所引起。如果生物量增加，说明环境变化促进植物生长，反之则抑制其生长。因此，通过比较不同时期相同林龄的森林生物量增加速度就可以评价气候变化对森林生物量的影响。

给定林龄的生物量密度对环境因子的响应计算如下：

$$\text{GEPA}_i = \sum_{j=1}^{5}(\text{BD}_{ij} - \text{BD}_{i(j-1)}) \tag{14.4}$$

式中，GEPA_i（growth enhancement per area for an age class）是 1980～2005 年环境变化导致的第 i 个龄级森林生物量变化；BD_{ij} 为第 i 个龄级在第 j 个时期的森林生物量密度；当 i = 1，2，3，…，n 时，林龄对应为 5，10，15，…，$5n$。当 j 是 1，2，3，4 和 5 时，森林清查时期分别对应 1985 年、1990 年、1995 年、2000 年和 2005 年。年均 GEPA_i 为 GEPA_i 除以研究周期的长度得到。

各林龄平均的森林生物量增加计算如下：

$$\text{GEPA} = \frac{1}{n}\sum_{i=1}^{n}\text{GEPA}_i \tag{14.5}$$

环境变化导致的森林生物量增加的相对贡献（Rgepa，%）为环境导致的 GEPA 与所有林龄平均净生物量增加（NBIPA）的比例：

$$\text{NBIPA} = \text{BD}_{2005} - \text{BD}_{1980} \tag{14.6}$$

$$R_{\text{gepa}} = \text{GEPA}/\text{NBIPA} \times 100\% \tag{14.7}$$

式中，BD_{1980} 和 BD_{2005} 分别对应 1980 年和 2005 年的森林生物量。

他们发现，1980～2005 年环境变化促进了日本人工林的增长（图 14.2）。森林生长对环境变化的响应随森林类型和年龄的变化而不同。日本柳杉 [图 14.2（a）] 在前 8 个龄级（林龄 40 左右），环境没有促进生物量的增加，在此之后，森林生物量增长迅速增加并保持在 0.3～0.5 Mg C/（hm²·a）；扁柏 [图 14.2（b）] 年平均 GEPA 很小；赤松在林龄小于 20 时，年平均 GEPA 没有显著变化，在 50 岁左右达到最高，约为 0.63 Mg C/(hm²·a)，在此之后开始下降 [图 14.2（c）]；落叶松年平均 GEPA 在第 3 龄级以后迅速增加，在

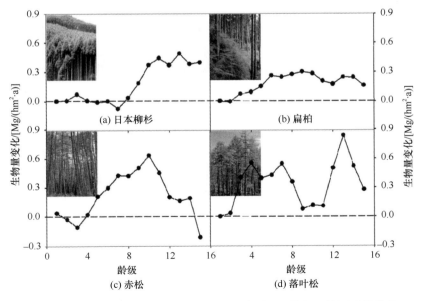

图 14.2　1980～2005 年日本四种主要森林类型不同龄级环境因素导致的生物量变化（据 Fang et al., 2014）

林龄 65 左右达到顶峰（0.84 Mg C/（hm²·a），但在第 9 和第 11 龄级之间 GEPA 值很低，为 0.08～0.12 Mg C/（hm²·a）[图 14.2（d）]。

在过去的 25 年中，环境变化（主要考虑了 CO_2 浓度、氮沉降、温度和降水量）促进了这 4 种人工林的生长，导致森林固碳平均增加 4.0～7.7 Mg C/hm²，占总固碳量的 8.4%～21.6%（表 14.2）。在这四类环境因子中，CO_2 浓度增加是最主要的原因。

表 14.2　1980～2005 年环境导致的四种人工林生物量固碳增加情况

森林类型	NBIPA/（Mg C/hm²）	GEPA/（Mg C/hm²）	Rgepa/%
C. japonica	47.5	4.0	8.4
C. obtusa	37.1	4.1	11.0
P. densiflora	38.3	4.8	12.6
L. leptolepis	35.7	7.7	21.6

14.4.3　生物量动态变化机制与森林资源管理

一些研究已经证实人类活动、自然干扰和气候变化等因素会影响森林生物量，如大规模植树造林可能导致生物量的增加，而森林砍伐和退化则会导致生物量的减少和碳的大量释放。森林火灾和病虫害等不仅直接向大气中排放碳，还会通过改变生态系统年龄结构、物种组成、叶面积指数等间接影响森林净初级生产力，土壤的物理化学性质和生物过程，进而影响森林生态系统碳平衡。正确认识气候变化、人类活动和自然干扰对森林生物量和碳储量的影响，揭示森林生物量碳储量变化的控制和反馈机制，这对于制定科学合理的森林管理政策以减少碳排放、增加碳汇和减缓全球变化速率有重要意义。

Zhang 和 Liang（2014a）以中国东北地区为研究区，基于地面实测数据、GLAS 数据和 MODIS 数据生成 2001～2010 年森林生物量空间分布图，分析了森林生物量的动态变化情况。为了探究生物量变化的驱动机制，他们进一步提取了研究区的森林干扰信息以及气候变化情况，评价气候变化和森林干扰对森林生物量动态变化的影响，以便解答备受关注的一些科学议题，如人类活动还是自然因素改变了生物量的空间分布，生物量的动态变化仅仅是森林的生长和遭受干扰后森林恢复的结果吗，过去 30 年大规模的林业工程是否导致了森林生物量和碳储量的增加等。

他们发现中国东北区域在 2001～2010 年森林生物量整体呈现上升趋势，约 514 万 hm² 森林其生物量显著增加，近 104 万 hm² 森林生物量显著减少。如果将生物量按照碳含量转换系数 0.5 计算森林含碳量时，东北地区森林在十年间累积碳储量 0.212 Pg，增加了 8.25%，年增加量为 0.024 Pg（图 14.3）。

在此基础上，他们提取了森林火灾、病虫害、砍伐及造林/再造林信息，同时结合气候变化情况，评价气候变化和森林干扰对森林生物量动态变化的影响。结果显示，森林的年龄结构或者说森林的自身生长是东北地区生物量显著增加的一个重要原因，温度和降水是生物量变化的第二关键要素，其影响要大于森林干扰对生物量变化的影响（图 14.4）。

在森林干扰区，短时间内干扰后森林恢复对研究区生物量增加的贡献非常有限。森林砍伐区域，森林干扰是导致生物量变化的主要因素，随着砍伐严重程度的增加，生物量线性减少，但随着砍伐后时间的推移，森林的恢复增加了生物量。在造林/再造林区域，气象因素和干扰因子对生物量变化的贡献基本相同。但对于遭受病虫害的森林，温度是

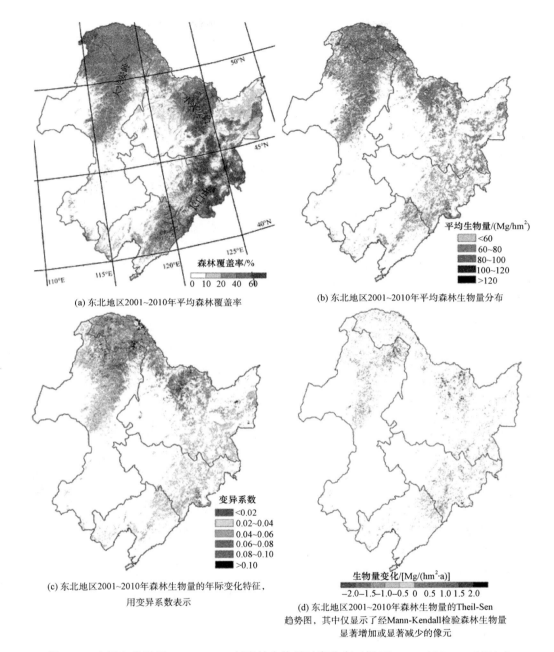

图 14.3 中国东北地区 2001~2010 年森林生物量时空分布（据 Zhang and Liang，2014a）

生物量变化的主要影响因素，病虫害后森林的恢复时间是第二重要的影响因素。对于森林火灾区，气象因子是影响生物量变化的最重要因素，它们对生物量变化的贡献已经远超过了火灾的贡献。

森林干扰区考虑所有的森林干扰情况时，火灾后森林的恢复是 2001~2010 年生物量增加最主要的贡献因子，其次是造林/再造林的程度，病虫害对生物量变化影响较弱，而森林砍伐的影响最小（图 14.4）。火灾后森林的恢复对干扰区森林生物量增加的贡献最大，这可能是因为从 1987 年后政府和地方林业局将防火控火作为一项重要举措，但

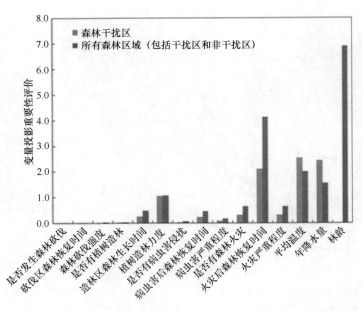

图 14.4 像元尺度上东北地区气候、森林干扰和森林自身生长
对生物量动态变化的影响（据 Zhang and Liang, 2014a）

通过控制火灾来增加碳储量从长期来并不是明智之举，当火灾发生时，森林生物量碳储量会释放迅速到大气中（Canadell et al., 2007），火灾对生物量变化的长期影响是中立的。

森林病虫害对森林的影响是缓慢的，有些病虫害在未引起遥感信号的显著变化时已经得到有效控制，只有那些重大病害虫害才可能通过遥感手段检测出来。研究结果显示病虫害对生物量变化的影响不够显著，这可能是因为病虫害的效果没有火灾或者森林砍伐那么直接。事实上，病虫害对森林碳循环的影响因病虫害类型和因病虫害导致的树木死亡概率不同而不同，它可能造成森林落叶、树木死亡，进而降低森林生产力（Hicke et al., 2012）。Medvigy 等（2012）发现随着落叶的严重程度森林生物量下降，甚至可能在连续几年脱叶后树木死亡，因此病虫害对森林生物量的影响是间接的。这在一定程度上解释了研究病虫害对森林生物量动态变化影响较小的原因。

自 1978 年以来，中国的林业政策发生了巨大变化，一些文献回顾了过去三十多年来的林业改革和重大林业工程。然后关乎这些林业工程的效果，科学家仍然众说纷纭，其中一些研究认为大规模地植树造林工程显著增加了森林覆盖。此研究从森林生物量的角度评价造林/再造林的生态环境效应，结果发现在考虑的几种人为或自然的森林扰动中，植树造林对生物量变化的贡献仅次于火灾后森林的恢复，而森林砍伐对生物量变化的影响不太明显，森林保护区内禁止滥伐森林起到了作用。

14.4.4 近地表辐射强迫

气候是控制植被分布的重要因素，在全球尺度上温度、水分和辐射等要素之间交互作用影响着植被生产力的空间分布格局（Nemani et al., 2003）。与此同时，植被通过碳、水和能量交换等过程调节着气候（Field et al., 2007）。但是，我们对于植被尤其是森林如何调节气候的认识仍然比较匮乏。目前多数研究关注的焦点主要集中在森林强大的固碳能力，试图通过植树造林和减少森林砍伐等方式增加森林碳汇以应对气候变化（Streck and Scholz，2006），然而森林对气候的影响并不局限于这一生物地球化学过程，它还可以通过生物物理过程影响气候（Bonan，2008）。相对于农田和草地，森林反照率较低，可以吸收较多的太阳辐射，从而导致气温升高。此外，森林在生长季节蒸腾作用旺盛，可以释放更多的潜热。森林对气候的总体影响取决于复杂的森林-大气相互作用，它可能加剧也可能减缓气候变化。为了方便比较不同生物过程或机理对气候的影响，一些研究引入了"辐射强迫"这一概念（Forster et al.，2007），比较由森林碳固存或者碳排放所引起的辐射强迫和地表反照率、粗糙度和蒸散变化产生的强迫。研究结果表明，这些辐射强迫在数量级上大体相当，但有正有负，对气候的影响在不同地区差异较大。一般来说，在热带地区，森林碳通量变化引起的辐射强迫大于反照率变化引起的辐射强迫，减少森林砍伐会有利于减缓气候变化（Bala et al.，2007）。高纬度地区森林对气候的影响与热带地区明显不同，北方森林主要通过改变地表辐射的能量收支影响气候，其反照率作用要强于植被蒸散和森林碳通量的作用，因此北方森林覆盖增加会进一步导致温度升高。温带森林在地理位置上处于热带森林和北方森林的纬度带之间，森林覆盖增加对气候的影响具有很大的不确定性。

下面的实例从地表辐射强迫的角度量化和比较了森林干扰发生时森林生物量变化导致的大气 CO_2 增加或减少对气候的影响，以及地表反照率变化产生的气候效应（Zhang and Liang，2014b）。通过比较两种机制的辐射强迫值，探讨森林对气候的影响机制。

所谓地表辐射强迫，是指影响气候的因子在一定时间尺度内发生改变后在地表产生的净辐射能量。森林生物量碳储量的变化可以导致 CO_2 的吸收和释放，而 CO_2 变化产生的辐射强迫计算如下（Myhre et al.，1998）：

$$\text{RF} = 5.35 \times \ln(1 + \frac{\Delta C}{C_0}) \tag{14.8}$$

$$\Delta C = \text{Ma} \times \frac{\Delta CO_2}{\text{Mc} \times \text{ma}} \tag{14.9}$$

式中，ΔC 为森林干扰导致的大气 CO_2 变化；C_0 为大气中 CO_2 浓度；Ma 为空气分子量；Mc 为碳的分子量；ma 为大气质量；ΔCO_2 为生物量变化导致的 CO_2 变化。

对于森林砍伐、造林/再造林、森林火灾和病虫害造成的生物量变化，按照碳含率转化系数 0.5 得到森林碳储量变化，计算这些碳全部释放时导致的大气 CO_2 的变化。

地表反照率变化造成的地表辐射强迫为（Jin and Roy，2005）

$$\text{RF} = R_s \times (\alpha_1 - \alpha_2) \tag{14.10}$$

式中，R_s 为入射太阳辐射；α_1 为森林遭受干扰之前的地表反照率；α_2 为森林干扰之后的地表反照率。其中 R_s 数据来源于 GEWEX-SRB（global energy and water exchanges surface radiation budget）数据集，该数据集时间覆盖为 1983 年 7 月至 2007 年 12 月，空间分辨率为 1°，研究中使用的 R_s 为月尺度数据，取 2001~2010 年逐月数据的均值。反照率数据为 2000~2010 年空间分辨率为 1km 的 GLASS（global land surface satellite）反照率数据（Liang et al.，2013）。该数据时间分辨率 8 天，在使用前进行合成得到逐月的地表反照率。

通过比较年反照率变化导致的辐射强迫与 CO_2 变化导致的辐射强迫，我们发现两种辐射强迫在数量级上相当，但 CO_2 变化导致的辐射强迫要相对稳定，而反照率变化导致的辐射强迫波动较大。因此，总辐射强迫的走势与反照率变化导致的辐射强迫相似（图 14.5）。

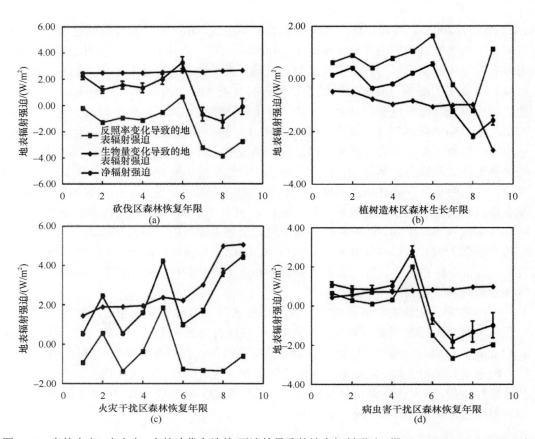

图14.5 森林火灾、病虫害、森林砍伐和造林/再造林导致的地表辐射强迫（据Zhang and Liang，2014b）

总体来说，森林火灾的发生降低了生物量，向大气中释放 CO_2，产生正的辐射强迫，可以起到加热地表的作用。生物量变化产生的地表辐射强迫与地表反照率变化产生的辐射强迫两者净辐射强迫结果为正，这暗示了火灾的发生可以起到加热地表的作用，且这一效应会因生物量的不断减少而持续。造林/再造林会吸收大气中的 CO_2，从而产生负的辐射强迫减缓气候变化，但因为地表反照率变化产生的气候效应，净辐射强迫在前六年基本维持在零值附近上下浮动，这暗示了中高纬区通过植树造林可能不能有效减缓气候变化，但在七年之后，净辐射强迫为负，森林起到了冷却地表的作用。病虫害干扰产生的净辐射强迫在前五年内为正，随后为负值。而在森林砍伐区，森林生物量的急剧下降所产生的气候效应占了主导位置，净辐射强迫结果暗示了森林砍伐可以起到加热地表温度的作用。

14.5 小　　结

森林生物量在全球碳循环和气候变化领域扮演着重要角色。随着遥感技术的发展，森林地上生物量的估算受到了广泛关注。为了得到精度较高的森林 AGB 估算结果，研究者充分挖掘各种与生物量相关的信息，并尝试采用高级算法进行 AGB 的估算，目前取得了一定成效。与此同时，森林 AGB 的驱动机制研究也在开展之中，森林生物量在气候变化和生态环境等领域的作用开始突显。但是，我们应该意识到，当前关于森林生物量的研究还存在很多不足之处，可靠的森林生物量数据集依然缺乏，我们对大区域森林生物量动态变化情况的认识非常有限，目前采取基于观测数据揭示森林 AGB 的驱动机制和机理研究也处在探索阶段，这些都需要我们在未来的研究中进一步深入和完善。

参 考 文 献

Anderson J E, Plourde L C, Martin M E, Braswell B H, Smith M L, Dubayah R O, Hofton M A, Blair J B. 2008. Integrating waveform lidar with hyperspectral imagery for inventory of a northern temperate forest. Remote Sensing of Environment, 1129(4): 1856-1870

Avitabile V, Herold M, Heuvelink G B M, Lewis S L, Phillips O L, Asner G P, Armston J, Ashton P S, Banin L, Bayol N, Berry N J, Boeckx P, de Jong B H J, DeVries B, Girardin C A J, Kearsley E, Lindsell J A, Lopez-Gonzalez G, Lucas R, Malhi Y, Morel A, Mitchard E T A, Nagy L, Qie L, Quinones M J, Ryan C M, Ferry S J W, Sunderland T, Laurin G V, Gatti R C, Valentini R, Verbeeck H, Wijaya A, Willcock S. 2016. An integrated pan-tropical biomass map using multiple reference datasets. Global Change Biology, 229(4): 1406-1420

Baccini A, Goetz S J, Walker W S, Laporte N T, Sun M, Sulla-Menashe D, Hackler J, Beck P S A, Dubayah R, Friedl M A, Samanta S, Houghton R A. 2012. Estimated carbon dioxide emissions from tropical deforestation improved by carbon-density maps. Nature Climate Change, 29(3): 182-185

Baccini A, Laporte N, Goetz S J, Sun M, Dong H. 2008. A first map of tropical Africa's above-ground biomass derived from satellite imagery. Environmental Research Letters, 39(4): 045011

Bala G, Caldeira K, Wickett M, Phillips T J, Lobell D B, Delire C, Mirin A. 2007. Combined climate and carbon-cycle effects of large-scale deforestation. Proceedings of the National Academy of Sciences, 1049(16): 6550-6555

Blackard J A, Finco M V, Helmer E H, Holden G R, Hoppus M L, Jacobs D M, Lister A J, Moisen G G, Nelson M D, Riemann R, Ruefenacht B, Salajanu D, Weyermann D L, Winterberger K C, Brandeis T J, Czaplewski R L, McRoberts R E, Patterson P L, Tymcio R P. 2008. Mapping U.S. forest biomass using nationwide forest inventory data and moderate resolution information. Remote Sensing of Environment, 1129(4): 1658-1677

Boisvenue C, Running S W. 2006. Impacts of climate change on natural forest productivity – evidence since the middle of the 20th century. Global Change Biology, 129(5): 862-882

Bonan G B. 2008. Forests and climate change: Forcings, feedbacks, and the climate benefits of forests. Science, 3209(5882): 1444-1449

Boudreau J, Nelson R F, Margolis H A, Beaudoin A, Guindon L, Kimes D S. 2008. Regional aboveground forest biomass using airborne and spaceborne LiDAR in Québec. Remote Sensing of Environment, 1129(10): 3876-3890

Canadell J G, Pataki D E, Pitelka, L F. 2007. Terrestrial ecosystems in a changing world. Berlin: Springer

Cartus O, Kellndorfer J, Walker W, Franco C, Bishop J, Santos L, Fuentes J. 2014. A national, detailed map of forest aboveground carbon stocks in Mexico. Remote Sensing, 69(6): 5559-5588

Cartus O, Santoro M, Kellndorfer J. 2012. Mapping forest aboveground biomass in the Northeastern United States with ALOS PALSAR dual-polarization L-band. Remote Sensing of Environment, 1249: 466-478

Castel T, Martinez J M, Beaudoin A, Wegmüller U, Strozzi T. 2000. ERS INSAR data for remote sensing hilly forested areas. Remote Sensing of Environment, 739(1): 73-86

Clark M L, Roberts D A, Ewel J J, Clark D B. 2011. Estimation of tropical rain forest aboveground biomass with small-footprint lidar and hyperspectral sensors. Remote Sensing of Environment, 1159(11): 2931-2942

Cloude S R, Williams M L. 2003. A coherent EM scattering model for dual baseline POLInSAR. Proceedings of 2003 IEEE International Geoscience and Remote Sensing Symposium(IGARSS 2003), 39: 1423-1425

Cloude S R. 2006. Polarization coherence tomography. Radio Science, 419(4): RS4017

Curran P J, Dungan J L, Gholz H L. 1992. Seasonal LAI in slash pine estimated with landsat TM. Remote Sensing of Environment, 399(1): 3-13

Dong J, Kaufmann R K, Myneni R B, Tucker C J, Kauppi P E, Liski J, Buermann W, Alexeyev V, Hughes M K. 2003. Remote sensing estimates of boreal and temperate forest woody biomass: Carbon pools, sources, and sinks. Remote Sensing of Environment, 849(3): 393-410

Fang J, Chen A, Peng C, Zhao S, Ci L. 2001. Changes in forest biomass carbon storage in China between 1949 and 1998. Science, 2929(5525): 2320-2322

Fang J, Chen A, Zhao S, Ci L. 2002. Estimating biomass carbon of China's forests: Supplementary notes on report published in Science(291: 2320-232)by Fang et al. Acta Phytoecologica Sinica, 269(2): 243-249

Fang J, Kato T, Guo Z, Yang Y, Hu H, Shen H, Zhao X, Kishimoto-Mo A W, Tang Y, Houghton R A. 2014. Evidence for environmentally enhanced forest growth. Proceedings of the National Academy of Sciences, 1119(26): 9527-9532

FAO. 2010. Global forest resources assessment 2010: Main report. Food and Agriculture Organization of the United Nations

Fauset S, Baker T R, Lewis S L, Feldpausch T R, Affum-Baffoe K, Foli E G, Hamer K C, Swaine M D. 2012. Drought-induced shifts in the floristic and functional composition of tropical forests in Ghana. Ecology Letters, 159(10): 1120-1129

Field C B, Lobell D B, Peters H A, Chiariello N R. 2007. Feedbacks of terrestrial ecosystems to climate change. Annual Review of Environment and Resources, 329(1): 1-29

Forster P, Ramaswamy V, Artaxo P, Berntsen T, Betts R, Fahey D W, Haywood J, Lean J, Lowe D C, Myhre G, Nganga J, Prinn R, Raga G, Schulz M, Dorland R V. 2007. Changes in atmospheric constituents and in radiative forcing. Climate change 2007: The Physical Science Basis In: Solomon S D, Qin D, Manning M, Chen Z, Marquis M, Averyt K B, Tignor M, Miller H L. Cambridge: Cambridge University Press

Gallaun H, Zanchi G, Nabuurs G J, Hengeveld G, Schardt M, Verkerk P J. 2010. EU-wide maps of growing stock and above-ground biomass in forests based on remote sensing and field measurements. Forest Ecology and Management, 2609(3): 252-261

Gama F F, Dos Santos J R, Mura J C. 2010. Eucalyptus biomass and volume estimation using interferometric and polarimetric SAR data. Remote Sensing, 29(4): 939-956

Ge Y, Avitabile V, Heuvelink G B M, Wang J, Herold M. 2014. Fusion of pan-tropical biomass maps using weighted averaging and regional calibration data. International Journal of Applied Earth Observation and Geoinformation, 319: 13-24

Grace J, Berninger F, Nagy L. 2002. Impacts of climate change on the tree line. Annals of Botany, 909(4): 537-544

Hame T, Salli A, Andersson K, Lohi A. 1997. A new methodology for the estimation of biomass of coniferdominated boreal forest using NOAA AVHRR data. International Journal of Remote Sensing, 189(15): 3211-3243

Heiskanen J. 2006. Estimating aboveground tree biomass and leaf area index in a mountain birch forest using ASTER satellite data. International Journal of Remote Sensing, 279(6): 1135-1158

Hicke J A, Allen C D, Desai A R, Dietze M C, Hall R J, Hogg E H, Kashian D M, Moore D, Raffa K F, Sturrock R N, Vogelmann J. 2012. Effects of biotic disturbances on forest carbon cycling in the United States and Canada. Global Change Biology, 189(1): 7-34

Houghton R A. 2005. Aboveground forest biomass and the global carbon balance. Global Change Biology, 119(6): 945-958

Huntingford C, Zelazowski P, Galbraith D, Mercado L M, Sitch S, Fisher R, Lomas M, Walker A P, Jones C D, Booth B B B, Malhi Y, Hemming D, Kay G, Good P, Lewis S L, Phillips O L, Atkin O K, Lloyd J, Gloor E, Zaragoza-Castells J, Meir P, Betts R, Harris P P, Nobre C, Marengo J, Cox P M. 2013. Simulated resilience of tropical rainforests to CO_2-induced climate change. Nature Geoscience, 69(4): 268-273

Hyde P, Nelson R, Kimes D, Levine E. 2007. Exploring LiDAR–RaDAR synergy—predicting aboveground biomass in a southwestern ponderosa pine forest using LiDAR, SAR and InSAR. Remote Sensing of

Environment, 1069(1): 28-38

IPCC. 2006. 2006 IPCC Guidelines for national greenhouse gas inventories. Institute for Global Environmental Strategies, Hayama, Kanagawa, Japan

Jin Y, Roy D P. 2005. Fire-induced albedo change and its radiative forcing at the surface in northern Australia. Geophysical Research Letters, 329(13): L13401

Kellndorfer J, Walker W, Kirsch K, Fiske G, Bishop J, LaPoint L, Hoppus M, Westfall J. 2013. NACP aboveground biomass and carbon baseline data, V. 2(NBCD 2000), U.S.A, 2000. ORNL DAAC, Oak Ridge, Tennessee, U.S.A

Kindermann G E, McCallum I, Fritz S, Obersteiner M. 2008. A global forest growing stock, biomass and carbon map based on FAO statistics. Silva Fennica, 429(3): 387-396

Kurz W A, Dymond C C, Stinson G, Rampley G J, Neilson E T, Carroll A L, Ebata T, Safranyik L. 2008. Mountain pine beetle and forest carbon feedback to climate change. Nature, 4529(7190): 987-990

Langner A, Achard F, Grassi G. 2014. Can recent pan-tropical biomass maps be used to derive alternative Tier 1 values for reporting REDD+ activities under UNFCCC. Environmental Research Letters, 99(12): 124008

Le Toan T, Beaudoin A, Riom J, Guyon D. 1992. Relating forest biomass to SAR data. IEEE Transactions on Geoscience and Remote Sensing, 309(2): 403-411

Lefsky M A, Cohen W B, Harding D J, Parker G G, Acker S A, Gower S T. 2002. Lidar remote sensing of above-ground biomass in three biomes. Global Ecology and Biogeography, 119(5): 393-399

Lefsky M A, Harding D J, Keller M, Cohen W B, Carabajal C C, Del Bom Espirito-Santo F, Hunter M O, de Oliveira R. 2005. Estimates of forest canopy height and aboveground biomass using ICESat. Geophysical Research Letters, 329(22): L22S02

Liang S, Zhao X, Liu S, Yuan W, Cheng X, Xiao Z, Zhang X, Liu Q, Cheng J, Tang H, Qu Y, Bo Y, Qu Y, Ren H, Yu K, Townshend J. 2013. A long-term Global LAnd Surface Satellite(GLASS)data-set for environmental studies. International Journal of Digital Earth, 69(Supplement 1): 5-33

Lim K, Treitz P, Wulder M, St-Onge B, Flood M. 2003. LiDAR remote sensing of forest structure. Progress in Physical Geography, 279(1): 88-106

Liu Y Y, van Dijk A I J M, de Jeu R A M, Canadell J G, McCabe M F, Evans J P, Wang G. 2015. Recent reversal in loss of global terrestrial biomass. Nature Climate Change, 59(5): 470-474

Lu D, Chen Q, Wang G, Liu L, Li G, Moran E. 2016. A survey of remote sensing-based aboveground biomass estimation methods in forest ecosystems. International Journal of Digital Earth, 99(1): 63-105

Lu D. 2006. The potential and challenge of remote sensing - based biomass estimation. International Journal of Remote Sensing, 279(7): 1297-1328

Ma Z, Peng C, Zhu Q, Chen H, Yu G, Li W, Zhou X, Wang W, Zhang W. 2012. Regional drought-induced reduction in the biomass carbon sink of Canada's boreal forests. Proceedings of the National Academy of Sciences, 1099(7): 2423-2427

Medvigy D, Clark K L, Skowronski N S, Schäfer K V R. 2012. Simulated impacts of insect defoliation on forest carbon dynamics. Environmental Research Letters, 79(4): 045703

Mitchard E, Saatchi S, Baccini A, Asner G, Goetz S, Harris N, Brown S. 2013. Uncertainty in the spatial distribution of tropical forest biomass: A comparison of pan-tropical maps. Carbon Balance and Management, 89(1): 10

Mokany K, Raison R J, Prokushkin A S. 2006. Critical analysis of root : shoot ratios in terrestrial biomes. Global Change Biology, 129(1): 84-96

Myhre G, Highwood E J, Shine K P, Stordal F. 1998. New estimates of radiative forcing due to well mixed greenhouse gases. Geophysical Research Letters, 259(14): 2715-2718

Myneni R B, Dong J, Tucker C J, Kaufmann R K, Kauppi P E, Liski J, Zhou L, Alexeyev V, Hughes M K. 2001. A large carbon sink in the woody biomass of Northern forests. Proceedings of the National Academy of Sciences, 989(26): 14784-14789

Nelson R, Ranson K J, Sun G, Kimes D S, Kharuk V, Montesano P. 2009. Estimating Siberian timber volume using MODIS and ICESat/GLAS. Remote Sensing of Environment, 1139(3): 691-701

Nemani R R, Keeling C D, Hashimoto H, Jolly W M, Piper S C, Tucker C J, Myneni R B, Running S W.

2003. Climate-driven increases in global terrestrial net primary production from 1982 to 1999. Science, 3009(5625): 1560-1563

Neumann M, Ferro-Famil L, Reigber A. 2010. Estimation of forest structure, ground, and canopy layer characteristics from multibaseline polarimetric interferometric SAR data. IEEE Transactions on Geoscience and Remote Sensing, 489(3): 1086-1104

Parresol B R. 1999. Assessing tree and stand biomass: A review with examples and critical comparisons. Forest Science, 459(4): 573-593

Piao S, Fang J, Zhu B, Tan K. 2005. Forest biomass carbon stocks in China over the past 2 decades: Estimation based on integrated inventory and satellite data. Journal of Geophysical Research: Biogeosciences, 1109(G1): G01006

Popescu S C, Wynne R H, Nelson R F. 2003. Measuring individual tree crown diameter with lidar and assessing its influence on estimating forest volume and biomass. Canadian Journal of Remote Sensing, 299(5): 564-577

Saatchi S S, Harris N L, Brown S, Lefsky M, Mitchard E T A, Salas W, Zutta B R, Buermann W, Lewis S L, Hagen S, Petrova S, White L, Silman M, Morel A. 2011. Benchmark map of forest carbon stocks in tropical regions across three continents. Proceedings of the National Academy of Sciences, 1089(24): 9899-9904

Santoro M, Beer C, Cartus O, Schmullius C, Shvidenko A, McCallum I, Wegmüller U, Wiesmann A. 2011. Retrieval of growing stock volume in boreal forest using hyper-temporal series of Envisat ASAR ScanSAR backscatter measurements. Remote Sensing of Environment, 1159(2): 490-507

Sinha S, Jeganathan C, Sharma L K, Nathawat M S. 2015. A review of radar remote sensing for biomass estimation. International Journal of Environmental Science and Technology, 129(5): 1779-1792

Somogyi Z, Cienciala E, Makipaa R, Muukkonen P, Lehtonen A, Weiss P. 2007. Indirect methods of large-scale forest biomass estimation. European Journal of Forest Research, 1269(2): 197-207

Streck C, Scholz S M. 2006. The role of forests in global climate change: Whence we come and where we go. International Affairs, 829(5): 861-879

Thenkabail P S, Enclona E A, Ashton M S, Legg C, De Dieu M J. 2004. Hyperion, IKONOS, ALI, and ETM+ sensors in the study of African rainforests. Remote Sensing of Environment, 909(1): 23-43

Thurner M, Beer C, Santoro M, Carvalhais N, Wutzler T, Schepaschenko D, Shvidenko A, Kompter E, Ahrens B, Levick S R, Schmullius C. 2014. Carbon stock and density of northern boreal and temperate forests. Global Ecology and Biogeography, 239(3): 297-310

Timothy D, Onisimo M, Cletah S, Adelabu S, Tsitsi B. 2016. Remote sensing of aboveground forest biomass: A review. Tropical Ecology, 579(2): 125-132

van der Sleen P, Groenendijk P, Vlam M, Anten N P R, Boom A, Bongers F, Pons T L, Terburg G, Zuidema P A. 2015. No growth stimulation of tropical trees by 150 years of CO_2 fertilization but water-use efficiency increased. Nature Geoscience, 89(1): 24-28

Zhang X, Kondragunta S. 2006. Estimating forest biomass in the USA using generalized allometric models and MODIS land products. Geophysical Research Letters, 339(9): L09402

Zhang Y, Liang S. 2014a. Changes in forest biomass and linkage to climate and forest disturbances over Northeastern China. Global Change Biology, 209(8): 2596-2606

Zhang Y, Liang S. 2014b. Surface radiative forcing of forest disturbances over northeastern China. Environmental Research Letters, 99(2): 024002

第 15 章 "三北"地区水循环因子变化特征与驱动机制

谢先红[1]，梁顺林[1,2]，姚云军[1]，姚熠[1]

中国"三北"地区，一个典型的干旱半干旱地区，从 20 世纪 80 年代以来，随着大规模造林运动的实施和城市的扩张，土地覆盖情况发生了巨大的变化。根据过去 50 年的水文监测与模拟结果，"三北"地区的土壤水分和径流呈现出减少的趋势，这说明当地的生态环境正在发生恶化。一些针对于单个流域或者小范围地区的研究表明出现这种趋势是由于气候和土地覆盖的变化引起；然而，他们对整个"三北"地区内发生干旱趋势的相对影响程度却尚不明确。在本次研究中，将采用 VIC 模型与遥感信息结合的方式，探索 1980~2009 年"三北"地区的水文循环变化情况以及气候变化和土地覆盖变化的相对影响。模拟结果显示，从 1959~2009 年，整个"三北"地区的年蒸散发量以每十年 3.26mm 的速度缓慢上升；但是从 1989 年开始，尽管在各区域不尽相同，但整个地区的年蒸散发量、年产流量和年均土壤湿度都发生了显著的下降。敏感性实验结果显示，在整个地区，水文循环的变化主要是源于降水量的变化，尤其是在最近的 20 年，年蒸散发量下降了 27.5mm，年产流量下降了 16.8mm，这些变化都可以归因于此。相比于气候变化，土地覆盖变化所带来的影响微不足道。这个发现对于生态工程效果的评价工作来说十分重要，此外还暗示了水资源分配的重要性，尤其是在这样一个水资源越来越少的干旱半干旱地区。在未来，为了提高模型模拟结果的精确性，需要吸纳高分辨率的土地覆盖数据和动态植被参数。

15.1 引　　言

由于气候变化和人类活动对水文系统的巨大影响，全球水循环正在发生着明显的变化（Oki and Kanae，2006；Sherwood and Fu，2014）。气候变化的主要特征表现在显著的气温升高与降水时空再分布，两者共同控制着陆面的水分通量和水分状态（Frans et al.，2013）。而人类活动对水循环造成影响主要是通过改变土地覆盖、修建大坝、建造水库，以及对地表水和地下水的使用和改变等方式（Wang and Hejazi，2011；Xie and Cui，2011）。相对于湿润地区来说，干旱与半干旱地区的水循环更容易受到气候变化和人类活动的干扰，主要是因为这些地区极端气候事件加剧，如干旱、洪水和其他环境问题发生频率增加（Molnar，2001）。

"三北"地区是指位于中国东北、华北和西北的干旱半干旱地区，占据了大约一半

---

1. 遥感科学国家重点实验室，北京市陆表遥感数据产品工程技术研究中心，北京师范大学地理科学学部；2. 美国马里兰大学帕克分校地理科学学系

的中国国土面积[图 15.1（a）]。由于自然环境的变化和人类活动的影响，三北地区的土地覆盖情况在过去的数十年中发生了巨大的变化。在西北地区，随着土地退化，沙漠扩张，带来了严重的土地荒漠化和频繁的沙尘暴天气（Wang et al.，2010b）。该地区易发生土地荒漠化的土地面积高达 330 万 km^2（Zha and Gao，1997）。为了阻止土地荒漠化，控制沙尘暴，中国政府于 1978 年启动了超过五项造林工程，其中包括"三北"防护林工程和退耕还林工程（Wang et al.，2010b；Wenhua，2004）。"三北"防护林工程是一个大型的造林工程，涉及 13 个省的 551 个县，预计用时 70 年，旨在将整个地区的森林覆盖率从 5%提升到 15%，进而在接下来的数十年里逐渐降低土地荒漠化的程度和沙尘暴天气的频率。由于该项造林工程的实施，在 2000～2010 年，中国的北部和西北地区的地表绿度有一定的增加（Liu and Gong，2012）。在此项工程实施的同时，随着人口的增加和经济的快速增长，中国北部地区正在发生飞速的城市化与工业化，这些也将给局部地区对气候系统和水文系统造成明显的影响（Liu and Xia，2004）。

在土地覆盖情况发生变化的同时，一些针对小尺度区域的研究表明在过去的数十年中当地发生了显著的气候变化。中国北部地区的气候变得干燥，气温升高（Ma and Fu，2006）。观测到的降水量从 20 世纪 80 年代末期开始发生了波动并且呈现出下降的趋势（Li et al.，2014）。在塔里木河流域，自 1986 年开始，降水量和相对湿度有上升的趋势（Tao et al.，2011）。由此可见，"三北"地区的气候变化情况在时空异质性，根据小尺度区域或流域得来的结果并不具有代表性。

在"三北"地区，水文要素也发生了一些变化。根据观测和模拟结果，从 20 世纪 60 年代开始，除去塔里木河流域以及其他一些小区域之外，其他所有的流域的年径流量都在下降（Chen and Liu，2007；Li et al.，2014；Tao et al.，2011；Wang et al.，2010a；Zhao et al.，2009）。在中国北方地区，在 1960～2002 年，蒸散发潜力和实际蒸散发量也呈下降的趋势（Chen et al.，2005；Gao et al.，2007）。由于土壤湿度的下降，半干旱地区变得越来越干旱（Li et al.，2011）。这些研究始终将关注点放在流域范围内水文变量，而这些变量的变化趋势则是通过使用统计方法分析有限站点提供的数据，问题是这种统计方法可能并不适用于研究"三北"地区这样的大范围地区的水文变量的变化情况。

由于水文系统与环境状态有着复杂的互相作用，确定"三北"地区内水文循环发生变化的原因是一个很有趣但又充满挑战的工作。一些研究已经关注了该地区气候和土地覆盖情况的影响。例如，Sun 等（2006）使用了一个简单的水文模型来检验在退化的土地上造林所产生的水文响应，结果表明在干旱半干旱地区，造林会减少该地区的年产流量，而产流量的减少主要是由于植被覆盖的增加而造成蒸散发量的上升（Sun et al.，2008）。对于改善生态环境，造林工程可能会有一些有限的效果，如阻止土地荒漠化（Wang et al.，2010b）。如果在"三北"地区的造林工程造成了蒸散发量的上升，那么该地区的干旱状况将会加剧，并且有环境退化的可能性。

一些研究人员强调了气候变化对"三北"地区内单个流域内动态水循环的影响。数据的分析结果显示在径流（或产流）与降水之间有着紧密的正相关关系（Li et al.，2014；Tao et al.，2011）。模拟结果显示相比于人类行为，气候变化对水文要素的变化影响更大（Cuo et al.，2013a；Tang et al.，2008；Wang et al.，2010a）。不过，也有一些特例，在某些情况下，气候变化与人类行为对于径流变化的影响程度大致相同（Zhao et al.，2009）。

这些研究结果的不一致性主要是缘于研究流域、时间跨度、研究方法以及研究场景的不同。大部分的研究都单一地分析气候变化或土地覆盖变化的影响，而两者的相对贡献仍旧鲜为人知。虽然人们意识到区域尺度研究的重要性，但是目前对区域尺度的水循环情势的研究仍然不多见，尤其是区域尺度上对植树造林的水文效应的评价（Sun et al., 2006）。

本章基于 Xie 等（2015）的研究，试图去分析在过去的 50 年内（1959～2009 年），"三北"地区内水文循环发生的变化，并且确定气候变化和土地覆盖变化对三种水文变量（蒸散发、产流和土壤湿度）的影响程度。主要关注的时间段是在造林工程的早期阶段（1989）到现在，在这个时间段内同时也有气候的变化。为了弥补水文资料的不完整性，我们将会使用大尺度分布式水文模型 VIC 模型（Liang et al., 1994, 1996）对水文过程进行模拟。我们还会采用敏感性试验来量化气候变化和土地覆盖变化对水文变化的贡献。此外，需要说明的是，土地利用与土地覆盖尽管概念上存在不同，在本章中它们将被统称为土地覆盖（图 15.1）。

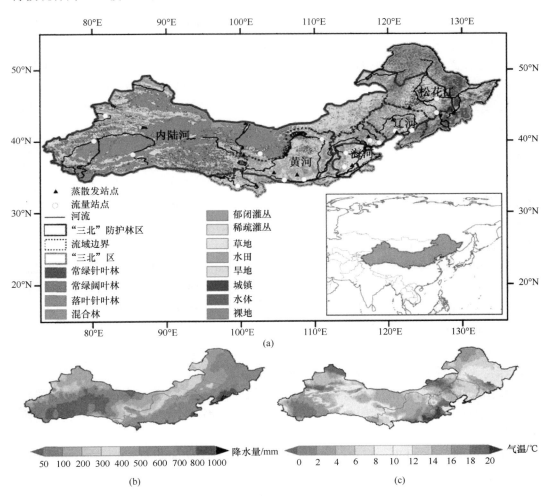

图 15.1　"三北"地区土地覆盖分布情况（a）及 1959～2009 年当地的多年平均降水量（b）和气温（c）的分布（彩图附后）

15.2 研究区域与数据

15.2.1 "三北"地区介绍

"三北"地区占地面积 530 万 km²，是中国国土面积的 54.8%[图 15.1（a）]。该地区包括 5 个大流域，从东到西分别为松花江流域（SR，19.6%）、辽河流域（LR，5.7%）、海河流域（HR，6.1%）、黄河流域（YR，15.2%）和内陆河湖流域（IR，53.3%）。实际上，"三北"防护林工程实施的面积稍小（407 万 km²）（Wang et al.，2010b），但我们需要研究整个流域的水文循环，因此选择区域要稍大一些。该地区大部分都位于 35°N 以上，多年平均温度范围从黄河流域南部的 20℃ 到内陆河流域北部的 0℃ 左右[图 15.1（b）]，多年平均降水量有一个很明显的梯度变化，从东南地区的高于 1000mm 到西北地区的低于 100mm[图 15.1（c）]，大约有 2/3 的区域多年平均降水量低于 400mm。因此，内陆河湖流域和黄河流域部分地区是典型的干旱半干旱地区，这些地区更易发生土壤退化，土地荒漠化和沙尘暴天气（Wang et al.，2010b）。

在"三北"地区，土地覆盖情况存在明显的空间差异。不同林种主要分布在东北地区和北部地区。此外，在内陆河湖流域的西北部有小部分地区覆盖着落叶针叶林和混交林。这种空间格局的形成与降水分布有关，同时也受造林工程的影响（Wang et al.，2010b）。

15.2.2 气象数据

本章采用的气象数据包含降水量、最高气温、最低气温和平均气温、风速的日数据，时长为 1958～2009 年。这些数据来源于中国气象数据共享网（http://data.cma.cn）。研究区内共有 462 个站点，这些站点的选择经过数据质量控制，排除了异常数据。站点的空间分布在西部地区较为稀疏，东南部地区相对密集。

为了驱动陆面水文模型，需要将站点观测数据插值成栅格数据（分辨率为 0.25°×0.25°）。栅格数据的生成是采用反距离权重插值方法，即根据站点与目标网格之间距离的平方来确定权重，将气象数据传递到目标网格中。每个网格最少会使用 3 个站点的数据进行插值计算。考虑到气温会随着海拔的变化而发生变化，在插值时站点的气温数据被处理到与目标网格海拔相同的高度后再进行计算，处理时认为海拔每上升 1km 气温下降 6.5℃。每个网格的海拔数据是从数字高程模型（DEM）中获得。类似的插值方法已经被用于生成全国的气象栅格数据，并在 VIC 模型中进行了应用（Xie et al.，2007）。因此，在本章中，生成了可用于模拟"三北"地区水文循环的栅格形式的气象驱动文件，且质量较好。

为了诊断气候变化对水循环的影响，我们在插值数据集的基础上生成了去趋势的气象驱动数据，步骤如下：

（1）计算每个网格在指定时间内（1989～2009 年）各个气象变量的线性变化趋势，以年为时间步长；

（2）计算 1959～1988 年的多年平均值作为基准值；

（3）对每个网格，从原始的内插的日数据上去除趋势。

完成以上步骤后，根据四种气象变量的不同组合可以得到不同的去趋势气象驱动数据集。对于这些去趋势数据，气候的年际变化记录被保留。此前，Cuo 等（2013a）和 Tang 等（2008）已经采用过类似的去趋势数据来检验气候变化的影响。

15.2.3 植被数据，土壤数据和地形数据

VIC 所需的植被数据包括植被覆盖的类型和相关的植被参数。在本章中，我们采用了两个植被覆盖图，它们分别代表 1985 年和 2005 年的植被覆盖情况，分别叫做 LC-1985 和 LC-2005。这两张图通过对多年的 Landsat TM 遥感图像进行整合而得到，其中 1983~1986 年的图像合并为 LC-1985，2000~2005 年的图像合并为 LC-2005（Liu et al.，2003，2009）。这两张空间分辨率为 1 km 的地图，分别代表造林初期阶段（LC-1985）和后期阶段（LC-2005）的植被覆盖情况。对于研究土地利用变化和评价造林工程来说，这两张地图都颇具可靠性（Liu et al.，2009）。图 15.1（a）显示了 LC-2005 中"三北"地区内 12 种土地覆盖类型的分布情况。根据上图，可以计算得出每个网格中的覆盖类型所占面积的权重。

除了叶面积指数（LAI）之外，其他各种植被覆盖有关的参数可以从美国华盛顿大学 VIC 主页的数据库中获得。LAI 反映了总的可用的叶片物质量，因此该参数代表了植被的郁闭度并且影响蒸散发过程。LAI 数据来源于 AVHRR 的月数据，时长为从 1982 年 1 月到 2006 年 12 月，空间分辨率为 8km。流域尺度的 LAI 变化将在 15.4.1 节中进行叙述，用以反映流域尺度的植被生长状态。

为了让 LAI 数据适合 VIC 模型做长时间的模拟，对每个 0.1°的网格，我们准备了两个时间段下的 LAI 数据：LC-1985 和 LC-2005 分别代表 1985 年和 2005 年的植被的生长情势。值得注意的是，目前的 VIC 模型版本只能考虑植被随季节的变化，因此每个网格 12 个月的 LAI 都会成为模型的输入数据。根据上文描述，这两套 LAI 数据与植被覆盖类型相对应，因此在土地覆盖地图和 LAI 数据的基础上，我们建立了两套植被参数集。

土壤数据来自全球土壤数据集，由 FAO 全球数字土壤地图派生而得。这个数据集曾成功应用于研究全球土壤水分和河流流量模拟中（Nijssen et al.，2001a，b）。

"三北"地区的地形数据采用 1km 分辨率的 GTOPO30 DEM 地图。这份 DEM 被用来划分河网。在被重采样到 0.25°的分辨率之后，这份 DEM 也被用于调整气温以准确插值。

15.2.4 径流和蒸散发数据

不同时期的月径流和日蒸散发数据主要用于评价模型模拟的精确性。16 个站点的径流数据从水文年鉴获得（表 15.1）。这 16 个站点分布在各流域中，每个流域内至少有 2 个站点，除去内陆河湖流域的雅马渡和蔡旗站数据来源于 2006~2008 年以外，这些数据的时间都在 20 世纪 90 年代之前。日蒸散发数据从协同加强观测网 CEOP（Coordinated Enhanced Observation Project）得来。基于涡度相关系统以及大孔径闪烁仪共得到 10 个观测站的每年 6~9 月的日蒸散发数据（Liu et al.，2013b），这些数据在中国北方的蒸散发估计中有较高的评价（Jia et al.，2012）。

表 15.1 "三北"地区各站点的径流或蒸散发数据及相关参数

站名	流域	纬度	经度	时长/年	NSE	R	BIAS/%	RRMSE/%
径流								
哈尔滨	松花江	45.77°N	126.58°E	1961~1976	0.419	0.671	7.47	54.80
吉林	松花江	43.88°N	126.53°E	1977~1983	0.536	0.750	7.37	49.80
大凌河	辽河	41.41°N	121.00°E	1965~1979	0.623	0.811	12.62	70.50
沈阳	辽河	41.46°N	123.24°E	1960~1978	0.610	0.794	8.26	83.40
滦县	海河	39.73°N	118.75°E	1963~1981	0.693	0.802	19.38	66.46
观台	海河	36.33°N	114.08°E	1964~1987	0.643	0.900	24.77	54.12
黄壁庄	海河	38.25°N	114.30°E	1956~2000	0.552	0.672	−3.06	35.46
于桥	海河	40.03°N	117.52°E	1964~1987	0.564	0.848	9.88	82.52
吉迈	黄河	33.77°N	99.65°E	1967~1980	0.387	0.634	8.30	70.44
头道拐	黄河	40.27°N	111.07°E	1967~1980	0.430	0.699	6.29	60.67
张家山	黄河	34.63°N	108.60°E	1980~1982	0.721	0.891	31.50	71.39
社棠	黄河	34.55°N	105.97°E	1975~1987	0.640	0.865	16.89	60.58
西大桥	内陆河	40.12°N	80.25°E	1979~1985	0.691	0.847	23.90	82.27
且末	内陆河	38.13°N	85.57°E	1978~1989	0.440	0.674	−9.70	65.76
雅马渡	内陆河	43.62°N	81.80°E	2006~2008	0.262	0.780	−18.66	75.00
蔡旗	内陆河	38.22°N	102.75°E	2006~2008	0.580	0.600	−68.54	54.50
蒸散								
通榆	松花江	44.57°N	122.88°E	2008~2009	—	0.586	−2.70	59.90
奈曼	辽河	42.93°N	120.70°E	2008	—	0.724	−25.56	53.66
锦州	辽河	41.18°N	121.21°E	2008~2009	—	0.682	8.67	38.97
密云	海河	40.63°N	117.32°E	2008~2009	—	0.799	0.60	23.40
馆陶	海河	36.52°N	115.13°E	2009	—	0.280	3.01	57.50
大兴	黄河	35.56°N	104.59°E	2009	—	0.350	14.40	25.10
长武	黄河	35.25°N	107.68°E	2008~2009	—	0.412	24.30	76.04
玛曲	黄河	33.89°N	102.14°E	2009	—	0.290	6.32	38.24
张掖	内陆河	39.09°N	100.30°E	2008	—	0.834	−10.52	69.50
阿柔	内陆河	38.04°N	100.46°E	2008~2009	—	0.243	−18.40	50.30

15.3 模型与评价

15.3.1 水文模型

本章使用 VIC 模型是因为它在模拟大尺度的水热平衡中展现出的良好的模拟性能（Liang et al., 1994, 1996）。VIC 模型将研究区域划分为多个以经纬度划分的单元网格。每个网格考虑了不同种植被覆盖分布，利用不同种类植被在一个网格中所占的百分比来刻画。在模拟蒸散发和产流过程时，分别计算每种土地覆盖类型下的蒸散发和产流量，随后通过加权平均得到整个网格的平均值。VIC 模型不能模拟植被生长过程，但会考虑植被随气候的变化并由此来反映植被对水文循环过程造成的影响。为了反映植树造林前后对水循环的影响，所以在本章中使用了两套 LAI 数据来分析造林工程的效果。

VIC 模型在各种尺度的区域上都得到成功的应用，从小流域（Liang and Xie，2001），到大区域甚至全球的范围（Nijssen et al.，2001a，b）。该模型同样在中国的主要流域（Xie et al.，2007）包括处于半干旱地区的黄河源区（Cuo et al.，2013a）都有成功的先例。

15.3.2 模型设置

利用上面生成的气象驱动数据、土地覆盖数据、植被以及土壤数据，在日尺度和 0.25°的空间分辨率运行 VIC，模拟 1958~2009 年时期内"三北"地区的水文循环过程。对于土地覆盖和植被数据，如上文所述，我们使用造林初期的数据（LC-1985 和 LAI-1985）来模拟 1958~1988 年这一阶段，使用造林后期的数据（LC-2005 和 LAI-2005）来模拟 1989~2009 年这一阶段。因此在这次研究中，LC 和 LAI 数据的更新从 1989 年开始。原因有两个：①一些研究表明，中国的气候变化趋势在 20 世纪 80 年代末期发生明显的变化，包括气温、降水以及蒸散发的变化趋势都如此（Liu et al.，2011，2013c；Qi and Wang，2012），这一点在本章的后面部分进行进一步证实；②大部分的造林工程在 20 世纪 80 年代末期或 90 年代初期开始（Wang et al.，2010b）。我们假设这两套植被数据可以代表这两个阶段中土地覆盖的实际情况。

因此，我们采用这两个阶段的 LC 和 LAI 来进行模拟，这个设定也被认定为基准模拟，用来评估 VIC 模型的模拟结果，同时诊断水文变量的时空变化。其他模拟过程的设置将会用来区分各环境变量产生的影响。

15.3.3 模型验证

根据观测到的 16 个站点的径流数据和 10 个站点的蒸散发（ET）数据（表 15.1），本章将会采用以下几个指标来评估 VIC 模型的模拟精确度：纳什相关系数（NSE）（Nash and Sutcliffe，1970）、皮尔逊相关系数（R）、相对均方根误差（RRMSE）和相对误差（BIAS）。在蒸散发数据的评估中将不采用纳什相关系数，因为观测记录时间跨度不够长且有一些数据丢失。此外，在本章中不对单个的模型参数进行率定和验证，因为土壤和植被数据中的参数已经在全球径流数据以及其他资料下完成了率定（Nijssen et al.，2001a，b）。

图 15.2 为 16 个站点中 10 个站点的模拟情况（另外 6 个站点有类似的结果），可以看到，在这些地区，模型对径流的模拟效果较好，尽管在一些枯水年模拟结果有一些误差，但模拟的趋势较为理想。表 15.1 中给出了 16 个站点模拟结果的性能指标。可以看到，大部分站点的纳什系数均大于 0.5，所有的相关系数都大于等于 0.6，相对误差的绝对值除去内陆河流域蔡旗站之外均小于 30%，而蔡旗站的相对误差为–68.54%，这表明模拟值过高。尽管如此，对于一个如此大的区域和如此长的时间跨度，这个结果是可以接受的。

图 15.3 是 10 个站点的日蒸散发观测量和模拟量的对比，可以看到，散点几乎都分布在 1∶1 线附近。在参数方面，10 个站点中有 5 个站点的 Pearson 相关系数大于 0.5，

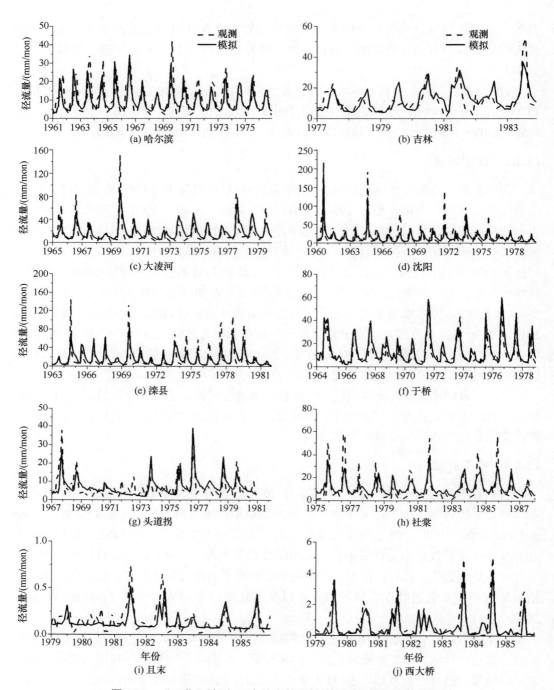

图 15.2 "三北"地区 10 个站点的月径流观测数据和模拟数据

所有的相对误差均小于 30%，而相对均方根误差 RRMSE 的大小分布则为 23.40%～69.50%。尽管有些误差，但仍然可以认为模拟结果可以接受。

以上分析结果说明 VIC 模型在模拟径流和蒸散发序列时有相当的精确度。生成的气象驱动数据和模型参数都可用于 VIC 模型对水循环的模拟。因此，接下来将会使用该模型来模拟产流、蒸散发以及土壤湿度来探寻可能影响它们的机制。

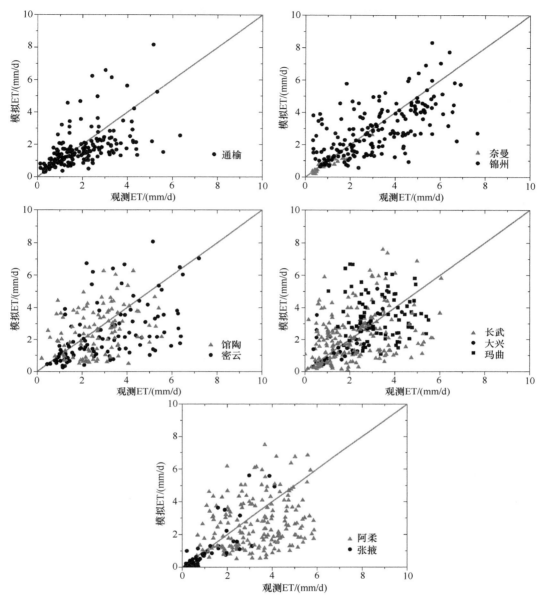

图 15.3 "三北"地区 10 个站点的日蒸散发观测数据和模拟数据

15.4 结果分析

15.4.1 土地覆盖情况和 LAI 的变化

从 20 世纪 80 年代初期开始,"三北"地区的土地覆盖情况发生了明显的变化。在本章中,我们主要关注三种植被类型:森林、草地和耕地,因为这三种植被类型对水文过程的影响最为显著。造林初期阶段和后期阶段的土地覆盖情况差异计算结果见图 15.4。为了分析植被的动态变化,将月 LAI 数据中每年 4~10 月的数据计算平均值作为这一年的植被数据。

如图 15.4 所示，除去松花江流域的森林面积下降了 13913km² （占流域面积的 1.34%），其他流域的森林覆盖面积均有增加，然而所有五个流域的草地覆盖面积都有明显的下降。四个流域中森林面积的增加主要是缘于造林工程的实施（Wang et al., 2010b），而松花江流域内森林面积的减少最可能是由于发生在 20 世纪 90 年代（尤其是 2000 年之后）的土地利用方式转变，主要是森林和草地转换为耕地（Liu and Gong, 2012；Ye et al., 2009）。此外，有三个流域内的耕地面积有一定增加，而黄河流域和海河流域内的耕地面积分别发生了 3158km²（1.1%）和 1984km²（0.2%）的降低，主要是受这两个流域内的城市化影响。

由于土地覆盖情况的变化，"三北"地区内发生了大幅的植被增长变化。图 15.5 是在 1982～2006 年这期间内植被增长的季节中 LAI 的变化。在整个区域上，LAI 在 1982～2006

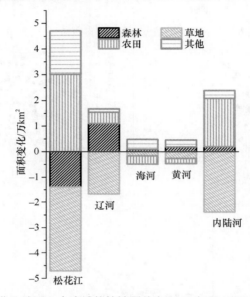

图 15.4 "三北"地区 5 个流域的植被覆盖在 1985 年和 2005 年发生的变化

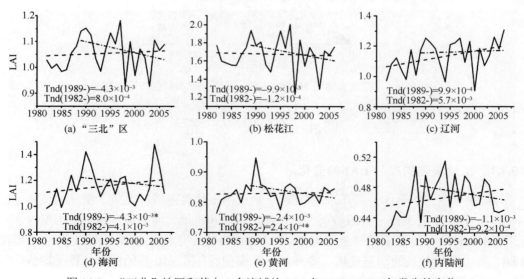

图 15.5 "三北"地区和其中 5 个流域的 LAI 在 1982～2005 年发生的变化

年有小幅的增长。在造林初期，增长较为迅速，达到 0.2，但是在 1989 年之后的 18 年里，不考虑年际变化，整个"三北"地区的 LAI 存在下降的趋势（$P<0.1$）。

15.4.2 气候变化

这里重点讨论降水、气温和风速的年变化。年降水量由日降水量累加而得，而气温和风速则是日均气温和风速的平均值。如图 15.6（a）所示，在"三北"地区的五个流域内年降水量存在明显的空间差异，在整个 1959~2009 年时间段内没有明显的变化趋势。

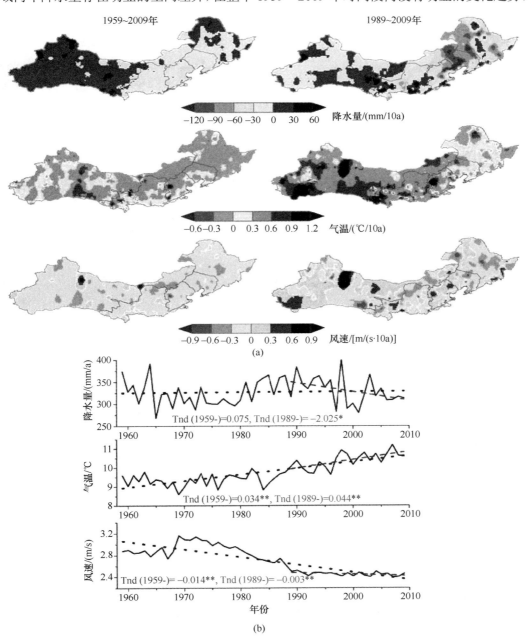

图 15.6 "三北"地区各地区气象变量的变化情况以及各气象变量随时间的变化（彩图附后）

在内陆河流域（8.36mm/10a）和松花江流域北部，年降水量发生了上升，但在其他三个流域内，年降水量发生了下降。在整个地区，年均气温在1959~2009年存在明显的上升，上升幅度为1.7℃，虽然每个流域上升的幅度不尽相同。年均风速有下降的趋势。

根据这三个变量随时间的变化［图15.6（b）］，可以看到从20世纪80年代末期开始，这些变量的变化趋势发生了改变。特别是年降水量在最近20年以20.25mm/10a的速度极速下降，这种趋势主要出现在松花江流域、辽河流域和海河流域。1989~2009年的年降水量变化趋势的空间分布与1959~2009年的完全不同。内陆河湖流域内年降水量发生增加的区域变少，气温升高加剧，尤其是在黄河流域和内陆河湖流域。不过风速不像1959~2009年一样明显下降。

考虑到三个气象变量在20世纪80年代末期后呈现出不同的时空变化，这里把1989年当作一个分界点。已有许多研究说明了气候变化趋势在1989年发生了明显变化（Liu et al., 2011; Qi and Wang, 2012）。而且，LAI数据在1989年前后也有不一样的趋势（图15.5）。因此，将1989年作为分析水文变化的分界点是合理的。

15.4.3　水文循环变化

根据15.3.2节所述进行模拟，可以得到1959~2009年的水分通量变化（蒸散发和产流）以及土壤状态变化（土壤湿度）。类似于气候因素，这三个变量也展现出了明显的时空特异性。模拟得出的平均蒸散发值和产流值分别为254.2mm和72.4mm，华北和东北地区的结果要大于平均值，西北地区的结果要小于平均值。土壤湿度的分布也有类似的空间分布，平均值为379.3mm。不过，它们三者的变化存在不同的空间分布（图15.7）。整个地区的蒸散发量以3.26mm/10a的速度缓慢上升（$P<0.05$），不过在东南地区上升速度较快。在内陆河湖流域，蒸散发量上升速度最快，达到了7.1mm/10a。整个地区产流则非常缓慢的下降，速度为0.64mm/10a，除了内陆河湖流域北部地区发生上升。土壤湿度有类似的空间分布，但在整个地区以平均1.8mm/10a的速度缓慢上升，其中内陆河湖流域的西北部地区上升速度最快，部分区域达到35mm/10a。

1989~2009年，这三个变量的变化规律与整个时间段内相比有很大不同。在整个区域，蒸散发量、产流量和土壤湿度分别以-13.49mm/10a，-8.93mm/10a和-5.72mm/10a（$P<0.5$）下降［图15.7（b）］。这种下降趋势主要发生在"三北"地区的东部区域和海河流域。此外，内陆河流域内这个时间段内蒸散发量上升的速度要大于整个时间段的速度。

根据过去20年的资料，这三个变量的变化趋势都在20世纪80年代末期发生了从上升到下降的转变。这种转变可能与土地覆盖或气候的变化有关，与降水的变化大致一致。

15.4.4　不同因素的影响

1. 试验设计

敏感性试验的研究时间段为1989~2009年，表15.2是六种不同的土地覆盖和气候条件的情景。基础情景在15.3节中已经有所提及，模拟了真实的水循环过程，其结果在本章15.4节中已经给出。通过将其他5个情景与这个基础情景进行对比，可以区分出各种因素对水文过程的影响程度。

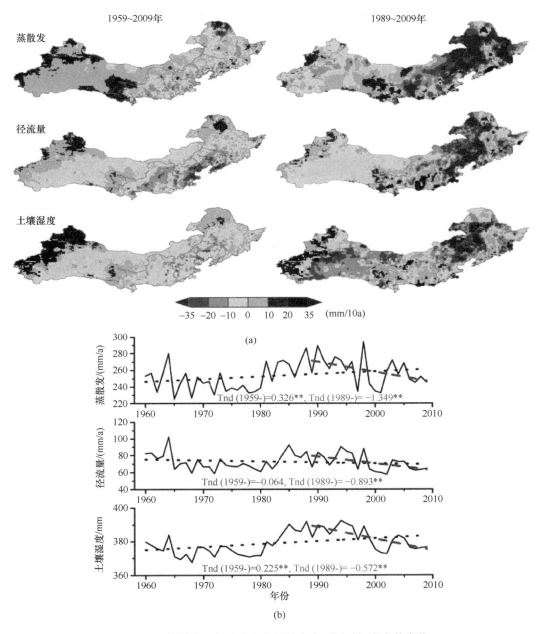

图 15.7 蒸散发、径流量和土壤湿度在不同时间段内的变化

这 5 个情景有不同的设置用以研究不同的因素。Afforest_det 中使用 LC-1985 来模拟,对应造林前期的状态,我们假设如果没有造林工程或者其他影响土地覆盖的活动,诊断检验土地覆盖对水文循环的影响。不过,树木生长或草地退化这些植被变化是纳入考虑的,所以这样的设定可能会产生一定的误差。但是这个情景相对于基准情景,它们模拟的差异主要来源于植被覆盖的不同。在 Climate_det 情景中,采用在 15.2 节中进行去趋势的气象数据,包括降水、最高最低气温和风速,因此这个情景主要是检验气候变化的联合影响。另外三个情景则是分别检验降水、气温和风速对水循环的影响程度。

表 15.2　六种敏感性试验设置的情景

情景	植被覆盖	降水	气温	风速	目标
Baseline	Late-Afforestation	Real	Real	Real	诊断水循环因子变化
Afforest_det	Early-Afforestation	Real	Real	Real	识别植被覆盖变化的效应
Climate_det	Late-Afforestation	Det	Det	Det	识别气候变化的效应
P_det	Late-Afforestation	Det	Real	Real	识别降水变化的效应
T_det	Late-Afforestation	Real	Det	Real	识别气温变化的效应
W_det	Late-Afforestation	Real	Real	Det	识别风速变化的效应

注：Baseline 是基准模拟；Climate_det 是去掉降水、气温和风速趋势的情景；P_det、T_det 和 W_det 分别代表去趋势的降水、气温和风速情景；Late-Afforestation 表示植树造林后的覆盖情景；Early-Afforestation 表示植树造林前的覆盖情景；Real 和 Det 分别表示真实（观测）情景和去趋势的情景。

2. 相对影响分析

由于土壤湿度的变化可由蒸散发量和产流量推导而得，因此我们主要关注蒸散发和产流的数据。根据设计情景与基准情景每日数据的差异计算出年蒸散发量和产流量的变化。图 15.8 为各种环境因素影响下的"三北"地区年蒸散发量和产流量的变化情况。由于使用的气候因素做了去除线性趋势的处理，这些变化也大致存在线性的趋势。在气候不变的情况下，蒸散发量和产流量都有明显的下降趋势。1989~2009 年，由于气候变化导致的蒸散发量和产流量的变化要远远大于由于土地覆盖变化造成的。

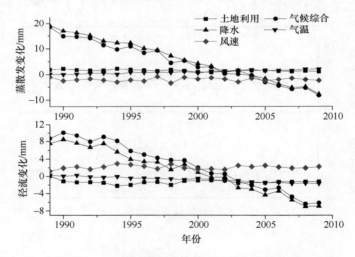

图 15.8　蒸散发量和径流在不同情景下的变化

在三个气象因素中，降水所产生的影响最大，与降水有关的这条线和与气候变化有关的那条线几乎重合，土地覆盖、温度和风速的影响微乎其微。注意到土地覆盖对水循环的影响主要来源于 LAI 的变化和植被类型的变化，于是我们又设计了一个情景来区分这两种因素的影响（使用 LC-2005 的植被类型和 LAI-1985 整合）。结果显示这个情景与基准情景没有明显的不同，因此这两个因素对蒸散发和产流的影响近似相同且都很小。

气候和土地覆盖的变化对水文过程的影响有明显的空间特异性（图 15.9）。在东部地区，气候去势的情况下，蒸散发和产流都会平均以 –25mm/10a 的速度下降。在内陆河湖流域的东南部和西北部地区，这会让蒸散发和产流以最高达到 40mm/10a 的速度上升，不过在整个内陆河流域，依然会造成蒸散发和产流的下降。此外，降水趋势所造成蒸散发和产流变化的空间分布与气候趋势造成的近似，说明了在气象因素中降水因素的重要性。

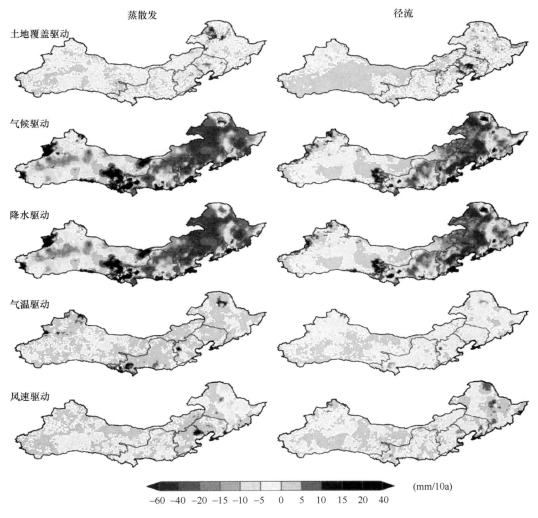

图 15.9　蒸散发量和径流在不同情景下变化的空间分布

为了量化每种环境因素的影响，将 1989～2009 年蒸散发和产流的变化速度与时间长度相乘得到总的变化量。结果如图 15.10 所示。在整个地区，气候趋势会导致蒸散发和产流在 20 年里分别下降 26.1mm 和 17.9mm。由于降水趋势造成的结果分别为 27.5mm 和 16.8mm。尽管上升的气温会加剧蒸散发，但其造成的效果与降水减少造成的效果相比不值一提。降水量的减少和气温的增加共同造成了产流量的减少。由于降水造成的蒸散发和产流变化量从高到低分别为辽河流域、松花江流域、海河流域、黄河流域和内陆河湖流域。这种顺序与各个流域中降水的变化有关（图 15.6）。此外，相比于降水与气温，土地覆盖变化造成的影响微乎其微。因此，"三北"地区内影响水循环的主要因素是降水，而不是土地覆盖情况。造林工程与蒸散发和产流的改变没有关系。

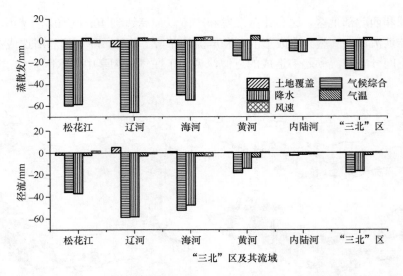

图15.10 "三北"地区各流域的蒸散发量和产流量由于各种因素发生的改变量

15.5 讨 论

15.5.1 其他研究关于水文演变的结论

本次针对"三北"地区水文演变的研究建立在VIC模型的模拟上。近年来很多研究者一直致力于在地面测量和新的模型技术上研究全球范围内的水文变化，不过很少有研究给"三北"地区做出整体评价。

根据观测到的降水和气温数据，"三北"地区在过去的50年里一直有干旱化的趋势，尤其是在20世纪80年代之后（Ma and Fu，2006）。在东北部，大部分站点的年径流在1960～2009年都被观测到有下降的趋势，在1990年之后，尤其是在夏季和秋季径流有非常明显的下降（Li et al.，2014）。在松花江流域，辽河流域和海河流域，模拟的产流量在1961～2005年都在下降（Liu et al.，2012）。实际上，除去内陆河湖流域的西部地区（如塔里木河流域）的年径流有上升之外（Tao et al.，2011），所有5个流域的年径流都在过去的50年内下降（Zhang et al.，2011）。

除去径流和产流数据外，蒸散发量和土壤湿度也发生了一定的变化。在20世纪90年代之前，蒸散发皿蒸散发量有下降趋势，但之后在整个中国（包括"三北"地区）都有一个明显的上升（Liu et al.，2011）。Gao等（2007）建立了一个简单的水量平衡模型，计算了"三北"地区的世纪蒸散发量，发现除去内陆河湖流域之外，蒸散发量在其他四个流域都在下降。由于土壤湿度的变化，该区域的干旱地区变得稍微湿润了，但是在半干旱地区，根据陆面模型模拟的结果，这些区域有变干的趋势（Li et al.，2011；Wang et al.，2011a，b）。

之前的研究没有针对整个"三北"地区，它们所提出的过去50年内的水文变化都是针对"三北"地区单个流域或更小的区域。一些研究已经提出产流、蒸散发和土壤湿度自20世纪80年代末期或90年代初期到现在展现出下降的趋势（Yao et al.，2014）。在全球范围内，中高纬度地区都在经历中等程度的干旱，本章证实了这个趋势。

15.5.2 驱使水文变化的动力

有很多不同的证据可以解释水文变化的驱动力。把视角聚焦在森林水文上，一些研究表明造林工程会通过提升蒸散发量来降低年产流量，尤其是在半干旱地区（Andréassian，2004；Sun et al.，2006，2008）。对于局部区域的水循环，植被的动态变化有很强的影响（Calder and Maidment，1992；Engel et al.，2005）。在东部地区，蒸散发和产流的改变与土地利用状态的变化也有关系（图15.9）。

不过，这些研究都是针对于小区域而不是大流域或是整个区域。尽管造林工程提升了五个流域中四个的森林覆盖率，但农业用地的扩张以及城市化的进程在某种程度上降低了造林的效果并且导致了草地的退化（Zhang et al.，2006）。如果不考虑松花江流域，在"三北"地区，森林覆盖率只有小幅的上升，因此，造林工程对水文演变的影响有限（Andréassian，2004；Sun et al.，2006）。即使在一些半干旱地区，土地覆盖情况的改变也不是蒸散发和产流变化的主导因素（Chen and Liu，2007；Cuo et al.，2013a）。相反，尽管人类活动对于径流的降低有很大的促进作用，但除去内陆河流域，在其他4个流域，年径流或产流与降水变化都有明显的相关性（Zhang et al.，2011）。例如，在东北部地区，从1990年开始，年产流量的变化与降水密切相关（Li et al.，2014）。在中国的大部分地区，降水都是实际蒸散发量变化的主导因素（Gao et al.，2007）。在干旱半干旱地区，蒸散发量的减少主要是由降水量减少所导致的水量减少所造成的。

本章利用区域尺度的水文模型，输入气候和土地覆盖的变化情况，研究结果证实了"三北"地区蒸散发量，产流量和土壤湿度的下降主要与气候变化有关，尤其是降水量的减少。一般情况下，造林工程会提高蒸散发，降低土壤湿度和径流峰值（Liu et al.，2013a；Zhou et al.，2010）。然而，在该地区内森林扩大程度还不够大，没有产生足够的影响。而且，在该地区内LAI的降低也阻碍了蒸散发量的上升。土地覆盖和植被的变化只在局部区域对水文演变有明显的影响，如在松花江流域提升了蒸散发，降低了产流。

15.5.3 可能的不足

VIC模型的参数率定根据16个站点的径流资料和10个站点的蒸散发资料。除去两个站点，其他站点的径流资料只有1990年之前的数据（表15.1）。蒸散发资料大部分都来源于2008～2009年。然而，本章的时间段为1989～2009年，目的在于判断气候变化和土地覆盖变化对水文演变的影响。因此，模型需要更多1989～2009年的资料来进行参数率定和模拟精度验证。

现在的模型版本可以模拟研究时间段内静态的土地覆盖情况和植被随着季节的变化。这种处理实际上是不具有代表性的，也无法模拟土壤覆盖和植被的连续变化。因此，在某种程度上，土地覆盖对水文循环影响的计算有一些限制。为了消除这些误差，VIC模型应当在更新土壤覆盖和植被数据上做出改进，可以建立在选用年际的植被和土地覆盖数据以及动态的植被参数，这些可以通过遥感来获取。此外，模型还应当对人类的活动做出模拟。

本章其他的不足主要与气象驱动数据和设计模拟情景有关。栅格化的气候数据可能会增加模拟的不确定性，因为这些数据是通过选用有限站点的数据进行线性插值所得到的。选用其他更复杂的方法，可能会降低这种不确定性（Cuo et al.，2013a，b）。注意到

Zhang 等（2014）在生成 1952～2012 年气候数据的过程中选用了同样的气象数据，但采取了不同的方法，比较这两种数据之间的差异应该会很有意义。

此外，那 5 个设计模拟情景中，为了区分出各种因素的影响效果，采取了使用静态土地覆盖情况以及对气象因素进行去除线性趋势的处理。实际上，这些因素相互之间都是有关联的，水文状态对于植被的增长和气候的变化都有反馈作用。因此，本章中，敏感性试验的设计在量化土地覆盖或气候变化对水文过程的影响时可能会有些偏差。为了应对这个问题，对 VIC 模型的改进建立在探索水循环系统和土地覆盖，以及气候变化的互动和反馈上很有意义（Liu et al., 2012, 2013a；Luo et al., 2013）。

15.6 结 论

"三北"地区的水文循环对于气候变化做出了明显的响应。通过使用 VIC 模型，我们认识到气候的变化是水文循环变化的主要驱动力，以下是一些结论。

（1）过去数十年来，"三北"地区在土地覆盖和气候上都有一定的变化。具体地看，除松花江流域，在造林工程的影响下，草地的面积降低，森林面积则有上升。LAI 从 1989 年开始下降（尽管在造林早期有一定上升）。从 20 世纪 80 年代开始，降水有明显的下降，尤其在东北部地区，而在黄河南部地区有小幅的上升趋势。地表温度在过去的 20 年终加速上升。风速在整个地区有小幅下降，不过在西北部地区有小幅上升。

（2）"三北"地区的水文循环变化有明显的地区特异性。尽管在 1959～2009 年整个地区的蒸散发和土壤湿度都有缓慢上升，但在 1989～2009 年，蒸散发、产流和土壤湿度都有下降的趋势。

（3）整个地区水文循环的变化主要缘于年降水量的变化。造林工程的效果在森林面积上升和 LAI 下降的情况下是微不足道的。尽管气温持续上升，但其改变水文机制的效果无法与降水量变化的影响相比。

因此，为了减轻这个干旱半干旱地区气候变化带来的负面影响，维持水资源的可持续性，采取一定的措施是很有必要的。此外，生态造林工程应当做出一些调整或是改进来适应水资源的可获取性。此外，为了拓展研究气候和土地覆盖变化在水循环和水资源上的影响，VIC 模型应当做出一些改进，如采用年际的土地覆盖数据和动态植被参数，甚至耦合动态植被过程模型，这对于量化不同因素的影响来说十分重要。

参 考 文 献

Andréassian V. 2004. Waters and forests: From historical controversy to scientific debate. J Hydrol, 291(1-2): 1-27

Calder I R, Maidment D. 1992. Hydrologic effects of land-use change. J. am. Water Works Assoc

Chen D, Gao G, Xu C Y, Guo J, Ren G. 2005. Comparison of the thornthwaite method and pan data with the standard Penman-Monteith estimates of reference evapotranspiration in China. Clim Res, 28(2): 123-132

Chen L, Liu C. 2007. Influence of climate and land-cover change on runoff of the source regions of Yellow River. China Environmental Science, 27(4), 559-565

Engel V, Jobbágy E G, Stieglitz M, Williams M, Jackson R B. 2005. Hydrological consequences of Eucalyptus afforestation in the Argentine Pampas. Water Resour Res, 41(10): W10409. Doi: 10.1029/2004

WR003761

Frans C, Istanbulluoglu E, Mishra V, Munoz-Arriola F, Lettenmaier D P. 2013. Are climatic or land cover changes the dominant cause of runoff trends in the Upper Mississippi River Basin. Geophys Res Lett, 40(6): 1104-1110

Gao G, Chen D, Xu C, Simelton E. 2007. Trend of estimated actual evapotranspiration over China during 1960–2002. J Geophys Res, 112(D11): D11120. http: //dx.doi: 10.1029/2006JD008010

Cuo L, Zhang Y, Gao Y, Hao Z, Cairang L. 2013a. The impacts of climate change and land cover/use transition on the hydrology in the upper Yellow River Basin, China. J Hydrol, 502: 37-52

Guo L, Zhang Y, Wang Q. 2013b. Climate change on the Northern Tibetan Plateau during 1957-2009: Spatial patterns and possible Mechanisms. J Clim, 26(1): 85-109

Hanes J M, Schwartz M D. 2011. Modeling land surface phenology in a mixed temperate forest using MODIS measurements of leaf area index and land surface temperature. Theor Appl Climatol, 105(1-2): 37-50

Jia Z, Liu S, Xu Z, Chen Y, Zhu M. 2012. Validation of remotely sensed evapotranspiration over the Hai River Basin, China. J Geophys Res D: Atmospheres, 117. http: //dx.doi: 10.1029/2011jd017037

Li F, Zhang G, Xu Y. 2014. Spatiotemporal variability of climate and streamflow in the Songhua River Basin, Northeast China. J Hydrol, 514(0): 53-64

Li M X, Ma Z G, Niu G Y. 2011. Modeling spatial and temporal variations in soil moisture in China. Chinese Sci Bull, 56(17): 1809-1820

Liang X, Lettenmaier D P, Wood E F, Burges S J. 1994. A simple hydrologically based model of land surface water and energy fluxes for general circulation models. J Geophys Res, 99(D7): 14415-14428

Liang X, Wood E F, Lettenmaier D P. 1996. Surface soil moisture parameterization of the VIC-2L model: Evaluation and modification. Global Planet Change, 13(1-4): 195-206

Liang X, Xie Z. 2001. A new surface runoff parameterization with subgrid-scale soil heterogeneity for land surface models. Adv Water Resources, 24(9-10): 1173-1193

Liu C, Xia J. 2004. Water problems and hydrological research in the Yellow River and the Huai and Hai River basins of China. Hydrol Process, 18(12): 2197-2210

Liu J Y, Liu M L, Zhuang D F, Zhang Z X, Deng X Z. 2003. Study on spatial pattern of land-use change in China during 1995-2000. Science in China Series D-Earth Sciences, 46(4): 373-384

Liu J, Zhang Z, Xu X. 2010. Spatial patterns and driving forces of land use change in China in the early 21st century. Journal of Geographical Science, 20(14): 483-494

Liu M, Tian H, Lu C. 2012. Effects of multiple environment stresses on evapotranspiration and runoff over eastern China. J Hydrol, 426-427(12): 39-54

Liu M, Tian H, Yang Q. 2013a. Long-term trends in evapotranspiration and runoff over the drainage basins of the Gulf of Mexico during 1901–2008. Water Resour Res, 49(4): 1988-2012

Liu S M, Xu Z W, Zhu Z L, Jia Z Z, Zhu M J. 2013b. Measurements of evapotranspiration from eddy-covariance systems and large aperture scintillometers in the Hai River Basin, China. J Hydrol, 487: 24-38

Liu X, Zhang D, Luo Y, Liu C. 2013c. Spatial and temporal changes in aridity index in northwest China: 1960 to 2010. Theor Appl Climatol, 112(1-2): 307-316

Liu S, Gong P. 2012. Change of surface cover greenness in China between 2000 and 2010. Chinese Sci Bull, 57(22): 2835-2845

Liu X, Luo Y, Zhang D, Zhang M, Liu C. 2011. Recent changes in pan-evaporation dynamics in China. Geophys Res Lett, 38(L13404)

Luo X, Liang X, McCarthy H R. 2013. VIC+ for water-limited conditions: A study of biological and hydrological processes and their interactions in soil-plant-atmosphere continuum. Water Resour Res, 49: 7711-7732

Ma Z, Fu C. 2006. Some evidence of drying trend over northern China from 1951 to 2004. Chinese Science Bulletin, 51(23): 2913-2925

Molnar P. 2001. Climate change, flooding in arid environments, and erosion rates. Geology, 29(12): 1071-1074

Nash J E, Sutcliffe J V. 1970. River flow forecasting through conceptual models part I — A discussion of principles. J Hydrol, 10(3): 282-290

Nijssen B, O'Donnell G M, Lettenmaier D P, Lohmann D, Wood E F. 2001a. Predicting the discharge of global rivers. J Clim, 14(15): 3307-3323

Nijssen B, Schnur R, Lettenmaier D P. 2001b. Global retrospective estimation of soil moisture using the variable infiltration capacity land surface model, 1980-93. J Clim, 14(8): 1790-1808

Oki T, Kanae S. 2006. Global hydrological cycles and world water resources. Science, 313(5790): 1068-1072

Qi L, Wang Y. 2012. Changes in the observed trends in extreme temperatures over China around 1990. J Clim, 25(15): 5208-5222

Sheffield J, Wood E F. 2007. Characteristics of global and regional drought, 1950–2000: Analysis of soil moisture data from off-line simulation of the terrestrial hydrologic cycle. J Geophys Res D: Atmospheres, 112(D17): D17115. Doi: 10.1029/2006JD008288

Sherwood S, Fu Q. 2014. A drier future. Science, 343(6172): 737-739

Strahler A, Muchoney D, Borak J, et al. 1999. MODIS land cover product algorithm theoretical basis document (ATBD) Version 5.0 Center for Remote Sensing, Department of Geography, Boston University, Boston, MA

Sun G, Zhou G Y, Zhang Z Q, et al. 2006. Potential water yield reduction due to forestation across China. J Hydrol, 328(3-4): 548-558

Sun G, Zuo C Q, Liu S Y, et al. 2008. Watershed evapotranspiration increased due to changes in vegetation composition and structure under a subtropical climate. JAWRA, 44(5): 1164-1175

Tang Q, Oki T, Kanae S, Hu H. 2008. Hydrological cycles change in the Yellow River basin during the last half of the twentieth century. J Clim, 21(8): 1790-1806

Tao H, Gemmer M, Bai Y, Su B, Mao W. 2011. Trends of streamflow in the Tarim River Basin during the past 50 years: Human impact or climate change. J Hydrol, 400(1-2): 1-9

Verdin K L, Verdin J P. 1999. A topological system for delineation and codification of the Earth's river basins. J Hydrol, 218(1-2): 1-12

Wang D, Hejazi M. 2011. Quantifying the relative contribution of the climate and direct human impacts on mean annual streamflow in the contiguous United States. Water Resour Res, 47(9): W00J12

Wang J, Hong Y, Gourley J, et al. 2010a. Quantitative assessment of climate change and human impacts on long-term hydrologic response: A case study in a sub-basin of the Yellow River, China. Int J of Clim, 30(14): 2130-2137

Wang A, Lettenmaier D P, Sheffield J. 2011a. Soil moisture drought in china, 1950–2006. J Climate, 24(13): 3257-3271

Wang S, Fu B J, He C S, Sun G, Gao G Y. 2011b. A comparative analysis of forest cover and catchment water yield relationships in northern China. Forest Ecol Manag, 262(7): 1189-1198

Wang X M, Zhang C X, Hasi E, Dong Z B. 2010b. Has the three norths forest shelterbelt program solved the desertification and dust storm problems in arid and semiarid China. J Arid Environ, 74(1): 13-22

Wenhua L. 2004. Degradation and restoration of forest ecosystems in China. Forest Ecol Manag, 201(1): 33-41

Xie X, Cui Y. 2011. Development and test of SWAT for modeling hydrological processes in irrigation districts with paddy rice. J Hydrol, 396(1-2): 61-71

Xie X, Liang S, Yao Y. 2015. Detection and attribution of changes in hydrological cycle over the Three-North region of China: Climate change versus afforestation effect. Agricultural and Forest Meteorology, 203(0): 74-87

Xie Z, Yuan D F, Duan Q. 2007. Regional parameter estimation of the VIC land surface model: Methodology and application to River Basins in China. J Hydrometeorol, 8(3): 447-468

Yao Y, Liang S, Xie X, Cheng J, Jia K. 2014. Estimation of the terrestrial water budget over northern China by merging multiple datasets. J Hydrol, 519: 50-68

Ye Y, Fang X, Ren Y, Zhang X, Chen L. 2009. Cropland cover change in Northeast China during the past 300 years. Science in China Ser. D: Earth Sciences, 52(8): 1172-1182

Yu H, Wiegand T, Yang X, Ci L. 2009. The impact of fire and density-dependent mortality on the spatial patterns of a pine forest in the Hulun Buir sandland, Inner Mongolia, China. Forest Ecol Manag, 257(10): 2098-2107

Zha Y, Gao J. 1997. Characteristics of desertification and its rehabilitation in China. J Arid Environ, 37(3): 419-432

Zhang K F, Liu X W, Zhang D X. 2006. Spatial-temporal dynamic change of land resource degradation in China. Environ Sci, 27(6): 1244-1251

Zhang X J, Tang Q, Pan M, Tang Y. 2014. A long-term land surface hydrologic fluxes and states dataset for China. J Hydrometeor, 15(5): 2067-2084

Zhang Z, Chen X, Xu C, et al. 2011. Evaluating the non-stationary relationship between precipitation and streamflow in nine major basins of China during the past 50 years. J Hydrol, 409(1-2): 81-93

Zhao F, Xu Z, Zhang L, Zuo D. 2009. Streamflow response to climate variability and human activities in the upper catchment of the Yellow River Basin. Science in China Series E: Technological Sciences, 52(11): 3249-3256

Zhou G, Wei X, Luo Y, et al. 2010. Forest recovery and river discharge at the regional scale of Guangdong Province, China. Water Resour Res, 46: W09503

第16章 水文数据同化方法用于无资料区河流流量预报

谢先红[1]，孟珊珊[1]，梁顺林[1,2]

无资料地区水文预报一直是水文领域比较棘手的问题。这种条件的水文预报受制于建模过程中的多种不确定性，许多研究都就此问题做过讨论。目前，无资料地区水文预报中应用最广的方法包括相似区域划分法，该方法的最大问题是受限于主观选择相似性测量数据。本章讨论一种基于集合卡尔曼滤波（ensemble Kalman filter，EnKF）改进后的方法，实时更新分布式水文模型的状态变量和参数，以减少预报中的不确定性，预报结果主要受降水径流模型和无资料区与有资料区的相关性控制。该方案成功应用在一个嵌套流域，其中无资料子流域的上、下游邻近子流域都有实际观察数据。结果表明，同化下游子流域的观测数据更有利于消除无资料区的预报误差。合理抽样的模型参数，经过短期的实时更新后将维持稳定状态，轻微的波动可能是受气候和土地利用变化的影响。尽管提出该同化方案的目的是提高嵌套流域的径流预报精度，但是它也具有同化多源观测数据（地面观测和遥感观测），提高独立流域水文预报精度的潜力。

16.1 引 言

径流是陆面水平衡的重要组成部分，也是诊断气候变化和人类活动对流域影响的关键因子，因此，径流预报在水资源管理、水利设施建设和洪水风险评估系统中起着至关重要的作用（Srinivasan et al.，2010）。径流预报的准确性高度依赖于可靠的水文数据和复杂的水文模型，然而，世界上存在许多缺乏水文数据的无资料或稀缺资料流域（Sivapalan，2003），数据的缺乏也使得水文模型因无法充分校正而存在各种误差。为此，国际水文科学协会专门发起了无资料区水文预报研究计划，以减小数据和模型带来的误差（Sivapalan，2003；Sivapalan et al.，2003）。

无资料区预报研究计划发起后的十多年间，取得了一系列的研究成果，如数据采集和获取、模型开发和不确定性分析、流域分类等新理论（Hrachowitz et al.，2013）。越来越多的研究表明，遥感技术可以为陆面水文系统的研究提供可靠的观测数据（Yang et al.，2013）。此外，水文模型（如典型的分布式水文模型）在模拟降雨径流过程和融雪径流过程方面也取得了长足的发展。这些进步都促进了量化来自模型输入数据、模型结构和模型参数方面的不确定性研究（Ajami et al.，2007；Gupta et al.，2012；Vrugt et al.，2008）。为了减小来自模型参数的不确定性，通常的做法是参数率定，即通过调整模型

---

1. 遥感科学国家重点实验室，北京市陆表遥感数据产品工程技术研究中心，北京师范大学地理科学学部；2. 美国马里兰大学帕克分校地理科学系

参数使模拟径流和观测径流相吻合（Duan et al.，1992；Duan et al.，1994）。然而，通过流域出口的径流数据校正的模型参数并不能确保流域内部过程的准确模拟（Zhang et al.，2008）。

无资料区预报的本质是将邻近流域的信息转移到感兴趣研究区（Sivapalan，2003）。使用回归方法或测量相近性（物理相似性或空间相近性）原理将无资料区和有资料区联系起来，这一过程也被称为水文区划（Hrachowitz et al.，2013）。模型参数的区划技术是无资料区径流预报常用的方法。Merz 和 Blöschl（2004）评估了各种模型参数区划技术在概念水文模型中的应用，指出空间相近法可以有效地表征研究区未知的影响因素和邻近流域参数之间的关系。Sellami 等（2013）提出基于无资料区和有资料区之间物理相似性的模型参数区划方法，结果表明流域间相似的地理和气候状况可以引发相似的水文现象。Parajka 等（2013）发现使用空间相近性和地理统计法得到的参数模拟效果，要比从有资料区使用回归或区划技术得到一组参数平均值的模拟效果要好。但是，参数区划法也存在缺点，如参数模拟结果标准设定存在随意性（Sellami et al.，2013）。Hrachowitz 等（2013）就参数区划技术和流域相似问题进行了详细的讨论。

除了参数区划技术外，数据同化方法也具有解决无资料区预报问题的潜力。数据同化处理这类问题的原理是基于邻近流域的物理相关性，将有资料区的多种观测数据引入到无资料研究区（Chen et al.，2011；Sivapalan et al.，2003；Troch et al.，2003）。其中，EnKF 技术，因为具有实时更新、操作简单、考虑各种误差来源等优点，成为水文模拟中一种广泛应用的连续性数据同化方法（Blöschl et al.，2008；Evensen，2003，2009；Reichle et al.，2002）。尤其是实时更新的特点，在洪水预报中至关重要（Norbiato et al.，2008）。在现阶段水文应用中，EnKF 主要用于动态估计模型状态变量，模型参数则大多是根据历史观测数据提前率定（Clark et al.，2008；Vrugt et al.，2005）。

EnKF 方法还可以用于同时估算无资料区预报问题中的状态变量和模型参数，已有研究成功使用该方法估算模型参数。Moradkhani 等（2005b）提出了水文模型双状态参数估算框架，成功的估算一个集总式水文模型的参数。Wang 等（2009）基于 EnKF 方法提出了三层约束方案，对模型参数进行物理约束。现有的研究也大都是对集总式水文模型中几个参数进行估算，而 Xie 和 Zhang（2010）成功地将状态参数估算方案应用到分布式水文模型（SWAT 模型）中，且重点研究了参数估算问题。为解决多种参数估算问题，Xie 和 Zhang（2013）提出了参数分解迭代更新方案，该方案在应用分布式水文模型预报无资料流域径流方面具有很大的潜力。

在本章中，我们使用参数分解迭代更新方案同化有资料流域的径流观测数据，来提高无资料区的径流预报精度，该数据同化方案可以完美地耦合分布式水文模型（SWAT）。当用于校准的子流域有观测信息时，无资料流域的状态变量和模型参数将被实时更新。Xie 等（2013）较早使用数据同化方案对无资料流域的状态变量和参数进行更新，来提高径流预报精度的研究。虽然已有研究应用数据同化方案在分布式水文模型进行径流预报，无资料区预报问题中至关重要的参数估计问题还缺乏详细的讨论（Chen et al.，2011；Clark et al.，2008；Lee et al.，2012；McMillan et al.，2013；Rakovec et al.，2012）。需要注意的是，除了 EnKF 方法外，粒子滤波（DeChant and Moradkhani，2012；Moradkhani et al.，2005a）、Particle-DREAM（Vrugt et al.，2013）和最大似然估计集合滤波（Troch et al.，2013）都可以用于状态参数估算。

在下面的章节中，我们将先简单介绍 EnKF 数据同化方案以及 SWAT 模型，然后将展示在中国漳河流域上下游邻近嵌套式流域的实际应用。为了讨论径流观测位置对预报结果的影响，我们根据观测数据位置的不同，设计了三种不同的方案，结果在 16.3 节展示。16.4 节是结论。

16.2 方　　法

16.2.1 基于 EnKF 方法的状态参数估算方案

为了描述有资料区到无资料区的信息传递过程，我们定义了一个由有资料区状态向量（x_g）和无资料区状态向量（x_u）组成的联合向量 $X=[x_g,x_u]$。此外，我们还将一些诊断变量，如流量、蒸发等，作为模型状态变量 X 随径流观测数据一起更新。联合状态向量 X 和参数向量 θ 在时间 t 的估算结果，受有资料区的观测向量（y_t）的约束。信息传递过程中的后验概率密度函数（pdf） $p(X_t,\theta_t|y_t)$，在贝叶斯框架下可以表示为

$$p(X_t,\theta_t|y_t) \propto p(y_t|X_t,\theta_t) \cdot p(X_t,\theta_t|X_{t-1},\theta_{t-1}) \tag{16.1}$$

式中，$p(y_t|X_t,\theta_t)$ 为模型观测值在时间 t 的最大似然函数；$p(X_t,\theta_t|X_{t-1},\theta_{t-1})$ 为 X 和 θ 在时间 t 的先验概率密度函数，表示模型预测和参数演变过程。

式（16.1）定义的更新框架有效解决了顺序数据同化问题，EnKF 是典型的顺序同化方法（Evensen，1994）。EnKF 方法包括两步：预报和更新。在预报过程中，模型误差的传播可描述为

$$X_t^{i-} = M(X_{t-1}^{i+},\theta_t^{i-},u_t^i) + \omega_t^i, \quad \omega_t^i \sim N(0,W_t)，i=1,2,\cdots,N \tag{16.2}$$

式中，"−"和"+"分别为状态向量 X 和参数向量 θ 的预报和更新；t 为时间；u 为输入强迫向量；N 为集合成员数。模型误差向量 ω 是服从均值为 0，协方差为 W_t 的高斯分布。式（16.2）是状态向量误差的一般表达形式，在具体的应用中，可能选取几个状态变量添加误差以表示模型误差，我们将在 16.3.2 节对此进行详细讨论。

在使用式（16.2）进行模型预报之前，为了避免模型参数样本的迅速收缩，参数也需要像状态向量那样添加扰动（Wang et al.，2009）。然而，参数扰动对样本的离散度十分敏感（Moradkhani et al.，2005b）。核平滑技术可以有效解决样本过度离散问题，同时又能保持参数样本有合理的展布（Liu，2000；Moradkhani et al.，2005b；Xie and Zhang，2013）。该方法可以用下式进行简单表示：

$$\theta_t^{i-} = \alpha \theta_{t-1}^{i+} + (1-\alpha)\overline{\theta}_{t-1}^{+} + \tau_t^i, \quad \tau_t^i \sim N(0,T_t) \tag{16.3}$$

$$\overline{\theta}_{t-1}^{+} = \frac{1}{N}\sum_{i=1}^{N}\theta_{t-1}^{i+} \tag{16.4}$$

$$T_t = h^2 \mathrm{var}\left(\theta_{t-1}^{+}\right) \tag{16.5}$$

式中，α 为收缩因子，一般取值在 $[0.95,0.99]$ 之间；h 为平滑因子；T_t 为受集合变量 $\mathrm{var}\left(\theta_t^{+}\right)$

约束的协方差；平滑因子 h 定义为 $\sqrt{1-\alpha^2}$，以保持参数扰动前后方差不变。已有研究对核平滑技术的有效性进行了详细的论证，在此我们不过多论述（Liu，2000；Moradkhani et al.，2005b；Xie and Zhang，2013）。收缩因子 α 的设置通过反复试验确定，它对参数估算结果的影响有限，详情将在 16.4 节说明。在本章中，我们根据 Xie 和 Zhang（2013）、Moradkhani 等（2005b）的研究，将收缩因子设置为 0.98。

当有观测数据出现时，更新步骤将对预报的状态变量和参数进行更新。更新步骤即式（16.1）的求解过程。对于本章，有资料区和无资料区的状态变量和参数可详细的描述为

$$\begin{bmatrix} x_{g,t}^{i+} \\ x_{u,t}^{i+} \\ \theta_t^{i+} \end{bmatrix} = \begin{bmatrix} x_{g,t}^{i-} \\ x_{u,t}^{i-} \\ \theta_t^{i-} \end{bmatrix} + K_t \cdot \left(y_t^i - H x_{g,t}^{i+} \right) \tag{16.6}$$

式中，y_t^i 为观测向量，添加适当的扰动 R 以表示观测误差；H 为观测算子，在本章中是线性的。卡尔曼增益矩阵为

$$K_t = \begin{bmatrix} \mathrm{cov}(x_{g,t}, x_{g,t}) \\ \mathrm{cov}(x_{g,t}, x_{u,t}) \\ \mathrm{cov}(x_{g,t}, \theta_t) \end{bmatrix} \cdot \left[\mathrm{cov}(x_{g,t}, x_{g,t}) + R \right]^{-1} \tag{16.7}$$

式中，"cov（·）"为协方差算子，可以根据状态变量和参数集合得出。需要注意的是矩阵 K_t 是 $n \times m$ 维的，n 为所有的状态变量和参数的个数，m 为观测值的个数。

上述两个方程式是基于状态扩展技术实现的，由于参数能动态更新，因此该技术可以在实际中有效获取正确的参数估计值。具体地说，就是将模型参数假定为一个扩展的状态变量，受环境和输入数据的影响，可以随时间变化（Liu and Gupta，2007）。像预报状态变量那样，模型参数也使用核平滑技术进行扰动演化。通过这种方式，演变的模型参数和预报状态变量在维数上保持一致，因此参数可以扩展到状态向量中（Moradkhani et al.，2005b；Xie and Zhang，2010；Xie and Zhang，2013）。当有观测值时，参数随状态变量一起实时更新，因此，参数的估计值最后将会收敛于真实值（Xie and Zhang，2013）。许多研究都证明该技术可以有效地估算状态变量和参数（Moradkhani et al.，2005b；Wang et al.，2009；Xie and Zhang，2013）。

我们发现 EnKF 能提供一个有效的方式将有资料流域的信息传递到无资料区。然而，当此方法用于估算分布式水文模型参数时，由于多维扩展向量的高度自由性，估算结果易受式（16.7）中伪协方差计算结果的影响。为了避免此问题，Xie 和 Zhang（2013）受双状态参数估算算法的启发，提出了一个参数分解迭代更新方案（PU_EnKF）。在分段更新方案中，模型参数根据其敏感性的不同，分成 N_p 类，每种类别的参数估算都有单独的预报更新循环过程。每类参数具有相近的意义，参数类型可以只有一种（概念水文模型），也可以有多种（分布式水文模型）。例如，SWAT 模型种的参数 CN_2 可看成一种参数。

在 t 时刻，分段更新方案反复迭代 N_p 个循环过程。

（1）使用式（16.3）对第 j 类参数进行演化，得到新的参数集合。

（2）驱动模型，执行 N 次运行，使用式（16.2）得到有资料区和无资料区状态变量的预报值，其中第 j 类参数的预报值，通过步骤（1）生成，其他的参数则使用前面循环

过程预报的均值。

（3）当 t 时刻有观测值时，根据状态变量和参数集合，计算式（16.7）中的卡尔曼增益矩阵。

（4）使用式（16.6）更新状态变量和第 j 类参数。

（5）计算第 j 类参数的均值，均值即参数的估算值，可用于步骤（2）中下一时刻其他参数循环的估算。

（6）当 $j<N_p$ 时，重复第步骤（1），否则，进入下一时刻 $t+1$。第 $j=N_p$ 循环过程得到的状态向量则认为是有资料区和无资料区状态向量的最终估算值，此时也得到了所有参数的估算值。

分解迭代算法使用迭代算法在每一时刻更新每一类参数，前一时刻循环估算得到的参数值，用于当前 t 时刻第 j 类参数的预报。这种迭代更新算法有望得到参数的最优估计值，因此特别适合用于分布式水文模型高维参数的估算。该方法估算状态变量和参数的有效性已经在实际流域中得到验证。在本章中，我们希望使用该方法提高无资料区的参数估算和径流预报精度。

16.2.2 模型

SWAT 模型是由美国农业部农业研究中心开发的流域尺度的分布式水文模型（Arnold and Fohrer，2005；Arnold et al.，1998）。SWAT 模型使用时，将一个流域划分成许多子流域，然后分成不同的水文响应单元，每个水文响应单元都有相同的土地覆盖，管理和土壤特性（Gassman et al.，2007；Neitsch et al.，2011）。水文响应单元是水平衡模拟的基本单元，包括降水分区、地表径流生成、蒸散发、土壤水和地下水管理等过程。

地表径流计算使用的是 SCS（soil conservation service）模型进行计算（Ponce and Hawkins，1996；Rallison and Miller，1982），该模型只有一个参数，即湿润条件下的曲线数（CN_2），该参数也是 SWAT 模型的主要参数。蒸发过程是在潜在蒸散发的基础上计算实际蒸散发，并考虑了植被冠层截留的蒸发、蒸腾量、升华量和土壤水分蒸发。土壤水的运移使用的是水库存储技术，通过田间持水量来控制土壤水在各层的分布。通过下渗作用，土壤剖面中一部分土壤水会补给到浅层或深层地下含水层，浅层含水层产生的基流会通过汇流过程进入河道。关于 SWAT 模型具体的描述可以参见用户手册（Neitsch et al.，2002）。

SWAT 模型在使用前，有许多空间异质性的参数需要确定，这些参数包括地表粗糙度参数、土壤种类、地表类型和河道的水力条件等。虽然这些参数可以根据查找表使用默认值，但是最优参数需要根据流域特点和观测数据确定。为了减少需要校正的参数，需要先对参数进行敏感性分析（Van Griensven et al.，2006）。已有许多研究对 SWAT 模型的参数敏感性进行了分析，有几个参数是公认的最敏感的，直接影响模型结果的（Holvoet et al.，2005；Muleta and Nicklow，2005；Van Griensven et al.，2006）。根据这些研究，本章中我们选取了 7 个敏感性参数进行估算（表 16.1），它们控制着水循环的各个过程，包括地表径流、土壤水、基流、地下水、蒸发和河道汇流的产生。参数的取值范围根据查找表得到（Neitsch et al.，2002），土壤类型和土地覆盖类型根据漳河流域确定（Post and Jakeman，1999）。

表 16.1 数据同化中需要估计的参数

参数	描述	相关过程	最小值	最大值
CN_2	地表产流曲线数（-）	产流	35.0	98.0
CH_K	河道有效水力传导度/(mm/小时)	河道汇流	0.02	76.0
SOL_AWC	可利用土壤最大储水量/(mm/mm)	土壤水	0.0	1.0
SURLAG	地表汇流延迟系数/天	汇流	1.0	10.0
GWQMN	浅层地下水产流的阈值系数/mm	地下水	20.0	1000.0
ESCO	蒸发补偿因子（-）	蒸发	0.0	1.0
ALPHA_BF	基流产流因子/天	壤中流	0.0	1.0

除了这些敏感参数外，我们还选取了 10 个状态变量进行同化更新（表 16.2）。这些变量可以分为 3 组：①地表径流快速储水变量；②控制基流、地下水和土壤水的缓慢储水变量；③河道储水和流量变量。前 9 个变量是动态变量，描述水文响应单元或子流域的蓄水状态和部分有影响的诊断变量，如蒸散发（ET）、河流流量（Qr）。因此，这些状态变量需要与输出变量同时更新，以保证模型的模拟效果。在本书中，蒸散发变量不被看作状态变量，因为没有蒸散发观测值，只是被动更新，对其他状态变量没有影响。

表 16.2 数据同化过程中需要更新的模型状态和输出变量

变量	描述	尺度
Qsufstor	地表径流储蓄量/mm	水文响应单元
Qlatstor	壤中流储蓄量/mm	水文响应单元
Qpregw	流入河道的地下水流量/mm	水文响应单元
Wsol	每个 HRU 土壤层储蓄的水量/mm	水文响应单元的不同层
SM	土壤水含量/mm	子流域
Qshall	浅层地下水储量/mm	水文响应单元
Qrchrg	地下水补给量/mm	水文响应单元
Wr	河道蓄水量/m^3	子流域
Wb	河滩蓄水量/m^3	子流域
Qr	河道流量/(m^3/s)	子流域

我们选取 SWAT 模型主要有两个原因。第一，SWAT 模型是一个应用广泛的分布式水文模型，可以预测大范围、复杂流域的水量、沉积物和农药含量（Gassman et al., 2007）。一个改良版的 SWAT 模型——灌区水稻种植系统，已被成功用于模拟漳河流域的土壤水（Xie and Cui, 2011）。第二，我们已经对 SWAT 模型耦合 EnKF 算法进行了应用验证（Xie, 2013；Xie and Zhang, 2010, 2013），因此，我们希望 SWAT-EnKF 耦合框架能广泛地、有效地用于实时水文预测系统。尽管 SWAT 模型需要大量的输入数据和响应数据，如径流、蒸散发等，这似乎与无资料区水文预报不一致。但是，使用数据同化技术能引入下游几个点的径流观测数据更新整个流域的预报值，这在一定程度上解决了数据不足的问题。

16.3 流域应用

16.3.1 数据和研究区概况

本数据同化研究区选取的是中国湖北的漳河流域（图 16.1）。漳河流域面积约为 1129 km²，南北之间海拔差不超过 400m，是典型的亚热带气候，年均气温 17℃。流域年降水量大约是 970mm/a，年际降水量变化较大，主要取决于季风强度。该流域是一个农业灌溉区，耕地面积占全流域的 59%。主要农作物是水稻，5~8 月需要从漳河和池塘中引水灌溉。由于耕作、灌溉、排水等人类活动的影响，因此流域径流预报有较大的难度（Cai，2007；Xie and Cui，2011）。

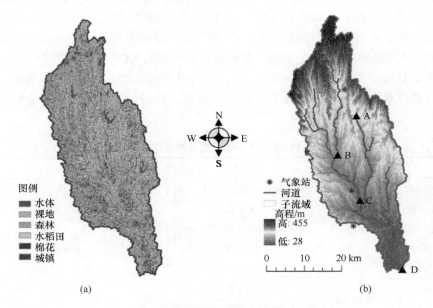

图 16.1 漳河流域土地利用和子流域分布以及 DEM

我们将漳河流域选为研究区主要是因为这里有充足的气象数据、土地利用、土壤属性和水文信息，已有研究选取该区进行建模研究（Cai，2007；Xie and Cui，2011）。土地利用分类数据是来自 Landsat ETM+ 2000 到 2001 年遥感产品 [图 16.1（a）]，空间分辨率为 14.25m。该区域土地利用类型自 2000 年来几乎没有变化，因此，我们假设 2004~2006 年的土地利用类型跟 2000~2001 年的相同。控制模型参数的土壤类型分布图从当地农业部门获得。2000 年 1 月至 2006 年 12 月的日气温、辐射、风速和相对湿度等气象数据来自研究区内的 5 个站点观测，站点分布见图 16.1（b）。此外，在流域中设置了 A、B、C、D 四个点观测径流数据，点 D 在流域出口，点 A 在一个小源子流域的出口。我们根据这四个点的状态观测数据转化的日径流数据对模型进行校正。

根据 90m 分辨率的数字高程模型，漳河流域被分成 20 个子流域 [图 16.1（b）]，又根据土地类型和土壤属性分成 98 个水文响应单元。根据这个描述，点 A 记录一个源子流域的径流，点 B 汇集 4 个子流域，点 C 汇集录 10 个子流域，点 D 则汇集所有子流域的径流。

16.3.2 误差设置

集合数据同化方法的效果，受输入数据误差、参数误差和模型结构误差的影响。此外，量化来自测量或推导的观测误差也是关键影响因素。由于 SWAT 模型是一个动态模拟模型，来自输入数据、模型参数、模型结构的误差将会转移到蓄水量（如土壤湿度和河道水量）和诊断变量（如径流）。尽管 SWAT 模型会更新 10 个状态变量，我们只对其中的两个变量土壤湿度和径流添加扰动以表示模型误差，因为来自其他状态变量的误差都会传递到土壤湿度和径流中（Xie and Zhang，2013）。此外，降水作为主要的强迫数据，也会扰动添加误差，该误差表示由于天气预报或其他原因导致的误差。

上述三个变量添加的误差是均值为 0 的高斯分布的误差。根据 Chen 等（2011）的研究，SWAT 模型中土壤湿度的标准差设置为 0.03 m^3/m^3。径流和降水的标准差与其值的大小呈正比（Clark et al.，2008）：

$$\sigma_x = \eta_x \cdot x \tag{16.8}$$

式中，η 为变量 x 的标准差的百分比因子，在本章中百分比因子有三个，即模拟径流的百分比因子（η_{Qm}）、观测径流百分比因子（η_{Qo}）和降水百分比因子（η_p）。因此，参数分解迭代更新方案还可以用于没有直接降水观测数据，但是可以通过其他途径获取降水数据（天气预报）流域的水文预报。在这种误差设置下，三个误差的标准差随四个变量的改变而改变。

这样的扰动设置不仅表示来自模型和观测的误差，还生成了集合预报中具有合理展布的样本（Clark et al.，2008）。根据 Xie 和 Cui（2011）的误差分析研究，在漳河流域，由于灌溉和排水导致的 SWAT 模型的预报误差不超变量的 10%，降水的误差也差不多在这个水平上。因此，我们对各项误差的设置会进行评估，表 16.3 是我们选取的最终误差设置。

表 16.3 用于扰动降水（η_p）、模拟流量（η_{Qm}）和观测流量（η_{Qo}）的尺度因子

η_p	η_{Qm}	η_{Qo}
0.10	0.15	0.10

需要注意的是，量化误差仍是陆面数据同化所面临的巨大挑战，一些新方法也许可以尝试，如自适应滤波法（Crow and Reichle，2008；Reichle et al.，2008）。一般，我们根据实验和经验来量化模型和观测值的误差，通常暴雨会有较大的模型和观测误差。此外，为了避免集合样本的迅速收缩，较高的误差设置会比低的误差设置效果要好。

16.3.3 数据同化方案设置

该数据同化过程需要三个步骤（Xie and Zhang，2013）。第一，模型初始化阶段，使用先验参数驱动模型运转（1/1/2003-6/30/2003），得到初始化的模型状态。初始化结束后，使用拉丁超立方体方法对 7 个参数进行抽样，并添加高斯分布的误差（Helton and Davis，2003）。参数抽样使用高斯分布是根据 SWAT 模型查找表的建议设置的（Neitsch et al.，2002）。参数约束条件设置见表 16.2，以保证抽样的参数具有物理意义，符合模型要求。相比于高斯分布抽样，均匀抽样是一种更直接常用的抽样方式（Moradkhani et al., 2005b)。我们使用高斯抽样是因为查找表提供了先验参数估计值, 抽样的集合数是 80, 然后进入下一阶段。第二, 根据 16.3.2 节的说明扰动输入数据、模型状态变量和诊断变量进行模拟, 该阶段从 7/1/2003-12/31/2003, 该阶段的主要目的是量化预报中的不确定性, 并保证下面的同化具有合理的样本展布。第三, 数据同化阶段, 从 1/1/2004-12/31/2005, 径流观测数据被引入同化系统。鉴于径流不是产自地表径流就是产自地下径流, 因此表 16.2 中的快速蓄水变量只在有降水数据的时候进行更新, 缓慢蓄水变量则在没有降水的时候进行更新, 河道蓄水变量则实时更新。

为了验证该数据同化方法的有效性, 我们选取 4 个有观测资料的子流域中的 1~2 个, 假定其为无资料研究区, 验证无资料研究区径流预报的改善程度。为此, 我们根据不同的假定设计了 3 组不同的组合情景。

(1) ASS_D: 同化点 D 处的径流观测数据, A、B、C 被假定为无观测数据。这种情景设置跟一般的校正惯例相同, 即只利用流域出口的径流观测数据来校正参数, 进而外推无资料流域的径流。

(2) ASS_BD: 同化点 B 和 D 处的径流观测数据, 其他两个点假定无观测数据。该情景与 ASS_D 情景不同的是增加了上流观测数据。

(3) ASS_AB: 同化点 A 和 B 处的径流观测数据。该情景只使用两个上游观测点的径流数据。

16.3.4 无资料区预报结果

三种情景都进行了径流集合预报和参数估算, 为了验证对径流预报的改进, 我们还设置一组对照实验, 对照实验使用的模型参数是根据 Xie 和 Cui (2011) 的校正研究设置的。四种情景的模拟结果都与观测径流数据作对比, 尽管观测数据也存在一定的误差, 我们仍然选取观测数据作为基准数据, 因为观测数据通常认为是"真实"径流过程的最佳估计。因此, 我们使用预报值减去观测值, 作为径流预报的误差, 还计算了均方根误差和平均绝对误差(MAE)来评估预报结果。为了量化数据同化中径流传播过程模拟结果, 我们还定义了一个集合收敛指数(EnCI), 指的是流量观测值位于预报结果 95% 的置信区间中的百分比。

图 16.2 展示了对照实验和 ASS_D 情景下的径流预报误差, 这里我们展示误差结果而非径流观测结果, 主要是因为径流观测值较大, 两者之间的区别显示不明显。在降水期间, 对照实验组明显高估了径流峰值, 而在无降水期间(如第 230~300 天), 则低估了基流值。使用同化方法引入观测径流, 并考虑各项误差来源, 明显改善了预报结果。由于 ASS_D 情景下站点 D 处观测值的引入, D 处的同化结果明显好于对照实验组。相对于对照组, 点 A、B、C 三处假定无观测资料区的径流预报结果也有显著改善, 如点 C 处的 RMSE 从 3.539 m^3/s 下降到 2.014 m^3/s。此外, 对于径流的峰值和谷值的估计也没有明显的偏差。

点 D 处的集合收敛指数 EnCI 高达 94.80%, 也就是说除了一些径流值较大的数据超出了 94% 置信区间外, 94.80% 的流量数据位于该范围内。点 A 的 EnCI 值最低(73.89%), 这可能是因为站点 A 离流域出口最远。不过, 4 个站点的集合样本展布都能保证追踪到径流变化。

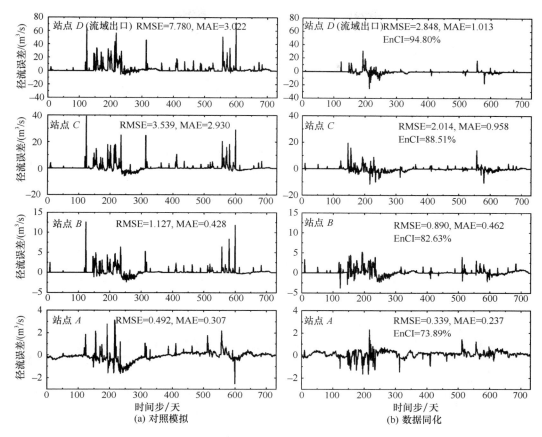

图 16.2 对照模拟（a）和数据同化（b）的河道径流预报误差，针对 ASS_D 情景，即只同化了流域出口的流量

图 16.3 展示了情景 ASS_BD 和 ASS_AB 下站点 C 的估算结果。相比于 ASS_D 情景，ASS_BD 情景下，增加了上游站点 B 处的观测值，假定的无资料区的径流预报结果得到显著改善，RMSE 下降到 1.669 m³/s，EnCI 则提高到了 90.28%。如果只同化上游观测数据的话（情景 ASS_AB），预报改善则没那么明显，只比对照实验提高一点。分段更新方法的基本原理是利用有资料区和无资料区之间的物理相关性，如果两者位置比较近的话，则意味着汇流过程中的相关性会较强，数据同化结果也相对要好。除了假定的无资料区的站点 C，站点 A、B 和 D 处径流预报结果受观测资料的引入，也有一定的改善，这里就没一一展示。

除了更新状态变量和诊断变量外，我们还同时估计了模型参数，图 16.4 展示的 ASS_D 情境下参数估算结果。大约经过 130 天的模拟，参数估计逐渐趋于稳定，轻微的波动可能是地表或者河道汇流条件改变导致的（Liu et al.，2008；Troch et al.，2013）。在数据同化的每一步中，参数样本都基本符合高斯分布，且位于所规定的物理范围内（表 16.1 中最大值和最小值）。参数估算中每一步的误差使用集合样本展布来表示（EnSp），该参数是根据样本方差来计算的，具体解释见图 16.5。数据同化开始阶段，参数样本具有较宽的展布，随着径流数据的引入，参数样本经过 100 天后迅速收缩，经过 400 天后保持稳定。因此，随着同化更新的推进，估算参数的误差在逐渐减小。图 16.4 证明

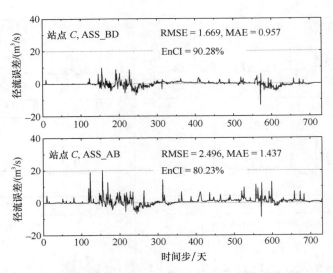

图 16.3 ASS_BD 和 ASS_AB 两种同化情境下的河道径流估计误差
只给出了站点 C 的结果

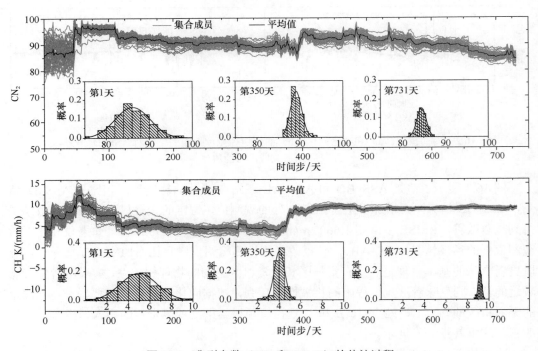

图 16.4 典型参数（CN_2 和 CH_K）的估计过程

的相对稳定性和图 16.5 中合理的样本展布表明，该数据同化方案具有短期估算最优参数的潜质。

尽管三种情景给出了三组不同的参数估算结果，值得高兴的是，三种情景下同化结果都有改善。但是在本书中参数估计结果是否收敛于其真实值，则还需要进一步的验证。

16.3.5 参数估算结果验证

因为 SWAT 是一个概念上的水文模型，许多参数没有实际物理意义，很难使用测量

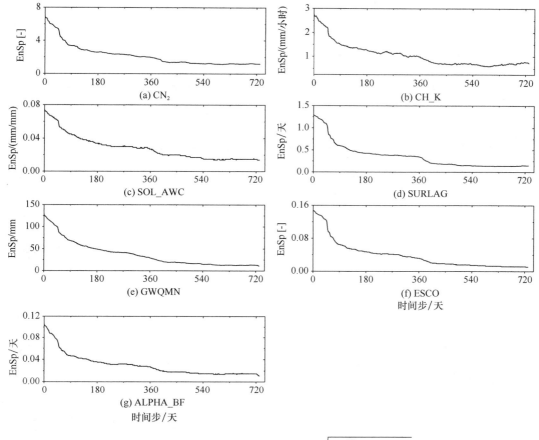

图 16.5　七个参数的集合展布 $\mathrm{EnSp} = \sqrt{\dfrac{1}{\mathrm{Nu}}\sum\limits_{i=1}^{\mathrm{Nu}}\mathrm{VAR}_{\mathrm{En}}(i)}$

Nu 为水文响应单元或子流域的个数；$\mathrm{VAR}_{\mathrm{En}}(i)$ 为每个参数的分布的方差

值来直接验证 SWAT 模型参数估算结果。只有几个参数（如表 16.1 中的 SOL_AWC）能够通过站点进行测量，关于水文响应单元、子流域、河道条件的参数则很难通过抽样实验获取。我们使用三种情景估算得到的参数来驱动一个单独的模型，并分析其径流预报结果与径流观测结果的差异，这是验证概念水文模型参数估算结果的一般方法。简单起见，并与前面保持一致性，三种单一模型预报结果命名为：ASS_D、ASS_BD 和 ASS_AB，注意这里既不是同化预报结果，也不是集合预报结果，只是它们的参数来源于前面的同化结果。另外，还有一组对照组。四组情景的模拟时间都是 1/1/2006–10/31/2006，预报过程没有考虑输入数据误差和模型误差。

图 16.6 表示的四种情景的径流预报误差，只展示了站点 C 和 D 的结果，因为它们在漳河流域的下游。这两个站点使用数据同化估算参数的预报结果要比对照组的预报结果好，站点 D 在 ASS_D 情景下的 RMSE 从 5.550 m³/s 下降到了 2.324 m³/s，四种情景中，ASS_BD 的估算结果最好。所有的改进都是源于使用数据同化得到更准确的参数，ASS_BD 情景下的参数估算结果认为是最优参数估算结果。相对说来，使用 ASS_D 参数估算结果可以得到较准确的径流预报结果，而 ASS_AB 情景下，对径流预报的改善则

很小。因此，参数估算结果分析与 16.3.4 节中诊断变量估算结果相似，即在无资料流域的径流预报和参数估算中，同化下游尤其是流域出口的径流观测数据，要比同化上游的观测数据效果要好。

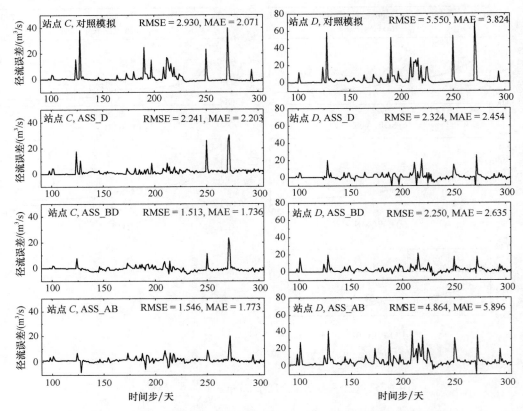

图 16.6　利用四个同化情景估计的参数进行模型预报所得的流量预报结果
只展示了站点 C 和 D 的结果

16.4　结　　论

我们使用参数分解迭代更新方案来提高无资料区的径流预报结果，该方案的优点是考虑了模型和观测误差，实时更新和同步状态参数估计。此外，该方案使用分布式水文模型（SWAT）中降水径流物理过程来限制预报，同时还考虑了有资料流域和无资料流域间状态变量和参数的相关性，该相关性通过卡尔曼增益矩阵表示。由于这种物理约束和相关表示，观测信息能够有效地传递到无资料区，并提高径流预报结果。

在研究区的实际应用表明在有资料区和无资料区使用参数分解迭代更新方案的径流预报结果比对照组的结果好。尽管只同化流域出口的观测数据，无资料区的径流预报结果仍然是可以接受的，由于汇流过程，该处的观测数据含有上游所有子流域的信息。一般来说，下游观测数据（尤其是流域出口数据）对整个流域的径流模拟起着重要作用。单一模型驱动结果表明该同化方案在有资料区和无资料区的参数估算结果也较为理想。此外，参数估算结果经过较短的时间即可达到稳定，本章中大约是 130 天。参数估算结果中轻微的波动则说明该方案能有效地捕捉地表特性的改变。尽管使用分段更新数据同化方案能显著改善径流预报结果，但是我们并没有考虑汇流过程，因为漳河流域径流生成时间要小于1天的时间步长。

事实上，对于短期洪水预报来说，汇流过程中的时间延迟问题是一个影响较大的因素（Li et al., 2013；Pan and Wood, 2013）。但是，本章专注于无资料区水文预报中的嵌套流域研究，因此，相邻流域间的状态变量可以建立相关关系。对于具有相同气候和地表状态的独立流域来说，同化其他来源的观测数据（如遥感估算的土壤湿度和亮温）也有望改善水文预报（Troch et al., 2003）。不过，相对于遥感观测数据来说，径流观测数据的质量更为可靠，本章则证明了同化径流观测数据在无资料区水文预报中的潜力。除了Particle-DREAM方法外，这又为无资料区水文预报提供了一个新的可靠选择（Vrugt et al., 2013），这也是使用分布式水文模型进行水文预报的一个新的尝试。

参 考 文 献

Ajami N K, Duan Q, Sorooshian S. 2007. An integrated hydrologic Bayesian multimodel combination framework: Confronting input, parameter, and model structural uncertainty in hydrologic prediction. Water Resources Research, 43(1): W01403

Arnold J G, Fohrer N. 2005. SWAT2000: Current capabilities and research opportunities in applied watershed modelling. Hydrological processes, 19(3): 563-572

Arnold J G, Srinivasan R, Muttiah R S, Williams J R. 1998. Large area hydrologic modeling and assessment part I: Model development1. Model derelopent

Blöschl G, Reszler C, Komma J. 2008. A spatially distributed flash flood forecasting model. Environmental Modelling & Software, 23(4): 464-478

Cai X. 2007. Strategy analysis on integrated irrigation water management with RS/GIS and hydrological model. Wuhan University (China) Ph. D thesis

Chen F, Crow W T, Starks P J, Moriasi D N. 2011. Improving hydrologic predictions of a catchment model via assimilation of surface soil moisture. Advances in Water Resources, 34(4): 526-536

Clark M P, Rupp D E, Woods R A, et al. 2008. Hydrological data assimilation with the ensemble Kalman filter: Use of streamflow observations to update states in a distributed hydrological model. Advances in Water Resources, 31(10): 1309-1324. DOI: http: //dx.doi.org/10.1016/j.advwatres.2008.06.005

Crow W T, Reichle R H. 2008. Comparison of adaptive filtering techniques for land surface data assimilation. Water Resources Research, 44(8): W08423. DOI: 10.1029/2008WR006883

DeChant C M, Moradkhani H. 2012. Examining the effectiveness and robustness of sequential data assimilation methods for quantification of uncertainty in hydrologic forecasting. Water Resources Research, 48(4): W04518. DOI: 10.1029/2011WR011011

Duan Q, Sorooshian S, Gupta V K. 1994. Optimal use of the SCE-UA global optimization method for calibrating watershed models. Journal of Hydrology, 158(3–4): 265-284. DOI: http://dx.doi.org/10.1016/0022-1694(94)90057-4

Duan Q, Sorooshian S, Gupta V. 1992. Effective and efficient global optimization for conceptual rainfall-runoff models. Water resources research, 28(4): 1015-1031

Evensen G. 1994. Sequential data assimilation with a nonlinear quasi-geostrophic model using Monte Carlo methods to forecast error statistics. Journal of Geophysical Research: Oceans, 99(C5): 10143-10162

Evensen G. 2003. The Ensemble Kalman Filter: theoretical formulation and practical implementation. Ocean Dynamics, 53(4): 343-367. DOI: 10.1007/s10236-003-0036-9

Evensen G. 2009. Data Assimilation The Ensemble Kalman Filter. Springer Science & Business Media-New York: Springer Dordrecht Heideloerg

Gassman P W, Reyes M R, Green C H, Arnold J G. 2007. The soil and water assessment tool: Historical development, applications, and future research directions. Transactions of the ASABE, 50(4): 1211-1250

Gupta H V, Clark M P, Vrugt J A, Abramowitz G, Ye M. 2012. Towards a comprehensive assessment of model structural adequacy. Water Resources Research, 48(8): W08301

Helton J C, Davis F J. 2003. Latin hypercube sampling and the propagation of uncertainty in analyses of complex systems. Reliability Engineering & System Safety, 81(1): 23-69

Holvoet K, van Griensven A, Seuntjens P, Vanrolleghem P. 2005. Sensitivity analysis for hydrology and pesticide supply towards the river in SWAT. Physics and Chemistry of the Earth, Parts A/B/C, 30(8): 518-526

Hrachonitz M, Sarentje G, Blöschl G, et al. 2013. A decade of Predictions in Ungauged Basins (PUB)—a review. Hydrological sciences journal, 58(6): 1198-1255

Lee A, Seo J D, Liu Y, et al. 2012. Variational assimilation of streamflow into operational distributed hydrologic models: effect of spatiotemporal scale of adjustment. Hydrol. Earth Syst Sci, 16(7): 2233-2251. DOI: 10.5194/hess-16-2233-2012

Li Y, Ryu D, Western A W, Wang Q J. 2013. Assimilation of stream discharge for flood forecasting: The benefits of accounting for routing time lags. Water Resources Research, 49(4): 1887-1900. DOI: 10.1002/wrcr.20169

Liu F. 2000. Bayesian time series: Analysis methods using simulation-based computation Durham: Duck University

Liu G, Chen Y, Zhang D. 2008. Investigation of flow and transport processes at the MADE site using ensemble Kalman filter. Advances in Water Resources, 31(7): 975-986

Liu Y, Gupta H V. 2007. Uncertainty in hydrologic modeling: Toward an integrated data assimilation framework. Water Resources Research, 43(7), W07401, doi: 10.1029/2006WR005756

MeMillan A K, Hreinsson E Ö, Clark P M, et al. 2013. Operational hydrological data assimilation with the recursive ensemble Kalman filter. Hydrology and Earth System Sciences, 17(1): 21-38

Merz R, Blöschl G. 2004. Regionalisation of catchment model parameters. Journal of Hydrology, 287(1): 95-123

Moradkhani H, Hsu K L, Gupta H, Sorooshian S. 2005a. Uncertainty assessment of hydrologic model states and parameters: Sequential data assimilation using the particle filter. Water Resources Research, 41(5): W05012

Moradkhani H, Sorooshian S, Gupta H V, Houser P R. 2005b. Dual state–parameter estimation of hydrological models using ensemble Kalman filter. Advances in Water Resources, 28(2): 135-147. DOI: http://dx.doi.org/10.1016/j.advwatres.2004.09.002

Muleta M K, Nicklow J W. 2005. Sensitivity and uncertainty analysis coupled with automatic calibration for a distributed watershed model. Journal of Hydrology, 306(1): 127-145

Neitsch S L, Arnold J G, Kiniry J R, Williams J R. 2011. Soil and water assessment tool theoretical documentation version 2009, Texas Water Resources Institute

Neitsch S, Arnold J, Kiniry J e a, Srinivasan R, Williams J. 2002. Soil and water assessment tool user's manual version 2000. GSWRL report, 202(02-06)

Norbiato D, Borga M, Degli Esposti S, Gaume E, Anquetin S. 2008. Flash flood warning based on rainfall thresholds and soil moisture conditions: An assessment for gauged and ungauged basins. Journal of Hydrology, 362(3): 274-290

Pan M, Wood E. 2013. Inverse streamflow routing. Hydrology and Earth System Sciences Discussions, 10(6): 6897-6929

Parajka J, Viglione A, Roqqer M, et al. 2013. Comparative assessment of predictions in ungauged basins & ndash; Part 1: Runoff-hydrograph studies. Hydrol Earth Syst Sci, 17(5): 1783-1795. DOI: 10.5194/hess-17-1783-2013

Ponce V M, Hawkins R H. 1996. Runoff curve number: Has it reached maturity. Journal of hydrologic engineering, 1(1): 11-19

Post D A, Jakeman A J. 1999. Predicting the daily streamflow of ungauged catchments in SE Australia by regionalising the parameters of a lumped conceptual rainfall-runoff model. Ecological Modelling, 123(2): 91-104

Rakovec O, Weerts A, Hazenberg P, Torfs P, Uijlenhoet R. 2012. State updating of a distributed hydrological model with Ensemble Kalman Filtering: Effects of updating frequency and observation network density on forecast accuracy. Hydrology and Earth System Sciences, 16(9): 3435-3449

Rallison R E, Miller N. 1982. Past, present, and future SCS runoff procedure, Rainfall-runoff relationship/ proceedings, International Symposium on Rainfall-Runoff Modeling held May 18-21, 1981 at Mississippi State University, Mississippi State, Mississippi, USA/edited by VP Singh. Littleton, Colo.: Water Resources Publications

Reichle R H, Crow W T, Keppenne C L. 2008. An adaptive ensemble Kalman filter for soil moisture data assimilation. Water resources research, 44(3): W03423

Reichle R H, McLaughlin D B, Entekhabi D. 2002. Hydrologic data assimilation with the ensemble Kalman filter. Monthly Weather Review, 130(1): 103-114. DOI: 10.1175/1520-0493(2002)130<0103: HDAWTE>2.0.CO; 2

Sellami H, La Jeunesse I, Benabdallah S, Baghdadi N, Vanclooster M. 2013. Uncertainty analysis in model parameters regionalization: A case study involving the SWAT model in Mediterranean catchments (Southern France). Hydrology and Earth System Sciences Discussions, 10(4): 4951-5011

Sivapalan M. 2003. Prediction in ungauged basins: a grand challenge for theoretical hydrology. Hydrological Processes, 17(15): 3163-3170

Sivapalan M, Takeuchi K, Franks W S, et al. 2003. IAHS decade on predictions in ungauged basins (PUB), 2003–2012: Shaping an exciting future for the hydrological sciences. Hydrological sciences journal, 48(6): 857-880

Srinivasan R, Zhang X, Arnold J. 2010. SWAT ungauged: hydrological budget and crop yield predictions in the Upper Mississippi River Basin. Transactions of the ASABE, 53(5): 1533-1546

Troch P A, Carrillo G, Sivapalan M, Wagener T, Sawicz K. 2013. Climate-vegetation-soil interactions and long-term hydrologic partitioning: Signatures of catchment co-evolution. Hydrology and Earth System Sciences, 17(6): 2209-2217

Troch P A, Paniconi C, McLaughlin D. 2003. Catchment-scale hydrological modeling and data assimilation. Advances in Water Resources, 26(2): 131-135

Van Griensven A, Meixner T, Grunwald S, et al. 2006. A global sensitivity analysis tool for the parameters of multi-variable catchment models. Journal of hydrology, 324(1): 10-23

Vrugt J A, Diks C G H, Gupta H V, Bouten W, Verstraten J M. 2005. Improved treatment of uncertainty in hydrologic modeling: Combining the strengths of global optimization and data assimilation. Water Resources Research, 41(1): W01017. DOI: 10.1029/2004WR003059

Vrugt J A, Ter Braak C J, Clark M P, Hyman J M, Robinson B A. 2008. Treatment of input uncertainty in hydrologic modeling: Doing hydrology backward with Markov chain Monte Carlo simulation. Water Resources Research, 44(12): W00B09

Vrugt J A, ter Braak C J, Diks C G, Schoups G. 2013. Hydrologic data assimilation using particle Markov chain Monte Carlo simulation: Theory, concepts and applications. Advances in Water Resources, 51: 457-478

Wang D, Chen Y, Cai X. 2009. State and parameter estimation of hydrologic models using the constrained ensemble Kalman filter. Water Resources Research, 45(11): W11416. DOI: 10.1029/2008WR007401

Xie X H, Cui Y L. 2011. Development and test of SWAT for modeling hydrological processes in irrigation districts with paddy rice. Journal of Hydrology, 396(1-2): 61-71. DOI: 10.1016/j.jhydrol.2010.10.032

Xie X H, Zhang D X. 2013. A partitioned update scheme for state-parameter estimation of distributed hydrologic models based on the ensemble Kalman filter. Water Resources Research, 49(11): 7350-7365. DOI: 10.1002/2012wr012853

Xie X, Meng S, Liang S, Yao Y. 2014. Improving streamflow predictions at ungauged locations with real-time updating: Application of an EnKF-based state-parameter estimation strategy. Hydrol Earth Syst Sci, 18(10), 3923-3936

Xie X, Zhang D. 2010. Data assimilation for distributed hydrological catchment modeling via ensemble Kalman filter. Advances in Water Resources, 33(6): 678-690. DOI: http://dx.doi.org/10.1016/j.advwatres.2010.03.012

Xie X. 2013. Simultaneous state-parameter estimation for hydrologic modeling using ensemble Kalman Filter. Land Surface Observation, Modeling and Data Assimilation: 441-464

Yang, J, Gong P, Fu R, et al. 2013. The role of satellite remote sensing in climate change studies. Nature climate change, 3(10): 875-883

Zhang X S, Srinivasan R, Van Liew M. 2008. Multi-site calibration of the SWAT model for hydrologic modeling. Transactions of the ASABE, 51(6): 2039-2049

第17章　基于数据同化方法的地表水热通量估算*

徐同仁[1]，孟杨繁宇[1]，梁顺林[1,2]，毛克彪[3]

地表水热通量（通常指地表感热和潜热通量）是地表与大气之间能量与水汽交互过程中十分关键的变量。潜热通量是地表与大气之间水、能量和碳交换过程中的连接环节。目前，已有一系列的研究致力于在变分数据同化系统中同化地表温度数据来估算地表水热通量。本章回顾了地表水热通量的获取方法，并详细介绍了利用变分数据同化技术获取时间连续地表水热通量的估算新方法。变分数据同化系统以热传导方程为约束，通过同化地表温度来求解地表能量平衡方程。然而，变分数据同化方法仅在少数气候和土地利用类型下的有限站点得到过检验。本章发展的单源和双源变分数据同化模型在不同植被覆盖与气候条件下的6个美国通量网（AmeriFlux）站点进行了全面的测试，其中单源模型把土壤和植被结合为单一通量来源，不考虑两者对总通量贡献的不同，而双源模型将两者视为不同的通量来源。同化GOES地表温度至变分数据同化模型中，并与通量塔站的观测进行比较。结果显示，两种模型在干燥、低植被覆盖站点运行的精度均优于在湿润、高植被覆盖站点运行的精度。此外，双源模型的精度要优于单源模型，表明区分植被与土壤的双源模型可以更好地刻画地表水热过程中的物理机理。

17.1 引　　言

目前，已经发展了多种方法（如蒸渗仪、涡度相关系统、波文比方法、大孔径闪烁仪）用于观测地表水热通量（Liu et al.，2011，2013）。然而，站点观测地表水热通量的费用较高，其空间分布与时间范围均有限。因此，学者们发展了多种模型，通过利用遥感地表温度数据来估算区域地表水热通量。

地表温度在地表能量平衡方程中具有关键作用。地表能量平衡方程中的所有变量（即感热、潜热、土壤热通量、净辐射）均与地表温度相关。Bateni 和 Entekhabi（2012a）的研究表明，地表温度数据包含了可利用能量用于地表能量平衡组分分配的信息。利用地表温度数据来估算地表水热通量的研究可以划分为四类。第一类是诊断模型，利用地表温度来求解地表能量平衡方程（Norman et al.，1995；Anderson et al.，1997；Bastiaanssen

---

1. 遥感科学国家重点实验室，北京市陆表遥感数据产品工程技术研究中心，北京师范大学地理科学学部；2. 美国马里兰大学帕克分校地理科学系；3. 中国农业科学院农业资源与区划研究所呼伦贝尔草原生态系统国家野外科学观测研究站

*感谢 NOAA CLASS 提供本章所用到的 GOES 数据；涡度相关和气象数据通过 AmeriFlux 网络（http://public.ornl.gov/ameriflux）免费下载得到；土壤质地数据来自于世界协同土壤水分数据库（HWSD）；叶面积指数数据可通过北京师范大学全球变化数据处理与分析中心（http://www.bnu-datacenter.com），以及美国马里兰大学全球土地覆盖数据档案库（http://glcf.umd.edu）获取

et al.，1998a，b；Su，2002；Liu et al.，2007a；Jia et al.，2009；Ma et al.，2012）。在这一类方法中，土壤热通量通常用经验公式表示为净辐射的一部分。此外，仅在有遥感地表温度的条件下，才可估算地表水热通量。第二类方法被称为三角形方法，利用地表温度与植被指数（如归一化差分植被指数和叶面积指数）之间的经验关系来估算地表蒸发（Jiang and Islam，2001，2003；Wang et al.，2006；Tang et al.，2010；Sun et al.，2013）。这些方法需要在特征空间中定义三角形的干湿边，而这些依站点不同而有所变化。第三类方法是通过同化地表温度时间序列数据至变分数据同化模型中来估算地表水热通量，该模型以简单的 Force-restore 方程作为约束（Castelli et al.，1999；Boni et al.，2001；Caparrini et al.，2003；2004a，b；Crow and Kustas，2005；Qin et al.，2007；Sini et al.，2008；Xu et al.，2015a，2016）。相比于诊断方法和三角形方法，此类方法不需要经验或依赖于站点的关系式。同时，在离散的地表温度空间观测数据输入的情况下，也能得到时间连续的地表水热通量的估算。第四类是利用数据同化系统，通过同化多源遥感数据对地表水热通量估算（Xia et al. 2012a，b；Xu et al.，2011a，b；Xu et al.，2015b，c）。

变分数据同化方法使用单源和双源两种方案来模拟地表和上层空气的交互，并估算地表水热通量。单源模型不区分土壤和植被冠层之间的温度差异，把地表温度视为土壤-植被混合介质的有效温度。相比之下，双源模型考虑了土壤和植被冠层之间的温度差异，并分别考虑土壤和植被冠层与上层空气的交互。

Bateni 和 Liang（2012）及 Bateni 等（2013a，b）以土壤热传导方程代替简单的 force-restore 方程作为物理约束，显著地提高了单源和双源变分数据同化模型对地表水热通量的模拟精度。本章基于 6 个 FluxNet 收集的地表水热通量数据，对单源和双源变分数据同化模型进行了详细评估。这些站点包括了不同气候和植被条件，以评估变分数据同化模型在不同水文环境下的稳定性。

白天地表温度的观测序列，其日间变化幅度依赖于可利用能量，以及地表能量平衡方程组分的相对效率（Bateni and Entekhabi，2012a）。因此，准确刻画地表温度的日循环对于变分数据同化模型的可靠性就十分重要。本章将静止环境观测卫星（GOES）得到的地表温度数据同化至单源和双源模型中，来估算地表水热通量。GOES 每 30 分钟提供一次地表温度观测数据，可以精确地刻画地表温度日循环，因此可以显著提高变分数据同化模型的稳定性。Sun 等（2004）提出了 GOES 地表温度的反演算法，并且已被证实是提高陆面模型估算湍流通量估算精度的重要数据来源（Xu et al.，2011a）。

17.2 方　　法

本章选用了 Bateni 和 Liang（2012），以及 Bateni 等（2013a）发展的单源和双源变分数据同化模型，在下文有所总结。热传导方程（对土壤温度的动态变化进行建模）及其边界条件见 17.2.1 节，单源和双源地表能量平衡模型见 17.2.2 节，伴随状态方程以及拉格朗日方程见 17.2.3 节。

17.2.1　热传导方程

热传导方程可以给出在 t 时刻、深度为 z 处的土壤温度 $T(z,t)$，如下：

$$C\frac{\partial T(z,t)}{\partial t} = P\frac{\partial T^2(z,t)}{\partial z^2} \tag{17.1}$$

式中，C 和 P 分别为土壤体积热容量 [J/(m³·K)] 和热传导率 [W/(m·K)]。为了简化，在本章中，$T(z=0,t)$ 用 $T(t)$ 来表示。

为求解热传导方程，需要土壤剖面顶层和底层的边界条件。土壤剖面顶层的边界条件 $T(z=0,t)$ 通过地表边界驱动方程获得：$-PdT(z=0,t)/dz = G(t)$ [$G(t)$ 是 t 时刻的土壤热通量]（Bateni et al., 2013a）。在底层边界，以纽曼（Neumann）边界条件表示为

$$dT(l,t)/dz = 0 \tag{17.2}$$

式中，l 为底层边界条件的深度，设为 0.5 m（Hu and Islam, 1995；Bateni and Liang, 2012；Bateni et al., 2013a）。使用隐式差分格式求解热传导方程，有关热传导方程的分解和数值实现方法详见 Bateni 等（2012）。

17.2.2 地表能量平衡方程（SEB）

单源地表能量平衡模型把土壤和植被视为单一通量来源，沿用了 Bateni 等（2013a）中的模型形式。对于单源模型，地表能量平衡方程可以表示为

$$G = R_N - H - \text{LE} \tag{17.3}$$

式中，G 为土壤热通量（W/m²）；H 和 LE 分别为感热和潜热通量（W/m²）；R_N 为净辐射（W/m²）。

依据热传导方程得到的地表温度（T），可以求算感热通量：

$$H = \rho c_p C_H U(T - T_A) \tag{17.4}$$

式中，ρ 为空气密度（kg/m³）；c_p 为空气热容量 [1012 J/(kg·K)]；U 和 T_A 分别为参考高度的风速（m/s）和温度（K）；C_H 为整体传热系数，可以表示为中性整体传热系数（C_{HN}）和一个大气稳定度校正方程 $f(\text{Ri})$ 的乘积，即 $C_H = C_{HN} f(\text{Ri})$，其中 Ri 为理查德森数。$C_{HN}$ 可与热力学和动力学粗糙度建立关系（Liu et al., 2007b；Zhang et al., 2010），这种关系主要是植被物候的函数，可以假定为在月尺度上变化（Mcnaughton and Van den Hurk, 1995；Jensen and Hummelshøj, 1995；Qualls and Brutsaert, 1996；Crow and Kustas, 2005；Bateni et al., 2013b）。它决定了湍流通量（$H + \text{LE}$）之和的量级，构成了单源模型的第一个未知参数。根据 Crow 和 Kustas（2005）、Sini 等（2008）、Bateni 和 Liang（2012），以及 Bateni 和 Entekhabi（2012b），本章使用了 Caparrin 等（2003）提出的大气校正函数（f）。

单源模型的第二个未知变量是蒸发比，它表示水热通量之间分割的比例，如下式所示：

$$\text{EF} = \text{LE}/(H + \text{LE}) \tag{17.5}$$

本章使用了 Bateni 和 Liang（2012）发展的双源模型，可以模拟土壤-冠层-大气系统中的交互（Kustas et al., 1996；Bateni and Liang, 2012）。在双源地表能量平衡模型中，植被冠层吸收的净辐射（R_{NC}）被划分为植被冠层的感热（H_C）和潜热（LE_C）通量

（$R_{NC} = H_C + LE_C$，下标"C"表示植被冠层）。土壤热通量（G）可以计算为土壤表面能量平衡的余项。

植被和土壤的感热通量（H_C 和 H_S）可以通过下式计算：

$$H_C = \rho c_p C_{HC} U_W (T_C - T_W) \tag{17.6a}$$

$$H_S = \rho c_p C_{HS} U_W (T_S - T_W) \tag{17.6b}$$

式中，U_W 与 T_W 分别为冠层内参考高度的风速与气温；T_C 与 T_S 分别为冠层与土壤温度；C_{HC} 与 C_{HS} 分别为从叶片与土壤到冠层内空气的整体传热系数；T_S 通过热传导方程估算[式（17.1）]，估算 T_C 与 T_W 的方程见 Bateni 和 Liang（2012）。为了降低双源模型中未知参量的数量，将 C_{HC} 和 C_{HS} 与 C_{HN} 建立了关系式。

总体的感热通量（H）可以估算为

$$H = \rho c_p C_H U (T_W - T_A) \tag{17.7}$$

与单源模型相似，通过方程 $C_H = C_{HN} f(\text{Ri})$ 建立 C_H 与 C_{HN}（模型未知量）之间的关系。总体感热通量（H）同时也表示为冠层和土壤感热通量的加权平均：

$$H = f_C H_C + (1 - f_C) H_S \tag{17.8a}$$

$$f_C = 1 - \exp(-0.5 \text{LAI}) \tag{17.8b}$$

式中，f_C 为植被覆盖度。土壤与植被的蒸发比（EF_S 与 EF_C）作为模型的另外两个未知量，表示为

$$EF_C = LE_C / (H_C + LE_C) \tag{17.9a}$$

$$EF_S = LE_S / (H_S + LE_S) \tag{17.9b}$$

式中，C_{HN}、EF_C 和 EF_S 为双源地表能量平衡模型的三个未知参量，通过变分数据同化模型估算。

在双源地表能量平衡模型中，有效地表温度计算为土壤和冠层温度的综合温度：

$$T = [f_C T_C^4 + (1 - f_C) T_S^4]^{0.25} \tag{17.10}$$

17.2.3 伴随状态方程

如 17.2.2 节所述，C_{HN} 和 EF 是单源地表能量平衡模型的未知参量，需要通过变分数据同化方法估算。在双源地表能量平衡模型中，则需要估算 C_{HN}、EF_C 和 EF_S 三个未知参量。C_{HN} 在月尺度上（即植被物候的时间尺度）变化，因此对于每月的建模周期，都需要反演一个 C_{HN} 值（Caparrini et al.，2003，2004a，b；Crow and Kustas，2005；Bateni and Liang，2012；Bateni and Entekhabi，2012b；Bateni et al.，2013a，b）。EF 在日间（即当地时间 9:00～17:00）保持不变，但是不同日之间会有所变化（Gentine et al.，2007）。

定义一个代价函数（J），通过最小化地表温度观测值（来自 GOES）和估算值（来自热传导方程）之间的差异，来求解单源模型的未知参量（即 C_{HN} 和 EF）。单源模型的

代价函数表示为

$$J(T, R, \text{EF}, \lambda) =$$

$$\sum_{i=1}^{N} \int_{t_0}^{t_1} [T_{\text{OBS},i}(t) - T_i(t)]^{\text{T}} K_T^{-1} [T_{\text{OBS},i}(t) - T_i(t)] \text{d}t$$

$$+ (R - R')^{\text{T}} K_R^{-1} (R - R') + \sum_{i=1}^{N} (\text{EF}_i - \text{EF}'_i)^{\text{T}} K_{\text{EF}}^{-1} (\text{EF}_i - \text{EF}'_i)$$

$$+ 2 \sum_{i=1}^{N} \int_{t_0}^{t_1} \int_0^l \lambda_i(z,t) [\frac{\partial T_i(z,t)}{\partial t} - D \frac{\partial^2 T_i(z,t)}{\partial z^2}] \text{d}z \text{d}t \tag{17.11}$$

方程右侧的第一项度量了 GOES 观测的地表温度（T_{OBS}）与预测的地表温度（T）之间的差异。通过方程 $C_{\text{HN}} = \exp(R)$，将 C_{HN} 转化为 R，以确保其值为正且有意义。第二项与第三项度量了参数估算值（R 和 EF）与其先验值（R' 和 EF'）之间的差异。如前文所述，假定 C_{HN} 在整月的同化周期（$N = 30$ 日）内为常数，并假定 EF 在每天的同化窗口（即当地时间 $t_0 = 9:00$ 至 $t_1 = 17:00$）内为定值。最后一项为热传导方程，通过拉格朗日乘子 λ 加入到模型中（作为物理约束）。$D = P/C$ 为传热系数。K_T^{-1}、K_R^{-1} 和 K_{EF}^{-1} 为数值常数参量，决定了目标方程中各项的权重，并控制模型的收敛速度。根据 Bateni 等（2013a），K_T^{-1}、K_R^{-1} 和 K_{EF}^{-1} 分别设置为 0.01 K^{-2}、1000 和 1000。

通过最小化代价函数，求解 C_{HN} 与 EF 的最优值。为最小化代价函数，应使其初级变分为 0（$\Delta J = 0$）（Bennett，2002）。设置 ΔJ 为零会得到一系列欧拉-拉格朗日方程，需通过迭代循环来同时求解，以得到 C_{HN} 与 EF 的最优值。单源变分数据同化模型的欧拉-拉格朗日方程可见 Bateni 等（2013a）。

同理，通过最小化 GOES 地表温度与估算的有效地表温度式（17.10）之间的差异，可以估算 C_{HN}、EF_{C} 和 EF_{S}。双源模型的代价函数定义为

$$J(T, R, \text{EF}_{\text{S}}, \text{EF}_{\text{C}}, \lambda) =$$

$$\sum_{i=1}^{N} \int_{t_0}^{t_1} [T_{\text{OBS},i}(t) - T_i(t)]^{\text{T}} K_T^{-1} [T_{\text{OBS},i}(t) - T_i(t)] \text{d}t$$

$$+ (R - R')^{\text{T}} K_R^{-1} (R - R') + \sum_{i=1}^{N} (\text{EF}_{\text{S},i} - \text{EF}'_{\text{S},i})^{\text{T}} K_{\text{EF}_{\text{S}}}^{-1} (\text{EF}_{\text{S},i} - \text{EF}'_{\text{S},i})$$

$$+ \sum_{i=1}^{N} (\text{EF}_{\text{C},i} - \text{EF}'_{\text{C},i})^{\text{T}} K_{\text{EF}_{\text{C}}}^{-1} (\text{EF}_{\text{C},i} - \text{EF}'_{\text{C},i})$$

$$+ 2 \sum_{i=1}^{N} \int_{t_0}^{t_1} \int_0^l \lambda_i(z,t) [\frac{\partial T_{S,i}(z,t)}{\partial t} - D \frac{\partial^2 T_{S,i}^2(z,t)}{\partial z^2}] \text{d}z \text{d}t \tag{17.12}$$

式（17.12）右侧的第三项和第四项分别度量了土壤和冠层蒸发比与其先验值的差异。根据 Bateni 和 Liang（2012），K_T^{-1}、K_R^{-1}、$K_{\text{EF}_{\text{S}}}^{-1}$ 和 $K_{\text{EF}_{\text{C}}}^{-1}$ 分别设置为 0.01 K^{-2}、1000、1000 和 1000。

在双源变分数据同化模型中，通过最小化代价函数式（17.12）来求解 C_{HN}、EF_{C} 和

EF_S 的最优值。设置 ΔJ 为 0，得到如下的拉格朗日方程：

$$\frac{\partial \lambda}{\partial t} + D \frac{\partial^2 \lambda}{\partial z^2} = 0 \tag{17.13a}$$

$$\lambda(z, t_1) = 0 \tag{17.13b}$$

$$\left.\frac{\partial \lambda}{\partial z}\right|_{z=0} = \frac{K_T^{-1}}{D}(T - T_{\text{OBS}})(1 - f_C) T_S^3 T^{-3}$$

$$+ \frac{\lambda(0, t)}{P}[4\varepsilon_S \sigma T_S^3 + \frac{\rho c_P e^R f(\text{Ri}) U \exp(-\text{LAI})}{1 - EF_S}](1 - f_C) \tag{17.13c}$$

$$\left.\frac{\partial \lambda}{\partial z}\right|_{z=l} = 0 \tag{17.13d}$$

$$R = R' - \frac{1}{C \cdot K_R^{-1}} \sum_{i=1}^{N} \int_{t_0}^{t_1} \lambda_i(0, t) [\frac{\rho c_P e^R f(\text{Ri}) U \exp(-\text{LAI})(T_S - T_W)}{1 - EF_{S,i}}](1 - f_C) dt$$

$$- \frac{K_T^{-1}}{K_R^{-1}} \sum_{i=1}^{N} \int_{t_0}^{t_1} (T - T_{\text{OBS}}) \frac{\rho c_P e^R f(\text{Ri}) U \exp(-0.5\text{LAI})(T_W AA - BB)}{AA^2} f_C T_C^3 T^{-3} dt \tag{17.14a}$$

$$EF_{S,i} = EF'_{S,i} - \frac{1}{C \cdot K_{EF_S}^{-1}} \int_{t_0}^{t_1} \frac{\lambda(0, t)}{(1 - EF_{S,i})^2} \rho c_P e^R f(\text{Ri}) U \exp(-\text{LAI})(T_S - T_W)(1 - f_C) dt \tag{17.14b}$$

$$EF_{C,i} = EF'_{C,i} - \frac{K_R^{-1}}{K_{EF_C}^{-1}} \int_0^{t_1} \frac{4\varepsilon_S \sigma T_A^3 BB - [(1-\alpha_C) R_S^{\downarrow} + R_L^{\downarrow} + 3\varepsilon_S \sigma T_A^4] AA}{AA^2} f_C T_C^3 T^{-3}(T - T_{\text{OBS}}) dt \tag{17.14c}$$

式中，$AA = 4\varepsilon_S \sigma T_A^3(1 - EF_C) + \rho c_P C_{HN} f(\text{Ri}) \exp(-0.5\text{LAI}) U$；$BB = [(1-\alpha_C) R_S^{\downarrow} + R_L^{\downarrow} + 3\varepsilon_S \sigma T_A^4](1 - EF_C) + \rho c_P C_{HN} f(\text{Ri}) \exp(-0.5\text{LAI}) U T_W$；$\varepsilon_S$ 为土壤发射率；σ 为斯忒潘-玻尔兹曼常数 $[5.67 \times 10^{-8}\ \text{W}/(\text{m}^2 \cdot \text{K}^4)]$；$R_S^{\downarrow}$ 和 $R_L^{\downarrow}$ 分别为向下的短波和长波辐射（W/m²）。

伴随模型 [式 (17.13a)] 需要利用终止和边界条件进行后向合并 [式 (17.13b)、式 (17.13c) 和式 (17.13d)]。双源模型的未知参量（即 R、EF_C 和 EF_S）可通过式 (17.14a) ~式 (17.14c) 估算。双源变分数据同化模型从初始假设（R'、EF'_C 和 EF'_S）开始，迭代优化对三个未知参量的估算。

17.3 数据集

使用 6 个 AmeriFlux 站点（http://public.ornl.gov/ameriflux）（包括了较广范围的水文和植被状况）观测的地表水热通量来评估单源与双源模型的性能。这些站点及其植被和土壤水分状况如表 17.1 所示。观测站点包括 3 种植被覆盖类型：草地、农田和森林。试验站点的叶面积指数（LAI）值变化范围很大，为 1.6（稀疏植被覆盖的站点）~5.4（浓密植被覆盖的站点）。土壤水分（SM）变化范围为 0.19（干旱站点）~0.43（湿润站点）。由于土壤水分和叶面积指数是控制感热与潜热通量的主要因子，因此其较大的变化范围使得我们可以在不同环境状况下评估单源和双源模型的稳定性。于 2006 年植被生长季（儒略日 151～240）在所有站点上应用了单源和双源数据同化模型。

根据 De Vries（1963）、Farouki（1981）及 Bateni 等（2012），基于土壤质地和土壤水分确定了土壤体积热容量（C）和热传导率（P）。在本章中，各站点的土壤质地和水分信息来自于世界协同土壤水分数据库（harmonized world soil database，HWSD）及站点观测（表 17.1）。为了简化，我们使用了整个同化周期内土壤水分观测的平均值。

表 17.1 6 个研究站点的特征总结

站点	位置	地表类型	LAI /（m²/m²）	f_C	SM /（m³/m³）	C /[J/（m³·K）]	P /[J/（m·K·s）]
Brookings	44.34°N，96.83 W	草地	1.6	0.55	0.43	3.04×10⁶	1.64
Goodwin	34.25°N，89.97 W	草地	1.8	0.59	0.31	2.57×10⁶	1.75
Bondville	40.01°N，88.29 W	农田	2.7	0.74	0.32	2.58×10⁶	1.55
Mead	41.17°N，96.47 W	农田	1.8	0.59	0.25	2.58×10⁶	1.54
Chestnut	35.93°N，84.33 W	森林	5.4	0.93	0.19	2.06×10⁶	1.53
Missouri	38.74°N，92.20 W	森林	5.4	0.93	0.30	2.53×10⁶	1.70

注：LAI、f_C、SM、C 和 P 分别为叶面积指数、植被覆盖度、土壤水分、土壤热容量和土壤热传导率，均为 2006 年儒略日 150～240 的平均值。

在 6 个 AmeriFlux 站点收集了每 30 分钟的微气象和驱动数据，包括风速、空气温度、空气相对湿度、大气压强、入射太阳辐射、入射长波辐射，以及地表湍流通量。有了这些通量观测，我们就可以检验单源和双源变分数据同化模型的性能。叶面积指数数据（仅双源模型需要）来自于 GLASS LAI 产品（Liang et al.，2013；Xiao et al.，2014），此产品可在北京师范大学全球变化数据处理与分析中心（http://www.bnu-datacenter.com），以及马里兰大学全球土地覆盖数据档案库（http://glcf.umd.edu）获取。地表温度通过 Sun 等（2004）发展的分裂窗算法由 GOES-12 反演得到。GOES-12 地表温度数据的天底分辨率为 4km×4km，重访周期为 30 分钟。GOES 地表温度数据的高重访频率使得我们可以建立地表温度的日循环过程，这将显著提高变分数据同化模型的可行性。阴天的地表温度观测则根据太阳辐射观测进行剔除。

根据植被类型对 6 个 AmeriFlux 站点进行分类：Brookings 和 Goodwin 站点为草地，Bondville 和 Mead 站点为农田，Chestnut 和 Missouri 站点为森林。对于每一种植被类型，在白天使用地面观测数据对 GOES 地表温度进行了验证（图 17.1）。在本章中，仅对白天的地表温度进行了验证，因为变分数据同化系统仅在同化窗口内（即当地时间 9:00～17:00）同化遥感地表温度。如图 17.1 所示，GOES 地表温度与地面观测高度相关，草地、农田和森林站点的决定系数（R^2）分别达到了 0.74、0.85 和 0.79。对于较低的地表温度值（低于约 295K），GOES 地表温度与地面观测的一致性很高，其散点大多落在 1:1 线上。然而，对于较高的地表温度值，GOES 地表温度一致高于地面观测。本章使用回归方程对 GOES 地表温度进行了校正，分别为 $y = 0.86x+40.1$（草地），$y = 0.78x+63.2$（农田），$y = 0.75x+70.2$（森林）（图 17.1）。经校正后，草地、农田和森林站点 GOES 与地面观测的地表温度之间的 RMSE 值分别为 3.4K、3.9K 和 3.0K。

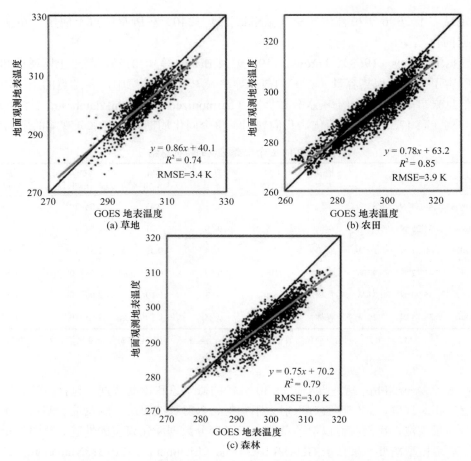

图 17.1 草地（Brookings 和 Goodwin）、农田（Bondville 和 Mead）和森林（Chestnut 和 Missouri）植被覆盖站点 GOES 地表温度与地面观测地表温度的对比（单位：K）

GOES 地表温度与地面观测之间较大的分散性和偏差并不一定表明 Sun 等（2004）算法的缺陷。根据 Wan 等（2002）和 Li 等（2014），由于地面观测的地表温度空间变异性很高，很难仅仅使用地面观测的地表温度来验证白天的地表温度产品。这意味着，通常情况下，GOES 地表温度与地面观测会有较大差异。尽管 GOES 地表温度具有相对较高的偏移，其相关系数仍然很高，也就是说 GOES 地表温度与地面观测有较高的相关性，因此可以使用地面观测的地表温度进行校正（正如在本章中已做）。

17.4 结果与讨论

17.4.1 中性传热系数与蒸发比

如第 17.2 节所述，C_{HN} 与 EF 是单源模型最关键的两个未知参量，C_{HN}、EF_C 和 EF_S 是双源模型最关键的三个未知参量。C_{HN} 与 EF 分别在月和日的时间尺度上进行估算。在变分数据同化模型中，水热通量的估算精度主要依赖于这些未知参量反演的可靠性。

6个试验站点单源和双源模型估算的 C_{HN} 值如表 17.2 所示。单源和双源模型估算的 C_{HN} 总体上具有相同的数量级，并且在不同的同化周期内相互之间具有可比性。然而，在大多数情况下，双源模型的 C_{HN} 值均稍微高于单源模型的 C_{HN} 值。造成这种差异的原因主要在于单源与双源模型结构的不同。基于式（17.4）与式（17.8a），对单源与双源模型估算的 C_{HN} 值，分别表示为 $(C_{HN})_{CS}$ 与 $(C_{HN})_{DS}$ 建立如下关系式：

$$(C_{HN})_{DS} = (C_{HN})_{CS} \frac{T - T_A}{T_W - T_A} \tag{17.15}$$

在同化窗口内，地表温度（T）通常大于冠层内空气温度（T_W），即 $T > T_W$。两边同时减去 T_A 后得到 $(T - T_A) > (T_W - T_A)$。因此，双源模型估算的 C_{HN} 值一般应大于单源模型估算的 C_{HN} 值（表 17.2）。

表 17.2　单源与双源模型估算的中性条件下整体传热系数（C_{HN}）

	儒略日	Brookings	Goodwin	Bondville	Mead	Chestnut	Missouri
CS	151~180	1.0×10^{-2}	1.1×10^{-2}	0.6×10^{-2}	1.7×10^{-2}	8.7×10^{-2}	5.7×10^{-2}
	181~210	1.0×10^{-2}	1.5×10^{-2}	1.3×10^{-2}	1.9×10^{-2}	10.0×10^{-2}	8.7×10^{-2}
	211~240	1.4×10^{-2}	1.5×10^{-2}	1.1×10^{-2}	2.1×10^{-2}	8.9×10^{-2}	10.9×10^{-2}
DS	151~180	1.3×10^{-2}	1.3×10^{-2}	1.1×10^{-2}	2.3×10^{-2}	8.9×10^{-2}	6.1×10^{-2}
	181~210	1.6×10^{-2}	1.5×10^{-2}	1.5×10^{-2}	2.0×10^{-2}	11.5×10^{-2}	9.8×10^{-2}
	211~240	1.8×10^{-2}	1.6×10^{-2}	1.3×10^{-2}	2.2×10^{-2}	7.9×10^{-2}	11.1×10^{-2}
LAI	151~180	1.2	1.7	1.5	1.4	5.0	5.3
	181~210	1.7	2.0	4.0	2.0	5.8	5.6
	211~240	2.0	1.6	2.5	2.0	5.4	5.4

注：CS 和 DS 分别表示单源和双源模型。

不同时期的 LAI 值也列在表 17.2 中，以探讨 C_{HN} 估算值与植被物候之间的关系。在每个站点，总体上 C_{HN} 估算值随 LAI 增加而增加。尤其是在 LAI 值较高的站点（Chestnut 和 Missouri），两种模型估算的 C_{HN} 值均高于其他站点，表明变分数据同化系统可以由地表温度观测稳定地反演 C_{HN} 值。由于单源模型没有利用植被物候信息，因此这一点显得更为引人关注。然而，在冠层更加稠密的站点，其 C_{HN} 估算值也更高。

图 17.2 给出了单源与双源模型估算的蒸发比（EF）时间序列。EF 的观测值也显示在其中，以作对比。从量级及逐日变化的角度，单源与双源模型估算的 EF 值与观测值的一致性均较好。此外，双源模型估算的 EF 值与观测的贴近程度要好于单源模型。估算 EF 值的波动与地表的干湿变化一致。当有降水发生时，EF 值急剧升高；在干旱过程中，即使模型没有使用土壤水分与降水数据，EF 值也会减小。例如，在 Brookings、Goodwin 和 Missouri 三个站点的干旱时期（分别为儒略日 171~191、191~211 和 191~221），EF 估算值显著减小。

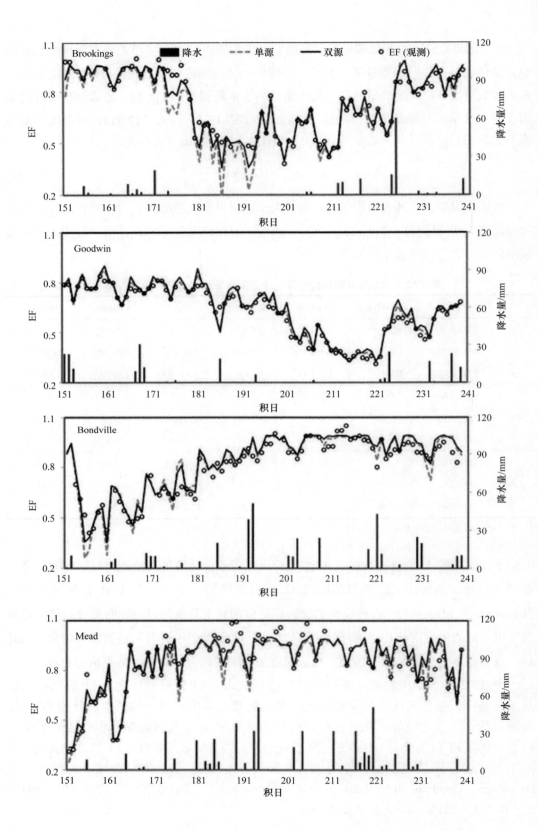

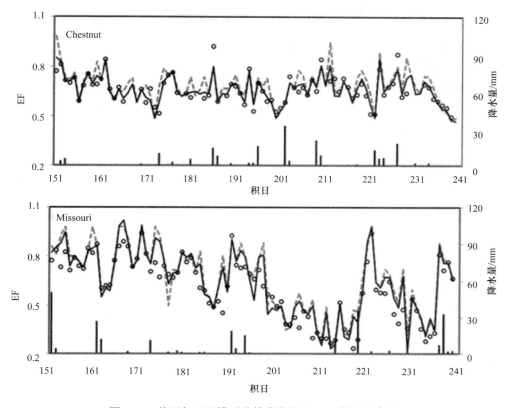

图 17.2 单源与双源模型估算蒸发比（EF）的时间序列

17.4.2 感热与潜热通量

图 17.3 比较了 6 个站点单源和双源模型估算的半小时水热通量与实地测量值。在图 17.3 中，我们可以在不同的水文和植被状况下评估单源与双源模型的性能。可以看出，两种模型估算的感热和潜热通量与观测的一致性较好，基本落在 1∶1 线周围。另外，双源模型的精度要优于单源模型。这是由于双源模型可以更加稳定地体现出其物理过程。模型估算与观测之间的不匹配主要是单源和双源模型中的物理假设［土壤热传导率（P）和热容量（C）为定值，EF、EF_C、EF_S 在日尺度上为定值，C_{HN} 在月尺度上为定值］造成的。在 Goodwin 和 Chestnut 站点，当潜热通量大于 200 W/m² 时，单源和双源模型都会高估其值。这可能是由于涡度相关（EC）技术对感热和潜热通量的观测值偏低所导致，即所谓的"能量不闭合"问题。Goodwin 和 Chestnut 站点的能量闭合率 $EBR = (H + LE)/(R_N - G)$ 分别为 0.78 和 0.75，表明 EC 低估了潜热通量。这就导致了两个站点潜热通量的估算误差较大，超过了 60 W/m²。

6 个站点水热通量估算结果的偏差和 RMSE 也在图 17.3 中给出。对于感热通量，单源与双源模型 6 个站点平均的偏差（RMSE）分别为 7.5（59.7）W/m² 与 1.7（52.5）W/m²。对于潜热通量，单源与双源模型 6 个站点平均的偏差（RMSE）分别为 19.0（111.1）W/m² 与 12.7（96.4）W/m²。较低的偏差和 RMSE 值表明，单源和双源模型可以精确地估算水热通量。

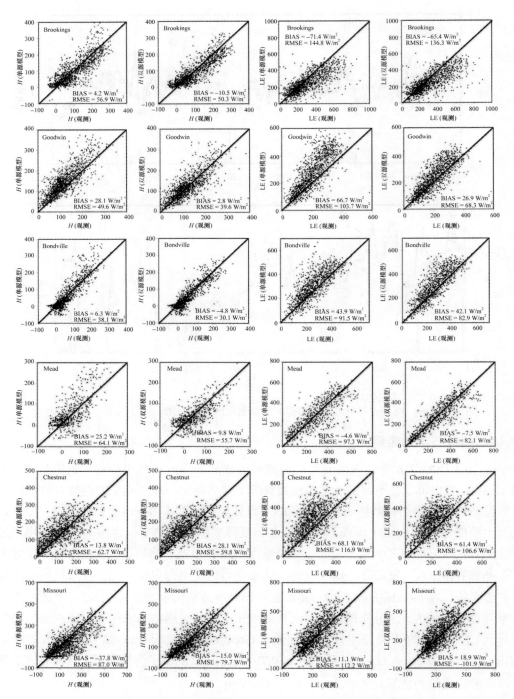

图 17.3　6 个站点 2006 年儒略日 151~240 期间模拟（单源与双源）和观测（EC 数据）感热与潜热通量（H 和 LE）的散点图

双源模型把土壤和植被冠层视作不同的通量来源，并且考虑了两者同上层大气的交互，因此其估算感热和潜热通量的偏差（RMSE）平均分别要比单源模型小 77% 和 33%（12% 和 13%）。总体来说，图 17.3 的统计指标表明，通过双源模型把地表分解为植被冠层和土壤通量来源可以提高水热通量的估算精度。

单源和双源模型估算结果之间的差异主要是模型结构的不同所造成的。双源模型把土壤和植被冠层视为两种通量来源，而单源模型将两者视为组合的来源。双源模型可以体现地表的异质性，通过植被覆盖度（f_C）[见式 17.8（b）]来决定土壤和冠层通量的权重，而相对简单的单源模型则无法做到这一点。如图 17.3 所示，单源和双源模型估算的水热通量之间最大的差异出现在 f_C 为 0.5～0.6 时（在 Goodwin 和 Mead 站点）。当 f_C 为 0.5 左右时，地表异质性也达到了峰值，因此单源模型无法像双源模型一样稳定地描述潜在问题的物理机理，继而单源和双源模型估算的 H 和 LE 之间的差异也达到了最大（表 17.3）。当 f_C 增加到 0.7 时（Bondville 站点），地表的斑块性降低，因此单源和双源模型估算值之间的差异也降低（表 17.3）。当 f_C 达到 0.9 时（Chestnut 和 Missouri 站点），地表的斑块性达到最小，因为此时地表主要由植被冠层组成。因此，单源模型可以得到与双源模型同样精确的水热通量估算。在 Brookings 站点，由于气候湿润，水热通量主要是受大气因子而不是地表特性的控制，因此尽管此站点的 f_C 值达到了 0.55（即地表异质性较高），单源和双源模型估算值之间的差异仍然很小（表 17.3）。在 Bondville 站点，f_C 的季节变化明显，从 0.53（儒略日 151～180）增加到 0.86（儒略日 181～210），因而在儒略日 151～180，单源和双源模型估算水热通量的差异要大于在儒略日 181～210 时的差异（表 17.3）。

表 17.3 单源与双源模型估算的水热通量之间的相对百分比差异

	儒略日	Brookings	Goodwin	Bondville	Mead	Chestnut	Missouri
P_H/%	151～180	−20.4	−23.7	−14.3	−28.4	6.3	9.6
	181～210	−5.2	−15.9	−11.5	−24.5	9.7	14.4
	211～240	−7.7	−15.1	−22.5	−21.1	14.6	14.2
	151～240	−11.1	−18.2	−17.1	−24.7	10.2	12.7
P_{LE}/%	151～180	3.7	18.7	10.7	11.3	−5.2	−3.1
	181～210	7.7	11.4	0.5	3.5	−2.2	−4.3
	211～240	1.4	12.8	4.6	3.9	−1.1	−2.4
	151～240	4.2	14.3	5.3	6.2	−2.8	−3.3
f_C	151～180	0.45	0.57	0.53	0.50	0.92	0.93
	181～210	0.57	0.63	0.86	0.63	0.94	0.94
	211～240	0.63	0.55	0.71	0.63	0.93	0.93
	151～240	0.55	0.59	0.74	0.59	0.93	0.93

注：P_H（%）=（H（DS）−H（CS））/H（CS）×100，P_{LE}（%）=（LE（DS）−LE（CS））/LE（CS）×100；H（CS）和 H（DS）表示单源与双源模型估算的感热通量；LE（CS）和 LE（DS）表示单源与双源模型估算的潜热通量；f_C 表示植被覆盖度。

图 17.4 给出了 6 个站点单源与双源模型估算的白天平均（当地时间 9:00～17:00）感热和潜热通量时间序列。控制实验（即没有同化 GOES 地表温度）以及 EC 观测的结果也在图 17.4 中显示。可以看出，单源与双源模型估算结果与观测数据的量级和逐日动态具有一致性，说明同化 GOES 地表温度数据可以准确地给出可利用能量到感热与潜热通量的分配。但是，在湿润时期（如 Brookings 站点儒略日 151～180，Mead 站点儒略

日 201～215），水热通量的估算结果变差。在 Brookings（Mead）站点，白天平均的潜热通量观测值在该湿润时期增长到了 700 W/m² （600 W/m²），但模型模拟却无法达到这种高值。这是由于为了防止数值运算的不稳定，单源（双源）模型中 EF（EF_S 和 EF_C）的上界设置为 0.97，但同时相应的 EF 观测有时却会由于感热通量观测为负而大于 1 [根据式（17.5）可以得出]。如图 17.4 所示，变分数据同化模型估算的 H 和 LE 值相比于控制实验更加贴近观测。水热通量估算与观测值之间的一致性较好，表明变分数据同化

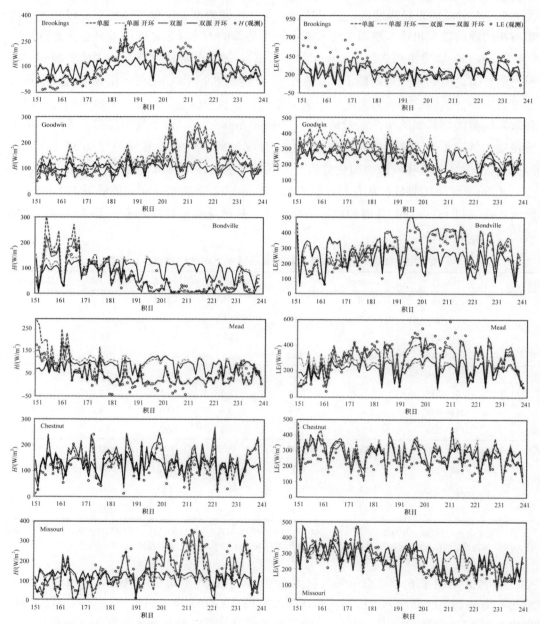

图 17.4　6 个站点同化（蓝色虚线）和未同化（灰色虚线）GOES 地表温度的单源模型白天平均感热与潜热通量（H 和 LE）时间序列图，同化（红色实线）和未同化（黑色实线）GOES 地表温度的双源模型也相应表示；观测值以空心圆表示（彩图附后）

模型可以有效利用地表温度观测中的隐含信息来约束单源与双源模型中的未知量。相比之下，由于缺少地表温度观测的约束，控制实验的精度较差。

图 17.5 给出了 6 个实验站点水热通量单源与双源模型估算值和观测值的平均日变化。单源与双源模型估算的水热通量的日变化与观测值的日变化在量级和相位上的一致性较好。在地表异质性较高的 Goodwin（$f_C = 0.59$）和 Mead（$f_C = 0.59$）站点，单源与双源模型估算的日变化之间差异较大。相反，在更加均质的站点（如 Bondville、Chestnut 和 Missouri，f_C 分别为 0.74、0.93 和 0.93），单源与双源模型得到的日变化接近。在 Chestnut 站点，单源与双源模型对感热和潜热通量均有所高估。这主要是由于 Chestnut 站点 EC 系统观测的水热通量可能存在误差以及"能量不闭合"的问题。总体来说，观测与估算日变化之间的不匹配是多种原因造成的，包括日不变蒸发比与月不变中性整体传热系数的假设，以及在整个建模周期内使用固定的土壤热力学特性参数的原因。

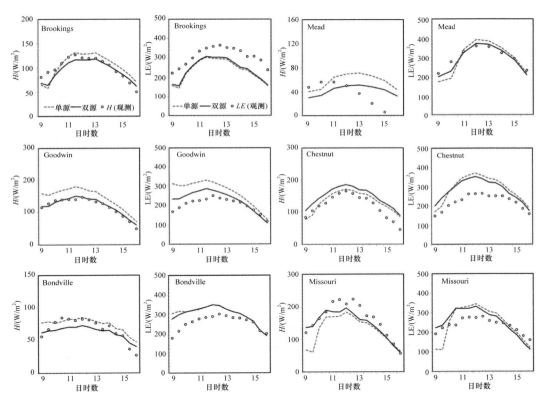

图 17.5 6 个实验站点单源与双源模型估算和观测的水热通量平均日变化
H 和 LE 分别表示感热和潜热通量

图 17.6 给出了 6 个实验站点水热通量估算的 RMSE 与站点土壤水分和植被覆盖度之间的关系。每个圆形代表一个站点，其大小代表该站点通量估算值的 RMSE（RMSE 值越大，圆形越大）。可以看出，在干旱和（或）低植被覆盖的站点，单源和双源模型的精度要优于在湿润和（或）浓密植被覆盖的站点。同样，图 17.3 的结果也表明单源和双源模型在湿润/浓密植被覆盖站点比干旱/低植被覆盖站点的偏差与 RMSE 值更高（水热通量的精确性更低）。例如，在植被覆盖更加浓密（即 LAI 值更高）的 Chestnut 和

Missouri 站点，水热通量估算的偏差和 RMSE 要高于低植被覆盖的 Goodwin、Bondville 和 Mead 站点。此外，在土壤水分更高的 Brookings 站点，其水热通量估算精度相比于更加干燥的 Goodwin、Bondville 和 Mead 站点要差。

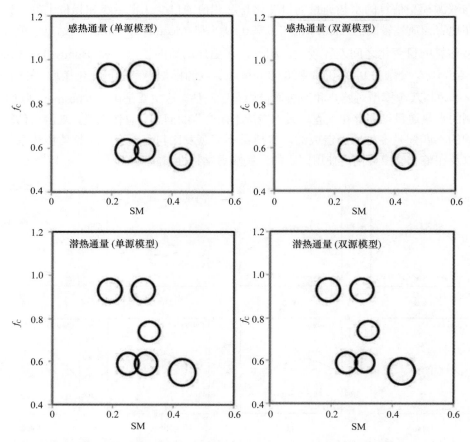

图 17.6　各站点水热通量估算的 RMSE 与该站点土壤水分（SM）和植被覆盖度（f_C）之间的关系
圆形的尺寸代表各站点通量估算的 RMSE 的大小：圆形越大代表 RMSE 越高

在另外一项研究中，Crow 和 Kustas（2005）对使用 force-restore 恢复方程作为伴随状态方程的单源变分数据同化模型（VDA-FR）在美国南部不同植被和水文状况下进行了检验。结果表明，在浓密植被覆盖和（或）湿润的站点，VDA-FR 的精度较差，表明需要额外的地表信息（如 LAI）来精确预测这些站点的地表水热通量值。为与 Crow 和 Kustas（2005）进行对比，本章使用完整的热传导方程代替简单的 force-restore 方程作为物理约束，在遍布美国的 6 个站点检验了单源，以及双源变分数据同化系统。由于使用了 LAI 数据的双源模型仍无法在浓密植被覆盖、湿润的站点具有较好的估算精度，因此建议后续的研究在变分数据同化模型中同化土壤水分或降水的观测。

17.5　敏感性分析

地表温度作为同化的观测数据在地表能量平衡方程中具有关键作用，并且包含可利用能量到地表能量平衡项分配的信息。除此之外，LAI 作为同化系统的重要输入数据，其变化（仅在双源模型中用到）也控制其分配情况（Segal et al.，1988；Alfieri et al.，2009；Bateni et al.，2013b）。本节进行了一系列敏感性分析，以研究地表温度和 LAI 的不确定性对水热通量估算的影响。敏感性分析的主要目标是深入探究地表温度和 LAI 的误差对变分数据同化系统性能的影响。选用 Bondville 作为分析站点。在第一组测试中，分别对地表温度观测的标称值进行±2 K、±4 K、±6 K、±8 K 和±10 K 的变化处理，并输入到单源与双源模型中估算水热通量。图 17.7 展示了单源与双源模型估算的感热与潜热通量对地表温度不确定性的敏感性。对于单源模型，一方面，分别增加 2 K、4 K、6 K、8 K 和 10 K 的地表温度使得感热通量分别减少 13.0 %、18.3 %、23.0 %、33 %和 37.8 %，潜热通量分别增加 10.9 %、22.8 %、32.1%、39.9 %和 46.9 %。另一方面，分别减少 2 K、4 K、6 K、8 K 和 10 K 的地表温度使得感热通量分别减少 12.4 %、27.5 %、40.1 %、48.8 %和 55.1 %，潜热通量分别增加 9.9 %、17.9 %、22.9 %、26.1 %和 28.3 %。如图 17.7 所示，双源模型估算的水热通量对地表温度不确定性的敏感性更低（即同化有偏差的地表温度数据时，双源模型比单源模型精度高）。例如，当地表温度高出标称值 6 K 时，感热和潜热通量的估算分别变化 13.6 %和 27.8 %。

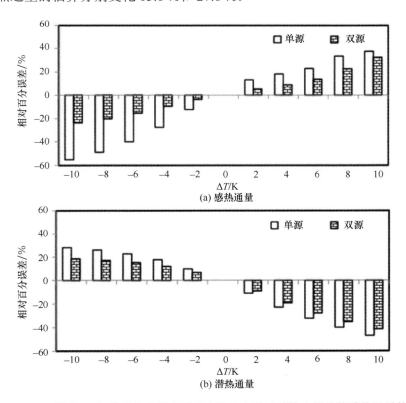

图 17.7　在 Bondville 站点（a）考虑地表温度不确定性的多种敏感性分析估算感热通量的相对百分误差 $[(H_{\text{sensitivity test}} - H_{\text{original}})/H_{\text{original}} \times 100]$，原始的感热通量估算（$H_{\text{original}}$）由单源与双源模型输入标称的地表温度观测得到；(b) 针对潜热通量，与（a）做相同的分析

为了评估 LAI 变化对感热和潜热通量估算的影响，分别对 LAI 的标称值进行±20%、

±50 和±100%的变化处理，并输入到双源模型中。由于单源模型不使用 LAI 数据，因此仅对双源模型进行敏感性分析。估算的感热和潜热通量对于 LAI 变化的敏感性如图 17.8 所示。分别减少 20%、50%和 100%的 LAI 值使得感热通量分别增加 4.2%、8.1%和 13.1%，潜热通量分别减少 3.8%、8.0%和 18.1%。另外，当输入低估的 LAI 值时，双源模型的误差会变大。总体来说，所有的结果清晰表明，地表温度和 LAI 的准确性对于精确估算水热通量是十分重要的。这些结果也使得我们可以定量描述地表温度和 LAI 的不确定性对水热通量估算的影响。

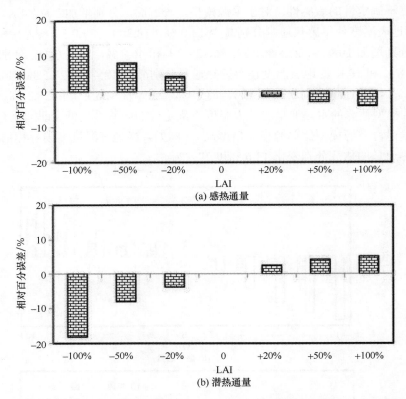

图 17.8　在 Bondville 站点（a）考虑叶面积指数（LAI）不确定性的多种敏感性分析估算感热通量的相对百分误差 [($H_{sensitivity\ test} - H_{original}$)/$H_{original}$×100]，原始的感热通量估算（$H_{original}$）由双源模型输入标称的 LAI 观测得到；（b）针对潜热通量，与（a）做相同的分析

17.6　小　　结

本章同化 GOES 反演的地表温度至单源与双源变分数据同化模型中，以估算地表水热通量。单源模型不考虑土壤和冠层之间的差异，把地表视为单一等效介质。相反，双源模型把地表分为土壤和植被两个通量来源，并考虑每个通量源与上层大气之间的交互。单源模型的未知量为中性传热系数（C_{HN}）以及蒸发比（EF），双源模型的未知量为 C_{HN}，以及土壤和植被的蒸发比（EF_S 和 EF_C）。通过变分数据同化模型最小化地表温度估算（由热传导方程获得）和观测（由 GOES 获得）值之间的差异，以求解月 C_{HN} 与

日 EF（EF_S 和 EF_C）的最优值，并据此估算地表湍流通量。

本章选用 6 个 AmeriFlux 站点对单源和双源模型进行检验，这些站点包括了较大范围的水文和植被类型。单源和双源模型估算的 C_{HN} 在不同的同化周期内具有相同的数量级，并且有可比性。在各个站点，其时间变化与植被物候一致。同时，在浓密植被覆盖的站点（如 Chestnut 和 Missouri 站点），C_{HN} 估算值要高于稀疏植被覆盖的站点（如 Brookings、Goodwin、Bondville 和 Mead 站点）。这一点尤为引人关注，因为单源模型没有使用任何植被物候的信息。但 C_{HN} 估算值的变化与 LAI 相一致。EF 估算值与观测值的量级，以及逐日动态变化具有一致性，尽管模型并未使用降水或土壤水分数据。这些结果表明，同化 GOES 地表温度序列可以提供可利用能量到感热和潜热通量分配的信息。

对于单源变分数据同化模型，感热和潜热通量 6 个站点平均的 RMSE 值分别为 59.7 W/m^2 和 111.1 W/m^2。双源模型将相应的 RMSE 分别减少了 12%和 13%，因为其考虑了土壤和冠层之间的交互，以及土壤和冠层对总感热与潜热通量的贡献。估算和观测的水热通量之间的不匹配主要是由于模型中的一些假设[土壤热传导率（P）和热容量（C）为定值，EF、EF_C、EF_S 在日尺度上为定值，C_{HN} 在月尺度上为定值等]，以及观测感热与潜热通量的误差（所谓的"能量不闭合"问题）而导致。

单源和双源模型估算水热通量差异的最大值出现在 f_C 约为 0.5 处（Goodwin 和 Mead 站点）。在这种条件下，地表异质性达到最大，单源模型无法像双源模型一样精确地描述其中的物理机理。当 f_C 增加到 0.7（Bondville 站点）或 0.9（Chestnut 和 Missouri 站点）时（即地表斑块性降低），单源和双源模型估算水热通量之间的差异减小，因为单源模型可以与双源模型同样较好地表达地表与大气之间的交互。

单源和双源模型在干旱/稀疏植被覆盖站点的精度要优于在湿润/浓密植被覆盖站点的精度。第一是由于 EF 受到上界 0.97 的限制，以避免数值运算的不稳定，但在湿润/浓密植被覆盖的情况下，EF 可以超过 1。第二是由于湿润条件下潜热通量主要受大气因子的控制，而不是地表特性。

本章定量分析了水热通量预测对于地表温度和 LAI（影响感热和潜热通量的两个最关键因子）不确定性的敏感性。结果表明，相比于双源模型，单源模型对于地表温度的不确定性更加敏感。此外，当输入低估的 LAI 值时，双源模型会得到更大的误差。

本章通过在变分数据同化模型中同化地表温度观测序列来估算水热通量。选用热传导方程来作为动态模型，估算地表温度。在单源和双源变分数据同化模型中并没有使用水量平衡模型，因此，本章模型的一个主要优势在于不需要诸如土壤水分或降水的输入。然而，如前文所述，这些模型无法在浓密植被覆盖和（或）湿润条件下得到较好的精度。后续的研究应致力于引入降水驱动的土壤湿度模型，或者土壤水分观测约束的水量平衡模型，以提高变分数据同化模型在湿润条件下的精度。

本章在不同水文状况下的多个站点对单源和双源变分数据同化系统的性能进行了全面对比。接下来的研究会集中于将变分数据同化的结果与其他方法的结果进行对比，如三角形特征空间模型、最大熵方法、NASA 陆地信息系统等。

参 考 文 献

Alfieri J G, Xiao X, Niyogi D, Pielke R A Sr, Chen F, LeMone M A. 2009. Satellite-based modeling of transpiration from the grasslands in the Southern Great Plains, USA. Global and Planetary Change, 67(1-2): 78-86

Anderson M C, Norman J M, Diak G R, Kustas W P, Mecikalski J R. 1997. A two-source time-integrated model for estimating surface fluxes using thermal infrared remote sensing. Remote Sensing of Environment, 60(2): 195-217

Bastiaanssen W G M, Menenti M, Feddes R A, Holtslag A A M. 1998a. A remote sensing surface energy balance algorithm for land(SEBAL)- 1. Formulation. Journal of Hydrology, 212(1-4): 198-212

Bastiaanssen W G M, Pelgrum H, Wang J, Ma Y, Moreno J F, Roerink G J, van der Wal T. 1998b. A remote sensing surface energy balance algorithm for land(SEBAL)- 2. Validation. Journal of Hydrology, 212(1-4): 213-29

Bateni S M, Entekhabi D. 2012a. Relative efficiency of land surface energy balance components. Water Resources Research, 48: 154-167

Bateni S M, Entekhabi D. 2012b. Surface heat flux estimation with the ensemble Kalman smoother: Joint estimation of state and parameters. Water Resources Research, 48(8): 2838-2844

Bateni S M, Liang S. 2012. Estimating surface energy fluxes using a dual-source data assimilation approach adjoined to the heat diffusion equation. Journal of Geophysical Research-Atmospheres, 117(D17): 6441-6458

Bateni S M, Jeng D S, Naeini S M M. 2012. Estimating soil thermal properties from sequences of land surface temperature using hybrid Genetic Algorithm-Finite Difference method. Engineering Applications of Artificial Intelligence, 25(7): 1425-1436

Bateni S M, Entekhabi D, Jeng D S. 2013a. Variational assimilation of land surface temperature and the estimation of surface energy balance components. Journal of Hydrology, 481: 143-156

Bateni S M, Entekhabi D, Castelli F. 2013b. Mapping evaporation and estimation of surface control of evaporation using remotely sensed land surface temperature from a constellation of satellites. Water Resources Research, 49(2): 950-968

Bennett A F. 2002. Inverse modeling of the Ocean and Atmosphere. Cambridge: Cambridge University Press

Boni G, Entekhabi D, Castelli F. 2001. Land data assimilation with satellite measurements for the estimation of surface energy balance components and surface control on evaporation. Water Resources Research, 37(6): 1713-1722

Caparrini F, Castelli F, Entekhabi D. 2003. Mapping of land-atmosphere heat fluxes and surface parameters with remote sensing data. Boundary-Layer Meteorology, 107(3): 605-633

Caparrini F, Castelli F, Entekhabi D. 2004a. Estimation of surface turbulent fluxes through assimilation of radiometric surface temperature sequences. Journal of Hydrometeorology, 5(1): 145-159

Caparrini F, Castelli F, Entekhabi D. 2004b. Variational estimation of soil and vegetation turbulent transfer and heat flux parameters from sequences of multisensor imagery. Water Resources Research, 40(12): 1-15

Castelli F, Entekhabi D, Caporali E. 1999. Estimation of surface heat flux and an index of soil moisture using adjoint-state surface energy balance. Water Resources Research, 35(35): 3115-3125

Crow W T, Kustas W P. 2005. Utility of assimilating surface radiometric temperature observations for evaporative fraction and heat transfer coefficient retrieval. Boundary-Layer Meteorology, 115(1): 105-130

De Vries D A. 1963. Thermal properties of soils. In: Van Wijk W R. Physics of Plant Environment. New York: North-Holland

Farouki O T. 1981. The thermal properties of soils in cold regions. Cold Regions Science and Technology, 5(1): 67-75

Gentine P, Entekhabi D, Chehbouni A, Boulet G, Duchemin B. 2007. Analysis of evaporative fraction diurnal behaviour. Agricultural and Forest Meteorology, 143(1–2): 13-29

Hu Z, Shafiqul I. 1995. Prediction of ground surface temperature and soil moisture content by the force‐restore method. Water Resources Research, 31(10): 2531-2539

Jensen N O, Hummelshøj P. 1995. Derivation of canopy resistance for water vapour fluxes over a spruce forest, using a new technique for the viscous sublayer resistance. Agricultural and Forest Meteorology, 73(3-4): 339-352

Jia L, Xi G, Liu S, Huang C, Yan Y, Liu G. 2009. Regional estimation of daily to annual regional evapotranspiration with MODIS data in the Yellow River Delta wetland. Hydrology and Earth System Sciences, 13(10): 1775-1787

Jiang L, Islam S. 2001. Estimation of surface evaporation map over southern Great Plains using remote sensing data. Water Resources Research, 37(2): 329-340

Jiang L, Islam S. 2003. An intercomparison of regional latent heat flux estimation using remote sensing data. International Journal of Remote Sensing, 24(24): 2221-2236

Kustas W P, Humes K S, Norman J M, Moran M S. 1996. Single- and dual-source modeling of surface energy fluxes with radiometric surface temperature. Journal of Applied Meteorology, 35(1): 110-121

Li H, Sun D, Yu Y, Wang H, Liu Y, Liu Q, Du Y, Wang H, Cao B. 2014. Evaluation of the VIIRS and MODIS LST products in an arid area of Northwest China. Remote Sensing of Environment, 142(1): 111-121

Liang S, Zhao X, Liu S, Yuan W, Cheng X, Xiao Z, Zhang X, Liu Q, Cheng J, Tang H, Qu Y, Bo Y, Qu Y, Ren H, Yu K, Townshend J. 2013. A long-term global land surface satellite(GLASS)data-set for environmental studies. International Journal of Digital Earth, 6(1): 5-33

Liu S, Hu G, Lu L, Mao D. 2007a. Estimation of regional evapotranspiration by TM/ETM+data over heterogeneous surfaces. Photogrammetric Engineering and Remote Sensing, 73(10): 1179-1178

Liu S, Lu L, Mao D, Jia L. 2007b. Evaluating parameterizations of aerodynamic resistance to heat transfer using field measurements. Hydrology and Earth System Sciences, 11(2): 769-783

Liu S M, Xu Z W, Wang W Z, Jia Z Z, Zhu M J, Bai J, Wang J M. 2011. A comparison of eddy-covariance and large aperture scintillometer measurements with respect to the energy balance closure problem. Hydrology and Earth System Sciences, 15(4): 1291-1306

Liu S M, Xu Z W, Zhu Z L, Jia Z Z, Zhu M J. 2013. Measurements of evapotranspiration from eddy-covariance systems and large aperture scintillometers in the Hai River Basin, China. Journal of Hydrology, 487(9): 24-38

Ma W, Hafeez M, Rabbani U, Ishikawa H, Ma Y. 2012. Retrieved actual ET using SEBS model from Landsat-5 TM data for irrigation area of Australia. Atmospheric Environment, 59(9): 408-414

Mcnaughton K G, Van den Hurk B J J M. 1995. A 'Lagrangian' revision of the resistors in the two-layer model for calculating the energy budget of a plant canopy. Boundary-Layer Meteorology, 74(3): 261-288

Nishida K, Nemani R R, Glassy J M, Running S W. 1997. Development of an evapotranspiration index from Aqua/MODIS for monitoring surface moisture status. Arteriosclerosis Thrombosis and Vascular Biology, 17(12): 3365-3375

Norman J M, Kustas W P, Humes K S. 1995. Source approach for estimating soil and vegetation energy fluxes in observations of directional radiometric surface temperature. Agricultural and Forest Meteorology, 77(3): 263-293

Qin J, Liang S, Liu R, Zhang H, Hu B. 2007. A weak-constraint-based data assimilation scheme for estimating surface turbulent fluxes. IEEE Geoscience and Remote Sensing Letters, 4(4): 649-653

Qualls R J, Brutsaert W. 1996. Effect of vegetation density on the parameterization of scalar roughness to estimate spatially distributed sensible heat fluxes. Water Resources Research, 32(3): 645-652

Segal M, Avissar R, Mccumber M C, Pielke R A. 1988. Evaluation of vegetation effects on the generation and modification of mesoscale circulations. Regional Studies, 45(17): 2268-2292

Sini F, Boni G, Caparrini F, Entekhabi D. 2008. Estimation of large‐scale evaporation fields based on assimilation of remotely sensed land temperature. Water Resources Research, 44(6): 663-671

Su Z. 2002. The surface energy balance system(SEBS)for estimation of turbulent heat fluxes. Hydrology and

Earth System Sciences, 6(1): 85-99

Sun D, Pinker R T, Basara J B. 2004. Land surface temperature estimation from the next generation of geostationary operational environmental satellites: GOES M Q. Journal of Applied Meteorology, 43(2): 363-372

Sun L, Liang S, Yuan W, Chen Z. 2013. Improving a Penman–Monteith evapotranspiration model by incorporating soil moisture control on soil evaporation in semiarid areas. International Journal of Digital Earth, 6(6): 134-156

Tang R, Li Z L, Tang B. 2010. An application of the T s –VI triangle method with enhanced edges determination for evapotranspiration estimation from MODIS data in arid and semi-arid regions: Implementation and validation. Remote Sensing of Environment, 114(3): 540-551

Wan Z, Zhang Y, Zhang Q, Li Z L. 2002. Validation of the land-surface temperature products retrieved from Terra moderate resolution imaging spectroradiometer data. Remote Sensing of Environment, 83(1–2): 173-180

Wang K, Li Z, Cribb M. 2006. Estimating of evaporative fraction from a combination of day and night land surface temperature and NDVI: A new method to determine the Priestley-Taylor parameter. Remote Sensing of Environment, 102: 293-305

Xia Y, Mitchell K, Ek M, Sheffield J, et al. 2012a. Continental-scale water and energy flux analysis and validation for the North American land data assimilation system project phase 2(NLDAS-2): 1. Intercomparison and application of model products, Journal of Geophysical Research Atmospheres, 117, D03109, doi: 10. 1029/2011JD017048

Xia Y, Mitchell k, Ek M, et al. 2012b. Continental-scale water and energy flux analysis and validation for North American land data assimilation system project phase 2(NLDAS-2): 2. Validation of model-simulated streamflow, Journal of Geophysical Research Atmospheres, 117, D03110, doi: 10. 1029/2011JD017051

Xiao Z, Liang S, Wang J, Chen P, Yin X, Zhang L, Song J. 2014. Use of general regression neural networks for generating the GLASS leaf area index product from time-series MODIS surface reflectance. IEEE Transactions on Geoscience and Remote Sensing, 52(1): 209-223

Xu T, Liang S, Liu S. 2011a. Estimating turbulent fluxes through assimilation of geostationary operational environmental satellites data using ensemble Kalman filter. Journal of Geophysical Research Atmospheres, 116: D09109

Xu T, Liu S, Liang S, Qin J. 2011b. Improving predictions of water and heat fluxes by assimilating MODIS land surface temperature products into common land model. Journal of Hydrometeorology, 12(2): 227-244

Xu T, Bateni S, Liang S. 2015a. Estimating turbulent heat fluxes with a weak-constraint data assimilation scheme: A case study(HiWATER-MUSOEXE). IEEE Geoscience and Remote Sensing Letters, 12(1), 68-72

Xu T, Liu S, Xu Z, Liang S, Xu L. 2015b. A dual-pass data assimilation scheme for estimating surface fluxes with FY3A-VIRR land surface temperature. Science China Earth Sciences, 58(2): 211-230, doi: 10. 1007/s11430-014-4964-7

Xu T, Liu S, Xu L, Chen Y, Jia Z, Xu Z, Nielson J. 2015c. Temporal upscaling and reconstruction of thermal remotely sensed instantaneous evapotranspiration. Remote Sensing, 7: 3400-3425

Xu T, Bateni S, Margulis S, Song L, Liu S, Xu Z. 2016. Partitioning evapotranspiration into soil evaporation and canopy transpiration via a two-source variational data assimilation system. Journal of Hydrometeorology, DOI: 10. 1175/JHM-D-15-0178. 1

Zhang Q, Wang S, Barlage M, Tian W, Huang R. 2011. The characteristics of the sensible heat and momentum transfer coefficients over the Gobi in Northwest China. International Journal of Climatology, 31(4): 621-629

第18章 北极海冰变化的短波辐射效应

曹云锋[1,2]，梁顺林[2,3]，陈晓娜[2,4]

本章主要介绍近年来北极地区海冰覆盖的变化对地气系统短波辐射收支所产生的影响。北极地区是对气候变化最为敏感的地区之一，长期以来受到了气候变化研究者的极大关注。尽管最近一段时间，全球暖化出现了一定程度的减缓迹象（Easterling and Wehner，2009；Kosaka and Xie，2013；Wei et al.，2015），但北极地区的气候变化在过去几十年间却出现了明显的加速：一方面北极地区的近地表气温正在以全球平均两倍以上的速度急剧升高，且温度升高的趋势在冬季尤为突出，这一现象被称为"北极放大"（Arctic amplification，AA）（Cohen et al.，2014；Graversen et al.，2008；Screen and Simmonds，2010）；另一方面北极夏秋季的海冰覆盖正在加速融化，北极海冰覆盖面积历史低值被不断刷新。随着海冰面积的不断减少，大量对太阳短波辐射具有高反射能力的海冰被强吸收的海水所取代，会使得被海洋（地表）和地气系统（大气顶）吸收的短波辐射能量增加，从而对北极地区的升温过程形成正向的辐射反馈作用，加速北极地区升温的步伐。因此，准确估算北极海冰融化所产生的短波辐射效应，对于深入了解近年来"北极放大"与海冰加速融化的物理机制，以及进行气候预报都具有重要意义。

18.1 北极海冰覆盖变化研究现状

海冰是北极气候系统极为关键的组成部分，其波动不但能通过海冰表面反照率的变化直接影响地气系统的短波辐射收支（Flanner et al.，2011），而且能够通过海冰融化过程对大气水汽与云量的改变间接影响地气系统的能量收支（Liu et al.，2012；Vavrus et al.，2010）。20世纪70年代末，NASA开始利用搭载在Nimbus-7平台上的被动微波成像辐射计（SSMR）对全球海冰覆盖变化进行监测，促使海冰观测精度有了极大地提升，该平台的微波观测数据与后续搭载在DMSP平台上的系列微波成像仪（SMM/I，SSMIS）所获取数据一起形成了一套时序完整的海冰微波观测数据，为近30年的海冰变化研究提供了可靠的数据支撑（Cavaieri et al.，1996）。在世纪之交有关北极海冰持续变薄（Rothrock et al.，1999）与多年冰加速融化（Comiso，2002）的研究结果公开报道后，北极海冰的变化开始引起学术界乃至整个社会的极大关注。

近来的研究表明，2012年9月的海冰覆盖面积仅相当于1979~2000年多年平均海冰面积的51%，相对于20世纪80年代初，已经有超过一半的海冰在夏天消失了（Comiso

---

1. 精准林业北京市重点实验室，北京林业大学；2. 遥感科学国家重点实验室，北京师范大学地理科学学部；3. 美国马里兰大学帕克分校地理科学系；4. 水沙科学与水利水电工程国家重点实验室，清华大学水利水电工程系

and Hall，2014；Comiso et al.，2008；Stroeve et al.，2007），其中，1996 年是北极海冰变化的关键转折年份，以 1996 年为转折，北极海冰覆盖的减少速度从 1979~1995 年的每十年减少 2.2%~3.0%增加到了 1996~2007 年的每十年减少 10.1%~10.7%，海冰面积的减少速度增加了三倍以上，加速趋势十分明显（图 18.1）（Comiso et al.，2008）。2007 年出现的海冰覆盖面积历史极低记录在短短五年后的 2012 年便被再次刷新，再次印证了北极海冰加速融化的基本事实。此后的 2013 年，由于北极地区冬季云量与水汽显著低于常年，大气下行长波辐射减少导致气温异常偏低（Liu and Key，2014），海冰面积与体积在这一年都有了较大幅度的恢复（Tilling et al.，2015），一些研究甚至开始讨论北极海冰变化趋向增加的可能性（Tilling et al.，2015）。但接下来的 2015 年海冰面积又减少到了历史第四低的记录水平，北极海冰的融化速度似乎没有明显放缓的迹象，人们也逐渐意识到在可预见的未来，北极将很有可能出现无冰的夏季（Kerr，2009）。

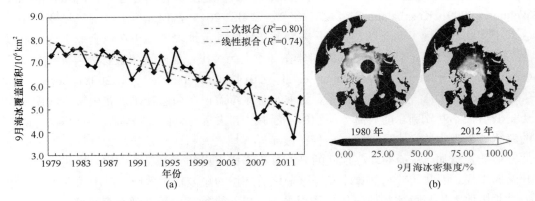

图 18.1　北极地区 9 月海冰覆盖面积 1979~2013 年变化（a）及 1980 年与 2012 年（b）9 月海冰密集度空间分布图（彩图附后）

18.2　海冰辐射效应的基本概念

观测证据表明，受夏季海冰覆盖面积不断减少（Comiso et al.，2008；Kerr，2009；Parkinson and Cavalieri，2012）、海冰融化提前（Markus et al.，2009；Stroeve et al.，2014）和海冰持续变薄（Kwok and Rothrock，2009；Maslanik et al.，2007）等因素影响，北极海冰表面反照率在过去 30 年间出现了大幅度的降低（Comiso and Hall，2014；Riihelä et al.，2013a）。由于海冰及其表面积雪对太阳入射辐射的高反射能力与海水的低反射能力形成巨大的反差，海冰覆盖的异常所引起的海冰表面反照率剧烈波动会产生显著的短波辐射效应——包括海冰反照率辐射强迫（sea ice radiative forcing，SIRF）变化与反照率辐射反馈（sea ice albedo feedback，SIAF）作用。通常对北极海冰反照率变化的辐射效应的研究工作会从其对本地、北半球和全球地气系统的辐射收支的影响三个尺度进行。

18.2.1　海冰覆盖的短波辐射强迫

辐射强迫（radiative forcing，RF）是对某种特定气候因子改变地气系统能量收支能力的度量,用以反映该因子在潜在气候变化机制中的重要性,通常以 W/m² 为单位,正强迫使地气系统产生能量增加,进而出现升温,负强迫则由于其能量亏损具有降温作用(Bernstein et al., 2008)。所谓海冰反照率辐射强迫,指相比于低反射的海水,高反射的海冰覆盖存在或者消失给地气系统(在大气顶)能量平衡带来的短波辐射的扰动作用(Flanner et al., 2011)。影响海冰反照率辐射强迫的因素主要包括大气顶太阳入射、海冰反照率与大气状态(主要是云的影响)三个(Flanner et al., 2011)。其中大气状态因子决定了地表反照率的波动对大气顶短波辐射变化的影响。描述大气状态因子最经典的方法为"辐射核"(radiative kernel)方法,现已被广泛应用于地表反照率的辐射效应研究中(Colman, 2013; Dessler, 2013; Dessler, 2010; Flanner et al., 2011; Gordon et al., 2013; Zelinka and Hartmann, 2012),其利用 $\partial\alpha_p/\partial\alpha_s$ 来表征地表反照率的单位波动(通常为1%)在大气顶产生的行星反照率变化量。"辐射核"方法优势在于其能够在控制其他气候要素不变的情况下,有效地估算某单一气候要素(如水汽、云量、地表反照率、大气温度结构等)对地气系统的辐射强迫效应,实现不同要素辐射强迫的有效分离,横向比较不同气候因子对既有气候系统变化与潜在气候变化的贡献。

有关"辐射核"的生成方法主要有三种:①基于物理的回归分解法,将行星反照率表达为地表反照率、云量及云光学厚度的函数,以此来分解不同因子的贡献(Qu and Hall, 2006);②解析法,将大气顶行星反照率表达为地表与大气贡献的综合影响,并为每个部分建立单独的解析函数(Donohoe and Battisti, 2011);③模拟法,基于气候模型进行离线辐射传输模拟,控制其他气候因子保持不变,模拟地表1%的反照率扰动引起的行星反照率变化(Shell et al., 2008; Soden et al., 2008)。研究表明,相比于其他两种方法,模拟法能获得相对更为准确的估算(Qu and Hall, 2013)。

目前,被广泛使用的辐射核分别为基于美国地球物理流体动力学实验室大气模式(Geophysical Fluid Dynamics Laboratory Atmosphere Model 2, GFDL AM2)(Soden et al., 2008)和美国国家大气研究中心通用大气模式(the National Center for Atmosphere Research Community Atmosphere Model version 3, NCAR CAM3; Shell et al., 2008)生成的两套"辐射核"资料。

18.2.2 海冰覆盖变化的短波辐射反馈

辐射反馈的过程是指由于地表温度升高,导致某种气候因子(如反照率、水汽、云量等)出现变化,进而使得大气顶辐射收支出现扰动,反向影响地气系统能量收支的过程,其定义为辐射扰动与温度变化的比值关系,通常以 W/(m²·K) 为单位。海冰反照率反馈的过程则特指:由于地表升温导致海冰面积减少,海冰反照率降低,使得地气系统吸收的短波辐射增加,进而反作用于地表温度变化的过程。虽然 Colman 和 Hanson(2012)根据时间尺度的差异将辐射反馈细分为四种:气候变化反馈(climate change feedback,百年尺度)、气候年代变化反馈(decadal variability feedback,年代尺度)、气候年际变化反馈(interannual variability feedback,年际尺度)与气候季节更替反馈(seasonal cycle feedback,月尺度)。但通常认为,气候变化只有广义的两种类型:气候变化反馈(前三者均为广义的气候变化反馈,只是由于关注尺度与计算方法的差异而略有不同)与季节更替反馈。气候变化反馈指年际(或年代际)地表温度变化引起的某种气候因子的变化，导致的大气顶辐射扰动对地气系统形成的能量反馈。而季节更替反馈指季节更替通常伴随着地表温度的变化与相关气候因子的变化，在此过程中形成的辐射扰动作用对地气系统的能量反馈，以积雪为例，在春季随着地表温度的增加，积雪开始不断融化，使得地表反照率出现大幅变化，从而形成辐射扰动，反作用于地气系统能量收支，此过程即为积雪的反照率辐射反馈（snow albedo radiative feedback，SARF）。基于大量模式数据的研究表明，除了作为"特例"的北半球积雪气候变化与季节更替反照率反馈高度相关以外（Colman，2013；Qu and Hall，2013），其他区域的地表反照率气候变化反馈与季节更替反馈均无明显相关关系（Colman，2013）。

18.3　北极海冰短波辐射效应研究现状

由于海冰覆盖变化具有显著的短波辐射效应，有研究指出海冰反照率的辐射反馈作用是导致近年来"北极放大"的关键因素（Crook et al.，2011；Screen and Simmonds，2010；Serreze et al.，2009；Taylor et al.，2013），但也有持反面观点的研究认为海冰反照率的辐射反馈作用对于"北极放大"的影响并不十分关键（Pithan and Mauritsen，2014），甚至是可以忽略的（Winton，2006）。导致现有研究结论存在如此巨大反差的主要原因是受基础数据与估算方法的限制，各种估算结果间偏差较大（表18.1）。

IPCC第五次报告给出的基于CMIP5（coupled model intercomparison project phase 5）模式估算的海冰反照率辐射反馈为0.11 W/（m^2·K）（Vaughan et al.，2013），与第四次报告给出的0.10 W/（m^2·K）的估算结果相比几乎没有变化；Flanner等于2011年在 *Nature Geoscience* 上发表文章，基于准观测数据估算出北半球海冰辐射强迫在1979～2008的30年间减少了0.22 W/m^2，产生的海冰反照率辐射反馈为0.28 W/（m^2·K），是模式估算结果的将近3倍，从而得出结论认为目前的大气环流模式GCM（general circulation model）对海冰反照率辐射反馈的估算存在严重的低估问题（Flanner et al.，2011）；Dessler随后通过比较GCM模式与大气再分析数据针对海冰反照率辐射反馈的估算结果，发现GCM模式与大气再分析数据估算结果十分接近［均为0.10 W/（m^2·K）左右］，认为没有证据表明GCM模式对海冰反照率辐射反馈的估算存在低估问题（Dessler，2013）；Pistone等基于大气顶卫星观测数据估算出北半球海冰辐射强迫在1979～2011年的减少量为0.43 W/m^2，比Flanner等（2011）的估算结果大出将近1倍，产生的辐射反馈为0.31 W/（m^2·K）（Pistone et al.，2014），该成果随后于2014年发表在美国科学院院刊（*PNAS*）上。

表 18.1　有关海冰反照率辐射强迫变化与反馈的部分现有主要研究结果，不同研究之间存在很大差异

	Nature Geoscience （Flanner et al.，2011）	*PNAS* （Pistone et al.，2014）	*Journal of Climate* （Dessler et al.，2013）	IPCC AR5 （Vaughan et al.，2013）
SIRF/（W/m^2）	0.22（NH）	0.43（NH）	—	—
SIAF/［W/（m^2·K）］	0.28（NH）	0.31（GL）	0.1（GL）	0.11（GL）

注：NH表示北半球；GL表示全球。

比较表18.1中的各项研究结果，反映出目前有关海冰辐射效应的研究现状是：不但

模式模拟与卫星观测之间的差异巨大，即便同样基于卫星观测数据，受选用数据集与研究方法的影响，估算结果仍存在很大差异。因此，准确估算北半球海冰反照率辐射效应对于化解学界争议，深入认识海冰加速融化的内在物理机制，评估"北极放大"的潜在演进趋势，以及提高大气环流模式（GCM）的海冰动态模拟精度等都至关重要。

18.4 "辐射核"方法进行海冰短波辐射效应研究介绍

基于"辐射核"方法的海冰反照率辐射强迫与反馈的估算通过两个彼此独立的过程计算完成：首先基于"辐射核"方法进行海冰反照率辐射强迫的估算，然后利用计算所得海冰辐射强迫，辅以地表温度数据进行海冰反照率辐射反馈的计算。

北极海冰反照率辐射强迫的计算过程是利用海冰反照率数据、短波反照率"辐射核"与大气顶太阳入射辐射，利用式（18.1）所示计算方法来进行：

$$\text{SIRF}(t,R) = \frac{1}{A(R)} \int_R I(t,r) \frac{\partial \alpha_p}{\partial \alpha_s}(t,r) \alpha_c(t,r) \, dA(r) \tag{18.1}$$

式中，像素级的 SIRF 估算包括三个独立的部分，代表了影响辐射强迫的三个独立参量。$I(t,r)$ 为特定地理位置（r）、特定时间（t）的大气顶太阳入射辐射。$\partial \alpha_p / \partial \alpha_s$ 代表了单位地表反照率变化（通常为 1%）引起的大气顶反照率的扰动。参量 $I(t,r)$ 与 $\partial \alpha_p / \partial \alpha_s$ 共同组成了"辐射核"，表示地表反照率波动引起的大气顶短波辐射异常（$\partial F / \partial \alpha$）。$\alpha_c$ 为表面反照率差值（表征像元内总表面反照率与海水反照率之差），有些研究中，在计算 α_c 时使用了站点观测纯海冰反照率作为输入（Flanner et al.，2011），此时需要引入海冰密集度因子。

在进行反照率辐射强迫估算的基础上，海冰反照率辐射反馈为单位地表温度升高后导致的海冰反照率辐射强迫的变化量［如式（18.2）］。辐射反馈的估算有回归法与比值法两种，方法的选择往往会给计算结果带来一定的影响。其中回归法指对年均海冰反照率辐射强迫异常与地表温度的距平时间序列进行回归分析，所建立回归关系的斜率项作为海冰反照率对地表温度变化的辐射反馈（Colman，2013；Dessler，2013；Qu and Hall，2013）；而比值法则是分别计算年均海冰反照率辐射强迫与地表温度的多年变化量，然后计算两者比值得到海冰反照率的辐射反馈（Flanner et al.，2011；Pistone et al.，2014）：

$$\text{SIAF} = \frac{\Delta \text{SIRF}}{\Delta T_s} \tag{18.2}$$

式中，ΔSIRF 为研究时间段中海冰反照率辐射强迫的多年变化量；而 ΔT_s 为地表温度在该时段的变化量。考虑到北极极夜对太阳入射辐射的影响，大多数研究往往只关注每年 3~9 月的海冰反照率变化情况。图 18.2 中北极地区平均大气顶太阳入射辐射年周期变化统计结果表明，3~9 月的北极地区入射太阳辐射占年总入射辐射的 95%以上，且北极海冰的年际波动也主要发生在此阶段。因此，基于 3~9 月数据进行北极海冰辐射强迫变化研究能有效代表全年有效反照率辐射强迫的变化。

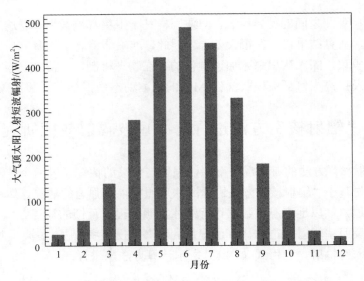

图 18.2　北极地区平均大气顶太阳入射辐射年内周期变化

18.5　基于遥感与再分析陆表反照率数据的海冰辐射效应估算研究

考虑到前述现有关于海冰辐射效应研究的巨大分歧，本节将基于遥感反演地表反照率数据对北极海冰反照率的辐射强迫及其变化产生的短波辐射反馈进行独立估算，以期发现现有研究的不足，弥合相关估算之间的分歧。本章的关注点将主要集中在基于遥感反演的长时间序列地表反照率数据估算北极陆表升温引起的海冰面积减少、海冰反照率降低给北半球与整个地球大气系统带来的短波辐射强迫异常与反馈作用。

18.5.1　本章所使用数据产品介绍

为了开展相关研究工作，本章引入最新发布的长时间序列 CLARA-A1（Cloud、Albedo and Radiation dataset，AVHRR-based，version 1）遥感反演海冰反照率产品。同时，为了与相关研究结果进行横向比较，研究中同时引入了 ERA-Interim（european centre for medium-range weather forecasts，ECMWF）Interim Re-analysis 与 NASA MERRA（modern-era retrospective analysis for research and applications）大气再分析陆表反照率数据。为了计算海冰反照率辐射反馈，引入了 GISTEMP（goddard institute for space studies temperature）地表温度产品，计算北半球与全球地表温度的多年变化。为了检查"辐射核"方法可能存在的问题，引入了 CERES（cloud and the Earth's radiant energy system）SSF（single scanner footprint）遥感观测大气顶瞬时辐射产品与 CLARA-A1 云量产品，分析云量变化对大气顶短波辐射的影响。同时引入美国冰雪数据中心的海冰覆盖范围（NSIDC sea ice extent）产品用于提取 1982~2009 年北极地区最大海冰覆盖面积，作为目标研究区以便对相关辐射强迫进行时空统计。表 18.2 为相关产品的主要参数介绍。

表 18.2 北极海冰反照率辐射效应研究使用数据介绍

产品	参数	分辨率	时间跨度	文献
CLARA-A1	Surf. ABD/CFC	0.25°× 0.25°	1982.01～2009.12	Karlsson et al.，2013
ERA-Interim	Surf. ABD	1.0°× 1.0°	1982.01～2009.12	Dee et al.，2011
MERRA	Surf. ABD	0.67°× 0.50°	1982.01～2009.12	Rienecker et al.，2011
CERES SSF	Radiation/CFC	1.0°× 1.0°	2000.03～2009.12	Bruce et al.，1996
GISS TEMP	Land-Ocean T.	1.0°× 1.0°	1982.01～2009.12	Hansen et al.，2010
NSIDC sea ice	SIE	25 km	1982.01～2009.12	Brodzik et al.，2012

1. 海水反照率数据

CLARA-A1 海冰反照率产品由欧洲气象卫星应用组织基于 AVHRR 卫星观测数据生产，空间分辨率为 0.25°×0.25°，时间分辨率为月，产品时间跨度为 1982～2009 年。为了获得高一致性的长时间序列反照率产品，该项目在数据预处理阶段对不同平台传感器进行了交叉定标处理，以期获得匀质化的大气顶辐亮度产品。在高纬度区域，由于海冰与云具有相似的高反射特征，在实际应用中极易产生误判现象，为了减少两者间的误判，云掩模产品在业务化运行的 CLARA-A1 海冰反照率生产系统中被辅助利用微波海冰密集度产品进行了有效更新，从而提高了产品在极地冰盖区的质量和稳定性（Riihelä et al.，2010）。其站点验证误差为 10%～15%（Riihelä et al.，2013a；Riihelä et al.，2013b），这可能会给观测海冰反照率产品的应用引入一定的误差。

ERA-Interim 大气再分析数据集是欧洲中期天气预报中心（ECMWF）在早期 ERA-40 大气再分析数据集基础上经算法改进后推出的最新版本的数据资料（Dee et al.，2011；Screen and Simmonds，2010）。该产品逐月海冰反照率数据的参数化方案将夏季和冬季海表分别设为预定义的裸冰和干雪反照率。而海洋冰密集度数据集则在不同时段采用收集自若干不同项目的多种数据合并而成（Dee et al.，2011；Hurrell et al.，2008）。这一方案不仅可能给反照率产品带来系统性偏差，而且在反映海表反照率的真实变化过程中面临困难。

MERRA 大气再分析数据集是由 NASA 全球模拟与同化中心戈达德地球观测系统及数据同化系统生产的第五版再分析数据产品（global modeling and assimilation office Goddard Earth observing system data assimilation system，version 5，GEOS-5），该系统综合使用三维变分资料同化（3D-VAR）框架和增量分析更新（IAU）程序通过逐步调整模型的状态使其逼近真实观测（Lindsay et al.，2014；Rienecker et al.，2011）。已研究发现，该数据集所采用的存在显著缺点的固定海冰反照率的物理参数化方案和海冰初融模拟存在明显滞后问题的 Reynolds 周海冰产品（Reynolds et al.，2002），导致其地表短波上行辐射在春季和夏季存在非常严重的偏差（Cullather and Bosilovich，2012；Lindsay et al.，2014）。

2. 地表温度数据

本章所使用地表温度产品为 NASA 戈达德空间研究所（Goddard Institute for Space Studies，GISS）提供的 GISTEMP 产品，该项目最早由 James Hansen 教授于 19 世纪 70

年代开始发起,以美国全球历史气候观测网络(Global Historical Climatology Network,GHCN)的月平均站点观测数据、南极科学研究委员会(Scientific Committee on Antarctic Research,SCAR)月观测数据与英国气象局哈德利研究中心海表温度(Met Office Hadley Centre analysis of sea surface temperature,HadISST1)三套相互独立的温度观测数据为重要输入进行融合,并经过数据匀质化调整以消除人类活动对站点测量数据的影响后形成的一套地表温度分析产品(Hansen et al.,2010),该产品已被广泛应用于全球气候研究中(Bromwich et al.,2012;Ding et al.,2014;Flanner et al.,2011;Lindsay et al.,2014;Schneider et al.,2011),且取得了非常好的研究效果。

3. 北半球海冰覆盖范围产品

为了识别最大海冰覆盖范围作为研究区,并与海冰反照率产品时空变化进行交叉对比分析,本章引入了美国冰雪数据中心基于搭载在 Nimbus-7 卫星平台上的多通道扫描微波辐射计(scanning multichannel microwave radiometer,SMMR)与搭载在国防气象卫星计划(defense meteorological satellite program,DMSP)平台上的微波成像仪(SSM/I-SSMIS)微波遥感数据生产的第四版等面积格网每周积雪与海冰覆盖范围(sea ice extent,SIE)产品(Brodzik et al.,2012;Cavaieri et al.,1996)。

4. 遥感观测宽波段大气顶辐射产品

CERES SSF1deg(single scanner footprint 1 degree)1°分辨率单传感器大气顶辐射通量数据是由 NASA CERES 科学工作组基于搭载于 EOS Terra 与 Aqua 双平台上的 CERES 宽波段 NASA CERES 项目的全称为云与地球辐射能量系统,主要由分别搭载在 Terra 与 Aqua 两颗卫星上的宽波段辐射传感器组成,目前搭载在 S-NPP(suomi national polar-orbiting partnership)平台上的传感器亦已开始获取数据,该项目主要用于持续监测地气系统的辐射收支及云量变化,以便深入了解气候变化背景下的气候因子(如云量、云的光学厚度等)异常及其对地气系统能量收支的影响。其 1°分辨率单传感器(SSF1deg)产品是基于单平台辐射传感器反演生成的大气顶瞬时辐射通量数据。

5. 遥感观测大气总云量产品

CERES SSF1deg 总云量数据是 CERES 科学工作组基于 MODIS 原始数据,设计全新的 CERES-MODIS 云掩膜算法(而非使用 MODIS 云掩膜官方算法)应用于 MODIS 逐像素进行有云或无云判别后生成的 1°范围内的云覆盖百分率产品。

CLARA-A1 云产品数据集是欧洲气象卫星应用组织基于搭载于 NOAA AVHRR 系列极轨卫星观测数据的两个近红外通道生产的全球覆盖的 0.25°空间分辨率的云量百分率产品。

18.5.2 本章所使用方法介绍

为了对北极地区海冰融化所产生的辐射强迫变化及其辐射反馈进行估算,本章采用了广泛使用的"辐射核"(radiative kernel,RK)估算方法,引入 GFDL AM2 和 NCAR CAM3 两套"辐射核"资料,并对两者的估算结果进行平均作为最终结果。在进行海冰反照率辐射反馈的估算时,为了与 Flanner 等(2011)、Pistone 等(2014)的研究结果进行横向比较，本章采用了两者共同使用的比值法进行。

18.5.3 北极地区海冰反照率辐射强迫估算

利用"辐射核"算法，海冰表面反照率以及利用海冰产品提取的 1982~2009 年最大海冰覆盖范围，基于式（18.1）所示计算方法，可以计算海冰反照率的逐月、年均辐射强迫，进而计算得到多年平均的海冰反照率辐射强迫。表 18.3 为估算所得晴空（clear-sky）与全天（all-sky）天气状况下的北极海冰反照率分别对北极本地、北半球，以及全球地气系统产生的年均短波辐射强迫，其中数据分别基于 GFDL AM2 与 NCAR CAM3 两套"辐射核"估算结果的平均值。

表 18.3 中数据表明，北极海冰反照率在本地产生的年均短波辐射强迫为（-20.4±1.73）W/m^2，也就是说北极海冰如果完全消失将给北极地气系统带来额外 20 W/m^2 左右的短波辐射能量，相当于在北半球范围内增加额外短波辐射（-1.65 ± 0.14）W/m^2 和全球范围增加短波辐射（-0.83 ± 0.07）W/m^2。基于 ERA-Interim 大气再分析数据地表反照率数据的辐射强迫估算结果分别为本地（-21.14±0.99）W/m^2，北半球（-1.71±0.08）W/m^2，以及全球（-0.86 ± 0.04）W/m^2，与基于卫星观测的估算结果相当。但两者均大于基于 MERRA 大气再分析数据的估算结果，分别为本地（-17.31±0.87）W/m^2，北半球（-1.40±0.07）W/m^2 及全球（-0.7±0.04）W/m^2。这主要与 MERRA 再分析数据集的参数化方案对海冰表面反照率的低估有关，这一结果也与前面有关海冰表面反照率评价中的发现一致。本章基于卫星观测的估算值也略大于 Flanner 等（2011）基于站点观测海冰反照率与海冰密集度（sea ice concentration，SIC）进行的间接估算，其估算结果显示北极海冰反照率在北半球产生的辐射强迫为-1.34（-0.92~-1.70）W/m^2，这一差异可能部分与他们的海冰反照率参数化计算方法对北极海盆中心部分区域的海表反照率存在低估有一定关系（Flanner et al.，2011；Perovich et al.，2007）。晴空条件下海表反照率辐射强迫约为全天值的两倍，表明海冰（由于其对短波辐射的高反射能力）对地气系统的冷却作用会由于云的遮盖作用而在一定程度上被削弱。但同时云

表 18.3 北极海冰在全天与清空条件下对本地、北半球以及全球地气系统产生的年均反照率辐射强迫

	产品	all-sky				clear-sky			
		SIRF	2σ	max	min	SIRF	2σ	max	min
Arctic	CLARA	-20.40	1.73	-22.00	-18.42	-36.46	3.96	-40.30	-31.89
	ERA-I	-21.14	0.99	-22.00	-20.15	-38.07	2.10	-40.05	-35.97
	MERRA	-17.31	0.87	-18.05	-16.44	-32.39	1.85	-34.24	-30.04
NH	CLARA	-1.65	0.14	-1.78	-1.49	-2.95	0.32	-3.26	-2.58
	ERA-I	-1.71	0.08	-1.78	-1.63	-3.08	0.17	-3.24	-2.91
	MERRA	-1.40	0.07	-1.46	-1.33	-2.62	0.15	-2.77	-2.43
Global	CLARA	-0.83	0.07	-0.89	-0.75	-1.48	0.16	-1.63	-1.29
	ERA-I	-0.86	0.04	-0.89	-0.82	-1.54	0.09	-1.62	-1.46
	MERRA	-0.70	0.04	-0.73	-0.67	-1.31	0.08	-1.39	-1.22

注：同时给出了估算结果的 2 倍标准差（2σ），最大与最小值（W/m^2）。

自身同样存在对太阳短波辐射的强反射能力,且云量由于其对大气上行长波辐射的强吸收能力能产生很强的温室效应,这使得海冰覆盖区域云量的变化对地气系统的影响变得更加复杂。

图18.3 为了分析海冰反照率辐射强迫的周期性变化特征,本章基于CLARA-A1卫星观测与两套再分析数据集对逐月的海冰反照率辐射强迫进行了估算。其中统计结果表明,海冰反照率的辐射强迫主要发生在春末夏初,且峰值出现在春末的5月,此阶段恰为海冰初始融化期。通常关注海冰覆盖面积的研究,把更多的注意力放在了海冰面积剧烈变化的夏末秋初(8月、9月)。但图18.3中的统计数据提醒我们,如果从辐射能量收支的角度,则应该更多的关注春末夏初,这一时段的海冰异常对北极地区辐射能量收支的影响更为关键。已有研究表明,北极地区5月中下旬"融池"的覆盖面积与当年最低海冰覆盖面积高度相关(Schröder et al., 2014),表明海冰初始融化季的能量收支异常可能会在很大程度上影响夏秋两季的海冰覆盖面积。

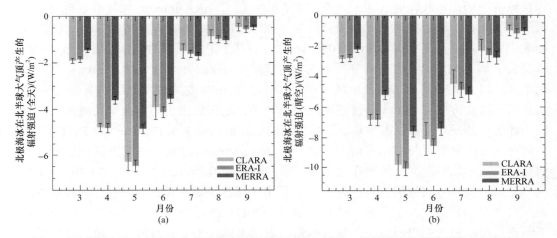

图 18.3 北极海冰反照率在北半球产生的辐射强迫多年均值,误差线为估算结果的2倍标准差

图18.4 分别为基于卫星观测与再分析数据估算的北极海冰反照率辐射强迫多年平均空间分布图。分析其中辐射强迫空间分布特征发现,北极海冰反照率辐射强迫主要集中在70°N以北,这可能主要与该区域的海冰覆盖持续时间较长有很大关系,该区域内大部分海冰年均辐射强迫都在-40 W/m² 以上,表明该区域海冰波动可能产生的短波辐射变化十分可观,足以在很大程度上影响北极地区的能量收支情况。因此,基于60°~90°N 区域数据进行海冰辐射强迫的估算及其变化研究能够有效代表整个北半球的海冰变化产生的辐射效应,且其结果与基于70°~90°N 区域的相关研究在数值也是可比的。靠近60°N左右的白令海、鄂霍次克海、格陵兰海、巴伦支海,以及拉布拉多海等区域,虽然纬度较低,有较强的太阳入射辐射,但由于海冰的年持续时间普遍比较短,很难形成有效地短波辐射强迫效应。而同样靠近60°N的哈得孙湾与巴芬湾等区域的海冰反照率辐射强迫明显高于同纬度其他区域,便是较强的太阳入射辐射与相对较长的海冰覆盖时间的共同作用所致。对比再分析数据与卫星观测的估算结果,虽然ERA-Interim 略大于CLARA-A1 观测的辐射强迫估算结果,但两者整体比较接近,MERRA 数据集则不出意外地出现了明显的低估问题。

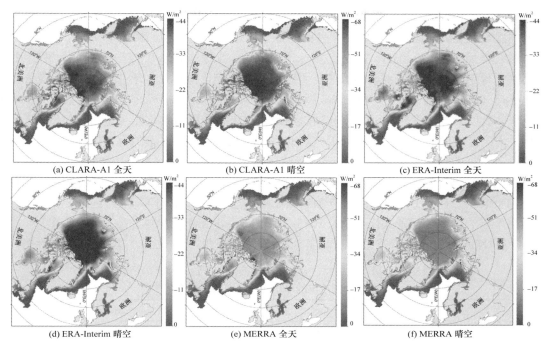

图 18.4 北极海冰反照率辐射强迫多年均值空间分布（彩图附后）

18.5.4 北极海冰融化产生的反照率辐射强迫变化估算

基于 1982～2009 年的年均海冰反照率辐射强迫时间序列，可以计算海冰反照率辐射强迫在此期间的变化量，其计算方法为将时间序列线性拟合的斜率与时间间隔相乘。图 18.5 为分别基于 GFDL AM2 与 NCAR CAM3 两套"辐射核"估算得到海冰反照率在北半球所产生辐射强迫后，对两者进行平均得到的时间序列统计结果。还给出了各时间序列的线性变化量及其 95% 的置信区间，详细统计结果如表 18.4 所示。

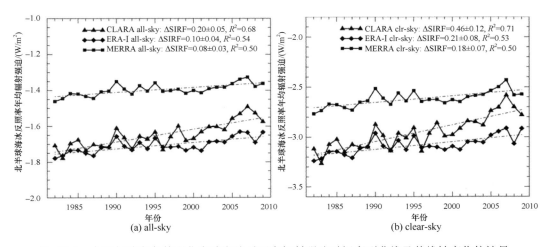

图 18.5　全天与晴空条件下北半球海冰反照率辐射强迫时间序列曲线及其线性变化统计量

线性变化的 95% 置信区间也一并给出

分析图 18.5 与表 18.4 中统计数据发现，从 1982~2009 年的近 30 年间，北极海冰的消融导致（2.45±0.66）W/m^2 额外辐射被北极地气系统吸收，相当于使整个北半球地气系统增加了（0.20±0.05）W/m^2、全球地气系统增加了（0.10±0.03）W/m^2 的短波辐射。晴空条件下，北极海冰消融导致的反照率辐射强迫变化分别为本地（5.74±1.43）W/m^2、北半球（0.46±0.12）W/m^2 与全球范围（0.23±0.06）W/m^2，接近两倍于全天条件下的变化量，表明云量的存在减弱了海冰消融给地气系统带来的直接增温（短波辐射增加）作用。由于前文中所发现大气再分析产品的海冰反照率参数化方案的合理性问题，以及模型输入数据的质量问题，相比于卫星观测所估算结果，两套大气再分析数据 ERA-Interim 与 MERRA 低估了超过一半以上的海冰反照率辐射强迫变化量。这也使我们有理由相信，Dessler 等基于 ERA-Interim 与 MERRA 数据集所估算的反照率辐射强迫变化与反馈存在严重的可靠性问题（Dessler，2013；Dessler and Loeb，2013）。

图 18.6 为全天与晴空条件下北半球海冰辐射强迫 1982~2009 年的线性变化统计。

表 18.4　北极海冰减少在全天与晴空条件下导致的本地、北半球及全球地气系统的年均反照率辐射强迫变化　　　　（单位：W/m^2）

	产品	all-sky			clear-sky		
		GFDL	NCAR	Avg.	GFDL	NCAR	Avg.
Arctic	CLARA	2.55±0.68	2.35±0.64	2.45±0.66	5.59±1.40	5.90±1.47	5.74±1.43
	ERA-I	1.40±0.47	1.09±0.43	1.24±0.45	2.55±0.95	2.72±1.01	2.63±0.98
	MERRA	1.06±0.40	0.88±0.37	0.97±0.38	2.19±0.87	2.31±0.90	2.25±0.88
NH	CLARA	0.21±0.06	0.19±0.05	0.20±0.05	0.45±0.11	0.48±0.12	0.46±0.12
	ERA-I	0.11±0.04	0.09±0.04	0.10±0.04	0.21±0.08	0.22±0.08	0.21±0.08
	MERRA	0.09±0.03	0.07±0.03	0.08±0.03	0.18±0.07	0.19±0.07	0.18±0.07
Global	CLARA	0.10±0.03	0.10±0.03	0.10±0.03	0.23±0.06	0.24±0.06	0.23±0.06
	ERA-I	0.06±0.02	0.04±0.02	0.05±0.02	0.10±0.04	0.11±0.04	0.11±0.04
	MERRA	0.04±0.02	0.04±0.02	0.04±0.02	0.09±0.04	0.09±0.04	0.09±0.04

注：分别基于两套"辐射核"和两者平均的估算结果及其 95% 的置信区间。

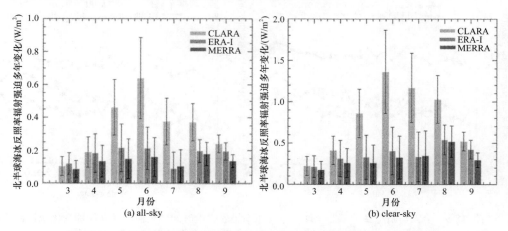

图 18.6　全天与晴空条件下北半球海冰反照率辐射强迫的逐月线性变化
其中误差线为每月线性变化统计的 95% 的置信区间

结果表明,与海冰反照率辐射强迫的最大值发生在 5 月不同,现阶段北极海冰变化产生的反照率辐射强迫变化则主要发生在夏初的 6 月,这主要是因为 6 月北极地区太阳入射辐射(图 18.2)与过去 30 年北极海冰减少导致的反照率降低均大于 5 月。其中大气再分析数据对于海冰反照率辐射强迫变化的估算在海冰融化季的 5~8 月存在严重低估。

图 18.7 为北极地区年均海冰反照率辐射强迫 1982~2009 年线性变化空间分布图。分析其中辐射变化的空间分布特征发现,北极海冰变化产生的短波辐射强迫主要分布在波弗特海、东西伯利亚海、巴伦支海、喀拉海及巴芬湾等地,在这些区域,海冰融化导致的地气系统短波辐射额外吸收量都在 5 W/m² 以上,部分区域甚至达到了 10 W/m² 左右的量级。与 Flanner 等(2011)利用海冰密集度与站点测量海冰反照率所得分析海冰表面反照率的研究结果相比对于大部分区域,特别是前述短波辐射强迫变化较大的区域,两项研究十分相似;但对于本章所发现反照率变化较小的北极海盆区(该区域反照率变化主要与积雪和海冰厚度变化有关),Flanner 等(2011)的研究受其研究方法的限制(海冰密集度产品无法反映积雪与海冰厚度变化引起的地表反照率波动),无法有效表达出来。

大气再分析数据的问题主要体现在两个方面:一方面对于一些海冰反照率辐射强迫变化比较剧烈的区域,如波弗特海、巴伦支-喀拉海及巴芬湾等,再分析数据虽然能够反映这些区域的变化,但所能表达的变化量整体偏小;另一方面则是变化量相对不大的区域,如北极海盆、格陵兰海及格陵兰岛东南沿岸等,再分析数据完全失去表达反照率辐射强迫变化的能力,部分区域甚至出现了与观测相反的情形。

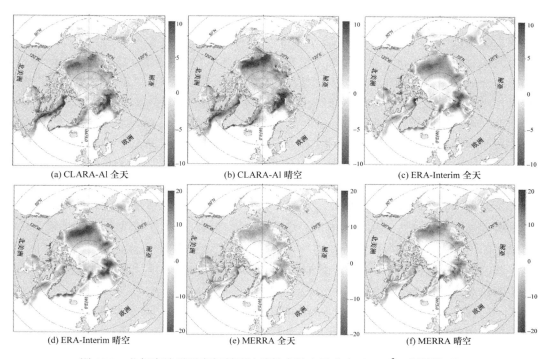

图 18.7 北极海冰反照率辐射强迫线性变化空间分布(W/m²;彩图附后)

18.5.5 利用大气顶遥感观测对"辐射核"方法的估算结果进行调整

本章基于经典的"辐射核"方法，利用时空连续的卫星观测海冰反照率数据估算得到北极海冰融化导致的1982~2009年北半球海冰反照率辐射强迫变化为(0.20 ± 0.05) W/m^2，结合表18.2中所示其他相关研究成果进行对比分析发现：本章的估算结果与Flanner等（2011）同样基于"辐射核"方法的估算所得0.22（0.15~0.32）W/m^{2}结果非常接近，如果考虑到两者的时间跨度差异［本章28年的时间跨度略短于Flanner等（2011）的30年时间跨度］，两个基于不同数据源的研究几乎获得完全一致的结果；但两者的估算结果均低于Pistone等基于大气顶直接观测的(0.43 ± 0.07) W/m^{2}的估算结果。"辐射核"方法的最大优势在于能够将不同气候因子对行星反照率变化的贡献予以有效分离，但大气辐射传输模拟过程的准确性会给研究结果带来一定的影响；与此相反，大气顶直接观测能够有效避免大气辐射传输模拟给行星反照率变化研究带来的影响，却无法将不同气候因子（如气溶胶、水汽、云覆盖等）的贡献有效分离开来，得到的估算结果为各种气候因子的共同影响，数值往往偏大。为了分析导致"辐射核"方法与大气顶直接观测存在巨大差异的原因，本章中引入了CERES SSF大气顶直接观测的短波辐射数据集，尝试与"辐射核"方法的估算结果进行对比研究。为了与CLARA-A1所估算海冰反照率辐射强迫可比，CERES SSF大气顶辐射数据的区域平均统计采用与海冰反照率辐射强迫估算［式（18.1）］相同的空间掩膜与统计方法。

图18.8分别为基于CLARA-A1海表反照率与"辐射核"方法估算的海冰反照率辐射强迫与大气顶直接观测的上行短波辐射从2000~2009年的年均值时间序列。其中统计结果表明，从2000~2009年，CLARA-A1地表反照率变化导致的晴空大气顶海冰反照率辐射强迫的变化量为(4.13 ± 1.84) W/m^2，略小于在此期间大气顶直接观测的晴空短波上行辐射的变化量(4.56 ± 1.75) W/m^2，这可能主要由于大气顶直接观测的晴空上行短波辐射变化既包含了海冰反照率变化的贡献，也包含了大气水汽增加（Dessler et al., 2013; Serreze et al., 2012）对太阳短波辐射的吸收作用的影响，"辐射核"方法的估算结果相对更加可靠。但对比全天条件下"辐射核"方法所估算海冰反照率辐射强迫与大气顶上行短波辐射变化，两种方法的差异巨大，"辐射核"方法所估算(1.81 ± 0.92) W/m^{2}海冰反照率辐射强迫远低于大气顶直接观测所得(2.85 ± 0.99) W/m^{2}短波辐射变化，表明"辐射核"方法与大气顶直接观测差异的根本原因在于地表海冰反照率变化在云顶所产生的响应（即云的遮盖作用对北极地区地表反照率变化在大气顶响应的影响究竟有多大），在目前的"辐射核"方法中［图18.8（a）］，超过56%的地表反照率的变化被大气云量所遮盖而无法在大气顶出现响应。事实上，已有研究表明在云的微物理性质没有任何变化的情况下，地表海冰反照率的变化也会导致很大程度的云顶反照率异常（Shell et al., 2008）。在接下来的研究中，我们将尝试分析北极地区云顶反照率在近些年是否存在变化及其主要的影响因素。

基于简单的单层模型，全天行星反照率可以被表达为阴天反照率、晴空反照率与云量的线性组合（Pistone et al., 2014），为了与海冰反照率辐射强迫进行对比分析，所有的反照率被转换为大气顶上行短波辐射，如式（18.3）所示：

$$SW_{as} = SW_{cs}(1-f_c) + SW_{cld}f_c \qquad (18.3)$$

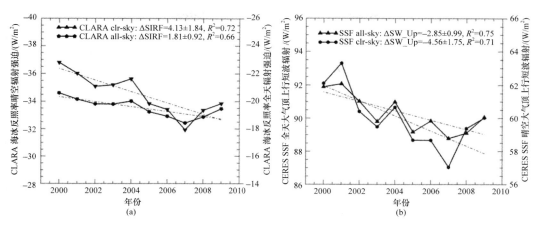

图 18.8 北极地区年均海冰反照率辐射强迫（a）与大气顶上行短波辐射
（b）2000~2009 时间序列变化

式中，SW_{as} 为全天大气顶上行短波辐射；SW_{cs} 为晴空大气顶上行短波辐射；SW_{cld} 为阴天大气顶上行短波辐射；f_c 为云量。

根据式（18.3）各项间的线性关系，如果其他各项已知，便可以计算阴天大气顶上行短波辐射（SW_{cld}）。图 18.9（a）中黑色曲线为分解所得阴天大气顶上行短波辐射时间序列，红色曲线为云量变化曲线。曲线表明，与晴空大气顶上行短波辐射类似，北极地区阴天大气顶上行短波辐射在 2000~2009 年也呈现显著下降趋势，且其下降趋势相当于晴空大气顶上行短波辐射变化趋势的约 62%。图 18.9（b）为北极地区阴天大气顶上行短波辐射与晴空大气顶上行短波辐射散点图，两者高度相关（达 0.94），表明海冰变化引起的北极地表反照率波动在云顶（阴天）亦存在显著响应，而这一显著响应被"辐射核"方法的 $\partial\alpha_p/\partial\alpha_s$ 核低估。我们同样分析了阴天北极行星反照率与云的光学厚度间的相关关系，发现云的光学厚度变化对北极地区云顶反照率的年际变化影响并不显著。

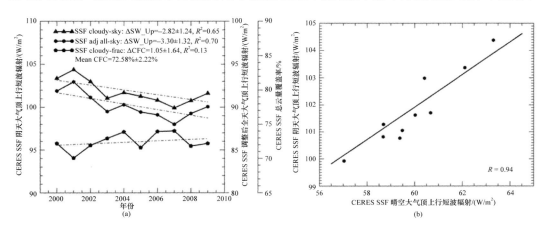

图 18.9 北极地区阴天上行短波辐射、固定云量调整全天大气顶上行短波辐射、总云量覆盖率时间序列（a）及阴天上行短波辐射与晴空大气顶上行短波辐射散点图（b）

基于以上研究的发现，我们尝试利用大气顶直接观测数据对低估的"辐射核"估算结果进行调整。根据式（18.3）的单层大气模型，云量的年际变化会在一定程度上影响全天大气顶上行短波辐射的波动。CERES SSF 数据的 2000～2009 年云量年际变化曲线[图 18.9（a）中红色曲线]与 CLARACFC 数据的 1982～2009 年云量年际变化曲线（图 18.10）均表明，北极地区云量覆盖呈现非常显著的年际变化特征，如果不加以剔除，必然导致直接观测的大气顶短波辐射多年变化趋势出现偏差甚至错误。为了去除云量变化对全天行星反照率变化趋势的影响，可以尝试在分解得到阴天与晴空行星反照率后，通过固定云量（f_c）进一步反算，从而得到去除云量变化影响的全天行星反照率（或大气顶上行短波辐射）。图 18.9（a）中的蓝色曲线为经过云量影响去除后得到的全天大气顶上行短波辐射，计算中的北极年平均云量采用了 2000 年的 72.2%，这一数值与 CERES SSF 云量数据 2000～2009 年的平均云量 72.6% 和 CLARACFC 在 1982～2009 年多年平均云量的 72.5% 均十分接近。经过云量影响去除后的全天大气顶上行短波辐射（SW_{aas}）2000～2009 年的变化量为（3.30±1.32）W/m², 大于调整前的（2.85±0.99）W/m², 表明云量的变化会影响全天大气顶上行短波辐射的变化量的估算，如果不对云量的影响予以剔除，会导致海冰辐射强迫多年变化量的估算结果出现偏差。

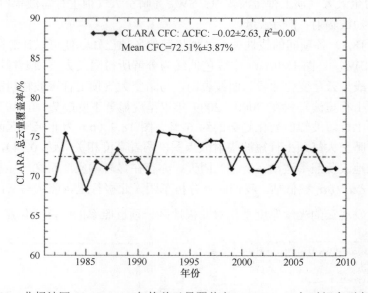

图 18.10 北极地区 CLARA-A1 年均总云量覆盖率 1982～2009 年时间序列变化曲线

基于"辐射核"方法的基本假设，在云量及其光学特征不变的情况下，全天海冰反照率辐射强迫变化与晴空海冰反照率辐射强迫变化的比值将保持不变，图 18.10 北极地区年均云量 1982～2009 年变化曲线表明，云量并无显著增加或减少趋势，且 1982～2009 年云量均值与 2000～2009 年云量均值十分接近，意味着可利用 2000～2009 年去除云量变化影响的全天大气顶上行短波辐射变化与晴空短波辐射变化的比值对"辐射核"方法的估算结果进行调整：

$$\Delta SIRF_{aas} = \Delta SIRF_{cs} \times \frac{\Delta SW_{aas}}{\Delta SW_{cs}} \tag{18.4}$$

式中，$\Delta SIRF_{cs}$ 为基于"辐射核"方法估算所得晴空海冰反照率辐射强迫 1982～2009 年的变化量；ΔSW_{aas} 为基于 CERES SSF 数据估算得到的去除云量变化影响的全天大气顶上行短波辐射 2000~2009 年的变化；ΔSW_{cs} 为基于 CERES SSF 数据估算所得晴空大气顶上行短波辐射变化；$\Delta SW_{aas}/\Delta SW_{cs}$ 为调整因子；$\Delta SIRF_{aas}$ 为调整后的全天海冰反照率辐射强迫变化。经过调整后，海冰反照率辐射强迫从 2000~2009 年的变化从（1.81±0.92）W/m² 调整为 2.99 W/m²。由于 2000~2009 年的平均云量 72.5%与 1982~2009 年的平均云量 72.6%十分接近，因此 2000~2009 年调整因子同样适用于 1982~2009 年。经过式（18.4）的调整，表 18.4 中所示北极海冰减少在全天条件下导致的本地、北半球，以及全球地气系统的年均反照率辐射强迫多年变化将被调整为表 18.5 中右侧所示结果。以北半球为例，调整后，北极海冰 1982~2009 年反照率辐射强迫变化将从原始"辐射核"估算所得（0.20±0.05）W/m² 调整为（0.33±0.09）W/m²。这一估算结果既高于 Flanner 等（2011）的低估值 0.22（0.15~0.32）W/m²，同时又低于 Pistone 等（2014）由于未去除云量、水汽等影响而得到的高估值（0.43±0.07）W/m²，更接近于真实结果。

表 18.5 基于原始"辐射核"方法（左）与调整后的北极海冰反照率辐射强迫的多年变化 （单位：W/m²）

	产品	all-sky $\Delta SIRF$			调整后 all-sky $\Delta SIRF$		
		GFDL	NCAR	Avg.	GFDL	NCAR	Avg.
Arctic	CLARA	2.55±0.68	2.35±0.64	2.45±0.66	4.05±1.01	4.27±1.06	4.15±1.03
	ERA-I	1.40±0.47	1.09±0.43	1.24±0.45	1.85±0.69	1.97±1.01	1.90±0.71
	MERRA	1.06±0.40	0.88±0.37	0.97±0.38	1.59±0.63	1.67±0.65	1.63±0.64
NH	CLARA	0.21±0.06	0.19±0.05	0.20±0.05	0.33±0.08	0.35±0.09	0.33±0.09
	ERA-I	0.11±0.04	0.09±0.04	0.10±0.04	0.15±0.06	0.16±0.06	0.15±0.06
	MERRA	0.09±0.03	0.07±0.03	0.08±0.03	0.13±0.05	0.14±0.05	0.13±0.05
Global	CLARA	0.10±0.03	0.10±0.03	0.10±0.03	0.17±0.04	0.17±0.04	0.17±0.04
	ERA-I	0.06±0.02	0.04±0.02	0.05±0.02	0.07±0.03	0.08±0.03	0.08±0.03
	MERRA	0.04±0.02	0.04±0.02	0.04±0.02	0.07±0.03	0.07±0.03	0.07±0.03

注：同时给出了调整前后的基于两套"辐射核"的估算量及其 95%的置信区间，以及基于两套"辐射核"的估算均值。

18.5.6 北极地区海冰反照率辐射反馈估算

在完成海冰反照率辐射强迫的多年变化估算的基础上，再进一步计算地表温度的多年变化，海冰反照率的辐射反馈（sea ice albedo feedback，SIAF）便可以利用式（18.2）计算得到。本章中采用了被广泛使用的 NASA GISSTEMP 地表温度产品进行区域与全球平均温度的多年变化计算。图 18.11 为基于 GISSTEMP 地表温度产品计算得到的北半球（黑色曲线）与全球（蓝色曲线）年平均的地表温度从 1982~2009 年的时间序列，如图 18.11 中所示，北半球 1982~2009 年的地表温度的线性变化为（0.79±0.16）K，而全球平均的升温幅度为（0.54±0.12）K。

表 18.6 中数值为利用对"辐射核"方法调整前后的海冰反照率辐射强迫变化（$\Delta SIRF$）与地表温度变化（ΔT_s），基于式（18.2）计算所得 1982~2009 年北极海冰融化分别在北半球与全球范围产生的辐射反馈。结果表明，北极海冰融化产生的地表反照率变化在过去 30 年对北半球产生的辐射反馈为 0.42 W/(m²·K)，大于 Flanner 等（2011）估算所得 0.28（0.19~0.41）W/(m²·K)，与其上限相当；而北极海冰变化对全球地气系统产生的辐射反馈为 0.31 W/(m²·K)，近三倍于 IPCC 第五次报告中基于 CMIP5 大气环流模式所

估算的 0.11 W/(m²·K) 结果，与其给出的全球反照率辐射反馈的数值相当。

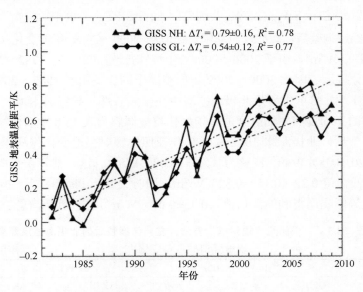

图 18.11 基于 GISSTEMP 地表温度产品计算得到的北半球（NH，黑色）与全球（GL，蓝色）年平均地表温度 1982～2009 年时间序列

其中给出了各曲线的多年线性变化及其 95%置信区间

表 18.6 对"辐射核"方法调整前后，1982～2009 年北极海冰反照率变化对北半球与全球地气系统产生的辐射反馈　　　　　　　　　　[单位：W/(m²·K)]

SIAF	radiative kernel		调整后 radiative kernel	
	北半球	全球	北半球	全球
CLARA	0.25	0.19	0.42	0.31
ERA-I	0.13	0.09	0.19	0.14
MERRA	0.10	0.07	0.16	0.12

18.5.7 结论与讨论

有关海冰反照率辐射反馈作用在北极升温中所扮演角色的重要性的争论一直在持续（Graversen et al.，2014；Kumar et al.，2010；Pithan and Mauritsen，2014；Screen and Simmonds，2010），无法达成一致。其中一个很重要的原因就是基于不同数据集与方法开展的海冰反照率辐射反馈估算差异很大。因此，准确合理的北极海冰反照率辐射反馈的估算不但能够帮助化解不同研究成果的争议，而且有助于理解北极升温的物理机制及其未来发展趋势。以往大部分有关海冰反照率辐射反馈的估算研究多基于模式的模拟（Colman，2013；Dessler，2013；Pithan and Mauritsen，2014；Taylor et al.，2013；Winton，2006），基于卫星观测的研究相对稀少。最近两项名义上基于卫星观测的估算研究（Flanner et al.，2011；Pistone，2014），所使用海冰反照率数据也并非真正意义上的长时间序列卫星反演陆表反照率，且两者间的差异非常大，亟待进一步的研究进行弥合。本章综合了卫星观测与模式模拟各自的独特优势，利用最新的 CLARA-A1 遥感反演长时

间序列陆表反照率数据集和经典的"辐射核"方法，并基于 CERES SSF 大气顶卫星观测辐射数据对"辐射核"方法的估算结果进行调整，最终估算出了北极海冰反照率辐射强迫及多年变化，以及海冰反照率变化所产生的辐射反馈作用，指出了现有研究的不足，并弥合了不同研究间的分歧，给出了更加准确的估算结果。

研究中，当我们尝试分析"辐射核"方法是否对全天辐射强迫变化的估算存在低估可能时，最关键的一点就是到底是什么因素导致了北极阴天（云顶）反照率的年际波动，我们通过数据分析发现超过 90%的北极阴天（云顶）反照率的年际变化是由海冰覆盖的变化（进而产生海表反照率的变化）所导致，云的光学厚度变化对云顶反照率的年际波动影响极其微弱。而"辐射核"方法在对海冰反照率的辐射强迫进行估算时，海表反照率变化在云顶的响应被过多的遮盖了，导致该方法出现了低估问题。基于这一重要发现，我们利用大气顶卫星观测对"辐射核"方法进行了改进，获得了更加准确的估算结果。最终研究发现，北极地区海冰从 1982~2009 年融化所导致的反照率降低使北极地区额外吸收了（4.15±1.03）W/m^2 的太阳短波辐射，相当于北半球与全球地气系统分别额外增加了（0.33±0.09）W/m^2 与（0.17±0.04）W/m^2 的短波辐射。而在此期间，全球由于二氧化碳增加导致的辐射强迫量为 0.8W/m^2 左右，意味着仅北极海冰变化所产生的反照率辐射强迫贡献就达到了二氧化碳温室效应的 21%。进一步计算此阶段海冰融化在不同尺度上产生的辐射反馈作用分别为北半球 0.42 W/(m^2·K)和全球 0.31 W/(m^2·K)，接近三倍于 IPCC 第五次报告所给出的 0.11 W/(m^2·K)的模式估算。如果考虑到海冰反照率的辐射反馈仅相当于全球反照率辐射反馈的 37%±9%（Winton，2006），则全球反照率变化产生的辐射反馈约为 0.84 W/(m^2·K)。

18.6 小　　结

北极地区海冰覆盖近30年的加速融化给本地区和整个地气系统的短波辐射收支均产生了显著影响。为了准确认识北极海冰融化所产生的辐射效应，国内外已有大量的研究工作相继开展。但是受所使用数据集与研究方法的限制，不同研究间仍存在巨大差异。

本章我们在回顾北极海冰覆盖变化研究现状、海冰辐射效应的相关概念与研究现状的基础上，进一步利用长时间序列遥感反演陆表反照率与"辐射核"方法对北极海冰反照率变化所产生的辐射效应进行了研究，利用 CERES SSF 大气顶卫星观测辐射数据对"辐射核"方法可能存在的问题进行了分析，并在此基础上对其估算结果进行调整，最终估算得到北极海冰融化所产生的反照率辐射强迫及其变化，以及海冰反照率变化的辐射反馈作用。弥合了不同研究结果间的分歧，给出了更加准确的估算结果。

（1）通过数据分析发现，大气再分析产品普遍存在对海冰反照率辐射强迫变化的低估问题，且低估主要发生在太阳短波下行辐射较大的海冰融化季节，从而导致严重的大气顶短波辐射收支误差。

（2）北极地区超过 90%的阴天（云顶）反照率的年际变化与海冰覆盖变化引起的陆表反照率异常有关，云的光学厚度变化对云顶反照率的年际波动影响极其微弱，而"辐射核"方法由于过多遮盖了海表反照率变化在云顶的响应，导致对海冰辐射强迫的多年变化估算出现了低估问题。

（3）利用大气顶直接观测估算海冰反照率的辐射强迫变化，由于估算结果受到云量、水汽等的影响，同样也会使得估算结果存在一定问题。

（4）基于以上发现，本章利用经过云量影响剔除的大气顶观测数据对"辐射核"方法进行改进，结果表明北极地区海冰融化导致的反照率降低使得北极本地区1982～2009年额外吸收了（4.15±1.03）W/m^{2}的太阳短波辐射，相当于北半球与全球地气系统分别额外增加了（0.33 ± 0.09）W/m^{2}与（0.17 ± 0.04）W/m^{2}的短波辐射。而此期间，全球由于二氧化碳增加导致的辐射强迫量为0.8W/m^{2}左右，仅北极海冰一项的地表反照率辐射强迫贡献就达到了二氧化碳温室效应的21%。进一步计算海冰融化产生的辐射反馈为北半球0.42 W/（m^2·K），全球0.31 W/（m^2·K），接近三倍于IPCC第五次报告所评估的0.11 W/（m^2·K）。如果考虑到海冰反照率的辐射反馈仅相当于全球反照率辐射反馈的37%±9%（Winton，2006），则全球反照率变化产生的辐射反馈约为0.84 W/（m^2·K）。

参 考 文 献

Bernstein L, Bosch P, Canziani O. 2008. Climate change 2007-synthesis report. Melbourne: Intergovernmental Panel on Climate Change, International Journal of Climatology, 11(4): 457-458

Brodzik M J, Billingsley B, Haran T, Raup B, Savoie M H. 2012. EASE-Grid 2.0: Incremental but significant improvements for Earth-Gridded data sets. ISPRS International Journal of Geo-Information, 1(3): 32-45

Bromwich D H, Wicolas J D, Monaghan A J. 2012. Central West Antarctica among the most rapidly warming regions on Earth. Nature Geoscience, 6(2): 139-145

Bruce A W, Bruce R B, Edwin F H, et al. 1996. Clouds and the Earth's Radiant energy system(CERES)-An Earth observing system experiment. Bulletin of the American Meteorological Society, 77(5): 853-868

Cavaieri D, Parkinson C, Gloersen P, Zwally H J. 1996. Sea Ice Concentrations from Nimbus-7 SMMR and DMSP SSMI-SSMIS passive microwave data. Boulder, Colorado USA: NASA DAAC at the National Snow and Ice Data Center

Cohen J, Screen J A, Furtado J C, et al. 2014. Recent Arctic amplification and extreme mid-latitude weather. Nature Geoscience, 7(9): 627-637

Colman R A. 2013. Surface Albedo feedbacks from climate variability and change. Journal of Geophysical Research: Atmospheres, 118: 2827-2834

Colman R A, Hanson L I. 2012. On atmospheric radiative feedbacks associated with climate variability and change. Climate Dynamics, 40(1-2): 475-492

Comiso J C. 2002. A rapidly declining perennial sea ice cover in the Arctic. Geophysical Research Letters, 29(20): 17-1-17-4

Comiso J C, Hall D K. 2014. Climate trends in the Arctic as observed from space. Wiley Interdisciplinary Reviews: Climate Change, 5(3): 389-409

Comiso J C, Parkinson C L, Gersten R, Stock L. 2008. Accelerated decline in the Arctic sea ice cover. Geophysical Research Letters, 35(1): L01703

Crook J A, Forster P M, Stuber N. 2011. Spatial patterns of modeled climate feedback and contributions to temperature response and polar amplification. Journal of Climate, 24(14): 3575-3592

Cullather R I, Bosilovich M G. 2012. The energy budget of the polar atmosphere in MERRA. Journal of Climate, 25(1): 5-24

Dee D P, Uppala S M, Simmons A J, et al. 2011. The ERA-Interim reanalysis: Configuration and performance of the data assimilation system. Quarterly Journal of the Royal Meteorological Society, 137(656): 553-597

Dessler A E. 2013. Observations of climate feedbacks over 2000–2010 and comparisons to climate models. Journal of Climate, 26: 333-342

Dessler A E. 2010. A determination of the cloud feedback from climate variations over the past decade. Science, 330(6010): 1523-1527

Dessler A E, Loeb N G. 2013. Impact of dataset choice on calculations of the short-term cloud feedback. Journal of Geophysical Research: Atmospheres, 118(7): 2821-2826

Dessler A E, Schoeberl M R, Wang T, Davis S M, Rosenlof K H. 2013. Stratospheric water vapor feedback. Proceedings of the National Academy of Sciences, 110(45): 18087-18091

Ding Q, Wallace J M, Battisti D S, et al. 2014. Tropical forcing of the recent rapid Arctic warming in northeastern Canada and Greenland. Nature, 509(7499): 209-212

Donohoe A, Battisti D S. 2011. Atmospheric and surface contributions to planetary Albedo. Journal of Climate, 24(16): 4402-4418

Easterling D R, Wehner M F. 2009. Is the climate warming or cooling. Geophysical Research Letters, 36(8): L08706

Flanner M G, Shell K M, Barlage M, Perovich D K, Tschudi M A. 2011. Radiative forcing and albedo feedback from the Northern Hemisphere cryosphere between 1979 and 2008. Nature Geoscience, 4(3): 151-155

Gordon N D, Jonko A K, Forster P M, Shell K M. 2013. An observationally based constraint on the water-vapor feedback. Journal of Geophysical Research: Atmospheres, 118(22): 12435-12443

Graversen R G, Langen P L, Mauritsen T. 2014. Polar amplification in the CCSM4 climate model, the contributions from the lapse-rate and the surface-albedo feedbacks. Journal of Climate, 27(12): 4433-4450

Graversen R G, Mauritsen T, Tjernstrom M, Kallen E, Svensson G. 2008. Vertical structure of recent Arctic warming. Nature, 451(7174): 53-56

Hansen J, Ruedy R, Sato M, Lo K. 2010. Global surface temperature change. Reviews of Geophysics, 48(4): RG4004

Hurrell J W, Hack J J, Shea D, Caron J M, Rosinski J. 2008. A new sea surface temperature and sea ice boundary dataset for the community atmosphere model. Journal of Climate, 21(19): 5145-5153

Karlsson K G, Riihela A, Miiller R, et al. 2013. CLARA-A1: The CM SAF cloud, albedo and radiation dataset from 28 yr of global AVHRR data. Atmospheric Chemistry and Physics, 13(1): 935-982

Kerr R A. 2009. Arctic summer sea ice could vanish soon but not suddenly. Science, 323(5922): 1655

Kosaka Y, Xie S P. 2013. Recent global-warming hiatus tied to equatorial Pacific surface cooling. Nature, 501(7467): 403-407

Kumar A, Perlwitz J, Eischeid J, et al. 2010. Contribution of sea ice loss to Arctic amplification. Geophysical Research Letters, 37: L21701

Kwok R, Rothrock D A. 2009. Decline in Arctic sea ice thickness from submarine and ICESat records: 1958-2008. Geophysical Research Letters, 36: L15501

Lindsay R, Wensnahan M, Schweiger A, Zhang J. 2014. Evaluation of seven different atmospheric reanalysis products in the Arctic. Journal of Climate, 27(7): 2588-2606

Liu Y, Key J R. 2014. Less winter cloud aids summer 2013 Arctic sea ice return from 2012 minimum. Environmental Research Letters, 9(4): 044002

Liu Y, Key J R, Liu Z, Wang X, Vavrus S J. 2012. A cloudier Arctic expected with diminishing sea ice. Geophysical Research Letters, 39(5): L05705

Markus T, Stroeve J C, Miller J. 2009. Recent changes in Arctic sea ice melt onset, freezeup, and melt season length. Journal of Geophysical Research, 114: C12024

Maslanik J, Fowler C, Stroeve J, et al. 2007. A younger, thinner Arctic ice cover: Increased potential for rapid, extensive sea-ice loss. Geophysical Research Letters, 34: L24501

Parkinson C L, Cavalieri D J. 2012. Antarctic sea ice variability and trends, 1979-2010. The Cryosphere, 6(4):

871-880

Perovich D K, Nghiem S V, Markus T, Schweiger A. 2007. Seasonal evolution and interannual variability of the local solar energy absorbed by the Arctic sea ice–ocean system. Journal of Geophysical Research, 112: C03005

Pistone K. 2014. Observational estimates of planetary albedo changes due to anthropogenic effects. PhD Literature

Pistone K, Eisenman I, Ramanathan V. 2014. Observational determination of albedo decrease caused by vanishing Arctic sea ice. Proceedings of the National Academy of Sciences of the United States of America, 11(9): 3322-3326

Pithan F, Mauritsen T. 2014. Arctic amplification dominated by temperature feedbacks in contemporary cliamte models. Nature Geoscience, 7: 181-184

Qu X, Hall A. 2006. Assessing snow albedo feedback in simulated climate change. Journal of Climate, 19: 2617-2630

Qu X, Hall A. 2013. On the persistent spread in snow-albedo feedback. Climate Dynamics, 42(1-2): 69-81

Reynolds W R, Nick R A, Thomas S M, Diane S C, Wang W. 2002. An improved in situ and satellite SST analysis for climate. Journal of Climate, 15: 1609-1635

Rienecker M M, Suarez M J, Gelaro R, et al. 2011. MERRA: NASA's modern-era retrospective analysis for research and applications. Journal of Climate, 24(14): 3624-3648

Riihelä A, Laine V, Manninen T, Palo T, Vihma T. 2010. Validation of the climate-SAF surface broadband albedo product: Comparisons with in situ observations over Greenland and the ice-covered Arctic Ocean. Remote Sensing of Environment, 114(11): 2779-2790

Riihelä A, Manninen T, Laine V. 2013a. Observed changes in the albedo of the Arctic sea-ice zone for the period 1982–2009. Nature Climate Change, 3: 895-898

Riihelä A, Manninen T, Laine V, Andersson K, Kaspar F. 2013b. CLARA-SAL: A global 28 yr timeseries of Earth's black-sky surface albedo. Atmospheric Chemistry and Physics, 13(7): 3743-3762

Rothrock D A, Yu Y, Gary A M. 1999. Thinning of the Arctic sea-ice cover. Geophysical Research Letters, 26(23): 3469-3472

Schneider D P, Deser C, Okumura Y. 2011. An assessment and interpretation of the observed warming of West Antarctica in the austral spring. Climate Dynamics, 38(1-2): 323-347

Schröder D, Feltham D L, Flocco D, Tsamados M. 2014. September Arctic sea-ice minimum predicted by spring melt-pond fraction. Nature Climate Change, 4(5): 353-357

Screen J A, Simmonds I. 2010. The central role of diminishing sea ice in recent Arctic temperature amplification. Nature, 464(7293): 1334-1337

Serreze M, Barrett A P, Stroeve J C, Kindig D N, Holland M M. 2009. The emergence of surface-based Arctic amplification. The Cryosphere, 2: 601-622

Serreze M C, Barrett A P, Stroeve J. 2012. Recent changes in tropospheric water vapor over the Arctic as assessed from radiosondes and atmospheric reanalyses. Journal of Geophysical Research, 117: D10104

Shell K M, Kiehl J T, Shields C A. 2008. Using the radiative kernel technique to calculate climate feedbacks in NCAR's community atmospheric model. Journal of Climate, 21(10): 2269-2282

Soden B J, Held I M, Colman R, et al. 2008. Quantifying climate feedbacks using radiative Kernels. Journal of Climate, 21(14): 3504-3520

Stroeve J, Holland M M, Meier W, Scambos T, Serreze M. 2007. Arctic sea ice decline: Faster than forecast. Geophysical Research Letters, 34(9): L09501

Stroeve J C, Markus T, Boisvert L, Miller J, Barrett A. 2014. Changes in Arctic melt season and implications for sea ice loss. Geophysical Research Letters, 41(4): 1216-1225

Taylor P C, Cai M, Hu A, et al. 2013. A decomposition of feedback contributions to polar warming amplification. Journal of Climate, 26(18): 7023-7043

Tilling R L, Ridout A, Shepherd A, Wingham D J. 2015. Increased Arctic sea ice volume after anomalously low melting in 2013. Nature Geoscience, 8: 643-646

Vaughan D G, Comiso J C, Allison I, et al. 2013. Observations: Cryosphere. In: Climate Change 2013: The

Physical Science Basis. Contribution of Working Group I to the Fifth Assessment Report of the Intergovernmental Panel on Climate Change. Cambridge: Cambridge University Press: 317-382

Vavrus S, Holland M M, Bailey D A. 2010. Changes in Arctic clouds during intervals of rapid sea ice loss. Climate Dynamics, 36(7-8): 1475-1489

Wei M, Qiao F, Deng J. 2015. A quantitative definition of global warming hiatus and 50-year prediction of global mean surface temperature. Journal of the Atmospheric Sciences, 72(8): 3281-3289

Winton M. 2006. Amplified Arctic climate change: What does surface albedo feedback have to do with it. Geophysical Research Letters, 33: L03701

Zelinka M D, Hartmann D L. 2012. Climate feedbacks and their implications for poleward energy flux changes in a warming climate. Journal of Climate, 25(2): 608-624

第19章 北半球陆表积雪变化*

陈晓娜 [1,2]，梁顺林 [2,3]，曹云锋 [2,4]

积雪变化是气候变化背景下研究者普遍关注的一个课题。大尺度上，积雪与地球表层能量平衡、大气循环、湿度、降水和流域水文状况等有着重要的联系。小尺度上，积雪对局部气温、干旱状况、土壤湿度、融雪径流量等起着决定性作用。同时，积雪既是干旱、半干旱和高海拔地区重要的水源补给，是造成冰冻和融雪洪水灾害的直接原因，也是影响水资源管理、生态环境建设和社会经济可持续发展的关键因素。因此，研究气候变化背景下包括我国在内的北半球积雪的变化特征，探索积雪变化的驱动因子和积雪变化所产生的影响具有一定的现实意义。

随着北半球积雪面积（snow cover extent，SCE）的消减和地球-大气系统中二氧化碳气体含量的持续增加，全球气温在近100多年来发生了显著变化，包括升温速度的加快（Hansen et al.，2010）、升温幅度的区域差异（Screen，2014）、极端气候事件的增加（Cohen et al.，2014）等。国内外学者研究证明，该变化将对北半球的积雪状况产生深远影响，包括冬季极端暴风雪事件的增加（Cohen et al.，2012）、积雪持续时间的减短（Choi et al.，2010；Whetton et al.，1996）、融雪期的提前（Wang et al.，2013）等。基于此背景，本章着重介绍气候变化背景下北半球 SCE 和积雪物候（snow cover phenology，SCP）的时空变化及其产生的影响。

19.1 积雪的基本特征及其重要作用

19.1.1 积雪的基本特征

积雪是北半球冰冻圈分布最广泛、年际和季节变化最显著的重要组成部分，是全球气候变化过程中的一个重要变量。积雪与地球表层能量平衡、大气循环、湿度、降水和流域的水文状况有着重要联系，且具有明显的反馈作用（Frei et al.，2012；施雅风和张祥松，1995）。了解积雪的特征是进行积雪变化研究的基础，积雪的基本特征如下：

1. 积雪的高反射率、低导热率

积雪在波长为 0.5 μm 左右的可见光波段有较高的反射率，而在 1.6 μm 左右的短波

---

1. 水沙科学与水利水电工程国家重点实验室，清华大学水利水电工程系；2. 遥感科学国家重点实验室，北京师范大学地理科学学部；3. 美国马里兰大学帕克分校地理科学系；4. 精准林业北京市重点实验室，北京林业大学

* 本章节受国家 863 计划重点项目"全球陆表特征参量产品生成与应用研究"（编号：2013AA122800）和国家留学基金委的共同资助，在此表示感谢

红外波段有较强的吸收特征；大部分云在可见光波段有较高的反射率，在短波红外波段反射率依然很高，这是利用光学遥感数据进行积雪信息提取的物理基础（Hall et al.，1995；陈晓娜等，2010）。通常在可见光范围内，纯净新雪表面反射率在 0.8 以上（冯学智等，2000）。由于积雪在可见光波段的高反射特征，到达地面的太阳辐射有一部分被反射回太空，因此积雪对地球-大气系统有一定的辐射降温效应。据美国冰雪数据中心研究表明，如果没有积雪覆盖地球表层吸收的太阳辐射大约是有积雪覆盖状态下的 4~6 倍（NSIDC，2014）。因此，积雪覆盖状况比任何一种其他地表覆盖特征都更能影响地球表层的冷热状况。

因为积雪的上述特征，积雪对地球表层水汽和能量收支有巨大的影响作用。积雪的存在造成了地表反照率在年际、年内和不同季节间的显著差异。积雪覆盖地表可反射高达 80%~90% 的入射太阳辐射，而无积雪覆盖的地表，如土壤或植物，仅能够反射入射太阳辐射的 10%~20%。近期的北半球积雪变化研究表明，在全球变暖背景下北半球 SCE 迅速减少（Brown and Robinson，2011；Derksen and Brown，2012），SCE 的减少减弱了地球表面对太阳辐射的反射能力，使地球-大气系统吸收更多的入射的太阳辐射能量，从而造成地球-大气系统的增温和积雪的进一步消融，这是典型的气温作用下积雪-地表反照率反馈（snow-albedo feedback，SAF）机制（Hall，2004；Qu and Hall，2014）。

另外，积雪融化产生大量的潜热，因此融雪期积雪还是一个巨大的散热器。其结果是，季节性积雪是总气候系统热惯性的一个主要来源，因为它在气温变化较小或者基本不变的情况下，也能通过积雪消融过程消耗大量的能量。

2. 北半球积雪的纬度地带性和垂直地带性

积雪分布具有显著的纬度地带性和垂直地带性特征。按照积雪覆盖的时间特征，北半球从北极地区到中、低纬度，积雪分布类型依次为：永久积雪区（全年有积雪覆盖）、稳定的季节积雪区（持续时间在 2 个月以上）、不稳定的积雪性积雪区（持续时间不足 2 个月）和无积雪区（中国气象局，2009）。地球上永久积雪区大约有 $1.7 \times 10^7 km^2$，占陆地面积的 11%，是现代冰川发育的摇篮。北半球永久性积雪区主要分布在格陵兰、北冰洋西部岛屿，以及中低纬度高山地区。

依据美国冰雪数据中心的量化结果（NSIDC，2014），北半球积雪和海冰的空间分布见图 19.1。从空间面积来说，季节性积雪是冰冻圈的最大组成部分之一，其平均冬季 SCE 为 $4.7 \times 10^7 km^2$，其中 98% 分布在北半球（NSIDC，2014）。除了高纬度北极海冰覆盖地区外，北半球中、高纬度的大部分地区被积雪覆盖（图 19.1）。对中国区域而言，SCE 约为 $9.0 \times 10^6 km^2$。其中永久积雪区约 $5 \times 10^4 km^2$，零星分布在西部高山冰川积累区。稳定季节积雪区面积有 $4.2 \times 10^6 km^2$，主要分布区域包括东北、内蒙古东部和北部、新疆北部和西部、青藏高原区。不稳定季节积雪区南界于 24°~25°N。无积雪地区仅包括福建、广东、广西、云南四省（区）南部、海南省和台湾省大部分地区。

同时，积雪分布还具有显著的垂直地带性特征。气温对海拔变化非常敏感，一般来说，海拔每升高 100m，气温约下降 0.6℃。而积雪的分布很大程度上受气温影响。因此，从高海拔地区到低海拔地区，积雪的垂直地带性分布与纬度地带性的分布相似。

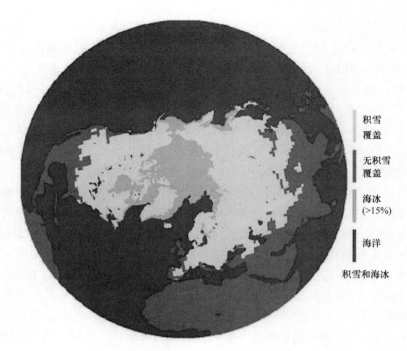

图 19.1 北半球积雪分布图（彩图附后）

1979~2011 年北半球冬季最大积雪面积（$5.1 \times 10^7 \text{km}^2$，2010 年 2 月 8~14 日）；数据来源于 http://nsidc.org/cryosphere/sotc/snow_extent.html

3. 北半球积雪的季节性变化规律

因为积雪对气温变化的高度敏感性，北半球积雪还具有显著的季节性变化规律。依据美国冰雪数据中心 NSIDC 对北半球 SCE 的统计分析结果可知（图 19.2），北半球 SCE 的年内最低值在 8~9 月，之后月平均 SCE 缓慢增加，在次年 2 月达到最高值，并在 3 月开始消融。因此，研究者一般将 9 月至次年 8 月作为一个北半球积雪循环的一个水文年，其中 9 月至次年 2 月为积雪的累积期，3~8 月为积雪的消融期（Chen et al., 2015）。

19.1.2 积雪对气候变化的响应

作为一种特殊的下垫面，积雪对气温、降水、季风、环流、辐射等气候环境变化十分敏感，尤其是气温和降水。气温和降水与积雪的存在与否高度相关，而气温和降水的变化又进一步作用于积雪的变化（李海花等，2015；陈晓娜和包安明，2011）。现有研究表明，SCE 变化与气温负相关，而与累积期降水正相关（Brown and Robinson, 2011; Chen et al., 2015; Derksen and Brown, 2012; 李海花等，2015；除多等，2011）。同时，积雪变化还与季风（Li and Wang, 2014; Pu et al., 2008；徐丽娇等，2010；程龙等，2013）、环流（Cohen et al., 2010；唐红玉等，2014）等气候因子的变化密切相关。概括起来，积雪对气候变化的响应主要表现在以下五个方面。

1. 对气候变化的敏感性

积雪对温度的变化十分敏感，任何时间和空间尺度的气候变化都伴随着不同规模的

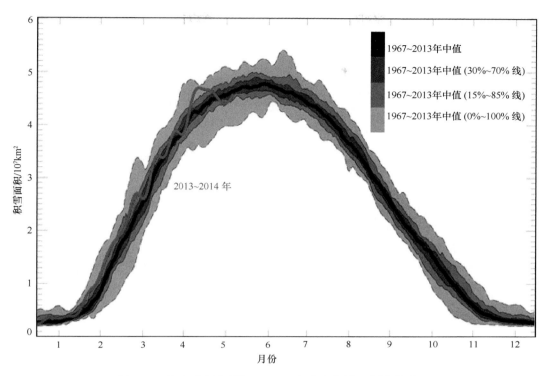

图 19.2 北半球积雪面积（SCE）年内变化图（彩图附后）

1979~2013 年北半球月平均 SCE 变化；1979~2013 年月平均 SCE 由黑色表示，灰色表示其数据范围；2013 年 9 月至 2014 年 1 月的 SCE 由红线表示；在 2013~2014 年初冬，北半球月平均 SCE 比 1967~2013 年的月平均 SCE 值要大，但依然在 1967~2013 年月平均 SCE 值的变化区间内；数据来源于 State of the Cryosphere: Northern Hemisphere Snow, http://nsid.c.org/cryosphere/sotc/snow_extent.html

积雪波动。大气中二氧化碳和其他具有温室效应的微量气体不断增加，导致气候变暖，SCE 减少、积雪持续时间变短，引起永久积雪边缘带的消融和海平面上升。反之，则 SCE 扩大，积雪持续时间增长。季节积雪的年际波动与厄尔尼诺-南方涛动有关（Wu et al.，2012），是全球海洋-大气关系异常和火山喷发导致温度变化的结果。

2. 辐射冷却效应

季节性积雪是北半球冬季最显著的地表覆盖特征之一。新雪可反射太阳短波辐射的 85%~95%，仅红外部分被表层吸收，热辐射率达 0.98~0.99，几乎接近完全黑体。因此，积雪可形成冷源性下垫面和近地层逆温层结，使近地面气温下降。积雪区与无积雪区之间热状况的显著差异，使中纬度气旋活动加强。同时，积雪异常会导致气旋路径偏移。欧亚大陆积雪的波动，影响东亚大气环流、印度季风活动和中国初夏降水。积雪变化还引起反照率-温度反馈的正向循环：若积雪增加，地表反射率增加，吸收的太阳能量减少，气温降低，降雪量增加；反之，则气温升高，降雪量减少。

3. 融雪水文效应

季节性积雪是融雪性径流的主要水源。陆地上每年从降雪获得的淡水补给量约为 $60000×10^8 m^3$，约占陆地淡水年补给量的 5%。亚洲、欧洲、北美洲三大洲北部和山区河流主要靠季节积雪融水补给。同时，冬季雪储量的多少还决定着流域用水计划和春汛规模。

我国季节性积雪资源丰富，其平均降雪补给量为 3451.8×10⁸m³，由积雪转化而来的融雪水资源在我国的水资源构成中占有重要地位，尤其是对于我国青藏高原和西北干旱地区，由积雪水资源转化而来的融雪径流作为干旱区径流的重要组成部分，其分配及管理模式将直接影响到流域内的工农业生产及生态环境建设（包安明等，2010）。

4. 生态效应

积雪的热传导性很差，有效热传导率只有 0.00063～0.00167 J/cm，是地表良好的绝热层。即使气温大大低于冰点，厚度为 30～50 cm 的雪层亦可使所覆盖的土壤不被冻结，为作物创造良好的越冬条件。而且积雪表面的蒸发量很小，几乎接近于零，所以对土壤蓄水保墒、防止春旱具有十分显著的作用。

同时，积雪状态与地表积温相关的生物和生态过程密切相关，如作物生长和动物迁移。Zeng 和 Jia（2013）发现积雪对植被物候产生影响。同时，Bokhorst 等（2009）发现气温升高导致高纬度地区冬季积雪减少，这将对高纬度地区的植物的叶面积产生影响，降低次年的作物产量。

5. 灾害效应

以融雪径流为补给水源的河流汛期主要发生在春、夏季节，随着春季气温升高，融雪径流的补给水量和洪峰时间都将发生显著变化。急剧的融雪事件易引发洪水，同时也易诱发雪崩、泥石流等自然灾害。以新疆地区为例，新疆地区的融雪洪水灾害主要发生在北部积雪资源丰富的阿勒泰地区（塔城地区和天山北坡一带）。随着全球气候变暖，尤其是新疆 1887 年开始的从暖干向暖湿的转型，融雪性洪水的频率增加，其带来的灾害效应引起了越来越多的关注。

19.2 常用的积雪数据集

目前，对积雪的观测主要有遥感观测和地面台站两种手段（Frei et al.，2012；黄晓东等，2012）。地面台站观测可以获取长时间序列的积雪信息，但是由于观测台站大多位于地势平坦的城镇周边及河谷地区，空间连续性较差，一些偏远地区以及高寒高海拔地区无法对积雪进行观测，空间代表性不足，不能及时、全面、准确地反映积雪分布状况（Liu and Chen，2011）。随着空间和信息技术的快速发展，卫星遥感技术从 20 世纪 60 年代开始逐渐成为一种有效的积雪观测手段。遥感，特别是卫星遥感资料在综合观测系统中的作用越来越大，遥感技术以其宏观、快速、周期性、多尺度、多层次、多谱段、多时相等优势（Yang et al.，2013），在积雪动态监测中发挥着重要作用，它能以一种比较高的时空分辨率对全球的积雪进行反复观测，不仅比陆地常规观测更加及时有效的获得大范围乃至全球的积雪覆盖信息，而且有能力监测到积雪深度、积雪水当量、积雪状态、积雪反照率等积雪相关信息，弥补了常规地表台站空间分布有限，空间代表性不足、数据获取困难，以及投入较大等不足（Liu and Chen，2011；黄晓东等，2012）。

19.2.1 遥感观测数据

比较常用的积雪遥感观测数据有基于可见光-近红外的积雪面积和基于微波的积雪深度和积雪水当量数据。基于可见光-近红外的积雪面积数据包括 NSIDC 发布的交互式多传感器的冰雪制图系统（interactive multi-sensor snow and ice mapping system，IMS）日 SCE 数据（Helfrich et al.，2007）、北半球周积雪和海冰覆盖范围数据（northern hemisphere EASE-Grid 2.0 weekly snow cover and sea ice extent，NHSCE；Helfrich et al.，2007；Robinson et al.，1993）、基于 MODIS 的日、8 天合成及月积雪数据集（Hall et al.，1995）。基于微波的积雪遥感数据包括 SMMR（scanning multichannel microwave radiometer）、AMSR-E（the advanced microwave scanning radiometer for EOS）和从 NISE（near-real-time ice and snow extent，近实时的积雪深度数据集）获得的积雪水当量（snow water equivalent，SWE）数据集（Nolin et al.，1998）等。

1. 可见光-近红外积雪数据

IMS 日积雪覆盖数据集由 0 和 1 组成，它是基于所有现阶段可用的卫星数据（自动积雪制图算法）和其他辅助数据的积雪分析模型手动生成的（Helfrich et al.，2007）。该积雪分析模型主要依赖于可见光-近红外卫星影像，但同时也使用了站点观测和微波数据。该数据空间分辨率有 24 km 和 4 km 两种，时间尺度从 1997 年年初到现在。

NHSCE 周 SCE 数据是美国国家海洋和大气管理局（National Oceanic and Atmospheric Administration，NOAA）/美国国家气候数据中心（National Climatic Data Center，NCDC）生产的 25 km 北半球 SCE 气候数据记录（climate data record，CDR）生成（Robinson et al.，1993）。该数据目前的版本为 4.0。该版本数据在 1997 年之后，基于 IMS 日积雪产品，再使用改进的合成算法生成每周/近似每周的 SCE 数据。与 IMS 积雪数据相比，NHSCE 积雪产品是现阶段时间尺度最长的、基于遥感观测的 SCE 数据集（从 1966 年 10 月 4 日到现在），这使得 NHSCE 积雪数据可以被用来研究积雪变化的长期趋势。因此，NHSCE 广泛使用于现阶段的积雪变化研究中（Brown et al.，2010；Brown 和 Robinson，2011；Chen et al.，2015；Choi et al.，2010）。Brown 和 Robinson（2011）对 NHSCE 数据进行的不确性分析结果表明 1966～2010 年 NHSCE 积雪数据的春季 SCE 在 95%的置信水平下误差为±3%～5%。

MODIS 积雪遥感数据包括日（MOD/MYD10A1、MOD/MYD10C1）、8 天合成（MOD/MYD10A2、MOD/MYD10C2）和月数据（MOD/MYD10CM）（Hall et al.，1995）。以 MOD10A1 日 SCE 数据为例，晴空状态下，其总体积雪识别精度为 93%（Hall and Riggs，2007），在 50×50 像元的积雪识别精度评估中准确度高达 94%（Hall et al.，1995）。相对于 MOD10A1，8 天合成的 MOD10A2 SCE 产品通常更加有用，因为在很多地区，尤其是高海拔地区，多云的天气使得有效地面观测数据特别少（Frei et al.，2012）。

2. 微波积雪数据

基于 AMSR-E/Aqua L2A 空间重采样的全球亮温数据集（global swath spatially-resampled brightness temperatures data set），NSIDC 生产了 AMSR-E/Aqua L3 全球 SWE 数据集。该数据集提供全球 2002 年 6 月～2011 年 10 月 25 km 的全球 SWE 和相应的精度标识数据集，时间分辨率为日、5 天和月三种（Tedesco et al.，2004）。

NISE 为全球的日 SWE 观测数据集。NSIDC 通过特殊传感器微波成像仪/测深仪（special sensor microwave imager/sounder，SSMI/S）数据生产 NISE SWE 产品（Hall et al.，2002），其 SCE 制图算法将积雪深度大于 2.5 cm 的像元标示为有积雪覆盖的像元。

与可见光-近红外积雪遥感数据相反，基于微波的积雪遥感数据不依赖于阳光，因此能够弥补高纬度地区可见光-近红外积雪遥感数据缺失的问题。另外，被动微波数据可以对云层具有一定的穿透能力，可以估算云层下方积雪信息。但是依据对半球尺度积雪产品的相对精度评估，有研究表明基于可见光-近红外数据反演得到的结果比基于微波数据反演得到的结果精度要高，因为微波数据很难将湿、浅的积雪和湿、没有积雪的地面分离开（Brown et al.，2007）。

19.2.2 再分析积雪数据

除了遥感积雪数据集，再分析积雪数据集在大尺度积雪变化研究中也经常被使用，如加拿大气候中心（Canada Meteorological Center，CMC）生产的日积雪深度数据（Brasnett，1999）。CMC 日积雪深度数据广泛应用于北半球积雪变化研究中（Brasnett，1999；Brown et al.，2003；Brown and Robinson，2011；Chen et al.，2015）。CMC 日积雪深度数据是利用实测的日积雪深度数据进行优化插值而生成，该插值算法基于一个基于气温和降水的加拿大预报模型的融雪径流模型获取初始值（Brasnett，1999），并且只有积雪深度（初始值）大于 1 cm 的格网才会被认为完全被积雪覆盖。但由于北极高海拔区域的实测站点数据比较少，CMC 积雪深度数据大量被基于模型得到的初始的假象值填充。另外，现有雪深观测数据大多分布在积雪融化较早的开阔地区（Brown et al.，2003），这会给模型的初始值带来一定误差。

19.2.3 台站积雪数据

除了遥感观测和再分析积雪数据，站点积雪数据集也在积雪变化研究中被广泛使用，其中具有代表性的有全球历史气候网（Global Historical Climatology Network，GHCN）3.0 版本的数据（Menne et al.，2012）和欧洲气候评估和数据集（European Climate Assessment and Dataset，ECAD；Klein Tank et al.，2002）等。

通过整合和检查多个国家的站点观测数据，GHCN 和 ECAD 两个数据集涵盖了北半球大部分的积雪深度观测数据，尤其是高纬度地区。但是大部分 GHCN 和 ECAD 站点因为数据更新等原因，其 2013 年、2014 年的积雪数据并不完整。本章统计了包含 2001～2012 年积雪深度的 GHCN 和 ECAD 站点，其分布见图 19.3。

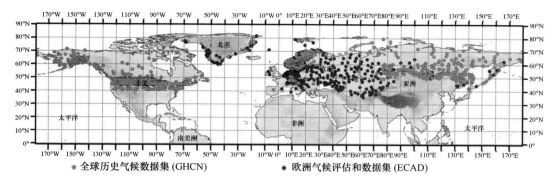

图 19.3　包含 2001~2012 年北半球实测积雪深度的 GHCN 和 ECAD 站点分布图（彩图附后）

另外，由 Rutgers 大学积雪实验室发布的 SCE 统计数据集（http://climate.rutgers.edu/snowcover）在积雪变化研究中也被广泛应用。该数据集是基于 NHSCE SCE 数据统计得到（Estilow et al.，2015）。该数据被广泛应用于气候变化研究、北半球 SCE 的监测以及与模型数据的对比分析等（Derksen and Brown 2012；Déry and Brown 2007）。

19.3　北半球积雪变化特征分析

积雪面积 SCE 和积雪物候 SCP 是积雪的两个重要指示因子。基于现有积雪遥感观测数据，本节主要讨论气候变化背景下北半球 SCE 和 SCP 的变化特征。

19.3.1　北半球积雪面积的时空变化特征

现有研究表明北半球 SCE 在全球气温变暖的背景下迅速减少（Brown et al.，2010；Brown and Robinson，2011；Derksen and Brown，2012；Déry and Brown，2007），尤其是在春季。基于多源积雪遥感数据集，Brown 等（2010）发现北半球泛北极地区 5 月和 6 月的 SCE 在 1967~2008 年分别减少了 14%和 46%。通过与北极地区海冰面积的对比分析，Derksen 和 Brown（2012）进一步研究发现 1979~2011 年 6 月北半球 SCE 的减少速度甚至是 9 月北极地区海冰面积减少速度的两倍左右。尤其在 2008 年以后，北半球 SCE 的消减速度甚至超过了 IPCC AR5 气候模型的预测值（Derksen and Brown，2012）。

1982~2013 年北半球 SCE 变化见图 19.4，其中 5~7 月 SCE 减少最为显著（$-0.89\times 10^6 km^2/10a$），尤其是 2008 年以后（$-2.55\times 10^6 km^2/10a$）。然而，1998~2008 年 5~6 月欧亚大陆和北美地区呈现不一样的变化趋势。欧亚大陆 SCE 在 1998 年以后呈现减少趋势（$-0.75\times 10^6 km^2/10a$），而北美地区 SCE 则略微增加（$0.03\times 10^6 km^2/10a$）。2008 年以后，北半球连续出现最低的 6 月 SCE 记录，对欧亚大陆而言该过程出现在 2008 年，而北美地区在 2010 年以后才出现最低的 6 月 SCE 记录（Derksen and Brown，2012）。

与 5~7 月 SCE 的减少相反，1982~2013 年北半球 10 月至次年 2 月之间 SCE 呈现增加趋势（$0.65\times 10^6 km^2/10a$），尤其是在 2002 年以后（$1.19\times 10^6 km^2/10a$）。该趋势与 2002~2012 年太平洋表层降温（Kosaka and Xie，2013）导致的北半球中纬度地区冬季降温基

本一致。Kosaka 和 Xie（2013）发现 2002～2012 年北半球 11 月至次年 4 月的冬季地表空气温度在下降，该趋势与全球变暖背景下夏季气温的升高相反。

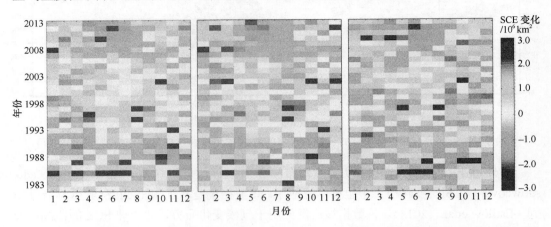

图 19.4　1982～2013 年北半球（左）、欧亚大陆（中）和北美（右）月平均积雪面积变化（彩图附后）
数据来自 Rutgers University Global Snow Lab, http://climate.rutgers.edu/snowcover

1982～2013 年每个季节内 SCF 被用来检测北半球 SCE 变化的时空差异。对每个像素而言，该季节的 SCF 被定义为该时间段内积雪覆盖的百分比，该值可通过积雪出现的次数/该时间段内影像的总数来取得。基于此，上文中提到的北半球 SCE 的变化可进一步通过 SCF 的时空差异来反映，见图 19.5。

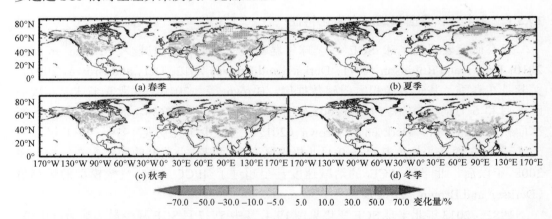

图 19.5　1982～2013 年北半球春季、夏季、秋季和冬季积雪覆盖丰度（SCF）变化量（彩图附后）
（a）～（d）中的变化量由线性回归的斜率乘以时间长度得到，黑点代表变化在 90%的水平上显著

如图 19.5 所示，1982～2013 年欧洲和北美西部地区春、夏季的 SCF 显著减少，期中 SCF 夏季减少的最为显著。在北半球高纬度 70°N 左右，夏季 SCF 在 90%的显著性水平上减少多大 50%。与春、夏两季 SCF 的减少相比，北半球秋、冬两季 SCF 普遍增加，其增幅在 5%～30%。

19.3.2　北半球积雪物候的时空变化特征

作为对北半球 SCE 快速减少的响应，北半球 SCP 也发生了显著变化，包括半球和区域尺度上积雪持续时间（snow duration days，D_d）的缩短（Choi et al.，2010；Whetton et al.，1996），积雪融化时间（snow end date，D_e）的提前（Wang et al.，2013）等。例如，Beniston（1997）调查了1997年以前超过50年的瑞士阿尔卑斯山的积雪深度D_d变化，并得出结论认为阿尔卑斯山地区D_d和SWE都显著减少。Beniston（1997）认为大尺度的气候胁迫在阿尔卑斯山地区D_d和SWE变化上占主导作用。基于NHSCE积雪遥感观测资料，Choi等（2010）认为1972/73～2007/08北半球平均D_d在以0.8周/10a的速度逐渐减短，其主要原因为终雪日D_e以5.5天/10a的速度显著提前。同时，Choi等（2010）认为1972/73～2007/08北半球连续的D_d没有显著变化。基于1979～2011年微波观测数据，Wang等（2013）提取了北半球泛北极区域的积雪融化时间并发现受春季空气温度升高的影响，泛北极地区积雪融化时间在以2～3天/10a的速度显著提前。基于站点观测数据，Peng等（2013）总结了过去30年北半球SCP变化及其对气温的潜在反馈，总结到春季D_e的提前与融雪期气温年际间的变化正相关，并且计算得到D_e对气温的敏感性为-0.077 ℃/d。Mioduszewski等（2014）研究了2003～2011年春季融雪期加拿大北部的地区积雪融化的初始时间，并得到结论地表覆盖类型和局部的能量平衡是导致积雪融化时间变化的主要原因。基于站点数据，Whetton等（1996）研究了澳大利亚山区的D_d，并发现即使在最好的情况下，到2030年，澳大利亚山区的平均D_d和D_d大于60天的年份都将显著减少。但是，到目前为止，北半球SCP变化，导致北半球SCP变化的原因和北半球SCP变化的影响依然值得进一步研究，因为上述研究结果多是基于单一遥感观测数据、站点数据或者模型估算结果。而站点观测数据高度依赖于其地理位置特征，如站点所处的高程、坡度和坡向等，在空间代表性上也有一定的不足。而单一遥感数据得到的积雪信息往往存在较大的不确定性。例如，依据对半球尺度上积雪产品相对精度的评估（Hall et al.，2002），基于可见光-近红外波谱区间的积雪遥感数据很大程度上受到云的影响，而基于微波遥感影像得到的积雪分类图又存在湿、薄积雪很难识别的局限。另外，已发布的关于SCP的研究多集中在北半球高纬度地区，中低纬度地区的SCP变化则很少被关注到。因此，基于多源积雪数据，研究北半球SCP的变化特征、探讨SCP变化的原因并定量评估其影响在全球气温变暖的背景下尤为必要。

1. 积雪物候信息的提取

本章以9月至次年8月作为一个积雪循环的水文年，其中9月至次年2月为积雪的累计期，3～8月为积雪的消融期。参考Choi等（2010）中SCP信息的定义与提取办法，本章将积雪初雪日（snow onset date，D_o）定义为积雪累积期最早出现积雪的影像所代表的日期；将D_e定义为融雪期最后出现积雪的日期；将D_d定义为D_o和D_e之间的时间。

本章利用5种半球尺度的积雪数据来提取SCP，包括基于遥感观测的IMS、NHSCE、MODIS和NISE数据，以及再分析的CMC数据。对于CMC日积雪深度数据来说，在给定年份（t），D_o被定义为积雪累积期第一次连续5天积雪深度SD大于1 cm的日期，D_e被定义为积雪消融期最后一次连续5天有SD大于1cm的日期。对于IMS日SCE灰度值影像来说，在给定年份（t），D_o和D_e分别被定义为积雪累积期第一次和积雪消融期最后一次连续5幅影像被标示为1的日期。对于NISE日SWE数据来说，D_o和D_e分别被定义为积雪累积期第一次和积雪消融期最后一次连续 5 幅影像 SD 大于 2.5 cm 的日期。对 NHSCE 周 SCE 灰度值数据来说，我们首先寻找积雪累积期第一次影像的日期范围（i, $i+6$）和积雪消融期最后一次有积雪出现的影像的日期范围（j, $j+6$），在给定水文年（t），对第一景积雪出现的影像日期（i, $i+6$），D_o 就被定义为 $i+3$；对最后一景积雪出现的影像日期（j, $j+6$），D_e 就被定义为 $j+3$。对 8 天合成的 MOD10C2 积雪丰度值影像来说，我们首先识别积雪丰度值大于 0 和等于 0 时候影像的日期范围（i, $i+7$）和（j, $j+7$），然后分别定义 D_o 和 D_e 为第一景积雪丰度值大于 0 时候对应日期 $i+3.5$ 和最后一景积雪丰度值等于 0 时候对应的影像日期 $j+3.5$。

为了尽可能地保留 5 种积雪数据所提取的 SCP 信息，并进行 5 种 SCP 信息之间的对比，我们首先按照原始影像格式从各个数据集中提取 D_o、D_e 和 D_d，然后利用 gdalwarp（http://www.gdal.org/gdalwarp.html）中"平均"算法将 D_o、D_e 和 D_d 重采样到 0.50°的空间分辨率。"平均"算法依据空间分辨率求取参与运算的非零像元的平均值。

2. 北半球积雪物候的时空变化特征

基于多源积雪数据分析结果，北半球 2001～2014 年的 SCP 时空变化如图 19.6 所示。我们发现 2001～2014 年北半球中纬度和高纬度之间 SCP 存在不同的变化趋势。例如，初雪日 D_o [图 19.6（a）、（d）] 在北半球的大部分地区（40°～70°N）缩短了大概 2.19（±1.63）天，而在纬度低于 40°N 的地区提前了大概 2.70（±1.97）天。北半球 D_o 推迟最显著的地区是在欧洲东部和亚洲西部 [图 19.6（a）中方框区域]。与 D_o 的变化不一样，终雪日 D_e [图 19.6（b）、（e）] 在高纬度的欧亚大陆、加拿大，以及高海拔

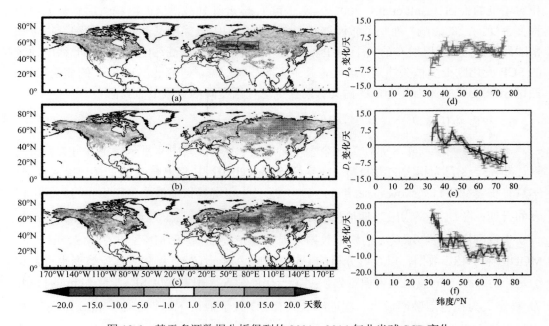

图 19.6 基于多源数据分析得到的 2001～2014 年北半球 SCP 变化

D_o 的变化 [（a）和（d）]、D_e 的变化 [（b）和（e）] 和 D_d 的变化 [（c）和（f）]；（a）、（b）和（c）上面的黑点代表变化的显著性水平在 90%以上；纬度带上的变化以 0.50°为单位统计得到

的 TP 地区提前了大概 9.66（± 2.35）天，但是却在中纬度的亚洲东部和北美中部推迟了大约 10.67（± 2.35）天。D_o 和 D_e 的时空变化导致了 2001～2014 年研究区 40°N 以下地区的 D_d 延长了 10 天左右；相反，在 40°N 以上的地区 D_d 则以 0.7 天/10a 的速度在缩短。

皮尔森相关分析表明（图 19.7），D_e 和 D_d 在 95%的置信水平上显著相关（$r = 0.89$）。同时，D_o 和 D_d 在 95%的置信水平上也显著相关（$r = 0.64$）。考虑到 2001～2014 年北半球 D_o 的变化较小，近些年来北半球 D_d 的变化主要取决于 D_e 的变化。另外，2001～2014 年间 D_e 总体上显著提前［图 19.6（f）］的同时，北半球中、高纬度之间 D_e 的变化存在显著的不一致性［图 19.6（b）、（e）］，其中在北半球 52°N 以下的中、低纬度地区 D_e 平均延迟了 3.28（± 2.59）天，其中最显著的推迟发生在 35.5°N（9.78 ± 3.49 天）；在北半球 52°N 以上的中高纬度（52～75°N）D_e 平均提前了 5.11（± 2.20）天，其中提前最显著的是在 72°N（–8.59 ± 2.78 天）。如图 19.6（e）所示，北纬 52°N 以上，D_e 随纬度升高呈线性提前的趋势。

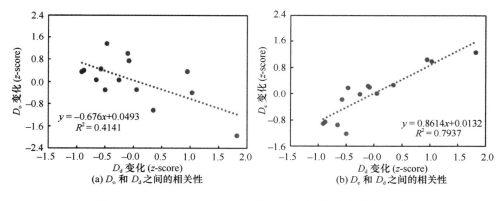

图 19.7 2001～2014 年 D_o 与 D_d、D_e 与 D_d 之间的相关性

19.4 北半球积雪变化对地球-大气系统辐射收支的影响

19.4.1 辐射核方法

1. 辐射核方法介绍

现阶段，辐射核方法被广泛用来计算地表反照率（land surface albedo，a_s）变化所导致的辐射胁迫。例如，利用 RK 的方法，O'Halloran 等（2012）量化了森林变化所导致的辐射胁迫作用；Ghimire 等（2014）计算了人类活动所造成的土地利用变化所产生的全球 a_s 的变化及其辐射胁迫作用。本小节以 2001～2014 年 SCP 变化为基础，介绍 SCP 变化所造成的辐射胁迫效应（$S_n\text{RF}$）。研究中，我们将 $S_n\text{RF}$ 定义为 SCP 变化造成的 a_s 变化所引起的大气顶端的短波辐射的扰动。我们采用 Flanner 等（2011）的方法来量化该扰动值。研究区 R，面积 A（由格网 r 组成）内 SCE 变化所产生的 $S_n\text{RF}$ 可以由式（19.1）

计算得到：

$$S_n\text{RF}(t,R) = \frac{1}{A(R)}\int_R S(t,r)\frac{\partial a_s}{\partial S}(t,r)\frac{\partial F}{\partial a_s}(t,r)\text{d}A(r) \quad (19.1)$$

式中，S 为研究区积雪覆盖的范围；$\partial a_s/\partial S$ 为 a_s 随积雪覆盖变化的比例；$\partial F/\partial a_s$ 为 TOA SW 通量随 a_s 变化的比率。我们假定 $\partial a_s/\partial S$ 和 $\partial F/\partial a_s$（月份和空间上的变化）与积雪覆盖 S 和 a_s 的变化一致。那么，$\partial a_s/\partial S$ 就可以用积雪变化所导致的 Δa_s 的平均替代，而 $\partial F/\partial a_s$ 就可以从反照率的辐射核中获得（Cao et al.，2015；Flanner et al.，2011）。

2. 辐射核数据集

反照率的辐射核被定义为 1%的 Δa_s 所导致的 TOA SW 的异常辐射量。本小节采用美国大气研究中心的群落大气模型 3（community atmosphere model 3，CAM3）和美国地理流体动力学实验室（Geophysical Fluid Dynamics Laboratory，GFDL）的大气模型 2（atmosphere model 2，AM2）两种大气辐射传输算法得到。这两种反照率的辐射核分别由 Shell 等（2008）和 Soden 等（2008）开发得到。

19.4.2 北半球积雪物候变化对地球-大气系统辐射收支的影响

本章以 2001~2014 年北半球 SCP 变化为基础，探讨北半球积雪变化对地球–大气系统辐射收支的影响。为了量化 SCP 变化对北半球辐射收支的影响，本章一方面采用 RK 方法（Cao et al.，2015；Shell et al.，2008；Soden et al.，2008）量化 SCP 变化引起的 $S_n\text{RF}$，另一方面使用美国国家航空航天局发布的云和地球辐射能量系统辐射数据（Clouds and the Earth's radiant energy system，CERES）来对比分析 $S_n\text{RF}$ 的变化特征与 $S_n\text{RF}$ 在北半球 TOA SW 变化中的比例。RK 方法可以将不同气候因子的辐射响应分离开来，因此本章采用反照率的辐射核来计算 SCP 变化导致的 a_s 变化带来的 TOA SW 的异常；CERES 的观测值（Wielicki et al.，1996）可以计算 TOA 总的 SW 变化以及 $S_n\text{RF}$ 在 TOA 总的 SW 变化中的比例。

利用式（19.1）计算可得，2001~2014 年北半球的 SCP 变化所导致的 $S_n\text{RF}$ 为 0.16 （±0.004）W/m²，其中累积期 $S_n\text{RF}$（$S_n\text{RF}_a$）为 0.01（±0.001）W/m²，而融雪期 $S_n\text{RF}$（$S_n\text{RF}_m$）为 0.31（±0.011）W/m²。如图 19.8（a）~（c）所示，$S_n\text{RF}_a$、$S_n\text{RF}_m$ 和 $S_n\text{RF}$ 在北半球中纬度和高纬度呈现完全相反的变化趋势。与 $S_n\text{RF}_a$ 的变化相比，$S_n\text{RF}_m$ 在 $S_n\text{RF}$ 的空间和时间变化中起主导作用 [图 19.8（d）、（e）]。例如，$S_n\text{RF}$ 在高纬度接近北冰洋的地区和高海拔的落基山（Rocky Mountains），以及 TP 地区强度减弱，而在中纬度亚洲东部和美国中部地区强度增大，这与图 19.8（b）所示的 $S_n\text{RF}_m$ 时空变化高度一致。

利用 CERES 数据计算得到的辐射变化进一步证明 D_e 的变化对 TOA SW 的重要影响作用 [图 19.9（a）]。如图 19.9（a）所示，2001~2013 年 D_e 与 TOA SW 异常之间的在 95%的置信水平上拟合优度为 0.87。同时，D_e 的变化对 TOA SW 的影响 [图 19.9（a）] 要大于对长波辐射的影响 [图 19.9（b）]。这将导致 TOA 净辐射的增加，从而促使地球-

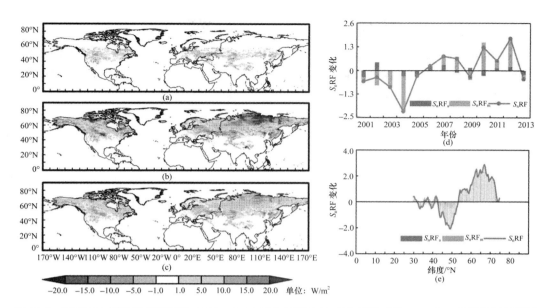

图 19.8 基于 RK 算法计算得到的 2001～2014 年北半球 SCP 变化所造成的 TOA SW 的变化以及融雪期和累积期 SCP 变化对其贡献

2001～2013 年北半球年平均（a）S_nRF_a、(b) S_nRF_m 和（c）S_nRF；2001～2013 北半球 S_nRF 及 S_nRF_a、S_nRF_m 对和 S_nRF 的贡献 [（d）和（e）]

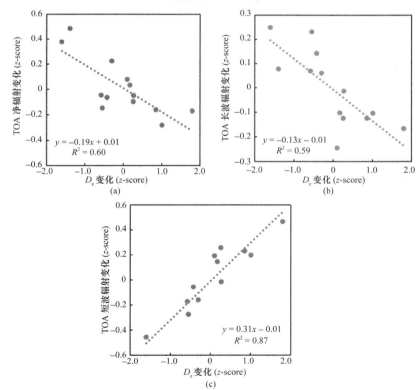

图 19.9 2001～2014 年 D_e 变化及其与 CERES 数据计算得到的 TOA（a）净辐射、(b) 长波辐射和（c）短波辐射之间的关系

（a）、(b) 和（c）中线性拟合优度的显著性在 95%水平

大气系统的增温。2001~2014 年 D_e 的变化所导致的 S_nRF_m 为 0.31（±0.01）W/m²，该数值是融雪期 TOA 总 SW 异常（0.61 W/m²）的 51%和净辐射异常（0.50 W/m²）的 63%。另外，CERES 观测到的 TOA SW 的异常与 D_e 的异常高度相似，这说明 D_e 的变化可能通过 TOA 能量收支的异常进一步影响到当地和区域的气候变化。

19.5 小　　结

遥感技术的应用为大范围积雪变化的研究提供了便利条件。现阶段，北半球积雪变化的响应与反馈研究已经取得了丰硕的成果，为积雪相关气候变化研究、水资源规划、生态环境可持续发展、灾害防治的等提供了有用的信息支撑。受遥感观测手段和现有积雪遥感数据的限制，北半球陆表积雪变化研究还存在一些问题，值得我们进一步研究和探索。这些问题主要表现在以下四个方面。

（1）遥感数据的空间分辨率较低，研究区选择的限制因素较多。现阶段大尺度积雪遥感数据的空间分辨率普遍较低，如半球尺度积雪变化研究中广泛使用的、时间尺度最长的 NHSCE 积雪数据，其空间分辨率为 25 km。但是，北半球季节性积雪的年际变化较大，为了进行年际间 SCE 和 SCP 的比较，研究者通常将研究区限制在稳定积雪区。这使得中、低纬度的积雪变化信息难以量化，有可能遗漏掉部分积雪变化信息，尤其是在稳定积雪区边缘。

（2）现有积雪遥感产品对积雪的定义不统一。现有积雪遥感产品对积雪的定义不尽相同，如 CMC 对积雪覆盖定义为积雪深度大于 1 cm 的像元，NISE 将积雪覆盖区定义为积雪深度大于 2.5 cm 的像元，而 NHSCE 将积雪覆盖率大于 50%的像元定义为积雪像元。为了解决这一问题，19.3.2 节中分别按照 CMC、NISE、NHSCE 产品对积雪覆盖像元的定义来提取 SCP 信息，采用多源积雪遥感数据的分析方法整合得到北半球 SCP 的变化信息。但是，基于单一遥感数据来进行积雪相关的研究时，需要考虑积雪定义不同对研究结果所带来的不确定性影响。

（3）地表覆盖类型的变化对积雪辐射强迫量化的影响。积雪变化所造成的辐射强迫受多个要素的影响，包括积雪变化所引起的 a_s 变化，太阳入射和大气状态等。受现阶段积雪遥感数据空间分辨率的限制，积雪像元既包含了积雪变化信息，也包含了植被等其他地表信息的变化。Harvey（1988）研究表明，北半球积雪变化导致的辐射强迫比植被造成的辐射强迫大 3 倍，因此植被对 S_nRF 估算的影响并不会影响本章节的主要结论，但随着气温变暖，北半球植被的分布格局和植被的物候特征都会发生进一步变化，有必要在未来研究中将植被对积雪辐射胁迫的影响分离出去。

（4）对积雪变化趋势及积雪相关灾害的预测较少。考虑到北半球融雪期 SCP 变化、SCP 变化所产生的辐射胁迫以及观测得到的 TOA SW 异常的空间相似性，有必要进一步理解北半球 SCP 的变化如何通过对地球-大气系统辐射收支的影响进一步作用于气候变化。累积积雪期积雪的增加会造成春季融雪量的增加，从而引发融雪性春季洪水（Arnell and Gosling，2014）。本章对气候变化背景下北半球积雪的响应和反馈进行了估算，但未能对积雪变化的前景进行有效估算。未来研究需要借助气候模式，并结合现阶段积雪变化的认识，进一步预测气候变化前景和积雪变化趋势，对区域和局部积雪变化、积雪灾害的预测等作出贡献。

随着遥感、地理信息系统和地统计学等方法和技术的不断进步，基于遥感技术的北半球积雪变化研究有望突破现阶段的限制因素，为生态、环境、灾害、水资源等领域提供更加可靠的信息支撑。

参 考 文 献

包安明, 陈晓娜, 李兰海. 2010. 融雪径流研究的理论与方法及其在干旱区的应用. 干旱区地理, 33: 684-691

陈晓娜, 包安明. 2011. 天山北坡典型内陆河流域积雪年内分配与年际变化研究——以玛纳斯河流域为例. 干旱区资源与环境, 25: 154-160

陈晓娜, 包安明, 张红利, 等. 2010. 基于混合像元分解的 MODIS 积雪面积信息提取及其精度评价-以天山中段为例. 资源科学, 32: 1761-1769

程龙, 刘海文, 周天军, 等. 2013. 近 30 余年来盛夏东亚东南季风和西南季风频率的年代际变化及其与青藏高原积雪的关系. 大气科学, 37: 1326-1336

除多, 拉巴卓玛, 拉巴, 等. 2011. 珠峰地区积雪变化与气候变化的关系. 高原气象, 30: 576-582

冯学智, 李文君, 柏延臣. 2000. 雪盖卫星遥感信息的提取方法探讨. 中国图象图形学报, 5: 836-839

黄晓东, 郝晓华, 杨永顺, 等. 2012. 光学积雪遥感研究进展. 草业科学, 29: 35-43

李海花, 刘大锋, 李杨, 等. 2015. 近33a新疆阿勒泰地区积雪变化特征及其与气象因子的关系. 沙漠与绿洲气象, 9: 29-35

施雅风, 张祥松. 1995. 气候变化对西北干旱区地表水资源的影响和未来趋势. 中国科学(B 辑), 25: 968-977

唐红玉, 李锡福, 李栋梁. 2014. 青藏高原春季积雪多、少年中低层环流对比分析. 高原气象, 33(5): 1190-1196

徐丽娇, 李栋梁, 胡泽勇. 2010. 青藏高原积雪日数与高原季风的关系. 高原气象, 29: 1093-1101

中国气象局. 2009. 雪灾的成因和积雪的五种类型. http://www. cma. gov. cn/kppd/kppdqxsj/ kppdtqqh/ 201301/t20130114_202908. html. 2009-11-12

Arnell N, Gosling S. 2014. The impacts of climate change on river flood risk at the global scale. Clim Chang, DOI: 10. 1007/s10584-014-1084-5

Beniston M. 1997. Variations of Snowdepth and duration in the Swiss Alps over the Last 50 Years : Links to Changes in Large-scale Climate Forcing. Clim Chang, 36: 281-300

Bokhorst S F, Bjerke J W, Tøm mervik H, et al. 2009. Winter warming events damage sub-Arctic vegetation: Consistent evidence from an experimental manipulation and a natural event. J Ecol, 97: 1408-1415

Brasnett B. 1999. A global analysis of snow depth for numerical weather prediction. J Appl Meteorol Climatol, 38: 726-740

Brown R, Brasnett B, Robinson D. 2003. Gridded North American monthly snow depth and snow water equivalent for GCM evaluation. Atmos. -Ocean, 41: 1-14

Brown R, Derksen C, Wang L. 2007. Assessment of spring snow cover duration variability over northern Canada from satellite datasets. Remote Sens Environ, 111: 367-381

Brown R, Derksen C, Wang L. 2010. A multi-data set analysis of variability and change in Arctic spring snow cover extent, 1967-2008. J Geophys Res, 115: D16111

Brown R, Robinson D. 2011. Northern hemisphere spring snow cover variability and change over 1922–2010 including an assessment of uncertainty. Cryosphere, 5: 219-229

Cao Y, Liang S, Chen X, et al. 2015. Assessment of Sea Ice Albedo radiative forcing and feedback over the Northern Hemisphere from 1982 to 2009 using satellite and reanalysis data. J Clim, 28: 1248-1259

Chen X, Liang S, Chen X, et al. 2015. Observed contrast changes in snow cover phenology in northern middle and high latitudes from 2001-2014. Sci Rep, 5: 16820

Choi G, Robinson D, Kang S. 2010. Changing Northern Hemisphere snow seasons. J Clim, 23: 5305-5310

Cohen J, Foster J, Barlow M, et al. 2010. Winter 2009-2010: A case study of an extreme Arctic Oscillation event. Geophys Res Lett, 37: 2010GL044256

Cohen J, Furtado J, Barlow M, et al., 2012. Arctic Warming, increasing snow cover and widespread boreal winter cooling. Environmental Research Letters, 7(1): 014007

Cohen J, Screen J A, Furtado J C, et al. 2014. Recent Arctic amplification and extreme mid-latitude weather. Nature Geoscience, 7(9): 627-637

Derksen C, Brown R. 2012. Spring snow cover extent reductions in the 2008-2012 period exceeding climate model projections. Geophys Res Lett, 39: L19504

Déry S, Brown R. 2007. Recent Northern Hemisphere snow cover extent trends and implications for the snow-albedo feedback. Geophys Res Lett, 34: L22504

Estilow T, Young A, Robinson D. 2015. A long-term Northern Hemisphere snow cover extent data record for climate studies and monitoring. Earth Syst Sci Data, 7: 137-142

Flanner M, Shell K, Barlage M, et al. 2011. Radiative forcing and albedo feedback from the Northern Hemisphere cryosphere between 1979 and 2008. Nat Geosci, 4: 151-155

Frei A, Tedesco M, Lee S, et al. 2012. A review of global satellite-derived snow products. Adv Space Res, 50: 1007-1029

Ghimire B, Williams C, Masek J, et al. 2014. Global albedo change and radiative cooling from anthropogenic land cover change, 1700 to 2005 based on MODIS, land use harmonization, radiative kernels, and reanalysis. Geophys Res Lett, 41: 9087-9096

Hall A. 2004. The role of surface albedo feedback in climate. J Clim 17: 1550-1568

Hall D, Kelly R, Riggs G, et al. 2002. Assessment of the relative accuracy of hemispheric-scale snow-cover maps. Ann Glaciol, 34: 24-30

Hall D, Riggs G, Salomonson V. 1995. Development of methods for mapping global snow cover using moderate resolution imaging spectroradiometer data. Remote Sens Environ, 54: 127-140

Hall D, Riggs G. 2007. Accuracy assessment of the MODIS snow products. Hydrol Process, 21: 1534-1547

Hansen J, Ruedy R, Sato M, et al. 2010. Global surface temperature change. Rev Geophys, 48: RG4004

Harvey L. 1988. On the role of high latitude ice, snow and vegetation feedbacks in the climate response to external forcing changes. Clim Chang, 13: 191-224

Helfrich S, McNamara D, Ramsay B, et al. 2007. Enhancements to, and forthcoming developments in the interactive multisensor snow and ice mapping system(IMS). Hydrol. Process, 21: 1576-1586

Jane Q. 2008. China: The third pole. Nature, 454: 393-396

Klein T, Wijingaard J, Konnen G, et al. 2002. Daily dataset of 20th-century surface air temperature and precipitation series for the European Climate Assessment. Int J Climatol, 22: 1441-1453

Kosaka Y, Xie S. 2013. Recent global-warming hiatus tied to equatorial Pacific surface cooling. Nature, 501: 403-407

Li F, Wang H. 2014. Autumn eurasian snow depth, autumn Arctic sea ice cover and East Asian winter monsoon. Int J Climatol, 3616-3625

Liu J, Chen R. 2011. Studying the spatiotemporal variation of snow-covered days over China based on combined use of MODIS snow-covered days and in situ observations. Theor Appl Climatol, 106: 355-363

Menne M, et al. 2012. An overview of the global historical climatology network-daily database. J Atmos Oceanic Technol, 29: 897-910

Mioduszewski J, et al. 2014. Attribution of snowmelt onset in Northern Canada. J Geophys Res Atmos, 119: 9638-9653

Nolin A, Armstrong R, Maslanik J. 1998. Near-real-time SSM/I-SSMIS EASE-grid daily global ice concentration and snow extent. Version 4. https://nsidc. org/data/nise. 2009-10-1

NSIDC. 2014. State of the cryosphere: Northern Hemisphere snow. http://nsidc. org/cryosphere/sotc/snow_extent. html. 2014-2-6

O'Halloran T, Law B, Goulden M, et al. 2012. Radiative forcing of natural forest disturbances. Glob Change

Biol, 18: 555-565

Peng S, Piao S, Ciais P, et al. 2013. Change in snow phenology and its potential feedback to temperature in the Northern Hemisphere over the last three decades. Environ Res Lett, 8: 014008

Pu Z, Xu L, Salomonson V. 2008. MODIS/Terra observed snow cover over the Tibet Plateau: Distribution, variation and possible connection with the East Asian Summer Monsoon(EASM). Theor Appl Climatol, 97: 265-278

Qu X, Hall A. 2014. On the persistent spread in snow-albedo feedback. Clim Dyn, 14: 69-81

Robinson D, Dewey K, Richard R. 1993. Global snow cover monitoring: An update. Bull Amer Meteor Soc, 74: 1689-1696

Screen J. 2014. Arctic amplification decreases temperature variance in northern mid- to high-latitudes. Nat Clim Chang, 4: 577-582

Shell K, Kiehl J, Shields C. 2008. Using the radiative Kernel technique to calculate climate feedbacks in NCAR's community atmospheric model. J Clim, 21: 2269-2282

Soden B, Held I, Colman R, et al. 2008. Quantifying climate feedbacks using radiative kernels. J Clim, 21: 3504-3520

Wang L, Darksen C, Brown R, et al. 2013. Recent changes in pan-Arctic melt onset from satellite passive microwave measurements. Geophys Res Lett, 40: 522-528

Wielicki B, Barkstrom B R, Harrison E F, et al. 1996. Clouds and the Earth's Radiant Energy System (CERES): An Earth observing system experiment. Bulletin of the American Meteorological Society, 77(5): 853-868

Whetton R, Haylock M, Galloway R. 1996. Climate change and snow-cover duration in the Australian Alps. Clim Chang, 32: 447-479

Yang J, Gong P, Fu R, et al. 2013. The role of satellite remote sensing in climate change studies. Nat Clim Chang, 3: 875-883

Zeng H, Jia G. 2013. Impacts of snow cover on vegetation phenology in the Arctic from satellite data. Adv Atmos Sci, 30: 1421-1432

第二部分　土地覆盖分类

第二部 上肢带骨骨折

第 20 章　全球典型区地表覆盖精细分类关键技术

匡文慧[1]，陆灯盛[2]，杜国明[3]，张弛[4]，潘涛[4]，
杨天荣[1]，刘阁[1]，刘爱琳[1]，关志新[1]

本章节以巴西典型区、哈萨克斯坦典型区、印度典型区、京津冀典型区、陕西典型区为研究范围，以 MODIS 时序数据、Landsat TM 时序数据、资源三号数据、Google Earth 图像为基本数据源，在全球地表覆盖一级类产品和全球地表覆盖亚类分类体系的基础上，通过对 NDVI、LAI、NDWI、EVI 等数据的分析，进行植被光谱响应曲线构建和训练样本特征参数识别，采用基于决策树、分层分类、多源信息融合与尺度转换等技术，开展 2000 年、2010 年、2013 年基准年地表覆盖二级类信息提取关键技术集成研发，最终形成耕地、林地、草地、人造地表、裸地等二级分类技术体系。

20.1　全球典型区地表覆盖二级类分类方案与策略

20.1.1　地表覆盖二级类分类方案

1. 概念定义与分类策略

基于多源遥感数据的光谱、时相和纹理信息，以及生态、气候地理分区等辅助信息，发展多源遥感信息与地学知识复合应用的地表覆盖二级类信息的分类技术方法；基于 30 m 全球地表覆盖一级类产品、MODIS 遥感数据和辅助信息，选择 5 个以上典型类型（森林、草地、耕地、人造覆盖、裸地）和 5 个重点生态地理区（巴西热带雨林区、印度灌溉农田区、哈萨克斯坦半干旱草原区、京津冀城市化区、陕西黄土高原区），开展 2000年、2010 年、2013 年基准年地表覆盖二级类信息提取关键技术集成研发。

2. 分类技术方法方案

地表覆盖分类的技术流程见图 20.1。通过获取全球五大研究区（巴西典型区、哈萨克斯坦典型区、印度典型区、京津冀典型区、陕西典型区）的光学遥感数据，如 MODIS 时序数据、Landsat TM 时序数据、资源三号数据、Google Earth 图像等，在全球地表覆盖一级类产品和全球地表覆盖亚类分类体系的基础上，进而得到全球土地覆盖一级类专题产品，通过对 NDVI、LAI、NDWI、EVI 等数据的分析，进行植被光谱响应曲线构建和训练样本特征参数识别，采用基于决策树、分层分类、多源信息嵌入式融合与分辨率尺度转换等技术，最终形成耕地、林地、草地、人造地表、裸

---

1. 中国科学院地理科学与资源研究所；2. 浙江农林大学；3. 东北农业大学；4. 中国科学院新疆生态与地理研究所

地等二级分类技术体系。

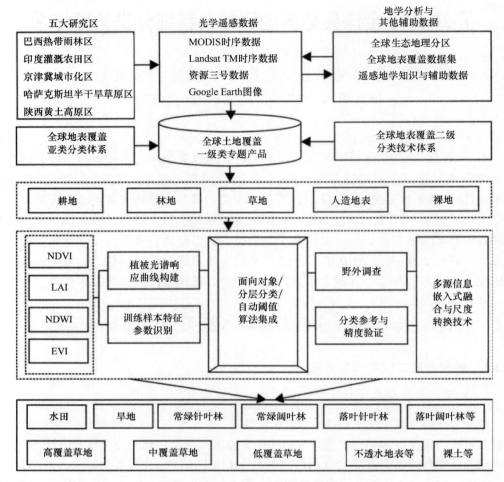

图 20.1 分类方法技术流程图

全球地表覆盖分类五大典型研究区分布，见图 20.2。

为了更加清楚的了解巴西热带雨林区、京津冀城市化区、哈萨克斯坦半干旱草原区、印度灌溉农田区、陕西黄土高原区的地表状况，图 20.2 揭示了五个典型区在全球的空间分布格局和生态地理特征。

1）巴西热带雨林区

巴西热带雨林为热带雨林气候及热带海洋性气候的典型植被。全球热带雨林集中分布在南美洲亚马孙流域、非洲刚果河流域及东南亚各岛屿，约占世界陆地面积的 16%，是地球上生物种类最多的生态系统。热带雨林同时具有调节热量及水分的功能，且在氧气及二氧化碳循环中，扮演吸收二氧化碳释放氧气的功能，因此也有减缓温室效应的作用，故热带雨林的分布作为全球重点生态地理区的一部分，其分布状况会对全球或局部区域的气候产生强烈影响。

巴西热带雨林区位于南美洲的亚马孙盆地，是亚马孙流域热带雨林的一部分。亚

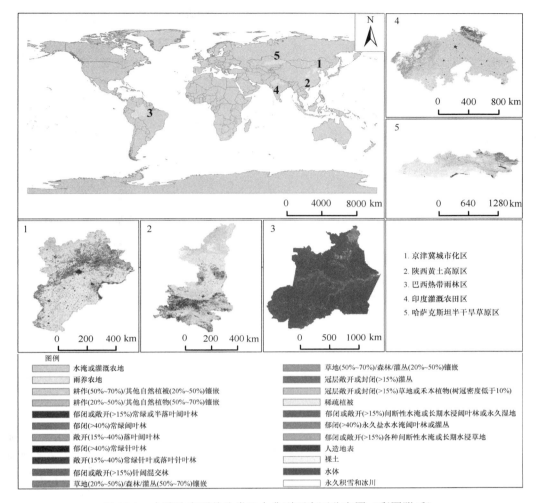

图 20.2 全球地表覆盖分类五大典型研究区分布图（彩图附后）

马孙热带雨林占地 700 万 km²，横越了南美洲 8 个国家包括：巴西、哥伦比亚、秘鲁、委内瑞拉、厄瓜多尔、玻利维亚、圭亚那及苏里南，它占据了世界雨林面积的一半和森林面积的 20%，是全球最大及物种最多的热带雨林。巴西热带雨林是亚马孙热带雨林中占森林面积最大的区域，约占其森林总面积的 60%，其森林保有量和森林物种丰富程度对于研究亚马孙热带雨林地表覆盖分布格局，进而划分全球地表覆被二级类型产品具有重要的作用。

2）印度灌溉农田区

印度属热带季风气候，全年共分四季，1~2 月为凉季，3~5 月为夏季，6~9 月为西南季风雨季，10~12 月为东北季风期。北方气温最低为 15℃，南方气温高达 27℃，几乎全年都是无霜期，全年均可生长农作物，热量资源相当丰富。热带季风气候高温多雨，光热水资源丰富，有利于农作物生长；恒河平原地形平坦，土壤肥沃，有恒河水提供灌溉水源。

印度是世界上最大的粮食生产国之一，拥有世界 1/10 的可耕地，面积约 2.98 亿 hm²，印度耕地面积1.5亿hm^2，约占全国土地总面积的45%；人均占有耕地0.12hm^2，约为我国的1.2倍。印度是一个农业大国，农村人口占总人口的72%。印度中部大平原北界为尼泊尔及喜马拉雅西瓦利克山脉，南与德干高原和拉贾斯坦平原相接，东西分别与孟加拉国及巴基斯坦接壤，包括旁遮普邦与哈里亚纳邦全境、北方邦、比哈尔邦和西孟加拉邦除恒河三角洲外的平原部分。东西最大长度近1500 km，南北宽250～350 km，平均海拔在150 m以下，一望无际，绵延起伏，河川众多，地下水丰富，人口稠密，既是印度文化荟萃之地，也是农业最发达的地区。

印度农田灌溉面积从1950年的2060万hm^2增长到2008年的6200万hm^2，其中，水稻灌溉面积在3000万～3300万hm^2。耕地灌溉率从1950年的17.6%增加到2008年的43%。印度在灌溉方式上主要是传统的地面灌溉，采用喷灌技术的灌溉面积为66万hm^2，滴灌技术的灌溉面积26万hm^2，喷滴灌面积占灌溉面积的1.5%。印度灌溉农田在世界农业生产中占有非常重要的比例，将其作为典型灌溉农田研究区，研究耕地的二级分类方法。

3）哈萨克斯坦半干旱草原区

欧亚草原是世界上面积最大的草原。自欧洲多瑙河下游起，呈连续带状往东延伸，经东欧平原、西西伯利亚平原、哈萨克斯坦丘陵、蒙古高原，直达中国东北松辽平原，东西绵延近110个经度，构成地球上最宽广的欧亚草原区。根据区系地理成分和生态环境的差异，欧亚草原区可区分为3个亚区：黑海-哈萨克斯坦亚区、亚洲中部亚区和青藏高原亚区。

由低温旱生多年生草本植物（有时为旱生小半灌木）组成的植物群落，是温带半湿润地区向半干旱地区过渡的一种地带性植被类型。在欧亚大陆，草原植被自欧洲多瑙河下游起，呈连续的带状东伸，经罗马尼亚、前苏联和蒙古，直达中国，构成世界上最宽广的草原带。植物以丛生禾本科为主，如针茅属、羊茅属等。此外，莎草科、豆科、菊科、藜科植物等占有相当比例。

4）京津冀城市化区

京津冀是中国的"首都圈"，包括北京市、天津市以及河北省的保定、唐山、廊坊、秦皇岛、石家庄、张家口、承德、沧州、邯郸、邢台、衡水等11个地级市。其中北京、天津、保定、廊坊为中部核心功能区。土地面积21.8万平方公里，常住人口约为1.1亿人，其中外来人口为1750万。2014年地区生产总值约为6.65万亿元。以汽车工业、电子工业、机械工业、钢铁工业为主，是全国主要的高新技术和重工业基地，也是中国政治中心、文化中心、国际交往中心、科技创新中心所在地。其中，北京和天津进入高度城镇化阶段，城镇人口比例分别为86.20%和81.55%，超过世界较发达地区人口城市化平均水平。经济总量约占全国的9.06%，实际利用外资占全国的10.56%，在由20个城市群为主导、以两横三纵为主轴的"以轴串群、以群托轴"的国家新型城镇化宏观格局中，京津冀城市群是国家创新能力最强的世界级城市群。

5）陕西黄土高原区

世界最大的黄土高原，在中国中部偏北，包括太行山以西、秦岭以北、青海日月山以东、长城以南的广大地区。跨山西、陕西、甘肃、青海、宁夏及河南等省份，面积约 40 万 km^2，海拔 1000～1500 m。除少数石质山地外，高原上覆盖深厚的黄土层，黄土厚度为 50～80m，最厚达 150～180 m。黄土颗粒细，土质松软，含有丰富的矿物质养分，利于耕作，盆地和河谷农垦历史悠久，是中国古代文化的摇篮。但由于缺乏植被保护，加以夏雨集中，且多暴雨，在长期流水侵蚀下地面被分割得非常破碎，形成沟壑交错其间的塬、梁、峁。

20.1.2 地表覆盖分类系统定义

1. 分类基本原则

对地表覆盖数据产品进行二级类划分，首先，要反映土地利用的地域分异规律，根据各地区土地利用的特点，制订分类的指标体系并对其类型加以划分；其次，人们长期改造、利用土地而形成的土地利用现状的特点及其合理程度，也可以作为土地利用分类的依据（岳文泽等，2006；匡文慧等，2012；陈溪等，2011）。土地利用分类不单是为了识别利用的现状，更重要的是为了今后进一步的利用和需要作参考，因此在定义地表覆盖分类系统时，遵循以下四条原则。

1）科学性原则

依据土地的自然和社会经济属性，运用影像自动识别等技术，采用多级分类方法，对土地覆盖现状类型进行归纳和分类。

2）实用性原则

分类体系力求通俗易懂、层次简明，易于判别，便于掌握和应用。

3）开放性原则

分类体系具有开放性、兼容性，既要满足一定时期管理及社会经济发展需要，同时又要满足进一步修改完善的需要。

4）继承性原则

借鉴和吸取国内外土地利用遥感分类经验，对目前无争议或无异议的分类直接继承和应用。

除此之外，在上述四条基本原则的基础上，考虑 30m 全球地表覆盖一级类产品的分辨率大小、内部结构组分状况、地表覆盖分布状况等因素，也作为地表覆盖二级分类的重要原则。

2. 分类系统定义

根据上述原则，结合地学知识并参照国家资源环境遥感数据分类体系，制订全球典型区地表覆盖分类系统，见表 20.1。

表 20.1 地表覆盖分类系统定义

一级类型	二级类型	含义	数据结构
耕地	水田、旱地	为人类提供食物及化工原料等种植农作物的半人工生态系统，包括熟耕地、新开荒地、休闲地、轮歇地；以种植农作物为主的农果、农桑、农林用地	栅格/类型
森林	常绿阔叶林、常绿针叶林、落叶针叶林、落叶阔叶林、混交林、灌丛	指生长热带雨林、常绿阔叶林、落叶阔叶林、针叶林等乔木、灌木和草本植物为主	栅格/类型
草地	低覆盖草地、中覆盖草地、高覆盖草地	指覆盖度在5%～20%的天然草地。此类草地水分缺乏，植被稀疏，牧业利用条件差；指覆盖度在20%～50%的天然草地和改良草地，此类草地一般水分不足，植被较稀疏；指覆盖度在>50%的天然草地、改良草地和割草地。此类草地一般水分条件较好，植被生长茂密	栅格/类型
人造地表	不透水地表、绿地	指城乡居民与周围生物和非生物环境相互有机作用形成的人工生态系统。包括内部人工不透水地表用地、内部绿地等覆盖类型	栅格/组分
裸地	裸土、沙地、盐碱地、砾石地、沼泽地、滩地	主要指干旱条件下植被稀疏、土地贫瘠的裸岩、石砾、沙漠等组成	栅格/类型

20.1.3 遥感图像预处理与辅助数据采集

基于 2010 年 GlobeLand30 全球地表覆盖制图 30 m 空间分辨率一级产品（www.globeland30.org），对其预处理过程主要包括数据格式转换、地图投影转换，然后基于 ArcGIS 软件及其脚本语言命令按照 GlobeLand30 数据标准分幅顺序，根据数据分类代码分别提取耕地、林地、草地、水域、人造地表覆盖、裸土等所有类型数据。然后对 GlobeLand30 全球地表覆盖一级类产品进行精度验证，以保证进行地表二级分类前的精度满足需要，为地表二级覆盖分类提供保证。在 ArcGIS 软件下分别加载各地类分类分幅数据，分别随机生成等数量采样点（100 个），导出采样点坐标位置，然后对每个采样点采用已有的 Landsat TM 影像目视对比检验或者将采样点坐标数据加载到 Google Earth 地图中进行对比验证，除对比地类分布是否与现状影像地图中对应点所在位置表示地物类型一致外，还通过比较所占面积范围是否与地图中地物分布面积范围大致相似，如果两者均相似或相近，则认为采样点地类一级分类正确，其次计算各地类分类正确的个数和比例，将其作为地表覆盖各一级分类产品的精度验证值。经过精度验证表明，各地表覆盖类型精度均满足要求（>80%），特别是水域的分类精度达到了 98%，总精度也达到 93.33%。最后将提取的各地表覆盖类型数据分别导入对应数据库中，以便于二级分类使用。

1. 多源遥感影像数据获取与处理

1）Landsat TM 30 m 分辨率遥感影像

2000 年基准年 Landsat TM 数据有两个版本：一个是分景影像数据，8 个波段；另一个是分幅影像数据，3 个波段（742 组合），其中分幅影像数据由分景影像数据拼接裁切而成，两者几何精度和数据源相同。分景影像数据主要用于 2000 年地表覆盖遥感分类，分幅影像数据主要用于 2010 年影像几何纠正处理的参照数据源。已下载的影像全部按大洲进行分类整理，完成全部的几何精度（主要是接边精度检查和平面精度抽查）检查和影像质量检查（主要是云覆盖量等）。然后按照选择的五大典型研究区（巴西热带雨林区、印度农田区、哈萨克斯坦半干旱草原区、京津冀城市化区、陕西黄土高原区）分别进行筛选得到各研究区所覆盖的分景影像。

五大典型试验区共覆盖 2000 年分景影像数据 260 景，其中巴西热带雨林区 101 景，哈萨克斯坦半干旱草原区 68 景，印度灌溉农田区 51 景，陕西黄土高原区 19 景，京津冀城市化区 21 景，具体见图 20.3。

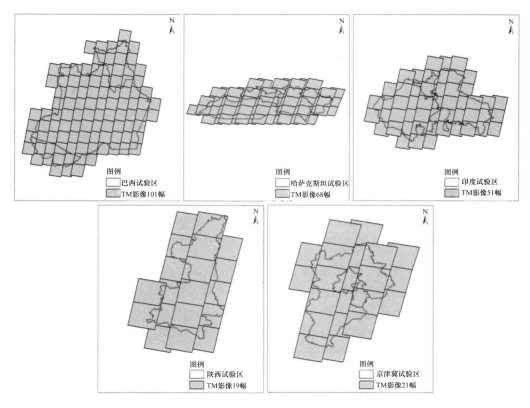

图 20.3　全球五大试验区 2000 年 Landsat TM 分景影像覆盖分布图

2）环境减灾卫星影像

国家减灾中心结合全球影像获取的需要，制定了国内三站（密云、喀什和三亚）网覆盖范围之外的数据获取方案，在保障国内环境减灾的基础上，最大限度提高境外数据的获取能力，把环境减灾卫星获取能力发挥到最大限度（徐文铎等，2008）。环境减灾卫星影像已经接收全球陆地覆盖区域 60%的影像，整理完成五大试验区的影像，并完成相应的质量检查和部分区域的几何纠正工作。

3）MODIS 等影像数据获取与整理

为了开展全球五大试验区的技术试验，分别获取了试验区范围内 2000 年和 2010

年的 MODIS 影像产品数据（陆表反射率 250m、植被指数旬产品 250m、陆表温度旬产品），试验区范围内 2009 年和 2010 年风云三号影像数据和产品数据（陆表反射率反演 250m、植被指数旬产品 250m、陆表温度旬产品），并对影像的几何精度和数据质量进行检查。

通过网络下载（美国地质调查局）或与国内共享获取全球 MODIS 数据（陆表反射率 250 m、植被指数旬产品 250 m、陆表温度旬产品），按照数据源类型分别提取原始格式成 GeoTIFF 格式等栅格格式，然后采用 MODIS Projection Tools 及辅助工具分别提取所需要的数据波段，然后根据试验区的需要对提取后的分幅数据进行拼接，产生不同试验区的产品集成数据集，并按大洲进行分类整理提取后的分幅数据。

2. 辅助数据收集与处理

1）中国 LUCC 近 30 年数据整理与集成

建立了更新周期为 5 年的 1990 年、1995 年、2000 年、2005 年和 2010 年的全国土地利用 1∶10 万矢量系列数据集和 1km 分类比例成分栅格数据集，同时更新了 2015 年中国 LUCC 数据，以及与之衔接的 LUCC 研究方法/知识/模型库，从而构建了能全面反映我国 20 世纪和 21 世纪土地利用变化的时空动态数据库，为全球五大试验区地表覆盖二级分类提供了一个数据共享、分类知识获取、结果验证的 LUCC 信息平台。

2）全球 5 套 LUCC 数据及全球基础地理数据整理与集成

通过现有的全球 5 套土地利用/覆盖数据和其他区域性或面向特定类型的土地利用/覆盖数据，分析土地利用/覆盖数据的产品精度、分类体系等与本分类所生产的地表覆盖数据产品的差异，设计数据整合集成方案，完成数据整理集成工作，供全球地表覆盖遥感制图应用。US（1km）、UMD（1km）、BU（1km）采用 IGBP17 类分类系统，GLC2000（1km）采用联合国粮农组织的土地利用/覆盖分类系统（FAO），ESA（300m）采用 Globcover 土地利用/覆盖系统（FAO 基础上整合）。本章土地利用/覆盖分类体系结合 IGBP 土地利用/覆盖分类重新定义新的分类体系。

3）DEM 等辅助数据获取

在已获得全球 5 套土地利用/覆盖数据的基础上，以 ArcGIS 为操作平台，实现数据格式、坐标统一化处理，提高数据应用的方便程度。

同时还收集了全球（区域）基础地理信息数据，数据获取主要通过 http://biogeo.berkeley.edu/bgm/gdata.php 网址下载获取。收集全球已有百万基础地理信息数据和重点地区的区域性地理信息数据，包括全球 1∶100 万比例尺界线、全球国界、全球生态地理分区、全球影像分幅索引。分析各类数据的数学基础、地理精度及数据内容情况，设计面向全球地表覆盖产品生产、管理与应用的数据整合集成方案，形成坐标体系一致、分类编码统一的基础地理信息数据集，满足对空间定位与索引、数据处理区域划分、制图输出，以及集成管理平台建设等方面的应用需要。

4）生态地理分区等数据的获取

生态地理分区是按照地表自然界的地域分异规律，通过对地表要素地理相关性关系的比较研究与综合分析，而划分的区域系统。生态地理分区可以有效地反映地表水热条件、土壤、植被等自然要素的空间布局，同时生态地理分区的使用可以提高遥感影像分类的精度与效率，为全球变化研究与地球系统模式发展研究提供基础性数据。

生态地理区域界线以一系列反映生态地理区域特征的指标为依据，通过其空间差异落实到具体的空间位置上。客观地认识和划定生态地理区域界线是揭示地表覆盖分布的总体特征，实施地表覆盖分类的重要基础。根据分类具体要求，绘制图 20.4 全球 5 个试验区生态地理分布状况。

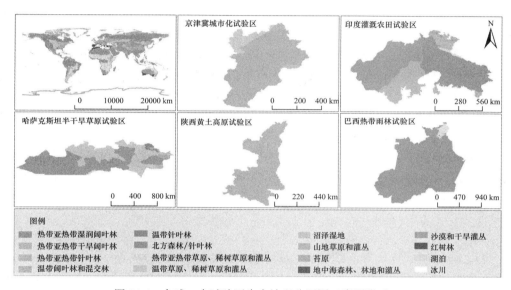

图 20.4　全球 5 个试验区生态地理分区图（彩图附后）

20.1.4　野外调查与数据收集

选取巴西圣保罗（巴西第一大城市及最大港口，南美第一大城），以及附近区域、玛瑙斯（属于热带雨林区域）这两个典型的线路进行野外调查，通过考察掌握了巴西独特的耕作习惯，植物分布特征，难以从影像上分辨的地类（如草地、裸露地、非生长季农地等），热带雨林相关的地学知识和实际情况。同时收集相关数据与景观照片，包括野外考察路线、生态地理代表性、基本自然地理概况、土地利用状况及人文因素等，针对具有不确定地类进行调查与资料收集，为解译及验证工作的顺利完成提供了保障。对黄土高原的调查包括 LUCC 遥感解译地面调查、地表覆盖亚类信息相关植被调查、土壤剖面分析调查以及基于 pad 的云平台 LUCC 野外验证。

20.2　基于决策树的耕地二级类分类技术

耕地二级类遥感信息提取是遥感技术在农业领域应用的重要内容。遥感技术作为地球信息科学的前沿技术,可以在短期内连续获取大范围的地面信息,实现农业信息的快速收集和定量分析,反应迅速,客观性强,是目前最为有效的对地观测技术和信息获取手段(匡文慧,2011b;2012)。Landsat TM 作为一种高精度遥感数据,为区域的耕地信息提取提供基础。Terra/MODIS 是一种新型的卫星遥感器,其数据空间分辨率为 1000 m、500 m、250 m,在波谱 0.4~14.5 μm 范围内有 36 个波段,覆盖了可见光、近红外和短波红外波段,具有较高重访周期 MODIS 为耕地二级类遥感信息提取提供重要信息源,因而将 Landsat TM 与 MODIS 等不同尺度的多源数据进行综合有效提高耕地提取的精度。

20.2.1 分类系统与分类方法

遥感技术以其获取数据实时、快速和准确等特点,为耕地(水田、旱地)类型信息提取提供了强有力的技术支撑,其依据作物的生长规律差异性,以及同一种作物在同一地区具有相对稳定的生长发育规律,根据不同作物在发育过程中时间和生物量上存在一定差异性,结合一些物候信息,可以利用时间序列遥感图像对不同的作物进行分类识别,从而达到提取耕地类型信息的目的(杜国明和匡文慧,2014)。基于面向对象的影像分类方法判别耕地二级类分类信息,根据地物大小,选择最优分割尺度,构建多尺度分割方法;综合利用 MODIS EVI 年际时间序列峰值变化信息,建立各个对象的特征集,结合 MODIS NDVI/EVI 最大值峰值的水田和旱地长势和水分胁迫的时相差异进行耕地的精细自动分类;通过建立隶属度函数,实现耕地的分层提取,提取水田、旱地为耕地的二级类。

1. 水田分类

根据 Landsat TM 影像的颜色、纹理等特征(图 20.5),结合 MODIS 等多元数据与水田生长密切相关的七个光学反射率波段进行波谱信息分析,选取了 RED、BLUE、NIR、

图 20.5 水田遥感影像解译标志

SWIR 四个特征波段,并构建了 NDVI、EVI、LSWI 三个特征参量作为水田信息提取的工作波段(Alberti,2010;Carlson and Ripley,1997)。选取水田种植前的休耕期、秧苗的移栽期、秧苗生长期和成熟期等多时像 MODIS 等数据的地表反射率影像数据,通过归一化植被指数、增强植被指数及利用对土壤湿度和植被水分含量较为敏感的短波红外波段计算得到的陆地表面水体指数进行水田种植信息获取。

2. 旱地分类

基于面向对象的多源影像数据集,进行耕地二级类型的提取,水田与旱地的内涵见表 20.2。首先对影像进行大气校正、几何纠正、影像融合、影像镶嵌、彩色增强、投影变换;继而根据旱地提取方法通过阈值自动提取和人工识别相结合的方式完成云影响区域的提取,利用 SPLINE 算法实现云影响区域数据重构,构建研究区无云时间序列影像;选择 NDVI 和 EVI,结合红波段和近红外单波段特征进行耕地作物提取;NDVI 区分各作物效果最差,近红外波段与 EVI 较近似,但对于旱地中的水浇地信息并不十分明显,而在红波段有一定的区分度,因此选用红波段和 EVI 时间序列影像分层提取旱地作物,建立分层决策树判别模式进行主要作物类别提取过程。

表 20.2 耕地二级类分类

类型	内涵
水田	指有水源保证和灌溉设施,在一般年景能正常灌溉,用以种植水田的耕地
旱地	指无灌溉水源及设施,靠天然水生长作物的耕地;有水源和浇灌设施,在一般年景下能正常灌溉的旱作物耕地;以种菜为主的耕地;正常轮作的休闲地和轮歇地

20.2.2 算法设计与技术流程

1. 水田算法设计与技术流程

1)MODIS 数据的获取及预处理

主要包括图像拼接、投影转换及图像切割等。并根据水田遥感监测需要,结合地理背景数据,气象数据及其他辅助数据,进一步增加水田识别的科学性和准确性。

2)MODIS 数据特征分析与处理技术

由于 MODIS 数据提供了海量的信息,对应某一专题应用研究来说。这些信息肯定存在一定的冗余,因此,对于高光谱数据处理进行的首要工作就是特征光谱提取,以去除波段冗余(Chen,2006;Chi et al.,2015)。根据水田物候特征和生长特性,通过对 MODIS 数据的光谱特征和应用途径进行深入解析和重构,从中选取包含绝大多数信息的几个关键波段,并构建合适的特征指数参数。

3)MODIS 数据信息提取

根据提取的特征波段和特征参数,结合水田物候的信息,选择合适时相的数据,建立水田信息提取模型,并进行精度分析,从而实现了印度试验区、京津冀试验区的水田地类提取。

2. 旱地算法设计与技术流程

1）Landsat TM、MODIS多源数据影像处理

影像的预处理包括辐射校正、几何精度校正和大气校正，最后根据地块矢量数据裁剪试验区地块数据。

2）基于SPLINE算法构建无云时间序列影像

光学遥感影像数据易受云、气溶胶及水汽因素的影响，严重影响遥感影像质量，需进行去噪处理，重构高质量的时间序列影像数据。相对于HANTS和Savizky-Golay等滤波算法，SPLINE算法不会改变无云覆盖的像元值，不涉及参数设置问题，适用于遥感定量分析和植被生物学参数的提取（Deng et al., 2008；Kuang, 2011）。本书旱地提取方法通过阈值自动提取和人工识别相结合的方式完成云影响区域的提取，利用SPLINE算法实现云影响区域数据重构，构建研究区无云时间序列影像。

3）植被指数计算

植被指数可以反映地面绿色植物的生物量和覆盖度等植被定量特征，是植被生长状态和空间分布密度的指示因子。植被指数种类繁多，但增强型植被指数（enhanced vegetation index，EVI）和归一化植被指数NDVI在植被信息提取和地物识别方面的应用最为广泛和有效。因而，选择NDVI和EVI，结合红波段和近红外单波段特征信息进行耕地作物提取的辅助提取。NDVI区分各作物效果最差，近红外波段与EVI较近似，但对于旱地中的水浇地区分度并不十分明显，而在红波段有一定的区分度，因此选用红波段和EVI时间序列影像分层提取旱地作物，建立分层决策树判别模式进行主要作物类别提取过程，本章绘制印度与京津冀两个试验区的植被归一化指数的空间分布，见图20.6。

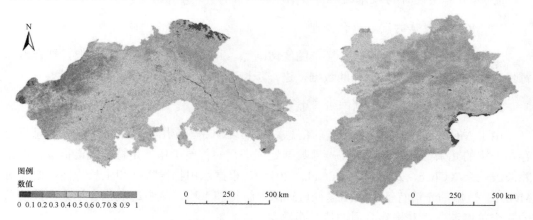

图20.6　印度与京津冀试验区NDVI分布图

4）旱地作物分类提取

HJ卫星数据时间序列影像中，NDVI区分各作物效果最差，近红外波段与EVI较近似，但对于旱地中的水浇地并不十分明显，而在红波段有一定的区分度，因此选用红波

段和 EVI 时间序列影像分层提取旱地作物,建立分层决策树判别模式进行主要作物类别提取过程,其在影像的纹理特征见图 20.7。

图 20.7　旱地遥感影像解译标志

20.2.3　分类实验与数据产品

基于面向对象的影像分类方法判别的耕地二级类分类技术应用于所选择的印度和京津冀试验区的地表覆盖二级类分类,基于已有的 2000 年、2010 年 GlobeLand30 印度和京津冀试验区地表覆盖一级类数据产品,应用多源遥感数据的光谱、时相和纹理信息,以及生态地理分区等辅助信息,发展多源遥感信息与地学知识复合应用的地表覆盖二级类信息的分类技术方法研制出印度试验区 2000 年、2010 年 2 期(图 20.9)和京津冀试验区 2000 年、2010 年、2013 年 3 期的耕地二级类(水田、旱地)数据产品(图 20.8)。

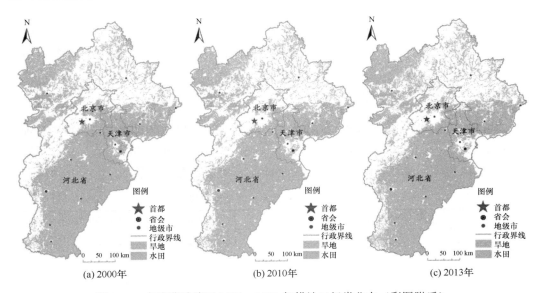

图 20.8　京津冀试验区 2000~2013 年耕地二级类分布(彩图附后)

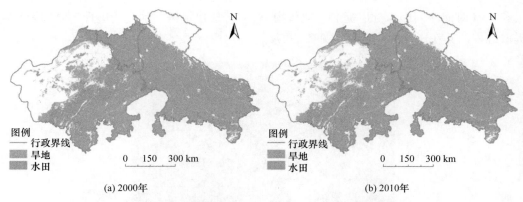

图 20.9　印度试验区 2000 年与 2010 年耕地二级类分布

20.2.4　分类产品精度评价

1. 高精度影像评价

将提取耕地二级类（水田、旱地）结果与原始影像进行叠加，同时参考地块现状图进行判读检验，该方法提取效果相对较好，特别是研究区地块平整，面积大且形状较为规则，具有较高的二级类信息提取的精度（甘心泰等，2011；匡文慧和张树文，2007）。通过遥感数据预处理包括大气校正、几何纠正、影像融合、影像镶嵌、彩色增强、投影变换、精度检验、影像分幅等，生成正射影像产品、融合影像产品、镶嵌影像产品、多种分幅影像产品等 Landsat TM 和资源三号影像作为精度验证影像。各影像处理过程如下。

1）低分辨率遥感数据处理

低分辨率遥感数据主要涉及 MODIS 系列产品，通过美国地质勘探局网站直接下载 16 天合成数据产品。主要通过 MRT 软件进行辐射定标、拼接等处理。

2）中分辨率卫星遥感数据处理

首先，根据专题参数反演的需要，可以对部分中分辨率卫星（Landsat TM）数据进行大气校正。大气校正应以基于辐射传输模型的校正方法为主。其次，进行中分辨率卫星的正射校正。

3）高分辨率遥感数据处理

高分辨率影像以资源三号数据为主，进行辐射校正、影像融合、投影转换等处理。

基于 Landat TM 和资源三号影像预处理结果，分别在采样区内进行水田信息提取，并与 MODIS 提取结果进行面积空间一致性验证，结果如表 20.3 所示。

表 20.3　中高分辨率影像精度验证　　　　　　　　　　（单位：hm²）

样点区	MODIS 提取水田	Landsat TM（资源三号）提取水田	MODIS 与 Landsat TM（资源三号）提取水田空间一致性
样点区 1	12331.68	13904.06	10121.52
样点区 2	3431.25	4277.25	2860.25
样点区 3	11429.36	12198.42	10008.56
总计	27192.29	30379.73	22990.33

2. 定量统计评价

1) 采样方案

采用分层分类采样方法。具体采样流程是：首先，将数据集分层，每种地类是一层，单独提取出来；其次，将数据转换为矢量点，每一个点代表 250 m×250 m 范围；再次，统计数据一共有多少个矢量点，并计算每一层（每一种地类）面积占总面积的百分比；最后，选定一共选取京津冀试验区 700 个采样点，印度试验区 2000 个样本点，各个采样点分布格局见图 20.10。

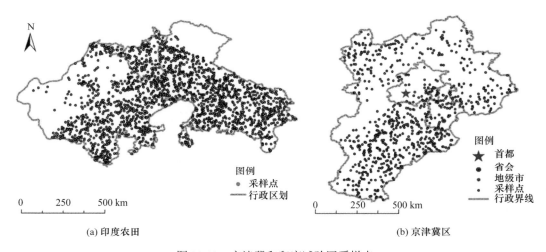

图 20.10 京津冀和印度试验区采样点

2) 精度评价结果

精度评价方法是误差矩阵或混淆矩阵（error matrix）方法，从误差矩阵可以计算出各种精度统计值，如总体精度、用户精度、生产者精度、Kappa 系数。并将其与常规的监督分类提取精度进行了比较。京津冀试验区和印度农田试验区采样点分布格局见图 20.10，结果表明（表 20.4），其精度都比监督分类有了明显的提高，其中水田的生产者精度提高了 3.78%，用户精度提高了 3.91%，Kappa 系数提高了 0.0398。

表 20.4 提取方法的评价精度

类别	提取方法	样本数	生产者精度/%	用户精度/%	Kappa 系数
水田	决策树提取	2700	93.53	90.73	0.8924
水田	监督分类	2700	89.75	86.82	0.8526

20.3 基于时间序列 NDVI 阈值判断的森林二级类分类技术

利用不同的植被指数在各时相中的差异，经过 C5 决策树训练选取合适的规则和阈值实现森林信息的提取，利用面向对象分类方法结合决策树算法，基于已有的全球地表覆盖一级类数据产品，将森林分为常绿阔叶林、常绿针叶林、落叶针叶林、落叶阔叶林、混交林、其余的作为其他类，进而研制全球典型区域的森林二级类数据产品。

20.3.1 分类系统与分类方法

本章使用的数据包括夏季和冬季的多时相 Landsat TM5、MODIS 数据，空间分辨率为 30 m 和 250 m，遥感数据轨道号以及获取时间如表 20.5 所示，空缺数据采用相邻年份相邻月份的影像代替。基于已有的 2010 年 GlobeLand30 巴西试验区林地一级分类体系，辅助数据包括 30 m 精度的数字高程模型（DEM），以及由此衍生的坡度、坡向数据等地形因子数据，Google Earth 影像，1∶100000 地形图，2013 年 1∶100000 土地利用图及野外调查数据。

表 20.5　巴西试验区信息提取使用的遥感影像

轨道号	夏季影像	冬季影像
1109	20091003	20090410
1108	20090520	20090131
1209	20130524	无
1210	20090606	20080228
1208	20130524	20080228
1008	20090606	20080228

通过分层分区思想，利用多种植被指数结合 MODIS 时序数据，辅以必要 DEM 信息，实现了巴西地区森林生态系统的遥感自动分类，分类精度总体达到 86.00%。主要成果包括以下两方面。

1. 森林内部结构（二级类型）分类系统

参考全球植被气候分类体系，结合巴西地区特殊的气候特征，在森林遥感分类的过程中，特别是分类器自动实现过程中，对难以辨认的类别进行合并，建立森林生态系统内部结构（二级类型）分类体系（表 20.6），将林地分为常绿针叶林、常绿阔叶林、落叶针叶林、落叶阔叶林、针阔混交林、灌木林，其余的作为其他类型等。

表 20.6　森林内部结构分类系统

一级类型	一级类型代码	二级类型	二级类型代码
森林	20	有（森林）林草原（树林冠层覆盖30%~60%，高度超过2m）	21
		稀树草原（树林冠层覆盖10%~30%，高度超过2m）	22
		常绿阔叶林	23
		常绿针叶林	24
		落叶针叶林	25
		落叶阔叶林	26
		针阔混交林	27
		灌木林	28
		其他类	29

2. 分类方法

参照上述森林遥感分类编码体系，采用分层分类，通过林地空间分布数据掩膜，对林地和灌丛分别提取。首先在巴西植被区划图中确定典型采样点,通过 Landsat TM5/MODIS 数据及植被指数进行光谱变化值分析,统一提取落叶和常绿,其次在不同气候区分区对针叶和阔叶林进行分类,此时将前两步结果叠加可得到落叶针叶、落叶阔叶、常绿针叶、常绿阔叶,以及常绿针阔混交等类型,并利用林地空间分布数据检验分类精度并改进规则,然后利用辅助数据确定植被亚类,如 DEM 数据确立山地植被,气候带数据确定植被气候类型,最后将林地和灌丛遥感分类数据合并,得到巴西森林类型遥感分类图。

20.3.2 算法设计与技术流程

1. Landsat TM5/MODIS 数据的获取及预处理

主要包括图像预处理(大气校正)、图幅拼接、投影转换及图像切割等,并根据林地遥感监测需要,结合 DEM 高程数据、土地利用数据、地形图数据,以及高分影像数据和野外采样数据。

2. Landsat TM5/MODIS 数据特征分析与处理技术

Landsat TM5 数据的光谱信息比较丰富,而 MODIS 数据提供了有利的时间信息,结合其光谱信息,根据不同林地物候特征和生长特性,通过对 MODIS 数据的光谱特征和应用途径进行深入解析和重构,从中选取包含绝大多数信息的几个关键波段,并构建合适的特征指数参数。

3. 根据提取的特征波段和特征参数

利用经验知识,选择合适的时相数据,提取不同的植被指数,利用 NDVI 区分植被、非植被,利用垂直植被指数(PVI)区分阔叶林和针叶林的植被指数(图 20.11)。

4. 根据提取的特征选取结合面向对象、神经网络等方法对森林进行精细模糊分类

根据不同的判断规则得到森林二级分类图,具体基于森林类型遥感自动分类技术。

20.3.3 分类实验与数据产品

根据不同的植被指数在各时相中的差异,经过 C5 决策树训练选取合适的规则和阈值实现森林信息的提取,利用面向对象分类方法结合决策树算法,基于已有的 GlobeLand30 巴西一级类产品,结合巴西土地利用数据,将森林分为常绿阔叶林、常绿针叶林、落叶针叶林、落叶阔叶林、混交林,其余的作为其他类,进而研制全球典型区域的森林二级类数据产品,林地二级类分布格局见图 20.12。

20.3.4 分类产品精度评价

1. 分类精度

1)总体分类精度

总体分类精度是指被正确分类的像元总数占总像元数的比例:

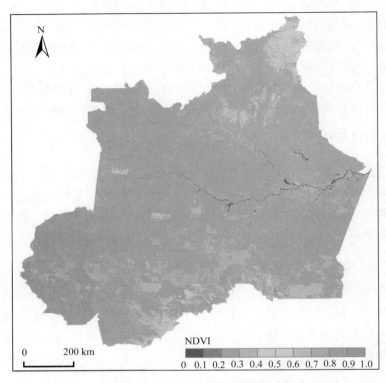
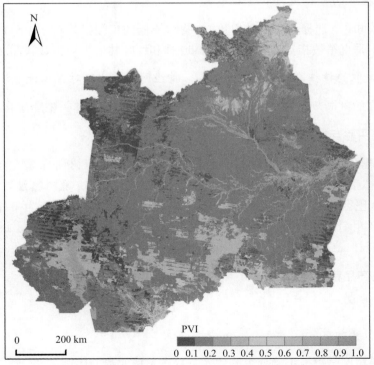

图 20.11 巴西热带雨林 NDVI 分布图和 PVI 分布图

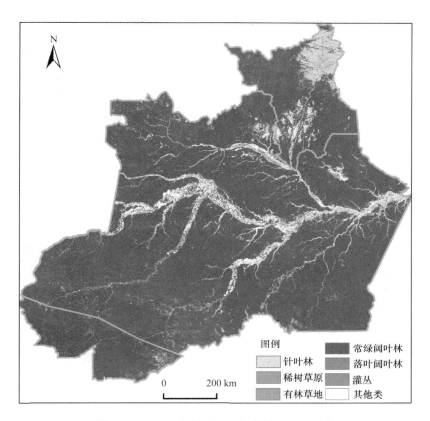

图 20.12 巴西试验区 2013 年林地二级类分布

$$p_\mathrm{o} = \left(\sum_{i=1}^{m} p_{ii}\right) \Big/ N \tag{20.1}$$

式中，p_o 为分类的总体精度，表示分类结果与实际地物类型一致的概率；m 为分类的类别数；N 为样本总数；p_{ii} 为第 i 类被正确分类的样本数目。

2）总体 Kappa 系数

Kappa 系数是由 Cohen 在 1960 年提出的用于评价遥感图像分类的正确程度和比较图件一致性的指数：

$$K = \left(N \times \sum_{i}^{m} p_{ii} - \sum(p_{i+} \times p_{+i})\right) \Big/ \left(N^2 - \sum(p_{i+} \times p_{+i})\right) \tag{20.2}$$

式中，K 为 Kappa 系数。

2. 采样方案

采用分层分类采样方法，采样空间分布格局见图 20.13。具体采样流程是：首先，将数据集分层，每种地类是一层，单独提取出来；其次，将数据转换为矢量点，每一个点代表 250 m×250 m 范围；再次，统计数据一共有多少个矢量点，并计算每一层（每一种地类）面积占总面积的百分比；最后，预定一共选取巴西地区 1229 个采样点。

图 20.13 巴西试验区采样点分布

3. 精度评价结果

巴西试验区分类结果的混淆矩阵如表 20.7 所示。根据混淆矩阵可以看出森林分类总体精度为 86.00%，总体 Kappa 系数为 0.79，总体分类精度良好。其中，常绿针叶林和常绿阔叶林的分类精度要比落叶阔叶林的精度高，这说明区分常绿林和落叶林与所选影像的时相，以及所选择的样本关系密切。常绿针叶林、常绿阔叶林易与针阔混交林混淆，由于光谱特征比较相似，出现了较多错分现象，这是目前森林分类的难点所在。

表 20.7 分类结果混淆矩阵

地类	常绿阔叶	落叶阔叶	常绿针叶	稀树草原	针阔混交	灌木林	其他
常绿阔叶	369	8	3	0	39	20	6
落叶阔叶	2	27	8	0	28	0	0
常绿针叶	0	0	234	2	3	6	3
稀树草原	0	0	2	5	2	0	0
针阔混交	1	0	20	0	108	0	3
灌木林	0	0	0	0	0	60	2
其他	2	0	3	1	3	5	254

总体精度：86.00%　Kappa=0.79

20.4 基于多源地学知识的草地二级类分类技术

在 GlobeLand 30 的基础上以哈萨克斯坦为试验案例区，进而应用多源数据融合地学知识提取草地二级地类信息。分类采用分区分类方法，利用多光谱影像结合 DEM、降水、气温、湿润度等辅助信息，嵌套生态地理分区，进行草地二级类的遥感自动分类（Li et al.，2011a；Lu et al.，2014）。一是基于 NDVI、NDWI、LSWI、EVI、LAI 等遥感参数进行非监督分类，然后在其他辅助数据的支持下辨识草地内部结构；二是基于傅里叶变换特征分量的遥感自动识别；三是基于遥感物候指标的遥感自动识别，即在遥感参数的基础上生成关键物候期参数，包括生长始期、生长末期、生长季长度等，然后对其进行非监督分类，由此来确定草地二级类信息。该技术将应用于所选择的全球典型区域的地表覆盖二级类分类，基于已有的 2000 年、2010 年全球地表覆盖一级类数据产品，研制全球典型区域 2000 年、2010 年、2013 年等 3 期的草地二级类数据产品。

20.4.1 分类系统与分类方法

1. 草地二级类分类系统

草地二级类分类系统见表 20.8。草地主要指以生长草本植物为主，覆盖度在 5%以上的各类草地，包括以牧为主的灌丛草地和郁闭度在 10%以下的疏林草地。二级类型可依据草地覆盖度的差异分为高覆盖草地、中覆盖草地、低覆盖草地。

表 20.8　草地二级类分类分类系统

一级类型	一级类型代码	二级类型	二级类型代码
草地	30	指覆盖度在>50%的天然草地、改良草地和割草地。此类草地一般水分条件较好，植被生长茂密	31
		指覆盖度在 20%～50%的天然草地和改良草地，此类草地一般水分不足，植被较稀疏	32
		指覆盖度在 5%～20%的天然草地。此类草地水分缺乏，植被稀疏，牧业利用条件差	33

2. 草地二级类分类方法

草地二级类型的遥感分类技术研发，构建了利用 Landsat TM、MODIS 多时序遥感数据，结合地理信息、气候信息，并嵌套生态地理分区进行哈萨克斯坦及全球范围草地生态系统内部结构分类的技术方法，确定了草地生态系统内部结构遥感识别技术方案，一是选取 GlobeLand30 草地信息，并利用遥感参数捕捉草地内部信息，利用遥感影像获取生长始期、生长末期、生长季长度等 NDVI、NDWI、LSWI、EVI、LAI 等遥感参数，并进行非监督分类；二是基于辅助数据（气候、地形、生态地理分区）的支持下辨识草地地带信息与结构规律；三是开展人机交互解译订正，并利用大量野外采样信息开展训练样本的订正与结果验证。

20.4.2 分类实验与数据产品

基于面向对象的影像分类方法判别的草地二级类分类技术应用于所选择的哈萨克斯坦

草地的地表覆盖二级类分类，基于已有的 2000 年、2010 年 GlobalLand30 哈萨克斯坦典型区地表覆盖一级类数据产品，基于多源遥感数据的光谱、时相和纹理信息，以及生态、气候地理分区等辅助信息，发展多源遥感信息与地学知识复合应用的地表覆盖二级类信息的分类技术方法研制出哈萨克斯坦典型区 2000 年、2010 年 2 期数据产品（图 20.14）。

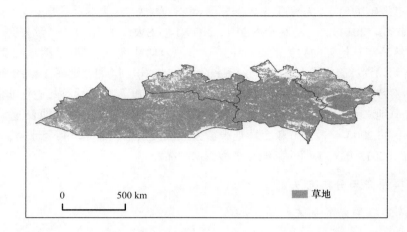

图 20.14　哈萨克斯坦试验区 GlobeLand30 地表覆盖一级分类（以 2010 年为例）

基于 2000 年、2010 年及 2013 年 MODIS 多时间序列数据构建草地生长季信息（图 20.15），并利用时间尺度信息初步获取草地二级类信息（图 20.16）。

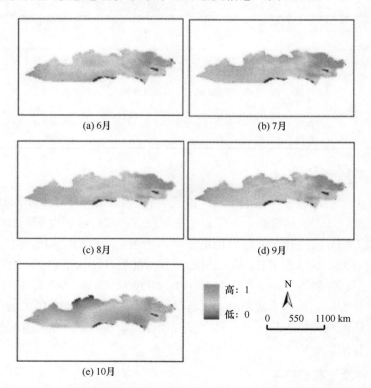

图 20.15　哈萨克斯坦试验区 NDVI 生长季序列数据（以 2010 年为例）

20.4.3 分类产品精度评价

基于多源地学知识的草地二级类分类技术，获取哈萨克斯坦试验区草地二级分类产品。草地二级类信息提取精度验证采用 Kappa 系数。Kappa 系数是通过把所有地表真实分类中的像元总数乘以混淆矩阵对角线的和，再减去某一类中地表真实像元总数与该类中被分类像元总数之积对所有类别求和的结果，再除以总像元数的平方差减去某一类中地表真实像元总数与该类中被分类像元总数之积对所有类别求和的结果所得到的。

采用分层分类采样方法，采样点的空间分布格局见图 20.17，选取典型区二级分类样点合计 2782 个，其中，中覆盖草地选取 1575 个，高覆盖草地和低覆盖草地分别选取 367 个和 831 个。分类数据的精度评价结果如表 20.9 所示。

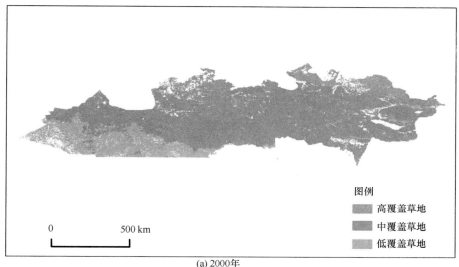

(a) 2000年

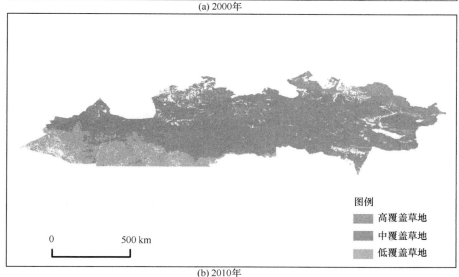

(b) 2010年

图 20.16 哈萨克斯坦试验区草地二级分类图

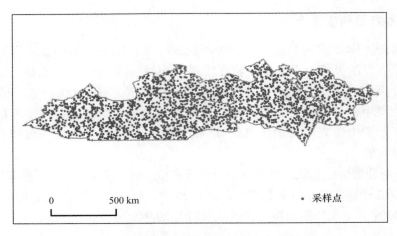

图 20.17 哈萨克斯坦试验区草地二级分类采样点图

表 20.9 分类数据的评价精度

类别	样本数	生产者精度/%	用户精度/%	Kappa 系数
高覆盖草地	376	80.93	86.47	0.8195
中覆盖草地	1576	81.51	85.69	0.8372
低覆盖草地	831	83.66	84.58	0.8403

20.5 基于混合像元分解的多尺度人造覆盖二级类分类技术

在 GlobelLand30 全球地表覆盖一级类产品的基础上,获取京津冀试验区人造覆盖信息,提取人造地表覆盖地类(地类编码 80),通过界定阈值将人造地表覆盖地类划分为城市建成区、农村居住用地和独立工矿用地等人造地表覆盖类型,进而应用多源数据融合方法提取城市建成区人造地表覆盖二级地类信息,划分城市建成区人造地表覆盖为不透水地表、水域和绿地植被三类二级地类,并计算它们各自在城市建成区人造地表覆盖中的组分比例。

对城市建成区人造地表覆盖二级分类,利用 Landsat TM 高分辨率遥感影像,采用基于亚像元的线性光谱混合分解模型(LSMA)对图像进行数据降维和端元分解,利用 V-I-S(vegetation-impervious surface-soil)概念模型,首先提取出城市内水域,后将城市建成区人造地表覆盖分为绿地植被、不透水地表与裸土,从而以获取"高反射地物—低反射地物—植被—裸土"作为光谱混合分解端元类型,并进行最小二乘法分解,最终对分解结果进行判别和归类,将城市建成区人造覆盖分为不透水层与透水层。该技术将应用于所选择的全球试验区的城市建成区地表覆盖二级类分类,基于已有的 2000 年、2010 年全球地表覆盖一级类数据产品,研制全球试验区 2000 年、2010 年、2013 年等人造覆盖二级类数据产品。

20.5.1 分类系统与多源数据

1. 分类系统定义

为科学量测人造地表覆盖时空范围和分布特征,基于多源数据融合方法和 V-I-S 概念模型，将 GlobelLand30 全球地表覆盖一级产品中的人造覆盖（地类编码为 80）分为三级类型，包括人造地表覆盖、城市建成区，以及不透水地表、植被、水域等组分。GlobeLand30 产品共分 10 个一级类型，该产品"人造覆盖"空间范围上主要包括遥感上可识别的去除城市植被、水域、裸土后的城市建成区、农村居民地，以及交通、工矿建筑和构筑用地固定栅格类型值（Alberti et al., 2003; Bettencourt et al., 2007; Kuang, 2012b）。事实上即使 30 m 像元尺度，每个像元包括 0~100 数值的不透水地表、植被及裸土等面积比例（0 代表不含不透水地表，100 代表像元完全被不透水地表覆盖）。因此，直接从 GlobeLand30 一级产品提取的 30m"人造覆盖"的城市用地空间范围要比城市建成区范围小，要比城市不透水地表范围大。

基于面积阈值限定，我们将人造地表覆盖分为城市建成区和非城市建成区两类基本类型，其中城市建成区在 30 m 分辨率下划分为不透水地表、绿地植被和水域等三种类型，非城市建成区则表示除了城市建成区以外的农村居住、独立工矿构筑物等人工覆盖区域（匡文慧，2012; Folke et al., 1997）。综上，对全球 GlobalLand30 人造覆被一级产品进行二级类划分，其分类系统共分为以下四类，如表 20.10 所示。

表 20.10　人造覆盖二级类分类系统

一级类型	一级类型代码	二级类型	二级类型代码
人造覆盖	80	不透水地表	81
		绿地植被	82
		水域	83
		非城市建成区	84

2. 多源数据源

基于多源数据融合的数据源主要应用 2010 年 GlobeLand30 全球地表覆盖制图 30 m 空间分辨率产品、欧空局 2008~2012 年基准年 300 m 全球土地覆盖数据集、2010 年 MODIS NDVI 16 天 250 m 合成数据、2010 年全球 1km 夜间灯光指数数据（DMSP-OLS）、美国地质调查局下载 2010 年 Landsat TM 遥感影像。亚洲子流域分布数据来源于美国地质调查局 1 km DEM 信息提取的流域界线。区域性数据还包括 2010 年中国土地利用/覆盖现状 1：10 万矢量数据。验证样本来源于 Google Earth 下载的 2010 年高分辨率影像数据。

3. 分类方法和技术流程

1）基于 MODIS 和 DMSP-OLS 的遥感精细化分类方法

本章开展人造地表覆盖精细化分类，基于多源数据融合的人造地表覆盖遥感分类技术流程见图 20.18，具体分为四个步骤：①基于多源数据融合方法获取全球 30 m 分辨率完整的人造覆盖信息；②对照 2010 年 Landsat TM 和 HJ-1A 纠正后的影像结合专家知识订正人造覆盖边界信息；③对 30 m 像元尺度信息开展混合像元分解；④经空间运算获取人造覆盖精细化分类结果（Kuang et al., 2014）。

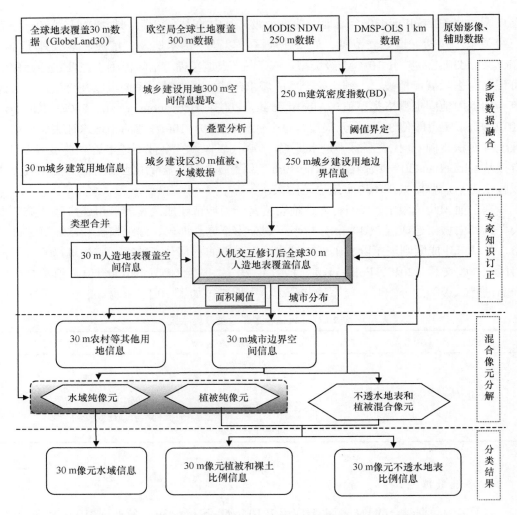

图 20.18 基于多源数据融合的人造地表覆盖遥感分类技术流程图

第一步，多源数据融合处理。对获取的 GlobeLand30 产品进行数据格式转换、投影转换、图幅拼接工作，欧空局 300 m 土地覆盖数据（ESR GLC300）、MODIS NDVI 250 m 数据、DMSP-OLS 1 km 数据进行格式转换和投影转换，数据处理统一应用 Grid 格式，制图应用 WGS84 投影，空间运算和面积统计应用对应各国中央经线的 Albers 投影。

提取 GlobeLand30 产品 30 m 人造覆盖一级类型和 ESR GLC300 城市用地类型。以 ESR GLC300 为空间掩码，像元设置为 30 m 基础上，提取 GlobeLand30 全要素类型，将获取的林地、草地作为城乡建设用地区内植被覆盖，水域作为城乡建设用地区内水域，所有其他类型归并为城乡建设用地区其他类型。进一步将 GlobeLand30 产品 30 m 人造覆盖和 ESR GLC300 掩码后的植被、水域和其他类型，进行合并，产生城乡建设用地边界信息。

应用 MODIS NDVI 250 m 数据和 DMSP-OLS 1 km 数据，制作 250 m 建筑密度指数（building density，BD），采用公式如下：

$$BD = \frac{(1 - NDVI_{max}) + OLS_{nor}}{(1 - OLS_{nor}) + NDVI_{max} + OLS_{nor} \times NDVI_{max}} \quad (20.3)$$

式中，BD 为建筑密度指数；$NDVI_{max}$ 为 MODIS NDVI 年中最大值；OLS_{nor} 为归一化灯光指数（0~1）。

将 ESR GLC300 城市用地类型，MODIS NDVI 250 m 数据和 DMSP-OLS 1 km 数据制作的城市边界信息，以及 GlobeLand30 掩码处理后类型合并信息，做进一步的多源数据融合，空间判断，产生城乡建设用地 30 m 分辨率数据集。

第二步，分类结果专家知识修订。将产生的城乡建设用地 30 m 数据集转换为矢量格式，通过面积阈值分割，将面积大于 10 km² 图斑划分为城市，提取城市边界，将其他类型划分为农村等其他用地类型。对照 2010 年 Landsat TM、HJ-1A 遥感图像，结合城市点状分布信息，遍历全部乡建设用地空间信息，应用 ArcGIS 界面，在专家知识参与下订正分类结果。

第三步，对城市不透水地表和植被混合像元分解。将修订后的城市边界信息（GlobeLand30-Urban）与 GlobeLand30 产品再进行掩码分析，产生城市不透水地表和植被混合像元类型、植被、水域和其他信息完全覆盖类型。对城市不透水地表和植被混合像元类型应用 250 m 建筑密度（BD）与 Landsat TM 混合像元分解方法获取的不透水地表信息建立相关关系，获取混合像元中城市不透水地表面积比例。

第四步，获取精确城市亚类信息精细化分类结果。将混合像元分解的 30m 像元不透水地表比例（0~100）信息为最终（GlobeLand30-Impervious）制图成果，将混合像元分解的植被信息与分类产生的城市植被全覆盖信息（以 100%处理）空间加和运算产生最终（GlobeLand30-Urban）制图成果。

2）基于 Landsat TM 的城市不透水地表信息提取与验证

以 Landsat TM 影像作为研究数据，采用基于亚像元研究的线性光谱混合分解模型（LSMA）提取不透水地表信息。用线性光谱混合模型的方法处理混合像元的分解包括图像数据降维、端元提取与后处理三个步骤。其中，选择合适的端元是保证提取不透水精度的前提，基于 V-I-S 概念模型，将城市土地覆盖分为绿地植被、不透水地表与裸土，进而以"高反射地物—低反射地物—植被—裸土"作为光谱混合分解端元类型，不透水地表表现为高反射率地物与低反射率地物反射之和。为了减小影像数据维数与波段的相关性的影响，使用最小噪声分离变换（minimum noise fraction，MNF）进行数据降维，降低波段相关性，提高分解精度。选取数据降维后的前三个主成分进行端元提取，进行最小二乘法分解，并对分解结果剔除水体与植被，水体剔除采用改进的归一化水体指数（modified normalized difference water index，MNDWI），植被剔除采用归一化植被指数（Hu and Weng，2011；Kuang et al.，2013）。

A. 线性光谱混合分解模型

线性光谱混合模型是光谱混合分析中最常用的方法，可操作性较强。他定义为像元在某一波段的反射率是由构成像元基本组分的反射率以其所占像元面积比例为权重系数的线性组合：

$$D_b = \sum_{i=1}^{N} m_i a_{ij} + e_b \qquad (20.4)$$

式中，D_b 为波段 b 的反射率；N 为像元端元数；a_{ij} 为第 i 端元在第 j 波段的灰度值；m_i 为第 i 端元在像元内部所占比例；e_b 为模型在波段 b 的误差项。该模型应同时符合以下两个限制条件：

$$\left. \begin{array}{l} \sum_{i=1}^{N} m_i = 1 \\ m_i \geqslant 0 \end{array} \right\} \qquad (20.5)$$

B. 初始端元选取

MNF 变换是一种用于判定图像数据内在的波段数，分离数据中的噪声，减少计算需求量的工具，它可以有效地消除噪声，减低图像的维数。反射率影像经 MNF 变换后分解的 6 个主成分中前三个主成分空间纹理比较清晰，特征值占原始影像的贡献率总计为 81.3%。因此，在选取端元时只选取前 3 个主成分两两进行线性组合。

由于端元一般分布在三角形的特征空间的顶点，越往边缘纯度越高，通过将特征空间各个顶点上的点与实际影像进行比较，可以看出 Landsat TM 影像的反射光谱采用 4 个端元的线性混合模型可以很好地表达，分别是高反照率（high albedo）、低反照率（low albedo）、植被与土壤。

这样，经过初始端元选取、端元搜集、筛选就可以得到 4 个端元的光谱特征，即每个端元在 Landsat TM 影像 6 个波段上的光谱反射率。其中高反照率端元在 6 个波段上的光谱反射率都是最大的，低反照率端元则都是最小的，植被和土壤介于中间，其中植被在第 4 波段上的反射率要明显高于其他波段。

C. 各个端元的分量计算与不透水地表信息的提取

利用优化选取的端元，通过最小二乘法求解具有限制条件的 4 个端元线性光谱混合模型，得到各个端元盖度的影像图。通过分析不透水地表与四个端元之间的关系，发现在特征空间中，高、低反照率端元对不透水地表贡献率最大，而土壤、植被对不透水地表贡献率非常小，因此不透水地表覆盖度被认为是高、低反照率覆盖度之和，下面是城市不透水地表覆盖度的计算模型：

$$R_{(\mathrm{imp},b)} = f_{\mathrm{low}} \times R_{(\mathrm{low},b)} + f_{\mathrm{high}} \times R_{(\mathrm{high},b)} + e_b \qquad (20.6)$$

式中，$R_{(\mathrm{imp},b)}$ 为第 b 波段的不透水地表反照率；$R_{(\mathrm{low},b)}$、$R_{(\mathrm{high},b)}$ 分别为第 b 波段的低反照率和高反照率；f_{high}、f_{low} 为高、低反照率端元所占的比例；$f_{\mathrm{high}} \times f_{\mathrm{low}} > 0$ 且 $f_{\mathrm{high}} + f_{\mathrm{low}} = 1$；$e_b$ 为模型残差。

在进行不透水地表盖度计算之前，必须消除水和阴影的影响，因为水和阴影都表现为低反照率的特征。本章在计算不透水地表盖度之前将水面做了掩膜处理。阴影影响较小，所以未做处理。最后，将高反照度盖度与低反照度盖度相加后得到不透水地表的盖度。

为了减小影像数据维数与波段的相关性的影响，使用最小噪声分离变换进行数据降维，降低波段相关性，提高分解精度。选取数据降维后的前三个主成分进行端元提取，进行最小二乘法分解，并对分解结果剔除水体与植被，水体剔除采用改进的归一化水体指数，植被剔除采用归一化植被指数。

20.5.2 分类实验与数据产品

京津冀试验区作为中国乃至全世界近年来城市化发展进程最为迅速的一个区域，是研究城市化进程、城市地表覆盖组分变化、城市不透水地表和绿地分布的重要区域。本实验采用京津冀城市群作为研究实验区，其城市人造地表覆盖分布见图 20.19，基于 GlobeLand30 人造地表覆盖面积阈值提取的城市建成区为边界，通过上述提到的基于多源数据融合的城市内部地表覆盖分类方法和基于 V-I-S 利用 Landsat TM 影像提取不透水地表组分的方法，来对京津冀试验区一级城市建成区人造地表覆盖产品进行二级分类划分实验，并基于 V-I-S 概念模型提取以北京市为代表的城市不透水地表，以对二级不透水地表覆盖划分结果进行验证和对比校正。在实验的基础上，将此方法推广到更大尺度，划分亚洲城市内部不透水地表和绿地组分。

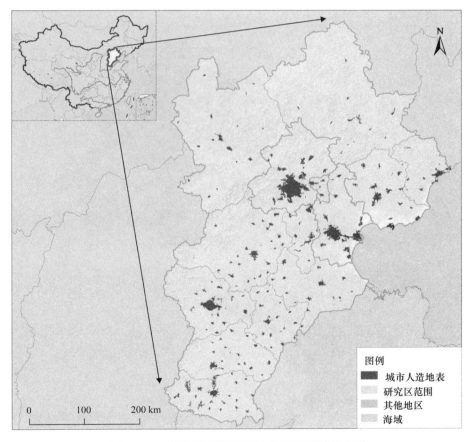

图 20.19 京津冀研究区城市人造地表覆盖分布图

1. 多源数据融合处理过程

第一，基于 GlobeLand30 产品 30 m 人造覆盖一级类型和 ESR GLC300 城市用地类型，通过栅格掩码裁剪、数据重分类、分区运算等操作，划分研究区城乡建设用地类型，并产生城乡建设用地边界信息，京津冀城乡建设用地边界信息见图20.20。

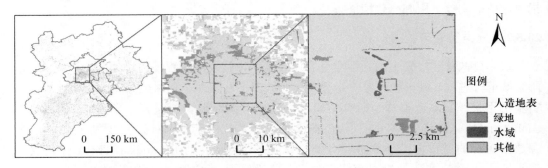

图20.20　京津冀城乡建设用地边界信息——以北京市为例（彩图附后）

第二，应用 MODIS NDVI 250 m 数据和 DMSP-OLS 1 km 数据，采用建筑密度指数计算公式，计算 250 m 建筑密度指数，京津冀建筑密度指数空间分布格局见图20.21。

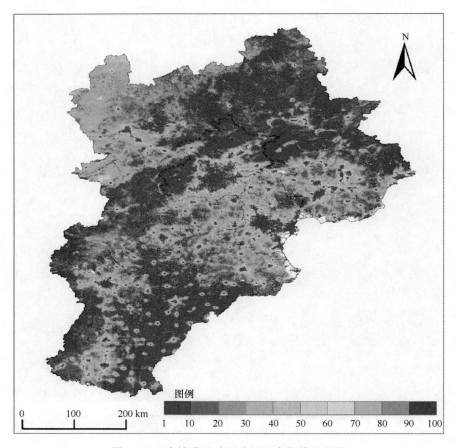

图20.21　京津冀试验区建筑密度指数分布图

第三，将 ESR GLC300 城市用地类型和上述步骤生成结果进行进一步的多源数据融合产生城乡建设用地 30 m 分辨率数据集。

2. 分类结果专家知识修订

通过对产生的城乡建设用地 30 m 数据集矢量结果进行面积阈值分割，将面积大于 10 km² 图斑划分为城市，提取城市边界，将其他类型划分为农村等其他非城市建成区用地类型。并对照 2010 年 Landsat TM、HJ-1A 遥感图像，结合城市点状分布信息，在专家知识参与下订正分类结果，图 20.22 表示亚洲地区城市边界提取结果。

3. 对城市不透水地表和植被混合像元分解

第一，基于 2010 年北京市 Landsat TM 遥感影像，采用基于亚像元研究的线性光谱混合分解模型（LSMA）提取不透水地表信息，北京城市不透水地表比例分布见图 20.23。

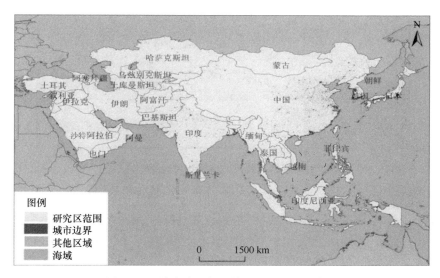

图 20.22　城市边界提取结果——以亚洲为例

第二，对城市不透水地表应用 250 m 建筑密度与 Landsat TM 混合像元分解方法获取的不透水地表信息建立相关关系，获取混合像元中城市不透水地表面积比例。由建筑密度获取得到北京市不透水地表比例与由混合像元分解获得不透水地表比例的相关系数为 0.83，故对建筑密度获取的不透水地表进行拉伸得到最终所需不透水地表面积比例。

4. 获取精确城市亚类信息精细化分类结果

将混合像元分解的 30 m 像元不透水地表比例信息输出，并将产生的植被信息与分类产生的城市植被全覆盖信息（以 100%处理）空间加和运算产生最终制图成果，以北京为例的人造覆盖遥感精细化分类处理结果见图 20.24。

20.5.3　分类产品精度评价

本章既考虑人造地表覆盖分类的正确性，也考虑像元尺度不透水地表或植被空间分布面积比率提取误差，从像元分类正确性的产品精度、用户精度和内部组分复

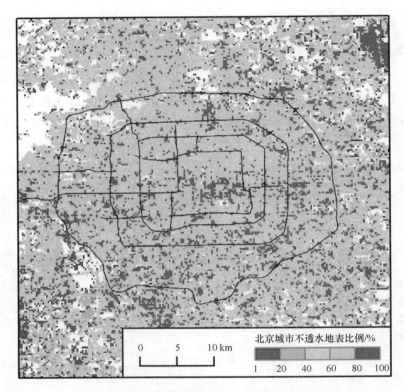

图 20.23 基于亚像元提取北京城市不透水地表比例分布

相关系数（R^2）、平均相对误差（MRE）四个方面开展分类精度的评价。采用分级随机采样方法，应用 Google Earth 2010 年影像开展精度验证，为减少影像配准误差产生的影响，对每个采样点采取 3×3（750 m×750 m）像元窗口应用精纠正的高分辨率图像专家人工判读和数字化解译获取验证样本信息，对亚洲各国家总计获取 2725 个样本。用目视解译数字化不透水地表、植被和裸土，以及水域面积比例，代表地面真实验证值，以亚洲为例的城市建成区及组分分类精度评价采样点分布与采样方案见图 20.25。

MRE 评价每个像元不透水地表和植被组分信息提取的精度，公式如下：

$$\text{MRE} = \frac{\sum_{i=1}^{n}(|x_i - y_i|/y_i)}{n} \tag{20.7}$$

式中，MRE 为平均相对误差；x_i、y_i 分别为 3 像元×3 像元提取组分地面采样高分辨率遥感解译获取不透水地表信息面积比例（%）；n 为样本个数。

空间遥感技术以其获取数据宏观、快速和准确等特点，地表分类信息提取提供了强有力的技术支撑，其依据作物的生长规律差异性，以及同一种作物在同一地区具有相对稳定的生长发育规律，根据不同作物在发育过程中时间和生物量上存在一定差异性，结合一些物候信息，可以利用时间序列遥感图像对不同的作物进行分类识别，从而达到地表二级类划分的目的。

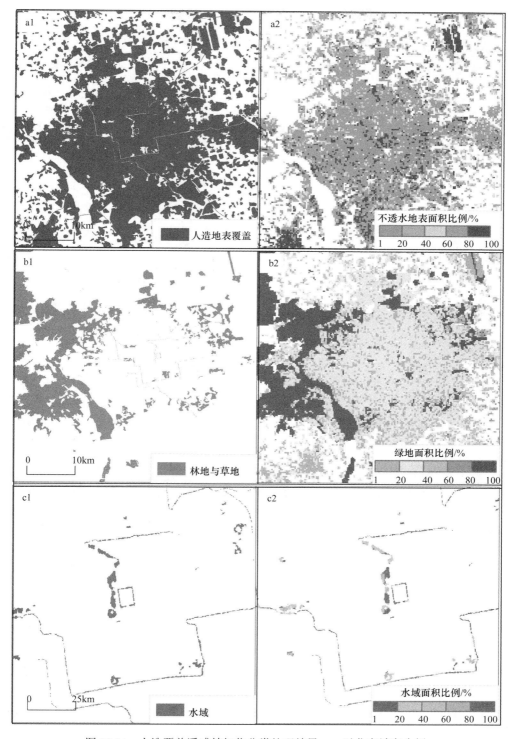

图 20.24 人造覆盖遥感精细化分类处理结果——以北京城市为例

a1. 30 m 分辨率人造地表覆盖信息；a2. 250 m 分辨率城市不透水地表信息；b1. 30 m 林地与草地信息；b2. 250 m 分辨率城市植被面积成分信息；c1. 30 m 分辨率水域信息；c2. 250 m 分辨率城市水域面积成分信息

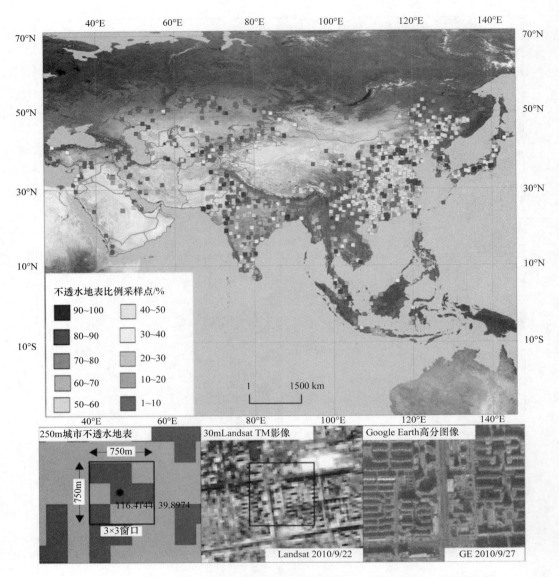

图 20.25 城市建成区及组分分类精度评价采样点分布与采样方案——以亚洲为例

本章基于面向对象的影像分类方法判别耕地二级类分类技术采用，根据地物大小，选择最优分割尺度，构建多尺度分割等级网；综合利用 MODIS EVI 年际时间序列峰值变化信息，建立各个对象的特征集，结合 MODIS EVI 最大值峰值的阈值判断进行耕地的精细自动分类；通过建立隶属度函数，实现耕地的分层提取，拟提取水田、旱地为耕地的二级类。

利用不同的植被指数在各时相中的差异，经过 C5 决策树训练选取合适的规则和阈值实现森林信息的提取，利用面向对象分类方法结合决策树算法，基于已有的全球地表覆盖一级类数据产品，将森林分为常绿阔叶林、常绿针叶林、落叶针叶林、落叶阔叶林、混交林，剩余的作为其他类，进而研制全球典型区域的森林二级类数据产品。

在 GlobeLand30 的基础上获取哈萨克斯坦草地信息，进而应用多源数据融合地学知识提取草地二级地类信息。分类采用分区分类方法，利用多光谱影像结合 DEM、降水、气温、湿润度等辅助信息，嵌套生态地理分区，进行草地二级类的遥感自动分类。基于 NDVI、NDWI、LSWI、EVI、LAI 等遥感参数进行非监督分类，在其他辅助数据的支持下辨识草地内部结构；加之傅里叶变换特征分量的遥感自动识别；结合遥感物候指标的遥感自动识别，即在遥感参数的基础上生成关键物候期参数，包括生长始期、生长末期、生长季长度等，然后对其进行非监督分类，由此来确定草地二级类信息。

在 GlobeLand30 全球地表覆盖一级产品的基础上，获取京津冀试验区人造覆盖信息，提取人造地表覆盖地类（地类编码 80），通过界定面积阈值将人造地表覆盖地类划分为城市建成区、农村居住区和工矿业建筑区等人造地表覆盖类型，进而应用多源数据融合方法提取城市建成区人造地表覆盖二级地类信息，划分城市建成区人造地表覆盖为不透水地表、水域和绿地植被三类二级地类，并计算它们各自在城市建成区人造地表覆盖中的组分比例。

参 考 文 献

陈溪, 王子彦, 匡文慧. 2011. 土地利用对气候变化影响研究进展与图谱分析. 地理科学进展, 30(7): 930-937

迟文峰, 郝润梅, 苏根成, 等. 2012. 资源型城镇空间扩展遥感监测分析——以鄂尔多斯市为例. 西部资源, 1: 72-74

杜国明, 匡文慧. 2014. 农业现代化进程中的区域系统演化与调控研究——以三江平原北部地区为例. 北京: 中国农业大学出版社

甘心泰, 苏根成, 匡文慧. 2011. 近20年天津市土地利用变化以及驱动力分析. 长江大学学报(自然科学版), 8(11): 261-264

匡文慧. 2011a. 区域尺度城市增长时空动态模型及其应用. 地理学报, 66(2): 178-188

匡文慧. 2011b. 陕西省土地利用/覆盖变化以及驱动机制分析——基于遥感信息与文献集成研究. 资源科学, 33(8):1621-1629

匡文慧. 2012. 城市土地利用时空信息数字重建、分析与模拟. 北京: 科学出版社

匡文慧, 杜国明. 2011. 北京城市人口空间分布特征分析. 地球信息科学, 13(4): 506-512

匡文慧, 张树文. 2007. 长春市百年城市土地利用空间结构演变的信息熵与分形机制研究. 中国科学院研究生院学报, 24(1): 73-80

匡文慧, 迟文峰, 高成凤, 等. 2014. 云南鲁甸地震灾害应急救援环境分析与影响快速评估. 地理科学进展, 33(9): 1152-1158

匡文慧, 张树文, 张养贞. 2007. 基于遥感影像的长春城市用地建筑面积估算. 重庆建筑大学学报, 29(1): 18-21

匡文慧, 邵全琴, 刘纪远, 等. 2009. 1932 年以来北京主城区土地利用空间扩张特征与机制分析. 地球信息科学学报, 11(4): 428-435

匡文慧, 张树文, 侯伟, 等. 2006. 三江平原宝清县土地利用变化图谱分析. 中国科学院研究生院学报, 23(2): 242-250

匡文慧, 张树文, 张养贞, 等. 2005. 1900 年以来长春市土地利用空间扩张机理分析. 地理学报, 60(5): 841-850

宁静, 张树文, 王蕾, 等. 2007. 资源型城镇土地退化时空特征分析——以黑龙江省大庆市为例. 资源科学, 29(4): 77-84

王静, 苏根成, 匡文慧, 等. 2014. 特大城市不透水地表时空格局分析——以北京市为例. 测绘通报, (4): 90-94

徐文铎, 何兴元, 陈玮. 2008. 近40年沈阳城市森林春季物候与全球气候变暖的关系. 生态学杂志, 27(9): 1461-146

岳文泽, 徐建华, 徐丽华. 2006. 基于遥感影像的城市土地利用生态环境效应研究. 生态学报, 265: 1450-1460

赵国松, 刘纪远, 匡文慧, 等. 2014. 1990～2010年中国土地利用变化对生物多样性保护重点区域的扰动. 地理学报, 69(11): 1640-1649

Alberti M. 2010. Maintaining ecological integrity and sustaining ecosystem function in urban areas. Current Opinion in Environmental Sustainability, 2(3): 178-184

Alberti M, Marzluff J M, Shulenberger E, et al. 2003. Integrating humans into ecology: Opportunities and challenges for studying urban ecosystems. Bioscience, 53(12): 1169-1179

Bettencourt L M, Helbing D, Kuhnert C, et al. 2007. Growth, innovation, scaling, and the pace of life in cities. Proceedings of the National Academy of Sciences of the United States of America, 104: 7301-7306

Carlson T N, Ripley D A. 1997. On the relation between NDVI, fractional vegetation cover, and leaf area index. Remote Sensing of Environment, 62(3): 241-252

Chen W Y. 2006. Assessing the Services and Value of Green Spaces in Urban Ecosystem: A Case of Guangzhou City. Hong Kong: University of Hong Kong, PhD Thesis

Chi W F, Shi W J, Kuang W H. 2015. Spatio-temporal characteristics of intra-urban land cover in the cities of China and USA from 1978 to 2010. Journal of Geographical Sciences, 25(1): 1-17

Cui Y P, Liu J Y, Hu Y F, et al. 2012. Modeling the radiation balance of different urban underlying surfaces. Chinese Science Bulletin, 57(9): 1-9

Deng X Z, Huang J K, Rozelle S, et al. 2008. Growth, population and industrialization, and urban land expansion of China. Journal of Urban Economics, 63: 96-115

Folke C, Jansson A, Larsson J, et al. 1997. Ecosystem appropriation by Cities. A Journal of the Human Environment, 26(3): 167-172

Gu C, Shen J. 2003. Transformation of urban socio-spatial structure in socialist market economies: The case of Beijing. Habitat International, 27: 107-122

Hu X F, Weng Q H. 2011. Impervious surface area extraction from IKONOS imagery using an object-based fuzzy method. Geocarto International, 26(1): 3-20

Kuang W H. 2011. Simulating dynamic urban expansion at regional scale in Beijing-Tianjin-Tangshan Metropolitan Area. Journal of Geographical Sciences, 21(2): 317-330

Kuang W H. 2012a. Evaluating impervious surface growth and its impacts on water environment in beijing-tianjin-tangshan metropolitan area. Journal of Geographical Sciences, 22(3): 535-547

Kuang W H. 2012b. Spatio-temporal patterns of intra-urban land use change in Beijing, China between 1984 and 2008. Chinese Geographical Science, 22(2): 210-220

Kuang W H. 2013. Spatiotemporal dynamics of impervious surface areas across China during the early 21st century. Chinese Science Bulletin, 58(14): 1691-1701

Kuang W H, Chi W F, Lu D S, et al. 2014. A comparative analysis of megacity expansions in China and the US: patterns, rates and driving forces. Landscape and Urban Planning, 132:121-135

Kuang W H, Liu J Y, Zhang Z X, et al. 2013. Spatiotemporal dynamics of impervious surface areas across China during the early 21st century. Chinese Science Bulletin, 58: 1-11

Kuang W H, Dou Y Y, Chi W F, et al. 2015a. Quantifying the heat flux regulation of metropolitan land-use/ land-cover components by coupling remote sensing-modelling with in situ measurement. Journal of Geography research: Atmospheres, 120(1):113-130

Kuang W H, Liu Y, Dou Y Y, et al. 2015b. What are hot and what are not in an urban landscape: Quantifying and explaining the land surface temperature pattern in Beijing, China. Landscape Ecology, 30(2)357-373

Li J X, Song C H, Cao L, et al. 2011. Impacts of landscape structure on surface urban heat islands: A case study of Shanghai, China. Remote Sensing of Environment, 115: 3249-3263

Lu D S, Li G Y, Kuang W H, et al. 2014. Methods to extract impervious surface areas from satellite images. International Journal of Digital Earth, 7(2): 93-112

第 21 章　基于形状和邻近关系的 GlobeLand30 水体细分

陈利军[1]，李磊[1]，鲁楠[1]，陈炜[1]

　　陆表水域是全球水循环的重要组成部分，其空间分布一定程度上反映着陆表水资源的储存、利用状况，而其波动或变化体现着气候变化、地表过程及人类活动对水循环、物质迁移及生态系统变化的影响。全面掌握陆表水域的空间分布特征、持续监测其动态变化，是推动全球水循环研究、加强水资源管理、应对全球环境变化、实施全球生态环境健康诊断的一项重要基础工作。借助于遥感手段，我国率先在国际上研制了全球两期（2000/2010）30 m 分辨率的地表覆盖数据产品（GlobeLand30），实现了"从无到有"的发展阶段。然而，就目前的数据类型尚不能满足全球变化模式研究所需的精细分类（不仅需要一级类的数据，而且需要二级甚至三级类的地表覆盖数据）的数据需求。为此，本章在 GlobeLand30 水体图层的基础上开展河流和湖泊的自动细化分类研究，为全球及区域尺度上的水体空间格局解读和动态变化分析提供翔实的基础资料。

21.1　基于 GlobeLand30 水体细分的思路

　　自 20 世纪 90 年代以来，随着管理决策和科学研究的迫切需求、卫星传感器的不断发展和计算机制图技术的进步，基于遥感技术的全球地表覆盖数据制图取得了长足发展。目前，国外研究机构利用中低分辨率遥感资料先后研制了 4 套 1000 m 和 2 套 300 m 分辨率的全球地表覆盖数据产品（Bartholomé et al.，2005；Defourny et al.，2006；Loveland et al.，2000；Hansen et al.，2000；Friedl et al.，2002；Fritz et al.，2003），这些全球数据产品已经在全球或区域尺度的生态学和地理学、气候变化评价和环境模拟等研究中发挥了重要作用。

　　近年来，更高分辨率的全球地表覆盖产品研制日益受到国际社会的高度重视（Ban et al.，2015）。中国率先在国际上研制了全球两期（2000/2010）30 m 分辨率的地表覆盖数据产品研制（GlobeLand30）（Chen et al.，2014；Chen et al.，2015；陈军等，2011；陈军等，2014），包括水体、湿地、人造地表、耕地、冰雪、裸地、森林、灌木草地和苔原等十大地表覆盖类型。目前该数据已由中国政府馈赠给联合国使用，并为国际社会提供了免费的数据获取平台（www.globeland30.org）。为了进一步利用 GlobeLand30 数据进行全球及区域尺度上的水体空间格局解读和动态变化分析，本章在 GlobeLand30 水体图层的基础上开展河流和湖泊的自动细化分类研究（Liao et al.，2014；Cao et al.，2014）。

---

1. 国家基础地理信息中心

由于 GlobeLand30 上的水体数据形态万千，大小不一，不可能通过单一规则或阈值能将其区分为河流和湖泊。本书采用基于形状和邻近关系的水体二级类分层分类策略，充分利用水体图斑自身的形状特点和相互间的空间关系，逐层分类，最终得到河流和湖泊的分类数据，如图 21.1 所示。该分层策略由先到后可以归结为三个方面：基于先验知识的分层分类、基于邻近关系的分层分类和基于水体形状的分层分类等。

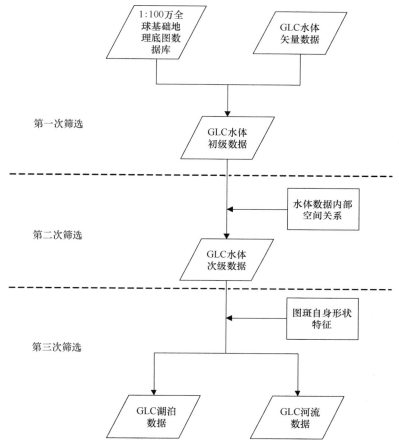

图 21.1　基于形状和邻近关系的 GlobeLand30 水体细分类思路

21.1.1　基于先验知识的分类策略

以全球基础地理底图数据库为先验知识（季晓燕和周敏，2006），利用河流参考数据和湖泊参考数据，结合参考数据与水体数据的空间关系对水体数据进行初步筛选，即首先根据参考数据与水体数据的位置关系，然后将水体数据与参考数据的缓冲区文件进行空间相交，最后初步筛选出初级水体划分数据。

21.1.2　基于邻近关系的分类策略

围绕全球地表覆盖水体数据内部的空间关系展开，利用图斑的空间关系进行识别，其主要空间关系有 Spatial join、Near、Buffer、Select by location 等（汤国安，2006）。经第一层筛选后得出的水体数据，尚存在部分湖泊数据没有和河流数据区分开，根据河流与湖泊的多边形空间特性，利用最邻近法则（汤国安，2006），即在搜索半径内，沿河流走向上，相邻河流两点的距离小于相邻河流和湖泊两点的距离，对初步筛选后的水体数据进行二次筛选。

21.1.3 基于水体形状的分类策略

采用"非此即彼"的思路，将除河流以外的水体数据归为湖泊，包括自然湖泊和人工湖，即将湖泊、水库、池塘等片状水域统一划为湖泊。从形状特征来看，将水体数据分为河流和湖泊主要有以下两个难点：①河流汇入湖泊时与湖泊连为一体，从形态学的角度难以将二者区分开，即不好界定这种情况下的水体数据是河流还是湖泊；②在河流流向上，河流提取不连续导致水体数据的零星分布，导致误分为湖泊。因此，对于以上两种情况的出现，需要提出一种合理有效的分类方法来解决此类问题。

传统的基于形状进行分类的方法仅仅是提供某种形状量测因子（Jiao et al.，2012；黎夏，1995；朱华和姬翠翠，2011），依据因子的变化范围设定阈值进行分类。然而这种方法没有考虑到形状相近但又分属不同种类的多边形、河湖相连的复杂多边形和河流断流造成的琐碎多边形等情况。为此，利用形态度量因子圆度来进行最后的分类。

21.2 基于形状和邻近关系的水体细分方法

21.2.1 分类方法

在水体划分时，依照分层策略的思想，制定出水体划分的具体步骤如下：

（1）首先对 1∶100 万全球基础地理底图数据库中选定区域的河流数据建立缓冲区，由于参考数据的比例尺为 1∶100 万，通过设定阈值，将实际河流全部包含在河流参考数据的缓冲区内。

（2）生成的河流参考数据缓冲区与全球地表覆盖水体数据作 Spatial join 操作，将全部的河流数据和部分湖泊数据选取出来，由于缓冲区数据与湖泊数据会有相交的情况，所以部分湖泊不可避免地被挑选出来。再用湖泊参考数据与刚生成的水体数据作 Spatial join 操作，又有一部分湖泊被"剔掉"，生成"初级河流数据"。

（3）由于面状要素不太好考虑其相互间的距离和角度，因此将"初级河流数据"转为点数据，进行 Feature vertices to points 操作，点类型选择的是 Mid，于是生成"初级河流角点数据"。

（4）利用河流多边形间的邻近关系，进行 Near 操作，将 Near_Dist=–1 的点挑选出来，生成"模糊湖泊角点数据"。这里 Near_Dist 不等于–1 的点都落在河流多边形上，进行这步前已经筛选择2个像素的多边形，这样很好地解决了误挑为河流的湖泊的情况，也就是说 Near_Dist 不等于–1 的点落在湖泊上的情况极大地减少了。这里重点强调一点：在河流走向上，在搜索半径内，相邻河流两点的距离小于相邻河流和湖泊两点的距离——这是步骤（4）的数学基础，如图 21.2 所示。

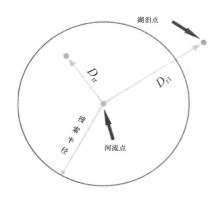

图 21.2　Near 的数学表达

（5）将"模糊湖泊角点数据"与"初级河流数据"作 Select by location 操作，将 Near_Dist=−1 的水体数据挑选出来，生成"模糊湖泊数据"。这时，"模糊湖泊数据"含有湖泊数据与部分河流数据，被挑选出来的河流数据图形较长，生成的中间角点与上下游的其他河流数据的中间角点数据相距较远，不在搜索范围内。

（6）对"模糊湖泊数据"计算其圆度，现在的水体数据中湖泊和河流形状分明，通过设定某一阈值可以有效地将河流湖泊区分开。经过计算，生成"筛选后的湖泊数据"。

（7）"初级河流数据"与"筛选后的湖泊数据"作 Erase 操作，生成最终河流数据；原始的全球地表覆盖水体数据再与最终河流数据作 Erase 操作，便生成了最终的湖泊数据。

这里称（1）、（2）步为第一次筛选；（3）~（5）步为第二次筛选；（6）、（7）步为第三次筛选，经过三次筛选，将全球地表覆盖数据最终分为河流数据和湖泊数据，如图 21.3 所示。

21.2.2　软件实现

本章在 Python Shell 环境下，使用 Python 作为程序开发语言，调用 ArcGIS Engine 开发包进行二次开发，基于文中所提分层算法，开发出基于形状及邻近关系的水体细分类自动化批处理脚本程序。所用操作系统为 32 位 Windows 7 专业版，处理器为 Intel（R）Core（TM）2 Quad CPU Q9950 @2.83GHz 2.83GHz，RAM 为 4.00GB，开发工具为 Python Shell，调用 ArcEngine 函数库，执行环境是.Net framework 4.0。

算法流程如下：

（1）原始水体数据为 UTM 投影的栅格文件，并且每幅与其相邻的四幅数据有重叠区域，使用 Raster to polygon 和 Reproject 功能将原始数据转换为等面积投影的矢量文件，这里在格式转换过程中，使用 SOL 语句"Select by attribute where value =60"将水体数据挑选出来，随后用规则接图表裁切水体矢量数据，生成标准图幅的水体矢量数据格式。这些操作封装在自定义的 RasterProcess（）函数中。

（2）参考数据为地理坐标的 Coverage 格式，使用 Feature to polygon 和 Reproject 功能将其转换为等面积投影的 Shapefile 文件，此时再用规则接图表裁切参考数据，生成标

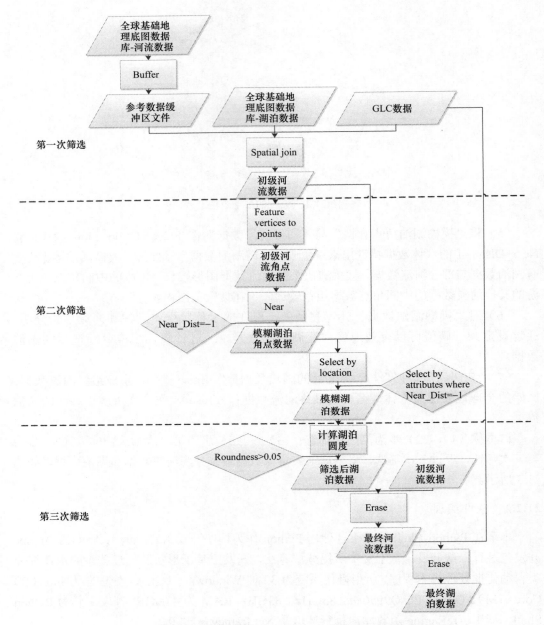

图 21.3　基于水体形状和邻近关系的分层策略细分类流程图

准图幅的河流参考数据和湖泊参考数据。随后使用 Buffer 功能建立河流参考数据的缓冲区文件，河流参考数据的处理封装在 ReferenceRiver_Buffer（）函数中，湖泊参考数据的处理封装在 ReferenceLake_Clip（）函数中。

（3）在主函数中调用 RasterProcess（），生成裁切后的标准图幅水体数据，再调用 ReferenceRiver_Buffer（），传递裁切水体数据的同一范围的接图表，生成河流参考数据的缓冲区文件，两者做 Spatialjoin 操作，生成初步筛选的水体数据；随后调用 ReferenceLake_Clip（），同样传递裁切水体数据时同一范围的接图表，生成裁切后的湖泊参考数据，与初步筛选的水体数据一起做 Spatialjoin 操作，生成初级河流数据。

（4）在主函数中调用 Proximity（），该函数封装了 Feature vertices to points、Select by location 以及 Near 等功能，将第三步生成的初级河流数据传递进来，便生成模糊湖泊数据。

（5）最后在主函数中调用 Roundness（），该函数计算了水体多边形的面积、周长及圆度，这里，通过交互式操作判断设定的圆度阈值是否可以合理地将湖泊和河流区分开，是则往下进行，否便重新设定阈值。随后用初级河流数据和原始水体数据做两次 Erase 操作，便得到最终河流数据和最终湖泊数据。

具体算法流程如图 21.4 所示。

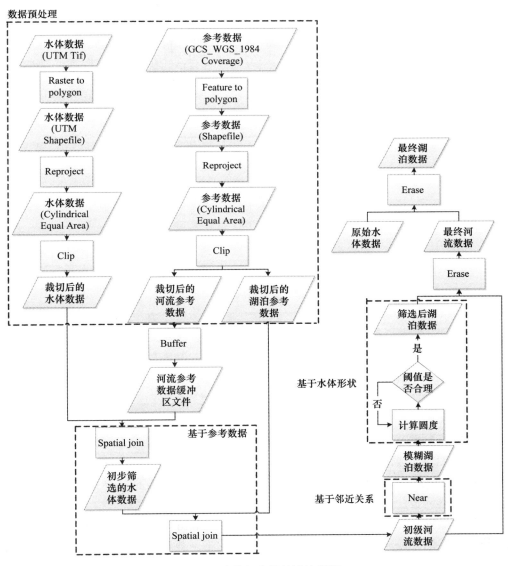

图 21.4　水体细分类算法流程图

21.2.3 精度评价方法

河流和湖泊均是对象化数据，一般的抽样评定较难实现，为此，运用格网法来进行水体划分结果的精度分析，即用一定大小的格网与水体划分数据叠加，再与 Google Earth 上的高分影像进行对比判别。精度分析流程如图 21.5 所示。

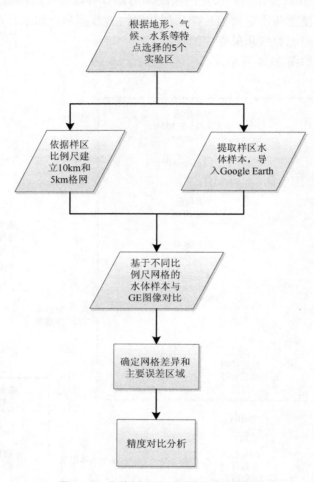

图 21.5　水体划分结果精度分析流程图

精度分析时需要统计湖泊分类正确率和河流分类正确率，这里用 10 km（或 5 km）格网叠加在湖泊（或河流）数据上，如图 21.6 所示。

通过 ArcGIS 里面的 Select by location 操作，将与湖泊相交的格网高亮显示出来，统计出相交的格网数，如图 21.7 所示。

将格网数据和湖泊（或河流）数据导入 Google Earth 中，在高分影像上进行实地对比，统计出湖泊（或河流）与 Google Earth 对应的格网数和有差异的格网数，如图 21.8 所示。对于样本量较大的情况，采用抽样的方法对湖泊（或河流）数据进行抽稀评估。抽样采用的是 ArcGIS 中地统计模块里的 Subset Features 函数，样本容量可以根据总数百分比进行调整，这里采用的抽样率为 25%。

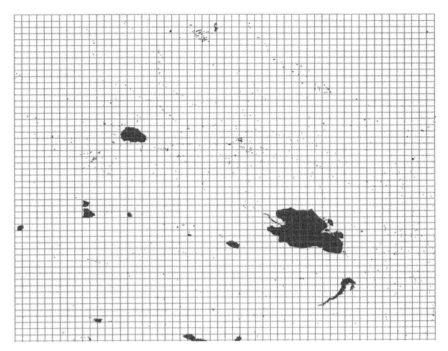

图 21.6 湖泊数据与 10 km 格网的叠加

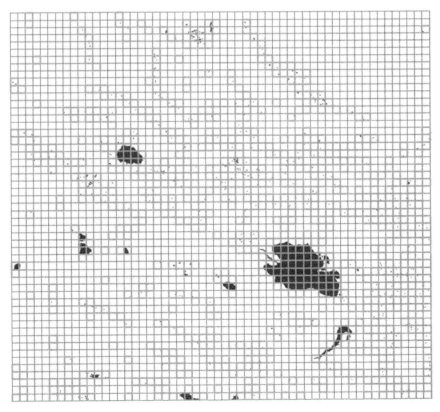

图 21.7 相交格网的提取

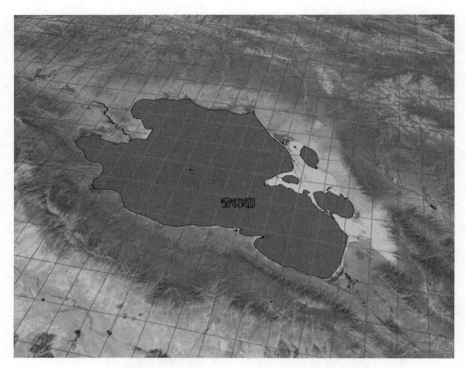

图 21.8　水体划分结果在 Google Earth 上的叠加验证

21.3　分类实验与精度分析

21.3.1　全球基础地理底图数据库

全球基础地理底图数据库数据包括覆盖全球范围的 1∶100 万比例尺政区、居民地、交通、水系、地形等矢量数据（季晓燕等，2006）。数据按地理区域和数据量大小进行分块，划分 6 个区域存储地理底图数据，包括：亚洲、欧洲（含俄罗斯）、北美洲、南美洲、非洲、大洋洲（含南极洲）。各区域内矢量数据经过投影转换、数据拼接、数据裁切等数据处理步骤，综合集成为连续无缝的整体，相邻区域使用公共边界。矢量数据采用 SHAPEFILE 格式存储，建库坐标系为地理坐标系（经度/纬度），以十进制度表示，参考椭球体采用 WGS 84 椭球体，高程采用的基准面为平均海平面（mean sea level），高程值单位为米。

本章以水系图层作为先验知识，对 GlobeLand30 水体数据进行初步筛选。在水系图层中，面和线独立存放在不同的数据层中，对于既有单线、又有双线的主要河流来说，不能形成连续的河流网，而是两层断续的线段、零碎的多边形。通常情况下，在线状河流层中应包含面状河流边线，使整条河流保持线段的完整性。因此，在建库中，通过编制程序，提取了大量面状河流边线并赋予相应的属性信息，合并在线状河流层中，保持了整条河流的完整性。

该水系图层主要包括河流、湖泊、水库、盐沼（或盐漠）、运河等，通过分级，可以将主要河流、湖泊、水库划分为一级、二级及其他级别，如表 21.1 所示。

图 21.9 为青海省湖泊河流分级示意图。

表 21.1 主要水系分级数量统计

分级	亚洲	欧洲（含俄罗斯）	非洲	北美洲	南美洲	大洋洲（含南极洲）
一级河流	46	11	7	6	7	0
二、三级河流	100	47	20	21	25	2
无级别河流	3553	2066	1779	759	966	268
一级湖泊	11	1	6	8	0	0
二、三级湖泊	12	13	2	34	1	0
无级别湖泊	963	3231	229	1773	168	258
一级水库	9	4	2	0	2	0
二级水库	17	18	4	9	5	0
无级别水库	127	234	47	208	55	10

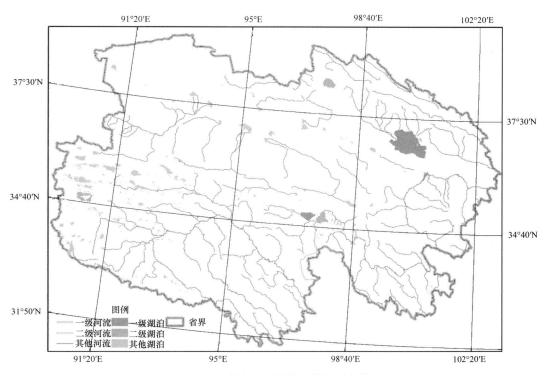

图 21.9 青海省河流湖泊分级示意图

21.3.2 分类实验

以 GlobeLand30 地表覆盖水体数据为例（陈军等，2014），取一幅编号为 N51_45_2000LC_30GlobeLand30 的水体数据进行试验，该图幅对应为中国东北某地区，坐标信息为 WGS_84 椭球 UTM 投影 51°带，原始水体数据如图 21.10 所示。

1. 基于先验知识的分层试验结果与分析

利用全球基础地理地图数据库中的水系图层，对 GlobeLand30 水体数据进行初步筛选试验，得出的水体划分初步结果，如图 21.11 所示。

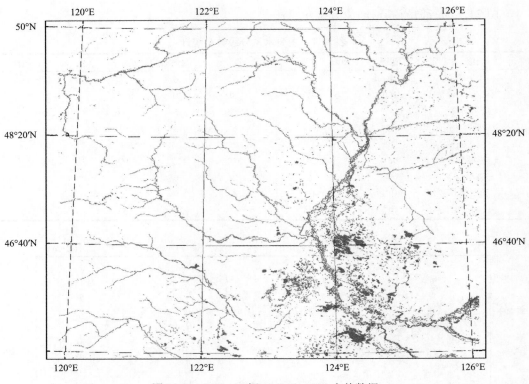

图 21.10 N51_45 幅 GlobeLand30 水体数据

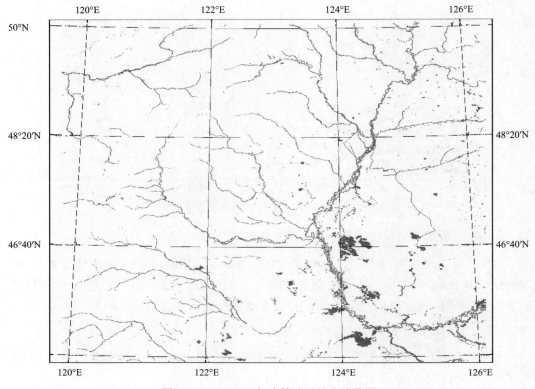

图 21.11 N51_45 初步筛选后的水体数据

由结果可以看到，湖泊已经筛选了一部分，河流提取效果较好。在图幅东南部还有一些湖泊没有筛选掉，可能性原因：①河流参考数据缓冲区与湖泊数据相交；②湖泊参考数据中没有漏提的湖泊数据。

2. 基于邻近关系的分层试验结果与分析

经初步筛选的水体数据还剩下一部分湖泊数据没有和河流数据区分开，利用河流"最邻近法则"，即在河流走向上，在搜索半径内，相邻河流两点的距离小于相邻河流和湖泊两点的距离，对初步筛选后的水体数据进行二次筛选。

由图 21.12 看到，大部分的河流多边形已经剔掉，唯独一条南北向的河流未剔掉，这是由于这条河流是一个完整的多边形，其在 Feature vertices to points 过程中，点数据与相邻河流的点数据距离超过搜索半径，因此没有成功剔掉。除了这条明显河流外，其他位置由于同样的原因也残留若干河流多边形。但这时的河流多边形和湖泊多边形的形状差异十分明显，需要借助形状因子来进行下一步筛选工作。

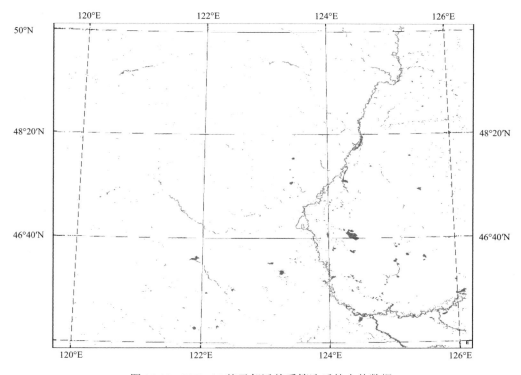

图 21.12 N51_45 基于邻近关系筛选后的水体数据

3. 基于水体形状的分层试验结果与分析

依据形状描述因子圆度对河流和湖泊数据进行最后一步筛选。首先将 Roundness> 0.05 的多边形剔掉，剩下的都是湖泊多边形，如图 21.13 所示。

图 21.13 显示了圆度大于 0.05 的湖泊多边形，再用初级河流数据与图 21.13 做一次 Erase 操作，便得到了最终的河流数据；然后再用原始水体数据与最终河流数据做一次 Erase 操作，便得到了最终湖泊数据，如图 21.14 和图 21.15 所示。

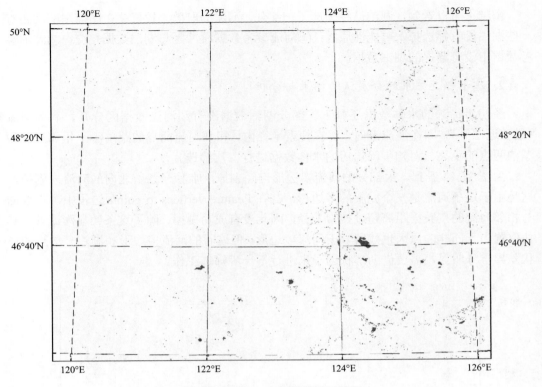

图 21.13 N51_45 幅模糊湖泊数据

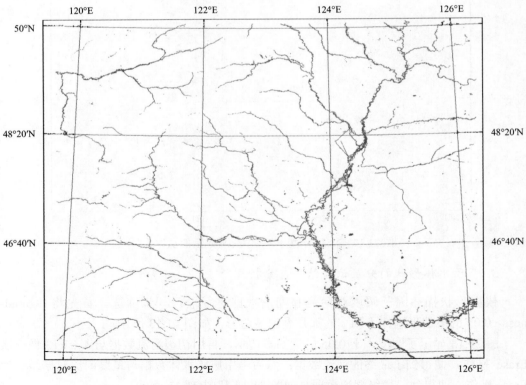

图 21.14 N51_45 幅河流数据

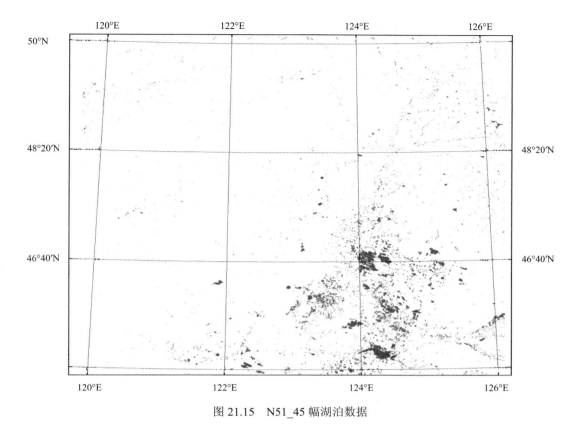

图 21.15　N51_45 幅湖泊数据

由最终分类得到的河流、湖泊数据可以看出，河流数据中还是会有一定比例的错提，同样，湖泊数据中也存在着错提，但是相比于整体，这个比例很小，因此，分类结果还是达到了预期的效果。

21.3.3　精度分析

为验证水体划分精度，从全球范围选取五个典型区域进行水体划分的精度评价，这五个典型区域分别对应为：青藏高原东北部、东非大裂谷、俄罗斯勒拿河下游、澳大利亚北艾尔湖周边和芬兰南部五个地区。

1. 典型区域上的水体细分类结果

1）青藏高原东北部

青藏高原东北部处于草原气候区，由于其西北部靠近沙漠，故该区域内温差大，降水少，水系较少，如图 21.16 所示；而东南部邻接冬干冷温气候区，冬季降水少，夏季降水多，河水周期性上涨。湖泊类型多为冰川湖和堰塞湖，湖水补给不足且蒸发量大，大型湖泊陆陆续续分解成许多小湖。

分类后的河流数据和湖泊数据如图 21.17 和图 21.18 所示。

由分类结果看，河流分类效果较好，只有河流分类图幅中部和东南部若干片与河流相连的湖泊没有区分出来；大片湖泊能够提取出来，但同时部分小块河流图斑也被误提出来，湖泊分类图幅北部能分辨出的河流形状是未被成功提取的河流图斑，这主要是由于河流多边形相互间距过远,未能在河流多边形搜索半径范围内出现。

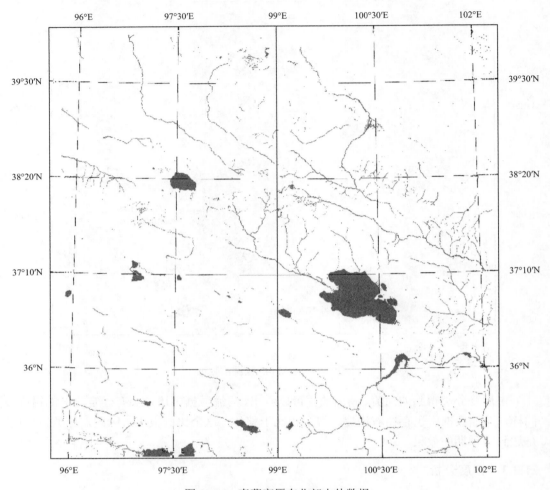

图 21.16 青藏高原东北部水体数据

2) 东非大裂谷

东非大裂谷是世界上最大的断裂带,它主要位于热带干湿季气候区,全年高温,干湿季分明,赤道低压带控制时,降水比较集中;信风带控制时,则干旱少雨。谷区大部分湖泊水源不足,湖盆周边侵蚀作用微弱,加之受地质构造运动的影响,低凹处聚水成湖,且不能外流,因此多独立存在。这里分布着非洲多数湖泊,湖泊外形似串珠,其中面积较大的湖泊有维多利亚湖、坦噶尼喀湖、马拉维湖、艾伯特湖等,如图 21.19 所示。

分类后的河流数据和湖泊数据如图 21.20 和图 21.21 所示。

该区域内河流主要分布在 25°~30°E,湖泊则主要分布在 0°~10°S。湖泊分类结果中有部分零散河流没有提取出来,主要集中在赤道附近,而湖泊提取则比较完整。这同样是由于两方面原因:①河流多边形形态近"湖泊状";②相邻河流多边形相距较远。

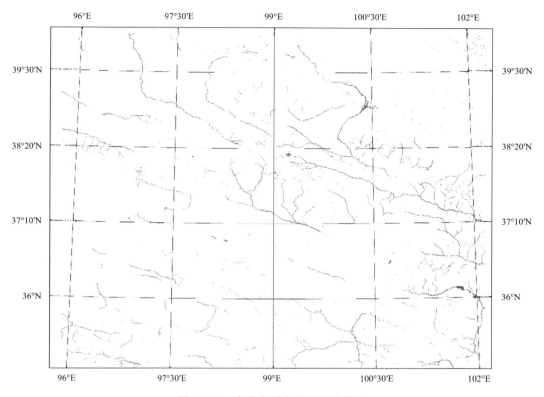

图 21.17 青藏高原东北部河流数据

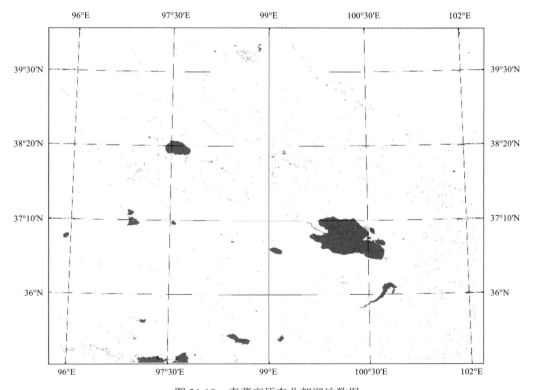

图 21.18 青藏高原东北部湖泊数据

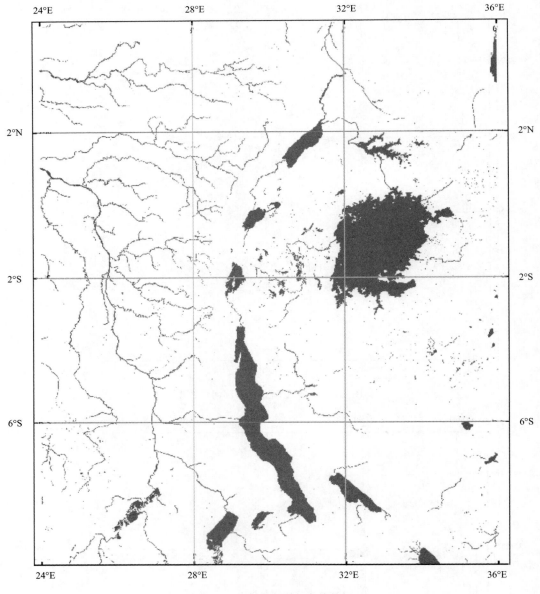

图 21.19 东非大裂谷水体数据

3）俄罗斯勒拿河下游

勒拿河是辫状水系的典型代表，全长 4400km，为世界第十长河流，同时也是俄罗斯本土最长河流。勒拿河的源头位于贝加尔山西坡，围绕中西伯利亚高原的东面蜿蜒向北方流去，贯穿西伯利亚高寒带，在中下游地区冲积出奇特的辫状水系；其向北流入北冰洋的拉普捷夫海，在入海口形成俄罗斯最大的河口三角洲——勒拿河三角洲，犹如一把折扇，面积约 3.2 万 km^2，这片三角洲上又分流出约 150 条汊流，拥有 1000 个左右的小岛，如图 21.22 所示。其下游地区处于常湿冷温气候区，全年降水平均，水系发达，其 95%以上的水量来源于冰川融雪和降雨，其余年流量来自于地下水。

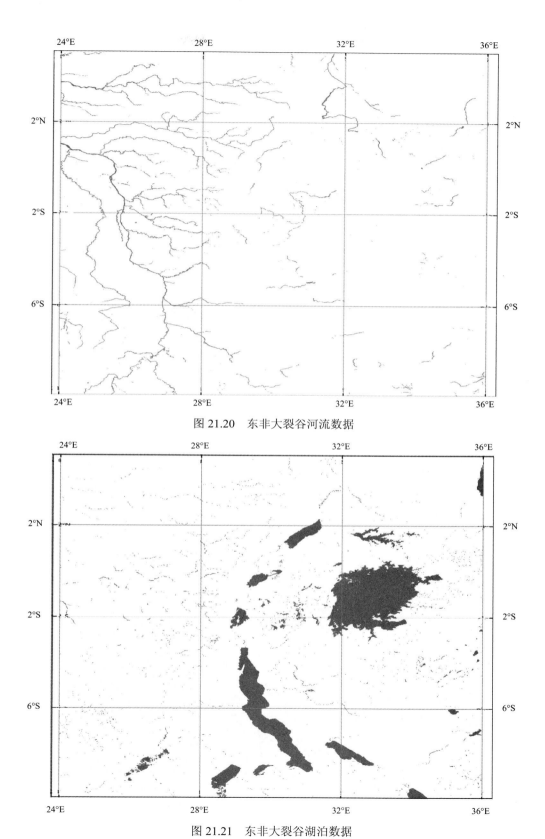

图 21.20 东非大裂谷河流数据

图 21.21 东非大裂谷湖泊数据

分类后的河流数据和湖泊数据如图 21.23 和图 21.24 所示。

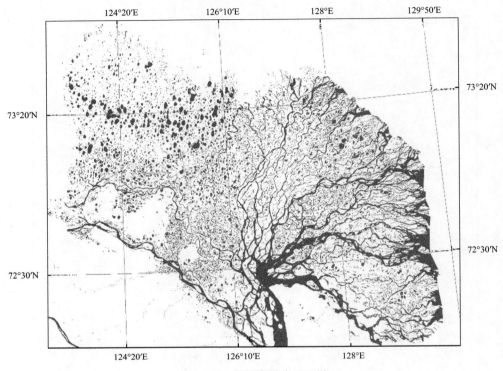

图 21.22　俄罗斯勒拿河下游

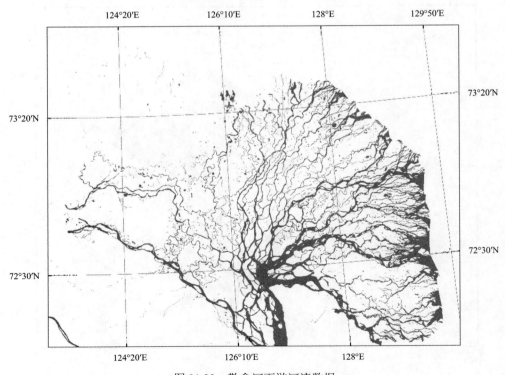

图 21.23　勒拿河下游河流数据

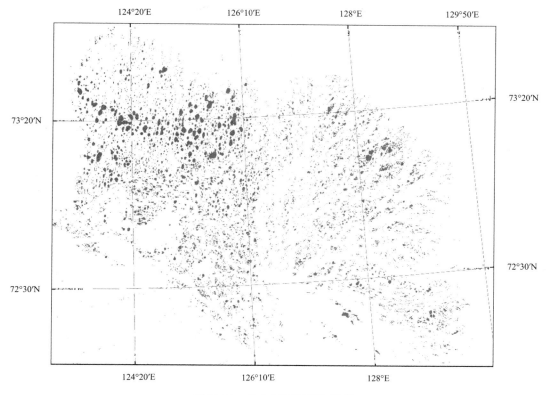

图 21.24 勒拿河下游湖泊数据

该区域分类效果显著,河流分类数据中,在勒拿河下游北部和西部入海口处有若干湖泊没有提取出来;湖泊分类数据中,目视没有河流误提为湖泊,分类效果好。

4) 澳大利亚北艾尔湖周边

澳大利亚大陆整体呈现出"高—低—高"的海拔走势,大部分为沙漠或者半沙漠的西部地区高原,平均海拔在 200～500 m,但也有一些超过 1000 m 的山脉;中部为平原地区,平均海拔在 200 m 以下,大洋洲最低点的北艾尔湖的湖面海拔为-16 m;东部为山地地区,平均海拔为 800～1000 m,山地东陡西斜。北艾尔湖周边处于沙漠气候区,昼夜温差大,降水量少,蒸发强,导致湖泊极易干涸,河流断流情况严重。艾尔湖盆地附近湖床是大型内流湖系统,河水从山地向西流淌时,因蒸发和渗漏等原因,半路就干涸。由于风蚀作用和气候原因,该地区形成特有的"朝向型"湖泊,即湖泊由西北至东南向呈现出明显的方向性分布。该区域有两条大型河流,其中一条由于河水的冲击和侧蚀作用导致河流变宽;湖泊分布显得异常凌乱,主要分布在 138°～141°E,该区域有很多沿河分布的小型湖泊,从空中看类似于河流分布,如湖泊分类图幅的东北部,众多湖泊聚集犹如蜿蜒河流一般,如图 21.25 所示。

分类后的河流数据和湖泊数据如图 21.26 和图 21.27 所示。

由于风蚀作用和气候原因,导致该地区形成特有的"朝向型"湖泊,即湖泊由西北至东南向呈现出明显的方向性分布。

· 543 ·

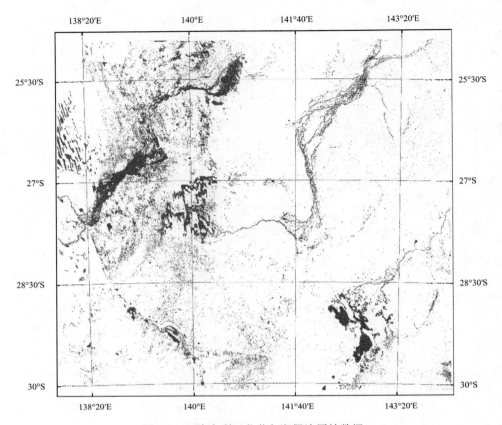

图 21.25 澳大利亚北艾尔湖周边原始数据

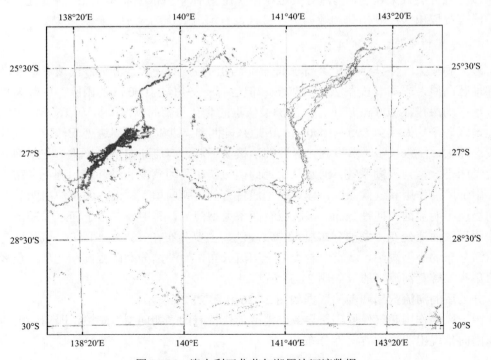

图 21.26 澳大利亚北艾尔湖周边河流数据

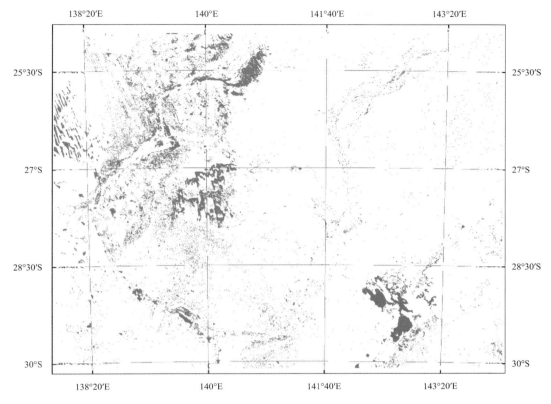

图 21.27 澳大利亚北艾尔湖周边湖泊数据

5）芬兰南部

芬兰地处欧洲北部，与俄罗斯、挪威、瑞典相邻，南接芬兰湾，西濒波的尼亚湾，海岸线总长约 1100km。境内因为冰川运动而形成众多的冰碛湖和冰蚀湖，这些湖泊通常由狭窄水道、急流和短河相连，共同构成相互连通的水网。芬兰内陆水体面积占全国陆地总面积的 12.2%，大约有 18.8 万个 500m² 以上的湖泊，因此享有"千湖之国"的美誉。境内最长的河流是凯米河，最大的湖泊是派延奈湖，如图 21.28 所示。其南部地区处于常湿冷温气候区，全年降水平均，湖泊密度高，西南地区受到极地海洋气候影响，冬季寒冷，夏季凉爽。

分类后的河流数据和湖泊数据如图 21.29 和图 21.30 所示。

所选实验区域水网高度密集，河流短而多，湖泊小而密。由河流分类结果来看，河流主要分布在沿海地区，河流网络简单；相对而言，湖泊群则十分庞大，大型湖泊分布在 28°~36°E，都属于高纬湖泊群，其中若干水库形似河流。

2．精度分析

运用格网法对典型区域内的水体数据进行精度分析，验证计算结果如表 21.2 所示。

湖泊的总体分类精度高于河流的总体分类精度，不同地区具体情况有所不同，不过除了东非大裂谷地区的河流分类精度略高于湖泊分类精度，其他地区都是湖泊分类精度高于河流分类精度。这主要是受干旱气候影响，湖泊种类少且形状单一，没有过多混淆

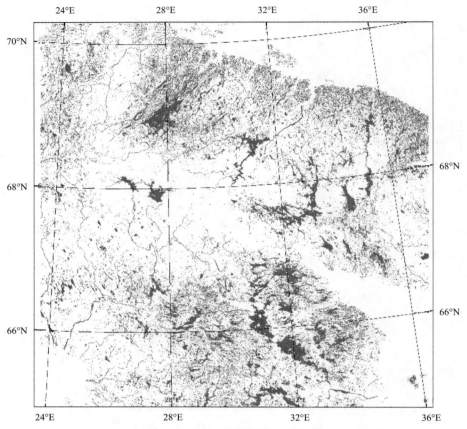

图 21.28 芬兰南部地区水体数据

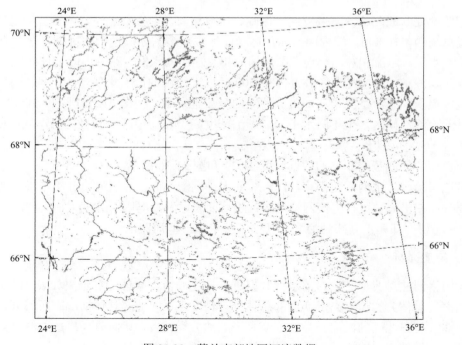

图 21.29 芬兰南部地区河流数据

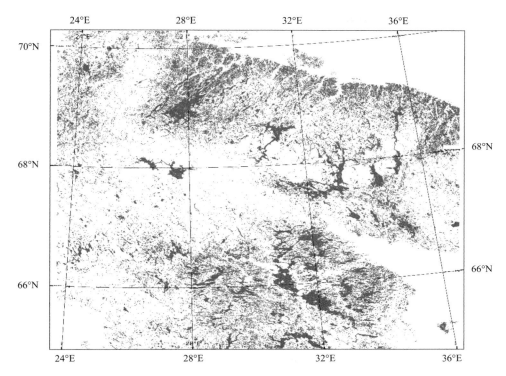

图 21.30 芬兰南部地区湖泊数据

表 21.2 不同实验区分类精度对比

分类实验区	分类结果	GLC 中有水体的网格数（A）	同一位置与高分不一致的网格数（B）	分类正确的格网率（X）/%
青藏高原东北部	湖泊	1025	13	98.73
	河流	1215	22	98.19
东非大裂谷	湖泊	4852	78	98.39
	河流	2737	30	98.90
俄罗斯勒拿河下游	湖泊	1266	36	97.16
	河流	1049	73	93.04
澳大利亚北艾尔湖周边	湖泊	2677	17	99.36
	河流	1283	31	97.58
芬兰南部	湖泊	2488	14	99.44
	河流	1987	59	97.03

注：$X=(A-B)/B*100\%$。

为河流的湖泊，河流提取容易等原因；俄罗斯勒拿河下游地区整体水体分类精度处于较低水平，是由于该区水系发达，水量充沛，牛轭湖不管从数量还是种类上来看，都很多，这便为河流提取增加了难度，形成许多"类河"湖泊和"类湖"河流；澳大利亚北艾尔湖周边与芬兰南部湖泊分类精度都很高是由于前者湖泊多为时令湖，雨季湖面上涨，小型湖泊汇入大型湖泊，湖泊形状突出，识别度高；后者处于常湿冷温气候区，由于冰川活动形成众多冰蚀湖和冰碛湖，河流较少，湖泊可提取度高。

21.4 分析与讨论

GlobeLand30 是目前最高空间分辨率的全球地表覆盖数据，对水体数据进行精细化分类可以为全球水体空间动态分布、水体环境变化监测，以及生态环境健康诊断提供可靠依据。目前的影像分类方法主要从两方面展开：一是基于光谱信息进行分类；二是利用形状描述因子对分类对象进行量化。但是全球地表覆盖水体数据是分类产品，没有光谱信息，无法借鉴第一类方法；形状描述因子虽然量测了研究对象的某些形态特征，但对于形态相近类别不同的研究对象还是无法进行区分。因此，一种利用形状因子但不基于光谱信息的精确化分类方法就显得很有必要。本章提出的基于水体形状和相邻关系的分层策略细分类方法不依靠影像光谱信息，仅需要知道对象的空间信息和形状特征，依据自身特点，采用分层策略，逐层分类，最终得到河流和湖泊的分类数据。该分类方法每一步不是独立的，它们相互之间互为补充，同时结合了前人方法的优点，提高了分类精度。将该方法运用于实验区分类的过程中有以下结论。

（1）多边形间的相邻关系和它的圆度呈现一种"此消彼长"的规律，即河流走向上，属于该河流的两个多边形的距离会满足搜索条件，即证明属于河流多边形，不满足搜索条件但确实属于河流的多边形，则它的圆度会很小，足以让它与非河多边形区分开。通过筛选小于若干个像素的多边形可以很好地解决相邻关系中误挑选为河流的湖泊，该方法中已剔掉小于两个像素的多边形。

（2）基于先验知识可以将形状易与河流混淆的湖泊准确提取出来，如芬兰的洛沃泽罗湖，从形态学的角度会将其分为河流；基于水体多边形相互间的相邻关系可以将因断流形成的零散河流很大程度上区分出来，如巴尔干半岛的库帕河，分散但又连贯的河流多边形从形态学的角度会被提取成湖泊；最后基于形状因子圆度可以将经过前两步筛选剩下的河流多边形和湖泊多边形成功地区分开。三种筛选方法相互补充，紧密关联，共同对水体数据进行细分类。

（3）分类过程中，将水体数据由栅格转为矢量时，会有部分湖中岛或河间沙洲被当作背景值转到矢量中，这就需要将其挑选出来删除，即"Select by attribute where value =0"；河流参考数据中会有封闭图形的存在，其会被误作为湖泊参考数据，这里需要将其删除，通过计算线段起点和终点的横坐标（或纵坐标），若两者相等，即"XStart=XEnd"，则此线段为封闭图形。

（4）精度评价时，格网尺寸大小一定程度上影响着分类的精度，格网尺寸越小，分类精度会偏低；格网尺寸越大，分类精度会偏高。以勒拿河为例，勒拿河下游地区叠加的是 5 km 格网，而其他四个地区叠加的是 10 km 格网，这是由于勒拿河下游地区的比例尺为 1∶100 万，而其他四个地区的比例尺为 1∶200 万～1∶250 万。依据实验区的尺度选择叠加格网的尺寸可以更好地套合分类数据与实际地物，使得单个格网中的水体数据合理分布。根据图表发现比例尺最大的勒拿河下游地区的河流湖泊分类精度相比于其他四个地区要低很多，主要原因应该是比例尺越大，水体数据占据的格网越多，相应的错误分类的水体数据占据的格网数也变多，当后者的变化量大于前者时，整体的精度就会变低。

21.5 总结与展望

本章采用三层筛选的方法对 GlobeLand30 水体数据进行细化分类。首先，利用全球基础地理底图数据库中的河流和湖泊参考数据和 GlobeLand30 水体数据的空间位置对应关系，将 GlobeLand30 水体数据中的河流和湖泊数据进行初步筛选，过滤掉一部分湖泊数据；其次，依据水体图斑多边形间的距离和角度，利用点与点之间的相邻关系将零散的河流和湖泊进一步过滤；最后，利用河流和湖泊图斑的形状差异，即形状描述因子圆度，定量地将河流多边形和湖泊多边形加以区分。通过以上思路，在 Python Shell 开发环境下，利用 Python 语言调用 ArcEngine 函数库进行二次开发，开发出水体细分类自动化批处理程序，极大地提高了数据计算速度，较为快速和准确地将 GlobeLand30 水体数据分为了河流和湖泊，弥补了 GlobeLand30 遥感数据产品类型不足的缺陷。

需要指出的是，全球陆表水域的持续遥感监测是一项长期而艰巨的任务，尽管本次工作是在前人分类产品的基础上进行的二次分类，在提取的效率方面有所提高，但方法上尚待改进和提高，如河湖相连多边形、多边形错分等问题。今后仍应加强对现有数据产品的验证与完善，进一步推动全球陆表水域的持续监测与数据更新。

参 考 文 献

陈军, 陈晋, 宫鹏, 等. 2011. 全球地表覆盖高分辨率遥感制图. 地理信息世界, 2: 12-14

陈军, 廖安平, 陈利军, 等. 2014. 全球 30m 分辨率陆表水域数据集(2010)的内容与组成. 地理学报, 69(s2): 217-229

季晓燕, 周敏. 2006. 全球基础地理底图数据库建设中对地名数据处理技术的探讨. 测绘通报, (7): 45-48

黎夏. 1995. 形状信息的提取与计算机自动分类. 环境遥感, 10(4): 279-287

汤国安. 2006. ArcGIS 地理信息系统空间分析实验教程. 北京: 科学出版社

朱华, 姬翠翠. 2011. 分形理论及其应用. 北京: 科学出版社

Ban Y F, Gong P, Giri C. 2015. Global land cover mapping using Earth observation satellite data: recent progresses and challenge. ISPRS Journal of Photogrammetry and Remote Sensing, 103: 1-6. DOI: 10.1016/j. isprsjprs. 2015. 01. 001

Bartholomé E, Belward A S. 2005. GLC2000: A new approach to global land cover mapping from Earth observation data. International Journal of Remote Sensing, 26(9): 1959-1977

Cao X, Chen J, Chen L, et al. 2014. Preliminary analysis of spatiotemporal pattern of global land surface water. Science China Earth Science, 57(10): 2330-2339

Chen J, Ban Y F, Li S N. 2014. China: Open access to Earth land-cover map. Nature, 514(7523): 434. DOI: 10. 1038/514434c

Chen J, Chen J, Liao A, et al. 2015. Global land cover mapping at 30m resolution: A POK-based operational approach. ISPRS Journal of Photogrammetry and Remote Sensing, 103: 7-27

Defourny P, Vancutsem C, Bicheron P, et al. 2006. GlobCover: A 300m global land cover product for 2005 using Envisat MERIS time series. Proceedings of ISPRS Commission VII Mid-term Symposium: Remote Sensing: from Pixels to Processes, Enschede(NL)

Friedl M A, McIver D K, Hodges J C F, et al. 2002. Global land cover mapping from MODIS: Algorithms and early results. Remote Sensing of Environment, 83: 287-302

Fritz S, Bartholomé E, Belward A, et al. 2003. Harmonisation, Mosaicing and Production of the Global Land Cover 2000 Database(Beta Version). Luxembourg: Office for Official Publications of the European Communities, EUR 20849 EN, 41, ISBN 92-894-6332-5

Hansen M C, DeFries R S, Townshend J R G, et al. 2000. Global land cover classification at 1 km spatial resolution using a classification tree approach. International Journal of Remote Sensing, 21: 1331-1364

Jiao L, Liu Y, Li H. 2012. Characterizing land-use classes in remote sensing imagery by shape metrics. ISPRS Journal of Photogrammetry and Remote Sensing, 72: 46-55

Liao A, Chen L, Chen J, et al. 2014. High-resolution remote sensing mapping of global land water. Science China Earth Sciences, 57(10): 2305-2316

Loveland T R, Reed B C, Brown J F, et al. 2000. Development of a global land cover characteristics database and IGBP DISCover from 1 km AVHRR data. International Journal of Remote Sensing, 21: 1303-1330

第 22 章　基于 GlobeLand30 的地表覆盖变化检测与自动更新方法

陈学泓[1]，曹鑫[1]，杨德地[1]，刘宇[1]，陈舒立[1]

地表覆盖及变化直接影响到生物地球化学循环及陆地-大气的水分、能量和碳循环，综合反映了人类活动和气候变化对自然环境的影响，是全球变化研究关注的重要内容。遥感是实现大范围地表覆盖快速监测的唯一有效手段，我国率先完成了基于遥感的全球 30 m 分辨率地表覆盖数据集 GlobeLand30。然而，GlobeLand30 只包括 2000 年与 2010 年两个基准年的地表覆盖数据，不足以全面表达地表覆盖的动态过程。为此，本章介绍了基于 GlobeLand30 的地表覆盖变化检测与自动更新方法。针对 30 m 分辨率影像中变化检测与更新所面临的难点问题，就遥感影像云检测、考虑物候信息的变化检测、图像分割尺度选择，以及面向对象更新等方面研发了相应算法，为 GlobeLand30 的更新提供了可行的技术方案。

22.1　总 体 思 路

地表覆盖及变化对于各种环境参数与过程，包括大气、水文、地貌、生态等方面都具有重要作用，综合反映了人类活动和气候变化对自然环境的影响，是全球变化研究关注的重要内容。目前遥感数据已经成为获取地表覆盖信息的主要手段。为此，我国在 863 计划重点项目的支持下率先完成了全球首套 30 m 分辨率的地表覆盖数据集 GlobeLand30（Chen et al.，2015），为全球变化、可持续发展等相关研究提供了重要的基础数据。然而，GlobeLand30 只包括 2000 与 2010 两个基准年的地表覆盖数据，不足以完整表达地表覆盖的动态过程，亟待更新。迄今为止，其余大多数的地表覆盖数据产品也都缺乏时间连续性。特别是在 30 m 分辨率的尺度上，即使是区域范围的数据，通常也仅在有限的时期存在已发布的数据产品（Xian et al.，2009）。因此，如何利用遥感数据及时更新现有地表覆盖数据产品具有重要的意义。

从原始遥感数据到地表覆盖更新，中间存在多个技术步骤，主要包括遥感影像的云检测、变化检测与更新。过去 30 年来，开展了很多相关研究，但是仍然存在一些难点问题：①已有云检测算法精度不够，使得云污染像元被错判为变化像元；②季相差异导致的变化检测误判难以克服；③对于面向对象的分类或变化检测方法，分割尺度过度依赖于专家经验。针对这三个问题，我们分别提出了迭代式云雾最优变换（iterative haze

---

1. 北京师范大学地理科学学部

optimized transformation，IHOT)、考虑植被指数时序曲线的自动土地覆盖更新算法，以及基于后验概率最小熵（minimal entropy of posterior probability，MEPP）的最优分割尺度选择算法。在上述三个算法的基础上，研制了一套完整的对象级地表覆盖更新方法，实现从原始 30 m 分辨率遥感影像到地表覆盖数据的自动生产链。算法的总体流程如图 22.1 所示。

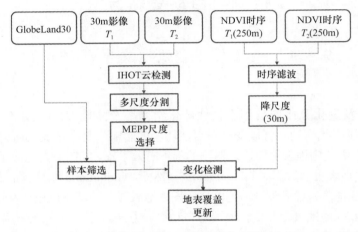

图 22.1　面向对象的地表覆盖自动更新流程

本章其余各节主要内容包括：22.2 节介绍 IHOT 云检测算法，22.3 节介绍结合植被指数时序的像元级更新方法，22.4 节介绍 MEPP 最优分割尺度选择算法，22.5 节介绍面向对象的地表覆盖自动更新方法。

22.2　迭代式云雾最优变换

22.2.1　背景介绍

许多的遥感图像都不可避免地受到了云、雾、霾的污染，这就为遥感图像的充分利用带来了极大的障碍，如云层效果使大气校正不精确、植被指数值评估偏差、地表覆盖分类或变化检测不准确的问题（Asner，2001；Irish et al.，2006；Zhu et al.，2012）。因此，高精确度的云检测具有十分重要的意义。

多年来，云检测的相关研究已经大量开展。一般而言，之前的方法可以归结为两类：二值化掩膜与定量检测。二值化掩膜用来生成云掩膜及评价图像总体云量。例如，Irish 等（2000，2006）研发的自动云覆盖评价系统已应用于业务化的遥感数据库云层估算。这种方法以经验光谱转换和阈值为基础估计云层分布及总体云量百分比。鉴于云与冰雪可能产生的混淆，Choi 和 Bindschadler（2004）通过用阴影匹配技术与冰雪指数相结合提出了一种冰雪上的云层检测方法。Zhu 和 Woodcock（2012）进一步提出了一种面向对象云掩膜方法，得到比之前的方法更好的掩膜效果。然而，二值化掩膜方法并不能估算出云的厚度，因此，也就无法适用于薄云校正。定量检测方法不仅能提供关于云的更完整信息而且还能用于去除薄云污染。云雾最优变换（haze optimized transformation，

HOT）是一种典型的定量检测方法（Zhang et al.，2002），目前该方法因其稳定性与简洁性已被广泛使用。HOT 只使用遥感影像的蓝光与红光波段，在植被区域非常有效，但是这种方法无法有效将云信息与冰雪或高亮地表分开。Liu 等（2011）通过结合更多的波段及更为复杂的监督方法，对 HOT 进行了改进，提出了背景抑制的云厚度指数（background suppressed haze thickness index，BSHTI），然而高亮地物与云层之间的光谱混淆仍是一个未能解决的问题。

有云图像和对应无云图像之间的表观反射率差值，有助于提高云检测的性能，特别是能用来克服高亮地物与云层之间的混淆。虽然之前的研究较少关注这类信息，鉴于越来越多的清晰卫星影像数据库已建立，这种思路应具有很好的前景。因此，我们提出一种 IHOT 方法，有效利用有云图像和对应无云图像的信息，定量检测云厚度。

22.2.2　IHOT 云检测方法

1. HOT 初步云检测

传统的云检测方法 HOT 基于以下假设（Zhang et al.，2002）：不同类型的清晰地物在蓝光-红光光谱空间高度线性相关，从而可以建立线性回归的"晴空线"。而云污染像素则会偏离这条线，受污染程度越严重，偏离"晴空线"距离越远（图 22.2）。本章利用一幅无云遥感图像建立"晴空线"，基于该"晴空线"将 HOT 应用到有云图像获得初步的云检测结果，如式（22.1）所示：

$$\text{HOT} = \sin\theta \cdot R_1 - \cos\theta \cdot R_3 \tag{22.1}$$

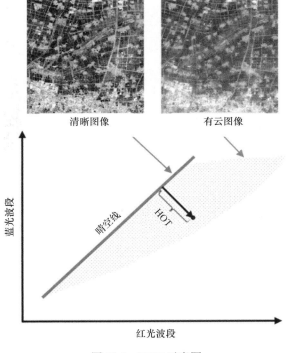

图 22.2　HOT 示意图

式中，R_1 和 R_3 为蓝光和红光波段的表观反射率；θ 为晴空线的角度。HOT 变换无法抑制许多地物背景信息，如总是高估不透水层、水体、冰雪等地表类型上方的云厚度，以及低估裸土上方的云厚度。因而需要一个更为优越的变换来提取云信息同时抑制地物背景信息。

2. THOT 云检测

为了抑制 HOT 云检测图像中包含的地物背景，考虑借助相应的一幅无云清晰图像。有云图像与无云图像的差值包含了许多的云雾信息，且相当部分的地物信息（包括高亮地物）在差值图像中被去除。但不可否认的是，该差值图像中也包含了有云图像与无云图像之间的物候差异和地表覆盖类型变化的信息。因此，我们试图提取 HOT 图像和差值图像当中共同的云雾信息，同时抑制两者中存在的地物背景。通过对差值图像和 HOT 图像进行多元回归可以达到该目的：

$$\text{HOT} = \sum_{i=1}^{n} k_i \Delta R_i + c + \varepsilon$$
$$= \sum_{i=1}^{n} k_i (R_{hi} - R_{ci}) + c + \varepsilon \quad (22.2)$$

式中，R_{hi} 和 R_{ci} 分别为有云图像和无云图像像素在第 i 个像元的表观反射率；c 为一个常数；ε 为多元回归的残差；n 为遥感影像的波段个数；k_i 为差值图像在第 i 波段的回归系数。回归模型的估计值提取了差值图像与 HOT 图像中共同的云雾信息并抑制各自存在的地物背景信息，因此我们得到了一幅称为 THOT（temporal HOT）的云检测结果：

$$\text{THOT} = \sum_{i=1}^{n} k_i \Delta R_i + c \quad (22.3)$$

3. IHOT 算法

THOT 图像当中还是残存有物候差异信息和地表覆盖类型变化的信息。考虑到一幅单景的有云及无云图像不会包含地表覆盖差异或物候变化信息，因而将 THOT 与有云/无云图像的多波段反射率进行多元回归：

$$\text{THOT} = \sum_{i=1}^{n} k_i' R_i + c' + \varepsilon' \quad (22.4)$$

式中，R_i 为有云图像和无云图像像素的表观反射率；c' 为一个常数；ε' 为该多元回归的残差。将该模型的估计值称为 IHOT（improved HOT）：

$$\text{IHOT} = \sum_{i=1}^{n} k_i' \Delta R_i + c' \quad (22.5)$$

式中，IHOT 为单景影像反射率的线性变换，因此不包含地表覆盖变化或物候差异信息，能够更好地反映云污染信息。

为了使得最后的云检测结果不受到初始值 HOT 的影响，对上述过程进行反复自适应的迭代，具体流程图如图 22.3 所示，直到 THOT 与 IHOT 之间的相关性提高到趋于稳定，从而选取最后迭代的结果（IHOT）作为最后云检测结果图像。

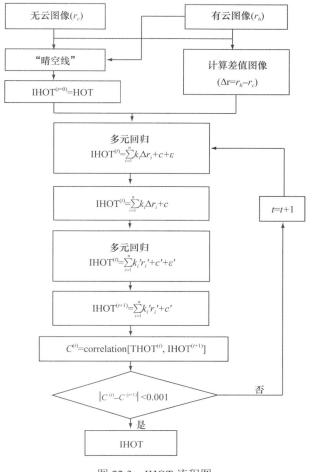

图 22.3　IHOT 流程图

22.2.3　云检测实验

1. IHOT 计算过程

为初步检验和验证本书所提方法的有效性，一幅中国山东省的 Landsat 8 OLI 有云图像被用于检验实验。该图像采集于 2014 年 4 月 22 日 [图 22.4（a）]，对应的清晰图像采集于 2014 年 3 月 21 日 [图 22.4（b）]。首先，根据清晰图像获取的"晴空线"，利用 HOT 方法对有云图像计算了云厚度 [图 22.4（c）]。然后，利用多元回归，获得了 THOT [图 22.4（d）] 和 IHOT 图像。最后，利用迭代过程，获取 IHOT 图像 [图 22.4（e）]。从如图 22.4（c）可看出，HOT 无法抑制地表信息，特别是高估城市地区的云厚度，而低估农田区的云厚度。相比之下，THOT 很好地抑制了地表背景信息。然而，THOT 也产生一些较低的离群点，如图中红框所标记的地区。如图 22.4（e）所示，IHOT 进一步提高了 THOT 的结果，云检测图像几乎不含地表信息。图 22.4（f）表示 IHOT 与 THOT 的相关性随迭代逐步上升，表明迭代过程可以有效地减少 IHOT 和 THOT 的地表信息，提取共同的云厚度信息。

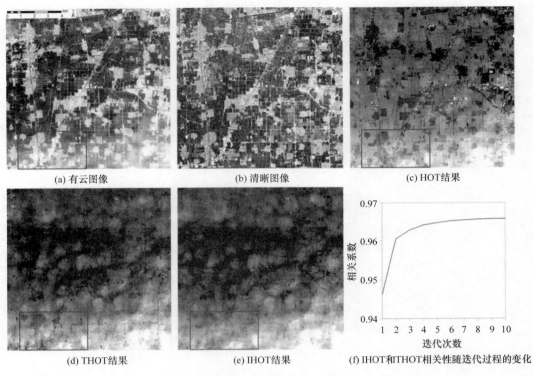

图 22.4 IHOT 计算过程

2. IHOT 在不同地表覆盖区的对比

为进一步检验 IHOT 算法的鲁棒性和有效性，收集了不同地表覆盖类型的 Landsat 图像，包括农田、城市、冰雪、荒漠区。表 22.1 列出了所用的 Landsat 图像的信息。同时，也计算了 HOT 和 BSHTI 指数用于算法对比。

表 22.1 不同区域 Landsat 影像信息

序号	图幅（Path/Row）	传感器	获取时间		主要景观	大小（像元）	图号
			有云图像	清晰图像			
1	122/34	OLI	2014-04-22	2014-03-21	耕地	3545×3239	图 22.5
2	122/44	TM	2004-08-16	2011-11-02	城市	2758×2362	图 22.6
3	140/41	OLI	2014-03-03	2013-11-11	冰雪	2830×3521	图 22.7
4	143/31	OLI	2014-05-11	2014-03-24	沙漠	2881×2106	图 22.8

第一对 Landsat 图像（Path 122，Row 34）收集于山东省的农田覆盖区，该地区是中国典型的农作物主产区。总体而言，IHOT 算法的结果优于 HOT 和 BSHTI 的结果（图 22.4）。HOT 算法无法消除背景噪声；BSHTI 虽然可剔除地表信息，但高估了高亮地物的云厚度。图 22.4（b）和图 22.4（c）给出了放大对比图。可以看到，HOT 明显高估不透水层的云厚度，而低估裸土和浑浊水的云厚度。而 BSHTI 可剔除主要噪声，但依然无法区分云与高亮地物。尤其在蓝光波段反射率较高的地物，BSHTI 算法出现高值。相比而言，IHOT 可很好地识别云，同时抑制了地表覆盖信息（图 22.5）。

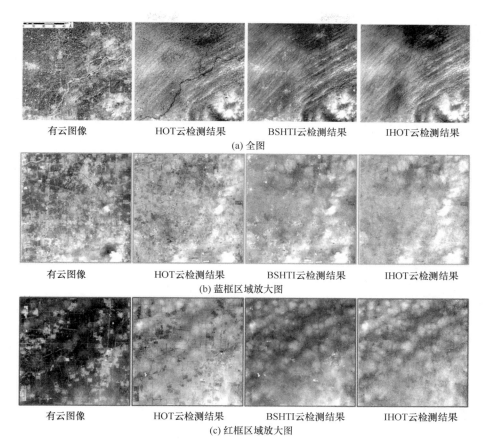

图 22.5 农田地区的有云图像

第二对 Landsat 5 TM 图像（Path 122，Row 44）收集于广东省。其中有云图像收集于 2004 年，而清晰图像来自于 2011 年。广东省在这段时间内，发生了明显的地表覆盖变化。因此这对数据有助于检验 IHOT 算法在地表覆盖存在明显变化地区的表现。此外，由于 TM 影像对厚云在蓝光波段易于饱和，因此若像元的蓝光波段 DN 值等于 255 时，则标记为最厚的云。三种算法的结果如图 22.6 所示，BSHTI 算法的结果优于 HOT 算法，IHOT 算法最佳。从细节对比图［图 22.6（b）、(c)］中可看出，HOT 严重高估了不透水层和水体的云厚度，BSHTI 低估了薄云的云厚度。而对于城市覆盖区，尽管两期图像存在明显的地表覆盖变化，IHOT 算法很好地检测出云层信息。

第三对 Landsat OLI 图像（Path 140，Row 41）收集于喜马拉雅山脉。该地区几乎被冰雪覆盖。以前的云检测算法在应用于这类地区时，往往错误地将冰雪识别为云。尽管已有不少算法可专门用于区分云和冰雪，但这类算法的参数常利用先验信息确定，只能适用于该类影像，不利于推广应用。因此，这对图像可用于评价 IHOT 算法在冰雪地区的表现。如图 22.7 所示，IHOT 可很好地区分云和冰雪，并较准确地反映云厚度信息，而 HOT 和 BSHTI 算法的结果表现很差。从细节对比图［图 22.7（b）、(c)］可看出，HOT 算法将冰雪与云混淆，将有云覆盖的植被区识别为无云。BSHTI 的结果更差于 HOT，BSHTI 估计出的冰雪像元的云厚度甚至高于真实的有云像元。但 IHOT 算法可很好地提取云层信息，克服云与冰雪的区分难题。尽管由地形造成的阴影效应没有完全被去除，但由地形造成的反射率波动小于云信息。

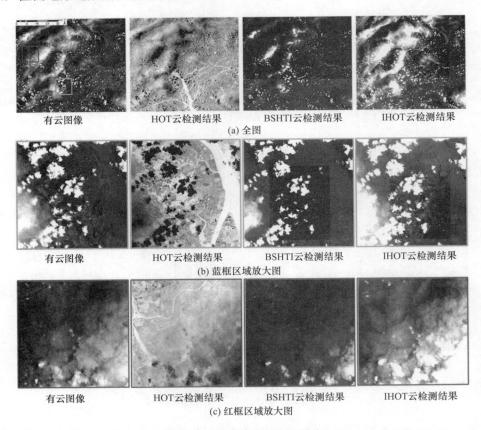

图 22.6 城市地区的有云图像

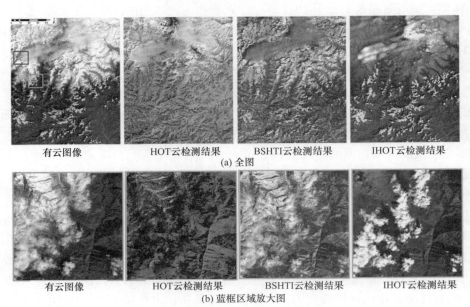

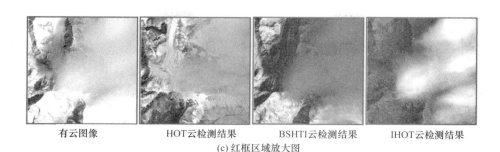

(c) 红框区域放大图

图 22.7 冰雪覆盖区的有云图像

最后一对 Landsat OLI 图像（Path 143，Row 31）收集于沙漠地区。沙漠是全世界最主要的地表覆盖类型之一，占 21%的陆地面积。由于沙漠地区的地表覆盖相对匀致，HOT 和 BSHTI 算法在沙漠地区的表现优于前面三个地区，如图 22.8 所示。然而，由于水体在蓝光波段反射率较高，这两种算法高估了水体的云层厚度。IHOT 算法依然表现最优，抑制了所有地表覆盖信息。

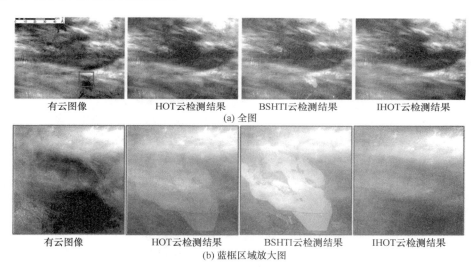

图 22.8 沙漠覆盖区的有云图像

图 22.9 给出了 IHOT 算法在四个典型覆盖区（农作物、城市、冰雪和沙漠）的系数。可以看出，四个地区的 IHOT 算法系数明显不同，也表明 IHOT 算法可根据地表覆盖的不同，自适应地寻找最优转换系数用于提取云信息。

3. IHOT 在多季相影像的应用

一般而言，清晰图像是有限的，因此有限的单幅清晰图像需要被用于其他季节的图像云检测。因此，非常有必要检验算法在清晰图像和有云图像间存在物候差异的表现。四景收集于不同季节的有云图像被用于算法检验，而仅有一景清晰影像（收集于 2014 年 3 月）可作为辅助数据用于 IHOT 计算。因此有云图像和清晰图像间存在明显的物候差异。在这个实验中，另一种基于多时相的云检测算法（multitemporal cloud detection，MTCD）和被用于 Landsat 地表反射率产品业务化生产的 Fmask 云检测算法也参与了算法对比,这两种算法仅可检测是否存在云,而无法获取云层厚度。如图 22.10 所示,IHOT 算法在四景影像中,均可以准确地提取云信息,并压制地表覆盖信息。相比而言,MTCD 算法无法识别大部分薄云。Fmask 算法优于 MTCD,但 Fmask 算法错误地将浑浊水体标记为云[图 22.10(d)]。因此 IHOT 算法在该实验中,优于 MTCD 和 Fmask 两种算法。

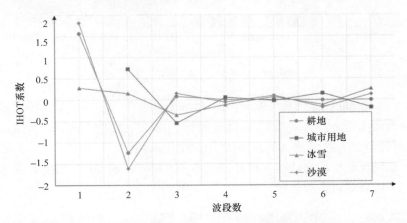

图 22.9 不同地表覆盖地区的 IHOT 系数

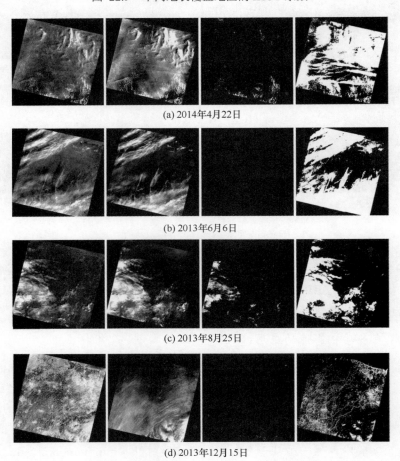

(a) 2014年4月22日

(b) 2013年6月6日

(c) 2013年8月25日

(d) 2013年12月15日

图 22.10 不同季节影像的 MTCD、Fmask 和 IHOT 算法结果

然而，仔细观察 IHOT 算法的结果 [图 22.10（a）] 可看出一些条带痕迹。这些很可能是传感器的系统噪声（http://landsat.usgs.gov/calibration_notices.php），因为在不同影像中，条带的位置和形状均固定。如图 22.11 所示，短蓝波段和蓝光波段的系数绝对值很大，但符号相反。由于不同地物的短蓝波段和蓝光波段的光谱响应有很高的相关性，因此 IHOT 算法可去除地表覆盖信息。但同时 IHOT 算法也放大 Landsat OLI 传感器的硬件噪声，不过条带噪声并不严重。

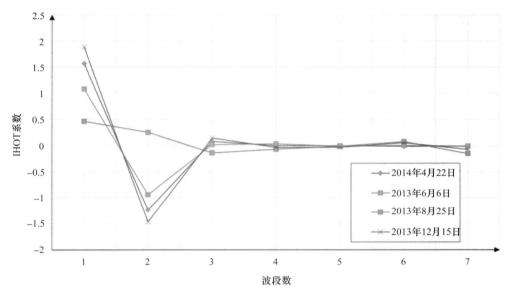

图 22.11　不同物候期，IHOT 算法的系数对比

4. 间接定量评估

在视觉对比三种云检测算法的结果外，也对本章算法做了定量验证。由于无法获取真实的云层厚度，因此无法对算法做直接验证。因此，两种间接对比法被用于评价云检测算法的精度。

第一个对比试验是计算云检测结果与 Landsat OLI 传感器的卷云波段（cirrus band）的关系。我们选取了 Path143，Row 31 的 Landsat OLI 用于验证（图 22.8）。这景数据仅被卷云污染，因此卷云波段与云检测结果应存在很强相关性。图 22.12（a）为卷云波段，而图 22.12（b）～（d）为 HOT、BSHTI 和 IHOT 算法的结果。从 HOT 和 BSHTI 结果中可明显看到浑浊水体，而 IHOT 算法有效地去除了水体的光谱信息。图 22.12（e）～（g）为三种算法结果与卷云波段的散点图。可看出，卷云波段与 IHOT 结果相关性最高（0.9753），远高于其他两种算法。

第二个间接对比是根据三种算法的云检测结果，利用暗像元法进行大气校正，将校正结果与同季节的参考数据对比。有云影像来源于 2014 年 4 月 22 日的 Path 122，Row34 影像，参考数据收集于 2014 年 5 月 6 日。这个验证实验假设物候差异相对较小可忽略。如图 22.13 所示，基于 HOT 和 BSHTI 的大气校正图像无法完全去除云，纠正图像有色调偏差。而基于 IHOT 算法云检测的大气校正结果能够准确地捕捉反射率和纹理信息。

表 22.2 给出了均方根误差。除了第六波段，IHOT 算法结果在其他所有波段的 RMSE 值最低。由于大气效应在波段较长波段的影响较弱，因此 IHOT 算法在近红外波段的提高较低。

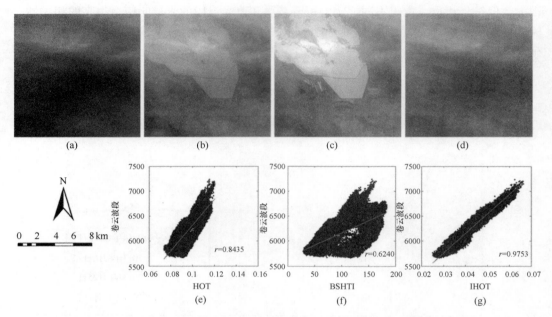

图 22.12 云检测结果与卷云波段的定量检验

(a) 卷云波段；(b) ~ (d) 分别为 HOT、BSHTI 和 IHOT 算法结果；
(e) ~ (g) 分别为三种算法的云检测结果与卷云波段的散点图

表 22.2 基于 HOT、BSHTI 和 IHOT 算法的均方根误差

OLI 波段	HOT	BSHTI	IHOT
第一波段短蓝	0.0078	0.0111	0.0063
第二波段蓝	0.012	0.0177	0.0081
第三波段绿	0.021	0.0275	0.0196
第四波段红	0.019	0.0242	0.0176
第五波段近红外	0.0337	0.0294	0.0284
第六波段短波红外 1	0.0165	0.0152	0.0154
第七波段短波红外 2	0.0137	0.0136	0.0136

22.2.4 小结

本章提出了自适应的自动云检测算法，可根据不同获取时间的清晰影像，估计出给定获取时间的 Landsat 图像的云层厚度。不同地区的云检测结果表明，IHOT 算法优于 HOT 和 BSHTI 两种算法。由于高亮地物和云存在光谱混淆，因此 HOT 和 BSHTI 算法会高估云层厚度。利用有云图像与无云图像的差异可以克服该问题，但是会带来物候差异与地表覆盖变化的干扰信息。但是，IHOT 算法利用 HOT 和 THOT 的多变量回归，可以很好地解决由物候差异、地表覆盖变化造成的误差。此外，为减弱对 HOT 算法初值的依赖性，本章算法利用迭代过程，寻找最优的 IHOT 转换系数，而非利用固定的经

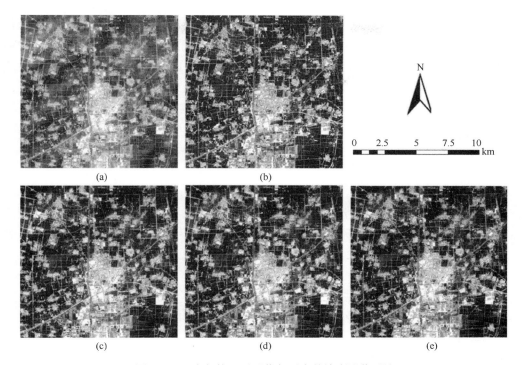

图 22.13 大气校正后影像与对应的清晰影像对比

(a) 有云图像;(b) 2014 年 5 月 6 日的清晰图像;(c)～(e) 分别为基于 HOT、BSHTI 和 IHOT 算法的暗像元大气校正结果

验值,因此可以很好地应用于不同的地表覆盖类型的图像。计算效率方面,IHOT 算法的计算耗时很低。基于 IDL 的代码,运行在台式电脑(Intel Core i5-4590,32G 内存)上,处理一景 Landsat 数据少于 3 分钟。因此适用于海量 Landsat 数据的云检测。

目前,IHOT 算法也存在一些缺陷。首先,有山体造成的阴影效应无法被完全剔除[图 22.7(a)],因为山体阴影的面积在有云和清晰图像中有差异(太阳高度角不同)。这个问题可以通过地形校正解决。其次,当短蓝波段与蓝光波段的系数绝对值较大,符号相反时,IHOT 检测结果存在条带效应(图 22.9)。这个问题可通过进一步提高传感器硬件和图像处理技术解决。再次,如果清晰影像与有云图像存在非常明显的地表覆盖变化时,IHOT 算法的结果可能欠佳。但由于土地覆盖变化的像元占比面积相对较小,因此大部分情况下可以忽略。

总而言之,本章提出的 IHOT 算法可自适应地找到不同地物覆盖影响的最优的转换系数,用于估计云层厚度。随着未来清晰图像的增加,IHOT 算法有望用于大规模 Landsat 数据的云检测的业务化生产。另外,未来可进一步发展基于其他传感器的 IHOT 算法。

22.3 融合降尺度 NDVI 时序数据的地表覆盖更新算法

22.3.1 背景介绍

地表覆盖更新通常采用变化检测与分类相结合的策略,即仅在检测到的变化区域更新已有地表覆盖分类图。这种策略在过去的研究中被广泛使用(Xian et al.,2009;Chen et al.,2012;Jia et al.,2014)。但是现有的自动更新方法没有考虑物候差异信息,物候差异很可能被误为变化区域从而影响地表覆盖制图精度。特别是对于 30 m 分辨率影像而言，由于云污染及较长的重访期，两个年份之间很难找到相同季相的图像。而 NDVI 时序数据（如 MODIS、SPOT-vgt）可以反映整体物候信息，从而有助于克服变化检测中物候差异带来的伪变化。但是 NDVI 时序数据分辨率较粗，包含大量混合像元，因而不能直接适用于 30 m 尺度的地表覆盖变化检测或分类。

22.3.2 更新方法

1. Chen 等（2012）自动地表覆盖更新算法

Chen 等（2012）发展了一套地表覆盖自动更新算法。其核心是通过一个训练样本自动筛选算法将最大似然分类法、变化检测及马尔可夫随机场（MRF）模型结合起来，以达到自动更新的效果。其流程图如图 22.14（a）所示，输入数据包括 T_1 和 T_2

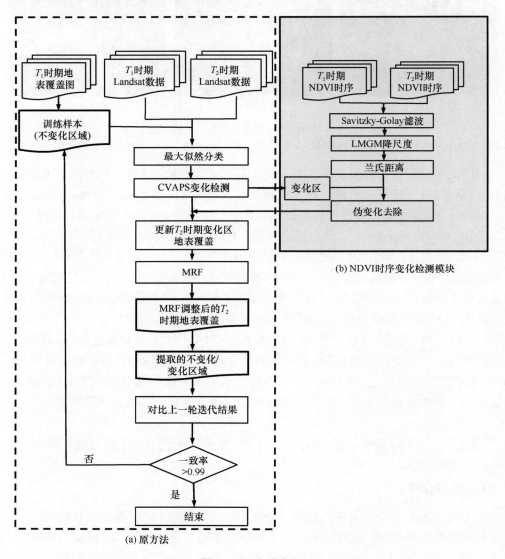

图 22.14 方法流程

时期的遥感图像、T_1 时期的地表覆盖分类图。首先，按 T_1 时期的分类图，将所有像元选作训练样本，对 T_1 和 T_2 时期的遥感图像进行最大似然分类；其次，利用基于后验概率空间的变化向量分析（CVAPS）进行变化检测，并利用 MRF 去除椒盐误差；然后，将变化像元从训练样本中去除，重新进行分类及变化检测。以上步骤不断重复直至两次迭代生成的变化区域一致率达到 99%。该算法很好地解决了监督分类中训练样本的自动选择问题。当输入数据合适时，即两期遥感影像在相同或相似的季相获取时，该算法能够取得较好的效果。但是由于云污染等原因，这种条件常常难以满足，进而导致大量的错误分类。如图 22.15 所示，耕地光谱在生长季节与收获季节差异很大，很可能被错误地判定为变化区域。

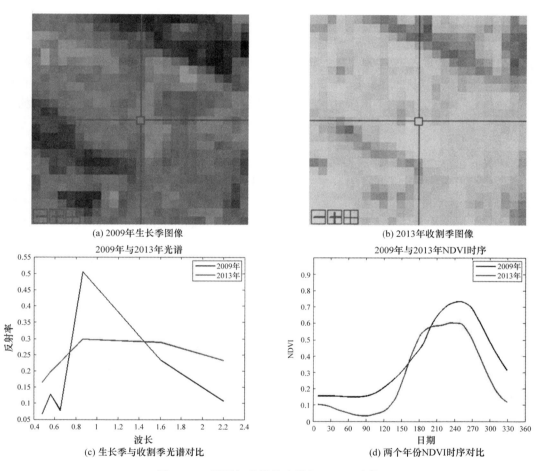

图 22.15　不同年份耕地光谱与 NDVI 时序

2. 结合降尺度 NDVI 数据的改进更新算法

为解决上述问题，考虑在更新算法中结合降尺度的 NDVI 时序数据。NDVI 时序数据反映全年的光谱信号，因此能够避免季相差异导致的影响［图 22.15（d）］。因此，我们在原算法中加入 NDVI 时序变化检测的子模块［图 22.14（b）］。

首先，利用 Savitzky-Golay 滤波器（Chen et al.，2004）对 MODIS NDVI 时序曲线

进行去噪，该滤波方法能够有效地去除大气污染对 NDVI 的影响。进一步，利用 LMGM 算法（Rao et al.，2014）将 250m 粗分辨率的 NDVI 时序数据降尺度到 30 m 分辨率上。该算法综合考虑了光谱混合模型与植被生长原理，能够有效地为每个 30 m 像元提供物候信息。完成 NDVI 数据的预处理之后，利用兰氏距离（李月臣等，2005；Lance and Williams，1967）计算两个年份 NDVI 时序的差异作为变化强度指标：

$$D = \sum_{i=1}^{n} \frac{|NDVI_{1i} - NDVI_{2i}|}{|NDVI_{1i}| + |NDVI_{2i}|} \tag{22.6}$$

式中，$NDVI_{1i}$ 与 $NDVI_{2i}$ 分别为 T_1 与 T_2 年份的第 i 个 NDVI 观测值；n 为一个年度的 NDVI 观测数量。对于 MODIS 16 天合成 NDVI 数据而言，n 为 23。兰氏距离是一种归一化后的距离，因此只对变化/不变化的判定敏感，而对不同类型的地表覆盖变化不敏感。然后，采用 Kapur 熵阈值算法（Kapur et al.，1985）确定最佳阈值用于判定变化/不变化像元。需要注意的是，只有 CVAPS 检测为变化的像元才利用兰氏距离进一步判定变化/不变化，而对于 CVAPS 检测为不变化的像元则直接判定为不变化像元。通过该子模块，季相差异的伪变化能够被消除，并进一步改善训练样本的筛选，从而提高地表覆盖的更新精度。

22.3.3　案例研究

本章利用在中国山东省的两幅分别拍摄于 2009 年 8 月 30 日与 2013 年 5 月 21 日的 Landsat 影像（图 22.16），以及相应年份的 MODIS NDVI 时序数据（图 22.17）作为主要输入遥感数据，对 2009 年的地表覆盖图（GlobeLand30）进行更新实验。由图 22.17 可看出，降尺度后的 MODIS NDVI 影像能够展示足够丰富的空间细节。图 22.18 对比了原方法与改进后方法的地表覆盖更新结果。可以看到，原方法将大量收割后的农田判定为变化区域，并分类为人造地表类别。而改进后的方法能够有效地去除这些伪变化，同时也保留了真实变化区域。图 22.19 显示了一个细节的例子，与 Google Earth 的高分辨率影像比照可以看出，改进后的方法能够正确检测出了变化/不变化区域。抽样定量评价显示，改进后方法相较于原方法，在该研究区的变化检测精度从 73%提升到 89%，而分类精度从 80%提升到 90%。特别是改进后方法明显减少耕地了与人造地表之间的混分错误。

22.3.4　小结

针对在地表覆盖更新中季节性农田收割引起的伪变化问题，本章在 Chen 等（2012）提出的地表覆盖更新算法基础上，增加了基于降尺度 NDVI 时序数据的变化检测模块。实验结果证实，该模块能够有效去除季相差异引起的伪变化，得到更好的地表覆盖更新结果。本章采用了 LMGM 方法对 MODIS NDVI 16 天合成时序数据进行降尺度至 30 m 分辨率，该方法相比于 STARFM、ESTARFM 等方法而言精度更高。这是由于比起反射率，对 NDVI 时序数据有更为成熟的去噪技术（Savitzky-Golay 滤波），同时计算代价也相对较小。本章采用兰氏距离定义 NDVI 时序的差异强度，这对于耕地为主的景观比较合适，因为地表覆盖变化主要体现在 NDVI 的绝对强度变化上。但是需要注意的是，对于草地景观，由于生长情况受气象因素影像较大，可能相关系数等形状指标更为合适。因此针对不同的景观需要选择合适的 NDVI 时序差异强度指标。综上，本章提出的方法能够充分利用不同分辨率的遥感数据，对地表覆盖进行正确更新。

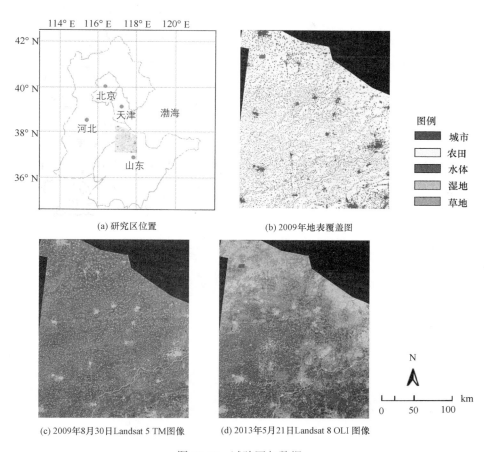

(a) 研究区位置　　　　　　　(b) 2009年地表覆盖图

(c) 2009年8月30日Landsat 5 TM图像　　(d) 2013年5月21日Landsat 8 OLI 图像

图 22.16　试验区与数据

(a) 2009-4-7, 250m　　　　　　(b) 2013-4-23, 250m

(c) 2009-4-7, 30m　　　　　　(d) 2013-4-23, 30m

图 22.17　MODIS NDVI 与降尺度 NDVI 图像

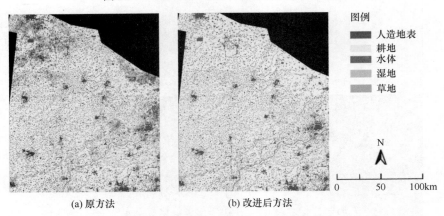

(a) 原方法　　　　　　(b) 改进后方法

图 22.18　两种方法更新后地表覆盖图

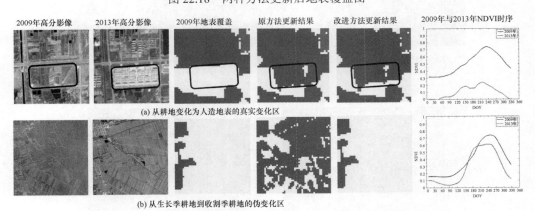

图 22.19　原方法与改进后方法的更新图细节对比

22.4　面向地表覆盖制图的最优分割尺度选择算法

22.4.1　背景介绍

面向像素的分类方法以影像像元为基本分类单元，通过分析单个像元的光谱特征对其进行分类处理。因此，容易产生大量的"椒盐噪点"，降低分类精度。相反，面向对象的分类方法以影像对象为基本分类单元（Blaschke，2010），可以有效解决"椒盐噪点"问题。然而，面向对象方法的分类效果取决于影像的分割结果。Liu等（2010）指出影像对象的"过分割"与"欠分割"都会导致分类效果变差。因此，如何自动有效的选择对象最优分割尺度成为限制面向对象分类方法被广泛应用到地表覆盖制图中的一大难题。

目前已有一些方法用于选择分割尺度，大体可以分为两类：①对整幅影像选取单一尺度（Kim et al.，2008；Drăgut et al.，2014）；②对不同的对象选择不同的尺度（Esch et al.，2008；Zhang et al.，2014）。由于实际中不同地表覆盖类型的对象往往具有不同尺度，后者更有潜力适应实际需求。在过去的方法中，不论是选择单一尺度还是多个尺度，都是通过从图像导出的一些光谱或纹理上的统计参数来确定分割尺度。但是，对象的合理尺度不仅取决于图像特征，更重要的是取决于对象类型或应用目的。例如，对于森林提取需要较大的尺度，而对于植株提取则需要较小的尺度。因此，我们考虑将分类样本信息用于分割尺度的确定，以适应地表覆盖分类制图的分割需求。

我们通过融合面向像素与面向对象两种分类方法，发展了一种基于最小后验概率熵（minimized entropy of posterior probability，MEPP）的最优分割尺度选择算法。后验概率的熵信息被用于引导对象最优尺度的选择。该算法主要步骤包括：①遥感影像的多尺度分割与分类；②基于最小熵的最优尺度选择。该方法很好地克服了传统的面向像素方法产生大量"椒盐噪点"的问题，同时有效地实现了对象最优尺度的自动选择，为地表覆盖的制图提供了一种行之有效的方法。其主要流程如图22.20所示。

22.4.2　MEPP算法描述

1. 影像的多尺度分割与分类

影像分割是指根据光谱、纹理和形状等特征差异把图像划分成若干互不交迭的区域（对象），并使得这些特征在同一对象内呈现相似性，而在不同对象内呈现明显的差异性。在本算法中，我们采用eCognition软件进行影像分割。通过设置不同的分割尺度参数，获得一系列尺度下的分割结果（又称多尺度分割结果）。

基于以上获取的多尺度分割结果，计算每个对象的平均光谱（R），并将该平均光谱赋值到对象中的每个像元：

$$R_{l,k} = \frac{\sum_{(i,j) \in O_{l,k}} R(i,j)}{n} \tag{22.7}$$

$$R_l(i,j) = R_{l,k}, (i,j) \in O_{l,k} \tag{22.8}$$

式中，l为第l个分割层；$O_{l,k}$为第l层上的第k个对象；(i,j)为影像上像元所在的位置。通过上述步骤即可重建不同分割尺度下每个像元的新光谱（继承自对象的平均光谱）。此时，每个像元的光谱即其所在对象的平均光谱，且对象内的所有像元都具有同样的光谱。

而后，从原始像素级的影像上选取分类训练样本，对上述重建的不同尺度的光谱数据进行分类。在此，选用像素级的样本对所有分割层进行分类不仅可以保证各

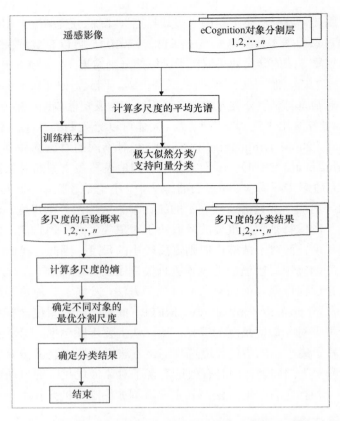

图 22.20　面向地表覆盖制图的最优分割尺度选择算法流程

分割层的分类训练体系是可比的；此外，像素级的样本具有更高的纯度，可以更好地代表各地物类型的光谱特征。在本算法中，可以产生后验概率的监督分类器（如极大似然分类器、支持向量机分类器）被用来进行影像的分类，同时获取分类后验概率（像元对于不同类别的归属概率）。对于分割层 l 上的像元 (i,j) 而言，其后验概率矢量可以表示如下：

$$P_l(i,j) = (p_1, p_2, \cdots, p_c, \cdots, p_m) \tag{22.9}$$

式中，p_c 为像元属于第 c 类的概率；m 为类别个数。由于一个对象内所有像元具有相同的光谱特征（对象平均光谱），因此，这些像元应具有相同的后验概率：

$$P_l(i,j) = P_{l,k}, (i,j) \in O_{l,k} \tag{22.10}$$

根据以上方法，对所有的分割层进行分类，从而获得不同尺度下的分类后验概率。

2. 基于熵信息的最优尺度选择

在多尺度的分割与分类中，当分割尺度较小时（对象处于过分割状态），对象内所包含的像元较少，其平均光谱的纯度受对象内"椒盐噪点"的影响较大，导致分类结果具有较大的不确定性。相反，当分割尺度较大时（对象处于欠分割状态），对象内部包含较多的像元。此时，虽然"椒盐噪点"对分类不确定性的影响可以被充分抑制，但对象内部不同地物的混合同样污染了其平均光谱的纯度，致使分类的不确定性增大。在本算法中，考虑到我们的应用目的——地表覆盖制图,因此最优的对象分割尺度应当对应最小的分类不确定性。基于以上思想,本算法提出了基于最小熵的对象最优尺度选择原则。

根据 Park(2014)的研究,信息熵[式(22.11)]可以有效表示分类不确定性。如图 22.21 所示,分类不确定性越高,其熵越大;相反,分类不确定性越小,熵越小。因此,在本算法中,后验概率的熵被用来指示分类不确定性,引导最优分割尺度的选择。熵(E)的计算公式参照如下:

$$E_l(i,j) = -\sum_{c=1}^{m} P_{l,c}(i,j) \times \ln(P_{l,c}(i,j)) \tag{22.11}$$

式中,$E_l(i,j)$ 为第 l 层上,像元 (i,j) 的熵;$P_{l,c}(i,j)$ 为该像元属于第 c 类的概率;m 为类别个数。对于像元 (i,j),其所属对象大小随着分割尺度的增加而增大,因此在不同尺度上具有不同的后验概率熵:

$$\{E_l(i,j)\} = \{E_1(i,j), E_2(i,j), \cdots, E_n(i,j)\} \tag{22.12}$$

式中,n 为分割层数。如上所述,对象的"过分割"与"低分割"都会导致分类不确定性的增加。因此,随着分割尺度的增加,后验概率的熵值呈现出先减后增的趋势(图22.22)。考虑到我们的目标是选择具有最小分类不确定性的尺度,因此,具有最小后验概率熵的尺度被选做该像元所在对象的最优分割尺度(L):

$$L(i,j) = \arg\min_{l} \{E_l(i,j)\}, \quad l = 1, \cdots, n \tag{22.13}$$

当最优尺度确定后,该像元所属类别(C)即由其最优尺度上对应的最大分类后验概率的类别确定:

$$C(i,j) = \arg\max_{c} P_{L,c}(i,j) \tag{22.14}$$

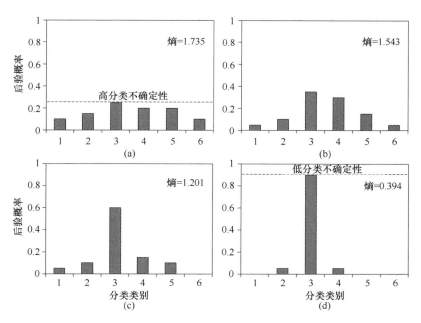

图 22.21 分类不确定性与熵的对应关系

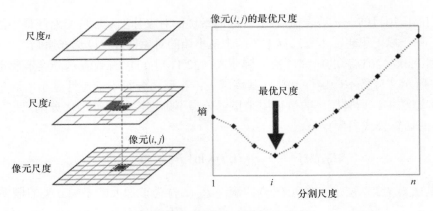

图 22.22 最优尺度选择原则

22.4.3 案例研究

1. 实验区域及数据

为检验该算法对于地表覆盖制图的效果，我们选取一幅高分辨率影像（HYDICE）以及一幅中分辨率影像（Landsat TM）进行了实验测试。

高分辨率影像[HYDICE，图 22.23（a）]来自高光谱数码相机航拍（拍摄于 1995 年 8 月 23 日，空间分辨率 3m，包含 191 个光谱波段），主要覆盖美国国家广场区域（影像大小 1280×307 像素）。为了减少计算量，我们首先利用主成分分析算法（PCA）将 HYDICE 影像进行波段降维，从中选取前 8 各波段（可以表达原始影像 99%的信息）用于实验测试。此外，为了方便检验分类效果，我们通过目视解译制作了一幅参考分类图[图 22.23（b）]，其主要包含以下类别：建筑、水体、草地、树木、道路、阴影。

中分辨率影像[Landsat TM，拍摄于 2011 年 9 月 3 日，图 22.24（a）]实验区位于美国俄亥俄州（39°24′44.45″ N，83°15′19.96″ W），影像大小为 2000×2000 个像元（像元分辨率 30m）。为了验证分类效果，一幅利用多时相、多指标地表更新方法（MIICA）（Jin et al.，2013）生成的地表覆盖图被用来作为参考分类图。如图 22.24（b）所示，该区域主要涵盖农田、城市、草地、林地、水体、灌丛、湿地、裸地等地表覆盖类型。

2. 实验方案设计

在本实验中，eCognition 软件被用于测试影像的分割。为了保证不同分割层之间的可比性，形状/颜色参数统一设置为 0.2/0.8，圆滑度/紧致度参数统一设置为 0.5/0.5，尺度参数设置为 50，60，70，80，90，100，120，140，160，180，200，240，280，320，360，400，460，520，580，640，700，780，860，940，1000。基于以上参数设置，对两幅影像分别进行分割，形成多尺度的分割结果。

为了测试不同分类器对 MEPP 算法的影响，我们选用了极大似然分类器（MLC）以及支持向量机分类器（SVM）分别实现 MEPP 算法。此外，为了对比地表覆盖制图的效果，其他几种方法也被用于对两幅测试影像进行分类。主要包含：①面向像素分类；②所有分割尺度的面向对象分类；③Zhang 等（2014）提出的基于方差稳定区间的对象最优尺

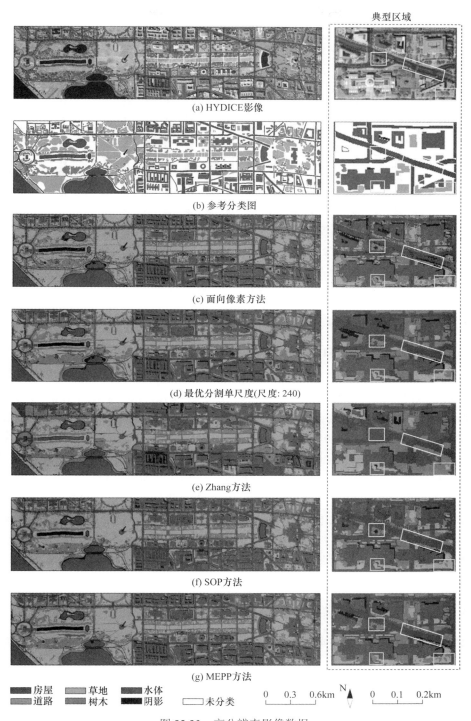

图 22.23 高分辨率影像数据

度选择算法(后文中称为 Zhang 方法);④Esch 等(2008)提出的最优尺度选择算法(后文中称为 SOP 方法)。在该方法中,不同对象的最优尺度通过将相邻两分割层间的"加权光谱亮度差异(mPD_B)""光谱比值"对比于用户自定义的阈值(t_{B1} 和 t_{R1})而确定。

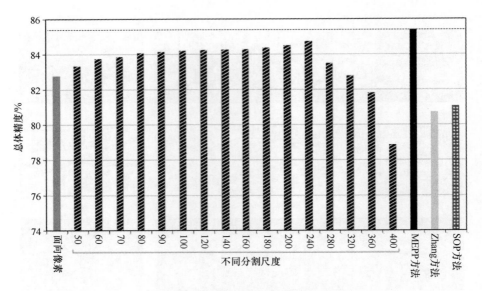

图 22.24 HYDICE 分类精度评定结果

3. HYDICE 分类结果

图 22.23 展示了 HYDICE 影像的分类结果。对于 SOP 方法，Esch 等（2008）文章中给出的参考阈值（$T_R: t_{B1}= 0.7$，$t_{R1} = 0.047$）被用于 HYDICE 影像最优尺度的选取。此外，具有最高分类精度的单尺度分类结果（尺度：240）同样被展示在图 22.23（d）中，用于与 MEPP 进行比较。为了更好的视觉比较，一个区域性的分类结果被展示在图 22.23 中。可以看出，面向像素的方法产生了大量的"椒盐噪点"（白框中内容所示）。相反，几种面向对象的方法可以有效去除"椒盐噪点"，实现更平滑的分类效果。但是，最优单尺度、Zhang 方法、SOP 方法不同程度的漏掉了大量细节性信息（如上述三种方法丢失了黄色方框中的树木信息）。此外，Zhang 方法将树木误分为道路（如左侧白色方框内容所示）。相较而言，MEPP 方法可以有效地解决上述问题，得到最接近真是地表的分类结果。图 22.24 展示了各种分类方法以及各个分割尺度分类结果的精度对比。可以看出，MEPP 方法的分类精度要高于其他几种方法，也优于所有单一分割尺度的分类结果，充分证明其地表覆盖制图上优势。

4. Landsat TM 影像分类结果

图 22.25 展示了 TM 影像分类的结果。其中，MLC 和 SVM 两种分类器都被用来对 TM 影像进行多尺度的分类。对于 SOP 方法，Esch 推荐的阈值（T_R）不能很好地用于 TM 影像的对象最优尺度选择，如图 22.24 所示。因此，我们通过不断尝试，得到了一组效果较好的阈值（$T_{TE}: t_{B1}= 0.1$；$t_{R1} = 0.01$）用于 TM 影像的分类，其结果展示在图 22.25（j）、（m）中。同时具有最高分类精度的单尺度分类结果也被展示在图 22.25（d）、（g）当中用于比较。可以看出，相较于其他几种方法，MEPP 可以有效地去除"椒盐噪点"，同时充分的保证细节信息，从而得到较好的分类结果。图 22.26 展示了一个城市区域的细节图，其进一步证明了 MEPP 方法的分类表现优于其他几

种方法，可以很好地用于地表覆盖制图。图 22.27 展示了 Landsat TM 数据各种方法的分类精度评定结果。从中可以看出，无论使用 MLC 分类器还是 SVM 分类器，MEPP 方法的分类精度都要优于其他几种算法，说明 MEPP 方法对分类器的选择具有很好的鲁棒性。

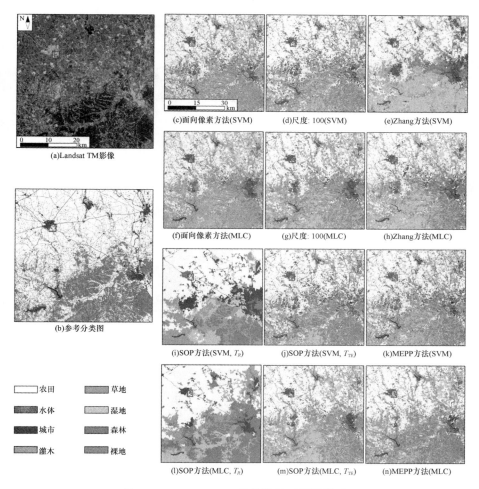

图 22.25　Landsat TM 影像数据（彩图附后）

5. MEPP 算法对训练样本大小的敏感性

在 MEPP 算法中，MLC 或 SVM 监督分类器被用于多尺度的分类。然而，监督分类的效果往往受训练样本大小的影响。因此，在本章中，我们通过改变样本量大小测试了 MEPP 算法对训练样本量的敏感性。对于 HYDICE 影像，每类地物的样本量以 100 为间隔，从 100 个像元变化到 1000 个像元。对于 Landsat TM 影像，每类地物的样本量以 50 为间隔，从 50 个像元变化到 500 个像元。为了保证实验的可靠性，我们对每个样本量进行了 10 次实验，并进行精度评定，将 10 次实验的平均精度作为该样本量下的总体精度。在此，每次实验的样本随机从参考影像中选取，未经人工干预。

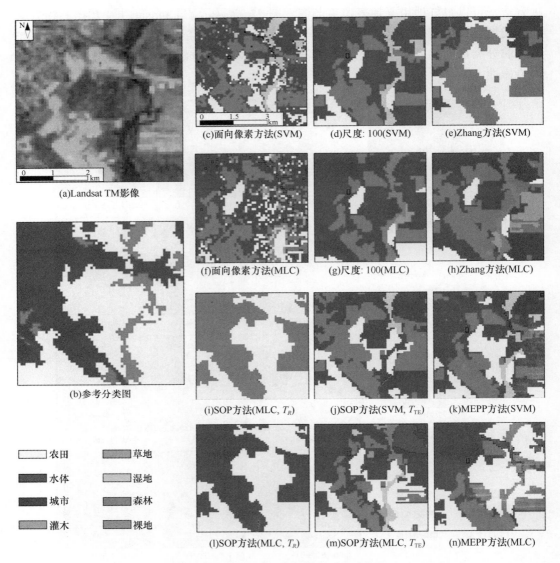

图 22.26 Landsat TM 影像典型区域数据

图 22.28 展示了 HYDICE 影像分类总体精度随样本量的统计结果，其中包含了每个样本量下总体精度的平均值、最大值以及最小值。相对于面向像素的方法，MEPP 方法始终保持较高的分类精度（大约 3%的提高）。相对于最优单尺度方法（尺度 240），当训练样本大于 400 个像元时，MEPP 方法要优于最优单尺度的方法；但当训练样本量小于 400 像元时，MEPP 方法的总体精度略微低于最优单尺度的方法。这可能由于在 MEPP 方法中，训练样本的信息不仅被用于影像分类，同时被用于引导对象最优尺度的选择，因此需要充足的样本量信息。

图 22.29 展示了 Landsat TM 影像分类总体精度随样本量的统计结果。从中可以看出，无论使用 MLC 还是 SVM 分类器，MEPP 方法的分类精度都要高于其他两种方法，这说明 MEPP 方法可以更好地应用于地表覆盖制图。但是，相对使用于 SVM 分类器，

使用 MLC 分类的精度表现出较大的波动性（即较大的最大值、最小值差异），这说明 SVM 分类器对训练样本具有更高的鲁棒性。

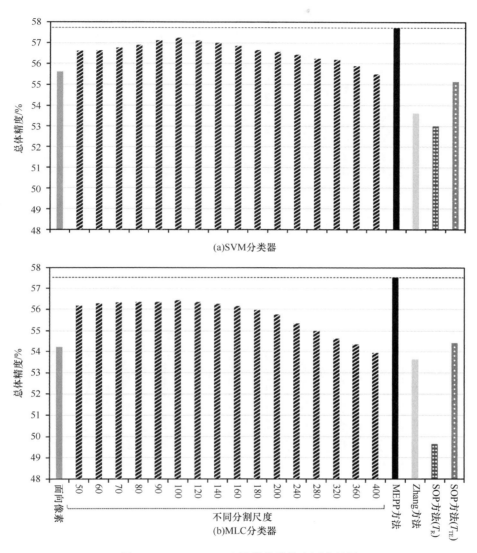

图 22.27 Landsat TM 影像分类精度评定结果

22.4.4 小结

由上述实例可看出，本章提出的 MEPP 地表覆盖制图算法有效地结合了面向像素与面向对象两种分类方法。MEPP 以分类后验概率的信息熵为标准选择最优分割尺度，能够充分反映分类目标的信息，因而十分适用于地表覆盖分类。在高分辨率影像和 Landsat 分辨率影像上的实验表明，MEPP 方法不仅克服了面向像素分类产生的"椒盐噪点"问题，同时也优于所有单一分割尺度得到的分类结果，为地表覆盖制图提供了一种行之有效的方法。

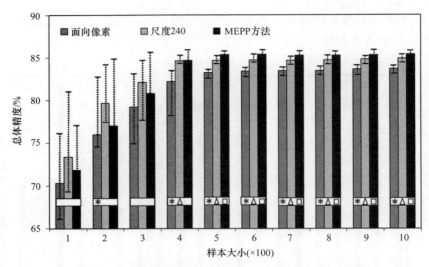

图 22.28 HYDICE 影像的分类精度对训练样本量的敏感性

* 表示面向像素方法与最优单尺度（尺度 240）间的总体精度具有显著差异（$P<0.01$）；△表示面向像素方法与 MEPP 方法间的总体精度具有显著差异（$P<0.01$）；□表示最优单尺度方法与 MEPP 方法间的总体精度具有显著差异

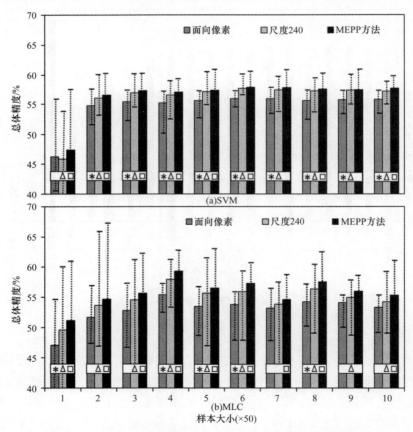

图 22.29 Landsat TM 影像的分类精度对训练样本量的敏感性

（a）SVM 分类器；（b）MLC 分类器；* 表示面向像素方法与最优单尺度（尺度 240）间的总体精度具有显著差异（$P<0.01$）；△表示面向像素方法与 MEPP 方法间的总体精度具有显著差异（$P<0.01$）；□表示最优单尺度方法与 MEPP 方法间的总体精度具有显著差异

22.5 面向对象的地表覆盖自动更新方法

本节介绍面向对象的地表覆盖自动更新方法,将 MEPP 最优尺度选择方法整合进 22.3 节的地表覆盖更新算法中,以克服像元级变化检测与分类方法的椒盐误差。

22.5.1 算法介绍

算法流程如图 22.30 所示。为避免不同时期 Landsat 间的几何误差导致的分割偏差问题,将 T_1、T_2 时期的遥感图像叠合在一起进行多尺度分割,两幅图像生成同样层数的多尺度分割结果,进而利用 MEPP 方法对两期影像各自独立选择尺度分割结果。对于降尺度 NDVI 时序数据,同样利用最优分割尺度,将 NDVI 数据在对象尺度上重采样得到对象化的 NDVI 时序数据。在筛选训练样本时,考虑到 GlobeLand30 中的人造地表和农田区域的光谱变异性较大,先用 ISODATA 对其进行聚类分别拆分得到两个光谱变异较小的子类别。其余步骤与 22.3 节介绍的方法相同,训练样本选择采用 Chen

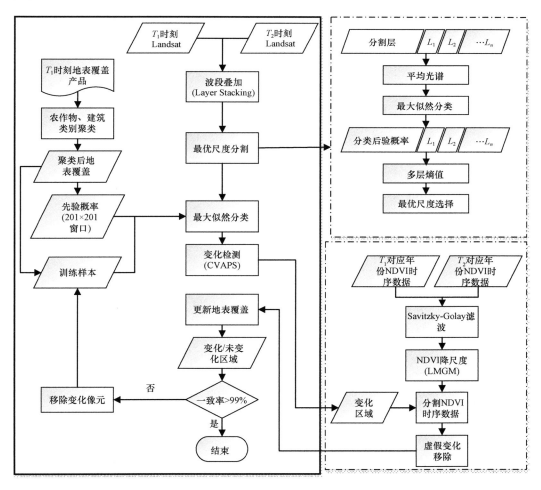

图 22.30 面向对象的地表覆盖更新

等（2012）提出的迭代筛选方法，变化检测则利用 CVAPS 方法，NDVI 时序变化检测采用兰氏距离。

22.5.2 京津冀地区地表覆盖更新实验

利用上述方法，对京津冀地区的 6 景 Landsat 范围进行地表覆盖更新（表 22.3、图 22.31）。在 GlobelLand30 2000 和 GlobelLand30 2010 数据集基础上，更新至 1990 年、2014 年的地表覆盖，结果如图 22.32 所示。由于 MODIS 没有 20 世纪 90 年代的数据，所以反向更新时，没有使用 NDVI 数据做虚假变化移除。为了与 Chen 等（2012）的基于像元的地表覆盖更新算法作对比，本章还使用同样的数据，用基于像元的地表覆盖更新算法完成了从 GlobelLand30 2010~2014 年的地表覆盖更新。

表 22.3 Landsat 日期元数据

Path/Row	121/032	122/032	122/033	123/032	123/033	124/032
Landsat 5	2010-06-23	2009-09-15	2009-08-30	2010-06-05	2009-09-22	2009-08-12
Landsat 8	2013-05-30	2013-09-26	2013-09-26	2013-05-12	2014-09-04	2014-08-26

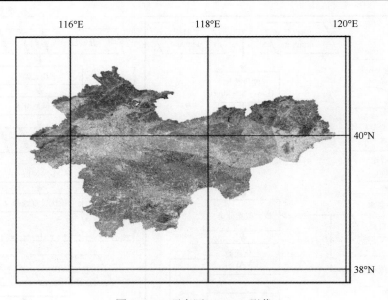

图 22.31 研究区 Landsat 影像

图 22.33 展示了部分更新结果细节，基于像元的地表覆盖更新会产生较严重的"椒盐"现象，而面向对象的地表覆盖更新方法则完全解决了这个问题，同时在地物未发生变化时，能够很好地保留原始地表覆盖产品的形态。

22.5.3 地表覆盖更新精度评价

1. 变化检测精度评估方法

变化/未变化误差矩阵是常用的用来评价变化检测的精度的方法（Macleod and Congalton，1998；表 22.4）。但其仅考虑了变化检测的精度，而没有考虑在更新过程中的分类精度，所以不适用于地表覆盖更新的精度评价。

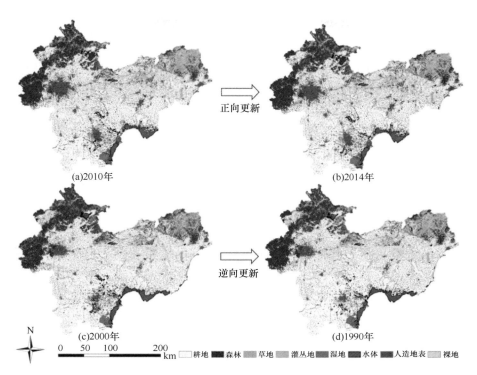

图 22.32　京津冀地区地表覆盖更新结果

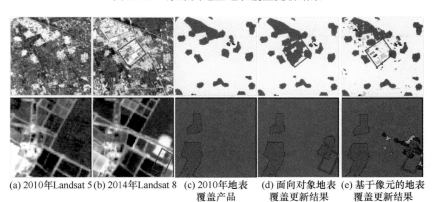

图 22.33　两个典型的变化检测结果

表 22.4　变化/未变化误差矩阵

		参考结果	
		不变化	变化
分类结果	不变化	Y11	Y12
	变化	Y21	Y22
总体精度：（Y11+Y12）/（Y11+Y12+Y21+Y22）			

转移误差矩阵不仅考虑了变化检测的精度，同时也考虑了分类结果的精度（Van Oort，2007），其将"未变化/未变化"分成两部分："没有变化/分类正确"和"没有变

化/分类错误";同样的,将"变化/变化"分成两部分:"变化/分类正确"和"变化/分类错误"(表 22.5)。

本章以 GlobeLand30 为参考地表覆盖,假设其精度为 100%的情况下,转移误差矩阵变形为表 22.6。

表 22.5　转移误差矩阵

		参考类别			
		未变化		变化	
		分类正确	分类错误	分类正确	分类错误
更新类别	未变化	$Y11$	$Y12$	$Y13$	
	变化	$Y21$	$Y22$	$Y23$	
	整体精度:($Y11+Y22$)/($Y11+Y12+Y13+Y21+Y22+Y23$)				

表 22.6　转移误差矩阵

		参考类别		
		未变化	变化	
			分类正确	分类错误
更新类别	未变化	$Y11$	$Y13$	
	变化	$Y21$	$Y22$	$Y23$
	整体精度:($Y11+Y22$)/($Y11+Y12+Y21+Y22+Y23$)			

2. 精度评价

为评估从 GlobeLand30 2010 更新到 2014 年地表覆盖的精度,设计随机采样方案,在变化区域和未变化区域选择等量的验证样本,每个样本周围的 8 个像元同时也作为验证样本,最终在未变化区域选择 1576 个样本,变化区域选择 584 个样本。通过目视解译 Landsat 影像,判断变化检测以及更新的结果是否正确,不能准确判断类别的样本,目视解译 Google Earth 作为补充。表 22.7 和表 22.8 分别是使用面向对象的地表覆盖更新方法和基于像元的地表覆盖更新方法得到的转移误差矩阵。整体精度有了明显提高,且在变化区域的变化检测和分类精度有大幅度提高,转移生产者精度从 37.33%提升到 73.97%。

表 22.7　面向对象地表覆盖更新的转移误差矩阵

		参考类别		
		未变化	变化	
			分类正确	分类错误
更新类别	未变化	1226	95	
	变化	350	432	57
	整体精度:76.76%			

注:变化区域的转移生产者精度为 73.97%。

除了要进行变化检测的精度评价之外，还要对更新完成的地表覆盖产品的精度进行评估。表 22.9 和表 22.10 分别是 GlobeLand30 2010 的混淆矩阵和使用面向对象地表覆盖更新方法将 GlobeLand30 2010 更新至 2014 年后的地表覆盖产品混淆矩阵。由表 22.9 可知，GlobeLand30 2010 的整体精度为 83.62%，而更新后的地表覆盖产品的精度没有显著差异，仍然保持在较高的 81.15%。

表 22.8　基于像元的地表覆盖更新的转移误差矩阵

		参考类别		
		未变化	变化	
			分类正确	分类错误
更新类别	未变化	1350	244	
	变化	226	218	122
		整体精度：72.6%		

注：变化区域的转移生产者精度为 37.33%。

表 22.9　GlobeLand30 2010 混淆矩阵

		参考类别						
		耕地	森林	草地	水体	湿地	人造地表	总计
产品类别	耕地	863	9	30	23	0	85	1010
	森林	6	559	43	0	0	3	611
	草地	18	14	194	0	0	1	227
	水体	6	0	0	60	0	3	69
	湿地	0	0	0	0	27	0	27
	人造地表	6	0	1	0	0	209	216
	总计	899	582	268	83	27	301	2160

注：整体精度 = 88.52%；Kappa 系数 = 83.62%。

表 22.10　面向对象地表覆盖更新结果混淆矩阵

		参考类别						
		耕地	森林	草地	水体	湿地	人造地表	总计
更新结果类别	耕地	841	9	27	21	0	100	998
	森林	9	555	43	0	0	3	610
	草地	18	18	186	0	0	9	231
	水体	10	0	0	58	0	5	73
	湿地	0	0	0	9	18	0	27
	人造地表	6	0	0	0	0	215	221
	总计	884	582	256	88	18	332	2160

注：整体精度 = 86.71%；Kappa 系数 = 81.15%。

22.5.4　讨论与小结

22.4 节中介绍的最优分割尺度选择方法搜索每个像元分类不确定性最小时的分割

尺度，理论上提高了分类精度，相应地也应该提高了变化检测精度和地表覆盖更新的精度。本章将最优分割尺度下的地表覆盖更新和单一分割尺度下的地表覆盖更新进行精度对比，由于地表覆盖更新更加关注变化区域的更新，所以仅计算变化区域的生产者精度。在变化区域中，随机选取 1033 个样本，图 22.34 展示了不同分割尺度下的变化区域生产者精度，在分割尺度过大和过小时，都会对更新的精度产生影响，在最优分割尺度下的精度是最高的。

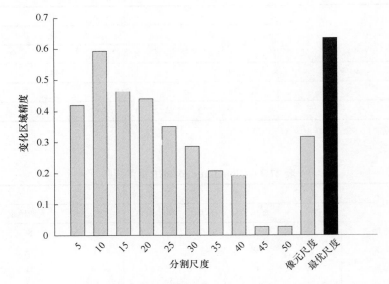

图 22.34　不同分割尺度下的变化区域生产者精度

一个分割尺度不能保证所有像元都处于最合适的场景下，所以其分割精度不会高于最优分割尺度的精度。事实上，任一分割尺度下的变化区域变化检测精度都不高于 60%，而最优分割尺度下的变化区域检测精度为 63.2%。

由于影像间的季节差异，物候差异总是存在的，这不可避免地导致了同物异谱现象的发生，并最终导致分类结果的错误，虚假变化便由此而来。为了检测使用 NDVI 时序数据移除虚假变化检测的效果，有必要评估使用 NDVI 时序数据移除虚假变化检测后，有多少错分类的像元被纠正。实验一使用面向对象的地表覆盖更新方法将行列号为 123/32 的 Landsat 对应地区的地表覆盖由 2010 年更新至 2014 年；作为对比，实验二不使用 NDVI 数据移除虚假变化检测模块，进行面向对象的地表覆盖更新。在实验二的结果中，从变化区域中随机选择 200 个验证样本，通过 Google Earth 的目视解译，逐像元判断是否发生了地表覆盖变化，在实验一中，同样用这 200 个验证样本，统计其变化检测精度（表 22.11）。

由于不同植被类型间的光谱相似度较高，所以误分类情况较严重；同时，京津冀地区处于华北平原，是中国粮食的主要产区之一，种植模式较为固定；且因为气候原因，森林地区发生火灾的概率也比较小，所以，农田和山区发生地表覆盖变化的可能性都比较小。故实验一中，在耕地、森林、草地等类别上检测到的变化只有 21 个样本是正确的，变化检测精度只有 10.5%；而使用 NDVI 时序数据进行虚假变化移除后，绝大部分的虚假变化被纠正，变化检测精度达到了87%；179个虚假变化的样本中有168个样本被纠正，纠正率达到93.85%。NDVI时序数据能够帮助消除大部分的虚假变化检测。

表22.11 虚假变化移除精度

	GlobeLand30 2010					GlobeLand30 2010		
		耕地	森林	草地			耕地	森林	草地
无NDVI虚假变化移除的面向对象地表覆盖更新	耕地	0	0	4	带虚假变化移除的面向对象地表覆盖更新	耕地	115	0	0
	森林	93	0	64		森林	3	2	3
	草地	16	1	0		草地	4	0	66
	人造地表	18	1	1		人造地表	7	0	0
	裸地	2	0	0		裸地	0	0	0
	变化/未变化精度：10.5%					变化/未变化精度：87%			
	虚假变化移除：168/179 = 93.85%								

总结说来，本节提出的更新方法整合了多个子算法模块，有效提高地表覆盖的更新精度，精度与GlobeLand30具有可比性，为地表覆盖制图的长期动态监测与更新提供了可行性。

22.6 总结与展望

本章针对30 m分辨率影像中变化检测与更新所面临的难点问题展开相应研究，研发了IHOT云检测算法、结合植被指数时序的像元级更新方法、MEPP最优分割尺度选择算法，以及面向对象的地表覆盖自动更新方法。这几个算法基本覆盖了从原始遥感影像到地表覆盖数据的整个数据处理链条中的主要节点与难点，使得业务化的数据生产成为可能，为GlobeLand30的自动更新提供了可行的技术方案。

尽管遥感土地利用/土地覆盖的分类与变化检测的相关研究已经开展了30余年，也取得了一些长足的进步，笔者认为未来还有相当的发展空间。首先，土地利用/土地覆盖的分类体系需要进一步改进；在不同分辨率、不同需求导向下，分类体系也应该具有明显的区别，综合考虑软硬分类结构、尺度与功能转换，形成一套跨尺度、跨功能的分类结构或体系是重要的课题之一。其次，在大数据时代下，除了快速增长的遥感数据外，很多区域或个人的其他数据与信息资源为高精度地表覆盖监测带来了新的契机，包括开源地图、个人贡献的照片与位置信息都包含了很有价值的信息，特别是对于遥感难以捕捉的土地利用信息有很大的帮助；但是这些数据结构多样、质量参差不齐，如何有效利用十分具有挑战性。最后，由于分类知识具有明显的地域性，完全利用通用算法完成全球范围的土地利用/覆盖制图可能在精度上会存在瓶颈；在算法与规则集上采取众包方式，充分利用地域专家知识，也可能是一个值得探索的方向。

参 考 文 献

李月臣, 陈晋, 宫鹏, 等. 2005. 基于NDVI时间序列数据的土地覆盖变化检测指标设计. 应用基础与工程科学学报, 13(3): 261-275

Asner G P. 2001. Cloud cover in Landsat observations of the Brazilian Amazon. International Journal of Remote Sensing, 22(18): 3855-3862

Blaschke T. 2010. Object based image analysis for remote sensing. ISPRS journal of photogrammetry and remote sensing, 65(1): 2-16

Chen J, Chen J, Liao A, et al. 2015. Global land cover mapping at 30m resolution: A POK-based operational approach. ISPRS Journal of Photogrammetry and Remote Sensing, 103: 7-27

Chen J, Jönsson P, Tamura M, et al. 2004. A simple method for reconstructing a high-quality NDVI time-series data set based on the Savitzky–Golay filter. Remote sensing of Environment, 91(3): 332-344

Chen X, Chen J, Shi Y, et al. 2012. An automated approach for updating land cover maps based on integrated change detection and classification methods. ISPRS Journal of Photogrammetry and Remote Sensing, 71: 86-95.

Choi H, Bindschadler R. 2004. Cloud detection in Landsat imagery of ice sheets using shadow matching technique and automatic normalized difference snow index threshold value decision. Remote Sensing of Environment, 91(2): 237-242

Drăguţ L, Csillik O, Eisank C, et al. 2014. Automated parameterisation for multi-scale image segmentation on multiple layers. ISPRS Journal of Photogrammetry and Remote Sensing, 88: 119-127

Esch T, Thiel M, Bock M, et al. 2008. Improvement of image segmentation accuracy based on multiscale optimization procedure. IEEE Geoscience and Remote Sensing Letters, 5(3): 463-467

Hagolle O, Huc M, Pascual D V, et al. 2010. A multi-temporal method for cloud detection, applied to FORMOSAT-2, VENμS, LANDSAT and SENTINEL-2 images. Remote Sensing of Environment, 114(8): 1747-1755

Irish R R. 2000. Landsat 7 automatic cloud cover assessment. //AeroSense 2000. International Society for Optics and Photonics, 348-355

Irish R R, Barker J L, Goward S N, et al. 2006. Characterization of the Landsat-7 ETM+automated cloud-cover assessment(ACCA)algorithm. Photogrammetric Engineering & Remote Sensing, 72(10): 1179-1188

Jia K, Liang S, Wei X, et al. 2014. Automatic land-cover update approach integrating iterative training sample selection and a Markov random field model. Remote Sensing Letters, 5(2): 148-156

Jin S, Yang L, Danielson P, et al. 2013. A comprehensive change detection method for updating the national land cover database to circa 2011. Remote Sensing of Environment, 132: 159-175

Kapur J N, Sahoo P K, Wong A K C. 1985. A new method for gray-level picture thresholding using the entropy of the histogram. Computer vision, graphics, and image processing, 29(3): 273-285

Kim M, Madden M, Warner T. 2008. Estimation of optimal image object size for the segmentation of forest stands with multispectral IKONOS imagery. Object-based image analysis. Berlin: Springer Berlin Heidelberg, 291-307

Lance G N, Williams W T. 1967. Mixed-data classificatory programs I-agglomerative systems. Australian Computer Journal, 1(1): 15-20

Liu C, Hu J, Lin Y, et al. 2011. Haze detection, perfection and removal for high spatial resolution satellite imagery. International journal of remote sensing, 32(23): 8685-8697

Liu D, Xia F. 2010. Assessing object-based classification: Advantages and limitations. Remote Sensing Letters, 1(4): 187-194

Macleod R D, Congalton R G. 1998. A quantitative comparison of change-detection algorithms for monitoring eelgrass from remotely sensed data. Photogrammetric engineering and remote sensing, 64(3): 207-216

Park I K. 2014. Clustering Algorithm for data mining using posterior probability-based information entropy. Journal of Digital Convergence, 12(12): 293-301

Rao Y, Zhu X, Chen J, et al. 2015. An improved method for producing high spatial-resolution NDVI time series datasets with multi-temporal MODIS NDVI data and Landsat TM/ETM+ images. Remote Sensing, 7(6): 7865-7891

Van Oort P A J. 2007. Interpreting the change detection error matrix. Remote Sensing of Environment, 108(1): 1-8

Xian G, Homer C, Fry J. 2009. Updating the 2001 national land cover database land cover classification to 2006 by using Landsat imagery change detection methods. Remote Sensing of Environment, 113(6): 1133-1147

Yuechen L, Jin C, Peng G, et al. 2005. Study on land cover change detection method based on NDVI time series datasets: Change detection indexes design. IEEE International, (4), DOI: 10. 1109/IGARSS

Zhang L, Jia K, Li X, et al. 2014. Multi-scale segmentation approach for object-based land-cover classification using high-resolution imagery. Remote Sensing Letters, 5(1): 73-82

Zhang Y, Guindon B, Cihlar J. 2002. An image transform to characterize and compensate for spatial variations in thin cloud contamination of Landsat images. Remote Sensing of Environment, 82(2): 173-187

Zhu Z, Woodcock C E. 2012. Object-based cloud and cloud shadow detection in Landsat imagery. Remote Sensing of Environment, 118: 83-94

第三部分　海洋特征参量估算与应用

第 23 章 海面风场产品生成技术与应用

杨俊钢[1]，闫秋双[1]，周超杰[1]，范陈清[1]，张杰[1]

海面风场是海洋动力学的基本参数之一，与多种海洋和大气过程息息相关，并对海洋工程、海上航行和海洋军事等方面有重要影响。近几十年来，卫星遥感技术成为海面风场观测的一种重要手段。本章基于 QuickSCAT、ASCAT-A/B、HY-2A 散射计和 SSM/I、SSMIS、TMI、AMSR-E、AMSR2、WindSat 辐射计等多源卫星遥感海面风场数据，利用最优插值方法，生成了 2000~2015 年的全球海洋海面风场遥感融合产品，时间分辨率为 6 小时，空间分辨率为 0.25°×0.25°；利用 NDBC、TAO、PIRATA 和 RAMA 等浮标现场实测数据对融合产品进行了精度检验，结果表明：融合产品风速均方根误差为 1.21m/s，风向均方根误差为 19.26°，与浮标观测比较一致；最后，利用生成的 2014 年海面风场融合产品，在西北太平洋海域开展了示范应用。

23.1 引　言

海面风是影响海浪、海流和水团等的活跃因子，与从小尺度海浪到大尺度流动的几乎所有海洋运动直接相关（Munk，1950；Kinsman，1965）。同时，海面风可以调节海洋与大气之间的物质和能量交换，在气候模式中占据重要地位（Smith，1980；Large and Pond，1981）。此外，海面风直接影响海上航行、海洋工程和海洋渔业等海上活动。因此，海面风场的观测具有十分重要的意义。

海面风场观测主要有现场和遥感两种手段。现场观测主要包括沿海台站、船舶和浮标观测等，可获得大量高精度实测数据。但是，对于覆盖全球 70%的海洋来说，现场观测风场资料还是相对较少，且时空分布不均匀，难以满足需要。微波散射计、微波辐射计、雷达高度计和合成孔径雷达（SAR）等卫星遥感技术为海面风场测量提供了新的技术手段。它们都工作在微波波段，能实现全天时、全天候和大范围的观测。海面风场业务化遥感观测主要采用微波散射计和微波辐射计。

目前，国内外星载微波散射计主要有美国 NASA 的 Seasat-A SASS（1978 年）、QuickSCAT SeaWinds（1999~2009 年）和 ISS RapidSCAT（2014 年至今），欧空局（European Space Agency，ESA）的 ERS-1/2 AMI（1991~2011 年）和 Metop-A/B ASCAT（2007 年至今），美日合作的 ADEOS-1 NSCAT（1996~1997 年），印度空间研究组织（Indian Space Research Organisation，ISRO）的 Oceansat-2 OSCAT（2009~2014 年），以及我国的 HY-2A 散射计（2011 年至今）等；国内外星载微波辐射计主要包括美国的

---

1. 国家海洋局第一海洋研究所

F08-F15 SSM/I（1987年至今）、F16-F19 SSMIS（2003年至今）和Coriolis WindSat（2003年至今），美日合作的TRMM TMI（1997~2015年）、GPM GMI（2014年至今）、Aqua AMSR-E（2002~2011年）、GCOM-W1 AMSR2（2012年至今），以及我国FY-3A/B、HY-2A微波辐射计等。

不同传感器获得的海面风场数据具有不同的分辨率、覆盖范围和测量精度，一般将不同来源的风场数据融合生成高分辨率、高精度、全球覆盖的海面风场融合产品，来得到更多信息，提高风场数据的利用率，扩大风场数据的应用领域（Barth et al.，2008）。目前，海面风场产品生成算法主要有逐步订正法（Tang and Liu，1996）、最优插值法（Bentamy et al.，1996；Kako et al.，2011）等插值方法，以及变分分析方法（Atlas et al.，2008）等。基于多源散射计和辐射计数据，利用不同的统计方法，NASA、ESA、伍兹霍尔研究所（Woods Hole Oceanographic Institution，WHOI）、遥感系统（Remote Sensing Systems，RSS）、美国国家预报中心（National Centers for Environmental Prediction，NCEP）和欧洲中期数值预报中心（European Centre for Medium Range Weather Forecasts，ECMWF）等机构生成了多种海面风场遥感数据融合产品和结合数值模式的再分析产品。海面风场遥感数据融合产品主要有CCMP（cross-calibrated multi-platform）风场（Atlas et al.，2008；Atlas et al.，2011）和OAFlux（the objectively analyzed air-sea fluxes project）风场（Yu and Jin，2012，2014）等；再分析产品主要包括NCEP和ECMWF再分析资料等（Kalnay et al.，1996；Simmons et al.，2007）。

本章基于QuickSCAT、ASCAT-A/B、HY-2A散射计和SSM/I、SSMIS、TMI、AMSR-E、AMSR2、WindSat辐射计等海面风场数据，利用最优插值方法，开展多源遥感海面风场数据融合，生成了长时间序列（2000~2015年）、高时空分辨率（时间分辨率6小时，空间分辨率0.25°×0.25°）的全球海洋海面风场融合产品，并利用浮标实测数据进行了精度检验。最后，利用海面风场融合产品在西北太平洋海域开展了示范应用。下面23.2节介绍了浮标、遥感以及分析和再分析资料等海面风场数据；23.3节介绍了逐步订正法、最优插值方法和二维变分分析方法等海面风场产品生成算法；23.4节介绍了基于最优插值方法的海面风场产品生成技术，以及融合产品的精度检验结果；23.5节给出了融合产品的应用示例。

23.2 海面风场数据

海面风场数据主要包括浮标实测数据，微波散射计、微波辐射计、雷达高度计和SAR等卫星遥感数据，以及多源遥感数据融合产品和再分析产品等。下面对各种数据的情况进行详细介绍。

23.2.1 海面风场浮标实测数据

海面风场现场观测主要利用沿岸或岛屿台站、船舶、浮标等观测手段，其中，浮标是海面风场现场观测较为重要的手段。具有测风能力的浮标主要有NDBC（national data buoy center）、TAO（tropical atmosphere ocean array）、PIRATA（pilot research moored array operated by the tropical atlantic project）和RAMA（research moored array for

African–Asian–Australian monsoon analysis and prediction）等。美国国家大气和海洋管理局（National Oceanic and Atmospheric Administration，NOAA）免费提供了上述浮标的历史和实时数据。

NDBC 是美国国家数据浮标中心，隶属于 NOAA 下的气象局（National Weather Service，NWS），历史可以追溯到 20 世纪 60 年代，其设立、发展、运行、维持了包括浮标和沿海台站的观测网络，提供美国周边海域约 90 个浮标和 60 个沿海台站的观测数据，包括风速和风向、浪高和周期、海浪方向、海面温度、大气压、空气温度等（Evans et al.，2003）。

TAO 浮标阵列位于热带太平洋，用于监测和预测厄尔尼诺和拉尼娜现象，开始于 20 世纪 80 年代中期，至今共布设了约 70 个浮标，主要观测风矢量、长波辐射、短波辐射、降水量、相对湿度、动力高度等参数（McPhaden et al.，1998）。

PIRATA 浮标阵列用于研究热带大西洋海气相互作用，20 世纪 90 年代中期投入使用，至今布设了约 20 个浮标，主要测量大西洋的风矢量、海表面温度、长波辐射、短波辐射、降水量、盐度、潜在密度流等参数（Bourlès et al.，2008）。

RAMA 浮标阵列是印度洋上收集气象和海洋资料的浮标系统，开始于 21 世纪初，目前布设了约 20 个浮标，主要观测风矢量、气温、海表面温度、相对湿度、降水量、长波辐射、短波辐射等参数（McPhaden et al.，2009）。

浮标实测数据在本章中主要用于卫星遥感数据和多源遥感数据产品的精度检验，所使用浮标数据情况如表 23.1 所示，位置如图 23.1 所示。由于卫星遥感反演的是海面以上 10m 处风速，而浮标实测的一般是海面以上 3～5m 处风速，因此，在利用浮标数据

表 23.1 本章所使用的浮标数据情况表

浮标	空间范围	时间范围	时间分辨率/分钟	个数
NDBC	美国周边	1988.10～2014.12	10	60
TAO	热带太平洋	1996.10～2014.12	10	55
PIRATA	热带大西洋	1997.9～2014.12	10	21
RAMA	热带印度洋	2004.11～2014.12	10	21

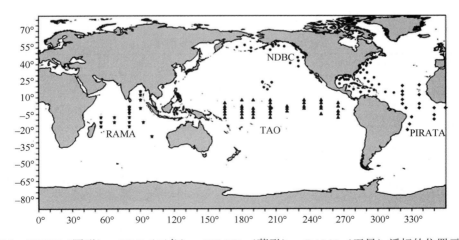

图 23.1 NDBC（圆形）、 TAO（三角）、 PIRATA（菱形）、 RAMA（五星）浮标的位置示意图

对遥感数据及其融合产品进行精度检验前，需利用 Wentz（1997）提出的风速转换公式把 3～5m 处的浮标风速转换为 10 m 处风速。根据 Wentz（1997）的工作，浮标测量风速与 10m 高度风速满足以下关系：

$$\frac{U_H}{U_{10}} = \frac{\ln(H/Z_0)}{\ln(10/Z_0)} \tag{23.1}$$

式中，H 为浮标测量高度；Z_0 为海表粗糙长度，取 1.6×10^{-3}m。

23.2.2 海面风场遥感数据

海面风场遥感数据主要通过微波散射计、微波辐射计、雷达高度计和 SAR 等微波遥感传感器获得。微波散射计提供全球海洋的海面风矢量数据；微波辐射计提供海面风速数据，只有全极化微波辐射计能够同时提供风速和风向数据；雷达高度计提供高分辨率沿轨海面风速数据；SAR 提供近岸风场数据。海面风场业务化遥感观测主要利用微波散射计和微波辐射计，这些业务化观测数据在海洋和大气的各种现象和物理过程研究中，发挥了十分重要的作用。

1. 微波散射计

微波散射计是一种主动、非成像雷达传感器，可提供全球、全天候、高精度、高分辨率和短周期的海面风矢量数据，被认为是迅速获取大面积海面风场的最理想仪器（张毅等，2009）。微波散射计主要利用不同风速下海面粗糙度对雷达后向散射系数的不同响应，以及多角度观测间接地反演海面风场信息。经典反演方法的核心是地球物理模型函数的构建（geophysical model function，GMF），地球物理模型函数是后向散射系数或归一化后向散射截面与海面风速、风向和雷达观测参数等之间的定量函数关系。目前使用较多的 GMF 有 C 波段的 CMOD 系列和 Ku 波段的 SASS-1、SASS-2、NSCAT-1、NSCAT-2 模型等（Wentz et al.，1998；Hersbach et al.，2007）。自 1966 年微波散射计测量海面风场概念被提出以来，其发展已有近 50 年的历史，先后成功发射了 SASS、AMI、NSCAT、SeaWinds、ASCAT 和 OSCAT 等多个星载微波散射计，其功能和精度不断改善。另外，我国还成功发射了神州 4 号（SZ-4）散射计（CN/SCAT）和海洋卫星 2 号（HY-2A）散射计。微波散射计的发展概况如表 23.2 所示。

表 23.2 国外微波散射计发展概况

遥感器	SASS	AMI	NSCAT	SeaWinds	ASCAT	OSCAT
卫星平台	Seasat-A	ERS-1,2	ADEOS-1	QuickSCAT ADEOS-2	Metop-A,B	Oceansat-2
运行单位	美国 NASA	欧洲 ESA	美国 NASA	美国 NASA	欧洲 ESA	印度 ISRO
工作波段 工作频率	Ku 14.6GHz	C 5.3GHz	Ku 14.0GHz	Ku 13.4GHz	C 5.3GHz	Ku 13.5GHz
天线阵	4 根	3 根	6 根	圆盘形	6 根	圆盘形
极化	VH,VH	V	V,VH,V	V-OUTER, H-INNER	V	V-OUTER, H-INNER

续表

遥感器	SASS	AMI	NSCAT	SeaWinds	ASCAT	OSCAT
入射角	22°～55°	22°～59°	22°～63°/18°～51°	46°/54°	25°～65°	42.66°/47.33°
分辨率	50km	50km	25km	25km	25km	25km
观测带	475km²	500km	600km²	1800km	550km²	1800km
日覆盖度	variable	<41%	77%	92%	71%	90%
服役时间	1978.6～1978.10	ERS-1:1991.7～2000.3；ERS-2:1995.4～2011.9	1996.8～1997.6	QuickSCAT:1999.7～2009.11；ADEOS-2:2002.12～2003.10	Metop-A:2006.10至今；Metop-B:2012.9至今	2009.9～2014.2

NASA 于 1978 年成功发射了第一个星载微波散射计 SASS（Langland et al.，1980），搭载在第一颗海洋遥感卫星 Seasat-A 上。SASS 散射计具有四根天线，工作频率 14.6GHz，Ku 波段，双极化，扇形波束，两侧扫描，形成两个观测带，宽度均为 475km，入射角范围为 25°～55°，分辨率 50km×50km，重复周期 3 天。由于系统故障，SASS 只运行了三个多月，但是它为海面风场反演研究提供了宝贵数据。继 SASS 后，NASA 于 1996 年发射了 NSCAT 散射计（Wentz and Smith，1999），搭载在 ADEOS-1 卫星上。NSCAT 两侧均使用了三根扇形波束天线，工作频率 14.0GHz，前、后视波束采用垂直极化，入射角为 22°～63°，中间波束采用双极化，入射角为 18°～51°。NSCAT 也是两侧扫描，两个观测带宽度均是 600km，每天覆盖全球海洋的 77%，分辨率 25km×25km，重复周期 3 天。NSCAT 散射计只观测了 9 个多月，但其获得的风矢量数据发挥了十分重要的作用。作为 NSCAT 的延续，SeaWinds 散射计（Spencer et al.，2000）搭载在 QuickSCAT 卫星和 ADEOS-2 卫星上，分别发射于 1999 年和 2002 年。SeaWinds 散射计工作在 Ku 波段（13.4 GHz），采用笔形圆锥扫描，46°入射角天线采用水平极化，54°入射角天线采用垂直极化，观测带宽达到 1800km，每天可覆盖全球海洋的 92%，分辨率 25km×25km，重复周期 1 天。SeaWinds 是最为先进的散射计系统之一，已提供了近十年的观测数据。随后，NASA 于 2014 年 9 月发射了 RapidSCAT 散射计，搭载在国际空间站上。RapidSCAT 散射计也是笔形圆锥扫描，工作在 Ku 波段，两个波束入射角分别为 49°和 56°，观测带宽为 1100km，空间覆盖范围约在 58°N 和 58°S 之间，分辨率 12.5km×12.5km（Ebuchi，2015）。

ESA 分别于 1991 年和 1995 年发射了 ERS-1 和 ERS-2 两颗卫星，搭载的主动微波装置 AMI 具有散射计模式（Freilich and Dunbar，1993；Francis et al.，1995）。AMI 使用了三根扇形波束天线，工作频率 5.3GHz，C 波段，垂直极化，前、后视波束入射角范围为 22°～59°，中间波束入射角范围为 18°～51°，观测带宽 500km，分辨率 50km×50km，重复周期 5 天。2006 年和 2012 年，ESA 分别将搭载 ASCAT 散射计的 Metop-A 和 Metop-B 卫星送入太空（Figa-Saldaña et al.，2002）。ASCAT 散射计左右两侧均采用三波束侧视天线，工作在 C 波段（5.3GHz），入射角范围 25°～65°，两侧观测带宽均为 550km，观测间隔 700km，每天可覆盖全球海洋的 71%，分辨率 25km×25km。ASCAT 代表了欧洲散射计的最高水准。另外，ISRO 于 2009 年发射了 Oceansat-2 海洋卫星，搭载有 OSCAT 散射计。OSCAT 散射计与 SeaWinds 散射计类似，工作在 Ku 波段（13.5GHz），笔形圆锥扫描，42.66°入射角天线采用水平极化，47.33°入射角天线采用垂直极化，观测带宽1800km，分辨率25km×25km（Gohil et al.,2013）。

国内微波散射计的发展水平与国外相比还存在一定的差距。目前，国内成功发射了2个微波散射计。2002年，我国利用神舟四号飞船SZ-4把第一个多模态微波遥感器（M3RS）送入太空，作为多模态微波遥感器载荷之一，散射计CN/SCAT采用笔形波束圆锥扫描，工作频率为13.9GHz，Ku波段，具有两幅X型天线，H/V双极化，以37°观测角对地扫描，观测带宽350km，空间分辨率为50km×50km。CN/SCAT虽然获取数据有限，但成功反演了海面风场，为我国后继星载微波遥感器的研究和应用打下了基础。HY-2A散射计发射于2011年，采用笔形波束天线，H/V双极化，最大观测带宽可达1700km，空间分辨率为25km×25km，测量精度达到国外先进水平，将在海面风场观测及其他相关应用领域发挥重要作用（许可等，2005）。

2. 微波辐射计

微波辐射计是一种被动式微波遥感器，可通过测量地物发射的微波辐射来提取海面风场信息。1978年以来，美国国防部、NASA、NOAA，日本宇宙航空研究开发机构（Japan Aerospace Exploration Agency，JAXA），以及中国的气象局和海洋局等机构发射了多个星载微波辐射计，其中SMMR、SSM/I、SSMIS、TMI、GMI、AMSR、AMSR-E、AMSR2、FY-3A/B搭载的微波成像仪和HY-2A卫星搭载的微波辐射计等双极化微波辐射计可反演海面风速；WindSat全极化微波辐射计不仅可以反演海面风速，还可以获取海面风向信息（Gaiser，2004）。表23.3给出了可获取海面风场信息的微波辐射计的基本参数。

表23.3 微波辐射计的基本参数

遥感器	卫星平台	在轨时间	工作频段/GHz（极化方式）
SMMR	Seasat-A 和 Nimbus-7	1978.6～1978.10 1978.10～1987.8	6.63(V/H)，10.69(V/H)，18.0(V/H)，21.0(V/H)，37.0(V/H)
SSM/I SSMIS	国防气象卫星 DMSP	1987.7 至今 2003.10 至今	19.35(V/H)，22.24(V)，37.05(V/H)，85.5(V/H) 19.35～183(V/H)
TMI	TRMM	1997.11～2015.4	10.7(V/H)，19.4(V/H)，21.3(V)，37(V/H)，85.5(V/H)
AMSR-E	Aqua	2002.5～2011.10	6.925(V/H)，10.65(V/H)，18.7(V/H)，23.8(V/H)，36.5(V/H)，89(V/H)
WindSat	Coriolis	2003.1 至今	6.8(V/H)，10.7（全极化），18.7（全极化），23.8(V/H)，37（全极化）
AMSR	ADEOS-2	2002.12～2003.10	6.925(V/H)，10.65(V/H)，18.7(V/H)，23.8(V/H)，36.5(V/H)，50.3(V)，52.8(V)，89(V/H)
FY-3 微波成像仪	风云三号气象卫星 A/B	A：2008.5 至今 B：2010.12 至今	10.65(V/H)，18.7(V/H)，23.8(V/H)，36.5(V/H)，89(V/H)
HY-2 微波辐射计	海洋二号卫星	2011.8 至今	6.6(V/H)，10.7(V/H)，18.7(V/H)，23.8(V)，37.0(V/H)
AMSR2	AMSR2	2012.5 至今	6.9(V/H)，7.3(V/H)，10.7(V/H)，18.7(V/H)，23.8(V/H)，36.5(V/H)，89(V/H)
GMI	GPM	2014.2 至今	10.6(V/H)，18.7(V/H)，23.8(V)，36.5(V/H)，89(V/H)，165.5(V/H)，183.31+/-3(V)，183.31+/-7(V)

下面详细介绍几种主要的微波辐射计。

1）SSM/I 和 SSMIS

SSM/I 搭载在美国国防气象卫星（DMSP）的 F08～F15 系列卫星上，在 19.35GHz、22.24GHz、37.05GHz 和 85.5GHz 4 个频率处有 7 个通道，对应的空间分辨率（3dB 足印大小）分别为 69km×43km、50km×40km、37km×28km 和 15km×13km，观测带宽 1394km，每天覆盖全球海洋的 75%（Hollinger et al.，1990）。SSMIS 是 SSM/I 的下一代，搭载在 DMSP 的 F16～F19 等卫星上，在 19～183GHz 上共有 24 个通道，其中 7 个通道与 SSM/I 类似，观测带宽 1700km，每天覆盖全球海洋的 80%（Kunkee et al.，2008）。

2）TMI 和 GMI

TMI 搭载在 1997 年发射的热带降水测量计划 TRMM 卫星上（Meissner and Wentz，2012），工作在 10.65GHz、19.35GHz、21.3GHz、37.0GHz 和 85.5GHz 等频率上，空间分辨率分别为 72km×43km、35km×21km、26km×21km、18km×10km 和 8km×6km，观测带宽 880km，空间覆盖范围为 40°N～40°S。GMI 搭载在 TRMM 卫星的后续计划——全球降水观测计划 GPM 卫星上，工作在 10.6GHz、18.7GHz、23.8GHz、36.5GHz、89GHz、165.5GHz、183.31+/-3GHz 和 183.31+/-7GHz 等频率上，分辨率分别为 32km×19km、18km×11km、16km×10km、15km×9km、7km×4km、6km×4km、6km×4km 和 6km×4km，观测带宽 931km，空间覆盖范围为 65°N～65°S，其工作性能相比 TMI 有很大的提高（Draper et al.，2015）。

3）AMSR、AMSR-E 和 AMSR2

AMSR 搭载在 2002 年发射的日本对地观测卫星 ADEOS-2 上，工作在 6.93GHz、10.65GHz、18.7GHz、23.8GHz、36.5GHz、50.3GHz、52.8GHz 和 89.0GHz 8 个频率上，分辨率分别为 70km×40km、46km×27km、25km×14km、29km×17km、14km×8km、10km×6km、10km×6km 和 6km×3km，观测带宽 1600km。AMSR-E 是在 AMSR 基础上改进设计的，搭载在 2002 年发射的 NASA 对地观测卫星 Aqua 上，工作在 6.93GHz、10.65GHz、18.7GHz、23.8GHz、36.5GHz 和 89.0GHz 6 个频率上，分辨率分别为 75km×43km、51km×29km、27km×16km、32km×18km、14km×8km 和 6km×4km，观测带宽 1450km。AMSR2 是在 AMSR-E 基础上设计的，搭载在 2012 年发射的日本水循环变动观测卫星 GCOM-W1 上，工作在 6.93GHz、7.3GHz、10.65GHz、18.7GHz、23.8GHz、36.5GHz 和 89.0GHz 7 个频率上，分辨率分别为 62km×35km、62km×35km、42km×24km、22km×14km、19km×11km、12km×7km 和 5km×3km（Meissner and Wentz，2012），观测带宽 1450km。

4）WindSat

WindSat 是美国 NOAA、NASA 和国防部合作开展的项目，搭载在 2003 年发射的 Coriolis 卫星上，在 6.8GHz、10.7GHz、18.7GHz、23.8GHz 和 37GHz 的 5 个频率上共有 16 个极化通道，其中在 10.7GHz、18.7GHz 和 37GHz 三个频率上的通道是全极化的，5 个频率对应的空间分辨率分别为 39km×71km、25km×38km、16km×27km、20km×30km

和 8km×13km（Gaiser，2004），观测带宽为 1025km，每天可覆盖全球海洋的 71%。WindSat 全极化辐射计首要任务是海面风场测量，具有同时提供风速和风向的能力。

3. 雷达高度计

雷达高度计是一种主动雷达传感器，可通过测量后向散射强度获取海面风速，以其分辨率高（6km 左右）、精度高（1.7m/s）的优点，作为散射计资料的有效补充（姜祝辉等，2011）。1973 年以来成系列且搭载有高度计的卫星主要有美国海军的 Geosat 系列、ESA 的 ERS 系列、NASA 与法国国家空间研究中心（French Centre National d'Etudes Spatiales，CNES）联合发射的 Topex/Poseido 系列。另外还有 ESA 专用于极地观测的 Cryosat-2 卫星和中国首颗搭载有高度计的微波遥感卫星 HY-2A（蔡玉林等，2006）。在搭载高度计的卫星中：Skylab 因噪声过大没得到风速信息；GEOS-3 搭载了第一颗能够反演风速的高度计；Geosat 是第一颗提供长时间序列高质量高度计资料的卫星；T/P 搭载有第一台双频高度计（Ku 波段和 C 波段），由于该双频高度计的出现，风速反演有了实质性的进展（姜祝辉等，2011）。

4. 合成孔径雷达

合成孔径雷达（SAR）是一种主动式微波成像雷达，通过测量海面后向散射信号强度和时间相位，产生标准化后向散射截面图像，携带海面信息，反映了海面粗糙度。SAR 主要用于获取海浪谱，然而在实际应用中发现 SAR 影像中同样包含风场信息。SAR 虽然在风向确定上比较困难，但可以反演散射计难以精确获得的海岸带风场，有助于理解海岸带大气-海洋边界层的各种现象及其物理过程，因此 SAR 高分辨率海面风场反演值得深入研究（Vachon and Dobson，2000；Hasager et al.，2006；张毅等，2010）。

23.2.3 海面风场遥感融合产品

目前，国际上主要发展了 CCMP 风场和 OAFlux 风场两种多源遥感数据融合产品。

CCMP 风场是在 NASA 支持下，由 Atlas 等（2008）经过理论和方法论证提出的具有很高精度和适用性的一种海面风场产品。CCMP 风场是基于二维变分同化方法融合了 AMI、NSCAT、SeaWinds、ASCAT 和 SSM/I、SSMIS、TMI、AMSR-E、AMSR2、WindSat 等多源散射计和辐射计海面风场数据，利用 ECMWF 再分析资料作背景风场，生成的海面风场产品，时间范围是 1987~2015 年，空间范围是 78.375°S~78.375°N，180°W~180°E，空间分辨率为 0.25°×0.25°，时间分辨率为 6 小时。Atlas 等（2011）利用船测数据证实了 CCMP 较其他单个的卫星平台测量的风场数据在精度方面有很大的提高，风速均方根误差为 1.6 m/s，风向均方根误差为 11.5°。

OAFlux 风场是 WHOI 在 NASA 的支持下发展的一种高精度、高时空分辨率、全球覆盖的海面风场产品。该数据集是基于最小方差线性统计方法融合了 QuickSCAT、ASCAT 散射计和 SSM/I、SSMIS、AMSR-E 辐射计等卫星遥感海面风场数据，以 ECMWF ERA-Interim 和 NCEP CFSR（climate forecast system reanalysis）为背景场，生成的全球海洋海面风场数据产品，时间范围为 1987~2012 年，空间分辨率 0.25°×0.25°，时间分辨率 1 天。Yu 和 Jin（2012）利用浮标数据检验了 OAFlux 风场数据产品的精度，发现风速均方根误差为 0.71m/s，风向均方根误差为 17°。CCMP 风场和 OAFlux 风场能够满足很多海洋和大气环境应用与研究的需要，可为全球海洋和大气研究，以及天气和短期气候的预测作出贡献。

另外，在欧洲委员会（the European Commission，EC）和 ESA 合作开展的哥白尼地球观测项目支持下，法国的 Mercator Ocean 公司发展了哥白尼海洋环境监测服务（the Copernicus marine environment monitoring service，CMEMS），于 2015 年 5 月 1 日开始业务化运行。CMEMS 也提供海面风场遥感产品，由法国海洋开发研究院（French Research Institute for Exploitation of the Sea，IFREMER）生产，产品空间分辨率 0.25°×0.25°，时间分辨率 6 小时，主要融合 ERS-1/2 AMI、QuickSCAT SeaWinds、Oceansat-2 OSCAT、Metop-A/B ASCAT 和 WindSat 等散射计和全极化辐射计数据，未来还将加入 HY-2A/B/C/D SCAT、ISS RapidSCAT、Sentinel-1 ASAR、Oceansat-3 OSCAT，以及 CFOSAT RFSCAT 等数据，以 ECMWF 数据作背景风场。目前，该数据集正处于发展过程中，CMEMS 只提供了 2013 年 1 月 1 日至今的数据，并且其精度有待系统验证。

23.2.4 海面风场再分析资料

"再分析"是利用最完善的资料同化技术把各种不同来源与类型的观测资料进行重新融合，重建高质量、长时间序列和高时空分辨率的格点化资料的过程，目的是弥补观测资料时空分布不均的缺陷（赵天保等，2010）。海面风场再分析资料主要包括 NCEP 再分析资料和 ECMWF 再分析资料等。

1. NCEP 再分析资料

NCEP 再分析资料是指 NCEP 和美国国家大气研究中心（National Center for Atmospheric Research，NCAR）的 NCEP/NCAR 全球大气再分析资料，以及 NCEP 与美国能源部（Department of Energy，DOE）的 NCEP/DOE 全球大气再分析资料（Kalnay et al.，1996）。NCEP/NCAR 再分析资料是最早发展、时间尺度最长的全球再分析资料，在 1996 年完成了 40 年的数据产品（1957～1996 年），又在 2001 年发布了 50 年的数据产品（1948～2001 年），并且计划仍在继续。NCEP/NCAR 同化系统所用的同化方法是三维变分同化技术，所同化的观测资料主要包括上层大气观测资料、地表常规观测资料和卫星遥感资料等。NCEP/DOE 再分析资料的时间尺度是从 1979 年 1 月至今，所用的数值模式、同化方法和观测系统与 NCEP/NCAR 大致相同，但校正了 NCEP/NCAR 再分析资料存在的一些问题，可作为 NCEP/NCAR 全球大气再分析资料的延续。NCEP 再分析资料提供了自 1948 年 1 月至今的 6 小时、逐日、逐月的全球再分析数据，以及每 8 日的预报产品，包括等压面资料、地面资料、通量资料三类数据，地面资料中包括经向风速 u 和纬向风速 v 两个风场分量产品，格距 2.5°×2.5°。

2. ECMWF 再分析资料

ECMWF 再分析资料主要包括 ERA-15、ERA-40 和 ERA-Interim 三种（Simmons et al.，2007）。ECMWF 所用同化资料来自全球不同地区的地表和上层大气常规气象观测资料，以及卫星遥感观测资料等。ERA-15 是 15 年全球大气再分析资料，时间尺度是从 1979～1993 年，同化方案是三维最优插值方法。ERA-40 是 1957～2002 年 45 年的全球大气再分析资料，与 ERA-15 相比，ERA-40 使用了更完善的同化技术——改进的三维变分同化技术，并同化了更多、更广泛的卫星和地表观测资料。ERA-Interim 是 1979 年至今的中期再分析资料，是 ERA-40 再分析资料的延续,同化方法是四维变分同化技术。ECMWF 再分析资料提供 6 小时、逐日、逐月的全球再分析数据，以及 10 天的预报产品，共有 62 个变量，高空 11 个，地面 51 个。地面变量中包括有经向风速 u 和纬向风速 v 两个风场分量产品。

23.3 海面风场产品融合算法

海面风场产品融合算法主要有逐步订正法、最优插值法等插值方法，以及二维变分分析、三维变分同化和四维变分同化等变分方法。下面详细介绍逐步订正法、最优插值法和二维变分分析法等算法的基本原理。

23.3.1 逐步订正法

逐步订正法（successive correction method，SCM）是由 Cressman 在 1959 年提出的（Cressman，1959）。首先给定一个初始场，然后用实际观测场逐步订正，直到订正后的场逼近观测记录为止。迭代公式为

$$f_g^{n+1} = f_g^n + \frac{\sum_{i=1}^{N} \omega_{gi}^n \left(f_i^0 - f_i^n \right)}{\sum_{i=1}^{N} \omega_{gi}^n} \tag{23.2}$$

式中，f 为海面风场；f_g^n 为网格点 g 经过 n 次迭代后的值；f_i^0 为网格点 g 影响半径 R_n 内第 i 个观测点的初始估计；f_i^n 为观测点 i 上的第 n 次估计；N 为观测点总个数；ω_{gi}^n 为权重因子，Cressman（1959）给出了与距离平方成反比的二次权重函数：

$$\begin{cases} \omega_{gi}^n = \dfrac{R_n^2 - r_{gi}^2}{R_n^2 + r_{gi}^2}, r_{gi}^2 < R_n^2 \\ \omega_{gi}^n = 0, r_{gi}^2 \geq R_n^2 \end{cases} \tag{23.3}$$

式中，r_{gi} 为观测点和格点间的距离。Barnes（1964，1973）又提出和改进了高斯型权重函数，使得该方法与滤波原理结合起来，公式如下：

$$\begin{cases} \omega_{gi}^n = \exp(\dfrac{-r_{gi}^2}{\alpha \gamma}), r_{gi}^2 < R_n^2 \\ \omega_{gi}^n = 0, r_{gi}^2 \geq R_n^2 \end{cases} \tag{23.4}$$

式中，α 为滤波参数；γ 为收敛因子，通常为 0～1。

23.3.2 最优插值法

最优插值法（optimum interpolation method,OIM）是在假定背景值、观测值和分析值均为无偏估计的前提下求解分析方差最小化的一种方法（Kako et al.，2011）。该方法公式具体如下：

$$A_g = B_g + \sum_{i=1}^{N}(O_i - B_i)W_i \tag{23.5}$$

式中，A_g（B_g）为网格点 g 的分析值（背景值）；O_i（B_i）为观测点 i 的观测值（背景值）；N 为观测点的个数；W_i 为观测点 i 的权重。在无偏、无关情况下，最合适的权重定义为

$$\sum_{j=1}^{N}\sum_{i=1}^{N}(\mu_{ij}^B + \mu_{ij}^O \lambda_i \lambda_j)W_i = \mu_{ig}^B \tag{23.6}$$

式中，μ^O（μ^B）为观测点 i 和 j 的观测值（背景值）的误差相关系数，依据 Kuragano 和 Shibata（1997）的研究，对于相同（不同）观测点，μ^O 的值假定为 1（0）；λ 为这两个误差标准偏差的比值，定义为

$$\lambda = \frac{\sigma^O}{\sigma^B} \tag{23.7}$$

式中，σ^B（σ^O）为背景值（观测值）误差的标准偏差。根据 Kako 和 Kubota（2006）的研究，λ 假定为 1。μ^B 的定义为

$$\mu_{ij}^B = \exp(-r_m^2/L_m^2 - r_z^2/L_z^2) \tag{23.8}$$

式中，r_z（r_m）为两个任意观测点 i 和 j 的东西向（南北向）距离；L_z 和 L_m 为东西向和南北向上的特征尺度，Kako 等（2011）分别取为 300km 和 150km。

23.3.3 二维变分分析法

二维变分分析方法（two-dimensional variational analysis method，2DVAM）是求取目标函数 J 的最小值，目标函数是分析风场与观测风场和背景风场之间的差异，使目标函数最小的分析风场即是所得风场。2DVAM 目标函数如下（Hoffman et al.，2003）：

$$J = J_o + J_b \tag{23.9}$$

式中，J 为总代价函数；J_o 为观测代价函数；J_b 为背景代价函数：

$$J_o = \lambda_{\text{CONV}} J_{\text{CONV}} + \lambda_{\text{SCAT}} J_{\text{SCAT}} + \lambda_{\text{SPD}} J_{\text{SPD}} \tag{23.10}$$

$$J_b = \lambda_{\text{VWM}} J_{\text{VWM}} + \lambda_{\text{LAP}} J_{\text{LAP}} + \lambda_{\text{DIV}} J_{\text{DIV}} + \lambda_{\text{VOR}} J_{\text{VOR}} + \lambda_{\text{DYN}} J_{\text{DYN}} \tag{23.11}$$

其中，λ_m 为权重，通过敏感性检验获取；J_{CONV} 为分析风场与常规观测的差异；J_{SCAT} 为与散射计观测的差异；J_{SPD} 为与辐射计风速的差异：

$$J_{\text{CONV}} = \sum(V_a - V_o)^2 = \sum(u_a - u_0)^2 + (v_a - v_0)^2 \tag{23.12}$$

$$J_{\text{SCAT}} = \sum(V_a - V_o)^2 = \sum(u_a - u_0)^2 + (v_a - v_0)^2 \tag{23.13}$$

$$J_{\text{SPD}} = \Sigma \left(|V_a| - |V_o| \right)^2 \quad (23.14)$$

式中，V_a 为插值到观测点的分析风场；V_o 为观测风场；J_{VWM} 为风矢量大小相关的量；J_{LAP} 为拉普拉斯算子；J_{DIV} 为散度；J_{VOR} 为旋度；J_{DYN} 为关于旋度趋势的动态约束条件：

$$J_{\text{VWM}} = \frac{T^2}{L^4} \int_A (u_a - u_b)^2 + (v_a - v_b)^2 \, dA \quad (23.15)$$

$$J_{\text{LAP}} = T^2 \int_A |\nabla^2 (u_a - u_b)|^2 + |\nabla^2 (v_a - v_b)|^2 \, dA \quad (23.16)$$

$$J_{\text{DIV}} = \frac{T^2}{L^2} \int_A |\nabla \cdot (V_a - V_b)|^2 \, dA \quad (23.17)$$

$$J_{\text{VOR}} = \frac{T^2}{L^2} \int_A |\nabla \cdot k \times (V_a - V_b)|^2 \, dA \quad (23.18)$$

$$J_{\text{DYN}} = \frac{T^4}{L^2} \int_A \left(\frac{\partial \zeta_a}{\partial t} - \frac{\partial \zeta_b}{\partial t} \right)^2 dA \quad (23.19)$$

式中，V_a 为分析风场；V_b 为背景风场，u_a（u_b）和 v_a（v_b）分别为分析风场（背景风场）的经向分量和纬向分量；T 和 L 分别为时间和长度，仅为了使 J 无量纲并可比较而引入，$T=10^5$s，$L=10^6$m；A 为面积；k 为单位垂直矢量；ζ 为相对旋度。其中：

$$\frac{\partial \zeta}{\partial t} = -\nabla \cdot \left[(f+\zeta)V \right] + k \cdot \nabla \times F \quad (23.20)$$

式中，$\zeta = k \cdot \nabla \times V$，动量方程中的表面摩擦力 $F = -(C_D/\Delta Z)|V|V$，C_D 为阻力系数，ΔZ 为边界层高度，假定 $C_D/\Delta Z$ 是常数，为 1×10^{-6}/m，其中 $C_D = 10^{-3}$，$\Delta Z = 1\text{km}$；f 为科氏参数 $f = 2\omega \sin\varphi$，ω 为地球自转角速度，φ 为地理纬度。

另外，还有三维变分同化、四维变分同化和最小方差线性统计等变分分析方法，其中，最小方差线性统计方法的原理与二维变分分析方法基本相同（Yu and Jin, 2014）；三维变分同化和四维变分同化则是考虑了更多的约束条件，表达式更为复杂（Barker et al, 2003; Gauthier et al, 2007）。上述方法中，最优插值方法由于计算量少，融合"性价比"高，在业务上得到广泛的应用。

23.4　全球海洋海面风场遥感产品生成与检验

本节选择 QuickSCAT、ASCAT-A/B、HY-2A 散射计和 SSM/I、SSMIS、TMI、AMSR-E、AMSR2、WindSat 辐射计等多源卫星遥感海面风场数据作为观测值，以 NCEP/NCAR 再分析海面风场数据作为背景值，发展了基于最优插值方法的全球海洋海面风场融合产品生成技术，技术路线如图 23.2 所示。其中，海面风场卫星遥感数据精度评价，以及融合产品生成和检验是两个关键环节。

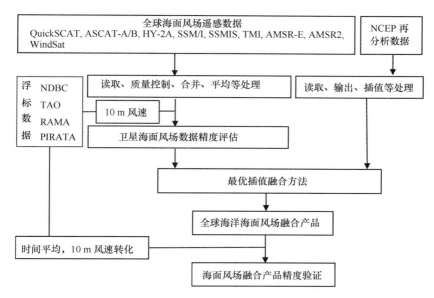

图 23.2 海面风场遥感融合产品生成技术路线图

23.4.1 海面风场卫星遥感数据精度评价

在开展海面风场遥感数据融合产品生成前,需利用浮标实测数据对 QuickSCAT、ASCAT-A/B、HY-2A 散射计和 SSM/I、SSMIS、AMSR-E、AMSR2、TMI、WindSat 辐射计数据进行精度评价,以保证所用的遥感数据均能达到精度指标,并且具有很好的一致性和兼容性,不会影响后续产品生成的可靠性。利用浮标实测数据对全球海洋海面风场遥感数据进行精度评估时,以 25km、30 分钟为时空匹配窗口,并对与同一浮标数据匹配的多个遥感数据进行平均。根据 QuickSCAT、ASCAT-A/B、HY-2A 散射计和 SSM/I、SSMIS、TMI、AMSR-E、AMSR2、WindSat 辐射计海面风场数据与浮标实测数据的匹配数据集,计算了风速在 3~24m/s 的浮标实测风场与相应的卫星遥感风场之间的平均偏差、均方根误差和相关系数,并作了散点图,结果见表 23.4、图 23.3。

表 23.4 卫星遥感海面风场数据精度列表

	遥感器	匹配数据量/组	风速偏差/(m/s)	风速均方根偏差/(m/s)	风速相关系数	风向偏差/(°)	风向均方根偏差/(°)	风向相关系数
散射计	QuickSCAT	278767	0.08	1.09	0.84	2.10	19.89	0.95
	ASCAT-A	151641	−0.12	0.87	0.89	0.68	17.95	0.96
	ASCAT-B	27935	0.11	1.00	0.86	−0.06	19.81	0.96
	HY-2A	82266	0.05	1.66	0.71	1.20	36.88	0.87
辐射计	SSM/I f11	9789	0.03	1.71	0.63	—	—	—
	SSM/I f13	504212	0.04	1.52	0.63	—	—	—
	SSM/I f14	412909	−0.01	1.51	0.63	—	—	—
	SSM/I f15	908491	0.05	1.42	0.66	—	—	—

续表

遥感器		匹配数据量/组	风速偏差/(m/s)	风速均方根偏差/(m/s)	风速相关系数	风向偏差/(°)	风向均方根偏差/(°)	风向相关系数
辐射计	SSMIS f16	1126206	0.04	1.46	0.61	—	—	—
	SSMIS f17	822818	−0.38	1.53	0.63	—	—	—
	TMI	755176	−0.18	1.42	0.61	—	—	—
	AMSR-E	835337	0.05	1.40	0.63	—	—	—
	AMSR2	114552	0.11	1.51	0.65	—	—	—
	WindSat	291371	0.02	0.97	0.86	0.02	26.51	0.92

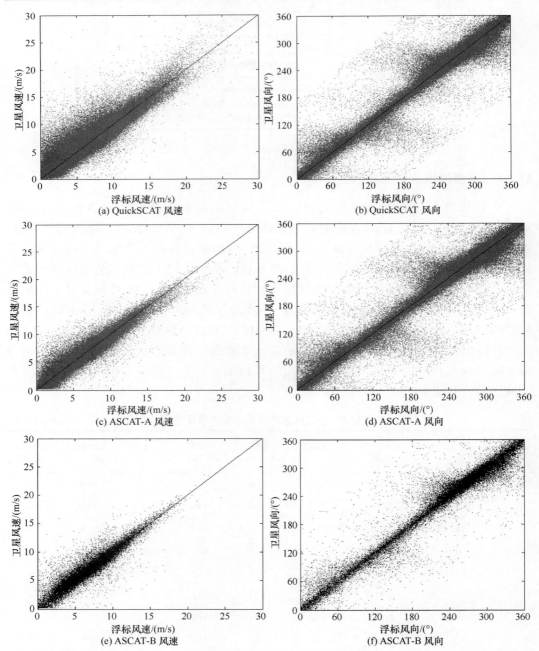

(a) QuickSCAT 风速　　(b) QuickSCAT 风向
(c) ASCAT-A 风速　　(d) ASCAT-A 风向
(e) ASCAT-B 风速　　(f) ASCAT-B 风向

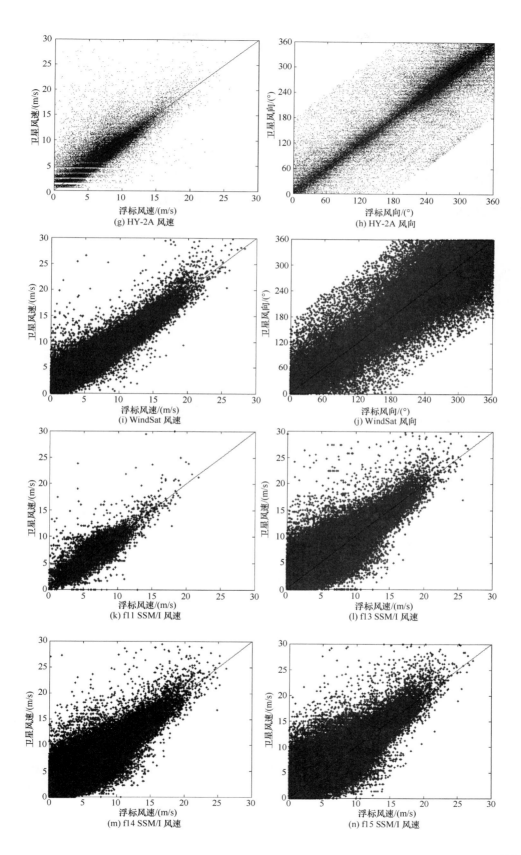

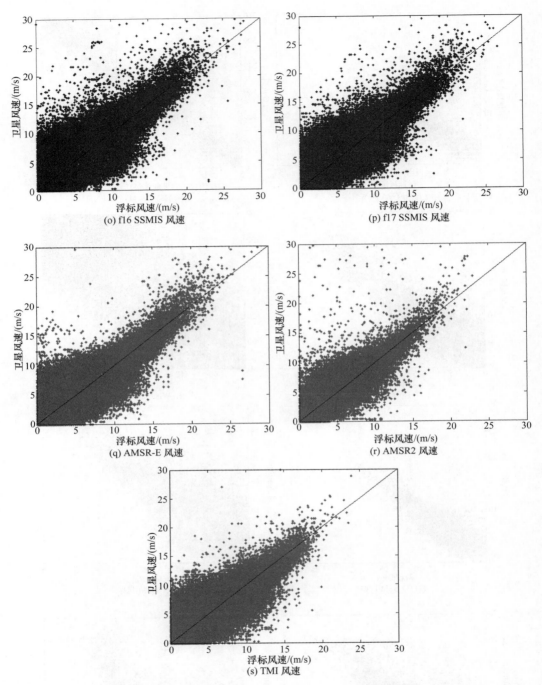

图 23.3　QuickSCAT、ASCAT-A/B、HY-2A、WindSat、SSM/I、SSMIS、AMSR-E、AMSR2、TMI 等卫星遥感海面风场与浮标实测风场的比对散点图

从上可以看出，QuickSCAT、ASCAT-A/B、HY-2A 散射计和 SSM/I、TMI、AMSR-E、AMSR2、WindSat 辐射计等卫星遥感海面风场数据均与浮标实测风场数据比较一致，并且各种遥感数据具有很好的一致性。但是，HY-2A 散射计风向数据的误差明显偏大，其

可用性有待进一步研究,在本节风向融合产品生成中没有使用;因为 Wentz 等(2005)认为 WindSat 风向具有很大的不确定性,尤其是在风速小于 5m/s 时,本节风向产品生成中也没有使用 WindSat 辐射计风向数据。

23.4.2 海面风场遥感产品生成和检验

本节利用所发展的基于最优插值方法的多源遥感海面风场融合产品生成技术,融合了 QuickSCAT、ASCAT-A/B、HY-2A 散射计和 SSM/I、SSMIS、TMI、AMSR-E、AMSR2、WindSat 辐射计等卫星遥感海面风场数据,以及 NCEP/NCAR 再分析资料,生成了 2000～2015 年的全球海洋海面风场遥感融合产品,时间分辨率 6 小时,空间分辨率 0.25°×0.25°。图 23.4 给出了海面风场融合产品实例。

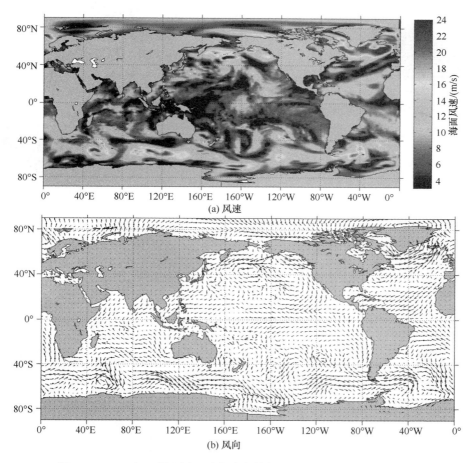

图 23.4 2000 年 1 月 1 日 0 时全球海洋海面风场分布图(彩图附后)

利用 NDBC、TAO、PIRATA 和 RAMA 等浮标数据对生成的全球海洋海面风场融合产品进行了精度验证,也同时验证了国外 CCMP 风场和背景风场 NCEP/NCAR 再分析数据的精度,比对散点图如图 23.5 所示。图 23.6 给出了融合产品风速和风向误差随浮标风速的变化趋势。结果表明,在 3～24m/s 风速范围内,融合产品风速偏差为 0.2m/s,均方根误差为 1.21m/s,风向偏差为 1.21°,均方根误差为 19.26°,满足风速均方根误差小于 2m/s、风向均方根误差小于 20°的精度指标；融合产品精度明显优于背景风场 NCEP/NCAR 再分析数据，与国外 CCMP 风场精度相当，达到国外先进水平；随浮标风速的增大，融合产品风速误差先减小后增大，即在中等风速下，风速的误差最小；随浮标风速的增大，融合产品风向误差逐渐减小，即风速小时，风向的误差偏大。

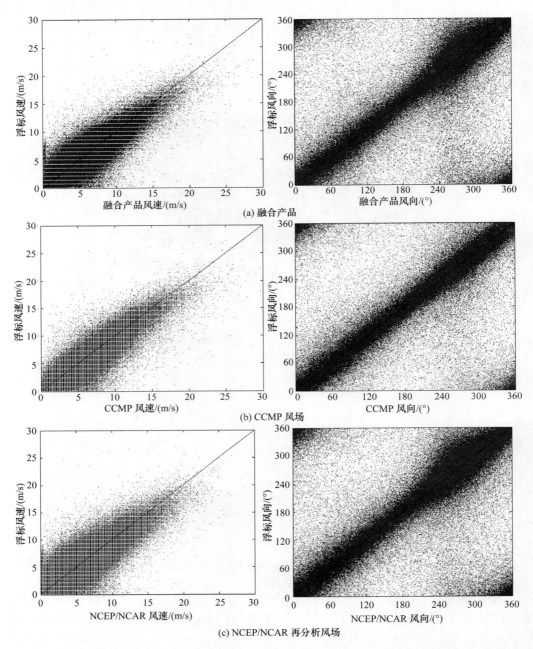

图 23.5　全球海洋海面风场融合产品、CCMP 风场和 NCEP/NCAR 再分析风场与浮标实测风场数据的比对散点图

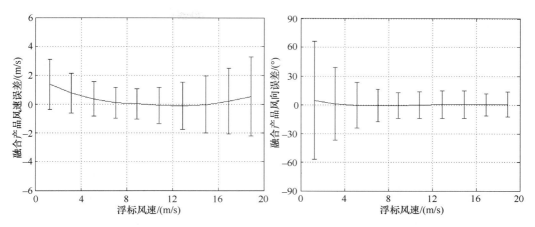

图 23.6　全球海洋海面风场融合产品风速和风向误差随浮标风速的变化趋势图

23.5　西北太平洋海面风场特征分析

西北太平洋（0°~60°N，100°~180°E）受到蒙古高压、阿留申低压和太平洋副热带高压等多个天气系统控制。该区域风场分布复杂，区域性特点明显，并且季节性变化显著，冬季盛行偏北风，夏季盛行偏南风，对该区域海洋动力过程和气候变化等均具有重要的影响。本章选择西北太平洋为研究区，利用海面风场融合产品分析 2014 年西北太平洋海面风场的空间分布和季节变化，开展海面风场融合产品的示范应用。

23.5.1　西北太平洋海面风场季节变化分析

利用 2014 年的西北太平洋海域的日平均、月平均海面风速数据，分析了西北太平洋海域风速随时间的变化（图 23.7）。可以看出，2014 年西北太平洋的风速有明显的季节变化，冬季（12 月）风速最大，夏季（8 月）风速最小。

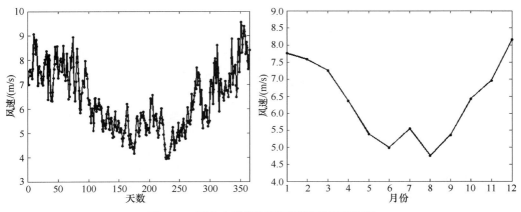

图 23.7　西北太平洋海面风速随时间变化图

以 2014 年 1 月、4 月、7 月、10 月四个典型季节月份为例，对西北太平洋海域的月平均海面风速、风向空间分布特征进行了分析。图 23.8 是西北太平洋 2014 年 1 月平均风矢量图。可以看出，1 月西北太平洋海面风速北高南低，呈纬向带状分布；以 38°N 和 12°N 为中心南北各跨 5°左右风速较大，平均风速分别在 12m/s 和 9m/s，最大风速区在以155°E、38°N为中心的日本以东海域；赤道附近风速最小，约3m/s。西北太平洋海域30°N以北的中纬度广阔海域盛行西风，20°N以南海域盛行东北季风，20°～30°N为风向过渡带；鄂霍次克海域盛行北—西北风，日本海、黄海盛行西北风，东海盛行北—东北风，南海和菲律宾、台湾岛以东海域以东北风为主。

图23.9是4月平均风矢量图。可以看出，与1月相比，4月中纬度西风带海

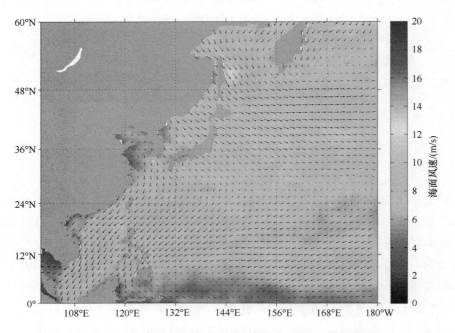

图23.8 2014年1月西北太平洋平均风矢量图（彩图附后）

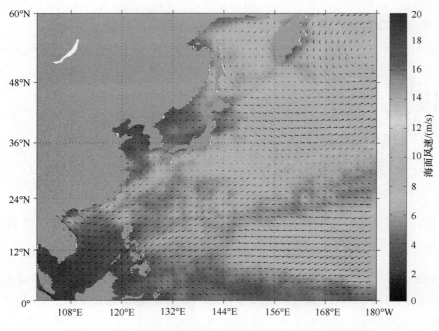

图23.9 2014年4月西北太平洋平均风矢量图（彩图附后）

域海面风速明显减弱；中国近海、日本海以及大洋 22°~32°N 等海域风速较低；东北季风强度呈东高西低舌状分布，范围有所扩大。东北海域风场呈逆时针方向分布；在 24°~36°N 海域风向变化较大；低纬度海域以东—东北风为主；南海、东海、台湾海峡及菲律宾以东海域为偏东风，日本海开始出现偏南风。

图 23.10 是 7 月的平均风矢量图。可以看出，7 月西北太平洋中东部海域风速在 17°N 附近比较高，平均风速在 6m/s 以上，并向南北两侧逐渐减小；在 24°N 以北和 7°N 以南海域风速较低；在南海和菲律宾以东海域风速较大，平均风速达 8m/s，此海域已进入西南季风时期；南海南部海域风速最大，达 9m/s，此时已完全进入西南季风时期；黄海、东海和日本南部海域风速在 6m/s 左右。7 月风向呈顺时针走向，黄海、东海、南海东部及台湾岛、菲律宾以东海域为东南风；在 135°E 以东、30°N 以南海域为偏东风；30°N 以北海域以南—西南风为主。

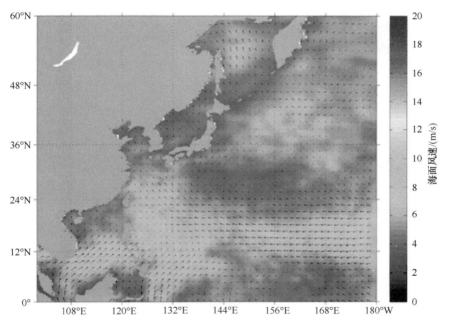

图 23.10　2014 年 7 月西北太平洋平均风矢量图

图 23.11 是 10 月的平均风矢量图。可以看出，10 月西北太平洋西侧的鄂霍次克海、日本本州岛以东、朝鲜海峡、黄海、东海、南沙群岛和吕宋岛以东海域风速较大，达到 7m/s；西北太平洋中东部分别以 40°N、168°E 和 50°N、165°E 为中心的海域风速较大，达 8m/s，其他海域风速均较低。黄海、东海、台湾岛以东和南海北部海域开始盛行东北风；西北太平洋北部风向基本上是以 36°N 为轴，呈顺时针分布，在 10°~30°N 海域以东风为主，而在 0°~8°N 海域附近，则以跨越赤道的东南风为主。

23.5.2　西北太平洋海域大风频率分析

利用海面风场融合产品分析了 2014 年西北太平洋海域的海面风速统计分布。从图 23.12

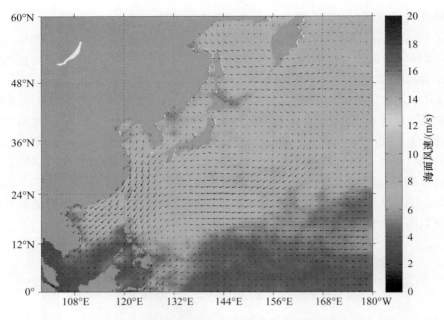

图 23.11　2014 年 10 月西北太平洋平均风矢量图

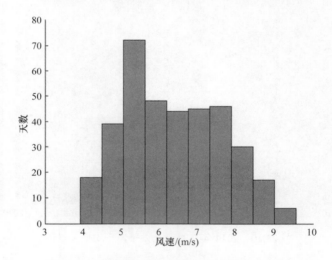

图 23.12　2014 年西北太平洋风速分布直方图

可知，西北太平洋海域平均风速主要集中在 5~8m/s，出现的天数大于 260 天，约占全年的 71%。

为了分析西北太平洋大风分布特征，利用海面风场融合产品统计分析了 2014 年西北太平洋海面风速大于 10m/s 的情形在冬、春、夏、秋四个季节中发生比例，即大风频率。具体计算公式如下所示：

$$\delta_{10} = \frac{\text{num}_{ij}^{10}}{\text{num}_{ij}^{\text{all}}} \tag{23.21}$$

式中，num_{ij}^{10} 为每个季节内 (i, j) 网格点上风速大于 10m/s 出现的天数；$\text{num}_{ij}^{\text{all}}$ 为该季

节内 (i, j) 网格点具有有效风速的天数。下面详细分析了 2014 年西北太平洋海域冬、春、夏、秋四个季节大风频率的空间分布。

图 23.13 是冬季西北太平洋大风频率分布图。可以看出，冬季西北太平洋大风频率最高。在 30°N 以北整个海域，除少数沿岸海域外，大风频率均大于 40%，在 38°N 一带达到 55% 以上；沿岸海域中，日本海、台湾海峡、吕宋海峡、南海北部和南沙群岛海域大风频率也较高，在 50% 以上，其他沿岸海域也在 25% 以上；赤道附近海域频率最低，为 0~10%。

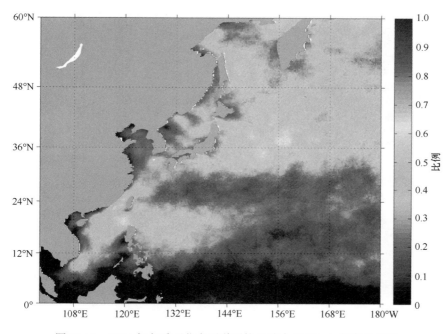

图 23.13 2014 年冬季西北太平洋平均风速大于 10m/s 频率分布图

图 23.14 是春季西北太平洋大风频率分布图。可以看出，春季西北太平洋海域大风频率分布东北高西南低；最大频率出现在以 45°N，175°E 为中心的海域，达到 45%；相比冬季，北部大风频率明显降低，范围缩小并向北移，35°N 以北大风频率为 20%~35%；赤道附近海域大风频率在 5% 以下；沿岸海域中，台湾海峡海域大风频率最大，达 35%，日本西南至台湾岛一带海域，大风频率约 15%，其他沿岸海域频率均在 10% 以下。

图 23.15 是夏季西北太平洋大风频率分布图。可以看出，夏季西北太平洋海面大风频率最低，只有少数几处海域在 20% 以上；南海海域附近频率最大，达到 30%；鄂霍次克海域、日本海、日本以东海域，以及赤道附近海域都在 5% 以下；其他海域约 15% 左右。

图 23.16 是秋季西北太平洋大风频率分布图。可以看出，秋季西北太平洋大风频率呈北高南低分布；较大的频率集中在以 40°N 为轴线的海域，大风频率在 40% 左右；赤道海域在 5% 以下；其他海域约 20% 左右。

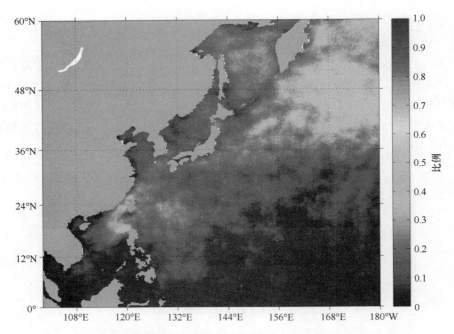

图 23.14 2014 年春季西北太平洋平均风速大于 10m/s 频率分布图

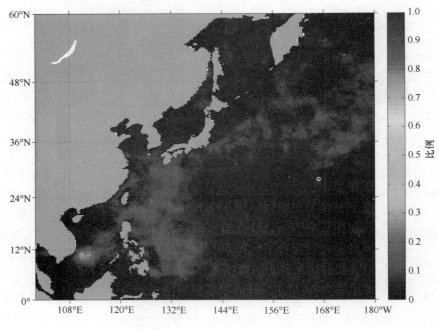

图 23.15 2014 年夏季西北太平洋平均风速大于 10m/s 频率图

综上所述，本节利用生成的海面风场融合产品分析了 2014 年西北太平洋海域海面风场的时空变化特征。通过分析西北太平洋海域海面风场的季节变化特征和大风频率分布特征可知：西北太平洋海面风场处于季风控制下，季节性变化明显，风系转换显著，冬季盛行偏北风，夏季盛行偏南风，春秋季是两种季风的转换时期；风力在冬季最强，春秋季次之，夏季最弱；赤道附近海域常年风速较小。

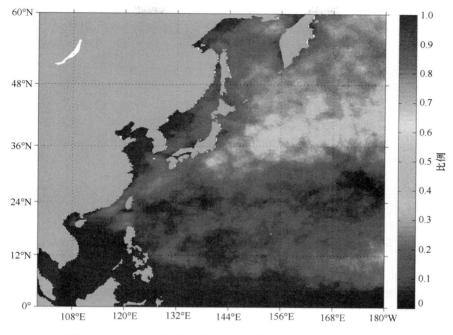

图 23.16　2014 年秋季西北太平洋平均风速大于 10m/s 频率图

23.6　小　　结

　　海面风场是重要的海洋动力参数,与多种海洋和大气过程息息相关。自 1978 年 NASA 发射第一颗海洋卫星 Seasat-A 以来,卫星遥感技术为海面风场提供了丰富的观测数据。但是不同遥感器获得的海面风场数据具有不同的时空分辨率、覆盖范围,以及测量精度,海面风场的长时间变化分析仍然十分困难,这在很大程度上限制了海面风场数据的应用,解决这一问题的有效尝试是通过多源遥感数据融合生成长时间序列、高时空分辨率、高精度、全球覆盖的海面风场融合产品。海面风场遥感产品生成算法主要包括逐步订正方法、最优插值方法,以及二维变分分析方法等。其中,最优插值方法由于计算量少,融合"性价比"高,在业务上得到广泛的应用。

　　本章基于 QuickSCAT、ASCAT-A/B、HY-2A 散射计和 SSM/I、SSMIS、TMI、AMSR-E、AMSR2、WindSat 辐射计等多源卫星遥感数据,利用最优插值融合方法,生成了 2000~2015 年的全球海洋海面风场融合产品,时间分辨率为 6 小时,空间分辨率为 0.25°×0.25°,并利用 NDBC、TAO、PIRATA 和 RAMA 等浮标数据对生成的海面风场融合产品进行了精度检验,发现融合产品风速和风向与浮标较为一致,风速均方根误差为 1.21m/s,风向均方根误差为 19.26°。最后,利用生成的 2014 年海面风场融合产品,对西北太平洋海域的海面风场时空分布以及大风发生频次等进行了分析,分析结果表明,西北太平洋海域的海面风场具有十分明显的季节性变化特点。通过开展融合产品在西北太平洋海域的示范应用,说明该数据集具有良好的适用性,将进一步为海洋和气候研究提供重要的数据支撑。

参 考 文 献

蔡玉林, 程晓, 孙国清. 2006. 星载雷达高度计的发展及应用现状. 遥感信息, (4): 74-78

姜祝辉, 黄思训, 刘刚, 等. 2011. 星载雷达高度计反演海面风速进展. 海洋通报, 30(5): 588-594

许可, 董晓龙, 张德海, 等. 2005. HY-2 雷达高度计和微波散射计. 遥感技术与应用, 20(1): 89-93

张毅, 蒋兴伟, 林明森, 等. 2010.合成孔径雷达海面风场反演研究进展. 遥感技术与应用, 25(3): 423-429

张毅, 蒋兴伟, 林明森, 张有广, 解学通. 2009. 星载微波散射计的研究现状及发展趋势. 遥感信息, 2009(6), 87-94

赵天保, 符淙斌, 柯宗建, 等. 2010. 全球大气再分析资料的研究现状与进展. 地球科学进展, 25(3): 241-254

Atlas R, Ardizzone J, Hoffman R N. 2008. Application of satellite surface wind data to ocean wind analysis. Proceedings of SPIE - International Society for Optics and Photonics, 85(1): 92-103

Atlas R, Hoffman R N, Ardizzone J, Leidner S M, Jusem J C, Smith D K, Gombos D. 2011. A cross-calibrated, multiplatform ocean surface wind velocity product for meteorological and oceanographic applications. Bulletin of the American Meteorological Society, 92(2), 157

Barker D M, Huang W, Guo Y R, et al. 2003. A three-dimensional variational(3DVAR)data assimilation system for use with MM5. NCAR Tech Note, 68

Barnes S L. 1964. A technique for maximizing details in numerical weather map analysis. Journal of Applied Meterology, 3(4): 396-409

Barnes S L. 1973. Mesoscale objective map analysis using weighted time-series observations.

Barth A, Azcárate A A, Joassin P, et al. 2008. Introduction to optimal interpolation and variational analysis. SESAME Summer School

Bentamy A, Quilfen Y, Gohin F, et al. 1996. Determination and validation of average wind fields from ERS-1 scatterometer measurements. Global Atmosphere & Ocean System, 4(1): 1229

Bourlès B, Lumpkin R, McPhaden M J, et al. 2008. The PIRATA Program. Bulletin of the American Meteorological Society, 89(8): 1111

Cressman G P. 1959. An operational objective analysis system. Monthly Weather Review, 87(10): 367-374

Draper D W, Newell D, Wentz F J, et al. 2015. The global precipitation measurement(GPM)microwave imager(GMI): Instrument overview and early on-orbit performance. IEEE Journal of Selected Topics in Applied Earth Observations & Remote Sensing, 8: 1-11

Ebuchi N. 2015. Evaluation of marine vector winds observed by rapidscat on the international space station using statistical distribution. Geoscience and Remote Sensing Symposium. IEEE.

Evans D, Conrad C L, Paul F M. 2003. Handbook of automated data quality control checks and procedures of the National Data Buoy Center. NOAA National Data Buoy Center Tech Doc, 03-02

Figa-Saldaña J, Wilson J J W, Attema E, et al. 2002. The advanced scatterometer(ASCAT)on the meteorological operational(Metop)platform: A follow on for European wind scatterometers. Canadian Journal of Remote Sensing, 28(3): 404-412

Francis C R, Graf G, Edwards P G, et al.1995. The ERS-2 spacecraft and its payload. ESA Bulletin, 1: 13-31

Freilich M H, Dunbar R S. 1993. A preliminary C-band scatterometer model function for the ERS-1 AMI instrument

Gaiser P W, St Germain K M, Twarog E M, et al.2004. The WindSat spaceborne polarimetric microwave radiometer: Sensor description and early orbit performance. IEEE Transactions on Geoscience and Remote Sensing, 42(11): 2347-2361

Gauthier P, Tanguay M, Laroche S, et al. 2007. Extension of 3DVAR to 4DVAR: Implementation of 4DVAR at the Meteorological Service of Canada. Monthly Weather Review, 135(6): 2339-2354

Gohil B S, Sikhakolli R, Gangwar R K. 2013. Development of geophysical model functions for Oceansat-2 scatterometer. IEEE Geoscience and Remote Sensing Letters, 10(2): 377-380

Hasager C B, Barthelmie R J, Christiansen M B, et al. 2006. Quantifying offshore wind resources from satellite wind maps: Study area the North Sea. Wind Energy, 9(1-2): 63-74

Hersbach H, Stoffelen A, Haan S D. 2007. An improved C-band scatterometer ocean geophysical model function: CMOD5. Journal of Geophysical Research: Oceans(1978–2012), 112(C3)

Hoffman R N, Leidner S M, Henderson J M, et al. 2003. A two-dimensional variational analysis method for NSCAT ambiguity removal: Methodology, sensitivity, and tuning. Journal of Atmospheric & Oceanic Technology, 20(20): 585-605

Hollinger J P, Peirce J L, Poe G A. 1990. SSM/I instrument evaluation. IEEE Transactions on Geoscience and Remote Sensing, 28(5): 781-790

Kako S, Isobe A, Kubota M. 2011. High-resolution ASCAT wind vector data set gridded by applying an optimum interpolation method to the global ocean. Journal of Geophysical Research Atmospheres, 116(D23): 2053-2056

Kako S, Kubota M. 2006. Relationship between an El Niño event and the interannual variability of significant wave heights in the North Pacific. Atmosphere-Ocean, 44(4): 377-395

Kalnay E, Kanamitsu M, Kistler R, et al. 1996. The NCEP/NCAR 40-year reanalysis project. Bulletin of the American Meteorological Society, 77(3): 437-471

Kinsman B. 1965. Wind waves: Their generation and propagation on the ocean surface. Courier Corporation

Kunkee D B, Poe G A, Boucher D J, et al. 2008. Design and evaluation of the first special sensor microwave imager/sounder. IEEE Transactions on Geoscience and Remote Sensing, 46(4): 863-883

Kuragano T, Shibata A.1997.Sea surface dynamic height of the Pacific Ocean derived from TOPEX/POSEIDON altimeter data: Calculation method and accuracy. Journal of Oceanography, 53: 585-600

Langland R A, Stephens P L, Pihos G G. 1980. SEASAT-A SASS wind processing

Large W G, Pond S. 1981. Open ocean momentum flux measurements in moderate to strong winds. Journal of physical oceanography, 11(3): 324-336

McPhaden M J, Busalacchi A J, Cheney R, et al. 1998. The tropical ocean‐global atmosphere observing system: A decade of progress. Journal of Geophysical Research: Oceans, 103(C7): 14169-14240

McPhaden M J, Meyers G, Ando K, et al. 2009. RAMA: The research moored array for African-Asian-Australian monsoon analysis and prediction. Bulletin of the American Meteorological Society, 90(4): 459

Meissner T, Wentz F J. 2012. The emissivity of the ocean surface between 6 and 90 GHz over a large range of wind speeds and earth incidence angles. IEEE Transactions on Geoscience and Remote Sensing, 50(8): 3004-3026

Munk W H. 1950. On the wind-driven ocean circulation. Journal of Meteorology, 7(2): 80-93

Simmons A, Uppala S, Dee D, et al. 2007. ERA-Interim: New ECMWF reanalysis products from 1989 onwards. ECMWF newsletter, 110(110): 25-35

Smith S D. 1980. Wind stress and heat flux over the ocean in gale force winds. Journal of Physical Oceanography, 10(5): 709-726

Spencer M W, Wu C, Long D G.2000. Improved resolution backscatter measurements with the SeaWinds pencil-beam scatterometer. IEEE Transactions on Geoscience and Remote Sensing, 38(1): 89-104

Tang W, Liu W T. 1996. Objective Interpolation of Scatterometer Winds. Jpl Pubfi

Vachon P W, Dobson F W. 2000. Wind retrieval from RADARSAT SAR images: Selection of a suitable C-band HH polarization wind retrieval model. Canadian Journal of Remote Sensing, 26(4): 306-313

Wentz F J, Freilich M H, Smith D K. 1998.NSCAT-2 geophysical model function. Proc. Fall AGU Meeting

Wentz F J, Meissner T, Smith D K. 2005. Assessment of the initial release of WindSat wind retrievals. RSS Technical Report 010605

Wentz F J, Smith D K. 1999. A model function for the ocean-normalized radar cross section at 14 GHz derived from NSCAT observations. Journal of Geophysical Research: Oceans, 104(C5): 11499- 11514

Wentz F J. 1997. A well-calibrated ocean algorithm for special sensor microwave/imager. Journal of Geophysical Research Atmospheres, 102(C4), 8703-8718

Yu L, Jin X. 2012. Buoy perspective of a high-resolution global ocean vector wind analysis constructed from passive radiometers and active scatterometers(1987-present). Journal of Geophysical Research Oceans, 117(C11): 143-156

Yu L, Jin X. 2014. Insights on the OAFlux ocean-surface vector wind analysis merged from scatterometers and passive microwave radiometers(1987-onward). Journal of Geophysical Research Oceans, 119(8): 5244-5269

第24章 海浪产品生成技术与应用

杨俊钢[1]，韩伟孝[1]，靳熙芳[1,2]，范陈清[1]，张杰[1]

海浪是发生在海洋中的一种波动现象，是海水的重要运动形式之一。海浪观测数据在海洋数值预报、海浪极值统计预报，以及海洋工程等方面有着广泛的应用。卫星高度计提供了长时间序列的有效波高遥感观测资料。对多源高度计有效波高数据进行融合，可以提高数据的时空分辨率。本章基于 T/P、Jason-1/2、ENVISAT RA2、Cryosat-2、HY-2A 高度计和 ENVISAT ASAR 海浪谱数据，利用反距离加权法生成了 2000~2015 年的全球海洋海浪遥感数据产品，时间分辨率为 1 天，空间分辨率为 $0.25°×0.25°$。并利用美国海洋和大气管理局（NOAA）国家数据浮标中心（NDBC）提供的现场实测浮标数据对全球海洋海浪遥感数据产品进行精度检验，结果显示海浪遥感数据产品 RMSE 小于 0.40m。最后，基于全球海浪遥感数据产品，开展了全球海洋海浪时空分布特征分析等示范应用。

24.1 引　　言

海浪作为海水运动的重要形式之一，分为风浪、涌浪和近岸浪 3 种。风浪是指由当地风产生且一直作用之下的海面波动；涌浪是指海面上由其他海区传来的或者当地风力迅速减小、风向改变后海面上遗留下的波动；近岸浪是指由外海的风浪或涌浪传到海岸附近，受地形作用而改变波动性质的海浪。通常情况下，海浪是指由风产生的海洋表面波动，描述海浪特征的主要参数之一是有效波高（significant wave height，SWH），它是海洋研究和海洋环境预报的重要参数。海浪观测对海浪生成物理过程的理解、海浪模型验证、海浪气候态调查等具有重要作用，其中海浪气候态调查已经对船舶运输和海洋工程产生了深远的影响（Basu，2003；Birol，2006；Chelton，1981）。

卫星雷达高度计是获取全球海洋海浪数据的主要途径，1978 年美国发射的 Seasat 搭载了卫星雷达高度计；1985 年美国海军发射的高度计卫星 Geosat 有效波高产品精度可达 0.1~0.2m，重复周期是 17 天（Cotton，1994）；1991 年和 1995 年 ESA 发射的载有雷达高度计的卫星 ERS-1/2 有效波高测量精度为 0.1m，重复周期为 35 天（Cotton，1994）；1992 年 NASA 和法国 CNES 联合发射的 TOPEX/Poseidon 卫星测波精度为 0.5m；2001 年和 2008 年美国和法国联合发射的 Jason-1/2 卫星测波精度也是 0.5m（Durrant，2009）；T/P、Jason-1、Jason-2 三颗卫星重复周期都是 10 天（Prasanna，1993；程永存，2008）；2002 年欧空局发射的 ENVISAT 卫星高度计测波精度为 0.25m，重复周期是 35

---

1. 国家海洋局第一海洋研究所；2. 国家海洋局北海预报中心

天（Durrant，2009；ESA，2003）；2010年欧空局成功发射了Cryosat-2卫星；2013年印度和欧盟联合发射了Saral卫星，是欧盟ENVISAT雷达高度计的后续卫星，其携带的AltiKa雷达高度计首次采用Ka波段（35.75 GHz）；2016年1月17日（美国当地时间）"Jason-3"发射成功；此外还有欧空局的哥白尼计划系列卫星，Sentinel-3A已于2016年2月16日发射，Sentinel-3B计划将于2017年发射。用户可以从AVISO网站和MyOcean数据门户获取这些产品。各个航天大国或国家机构除了发射卫星外，对现场观测也非常重视，美国NOAA的NDBC项目和NODC项目、加拿大的MEDS项目、英国的UKMET（United Kingdom meteorological）项目和美国的CDIP（coastal data information program）项目等计划并布置了大量锚系浮标，主要用于周边海域海洋包括海浪在内的海洋环境观测。

目前世界主要海洋研究机构已经利用公开或非公开的卫星雷达高度计数据和浮标数据生成了多种时空分辨率、长时间序列的全球海洋海浪数据集产品。国外海洋海浪卫星遥感数据产品主要有CNES的AVISO（http://www.aviso.altimetry.fr）、IFREMER的WAVE和ESA的GlobWave（http://globwave.ifremer.fr）等。CNES的AVISO海浪产品采用低阶等效系统滤波算法，空间范围为0°～359°E，90°S～89°N，时间范围为2009年9月14日～2015年5月13日，空间分辨率为1°×1°，时间分辨率为1天；欧空局的GlobWave项目提供了不同等级的海浪遥感数据和海浪浮标实测数据，包括Geosat、GFO、T/P、ERS-1/2、ENVISAT、Jason-1/2、Cryosat-2和SARAL/AltiKa卫星高度计海浪有效波高数据产品，ERS-1/2 SAR和ENVISAT ASAR海浪谱数据产品，高度计与高度计比对、高度计与浮标比对、SAR与浮标比对验证数据产品，数据时间从1985～2014年；IFREMER的高度计WAVE项目，数据产品时间范围为1991年8月1日～2013年4月8日，空间范围为–179°～179°E，–80°～80°N，时间分辨率为1天，空间分辨率为2°×2°。此外，还有ECMWF的ERA-Interim再分析系列全球产品，时间范围是从1979年至今，海浪产品有平均波向、平均波周期和有效波高，空间分辨率为0.75°×0.75°。上述产品的生成与检验方法较为成熟，已形成了稳定可靠的产品生成软件，相关数据产品已经大量应用于涉海业务。

综上，国外已有较为成熟的全球海洋海浪遥感数据产品，时间范围从1991年开始，时间分辨率最高为1天，空间分辨率最高为0.75°×0.75°，但目前全球海洋海浪遥感产品空间分辨率偏低。随着海浪遥感数据的丰富，有必要发展一种新的高分辨率全球海洋海浪遥感数据产品。

本章介绍基于多源卫星高度计的全球海洋空间分辨率为0.25°×0.25°的海浪遥感数据产品生成技术，并开展了数据产品示范应用。24.2节主要介绍海浪卫星遥感数据和海浪浮标观测数据情况；24.3节介绍海浪遥感数据产品生成算法；24.4节介绍全球海洋海浪遥感数据产品生成与检验；24.5节开展全球海浪遥感数据产品的应用。

24.2 海浪数据

24.2.1 海浪卫星遥感数据

卫星雷达高度计是获取全球海洋海浪信息的主要手段之一。自1969年著名大地测量学家 Kuala 提出卫星测高概念以来，以欧美为主的国家发射了多颗测高卫星。Skylab、Geos-3 和 Seasat 是美国最早开始卫星测高技术研究发射的 3 颗实验卫星，由于卫星设计原因或搭载仪器失败等运行周期较短，其数据精度较差，至今已基本不被所用。传统雷达测高卫星按发射机构或目的可分为 3 个系列：① 美国海军发射的 Geosat 卫星和其后续 GFO 卫星系列，Geosat 卫星是由美国海军发射的首颗成功运行并首次获得全球海洋观测数据，其数据至今仍被广泛使用；作为其后续卫星，GFO 只设计了重复运行周期轨道；②美国国家航天航空局和法国空间局联合发射的 T/P、Jason-1/2/3 卫星系列，该系列雷达测高卫星被公认具有最高的海面测高精度，而且获取了从 1992 年 8 月至今连续的观测数据集；③欧空局发射的 ERS-1/2、ENVISAT 和 Sentinel-3A 测高卫星系列，其中，ERS-1 卫星设计了 3 天、35 天和 168 天三个任务和运行周期，ERS-2 和 ENVISAT 是其 35 天重复周期任务的后续任务，使该系列观测数据得到延续，如今这一任务均已结束；作为该任务的延续，2016 年 2 月 16 日发射了 Sentinel-3A。此外，ESA 于 2010 年 4 月 8 日发射了 Cryosat-2 卫星，采用了最新的合成孔径干涉雷达高度计（SAR/interferometric radar altimeter，SIRAL），包括低分辨率、SAR 测量、SAR 干涉测量 3 种观测模式，可用于海浪有效波高观测；中国在 2011 年 8 月 16 日发射了首颗雷达测高卫星 HY-2A，搭载了双频雷达高度计，设计两年的 14 天重复轨道周期和一年的 168 天漂移轨道周期；CNES 与印度空间研究中心（Indian Space Research Organization，ISRO）于 2013 年 2 月 25 日联合发射了 Saral 卫星，其上搭载了轨道参数与 ERS 系列相同的 Ka（35.75Hz）波段雷达高度计。

目前在轨运行的高度计卫星有 Jason-2、Cryosat-2、HY-2A、Saral 及新发射的 Jason-3、Sentinel-3A，为保证海洋和极地的连续监测，国际上已规划了新的卫星，如 Jason-CS/Sentinel-6，中法星 CFOSAT，我国海洋系列的 HY-2B、HY-2C 等，以及 2020 年拟发射的采用 Ka 波段干涉雷达测高技术的 SWOT 卫星等。上述卫星及传感器基本信息见表 24.1。

表 24.1 海浪卫星遥感数据基本信息表

卫星雷达高度计	机构	运行时间	高度/km	倾角/(°)	覆盖范围	赤道间距/km	时空分辨率	数据时间段	数据量/G	精度/cm
Geosat	US/Navy	1985.03.13~1990.01	800	108	±72°	165/8	17/176 天/沿轨 7km	1985.03.31~1989.12.30	5.57	10~20
ERS-1	ESA	1991.07.17~2000.03	785	98.5	±82°	80/8	3/35/168 天/沿轨 7km	1991.08.01~1996.12.02	23.9	10
T/P	NASA/CNES	1992.08.10~2005.10	1336	66	±66°	315	10 天/沿轨 7km	1992.09.25~2005.09.24	73.5	3
ERS-2	ESA	1995.04.21~2011.07	785	98.5	±82°	80	35 天/沿轨 7km	1995.04.29~2010.09.13	48.8	10
GFO	US/Navy	1998.02.10~2008.10	800	108	±72°	165	17 天/沿轨 7km	2000.01.07~2008.09.17	25.8	3.5
Jason-1	NASA/CNES	2001.12.07~2013.06	1336	66	±66°	315	10 天/沿轨 7km	2002.01.15~2012.12.11	109	3.3
ENVISAT	ESA	2002.03.01~2012.05	800/780	98.5	±82°	80	35/30 天/沿轨 7km	2002.05.17~2012.04.08	390	4.5

续表

卫星雷达高度计	机构	运行时间	高度/km	倾角/(°)	覆盖范围	赤道间距/km	时空分辨率	数据时间段	数据量/G	精度/cm
Jason-2	NASA/CNES	2008.06.20~	1336	66	±66°	315	10天/沿轨7km	2008.07.04~2015.10.21	353	2.5
CryoSat-2	ESA	2010.04.08~	717	92.03	全球	7.5	369天/沿轨7km	2010.07.16~2015.12.28	104	—
HY-2A	NSOAS	2011.08.15~	971/973	99.3	±82°	207.6/17.3	14/168天/沿轨7km	2011.10.01~2015.11.14	85.6	4
Saral	ISRO/CNES	2013.02.25~	800	99.34	±82°	80	35/30天/沿轨7km	2013.11.18~2014.09.26	1.86	—
Jason-3	NASA/CNES	2016.01.17~	1336	66	±66°	315	10天/沿轨7km	—	—	—
Sentinel-3A	ESA	2016.02.16	814	98.6	±82°	51.6	27天/沿轨7km			

24.2.2 海浪浮标观测数据

锚系浮标是海浪现场观测的重要手段,目前公开可用的海浪浮标观测数据主要来源于美国国家数据浮标中心(NDBC)的锚系浮标。NDBC 浮标主要部署在阿留申群岛、阿拉斯加湾、夏威夷群岛、美国西海岸、墨西哥湾、加勒比海、美国东海岸等海域,主要观测气压、风向、风速、阵风、空气与海水温度、有效波高、主波周期、平均波周期和波传播方向等要素。

依据本章所采用的海浪卫星遥感数据观测时间范围,并考虑到卫星高度计数据在近岸 50km 区域内受陆地污染不可用等因素,选取了 NDBC 浮标中距离海岸大于 50km 的 57 个浮标,浮标位置如图 24.1 所示,浮标位置点坐标、水深及离岸距离见表 24.2。

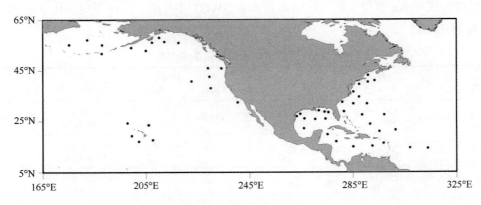

图 24.1 浮标站点位置

表 24.2 NDBC 浮标位置、水深、距离最近海岸信息表

浮标号	经度/°E	纬度/°N	水深/m	与海岸最近距离/km	起始时间	终止时间
41001	287.3694	34.561	4462.3	274.6874	1976.06.08	2013.05.09
41002	285.165	31.8617	4297	341.6584	1975.06.02	2014.12.31
41004	280.9006	32.5006	38.4	61.1087	1980.05.15	2014.12.31
41010	281.5361	28.9028	1873	181.2966	1988.11.11	2014.12.31

续表

浮标号	经度/°E	纬度/°N	水深/m	与海岸最近距离/km	起始时间	终止时间
41040	306.9758	14.5164	4900	707.8549	2005.05.30	2014.12.31
41041	313.9181	14.3286	3485	1000	2005.05.28	201412.31
41043	295.1456	21.0206	5292	257.2601	2007.04.11	2014.12.31
41044	301.375	21.575	4536	544.5225	2009.05.12	2014.12.31
41046	291.635	23.8883	5515	388.0468	2007.09.22	2014.12.31
41047	288.5167	27.5167	5315	479.2159	2007.09.21	2014.12.31
41048	290.435	31.8678	5340	443.4645	2007.09.18	2014.12.31
41049	297.055	27.5367	5376	554.8446	2009.05.14	2014.12.31
42001	270.3425	25.8878	3365	338.3477	1976.01.30	2014.12.31
42002	266.2419	26.0914	3125.1	339.071	1976.10.02	2014.12.31
42003	274.3517	26.0069	3291.8	313.781	1977.07.08	2014.12.31
42019	264.6472	27.9069	83.2	95.3843	1990.05.26	2014.12.31
42020	263.3058	26.9678	79.9	67.3386	1990.05.25	2014.12.31
42036	275.4833	28.5	50.6	130.8803	1994.01.02	2014.12.31
42039	273.9936	28.7394	274.3	120.6613	1995.12.13	2014.12.31
42040	271.7925	29.2125	164.6	74.8103	1995.12.05	2014.12.31
42055	265.9997	22.2028	3566	221.789	2007.01.01	2014.12.31
42056	275.1433	19.8017	4684	213.8501	2009.01.01	2014.12.31
42057	278.4994	17.0022	462.4	157.5804	2011.12.31	2014.12.31
42058	285.0822	14.9231	4161	297.7719	2009.01.01	2014.12.31
42059	292.4375	15.1789	4804.3	308.0228	2009.04.26	2014.11.30
42060	296.76	16.3317	1570	81.0342	2009.04.28	2014.12.31
44005	290.8722	43.2036	206	67.5184	2009.01.01	2014.12.31
44008	290.7519	40.5028	66.4	103.1054	2009.01.01	2013.03.26
44011	293.3814	41.0978	82.9	260.2783	2009.01.01	2013.01.08
44014	285.1581	36.6114	47.6	91.3323	2009.01.01	2014.12.31
44066	287.4003	39.5836	82.3	128.8825	2009.12.31	2014.12.31
46001	212.0797	56.3044	4206	289.9466	2009.12.31	2014.12.31
46002	229.5256	42.5892	3444	483.7528	2011.05.28	2014.12.31
46005	229	45.9583	2853	506.4325	2010.06.25	2014.12.31
46006	222.5358E	40.7544	4151.4	1000	2009.12.31	2013.02.07
46035	182.2622	57.0258	3658	442.5277	2009.12.31	2014.12.31
46047	240.4644	32.4031	1399	90.5054	2009.12.31	2014.12.31
46059	230.0311	38.0469	4627	542.7451	2009.12.31	2012.06.06
46066	204.953	52.785	4545	333.3054	2009.12.31	2014.12.31
46070	175.27	55.0833	3804	271.4631	2011.08.31	2014.12.31
46072	187.8381	51.6628	3292	70.0565	2009.12.31	2014.12.31
46073	187.9995	55.0314	3051.5	222.9233	2009.12.31	2014.12.31
46075	199.1942	53.9108	2487	112.3351	2010.03.16	2014.12.31
46078	207.36	55.9897	3404.6	96.647	2010.09.17	2014.11.14
46080	210.04	57.9392	259.1	111.8592	2009.12.31	2014.12.31

续表

浮标号	经度/°E	纬度/°N	水深/m	与海岸最近距离/km	起始时间	终止时间
46085	217.5081	55.8681	3736.3	421.4797	2009.12.31	2014.12.31
46089	234.1808	45.8933	2289	140.0979	2009.12.31	2014.12.31
51000	205.9444	23.5464	4096.5	365.9465	2009.12.31	2014.12.31
51002	202.1975	17.0556	5029.2	299.8825	2009.12.31	2013.01.14
51003	199.4306	19.2889	4919	262.8377	2009.12.31	2014.12.31
51004	207.605	17.6017	5230	330.4106	2011.03.05	2014.12.31
51100	206.1	23.5583	4754.9	376.1019	2009.12.31	2014.12.30
51101	197.7686	24.3186	4837.2	143.2136	2009.12.31	2014.12.31
41001	287.3694	34.5611	4462.3	274.6874	1976.06.08	2013.05.09

24.3 海浪遥感数据产品生成算法

基于多源卫星遥感数据的海浪融合产品生成方法主要有反距离加权法、克里金插值法和逐步订正法等数据融合方法（陈小燕，2009）。本节首先介绍多源卫星遥感数据质量控制和校正等预处理，然后介绍基于反距离加权法的多源卫星遥感数据有效波高融合产品生成算法，算法总体流程图如图24.2所示。

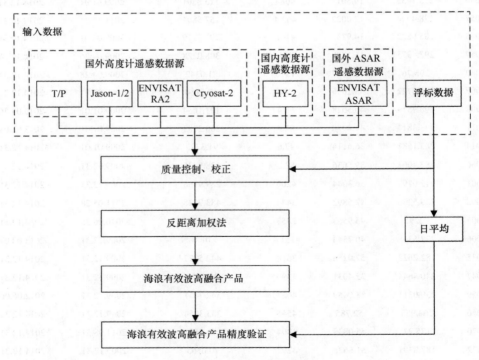

图24.2 算法总体流程图

24.3.1 海浪数据预处理

高度计数据预处理采用各高度计数据自带的数据编辑标准，进行高度计数据质量控制,剔除受到陆地影响、降水等原因造成的高度计异常数据,详细请参考各卫星数据用户使用手册中的数据编辑标准(CERSAT,1996;ESA,2003;AVISO,2008;国家卫星海洋应用中心,2011)。

ENVISAT ASAR 海浪谱数据预处理使用已有的海浪有效波高提取算法,从 ASAR 海浪谱数据中计算海浪有效波高数据。

针对不同卫星数据存在的观测误差,通过浮标和卫星观测数据时空匹配,并进行线性回归拟合对卫星遥感海浪有效波高数据进行校正,校正公式如下:

对 Jason-1:
$$y = 0.9771x - 0.0114 \tag{24.1}$$

对 Jason-2:
$$y = 0.9491x + 0.0535 \tag{24.2}$$

对 ENVISAT RA2:
$$y = 0.9716x + 0.0347 \tag{24.3}$$

对 ENVISAT ASAR:
$$y = 0.9843x + 0.1212 \tag{24.4}$$

对 Cryosat-2:
$$y = 0.9597x - 0.1078 \tag{24.5}$$

对 HY-2A:
$$y = 1.0056x + 0.1003 \tag{24.6}$$

其中,y 为校正后的有效波高数值;x 为校正前的有效波高数值。

24.3.2 海浪数据产品融合方法

针对多源卫星数据的时空不规则性,采用反距离加权法进行全球海洋海浪有效波高数据融合,时间窗口为 3 天,空间窗口为 1000km,反距离加权公式如下:

$$\text{SWH}_{i,j} = \frac{\sum_{s=1}^{n} \text{SWH}_s \times w_s}{\sum_{s=1}^{n} w_s} \tag{24.7}$$

式中,$\text{SWH}_{i,j}$ 为网格点 (i,j) 处的插值;n 为观测点个数;SWH_s 为第 s 个观测点;$w_s = \frac{1}{d_s}$ 为第 s 个观测点的权重,d_s 为第 s 个观测点到网格点距离。

24.4 全球海洋海浪遥感数据产品生成与检验

24.4.1 海浪遥感数据产品生成

基于 T/P、Jason-1/2、ENVISAT RA2、Cryosat-2 和 HY-2A 高度计和 ENVISAT ASAR 海浪谱遥感数据,同时为了分析我国 HY-2A 高度计数据对海浪有效波高融合产品的贡献，制定了四种数据源组合方案（表24.3），并利用反距离加权法分别生成了全球海洋海浪遥感数据产品，时间分辨率为1天，空间分辨率为 0.25°×0.25°，时间范围为2000～2015年。

图24.3～图24.6分别给出了四种数据源方案的2011年12月1日全球海洋海浪有效波高分布。

表24.3　海浪有效波高融合方案的组合

数据源方案	数据源	数据源类型
方案1	T/P，Jason-1，Jason-2，ENVISAT RA2，Cryosat-2	5种高度计
方案2	T/P，Jason-1，Jason-2，ENVISAT RA2，Cryosat-2，ENVISAT ASAR	5种高度计，1种ASAR
方案3	T/P，Jason-1，Jason-2，ENVISAT RA2，Cryosat-2，HY-2 RA	6种高度计
方案4	T/P，Jason-1，Jason-2，ENVISAT RA2，Cryosat-2，HY-2 RA，ENVISAT ASAR	6种高度计，1种ASAR

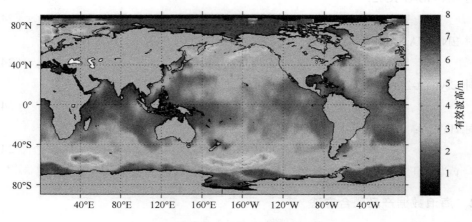

图24.3　方案1融合数据产品全球分布图

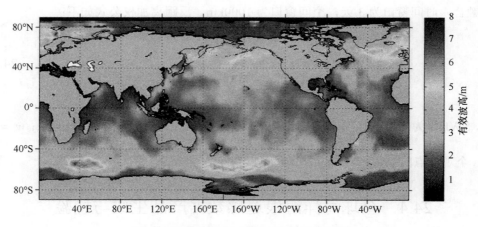

图24.4　方案2融合数据产品全球分布图

24.4.2　全球海洋海浪遥感数据产品精度检验

利用NDBC浮标数据对全球海浪有效波高融合数据产品进行精度检验。对每个浮标

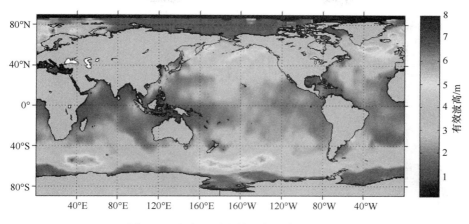

图 24.5　方案 3 融合数据产品全球分布图

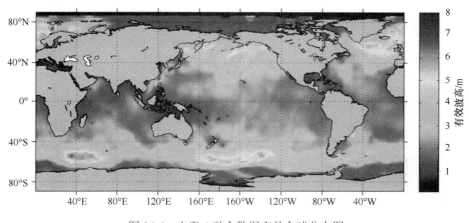

图 24.6　方案 4 融合数据产品全球分布图

站点数据进行日平均，将日平均浮标数据与距离浮标最近网格点处的海浪有效波高融合数据进行匹配，基于匹配数据进行全球海洋海浪有效波高数据精度检验。

根据检验数据匹配结果，选取均方根误差（RMSE）、偏差（BIAS）、散度（SI）和相关系数（R）等评价指标，分别对四种海浪有效波高融合数据产品进行精度评价，对比验证结果见图 24.7 所示。

根据各指标评价结果可以看到，四种方案 RMSE 都小于 0.40m。方案 1 和方案 2、方案 4 和方案 3 相比发现，ENVISAT ASAR 海浪谱有效波高数据对产品精度的提高贡献很小，这可能与 ENVISAT ASAR 海浪谱有效波高数据量较少有关。方案 3 和方案 1 相比，RMSE 从 0.40m 减小到 0.39m，说明加入国产 HY-2A 有效波高数据后融合产品精度有所提高，方案 4 和方案 2 相比得到同样结论。

进一步，按有效波高分级进行融合产品精度检验。根据匹配的浮标有效波高数据分为低（SWH≤0.5）、中（0.5＜SWH≤2.5）和高（SWH＞2.5）3 个等级，精度评价结果见表 24.4，其中，中等有效波高的精度验证结果见图 24.8。

· 627 ·

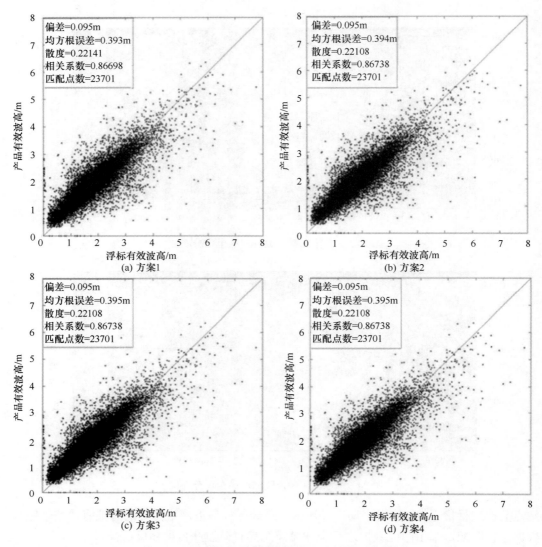

图 24.7 四种方案海洋海浪有效波高精度验证结果

表 24.4 四种方案融合数据产品分等级精度评价结果

方案	等级	BIAS/m	RMSE/m	SI	R	匹配点数	匹配点数占比/%
方案 1	低	0.44	0.65	1.83	−0.47	618	2.61
	中	0.09	0.37	0.20	0.85	22944	96.81
	高	−1.06	1.46	0.27	0.36	139	0.58
方案 2	低	0.44	0.64	1.83	−0.47	618	2.61
	中	0.09	0.369	0.20	0.85	22944	96.81
	高	−1.06	1.49	0.27	0.37	139	0.58
方案 3	低	0.45	0.65	1.85	−0.47	618	2.61
	中	0.06	0.36	0.19	0.86	22944	96.81
	高	−1.09	1.45	0.27	0.39	139	0.58
方案 4	低	0.45	0.65	1.85	−0.47	618	2.61
	中	0.06	0.36	0.19	0.86	22944	96.81
	高	−1.09	1.45	0.27	0.39	139	0.58

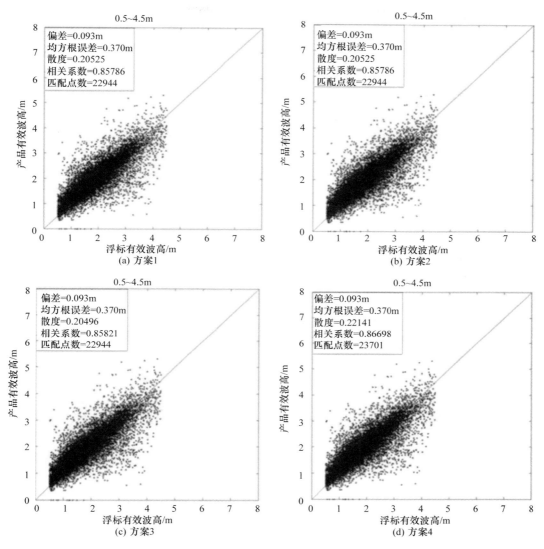

图 24.8 四种方案海洋海浪中等有效波高精度验证结果

由表 24.4 可以得到精度验证匹配数据中等有效波高数据占 96.81%，而低等级和高等级的有效波高数据分别占 2.61%和 0.58%，中等有效波高数据精度为 0.37m，而低等级和高等级的有效波高数据精度分别为 0.65m 和 1.45m，中等有效波高数据精度优于低等级和高等级有效波高数据精度。

24.5 全球海浪时空分布特征

基于 2014 年 3 月 1 日至 2015 年 2 月 28 日的方案 4 海浪融合数据产品，开展全球海洋海浪有效波高时空分布特征分析，将每天的海浪数据处理成季节平均数据，此处记 3~5 月为春季，6~8 月为夏季，9~11 月为秋季，12 月至次年 2 月为冬季。

图 24.9~24.12 为 2014 年全球海浪有效波高不同季节分布图。其中可见，海浪有

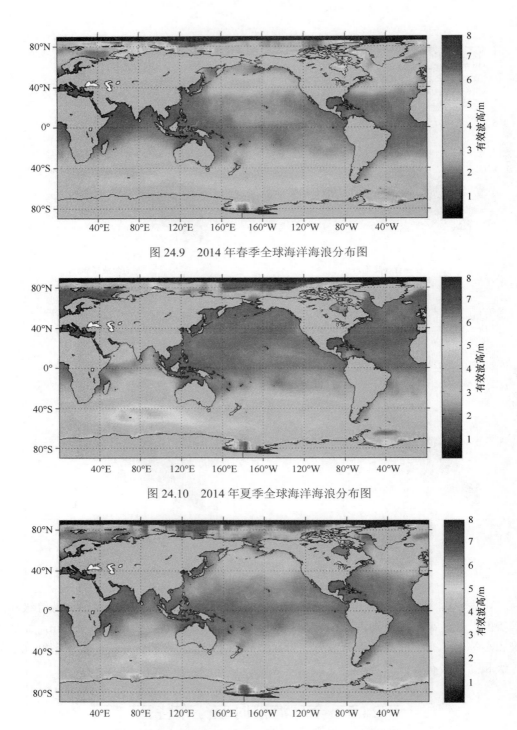

图 24.9　2014 年春季全球海洋海浪分布图

图 24.10　2014 年夏季全球海洋海浪分布图

图 24.11　2014 年秋季全球海洋海浪分布图（彩图附后）

效波高季节变化显著，春季北太平洋和北大西洋波高最大可达 3.5m，南大洋西风带有效波高最大可达 5.0m；夏季北半球海浪波高大部分海域在 2m 以下，南半球澳大利亚西部海域波高最大达到 5.5m；秋季北半球波高逐渐增高，北太平洋和北大西洋大部分海域波

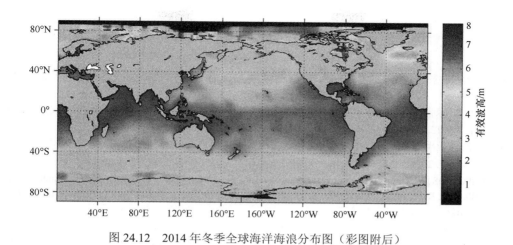

图 24.12　2014 年冬季全球海洋海浪分布图（彩图附后）

高为 3~3.5m，北大西洋波高最大达到 5.0m，南半球南大洋波高为 3.5~4.5m；冬季北半球波高逐渐变大，北太平洋波高达到 4.5m，北大西洋波高达到 5.5m，南半球南大洋波高在 4m 以下。

综上分析可以得出，全球海浪波高分布具有明显的季节变化特征，南北半球绝大部分海域为冬季大、夏季小，且北半球的季节变率整体比南半球大，但印度洋季风区的阿拉伯海海浪波高则为夏季大、冬季小，且此处的海浪波高季节变率为全球最大，上述研究结果与已有研究结论较为一致（Young，1994；庄晓宵，2014）。Young 利用 Geosat 卫星雷达高度计 SWH 数据对全球海浪 SWH 进行了统计分析，发现南大洋存在常年高海况，北大西洋存在季节性海况，且均出现在±50°的高纬地区；庄晓宵使用欧洲中期天气预报中心近 30 年的全球海浪场再分析资料，对全球海洋海浪有效波高、平均周期和平均波向等进行了统计分析，研究发现有效波高存在明显的季节变化，且北半球大洋比南半球大洋季节变化更为明显，印度季风区则例外。

24.6　小　　结

本章基于 T/P、Jason-1/2、ENVISAT RA 2、Cryosat-2 和 HY-2A 等卫星高度计有效波高数据，结合 ENVISAT ASAR 海浪谱数据，介绍了全球海浪有效波高遥感数据融合产品生成算法，制作了 2000~2015 年全球海洋海浪有效波高遥感数据融合产品，并利用现场实测浮标数据对遥感数据产品进行了精度检验，四种方案的数据产品 RMSE 都小于 0.40m。其中，ENVISAT ASAR 海浪谱数据的加入对产品精度的提高贡献很小，加入 HY-2 高度计有效波高数据后融合产品精度有所提高，海浪产品的 RMSE 从 0.40m 减小到 0.39m。最后，基于 2014 年全球海浪遥感数据产品，分析探讨了全球海浪季节变化特征和空间分布特征，发现夏季北半球海浪波高较低，南半球波高达到一年内的最大值，冬季则与夏季相反，春秋两季为过渡季节，大部分海域波高在 4m 以下。

参 考 文 献

陈小燕, 杨劲松, 黄韦艮, 等. 2009. 多源卫星高度计有效波高数据融合方法研究. 海洋学报, 31(4):51-57

程永存, 徐青, 刘玉光, 等. 2008. T/P, Jason-1 测量风速及 SWH 的验证与比较. 大地测量与地球动力学, 28(6): 117-122

国家卫星海洋应用中心. 2011. HY2A 卫星雷达高度计数据用户手册

庄晓宵, 林一骅. 2014. 全球海洋海浪要素季节变化研究. 大气科学, 38(2): 251-260

AVISO. 2008. OSTM/Jason-2 Product Handbook. SALP-MU-M-OP-15815-CN, Ed 1.2, November 2008.

Basu S, Bhatt V, Kumar Raj, et al. 2003. Assimilation of satellite altimeter data in a multilayer Indian Ocean circulation model. Indian J. Mar. Sci, 32: 181-193

Birol F, Roblou L, Lyard F, et al. 2006. Towards using satellite altimetry for the observation of coastal dynamics. In: Dansey D. Proceedings of Symposium on 15 Years of Progress in Radar altimetry, isbn: 92-9092-925-1, ESA

CERSAT. 1996. Altimeter & Microwave Radiometer ERS Products User Manual, C2-MUTA-01-IF, version 2.2, CERSAT, IFREMER, BP 70, 29280 Plouzané, France

Chelton D B, Hussey K J, Parke M E. 1981. Global Satellite measurements of water-vapor, wind-speed and wave height. Nature, 294(5841), 529-532

Cotton P D, Carter D J T. 9994. Cross calibration of TOPEX, ERS-1, and Geosat wave heights. Journal of Geophysical Research, 99(C12): 25025-25033

Durrant T H, Greenslade D J M, Simmonds I. 2009. Validation of Jason-1 and Envisat remotely sensed wave heights. Journal of Atmospheric and Oceanic Technology, 26(1): 123-134

Eigenheer A, Quadfasel D. 2000. Seasonal variability of the Bay of Bengal circulation interfered from satellite altimetry. Geophys Res, 105: 3243-3252

ESA. 2003. ENVISAT Altimetry Data Set Version 2.0 - Level 1B and Level 2 processing upgrades

Gower J F R. 1996. Intercalibration of wave and wind data from TOPEX/POSEIDON and boored buoys off the west coast of Canada. Journal of Geophysical Research, 101(C2): 3817-3829

Prasanna Kumar S, Snaith H, Challenor P, et al. 1993. Seasonal and inter- annual sea surface height variations of the northern Indian Ocean from the TOPEX/POSEIDON altimeter. Indian J Mar Sci, 23: 10-16

Young I R. 1994. Global ocean wave statistics obtained from satellite observations. Appl OceanRes, 16: 235-248

第 25 章 海流产品生成技术与应用

杨俊钢[1]，赵新华[1]，张杰[1]

海流是海水大规模相对稳定的流动，海流运动对于维持海洋中水文、化学要素稳定和海洋中的物质与能量输运发挥着重要的作用。卫星遥感观测是监测大尺度海流运动的重要手段。本章主要介绍了基于多源卫星测高数据的全球海洋流场（地转流）遥感数据产品生成技术，利用 T/P、Jason-1、Jason-2、ENVISAT RA 2 和 HY-2A 卫星高度计数据，生成了 2000~2015 年全球海洋时间分辨率为 7 天、空间分辨率为 $0.25°×0.25°$ 的流场数据产品，并与法国国家空间研究中心（CNES）的 AVISO 数据进行了比较。最后，基于全球海洋海流遥感数据产品，通过改进特征线法，开展了黑潮特征提取及变化特征分析等海流产品示范应用。

25.1 引　言

海流对海洋中多种物理过程、化学过程、生物过程和地质过程，以及海洋上空的气候和天气的形成及变化，都有影响和制约的作用。精确的海流观测能够提高人们对于海洋物质与能量输送、海洋中污染扩散规律等的认识，这对海上贸易和大洋渔业等海洋经济活动具有重要意义。海流运动还是引起海洋垂向混合的重要因素之一，在海洋生态系统和海洋生产力上扮演着重要角色。

全球海流的传统观测手段主要有锚定浮标、船载声学多普勒海流剖面仪（ADCP）和 Argo 漂流浮标等。Argo 漂流浮标观测由世界大洋环流实验-热带海洋全球大气（world ocean circulation experiment-tropical oceans global atmosphere，WOCE-TOGA）表层流计划（surface velocity program，SVP）实施，NOAA 大西洋海洋和气象实验室（Atlantic oceanographic and meteorological laboratory，AOML）负责收集处理 Argo 漂流浮标数据，得到月平均的浮漂轨迹及 $2°×2°$ 网格点平均的表层流矢量。TAO 热带海洋大气浮标观测阵列包括约 70 个锚定浮标，由热带海洋全球大气（TOGA）实施，通过 Argo 卫星系统将数据实时发送。此外，WOCE 提供了 ADCP 走航数据，现已有 2000 多航次数据可供下载。在上述传统手段的支持下，人类已开展了数十年的海流现场观测，然而传统的海流观测还无法覆盖全球范围。

由于传统的现场观测手段难以得到全球范围内的海流信息，随着卫星遥感技术的发展，利用遥感资料获取全球海洋流场逐渐受到了关注。按照产生海水运动的因

---

1. 国家海洋局第一海洋研究所

素，海流主要包括天体引潮力产生的潮流、地球转动引起的地转流、海面风拖曳效应引起的风生流（Ekman 流）和海水温盐变化引起的热盐流。卫星遥感可实现对全球海洋地转流和风生流的观测。通常海洋表层流被视为地转流和风生流的叠加。自 Lagerloef 等（1999）提出表层流可以分解为地转流和 Ekman 流并用卫星高度计和风应力估算了热带太平洋的表层流场之后，不断有国内外学者利用卫星资料对表层流进行估算，并应用实测数据进行比较验证。Bonjean 和 Lagerloef（2002）综合利用海表面高度（SSH）、海表面风速（SSW）和海表面温度（SST）数据对赤道地区的表层流场计算进行了改进，由此得到 OSCAR（ocean surface current analysis real-time）表层流场产品。Johnson 等（2007）利用热带太平洋和热带印度洋的实测数据对 OSCAR 产品进行检验，结果表明纬向表面流与浮标观测数据的相关系数为 0.7，而经向相关系数为 0.5。刘巍等（2012）利用高度计和 QuickSCAT 风场资料，反演了全球的 0.5°×0.5°的逐周全球海表层流产品。

25.2　海洋流场卫星遥感数据

卫星雷达高度计是获取全球海洋海流信息的主要手段之一，自 1969 年大地测量学家 Kuala 提出卫星测高概念以来，以欧美为主的国家发射了多颗测高卫星，包括雷达测高卫星、激光测高卫星和干涉雷达测高卫星。迄今为止，各个国家已发射多颗卫星用于探测海洋动力环境，美国国家航空航天局（NASA）和法国 CNES 联合发射的 T/P、Jason-1/2/3 系列测高卫星；欧空局（ESA）相继发射了 ERS-1/2、ENVISAT、Cryosat-2 和 Sentinel-3 等卫星。中国在 2011 年 8 月 15 日发射了首颗搭载了卫星高度计的海洋动力环境监测卫星 HY-2A。

基于多源卫星测高数据，利用地转平衡关系可以计算得到全球海洋地转流数据，利用卫星遥感获取的海面风场数据可以计算得到全球海洋风生流数据。现如今主流的全球海洋流场产品主要有 OSCAR、CTOH、SCUD 和 AVISO 数据。OSCAR 表层流场数据由美国 NOAA 发布，空间分辨率为 1/3°×1/3°，时间分辨率为 5 天，时间范围为 1992 年至今。该数据利用海面高度、海面风场和海面温度等遥感数据分别计算地转流和 Ekman 流，利用 Bonjean 和 Lagerloef（2002）的双参数法计算得到表层流产品。CTOH（the Centre de Topographie des Océans et de l'Hydrosphère）由法国 LEGOS 提供，采用的方法和 OSCAR 一致，该数据的空间分辨率为 0.25°×0.25°。SCUD（surface currents from diagnostic model）表层流场数据由亚洲太平洋研究中心/国际太平洋研究中心（Asia Pacific Data Research Center/International Pacific Research Center，APDRC/IPRC）提供，空间分辨率为 0.25°×0.25°，时间分辨率为 1 天，时间范围为 1999~2009 年，该数据是基于 AVISO 的海面高度异常（sea level anomaly，SLA）数据、平均动力地形数据、QuickSCAT 风场数据和 NOAA 的漂流浮标数据处理得到的。法国卫星海洋资料数据中心 AVISO 提供了全球海洋地转流（absolute geostrophic velocities，AGV）产品数据，该产品据融合了 TOPEX/Poseidon、Jason-1/2、ERS-1/2、ENVISAT 等卫星高度计资料，时间范围为 1992 年 10 月至今，空间分辨率为 0.25°×0.25°，时间间隔为 1 天。

25.3 海流遥感数据产品生成算法

地转流是海洋表层流的主要组成部分，可真实反映出海洋实际环流的状态。相对于地转流，风生流受海面风变化影响明显，可看作是地转流的扰动。为此，本章介绍的全球海洋海流遥感产品生成技术是针对地转流流场的。本节介绍利用多源卫星高度计测高数据生成全球海洋地转流流场遥感数据产品的技术方法与流程。基于多源卫星测高数据的全球海洋地转流流场遥感数据产品生成包括多源高度计数据预处理、不同卫星高度计数据统一、海面高度异常（SLA）网格化和地转流计算共四部分，全球海洋流场产品生成技术流程如图 25.1 所示。

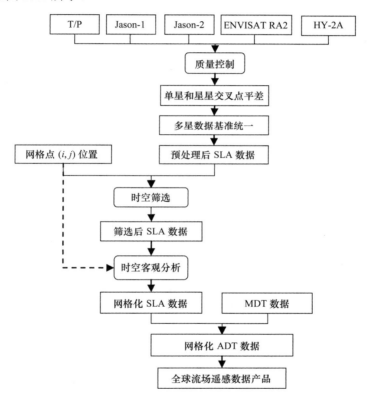

图 25.1 全球海洋流场数据产品生成技术流程图

25.3.1 高度计数据预处理

卫星高度计数据预处理是为了去除原始数据中存在观测误差或错误的数据。通常依据各卫星高度计数据自带的数据编辑标准，进行高度计数据质量控制，剔除不准确的数据。高度计海面高度数据的观测质量主要受两个因素的影响：第一是陆地和海冰对观测结果的影响；第二是降水对观测结果的污染。

25.3.2 卫星高度计数据统一与交叉点平差

由于不同卫星高度计的仪器工作参数、测高误差校正方法、参考椭球和参考框架各异，造成不同高度计数据存在不一致，因此多源卫星高度计数据联合使用时需进行数据统一。首先采用卫星高度计单星和星星交叉点平差，削弱径向轨道误差；在此基础上，开展不同卫星高度计的参考椭球和参考框架的统一（Hwang 等，2002）。

不同测高卫星采用的参考椭球不尽相同，研究表明参考椭球的参数及定位定向的差异导致测高观测值的差距达到 70cm 左右（金涛勇等，2008），因此联合使用不同测高卫星的数据时，首先要将不同的参考椭球转换到同一参考椭球。本章使用的不同卫星高度计参考椭球信息见表 25.1。

表 25.1　不同测高卫星参考椭球参数表

卫星	参考椭球长半轴/km	参考椭球扁率（1/f）
T/P	6378.1363	298.257
Jason-1	6378.1363	298.257
Jason-2	6378.1363	298.257
ENVISAT RA 2	6378.137	298.257222101
HY-2A 高度计	6378.1363	298.257

以 Jason-1 测高数据使用的参考椭球为基准，由参考椭球不同而引起的海面高度差异可表示为

$$\mathrm{d}h = -w\mathrm{d}a + \frac{a}{w}(1-f)\sin^2\varphi \mathrm{d}f \tag{25.1}$$

$$w = \sqrt{1-e^2\sin^2\varphi} \tag{25.2}$$

式中，a、f、e 分别为基准参考椭球的长半轴、扁率和第一偏心率；φ 为纬度；$\mathrm{d}a$、$\mathrm{d}f$ 分别对应参考椭球的长半轴改正量和扁率改正量；$\mathrm{d}h$ 为参考椭球统一引起的海面高度变化量。利用式（25.1）分别计算不同高度计测高数据因参考椭球不一致而引起的海面高度改正量，改正后即得与参考基准统一的测高值。

参考椭球统一之后，不同测高卫星的海面高之间仍旧存在系统性差异，这是由于参考框架不一致、各项改正项所用模型差异，以及残余的海洋时变等因素引起的，这种系统性的误差通常采用一个四参数模型表示（姜卫平，2000；金涛勇等，2008）：

$$H_{\mathrm{obj}} = H_{\mathrm{original}} + \Delta x \cos\varphi\cos\lambda + \Delta z\sin\varphi + B \tag{25.3}$$

式中，H_{obj} 为基准参考框架的海面高；H_{original} 为待转换的其他卫星参考框架的海面高；λ、φ 为对应点的经纬度，参考框架转换待求的四个参数为原点的三个偏移量 Δx、Δy、Δz 和整体偏移量 B。

以 Jason-1 测高数据采用的参考框架作为统一基准，将不同卫星的测高数据之间的互交叉点作为公共观测点，利用最小二乘法计算出参考框架转换的四个参数。利用计算出的转换参数，将其他卫星高度计测高数据统一至基准参考框架。

在完成不同卫星高度计测高数据的统一之后，为了进一步消除卫星观测的径向轨道误差等影响，需开展卫星高度计单星交叉点平差和不同卫星高度计之间的星星交叉点平差，其中星星交叉点平差是指其他卫星高度计与 Jason-1 高度计之间的星星交叉点平差。卫星绕地球运行形成的地面轨迹分为上升和下降两种弧段，其中由南向北穿越赤道的称为上升弧段，由北向南穿越赤道的是下降弧段，它们之间的交点称为交叉点。理论上交叉点处升

降轨的海表面高度不符值应当接近为零,但是经各项改正及海面时变影响削弱后的测高卫星数据的交叉点不符值依旧达到数个甚至数十个厘米的量级,这表明测高值中仍旧包含一些系统偏差项,包括径向轨道误差、海面时变残差、各改正项改正后残余偏差,以及传感器的系统误差等,其中径向轨道误差是主要误差项,而交叉点平差是削弱径向轨道误差最为有效的方法之一。交叉点平差主要有两个步骤:一是确定出上升弧段与下降弧段的交点位置,包括确定概略位置和精确位置两步;二是平差工作,包括确定交叉点不符值和平差解算两步。需要注意的是,上升弧段和下降弧段形成的交叉点处正好有观测点的情况很少,因此需要进行内插分别得到升降轨交叉点处的海面高,进而求得交叉点不符值。

采用卫星轨道多项式拟合的方法来确定卫星轨道交叉点,本章采用纬度与经度之间的二次多项式来拟合弧段。针对不同的测高卫星数据,采用二次多项式分别拟合两条升降弧段,解算出拟合系数,组成拟合方程组(25.4):

$$\begin{cases} \varphi_i = A_a \lambda_i^2 + B_a \lambda_i + C_a \\ \varphi_i = A_d \lambda_i^2 + B_d \lambda_i + C_d \end{cases} \quad (25.4)$$

式中,φ 和 λ 分别为纬度和经度;A、B、C 为弧段拟合系数;下标 i 为弧段上各观测点序号;下标 a 和 d 分别为该拟合弧段是上升和下降弧段。联立方程组,就可求出交叉点的概略位置。在确定出交叉点的概略位置 $P(\varphi, \lambda)$ 后,取概略位置 P 的纬度 φ 作为参考标准,在上升弧段和下降弧段上分别选取与交叉点概略纬度相邻的两个点 P_{a1}、P_{a2}、P_{d1} 和 P_{d2}。线段 $P_{a1}P_{a2}$ 通常与线段 $P_{d1}P_{d2}$ 相交,交点即为交叉点的精确位置。

在确定交叉点位置后,下一步需计算交叉点不符值和平差解算。要确定交叉点的不符值,需知道交叉点处上升弧段和下降弧段上分别对应的海面高度,由于交叉点处通常没有观测值,因此需内插得到交叉点处的海面高度。设升轨和降轨弧段上交叉点处左右两侧相邻观测点的海面高观测值分别为 h_{LA}、h_{RA} 和 h_{LD}、h_{RD},上升和下降弧段上的交叉点海面高观测值分别为 h_A 和 h_D,则计算公式如下:

$$\begin{cases} h_A = h_{LA} + \dfrac{\varphi_Z - \varphi_{LA}}{\varphi_{RA} - \varphi_{LA}}(h_{RA} - h_{LA}) \\ h_D = h_{LD} + \dfrac{\varphi_Z - \varphi_{LD}}{\varphi_{RD} - \varphi_{LD}}(h_{RD} - h_{LD}) \end{cases} \quad (25.5)$$

进而得到交叉点处的海面高观测值的不符值为 $\Delta h_Z = h_A - h_D$。在确定出交叉点不符值后,选取一次多项式模型作为径向轨道误差模型,交叉点不符值看作是由径向轨道误差引起的,建立交叉点不符值与径向轨道误差之间的关系,采用最小二乘法通过解算求得海面高度观测值改正量,最终实现对高度计海面高度观测值的修正(张胜军,2012)。

25.3.3　海面高度异常网格化

通过上述高度计数据预处理、多源卫星高度计数据统一和交叉点平差,得到处理后的多源卫星高度计沿轨海面高度观测数据,进一步结合平均海平面模型计算得到多源卫星高度计沿轨海面高度异常数据。针对高度计沿轨观测数据的时空不规则性,采用时空客观分析法进行高度计海面高度异常数据网格化处理(Ducet et al.,2000)。设 $h(\bar{x})$ 是需估计的网格点位置 $\bar{x}$ 处的海面高度异常,$H_{\text{obs}}^i(\bar{x})$ ($i=1, 2, \cdots, N$) 为高度计轨道位置

$\vec{x}_i$ 处的海面高度异常观测值。基于 N 个海面高度异常观测值，利用 Gauss-Markov 理论的最小二乘最优线性估计，则有

$$h(\vec{x}) = \sum_{j=1}^{N} C_{xj}\left(\sum_{i=1}^{N} A_{ij}^{-1} H_{\text{obs}}^{i}\right) \tag{25.6}$$

式中，A 为海面高度异常观测值自身的协方差矩阵；C 为面高度异常观测值与估计值之间的协方差矩阵。海面高度异常观测值 H_{obs}^{i} 可看作真实值 H^{i} 与观测误差 ε_i 之和，即

$$H_{\text{obs}}^{i} = H^{i} + \varepsilon_i \tag{25.7}$$

协方差矩阵 A 和 C 分别为

$$A_{ij} = \left\langle H_{\text{obs}}^{i} + H_{\text{obs}}^{j} \right\rangle = F\left(\vec{x}_i - \vec{x}_j\right) + \left\langle \varepsilon_i \varepsilon_j \right\rangle \tag{25.8}$$

$$C_{xj} = \left\langle h(\vec{x}) H_{\text{obs}}^{i} \right\rangle = \left\langle h(\vec{x}) H^{i} \right\rangle \tag{25.9}$$

关联误差协方差为

$$e^2 = C_{xx} - \sum_{i=1}^{n}\sum_{j=1}^{n} C_{xi} C_{xj} A_j^{-1} \tag{25.10}$$

将高度计测量误差看作相关噪声，对于给定一个周期，只考虑沿轨的测量误差相关性。通过调整误差方差 $\left\langle \varepsilon_i + \varepsilon_j \right\rangle$ 消除长波误差来实现，具体为

$$\left\langle \varepsilon_i + \varepsilon_j \right\rangle = \begin{cases} \delta_{ij} b^2, & i \neq j \\ \delta_{ij} b^2 + E_{\text{LW}}, & i = j \end{cases} \tag{25.11}$$

式中，b^2 为测量白噪声的方差；E_{LW} 为长波误差的方差，一般取高度计信号方差的百分比。高度计海面高度异常数据时空客观分析时采用的时空相关函数为

$$F(r,t) = \left[1 + ar + \frac{(ar)^2}{6} - \frac{(ar)^3}{6}\right]\exp(-ar)\exp(-t^2/T^2) \tag{25.12}$$

式中，r 为距离；t 为时间；$L=3.34/a$ 为空间相关半径（空间尺度），一般取为 150km；T 为时间相关半径（时间尺度），一般取为 20 天。利用上述方法基于多源卫星测高数据计算得到全球海面高度异常网格数据。

25.3.4 地转流计算

在计算得到全球海洋海面高度异常网格数据后，结合全球海洋平均动力地形模型，根据地转平衡关系可计算得到全球海洋地转流网格数据。海面高度异常（SLA）、平均动力地形（MDT）和绝对动力地形（ADT）的关系为 ADT=SLA+MDT，利用 SLA 网格数据和 MDT 数据即可计算得到 ADT，平均动力地形采用 MDT_CNES-CLS09 模型，该模型数据范围为 89.875°S～89.875°N、0°～360°E，网格分辨率为 0.25°×0.25°。最后，根据上述计算得到的 ADT 数据，利用地转平衡关系计算得到地转流流速数据，在赤道区域之外，采用 f 平面近似计算地转流，其计算公式为

$$\begin{cases} u_f = -\dfrac{g}{f}\dfrac{\partial h}{\partial y} \\ v_f = \dfrac{g}{f}\dfrac{\partial h}{\partial x} \end{cases} \tag{25.13}$$

式中，u、v 分别为地转流的东分量和北分量；科氏参数 $f=2\omega\sin\varphi$，ω 是地球自转角速度，φ 为纬度；g 为重力加速度；h 为绝对动力地形。

由于在赤道附近地转平衡关系失效，在低纬度（3°S~3°N）地区内利用 β 平面和 f 平面相结合的算法，其中采用 β 平面近似计算地转流的计算公式为

$$\begin{cases} u_\beta = -\dfrac{g}{\beta}\dfrac{\partial^2 h}{\partial y^2} \\ v_\beta = \dfrac{g}{\beta}\dfrac{\partial^2 h}{\partial x \partial y} \end{cases} \quad (25.14)$$

在低纬度地区，将两种不同近似计算的地转流通过加权平均结合在一起：

$$U_g = W_f \times U_f + W_\beta \times U_\beta \quad (25.15)$$

式中，W_f 和 W_β 为权重系数，由下列公式来确定：

$$W_\beta = C \times \exp[-(\theta/\theta_s)^2] \quad (25.16)$$

$$W_f = 1 - \exp[-(\theta/\theta_s)^2] \quad (25.17)$$

式中，θ_s 是纬向尺度，$\theta_s=2.2°$；θ 为纬度；C 为权重因子，取 $C=0.7$ 以符合赤道地区的测流计观测的实际速度。

利用上述方法，基于多源卫星高度计数据即可生成全球海洋流场遥感数据产品。

25.4 全球海洋流场遥感数据产品生成与检验

基于上一节介绍的全球海洋流场数据产品生成算法，利用 Jason-1/2、ENVISAT RA 2 和 HY-2A 高度计数据，本章生成了 2000~2015 年全球海洋时间分辨率为 7 天、空间分辨率为 0.25°×0.25°的流场遥感数据产品。图 25.2 为海洋流场数据产品示例，可以明显看出较强的西边界流（黑潮和湾流）和位于 50°S 贯穿东西的南极贯穿流。

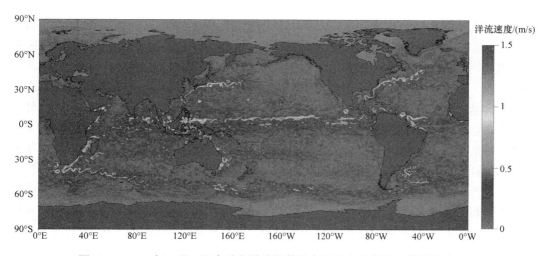

图 25.2　2010 年 1 月 1 日全球海洋流场数据产品分布示意图（彩图附后）

采用法国CNES的AVISO数据对本章得到的全球海洋流场数据产品进行精度检验。首先将海洋流场产品数据进行筛选，去除距离近岸小于50km的数据和异常数据，然后与同一时刻的AVISO地转流场数据进行比对，比较结果如图25.3所示，可以看出本章得到的流场数据与国外同类产品较为一致。差别较大的数据主要分布在赤道附近区域，因地转平衡关系在该区域失效，本章结果与AVISO的差异可能是因采用的数据处理方法不同而造成的。

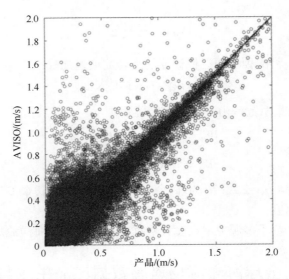

图25.3　2010年1月1日数据产品与AVISO产品比较散点图

25.5　基于全球海流数据产品的黑潮变异特征研究

黑潮是北太平洋西部陆架边缘向北流动的一支著名的强西边界海流。黑潮起源于菲律宾以东海域，沿吕宋海峡东侧北上，流经台湾东部海域后进入东海，然后沿东海大陆架边缘与大陆坡毗连区域流向东北。黑潮主干在钓鱼岛附近有一分支指向西北称为台湾暖流，至奄美大岛以西沿九州西岸北上的黑潮分支称为对马暖流。黑潮主流经吐噶喇海峡流出东海，沿日本以南海域流向东北；大约在35°N、141°E附近海域，离开日本海岸向东流去，最后在165°E左右的海域向东逐渐散开汇入北太平洋流（马超，2006）。黑潮具有高盐、高温、流量大、流速强、厚度大、流幅窄等特征。黑潮从低纬向中高纬度地区输送巨大的热量，对所流经地区的海洋环境和气候产生重要的影响。因此，对黑潮变化特征的研究具有深远意义。国内外众多学者都对黑潮开展了研究。20世纪90年代之前，黑潮的探测和研究主要是依赖于科考船和浮标获取的观测数据。通过"中日黑潮调查研究"（1986～1992年）和"中-日副热带环流调查研究"（1996～1999年）两个国际合作项目的实施，我国海洋学家在黑潮的年际和年代际变化以及和中尺度涡的相互作用研究方面取得了一系列的成果。对于大尺度海流，现场观测资料在空间和时间上有着较大的局限性，随着卫星遥感技术的发展，特别是卫星高度计资料逐渐应用于海洋动力研究，将卫星资料、调查船与浮标等观测资料与海洋环流模式相结合来研究黑潮成为可能（邱云和胡建宇，2005；于龙等，2014）。黑潮主轴和边界的确定是其研究中的热点和难点问题。目前确定黑潮主轴主要有两种方法：一种是利用卫星高度计绝对动力地形等值线确定黑潮主轴；另一种是利用黑潮流域内海流流速极大值来确定黑潮主轴。其中基于流速极值判断是黑潮主轴确定的主要方法，Ambe 等（2004）提出了按照黑潮平均流向的法向进行搜索确定黑潮主轴的特征线法，赵新华等（2016）针对黑潮周边涡旋影响黑潮主轴探测的问题改进了该方法。

本章基于生成的 2000~2012 年全球海洋流场遥感数据产品，并结合 1992~1999 年的 AVISO 全球海洋地转流数据，开展黑潮变异特征研究（赵新华，2016）。采用改进的特征线方法提取黑潮主轴与边界位置，得到 1992~2012 年逐月的黑潮主轴和边界位置，并得到黑潮沿轴速度、宽度、表层水体输运和路径标准差等特征量的时间变化序列。图 25.4 为 2002 年黑潮主轴和边界逐月提取结果，其中以 130°E 和 144°E 两个截面将黑潮分为东海、日本以南和黑潮延伸区三个子区域。

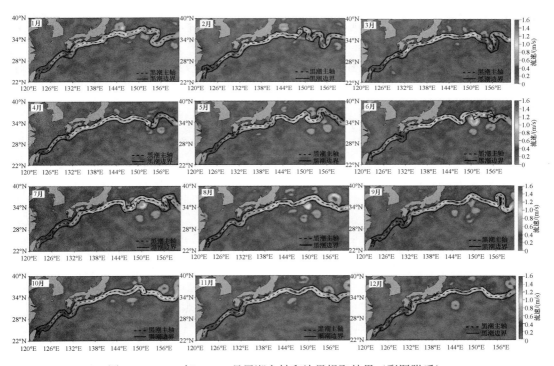

图 25.4　2002 年 1~12 月黑潮主轴和边界提取结果（彩图附后）

从图 25.4 中可以看出，基于全球海洋海流数据产品能准确地提取出整个黑潮流域内黑潮主轴和边界的位置。黑潮在台湾东北部向右作顺时针偏转，在经过台湾东北海域调整后，在东海区域沿 200m 等深线附近的陆架坡折向东北流动。在接近九州西南海域开始逐渐向东偏转而离开坡折区，并斜跨冲绳海槽进入吐噶喇海峡。在冲出吐噶喇海峡后，在屋久岛和种子岛东南发生逆时针偏转，进入九州岛以西沿岸海域，沿着日本海岸线北上，跨越伊豆海峡后远离岸线，进入黑潮延伸区。总体来说，在黑潮东海区域和日本以南区域黑潮位置随时间变化较为稳定，而在黑潮延伸区附近黑潮流路变化较为剧烈。

基于上述 20 年的黑潮主轴和边界提取结果，引入了黑潮沿轴速度、宽度、表层水体输运和路径标准差等特征量描述黑潮。四个特征量定义如下：

（1）黑潮沿轴速度，定义为主轴各点处速度的平均值。

（2）黑潮主流宽度，定义为沿流速度分量大于主轴处速度30%的区域平均宽度。

（3）表层水体输运（S），定义为黑潮主流区域内流速的叠加，计算公式如下：

$$S = \sum_{i=1}^{n} v_i \times \Delta r \qquad (25.18)$$

式中，n为主轴提取过程中落入主轴断面上主流的数据点个数；v_i为第i个数据点的沿流速度；Δr为数据点的距离间隔50km。

（4）路径标准差（SD），表示偏移黑潮20年平均主轴位置的程度，计算公式如下：

$$\mathrm{SD} = \sqrt{\frac{\sum_{1}^{n}(x_i - \bar{x})^2 + (y_i - \bar{y})^2}{n}} \qquad (25.19)$$

式中，x_i，y_i分别为第i个主轴点的经纬度。标准差越大表示黑潮主轴位置相对于其多年平均的偏离程度越大。

基于上述20年黑潮主轴和边界提取结果，得到1992～2012年黑潮的月平均沿轴速度、主流宽度、表层水体输运和路径标准差平均值的时间序列，结果如图25.5所示。

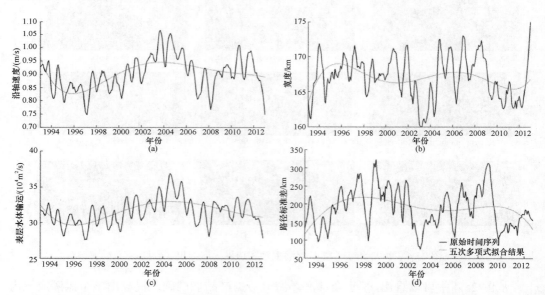

图25.5 黑潮平均沿轴速度（a）、主流宽度（b）、表层水体输运（c）和路径标准差（d）的年际变化

对上述黑潮特征量进行五次多项式拟合后，结果表明整个黑潮区域的沿轴速度和表层水体输运变化较为一致，从1992年开始减小，到1996年为最小值，此后开始不断增长，在2004～2005年达到最大值，此后又开始减小。而黑潮宽度在1996年和2005年左右达到极大值，在1992年、2002年和2011年达到极小值。黑潮路径标准差从1992年开始增加，在1996年达到最大值，随后变化趋势较为平缓，在2011年后又开始迅速减小。

进一步将整个黑潮流域分为东海、日本以南和黑潮延伸区三个子区域，对其 20 年间月平均黑潮特征量的变化进行研究，结果如图 25.6 所示。

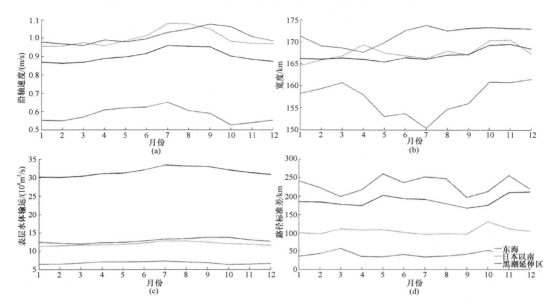

图 25.6　黑潮 20 年月平均沿轴速度（a）、主流宽度（b）、表层水体输运
（c）和路径标准差（d）的变化

从图 25.6 中可以看出，黑潮整体的沿轴速度在夏秋季（7~9 月）较大，最大值可达 0.95 m/s；而在冬季（12 月至次年 2 月）较小，这与已有学者采用 Argos 浮标分别对中国台湾东北 SS、东海中央 PN、日本九州与奄美诸岛 TT 三个断面的观测结果基本一致。从各子区域来看，日本以南区域和黑潮延伸区的沿轴速度明显大于黑潮东海区域。黑潮东海区域沿轴速度在 6 月、7 月达到最大，而日本以南区域沿轴速度在 7 月、8 月达到最大，黑潮延伸区沿轴速度在 9 月、10 月达到最大；各区域最小值点出现的位置也是如此。结果表明沿黑潮流路，越往黑潮下游，黑潮沿轴速度越大，同时黑潮速度极大（小）值在一年中出现的月份越晚。

黑潮整体主流宽度在 10 月、11 月达到最大值。从各子区域来分析，越往黑潮下游，黑潮的主流宽度越大。其中东海黑潮部分主流宽度在夏季最小，冬季最大，这与 Liu 等（2012）的结果较为一致。

黑潮整体表层水体输运在夏季较大，在冬季最小。这与黑潮夏强冬弱的已有认识是相符合的。沿黑潮流路，越往黑潮下游，黑潮表层水体输运量越大，同时黑潮表层水体输运量最大值出现的时间越晚。

25.6　小　　结

本章介绍了基于多源卫星高度计测高数据生成全球海洋流场遥感数据产品的技术方法，并利用 T/P、Jason-1、Jason-2、ENVISAT RA 2 和 HY-2A 卫星高度计数据，生成了 2000~2015 年全球海洋流场遥感数据产品,其时间分辨率为 7 天、空间分辨率为 0.25°×0.25°,通过与法国 CNES 的 AVISO 地转流场产品进行比对,检验了数据产品的精度。

基于本章生成的全球海洋流场遥感数据产品,并结合 AVISO 历史数据,开展了黑潮的变异特征分析研究。提取了整个黑潮流区的主轴和边界位置,分析了黑潮沿轴速度、主流宽度、表层水体输运,以及路径标准差等特征量。

参 考 文 献

姜卫平. 2000. 卫星测高技术在大地测量学中的应用. 武汉大学博士学位论文

金涛勇,李建成,邢乐林,等. 2008. 多源卫星测高数据基准的统一研究. 大地测量与地球动力学, 28(3):92-95

刘巍,张韧,王辉赞,等. 2012. 基于卫星遥感资料的海洋表层流场反演与估算. 地球物理学进展, 27(5):1989-1994

马超. 2006. 黑潮变化及其对台湾海峡流动的影响. 中国海洋大学硕士学位论文

邱云,胡建宇. 2005. 利用卫星高度计资料分析热带大西洋表层环流的季节性变化. 海洋通报, 24(4): 8-16

于龙,熊学军,郭延良,等. 2014. 根据漂流浮标资料对黑潮 15m 层流路及流轴特征的分析. 海洋科学进展, 32(3): 316-323

张胜军. 2012. 基于多星测高数据的中国近海及邻域平均海平面模型建立及应用研究. 中国石油大学(华东)硕士学位论文

赵新华. 2016. 基于卫星测高数据的全球海洋流场产品研究与黑潮监测应用. 国家海洋局第一海洋研究所硕士学位论文

赵新华,杨俊钢,崔伟. 2016. 基于 20a 卫星高度计数据的黑潮变异特征分析. 海洋科学, 40(1): 132-137

Ambe D, Imawaki S, Uchida H, et al. 2004. Estimating the Kuroshio Axis South of Japan using combination of satellite altimetry and drifting buoys. Journal of Oceanography, 60(2): 375-382

Bonjean F, Lagerloef G S E. 2002. Diagnostic model and analysis of the surface currents in the tropical Pacific Ocean. Journal of Physical Oceanography, 32(10): 2938-2954

Ducet N, Le Traon P Y, Reverdin G, et al. 2000. Global high-resolution mapping of ocean circulation from TOPEX/Poseidon and ERS-1 and -2. Journal of Geophysical Research: Oceans, 105(C8): 19477-19498

Hwang C, Hsu H Y, Jiang R J, et al. 2002. Global mean sea surface and marine gravity anomaly from multi-satellite altimetry: Applications of deflection-geoid and inverse Vening Meinesz formulae. Journal of Geodesy, 76(8): 407-418

Johnson E S, Bonjean F, Lagerloef G S E, et al. 2007. Validation and error analysis of OSCAR sea surface currents. Journal of Atmospheric and Oceanic Technology, 24(4): 688-701

Lagerloef G S E, Mitchum G T, Lukas R B, et al. 1999. Tropical Pacific near-surface currents estimated from altimeter, wind and drifter data. J Geophys Res, 104(C10):22313-23326

Liu Z, Gan J. 2012. A preliminary analysis of variation of the Kuroshio axis during tropical cyclone. Journal of Tropical Oceanography, 31(1):35-41

第 26 章 SST 产品生成技术与应用

王进[1,2],包萌[1],赵怀松[2],孙伟富[1],杨俊钢[1],张杰[1]

海面温度（sea surface temperature，SST）是海洋研究的基本参数之一，其直接影响着大气和海洋间的热量、动量和水汽交换，是描述全球表面能量收支平衡的关键因素（孙广轮等，2013）。微波辐射计和红外辐射计是 SST 遥感观测的主要手段。本章利用微波辐射计和红外辐射计多源遥感 SST 数据，基于数据融合方法，进行全球海洋 SST 融合数据产品生产及其应用。本章介绍了可以进行 SST 观测的典型的微波辐射计和红外辐射计；对几种数据融合算法进行了综述；并基于最优插值方法，利用 WindSat、AMSR-E、AMSR2、HY-2 RM、MODIS（Terra/Aqua）、AVHRR 等微波/红外辐射计 SST 遥感数据，制作了 0.1°分辨率的日均 SST 多源遥感融合产品，并基于 TAO、RAMA、PIRATA、Argo 等浮标数据进行了精度检验；最后开展了 SST 数据产品的应用示范，分析了西北太平洋海域锋面的时空分布和演变特征。

26.1 引　　言

目前 SST 的卫星遥感观测手段主要包括以 WindSat、AMSR-E 为代表的微波辐射计和以 MODIS、AVHRR 为代表的红外辐射计两类。典型的星载微波辐射计每天可覆盖全球 90%的海域；同时由于微波具有一定的云雾穿透能力，微波辐射计可实现近全天候的 SST 观测；但是微波辐射计天线足印大，数据的空间分辨率也较低；在近海及海冰边缘线附近，微波辐射计观测受到陆地及海冰微波辐射的影响，数据质量较差。红外辐射计 SST 测量数据的空间分辨率高，可达百米量级；但红外波段观测受云雾等气候条件影响大，无法实现全天候观测。目前国外有若干不同研究机构如 NOAA、Met Office、JPL（Jet Propulsion Laboratory）、JMA（Japan Meteorological Agency）、RSS（Remote Sensing System）等制作了各自的 SST 融合数据产品，主要包括：OI SST、OSTIA SST、NAVOCEANO K10 Analysis、JMA merged SST、RSS MW/MW-IR OI SST 等。这些 SST 数据产品的空间分辨率一般为 0.05°~0.25°，时间分辨率一般为一天；普遍采用最优插值方法融合了各红外、微波辐射计的 SST 产品，如 TMI、ASMR-E、WindSat、AVHRR、MODIS 等，还有部分产品融合了 Argo、TAO 等浮标实测数据。目前可用于 SST 数据融合的算法主要包括：逐步订正法、客观分析法、小波变换法、克里金插值法，以及最优插值算法（奚萌，2011）。在以上各融合方法中，最优插值算法是 RSS IR/MW SST 产品、Reynolds SST Analysis、OSTIA（operational sea surface temperature and sea ice analysis）

---

1. 国家海洋局第一海洋研究所；2 青岛大学

system 各业务化运行 SST 数据产品中普遍使用的融合算法。

26.2 节介绍了能够进行 SST 遥感观测的星载微波辐射计和红外辐射计；26.3 节介绍了几种用于 SST 产品生产的数据融合方法；26.4 节介绍了国际上典型的 SST 遥感数据产品；26.5 节介绍了一种基于最优插值方法的 SST 产品生成和精度检验的情况；26.6 节介绍了利用 SST 产品进行西北太平洋锋面探测的相关结果；26.7 节对本章进行了总结。

26.2 星载辐射计 SST 遥感数据

星载微波辐射计和红外辐射计是 SST 遥感观测的主要技术手段，为 SST 融合数据产品提供了全球覆盖的 SST 观测数据，本节介绍 TMI、WindSat、ASMR-E、AMSR2、GMI、HY-2 RM、MODIS、AVHRR 等几种典型的微波/红外辐射计的 SST 遥感数据产品。

26.2.1 TMI

TMI 是热带降水测量计划（tropical rainfall measuring mission，TRMM）卫星搭载的微波成像仪（TRMM microwave imager），于 1997 年 11 月 27 日发射，2015 年 4 月由于轨道维持的原因而停止工作。由于 TRMM 卫星的主要任务是热带降水观测，因此其轨道与常规极轨卫星不同，观测区域为 40°N～40°S，无法覆盖全球海域（Wang et al., 2011）。遥感系统 RSS 提供了 TMI SST 每日产品，其空间分辨率为 25km，数据格式为二进制。数据中除了 SST 外，还包含了 TMI 观测的水汽含量、云液水、风速和雨率等其他要素，并提供了相应的质量标记位。TMI SST 样例数据如图 26.1 所示。

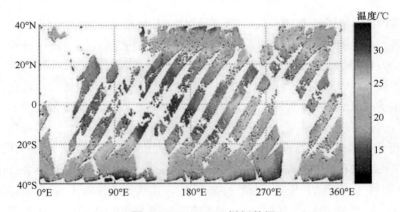

图 26.1 TMI SST 样例数据

26.2.2 WindSat

WindSat 为美国海军实验室（Naval Research Laboratory，NRL）研制的世界上第一个星载的全极化微波辐射计。WindSat 搭载于 Coriolis 卫星平台，于 2003 年 1 月发射入轨，至今仍正常在轨工作（Meissner et al., 2006）。与双极化微波辐射计不同，WindSat 的 10.7GHz、18.7GHz 和 37GHz 为全极化频段，主要目的在于验证全极化微波辐射计监测海面风场的能力。除了进行风场观测外，WindSat 还搭载了 6.9GHz 和 10.7GHz 通道，同样具备 SST 观测能力。RSS 提供了 WindSat SST 每日产品，其产品的空间分辨率为 25km，数据格式为二进制。数据中除了 SST 外，还包含了 WindSat 观测的其他要素，并提供了相应的质量标记位，WindSat SST 样例数据如图 26.2 所示。

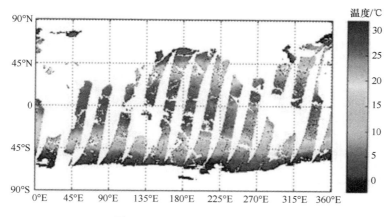

图 26.2　WindSat SST 样例数据

26.2.3　AMSR-E

微波辐射计 AMSR-E（advanced microwave scanning radiometer for earth observing system）为日本研制的高级微波扫描辐射计，搭载在 EOS-PM（Aqua）卫星上，于 2002 年 5 月入轨后，在轨运行近 10 年时间，于 2011 年 10 月因天线问题而停止运转（Høyer，2012）。AMSR-E 工作频率覆盖 6.9~89GHz，其数据产品包括 SST、海冰密集度、风速、水汽、云液水、雨率、地表积雪深度和土壤湿度等。RSS 提供了 ASMR-E SST 每日产品，数据格式为二进制，AMSR-E SST 样例数据如图 26.3 所示。

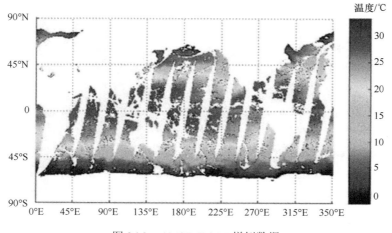

图 26.3　AMSR-E SST 样例数据

26.2.4　AMSR2

AMSR2 是 ASMR-E 的后继星，其搭载于日本宇航局 JAXA 的全球环境变化观测卫星 GCOM-W1（global change observation mission-water 1）上，于 2012 年 5 月发射，至今在轨正常工作（Zabolotskikh et al.，2014）。ASMR2 搭载了 6.9GHz、7.3GHz 和 10.65GHz

等低频通道，可用于 SST 观测。RSS 提供了 ASMR2 SST 每日数据产品，格式与上述微波辐射计相同，此处不再赘述，AMSR2 SST 样例数据如图 26.4 所示。

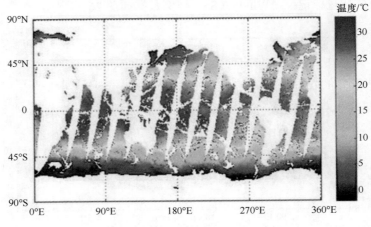

图 26.4　AMSR2 ST 样例数据

26.2.5　GMI

GMI（GPM microwave imager）是全球降水测量计划（global precipitation measurement，GPM）卫星搭载的微波成像仪，于 2014 年 2 月发射入轨，至今在轨正常运行（Newell et al.，2007）。GMI 的定标精度高于其他微波辐射计，有利于获得高质量 SST 观测数据。GMI 的扫描刈幅为 931km，可观测包括 10.65GHz 在内的 13 个通道的亮温数据，进而进行 SST 反演。RSS 提供了 GMI 数据产品，空间分辨率为 0.25°，时间覆盖 2014 年 3 月至今，GMI SST 样例数据如图 26.5 所示。

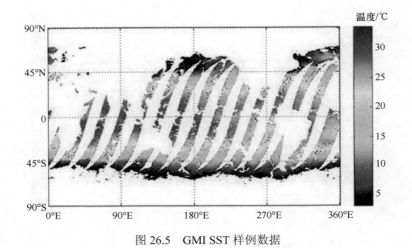

图 26.5　GMI SST 样例数据

26.2.6　HY-2 RM

海洋 2 号卫星（HY-2）是我国第一颗海洋动力环境卫星，该卫星搭载了包括雷达高度计、微波散射计、扫描微波辐射计、校正微波辐射计等多种主、被动微波传感器，可实现对全球海洋风场、有效波高、海面高度、海面温度等多种海洋动力环境参数的全天候、全天时测量（蒋兴伟等，2013）。微波辐射计 RM 作为 HY-2 卫星的主要载荷之一，其 SST 数据产品是 HY-2 卫星数据产品序列的重要组成部分。HY-2 卫星于 2011 年 8 月发射入轨，至今正常在轨工作。国家卫星海洋应用中心（National Satellite Ocean Application Service，NSOAS）提供的数据为 L2 级沿轨数据，格式为 HDF，包含了 HY-2 微波辐射计各种观测要素。HY-2 RM 的 SST 样例数据如图 26.6 所示。

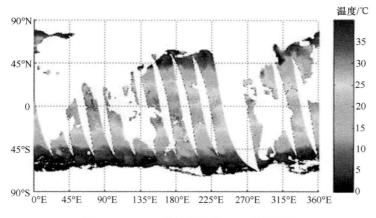

图 26.6　HY-2 微波辐射计 SST 样例数据

26.2.7　MODIS

中等分辨率成像光谱仪 MODIS 是搭载于 Terra 卫星和 Aqua 卫星的红外辐射计，MODIS/Terra 于 1999 年 12 月入轨，MODIS/Aqua 于 2002 年 3 月入轨，目前两星皆在轨正常运行（Hosoda et al., 2011）。MODIS 有 36 个观测波段，波段范围 0.4（可见光~）14.4μm（热红外）。美国国家航空航天局（http://oceancolor.gsfc.nasa.gov）制作的 4km 空间分辨率的 MODIS 每日 SST 产品，数据格式为 HDF，其中包含全球网格点的 SST 数据和相应的质量标记位。MODIS 质量标记 0 代表正常数据；1 代表可疑的数据；2 代表有云的数据；255 代表受到陆地等因素影响的数据。MODIS SST 样例数据如图 26.7 所示。

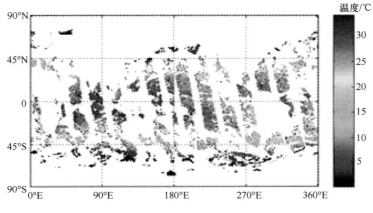

图 26.7　MODIS SST 样例数据

26.2.8 AVHRR

先进甚高分辨率辐射计 AVHRR 是搭载于 NOAA 系列气象卫星和 MetOp-A 卫星上的红外辐射计,其空间分辨率可达 1km(Shaw et al.,2000)。NOAA 系列的 AVHRR 首星 NOAA-6 于 1979 年 6 月发射入轨,目前在轨的是其后继星 NOAA-15、NOAA-18、NOAA-19。NOAA 下属的国家海洋数据中心 NODC(National Oceanographic Data Center)制作了 4km 空间分辨率 AVHRR Pathfinder 每日 SST 产品,数据格式为 NetCDF,数据网格与 MODIS 相同,包含全球网格点的 SST 数据和两个数据质量标记位 pathfinder_quality_level 和 quality_flag。pathfinder_quality_level 为 Pathfinder 制作产品时设置的质量标记位,数值范围为 0~7,7 质量最好,0 质量最差;quality_flag 为 SST 测量质量标记,数值范围 1~5,5 最好,0 最差。AVHRR 的 SST 样例数据如图 26.8 所示。

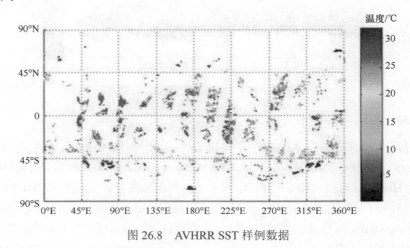

图 26.8 AVHRR SST 样例数据

26.3 SST 数据融合方法

基于一定数据融合方法的多源遥感 SST 数据融合,是全球海洋 SST 数据产品生产的核心环节,常见的数据融合方法有最优插值法、逐步订正法、客观分析法、小波变换法、克里金插值法等。本节对其中几种主要方法进行简介。

26.3.1 最优插值法

最优插值算法是在对背景场、观测值和分析场均为无偏估计的前提下,求解分析方差最小化的一种方法(Reynolds,2007)。根据最优插值算法,SST 分析场网格点 k 上的 SST 融合值 A_k 的计算公式如下:

$$A_k = B_k + \sum_{i=1}^{N}(O_i - B_i)W_{ki} \qquad (26.1)$$

式中,B_k 和 B_i 为 ECMWF 提供的 SST 背景场(初猜值)数据;O_i 为红外、微波辐射计的 SST 观测值;$O_i - B_i$ 为辐射计观测值与背景场数值的差值,即观测值增量;W_{ki} 为相应的最小平方权重因子, 由最小化分析场海面温度方差和得到, 当某格点附近没有辐射计观测数据时, 则权重为 0, 直接填充背景场数据; N 为分析场网格 k 附近的观测点数目。由最小二乘原理, 对权重因子有

$$\sum_{i=1}^{N} M_{ij} W_{ki} = \langle \pi_j \pi_k \rangle \tag{26.2}$$

式中, $M_{ij} = \langle \pi_i \pi_j \rangle + \varepsilon_i^2 \delta_{ij}$; $\langle \pi_i \pi_j \rangle$ 为背景场相关误差的期望值; ε_i 为点 i 处观测值标准差与背景场标准差的比值, 取 0.5。另

$$\delta_{ij} = \begin{cases} 1 & i = j \\ 0 & i \neq j \end{cases} \tag{26.3}$$

背景场相关误差的期望值可表示为

$$\langle \pi_i \pi_j \rangle = \exp\left[\frac{-(x_i - x_j)^2}{\lambda_x^2} + \frac{-(y_i - y_j)^2}{\lambda_y^2}\right] \tag{26.4}$$

式中, x, y 分别为网格数据的经向和纬向距离; λ_x 和 λ_y 分别为 SST 数据的经向和纬向相关尺度, 解线性方程组 [式 (26.2)] 即可获得网格点 k 的各权重因子。

26.3.2 逐步订正法

逐步订正法首先给定 SST 的初始场 (再分析数据或者前一天的 SST 场), 其后利用辐射计观测数据进行逐步修正, 其迭代修正公式为

$$T_i^{m+1} = T_i^m + \sum_{i=1}^{N} w_k (T_k - T_k^m) \bigg/ \sum_{i=1}^{N} w_k \tag{26.5}$$

式中, T 为海表温度; T_i 为网格点 i 的海表温度值; m 和 $m+1$ 为迭代次数; N 为观测次数; T_k 为辐射计观测值; T_k^m 为 m 次迭代值插值到观测点 k 上的海表温度值; w_k 为权重 (郑金武等, 2008)。

26.3.3 客观分析法

根据 Gauss-Markoff 理论, 客观分析法利用海表温度相关函数, 确定在一定时空相关尺度下的各个海表温度观测值的权重, 使得插值误差最小, 并利用时空窗口内的观测数据给出插值网络上的估计值。由客观分析法, 在点 (x, y) 处, 时刻 t 的海表温度 T 的线性最小平均平方估计值为

$$T(x, y, t) = CA^{-1} \Phi \tag{26.6}$$

式中, $T(x, y, t)$ 为某时空坐标 (x, y, t) 下的海表温度估计值; C 为海表温度估计值与卫星海表温度数据的互相关矩阵; A^{-1} 为卫星观测数据的自相关求逆矩阵; Φ 为海表温度的观测矩阵。互相关矩阵 C 可表示为

$$C(r) = (1 - r^2) \exp(-r^2/2)$$

$$r^2 = \left(\frac{\Delta \text{lat}}{L}\right)^2 + \left(\frac{\Delta \text{lon}}{L}\right)^2 + \left(\frac{\Delta t}{T}\right)^2 \tag{26.7}$$

式中，L 为空间相关尺度参数；T 为时间相关尺度参数；Δlat 为海表温度观测值与估计值的纬向距离；Δlon 为海表温度观测值与估计值的经向距离；Δt 为海表温度观测值与估计值的时间间隔（Carter et al.，1987）。

26.4　SST 遥感数据产品

由 26.2 节讨论可知，单颗卫星搭载的微波辐射计和红外辐射计数据均不能实现每天对全球海域的覆盖。微波辐射计观测虽然可以穿透云雾，但受到轨道设置的限制，相邻两条扫描带之间存在一些空白区域，每天的覆盖率约 90%；红外辐射计受云层影响，每天的覆盖率更是仅约有 10%。因此有若干研究机构利用 SST 遥感数据结合现场数据制作了多种 SST 融合数据产品，本节将介绍几种主要的 SST 数据产品。

26.4.1　NOAA OI SST 产品

NOAA 的 OI SST 融合产品是目前时间序列最长的 SST 产品，其数据从 1981 年 9 月开始至今（Reynolds et al.，1994）。OI SST 产品的空间分辨率为 0.25°，时间分辨率为每天。使用的数据来自 AVHRR SST 观测数据，没有使用微波辐射计数据（Reynolds et al.，2007）。同时，NOAA 还利用 AVHRR 和 AMSR-E 数据制作了 AVHRR_AMSR_OI 数据，其时空分辨率与上述只使用 AVHRR 数据的产品相同，但时间序列较短，从 2002 年 6 月开始，至 2011 年 10 月 AMSR-E 停止工作而截止。

26.4.2　OSTIA SST 产品

英国 Met Office 生成的 OSTIA（operational SST & sea ice analysis）SST NRT 产品，时间覆盖 2006 年 4 月至今。OSTIA NRT 产品的空间分辨率为 0.05°，时间分辨率为每天，其融合了 AATST/ENVISAT、AVHRR/NOAA、AVHRR/MetOp、AMSR-E/Aqua、TMI/TRMM 和 SEVIRI/MSG（Stark et al.，2007；Stark et al.，2010）。同时，Met Office 还制作了 OSTIA_RAN 再分析产品，其时空分辨率与 OSTIA NRT 产品相同，但时间序列较短，产品覆盖为 1985~2007 年，其采用的数据源与 OSTIA NRT 产品不同，只融合了 AVHRR Pathfinder 和 AATSR 的 SST 产品。

26.4.3　NAVOCEANO K10 产品

NASA 制作的 NAVOCEANO K10 Analysis SST 产品，时间覆盖 2008 年 4 月至今，融合了 AVHRR、GOES 和 ASMR-E 数据，空间分辨率为 0.1°（http://podaac.jpl.nasa.gov/dataset）。

26.4.4　JMA merged SST 产品

日本气象厅 JMA 制作了两种 SST 融合产品：①NRT 近实时产品，其空间分辨率为 0.25°，产品覆盖 1985 年至今，融合了 AMSR-E 和 AVHRR 数据；②再分析产品，其分辨率、时空覆盖范围与 NRT 产品相同（Kurihara et al.，2006）。

26.4.5 RSS OI SST 产品

遥感系统制作的两种 OI SST 产品：①只使用了微波辐射计的 MW OI 产品，其空间分辨率 0.25°，时间覆盖 1998 年至今；2002 年前的产品只能覆盖 40°N～40°S 之间的区域，2002 年后的产品可以覆盖全球海域，该产品融合了 TMI、AMSR-E、AMSR2 和 WindSat 数据；②融合了红外辐射计和微波辐射计的 MW-IR OI 产品，空间分辨率为 9km，时间覆盖 2002 年 6 月至今，融合了 MODIS（Aqua/Terra）、AMSR-E、AMSR2 和 TMI 数据。

26.5 全球海洋 SST 产品生成与检验

26.5.1 SST 数据产品生成

本节主要介绍一种基于最优插值算法的多源遥感 SST 融合产品生成和精度评估技术。全球海洋 SST 产品融合了 WindSat、AMSR-E、AMSR2、HY-2 RM、MODIS（Aqua/Terra）和 AVHRR 的 SST 观测数据，时间分辨率为每天，空间分辨率为 0.1°，时间覆盖 2003～2015 年，产品格式为 NetCDF。采用的背景场为欧洲中期气象预报中心 ECMWF 提供的全球 1°分辨率的 SST 再分析产品。本海面温度遥感数据产品样例如图 26.9 所示。

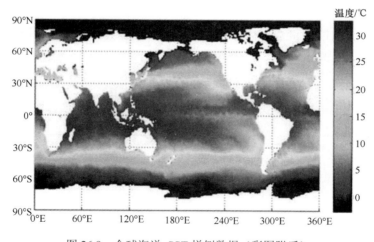

图 26.9 全球海洋 SST 样例数据（彩图附后）

26.5.2 SST 产品精度检验

本节采用 TAO、RAMA 和 PIRATA 锚定浮标和 Argo 浮标等实测数据对 SST 数据产品进行精度检验。TAO 等锚定浮标分布在 30°N～30°S 以内热带和亚热带海域，水温一般在 20℃以上，且较稳定。Argo 浮标实现了覆盖全球海域，数据的空间覆盖范围和海温的变化范围均远大于 TAO 等锚定浮标，可反映 SST 数据产品在全球海域的精度情况。

1. 基于锚定浮标的精度检验

本章共使用了 55 个 TAO 浮标、27 个 RAMA 浮标、18 个 PIRATA 浮标 SST 观测数据,用于 SST 数据产品的检验,浮标数据由美国国家海洋和大气管理局 NOAA 提供(Teng et al.,2006)。浮标数据使用前,应首先对浮标数据进行预处理,检查每个数据文件的可读性,提取各浮标站点的经纬度坐标及测量时间,并对 SST 数据进行有效性检查,浮标位置如图 26.10 所示。

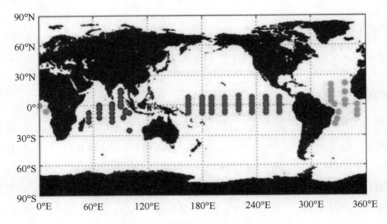

图 26.10 浮标空间位置分布
蓝:RAMA;红:TAO;绿:PIRATA

采用 50km 空间窗口和 24h 时间窗口,对 SST 融合数据产品与浮标数据进行匹配,构成匹配数据集,计算了各年 SST 融合产品的平均偏差、均方根误差和相关系数,如表 26.1 所示,并绘制了 SST 比较的散点图。结果表明,SST 数据产品存在一定的负偏差,RMS 误差一般小于 0.5℃(图 26.11)。

表 26.1 2003～2014 年 SST 融合产品精度检验结果

年份	数据量	平均偏差/℃	RMS/℃	相关系数
2003	22917	−0.16	0.46	0.97
2004	22217	−0.14	0.43	0.98
2005	22193	−0.23	0.51	0.97
2006	22991	0.05	0.44	0.97
2007	25248	−0.19	0.46	0.98
2008	26829	0.04	0.41	0.97
2009	27240	−0.08	0.37	0.98
2010	28001	−0.07	0.39	0.98
2011	29836	−0.11	0.35	0.98
2012	22906	−0.17	0.43	0.98
2013	18143	−0.19	0.42	0.98
2014	18507	−0.07	0.36	0.99

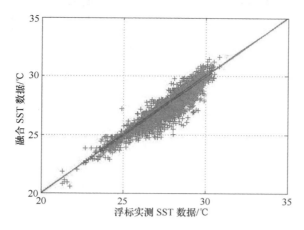

图 26.11 SST 融合产品与浮标比较的结果

2. 基于 Argo 浮标的精度检验

Argo 浮标计划的实施，实现了对全球海表温度的现场观测，2000～2014 年全球各国共布放 Argo 浮标 11283 个，目前能正常工作的 Argo 浮标超过 3000 个。Argo 观测网中浮标的分布密度的平均距离为 3°×3°，完成一个剖面的测量需 10～14 天时间，其测量数据的时间分辨率较低（王辉赞等，2007）。

Argo 浮标数据由 GODAE（Global Ocean Data Assimilation Experiment）提供，数据格式为 NetCDF，包括 Argo 浮标观测的温度、盐度等剖面数据（Roemmich et al., 2001）。本章选择 5～10 m 最接近海面的 Argo 数据作为海面温度，并根据质量标记对 Argo 数据进行了质量控制。Argo 浮标数据如图 26.12 所示。

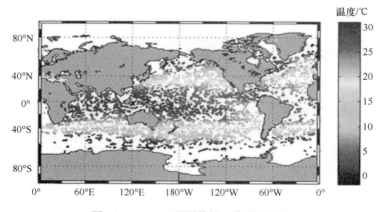

图 26.12 Argo 观测数据（彩图附后）

本章利用 Argo 实测数据对生成的 2003～2014 年的 SST 融合数据产品进行了精度评估。采用的空间匹配窗口为 50km，时间窗口为 24 小时，得到的结果如表 26.2 所示。可见，随着 Argo 浮标布放数量的增长，有效匹配数据量也在增大。本章所生成的 SST 融合数据产品在大部分年份存在约 –0.1℃ 的负偏差；RMS 误差比较稳定，为 0.52～0.69℃（图 26.13）。

表 26.2 2003~2014 年 SST 融合产品与 Argo 浮标的比较

年份	匹配数据量	平均偏差/℃	RMS 误差/℃
2003	16267	−0.11	0.67
2004	22302	−0.12	0.64
2005	36841	−0.17	0.69
2006	54815	−0.02	0.67
2007	66814	−0.16	0.59
2008	75342	0.07	0.60
2009	76423	−0.01	0.54
2010	77347	0.03	0.62
2011	85402	−0.06	0.52
2012	94633	−0.10	0.60
2013	101680	−0.12	0.57
2014	102048	−0.04	0.57

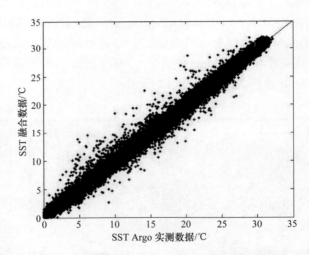

图 26.13　SST 融合数据与 Argo 浮标数据的比较

26.6　基于全球海洋 SST 产品的西北太平洋锋面探测

本节利用 2010 年全球海洋 SST 数据产品，在西北太平洋海域开展了锋面探测的应用示范，获得了西北太平洋海域主要锋面的时空分布和演变特征。

研究区域为西太平洋区域（121°~160°E，2°S~46°N），该区域海流分布情况复杂，存在众多的沿岸锋和陆架锋。同时该海域还存在着著名的北太平洋西边界流黑潮（陈春涛，2010）。

本节采用温度梯度法探测锋面。温度梯度法首先分别计算每个网格点沿经向和纬向的梯度值，然后计算总的梯度值，即 $\mathrm{GM}=\sqrt{\left(\frac{\partial T}{\partial x}\right)^2+\left(\frac{\partial T}{\partial y}\right)^2}$，其中 T 代表温度。锋面判别的温度梯度阈值设定为海表温度水平变化梯度大于 0.03℃/km，根据此锋面判断标准，提取锋面位置（Qiu et al., 2014）。基于全球海洋 SST 数据产品的 2010 年 1～12 月西北太平洋海域锋面探测结果如图 26.14 所示。

从图 26.14 可以发现，渤黄东海区域的江苏浅滩锋、福建浙江锋、东/西济州岛锋、渤海锋、山东半岛锋、西朝鲜湾锋和黑潮锋均表现出第一四季度强度和分布范围大、第二季度锋面强度减弱、第三季度基本消失的特点。

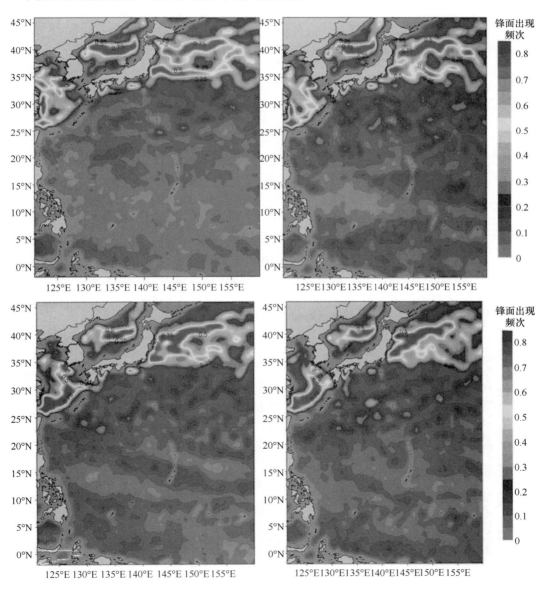

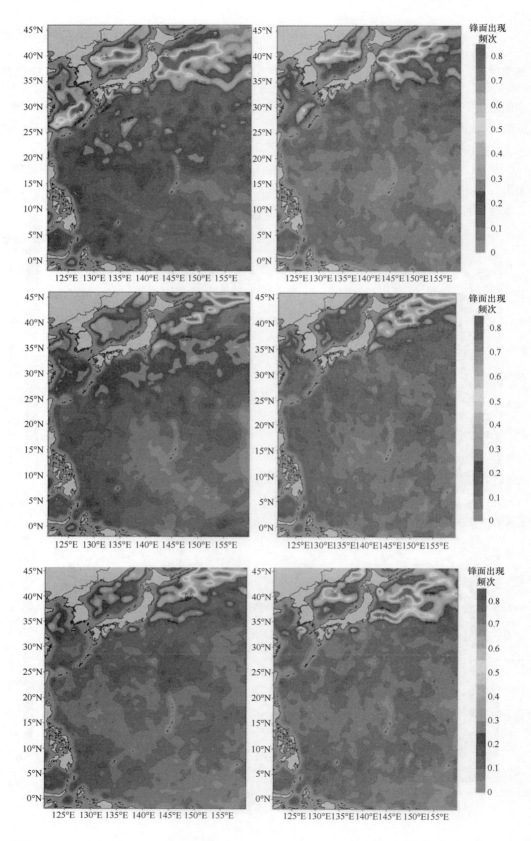

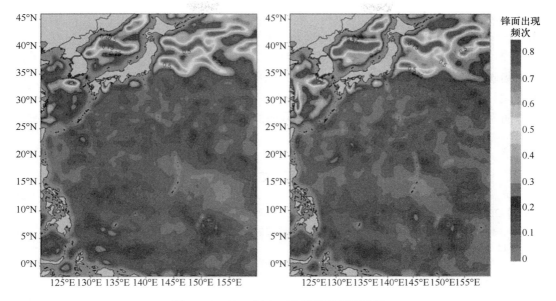

图 26.14 2010 年 1~12 月锋面探测结果

日本海区域的对马海流锋在 2010 年第一季度的发生频率呈上升趋势,锋面发生频次最大可达到 0.75(即该区域有 75%的天数出现了锋面,下同),在第二季度锋面发生频次明显下降,最大不超过 0.5,且分布范围明显减小;第三季度锋面基本消失;进入第四季度后锋面又逐渐增强,最大发生频次和分布范围与第一季度持平。

日本以东太平洋区域主要存在亲潮锋和黑潮锋,受海流的影响,锋面具有发生频率较高、长度长等特点。第一季度亲潮锋和黑潮锋最为明显,锋面自 140°E 到研究区域的边界 160°E 均有分布,锋面强度可达 0.8。第二、三季度黑潮锋和亲潮锋相继减弱,在锋面最弱的 7~8 月黑潮锋面几乎消失。自 9 月开始,黑潮锋和亲潮锋逐渐转强并在年末恢复到与第一季度相当的水平。

26.7 小　　结

海面温度 SST 是描述海洋物理性质的基本参数,是影响海洋动力环境和海-气相互作用的一个关键因子。目前对 SST 的遥感监测主要依赖红外辐射计和微波辐射计。红外辐射计空间分辨率高,但受气象条件影响明显;微波辐射计可穿透云层,但空间分辨率较低。基于一定的数据融合算法生成 SST 多源遥感数据产品,是获得高时空分辨率、高空间覆盖 SST 产品的有效途径。本章介绍了用于 SST 观测的几个微波和红外辐射计及几种数据融合方法,并利用多源遥感 SST 数据发展了全球海洋 SST 数据产品生成技术,进而基于浮标实测数据进行了产品精度检验,最后在西北太平洋开展了全球海洋 SST 产品的应用示范。本章主要结论如下:

(1)利用 WindSat、AMSR-E、ASMR2、HY-2 微波辐射计,MODIS 和 AVHRR 等红外辐射计 SST 数据,基于最优插值方法发展了全球海洋 SST 数据产品生成技术,制作了 0.1°分辨率的每日全球海洋 SST 产品。通过与 TAO、RAMA、PIRATA 等锚定浮标实测数据比较，SST 数据产品的 RMS 误差一般小于 0.5℃；通过与 Argo 浮标实测数据比较，SST 数据产品的 RMS 误差为 0.52～0.69℃。

（2）利用 2010 年全球海洋 SST 数据产品，基于温度梯度法在西北太平洋开展了锋面探测研究，获得了西北太平洋区域主要锋面的时空分布和演变特征。结果表明，中国近海、日本海和日本以东太平洋海域锋面多发，锋面的温度梯度值最大可超过 0.8℃/km，各锋面系统均表现出冬春季明显、夏秋季减弱的特点，其结果验证了全球海洋 SST 产品应用于海洋锋面探测的能力。

参 考 文 献

陈春涛. 2010. 多传感器卫星数据黑潮变异研究. 中国海洋大学博士学位论文
蒋兴伟, 林明森, 宋清涛. 2013. 海洋二号卫星主被动微波遥感探测技术研究. 中国工程科学, 2013(7): 4-11
孙广轮, 关道明, 赵冬至, 等. 2013. 星载微波遥感观测海表温度的研究进展. 遥感技术与应用, 28(4): 721-730
王辉赞, 张韧, 王桂华, 等. 2012. Argo 浮标温盐剖面观测资料的质量控制技术. 地球物理学报, 55(2): 577-588
奚萌. 2011. 基于最优插值算法的红外和微波遥感海表温度数据融合. 国家海洋环境预报研究中心硕士学位论文
郑金武, 许东峰, 徐鸣泉. 2008. 全覆盖高分辨率 SST 融合方法概述. 热带海洋学报, 27(4): 77-82
Carter E F, Robinson A R. 1987. Analysis models for the estimation of oceanic fields. Atmos Oceanic Technol, (4): 49-74
Hosoda K, Qin H. 2011. Algorithm for estimating sea surface temperatures based on Aqua/MODIS global ocean data. 1. developmentand validation of the Algorithm. Journal of Oceanography, 67(1):135-145
Høyer J L, Karagali I, Dybkjær G, et al. 2012. Multi sensor validation and error characteristics of arctic satellite sea surface temperature observations. Remote Sensing of Environment, 121(121): 335-346
Kurihara Y, Sakurai T, Kuragano T. 2006. Global daily sea surface temperature analysis using data from satellite microwave radiometer, satellite infrared radiometer and in-situ observations. Weather Bull, 73: 1-18
Meissner T, Wentz F. 2006. Ocean retrievals for windSat. IEEE Microrad, (7): 119-124
Newell D, Figgins D, Ta T, et al. 2007. GMP microwave imager instrument design and predicted performance. IGARSS, 4426-4428
Qiu C, Kawamura H, Mao H, et al. 2014. Mechanisms of the disappearance of sea surface temperature fronts in the subtropical North Pacific Ocean. Journal of Geophysical Research: Oceans, 119(7): 4389-4398
Reynolds R, Smith T. 1994. Improved global sea surface temperature analyses using optimum interpolation. Journal of Climate, 7(6):929-948
Reynolds W, Smith T, Liu C, et al. 2007. Daily high-resolution- blended analyses for sea surface temperature. Journal of Climate, 20(11): 5473-5496
Roemmich D, Boebel D, Desaubies Y, et al. 2001. Argo: The global array of profiling. Godae Project Office, 248-258
Shaw A, Vennell R. 2000. A front-following Algorithm for AVHRR SST Imagery. Remote Sensing of Environment, 72(3): 317-327
Stark J D, Donlon C, Martin M, et al. 2007. OSTIA: An operational, high resolution, real time, global sea surface temperature analysis system. Proceedings of the Oceans '07 IEEE, Marine Challenges: Coastline to DeepSea, 18-22
Stark, J D, Donlon C, O'Carroll A, et al. 2010. Determination of AATSR biases using the OSTIA SST analysis system and a matchup database. J Atmos Oceanic Technol, 25(25): 1208-1217

Teng C, Bernard L, Lessing P. 2006. Technology refresh of NOAA's tropical atmosphere ocean(TAO)buoy system. IEEE conference Oceans, 18-21

Wang Y, Liu P, Li T. 2011. Climatologic comparison of HadISST1 and TMI sea surface temperature datasets. Science China Earth Sciences, 54(8): 1238-1247

Zabolotskikh E, Mitnik L, Reul N, et al. 2014. New possibilities for geophysical parameter retrieval opened by GCOM-W1 AMSR2. IEEE Journal of Selected Topics in Applied Earth Observations and Remote Sensing, 8(9): 4248-4261

Zhao Y, Zhu J, Lin M, et al. 2014. Assessment of the initial sea surface temperature product of the scanning microwave radiometer aboard on HY-2 Satellite. Acta Oceanol Sin, 33(1):109-113

第 27 章　叶绿素 a 浓度产品生成技术与应用

肖艳芳[1]，巩加龙[1]，崔廷伟[1]，杨俊钢[1]，张杰[1]

叶绿素 a 浓度是表征海洋浮游植物含量的重要参数，在海洋碳循环研究中具有重要的作用。卫星水色遥感是实现全球海洋叶绿素 a 浓度长时间连续观测的唯一有效手段。受云雨天气、太阳耀斑等影响，单一水色遥感器每天只能覆盖全球海洋的 10% 左右。由于水色传感器的过境时间不尽相同，将一天中不同时刻获取的数据进行融合是提高全球海洋水色信息时间和空间覆盖率的一种有效手段。目前国际上已经有研究机构发布了基于主流水色传感器的水色卫星融合产品，存在的问题是，近年来国际上主流水色传感器不断老化，甚至有些已经停止工作，可用于融合的水色卫星数据正在减少。国产卫星的水色传感器，如 FY-3 MERSI 等可为水色卫星遥感数据的融合注入新的活力。

27.1　引　　言

水色遥感具有大范围、准实时成像和高频率重复观测等技术优势，在海洋动力和生态过程监测、渔业管理、全球气候变化和碳氮循环研究等方面发挥着不可替代的重要作用。1978 年，美国国家航空航天局海岸带水色扫描仪 CZCS（coastal zone color scanner）的发射开创了海洋水色卫星遥感时代（IOCCG，1999）。此后美国、欧洲、印度、日本和中国等国家和地区积极推动各自的海洋水色卫星计划，宽视场水色扫描仪 SeaWiFS（sea-viewing wide field-of-view sensor）、中分辨率成像光谱仪 MODIS、中等分辨率成像光谱仪 MERIS 等相继升空，为海洋科学研究提供了长时间序列的水色遥感产品。2010 年 6 月，韩国发射了首颗静止轨道水色卫星 COMS，其上搭载的水色传感器 GOCI（geostationary ocean color imager）每天可获取覆盖区 8 个时刻的观测数据，为水色遥感的发展带来了新的契机。但是，受云雨天气、太阳耀斑、轨道间隙、较厚气溶胶等的影响，单一水色传感器的日均覆盖率只能达到 10%~15%，甚至更低，极大限制了水色遥感数据产品的应用，对多源水色卫星数据进行融合能够显著提高对全球海洋空间和时间上的有效覆盖（IOCCG，2007；Gregg et al.，1998；Gregg and Woodward，1998）。国际上一些研究机构和学者已经率先开展了多源水色遥感数据的融合研究（Gregg and Conkright，2001；Kwiatkowska and Fargion，2002；Kwiatkowska and Fargion，2002a；Maritorena and Siegel，2005；Mélin et al.，2009；Mélin et al.，2011；Maritorena et al.，2010；Kahru et al.，2015），并对外发布了相应的融合产品。然而自 2011 年以来，SeaWiFS 和 MERIS 先后停止运行，MODIS 也已超期服役多年，有随时停止运行的可能，水色数据的融合陷入了一

---

1. 国家海洋局第一海洋研究所

种在轨卫星严重不足的尴尬局面。尽管 NASA 于 2011 年发射了新一代对地观测卫星 NPP，其上搭载的 VIIRS（可见光红外成像辐射仪）幅宽可达 3000km，在一定程度上弥补了水色数据不足的局面，但对于水色融合产品空间有效覆盖的提高仍然极为有限。

FY-3 系列卫星是我国的第二代极轨气象卫星，共有 A、B、C 三颗卫星，其上均搭载了中分辨率光谱成像仪（MERSI），刈幅宽度为 2900km，能够在一天内实现全球覆盖；共设有 20 个通道，涵盖了可见光、近红外、短波红外和热红外，其中用于海洋水色的通道有 9 个，星下点分辨率为 1km，在陆地、海洋和大气的科学研究和应用方面具有较大的潜力（Sun et al., 2013）。在 MERIS、SeaWiFS 已经停止运行的情况下，FY-3 MERSI 可能将是全球海洋水色产品数据融合的重要数据源。

在 27.2 节中，我们将介绍目前主流的水色传感器；27.3 节介绍水色产品融合用到的多种融合算法；27.4 节介绍国际上已有的水色融合产品；27.5 节介绍基于国际主流水色传感器和我国 FY-3 MERSI 的全球海洋叶绿素 a 浓度遥感产品的生成与检验；27.6 节介绍全球海洋叶绿素 a 浓度遥感产品的应用实例。

27.2 主流水色传感器

卫星水色遥感观测开始于 1978 年海岸带水色扫描仪（CZCS）的发射（Mitchell，1994），在海洋水色遥感发展的近 40 年间，世界各国陆续发射了几十颗用于水色遥感的卫星。在这些卫星中，美国 NASA 发射的 MODIS、SeaWiFS、VIIRS，欧空局发射的 MERIS 等传感器可实现全球海洋的高频率观测（每天 1~2 次），在全球及局部海洋水色及气候变化研究中有着极为广泛的应用。

27.2.1 SeaWiFS

1997 年 9 月，美国 NASA 发射了水色卫星 Orbview-2，其上搭载了宽视场水色扫描仪（SeaWiFS）。SeaWiFS 共设置了 8 个可见光和近红外波段，中心波长分别为 412nm、443nm、490nm、510nm、555nm、670nm、765nm 和 865nm。SeaWiFS 的轨道高度为 705km，倾角为 98.2°，空间分辨率为 1.1km，刈幅宽度 2800km。为了提高水色探测的准确性，SeaWiFS 配备了星上太阳定标和月亮定标在轨定标系统，同时研制了海洋光学浮标用于系统替代定标。表 27.1 给出了 SeaWiFS 的技术指标及波段设置。SeaWiFS 于 2010 年 12 月停止运行，

表 27.1 SeaWiFS 传感器技术指标及波段设置

波段	波长范围 /nm	饱和辐亮度 /[W/(m²·μm·sr)]	信噪比	波段设置
1	402~422	13.63	499	CDOM
2	433~453	13.25	674	叶绿素
3	480~500	10.50	667	色素、Kd490
4	500~520	9.08	640	叶绿素
5	545~565	7.44	596	色素、光学性质、悬浮物
6	660~680	4.20	442	大气校正、叶绿素
7	745~785	3.00	455	大气校正、叶绿素
8	845~885	2.13	467	大气校正、叶绿素

在轨运行的 14 年间，SeaWiFS 实现了长期稳定运行，获取了长时间序列、高质量的全球海洋观测资料，这些宝贵的观测资料在全球海洋碳循环等诸多领域得到了广泛应用，将海洋水色卫星的发展提升到了一个新的高度，具有里程碑式的意义和地位，也为后续海洋卫星的发展提供了参考和借鉴。

27.2.2 MODIS

1999 年 12 月和 2002 年 5 月，美国 NASA 分别发射了 Terra 和 Aqua 卫星，Terra 在地方时上午过境，Aqua 在地方时下午过境，可在一天之内对同一海域进行两次观测。其上均搭载了 MODIS，MODIS 最大的特点是波段多，其在 400（可见光）～14400nm（热红外）内设有 36 个波段，可用于大气、海洋、陆地等的综合探测，其中有 9 个波段专用于水色遥感，光谱范围为 405～877nm。MODIS 的轨道高度为 705km，倾角为 98.2º，波段 1 和 2 的空间分辨率为 250m，波段 3～7 的空间分辨率为 500m，波段 8～36 的空间分辨率为 1km，刈幅宽度为 2330km（表 27.2）。

表 27.2　MODIS 传感器技术指标及波段应用

波段	波长范围/nm	饱和辐亮度/[W／(m²·μm·sr)]	信噪比/噪声	波段应用
1	620～670	21.8	128	陆地、云、气溶胶边界
2	841～876	24.7	201	
3	459～479	35.3	243	陆地、云、气溶胶性质
4	545～565	29.0	228	
5	1230～1250	5.4	74	
6	1628～1652	7.3	275	
7	2105～2155	1.0	110	
8	405～420	44.9	880	水色、浮游植物、生物地球化学
9	438～448	41.9	838	
10	483～493	32.1	802	
11	526～536	27.9	754	
12	546～556	21.0	750	
13	662～672	9.5	910	
14	673～683	8.7	1087	
15	743～753	10.2	586	
16	862～877	6.2	516	
17	890～920	10.0	167	大气层水汽
18	931～941	3.6	57	
19	915～965	15.0	250	
20	3660～3840	0.45（300K）	0.05K	地球地表、云温度
21	3929～3989	2.38（335K）	2K	
22	3929～3989	0.67（300K）	0.07K	
23	4020～4080	0.79（300K）	0.07K	
24	4433～4498	0.17（250K）	0.25K	大气温度剖面
25	4482～4549	0.59（275K）	0.25K	
26	1360～1390	6.00	150K	卷云、水汽、水汽剖面
27	6535～6895	1.16（240K）	0.25K	
28	7175～7475	2.18（250K）	0.25K	
29	8400～8700	9.58（300K）	0.05K	云性质

续表

波段	波长范围/nm	饱和辐亮度/[W/(m²·μm·sr)]	信噪比/噪声	波段应用
30	9580~9880	3.69（250K）	0.25K	臭氧
31	10780~11280	9.55（300K）	0.05K	地球地表、云温度
32	11770~12270	8.94（250K）	0.05K	
33	13185~13485	4.52（260K）	0.25K	
34	13485~13785	3.76（250K）	0.25K	云顶高度、大气温度剖面
35	13785~14085	3.11（240K）	0.25K	
36	14085~14385	2.08（220K）	0.25K	

27.2.3 MERIS

2002年3月，欧空局（ESA）发射了ENVISAT综合性环境卫星，其上搭载的MERIS是主要传感器之一，主要用于海洋和海岸带的水色监测。MERIS在可见光-近红外范围内共设置15个波段，带宽为3.75~20nm，可见光波段的平均带宽为10nm。空间分辨率为300m和1200m，刈幅宽度为1150km（表27.3）。

表27.3 MERIS波段设置

波段	中心波长/nm	波段宽度/nm	主要应用
1	412.5	10	黄色物质与碎屑
2	442.5	10	叶绿素吸收最大值
3	490	10	叶绿素等
4	510	10	悬浮泥沙、赤潮
5	560	10	叶绿素吸收最小值
6	620	10	悬浮泥沙
7	665	10	叶绿素吸收与荧光性
8	681.25	7.5	叶绿素荧光峰
9	708.75	10	荧光性、大气校正
10	753.75	7.5	植被、云
11	760.625	3.75	O_2吸收带
12	778.75	15	大气校正
13	865	20	植被、水汽
14	885	10	大气校正
15	900	10	水汽、陆地

27.2.4 VIIRS

2011年10月28日，美国发射了新一代对地观测卫星Suomi NPP，其上搭载了可见光/红外辐射成像仪（visible infrared imaging radiometer suite，VIIRS）。作为NASA第二代中分辨率影像辐射计，VIIRS主要用于陆地、大气、冰和海洋的监测。传感器轨道高度824km，刈幅宽度3000km，每天可覆盖全球两次。共设置了22个波段，其中9个波段位于可见光和近红外，12个波段位于中红外和远红外，1个波段为DNB（Day/Night Band）波段。VIIRS 17个波段的空间分辨率为750m，其余为375m（表27.4）。

表 27.4 VIIRS 波段设置

	波段	中心波长/nm	近地点分辨率/m	主要用途
可见光和近红外	M1	412	750	海洋水色、气溶胶
	M2	445	750	海洋水色、气溶胶
	M3	488	750	海洋水色、气溶胶
	M4	555	750	海洋水色、气溶胶
	I1	640	375	对地成像
	M5	672	750	海洋水色、气溶胶
	M6	746	750	大气
	I2	865	375	植被指数
	M7	865	750	海洋水色、气溶胶
CCD DNB		700	750	对地成像
中红外	M8	1240	750	云粒子大小
	M9	1378	750	卷云、云覆盖
	I3	1610	375	云图
	M10	1610	750	雪
	M11	2250	750	云
	I4	3740	375	对地成像
	M12	3700	750	海面温度
	M13	4050	750	海面温度、火灾
远红外	M14	8550	750	云顶性质
	M15	10765	750	海面温度
	I5	11450	375	云成像
	M16	12013	750	海面温度

27.2.5 FY-3 MERSI

FY-3 系列卫星是我国第二代极轨气象卫星，共有 A、B、C 三颗卫星，其中 A 星发射于 2008 年 5 月 27 日，B 星发射于 2010 年 11 月 5 日，C 星发射于 2013 年 9 月 23 日。其上均搭载了 MERSI，具有探测海洋水色、气溶胶、水汽总量、云特性等的能力。MERSI 的扫描角度为±55°，刈幅宽度为 2900km，能够在一天内实现全球覆盖；共设有 20 个通道，涵盖了可见光、近红外、短波红外和热红外，其中用于海洋水色的通道有 9 个，星下点分辨率为 1km。MERSI 的波段设置和全球观测能力使得 FY-3 系列卫星在陆地、海洋和大气的科学研究和应用方面具有较大的潜力（表 27.5）。

表 27.5 FY-3 波段设置

波段	中心波长/nm	波段宽度/nm	近地点分辨率/m
1	470	50	250
2	550	50	250
3	650	50	250
4	865	50	250
5	11250	250	250
6	1640	50	1000

续表

波段	中心波长/nm	波段宽度/nm	近地点分辨率/m
7	2130	50	1000
8	412	20	1000
9	443	20	1000
10	490	20	1000
11	520	20	1000
12	565	20	1000
13	650	20	1000
14	685	20	1000
15	765	20	1000
16	865	20	1000
17	905	20	1000
18	940	20	1000
19	980	20	1000
20	1030	20	1000

27.3 水色产品融合算法

水色遥感产品融合算法主要分为三类：一是统计方法，包括箱子法、简单平均法、加权平均法、主观分析法、混合分析法、最优插值法、客观分析法、小波分析法、机器学习法；二是生物光学法；三是数据同化法。

27.3.1 箱子法

箱子法是由 L2 级（空间分辨率通常为 1km）水色产品制作 L3 级（空间分辨率通常为 4km 和 9km）水色产品的常用方法，该方法首先将 L3 级产品划分成面积相等的"箱子"，然后计算每个"箱子"内包含的 L2 级水色产品像元的加权平均值，以此作为 L3 级产品的像元值。对于不同空间分辨率的多源遥感卫星水色产品，空间分辨率较高的水色产品对融合结果的贡献更大。例如，利用 SeaWiFS GAC（4km）数据和 MODIS-Aqua（1km）数据制作空间分辨率为 9km 的 L3 级产品，MODIS-Aqua 数据占主导地位，其填充的"箱子"数约为 SeaWiFS GAC 的 10 倍。

27.3.2 加权平均法

加权平均法是一种最简单和直观的图像融合方法，该方法按照一定的规则，确定多源遥感图像在融合结果中所占的权重，按照各自的权重对多源遥感图像进行加权平均后作为融合值：

$$C_{ij} = \frac{\sum_s W_s C_{ijs}}{\sum_s W_s} \tag{27.1}$$

式中，C_{ij} 为融合后图像；C_{ijs} 为参与融合的多源图像；W_s 为参与融合的多源图像的权重。

显而易见，权重的确定是加权平均法的关键。水色遥感产品融合中，权重的确定方式主要分为三类：①多源水色遥感产品采用相同的权重进行融合，此时，加权平均法即为简单平均法，方法可用于任何 L3 级水色产品的融合，具有简单、直接的优点，但是要求参与融合的所有数据之间无偏差，但这一要求通常很难满足；②根据各水色遥感产品的偏差确定融合权重，偏差越大，权重越小，称为误差权重平均法（Pottier et al. 2006）。该方法的权重设置更客观、合理，缺点是计算水色产品偏差需要大量的现场观测数据，此外，计算速度较慢；③根据传感器性能、观测几何、太阳几何、太阳遥感等特性人为设定权重，称为主观分析法，该方法的优点是完全依据科学和工程信息设置权重，融合产品明确地包含了与传感器性能有关的信息，从理论上讲要优于其他方法；但对相关信息的获取和掌握程度也极大地限制了该方法的有效应用，研究者除了需要了解造成传感器性能优劣的因素及其引起的水色产品误差外，还需要定量化地描述它们。

27.3.3 混合分析法

该方法通常被用在卫星数据和实测数据的融合中（Reynolds，1988），也被称为条件约束分析法（conditional relaxation analysis method，CRAM）（Oort，1983）。该方法假设实测数据是有效且真实的，直接进入融合产品，而水色卫星数据则利用泊松方程插值到最后的融合产品中：

$$\nabla^2 C^b = \Psi \tag{27.2}$$

式中，C^b 为叶绿素融合结果；Ψ 为强迫项，被定义为卫星叶绿素数据的拉普拉斯方程。实测数据作为内部边界条件，直接进入融合结果 C^b 中：

$$C_{\text{ibc}} = I \tag{27.3}$$

式中，下标 ibc 为内部边界条件；I 为实测叶绿素值。在最终的融合数据中，实测数据没有进行过修正。该方法应用到多源海洋水色卫星数据融合时，实测数据可以由其中的高质量卫星数据代替。

在"真实值"能够确定的情况下，该方法可以有效地消除误差。在实测-卫星数据融合中，该方法具有很强的偏差校正能力，但在星-星数据融合中，由于卫星之间数据质量的明显不同，加之覆盖区域很大，该方法会导致对结果过分校正。

27.3.4 最优插值法

在最优插值法中，融合数据的像元值由背景值加上修订值确定，修订值由各传感器观测值与背景值的偏差加权求得，权重的确定需要满足使像元融合值偏差最小这一条件（Daley，1991）。最优插值表达式为

$$C_{ij} = C_{b,ij} + W_{ij}(C_{s,ij} - HC_{b,ij}) \tag{27.4}$$

式中，C_{ij} 为任意第 i 行 j 列像元的融合值；$C_{b,ij}$ 为变量初值估计值或背景值；W_{ij} 为权重系数；$C_{s,ij}$ 为变量观测值；H 为双线性插值算子。

权重系数矩阵 W 的表达式为

$$W = P^f H^{\text{T}} (H P^f H^{\text{T}} + R)^{-1} \tag{27.5}$$

式中，P^f 为预报误差协方差矩阵；R 为观测误差协方差矩阵。要计算权重系数矩阵，必须先估算 P^f 和 R。

该方法权重选择客观，广泛应用于数据同化中，相比混合分析法，过校正的问题在该方法中已经不明显。缺点是由于 P^f 和 R 的估算存在较大的不确定性，该方法通常只能作为统计插值法应用，此外，该方法计算复杂，运算速度慢。

27.3.5 客观分析法

客观分析法是进行全球 2 维、3 维、4 维栅格数据空间插值的常用方法。目前 NOAA 采用该方法生成了全球实时 SST 数据（Reynolds，1988），并利用该方法整合了高度计数据（Le Traon et al.，1998）。Kwiatkowska（2003）等利用客观分析法融合了 MODIS-Terra 和 SeaWiFS 的全球叶绿素 L3 级产品。Pottier（2006）利用该方法融合 MODIS-Aqua 和 SeaWiFS 叶绿素数据，生成了覆盖北大西洋的融合产品。

该方法权重的确定依赖于各观测结果之间在空间或时间上存在的相关性，而这种相关结构可用空（时）滞相关函数表达。在数据融合前，首先设定一个初始场，初始场可以选用周平均数据或前一天的数据；然后采用一定的时间或空间相关函数，确定各观测值的融合权重，使估计值与初始场的差值误差最小。

假设各种卫星资料空间分布不规则，并有一定的时间间隔，在时间为 t 时，点 (x, y) 处的线性最小平均估计为

$$\theta_{\text{est}}(x) = \sum_{i=1}^{N}\sum_{j=1}^{N} A_{ij}^{-1} C_{Xj} \Phi_{\text{obs}^i} \tag{27.6}$$

$$\Phi_{\text{obs}^i} = \Phi_i + \varepsilon_i \tag{27.7}$$

式中，θ 为估计值，也就是多源水色产品的融合值；C 为估计值与观测值的协方差矩阵；A 为观测值自相关求逆矩阵；Φ 为观测值矩阵；ε 为测量误差。自相关逆矩阵 A 和协方差矩阵 C 可分别由下式计算得到：

$$A_{ij} = \langle \Phi_{\text{obs}^i} \Phi_{\text{obs}^j} \rangle = \langle \Phi_i \Phi_j \rangle + \langle \xi_i \xi_j \rangle \tag{27.8}$$

$$C_{Xj} = \langle \theta(x) \Phi_{\text{obs}^j} \rangle = \langle (x) \Phi_j \rangle \tag{27.9}$$

客观分析法在融合过程中需要对不同来源的观测值进行平滑运算，因此并不适用于近岸、黑潮区等水色参数变化梯度大的区域。此外该方法计算密集，时间效率低，制作一景北大西洋 0.1°×0.1°的每日数据就需要 700MHz 处理器运行 1.5 小时。

27.3.6 小波分析法

基于小波分析的数据融合方法主要是利用小波变换具有多尺度分解的特性，该方法通过对覆盖同一地区的多源图像进行小波迭代分解，形成一系列频率通道，然后按照一定的融合规则，对不同分解层、不同频带组合进行融合处理，有效地将来自不同源的图像细节信息融合起来。

20 世纪 80 年代末，Mallat（1989）提出了小波快速分解与重构算法，利用两个一维滤波器对二维图像实现快速小波分解，利用两个一维重构滤波器实现图像的重构。图

像在 j–1 尺度上的分解公式如下：

$$C_j = H_c H_r C_{j-1}$$
$$D_j^1 = G_c H_r C_{j-1}$$
$$D_j^2 = H_c G_r C_{j-1}$$
$$D_j^3 = G_c G_r C_{j-1}$$
（27.10）

式中，G 为一维镜像低通滤波算子；H 为一维镜像高通滤波算子；下标 r、c 为图像的行列号。与之相对应二维图像 Malla 重构算法为

$$C_{j-1} = H_r^* H_c^* C_j + H_r^* G_c^* D_j^1 + G_r^* H_c^* D_j^2 + G_r^* G_c^* D_j^3$$
（27.11）

式中，H^*、G^* 分别为 H、G 的共轭转置矩阵。

以覆盖同一区域的两景遥感数据为例（Kwiatkowska，2003），一景为低空间分辨率影像，另一景为高空间分辨率影像，小波分析法首先对高空间分辨率的影像进行高通滤波和低通滤波，提取影像的高频细节信息和低频背景信息，对高空间分辨率影像重复上述过程，直至分辨率降至与低空间分辨率影像一致；然后用低空间分辨率影像替换高分辨率影像降尺度的低通滤波结果；最后与高分辨率降尺度的高通滤波结果进行小波逆变换，得到融合产品。通过该方法得到的融合产品既具有较低空间分辨率影像的背景信息，也具有高空间分辨率影像的空间细节信息。此外，也可用高空间分辨率影像降尺度的低通滤波结果与低空间分辨率影像加权平均后作为背景信息进行小波逆变换。

小波变换具有完善的分解和重构能力，使融合图像在获得高空间分辨率的同时又较好地保持了原始光谱信息。但融合过程中小波分解和重建滤波器系数、分解尺度，以及小波基的选择都会对融合效果有较大的影响，需要根据具体情况进行参数选择。

27.3.7 生物光学模型融合法

生物光学模型融合方法与上述几种融合方法完全不同，该方法基于半分析水色反演模型，通过输入多源传感器的归一化离水辐亮度数据，可同时获取叶绿素 a、悬浮物和 CDOM 浓度的融合产品。这类融合方法的核心是 Garver 等提出的 GSM（Garver and Siegel，1997；Maritorena et al.，2002）生物光学模型，该模型描述了归一化离水辐亮度与吸收系数和后向散射系数的关系：

$$\hat{L}_{wN}(\lambda) = \frac{tF_0(\lambda)}{n_w^2} \sum_{i=1}^{2} g_i \left[\frac{b_b(\lambda)}{b_b(\lambda) + a(\lambda)} \right]^i$$
（27.12）

式中，$\hat{L}_{wN}(\lambda)$ 为归一化离水辐亮度值；t 为海-气透过率；$F_0(\lambda)$ 为大气层外太阳辐照度；n_w 为水体折射系数；g_i 为几何系数；$b_b(\lambda)$ 为水体总后向散射系数，可表示为纯水后向散射系数 $b_{bw}(\lambda)$ 与颗粒物后向散射系数 $b_{bp}(\lambda)$ 之和，公式如下：

$$b_b(\lambda) = b_{bw}(\lambda) + b_{bp}(\lambda)$$
（27.13）

$a(\lambda)$ 为水体总吸收系数，可表示为纯水吸收系数 $a_w(\lambda)$、叶绿素 a 吸收系数 $a_{ph}(\lambda)$ 和黄色物质吸收系数 $a_{cdm}(\lambda)$ 之和，公式如下：

$$a(\lambda) = a_w(\lambda) + a_{ph}(\lambda) + a_{cdm}(\lambda) \tag{27.14}$$

GSM 模型可以完整地表达为

$$\hat{L}_{wN}(\lambda) = \frac{tF_0(\lambda)}{n_w^2} \sum_{i=1}^{2} g_i \left(\frac{b_{bw}(\lambda) + b_{bp}(\lambda_0)(\lambda/\lambda_0)^{-\eta}}{b_{bw}(\lambda) + b_{bp}(\lambda_0)(\lambda/\lambda_0)^{-\eta} + a_w(\lambda) + \text{Chl}a_{ph}(\lambda) + a_{cdm}(\lambda_0)\exp(-S(\lambda - \lambda_0))} \right) \tag{27.15}$$

式中，S 为黄色物质吸收光谱衰减常数（Bricaud et al., 1981）；Chl 为叶绿素 a 浓度；λ_0 为定标波长，通常为 443nm；$a_w(\lambda)$、$b_{bw}(\lambda)$、$F_0(\lambda)$、n_w、g_i、t 的取值可以从文献中获取；η、S、$a_{ph}(\lambda)$ 的取值通过利用大量实测数据对模型进行调整获得（Maritorena et al., 2002）；而叶绿素 a 浓度 Chl、CDOM 吸收系数 $a_{cdm}(\lambda_0)$ 和悬浮物后向散射系数 $b_{bp}(\lambda_0)$ 则需要采用非线性最小二乘法由上述公式反演得到。

基于生物光学模型进行水色产品融合的优点是：整合多源传感器的光谱信息，利用统一的生物光学模型进行反演，反演同步且连续，避免了反演算法不同造成的误差传递（Maritorena and Siegel, 2005）；而且可以自由选择单一或波段设置不同的多源传感器遥感反射率数据作为输入，具有较强的灵活性。缺点是 GSM 模型中参数的设置大多依赖经验或利用实测数据不断优化确定，对于部分区域，尤其是近岸二类水体，由于参数设置的原因，可能会导致算法失效。

27.3.8 数据同化法

数据同化法最先应用于气象领域，是指在数值模型动态运行过程中融入新的观测数据的方法，其本质是将观测数据和数值模拟数据通过某种方法有效地结合起来，得到更为客观的分析结果，一般由模型算子、观测算子、目标函数和优化算法等组成。Gregg 等（2003）曾利用耦合的全球海洋环流、生物地球化学和辐射模型同化生成 SeaWiFS 叶绿素 a 浓度产品。在水色产品数据融合中，利用数值同化最大的优势能够填补海洋水色卫星遥感产品中由于云覆盖、太阳耀斑、轨道覆盖不完全等造成的空隙，但如何选择合适的模型/观测算子、目标函数和优化算法是融合的难点。

27.4 国际上已有的水色遥感融合产品

国际上的一些研究机构，如 ESA 和 NASA 等已经率先开展了水色遥感卫星数据融合的相关研究，并发布了相关的融合产品。

27.4.1 ESA GlobColour 项目

2005 年 ESA 组织实施了 GlobColour 项目（http://www.globcolour.info/），目的是基于 MERIS、MODIS、SeaWiFS 数据融合生成长时间序列（1997 年至今）、具有最大空间覆盖的全球海洋水色产品，以满足全球碳循环研究的科学需求。目前，GlobColour 对外发布了空间分辨率为 4.6km 的叶绿素 a 浓度、归一化离水辐亮度(412nm、443nm、490nm、510nm、531nm、555nm、620nm、670nm、681nm 和 709nm)、漫衰减系数、有色溶解有机物（CDOM）、总悬浮颗粒物后向散射系数等全球水色融合产品。很重要的一点是，GlobColour 基于对数据源的误差统计估算了融合产品的可能误差，这对产品用户是至关重要的。表 27.6 列出了 GlobColour 发布的水色融合产品及其所采用的融合算法等信息。

表 27.6　GlobColour 水色融合产品及融合算法

产品名称	产品描述	融合算法
CHL_1	一类水体叶绿素 a 浓度/（mg/m³）	加权平均法、GSM 模型
CHL_2	二类水体叶绿素 a 浓度/（mg/m³）	加权平均法
TSM	总悬浮物浓度/（g/m³）	加权平均法
CDM	可溶性有机物/m⁻¹	加权平均法、GSM 模型
B_{bp}	443nm 颗粒物后向散射系数/m⁻¹	GSM 模型
K_d（490）	490nm 漫衰减系数/m⁻¹	分析 CHL_1 融合产品得到
L_{xxx}	412、443、490、510、531、550～565、620、665～670、681 和 709nm 处离水辐亮度/[mW/（cm·m·sr）]	加权平均法
L_{555}	555nm 处校正的归一化离水辐亮度	加权平均法
EL_{555}	555nm 处辐射相对过剩/%	分析 L_{555} 和 CHL_1 得到
T_{865}	水面以上气溶胶光学厚度	加权平均法
CF	云覆盖度/%	分类和统计方法

27.4.2　ESA OC_CCI 项目

2009 年 ESA 气候变化中心（Climate Change Initiative CCI）启动了一系列项目研究，旨在基于欧空局和其他机构过去近 30 年的卫星观测，为全球气候变化研究提供基本气候变量数据。其中，海洋水色小组（http://www.oceancolour.org/）主要针对一类水体，利用 MERIS、MODIS 和 SeaWiFS 卫星水色遥感产品，制作与气候变化有关的水色融合产品，用于全球的气候变化预测和评估模型。

该项目首先基于 SeaWiFS 对 MODIS 和 MERIS 的反射率数据进行偏差校正，然后采用简单平均法融合三颗卫星的反射率产品，最后基于生成的全球海洋反射率融合产品，利用成熟的水色参数反演算法制作每天的叶绿素 a 浓度、遥感反射率、490nm 下行辐射衰减系数和固有光学特性（包括总吸收和后向散射）全球融合产品（空间分辨率为 4km），同时提供各融合产品的误差信息。

27.4.3　NASA 的 MEaSUREs 项目

针对目前卫星水色数据产品单一，没有充分利用海洋水色信号（归一化离水辐亮度）所包含的信息，如悬浮物的浓度和类型、溶解物、浮游植物生物组和初级生产力等。NASA 启动了 MEaSUREs（making earth system data recordings for use in research environments）项目（http://wiki.icess.ucsb.edu/measures/Products），旨在制作和分发一系列与海洋光学性质、浮游植物功能组、浮游植物生长速度、初级生产力相关的海洋水色参数产品，促进对海洋生物和生物化学循环等过程更加深入地了解。

MEaSUREs 项目分发的全球水色产品中，包括了基于 GSM 方法生成的空间分辨率为 9km 的全球叶绿素浓度、443nm 溶解有机物吸收系数和 443nm 颗粒物后向散射系数每日、8 天和月平均融合产品，与此同时还提供所发布产品的质量评价结果。

27.5 全球海洋叶绿素 a 浓度遥感产品生成与检验

27.5.1 卫星遥感数据及精度评价

我们收集了 MODIS、MERIS、SeaWiFS、VIIRS 和 FY-3 MERSI 全球海洋遥感反射率产品数据。MODIS、MERIS、SeaWiFS、VIIRS 数据来自 NASA，空间分辨率均为 9km；FY-3 MERSI 数据由中国国家卫星气象中心提供，空间分辨率为 5km。所收集的多源卫星遥感数据详细信息见表 27.7。

表 27.7 全球叶绿素 a 浓度融合产品生成所使用的多源卫星遥感反射率数据一览表

遥感器	时/空分辨率	数据时间范围
MODIS	每天/9km	2002.7.4～2015.12.31
MERIS	每天/9km	2002.4.29～2012.4.9
SeaWiFS	每天/9km	2000.1.1～2010.12.11
VIIRS	每天/9km	2012.1.1～2015.12.31
FY-3 MERSI	每天/5km	2009.1.1～2013.12.31

基于现场实测数据对多源卫星遥感数据进行了精度评价，其中现场实测数据来自于 SeaBASS（SeaWiFS bio-optical archive and storage system）数据库，该数据库是由 NASA 的 OBPG（Ocean Biology Processing Group）建立的全球海洋和大气现场观测公共数据库，主要用于算法改进和精度评价。

现场-卫星数据时空匹配窗口为±3 小时和 3×3 像元，匹配数据的空间分布如图 27.1 所示，可以看出，匹配数据虽然在各大洋均有分布，但并不十分均匀，近岸居多。

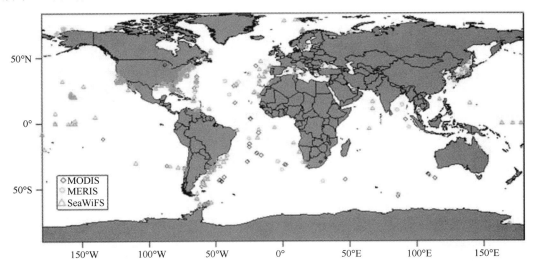

图 27.1 与多源卫星遥感反射率产品时空匹配的全球现场实测数据空间分布

基于实测数据的精度评价结果（表 27.8、图 27.2～图 27.4）表明，MODIS、MERIS、SeaWiFS 遥感反射率产品精度随波长的变化趋势相同，即 412nm 和 670nm 产品误差相对较大，平均相对偏差为 28%～45%；443～555nm 产品精度相对较高，平均相对偏差为 13%～23%。相比较而言，MODIS 和 SeaWiFS 的精度优于 MERIS，特别是蓝光（412nm、443nm）和红光（670nm）波段。

表 27.8 基于实测数据的多源卫星遥感反射率产品精度评估结果

遥感器	产品	验证数据量	相关系数	均方根误差/sr^{-1}	平均相对误差/%
MODIS	Rrs412	1691	0.76	0.0015	30.05
	Rrs443	2109	0.85	0.0011	16.73
	Rrs488	1809	0.91	0.0011	14.97
	Rrs531	713	0.92	0.0012	13.87
	Rrs547	890	0.93	0.0012	13.42
	Rrs667	345	0.92	0.0002	35.25
MERIS	Rrs413	974	0.67	0.0020	41.97
	Rrs443	882	0.79	0.0014	23.49
	Rrs490	1090	0.86	0.0014	18.17
	Rrs510	306	0.85	0.0011	14.41
	Rrs560	205	0.91	0.0011	16.22
	Rrs665	234	0.92	0.0004	44.40
SeaWiFS	Rrs412	1204	0.77	0.0018	28.31
	Rrs443	1273	0.78	0.0014	18.76
	Rrs490	1456	0.81	0.0013	15.53
	Rrs510	769	0.85	0.0010	14.71
	Rrs555	1157	0.85	0.0013	15.19
	Rrs670	525	0.84	0.0006	32.15

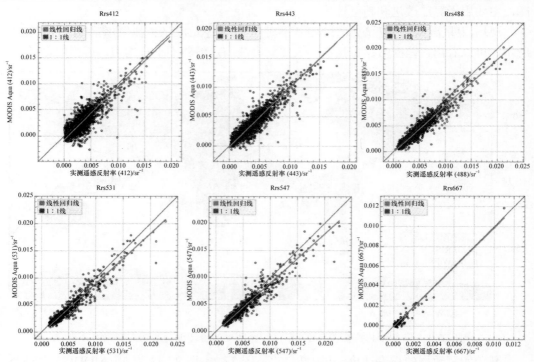

图 27.2 基于实测数据的 MODIS 遥感反射率产品精度评估结果

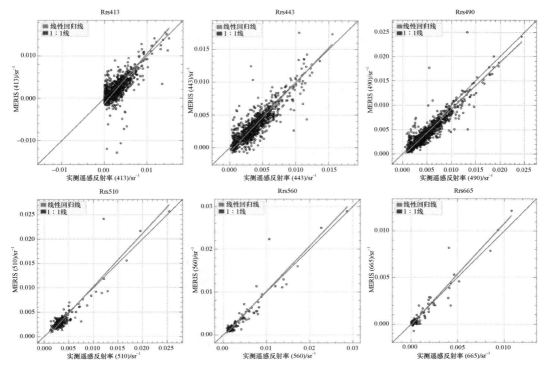

图 27.3 基于实测数据的 MERIS 遥感反射率产品精度评估结果

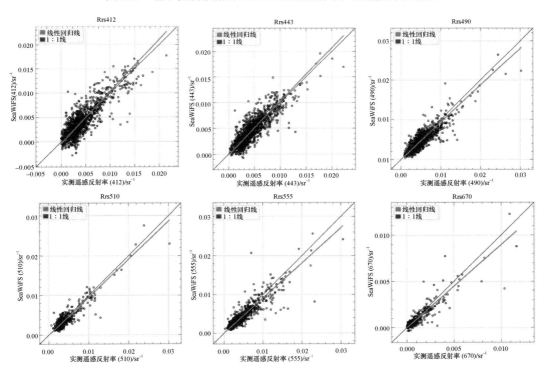

图 27.4 基于实测数据的 SeaWiFS 遥感反射率产品精度评估结果

由于缺乏与 MERSI 时空匹配的实测数据,我们采用星星比对的方式评价了 MERSI

与 MODIS 遥感反射率产品之间的一致性，评价结果（表 27.9、图 27.5）表明，基于 MERSI 遥感反射率计算的 Rrs443/Rrs565、Rrs490/Rrs565、CI 指数与 MODIS 相应结果虽然存在系统偏差，但相关性较好，相关系数大于 0.8。因此，可以基于 MODIS 对 MERSI 进行系统偏差校正。

表 27.9 MERSI 遥感反射率计算的 Rrs443/Rrs565、Rrs490/Rrs565、CI 指数与 MODIS 的一致性

	相关系数	均方跟误差/sr^{-1}	偏差/sr^{-1}	平均相对误差/%
Rrs443/Rrs565	0.869	2.54	−2.03	45.01
Rrs490/Rrs565	0.809	1.16	−0.90	28.14
CI	0.933	4.33×10^{-3}	1.71×10^{-3}	144.5

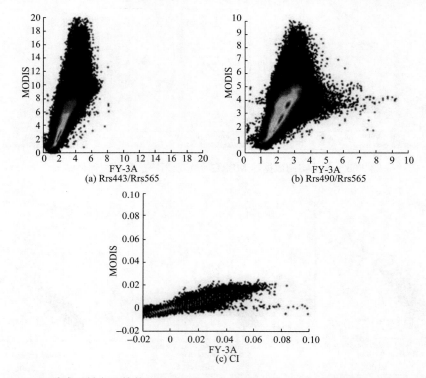

图 27.5 MERSI 遥感反射率计算的 Rrs443/Rrs565、Rrs490/Rrs565、CI 指数与 MODIS 比较散点图

27.5.2 全球海洋叶绿素 a 浓度产品生成方法

基于 MODIS、MERIS、SeaWiFS、VIIRS、MERSI 等多源卫星数据的全球海洋叶绿素 a 浓度融合产品制作技术流程如图 27.6。

在全球海洋叶绿素 a 浓度融合产品生成过程中，以 MODIS、SeaWiFS、MERIS、VIIRS 四种国外遥感数据产品为主，利用 MERSI 数据进行无值区域填充，生成全球海洋叶绿素 a 浓度多源卫星融合产品。

对于 MODIS、SeaWiFS、MERIS、VIIRS 等遥感数据，考虑到其中心波长不尽相同，我们利用 QAA 方法（Lee et al.，2002），以 SeaWiFS 的波段设置作为基准，对 MERIS、

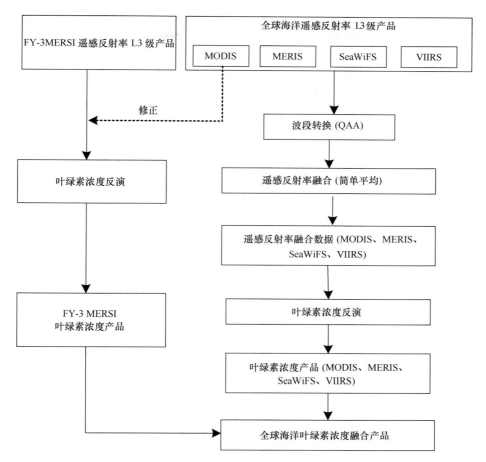

图 27.6 基于多源卫星遥感数据的全球海洋叶绿素 a 浓度融合产品制作技术流程

MODIS、VIIRS 数据进行波段转换,将各卫星的遥感反射率光谱数据"统一"至相同的中心波长;然后利用简单平均法将各卫星遥感反射率数据进行融合,得到基于 MODIS、MERIS、SeaWiFS、VIIRS 的全球海洋遥感反射率融合产品;最后采用 Hu 等(2012)提出的叶绿素 a 浓度反演算法,进行全球海洋叶绿素 a 浓度反演。

对于 FY-3 MERSI 遥感反射率数据,首先基于 MODIS 遥感反射率数据对其进行修正;然后利用同样的叶绿素 a 浓度反演算法,进行叶绿素 a 浓度反演。

利用 MERSI 叶绿素 a 浓度产品对基于国外四种遥感数据得到的叶绿素 a 浓度产品进行无值区域填充,得到最终的全球海洋叶绿素 a 浓度融合产品。

27.5.3 全球海洋叶绿素 a 浓度遥感产品检验

1. 叶绿素 a 浓度遥感产品空间覆盖率

提高空间覆盖率是水色遥感产品融合的主要目的之一。图 27.7 以 2011 年 1 月 1 日数据为例,对融合产品的空间覆盖率进行了评价。该日国外在轨的水色遥感器仅有 MODIS 和 MERIS,二者覆盖率分别为 7.86%和 8.69%;将二者融合后,空间覆盖率提升至 13.6%;进一步融合 MERSI 数据后,空间覆盖率大幅提升至 24.6%,即相对于仅使用国外遥感数据的融合产品，加入 FY-3 MERSI 的融合产品空间覆盖率可提高约 10%。

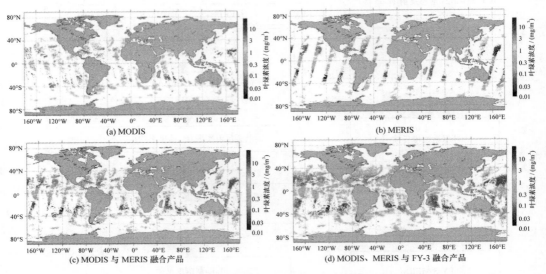

图 27.7　2011 年 1 月 1 日不同卫星及融合后的叶绿素 a 浓度产品的空间覆盖（彩图附后）

进一步统计了 2010～2014 年各遥感器叶绿素 a 浓度产品，以及融合产品的空间覆盖率（表 27.10）。可以看出，MODIS、MERIS、SeaWiFS、VIIRS 等国外单遥感器叶绿素 a 浓度产品的空间覆盖率约为 10%；上述四颗星融合后的叶绿素 a 浓度产品空间覆盖率为 11%～16.5%，随着 SeaWiFS 和 MERIS 先后停止运行，融合产品的空间覆盖率逐年降低。而在上述卫星基础上，进一步融合 MERSI 数据后，空间覆盖率提升至 15%～24%。

表 27.10　多源卫星叶绿素 a 浓度产品及融合产品的空间覆盖率　　　（单位：%）

年份	在轨国外遥感器的平均空间覆盖率	融合产品	
		基于在轨的国外数据	加入 FY-3 MERSI
2010	8.26	16.46	16.72
2011	11.08	14.78	24.06
2012	9.12	11.95	16.63
2013	9.89	11.49	15.09
2014	8.45	11.43	—

2. 叶绿素 a 浓度遥感产品精度评价

利用国外同类叶绿素 a 浓度融合产品对加入了国产卫星的融合产品进行精度评价。国外融合产品选择了 ESA 的 GlobColour 和 NASA 的 MEaSUREs 融合产品，它们是目前国际上主流的水色融合产品。结果表明，加入国产卫星的融合产品与国外产品之间具有较好的一致性，平均相对偏差在 10% 左右，相关系数约为 0.9（表 27.11、图 27.8）。

图 27.9～图 27.11 进一步给出了加入国产卫星的融合产品与国外同类产品相对偏差的空间分布及直方图。

表 27.11　加入国产卫星的叶绿素 a 浓度融合产品与国际同类产品的对比

	相关系数*	均方根误差*	偏差*	平均相对误差/%
与 GlobColour AVW 产品比较	0.95	0.19	0.058	11.34
与 GlobColour GSM 产品比较	0.92	0.17	−0.002	8.91
与 MEaSUREs GSM 产品比较	0.88	0.21	0.062	8.85

注：*为 ln（chl）的统计结果。

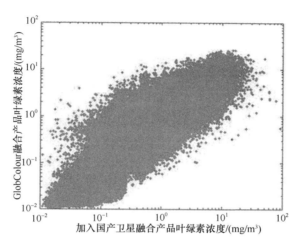

图 27.8　加入国产卫星的产品与 GlobColour GSM 叶绿素 a 融合产品的一致性

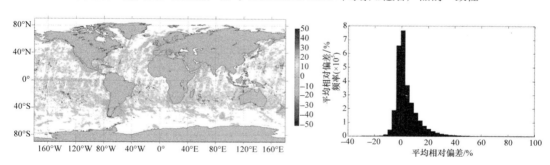

图 27.9　加入国产卫星的融合产品与 ESA GlobColour AVW
产品偏差的空间分布及其直方图

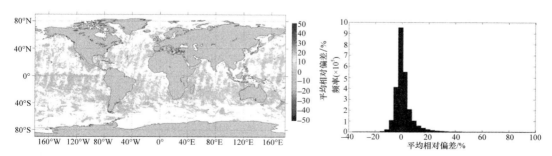

图 27.10　加入国产卫星的融合产品与 ESA GlobColour GSM
产品偏差的空间分布及其直方图

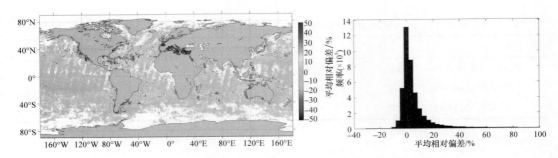

图 27.11 加入国产卫星的融合产品与 NASA MEaSUREs GSM
产品偏差的空间分布及其直方图

27.6 全球海洋叶绿素 a 浓度遥感产品应用

基于加入国产卫星的全球海洋叶绿素 a 浓度多源卫星遥感融合产品，开展了全球海洋叶绿素 a 浓度时空变化特征分析，以及台风对叶绿素 a 浓度影响的应用研究。

27.6.1 全球海洋叶绿素 a 浓度时空变化特征分析

基于 2010 年 1~12 月的全球海洋叶绿素 a 浓度月平均产品，分析了全球海洋叶绿素 a 浓度的时空分布特征，如图 27.12 和图 27.13 所示。从空间分布来看，全球海洋叶绿素 a 浓度呈现大洋低、近岸高的空间分布态势，叶绿素 a 浓度低值区主要分布在太平洋、大西洋和印度洋的亚热带海域。

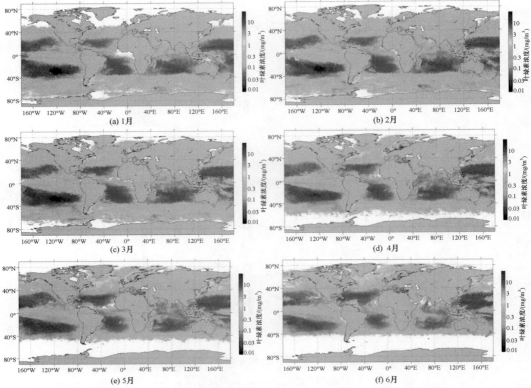

图 27.12 全球海洋叶绿素 a 浓度月平均产品（2010 年 1~6 月；彩图附后）

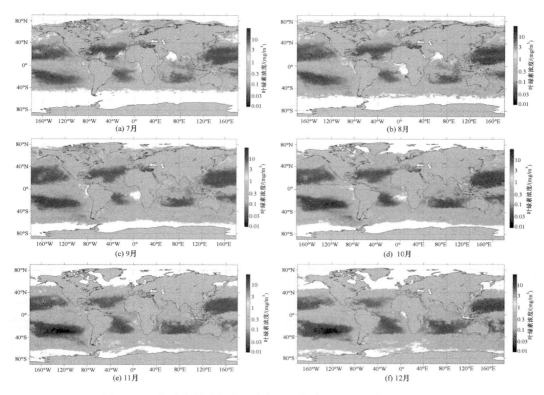

图 27.13　全球海洋叶绿素 a 浓度月平均产品（2010 年 7～12 月）

定义叶绿素 a 浓度小于 0.07 mg/m^3 的区域为叶绿素 a 浓度极低值区，统计了其占全球海洋面积的百分比（图 27.14）。结果表明，其具有明显的季节变化特征，2 月和 10 月最大（约为 16%），7 月最小（约为 12%）。

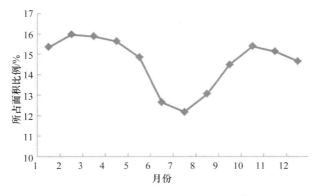

图 27.14　全球海洋叶绿素 a 浓度小于 0.07 mg/m^3 的水体面积占比

分别统计了 2010 年 1～12 月南、北半球海洋叶绿素 a 浓度平均值（图 27.15）。总体上看，北半球海洋叶绿素 a 浓度各个月份的平均值均高于南半球，这可能是由于北半球陆源物质的输入量大导致的。另外，北半球海洋叶绿素 a 浓度呈现明显的季节变化特征，5～9 月叶绿素 a 浓度较高（平均值在 0.80 mg/m^3 左右），12 月至次年 3 月叶绿素 a 浓度较低（平均值在 0.45 mg/m^3 左右）；与北半球相比，南半球海洋叶绿素 a 浓度的季节变化不明显，6月浓度最高（为0.49mg/m³），3月和9月浓度最低（约0.26 mg/m³）。

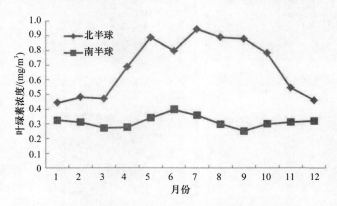

图27.15 南、北半球海洋叶绿素a浓度平均值

27.6.2 "海燕"台风对西北太平洋叶绿素a浓度的影响

本部分以"海燕"台风为例，分析台风过程对台风路径沿线海域叶绿素a浓度的影响。

"海燕"台风为2013年全球最强的热带气旋，也是西北太平洋有记录以来的第2强热带气旋，中心最高持续风速为280km/h。2013年11月8日，"海燕"台风在巅峰状态登陆菲律宾，其强劲风力及引起的大规模风暴潮在菲律宾中部造成毁灭性破坏。11日，"海燕"台风在越南广宁省沿海登陆，随后进入广西境内，减弱为热带低气压，并逐渐消散。从生成到消散，"海燕"台风共历时10天。表27.12给出了"海燕"台风6小时间隔的路径信息，包括中心位置、最大风速、最低气压和移动速度。图27.16为"海燕"台风的移动路径。

表27.12 "海燕"台风6小时间隔路径信息

时间（北京时）	中心位置经度	中心位置纬度	最大风速/(m/s)	最低气压/MPa	移动速度/(km/h)
11月3日14时	156.0°E	6.0°N	13	1004	6
11月3日20时	154.7°E	6.1°N	15	1002	7
11月4日02时	153.2°E	6.2°N	15	1002	6
11月4日08时	152.0°E	6.2°N	18	1000	9
11月4日14时	150.2°E	6.2°N	20	995	6
11月4日20时	149.0°E	6.4°N	23	990	8
11月5日02时	147.3°E	6.5°N	25	985	6
11月5日08时	146.0°E	6.5°N	30	980	7
11月5日14时	144.6°E	6.6°N	35	970	8
11月5日20时	143.0°E	6.8°N	40	960	8
11月6日02时	141.3°E	7.2°N	45	950	8
11月6日08时	139.7°E	7.4°N	52	935	9
11月6日14时	137.9°E	7.6°N	52	935	8
11月6日20时	136.2°E	7.9°N	60	920	9
11月7日02时	134.3°E	8.2°N	60	920	8

续表

时间（北京时）	中心位置经度	中心位置纬度	最大风速/(m/s)	最低气压/MPa	移动速度/(km/h)
11月7日08时	132.8°E	8.7°N	65	910	9
11月7日14时	131.1°E	9.3°N	68	905	11
11月7日20时	129.1°E	10.2°N	75	895	10
11月8日02时	127.0°E	10.6°N	78	890	11
11月8日08时	124.8°E	11.0°N	72	900	11
11月8日14时	122.6°E	11.4°N	55	930	10
11月8日20时	120.6°E	11.9°N	52	940	12
11月9日02时	118.1°E	12.3°N	45	950	8
11月9日08时	116.5°E	12.5°N	45	950	10
11月9日14时	114.8°E	13.5°N	45	950	9
11月9日20时	113.1°E	14.5°N	45	950	8
11月10日02时	111.6°E	15.4°N	45	950	8
11月10日08时	110.2°E	16.4°N	42	955	9
11月10日14时	109.0°E	17.9°N	40	960	8
11月10日20时	108.0°E	19.3°N	38	965	6
11月11日02时	107.4°E	20.5°N	33	975	5
11月11日08时	107.3°E	21.6°N	28	980	5
11月11日14时	107.9°E	22.4°N	20	995	3

图27.16 "海燕"台风移动路线

以106°～160°E、0°～22°N范围的海域作为研究区，利用全球海洋叶绿素a浓度卫星遥感融合产品，分析"海燕"台风过境前后该区域叶绿素a浓度的变化。由于云雨天气会造成叶绿素a浓度遥感产品大量无效值，所以利用该区域台风过境前15天叶绿素a浓度的平均值作为台风前的参考值，利用台风过境后15天叶绿素a浓度的平均值作为台风后的观测值。

为减小计算的偏差，以表 27.12 中 6 小时观测点的经度作为分界线，将研究区分为若干个子区域，每个子区域按照台风过境的时间分别计算台风过境前后的叶绿素 a 浓度值。结果如图 27.17 所示。

计算台风过境前、后叶绿素 a 浓度的增量（图 27.18）。可以看出，台风路径沿线海域叶绿素 a 浓度明显升高，尤其以 120°~140°E 高风速区域最为显著。

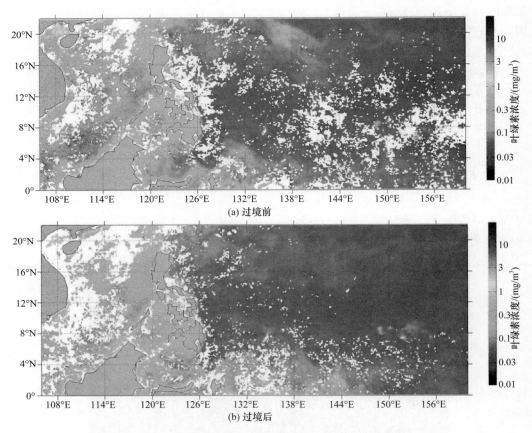

图 27.17 "海燕"台风过境前后叶绿素 a 浓度空间分布

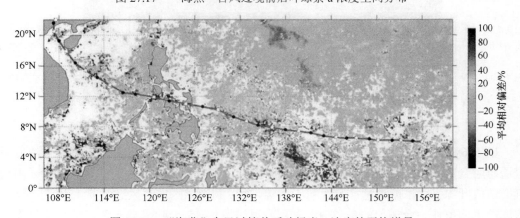

图 27.18 "海燕"台风过境前后叶绿素 a 浓度的平均增量

27.7 小　　结

多源水色卫星数据的融合能够显著提高对全球海洋空间和时间的有效覆盖。但目前多个主要水色传感器陆续停止运行，水色数据的融合陷入了一种在轨卫星严重不足的尴尬局面。我们在充分了解和分析国际上主流水色传感器、水色产品融合算法和国际上已发布的水色遥感融合产品的基础上，加入国产 FY-3 MERSI 卫星数据，生成了一套融合国际主流和我国自主卫星全球海洋叶绿素浓度遥感融合产品。产品时间周期为 2000~2015 年，时间分辨率为 1 天、空间分辨率为 9km。该产品精度与国际同类融合产品相当，空间覆盖率显著占优。

基于融合产品的应用研究表明，全球海洋叶绿素 a 浓度呈现大洋低、近岸高的空间分布态势，北半球海洋叶绿素 a 浓度高于南半球，且季节特征更明显；台风对叶绿素 a 浓度分布具有显著影响，台风路径沿线海域叶绿素 a 浓度明显升高。

参 考 文 献

Bricaud A, Morel A, Prieur L. 1981. Absorption by dissolved organic-matter of the sea(yellow substance)in the UV and visible domains. Limnology and Oceanography, 26: 43-53

Daley R. 1991. Atmospheric data analysis. Cambridge: Cambridge Univ Press

Garver S A, Siegel D A. 1997. Inherent optical property inversion of ocean color spectra and its biogeochemical interpretation. 1. Time series from the Sargasso Sea. Journal of Geophysical Research, 102: 18, 607-18, 625

Gregg W W, Conkright M E. 2001. Global seasonal climatologies of ocean chlorophyll: Blending in situ and satellite data for the coastal zone color scanner era. Journal of Geophysical Research, 106(C2): 2499-2516

Gregg W W, Woodward R H. 1998. Improvements in high frequency ocean color observations: Combining data from SeaWiFS and MODIS. IEEE Transactions on Geoscience and Remote Sensing, 36: 1350-1353

Gregg W W, Esaias W E, Feldman G C, et al. 1998. Coverage opportunities for global ocean color in a multi-mission era. IEEE Transactions on Geoscience and Remote Sensing, 36: 1620-1627

Gregg W W, Ginoux P, Schopf P S, et al. 2003. Phytoplankton and Iron: Validation of a global three-dimensional ocean biogeochemical model. Deep-Sea Research II, 50: 3143-3169

Hu C, Lee Z, Franz B. 2012. Chlorophyll a algorithms for oligotrophic oceans: A novel approach based on three-band reflectance difference. J Geophys Res, 117: C01011, doi:10.1029/2011JC007395

IOCCG. 1999. Minimum requirements for an operational ocean-colour sensor for the open ocean. Reports of the International Ocean-Colour Coordinating Group, No.1, Bedford Institute of Oceanography, Dartmouth, Nova Scotia, Canada

IOCCG. 2007. Ocean-colour data merging. Reports of the International Ocean-Colour Coordinating Group, No.6, Bedford Institute of Oceanography, Dartmouth, Nova Scotia, Canada

Kahru M, Jacox M G, Lee Z, et al. 2015. Optimized multi-satellite merger of primary production estimates in the California Current using inherent optical properties. Journal of Marine Systems, 94-102

Kwiatkowska E J, Fargion G S. 2002a. Merger of ocean color data from multiple satellite missions within the SIMBIOS project. Proc. SPIE symp. – Remote sensing of the atmosphere, ocean, environment, and space Ocean remote sensing and applications, Hangzhou, China, 4892: 168-182

Kwiatkowska E J, Fargion G S. 2002b. Merger of ocean color information from multiple satellite missions under the NASA SIMBIOS Project Office. Proceedings of the Fifth International Conference on Information Fusion, Annapolis, MD, USA 1: 291-298

Kwiatkowska E J. 2003. Local area application of data merger: enhancement of oceanic features in lower resolution imagery using higher resolution data. In: Fargion G S, McClain C R. MODIS Validation, Data Merger and Other Activities Accomplished by the SIMBIOS Project: 2002-2003. Eds, NASA Technical Memorandum, Goddard Space Flight Center, Greenbelt, Maryland, 66-69

Le Traon P Y, Nadal F, Ducet N. 1998. An improved mapping method of multisatellite altimeter data. Journal of Atmospheric and Oceanic Technologies, 15: 522-534

Lee Z P, Carder K L, Arnone R. 2002. Deriving inherent optical properties from water color: A multi-band quasi-analytical algorithm for optically deep waters. Applied Optics, 41: 5755-5772

Mallat S G. 1989. A theory for multiresolution signal decomposition: The wavelet representation. IEEE Trans on Pattern Analysis and Machine Intelligence 11(7): 674-693

Maritorena S, Siegel D A. 2005. Consistent merging of satellite ocean color data sets using a bio-optical model. Remote Sensing of Environment, 94: 429-440

Maritorena S, d'Andon O H F, Mangin A, Siegel D A. 2010. Merged satellite ocean color data products using a bio-optical model: Characteristics, benefits and issues. Remote Sensing of Environment, 114: 1791-1804

Maritorena S, Siegel D A, Peterson A R. 2002. Optimization of a semianalyticalocean color model for global-scale applications. Applied Optics, 41: 2705-2714

Mélin F, Vantrepotte V, Clerici M, et al. 2011. Multi-sensor satellite time series of optical properties and chlorophyll a concentration in the Adriatic Sea. Progress in Oceanography, 91: 229-244

Mélin F, Zibordi G, Djavidnia S. 2009. Merged series of normalized water leaving radiances obtained from multiple satellite missions for the Mediterranean Sea. Advances in Space Research, 43: 423-437

Mitchell B G. 1994. Ocean color from space: A coastal zone color scanner retrospective. Special section, J Geophys Res, 99: 7291-7570

Oort A H. 1983. Global atmospheric circulation statistics, 1958-1973. NOAA Professional Paper, 14: 180

Pottier C, Garçon V, Larnicol G, et al. 2006. Merging SeaWiFS and MODIS/Aqua ocean color data in North and Equatorial Atlantic using weighted averaging and objective analysis. IEEE Transactions on Geoscience and Remote Sensing, 44(11): 3436-3451. doi:10.1109/TGRS.2006.878441

Reynolds R W. 1988. A real-time global sea surface temperature analysis. Journal of Climate 1:75-86

Sun L, Guo M H, Zhu J H, et al. 2013. FY-3A/MERSI, ocean color algorithm, products and demonstrative applications. Acta Oceanologica Sinica, 32(5): 75-81

第四部分 平台研发

第28章 特征参量获取与处理关键技术

杨军[1]，赵永超[2]，王杰[3]

为了保障全球变化研究的信息和数据需要，必须要集成现有及可预期将来的所有地球观察系统的能力，并综合集成利用全球尺度的实时定点测量数据、遥感数据和GIS数据等多种异构的地理空间数据，产生面向多方面应用需求（如环境、生态、气候、地球系统各圈层交互作用等）、多种物理属性的高可靠性数据产品，并在全球的框架下被表达、发布与应用（Bai and Di，2012）。如何长效性地管理全球变化的数据、信息、模型和知识成果，应对它们在空间尺度、时间尺度、数据类型、数据格式等方面所具有的海量性和异构性的挑战，是一个亟待解决的问题。

实现这一能力，必须建立面向全球变化且具有长寿命、可持续的虚拟基础设施。这里的长寿命（long-lived），源自OAIS标准（National Science Board，2005），指的是数据集建设保存的时间跨度大，需要考虑到支撑技术的进步，考虑到用户群体的变化，考虑到相关标准的升级，而且这个更新换代的过程可以是无止境的。相应的数据表达、处理和分析等基础设施，需要面向广泛的使用需求和较高的应用要求，并有不同于以往一般遥感图像处理系统（如ENVI、ERDAS、PCI等）、数据表达系统（如Google Earth）、管理系统（如ArcGIS）等的要求。这些需求与要求包括：①支持全球框架下的多源地球观测数据源或观测系统，以及隐藏在文本文件中的与全球变化有关的地球空间信息，其核心关键是要能解决多源数据的时、空一致性问题；②要能方便扩充新的观测系统和文本资料；③支撑地球观测数据分析所需的基础数据库建设，包括全球框架下的内容需求与表达方式、应用接口；④全球数据的快速、高自动化、高可靠性处理；⑤尽量减少人工需求；⑥遥感图像的空间、辐射、时间、光谱协同处理；⑦全球数据的呈现与应用一体化。其他的需求还包括支持通用的数据类型、数据格式、投影与坐标系统、物理量类型、卫星-传感器系统，并对所有上述方面都要能实现自适应、可扩充。

虚拟地球（virtual globes）技术的快速发展，为全球地理空间信息管理和可视化提供了新工具，也为满足上述需求提供了支持（Goodchild，2008）。虚拟地球产品，尤其是GE，方便了全球科学家们以直观的3D球面视角交流他们的数据和研究发现。与传统的GIS产品的不同，虚拟地球产品是廉价的，且易于开展数据采集、探索和可视化。我国以中国科学院电子学研究所、中国科学院对地观测与数字地球科学中心、中国测绘科学研究院、武汉大学等为代表，也建设了多个这方面的虚拟地球产品。虚拟地球在全球变化研究中的突出优点在于：采用了单一的坐标系统（经纬度地理坐标系统和WGS84基准面），避免坐标系统转换产生几何误差；方便的可视化功能，利于在科研工作的初期，探索集成的多源异构的空间数据（Oberlies et al.，2009）；免费提供了大量高分辨率遥感影像，为城市研究、

---

1. 清华大学地球系统科学系；2. 中国科学院电子学研究所；3. 中国科学院遥感与数字地球研究所

灾害救援、自然资源管理等领域提供了工作底图和验证数据（Pringle，2010）。

但是当前的虚拟地球产品还不是完美的科学应用工具，尤其是对大尺度地学研究，这主要表现在：①它所提供的遥感影像质量在空间和时间上质量不一致（Stensgaard et al.，2009）；②基于它的定量测量能力不足（Bernardin，2010）；③缺乏分析功能；④数据安全和版权控制能力不足；⑤缺乏支持开展精确的全球空间模拟的能力。当前虚拟地球的功能大体上限制在作为地学浏览器（Geo-browser）来使用。它能够用于浏览与位置相关的丰富信息（文本、地图、图片、视屏等），但是为了满足全球制图、分析、模拟等需求，还亟需开发更多功能来增强其支持以全球变化研究的能力（Yu and Gong，2012）。

当前国际上的虚拟地球技术和图像处理、地理信息分析技术等基本是分立发展的。全球变化研究所需要的能力还没有相应的软件能够支撑。这体现在图像处理平台一般面向遥感图像，而不是全球多源数据；其基本功能面向专业分析处理，而不是面向生产，空间、辐射、光谱等处理及信息提取等不协同，是分立的；GIS与全球数据管理的代表性软件（如ArcGIS，GE等）与图像分析处理还不能紧密结合，并且难于在它们的基础上进行衍生分析和衍生产品的生产。因此，现有数据生产往往需要将图像处理软件、数据表达软件、数据管理软件人为的装配在一起使用，难于保证其集约性、高效性或自动化、生产性（生产的制式化和流水线化）。由于全球变化研究必须在全球框架下进行，涉及海量多样的数据，因此处理平台越是自动高效越好。这就要求在工程化生产中，整个几何-光谱-辐射处理流程必须是前后相继，并始终面向目标信息的进一步定性、定量提取与信息产品的衍生分析。最后在全球的框架下数据的表达和应用必须彻底转变为3D（维）。而目前国际上能进行3D数据管理和表达的典型代表是GE。但是GE及世界上广泛效法它的虚拟地球软件，主要限于数据浏览与可视化，缺乏全球变化研究所需的数据查询、编辑、处理和分析功能。因此，需要在类似GE功能的基础上拓展高适用性、高可扩展性、高面向应用的全球数据表达和在此基础上的数据分析。

针对现有工具的不足和全球变化研究的需求，研究全球变化特征参量信息获取与处理平台的关键技术是必要的，是实现全球变化参数快速提取和发布的核心。这项工作包括实现全球+3D架构下的图像处理、管理与发布、物理量纲和时间等管理。针对这个目标，需要在新功能算法的开发、通用图像处理算法的适应性改造、网络/数据库环境的适应、自动处理流程，以及能够支撑上述关键技术与算法功能需求的图像格式和平台内部协议进行一系列的研究。这些关键技术和需求分别叙述如下。

28.1 关键技术研发的总体思路

特征参量信息获取与处理平台的关键技术研发的核心是最终要能实现全球+3D架构下的图像处理、管理与发布。总体思路是以IDL为开发语言，利用通用的2D图像处理软件（如ENVI等）和3D地球软件（如Google Earth、EV-Global）提供的外部开发接口与公开资源，充分利用三者各自能提供的底层支撑和管理功能，进行扩展、铰链，从而实现全球3D多源异构图像的处理与发布。图28.1是关键技术研究的总体技术路线示意图。

具体的做法是首先利用IDL开发语言开发2D图像处理软件和3D地球软件的铰联

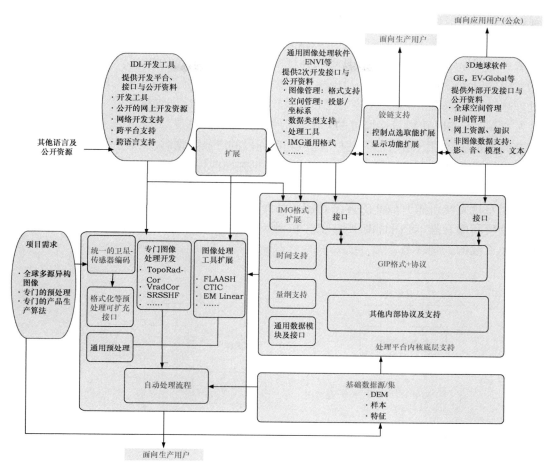

图 28.1　特征参量信息获取与处理平台的关键技术研究总体技术路线图

工具，扩展 ENVI 的几何-控制点（Map、Register 等）功能、图像显示操作（Display 等）、文件管理（ENVI_Select、Spatial Subset 等）模块，使之与 GE 等 3D 地球软件能够铰链运行，即在 ENVI 操作界面中，能同时操作 GE 并进行图像关联；在 ENVI 的处理流程中，可以导入 GE 的图像、定位信息和其他网络资源信息，包括在无 Internet 条件下局域生产网中内部的资源。这个过程的实现需要研究专门的协议，并设计开发专门的接口使得一般 2D 图像处理软件可以处理 3D 虚拟地球系统的数据形态，同时使得 3D 虚拟地球系统能支撑多数据类型及多光谱/高光谱数据，即相当于实现将图像处理软件与虚拟地球软件的铰链，使得双方同时支撑共同的数据对象，将图像分析处理与全球+3D 空间管理、发布有机结合。

其次是要对通用的图像格式进行扩充改造，定义物理量纲和时间系统的编码，在此基础上进行接口与进制转换工具的开发，从而实现对时间和物理量纲的支持。自动流程的实现通过 3 个方面的扩展来实现：①利用 IDL 和 ENVI 等的开放性，对它们的功能进行针对性扩充，特别是 ENVI 中一些通用工具的适应性改造，成为处理平台的有机组成部分；②通过开发新的关键算法；③对卫星-传感器系统进行统一编码，开发可扩充的图像辅助数据导入接口和统一的预处理接口。

全球数据产品的分任务处理和面向全球公众用户的发布，需要同时能支持 2D 图像处理软件和 3D 地球系统软件的专门图像格式。这个数据格式为 GIP(global image pyramid)，即全球图像金字塔。GIP 具有光谱、数据类型等图像特征，既能被 2D 图像处理软件打开当成一般图像处理，也能被 3D 地球软件打开被用户所浏览。为此，要专门开发面向两者的专用接口和 GIP 生产工具。从图 28.1 可以看出，当某一个产品专题 GIP 被建立后，在处理端，多景遥感图像经分任务处理后可以放入同一个 GIP，即直接形成全球产品；同时，在发布端，此 GIP 可以直接通过 3D 地球软件面向公众被发布，用户能直接查询到产品的细节而不是缩略图；当用户需要某一区域和时间段的产品数据时，可以按照用户定义的区域、坐标系/投影、尺度、格式要求直接提供数据并面向用户的进一步生产。

图 28.2 显示了在 GIP 支持下的发布/服务方式与常规发布/服务方式间的差异，可见相对于常规方法，基于 GIP 的方法是按产品而不是按图像来管理的，可以减少文件系统的复杂度和库管理、专门查询工具的开发。用户可直接带底图浏览产品并按需获取数据，减少了后续的处理环节。

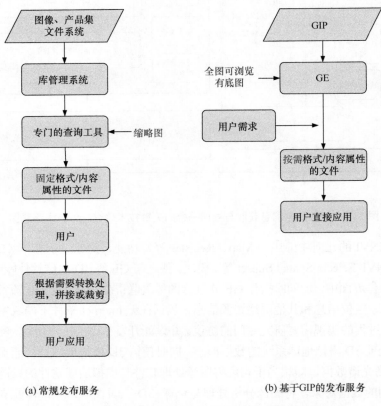

图 28.2 基于 GIP 的发布/服务方式与常规方式的对比

GIP 的实现还为处理平台的闭环运行提供了解决方法。在处理平台中，一方面，全球基础数据集按 GIP 方式存放，多源异构图像在 DEM 等基础数据的支持下经处理平台处理后产生产品，产品可以建立相应的 GIP，通过 2D 处理软件的支持进入下一个处理环节，这就形成了闭环运行。另一方面，原始入口图像以及产品也都可通过 GIP 被 3D 地球软件发布，面向应用用户。

28.2 物理量纲、时间管理实现

进行量纲、时间管理的需求分析，包括物理常数分析、量纲分析和时间系统及表达方式的分析是实现管理多类型数据的基础。在此基础上进行内部协议的设计过程，主要是根据需求分析结果编制物理常数表、量纲代码及进制转换系数表，以此为基础，对图像处理的标准格式进行扩充改造，使之能够定义量纲和时间。之后分别开发物理常数、量纲和时间系统的接口使之能被处理平台调用和理解、实现进制自动转换。在产品生产中，包括图像导入和产品输出，都要继承、利用在量纲和时间系统方向的信息。另外，在自动流程中的各处理工具，包括新开发的和改进的，都要在界面、处理流程、输出图像上扩充对量纲和时间的支撑（图28.3）。

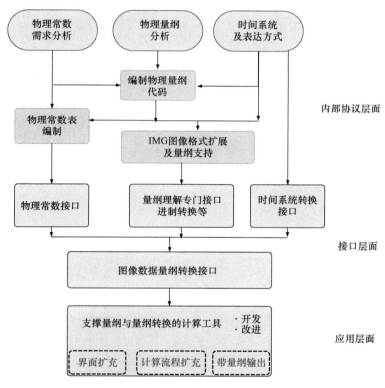

图28.3　物理量纲、时间管理实现的技术路线图

28.3 关键性功能算法的研究开发

新的功能算法开发要充分利用处理平台的基础数据集，全球3D的处理、管理与发布框架，以及支持量纲和GIP等的特点，实现参数的自适应和运行的自动化。

以地形辐射纠正工具TopoRadCor为例（图28.4），常规流程在获得图像和DEM等数据文件后，首先要在格式、内容（波段选择等）、量纲、几何等分别进行转换，进行匹配，通常文件大小和尺度、投影/坐标系要求一致，才能进行相互运算；运算时不支持GIP，因此一般不能在全球框架下进行参数自适应设置，也不支持闭环实现；运算后要经过后续的处理才能形成统一的产品。而新算法工具则要求没有这些局限性，如在处理过程中，图像和 DEM 的内容、量纲、几何都是自适应匹配的，即两者不需要在投影/坐标系、尺度上相等就可以直接处理。新算法的开发中实现了多种地形参数自动引入、参数自适应、阴影区识别等功能，所以新算法能够支持自动流程。

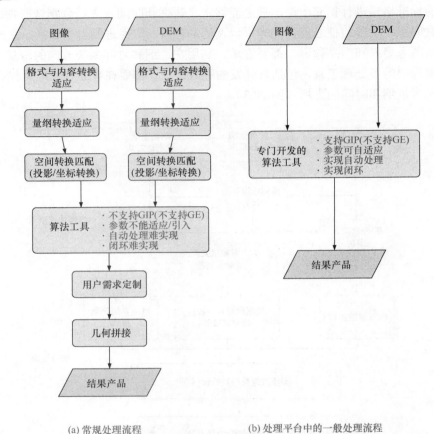

(a) 常规处理流程　　　　(b) 处理平台中的一般处理流程

图 28.4　处理平台中关键算法流程与常规处理流程的比较
（以 TopoRadCor 地形辐射纠正工具为例）

图 28.5 是对应的技术路线示意图。强调了在计算模块外的处理参数自适应和图像的自动匹配。调用处理平台的 GIP 支持部分实现对入口图像为 GIP 时的支持。同时调用平台的量纲管理部分实现对入口图像的数值转换，调用光谱管理部分进行波段的自动选择，调用几何支持部分实现图像的几何匹配，这样进入计算模块前的图像和 DEM 已是内容、单位、几何匹配好了的。通过卫星-传感器的统一编码和辅助数据接口获得图像和成像的参数，利用平台的基础数据库和几何位置获得高程等基础数据，由此进行处理参数的自适应。在输出端，则对参数、量纲、传感器-成像等信息在扩展的通用图像格式支持下继承，为后续的处理打下基础。

TopoRadCor 地形辐射纠正工具的应用实例显示基于新算法的工具具有良好的效果，如图 28.6 所示。

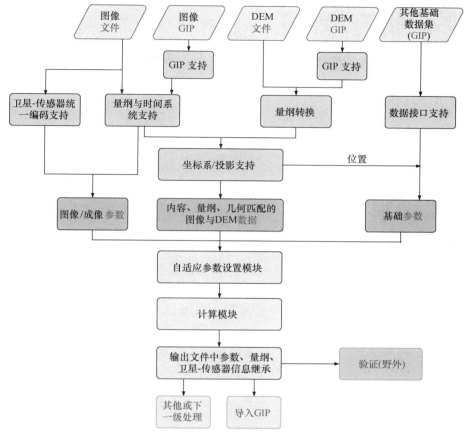

图 28.5　处理平台中关键算法研究的技术路线图
以 TopoRadCor 地形辐射纠正工具为例

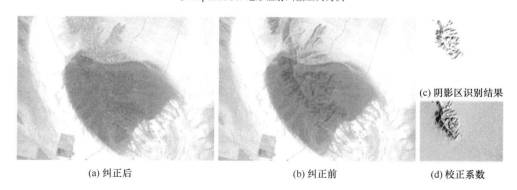

(a) 纠正后　　　　　　　　(b) 纠正前　　　　　(d) 校正系数

图 28.6　TopoRadCor 进行地形辐射纠正的效果示例

利用自主的 SRSSHF（spectral-dimension recognition spatial-dimension smoothing hyperspectral filter）算法编制的一个自适应滤波工具是另一个适应自动流程的算法的例子（Zhao et al., 2001）。SRSSHF 滤波是基于 CSAM（correlation simulating analysis model）分析模型的一种滤波方法，核心是利用图像空间维属性与光谱维属性可分的原理，实现图像的自适应滤波。

通常一个滤波过程可描述为

$$R = R_0 \theta K \tag{28.1}$$

式中，R_0 为原始的图像；R 为滤波之后的图像；K 为滤波核函数；θ 为一个移动平滑的算法。

改进的滤波核函数：

$$K_{k,l}^m = K \otimes S_{k,l} = \begin{vmatrix} k_{1,1} & k_{1,2} & \cdots & k_{1,n} \\ k_{2,1} & k_{2,2} & \cdots & k_{2,n} \\ \vdots & \vdots & \ddots & \vdots \\ k_{m,1} & k_{m,2} & \cdots & k_{m,n} \end{vmatrix} \otimes \begin{vmatrix} S_{1,1} & S_{1,2} & \cdots & S_{1,n} \\ S_{2,1} & S_{2,2} & \cdots & S_{2,n} \\ \vdots & \vdots & \ddots & \vdots \\ S_{m,1} & S_{m,2} & \cdots & S_{m,n} \end{vmatrix} = \begin{vmatrix} k_{1,1}S_{1,1} & k_{1,2}S_{1,2} & \cdots & k_{1,n}S_{1,n} \\ k_{2,1}S_{2,1} & k_{2,2}S_{2,2} & \cdots & k_{2,n}S_{2,n} \\ \vdots & \vdots & \ddots & \vdots \\ k_{m,1}S_{m,1} & k_{m,2}S_{m,2} & \cdots & k_{m,n}S_{m,n} \end{vmatrix}$$
(28.2)

式中，$K_{k,l}^m$ 为改进后的滤波；K 为典型的低通滤波核函数（仅由像元之间的空间关系决定）；K 通常是距离权重矩阵，而且不变；下标 (k, l) 为图像的二维空间维度；$S_{k,l}$ 为根据 CSAM 模型决定的逻辑关系矩阵，其所有元素由式（28-3）定义：

$$S_{i,j;k,l} = f_L\left(p_{k-i-\frac{n}{2},1-j-\frac{m}{2}}, p_{k,l}\right), i = 1, 2, \cdots, n; j = 1, 2, \cdots, m \tag{28.3}$$

式中，$S_{i,j;k,l}$ 为 $S_{k,l}$ 的元素 (i, j)；p 为每一像元的光谱向量；函数 $f_L(p_1, p_2)$ 为逻辑判断函数。根据 CSAM 的两个推断：如果两个光谱向量 p_1, p_2 相同，$f_L(p_1, p_2)$ 将等于 1，如果不同，$f_L(p_1, p_2)$ 将等于 0。

$$S_{i,j;k,l} = \begin{cases} 1 & \text{如果CSAM为真，则像元}\left(k-i-\dfrac{n}{2}, 1-j-\dfrac{m}{2}\right) \text{与}(k,1)\text{光谱特征相同} \\ 0 & \text{如果CSAM为真，则像元}\left(k-i-\dfrac{n}{2}, 1-j-\dfrac{m}{2}\right) \text{与}(k,1)\text{光谱特征不同} \end{cases} \tag{28.4}$$

这样的核函数是一种自适应滤波。该滤波函数可表达为

$$R_{k,l} = R_0 \theta K_{k,l}^m = \sum_{i=0}^{n}\sum_{j=1}^{m} R_{k-i-\frac{n}{2},1-j-\frac{m}{2}} \cdot k_{i,j} \cdot S_{i,j;k,l} \Bigg/ \sum_{i=0}^{n}\sum_{j=1}^{m} k_{i,j} \cdot S_{i,j;k,l} \tag{28.5}$$

修改后的核函数和滤波能确保中心像元周围那些具有相同光谱属性的像元参与平滑过程的平均计算，计算过程还根据空间距离权重系数 K。

SRSSHF 滤波的主要功能和性能特点包括：均匀地物目标内部得到平滑，边界相对增强，孤立目标或小目标保持；可无限次迭代；异常数据点可消除；光谱各方的信噪比可以相应增强；不改变光谱曲线的形状；不改变图像的辐射定标结果；能够同时消除空间+光谱 2 维的噪声，以及自动化，参数可自动设置。SRSSHF 滤波算法的应用实例见图 28.7。

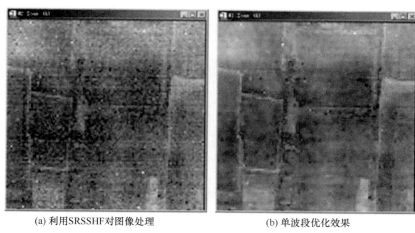

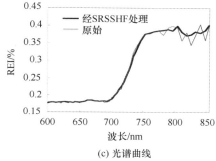

图 28.7　利用 SRSSHF 对图像（a）进行处理后的单波段的优化效果及光谱曲线情况，可见图像信噪比在空间和光谱维均得到极大提高，但同时图像边界清晰化，不显模糊，十分理想

28.4　通用图像处理算法的适应性改造

一般的图像处理工具由于带有界面或人机交互的要求，很难直接进入自动处理流程。因此目前的开发中，对自动处理流程需要用到的图像处理工具，都进行了改造。

通用图像处理工具的适应性改造在入口端的技术路线与新算法工具类似，以大气纠正软件 FLAASH（fast line-of-sight atmospheric analysis of spectral hypercubes）为例（图 28.8），扩展后利用处理平台在底层对 GIP、多域量纲管理等的支持，对入口图像和处理参数进行自适应：利用卫星传感器的统一编码和相应接口获得卫星和成像参数；利用 IMG 格式的扩展和时间系统支持获得图像的时间参数；利用量纲管理获得物理量参数，利用 GIP 的数据接口获得高程、地面特征等参数，并进一步获得对大气模式和气溶胶模式的选择。这样，FLAASH 界面中的参数就均能自适应了。另外在运行、计算端还要开发能使 FLAASH 自动触发运行的功能块，FLAASH 的快速算法和参数迭代优化等，此外还要对 FLAASH 能支持的卫星-传感器系统进行扩充。这样最终就获得了经扩充、优化、快速化、可自适应参数、可自动运行的 FLAASH，也由此解决自动处理流程中大气纠正环节的自动化问题。

目前已完成改造的算法或工具举例如表 28.1 所示。

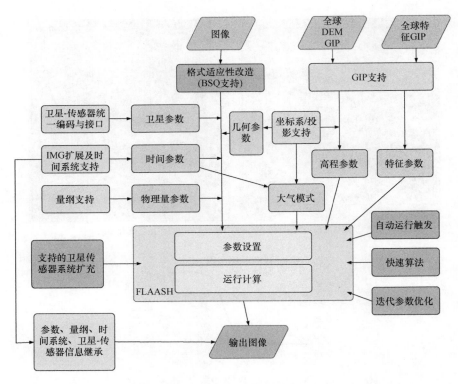

图 28.8 通用图像处理算法的适应性改造技术路线图

表 28.1 已改造算法或工具例子

用途	模块名称	主要改进功能
基于模型法的大气纠正	FLAASH	使之自动化
基于经验法的大气纠正	QUAC	使之自动化
图像波滤工具	CONVOL	使之能适应无效像元等
图像数据读取工具	GetData，GetSlice	使之从只能读取单个波段或单个帧扩展为能自由读取图像立方体
滤波工具	SG 滤波工具	使之从只能处理曲线改造为能处理图像，并且添加了对非法数据的处理
TIFF 文件生成工具	WRITE_TIFF	添加大图像支持和波长、时间等属性信息的支持
图像几何特性设置工具	GetMapInfo	添加操作支持

28.5 网络/数据库环境的适应

网络/数据库环境的适应主要是为了提高图像处理和产品生产的效率,减少在终端和数据服务器端的数据交互。核心是实现两端处理的互相控制操作,即当处理由终端发起,但数据位于服务器端时,终端可以向服务器发送指令、任务请求,在服务器端直接启动平台系统的相应功能或自动流程;反之亦然。这样一方面就减少了数据交互,提高了效率,减少了计算和网络资源的占用;另一方面也可实现有管理的分任务产品生产。图 28.9

是互相控制操作实现的技术流程。

图 28.10 是实现的技术路线。首先根据需求设计相应的指令集和任务定义作为内部协议的组成部分，然后开发相应的响应接口和触发机制，作为平台系统的伺服机制，部署在各终端和服务器端。另外还要设计触发后的工作流程和任务队列机制来完善分任务生产，实现互相控制操作。

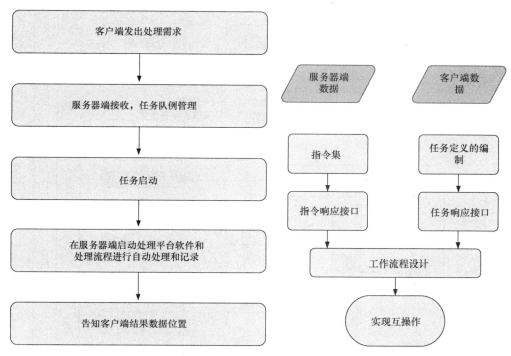

图 28.9　互操作实现的技术流程　　图 28.10　网络/数据库环境的适应技术路线

28.6　自动处理流程实现

自动处理流程的实现完成对多源异构图像在全球框架下的从数据格式化、定标、大气纠正、地形辐射纠正、优化、产品生产、发布的自动化。它建立在前述各关键技术和平台在基础数据集、底层协议后台支撑的基础之上。在起始端，通过卫星-传感器的统一编码和辅助数据的专门接口，使得成像信息、图像信息和定标参数能够被规范化导入，从而实现数据的解压缩、格式化和定标处理的自动完成，同时通过对 IMG 格式的扩充，处理的参数及各类信息都会被传递到后续的处理中。通过扩展的 FLAASH 和 DEM 等基础数据集+GIP 接口的支持实现大气纠正的自动化。通过开发的功能工具（如 TopoRadCor）实现后续优化处理的自动化。按图 28.11 中技术路线开发产品生产工具，来实现产品生产的过程的自动化。利用开发的 GIP 生成工具，则可以自动完成 GIP 的生成及发布。

另外，在生产过程中，如果图像数据没有几何定位信息，则可以通过处理平台对 2D 图像处理软件和 3D 地球软件的铰联功能，对图像进行几何纠正，再进入上述自动流程。如果生产过程中有质检和质保环节，可同样利用铰联功能，通过 3D 地球软件（如 GE）获得丰富的网上信息，同时充分利用基础数据集中的样本集，辅助进行产品质量控制。

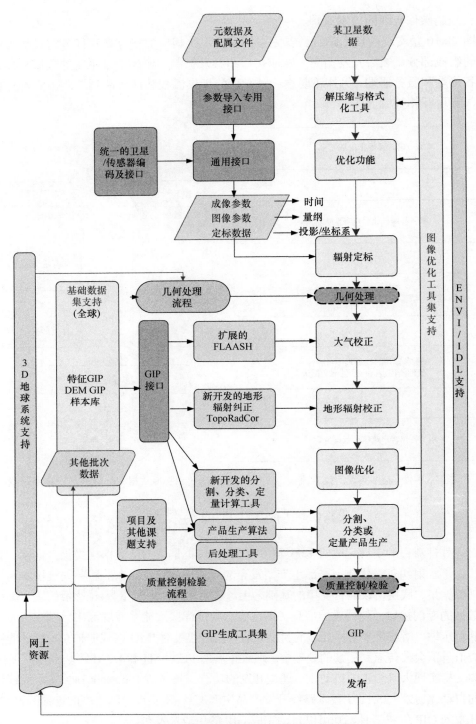

图 28.11 自动处理流程实现的技术路线图

生成 GIP 后,可以通过闭环工作流程,从产品中获得样本、特征等,补充到相应的基础数据集。

28.7 基本数据库/集的研究与建设

主要拟建设处理平台针对全球、多源、异构图像自动化处理流程实现必需的 DEM 库、特征库和样本点库，各库都被生成 GIP，成为处理平台的有机组成部分。同时也建设对平台开发调试必需的测试数据集。建设基础数据库的技术路线如图 28.12 所示。

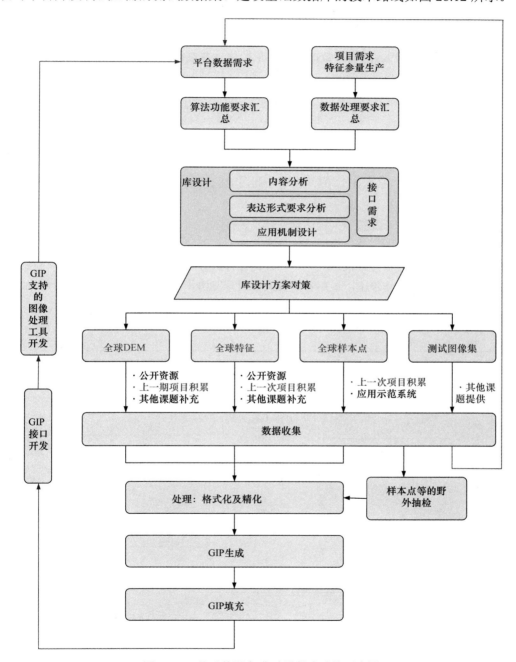

图 28.12　基础数据库/集建设技术路线示意图

首先进行数据库需求分析。需求主要来自动处理平台中主要算法功能的要求，也来自于全球特征参量生产中处理过程的要求。将对这两方面的要求进行汇总，确定数据集/库的总体需求。以此为基础，进行数据库的设计，包括内容分析、表达形式要求、应用机制设计和接口设计。并形成库建设的方案与对策。之后为数据收集阶段，全球 DEM 库拟主要是以 30m 或 90m DEM 数据为主建设，同时利用公开的资源或其他课题补充。各库的内容完备性按课题的指标要求。全球特征库拟以目前公布的全球地表覆盖产品为基础建设。全球样本点也以已获得的样本点为基础进行建设。测试样本数据则由使用者自己提供。

对上述 3 个数据库，由于要作为处理平台的后台支撑，因此在取得数据后要对数据进行检验（包括野外抽检），然后对数据进行修正精化，并进行格式化。最后建立相应的 GIP 并填充这些 GIP。利用处理平台的 GIP 协议及接口，就可以实现各处理功能软件对这些 GIP 的利用。支撑数据库/集目前支撑 GIP 及其他各种底层或功能软件的基础数据集及数据的格式化及应用接口。包括：色表、大地椭球参数、坐标系参数、投影参数、气溶胶及太阳常数、人眼刺激参数。部分数据集中已加入了自主的数据内容，如一些国产卫星的参数等。

28.8 处理平台的设计与开发

平台系统的设计和开发按照工程化软件开发的技术路线，建立在其他子任务工作的基础之上，以系统性开发为主。首先是按总体技术路线和关键技术研究技术路线进行平台设计、开发环境设计，并进行软件开发模块化、工程化任务拆分和协议文档编写，之后将任务分配给各开发人员或开发协作单位，最后各开发人员或开发协作单位按协议文档、接口要求对平台进行软件代码开发。在上述支持下，核心开发人员对处理平台系统进行集成/调试。

平台软件的总体构成如图 28.13 所示。

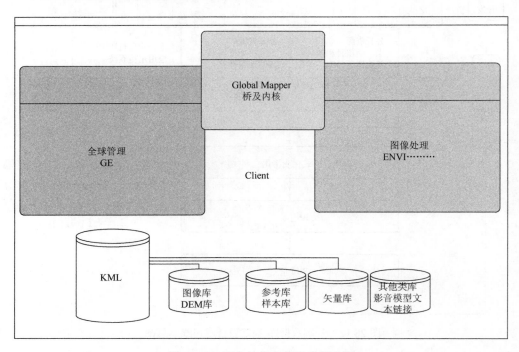

图 28.13　平台软件总体构成示意图

软件是在 2D 图像处理软件（ENVI）和 3D 地球软件（GE）的基础上开发的。但它本身是一套独立的软件系统，独立于 GE 和 ENVI 等安装，但与两者又互相兼容。用户在多个操作系统环境中只要安装了 ENVI 就可使用这一处理平台系统的大部分功能。如果同时安装了 GE 和 ENVI，则能使用全部功能。因此安装部署非常方便。

软件的组成从下往上包括以下 8 个层级。

（1）底层的硬件支持：主要是计算支撑设备和网络支撑设备。没有特殊要求，常规计算设备如 PC 和服务器等即可；常规网络设备即可。平台根据硬件支撑的条件可以配制成基于单机、局域网和 INTERNET 网的不同模式，不需形成不同的版本。

（2）操作系统支持：图像处理部分为跨平台支持，目前系统在 WINDOWS、LINUX 和 UNIX 等操作系统下均可运行并经过验证。与 GE 的关联部分目前则只支持 WINDOWS。

（3）支撑软件：ENVI 等图像处理软件和 GE 等 3D 地球软件。无需特殊版本，也无需进行专门配制改动。

（4）内部协议和基础数据支持：包括 GIP 和 IMG＋等格式和量纲、任务、时间等的支持协议。

（5）接口与铰联支撑：与内部协议一起构成平台系统内部的底层支持，也包括加/解密系统等。

（6）数据库：包括 DEM、全球特征等数据集。用以支撑全球图像处理。

（7）功能软件：在上述基础上开发的各个功能软件，为各种处理算法和工具，包括改造的算法工具和新开发的算法工具。这些功能软件实现了自动处理流程中的各个环节。每个功能软件均可以单独运行，又可以在处理流程中被调用而形成自动处理。

（8）任务伺服：为在平台上封装的一个任务伺服工具，用于接受非本地发起的处理任务并自动启动运行，也用于的反馈处理状态信息。

软件统一独立安装后使用，既可以安装在各用户端，也可以安装在服务器端。平台中各功能软件主要是一些图像处理、分析工具，它们均基于前述技术路线和已开发完成的底层支撑而编制，因此具有以下的功能和性能特点：各功能软件具有统一的风格；各功能软件均可独立发布、运行。

所有功能软件之间是互相独立的，可以单独安装和发布。正是因为如此，所有图像处理功能软件才能自由组合，形成自动处理流程。例如，以 FLAASH＋为例，它就可以形成一个独立软件发布，可以像其他任何商业软件那样形成快捷方式在桌面或任务栏、资源管理器等中单独点击运行；在启动操作系统中自动启动运行；被其他软件调用，并且不受操作界面中消息等待的阻隔。

每个功能软件的控制参数都有 4 种配制方式，按优先级从低到高依次为：缺省配制、配制文件、命令行参数配制、界面在线修改配制，这样的多种配制方式也是自动流程能实现的关键之一。

无论是经改造的通用图像处理工具，还是新研发的图像处理工具，都提供了参数自适应设置的功能，这也是自动运行、自动处理流程实现的关键之一。每一个功能软件都相当于 IDL 中的函数（function）或程序（pro），可以在 IDL 程序中直接调用；或者在 IDL 命令行中运行，并且有丰富的命令行参数进行配制设置。图 28.14 是 FLAASH+的命令行表达（程序调用时表达相同）：

ZYC_FLAASH,ev,err=err,echo=echo,language=language,uninstall=uninstall,files=files,log_file=log_file,out_path=out_path,user=user,outfile=outfile,fid=fid,directory=directory,auto_run=auto_run,not_close_info_window=not_close_info_window,not_remove_fid=not_remove_fid,not_clear_file_first=not_clear_file_first,fast_mode=fast_mode,optimization=optimization,exit_flaash_while_finished=exit_flaash_while_finished,sensor=sensor,not_close_ref_fid=not_close_ref_fid,dem_file=dem_file,dem_grid=dem_grid,dem_band=dem_band,auto_save_template=auto_save_template,output_diagnostic_files=output_diagnostic_files,output_spectral_ratio=output_spectral_ratio,test_image_size=test_image_size,notified=notified,continue_other_mission_while_canceled=continue_other_mission_while_canceled,zyc=zyc,test_image_location=test_image_location,mtl_file=mtl_file,feature_file=feature_file,feature_band=feature_band,default_aerosol_model=default_aerosol_model,default_atmosphere_model=default_atmosphere_model,filter_file=filter_file,filter_index=filter_index,spacecraft_altitude=spacecraft_altitude,water_column_multiplier=water_column_multiplier,visvalue=visvalue,tile_size=tile_size,rsf=rsf,spatial_subset=spatial_subset,no_warn=no_warn

图 28.14　FLAASH+的命令行表达示例

这里示例了所有参数，实际调用时这些参数是可选的，这样就便于编程调用。各功能软件的输入参数同时也提供了较完备的解析机制，从而使得输入的数据类型可以灵活多变。例如，当某一个图像处理软件有一个参数用于导入某一处理数据时，它可以是：

（1）与图像大小相同的数据立方体，这时会被与图像直接运算；

（2）与图像帧大小相同的 2 维数据矩阵，这时会被与图像帧在时间方向样扩展并进行运算；

（3）与图像行像元数相同的 1 维数据矩阵，也会被扩展后应用；

（4）单数值，全图作相同的运算处理；

（5）字符串-文件名，这时会被解析成从此文件中导入参数。当为文件名时，还会继续解析成是图像文件还是光谱文件，是列表文本文件还是二进制文件等；

（6）字符串-命令代码，如设为"default"，通常指直接采用系统配制好的缺省参数或从缺省的参数文件中读取；

（7）字符串-数值串，如设为"2.0，4.567"，这时会转换为数值进行引用；

（8）字符串-混合型，可以上面 3 种类型的混合，形成一套组合参数，从而实现的参数的有条件化使用或参数的扩展。

软件的处理过程和处理参数均可继承并在处理流程中传递。只要操作系统支持，图像的大小不受限制。通过 GIP 甚至可以实现全球图像的处理。大部分功能软件都提供了 3 种进程控制：在线进程显示及在线中断、外触发进程中断（部分具有外触发进程挂起/继续的能力）、出错后保护性退出。而且，进程信息均可以反馈到调用程序以备管理与监控。最后功能软件提供了"试验"功能，即可以通过对局部图像进行试验处理看处理效果，然后在效果好的情况下再应用到全图中去。

28.9 检验与应用示范

处理平台开发完成并在示范性生产系统上测试结束后,可部署到大型计算服务系统上,进行人员培训,培训人员进行试运行和试生产,对发布、自动流程、关键功能和新算法等进行测试检验。问题反馈和系统更新后,再进行压力测试。在检验测试完成后,正式进行操作规程编制和生产人员培训,完全交付进行生产运行,形成应用示范,并进行运行性性能评定。另外,性能评定方面,可通过请多个不同熟练程度的人员操作同样的流程,在达到相似的处理效果下进行对比实验,也可由第三方测评机构来完成。

如图 28.15 所示,示范性系统的建设首先是需求分析。需求分析主要有存储需求分析、网络设备需求分析、软件与计算性能需求分析、终端配置需求分析等,它们分别与平台数据集的容量、项目发布内容和方式、平台工作模式、课题试生产需求相关联。在上述总体需求分析的基础上,进行运行架构和小型化设计,之后再进行设备购置、集成调试和部署的环节。

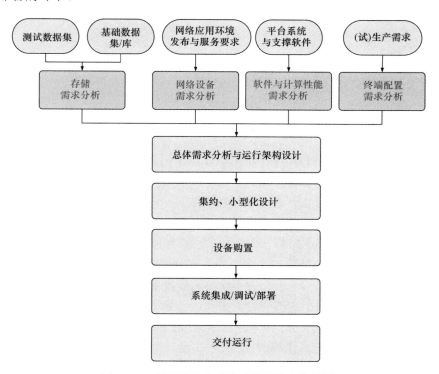

图 28.15 示范性生产系统建设的技术路线图

示范性生产系统可按与 INTERNET 链接的条件进行建设,具有处理平台的全部功能及支撑环境,是一个较小且集约的系统,其建议的具体组成如图 28.16 所示。

硬件配置包括一个磁盘阵列存储服务器,一个小型计算服务器,4~8 台终端 PC,一部千兆交换机及其他外设。软件包括 Windows 和 Linux 操作系统,相应的基础软件和支持库、算法验证和软件开发工具等。通过软件配置和虚拟化来满足跨平台、多种运行

·705·

架构的灵活调整。在计算服务器和终端 PC 上都通过虚拟机平台配置多种操作系统及运行环境，根据算法评价、架构模拟或测试条件要求，选择对应的配置环境。虚拟化配置能够在一台设备上完成多种配置，通过系统备份、恢复在其他设备上快速迁移部署。

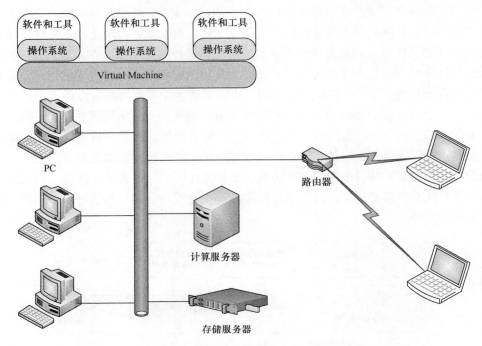

图 28.16 示范性生产系统的规划设计示意图

数据预处理方法的验证和精度评价可以在单个设备上进行。自动化处理流程、数据协议等需要实验单机、服务器客户端、多机协同等不同方式。组成的千兆局域网既可以集中计算也可以分工协作计算，通过软件环境配置，还能提供不同的运行方式模拟。也可通过软件配置和虚拟化，租用高性能计算中心的 10～26 个计算节点，每个结点运行虚拟系统 4～8 个，完成超过 128 个节点的管理能力测试和高并发请求的压力测试。

自动流程相比手工操作处理的效率提高的测试也可选择 1、2 个处理过程，如大气校正作为测试对象。通过请 10 个左右不同熟练程度的人员操作同样的流程，在同等计算条件下，分别计时处理 10 次不同数据操作，计算平均用时和总平均用时。用同样的数据和参数，在自动流程下计算同样输入数据的处理时间。人工操作处理时间和自动处理时间做成对照表，计算效率提高值。

28.10 小　　结

实现全球变化参数快速提取和发布需要平台的支撑，为缩短研发时间，可采取应用成熟和经过检验的技术，目前这个处理平台是在已有的软件平台上（ENVI、GE）上进行集成建设。建设的关键技术包括定制同时能支持 2D 图像处理软件和 3D 地球系统软件的专门图像格式，对多源异构的遥感数据中涉及的不同物理量纲和时间进行管理，改造通用图像处理算法,实现对一些过程的自动化流程,并建设支撑上述功能所需的基本数据库/集,这其中要考虑到处理平台的网络和数据库环境的适应性。在平台建设完成之后,对其进行严格的检验和进行应用示范是必不可缺的。未来可考虑系统在开源集群计算环境上的移植,如采用通用并行框架 SPARK 等,增加对平台处理后的海量遥感数据的数据学习和挖掘功能等。这里所提议的平台系统技术是针对全球变化研究需求而设计的,对于全球变化研究是必需的。平台建设关键技术的实现,将使我国在全球变化研究竞争中处于有利地位。

参 考 文 献

Bai Y, Di L. 2012. Review of geospatial data system's support of global change studies. British Journal of Environment & Climate Change, 2(4): 421-436

Bernardin T, Cowgill E, Kreylos O, Bowles C, Gold P, Hamann B, Kellogg, L. 2010. Crusta: A new virtual globe for real-time visualization of sub-meter digital topography at planetary scales. Computers & Geosciences, 37(1): 75-85

Goodchild M F. 2008. The use cases of digital earth. International Journal of Digital Earth, 1(1): 31-42

National Science Board. 2005. Long-lived digital data collections: Enabling research and education in 21st Century. http://www.nsf.gov/pubs/2005/nsb0540/nsb0540.pdf. 2016-05-02

Oberlies N H, Rineer J I, Alali F Q, Tawaha K, Falkinham J O, Wheaton W D. 2009. Mapping of sample collection data: GIS tools for the natural product researcher. Phytochemistry Letters, 2(1): 1-9

Pringle H. 2010. Google Earth shows clandestine worlds. Science, 329(5995): 1008-1009

Stensgaard A, Saarnak C F L, Utzinger J, Vounatsou P, Simoonga C, Mushinge G, Rahbek C, Mohlenberg F, Kristensen T K. 2009. Virtual globes and geospatial health: the potential of new tools in the management and control of vector-borne diseases, Geospatial Health, 3(2): 127-144

Yu L, Gong P. 2012. Google Earth as a virtual globe tool for Earth science applications at the global scale: progress and perspectives. International Journal of Remote Sensing, 33(12): 3966-3986

Zhao Y, Tong Q, Zheng L, Zhang B, Zhang X, Bai J, Wu C, Liu T. 2001. A kernel adaptive filter(SRSSHF)and quality improvement method for hyperspectral imaging based on spectral dimension recognition and spatial dimension smoothing according to CSAM. SPIE Proceedings 4552: 230-256

彩 图

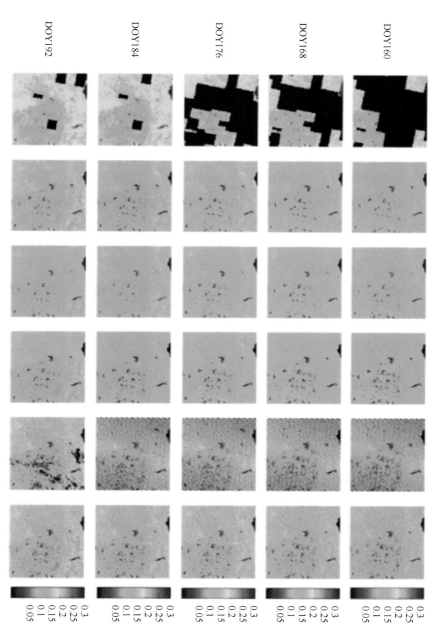

图 1.3　MRT 方法融合前后的时间序列反照率产品比较

从上到下依次为 MISR 原始、融合后的 MISR、MODIS 原始、融合后的 MODIS、ETM+ 原始、融合后的 ETM+

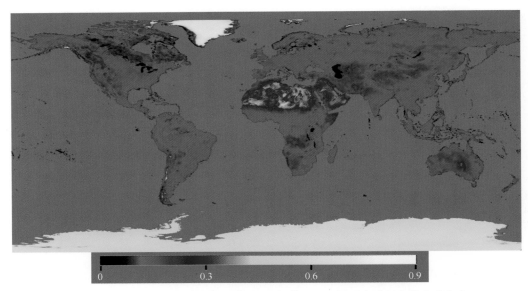

图 2.21　GLASS02B06 产品提取的 2008 年第 209 天黑天空反照率的全球分布

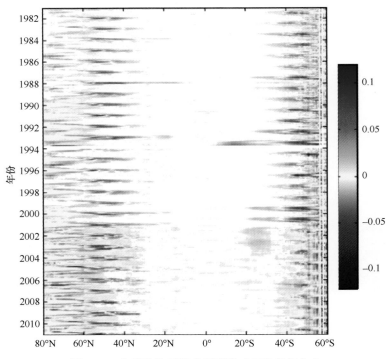

图 2.28　全球陆地反照率距平的时间和空间分布

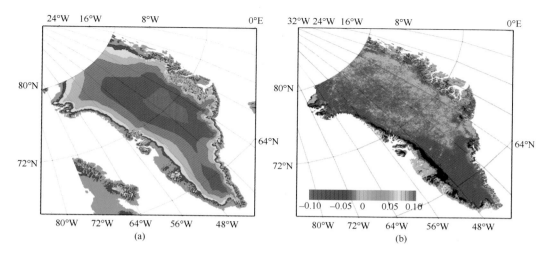

图 2.31 （a）根据海拔将格陵兰岛分成 8 个区域：海平面及以下（白色），≤500m（绿色），501~1000m（蓝色），1001~1500m（黄色），1501~2000m（青色），2001~2500m（洋红），2501~3000m（酱紫），>3000m（红色）；（b）2000~2012 年的 GLASS 反照率产品中统计的年均反照率变化速率

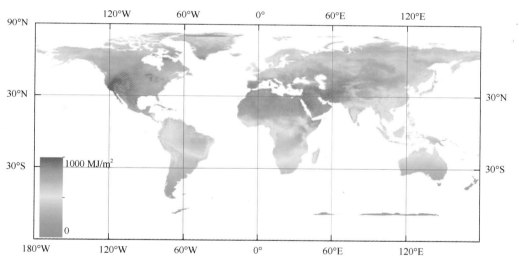

图 4.6　基于查找表算法生成 GLASS 地表日积短波辐射

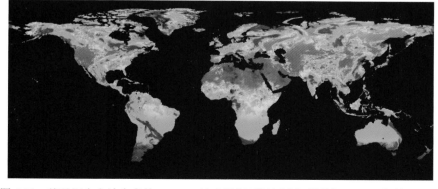

图 4.11　基于混合方法生产的 GLASS 地表日积下行短波辐射数据（2008 年第 1 天）

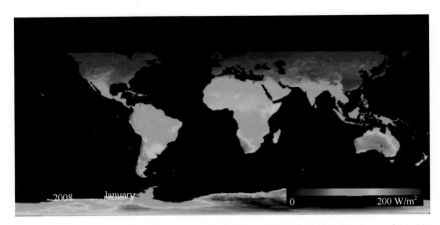

图 4.12 基于混合方法生产的 GLASS 地表月积下行短波辐射数据（2008 年 1 月）

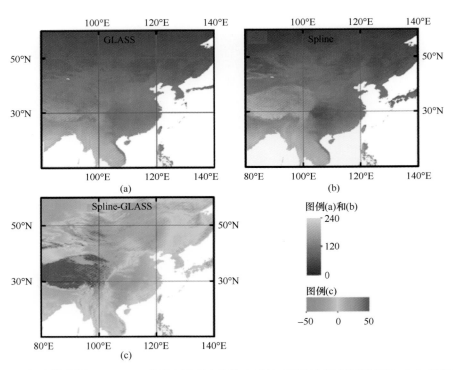

图 4.17 （a）直接利用 MTSAT-1r 基于查找表方法生产的地表下行短波辐射数据和（b）基于样条函数融合生产的产品，以及（c）二者差值比较

图例单位均为 W/m^2

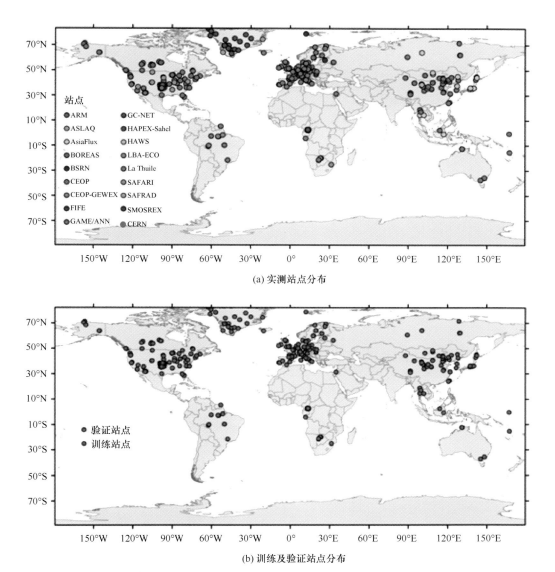

(a) 实测站点分布

(b) 训练及验证站点分布

图 6.1 净辐射站点分布图

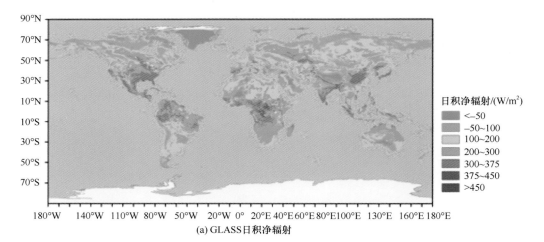

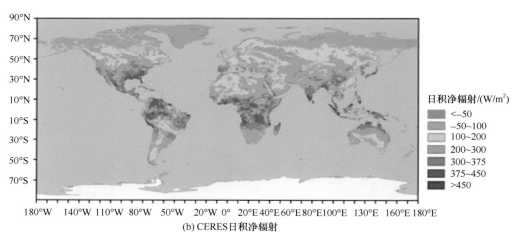

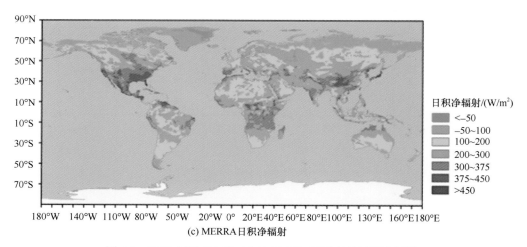

图 6.7　2008 年第 121 天（4 月 30 日）不同产品日积净辐射

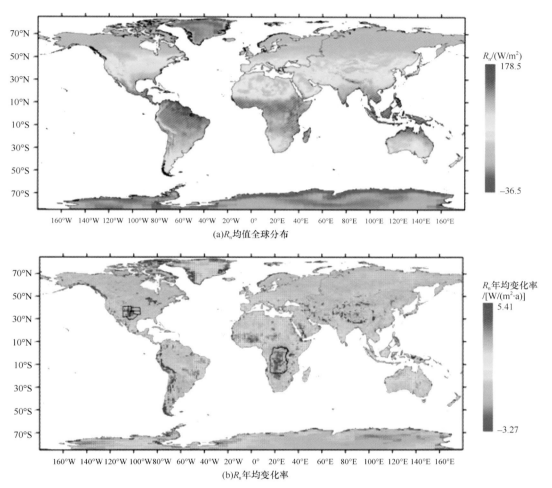

图 6.8　2001～2013 年 R_n 均值全球分布及 R_n 年均变化率
（b）中点表示该像元年均趋势显著（p-value ＜ 0.5）

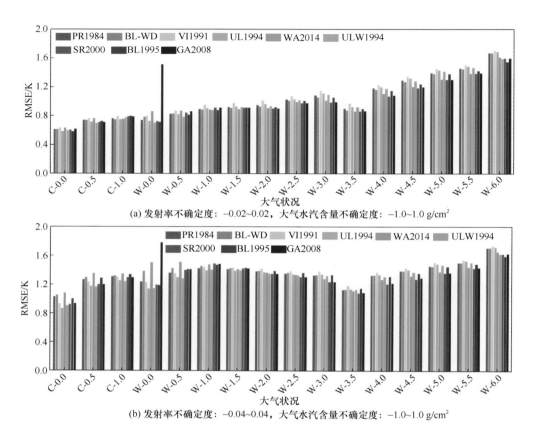

图 7.7 地气温差为 [−4 K，20 K] 时基于 NOAA-7 AVHRR 训练数据集的各算法反演结果的均方根误差
C：Cold-ATM；W：Warm-ATM

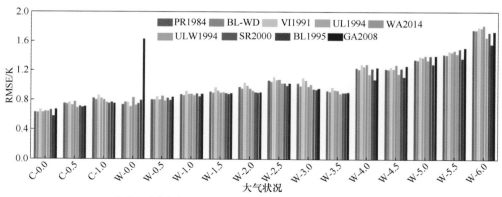

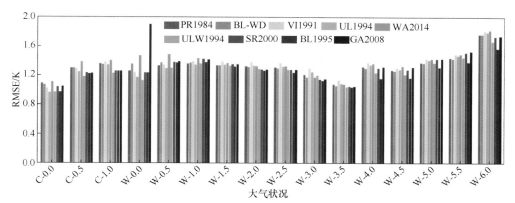

(b) 发射率不确定度：−0.04~0.04，大气水汽含量不确定度：−1.0~1.0 g/cm²

图 7.8　地气温差为 [−16 K，4 K] 时基于 NOAA-7 AVHRR 训练数据集的各算法反演结果的均方根误差

C：Cold-ATM；W：Warm-ATM

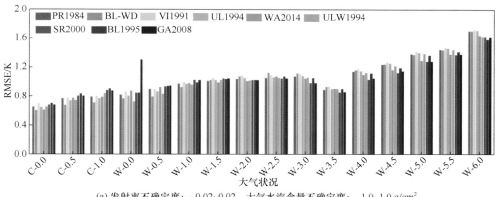

(a) 发射率不确定度：−0.02~0.02，大气水汽含量不确定度：−1.0~1.0 g/cm²

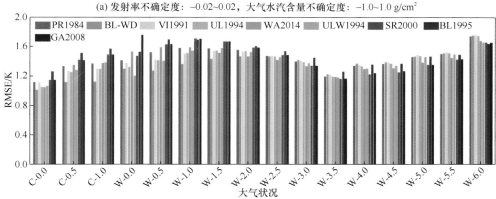

(b) 发射率不确定度：−0.04~0.04，大气水汽含量不确定度：−1.0~1.0 g/cm²

图 7.9　地气温差为 [−4 K，20 K] 时基于 MODIS 训练数据集的各算法反演结果的均方根误差

C：Cold-ATM；W：Warm-ATM

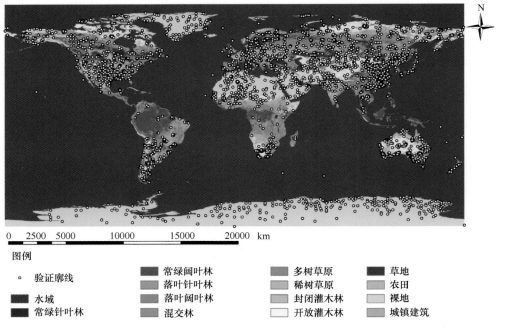

图 7.11 用于构建验证数据集的 SeeBor 大气廓线分布（地表覆盖类型来源于 AVHRR 数据）

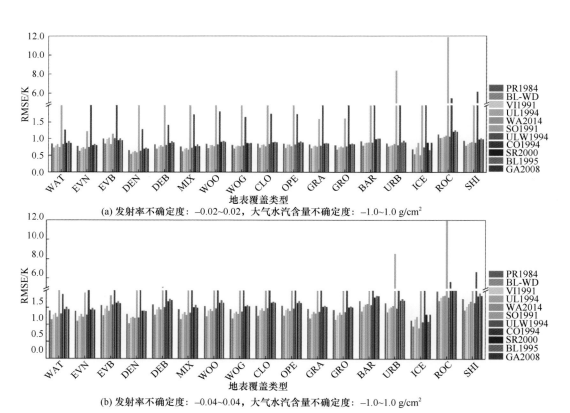

(a) 发射率不确定度：-0.02~0.02，大气水汽含量不确定度：-1.0~1.0 g/cm²

(b) 发射率不确定度：-0.04~0.04，大气水汽含量不确定度：-1.0~1.0 g/cm²

图 7.17 针对 MODIS 数据、不同地表覆盖类型的单个基本算法的均方根误差

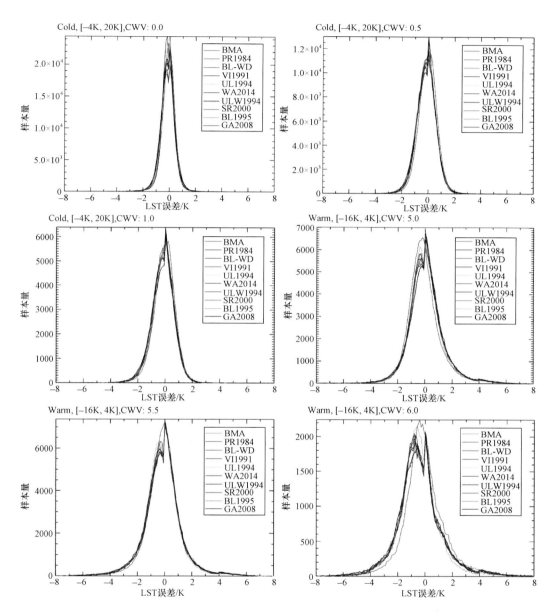

图 7.19 针对 NOAA-7 AVHRR 的 9 种基本算法集成时 BMA 模型与各基本算法的误差直方图

共 32 种情况，仅列出部分情况；CWV 后的数字表示大气水汽含量区间的下边界

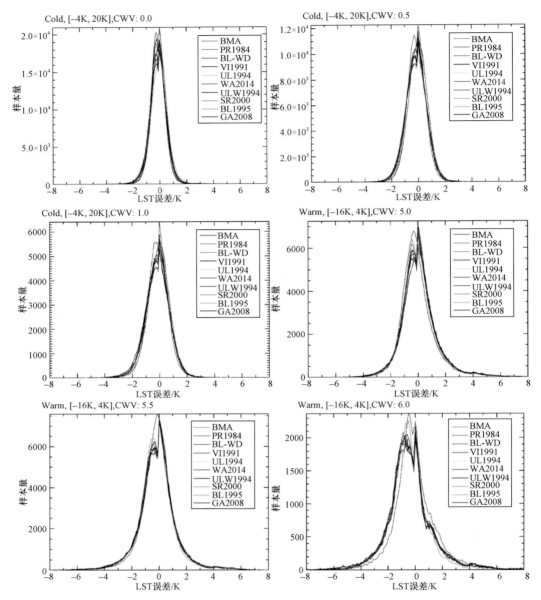

图 7.21　针对 MODIS 的 9 种基本算法集成时 BMA 模型与各基本算法的误差直方图

共 32 种情况，仅列出部分情况；CWV 后的数字表示大气水汽含量区间的下边界

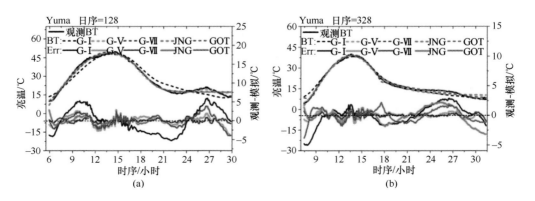

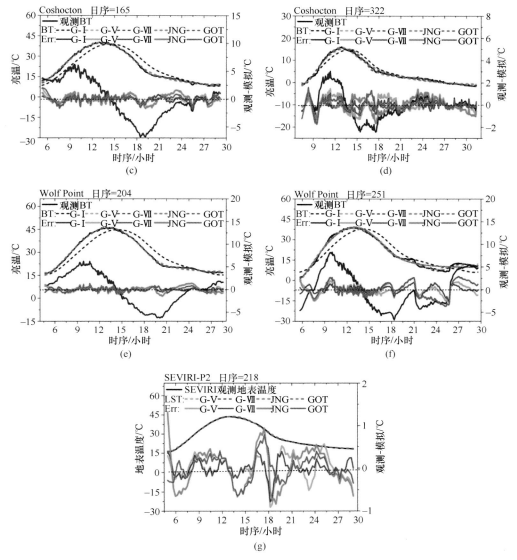

图 8.3 GEM-I（G-I）、GEM-V（G-V）、GEM-VII（G-V）、JNG 和 GOT 模型在单日周期的模拟误差

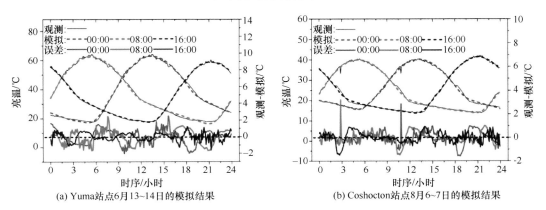

图 8.7 GEM-VI 模型分别以 00:00、08:00 和 16:00 为日温度周期的起始时刻模拟的地表温度日变化

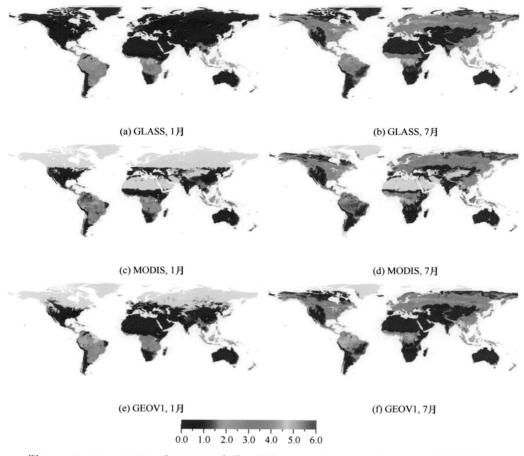

图 9.6　GLASS、MODIS 和 GEOV1 产品 1 月和 7 月 2001～2010 年 LAI 均值的空间分布

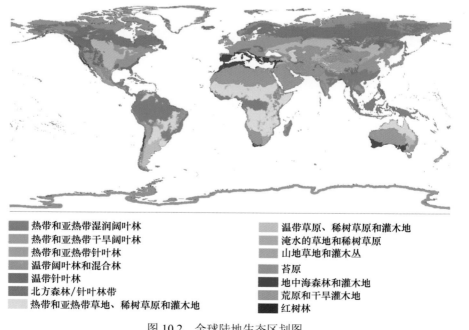

图 10.2　全球陆地生态区划图

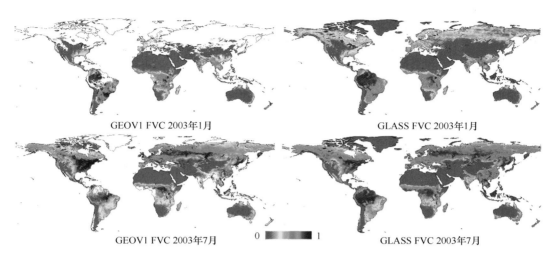

图 10.12 GLASS（右）与 GEOV1 植被覆盖度产品（左）空间对比

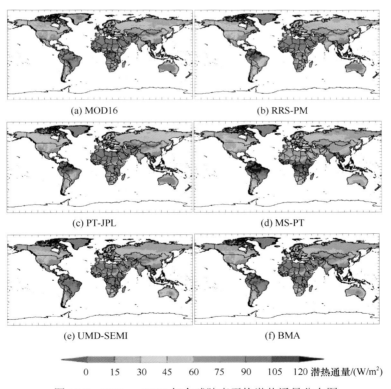

图 11.8 2001～2004 年全球陆表平均潜热通量分布图

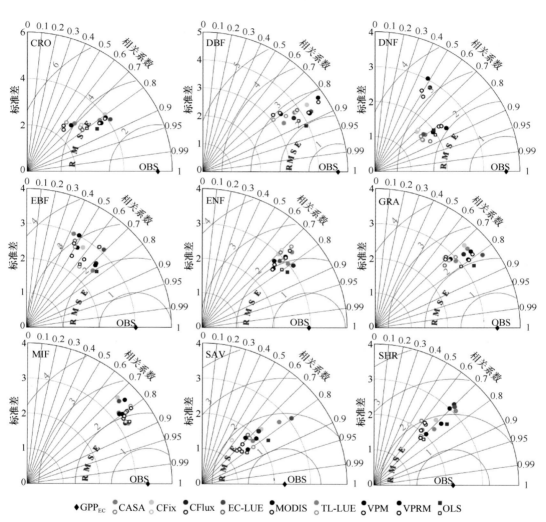

图 12.4 8 个光能利用率模型和回归集成模型在 9 种植被类型中的模拟能力比较

空心点表示 MERRA 气象数据估算的 GLASS-GPP 产品值，实心点表示通量站点观测的气象数据估算的 GPP 值；回归集成模型是四个模型（EC-LUE、CFlux、TL-LUE 和 VPRM）的回归值

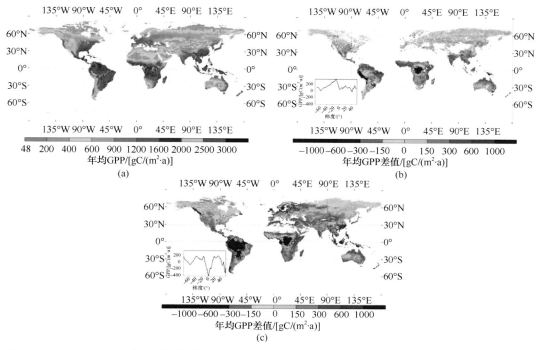

图 12.6 GLASS-GPP 产品全球年均值分布（a）及与 MODIS-GPP 的差值（b）和与 MTE-GPP 的差值（c）

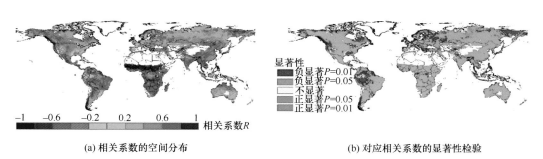

(a) 相关系数的空间分布　　　　　　　　　　(b) 对应相关系数的显著性检验

图 13.4　植被和降水在 0～3 个月滞后期内最大相关性的全球格局

白色区域未做统计分析

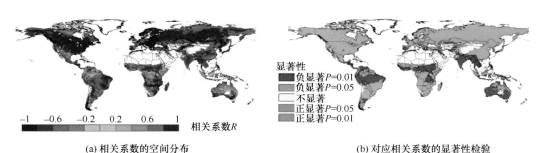

(a) 相关系数的空间分布　　　　　　　　　　(b) 对应相关系数的显著性检验

图 13.6　植被和辐射在 0～3 个月滞后期内最大相关性的全球格局

白色区域未做统计分析

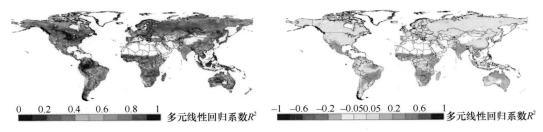

(a) 考虑植被滞后效应情况下　　　　　(b) 考虑和不考虑植被滞后效应情况下
多元线性回归模型决定系数　　　　　　多元线性回归模型决定系数的差异

图 13.8　综合气候因子对植被生长解释度的全球格局

白色区域未做统计分析

图 13.15　影响植被生长的主要气候驱动因子的全球格局

白色区域未做统计分析

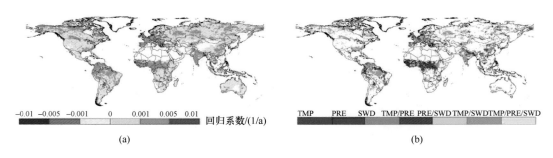

图 13.16　1982～2008 年全球植被显著性变化（$P < 0.05$）的空间分布

（a）表示 GIMMS3g NDVI 1982～2008 年显著性变化的空间分布，白色区域未做统计分析，灰色区域表示不显著；
（b）表示全球植被显著性变化区域对应显著性变化的气候因子（$P < 0.05$），灰色表示该区域没有显著变化的气候因子

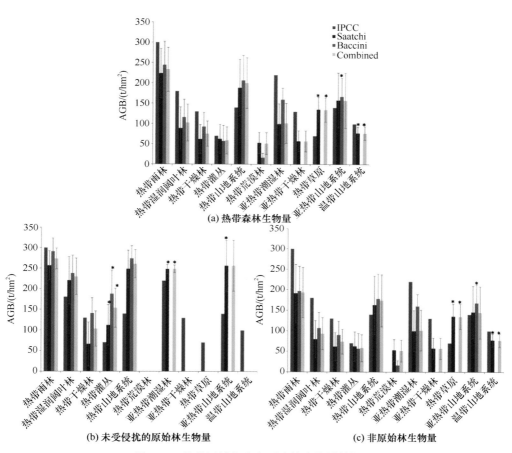

图 14.1 热带区域各生态区森林生物量数据

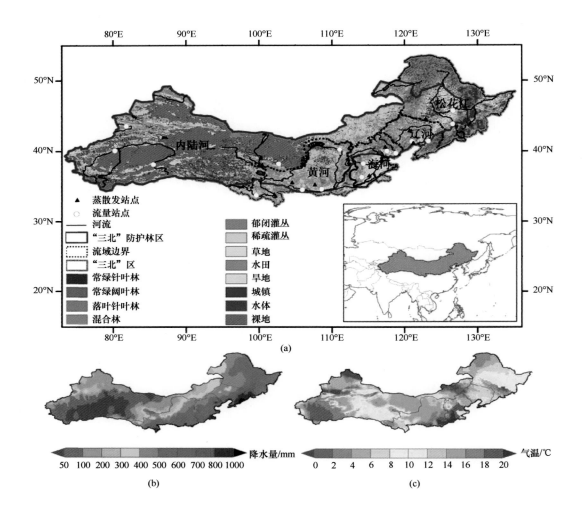

图 15.1 "三北"地区土地覆盖分布情况(a)及 1959~2009 年当地的多年平均降水量(b)和气温(c)的分布

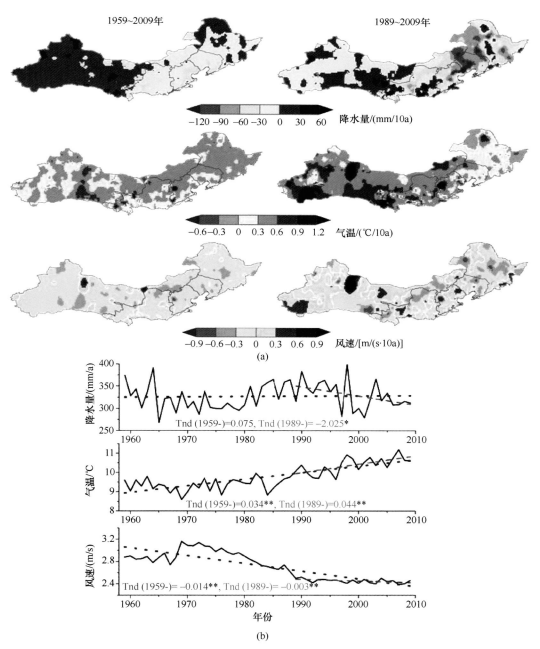

图 15.6 "三北"地区各地区气象变量的变化情况以及各气象变量随时间的变化

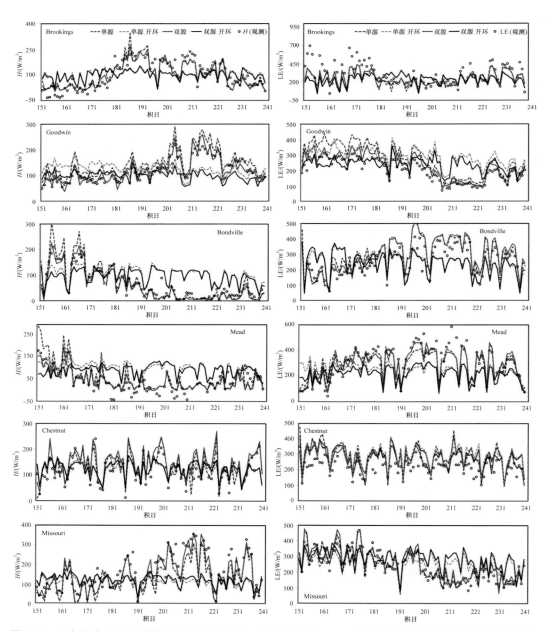

图17.4 6个站点同化(蓝色虚线)和未同化(灰色虚线)GOES地表温度的单源模型白天平均感热与潜热通量(H和LE)时间序列图,同化(红色实线)和未同化(黑色实线)GOES地表温度的双源模型也相应表示;观测值以空心圆表示

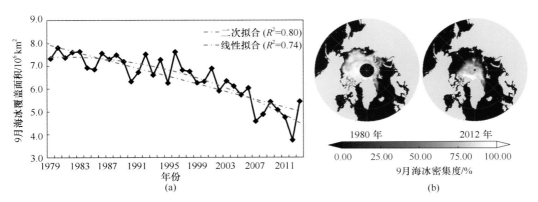

图 18.1 北极地区 9 月海冰覆盖面积 1979~2013 年变化（a）及 1980 年与 2012 年（b）9 月海冰密集度空间分布图

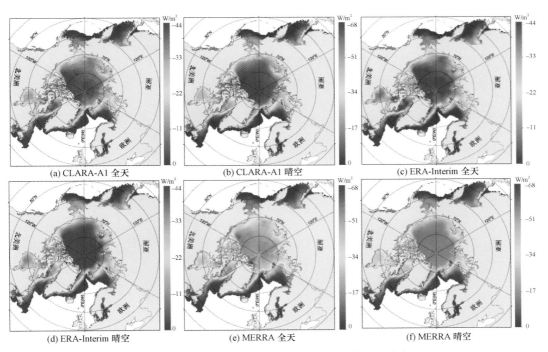

图 18.4 北极海冰反照率辐射强迫多年均值空间分布

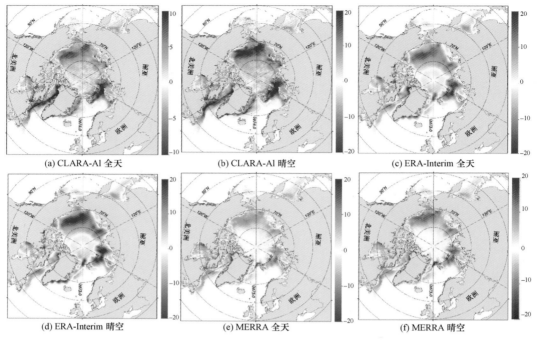

图 18.7 北极海冰反照率辐射强迫线性变化空间分布（W/m²）

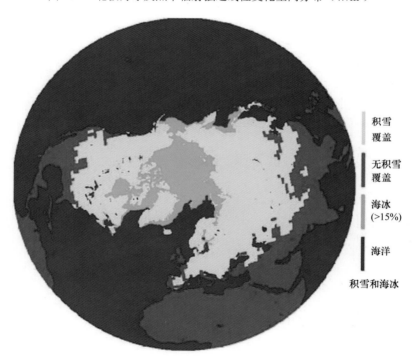

图 19.1 北半球积雪分布图

1979～2011 年北半球冬季最大积雪面积（$5.1\times10^7\,\text{km}^2$，2010 年 2 月 8～14 日）；数据来源于 http://nsidc.org/cryosphere/sotc/snow_extent.html

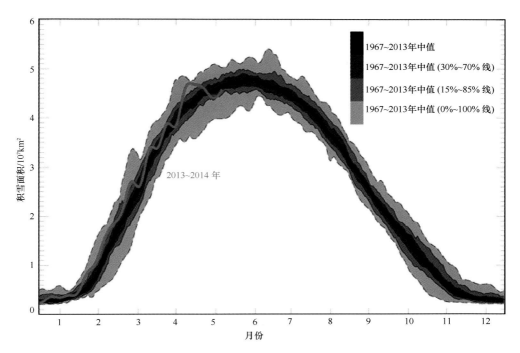

图 19.2 北半球积雪面积（SCE）年内变化图

1979～2013 年北半球月平均 SCE 变化；1979～2013 年月平均 SCE 由黑色表示，灰色表示其数据范围；2013 年 9 月至 2014 年 1 月的 SCE 由红线表示；在 2013～2014 年初冬，北半球月平均 SCE 比 1967～2013 年的月平均 SCE 值要大，但依然在 1967～2013 年月平均 SCE 值的变化区间内；数据来源于 State of the Cryosphere：Northern Hemisphere Snow，http://nsid.c.org/cryosphere/sotc/snow_extent.html

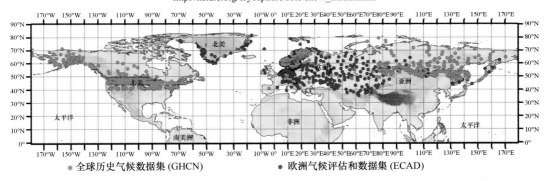

图 19.3 包含 2001～2012 年北半球实测积雪深度的 GHCN 和 ECAD 站点分布图

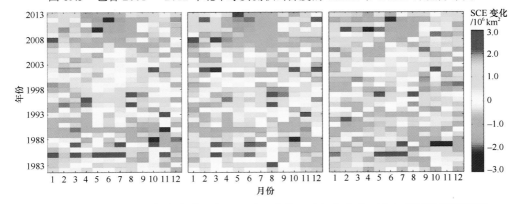

图 19.4 1982～2013 年北半球（左）、欧亚大陆（中）和北美（右）月平均积雪面积变化

数据来自 Rutgers University Global Snow Lab，http://climate.rutgers.edu/snowcover

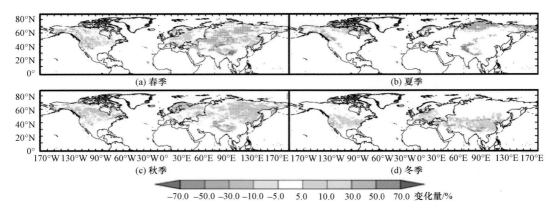

图 19.5 1982～2013 年北半球春季、夏季、秋季和冬季积雪覆盖丰度（SCF）变化量

（a）～（d）中的变化量由线性回归的斜率乘以时间长度得到，黑点代表变化在 90% 的水平上显著

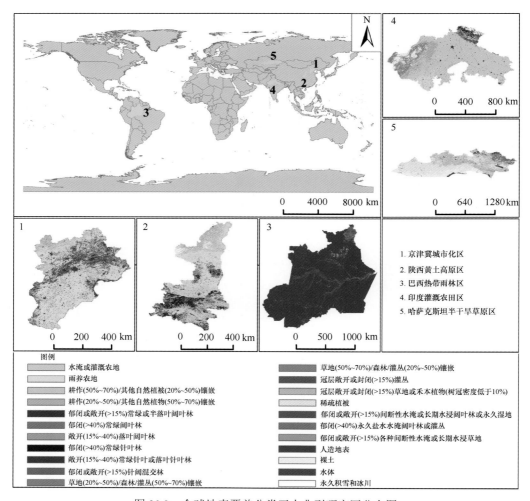

图 20.2 全球地表覆盖分类五大典型研究区分布图

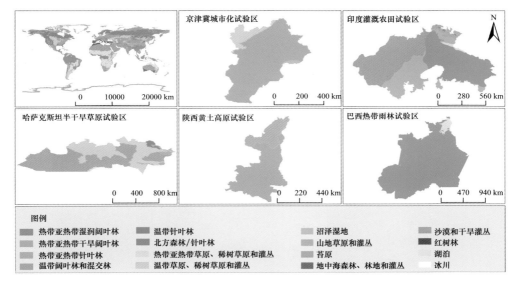

图 20.4 全球 5 个实验区生态地理分区图

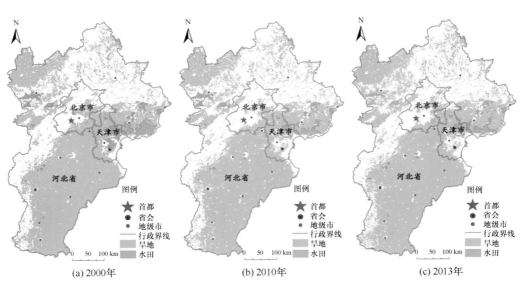

图 20.8 京津冀试验区 2000～2013 年耕地二级类分布

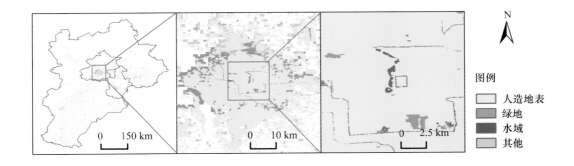

图 20.20 京津冀城乡建设用地边界信息——以北京市为例

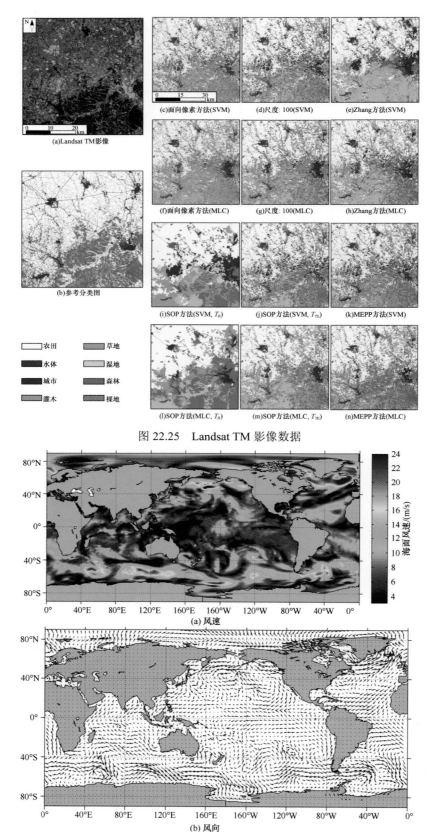

图 22.25 Landsat TM 影像数据

图 23.4 2000 年 1 月 1 日 0 时全球海洋海面风场分布图

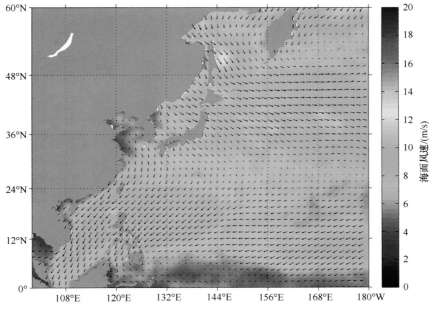

图 23.8　2014 年 1 月西北太平洋平均风矢量图

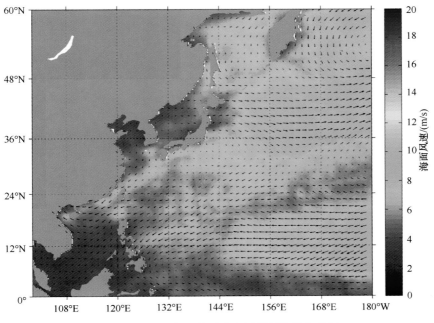

图 23.9　2014 年 4 月西北太平洋平均风矢量图

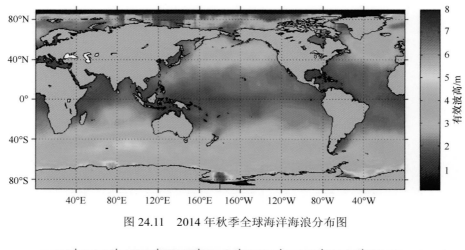

图 24.11　2014 年秋季全球海洋海浪分布图

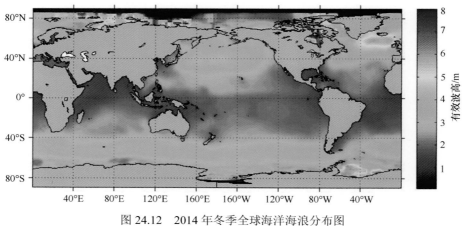

图 24.12　2014 年冬季全球海洋海浪分布图

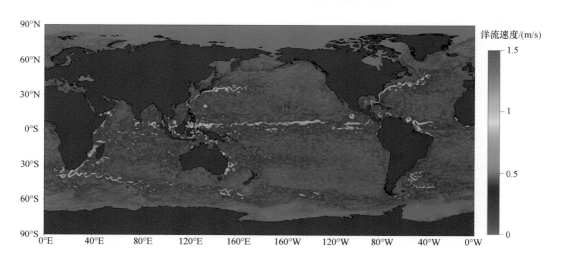

图 25.2　2010 年 1 月 1 日全球海洋流场数据产品分布示意图

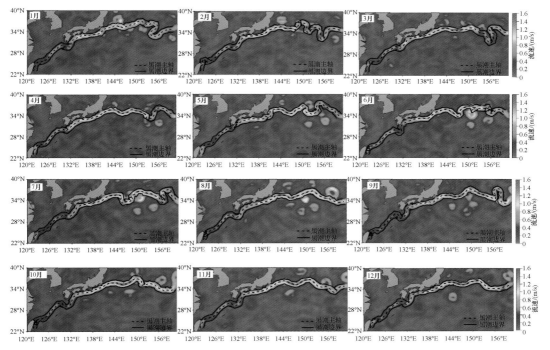

图 25.4 2002 年 1～12 月黑潮主轴和边界提取结果

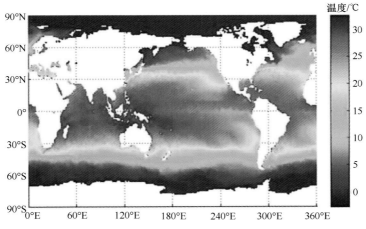

图 26.9 全球海洋 SST 样例数据

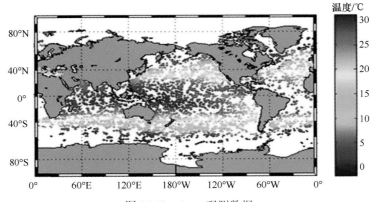

图 26.12 Argo 观测数据

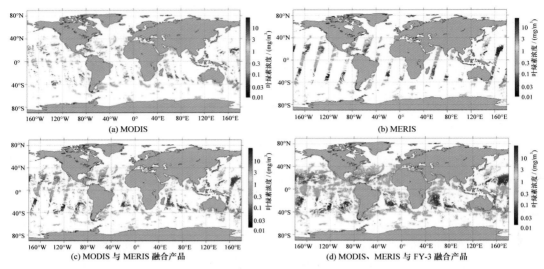

图 27.7　2011 年 1 月 1 日不同卫星及融合后的叶绿素 a 浓度产品的空间覆盖

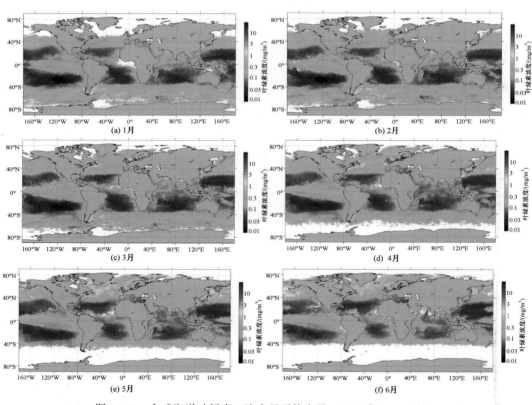

图 27.12　全球海洋叶绿素 a 浓度月平均产品（2010 年 1～6 月）